U0231366

国家科学技术学术著作出版基金资助出版

Drug Synthesis
Synthetic Strategies and Case Studies

药物合成
——路线设计策略和案例解析

张万年　盛春泉　主　编
缪震元　王胜正　武善超　副主编

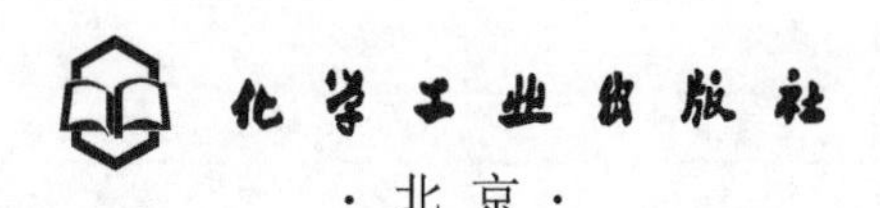

化学工业出版社
·北京·

本书以反合成分析法为核心，系统阐述了药物合成设计的基本规则、原理和策略。通过大量目标化合物的合成设计实例，重点介绍药物合成设计的基本步骤、主要手段和运用技巧。全书分为三大部分。第1部分概括介绍了药物合成技术的发展历程、主要任务和策略、新技术和未来发展趋势，重点对目标分子考察进行了分析。第2部分详细介绍了药物合成路线设计的基本策略，包括反合成分析策略、手性合成设计策略、选择性控制策略、合成路线的评价和选择等，并对后期官能团化策略、计算机辅助合成路线设计和药物合成新技术等前沿领域也进行了深入阐述。第3部分为药物合成案例解析。详细介绍了75个典型药物的合成设计实例，使读者通过这些实例的研读获得药物合成设计的感性认识与经验。

本书适合新药研发、药物合成相关领域的科研人员与研究生，以及有机合成专业高年级学生阅读。

图书在版编目（CIP）数据

药物合成：路线设计策略和案例解析/张万年，盛春泉主编. —北京：化学工业出版社，2020.3 (2023.1 重印)
ISBN 978-7-122-35688-8

Ⅰ.①药… Ⅱ.①张… ②盛… Ⅲ.①药物化学-有机合成 Ⅳ.①TQ460.31

中国版本图书馆 CIP 数据核字（2020）第 007761 号

责任编辑：李晓红　　装帧设计：王晓宇
责任校对：杜杏然

出版发行：化学工业出版社（北京市东城区青年湖南街 13 号　邮政编码 100011）
印　　装：北京虎彩文化传播有限公司
710mm×1000mm　1/16　印张 35¼　字数 729 千字　2023 年 1 月北京第 1 版第 2 次印刷

购书咨询：010-64518888　　售后服务：010-64518899
网　　址：http://www.cip.com.cn
凡购买本书，如有缺损质量问题，本社销售中心负责调换。

定　　价：188.00 元

版权所有　违者必究

编写人员名单

主　编： 张万年　盛春泉

副主编： 缪震元　王胜正　武善超

编写人员（按汉语拼音排序）：

董国强　赖增伟　刘　娜　缪震元　盛春泉

王胜正　武善超　姚建忠　张万年　张永强

前 言

PREFACE

药物的化学合成是现代药物研究与生产中最为重要的核心技术之一。首先，药物合成为药物设计和新药发现建立物质基础。一个完美的药物分子设计方案，如果不能用化学方法合成得到实体化合物，新药发现只能是纸上谈兵。其次，药物合成是新药研发中的核心环节。一个很好的候选药物即便可以合成出来，但如果成本太高难以实现工业化生产，还是不能成为药物。最后，药物合成是制药企业的核心竞争力。对于过了专利保护期的畅销药物，生产厂家众多，市场竞争十分激烈，这时高效低成本合成工艺就成为生产企业的生命线。因此，对于药物研究、生产或相关技术服务的从业人员来说，熟练地掌握药物合成设计技术是必不可少的制胜法宝。

本书以反合成分析法为核心，系统讲述了药物合成设计的基本规则、原理和策略。通过大量目标化合物的合成设计实例，重点介绍药物合成设计的基本步骤、主要手段和运用技巧。本书分为三大部分。第 1 部分概括介绍了药物合成技术的发展历程、主要任务和策略、新技术和未来发展趋势，重点对目标分子考察进行了分析。第 2 部分详细介绍了药物合成路线设计的基本策略，包括反合成分析策略、手性合成设计策略、选择性控制策略、合成路线的评价和选择等，并且对后期官能团化策略、计算机辅助合成路线设计和药物合成新技术等前沿领域也进行了深入阐述。第 3 部分为药物合成案例解析。详细介绍了 75 个典型药物的合成设计实例，使读者通过这些实例的研读获得药物合成设计的感性认识与经验。

本书既系统地阐明了药物合成设计的共性规则，又详细讲述了诸多具有个性特色的设计技巧和实例；既收集了合成设计研究长期积累的大量基础知识，又充分反映了近年来合成设计的主要研究成果，理论与实践结合得十分紧密。因此，本书是从事新药研发、药物化学和药物合成等相关领域科研人员非常实用的参考书，同时也可以作为药学专业和有机化学专业研究生和本科生的学习教材。

编者

2020 年 1 月

缩略语及符号说明

AIBN　偶氮二异丁腈

Allyl　烯丙基

aq　水溶液

atm　大气压，非法定计量单位，1 atm = 101.325 kPa

bar　巴，非法定计量单位，1 bar = 0.1 MPa

Bn　苄基

Boc　叔丁氧羰基

BOM　苄氧基甲基

Bt　苯并三氮唑基

Bz　苯甲酰基

CAN　硝酸铈铵

cat. 催化剂，催化量

Cbz　苄氧羰基

CSA　樟脑磺酸

DBU　1,8-二氮杂环十一烯

DCE　二氯乙烷

DCM　二氯甲烷

DDQ　2,3-二氯-5,6-二氰对苯醌

de　非对映异构体过量

dr 非对映选择性比例

DHP　二氢吡喃基

DIBAL-H　二异丁基氢化铝

DIPEA　二异丙基乙基胺

dis　切割

DMAP　4-二甲氨基吡啶

DMB　3,4-二甲氧基苄基

DME　二甲醚

DMF　*N*,*N*-二甲基甲酰胺

DMP　2,2-二甲氧基丙烷

DTBS　二叔丁基亚硅基

ee 对映异构体过量

eq　当量，等价量

er　对映选择性比例

Et　乙基

FGA　官能团添加

FGI　官能团互换

Fmoc　9-芴甲氧羰基

Glu　葡萄糖基

Hex　己基

HOBt　1-羟基苯并三唑

Imid.　咪唑

KHMDS　双(三甲基硅基)氨基钾

MCPBA (*m*-CPBA)　间氯过氧苯甲酸

Me　甲基

MEM　2-甲氧基乙氧基甲基

mol%　摩尔百分数

MOM　甲氧基甲基

MS　分子筛

Ms　甲磺酰基

MTBE　甲基叔丁基醚

NBA　*N*-溴代乙酰胺

N-Boc　*N*-叔丁氧羰基

NBS　*N*-溴代丁二酰亚胺

NCS　*N*-氯代丁二酰亚胺

NMO　*N*-甲基吗啉氮氧化物

NMP　*N*-甲基吡咯烷酮

OTf　三氟甲磺酰氧基

Ph　苯基

Piv　新戊酰基

PMB　对甲氧基苄基

PMBM　对甲氧基苄氧基甲基

PMP　对甲氧基苯基

PPTS　对甲苯磺酸吡啶鎓盐

Py　吡啶

rt　室温

SEM　三甲基硅基乙氧基甲基

SES　2-(三甲基硅基)乙磺酰基

Su　丁二酰亚氨基

TBAF　四丁基氟化铵

TBDMS　叔丁基二甲基硅基

TBDPS　叔丁基二苯基硅基

TBS　叔丁基二甲基硅基

t-Bu　叔丁基

TEA　三乙胺

TES　三乙基硅基

TFA　三氟乙酸

TFAA　三氟乙酸酐

THP　四氢吡喃基

TIPDS　1,3- (1,1,3,3-四异丙基)二硅氧烷亚基

TIPS　三异丙基硅基

TMS　三甲基硅基

TMSI　三甲基碘化硅

Tr　三苯甲基

Ts　对甲苯磺酰基

目 录

CONTENTS

第 1 部分

概论

第 1 章
概论

在目前常用的数千种药物中，小分子化学药物一直占据着国际医药市场的主导地位。由于小分子化学药物具有安全有效、性质稳定、价格低廉等优点，一直是药物研究和开发的主流方向,这样药物合成技术的重要性自然就在药物研究过程中凸显出来。合成技术解决不了，再好的药物设计研究方案也无法实现；合成工艺落后，再好的药物也会在激烈的市场竞争中处于劣势。

药物合成设计是药物合成研究中一项最重要的技术。掌握了这项技术，研发人员就能综合运用化学反应原理和化学反应基本规律等知识，结合已有的化学反应积累、有机合成策略与经验，按照药物合成的目的要求，科学巧妙地设计出最佳的化学合成路线。

对于药物合成的初学者来说，通常会认为药物合成太复杂、太深奥。但是，任何复杂的事物都是可以分解成一个个简单问题的，掌握药物合成设计技术就可以把复杂的目标化合物结构剖析成为简单易得的化学试剂。虽然药物合成所涉及的化学反应纷繁复杂，但是药物合成设计策略具有一定的共性规律。例如，青蒿素 (artemisinin，**1-1**) 和拓扑替康 (topotecan，**1-2**) 这两个药物，读者一定会觉得化学结构太复杂，合成难度太大，不知从何入手。但是，如果熟练掌握了药物合成设计技术，就比较容易从复杂的化合物结构中找出简单明了的共性规律，按照这些规律就可以将复杂的目标化合物推衍出简单的起始反应试剂，一条科学合理的合成路线就会应运而生。而且，药物合成设计技术的积累和实践会激发出研究人员的浓厚兴趣，如果一个不知如何下手的药物合成难题被攻克，这种成功的喜悦与自豪是非常特殊且难以形容的。

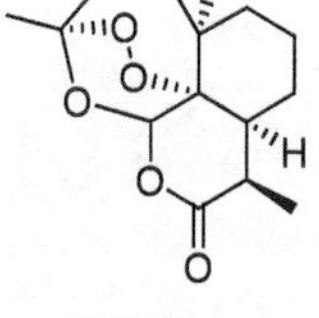

青蒿素 (1-1) 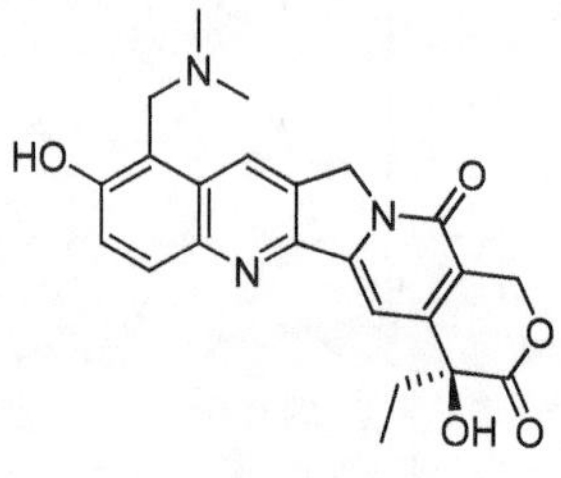　　拓扑替康 (1-2)

药物合成设计有三大作用：天然产物的全合成与结构优化、全新设计化合物的合成、药物合成工艺的优化。尤其是仿制药物合成工艺优化，可以降低成本、提高市场竞争力，而且可以避开工艺专利保护，开辟新的合成路线。

药物合成设计的特点是富有创新性与挑战性。创新性主要体现在化合物的创新、合成路线创新、化学反应创新和工艺条件创新四个方面；挑战性主要是因为化学反应理论高深莫测、化学合成难题无穷无尽、已攻克的难题有待优化完善，这就要求研究人员要有深厚的化学合成反应理论功底，知识面广，思维敏捷，经验丰富，最重要的是要富有创造性。

药物合成设计的基础就是有机合成反应，有机合成反应可分为经典有机合成反应和特殊有机合成反应两大类。经典有机合成反应 (classic organic reactions) 是药物合成设计的理论基础，大约有 500 多个，这方面的知识很容易通过网络和有关书籍获得。而特殊有机合成反应 (special organic reactions) 要靠实践积累，需要及时跟踪最新的文献进展，或者根据目标分子的合成需求发展新反应。

1.1 药物合成设计概述

1.1.1 药物合成设计的发展史

1828 年之前，人们对微观化学世界知之甚少，而迷信的生命力学说统治着整个世界，严重束缚着人类的化学创造力。直到 1828 年，Wohler 偶然使氰酸铵转化成尿素，从而打破了世界上一切有机物都是上帝创造的“生命力”学说，开创了有机合成化学的新纪元。1859 年，Kekule 建立了化学结构理论，奠定了有机合成的理论基础。1902 年，Willstatter 成功合成出天然产物托品醇 (**1-3**，图 1-1)，开创了天然产物人工合成的第一个里程碑，标志着化学合成已由盲目的合成阶段进入有意识、有目标的合成阶段。由于当时合成知识太贫乏，只掌握一些最简单的反应，合成路线繁杂笨拙、非常原始落后，无技艺可谈，故这个时期称为经典合成时期，但这在当时已经是很了不起的事了。

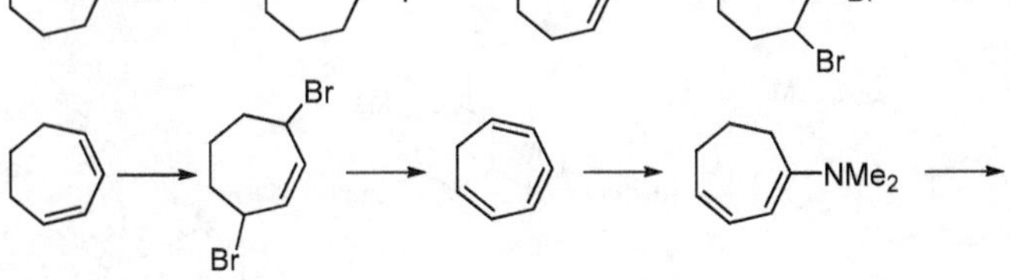

图 1-1

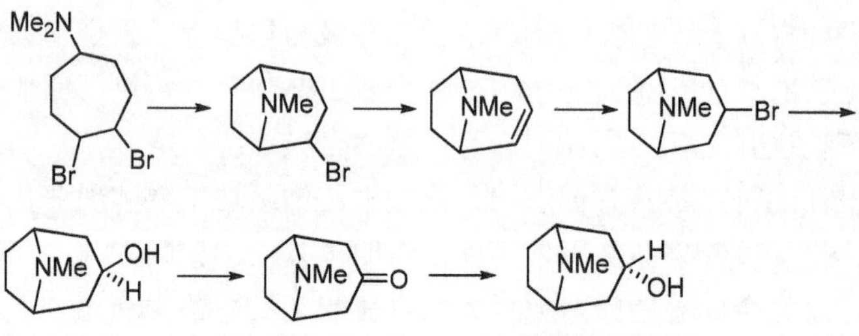

托品醇 (1-3)

图 1-1　托品醇的经典合成法

随着新反应的不断发现，合成技巧不断积累，化学反应理论也不断有新的突破。有机化学家已不再满足于合成出一个化合物，而更加注重于合成的技巧。1917 年，Robinson 发明了托品醇的三步合成法 (图 1-2)，这在当时是合成反应与技术研究的重大突破，标志着化学合成艺术时期的开始，但在其早期阶段还只能合成一些简单化合物。

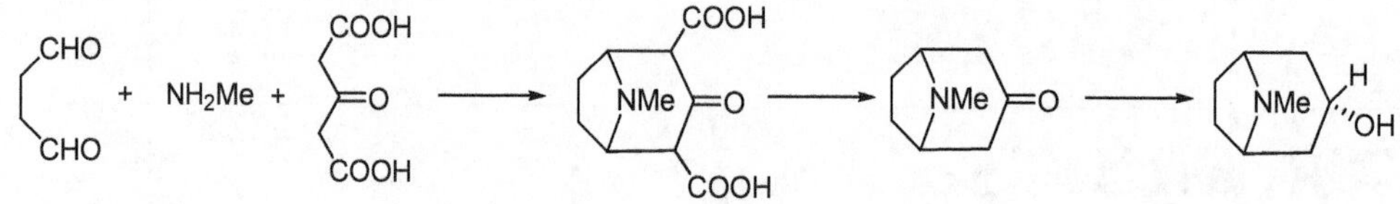

图 1-2　托品醇的三步合成法

1951 年，Robinson 成功地设计合成出甾体多环分子 (图 1-3)，推动了从合成简单化合物逐步发展到合成复杂化合物。在这个阶段，相继合成出诸多复杂结构类型的化合物，其中对药物合成贡献最大的是甾体激素类药物的合成研究。

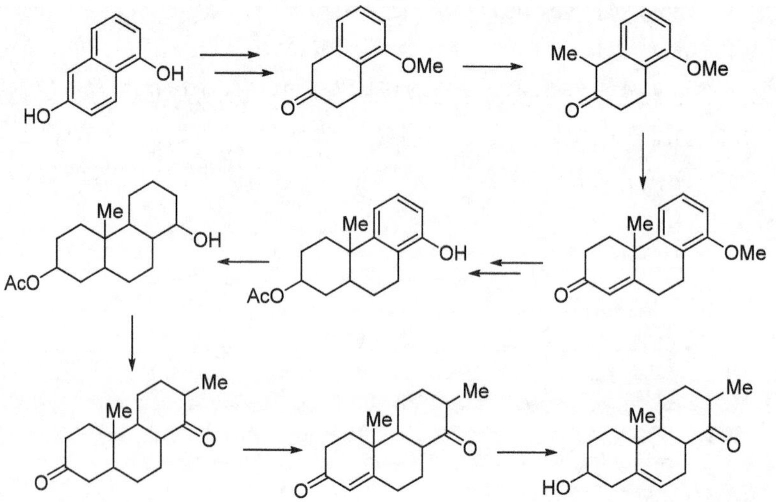

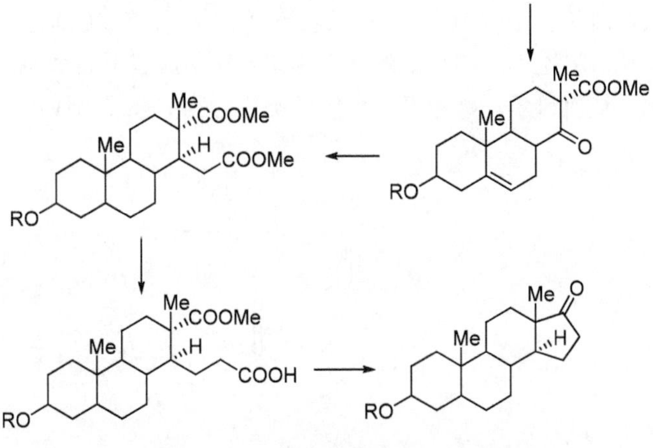

图 1-3 甾体化合物的合成路线

维生素 B_{12} (VB_{12}，**1-4**) 的成功合成堪称那个时期合成艺术的巅峰。维生素 B_{12} 是一个结构十分复杂的化合物，全合成难度很大，其关键的中间体——钴别酸——在钴原子的周围有 11 个手性碳原子，理论上具有 2048 个异构体，全合成需要 95 步。1962 年，著名的化学大师 Woodward 领导 100 多位化学家历时 11 年，直到 1973 年才成功合成出维生素 B_{12}[1]。Woodward 对维生素 B_{12} 的成功合成，把有机合成艺术完美地展现在世人面前，使有机合成化学的技术水平提高到空前的程度。正因为如此，化学大师 Woodward 说：有机合成工作是一项伟大而精深的艺术，有刺激，有冒险，更具有挑战。

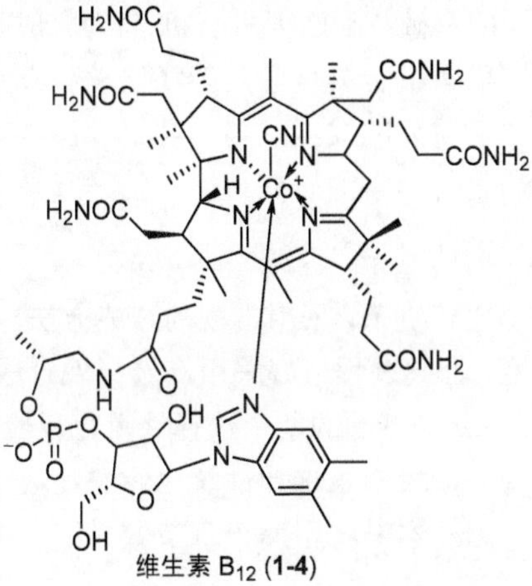

维生素 B_{12} (**1-4**)

随着对合成技艺的大量积累，加之化学反应理论研究的不断突破，化学反应的共性规律逐渐凸显出来。到了 20 世纪 70 年代，合成路线的科学设计成为有机合成的主流，化学合成进入了一个科学设计的时期。1972 年，Corey 通过对多种类型化合物的合成研究，综合运用各类化学合成反应、合成设计原则和合成设计策略，创造性地总结出化合物合成设计的共性规律，创立了反合成分析法 (retrosynthetic analysis，又称逆合成分析法、切断法)，开创了药物合成设计的新时代。例如，甾环的 C 环和 D 环经合理切断，就可将这类结构复杂的化合物切割推演成四个简单的化学合成试剂或中间体 (图 1-4)，从而科学巧妙地设计出甾环类化合物的合成路线。

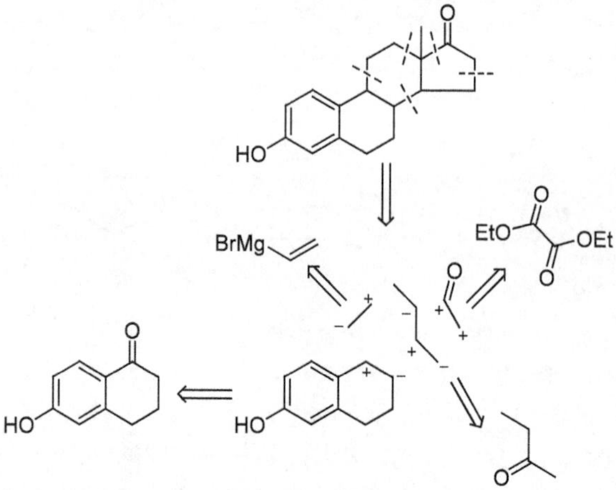

图 1-4 甾类化合物的反合成分析

1.1.2 药物合成的发展趋势

经过 100 多年化学合成研究的积累，在药物合成设计研究方面现已形成有机合成化学、药物化学、天然产物化学和物理有机化学相互促进的四大领域。物理有机化学是基础，它在新理论方面的突破，不断促进有机/药物合成和天然产物化学分离、提取、鉴定技术水平的提升，而有机合成化学、药物化学和天然产物化学研究的需求与技术经验又促进物理有机化学研究的发展。药物合成设计是其中十分重要的部分，近年来吸引了大量化学家和药物化学家的研究兴趣，归结起来大体有以下三大方面。

1.1.2.1 高选择性合成反应的研究

现有药物大多数结构都比较复杂，采用常规的合成方法，难免会产生诸多副产物。要想提高药物的产率和纯度，合成过程最好采用高选择性合成反应，包括区域选择性、化学选择性和立体选择性。例如，下面的两个选择性氧化反应就属于化学选择的一种，前者是选择性氧化烯丙醇羟基，后者是选择性氧化仲醇羟基 (图 1-5)。这方面的研究对药物合成设计极其重要，因此本书将用两个章节做详细的讲述。

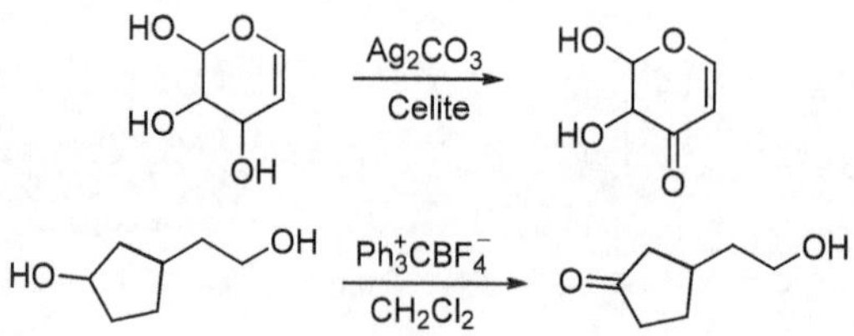

图 1-5 选择性氧化反应示例

1.1.2.2 高难度化合物合成研究

高难度化合物（尤其是复杂天然产物）的合成研究，虽然其直接应用价值在短时间内还无法体现，但它的学术价值和高超的合成技巧对药物合成技术水平的提高有着不可估量的应用价值。例如，1987 年 Kishi 等合成出含 64 个手性碳的海葵毒素 (**1-5**)。试想如果能将如此复杂的合成技术应用于药物合成研究中，那么还有什么药物合成问题是解决不了的呢？

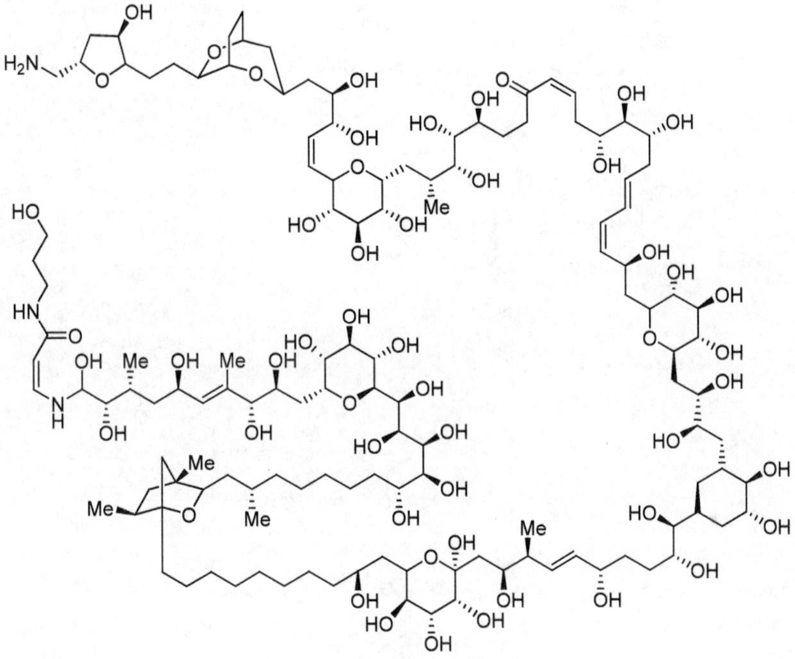

海葵毒素 (**1-5**)

1.1.2.3 高生物活性化合物的研究

许多具有高生物活性的天然产物，往往结构十分复杂奇特，并且含有丰富的手性中心，立体选择性控制和合成难度极大。即使部分化合物被合成出来了，立体结构的微小差异也会导致活性丧失。1993 年，Schreiber 等合成出具有基因开关活性的天然产物 FK1012 (**1-6**)，实现了高生物活性化合物合成的重大突破[2]。此外，高活性分子的合成路线如果过于复杂，会给进一步结构修饰/优化和工业化生产带来困难，导致成药性低，无法上市，这就需要对合成路线进行持续的优化，甚至设计全新的合成路线。当前，基于药物靶标设计高生物活性分子已经成为主流，但是采用计算机辅助药物设计技术产生的分子往往存在合成可行性 (synthetic feasibility) 低的问题，导致新药发现效率降低。这就需要不断发展合成设计技术，以满足药物设计和新药研发的需求。

1.1.3 药物合成设计新技术

著名有机化学家 Woodward 曾指出：化学合成都是要按一定方案进行的，而化学合成的最前沿技术就是要使该合成方案最大程度地利用一切现有智力和物力手段。随着现代科技的飞速发展，近年来药物合成设计技术有了很大的发展，尤其是组合化学设计、手性合成设计、仿生合成设计、计算机辅助化学合成设计、反向合成分析法、正向合成分析法等新技术对新药发现和药物生产具有举足轻重的影响。

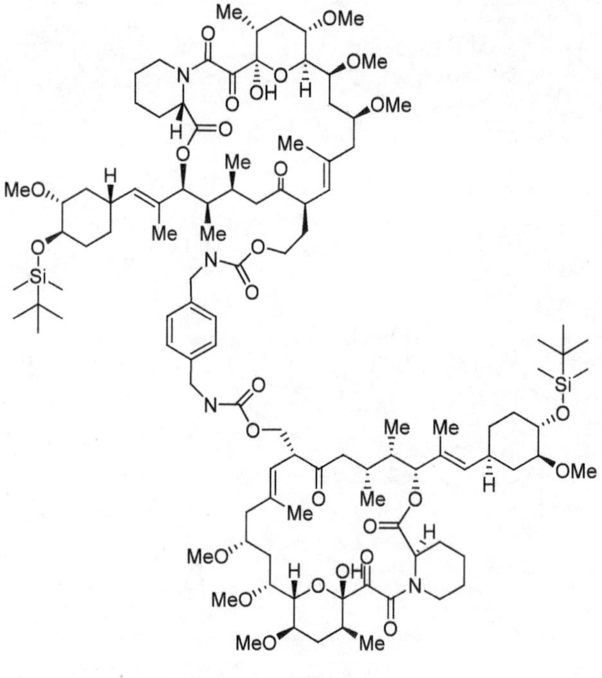

FK1012 (**1-6**)

1.1.3.1 新化学反应推动新药发现和药物合成工艺变革

近年来，合成方法学研究取得了飞速发展，新的反应类型层出不穷，不仅推动了有机化学学科的发展，而且对推动新药发现和变革药物合成工艺起到了重要作用。例如，手性药物的合成一直是个难题，随着不对称合成方法学不断取得突破，立体选择性的合成反应已经大量应用于药物研发和药物生产。2001 年度的诺贝尔化学奖授予不对称催化，Knowles 发展的手性膦配体用于不对称催化氢化，实现了 L-Dop (多巴) 的工业化生产；Noyori 进一步发展了更为高效的 BINAP 催化剂，推动了不对称催化氢化应用于薄荷醇和卡巴青等分子的工业化生产；Barry Sharpless 发展的不对称环氧化反应也在药物合成中得到了广泛应用。作为 2010 年诺贝尔化学奖的获奖项目，钯催化的交叉偶联反应 (Heck 反应、Suzuki 反应、Negishi 反应) 对制药工业举足轻重。钯催化偶联反应已经成功应用于合成抗癌药物紫杉醇、抗炎药物萘普生、抗生素万古霉素、抗哮喘药孟鲁司特，以及水蛳毒素等天然产物。阿斯利康 (AstraZeneca) 制药公司 Brown 等统计了近 30 年 (1984—2014 年) 药物化学和天然产物合成化学研究中所使用的反应类型，其中 Suzuki-Miyaura 偶联反应是最为常用的 3 类反应之一[3]。近年来，过渡金属催化的 C–H 键活化反应在构建碳-碳键和碳-氮键等方面具有诸多优势，已经成为研究热点[4,5]。C–H 键活化反应大大提升了 austamide、tetrodotoxin、incarvillateine、dragmacidin D 等天然产物的合成效率，并且在新药发现领域得到日益广泛的应用。尤其是在生物活性分子的后期官能化 (late-stage-functionalization，后期修饰)方面，C–H 键活化反应有助于在保留药物先导化合物母核的同时进行高效的结构衍生和修饰，对提升成药性能、加速先导化合物转变为候选药物具有重要价值[6]。本书第 5 章将专门介绍后期官能化策略。Sharpless 提出的点击化学 (click chemistry) 概念使合成反应具有产率高、反应条件简单温和、原料和反应试剂易得、分离纯化简便等优点。点击反应不仅对化学合成领域有很大的贡献，在药物开发、化学生物学、生物医用材料等诸多领域中已经成为极具实用价值的合成反应之一[7,8]。另外，多组分反应 (multi-component reaction)[9]和串联反应 (cascade reaction)[10]具有原子经济性、合成效率高等优点，在药物合成中也得到了日益广泛的应用。

1.1.3.2 新合成策略提升新药研发效率

化合物合成策略主要有两类：正向合成分析法 (forward synthetic analysis) 和反向合成分析法 (retrosynthetic analysis)。正向合成分析法通常以易得的起始原料为出发点，通过设计简便易行的合成方法构建化合物库，再对它们进行生物活性筛选，发现新药先导化合物。20 世纪 90 年代，组合化学 (combinatorial chemistry) 技术的兴起使得快速构建海量化合物成为可能。与传统化学合成每次选用两个单一化合物反应不同，组合合成选择一系列结构、反应性能相近的构建模块 (A_1~A_n) 与另一系列构建模块 (B_1~B_m) 进行反应，一步就可生成 $n \times m$ 个化合物，因而用少数的几步反应就可以得到数以万计的化合物。混合均分法 (split-pool) 和平行合成法 (parallel synthesis) 是组合合成策略中最重要的两种方法。但是，组合化学所产生化合物的结构相似度非常高，存在多样性差的局限性，因此在新药研发中的应用非常有限[11]。

为克服组合化学的局限性，需要在合成过程中尽量引入多样化的官能团，构建不同的分子骨架，并建立具有丰富化学多样性的小分子化合物库，以涵盖更为广阔的化学空间 (chemical space)。2000 年，哈佛大学 Schreiber 教授提出了“多样性导向合成” (diversity-oriented organic synthesis，DOS) 的概念，旨在以高通量的方式产生“类天然产物” (natural product-like) 的化合物[12]。多样性导向合成并不针对某一类特定的生物靶标来构建化合物库，而是通过提高骨架多样性和立体多样性，为各种靶标寻找新的配体，进而发现分子探针或者新药[13]。基于多样性和生物活性导向的合成理念，近年来又发展了多样性全合成 (diverted total synthesis，DTS)[14]、生物导向合成 (biology-oriented synthesis，BIOS) [15,16]、活性导向合成 (activity-directed synthesis，

ADS)[17] 和功能导向合成 (function-oriented synthesis，FOS)[18]等合成新理念，极大地推动了有机化学、药物化学、化学生物学等相关学科的研究。

相对于正向合成分析法，反向合成分析 (简称反合成分析) 是一种以目标化合物为导向的合成策略 (target-oriented synthesis，TOS)。反合成分析法基于目标化合物的结构特征，以化学反应原理和规律为依据，把结构复杂的目标化合物分步切割成为结构更简单、原料更易得的试剂，逐步逆向推演出合成起始原料 (图 1-6)。反合成分析法被广泛应用于合成路线的设计，并且逐渐实现了自动化，现已发展成为计算机辅助合成路线设计[19]。近年来，人工智能技术发展迅猛，也给计算机辅助合成路线设计带来新的突破。通过规则自学和训练，人工智能技术可以基于目标分子自动设计合成路线，不仅设计速度提高 30 倍，而且还会像人类一样进行合成路线的评估和选择，直至优选得到最佳的路线[20]。本书第 2 章和第 7 章将重点介绍反合成分析和计算机辅助合成路线设计。

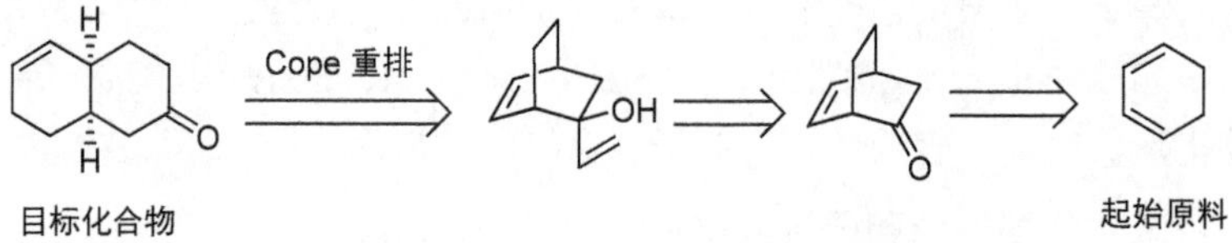

图 1-6　基于 Cope 重排的反合成分析案例

1.1.4　药物合成设计的主要任务

药物合成设计的主要任务包括四大方面：探索合成反应的原理与规律，研究合成设计的技术手段，寻找化合物合成的最佳路线与策略，为新药研发和生产提供技术支撑。前两个任务主要解决合成设计的理论与技术问题，属于有机化学家的研究范畴，而药物化学家最为关注的是药物合成设计的应用问题，就是综合运用已有的合成反应和设计的技术手段，科学巧妙地设计出目标分子的合成路线。

1.1.5　药物合成设计主要策略

1.1.5.1　基于天然或生产的未充分利用原料设计

（1）廉价富足原料的应用

维替泊芬 (verteporfin，**1-7**) 是 2001 年上市的光动力抗肿瘤药物，NPe6 (**1-8**) 是进入 Ⅲ 期临床研究的卟啉类新药。这两种药的化学结构特征是都有一个四吡咯母环，要用全合成方法合成此类化合物有一定难度，而且成本很高。而蚕沙 (家蚕粪) 叶绿素 (chlorophyll a) 在我国是一种非常丰富但没能很好开发利用的天然资源，其母核与这两种药物的主体结构一致或相近。因此，笔者课题组就以蚕沙叶绿素 (**1-9**) 为原料，经酸碱降解制得关键中间体二氢卟吩 f (chlorin f，**1-10**) 和二氢卟吩 e6 (chlorin e6，**1-11**)。其中，二氢卟吩 e6 再经氨基酸成肽反应就能合成得到 NPe6；而二氢卟吩 f 通过羧基甲酯化、DDQ 氧化、丁炔二酸二甲酯 (DMAD) 环加成、TEA 和 DBU 重排、盐酸选择性水解反应就可优化合成得到光动力抗肿瘤活性与维替泊芬相当，但毒性更小的维替泊芬类似物，并有望使其开发成为具有自主知识产权的新型光动力抗肿瘤药物 (图 1-7)。

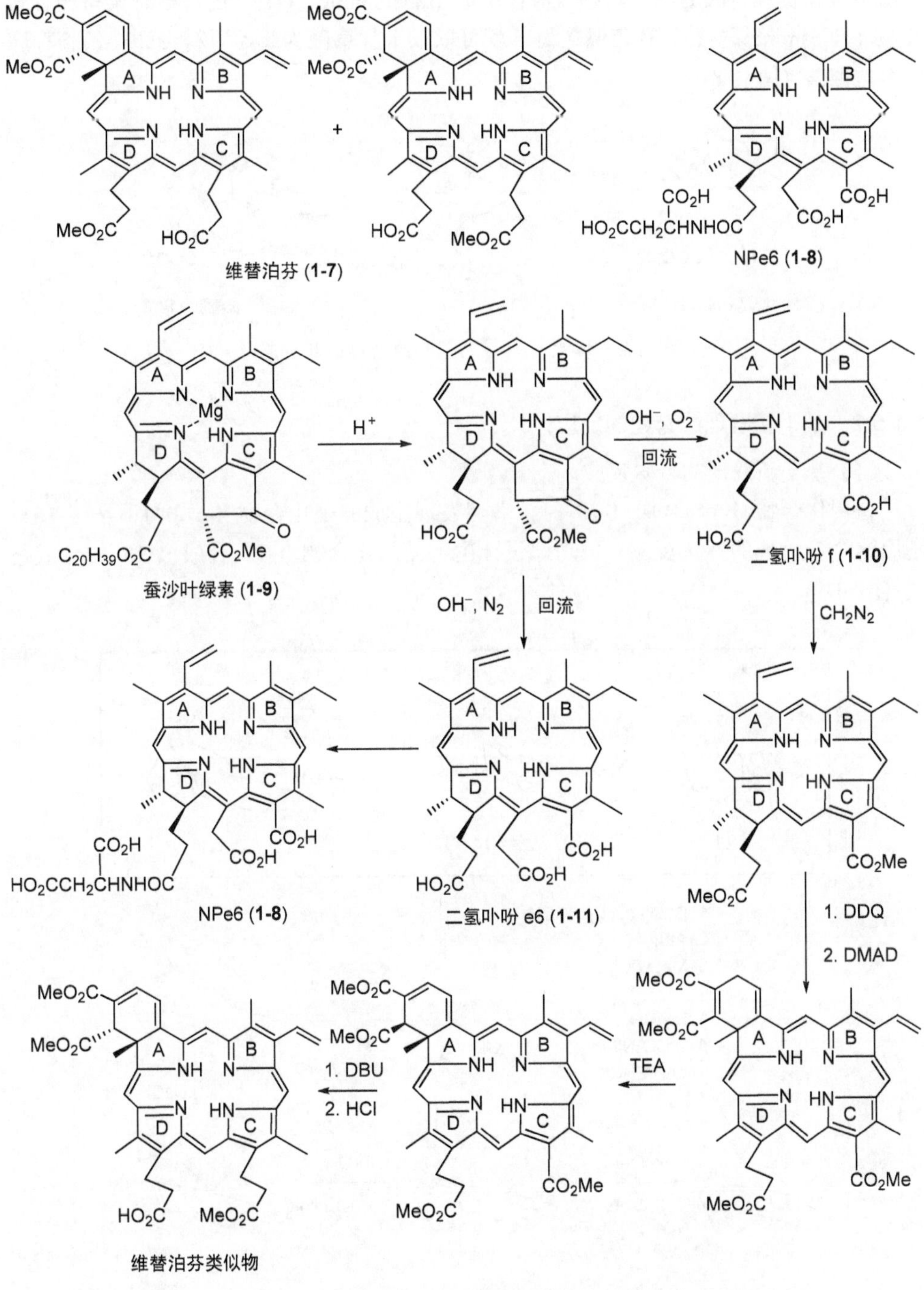

维替泊芬 (**1-7**)

NPe6 (**1-8**)

蚕沙叶绿素 (**1-9**)

H^+

OH^-, O_2 回流

二氢卟吩 f (**1-10**)

OH^-, N_2 回流

CH_2N_2

NPe6 (**1-8**)

二氢卟吩 e6 (**1-11**)

1. DDQ 2. DMAD

TEA

1. DBU 2. HCl

维替泊芬类似物

图 1-7 基于蚕沙叶绿素合成光动力抗肿瘤药

（2）天然产物的开发利用

利用天然产物和目标化合物的结构特征相似性和反应特征可行性，可设计出利用天然化合物资源合成的相应药物。水甘草碱 (tabersonine，**1-12**) 的母核骨架与药物长春胺 (vincamine，**1-13**) 有相似之处，就可以以水甘草碱为起始原料设计一条长春胺的合成路线 (图 1-8)。

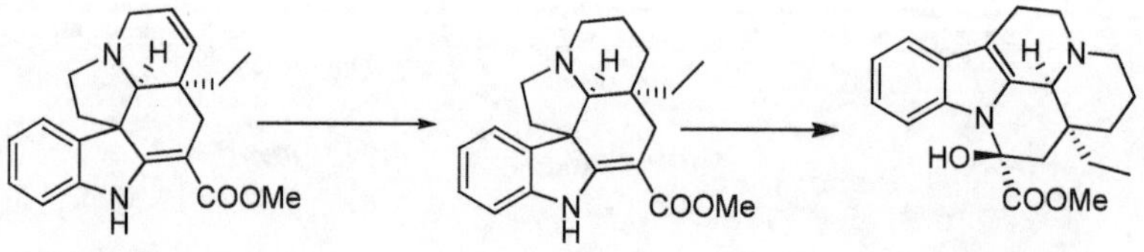

水甘草碱 (1-12)　　长春胺 (1-13)

图 1-8　以水甘草碱为起始原料合成长春胺

1.1.5.2　基于新发现或有趣的反应设计

（1）基于新发现的特殊反应

在用化合物 **1-14** 合成 **1-15** 时，偶然发现生成的是化合物 **1-16** 而不是 **1-15**。利用这个新发现的特殊反应，成功地设计出下面从化合物 **1-17** 合成 **1-18** 的合成路线 (图 1-9)。

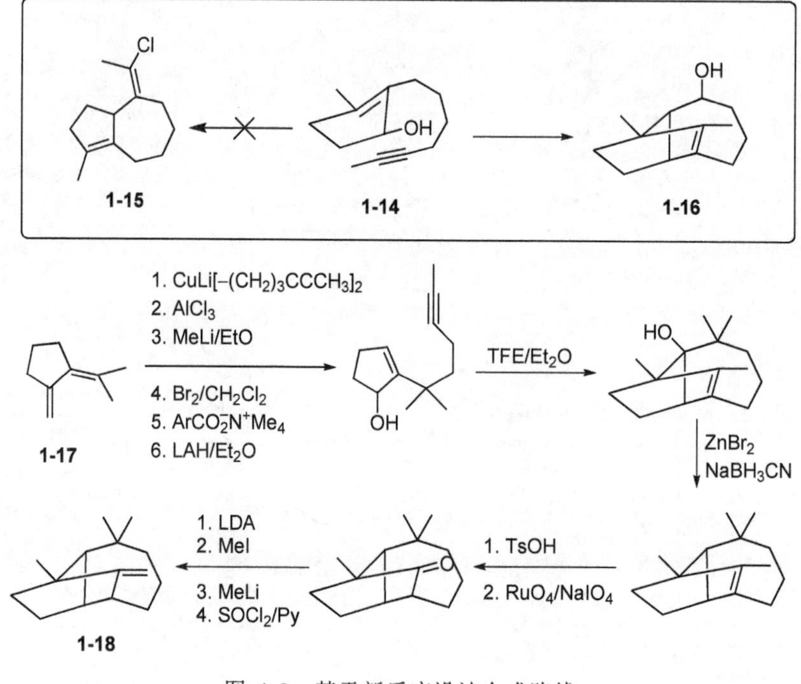

图 1-9　基于新反应设计合成路线

（2）基于生物合成反应——仿生物合成

利用叶酸在体内将半胱氨酸的巯基引入甲基的生物合成机理，以片段 A 为基本结构成功设计出一种烷基化试剂 B，并被广泛应用于此类结构单元的化学合成中（图 1-10）。

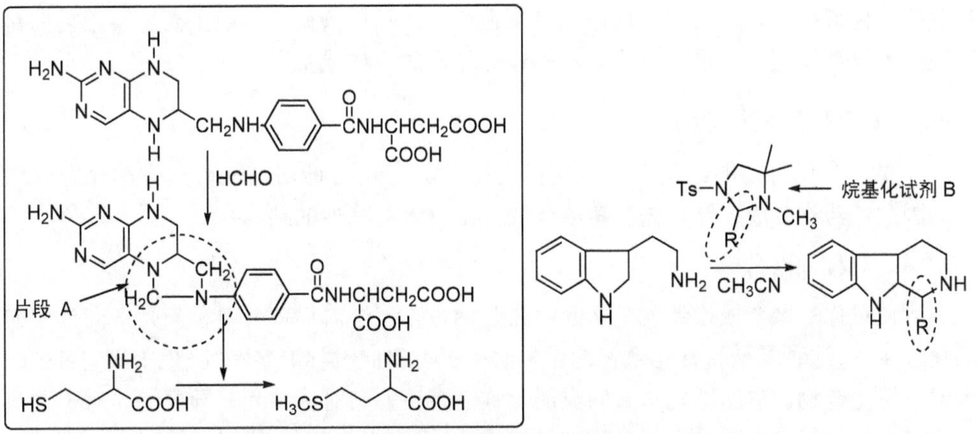

图 1-10　基于叶酸生物合成反应的合成设计

1.1.5.3　基于所需特定目标分子的合成设计

在药物合成研究中，最常见的是基于特定目标分子的合成设计研究。通常在确定要合成某个目标分子时，首先总是先通过文献查阅可供参考的已有合成方法。一般最常用的方法是：以目标分子的完整结构或主要结构单元为对象，通过美国化学文摘 (*Chemical Abstracts*，在线版本为 SciFinder，网址：https://scifinder.cas.org/) 或德国的贝尔斯坦 (*Beilstein*，在线版本为 Reaxys，网址：https://www.reaxys.com/) 数据库查阅合成的原始文献，以此为参考，根据相关的化学反应原理与条件要求，就可以设计出比较合理可行的目标化合物的合成路线。对于那些结构比较特殊的化合物，也可以通过综述、专著等文献查阅同类化合物的共性合成规律，指导自己设计目标化合物的合成路线。这类方法统称为模仿文献的合成设计法，这种方法设计出来的合成路线易于实现，但前提必须是和已有的结构类型、文献报道的化学反应与目标分子合成反应中心的化学环境要相似，因此对于结构新颖、创新性比较强的化合物就不适用。解决这个问题的最好办法就是反合成分析设计法，这是 20 世纪 70 年代发展起来的非常有用的药物合成设计的通用方法。反合成分析设计法的核心是分子骨架巧妙构建、官能团的合理配置、反应选择性的控制三大关键技术，其程序大体可分为目标分子考察、反合成分析、反应选择性控制、合成路线评价四大步骤，这些内容后面将做详细讲述。

1.2

目标分子考察

药物合成设计的第一步就是要对目标分子的化学结构特征进行细致的考察，找出其关键结构特征，为合成策略设计或简化合成路线提供依据。一般主要考察结构的对称性、重复性、化学稳定性、化学反应性、特殊的母核或基团。

1.2.1 结构对称性分析

如果一个化合物的结构具有一定的对称性，通过对称切割就可大大简化合成路线。因此，药物合成设计首先要考察药物分子有无对称性的结构。

1.2.1.1 对称汇聚合成设计

所谓对称汇聚合成设计就是从起始物开始，以一个对称单元对称向外双向延伸的汇聚合成法。这种类型目标化合物的结构必须具有双向对称汇聚特征。例如图 1-11 所示的目标化合物，它的结构具有明显的对称汇聚性，其对称单元是异戊烯，对于这个目标化合物我们可以通过下面对称切割的方法，设计出一条非常简洁的五步合成路线。

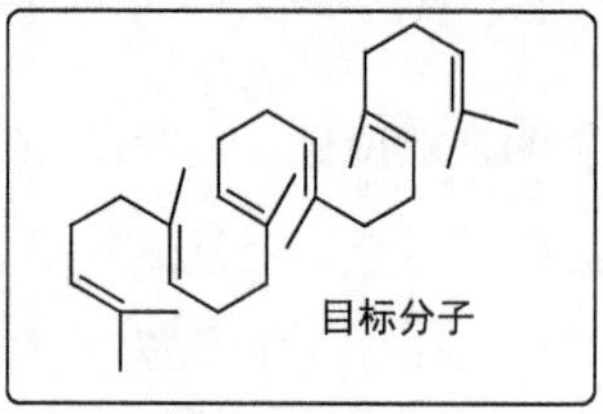

目标分子

反合成分析：

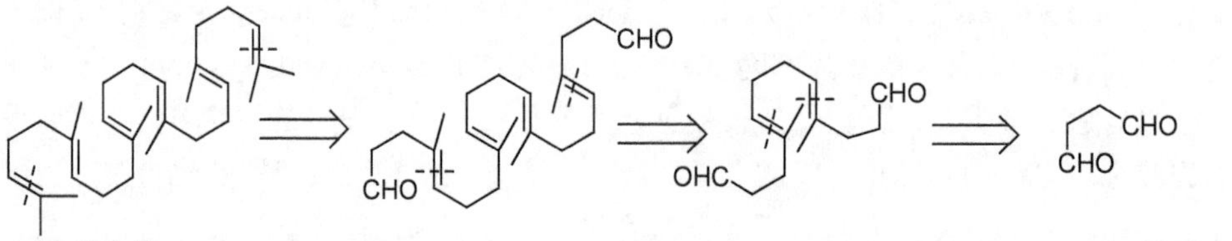

CHO

CHO

CHO

OHC

CHO

CHO

合成路线：

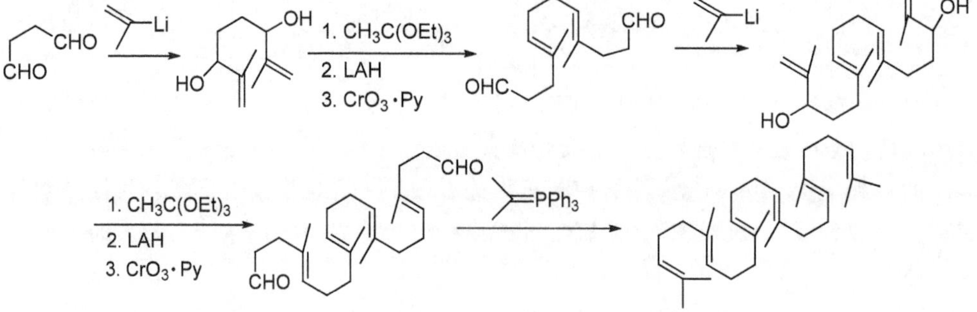

CHO

CHO

Li

OH

HO

1. $CH_3C(OEt)_3$

2. LAH

3. $CrO_3 \cdot Py$

CHO

OHC

Li

OH

HO

1. $CH_3C(OEt)_3$

2. LAH

3. $CrO_3 \cdot Py$

CHO

CHO

PPh_3

图 1-11 利用对称汇聚法设计合成路线

1.2.1.2 对称中心双向合成设计

下面这个化合物，它虽然不像上面化合物那样以一个固定单元汇聚对称，但它也具有分子中心的双向对称性，仍然可以通过双向对称切割法简化合成路线的设计 (图 1-12)。

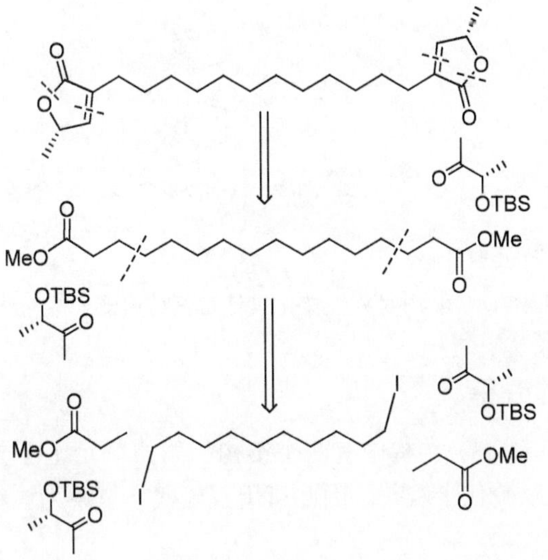

图 1-12 利用双向对称切割法设计合成路线

1.2.1.3 潜在对称性的发掘

分拆寻找结构相同、具自反性的两部分。例如，从地衣酸 (**1-19**) 结构上看不出有什么对称性，但经过分拆转化就可以得到一对完全相同的化合物 (图 1-13)。

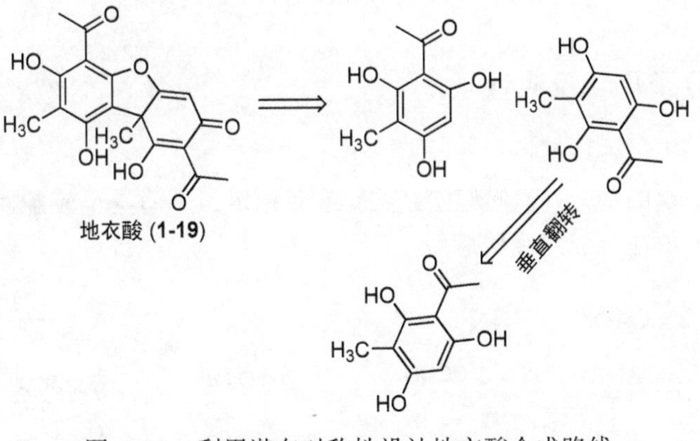

图 1-13 利用潜在对称性设计地衣酸合成路线

目标分子可转化形成对称性的结构。例如，番荔枝内酯 (**1-20**) 虽然结构不完全对称，但可以转化为完全对称结构，但转化后的结构一定要能够通过一定的化学反应转变为初始结构才可行 (图 1-14)。

番荔枝内酯 (**1-20**)

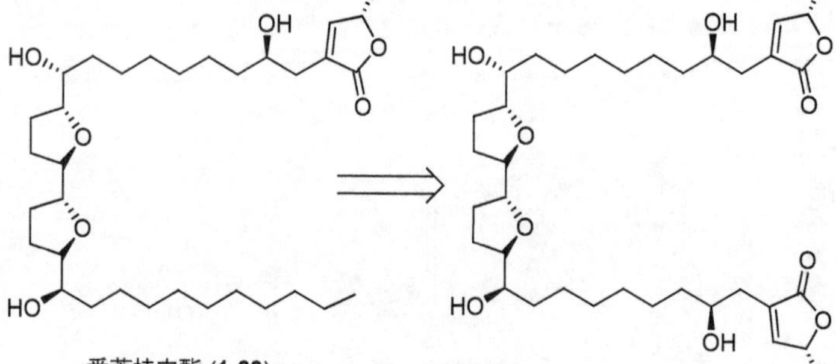

图 1-14 利用对称性转化设计番荔枝内酯合成路线

1.2.2 重复结构的分析

开环的表红霉素 (**1-21**) 结构中有两个结构相同的单元 (见方框内)，而这两个结构单元的立体构象同双硫代十氢萘。因此可用双硫代十氢萘为原料合成引入此结构单元 (图 1-15)。

开环的表红霉素 (**1-21**)　　双硫代十氢萘

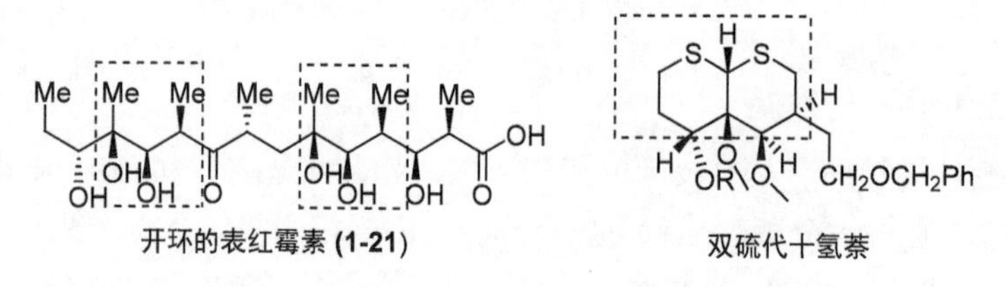

图 1-15 基于重复结构的合成路线设计

1.2.3 目标分子化学反应性

1.2.3.1 目标分子稳定性分析

分子中不稳定的部分 (如烯醇醚结构) 或者稳定但不耐受反应条件者 (如过氧桥结构) (图 1-16) 放在合成路线的最后。

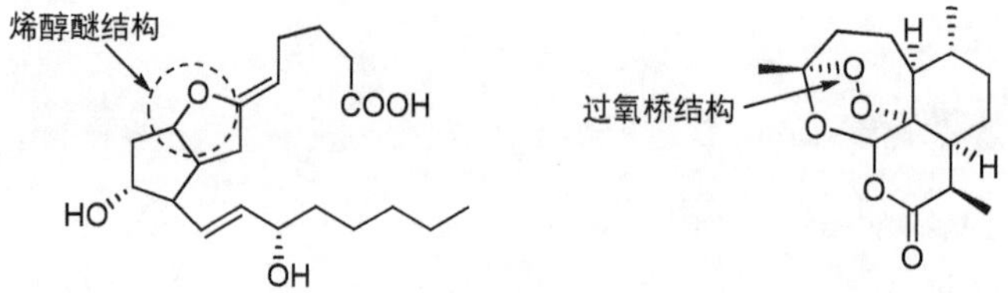

图 1-16 分子结构中的不稳定部分

1.2.3.2 降解产物可反性分析

青蒿素的过氧桥结构可以降解为一种可反向降解产物（图 1-17），这样就可以把结构复杂的目标化合物青蒿素转化为结构简单得多的目标化合物（可反向降解产物 **1-22**）。因此，只要设计合成出化合物 **1-22**，就可衍生合成出青蒿素及其多种衍生物。

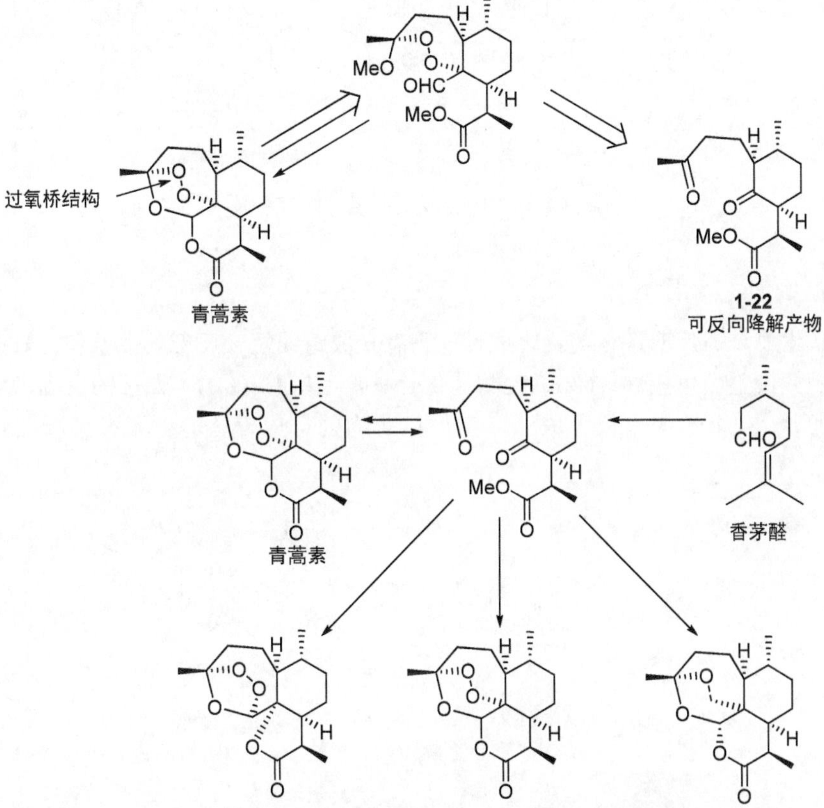

过氧桥结构
青蒿素
MeO
OHC
MeO
1-22
可反向降解产物
青蒿素
MeO
CHO
香茅醛

图 1-17 利用可反向降解产物设计青蒿素合成路线

1.2.4 类似物合成借鉴

借鉴类似物合成方法进行合成路线设计是药物合成设计最常用的方法，但是有一定条件限制，即被借鉴反应物的反应活性中心立体结构、电性特征必须与目标化合物的反应活性中心相似。根据需要，可以直接借鉴合成反应，有时也可以借鉴合成策略、合成路线。如阿克拉酮的反应活性中心与柔红酮的反应活性中心的立体结构、电性特征相似，所以就可以借鉴柔红酮 (**1-23**) 的合成反应设计阿克拉酮 (**1-24**) 的合成路线（图 1-18）。

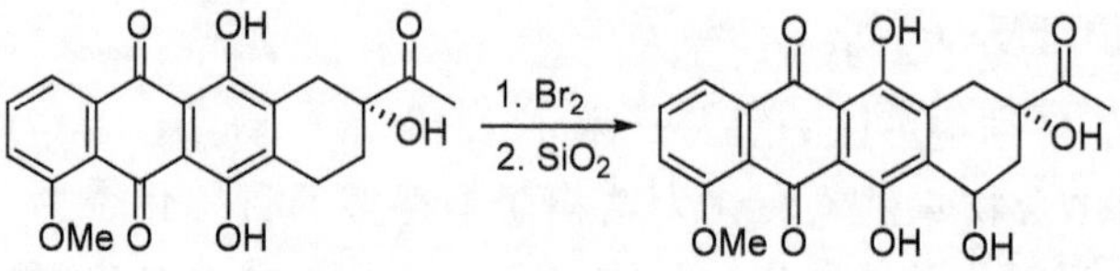

柔红酮 (**1-23**)

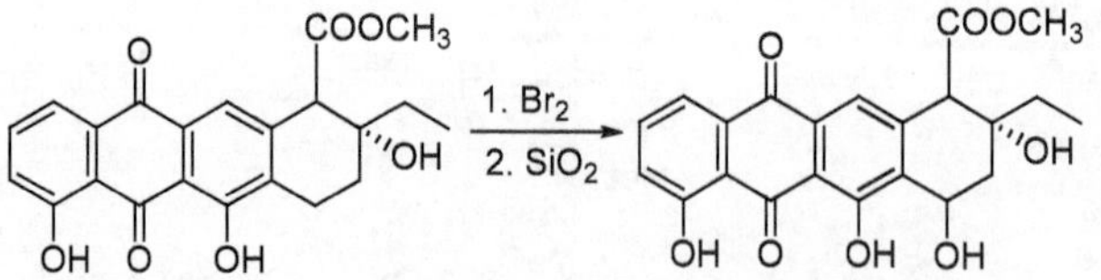

阿克拉酮 (**1-24**)

图 1-18　借鉴柔红酮的合成反应设计阿克拉酮合成路线

1.2.5　仿生合成借鉴

模仿生物合成反应进行药物合成设计具有合成路线短、反应条件温和、效率高等优点。例如借鉴由角鲨烯 (**1-25**) 经酶催化合成羊毛甾醇 (**1-26**) 四环的反应，可设计出一次形成 3 个环的甾体合成法，为甾体药物的合成设计开辟了一条新路线 (图 1-19)。

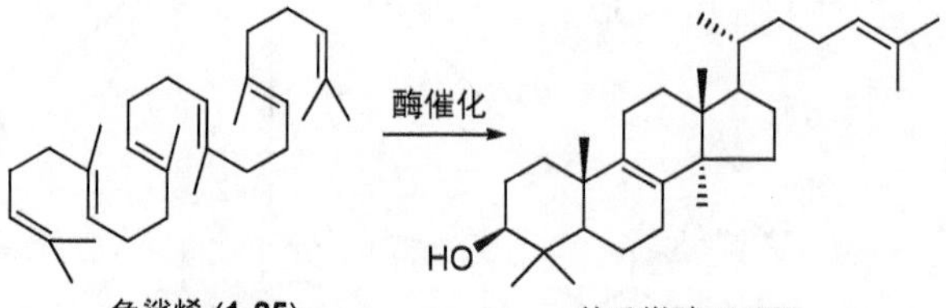

角鲨烯 (**1-25**)

羊毛甾醇 (**1-26**)

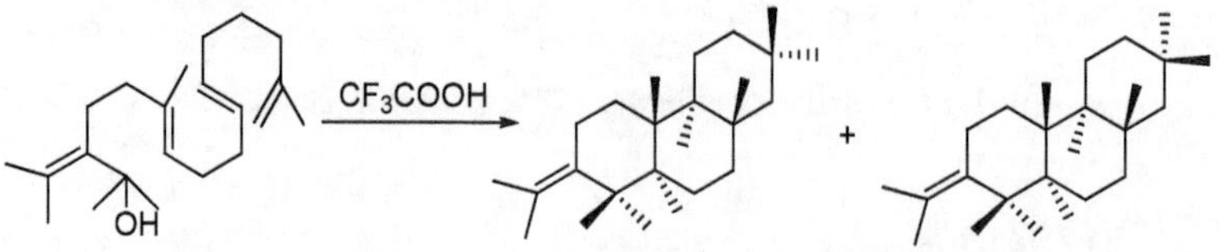

图 1-19　基于仿生合成设计甾体药物的合成路线

在天然产物的全合成研究方面，可以通过研究其生物合成过程，分离鉴定出各步生物合成反应的合成前体物结构，再以这些生物合成的前体物为原料，模仿生物合成路线设计出一条仿生合成路线。如下面青蒿素的仿生合成路线的设计就是一个典型的成功实例 (图 1-20)。

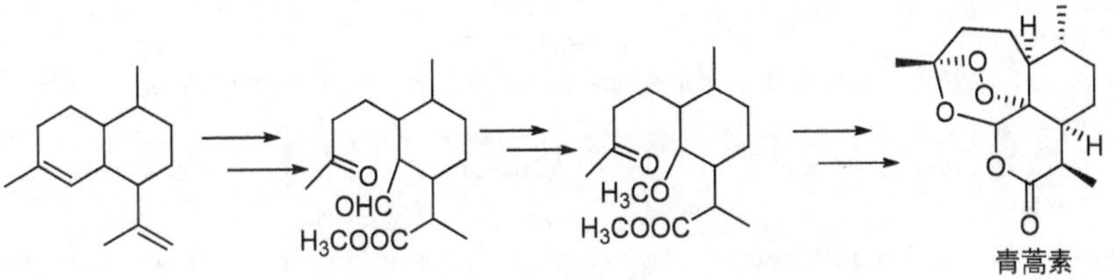

图 1-20 青蒿素的仿生合成路线

1.2.6 优先转化的结构

目标分子考察过程中一项非常重要的任务就是找出需要优先转化的结构，其基本原则是：①不稳定结构先切割、先转化官能团；②影响反应活性或选择性的基团先转化；③C–X 键的切割优先于 C–C 键；④优先切割分子中部，提高合成汇聚性；⑤优先切割 C–C 键的多分叉点；⑥优先切割多环分子公共原子间的键。具体内容在反合成分析一章将做详细讲述。

1.2.7 特殊的结构类型

目标分子考察还有一项重要任务就是找出具有一定合成规律的特殊结构类型，以借鉴有关的合成方法进行合成设计，如肽类和蛋白的酰胺键的特殊合成法，苷类和多糖类的苷键的特殊合成法，甾环的特殊合成法以及其他各种杂环的特殊合成法。

参 考 文 献

[1] Eschenmoser, A.; Wintner, C. E. Natural product synthesis and vitamin B12. *Science*, **1977**, 196, 1410-1420.

[2] Spencer, D. M.; Wandless, T. J.; Schreiber, S. L.; Crabtree, G. R. Controlling signal transduction with synthetic ligands. *Science*, **1993**, 262, 1019-1024.

[3] Brown, D. G.; Bostrom, J. Analysis of Past and Present Synthetic Methodologies on Medicinal Chemistry: Where Have All the New Reactions Gone? *J. Med. Chem.* **2016**, 59, 4443-4458.

[4] Davies, H. M. L.; Morton, D. Collective Approach to Advancing C-H Functionalization. *ACS. Cent. Sci.* **2017**, 3, 936-943.

[5] Yamaguchi, J.; Yamaguchi, A. D.; Itami, K. C-H bond functionalization: emerging synthetic tools for natural products and pharmaceuticals. *Angew. Chem. Int. Ed. Engl.* **2012**, 51, 8960-9009.

[6] Cernak, T.; Dykstra, K. D.; Tyagarajan, S.; Vachal, P.; Krska, S. W. The medicinal chemist's toolbox for late stage functionalization of drug-like molecules. *Chem. Soc. Rev.* **2016**, 45, 546-576.

[7] Musumeci, F.; Schenone, S.; Desogus, A.; Nieddu, E.; Deodato, D.; Botta, L. Click chemistry, a potent tool in medicinal sciences. *Curr. Med. Chem.* **2015**, 22, 2022-2250.

[8] Thirumurugan, P.; Matosiuk, D.; Jozwiak, K. Click chemistry for drug development and diverse chemical-biology applications. *Chem. Rev.* **2013**, 113, 4905-4979.

[9] Eckert, H. Diversity oriented syntheses of conventional heterocycles by smart multi component reactions (MCRs) of the last decade. *Molecules*, **2012**, 17, 1074-1102.

[10] Nicolaou, K. C.; Chen, J. S. The art of total synthesis through cascade reactions. *Chem. Soc. Rev.* **2009**, 38, 2993-3009.

[11] Kodadek, T. The rise, fall and reinvention of combinatorial chemistry. *Chem. Commun.* (*Camb*). **2011**, 47,

9757-9763.

[12] Schreiber, S. L. Target-oriented and diversity-oriented organic synthesis in drug discovery. *Science*, **2000**, 287, 1964-1969.

[13] Burke, M. D.; Schreiber, S. L. A planning strategy for diversity-oriented synthesis. *Angew. Chem. Int. Ed. Engl.* **2004**, 43, 46-58.

[14] Szpilman, A. M.; Carreira, E. M. Probing the biology of natural products: molecular editing by diverted total synthesis. *Angew. Chem. Int. Ed. Engl.* **2010**, 49, 9592-9628.

[15] Wetzel, S.; Bon, R. S.; Kumar, K.; Waldmann, H. Biology-oriented synthesis. *Angew. Chem. Int. Ed. Engl.* **2011**, 50, 10800-10826.

[16] Laraia, L.; Waldmann, H. Natural product inspired compound collections: evolutionary principle, chemical synthesis, phenotypic screening, and target identification. *Drug. Discov. Today. Technol.* **2017**, 23, 75-82.

[17] Karageorgis, G.; Warriner, S.; Nelson, A. Efficient discovery of bioactive scaffolds by activity-directed synthesis. *Nat. Chem.* **2014**, 6, 872-876.

[18] Wender, P. A.; Verma, V. A.; Paxton, T. J.; Pillow, T. H. Function-oriented synthesis, step economy, and drug design. *Acc. Chem. Res.* **2008**, 41, 40-49.

[19] Szymkuc, S.; Gajewska, E. P.; Klucznik, T.; Molga, K.; Dittwald, P.; Startek, M.; Bajczyk, M.; Grzybowski, B. A. Computer-Assisted Synthetic Planning: The End of the Beginning. *Angew. Chem. Int.Ed.Engl.***2016**, 55, 5904-5937.

[20] Segler, M. H. S.; Preuss, M.; Waller, M. P. Planning chemical syntheses with deep neural networks and symbolic AI. *Nature,* **2018**, 555, 604-610.

（张万年，盛春泉）

第 2 部分

药物合成路线设计策略

第2章
反合成分析法

反合成分析法 (retrosynthetic analysis，target-oriented organic synthesis) 是药物合成设计的一种常用方法，它是以目标化合物为出发点，根据化学反应原理，一步一步逆向分拆、转化推演出合成目标化合物所需的起始化合物及相关反应，这种设计方法现已成为药物合成设计的基本手段。

2.1 反合成分析的常用术语和主要手段

2.1.1 反合成分析的常用术语

反合成分析的基本过程是将目标分子通过一定的策略转换为合成子 (片段)。以下面这个分子为例，切断后得到碳正离子和乙基负离子两个离子型的合成子，它们的等价物分别是苯乙酮和乙基格氏试剂，将乙基格氏试剂与苯乙酮进行加成反应，即可得到目标分子。

目标分子 合成子 合成子

OH Et 转换 OH + Et^-

OH Et O + Et–MgBr

等价物 (试剂) 等价物 (中间体)

反合成分析涉及多个常用术语：目标分子 (target molecule) 是指所合成目标物；合成子 (synthons) 是指反合成分析时目标分子切割成的片段 (piece)，是反合成分析中最常用的术语；与合成子相对应的化合物称为等价试剂 (equivalent reagent) 或等价中间体，等价试剂和等价中间体没有本质的区别，一般可直接购买得到的等价物称为等价试剂，需要自行合成的等价物称为等价中间体。

2.1.1.1 合成子

合成子可以是离子形式，也可以是自由基或周环反应所需的中性分子。由于大多数碳-碳键通过离子型反应缩合而成，所以离子型合成子是最常见的一种合成子形式。根据合成子的亲电或亲核性质，可将合成子分为亲电性 (接受电子) 合成子——a 合成子 (acceptor) 和亲核性 (供电子) 合成子——d 合成子 (donor) 两种。自由基合成子称为 r 合成子，周环反应合成子称为 e 合成子。

对于离子型合成子在“a”或“d”的右上角标上不同的数字，以表示荷电离子与官能团之间的相对位置。官能团直接连接到荷电碳原子上的称为 a^1 合成子或 d^1 合成子，官能团连接在荷电碳原子相邻碳原子上的称为 a^2 合成子或 d^2 合成子，依此类推……没有官能团的烃基离子型合成子用 R_d 或 R_a 表示。具有碳-杂原子键的 a 合成子或 d 合成子，荷电原子为杂原子的称为 a^0 合成子或 d^0 合成子 (见表 2-1)。

表 2-1 不同类型合成子及其等价试剂

合成子类型		例子	等价试剂	官能团
d 合成子	d^0	MeS^-	MeSH	SH
	d^1	^-CN	KCN	CN
	d^2	$^-CH_2-CHO$	CH_3CHO	CHO
	d^3	$^-C{\equiv}C-NH_2$	$LiC{\equiv}C-NH_2$	NH_2
	R_d	Me^-	MeLi	—
a 合成子	a^0	$^+PMe_2$	Me_2PCl	PMe_2
	a^1	Me_2C^+-OH	$Me_2C{=}O$	C=O
	a^2	$^+CH_2COMe$	$BrCH_2COMe$	C=O
	a^3	$^+CH_2-CH_2-COOR$	$CH_2{=}CHCOOR$	COOR
	R_a	Me^+	Me_3S^+Br	—

2.1.1.2 反合成子

反合成子是反合成分析时目标分子中宜转化的结构单元，最常用的是以经典反应为依据的反合成子。经典反应有 500 多个，下面介绍几个最常见的例子。

（1）Diels-Alder 反应的反合成子

Diels-Alder 反应是丁二烯与烯的周环反应，其反合成子的结构特征是环己烯结构或可转换为环己烯的结构，R 为吸电基。

（2）Claisen 重排反应的反合成子

Claisen 重排反应是烯丙醇或酚与烯醚加热，通过 [3,3]-δ-迁移使烯丙基从氧原子迁移到碳原子上的反应。其反合成子的结构特征是一个羰基和一个烯基，两者之间间隔 2 个碳。

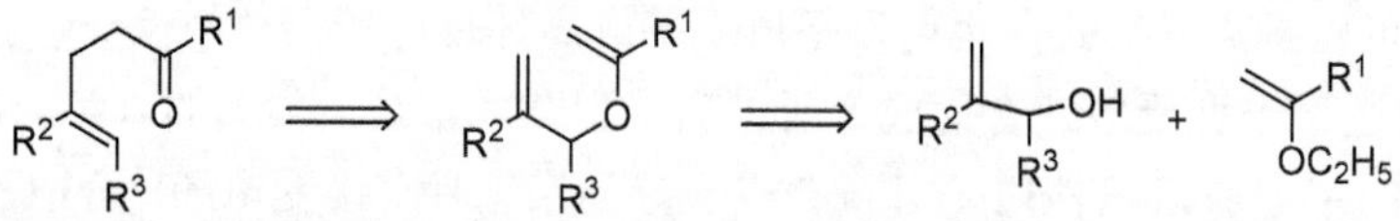

（3）Robinson 增环反应的反合成子

Robinson 增环反应是脂环酮与 α,β-不饱和酮的共轭加成产物再发生分子内缩合反应，可在原来环结构基础上再引入一个环，其反合成子的结构特征如下。

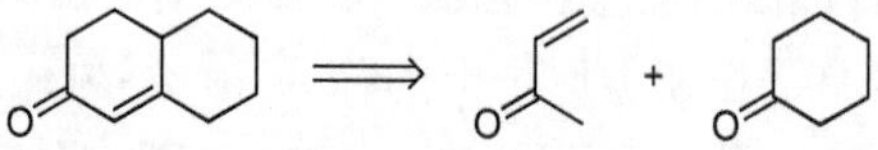

（4）Mannich 反应的反合成子

Mannich 反应是具有活泼氢的化合物与醛、胺进行缩合，生成氨甲基衍生物的反应。其反合成子的结构特征是一个羰基和一个氨基，中间相隔 2 个碳。

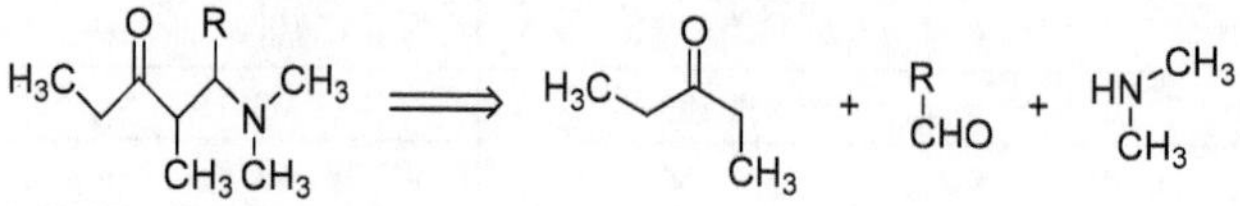

（5）Claisen 缩合反应的反合成子

Claisen 缩合反应是羧酸酯与另一分子具有 α-活泼氢的酯进行缩合的反应。其反合成子的结构特征是 β-酮酸酯。

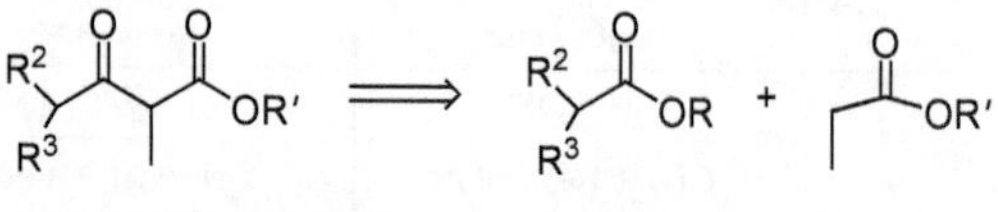

（6）Dieckmann 反应的反合成子

Dieckmann 反应是同一分子中两个酯基发生分子内缩合得到环状 β-酮酸酯的反应。其反合成子的结构特征是六环的 β-酮酸酯。

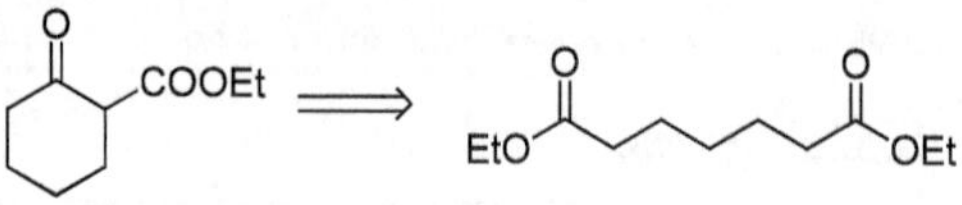

（7）Cope 重排反应的反合成子

Cope 重排反应是 1,5-二烯 (连二烯丙基) 经过 [3,3]-δ-迁移异构化成另一双烯丙基衍生物的反应。其反合成子的结构特征是两个烯键相互间隔两个碳，至少一个双键末端上必须有 COOH、CN、C_6H_5 等基团。

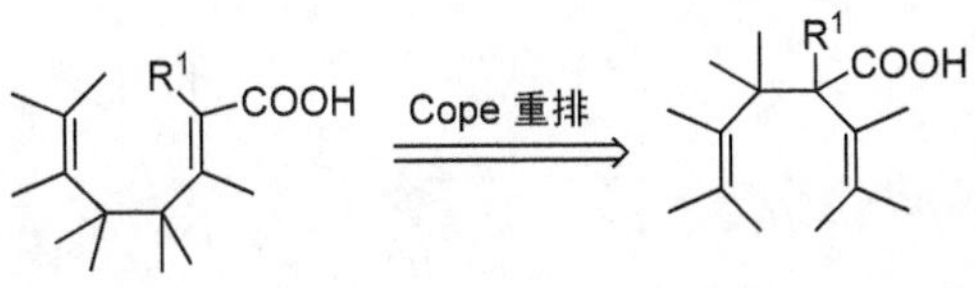

(8) Wittig 反应的反合成子

Wittig 反应是醛或酮与 Wittig 试剂反应生成烯键的反应。其反合成子的结构特征是烯键。

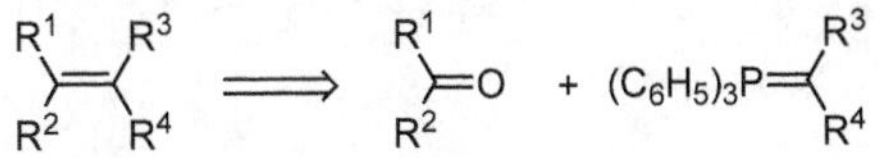

【实例 2-1】

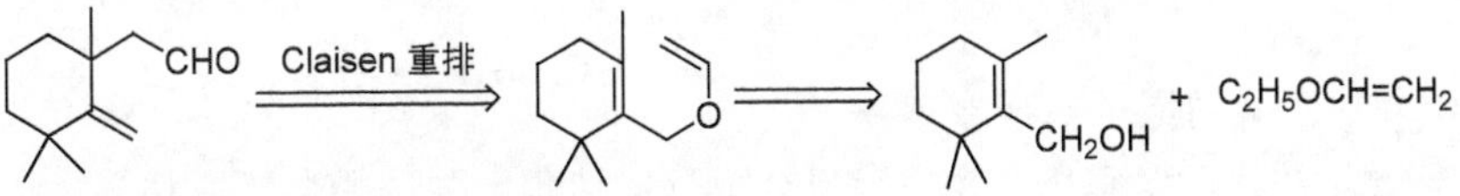

2.1.2　反合成分析的主要手段

反合成分析有切割、连接、重排和官能团转换四种主要手段，其中切割和官能团转换使用最多。

2.1.2.1　切割 (disconnection，简称 dis)

(1) 找出反合成子，按相应化学反应规律进行切割

切割是反合成分析最常用的手段，是从复杂的目标化合物反推到结构简单的等价试剂。切割的关键技术是找反合成子，这就要求我们对有机化学的单元反应要十分熟悉。例如下面这个目标化合物经分子考察，可以找到 Mannich 反应反合成子，因而可以将其切断为三个等价物：吗啉，苯乙酮，乙醛酸。

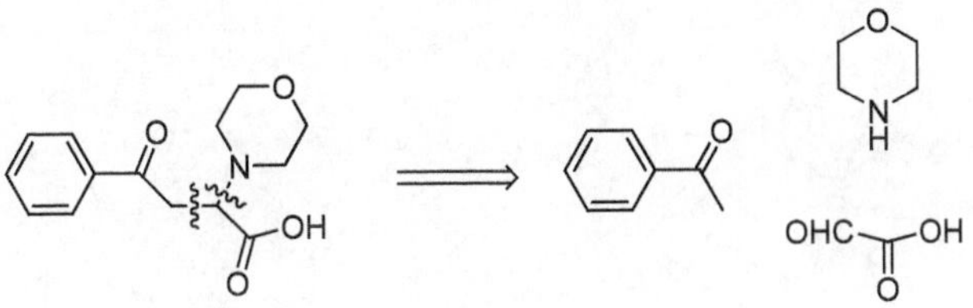

(2) 以特定的骨架片段为合成子指导切割

特定的骨架片段主要包括与目标化合物的某个骨架片段结构相似的天然产品或易得试剂。如吗啡的结构中一部分骨架片段与 2,6-二氢萘这个天然产品结构相似，因而可通过适当的切割最后推演出 2,6-二氢萘这个等价试剂，从而以 2,6-二氢萘为原料设计出一条吗啡的合成路线。

(3) 以“策略键”为目标进行切割

策略键是反合成分析中切割的优选化学键，一般是化学稳定性较低的化学键。例如下面几个化学键就是策略键。

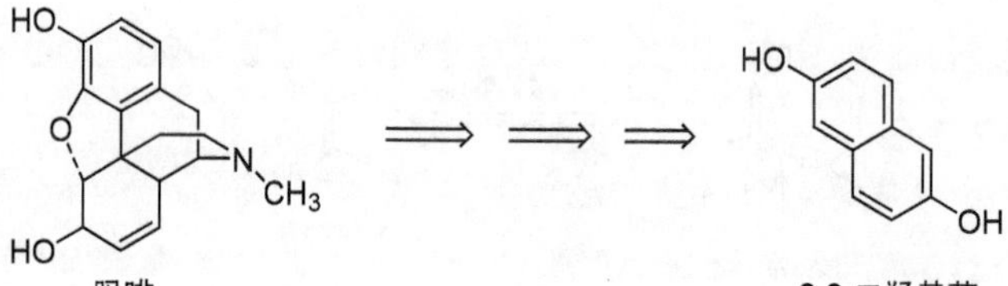

吗啡 $\Longrightarrow\Longrightarrow\Longrightarrow$ 2,6-二羟基萘

a. C–X 键邻近的 C–C 键；

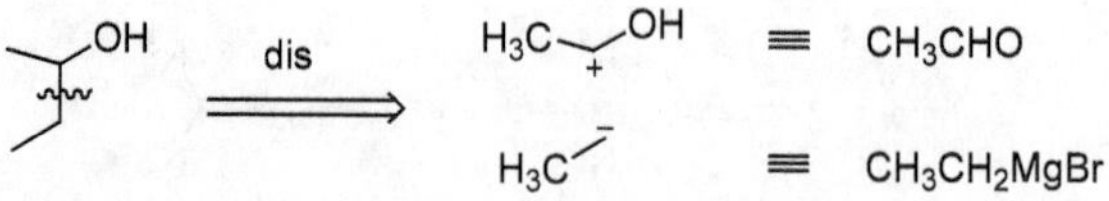

$$\xrightarrow{\text{dis}} H_3C\overset{+}{\frown}OH \equiv CH_3CHO$$

$$H_3C^{-} \equiv CH_3CH_2MgBr$$

b. C–Z 键：酰胺键、酯键、醚键等；

c. C=C 双键；

d. 稠环的“共同原子”连接键。

【实例 2-2】试将下面化合物进行反合成分析切割，并选择最佳切割方案。

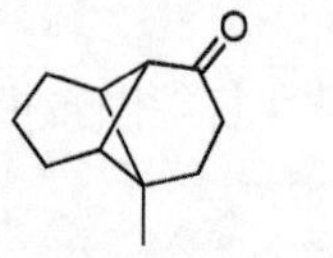

6-甲基三环 [4.4.0.$0^{2,7}$]-3-癸酮

此化合物共有 8 种切割方法，可生成 5 种替代目标分子，其中 2-7、1-2、1-6、6-7 这四种切割法符合公共原子连接键切割原则，生成两种替代目标分子 **A** 和 **B**，

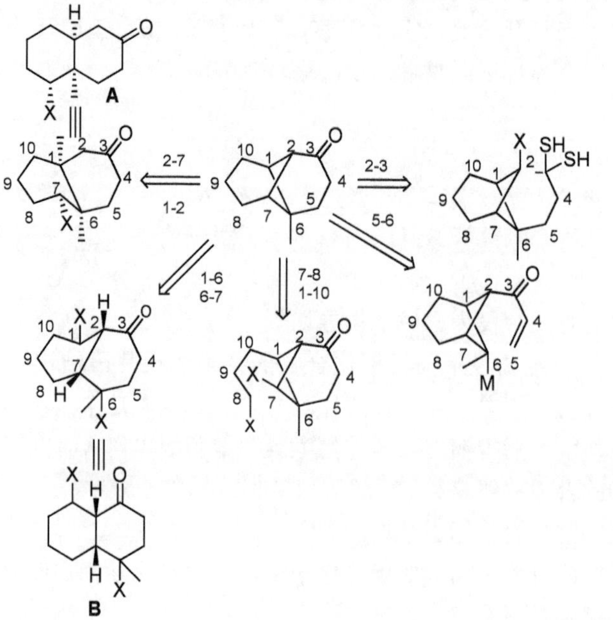

而 **A** 可转化为 Robinson 增环反应反合成子，比 **B** 更利于下一步切割，因此 2-7、1-2 的切割为最佳切割方案。

（4）反合成分析切割的基本原则

a. 对称部分先切割，可简化合成路线；

b. 不稳定结构先切割，或先转化官能团；

c. 影响反应活性或选择性的基团先转化；

d. 切割点优先选择中部，提高合成汇聚性；

e. C–C 键优先切割多分叉点；

f. 策略键优先切割。

2.1.2.2 连接 (connection，简称 con)

连接的必需条件是连接而成的键能够反应断裂逆转为原基团，如果连接可能得到多个替代目标分子，应优先选择能生成一种理想的反合成子的连接方式。

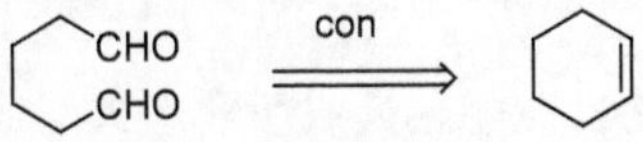

CHO CHO con

2.1.2.3 重排 (rearrangement，简称 rearr)

下面目标分子根据 Cope 重排的反合成子，可推演得到一桥环结构的替代目标分子，再将 C–OH 旁边的策略键切断，得到酮和格氏试剂，继续利用 Diels-Alder 反应切断得到环己二烯和碳烯。

反合成分析：

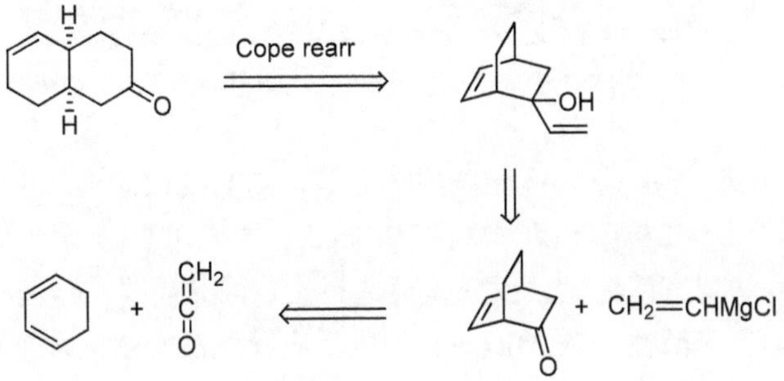

H H O Cope rearr OH

CH_2=C=O + CH_2=CHMgCl

合成路线：

CH_2=C=O CH_2=CHMgCl OH OH H H O

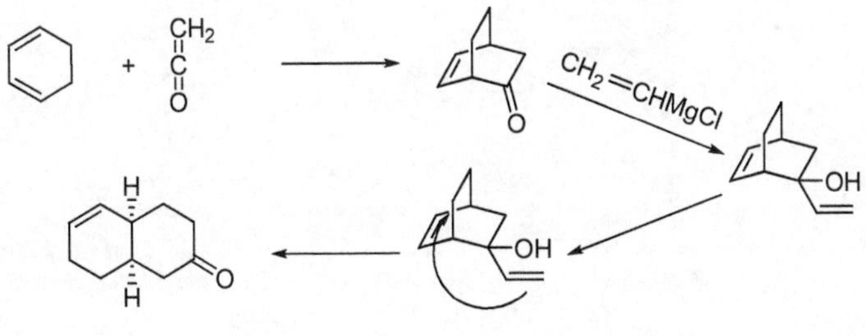

2.1.2.4 官能团转换

（1）官能团转化的主要目的

a. 将目标分子转换成更易制备的前体化合物——替代目标分子 (alternative target molecule)。甾体 D 环的反合成分析如下：

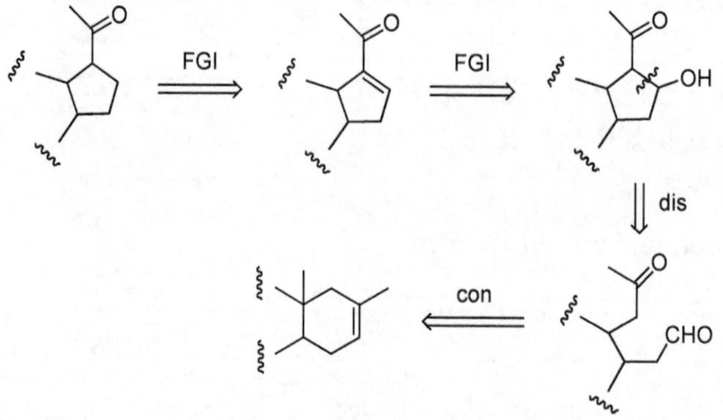

FGI FGI OH dis con CHO

b. 将目标分子中不适用的官能团转换成所需形式，或添加可去除的必需官能团，以增加反应活性或选择性。

下面这个桥环分子看似无从下手，其实添加双键后就得到了 Diels-Alder 反应 (简称 D-A 反应) 的反合成子，为保证 Diels-Alder 反应能够顺利进行，还需要添加一个酯基，可以在完成反应后脱去。这样，最后切断为环戊二烯和丙烯酸酯。

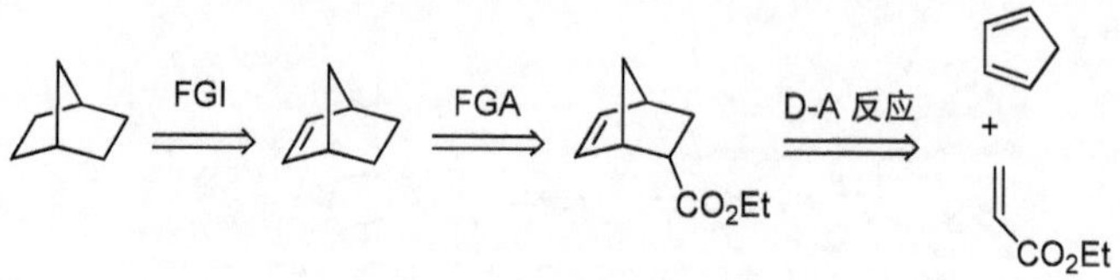

FGI FGA D-A 反应 + CO_2Et CO_2Et

c. 添加活化基、保护基、阻断基或诱导基，提高反应的选择性。

例如下面的 1,5-二羰基化合物利用 Michael 加成切断得到 2-甲基环己酮和丙烯醛。由于羰基两边均有活泼氢，反应缺乏选择性，因此需要在羰基一侧添加一个酯基以增加活泼氢的反应活性，使 Michael 加成反应发生在一侧。添加的酯基位于羰基的 α-位，完成反应后比较容易加热脱羧。

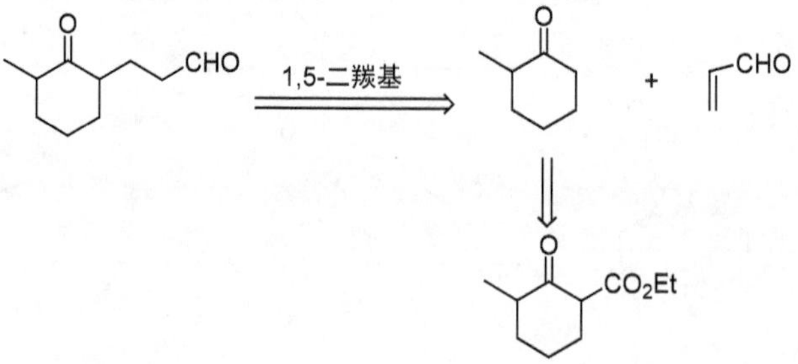

O CHO 1,5-二羰基 O + CHO O CO_2Et

（2）官能团转换的主要方式

官能团转换有三种方式：官能团互换 (functional group interconversion，FGI)、官能团添加 (functional group addition，FGA)、官能团除去 (functional group removal，FGR)。

a. 官能团互换 (FGI)

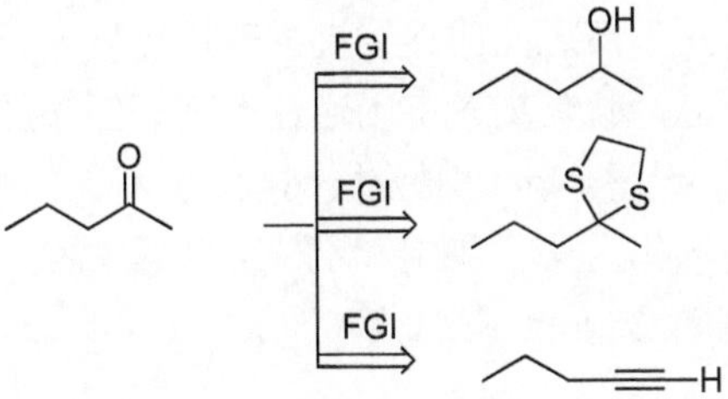

O FGI OH

FGI S S

FGI H

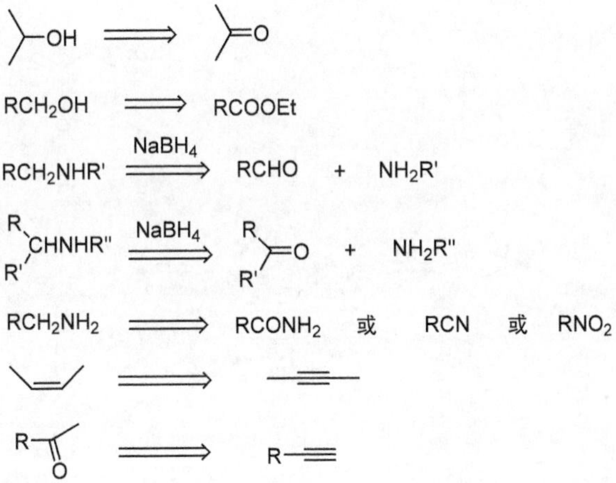

OH $\Longrightarrow$ O

$RCH_2OH \Longrightarrow RCOOEt$

$RCH_2NHR' \xLongrightarrow{NaBH_4} RCHO + NH_2R'$

$RR'CHNHR'' \xLongrightarrow{NaBH_4} RR'C{=}O + NH_2R''$

$RCH_2NH_2 \Longrightarrow RCONH_2$ 或 RCN 或 RNO_2

$\Longrightarrow$

R O $\Longrightarrow$ R

b. 官能团添加 (FGA)

在羰基的 α-位可以添加官能团，便于进一步切断。例如在下面这个酮 α-位添加羧基得到 1,3-二羰基化合物，添加双键得到 α,β-不饱和羰基化合物，关于它们的切断，在后面有详细介绍。

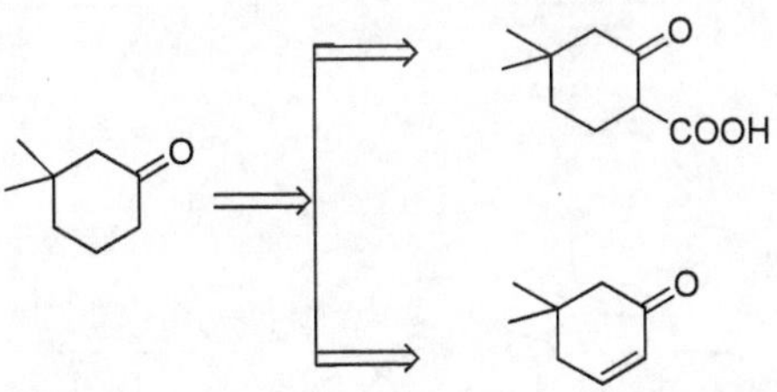

O $\Longrightarrow$ O COOH

O

c. 官能团除去 (FGR)

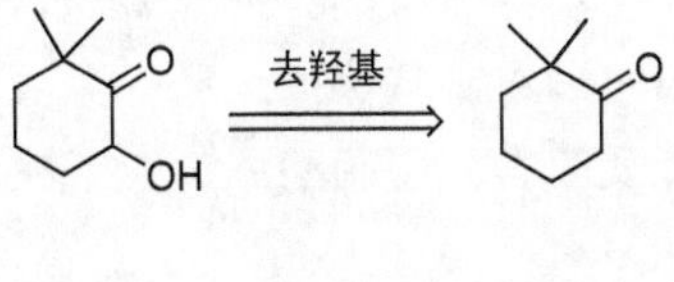

O OH 去羟基 O

【实例 2-3】试找出下面化合物的最佳切割方案。

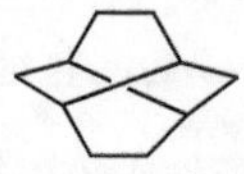

三环 [4.4.0.0^{3,8}]-癸烷

方案 1：首先把两个六元环之间的连接键打开，得到一个碳正离子和一个碳负离子。碳正离子可以等价于醇，碳负离子可以通过在其一侧添加一个羰基得到，但是羰基添加有 a、b 两种方式。经进一步切割分析比较，b 种方式更利于进一步进行切割。我们可以先将羟基官能团转化为 α,β-不饱和酮（可以通过还原得到），这样利用缩合反应切断得到 1,3-环己二酮和 3-氧代丁烯。

反合成分析：

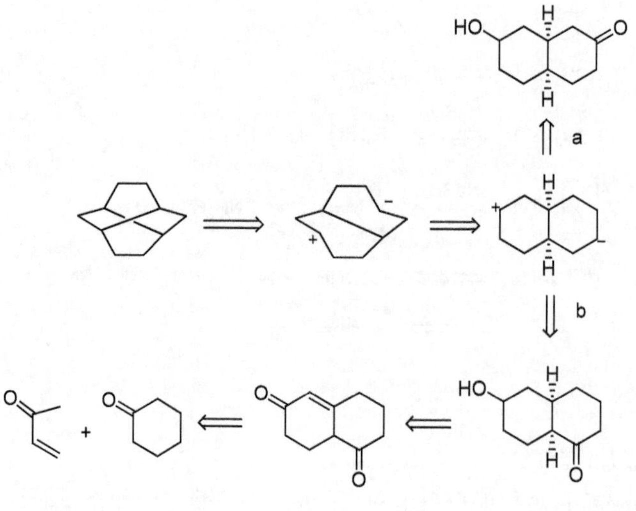

a

b

合成路线：

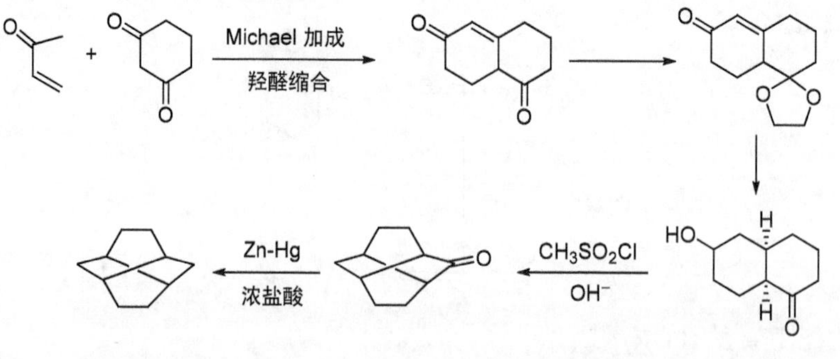

Michael 加成

羟醛缩合

CH_3SO_2Cl

OH^-

Zn-Hg

浓盐酸

1,3-环己二酮和 3-氧代丁烯发生 Michael 加成和羟醛缩合关环得到双环结构。在进行还原反应之前，还需要用缩酮将羰基保护，然后将 α,β-不饱和酮还原为醇。脱除保护基后，将羟基与甲磺酰氯反应得到甲磺酸酯，在碱性条件下与羰基旁边的碳负离

子成键。最后将羰基在锌汞齐作用下还原为亚甲基，得到目标分子。

方案 2：刚才的方案是直接对目标分子进行切断，也可以通过添加辅助基团的方法进行反合成分析。首先需要添加一个双键，然后官能团转化为邻二醇，再官能团转化为 α-羟基酮，这样可以利用酯偶联反应切断为二酯，这个桥环结构具有周环反应反合成子的特征，因此再添加一个双键，然后利用 Diels-Alder 反应切断为丙烯酸酯和环己二烯酯。

反合成分析：

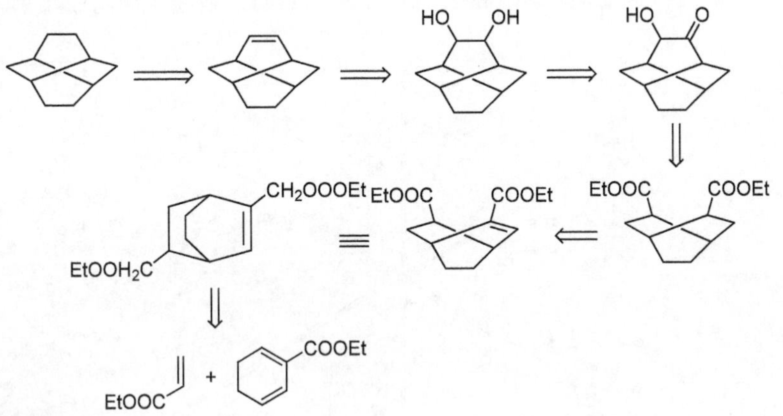

合成路线：

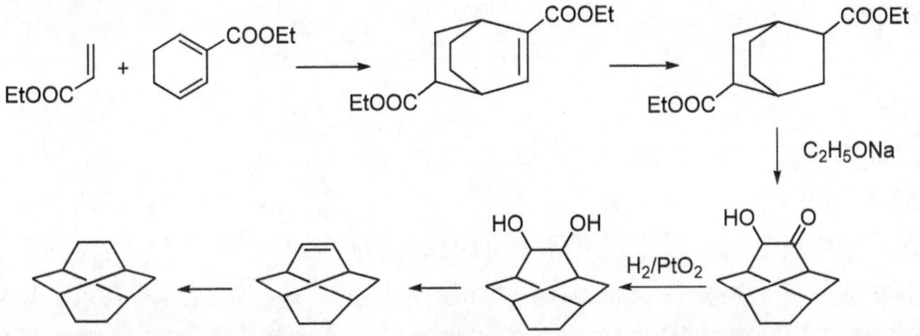

丙烯酸酯和环己二烯酯发生 Diels-Alder 反应生成桥环二酯结构，然后将双键催化氢化为单键，经 Claisen 缩合反应，在乙醇钠作用下将二酯反应生成 α-羟基酮，继续将羰基通过 PtO_2 催化氢化为羟基，邻二醇氧化为双键，最后还原为单键，得到目标化合物。

2.2

一基团切断

一基团化合物是指含有一个简单官能团的化合物，又被称为一官能团化合物，可以用通式 C–X 表示。一基团化合物常见可分为醇、卤代烷、醚、醛、酮、羧酸及其衍生物等，它们在有机化学中占有重要的作用，是有机化学的基础，任何复杂的有机分子均可拆分为简单的一基团化合物。

2.2.1 醇及其衍生物的合成设计

醇是烃分子中饱和碳原子上的氢原子被羟基取代后的产物，羟基是醇的官能团。醇是最重要的一基团化合物，可以与其他一系列醇的衍生物相互转化，醇的衍生物可以通过转化为醇再进行合成设计。醇与其衍生物的相对转换关系如图 2-1 所示：

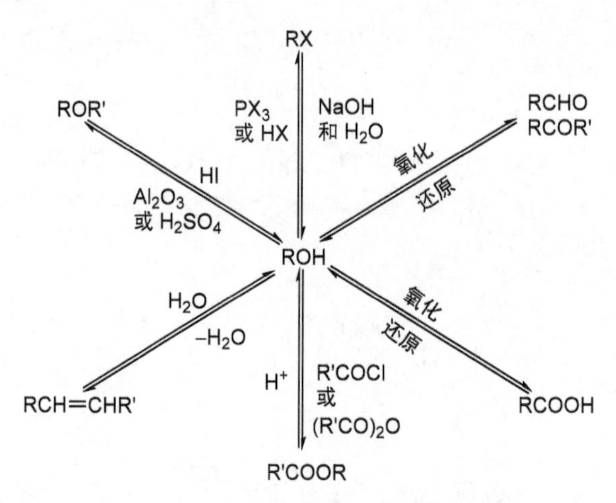

图 2-1 醇与其衍生物的相对转换关系

醇的合成方法很多，如烯烃水合法、卤代烷水解法、格氏试剂法、醛酮酸还原法等，羰基与亲核试剂进行加成反应合成醇的方法副产物生成少，是较佳的制备醇的方法。醇的合成设计因此可以采用将醇切断为稳定的碳正离子和带有负电荷的离子的方法，它们相应的等价物分别是羰基化合物和亲核试剂，亲核试剂主要有氰基、炔基和格氏试剂等。采用这种切断方式体现了药物合成设计的第一个切断原则：最佳反应机理。

$R^1C(OH)(R^2)X \Longrightarrow R^1C^+(OH)R^2 + X^-$

R^1COR^2　　CH_2N^-　$R\text{–}C\equiv C^-$　$R^-(MgX)$

【**实例 2-4**】设计 2-羟基-2-甲基丙腈的合成路线。

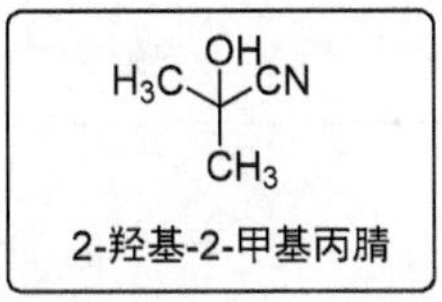

2-羟基-2-甲基丙腈

反合成分析：

2-羟基-2-甲基丙腈的合成设计可以将氰基进行切断，得到碳正离子和氰负离子，碳正离子通过电子的迁移脱去一个氢质子得到其等价物为丙酮，氰负离子的等价物是氰化钠。以丙酮与氰化钠为起始原料就可以合成目标分子。

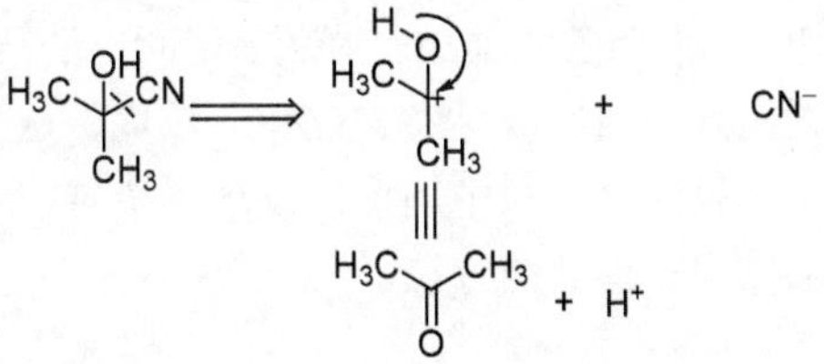

合成路线：

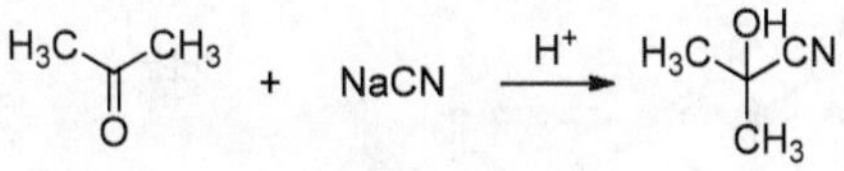

$$H_3CCOCH_3 + NaCN \xrightarrow{H^+} (CH_3)_2C(OH)CN$$

【实例 2-5】设计 2-苯基-3-丁炔-2-醇的合成路线。

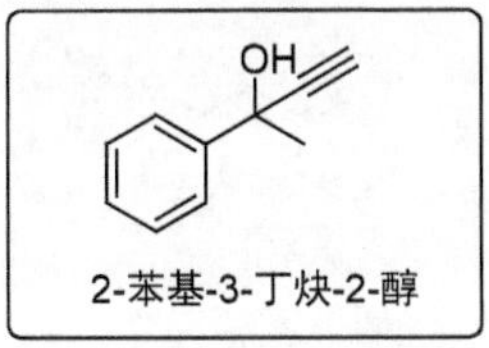

2-苯基-3-丁炔-2-醇

反合成分析：

分析目标分子可以看出，2-苯基-3-丁炔-2-醇是一个含有炔基的叔醇结构，有两种切断方式：可以将醇羟基切断，通过卤代烷转换；也可以将炔基进行切断，得到苯乙酮和炔负离子。比较这两种切断方式可以看出，前一种切断方式卤代烷原料不易得，还需进一步切断；而后一种切断得到的苯乙酮和乙炔结构简单，且符合前面提出的药物合成设计的最佳反应机理的切断原则。

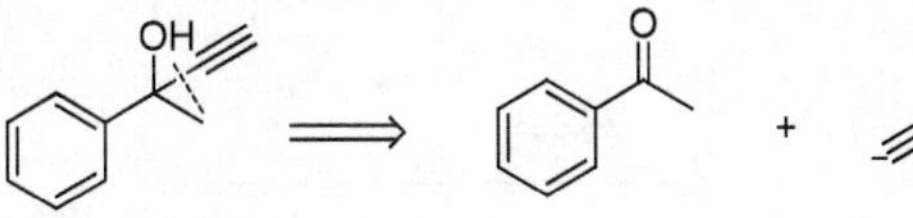

合成路线：

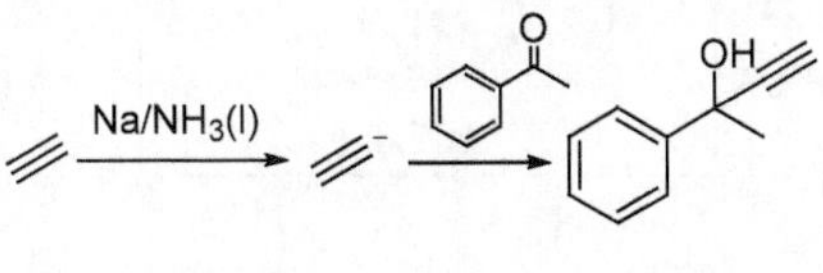

【实例 2-6】设计 1,5-二苯基-3-戊醇的合成路线。

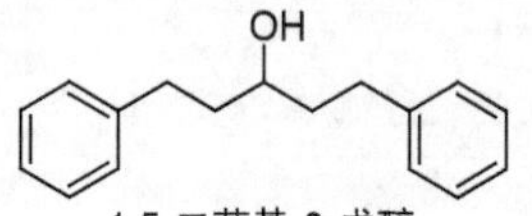

1,5-二苯基-3-戊醇

首先考察目标分子的结构特征，这是一个具有对称结构的仲醇一基团化合物，有两种切断方法，方法 a 是切断一条链得到醛和格氏试剂，方法 b 是同时对称地切断两条链得到甲酸乙酯和格氏试剂。两种切断方法得到的格氏试剂是一样的，方法 a 拆成的苯丙醛仍需进一步切断，而甲酸乙酯原料易得。切断方法 b 得到的原料合成目标分子时相应的合成步骤就比方法 a 少，显然方法 b 较优，这又体现了药物合成设计的另一个切断原则：最大步骤简化。从中还可以发现一个规律，即具有对称结构的仲醇或叔醇可以采用对称部位同时切断的方法。

反合成分析：

方法 a：

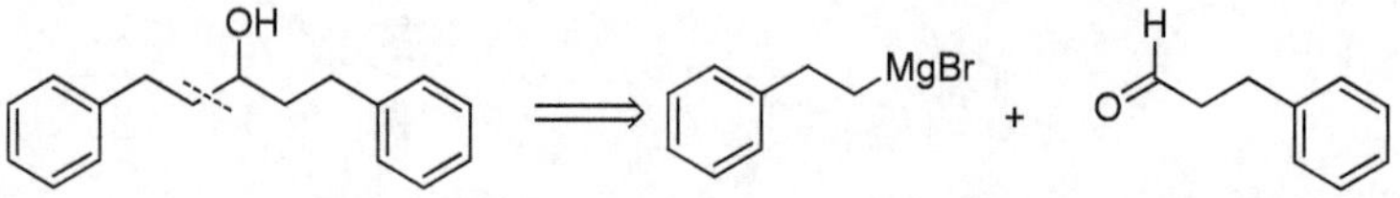

方法 b：

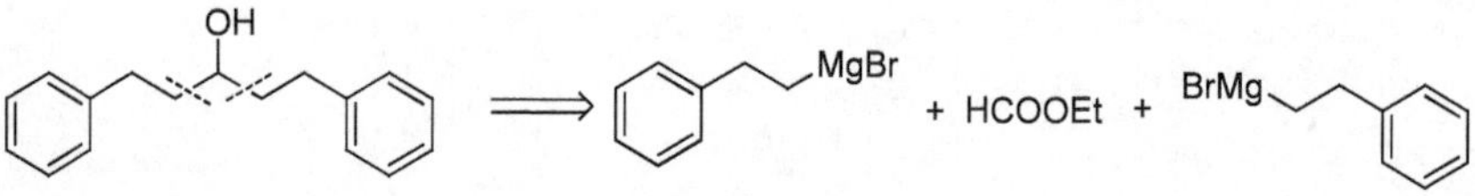

格氏试剂的切断分析：

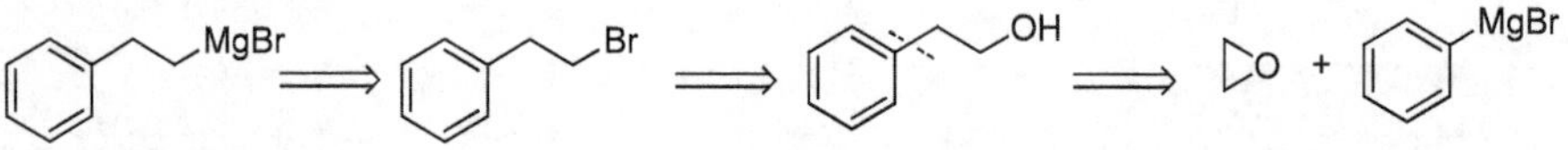

合成路线：

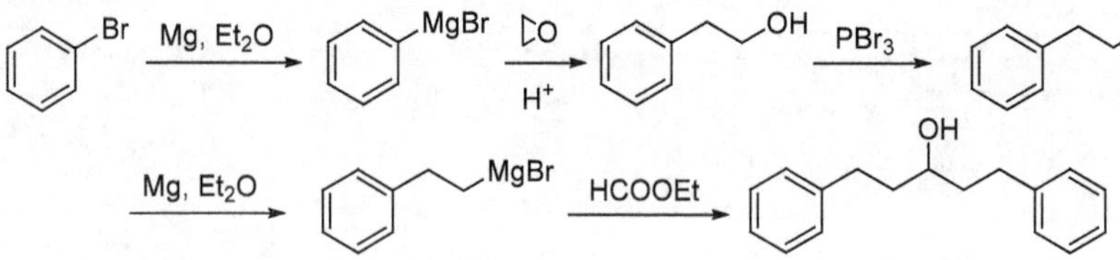

【实例 2-7】设计氟西汀的合成路线。

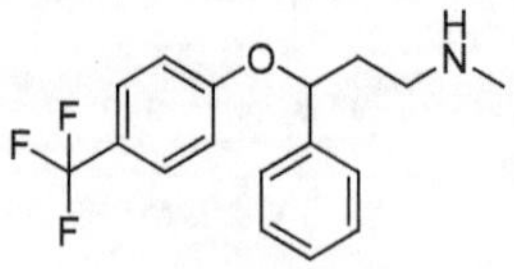

氟西汀

氟西汀又名百忧解，是选择性的 5-羟色胺重摄取抑制剂类抗抑郁药。氟西汀分子是含有醚的结构，可以先将醚切断成醇，醇进一步官能团转化成酮。

反合成分析：

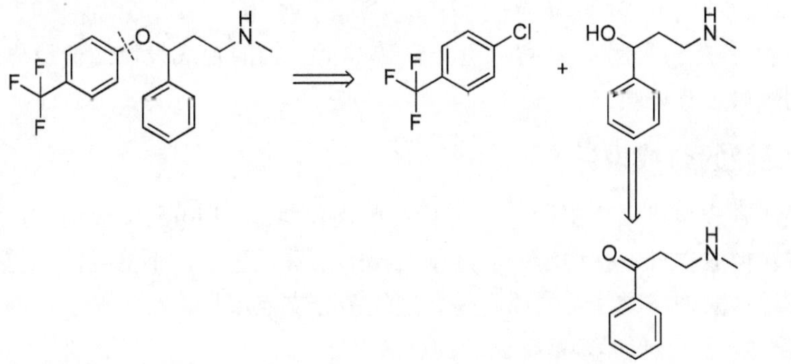

F F F O H N ⟹ F F F Cl + HO H N ⟹ O H N

合成路线：

O H N —[H]→ HO H N —(F F F Cl, K_2CO_3)→ F F F O H N

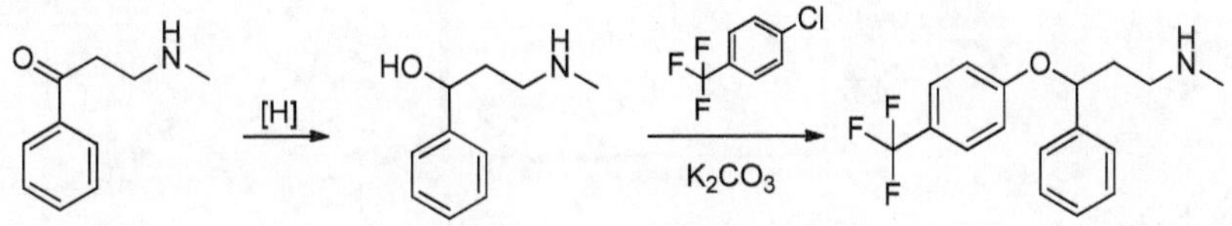

【**实例 2-8**】设计 1-溴-3-甲基-2-丁烯的合成路线。

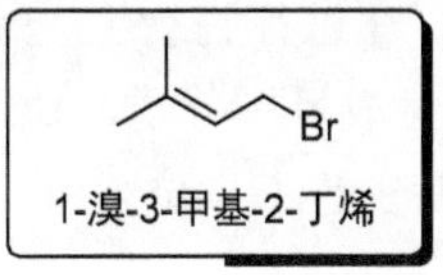

Br

1-溴-3-甲基-2-丁烯

反合成分析：

1-溴-3-甲基-2-丁烯可以看作醇的衍生物，将溴切断后得到烯丙基正离子，形成共轭体系，醇羟基的引入有 a 和 b 两种方法，分别转化成伯醇和叔醇。方法 a 切断后得到 2-甲基丙烯格氏试剂和甲醛；方法 b 切断后得到的是普通廉价的丙酮和乙炔。比较两条切断方法得到的起始原料及其合成路线，方法 b 得到的是最适合的反应试剂，这也是指导切断的一个重要原则。

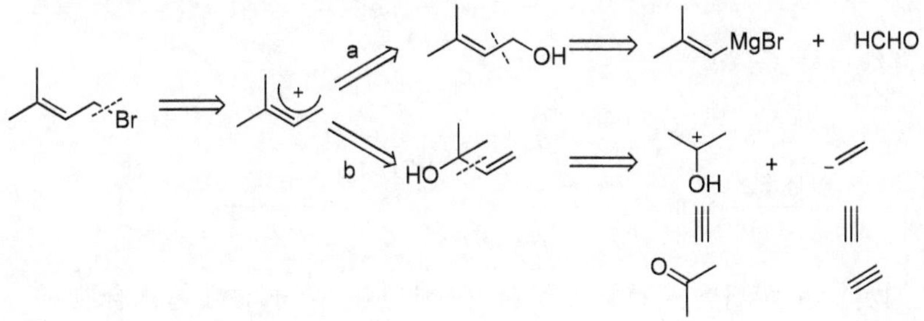

Br ⟹ (+) —a⟹ OH ⟹ MgBr + HCHO

—b⟹ HO ⟹ (+) OH + (−) ; ||| O ; |||

合成路线：

$$\equiv \xrightarrow{NaNH_2/NH_3(l)} \equiv^- \xrightarrow{CH_3COCH_3} (CH_3)_2C(OH)C{\equiv}CH \xrightarrow{[H^+]} (CH_3)_2C(OH)CH{=}CH_2 \xrightarrow{HBr} (CH_3)_2C{=}CHCH_2Br$$

从实例 2-7 和实例 2-8 可以看出，醇的衍生物的合成设计的一般思路就是先将其转换为醇再进行切断。

2.2.2 烯烃的合成设计

烯烃的合成可以采用醇脱水、卤代烷脱卤化氢或 Wittig 反应制备，它的合成设计可以先转换成醇再进行切断，醇羟基的添加位置很重要，不恰当的位置易在合成过程中生成较多的副产物，总的原则是要遵循多分支点添加。

【实例 2-9】设计 1-苯基环己烯的合成路线。

1-苯基环己烯

反合成分析：

1-苯基环己烯的设计可以在 C1 或 C2 位添加醇羟基，分别得到 1-苯基环己醇和 2-苯基环己醇。分析这两个醇，在进行脱水生成烯烃时，1-苯基环己醇只生成目标分子，而 2-苯基环己醇不仅可以生成目标分子，还可以生成 2-苯基环己烯副产物。因而，合理的添加醇羟基的位置应该是 C1 位。

1-苯基环己烯 ⇒ 1-苯基环己醇（OH） 或 2-苯基环己醇（OH）

⇓

环己酮 + PhMgBr

合成路线：

$$PhBr \xrightarrow{Mg,\ Et_2O} PhMgBr \xrightarrow{环己酮} \text{1-苯基环己醇} \xrightarrow{H_2SO_4} \text{1-苯基环己烯}$$

烯烃的另一种切断方式是将双键打开，形成一分子的羰基化合物和一分子的 Wittig 试剂，Wittig 试剂是由卤代烷合成的，这种设计方法最后得到的是羰基化合物和卤代烷。切断后得到的羰基化合物和 Wittig 试剂有两种可能性，如何选择是以它们自身的合成设计的难易为依据。

环己烯是一类特殊的烯烃，可以通过 Diels-Alder 反应合成。Diels-Alder 反应是共轭二烯烃及其衍生物与含有碳碳双键、三键等的化合物进行 1,4-加成生成环状化合物的反应，又称为双烯合成。在 Diels-Alder 合成反应中，通常将共轭二烯烃及其衍生物称为双烯体，与之反应的不饱和化合物称为亲双烯体，进行 Diels-Alder 反应的条件是双烯体含有供电子基团，而亲双烯体具有吸电子基团，反之亦可。环己烯的切断可以将环打开，分别得到共轭烯烃和不饱和烃。

【实例 2-10】 设计 3-苯基-1-(3′-环己烯基)-丙烯的合成路线。

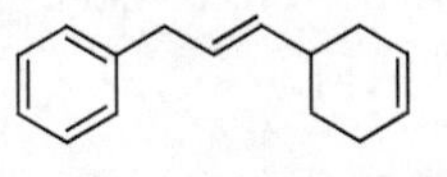

3-苯基-1-(3'-环己烯基)-丙烯

反合成分析：

3-苯基-1-(3′-环己烯基)-丙烯的切断可以将环外双键打开，形成醛和 Wittig 中间体，Wittig 中间体分别由相应的溴代烷合成。1-溴苯基乙烷和苯乙醛很容易得到，然而 4-溴甲基环己烯和 3-环己烯甲醛都具有一个环己烯结构，可以用 Diels-Alder 反应制备，但溴甲基是供电子基团，不能与 1,4-丁二烯发生 Diels-Alder 反应，醛基是吸电子基团，符合发生 Diels-Alder 反应的条件，因此目标分子正确的切断产物是 3-环己烯甲醛和苯乙基 Wittig 试剂。

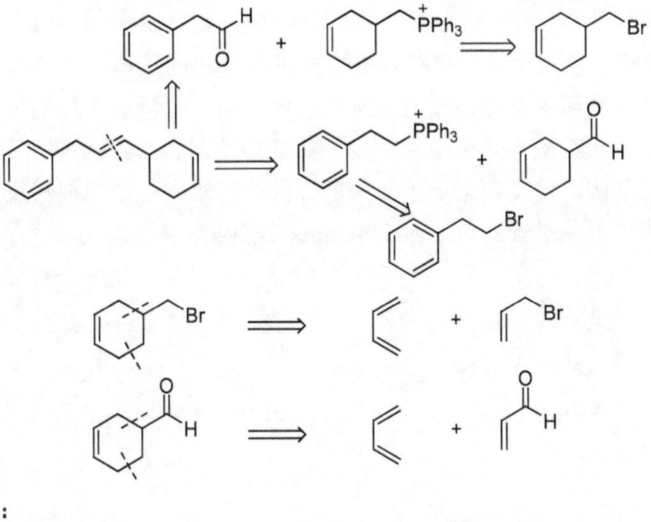

H O + $\overset{+}{P}Ph_3$ ⟹ Br

⟹ $\overset{+}{P}Ph_3$ + O H

Br

Br ⟹ + Br

O H ⟹ + O H

合成路线：

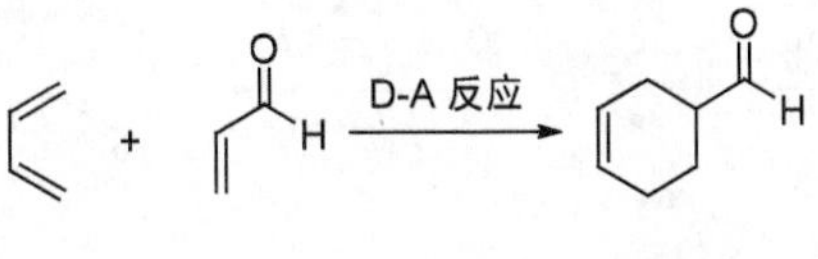

+ O H $\xrightarrow{\text{D-A 反应}}$ O H

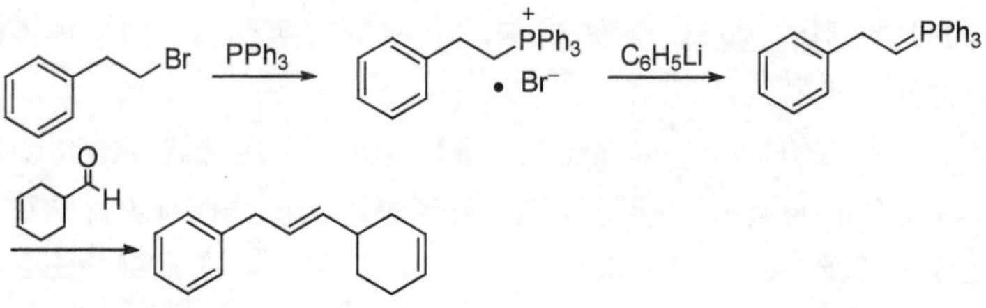

2.2.3 芳香酮的合成设计

芳香酮是指苯环上具有 COR 基团取代的一类化合物，它们的合成设计通常将 COR 基团切断，在无水氯化铝等催化下利用 Friedel-Crafts 酰基化反应合成，常用的酰基化试剂有酰卤、酸酐和酸。Friedel-Crafts 反应是亲电取代反应，取代基团的诱导效应和定位规则是选择切断位置的依据。

Z = X, R'COO, OH

【实例 2-11】设计 (2′-甲氧基-5′-甲基-苯基)-4-硝基苯甲酮的合成路线。

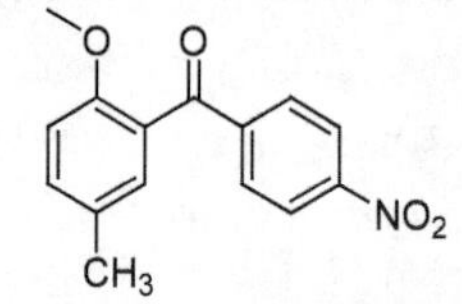

(2'-甲氧基-5'-甲基-苯基)-4-硝基苯甲酮

反合成分析：

(2′-甲氧基-5′-甲基-苯基)-4-硝基苯甲酮具有二苯酮的结构，羰基与苯环之间的切断有两种方式——从羰基左侧切断或从羰基右侧切断。分析切断后的等价物，前一种切断是对甲苯甲醚和对硝基苯甲酰氯，后一种是硝基苯和 2-甲氧基-5-甲基苯甲酰氯。硝基是强吸电子基团，使苯环上电子云密度降低，较难发生亲电取代反应，并且硝基是间位定位基团，不易进行对位 Friedel-Crafts 反应。

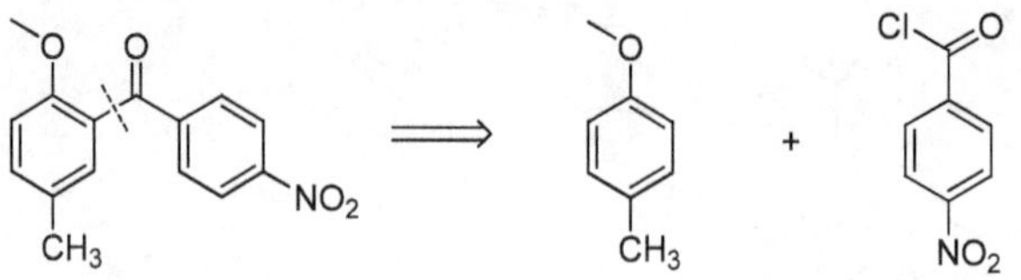

合成路线：

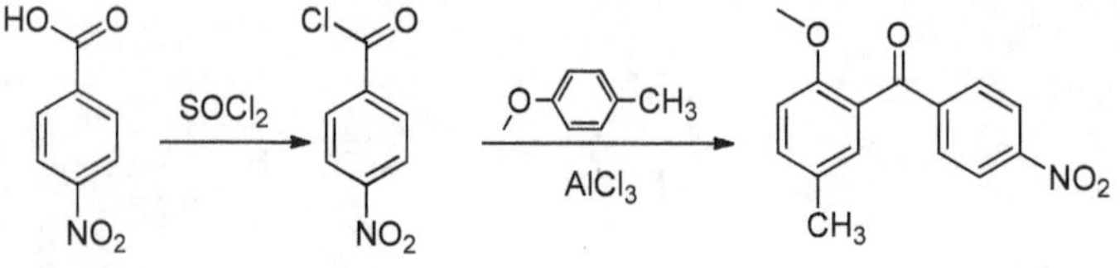

【实例 2-12】设计局部麻醉药盐酸达克罗宁的合成路线。

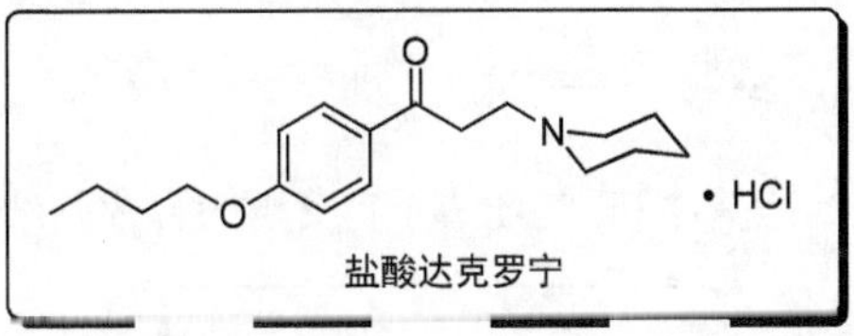

盐酸达克罗宁

反合成分析：

盐酸达克罗宁是氨基酮类局部麻醉药，见效快，作用较持久，临床上用于表面麻醉。它的合成设计可以将氨基、酮、醚先后切断，其中哌啶基团的引入采用了经典的 Mannich 反应。

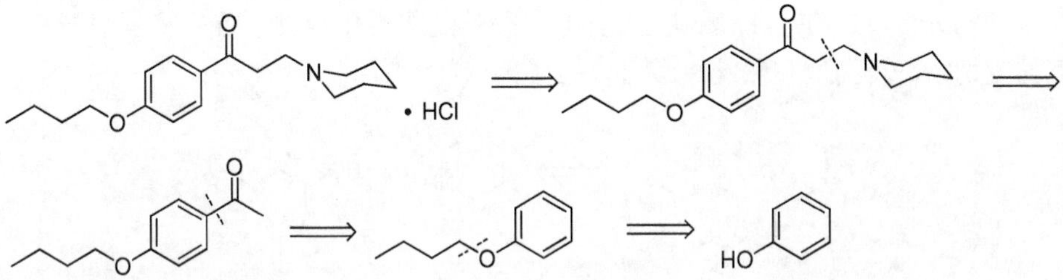

合成路线：

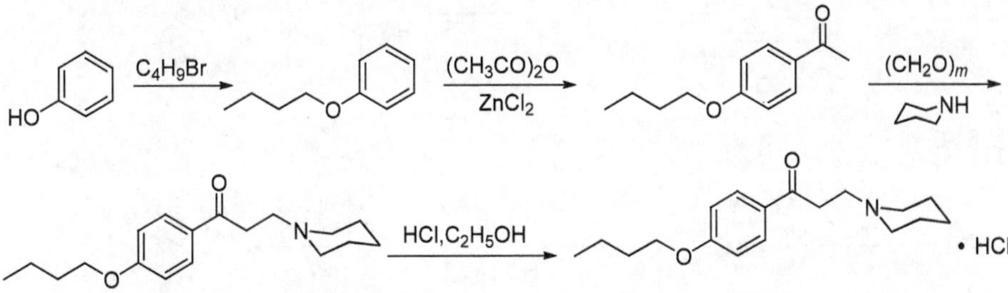

2.2.4 羧酸及其衍生物的合成设计

羧酸主要通过氧化法、腈水解、格氏试剂与二氧化碳亲核加成等方法引入羧基。羧酸衍生物系指酰卤、酸酐、酯以及酰胺，它们可以由羧酸进行简单的反应得到，也可以经水解反应转变为相应的酸。羧酸衍生物的活泼性各不相同，活泼性高的羧酸衍生物可以制备活泼性低的衍生物，但反之不行。

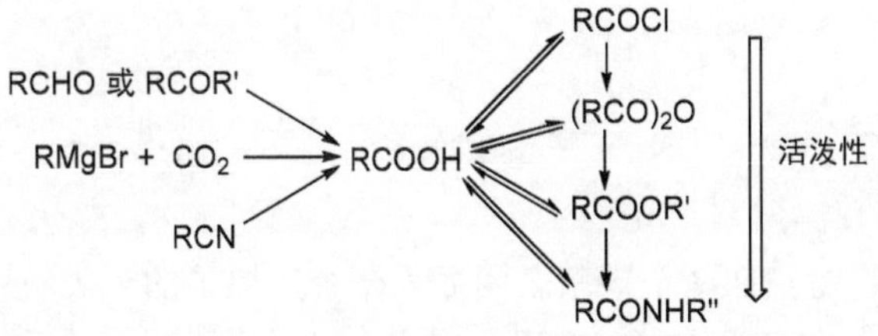

羧酸衍生物的切断相对较简单，一般选择将连接羰基和杂原子的键进行切断。

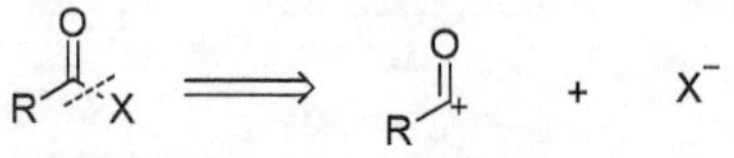

【实例 2-13】设计 2-乙基-1-(哌啶-1-基)-1-戊酮的合成路线。

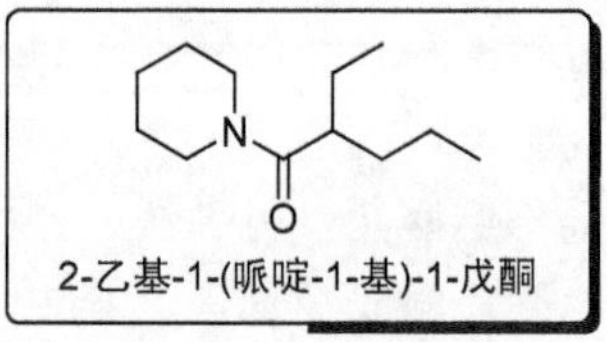

2-乙基-1-(哌啶-1-基)-1-戊酮

反合成分析：

从结构分析，2-乙基-1-(哌啶-1-基)-1-戊酮是酰胺类化合物，首先将羰基与 N 原子间的键切断，得到酸和哌啶，酸可以用格氏试剂法制备。

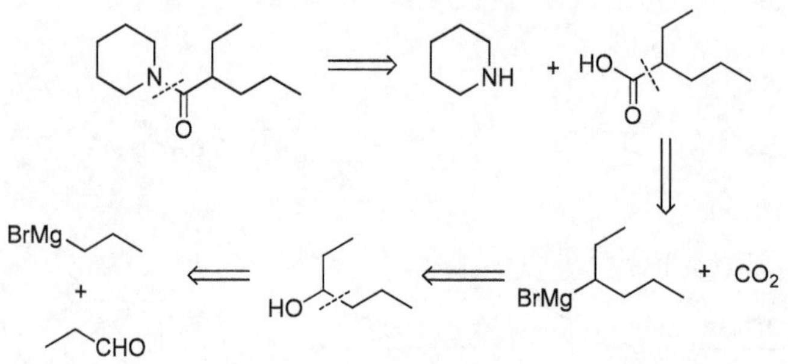

合成路线：

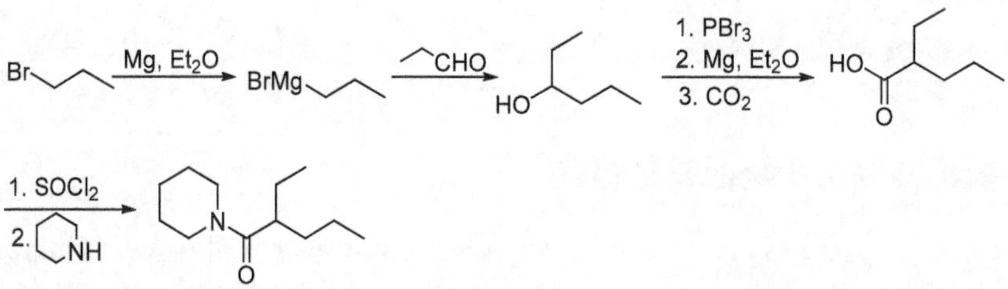

酸的合成还可以采用腈水解的方法，实例 2-13 的中间体 2-乙基戊酸可以用 2-乙基戊腈水解得到，因此 2-乙基-1-(哌啶-1-基)-1-戊酮的合成还有另一条腈水解合成路线。

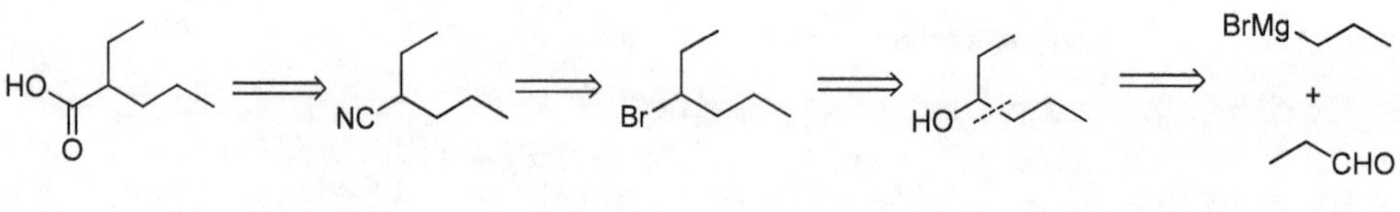

β-二羰基化合物是指在两个羰基之间插入一个碳原子的一类特殊的化合物，如丙二酸二乙酯，它们在有机合成中有广泛的应用，可以用于制备羧酸及其衍生物。通过

引入丙二酸二乙酯可以制备取代乙酸、二元酸和环烷酸等，利用丙二酸二乙酯的羧酸及其衍生物的切断合成设计法被称为丙二酸二乙酯法。

【实例 2-14】设计异戊巴比妥的合成路线。

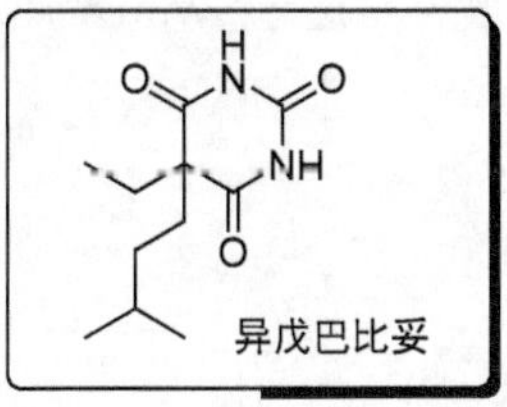

异戊巴比妥

反合成分析：

异戊巴比妥属巴比妥类镇静催眠药，临床上用于镇静、催眠和抗惊厥。它的合成设计可以采用丙二酸二乙酯法，首先将两个酰胺键同时切断，引入乙酯基，得到活泼的 α-氢分别被乙基和 3-甲基丁基取代的丙二酸二乙酯；再利用丙二酸二乙酯的活泼亚甲基的特点，依次切断乙基和 3-甲基丁基。

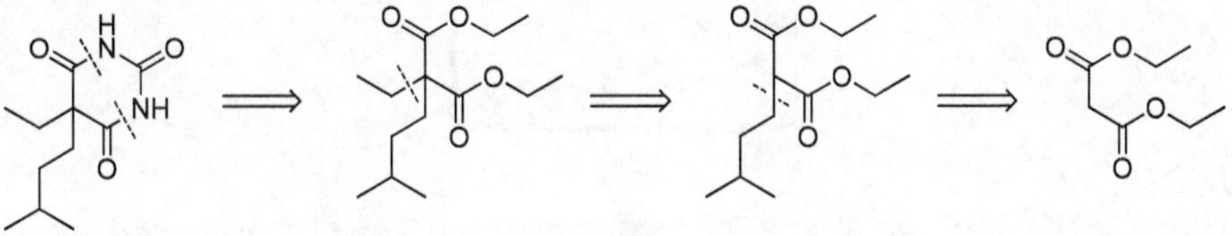

合成路线：

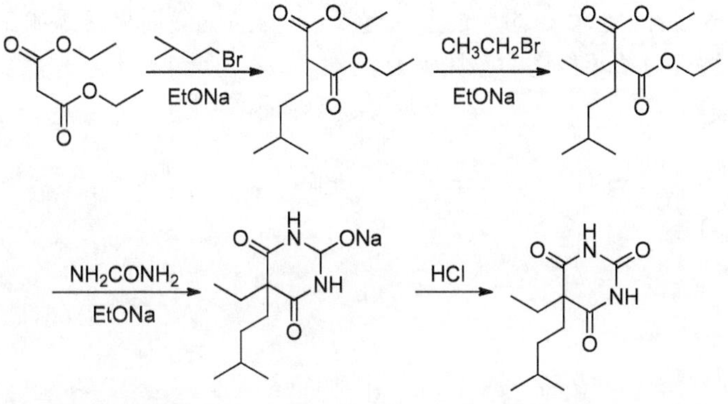

Br
EtONa
CH_3CH_2Br
EtONa
NH_2CONH_2
EtONa
HCl

2.2.5 饱和烃的合成设计

饱和烃是结构相对简单的化合物，包括脂肪族直链烷烃、环烷烃和芳烷烃，它们的合成设计可以由不饱和烃氢化还原反应和偶联反应得到，但也有特殊的设计方法。

【实例 2-15】设计二环[1.1.0]丁烷的合成路线。

二环[1.1.0]丁烷

反合成分析：

二环[1.1.0]丁烷是最简单的双环结构，从结构分析，是具有对称性结构的环烷烃，在金属钠作用下的二分子卤代烃的 Wurtz 反应是合成对称性烷烃的常用方法。将两个桥头碳原子之间的链进行切断，很容易通过 Wurtz 反应制备。

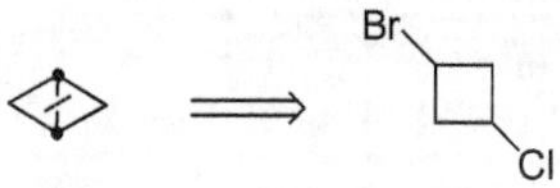

合成路线：

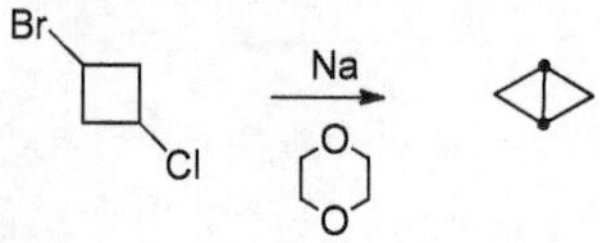

【实例 2-16】设计环己基苯的合成路线。

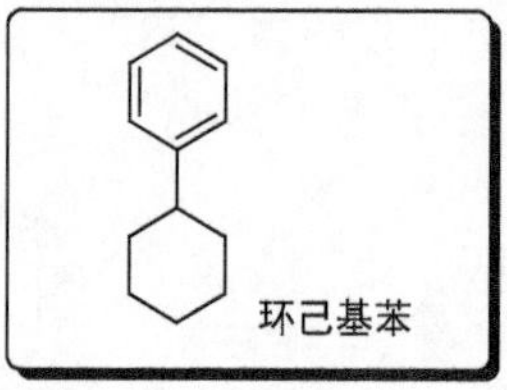

环己基苯

反合成分析：

环己基苯是带有六元环的芳烃，在合成设计中苯基团一般不考虑切断，环己基可以通过环己烯氢化加氢制备，环己烯又可以从醇脱水而来，也就是可以通过添加活化基羟基进行合成设计，但存在添加位置的选择，一般而言，活化基添加在多分支点处。本例中羟基添加于与苯环相连的碳原子处。

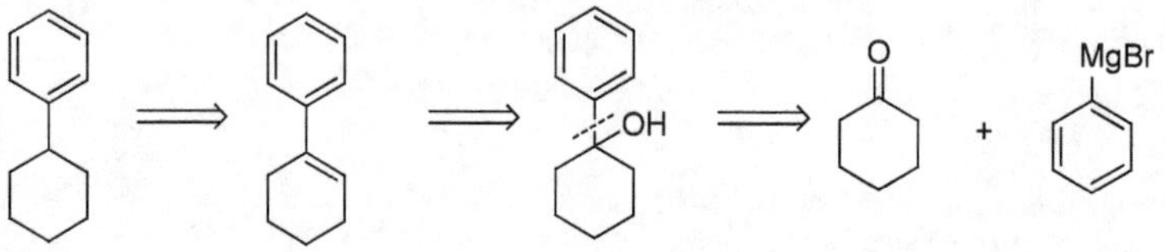

合成路线：

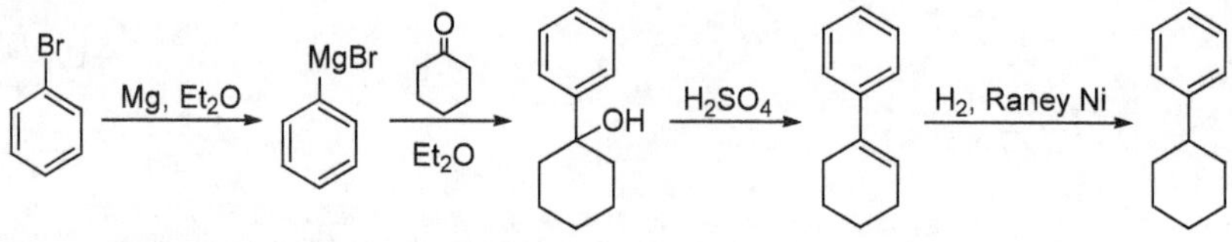

【实例 2-17】设计丙基苯的合成路线。

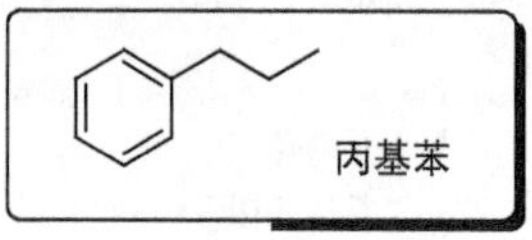

丙基苯

反合成分析：

Friedel-Crafts 烷基化反应也是在芳环上引入烷基的重要方法，芳烷烃的合成设计可以将芳环与直链烷基之间切断，利用 Friedel-Crafts 烷基化反应得到。但要注意在含有 3 个及以上碳原子时，Friedel-Crafts 烷基化反应会发生异构化，因此，在进行含 3 个及以上碳原子的直链烷基苯合成设计切断后，可采取先进行酰基化反应，然后将羰基还原的方法。在本例中，切断后有 a、b 两条路线，应该选择路线 a。路线 b 氯代丙烷与苯进行 Friedel-Crafts 烷基化反应时易异构化生成异丙基苯。

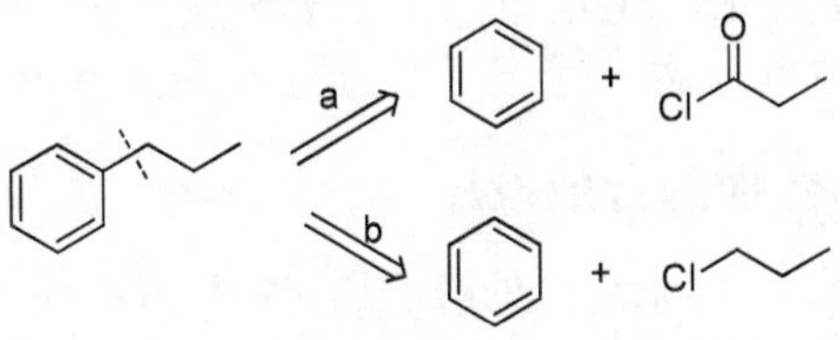

合成路线：

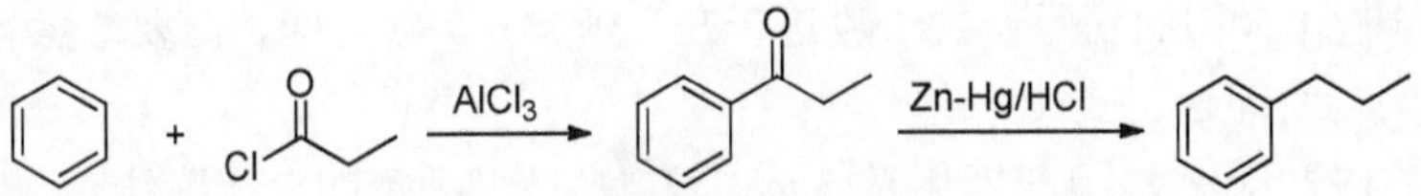

【**实例 2-18**】设计 2-氧二环[3.2.0]庚烷的合成路线。

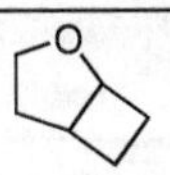

2-氧二环[3.2.0]庚烷

反合成分析：

光催化的周环反应是合成环烷烃的经典反应，其中包括[2+2]环加成反应、[4+2]环加成反应（Diels-Alder 反应）等。[2+2]环加成反应用于合成环丁烷，2-氧二环[3.2.0]庚烷结构中含有一个环丁烷，将其中的两条链同时切断后得到醚，醚的合成设计可采用 Williamson 合成法，因此将醚键切断得到烯丙基溴和 3-丁烯-1-醇。

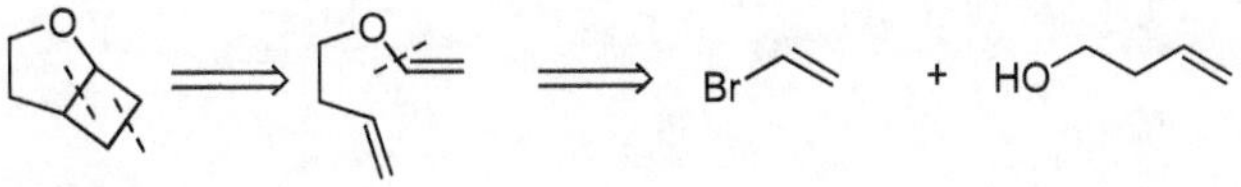

合成路线：

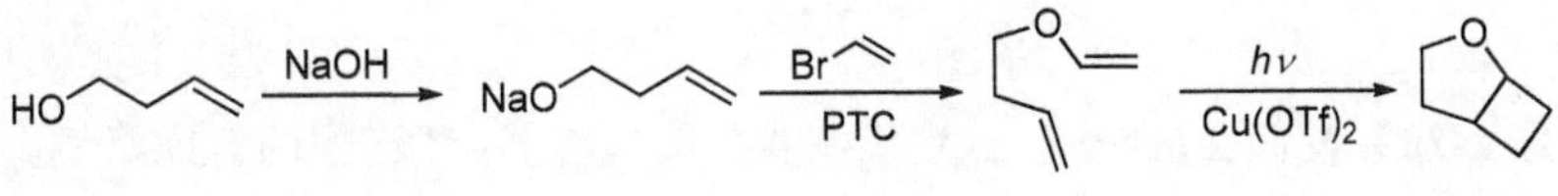

2.3

二基团切断

二基团的切断相对比较复杂，多基团的引入增加了可切断位置的变化，如何正确地选择切断位置是二基团切断的重点。二基团的种类多种多样，本节主要介绍 *β*-羟基羰基化合物、*α*,*β*-不饱和羰基化合物、1,3-二羰基化合物和 1,5-二羰基化合物的合成设计，其他的二基团化合物如 1,2-、1,4- 和 1,6-二氧化合物是一类特殊的二基团化合物，将在第 2.4 节中介绍它们的切断方法。

2.3.1 *β*-羟基羰基化合物的合成设计

羟醛缩合反应是指含有 *α*-活泼氢的醛和酮在稀酸或稀碱的条件下，缩合成 *β*-羟基醛或酮的反应，从反应机理可以看出，羟醛缩合实际上是亲核加成反应。酮进行缩合反应要比醛相对较难，实际操作中需要采用特殊的方法或使产物生成后离开反应体系。*β*-羟基羰基化合物的切断位置一般选择在 *α*-碳与 *β*-碳之间，但要注意含 *α*-活泼氢的醛或酮的自身缩合。

【实例 2-19】设计 2,4,4,6-四甲基-5,6-二氢-4*H*-[1,3]噁嗪的合成路线。

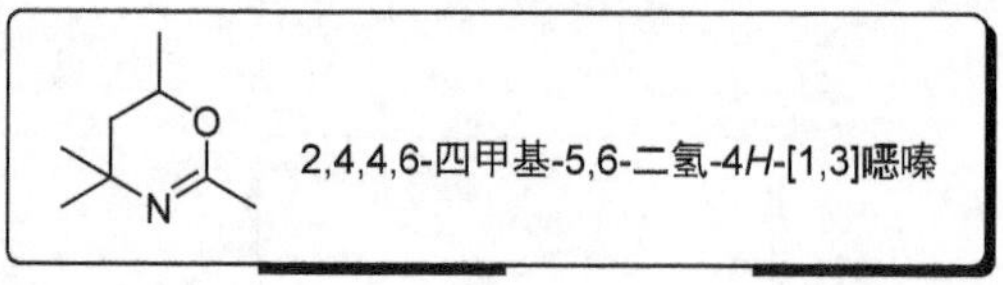

反合成分析：

2,4,4,6-四甲基-5,6-二氢-4*H*-[1,3] 噁嗪被称为 Meyer 杂环试剂，可用于合成醛、酮、酸等，可通过 Ritter 反应由二醇制得。因此可以先将 C–O 键和 C–N 键进行切断，二醇又可从 *β*-羟基酮还原而来，*β*-羟基酮可以切断成两分子的丙酮。

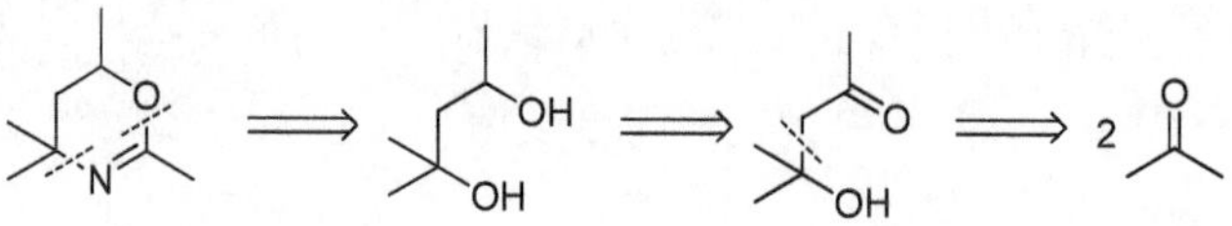

合成路线：

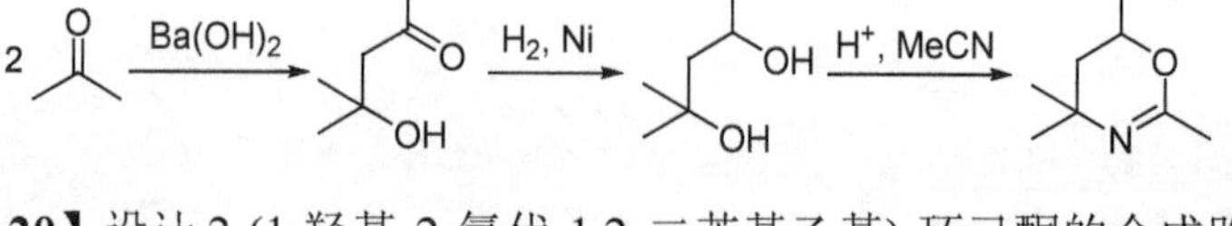

【实例 2-20】设计 2-(1-羟基-2-氧代-1,2-二苯基乙基)-环己酮的合成路线。

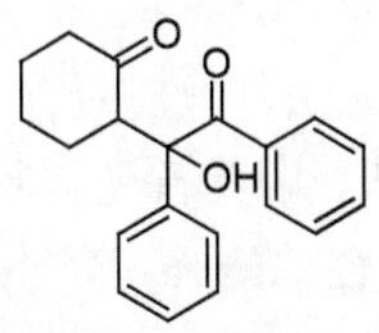

2-(1-羟基-2-氧代-1,2-二苯基乙基)-环己酮

反合成分析：

目标分子含两个羰基和一个羟基，切断方式有 a 和 b 两种选择，切断 a 得到1,3-二酮化合物和羰基碳负离子合成子，羰基碳负离子合成子很难找到其等价试剂，此路线不合适。切断 b 得到的是环己酮和二酮，二酮还原后将醇羟基碳与羰基碳之间的键切断，经安息香缩合反应得到。

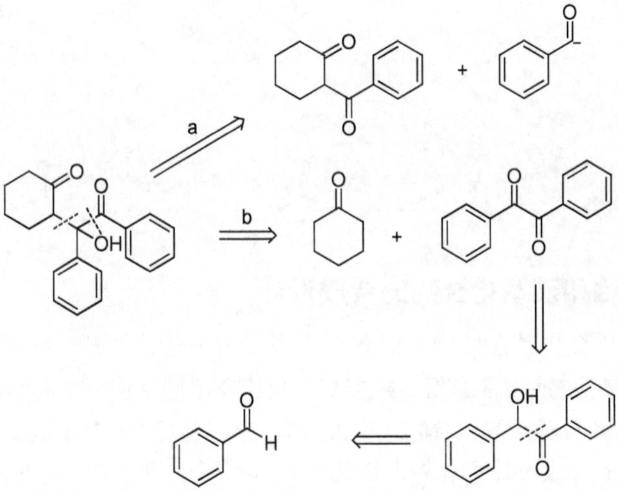

合成路线：

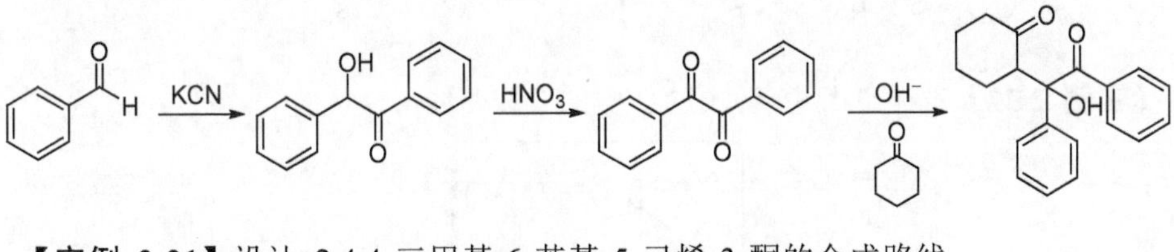

【实例 2-21】设计 2,4,4-三甲基-6-苯基-5-己烯-3-酮的合成路线。

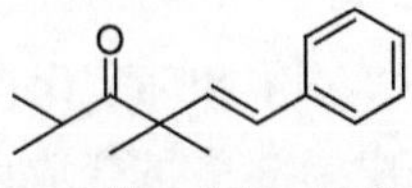

2,4,4-三甲基-6-苯基-5-己烯-3-酮

反合成分析：

Wittig 反应是制备烯烃的很好方法，但反应有选择性，得到的是反式烯烃，目标分子的双键符合 Wittig 反应的特征。因此首先将双键进行切断，得到 β-羰基醛化合物和三苯基膦中间体，由于醛活泼性比酮强，发生 Wittig 反应时优先与醛反应。β-羰基醛化合物可以通过官能团转化形成 β-羟基醛化合物，再将 α-碳与 β-碳之间的键切断，得到两分子 2-甲基丙醛，也就是利用醛的自身缩合。

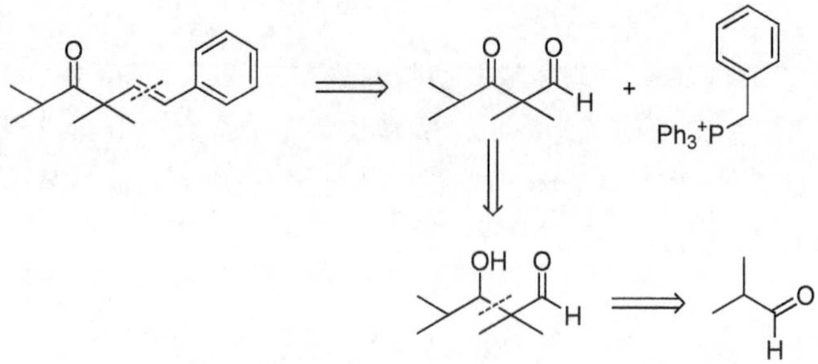

Ph_3^+P

合成路线：

NaOH　CrO_3　Ph_3^+P

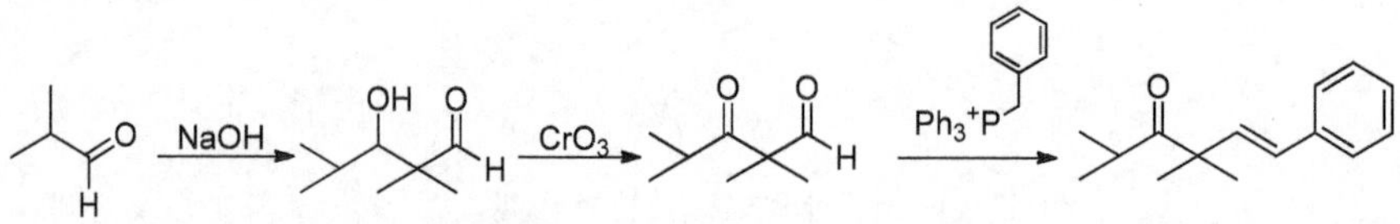

2.3.2　α,β-不饱和羰基化合物的合成设计

β-羟基羰基化合物易在较剧烈的条件下脱去一分子水生成 α,β-不饱和羰基化合物，脱水的方式包括加热、强酸等。羟醛缩合反应在不同条件下生成的产物不一样，碱性条件得到的是 β-羟基羰基化合物，而酸性条件得到 α,β-不饱和羰基化合物。α,β-不饱和羰基化合物的合成设计可以将双键切断，得到两个相同或不同的羰基化合物。

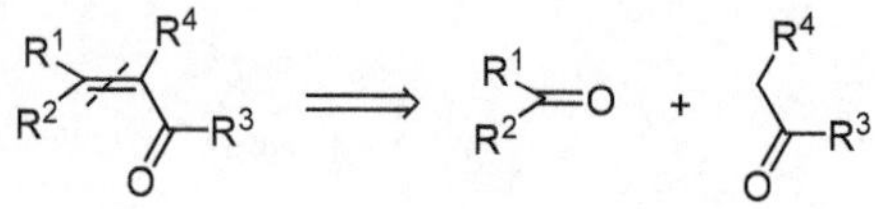

R^1 R^2 R^3 R^4

【实例 2-22】设计 3-甲基-环戊烯-2-酮的合成路线。

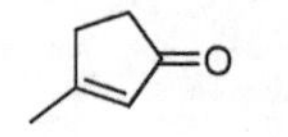

3-甲基-环戊烯-2-酮

反合成分析：

分子内羟醛缩合反应是制备 α,β-不饱和环酮化合物时广泛应用的方法，尤其是五元或六元环状不饱和酮，3-甲基-环戊烯-2-酮的合成设计只需将双键切断即可。

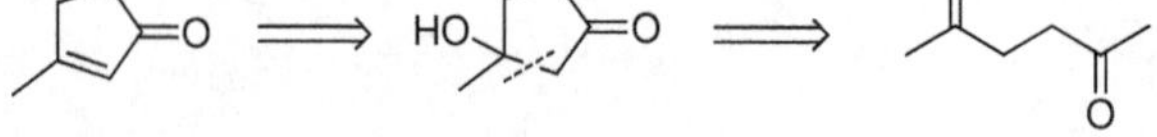

合成路线：

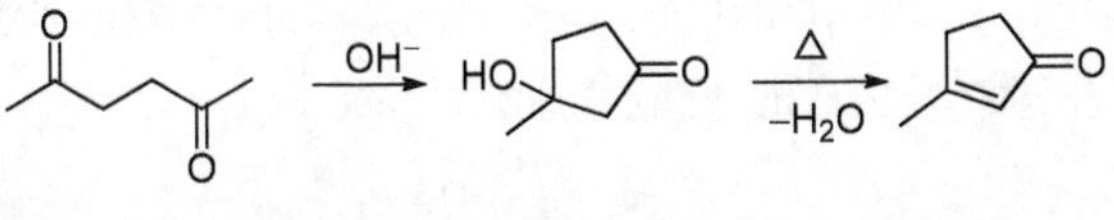

芳香醛是一类不含 α-氢的醛，不会发生自身缩合，在羟醛缩合反应中具有很好的应用价值。芳香醛与含有 α-氢的醛、酮在碱性条件下发生交叉羟醛缩合生成 α,β-不饱和羰基化合物的反应被称为 Claisen-Schmidt 反应；与含有两个 α-氢的脂肪族酸酐及相应的羧酸钾或羧酸钠反应得到 α,β-不饱和羧酸的反应被称为 Perkin 反应。Claisen-Schmidt 反应和 Perkin 反应被广泛应用于 α,β-不饱和羰基化合物的合成设计。芳香醛还能与含有两个 α-氢的酯在碱性条件下缩合，生成 α,β-不饱和酯。

Claisen-Schmidt 反应机理：

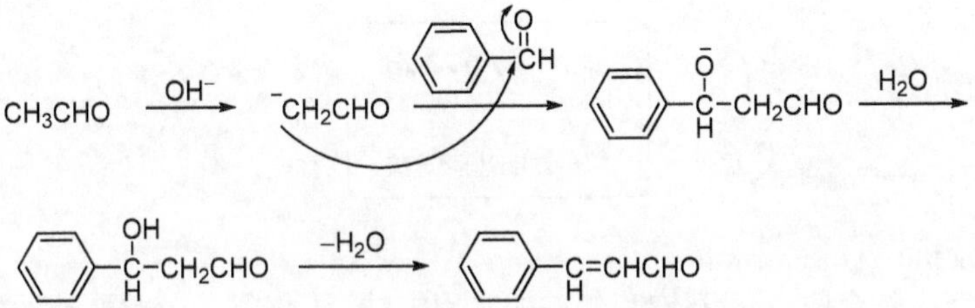

$CH_3CHO \xrightarrow{OH^-} {}^-CH_2CHO$

【实例 2-23】设计 4,4-二甲基-1-苯基-1-戊烯-3-酮的合成路线。

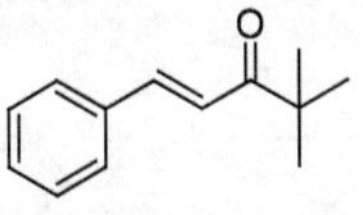

4,4-二甲基-1-苯基-1-戊烯-3-酮

反合成分析：

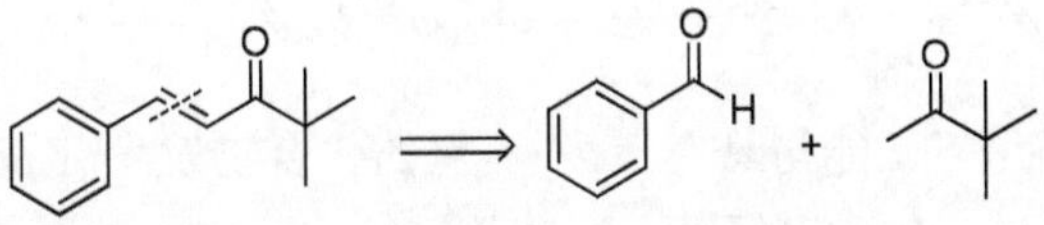

合成路线：

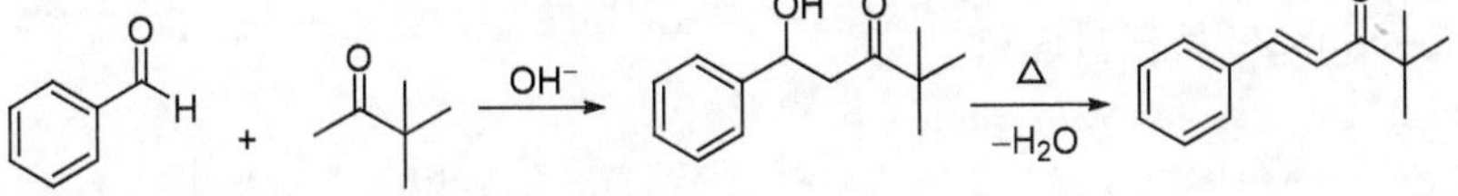

【实例 2-24】设计肉桂酸的合成路线。

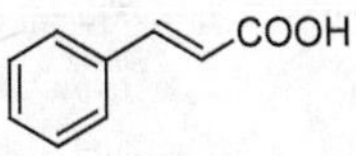

肉桂酸

反合成分析：

肉桂酸是含苯环的 α,β-不饱和羧酸，其合成设计可以将双键切断，利用苯甲醛在羧酸盐条件下与乙酸酐发生 Perkin 反应合成。

$$PhCH=CHCOOH \Longrightarrow PhCHO + (CH_3CO)_2O$$

合成路线：

$$PhCHO + (CH_3CO)_2O \xrightarrow[\Delta]{CH_3COOK} PhCH=CHCOOH + CH_3COOH$$

【实例 2-25】设计 β-(α'-呋喃基)丙烯酸的合成路线。

β-(α'-呋喃基)丙烯酸

反合成分析：

Perkin 反应是合成 α,β-不饱和羧酸的常用方法，不仅仅是芳香醛能发生这样的反应，不含 α-氢的杂环芳香醛也能发生同样的反应。β-(α'-呋喃基)丙烯酸的设计只需将双键切断，利用 Perkin 反应制备。

$$\text{呋喃-}CH=CHCOOH \Longrightarrow \text{呋喃-}CHO + Ac_2O$$

合成路线：

$$\text{呋喃-}CHO + Ac_2O \xrightarrow[2.\ H^+/\Delta]{1.\ OH^-} \text{呋喃-}CH=CHCOOH$$

醛、酮在弱碱催化下，能与具有活泼 α-氢的化合物发生 Knoevenagel 反应，两个强吸电子基如醛、酮、羧酸、氰基、硝基等连接在同一个碳原子，使得与碳原子相连的氢易离去，这样的化合物属于活泼 α-氢的化合物。

Knoevenagel 反应机理：

$$H_2C(Z)(Z') \xrightarrow{B} {}^-CH(Z)(Z')$$

$$>C=O + {}^-CH(Z)(Z') \rightleftharpoons -C(O^-)-CH(Z)(Z') \underset{}{\overset{BH}{\rightleftharpoons}} -C(OH)-CH(Z)(Z') \xrightarrow{-H_2O} >C=C(Z)(Z')$$

【实例 2-26】设计 2-氰基-3-甲基-2-戊烯酸乙酯的合成路线。

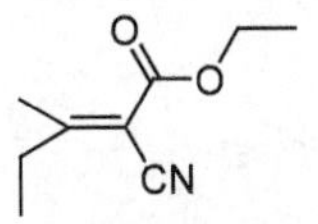

2-氰基-3-甲基-2-戊烯酸乙酯

反合成分析：

利用 Knoevenagel 反应，2-氰基-3-甲基-2-戊烯酸乙酯的设计就很简单，将 C=C 键切断得到 2-丁酮和氰乙酸乙酯。

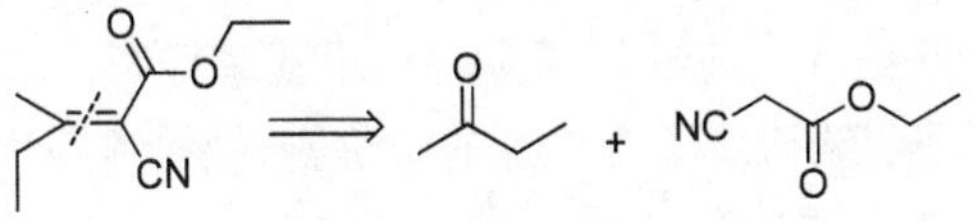

合成路线：

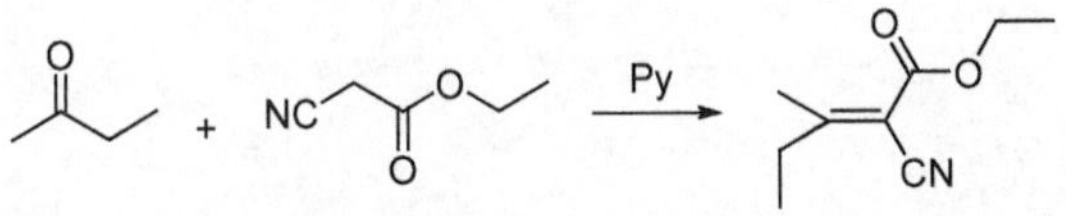

Py

【实例 2-27】设计奥沙那胺的合成路线。

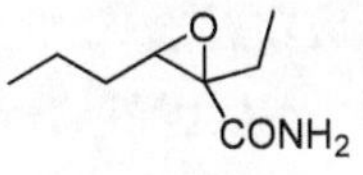

奥沙那胺

反合成分析：

奥沙那胺是一种抗精神病药物，在基础有机化学中已了解到环氧乙烷基团可以从 C=C 键氧化而来，因此可以经官能团转化为双键，将双键切断，得到丁醛和丁酸。

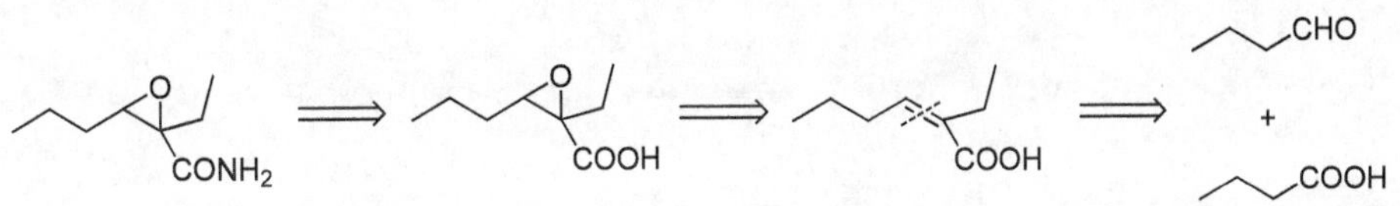

$CONH_2$ COOH COOH CHO + COOH

丁酸可以由丁醛氧化得到，最终的原料都是丁醛，但在丁醛和丁酸发生缩合时，丁醛有可能自身缩合，考虑到这个因素，将烯酸先转化成醛，再进行切断，这样可避免两种反应的发生，因此这样的切断方式更佳。

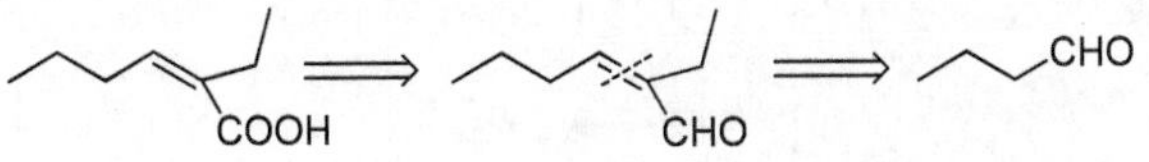

COOH CHO CHO

合成路线：

$$\text{CH}_3\text{CH}_2\text{CH}_2\text{CHO} \xrightarrow{\text{OH}^-} \text{(烯醇, CH}_2\text{OH)} \xrightarrow{\text{Ag}_2\text{O}} \text{(烯酸, COOH)} \xrightarrow[\text{NH}_3]{\text{SOCl}_2} \text{(烯酰胺, CONH}_2\text{)} \xrightarrow{\text{RCO}_3\text{H}} \text{(环氧酰胺, CONH}_2\text{)}$$

2.3.3 1,3-二羰基化合物的合成设计

从 1,3-二羰基化合物的骨架可以看出，它的切断方式有两种：路线 a，将左边羰基与亚甲基进行切断；路线 b，将右边羰基与亚甲基进行切断。分别得到一个碳负离子和一个碳正离子合成子，碳正离子合成子的等价物是酮，碳负离子必须要添加酯基。如何选择切断位置是 1,3-二羰基化合物合成设计的关键，依据的原则是 2.1.2.1 节介绍的切割四原则。

$$\text{RCOCH}_2\text{COR'} \overset{a}{\Longrightarrow} \text{RCOOEt} + \text{H}_3\text{CCOR'}$$

$$\text{RCOCH}_2\text{COR'} \overset{b}{\Longrightarrow} \text{RCOCH}_3 + \text{EtOCOR'}$$

Claisen 酯缩合反应以及其衍生应用是合成 1,3-二羰基化合物的重要方法，包括能提供酰基的酯、酰氯、酸酐等与含 α-活泼氢的酯、醛、酮和腈等的反应。

Claisen 酯缩合反应机理：

$$CH_3CO_2C_2H_5 + C_2H_5O^- \rightleftharpoons {}^-CH_2CO_2C_2H_5 + C_2H_5OH$$

$$H_3C-\overset{O}{\overset{\|}{C}}-OC_2H_5 + {}^-CH_2CO_2C_2H_5 \rightleftharpoons H_3C-\overset{O^-}{\overset{|}{\underset{CH_2CO_2C_2H_5}{\underset{|}{C}}}}-OC_2H_5 \rightleftharpoons$$

$$H_3C-\overset{O}{\overset{\|}{C}}-CH_2CO_2C_2H_5 + C_2H_5O^- \rightleftharpoons H_3C-\overset{O}{\overset{\|}{C}}-\overset{-}{C}HCH_2O_2C_2H_5 + C_2H_5OH$$

$$\xrightarrow{H^+} H_3C-\overset{O}{\overset{\|}{C}}-CH_2CO_2C_2H_5$$

【**实例 2-28**】设计乙酰乙酸乙酯的合成路线。

乙酰乙酸乙酯

反合成分析：

乙酰乙酸乙酯在有机合成中应用很广，是合成甲基酮和烷基取代的乙酸的主要方法。从结构分析看，乙酰乙酸乙酯是结构较简单的 1,3-二羰基化合物，进行合成设计时可以切断成两分子的乙酸乙酯。乙酸乙酯在醇钠等碱性条件下缩合，而只含有一个活泼 α-氢时需要在更强的缩合剂如三苯基钠条件下才能进行缩合反应。

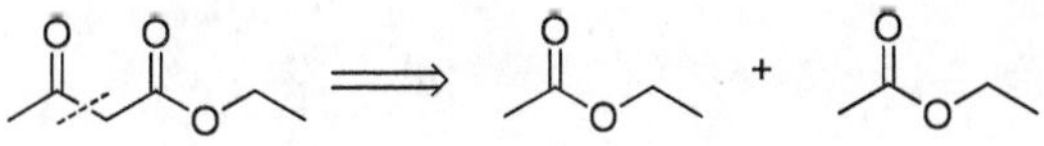

合成路线：

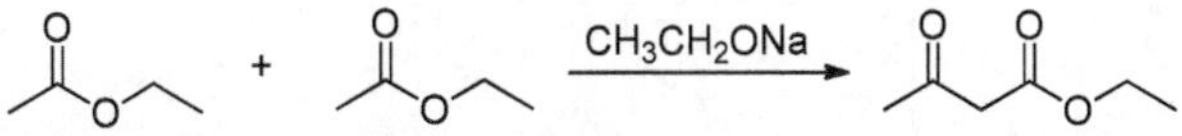

CH_3CH_2ONa

【**实例 2-29**】设计 2-甲基环戊酮的合成路线。

2-甲基环戊酮

反合成分析：

含有活泼 α-氢的二元酯能发生分子内的 Dieckmann 缩合，形成环状的 β-酮酸酯，经水解加热脱羧后得到五元或六元环酮。Dieckmann 缩合是合成五元或六元环酮及其衍生物的有效方法，因此在此类结构的合成设计中，可以通过在羰基的 α-位添加酯基，将羰基与引入酯基的碳原子之间进行切断，但要注意的是 α-氢的活性亚甲基大于次甲基。2-甲基环戊酮的切断必须在 5 位而不是 2 位添加酯基，然后进行切断。

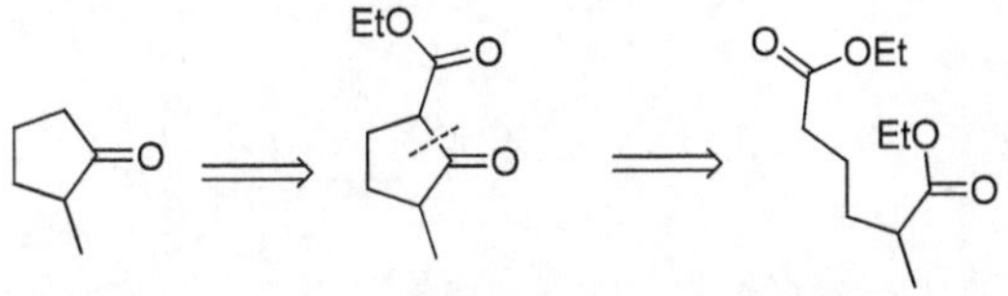

EtO O
O
O OEt
EtO
O

合成路线：

O OEt
EtO
O
NaOEt
EtO O
O
OH^-
H^+, Δ
O

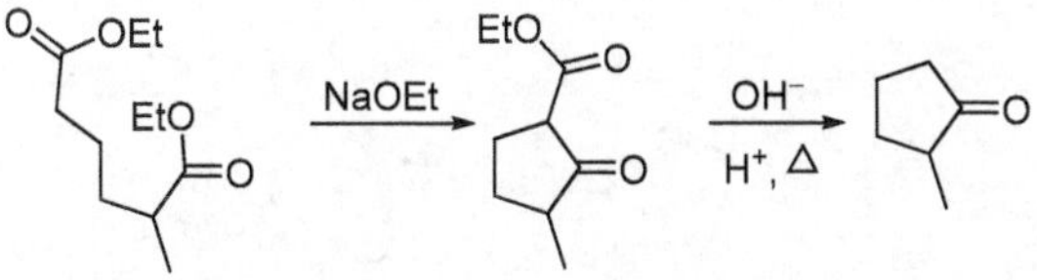

Claisen 酯缩合反应可以是相同的酯，也可以是含有活泼 α-氢的不同的酯之间发生，但发生在不同的酯之间，由于每个酯都有活泼 α-氢，会发生自身缩合，得到四种生成物，应用价值不大，如果其中一个酯不含有活泼 α-氢，那就具有实际应用意义。常见的不含有活泼 α-氢的酯有甲酸酯、草酸酯、碳酸酯，它们在合成中的应用见表 2-2。

表 2-2 常见无活泼 α-氢的酯在 Claisen 酯缩合反应中的应用

酯的类别	引入基团
甲酸酯	CHO
草酸酯	COCOOEt
碳酸酯	COOR

【**实例 2-30**】设计 2-丙烯基-6-甲基环己酮的合成路线。

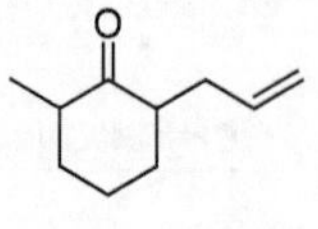

2-丙烯基-6-甲基环己酮

反合成分析：

将目标分子进行烯丙位切断，得到 2-甲基环己酮和丙烯溴，但存在一个问题，当这两个原料进行反应时，丙烯溴可以进攻羰基的左右两侧，选择性差，因此需要引入致活基团。将 2-甲基环己酮的 6 位引入致活的醛基，形成 1,3-二羰基化合物，这样 6 位亚甲基的氢相比 2 位活泼。将 1,3-二羰基化合物的醛基切断，得到 2-甲基环己酮和甲酸乙酯。

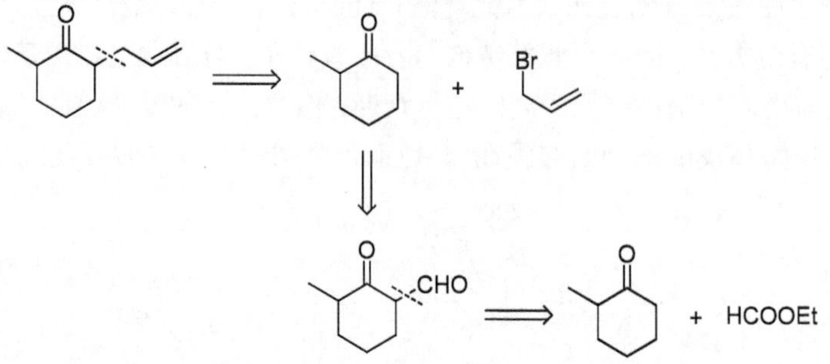

如果从另一侧切断，得到 2-甲基-7-氧代庚酸乙酯。但由于醛基和酯基均有活泼的 α-氢，会自身缩合，得到四个产物。

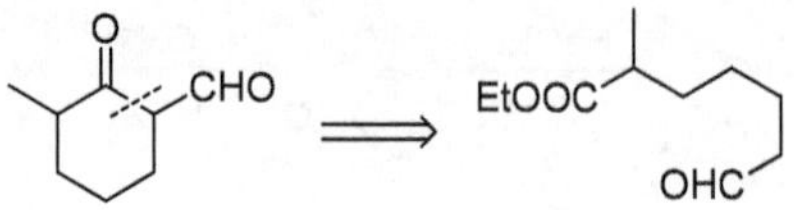

合成路线：

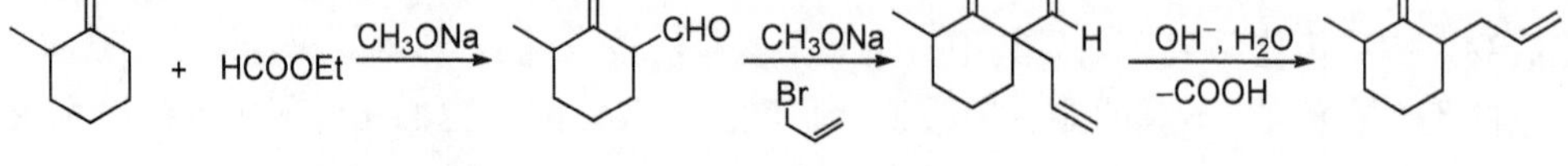

2-甲基环己酮和甲酸乙酯反应时，理论上醛基可以引入到 2 位或 6 位，当 6 位引入醛基后在碱性条件下能形成稳定的烯醇式共振结构，因此 6 位引入醛基的化合物占主导。

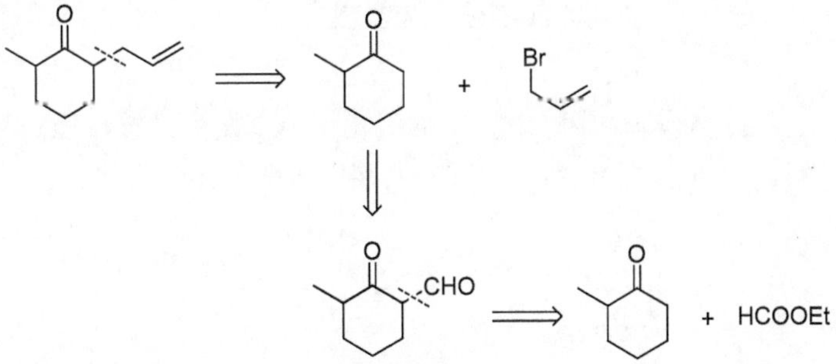

脱醛基的反应机理：在碱性条件下醛基转化为羧基，然后发生脱羧反应。

【**实例 2-31**】设计 4,5-二氧代-环戊烷-1,3-二羧酸二乙酯的合成路线。

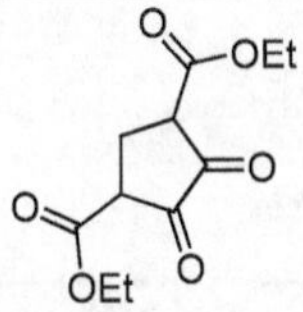

4,5-二氧代-环戊烷-1,3-二羧酸二乙酯

反合成分析：

由于 4,5-二氧代-环戊烷-1,3-二羧酸二乙酯的对称性，将其同时进行 1,3-二羰基切断后得到戊二酸二乙酯和草酸二乙酯。

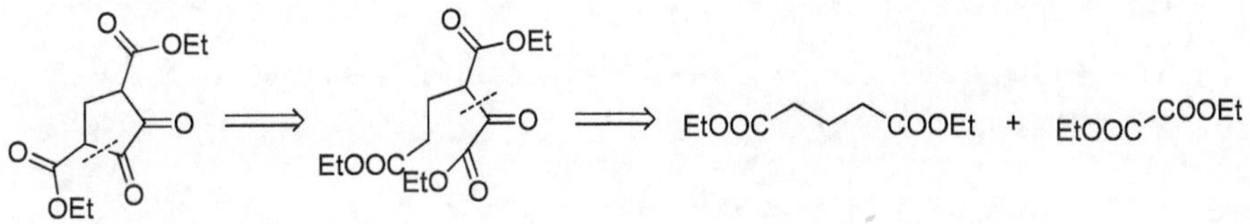

合成路线：

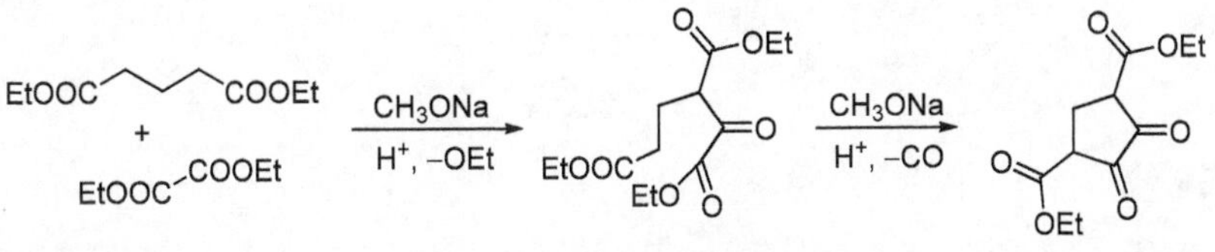

【**实例 2-32**】设计 2-苯基丙二酸二乙酯的合成路线。

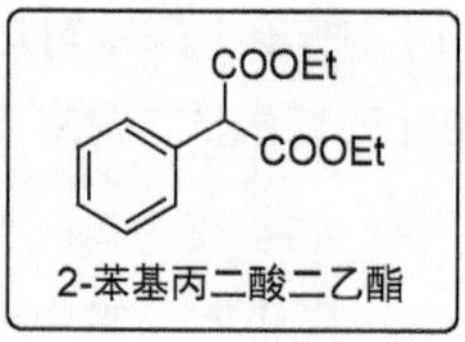

2-苯基丙二酸二乙酯

反合成分析：

切断方法 a 得到溴苯和丙二酸二乙酯，由于溴苯发生亲核反应的活泼性差，切断方法 a 不可行。切断方法 b 利用碳酸二乙酯引入酯基，切实可行。

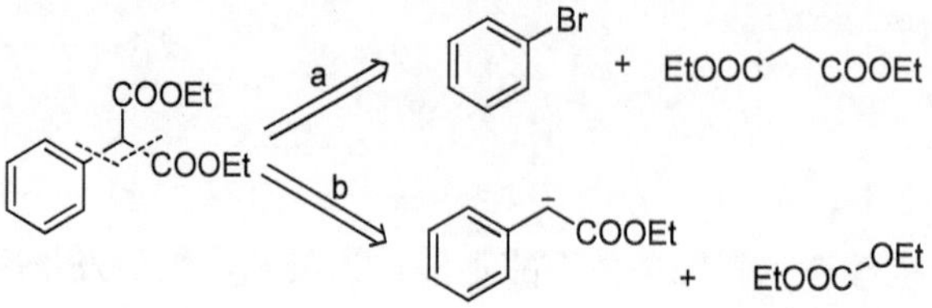

合成路线：

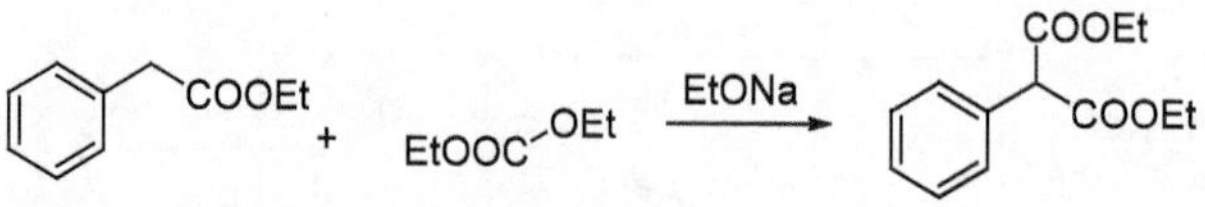

【**实例 2-33**】设计庚二酸的合成路线。

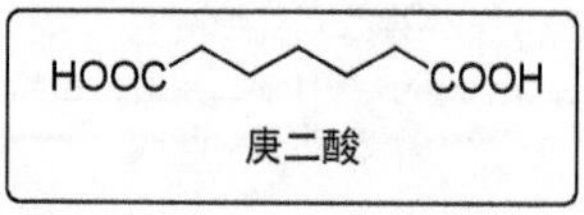

庚二酸

反合成分析：

α-乙草酰酯在加热条件下易失去一分子 CO 得到 *α*-乙草酰酮，这一特性在有机合成中有广泛应用。庚二酸从结构上不存在 1,3-二羰基的结构，但进行连接后成为 2-氧代环己酸，在酯基与环之间插入羰基，形成特有的 $COCH_2COOEt$ 结构，这样利用草酸二乙酯与环己酮的缩合反应制备。尽管酮与酯能进行缩合，但对 *α*-氢具有选择性，次序为甲基>亚甲基>次甲基。

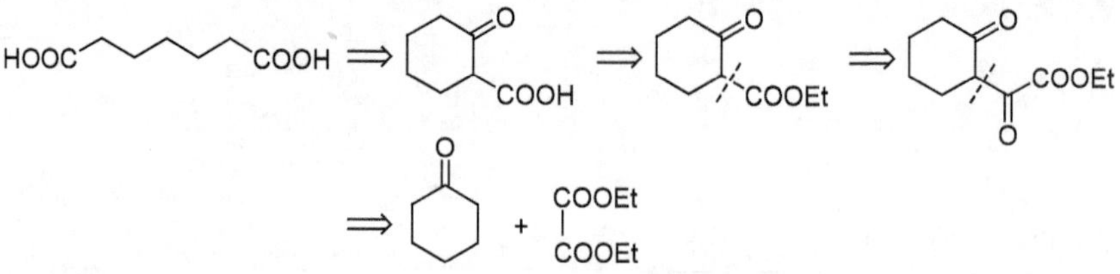

合成路线：

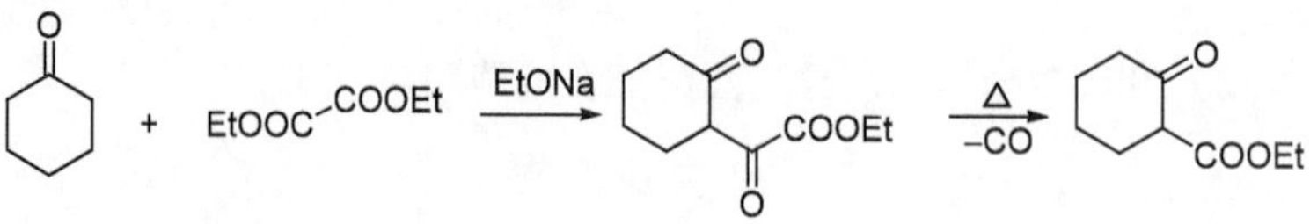

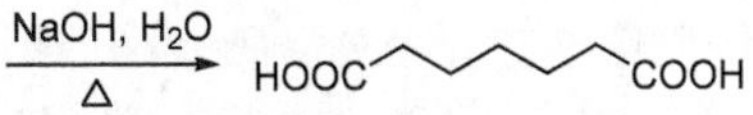

$\xrightarrow[\Delta]{NaOH, H_2O}$ HOOC~~~~COOH

【实例 2-34】设计 α-苯甲酰己酸乙酯的合成路线。

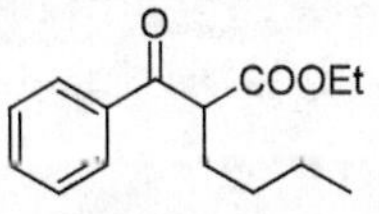

O COOEt

α-苯甲酰己酸乙酯

反合成分析：

Claisen 缩合不仅发生在酯之间，也包括酯与腈的缩合，腈除了能与含 α-氢的酯缩合，还同样能与碳酸酯、草酸酯缩合。α-苯甲酰己酸乙酯经官能团转化成腈后，采用 1,3-二羰基的切断方法得到苯甲酸甲酯和己腈。

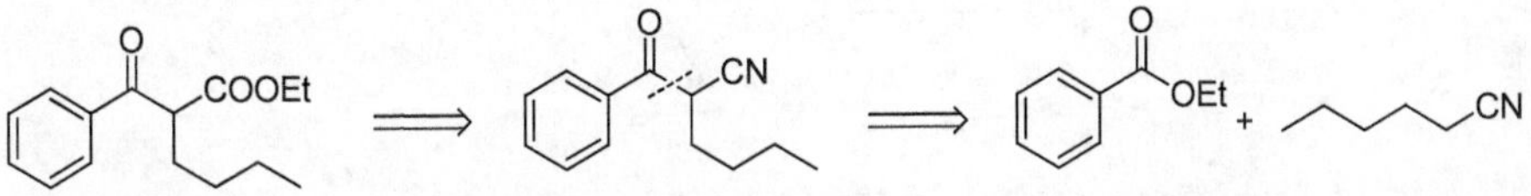

O COOEt ⟹ O CN ⟹ O OEt + CN

合成路线：

O OEt + CN $\xrightarrow{EtONa}$ O CN $\xrightarrow[H^+, \Delta]{EtOH, HCl}$ O COOEt

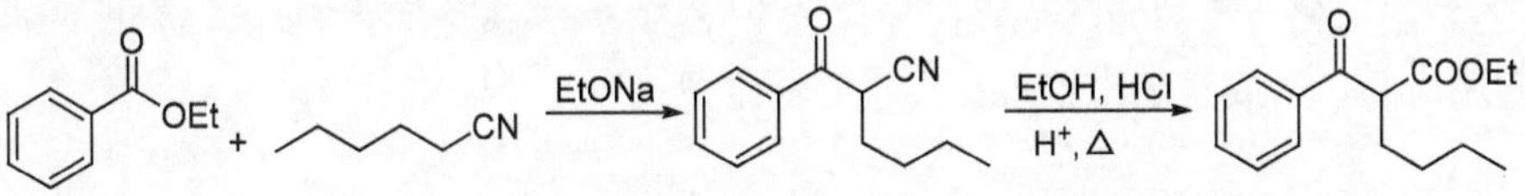

【实例 2-35】设计 (1-羟基环戊基)-苯乙酸 2-二甲基氨基乙基酯的合成路线。

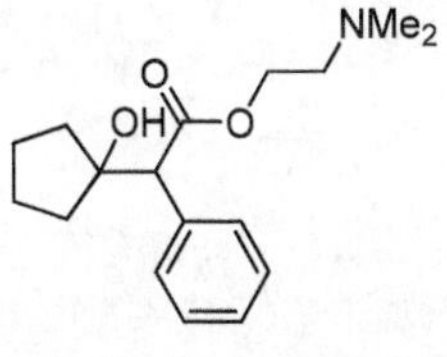

NMe_2 O OH O

(1-羟基环戊基)-苯乙酸 2-二甲基氨基乙基酯

反合成分析：

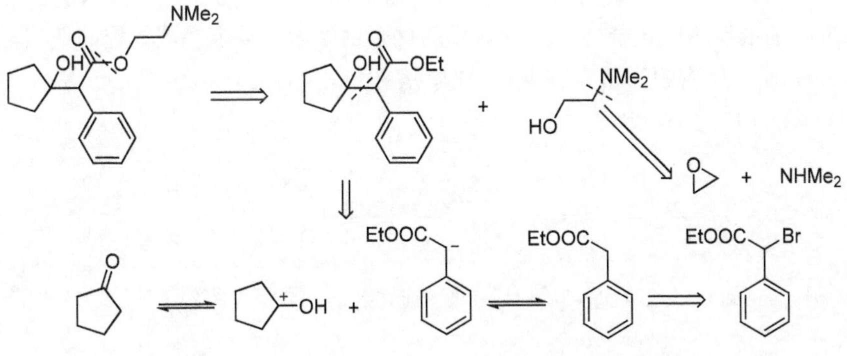

NMe_2 O OH O ⟹ O OH OEt + HO NMe_2 ⟹ O + $NHMe_2$

⇓

O ⇌ $^+$OH + EtOOC$^-$ ⇌ EtOOC ⟹ EtOOC Br

分析 (1-羟基环戊基)-苯乙酸 2-二甲基氨基乙基酯的结构，主要官能团是酯基，将其切断后得到 (1-羟基环戊基)-苯乙酸和 2-二甲基氨基乙醇，(1-羟基环戊基)-苯乙酸很容易由相应的酯水解而来，这个酯是 1,3-二羰基化合物，经切断得到环戊酮和苯乙酸乙酯。由于两个原料都有活泼 α-氢，能发生自身缩合，需要引入基团提高选择性。在苯乙酸乙酯的 α-位引入溴取代，利用醛或酮与 α-卤代酸酯在锌粉存在下发生的 Reformatsky 反应是合成 β-羟基酯的有效方法。2-二甲基氨基乙醇的设计只需将二甲基取代的氨基切断，利用环氧乙烷和二甲胺的反应很容易得到。

合成路线：

$NHMe_2$; NMe_2; HO; EtOOC; EtOOC; Br; P, Br_2; Zn, Et_2O; OH; OEt; O; NMe_2; HO; OH; O; NMe_2

2.3.4 1,5-二羰基化合物的合成设计

1,5-二羰基化合物的切断可以在任何一个 α-碳与 β-碳之间，因此有 a 和 b 两种切断方法，选择的依据是比较碳负离子的稳定性。

R; O; R'; O; a; b; R; O; +; O; R'; R; O; +; O; R'

活泼亚甲基化合物和 α,β-不饱和羰基化合物发生 Michael 加成反应是合成 1,5-二羰基化合物的重要反应，活泼亚甲基化合物包括丙二酸酯、氰乙酸酯、乙酰乙酸酯、乙酰丙酮、硝基烷类等。α,β-烯醛、α,β-烯 (炔) 酮、α,β-烯 (炔) 酯、α,β-烯腈、α,β-烯酰胺、α,β-不饱和硝基化合物、对醌类、杂环 α,β-不饱和烃类都属于 α,β-不饱和羰基化合物。1,5-二羰基化合物可以利用 Michael 加成反应进行合成设计，但要注意 Michael 加成反应的选择性，活泼亚甲基化合物如含有多个不同位置的活泼氢，发生 Michael 加成反应的次序为次甲基>亚甲基>甲基。

Michael 加成反应机理：

$$A-CH_2-R \xrightarrow{:B^-} A-\overset{-}{C}H-R \xrightarrow{>C=C(Y)<} \underset{A}{\overset{R}{>}}CH-\overset{|}{\underset{|}{C}}-\overset{-}{C}(Y)< \xrightarrow{HB} \underset{A}{\overset{R}{>}}CH-\overset{|}{\underset{|}{C}}-\overset{|}{\underset{Y}{C}}H$$

【实例 2-36】设计 2-氰基-5-氧代-3-苯基己酸乙酯的合成路线。

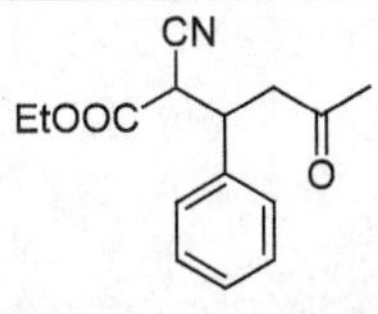

2-氰基-5-氧代-3-苯基己酸乙酯

反合成分析：

1,5-二羰基化合物的切断一般有两个切断位置。必须要选择合理的路线，将 2-氰基-5-氧代-3-苯基己酸乙酯进行 1,5-二羰基化合物切断，得到 a 和 b 两条路线，并且产物都是苯甲醛、丙酮和氰基乙酸乙酯，但路线 a 更合理可行，氰基乙酸乙酯的活泼亚甲基易得到碳负离子，而路线 b 的丙酮负离子很不稳定。

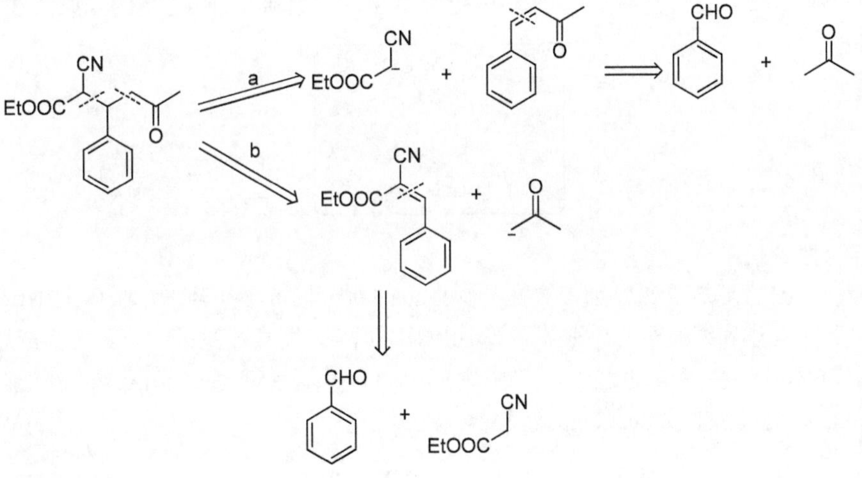

合成路线：

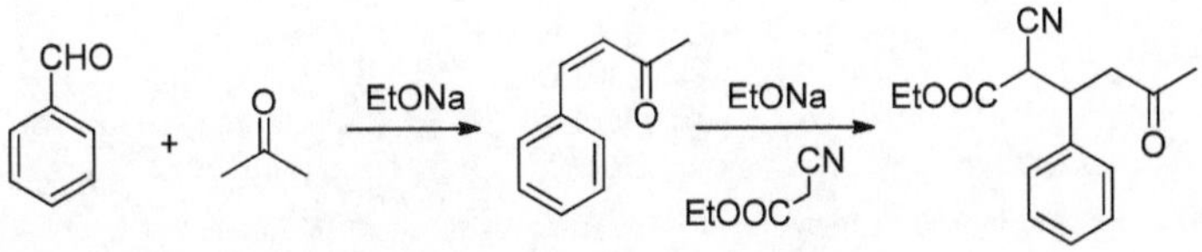

EtONa

EtONa

【**实例 2-37**】设计 8a-甲基-3,4,8,8a-四氢-2*H*,7*H*-萘-1,6-二酮的合成路线。

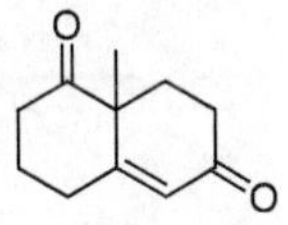

8a-甲基-3,4,8,8a-四氢-2*H*,7*H*-萘-1,6-二酮

反合成分析：

双键是合成设计中优先考虑的切断位置，将环内双键切断后得到一个含三羰基化合物，分别形成 1,3-二羰基和 1,5-二羰基化合物。如进行 1,3-二羰基切断，得到的产

物含多个活泼氢，发生缩合时副产物多；如进行 1,5-二羰基切断，得到 Michael 加成的两个反应物，并且只有一个活泼次甲基位置，选择性好。

合成路线：

KOH
CH_3OH
1. NH
2. H^+

【实例 2-38】设计盐酸加巴喷丁中间体 (1-硝基甲基环己基)乙腈的合成路线。

NO_2 CN
(1-硝基甲基环己基)乙腈

反合成分析：

盐酸加巴喷丁是 1993 年首次在英国上市的新一代抗癫痫药物，临床上用于治疗部分性癫痫发作和继发全身性强直阵挛性癫痫发作。孙笑宾开发了一条新的合成路线，减少了对环境产生污染的酸液，其中中间体 (1-硝基甲基环己基)乙腈的合成利用 Knoevenagel 反应和 Michael 加成反应。

NO_2 CN ⟹ CN + CH_3NO_2

合成路线：

CH_3CN / KOH → CN; CH_3NO_2 / K_2CO_3 → NO_2 CN

【实例 2-39】设计 6-异丙基-3-甲基-环己-2-酮的合成路线。

6-异丙基-3-甲基-环己-2-酮

反合成分析：

将 6-异丙基-3-甲基-环己-2-酮的双键切断后得到 1,5-二羰基化合物，有 a、b 两条切断路线，中间体 A 比中间体 B 合成容易，且引入致活基团 COOEt 后，形成次甲基结构，有利于 Michael 加成反应。相比而言，路线 a 的切断方式更优。

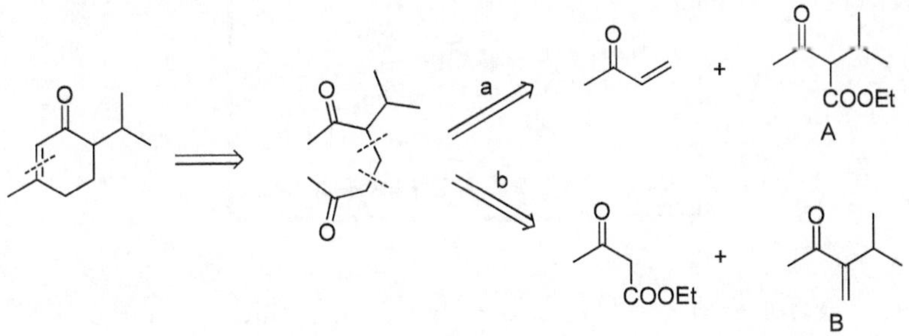

COOEt A

COOEt B

将另一中间体丁烯-2-酮的双键切断得到丙酮和甲醛，由于碱催化可导致甲醛的聚合或其他副反应，很难制备 α,β-不饱和酮，因此丁烯-2-酮必须采用 Mannich 反应合成。

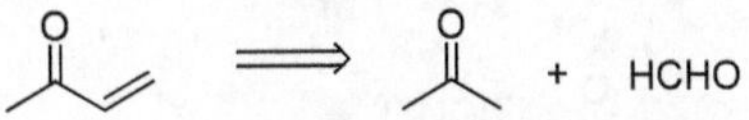

$\Longrightarrow$ + HCHO

Mannich 反应是指具活泼氢原子的化合物如醛、酮、酸、酯、腈、硝基烷、炔等和甲醛以及脂肪族仲胺或伯胺或氨发生的缩合反应，生成的产物称为 Mannich 碱。

Mannich 反应机理：

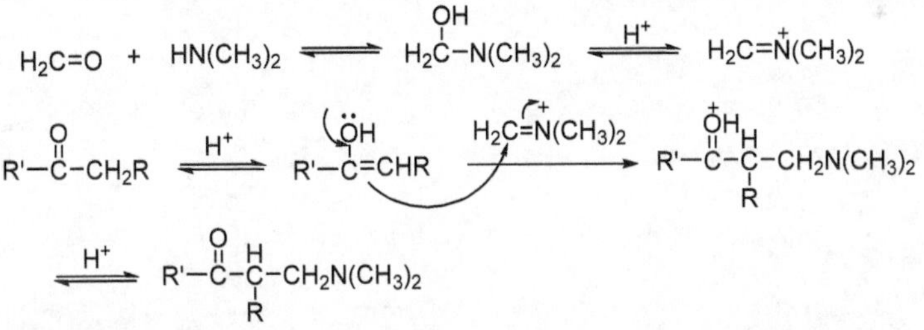

$$H_2C{=}O + HN(CH_3)_2 \rightleftharpoons H_2C(OH){-}N(CH_3)_2 \overset{H^+}{\rightleftharpoons} H_2C{=}\overset{+}{N}(CH_3)_2$$

$$R'{-}\overset{O}{\overset{\|}{C}}{-}CH_2R \overset{H^+}{\rightleftharpoons} R'{-}\overset{\ddot{O}H}{\overset{|}{C}}{=}CHR \xrightarrow{H_2C=\overset{+}{N}(CH_3)_2} R'{-}\overset{\overset{+}{O}H}{\overset{\|}{C}}{-}\underset{R}{\underset{|}{\overset{H}{\overset{|}{C}}}}{-}CH_2N(CH_3)_2$$

$$\overset{H^+}{\rightleftharpoons} R'{-}\overset{O}{\overset{\|}{C}}{-}\underset{R}{\underset{|}{\overset{H}{\overset{|}{C}}}}{-}CH_2N(CH_3)_2$$

Mannich 碱热不稳定，易发生 β-消除分解反应生成烯酮和仲胺，Mannich 碱能代替烯酮直接参加 Michael 加成反应。

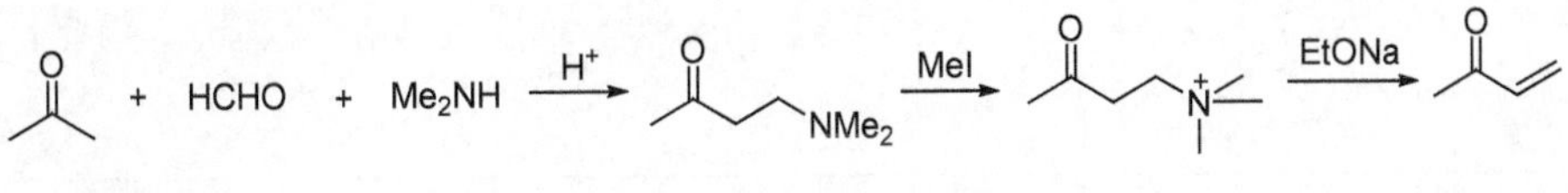

$$+ HCHO + Me_2NH \xrightarrow{H^+} \text{(NMe}_2) \xrightarrow{MeI} \text{(}\overset{+}{N}) \xrightarrow{EtONa}$$

合成路线：

$$\text{(COOEt)} + \text{I} \xrightarrow{EtONa} \text{(COOEt)} \xrightarrow[EtONa]{} \text{(COOEt)} \xrightarrow[2.\ H^+,\ -COOH]{1.\ OH^-}$$

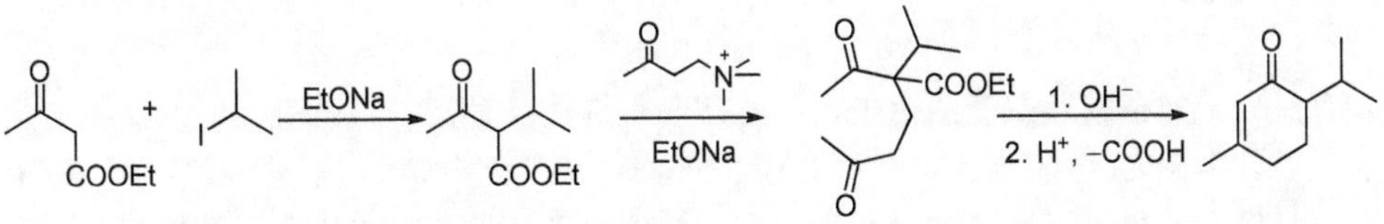

Mannich 反应在药物合成中起了很重要的作用，许多化合物如局部麻醉药盐酸达克罗宁、5-HT_3 拮抗剂昂丹司琼等的合成都利用了 Mannich 反应。

【实例 2-40】 设计 2-氧代-4,6-二苯基-环己烯基-3-甲酸乙酯的合成路线。

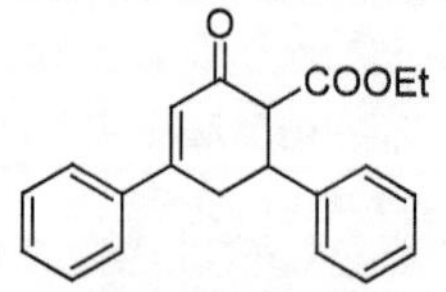

COOEt

2-氧代-4,6-二苯基-环己烯基-3-甲酸乙酯

反合成分析：

Robinson 成环是合成六元环的重要方法之一，将 Michael 加成反应和闭环反应一步完成，是 Michael 加成反应的延伸。2-氧代-4,6-二苯基-环己烯基-3-甲酸乙酯的切断可以利用 Robinson 成环反应，将双键切断后得到 1,5-二羰基化合物，然后再进行 Michael 反应切断。

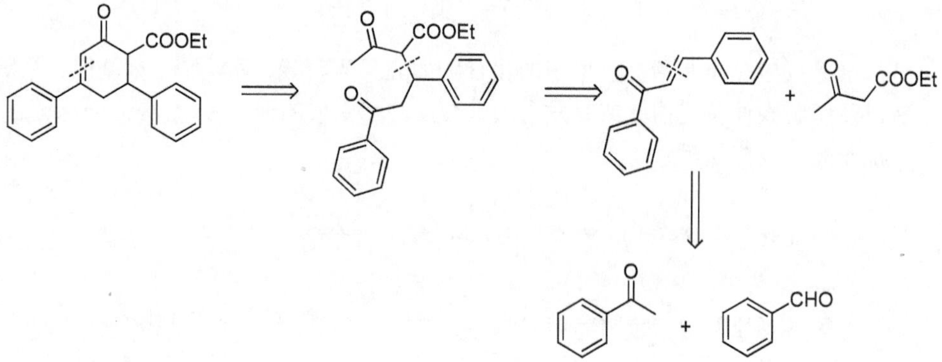

COOEt ⟹ COOEt ⟹ + COOEt

CHO

合成路线：

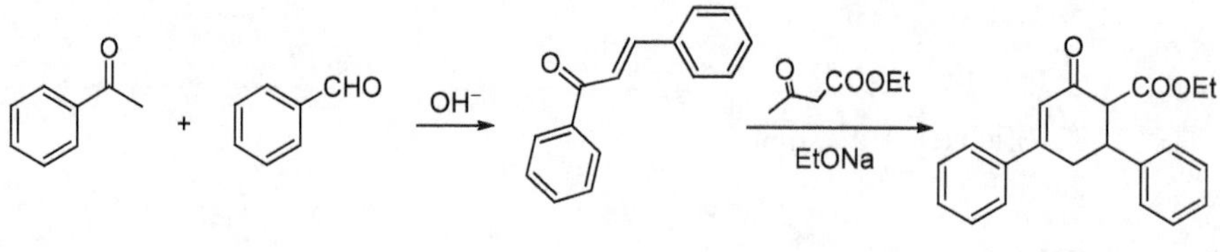

CHO OH⁻ COOEt EtONa COOEt

2.4

非逻辑切断

有机分子的合成存在着两个主要问题：一是构建碳骨架，二是引入、改变和消除官能团。其中碳-碳键的构建是有机合成的核心。大多数构成碳-碳键的反应除了自由基和协同反应外属于极性反应，即带正电荷的碳原子与带负电荷的碳原子相互作用形

成碳-碳键。比如 1,3-二羰基化合物和 1,5-二羰基化合物，所有的碳-碳键都是带正电荷的碳原子与带负电荷的碳原子形成的。

但是，1,2-二氧化合物、1,4-二氧化合物和 1,6-二羰基化合物等化合物的碳键并不完全是带正电荷的碳原子与带负电荷的碳原子构成的，其中 1,2-二氧化合物的 C2–C3 键、1,4-二氧化合物的 C4–C5 键、1,6-二羰基化合物的 C6–C7 键都由两个带正电荷的碳原子构成。这类特殊的碳-碳键被称为非逻辑键，相应的合成设计方法称为非逻辑切断。

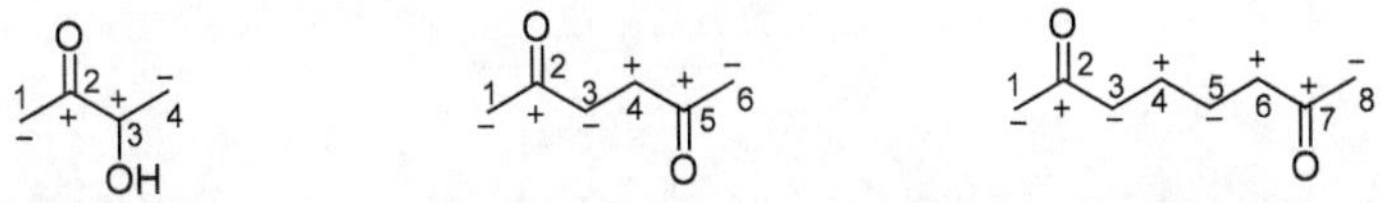

非逻辑键很难直接切断，必须进行极性反转形成正常的碳-碳键后才能进行切断。极性反转是指有机化合物中碳原子上电荷的反转，即由带正电荷变为带负电荷，或由带负电荷变为带正电荷，这种方法在有机合成中得到了广泛应用，已成为有机合成领域中的重大进展之一。有机物的碳原子上所带的电荷由与其相连接或相邻的除碳、氢原子以外的杂原子所决定的，因此可以通过改变与其相连接或相邻的杂原子的性质，使碳原子上所带的电荷发生反转。极性反转的方法有很多，常见的有以下几种极性反转方法 (图 2-2)。

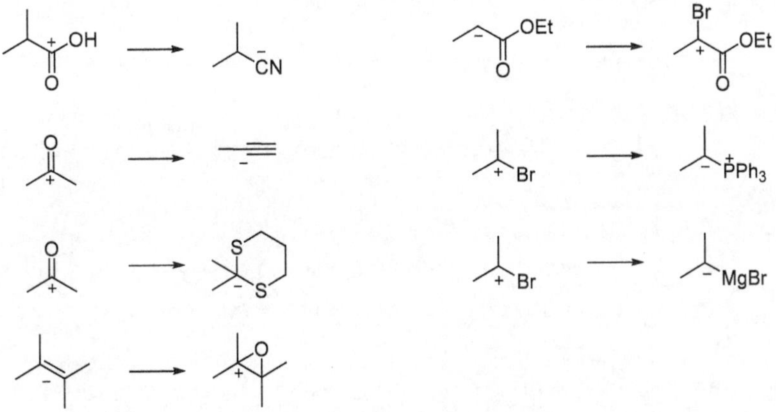

图 2-2　常见的极性反转方法

2.4.1　1,2-二氧化合物的合成设计

1,2-二氧化合物泛指相邻的两个碳原子上分别有氧原子或氮原子取代的一类化合物，这里主要介绍 α-羟基羰基化合物、1,2-二醇化合物、α-氨基酸三类化合物的合成

设计。

2.4.1.1 α-羟基羧基化合物的合成设计

（1）羧基转换成氰基——极性反转

α-羟基酸类化合物和 α-羟基酮类化合物是两类代表性的 α-羟基羰基化合物，α-羟基酸类化合物的羧基碳与 α-碳之间的键是非逻辑键，必须进行极性反转才能进行切断，常用的方法是将羧基转换成氰基，实现极性反转后将氰基切断。

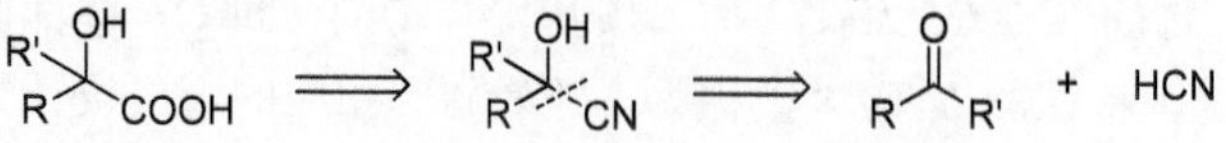

R'C(R)(OH)COOH ⟹ R'C(R)(OH)CN ⟹ RC(=O)R' + HCN

【实例 2-41】设计 2-羟基-3-异丙基丁二酸的合成路线。

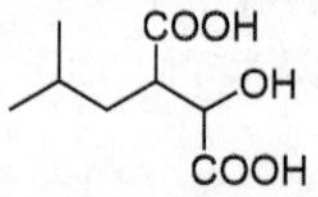

2-羟基-3-异丙基丁二酸

反合成分析：

分析 2-羟基-3-异丙基丁二酸的结构，存在 α-羟基酸结构，需要将 COOH 转换成 CN 后切断，中间体是 1,3-二羰基化合物，以甲酸乙酯引入醛基进行 1,3-二羰基切断，烷基取代羧酸可利用丙二酸二乙酯合成。

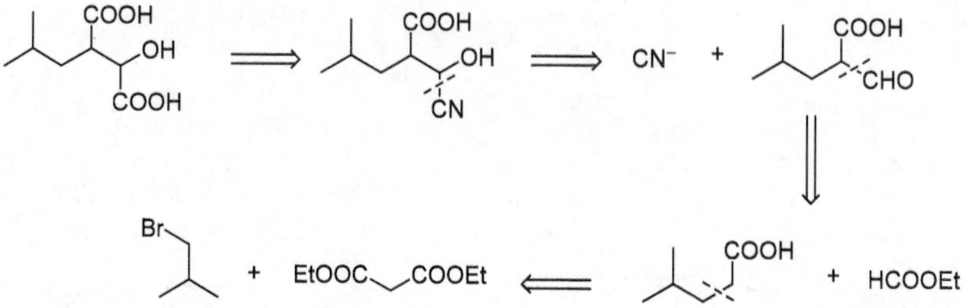

合成路线：

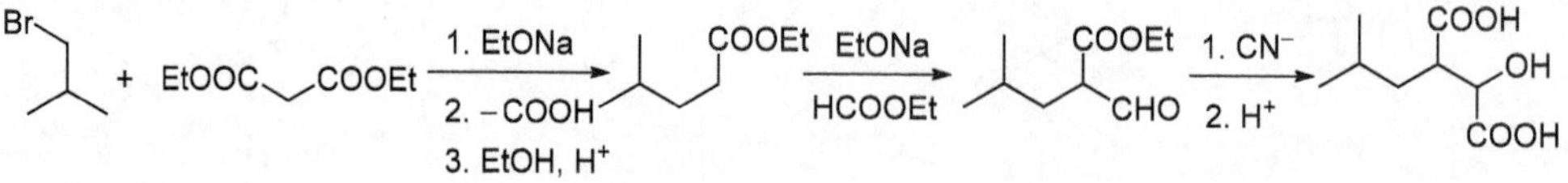

Br–CH₂CH(CH₃)₂ + EtOOC–CH₂–COOEt —1. EtONa; 2. −COOH; 3. EtOH, H⁺→ (CH₃)₂CHCH₂CH₂COOEt —EtONa, HCOOEt→ (CH₃)₂CHCH₂CH(COOEt)CHO —1. CN⁻; 2. H⁺→ 2-羟基-3-异丙基丁二酸

【实例 2-42】设计 3,3-二甲基-1,1-二苯基-1,2,4-丁三醇的合成路线。

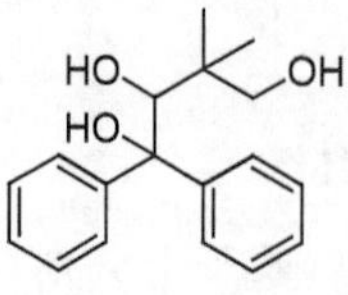

3,3-二甲基-1,1-二苯基-1,2,4-丁三醇

反合成分析：

目标分子存在三个羟基，不存在 α-羟基酸结构，但有连接两个苯基的叔醇结构，可以转化成酯结构，经极性反转后切断成 β-羟基羰基化合物。

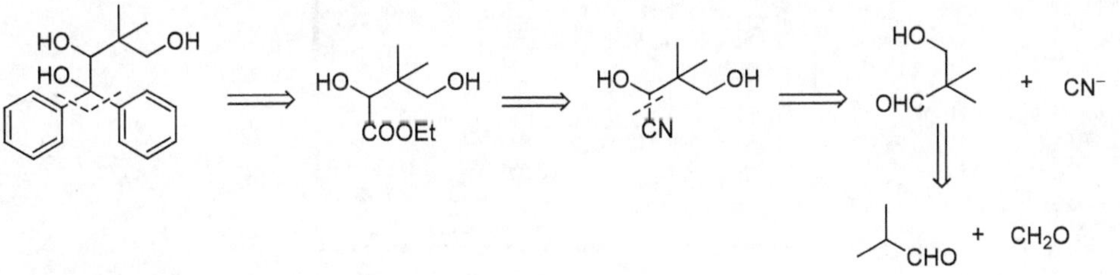

合成路线：

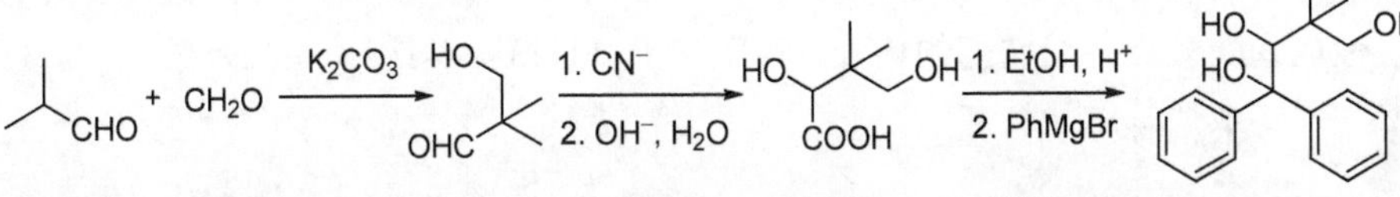

【实例 2-43】设计 2,4,4-三甲基-6-氧代-2-四氢吡喃甲酸的合成路线。

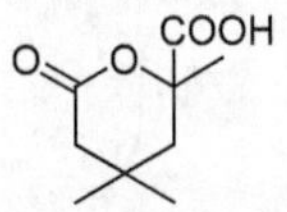

2,4,4-三甲基-6-氧代-2-四氢吡喃甲酸

反合成分析：

2,4,4-三甲基-6-氧代-2-四氢吡喃甲酸是内酯结构，优先切断后得到 α-羟基酸结构，经过极性反转成氰基进行切断，形成的 1,5-二羰基化合物切断后的 $^{-}CH_2COOH$ 需要活化成丙二酸二乙酯。

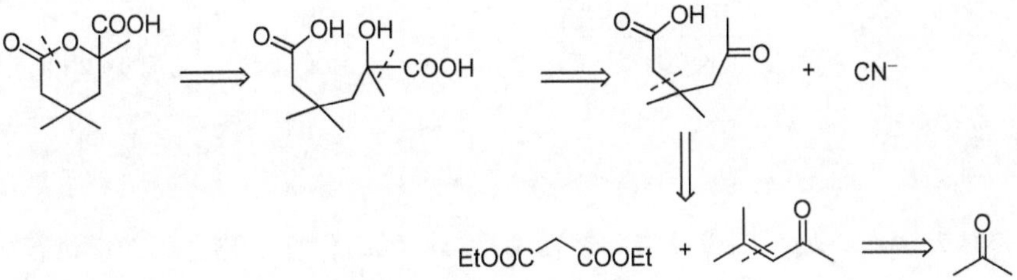

合成路线：

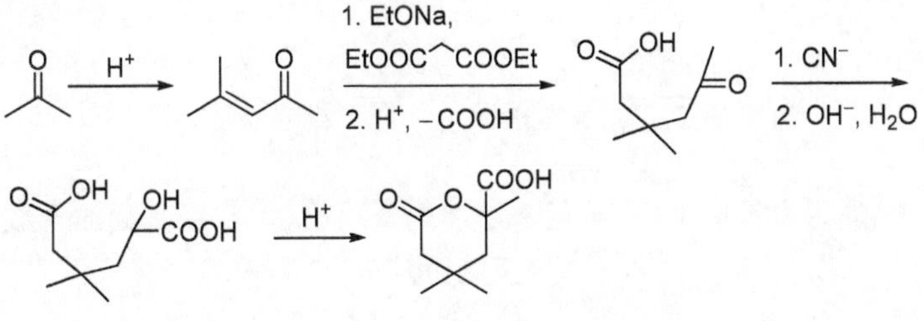

【实例 2-44】设计盐酸西替利嗪的合成路线。

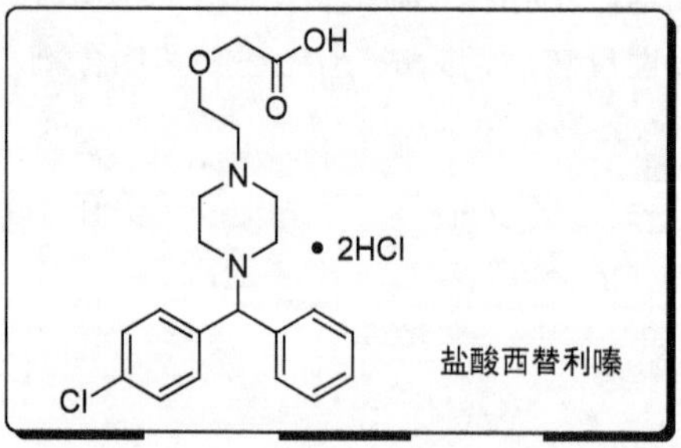

盐酸西替利嗪

反合成分析：

盐酸西替利嗪是组胺 H1 受体拮抗剂，1987 年上市后因其高效、长效、低毒、非镇静性成为哌嗪类抗组胺药的代表，临床用于抗过敏。其具有 α-羟基酸结构，可以采用极性反转成炔基的设计方法。

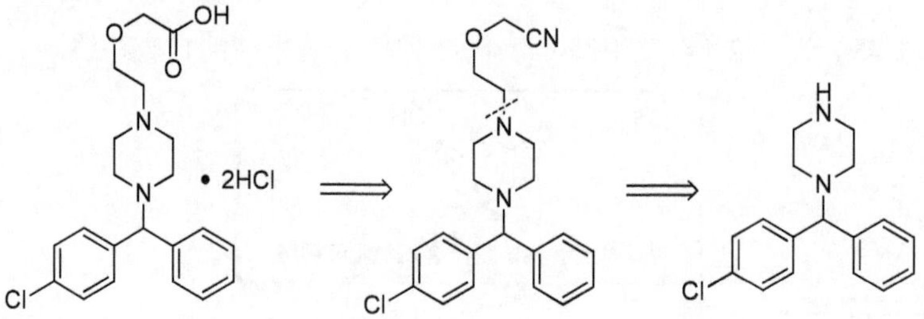

合成路线：

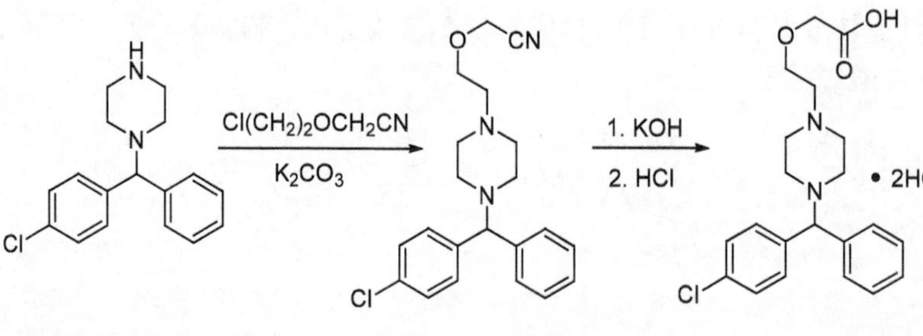

$Cl(CH_2)_2OCH_2CN$

K_2CO_3

1. KOH
2. HCl

• 2HCl

α-羟基酮类化合物也同样具有非逻辑键，需将羧基碳与 α-碳之间的键进行极性反转成逻辑键。α-羟基酮类化合物的极性反转方法不同于 α-羟基酸类化合物，采用了将羰基转化成炔基的方法。

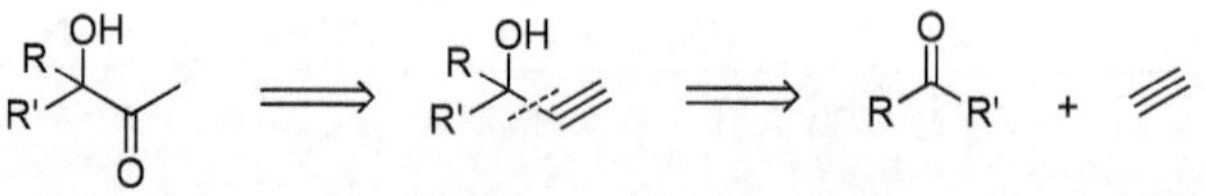

但要注意的是此法只适用于 α-羟基甲基酮或对称性 α-羟基酮的合成，因为双取代炔在 $HgSO_4$-H_2SO_4 催化下的水合反应得到的是两个异构体。

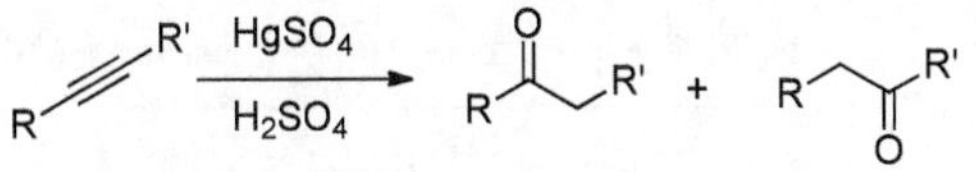

R'
R
$HgSO_4$
H_2SO_4
O
R'
R
+
R
R'
O

【实例 2-45】设计 3-羟基-3-甲基丁-2-酮的合成路线。

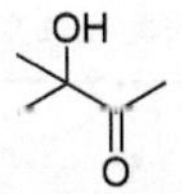

OH
O

3-羟基-3-甲基丁-2-酮

反合成分析：

直接将 3-羟基-3-甲基丁-2-酮切断得到的是丙酮和羰基碳负离子，羰基碳负离子很难找到相应的等价物，因此需要进行极性反转成炔基，然后再切去炔。利用炔在 $HgSO_4$ 催化下与水的加成反应合成。

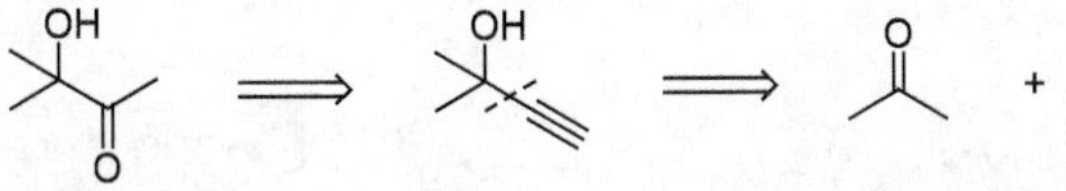

OH
O
OH
O
+

合成路线：

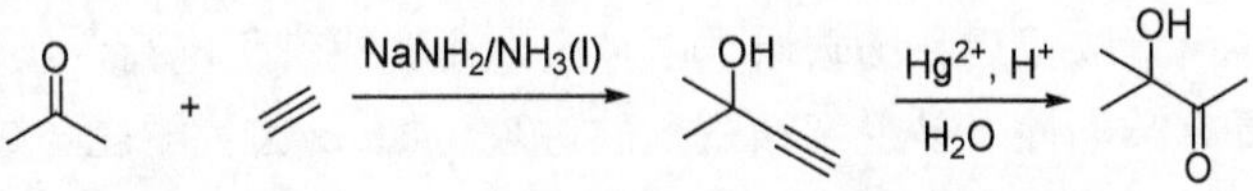

O
+
$NaNH_2/NH_3(l)$
OH
Hg^{2+}, H^+
H_2O
OH
O

【实例 2-46】设计 2,2,5,5-四甲基二氢呋喃-3-酮的合成路线。

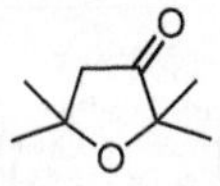

O
O

2,2,5,5-四甲基二氢呋喃-3-酮

反合成分析：

分析 2,2,5,5-四甲基二氢呋喃-3-酮的结构，是具有对称性结构的 α-羟基酮，可以采用将羰基转换成炔基的方法，得到一分子乙炔和两分子丙酮。

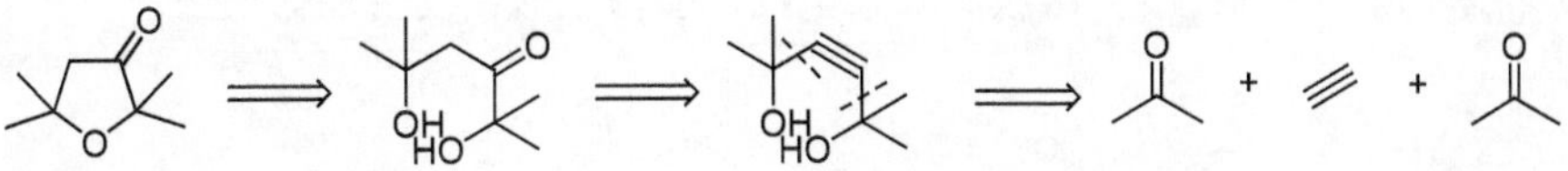

O
O
O
OH
HO
OH
HO
O
+
+
O

合成路线：

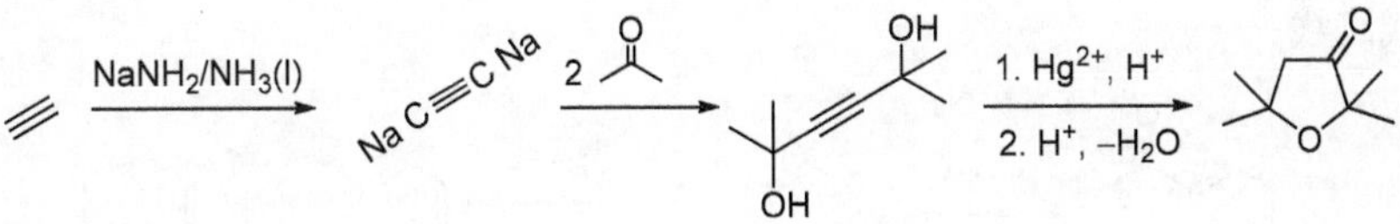

$NaNH_2/NH_3(l)$
Na C≡C Na
2
OH
OH
1. Hg^{2+}, H^+
2. H^+, $-H_2O$
O
O

【实例 2-47】设计 1-(2'-呋喃基)-4-羟基-4-甲基-1-戊烯-3-酮的合成路线。

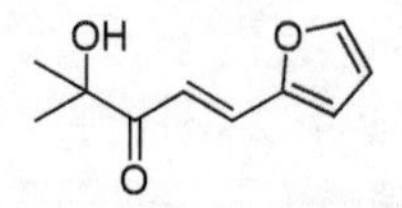

1-(2'-呋喃基)-4-羟基-4-甲基-1-戊烯-3-酮

反合成分析：

目标分子中含双键、羰基和羟基多个官能团，首先切断位置的选择也很多，但双键处的切断最佳，原因有二：①双键是切断时的优先切断位置；②从中部切断，增加了汇聚性。切断后得到呋喃甲醛和实例 2-45 中出现的 3-羟基-3-甲基丁-2-酮。

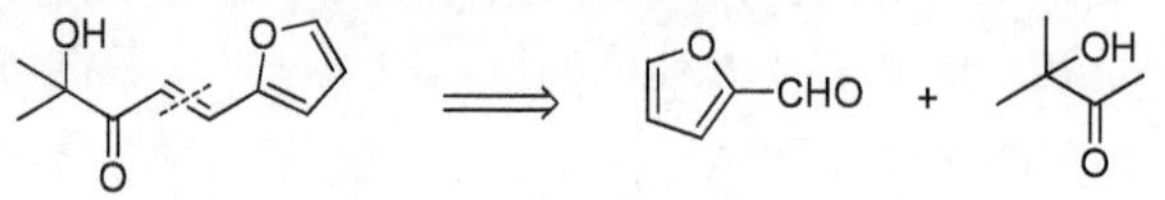

合成路线：

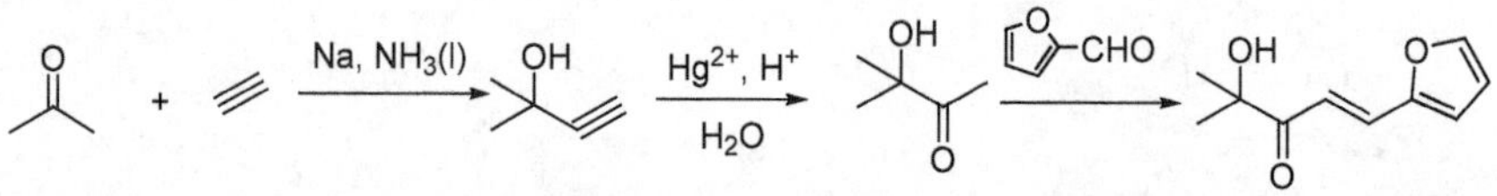

酮的 α-氢被卤素取代后，α-碳原子由带负电荷变成带正电荷，实现了极性反转，使得 α-碳原子具有亲电性，易受亲核试剂的进攻，如 α-卤代酮能与羧酸盐发生酯化反应，这也是合成 α-羟基酮类化合物的方法。

【实例 2-48】设计乙酸-2-氧代-2-苯基乙酯的合成路线。

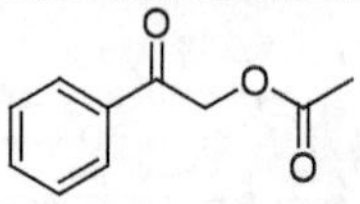

乙酸-2-氧代-2-苯基乙酯

反合成分析：

从结构上分析，目标产物是酯结构，按常见的切断方法切断后得到的是 α-羟基苯乙酮和乙酸，但不是 α-羟基甲基酮或对称性 α-羟基酮结构，不能采用转换成炔基的方法。将苯乙酮溴代后使得 α-碳具有亲电性，能与乙酸钠发生酯化反应。

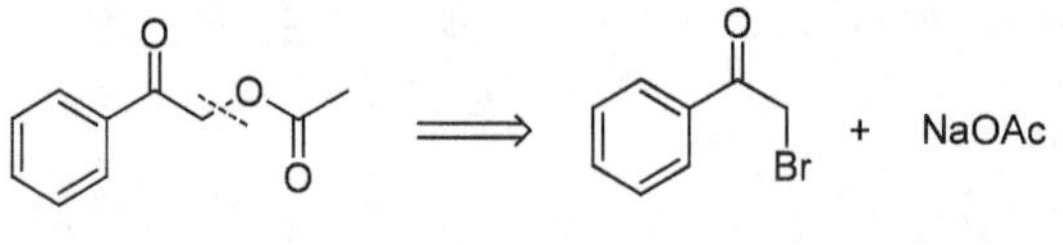

合成路线：

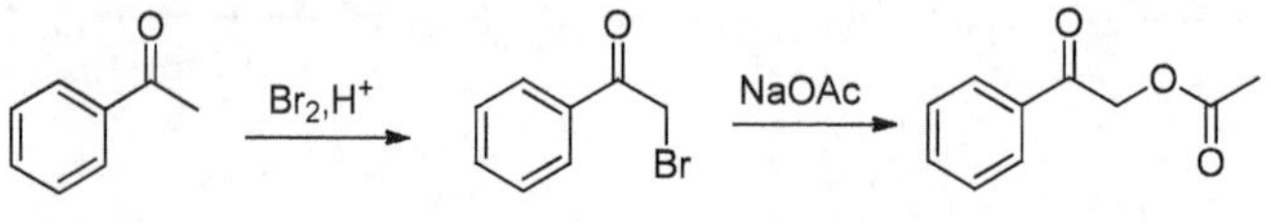

（2）苯偶姻反应

苯偶姻 (Benzoin) 缩合反应是指芳醛在氰离子催化下缩合成 α-羟基酮的反应，又称为安息香缩合反应。

2 Ar–CHO —KCN→ ArCH(OH)C(=O)Ar

苯偶姻缩合反应机理：

这个负离子再和另一分子苯甲醛反应，最终得到 α-羟基酮：

Ph–C(OH)=C=N⁻ + PhCHO ⟶ [Ph–C(O⁻)(CN)–CH(OH)–Ph] ⟶ PhC(=O)CH(OH)Ph + CN^-

【**实例 2-49**】设计 2,3,4,5-四苯基-环戊-2,4-二烯酮的合成路线。

2,3,4,5-四苯基-环戊-2,4-二烯酮

反合成分析：

2,3,4,5-四苯基-环戊-2,4-二烯酮是含四个苯环的对称性结构，可以采用对称性切断双键的方法，得到 2-羟基-1,2-二苯乙酮和 1,3-二苯丙酮。2-羟基-1,2-二苯乙酮很容易由苯甲醛经苯偶姻缩合反应合成，1,3-二苯丙酮还原成对称性的仲醇，也可采用对称部位同时切断的方法。

+ HCOOEt

合成路线：

PhCHO —CN^-→ PhC(=O)CH(OH)Ph —CrO_3→ PhC(=O)C(=O)Ph

$PhCH_2Br$ —1. Mg, Et_2O; 2. HCOOEt→ $PhCH_2CH(OH)CH_2Ph$ —CrO_3→ $PhCH_2C(=O)CH_2Ph$

【实例 2-50】设计苯妥英钠的合成路线。

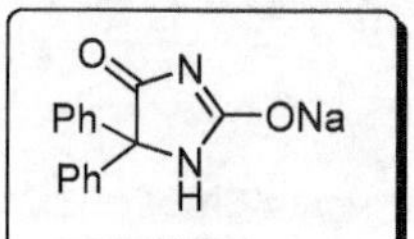

苯妥英钠

反合成分析：

苯妥英钠化学名称为 5,5-二苯基乙内酰脲钠，别名大伦丁，具有抗癫痫和抗心律失常的作用，临床主要用于治疗癫痫大发作与心律失常。将脲基切断后得到二苯乙二酮，很容易由苯甲醛经苯偶姻缩合合成。李丽娟等用维生素 B_1 作为辅酶，维生素 B_1 代替剧毒的 NaCN 催化苯偶姻缩合反应，反应条件温和，收率高，操作安全，促进了苯偶姻缩合反应在药物合成中的应用。

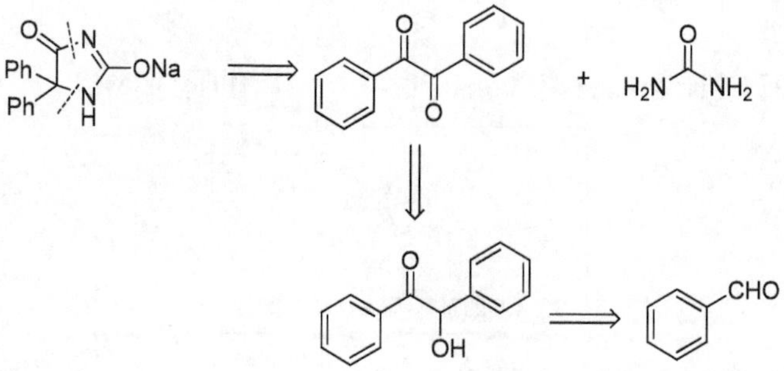

合成路线：

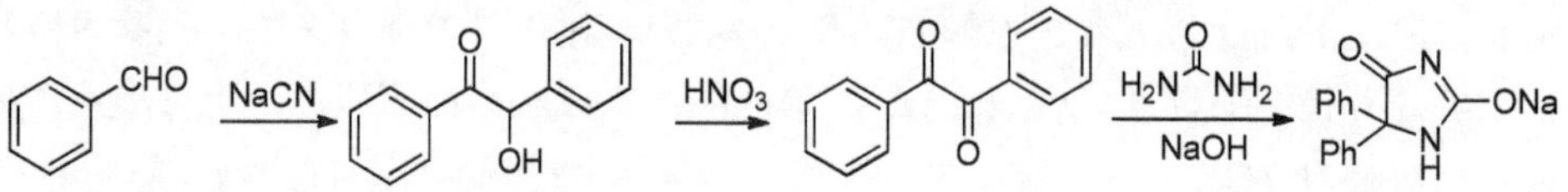

（3）Acyloin 酯偶姻缩合反应

两分子的羧酸酯在惰性溶剂里金属钠催化作用生成 α-羟基酮的反应被称为 Acyloin 酯偶姻缩合反应。

Acyloin 酯偶姻缩合反应机理：

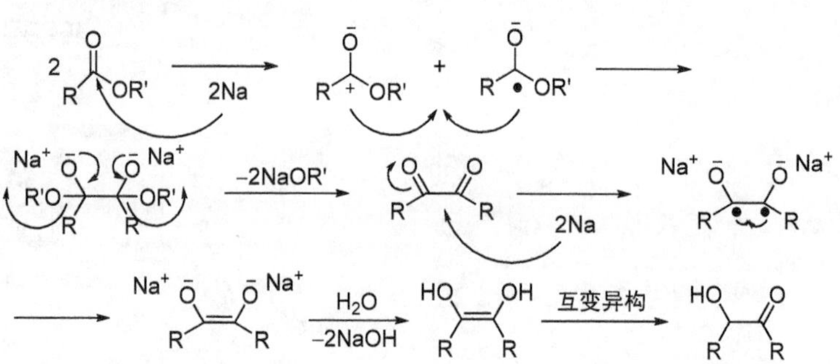

【实例 2-51】设计 10-羟基-1,4,5,8-四氢-4a,8a-亚乙基-9-萘酮的合成路线。

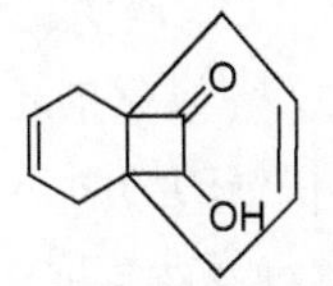

10-羟基-1,4,5,8-四氢-4a,8a-亚乙基-9-萘酮

目标产物是含三环的复杂结构的 α-羟基酮，可以采用 Acyloin 酯偶姻缩合反应进行合成设计，将羰基碳与羟基碳切断后得到带双环己烯的二酯化合物，因其对称性，利用 Diels-Alder 反应同时进行切断。

反合成分析：

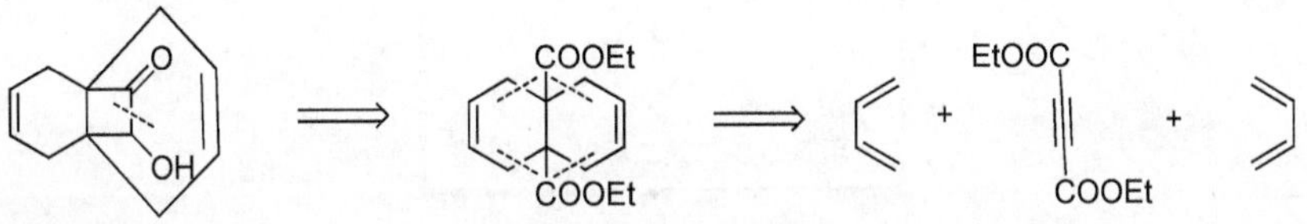

合成路线：

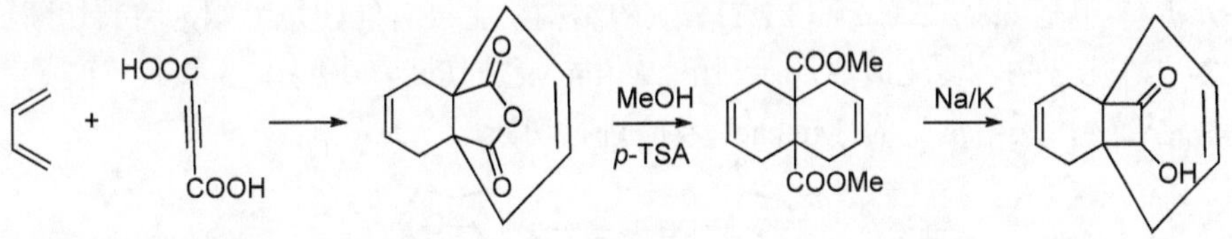

MeOH, *p*-TSA; Na/K

【实例 2-52】设计 2-羟基环辛酮的合成路线。

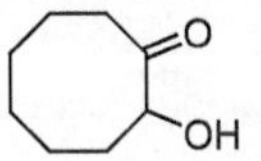

2-羟基环辛酮

反合成分析：

2-羟基环辛酮的切断也可采用 Acyloin 酯偶姻缩合反应，切断后得到的是二酯化合物，Acyloin 缩合反应是合成环状 α-羟基酮的有效方法。

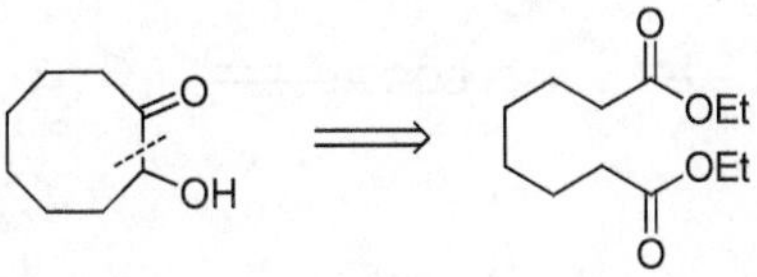

合成路线：

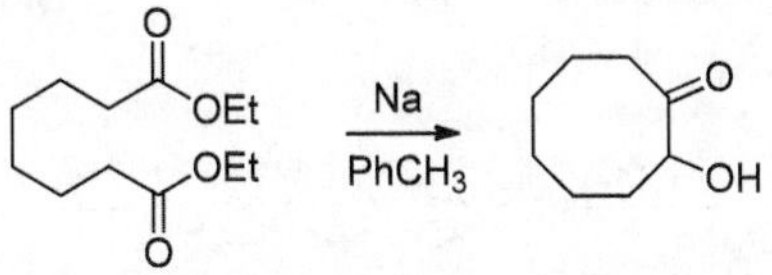

Na, $PhCH_3$

2.4.1.2 1,2-二醇化合物的合成设计

在基础有机化学介绍烯烃的氧化时，用稀的碱性等量高锰酸钾水溶液控制反应条件将烯烃或衍生物的双键氧化成 α-二醇，氧化剂还可以用四氧化锇。烯烃的这一性质为 1,2-二醇化合物的合成设计提供了很好的切断方法，将 1,2-二醇化合物通过官能团转换成烯烃，烯烃可以由 Wittig 反应等方法合成。

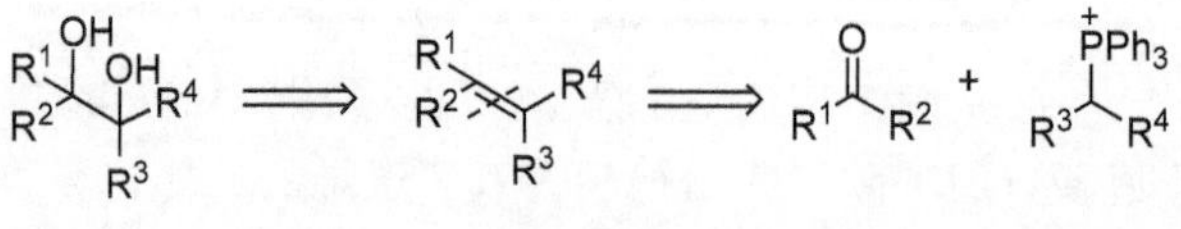

【**实例 2-53**】设计 5-甲基-6,8-二氧二环[3.2.1]辛烷的合成路线。

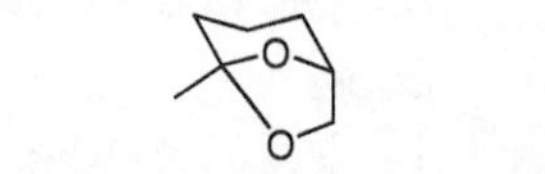

5-甲基-6,8-二氧二环[3.2.1]辛烷

反合成分析：

分析 5-甲基-6,8-二氧二环[3.2.1]辛烷的结构，主要官能团是缩酮，将其切断后得到 1,2-二醇化合物，转化成烯烃后利用 Wittig 反应切断，中间体 5-氧代己醛是 1,5-二羰基化合物，采用常见的 Michael 反应进行切断。

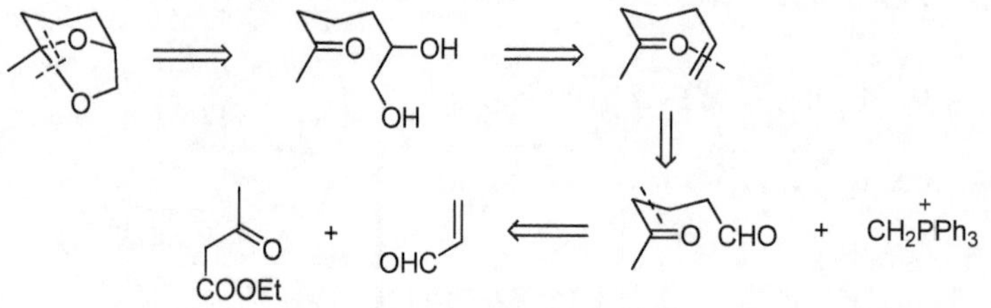

目标化合物的合成路线中，需要进行 Wittig 反应，因对醛和酮无选择性需要将酮基保护，但对醛和酮也很难进行选择性保护，因此需要将 5-氧代己醛转化成 5-氧代己酸乙酯，并且酯相对比较稳定，副反应少。

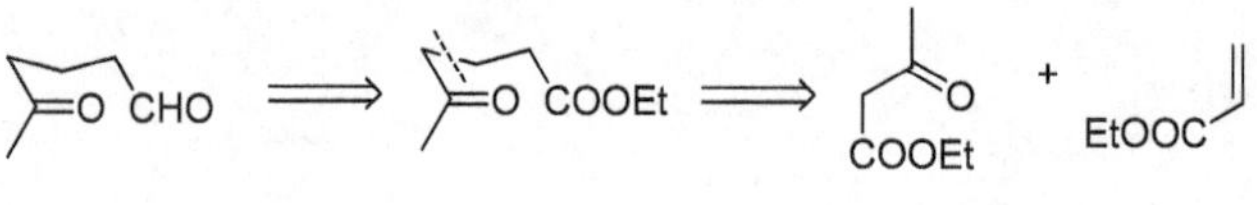

合成路线：

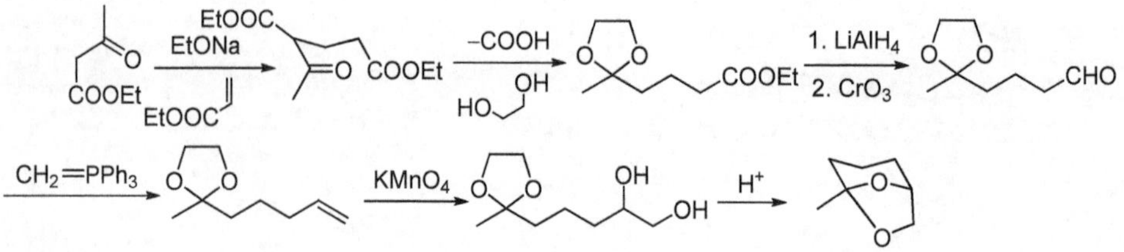

【实例 2-54】设计 4,4-二甲基-3,5-二氧-三环$[5.2.1.0^{2,6}]$癸烷-8-甲酸甲酯的合成路线。

反合成分析：

1,2-二醇化合物广泛应用于缩醛、缩酮的保护，目标分子也存在这样的缩酮，切断后的 1,2-二醇结构经烯烃转化后可由 Diels-Alder 反应制备。

合成路线：

在 $K_2OsO_2(OH)_4$ 和 $K_3Fe(CN)_6$ 的催化下烯烃能选择性氧化成二羟基化合物，称为 Sharpless 二羟基化反应，并且在金鸡纳生物碱为配体时能产生对映选择性。Sharpless 二羟基化反应在药物合成研究中得到了广泛应用，如在拓扑异构酶 Ⅰ 抑制剂喜树碱衍生物的全合成研究中，Fang 利用 Sharpless 不对称二羟基化反应，得到光学纯的喜树碱衍生物。

合成路线：

BCl_3 $ClCH_2CN$ $AlCl_3$ NH_2 Cl NH_2 Cl OR $ClCOCH_2COOR$ Cl COOR N H O POCl$_3$ Cl COOR N Cl

HN N— Cl COOR N Cl DIBAL-H OH N Cl $MeSO_2Cl$ Ph_3P DEAD Ph_3P $Pd(OAc)_2$

N N O HO O

1,2-二醇化合物的合成设计还可以以环氧乙烷为中间体，然后引入 OR 使环氧乙烷开环的方式。这类 1,2-二醇化合物的特征是其中的一个羟基被取代，以醚的形式存在。环氧乙烷在酸、碱条件下开环得到不同的产物，设计时根据需要采用合适的条件。

碱性开环：

O R' $\xrightarrow[-OR]{OH^-}$ OH R' OR

酸性开环：

O R' $\xrightarrow{H^+}$ HO^+ R' ⟶ R' + OH $\xrightarrow[-H^+]{ROH}$ OR R' OH

【实例 2-55】设计 1-苄氧甲基环己醇的合成路线。

O OH

1-苄氧甲基环己醇

反合成分析：

目标分子的官能团分别是醚键和醇，并且能形成 1,2-二醇结构，将醚键切断后得到带有环氧乙烷结构的中间体，环氧乙烷结构的引入可以由双键通过氧化剂间氯过氧苯甲酸 (MCPBA) 氧化而来。

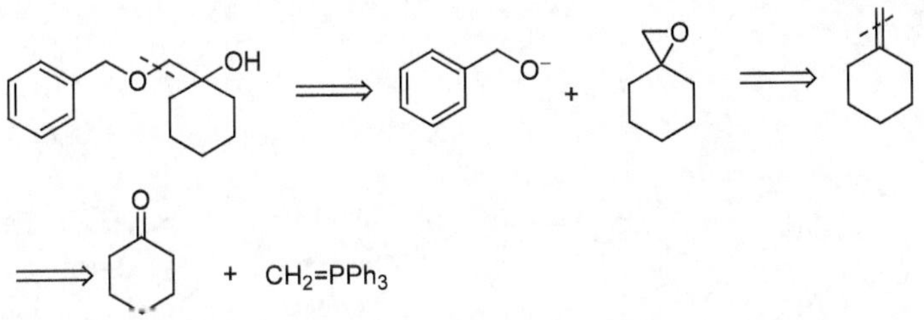

CH_2=PPh_3

合成路线：

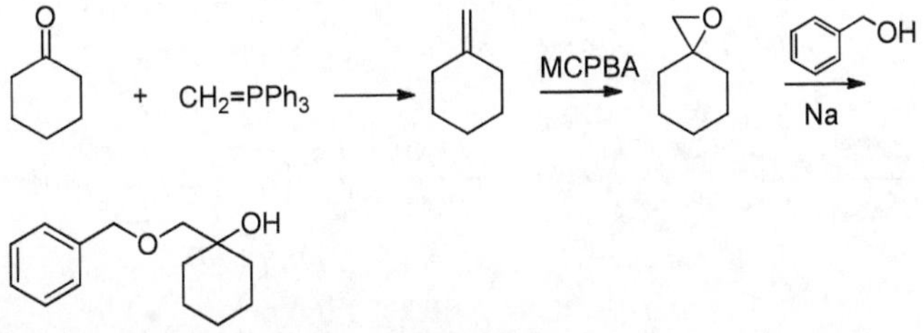

MCPBA

Na

【实例 2-56】设计盐酸地尔硫卓的合成路线。

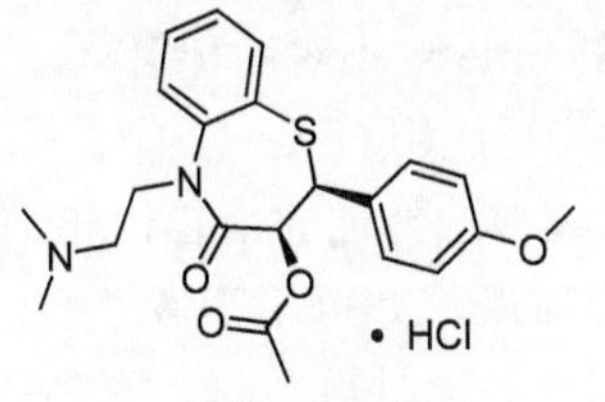

• HCl

盐酸地尔硫卓

反合成分析：

盐酸地尔硫卓为钙离子拮抗剂，是一种强效冠脉扩张剂，临床用于治疗包括变异型心绞痛在内的各种缺血性心脏病。优先切断酯键后，得到1-醇-2-硫醚化合物，切去N上的取代基团，七元杂环上含硫醚、羟基、酰胺多个基团，同时切断硫醚和酰胺键就可利用环氧乙烷开环的路线合成。

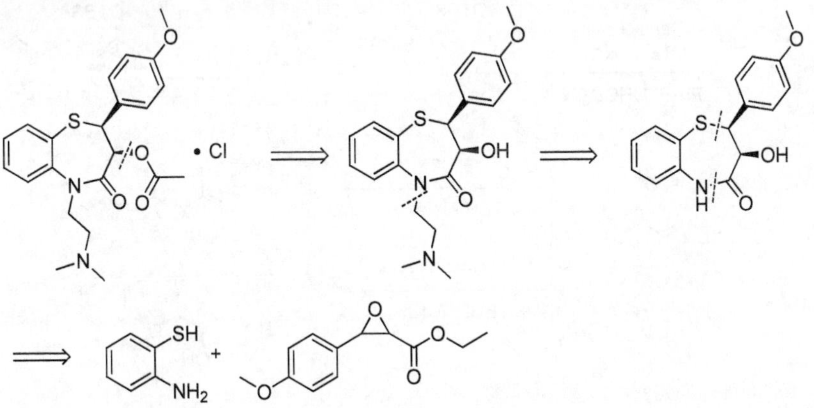

合成路线：

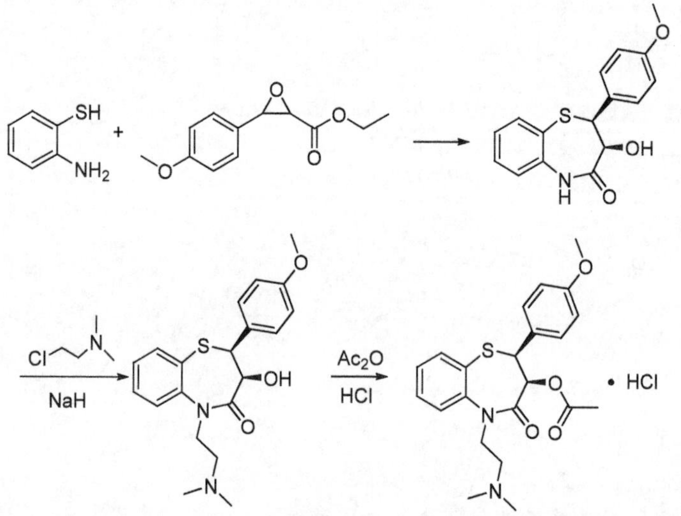

用 *t*-BuOOH、$Ti(O^iPr)_4$ 和光活性的酒石酸二乙酯可以对烯丙醇进行对映选择性环氧化反应，这类反应被称为 Sharpless 不对称环氧化，是合成不对称环氧化物的常用方法，在药物的合成中得到较广泛应用。

奈必洛尔是一种新型、强效、选择性的第三代 β_1 肾上腺素能受体阻滞剂降压药物，临床上用于治疗原发性高血压，亦可用于慢性心衰的治疗。张青山巧妙利用了 Sharpless 不对称环氧化设计了一条同时得到两个关键中间体的合成路线，简化了合成工艺，提高了收率。

合成路线：

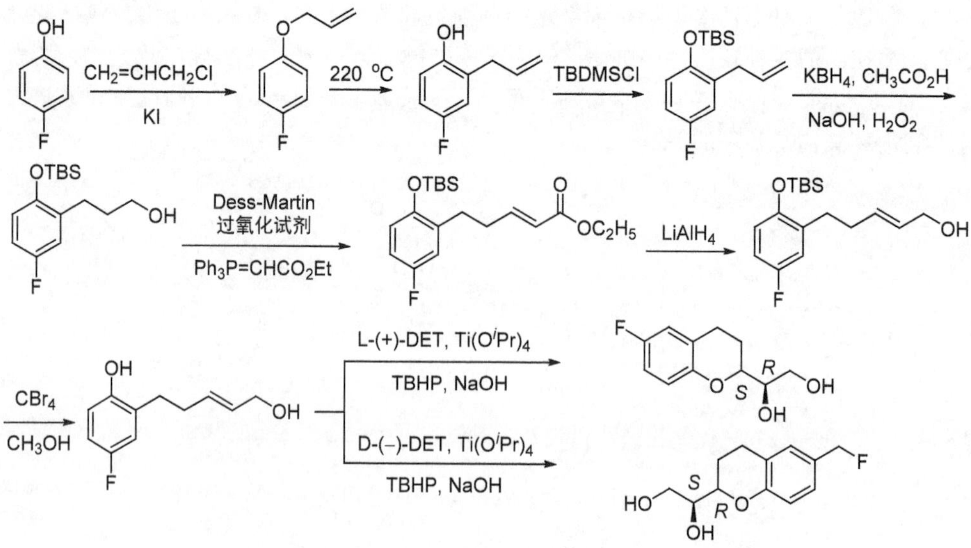

当 1,2-二醇均为叔醇结构时，称为频哪醇。频哪醇在酸的催化下脱水并重排生成频哪酮，频哪醇重排是碳正离子重排，包括烃基的 1,2-迁移。分子对称的 1,2-二醇可用羰基化合物经 Mg-Hg 还原合成。

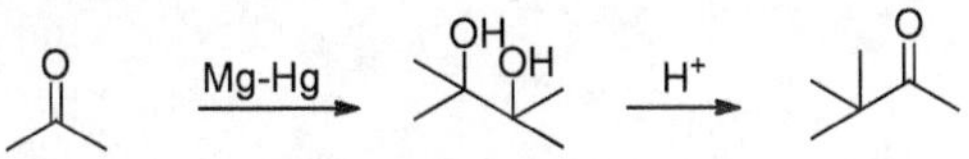

Mg-Hg　H+

【实例 2-57】设计螺[4.5]癸-6-酮的合成路线。

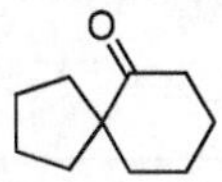

螺[4.5]癸-6-酮

反合成分析：

螺[4.5]癸-6-酮具有频哪酮结构，先经官能团转化成频哪醇再将叔醇碳之间的键切断，由于分子的对称性得到两个环戊酮。

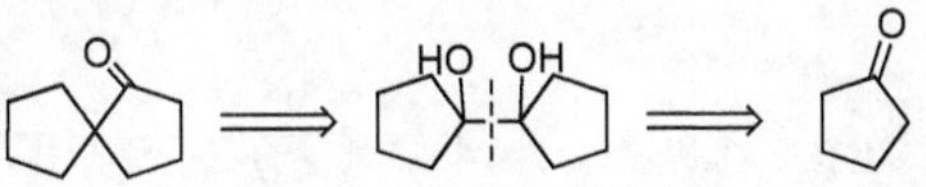

合成路线：

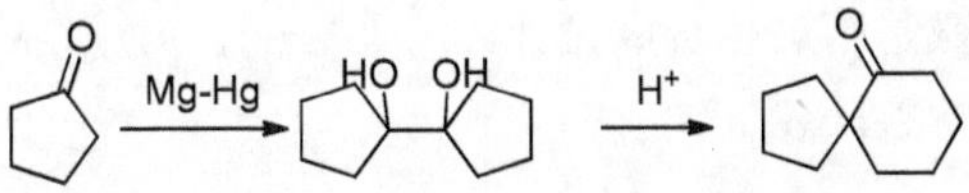

Mg-Hg　H+

【实例 2-58】设计 4,4-二甲基-3-氧代-戊腈的合成路线。

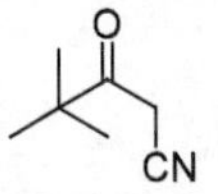

4,4-二甲基-3-氧代-戊腈

反合成分析：

4,4-二甲基-3-氧代-戊腈在制药工业中有广泛的应用，原工艺采用易燃的 NaH，陈兆斌等利用频哪醇重排设计了新的合成路线，将频哪醇重排后得到的频哪酮 α-溴取代，在 NaCN 作用下生成腈。

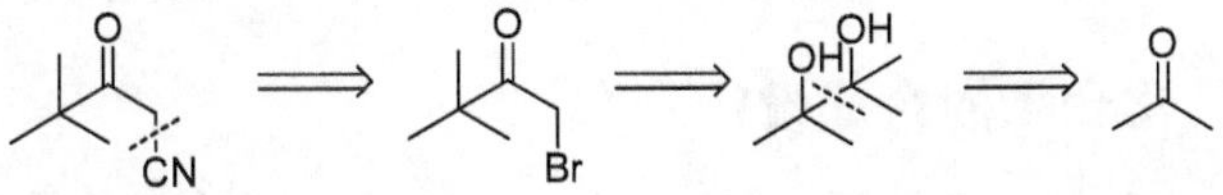

合成路线：

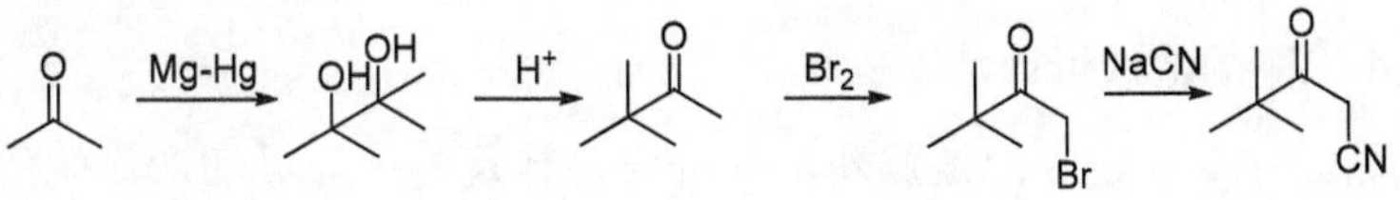

Mg-Hg　H+　Br_2　NaCN

2.4.1.3 α-氨基酸的合成设计

醛在氨存在下与氰化钠生成 α-氨基腈，水解后得到 α-氨基酸，与 α-羟基酸的合成类似，只是反应物中多了氨，醛首先与氨生成亚胺中间体，然后受到 CN^- 进攻生成 α-氨基腈。

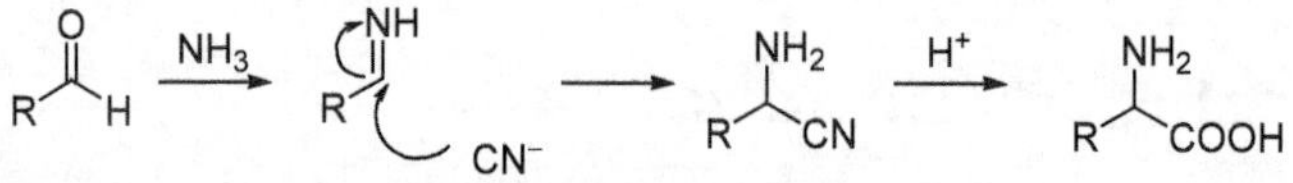

【实例 2-59】设计 4-(4-氯苯基)-2-三氟甲基-2*H*-噁唑-5-酮的合成路线。

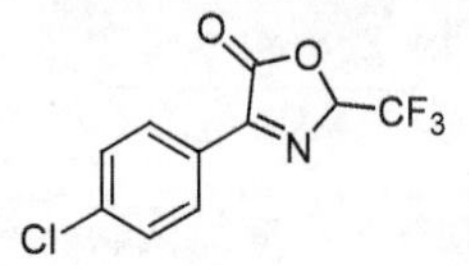

4-(4-氯苯基)-2-三氟甲基-2*H*-噁唑-5-酮

反合成分析：

溴虫腈是芳基吡咯类杀虫杀螨剂，4-(4-氯苯基)-2-三氟甲基-2*H*-噁唑-5-酮是合成溴虫腈的关键中间体。将噁唑酮环切断后得到对氯苯基甘氨酸，对氯苯基甘氨酸属于 α-氨基酸，可通过 α-氨基腈进行合成设计。

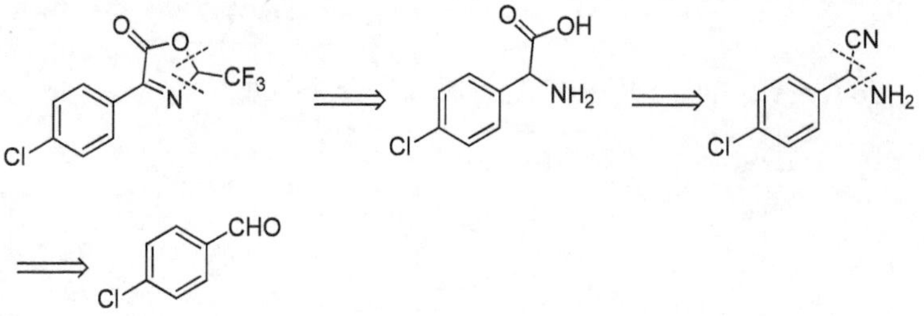

合成路线：

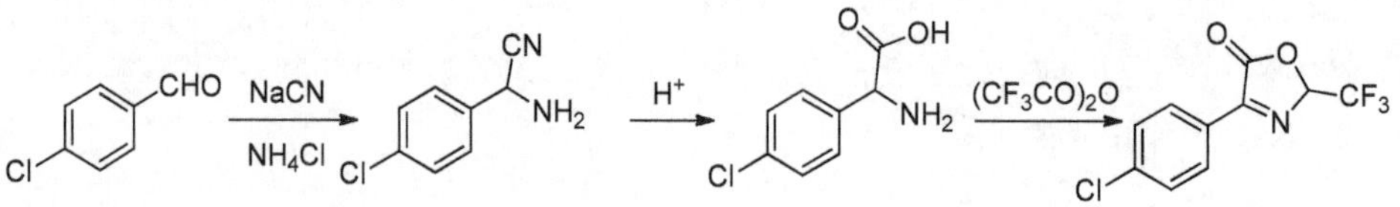

2.4.2 1,4-二氧化合物的合成设计

1,4-二氧化合物包括 1,4-二酮、γ-羟基酸、γ-羟基酮等，它们的特征在于 1,4-位分别连有电负性的氧，包含一个非逻辑键。

2.4.2.1 1,4-二酮的合成设计

1,4-二酮在 1,4-位连接的是羰基，其合成设计是将中心键切断成烯醇负离子和 α-羰基碳正离子，其中 α-羰基碳正离子是个反常合成子，经极性反转得到其等价试剂

α-卤代羰基化合物，烯醇负离子需要引入 COOEt 致活基团增强选择性，因此利用乙酰乙酸乙酯的羰基衍生物的酮式分解是合成 1,4-二酮的较好方法。

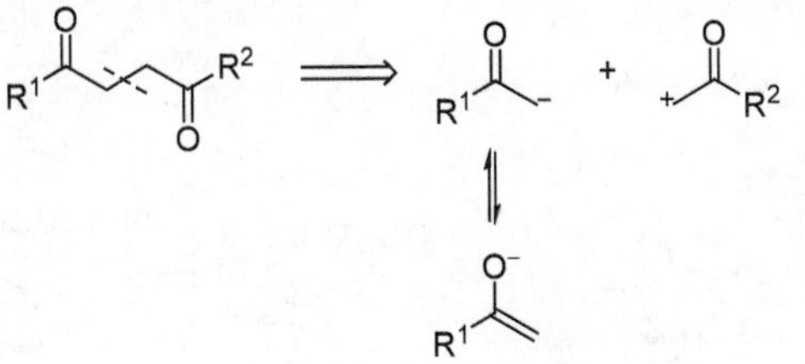

【实例 2-60】 设计 2-乙酰基-3-甲基-4-氧代戊酸乙酯的合成路线。

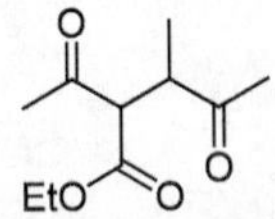

2-乙酰基-3-甲基-4-氧代戊酸乙酯

反合成分析：

将目标分子中的1,4-二酮的中心键切断得到乙酰乙酸乙酯和3-溴-2-丁酮两个等价试剂，3-溴-2-丁酮可以由 2-丁酮选择性溴取代合成。

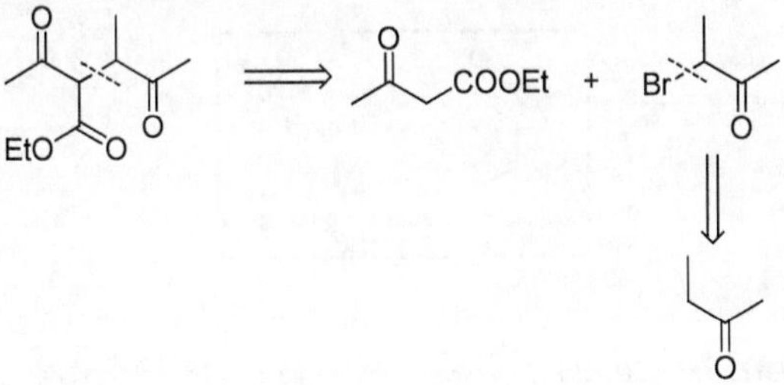

合成路线：

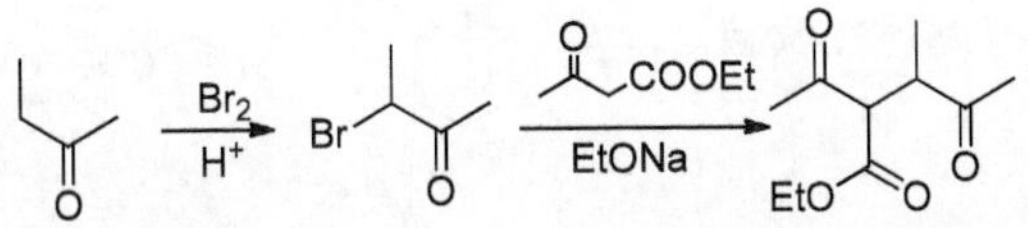

【实例 2-61】 设计 1-(4-氯苯基)-2,5-二甲基-1*H*-吡咯-3-羧酸的合成路线。

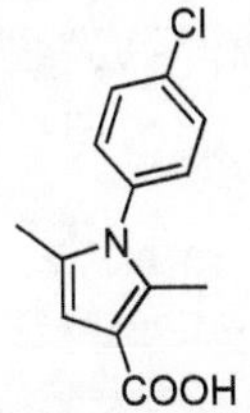

1-(4-氯苯基)-2,5-二甲基-1*H*-吡咯-3-羧酸

反合成分析：

1-(4-氯苯基)-2,5-二甲基-1*H*-吡咯-3-羧酸具有近似对称性结构，将吡咯环切断后得到对氯苯胺和 2-乙酰基-4-氧代-戊酸等价试剂，后者经乙酰乙酸乙酯在醇钠催化下与氯代丙酮反应得到。

Cl N COOH ⟹ Cl H_2N + O COOH O ⟹ COOH O + O Cl

合成路线：

COOEt O + O Cl (NaOEt) ⟶ O COOEt O ⟶ (1. H^+; 2. H_2N–C₆H₄–Cl; $-H_2O$) Cl N COOEt ⟶ (1. OH^-; 2. H^+) Cl N COOH

【实例 2-62】设计 2-(*α*-环己酮基)乙酸乙酯的合成路线。

O COOEt

2-(*α*-环己酮基)乙酸乙酯

反合成分析：

将 2-(*α*-环己酮基)乙酸乙酯的中心碳切断后得到环己酮和溴乙酸乙酯。

O COOEt ⟹ O + Br COOEt

合成路线：

将环己酮在醇钠条件下与溴乙酸乙酯进行反应时，并不能生成目标分子，而会发生 Darzens 反应生成 1-氧代-螺[2.5]辛烷-4-甲酸乙酯。因为溴乙酸乙酯的 *α*-碳上的氢比环己酮 *α*-碳上的氢更易被醇负离子作用成为溴乙酸乙酯负离子，它作为亲核试剂进攻环己酮羰基上的带正电荷的碳原子，反应历程如下：

RO^- H Br OEt O ⇌ Br OEt O^- + O ⇌ O^- COOEt Br ⇌ O COOEt

因此，如果要得到目标分子，需要环己酮作为带负电荷的亲核试剂去进攻羧酸的 α-碳，必须使环己酮的 α-碳具有很强的亲核性，采用的方法主要是把环己酮变成烯胺。

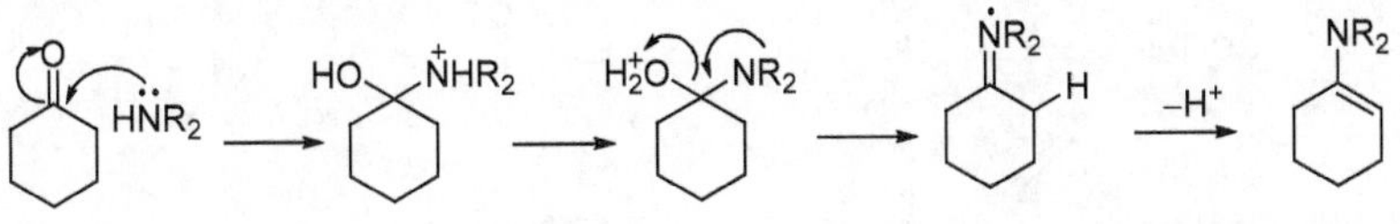

引入烯胺后，环己酮的 α-碳亲核性增强，使得其能进攻溴乙酸乙酯的 α-位，生成 2-(α-环己酮基)乙酸乙酯。

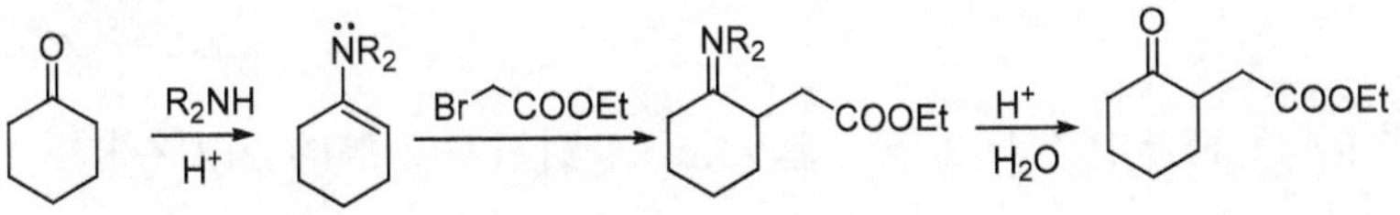

【实例 2-63】设计 1,4,5,6,7,7a-六氢茚-2-酮的合成路线。

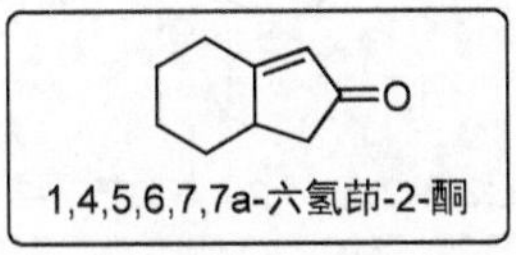

1,4,5,6,7,7a-六氢茚-2-酮

反合成分析：

目标分子含共轭双键，将 C=C 键切断后，得到 1,4-二酮中间体，采用中心键切断策略，需要引入烯胺，常用来引入烯胺的仲胺有吡咯、哌啶、吗啉等。

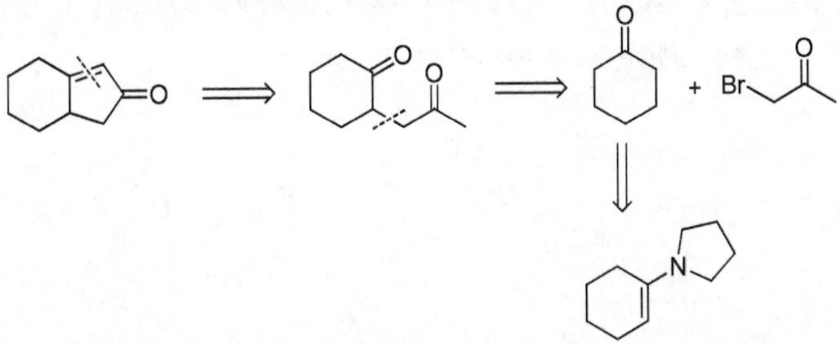

合成路线：

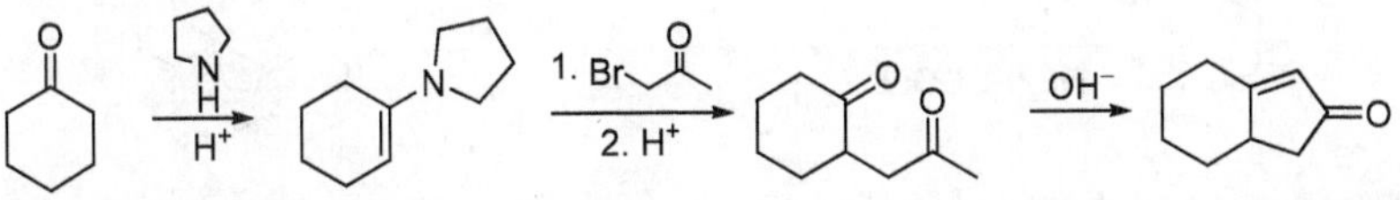

2.4.2.2 γ-羟基酸的合成设计

γ-羟基酸也是一类重要的 1,4-二氧化合物，可以利用乙酰乙酸乙酯法将其切断，也可利用极性反转的方法对 γ-羟基酸进行合成设计，如羧基转换成氰基切断氰基或将酮基转换成炔基后，切断 α,β-碳碳键。

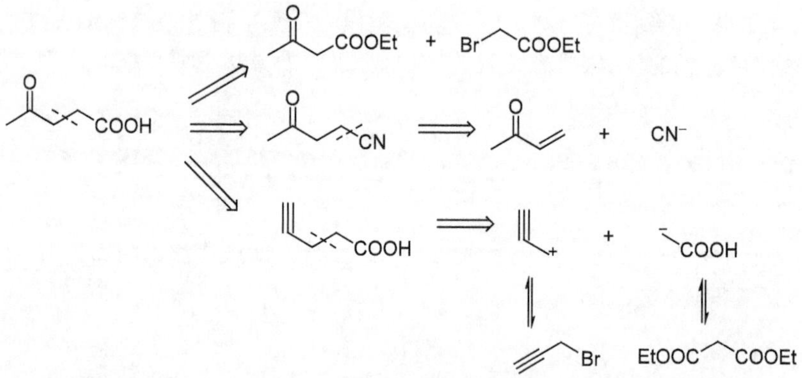

【实例 2-64】设计 1,1-双(2′-羟乙基)-1,2,3,4-四氢萘-2-醇的合成路线。

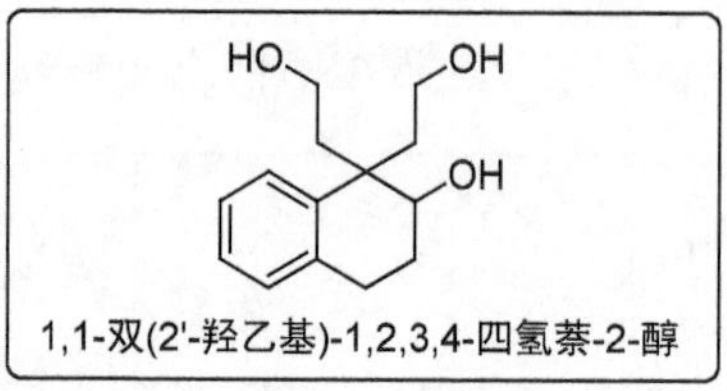

1,1-双(2'-羟乙基)-1,2,3,4-四氢萘-2-醇

反合成分析：

1,1-双(2′-羟乙基)-1,2,3,4-四氢萘-2-醇含三个羟基，形成两个 1,4-二羟基结构，并具有部分对称性结构，将其转换成 γ-羰基酯后同时进行中心碳切断，得到萘酮和溴乙酸乙酯两个等价物。由于萘酮的 1 位与苯环能形成共轭，在 NaH 作用下生成的碳负离子较稳定，与溴乙酸乙酯反应时主要进攻 1 位。

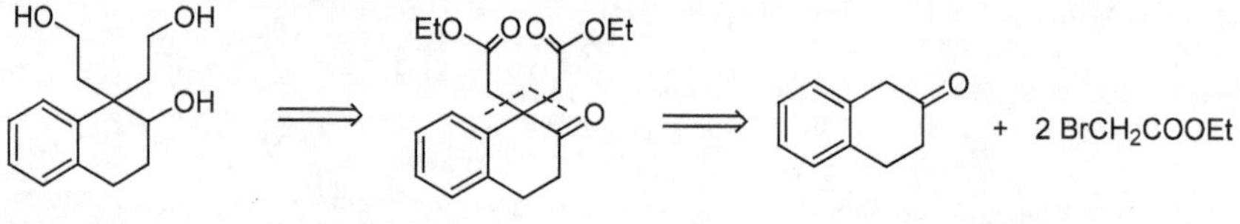

合成路线：

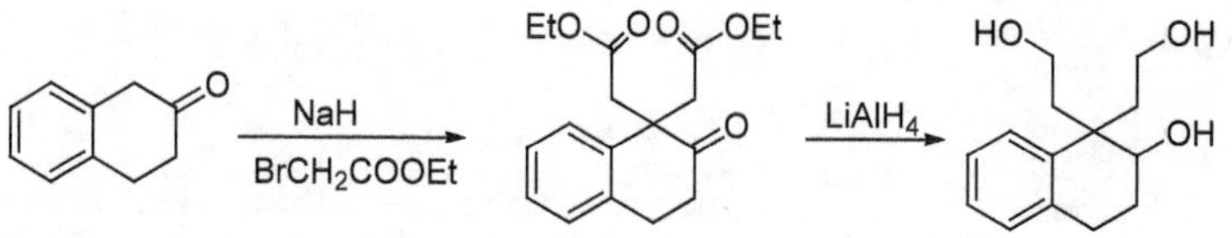

【实例 2-65】设计苯琥胺的合成路线。

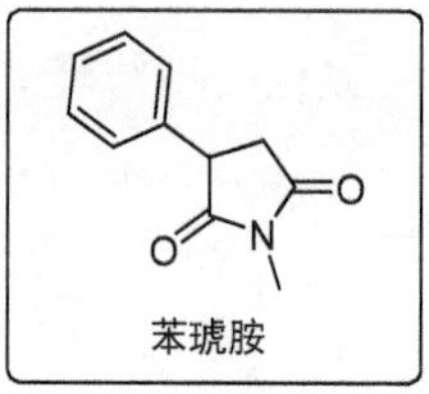

苯琥胺

反合成分析：

苯琥胺 (Phensuximide) 是抗癫痫药物，临床用于治疗癫痫小发作，毒性较低。将酰胺键切断得到 1,4-二羧酸结构，按官能团转换成氰基后切断氰基的方法进行合成设计。在合成中利用丙二酸二乙酯的衍生物氰乙酸乙酯，可以缩短反应步骤，增强选择性。

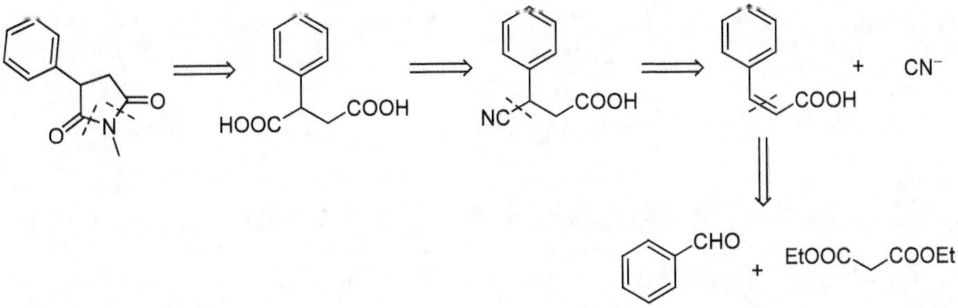

O N O ⟹ HOOC COOH ⟹ NC COOH ⟹ COOH + CN^-

⟹ CHO + EtOOC COOEt

合成路线：

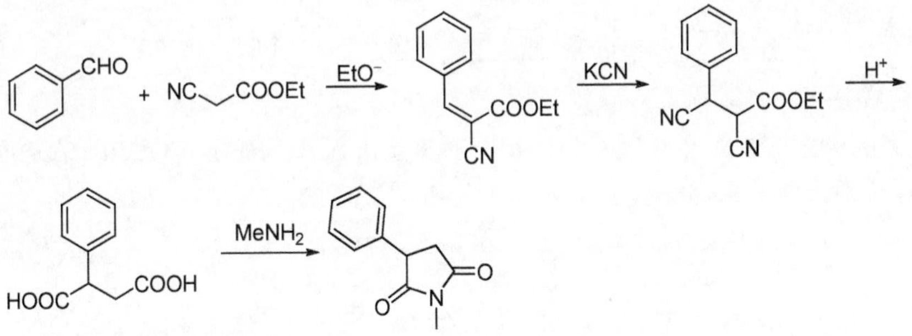

CHO + NC COOEt $\xrightarrow{EtO^-}$ COOEt CN $\xrightarrow{KCN}$ NC COOEt CN $\xrightarrow{H^+}$

HOOC COOH $\xrightarrow{MeNH_2}$ O N O

2.4.2.3 γ-羟基酮的合成设计

γ-羟基酮的合成设计也可采用中心键切断的方式，由于存在非逻辑键，切断后得到反常合成子 α-羟基碳正离子，经极性反转得到等价试剂环氧化物，另一合成子碳负离子仍需要引入致活基团增强选择性。

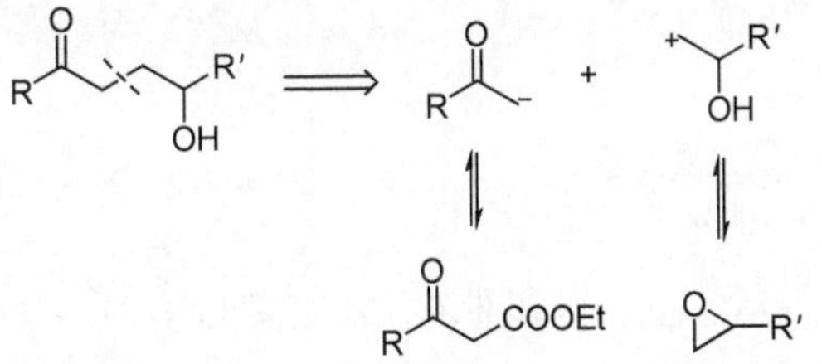

R O R′ OH ⟹ R O + R′ OH

R O COOEt　O R′

【实例 2-66】设计 5-溴-2-戊酮的合成路线。

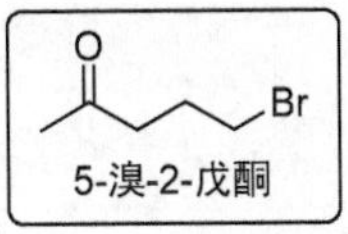

O Br

5-溴-2-戊酮

反合成分析：

5-溴-2-戊酮是 γ-溴代酮，可以转换为 5-羟基-2-戊酮，切断后得到乙酰乙酸乙酯和环氧乙烷，合成时首先生成的是内酯，水解脱羧，三溴化磷溴化后得到目标分子。

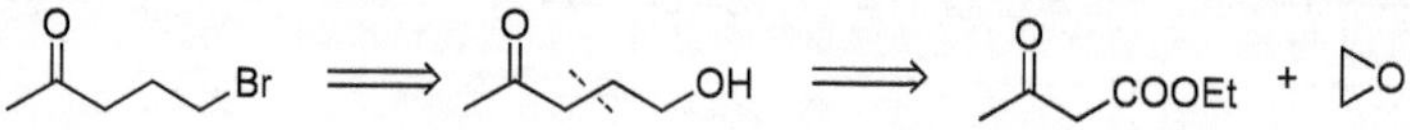

合成路线：

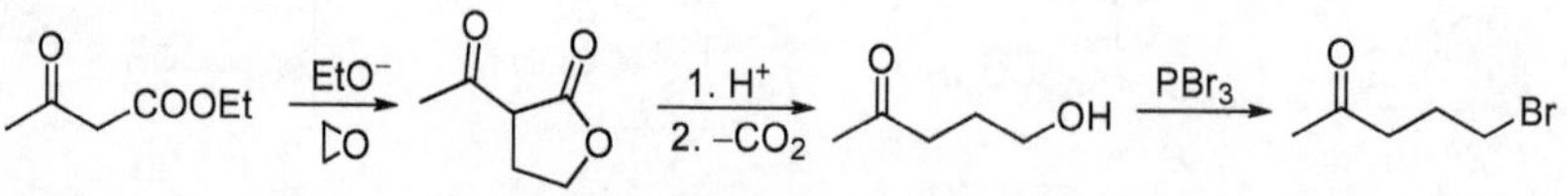

【实例 2-67】设计 2-(2-氯-2-苯基乙基)环戊酮的合成路线。

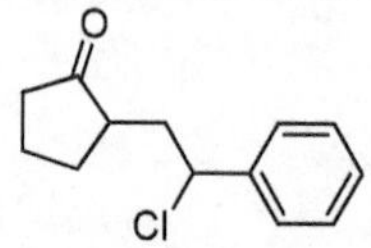

2-(2-氯-2-苯基乙基)环戊酮

反合成分析：

目标分子也可转换成 γ-羟基酮，切断后需要引入致活基团 COOEt，在合成时可以通过脱羧的方法除去。

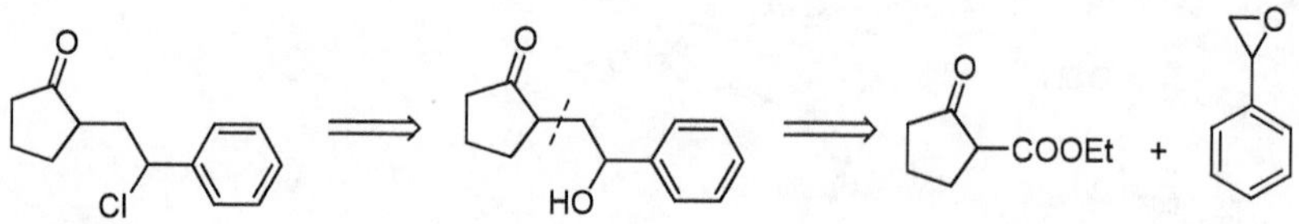

合成路线：

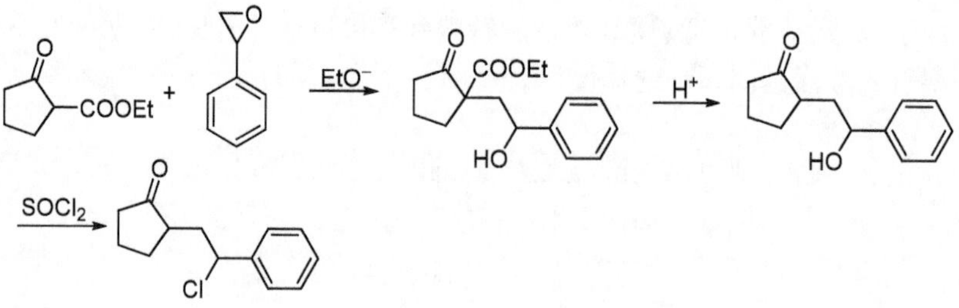

【实例 2-68】设计 2-(2-羟基-2-苯基乙基)环己酮的合成路线。

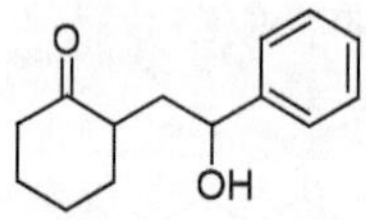

2-(2-羟基-2-苯基乙基)环己酮

反合成分析：

将 2-(2-羟基-2-苯基乙基)环己酮切断后，与 1,4,5,6,7,7a-六氢茚-2-酮的合成设计一样，环己酮需要先进行烯胺化。

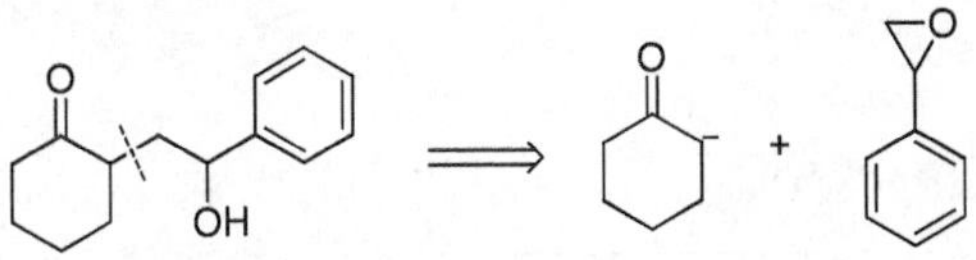

合成路线：

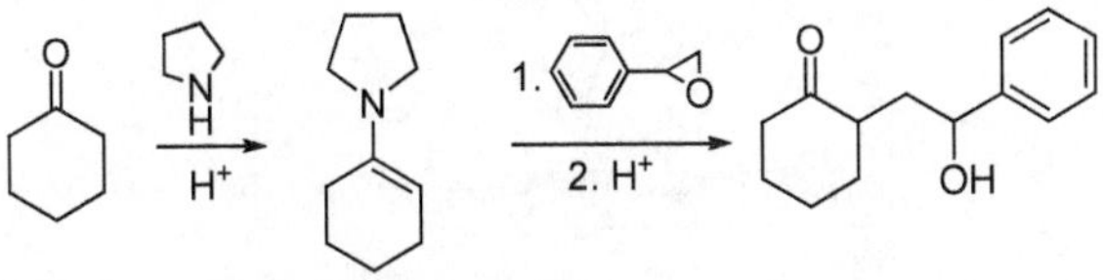

2.4.3 1,6-二羰基化合物的合成设计

1,6-二羰基化合物的合成设计方法比较特殊，前面介绍的一基团、二基团和非逻辑的设计均是采用切断的方法，1,6-二羰基化合物采用的却是连接的方法，也就是将两个羰基连起来形成双键，而环己烯可以用 Diels-Alder 反应合成，这也指明了 1,6-二羰基化合物的合成设计方法。

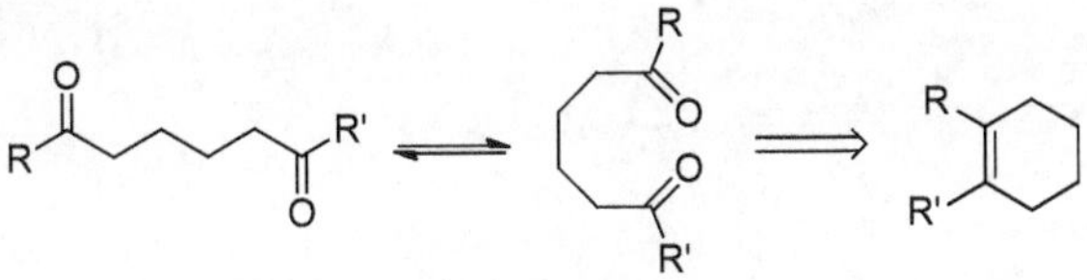

【实例 2-69】设计 3,4-二羧基己二酸的合成路线。

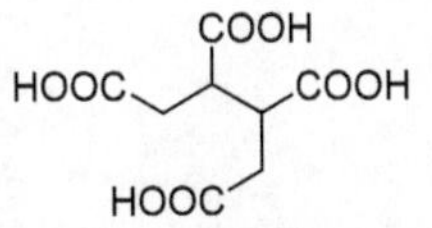

3,4-二羧基己二酸

反合成分析：

3,4-二羧基己二酸含 4 个羧基，形成复杂的 1,4-二羰基和 1,6-二羰基化合物，将 1,6-二羰基连接后得到环己烯化合物，可以进行 Diels-Alder 反应切断，合成时以顺丁烯二酸酐代替顺丁烯二酸更有利于 Diels-Alder 反应的进行。

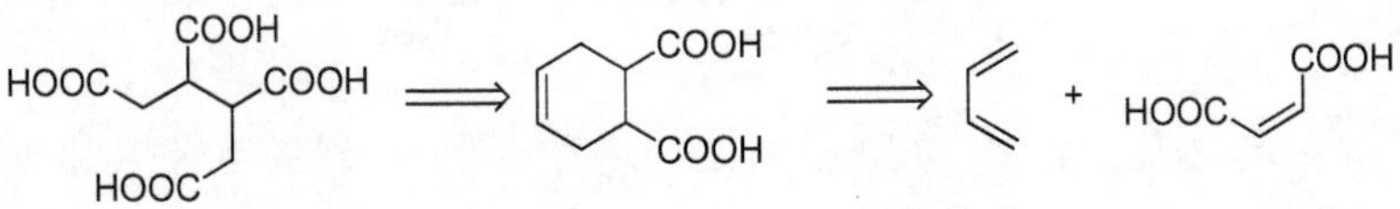

合成路线：

D-A 反应 O_3 HOOC HOOC 1. OH^- 2. H^+/H_2O HOOC COOH COOH HOOC

【实例 2-70】设计 5-异丙烯基-2-甲基环戊-1-烯甲醛的合成路线。

CHO

5-异丙烯基-2-甲基环戊-1-烯甲醛

反合成分析：

将 5-异丙烯基-2-甲基环戊-1-烯甲醛的共轭双键切断后得到 1,6-二羰基化合物，可以采用连接的方法进行目标分子的设计，环己烯衍生物的合成也应用 Diels-Alder 反应。在合成路线中，需要先将环己烯的双键氧化，否则后期生成两个双键后则无法选择性氧化环己烯的双键生成 1,6-二羰基中间体。

CHO ⟹ CHO ⟹ ⟹ + $CH_2{=}PPh_3$

⟹ +

合成路线：

+ D-A 反应 RCO_3H $CH_2{=}PPh_3$

H^+ H_2O OH OH $NaIO_4$ CHO N H HOAc CHO

如果 1,6-二羰基化合物 1 位和 6 位之间连有双键，则通过连接得到的是环己二烯化合物，可以用 Birch 还原法制备，也就是说用钠或锂的液氨溶液还原芳香环生成环己二烯化合物。

Birch 还原反应机理：带供电子基团的苯环，Birch 还原后生成供电子取代基连接在不饱和碳上的环己二烯化合物；带吸电子取代基的苯环，则生成吸电子取代基连接在饱和碳上的环己二烯化合物。

Na, NH_3(l)
ROH

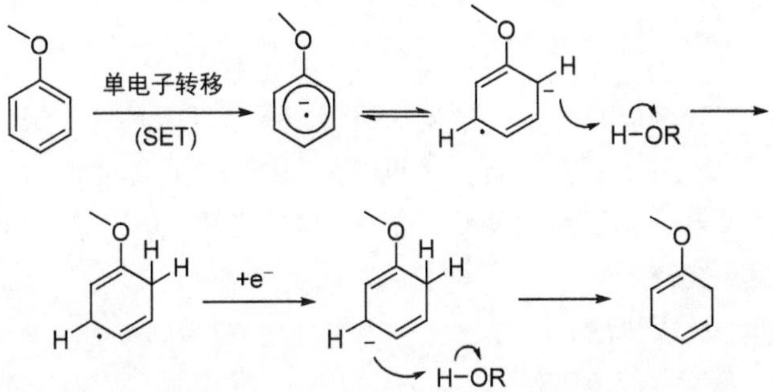

单电子转移
(SET)

H–OR

$+e^-$

H–OR

Na, NH_3(l)

CO_2H

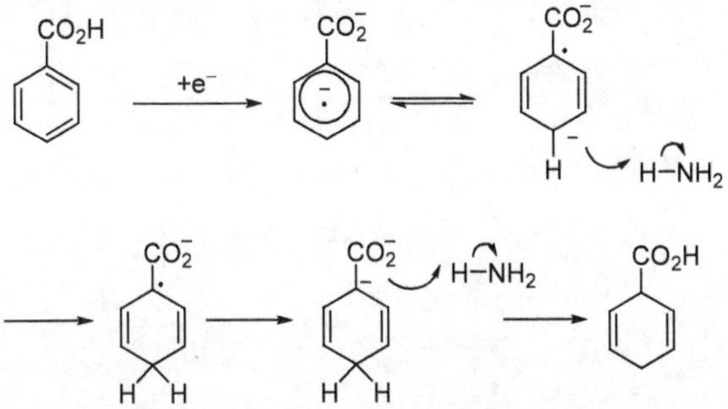

$+e^-$

CO_2^-

H–NH_2

CO_2^-

H–NH_2

CO_2H

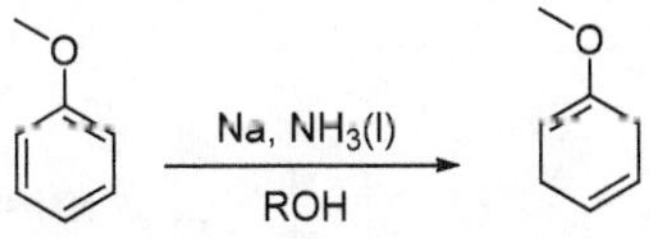

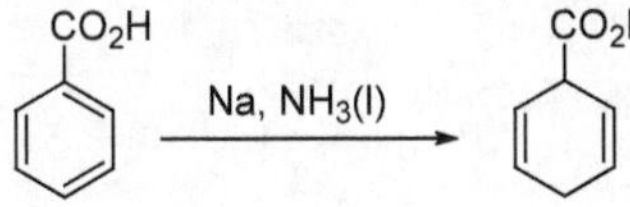

【实例 2-71】设计 6-羟基-4-甲基-3-己烯酸甲酯的合成路线。

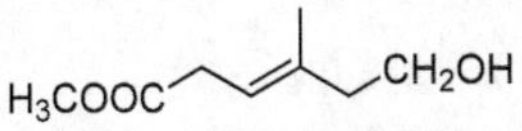

H_3COOC … CH_2OH

6-羟基-4-甲基-3-己烯酸甲酯

反合成分析：

6-羟基-4-甲基-3-己烯酸甲酯含有 C=C 双键，官能团转换成醛后形成 1,6-二羰基化合物，经连接后得到 1 位甲氧基取代的环己二烯化合物，并且双键与甲氧基相连，符合 Birch 还原规则，因此可以采用 Birch 还原法制备。

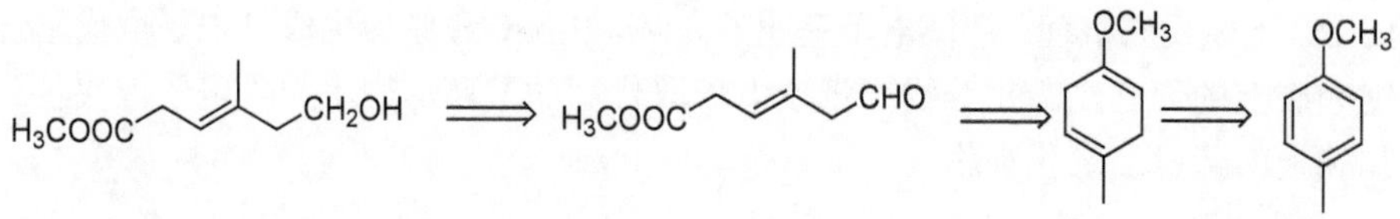

合成路线：

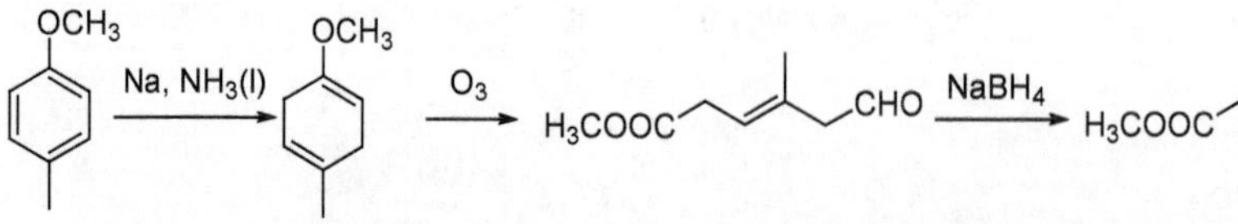

环己酮能被过氧酸氧化开环，并发生重排使氧原子插入环中形成内酯环结构，这类反应称为 Baeyer-Villiger 反应。首先是过氧酸与羰基进行亲核加成，然后酮羰基上的一个烃基带着一对电子迁移到 –O–O– 基团中与羰基碳原子直接相连的氧原子上，同时发生 O–O 键异裂。

Baeyer-Villiger 反应机理：

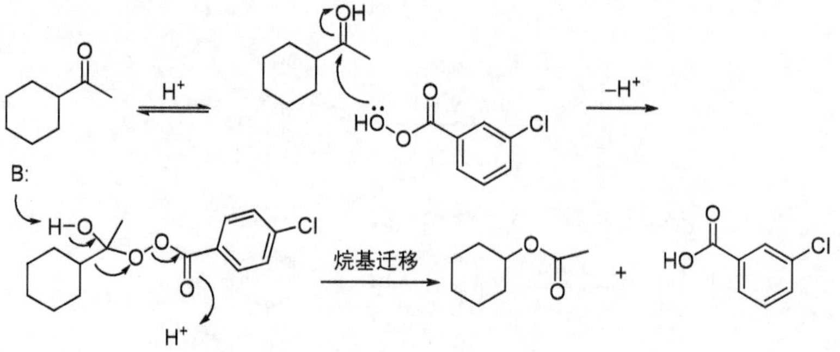

1,6-二羰基化合物可以转换成 6-羟基羰基化合物，连接后形成七元内酯结构，内酯的合成可以应用 Baeyer-Villiger 氧化反应。

【**实例 2-72**】设计 2-羟基-3-甲基十五烷-7-酮的合成路线。

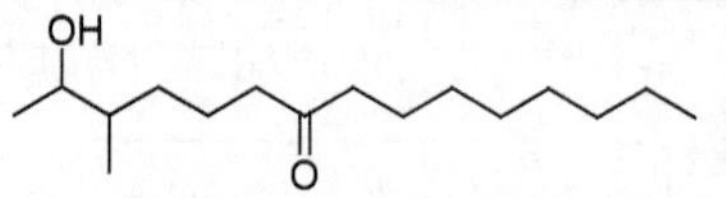

2-羟基-3-甲基十五烷-7-酮

反合成分析：

2-羟基-3-甲基十五烷-7-酮是合成昆虫信息素的中间体，从结构上分析是 6-羟基羰基化合物，连接后得到内酯结构，可以由环己酮经 Baeyer-Villiger 氧化反应制备。

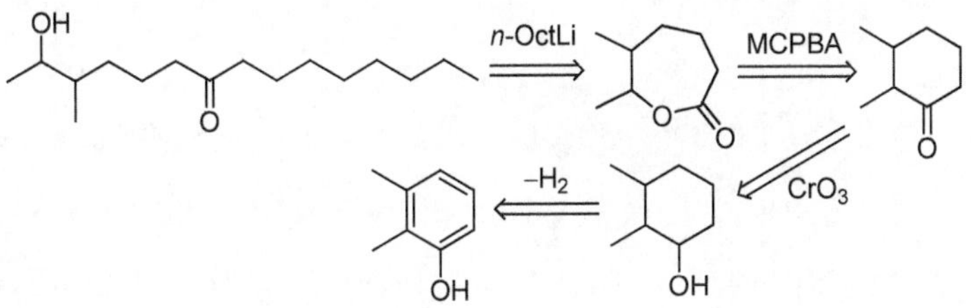

OH

O

n-OctLi

MCPBA

O

O

O

$-H_2$

CrO_3

OH

OH

合成路线：

H_2

CrO_3

MCPBA

OH

OH

O

O

O

n-OctLi

OH

O

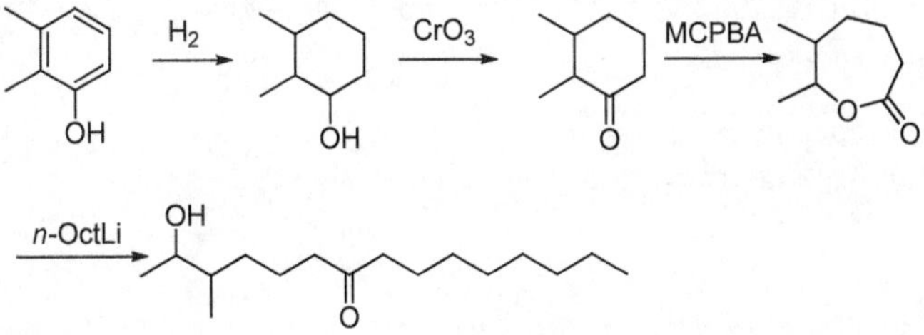

2.5

杂原子化合物合成设计

杂原子化合物的合成设计主要包括醚类和胺类化合物的反合成分析，其基本原理就是碳-杂键 (C–X 键) 的切断。

2.5.1 醚类化合物的合成设计

2.5.1.1 醚的合成设计

醚类化合物的合成比较简单，只要将 C–O 键切断，就可以得到烷基正离子和氧负离子，它们等价于相应的卤代物和醇钠/酚钠 (醇/酚)，这就是 Williamson (威廉森) 醚合成法。

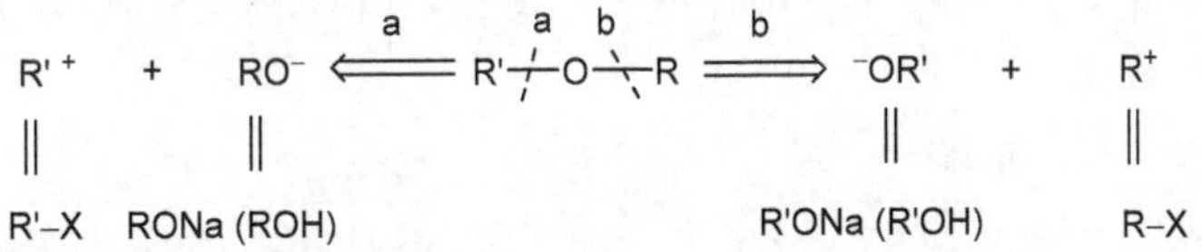

$$\underset{\text{R'–X}}{\text{R'}^+} + \underset{\text{RONa (ROH)}}{\text{RO}^-} \overset{a}{\Longleftarrow} \text{R'}\overset{a}{\nmid}\text{O}\overset{b}{\nmid}\text{R} \overset{b}{\Longrightarrow} \underset{\text{R'ONa (R'OH)}}{^-\text{OR'}} + \underset{\text{R–X}}{\text{R}^+}$$

由于在醚键的两侧均可以进行切断，因此在选择合适切断点时需要考虑两个问题：一是反应的活性；二是避免产生消除副产物。例如在对化合物 **2-1** 切断时，甲基部分为有活性的一侧，苯环部分为非活性的一侧，因此 a 切断更为合理。此外，在甲醚合成中，使用较强的亲核负离子更加有利于反应的进行，因此硫酸二甲酯相对于卤代甲烷更为常用。

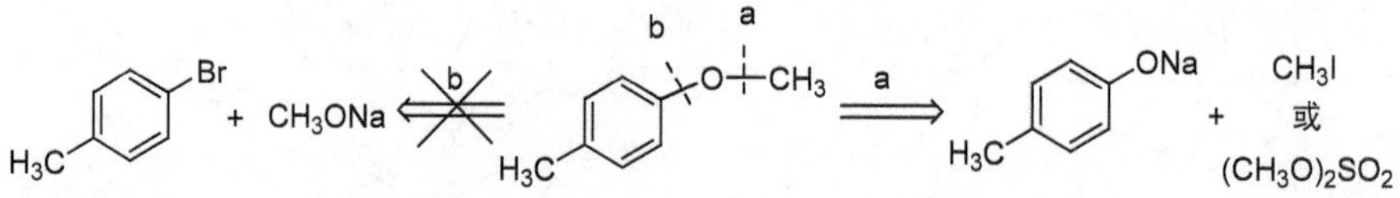

2-1

威廉森醚合成法按照 S_N2 机理进行，在强碱性反应条件下，特别容易发生消除反应。因此在切断时应避免使用叔卤代物，而伯卤代物主要发生取代反应而不发生消除反应。例如，在对化合物 **2-2** 进行分析时，b 切断得到叔卤代物，容易发生消除反应，因此 a 切断更为合理。

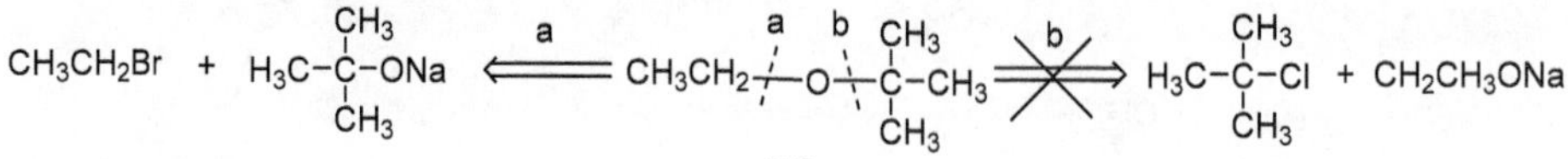

2-2

【**实例 2-73**】试设计下面化合物的合成路线。

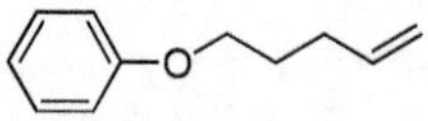

反合成分析：

根据反应的活性，醚键的切断选取在烷基链部分，得到酚钠和溴代物。通过官能团转化，将溴代烷转化为醇，进而转化为酯。由于酯基的 α-位和烯丙位均很活泼，两者分别带负电荷和正电荷，在其中间切断后得到丙二酸二乙酯和溴代丙烯。

2-3

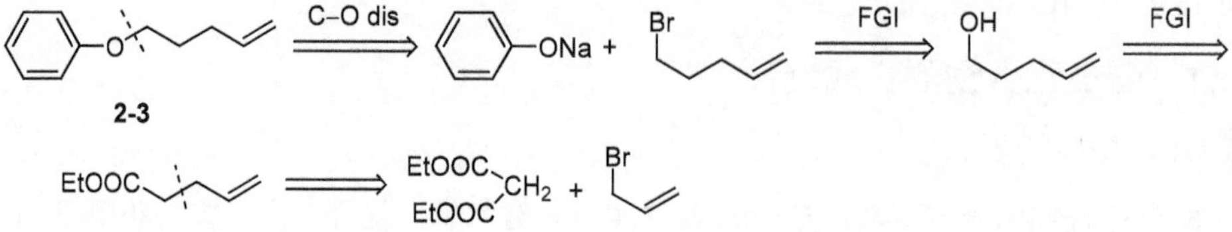

合成路线：

丙二酸二乙酯和溴代丙烯在醇钠作用下发生取代反应，然后在酸性条件下脱去 α-位的羧基，再用 $LiAlH_4$ 将酯基还原为羟甲基，用 PBr_3 将羟基溴代，最后与苯酚钠成醚得到目标化合物。

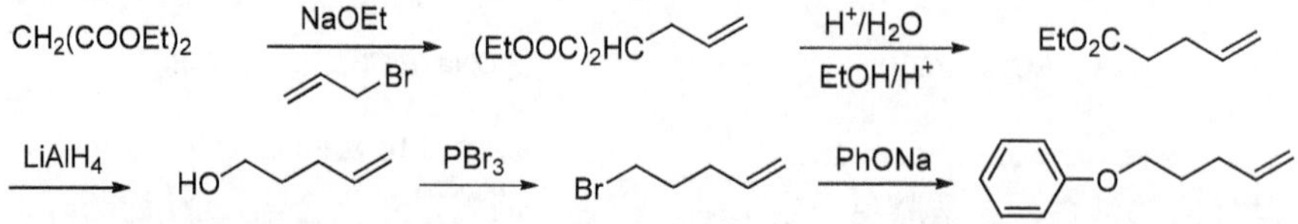

2.5.1.2 醚的合成设计

硫醚的合成与醚相似，也是进行 C–S 键的切断。而且，硫醇的 pK_a 值要比相应的醇低，因此更加容易发生 S_N2 反应。例如，对于杀螨剂氯苯杀 (chlorbenside，**2-4**)，应在反应活性强的烷基一侧进行切断，得到对氯硫醇和对氯氯苄两个简单的起始原料。

$$\text{2-4} \xrightarrow{\text{C–S dis}} \text{4-}ClC_6H_4SH + \text{4-}ClC_6H_4CH_2Cl$$

2.5.2 胺类化合物的合成设计

2.5.2.1 伯胺的合成设计

伯胺通常不能用酰胺还原制取，而且无取代的亚胺也不稳定，一般无法高收率制得。因此，伯胺通常以其他方法制备。

（1）腈还原法

通过腈的还原，通常可以得到非支链化的胺。而且，此法特别适合制备苄胺，因为芳基腈很容易通过芳胺形成重氮盐而制备。

$$R-CH_2NH_2 \xRightarrow{FGI} R-CN \xRightarrow{FGI} R-Br$$

$$ArCH_2NH_2 \xRightarrow{FGI} ArCN \xRightarrow{FGI} ArNH_2$$

（2）硝基还原法

通过还原硝基制备胺也是非常常用的方法。对于芳香胺，官能团转化为芳香硝基化合物，后者可以很容易通过硝化反应制得。对于脂肪胺，不仅可以转化为脂肪硝基化合物，而且可以转化为 α,β-不饱和硝基化合物。后者可以利用硝基 α-位易亲核进攻羰基的特性，进一步切断为醛 (酮) 和硝基甲烷。

$$R-NH_2 \xRightarrow{FGI} R-NO_2$$

$$R-CH_2-CH_2-NH_2 \xRightarrow{FGI} R-CH=CH-NO_2 \Longrightarrow RCHO + CH_3NO_2$$

【实例 2-74】试设计食欲抑制药对氯苯丁胺 (chlorphentermine) 的合成路线。

对氯苯丁胺

反合成分析：

首先，将氨基转化为硝基，然后利用苯环苄位和硝基 α-位的反应活性，切断得到对氯氯苄和 2-硝基丙烷两个简单的起始原料。

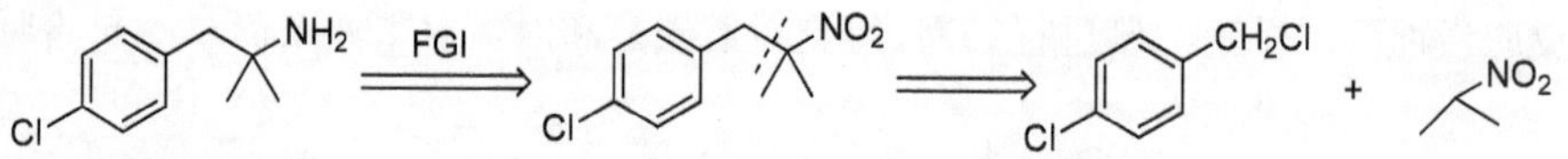

合成路线：

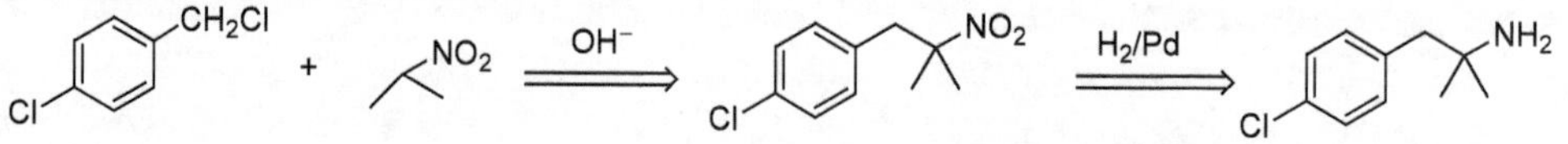

【实例 2-75】试设计化合物 3,3-二甲基-1,6-己二胺的合成路线。

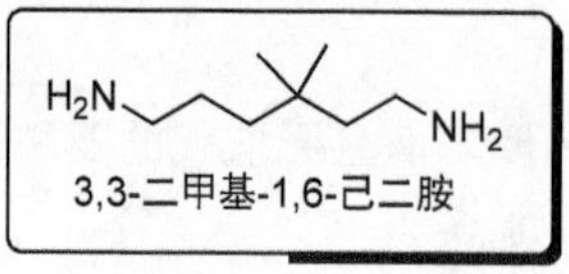

3,3-二甲基-1,6-己二胺

反合成分析：

将目标分子转化为 α,β-不饱和硝基化合物，然后利用缩合反应将双键切断为硝基甲烷和氨基醛。后者的氨基转化为氰基，再利用氰基和醛基的 1,5-关系切断得到丙烯腈和异丁醛。

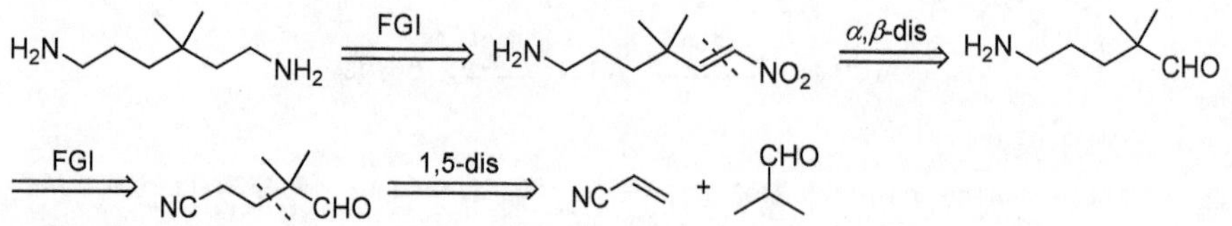

合成路线：

在实际的合成中，由于氨基醛能够发生分子内的缩合反应，因此先不将氰基还原，而在最后一步利用催化氢化将氰基、硝基和双键同时还原，得到目标分子。

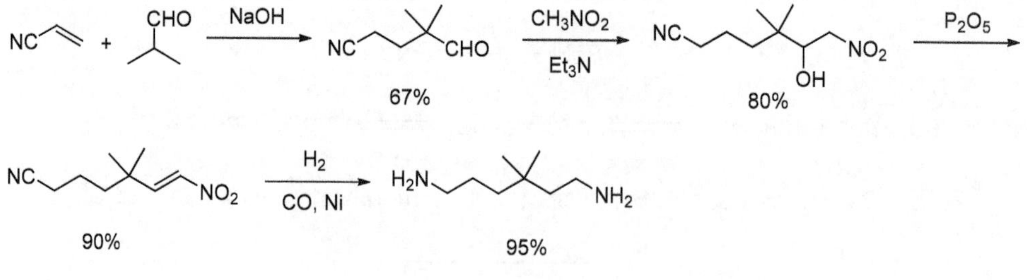

（3）肟还原法

制备支链化伯胺，常用肟还原法，肟很容易从酮制得。

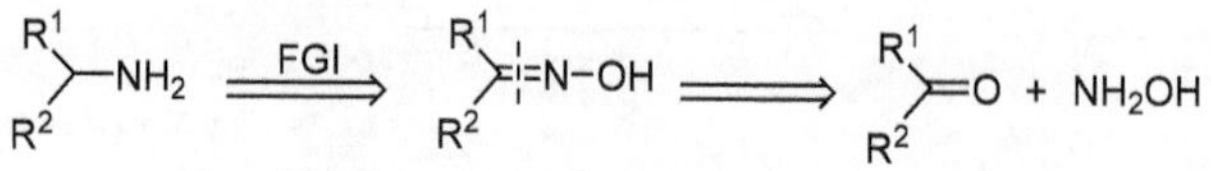

【实例 2-76】试设计芬氟拉明 (Fenfluramine) 的合成路线。

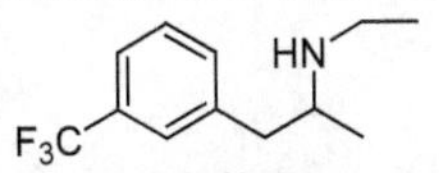

芬氟拉明

反合成分析：

芬氟拉明具有仲胺结构，首先利用酰胺法切断得到伯胺，然后再用肟还原法，转化为芳香酮。

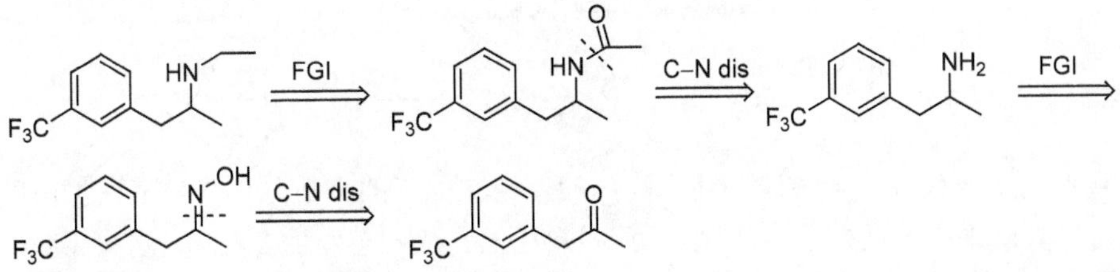

FGI　C−N dis　FGI　C−N dis

合成路线：

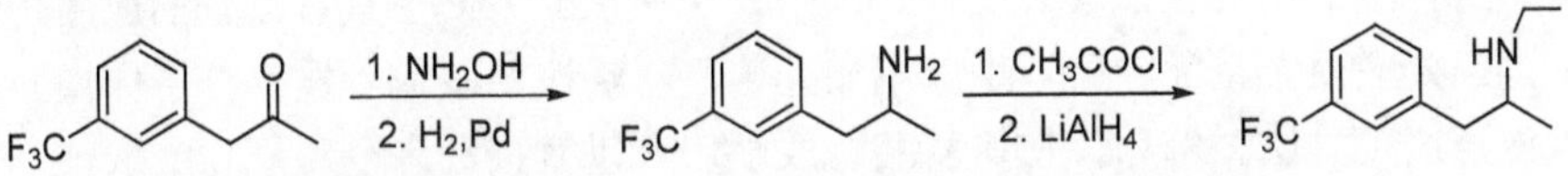

1. NH_2OH　2. H_2,Pd　1. CH_3COCl　2. $LiAlH_4$

（4）叠氮化合物还原法

叠氮离子 N_3^- 可以充当 NH_2^- 的试剂，可以被还原为胺。而且，叠氮离子可以作为亲核进攻试剂，与环氧乙烷发生开环反应得到 β-氨基醇。

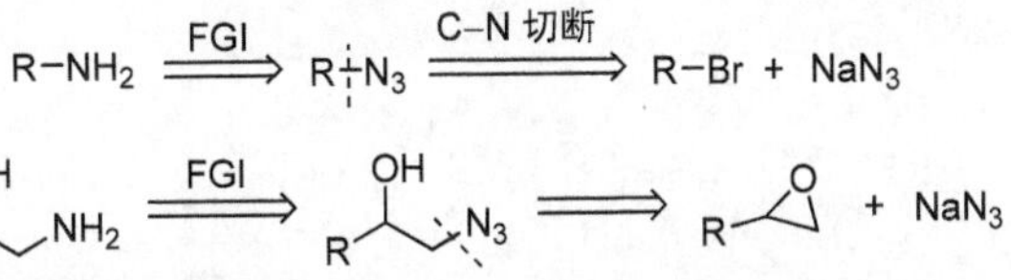

$R-NH_2 \xRightarrow{FGI} R-N_3 \xRightarrow{C-N\ 切断} R-Br + NaN_3$

FGI

（5）霍夫曼 (Hofmann) 重排法

利用霍夫曼重排反应，可以将酰胺生成少一个碳原子的伯胺。

$R-NH_2 \xRightarrow{Hofmann\ 重排} R-CONH_2$

（6）盖布瑞尔 (Gabriel) 合成法

邻苯二甲酸酐与氨反应制得邻苯二甲酰亚胺，后者与卤代烷发生置换反应，然后再水解得到伯胺。

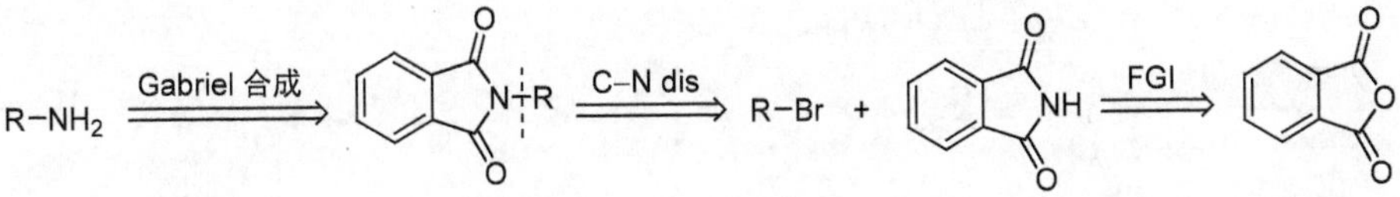

$R-NH_2$　Gabriel 合成　C−N dis　$R-Br$ +　FGI

2.5.2.2 仲胺的合成设计

仲胺类化合物的合成与醚类化合物有所不同，在多数情况下不能简单地进行 C–N 键的直接切断，直接切断会得到伯胺和 CH_3I。在实际的合成过程中，伯胺和 CH_3I 容易发生多取代反应，生成的仲胺会进一步与 CH_3I 生成叔胺和季铵盐。在反应中即使只加入一个当量的 CH_3I 也不能避免副反应的发生，因为生成的仲胺会与原料伯胺争夺 CH_3I。

$$RNH\vdots CH_3 \xRightarrow{\text{C–N dis}} RNH_2 + CH_3I$$

$$RNH_2 \xrightarrow{CH_3I} RNHCH_3 \xrightarrow{CH_3I} RN(CH_3)_2 \xrightarrow{CH_3I} R\text{–}\overset{+}{N}(CH_3)_3$$

直接利用取代反应合成胺类化合物一般使用在如下的少数几种情况下：①叔胺的合成可以直接采用这种方法，因为控制好投料比例一般不会发生多取代反应。②如果胺作为起始原料非常价廉易得，这时可以将胺大比例过量，然后在低温的条件慢慢加入卤代物，这样也能够得到单取代产物。这个方法在工业生产中具有很好的应用价值。③由于电子效应或者空间障碍，生成不如起始原料活泼的胺或者发生分子内反应时，也可以使用这种方法。例如，在氨基酸合成中，可以直接利用氨和氯乙酸取代制得，这就是利用了产物的电子效应。关于空间障碍的应用，请看下面平喘药沙丁胺醇 (Salbutamol) 的合成。

$$NH_3 + ClCH_2COOH \longrightarrow H_2NCH_2COOH \rightleftharpoons H_3\overset{+}{N}CH_2COO^-$$

【**实例 2-77**】试设计沙丁胺醇的合成路线。

沙丁胺醇

反合成分析：

首先，将含氮侧链的羟基官能团转化为羰基，这样得到的芳香酮可以通过傅-克反应制备，而且增强了 α-位的反应活性。然后，将 C–N 键切断得到叔丁基胺和 α-溴代酮，这里由于叔丁基的空间效应，一般不会得到多取代产物。α-溴代酮可以通过芳香酮溴化得到，后者可以利用傅-克反应切断为邻羟甲基苯酚。邻羟甲基苯酚可以利用还原反应官能团转化为一个非常常见的原料——水杨酸。

FGI　　C–N dis　　+

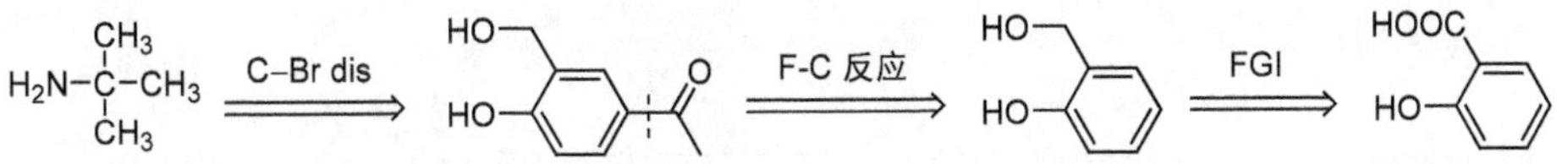

CH_3 $H_2N-C-CH_3$ CH_3 $\xRightarrow{\text{C–Br dis}}$ HO HO $\xRightarrow{\text{F-C 反应}}$ HO HO $\xRightarrow{\text{FGI}}$ HOOC HO

合成路线：

HOOC HO + Cl $\xrightarrow{AlCl_3}$ HOOC HO $\xrightarrow{Br_2/H^+}$ HOOC HO Br $\xrightarrow{t\text{-}BuNH_2}$

HOOC HO H CH_3 $N-C-CH_3$ CH_3 $\xrightarrow{LiAlH_4}$ HO HO OH H CH_3 $N-C-CH_3$ CH_3

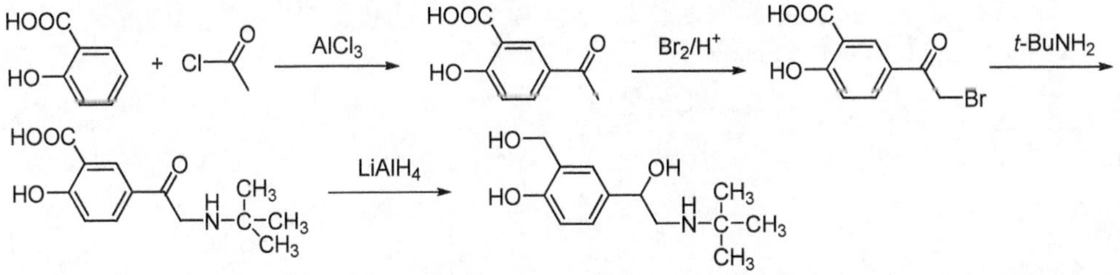

对于大多数仲胺，在运用 C–N 键切断之前需要先进行官能团转化。一般有酰胺法和亚胺法两种方法，然后利用还原反应得到仲胺。

（1）酰胺法

使用酰胺法需要在 N 原子邻近具有 CH_2 基团，$LiAlH_4$ 是常用的还原剂。该方法比较常用，尤其对于一些环状胺，可以将环外的 CH_2 基团进行官能团转化，这样可以将环上的支链进行切断。例如下面这个化合物就可以利用酰胺法切断为酰氯和哌啶。

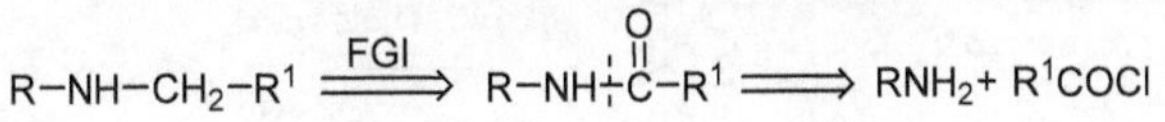

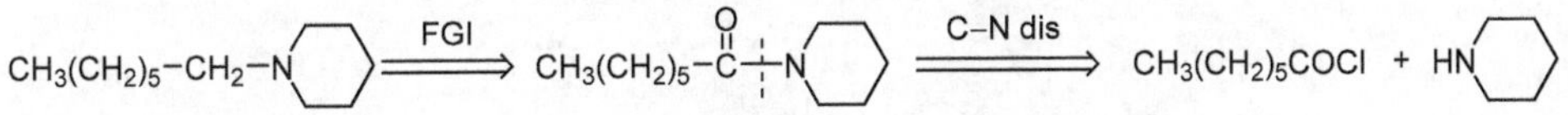

$$R-NH-CH_2-R^1 \xRightarrow{FGI} R-NH-C(=O)-R^1 \Longrightarrow RNH_2 + R^1COCl$$

$$CH_3(CH_2)_5-CH_2-N \xRightarrow{FGI} CH_3(CH_2)_5-C(=O)-N \xRightarrow{\text{C–N dis}} CH_3(CH_2)_5COCl + HN$$

（2）亚胺法

亚胺法适用于带有支链的胺，而且在实际的合成过程中无需分离出亚胺，可以直接还原得到目标产物，$NaBH_4$ 是常用的催化剂。

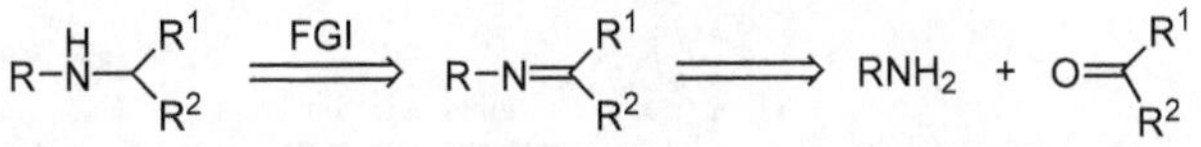

$$R-NH-CH(R^1)(R^2) \xRightarrow{FGI} R-N=C(R^1)(R^2) \Longrightarrow RNH_2 + O=C(R^1)(R^2)$$

【实例 2-78】试设计化合物 H N 的合成路线。

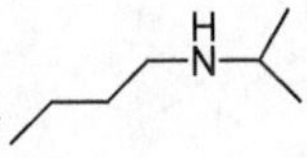

反合成分析：

这个化合物既可以用酰胺法 (a)，也可以用亚胺法 (b) 进行切断，均得到比较简单的原料。由于亚胺法不需要对中间产物进行分离纯化，在实际的合成中更为简便。

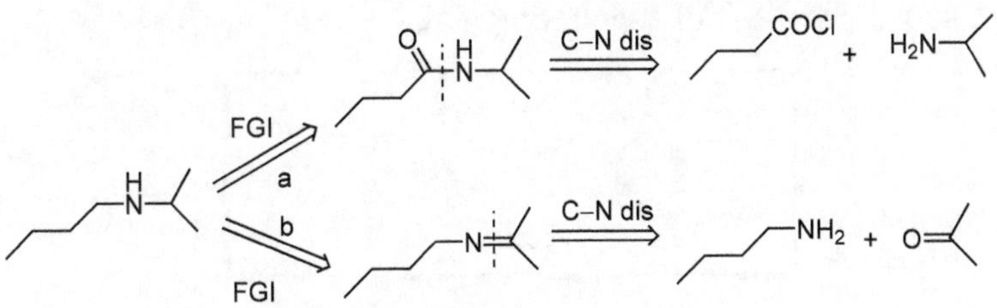

H N $\xRightarrow{FGI}$ (a) O H N $\xRightarrow{\text{C–N dis}}$ COCl + H_2N

H N $\xRightarrow{FGI}$ (b) N $\xRightarrow{\text{C–N dis}}$ NH_2 + O

合成路线：

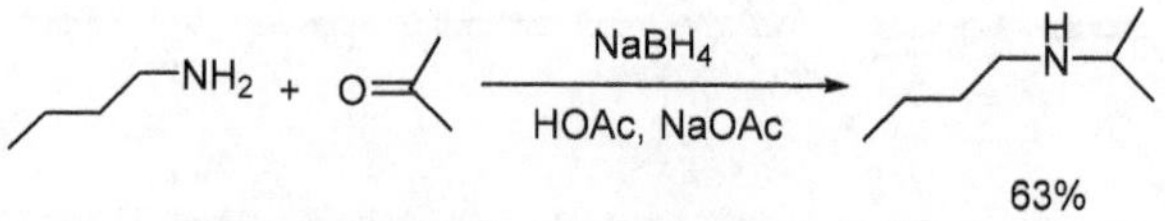

$$CH_3CH_2CH_2CH_2NH_2 + (CH_3)_2C=O \xrightarrow[\text{HOAc, NaOAc}]{\text{NaBH}_4} CH_3CH_2CH_2CH_2NHCH(CH_3)_2 \quad 63\%$$

【实例 2-79】试设计化合物 **2-5** 的合成路线。

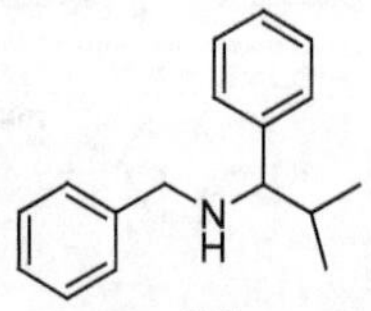

2-5

反合成分析：

这个分子含有仲胺结构，首先将其转化为酰胺，然后切断酰胺键得到苯甲酰氯和伯胺，伯胺可以运用肟还原法转化为芳香酮，最后利用 Friedel-Crafts 反应切断得到苯和酰氯。

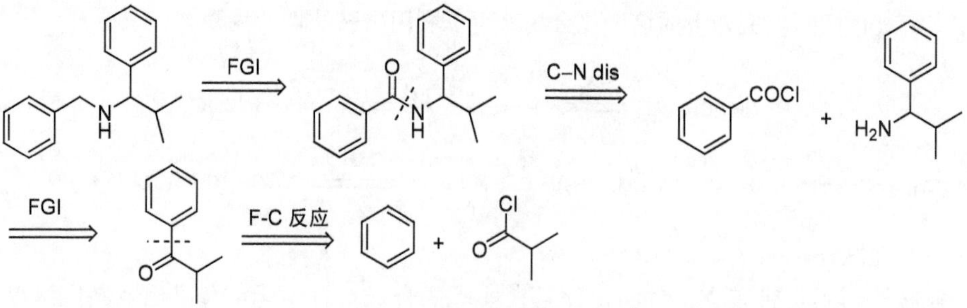

FGI　C–N dis　COCl　+　H_2N

FGI　F-C 反应　+　Cl

合成路线：

$AlCl_3$　1. NH_2OH, H^+　2. $LiAlH_4$　H_2N　PhCOCl

$LiAlH_4$

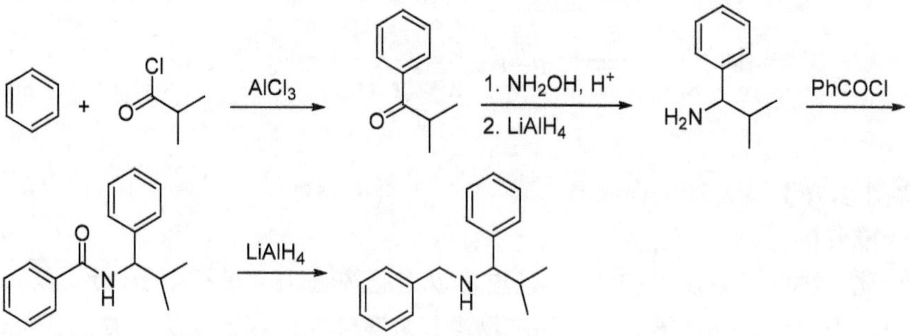

【实例 2-80】试设计化合物 **2-6** 的合成路线。

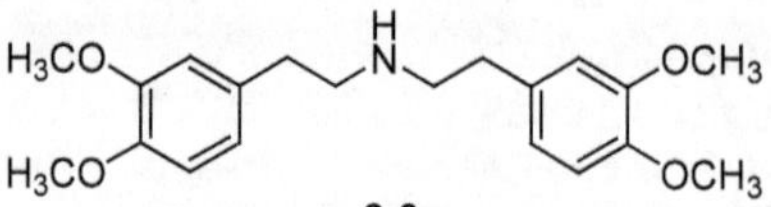

H_3CO　OCH_3　H_3CO　OCH_3　**2-6**

反合成分析：

这个分子含有对称的仲胺结构，首先把它转化为酰胺，然后切断酰胺键为酰氯和伯胺。伯胺的合成有两种方法：一是转化为 α,β-不饱和硝基化合物，然后切断双键得到取代苯甲醛和硝基甲烷；二是将氨基转化为氰基，由于苯环上苄位比较活泼，可以切除氰基转化为氯苄，氯苄很容易通过苯环上的氯甲基化反应制得。比较这两种切断方式，显然第一种更为经济。因为目标分子具有对称结构，氰基既可以还原为胺，也可以水解为羧酸，这样一个中间体可以同时合成两个关键片段。

合成路线：

氰基中间体具有双重作用：一方面，将氰基水解得到羧酸，经 PCl_5 氯代后得到酰氯；另一方面，氰基可以直接还原得到伯胺。伯胺与酰氯发生酰化再还原羰基直接制得目标化合物，这是一条非常经济的合成路线。

A $\xrightarrow{LiAlH_4}$ (3,4-二甲氧基苯乙基)胺结构式

2.6 环状化合物的合成设计

大多数药物分子中均含有环状结构，环化反应在药物合成中有着非常重要的作用。环状结构可以分为碳环和杂环两种。在本节主要介绍碳环和部分饱和杂环的合成设计，芳香杂环的合成设计重点在下一节作介绍。

成环的反应主要有三种类型：①同一分子内的不同官能团发生取代、加成或缩合等各种反应而成环；②两个不同分子间发生加成或缩合等反应，同时形成两个键而成环，这种反应过程又称为环加成反应或环缩合反应，其中 Diels-Alder 反应是我们最熟悉的例子；③分子内的电环化反应成环，在机理方面比较独特，在四元环的合成中非常有用。

2.6.1 三元环的合成设计

在这里主要介绍含环丙烷和环氧乙烷结构化合物的合成设计。

2.6.1.1 环丙烷的合成设计

三元环的形成在动力学上是有利的，但在热力学上是不利的。因此，多数可逆的反应往往不能有效合成三元环，例如大多数的羰基缩合反应。环丙烷的合成设计主要有两种方法：α-碳环化法（适合制备环丙基酮类化合物）和碳烯试剂合成法（适合制备环丙基酮和环丙烷类化合物）。

（1）α-碳环化法

羰基化合物的环化反应通常是不可逆的，因此环丙基酮类化合物可以由 γ-卤代酮发生分子内的取代反应制得。利用羰基 α-H 的活泼性将环丙烷切断为 γ-卤代烃，然后将卤素官能团转换为羟基，γ-羟基羰基化合物可以按照前面所讲 1,4-二氧化合物的切断方法得到环氧乙烷和酮酸酯。

反合成分析：

$\xRightarrow{C-C\ dis}$ Br⌒⌒C(=O)R $\xRightarrow{FGI}$ HO⌒⌒C(=O)R $\xRightarrow{1,4\text{-}dis}$ 环氧乙烷 + R-CO-CH$_2$-CO_2Et

合成路线：

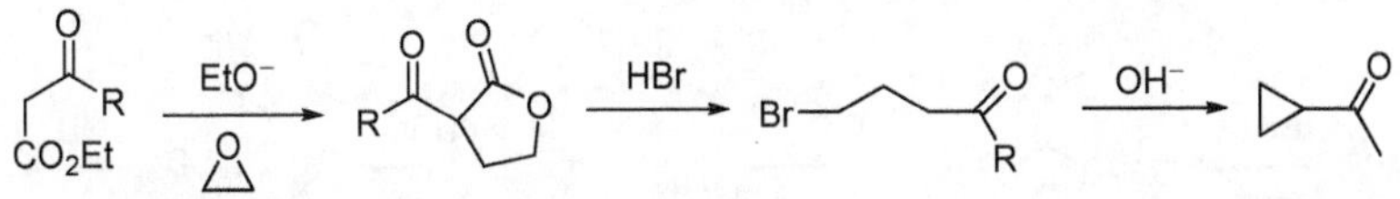

例如，在杀虫剂氯菊酯 (permethrin) 的合成中，就是利用了叔卤代物的 α-碳环化反应。

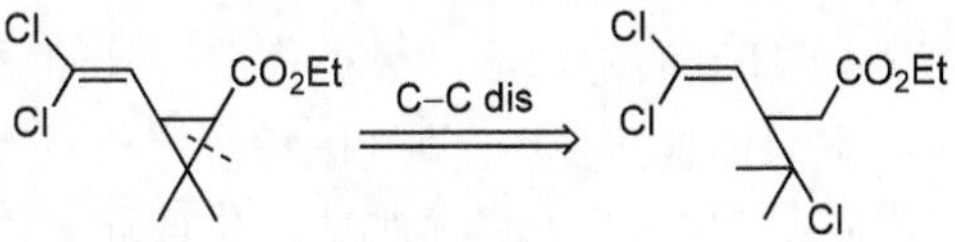

氯菊酯中间体

【实例 2-81】试设计化合物 **2-7** 的合成路线。

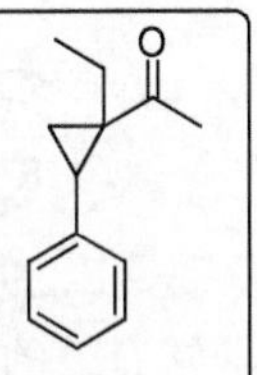

2-7

反合成分析：

目标分子具有环丙基酮结构，可以利用α-碳环化法进行切断。环丙基的切断位置可以有两种，但无论从 a 处切断或从 b 处切断，都会转化为苯基环氧乙烷和羰基酸酯。但是，在实际的合成过程中，碳负离子在碱性条件下优先进攻环氧乙烷中取代基较少的碳，因此 a 切断是不合理的。最后，将羰基酸酯的 α-位切断，得到碘乙烷和 3-氧代丁酸乙酯。

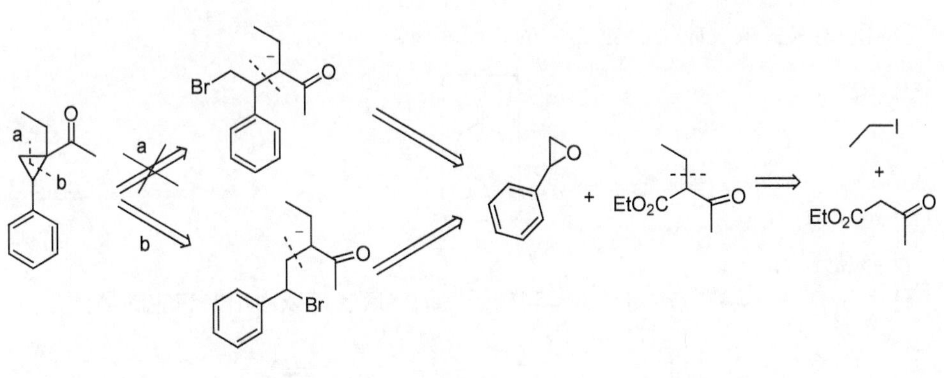

合成路线：

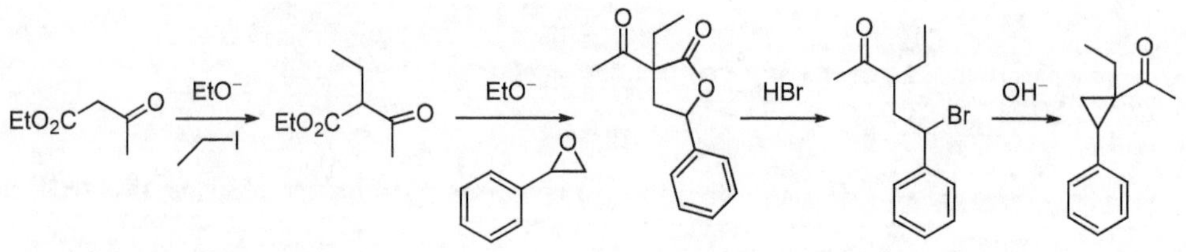

EtO_2C $\xrightarrow{EtO^-}$ EtO_2C $\xrightarrow{EtO^-}$ $\xrightarrow{HBr}$ Br $\xrightarrow{OH^-}$

（2）碳烯试剂合成法

碳烯是指含有二价碳 ($:CH_2$) 的中间体，极不稳定，只能短时间存在。常用的生成碳烯试剂有 $CH_2=C=O$、$RCHN_2$、R_2CBr_2 等。碳烯可以和双键发生加成反应，生成环丙烷衍生物。此外，碳烯试剂也可以和羰基加成，生成环氧乙烷结构。

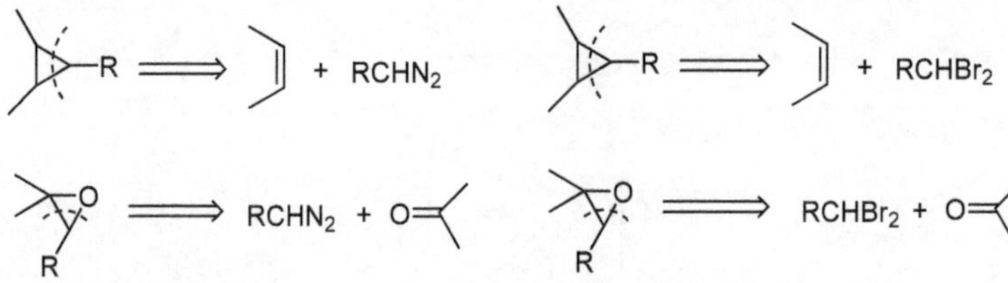

R $\Longrightarrow$ + $RCHN_2$　　R $\Longrightarrow$ + $RCHBr_2$

O R $\Longrightarrow$ $RCHN_2$ + O=　　O R $\Longrightarrow$ $RCHBr_2$ + O=

二碘甲烷和 Zn-Cu 合金一起与双键反应生成环丙烷的反应称为 Simmons-Smith 反应，该反应也是生成环丙烷的一种非常有效的方法。尤其对于烯丙醇，该反应进行得特别好，这是由于羟基与反应试剂之间形成氢键所致。

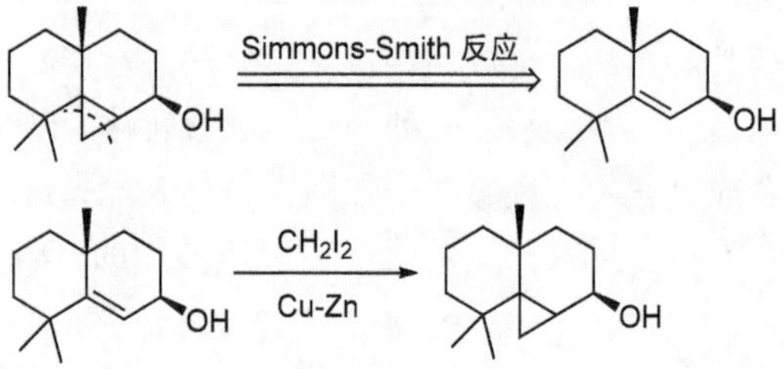

OH $\xRightarrow{\text{Simmons-Smith 反应}}$ OH

OH $\xrightarrow[Cu\text{-}Zn]{CH_2I_2}$ OH

【实例 **2-82**】试设计化合物 **2-8** 的合成路线。

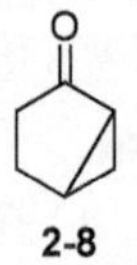

O

2-8

反合成分析：

这个分子首先从三元环切开，得到碳烯试剂，后者可以由不饱和酸制得。

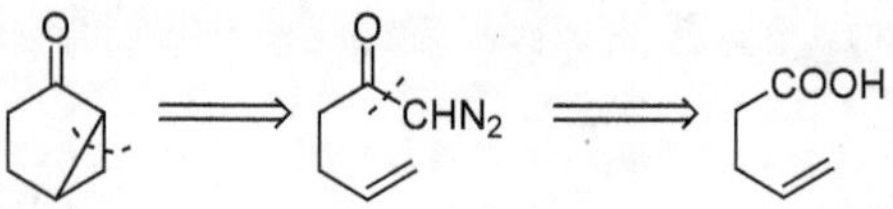

O $\Longrightarrow$ O CHN_2 $\Longrightarrow$ COOH

合成路线：

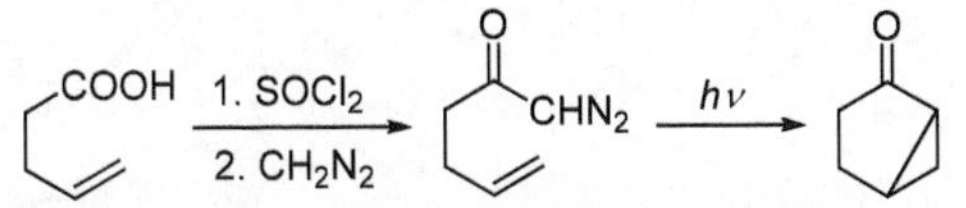

【实例 2-83】试设计化合物 **2-9** 的合成路线。

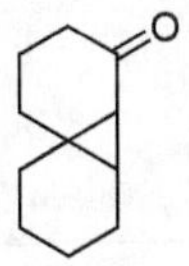

2-9

反合成分析：

目标分子具有螺环结构，首先利用碳烯试剂法将环丙烷部分切断得到碳烯试剂，后者可以转化为酸。将酸的 α-位切断得到丙二酸二乙酯和溴代物，后者官能团转化为酯，再将双键转化为醇，这样得到了 Reformaskey 反应的合成子，最后切断得到简单的环己酮和溴乙酸乙酯。

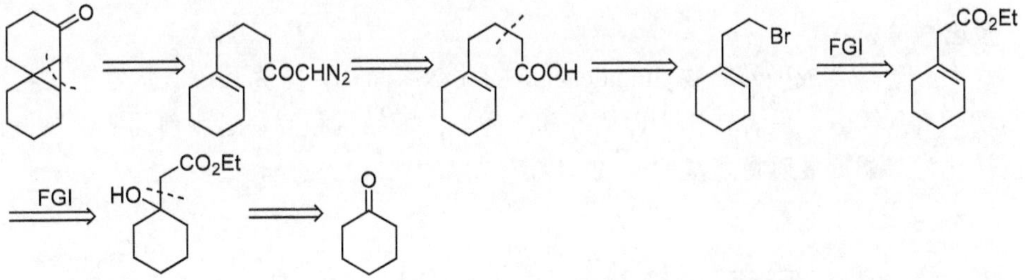

合成路线：

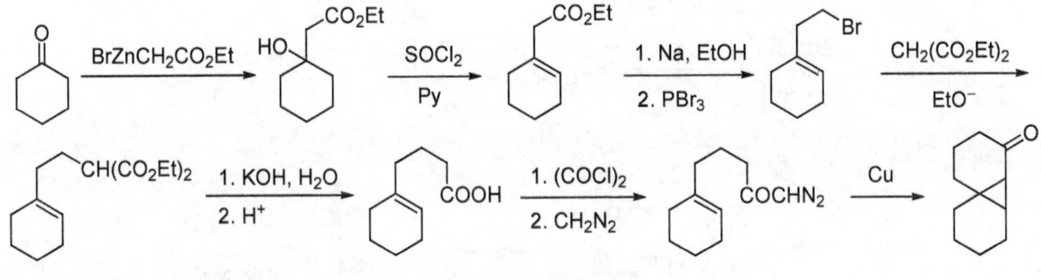

【实例 2-84】试设计化合物 **2-10** 的合成路线。

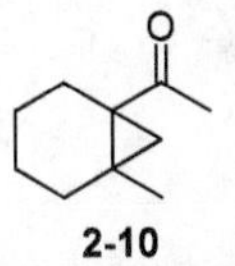

2-10

反合成分析：

这个化合物在切断环丙基之前，先要将羰基转化为羟基，这是因为烯丙醇的

Simmons-Smith 反应更容易进行。

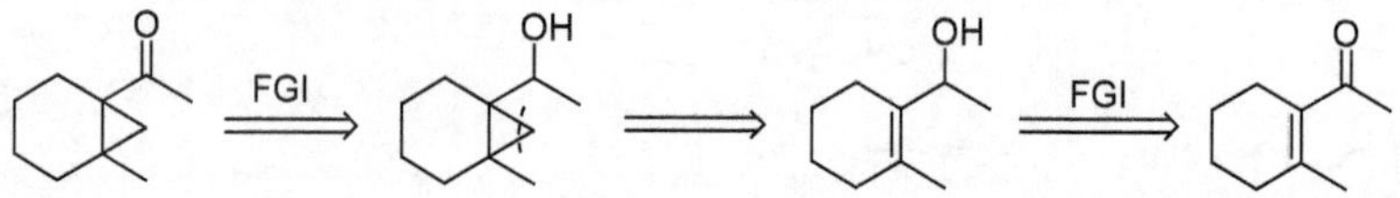

FGI
OH
OH
FGI

合成路线：

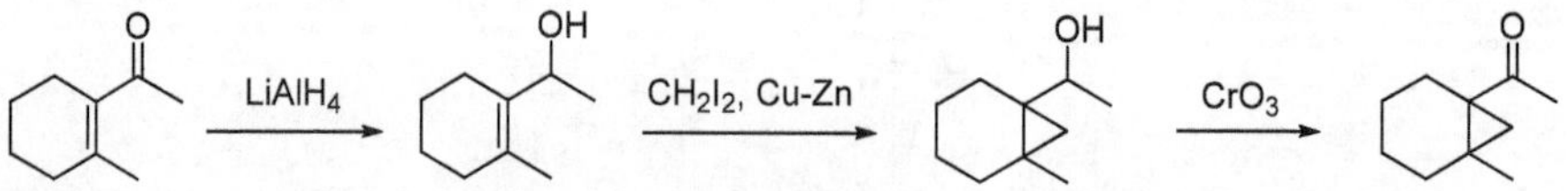

LiAlH4
CH2I2, Cu-Zn
CrO3
OH
OH

【实例 2-85】试设计化合物 **2-11** 的合成路线。

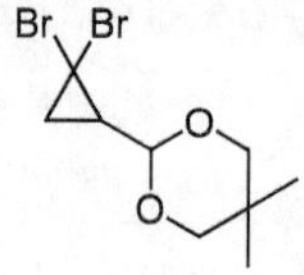

Br
Br
O
O

2-11

反合成分析：

这个分子是合成天然产物 himalchene 的关键中间体，首先利用碳烯试剂法将环丙基切断得到缩醛，后者转化为丙烯醛和二醇。二醇结构很容易运用前面所学知识官能团转化为二酯，最后将酯基的 α-位切断，得到丙二酸二乙酯。

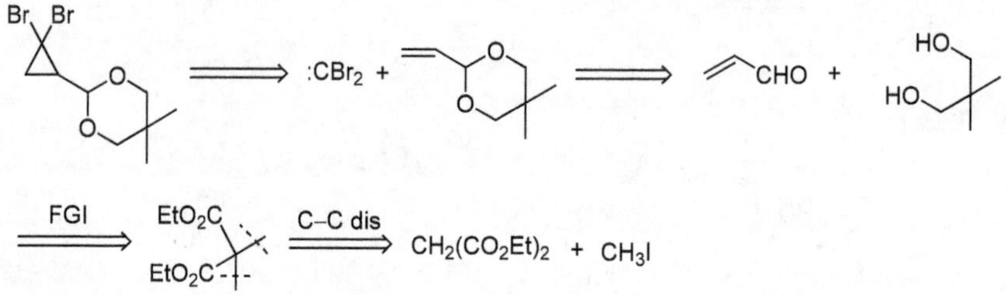

Br
Br
:CBr2 +
CHO
+
HO
HO
FGI
EtO2C
EtO2C
C–C dis
CH2(CO2Et)2 + CH3I

合成路线：

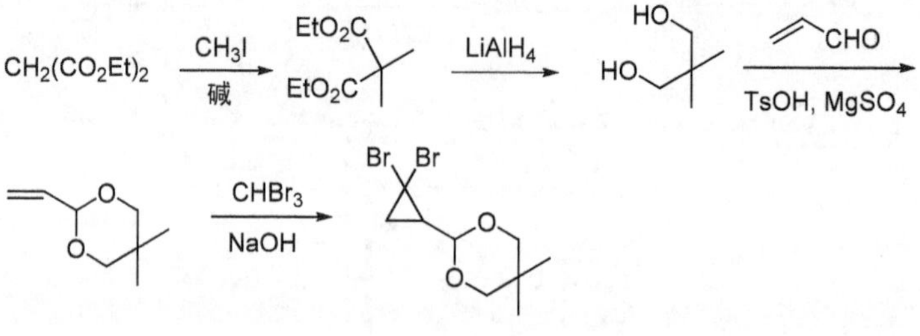

CH2(CO2Et)2
CH3I
碱
EtO2C
EtO2C
LiAlH4
HO
HO
CHO
TsOH, MgSO4
CHBr3
NaOH
Br
Br

2.6.1.2 环氧乙烷的合成设计

（1）烯过氧化法

对于含有环氧乙基结构的分子，我们可以将其转化为双键，再进行环氧化。当烯烃为亲核性时，用过氧酸氧化；当烯烃为亲电性时，用碱性过氧化氢氧化。

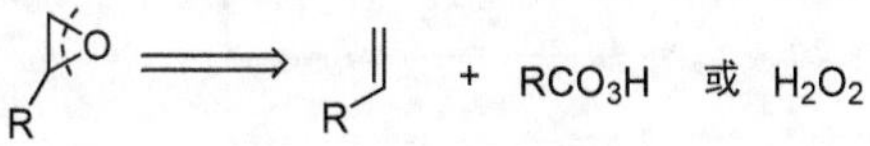

RCO_3H 或 H_2O_2

【实例 2-86】试设计化合物 **2-12** 的合成路线。

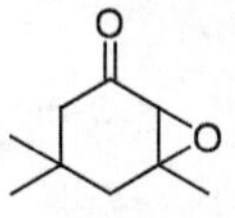

2-12

反合成分析：

首先，将环氧乙烷转化为双键，由于羰基的吸电子效应，烯烃具有亲电性，因此需要用碱性 H_2O_2 来氧化。然后，可以将 α,β-不饱和羰基化合物切断得到 1,5-二羰基化合物，后者进一步切断得到 3-氧代丁酸乙酯 (丙酮碳负离子最常用的等价物) 和 α,β-不饱和羰基化合物，后者最后切断双键得到两分子丙酮。

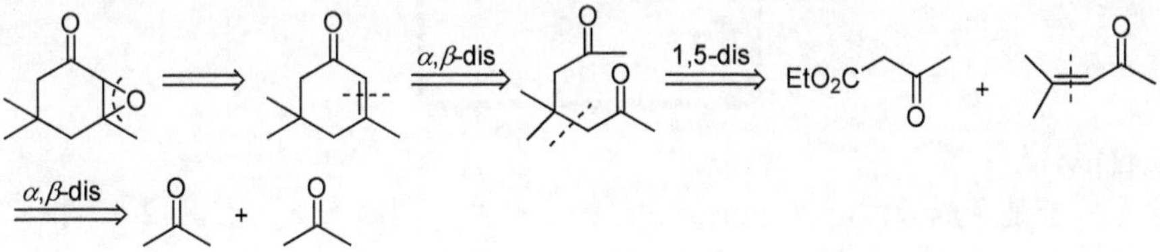

α,β-dis　1,5-dis　EtO_2C　α,β-dis

合成路线：

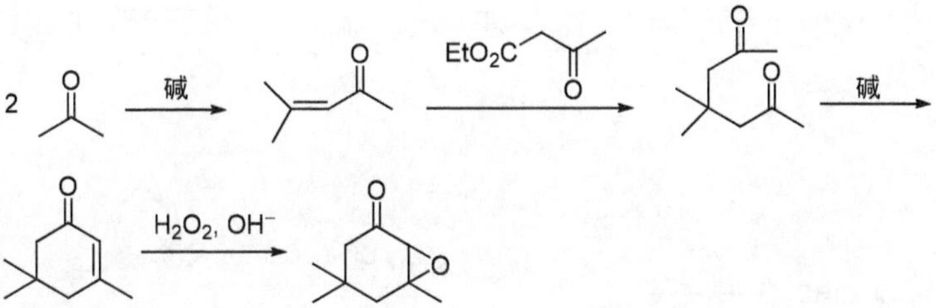

2　碱　EtO_2C　碱

H_2O_2, OH^-

（2）Darzens 反应法

Darzens 反应是指醛或者酮与 α-卤代酸酯缩合生成 α,β-环氧酸酯。因此，对于 α,β-环氧酸酯，我们可以切断为酮 (醛) 和 α-卤代酸酯。

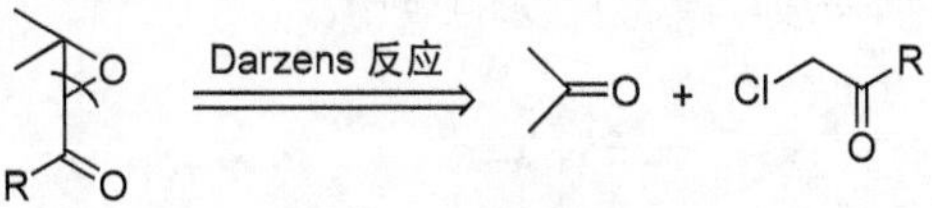

Darzens 反应　Cl

【实例 2-87】试设计化合物 **2-13** 的合成路线。

2-13

反合成分析：

这个分子含有 α,β-环氧酸酯结构，可以利用 Darzens 反应，切断为氯代乙酸丁酯和 α,β-不饱和酮，后者可以切断得到两分子丙酮。

合成路线：

H^+　$ClCH_2CO_2Bu$　BuOK

【实例 2-88】试设计化合物 **2-14** 的合成路线。

2-14

反合成分析：

这个分子是合成天然产物 piperolide 的中间体，切断方法同实例 2-87 相似。

Darzens 启延　α,β-dis　+ CH_3CHO

合成路线：

碱　碱

（3）硫内鎓盐环氧化法

环氧乙烷结构也可以通过酮和硫内鎓盐反应得到，这样可以将环氧乙烷结构切断为羰基化合物，这在药物合成中有很广泛的应用。

$Me_2\overset{+}{S}-\overset{-}{C}H_2$

【实例 2-89】试设计沙丁胺醇的合成路线。

反合成分析：

沙丁胺醇的合成在 2.5.2.2 节已经介绍过，这里采用一种新的合成方法。将沙丁胺醇的 β-氨基醇结构切断为叔丁基胺和芳基环氧乙烷，后者利用硫内鎓盐环氧化法切断为芳基醛，最后将苯环上羟甲基切断得到对羟基苯甲醛和甲醛。

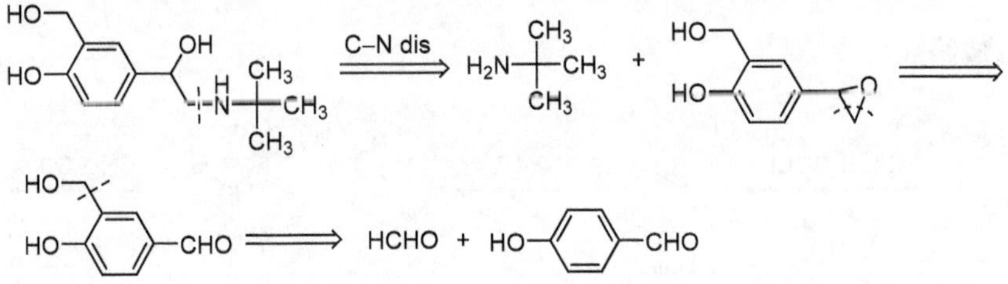

合成路线：

在合成过程中需要注意的是，在硫内鎓盐与羰基反应之前，需要将芳环上两个羟基保护，而制成缩醛是最简便的方法。

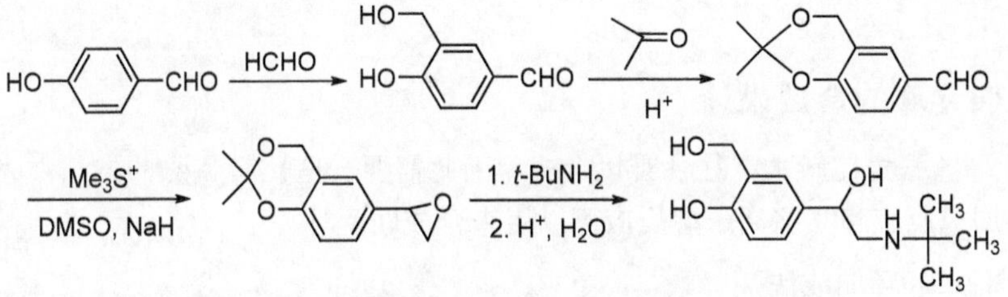

【实例 2-90】试设计抗真菌药物氟康唑 (Fluconazole) 的合成路线。

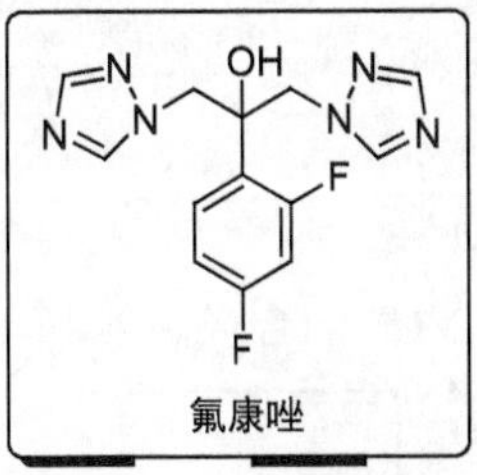

氟康唑

反合成分析：

首先，将氟康唑的三唑环切断得到三唑和环氧化物，后者可以转化为三唑芳基酮。然后，将另一个三唑环切断，得到氯代芳基乙酮，后者利用 Friedel-Crafts 反应切断为间二氟苯和氯乙酰氯。

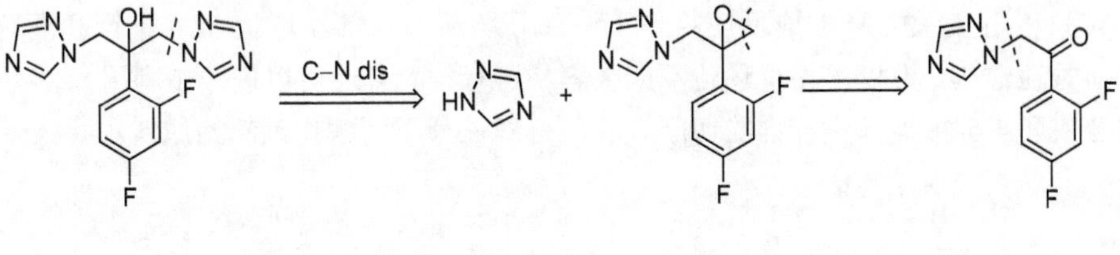

C–N dis ⟹ HN N N (1,2,4-三唑) + Cl C(=O) F F (2-氯-1-(2,4-二氟苯基)乙酮) F-C 启延 ⟹ Cl C(=O) Cl + F F (间二氟苯)

合成路线：

1,3-二氟苯 $\xrightarrow[AlCl_3]{ClCH_2COCl}$ Cl, O, F, F $\xrightarrow[K_2CO_3]{1,2,4\text{-三唑}}$ N, N, N, O, F, F $\xrightarrow{(CH_3)_3SOI}$

N, N, N, F, F $\xrightarrow{1,2,4\text{-三唑}}$ N, N, N, OH, N, N, N, F, F

2.6.2 四元环的合成设计

四元环的张力比较大，往往难以合成，因此需要一些比较特殊的方法。光化学的 [2+2] 环加成反应和某些离子型反应可以用来合成四元环。

2.6.2.1 [2+2] 环加成法

两种烯烃在加热条件下不能形成环丁烷，只有在光照下形成激发态，环化反应才能进行。尤其当有一个烯烃是共轭烯烃时反应进行得更为完全。

$$\text{烯烃} + \text{烯烃} \xrightarrow{h\nu} \text{环丁烷}$$

【实例 **2-91**】试设计化合物 **2-15** 的合成路线。

H, O, CH_3

2-15

反合成分析：

首先利用 [2+2] 环加成反应将环丁烷部分切断为乙烯和环状 α,β-不饱和酮。后者具有共轭结构，不仅可使得环化反应很容易进行，而且还可以进一步利用 α,β-不饱和化合物和 1,5-二羰基化合物的切断方法，得到三分子丙酮作为起始原料。

H, O, CH_3 $\xRightarrow{[2+2]}$ ‖ + O $\xRightarrow{\alpha,\beta\text{-dis}}$ O, O $\xRightarrow{1,5\text{-dis}}$

α,β-dis　2

合成路线：

3　Al_2O_3　62%　$CH_2=CH_2$　$h\nu$　H　CH_3

通过上面这个实例，我们可以发现 [2+2] 环加成反应产物是具有立体选择性的。两种烯烃是以产生最小立体障碍的方式相互结合的。例如在下面这个反应中，产物的 A/B 环和 B/C 环具有顺式的连接方式，而 A 环和 C 环之间则为反式关系。

CO_2Me　CO_2Me　+　H　$h\nu$　MeO_2C　A　B　C　MeO_2C　H

【实例 **2-92**】试设计化合物 **2-16** 的合成路线。

H　H　H　**2-16**

反合成分析：

这个分子的立体化学可以由 [2+2] 环加成反应控制，切断得到甲基环己烯和二甲基环戊烯。前者比较容易得到，但后者的合成需要进行多步转化。二甲基环戊烯首先经过 3 步官能团转化得到 α-羟基酮结构，这样可以利用酮醇缩合反应切断为具有 1,5-关系的二酯结构，下面再进行 1,5-切断和 α,β-切断，得到丙酮和丙二酸二乙酯作为起始原料。

H　H　H　[2+2]　+　FGI　Br　Br　FGI　HO　HO

FGI　HO　EtO_2C　CO_2Et　1,5-dis　EtO_2C　CO_2Et　+　CO_2Et

α,β-dis　+　EtO_2C　CO_2Et

合成路线：

$CH_2(CO_2Et)_2$　H^+　CO_2Et　CO_2Et　$CH_2(CO_2Et)_2$　EtO^-　EtO_2C　EtO_2C　CO_2Et　CO_2Et　1. OH^-, H_2O　2. H^+, Δ

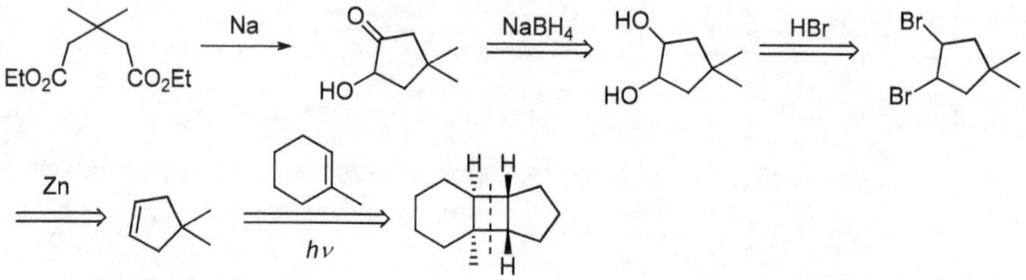

此外，当烯烃上有不同取代基时，[2+2] 环加成反应还具有区域选择性，这主要涉及反应的轨道理论，在本书中不做重点讨论。这里提供一个经验规则：加成方式与离子型反应所能预测的机理相反。例如，下面这两个烯烃均具有一个亲电性的末端，在反应中应相互排斥。但是，在激发态下 α,β-不饱和酮的极性被颠倒，这样生成如下的产物。

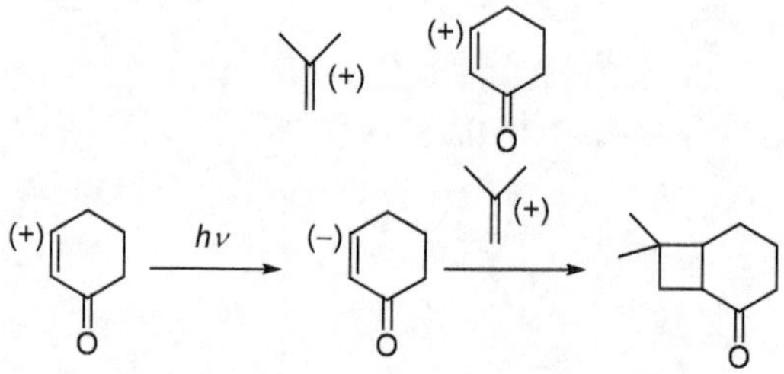

但是，对于一些分子内反应，未必都遵守这一规律。这是因为反应物有时不能够自身扭曲成所需的取向。例如下面这个反应的产物是空间障碍更为松弛的并环结构，而不是按照规则得到的螺环结构。

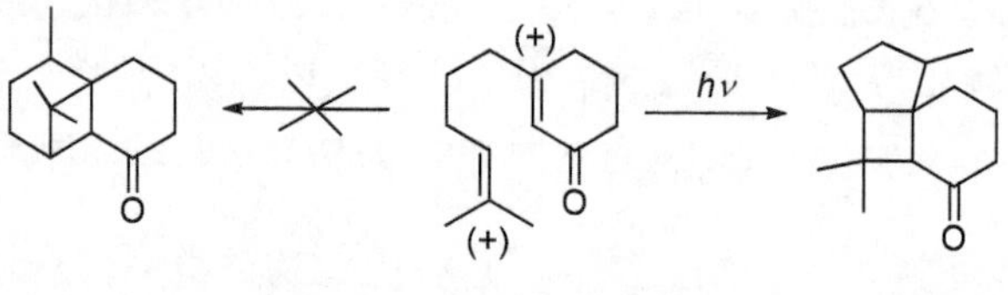

在环丁烷结构的反合成分析中，往往会有多种切断选择。在实际的合成中，具体选择哪一种方法则要依据起始原料的易得性和合成路线的难易程度。下面通过几个实例来阐述合理切断位置的选择。

【实例 **2-93**】试设计化合物 **2-17** 的合成路线。

反合成分析：

这个化合物的环丁烷部分有 a 和 b 两种切断方式，得到两种烯醛，再通过 α,β-切断分别得到烯醛和烯酮。比较两者，烯酮是合成维生素 A 的工业原料，非常价廉易得。因此，b 切断更为合理。

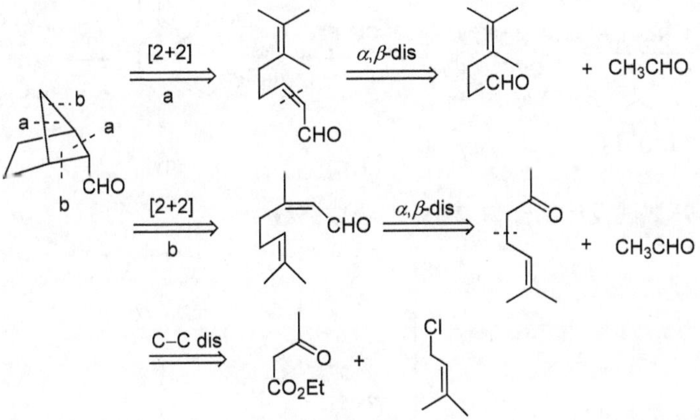

合成路线：

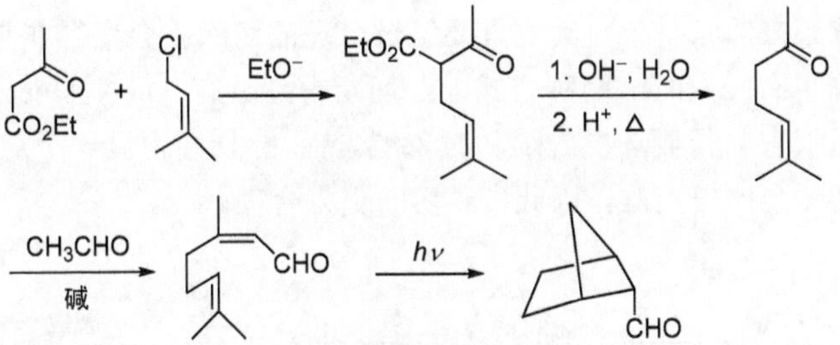

【实例 2-94】试设计化合物 **2-18** 的合成路线。

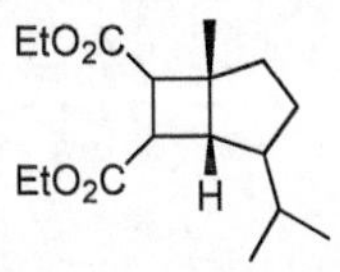

2-18

反合成分析：

这个分子是合成天然产物波旁烯 (bonrbonene) 的中间体，它也有 a 和 b 两种切断方式。a 切断得到马来酸酯和取代环戊烯，但后者的合成并不简单。b 切断得到 *α,β*-不饱和酯，然后再通过 *α,β*-切断和 1,5-多分支点切断得到简单的起始原料。

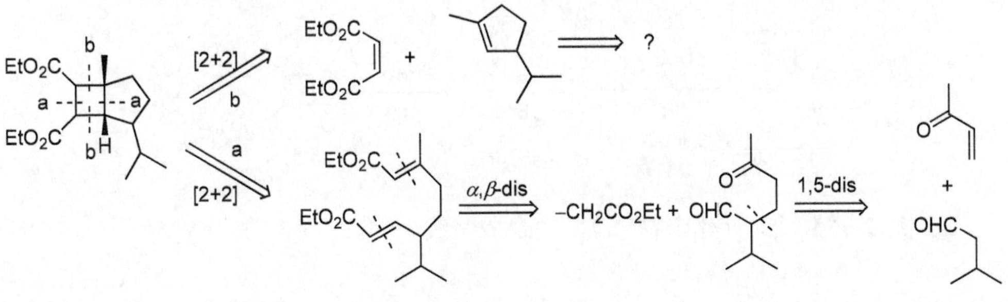

合成路线：

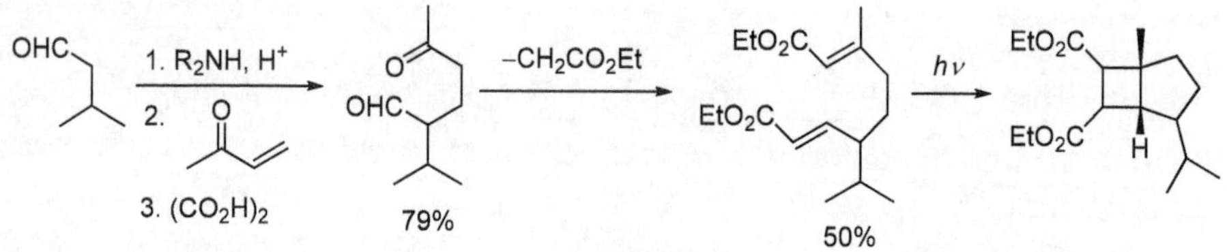

$$\text{OHC-CH}_2\text{CH(CH}_3)_2 \xrightarrow[\text{2. CH}_3\text{COCH=CH}_2 \;\; \text{3. (CO}_2\text{H)}_2]{\text{1. R}_2\text{NH, H}^+} (79\%) \xrightarrow{-\text{CH}_2\text{CO}_2\text{Et}} (50\%) \xrightarrow{h\nu}$$

【实例 2-95】试设计化合物 **2-19** 的合成路线。

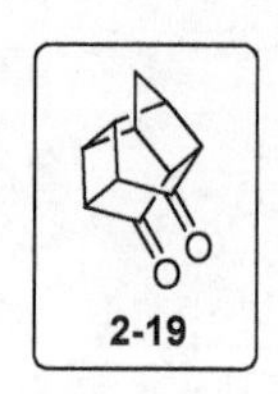

反合成分析：

这个分子看起来非常复杂，其实只要经过合理的切断就会变得非常简单。环丁烷部分的切断同样也有 a 和 b 两种方式，a 切断得到具有 Diels-Alder 反应合成子特征的桥环结构，很容易得到环戊二烯和对苯醌。而 b 切断得到一个对称的 α,β-不饱和酮，进一步切断会比较困难。因此，a 切断更为合理。

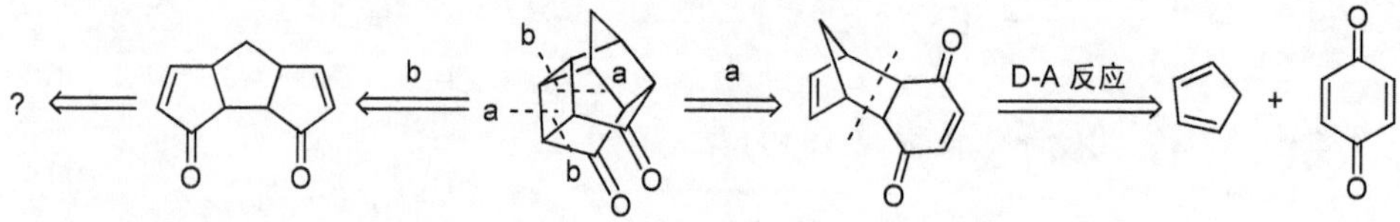

? ⟸ (b) ⟸ 2-19 (a) ⟹ D-A 反应 ⟹ 环戊二烯 + 对苯醌

合成路线：

环戊二烯 + 对苯醌 ⟶ Diels-Alder 加合物 $\xrightarrow{h\nu}$ 2-19

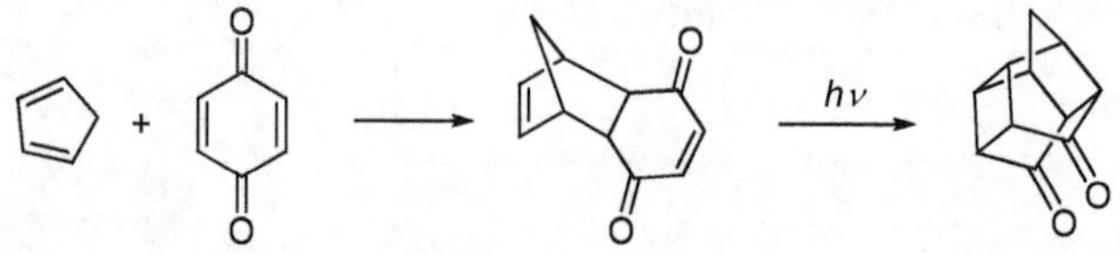

2.6.2.2　离子型反应

合成四元环的离子型反应主要是指羰基缩合环化反应和活泼亚甲基烷基化反应，但这些方法并不常用。

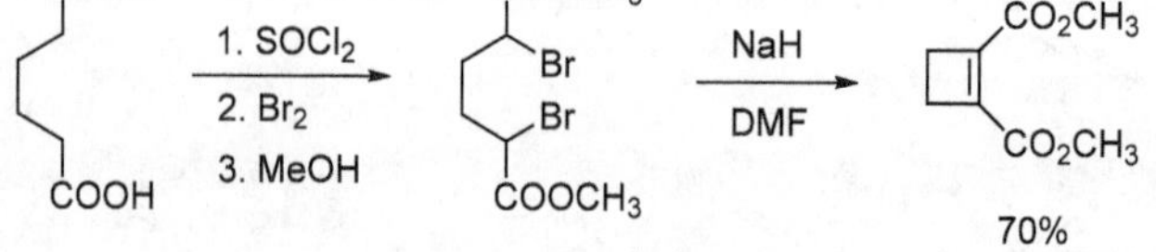

$$\text{HOOC(CH}_2)_4\text{COOH} \xrightarrow[\text{2. Br}_2 \;\; \text{3. MeOH}]{\text{1. SOCl}_2} \text{CH}_3\text{OOC-CHBr-CH}_2\text{CH}_2\text{-CHBr-COOCH}_3 \xrightarrow[\text{DMF}]{\text{NaH}} \text{环丁烯-1,2-}(\text{CO}_2\text{CH}_3)_2 \; 70\%$$

【实例 2-96】试设计化合物 **2-20** 的合成路线。

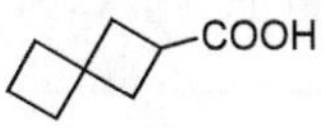

COOH

2-20

反合成分析：

化合物 **2-20** 主要利用卤代物和活泼亚甲基的取代反应来进行切断，通过相同的方法构建两个环丁烷结构。

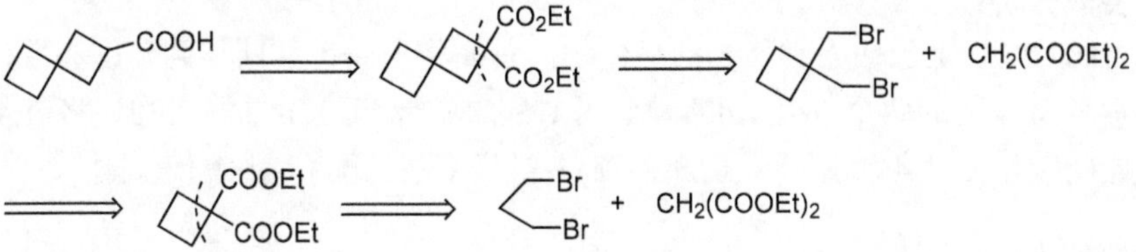

COOH ⟹ CO_2Et, CO_2Et ⟹ Br, Br + $CH_2(COOEt)_2$

⟹ COOEt, COOEt ⟹ Br, Br + $CH_2(COOEt)_2$

合成路线：

Br, Br + $CH_2(COOEt)_2$ —EtONa→ COOEt, CO_2Et —Na/EtOH→ OH, OH —PBr_3→

Br, Br —$CH_2(COOEt)_2$/EtONa→ CO_2Et, CO_2Et —OH^-/H^+→ COOH

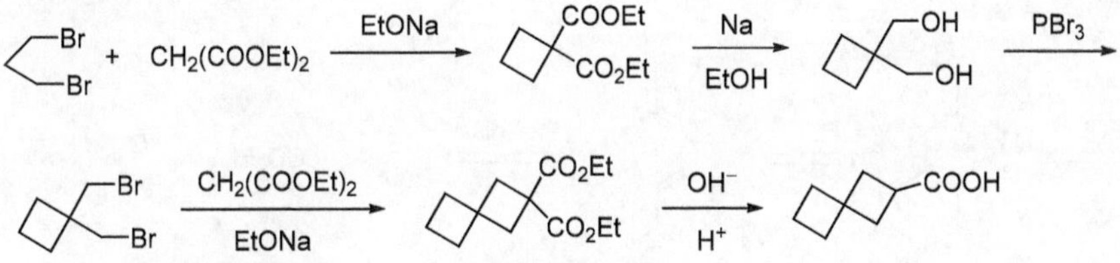

2.6.3 五元环的合成设计

相对于三元环和四元环，五元环的形成在热力学和动力学方面均比较有利。前面介绍的各种羰基化学方法是合成五元环的常用途径。此外，也可以利用重排反应来合成五元环。

2.6.3.1 从1,4-二羰基化合物制备

对于环戊烯酮类化合物，可以直接切断为 1,4-二羰基化合物，这是合成该类化合物最常用的方法。

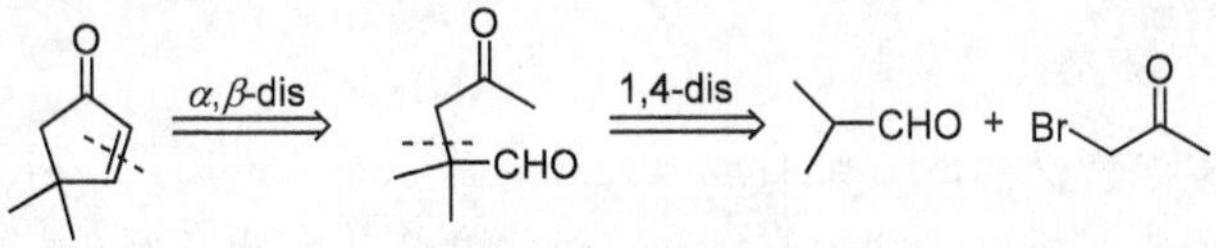

O —α,β-dis⟹ O, CHO —1,4-dis⟹ CHO + Br, O

对于环戊基酮类化合物，可以利用活泼氢的取代反应切断为酮和 1,4-二卤代物，后者可以官能团转化为 1,4-二羰基化合物再切断。

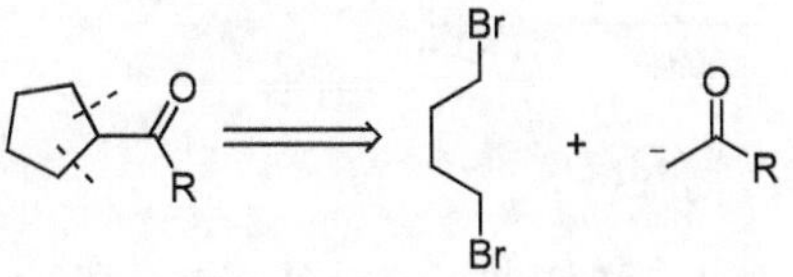

O, R ⟹ Br, Br + O, R

【实例 2-97】试设计化合物 **2-21** 的合成路线。

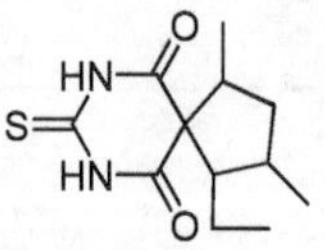

HN, S, HN, O, O

2-21

反合成分析：

化合物 **2-21** 是巴比妥类药物的衍生物，首先将酰胺键切断得到硫脲和取代环戊基酯，后者将酯基的两个 α-位切断得到丙二酸二乙酯和 1,4-二溴代物。将 1,4-二溴代物官能团转化为 1,4-二酮后，切断得到 3-氧代丁酸乙酯和 α-溴代戊酮。

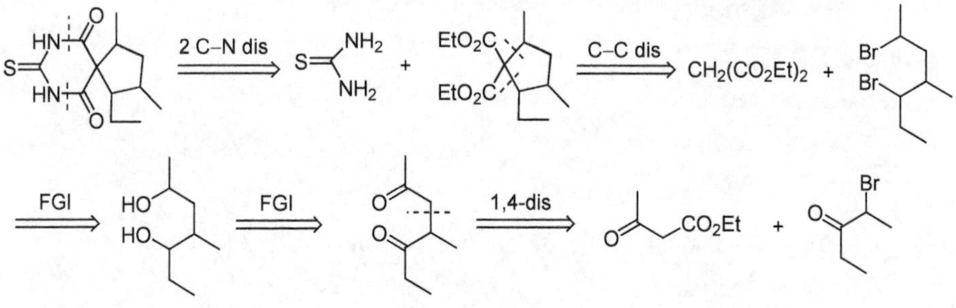

HN, S, HN, O, O ⟹ (2 C–N dis) S, NH_2, NH_2 + EtO_2C, EtO_2C ⟹ (C–C dis) $CH_2(CO_2Et)_2$ + Br, Br

⟹ (FGI) HO, HO ⟹ (FGI) O, O ⟹ (1,4-dis) O, CO_2Et + O, Br

合成路线：

O —HBr / Br_2→ Br, O —EtO^- / O, CO_2Et→ O, CO_2Et, O —H^+ / H_2O→

O, O —1. $NaBH_4$ 2. HBr→ Br, Br —$CH_2(CO_2Et)_2$ / 碱→ EtO_2C, EtO_2C —$(NH_2)_2CS$ / 碱→ HN, S, HN, O, O

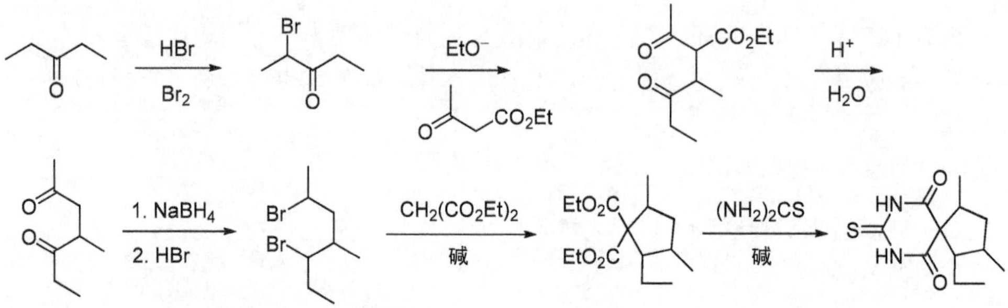

2.6.3.2 从 1,5-二羰基化合物制备

利用酮醇缩合反应从 1,5-二酯合成五元环是比较常用的方法，环上的羟基和羰基可以进行消除和还原等进一步的衍生化。这类化合物的合成实例在前面的部分已经做过介绍，这里不再详述。

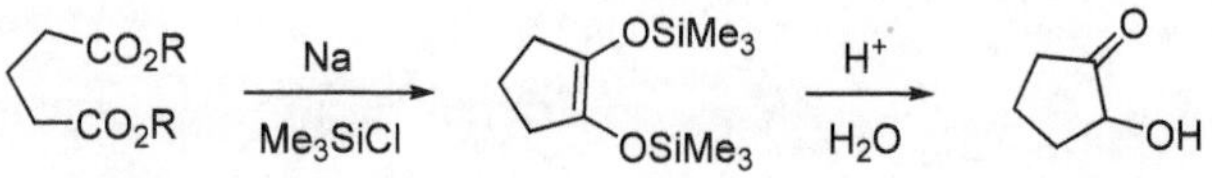

CO_2R, CO_2R —Na / Me_3SiCl→ $OSiMe_3$, $OSiMe_3$ —H^+ / H_2O→ O, OH

2.6.3.3 从 1,6-二羰基化合物制备

环戊酮类化合物可以由已二酸酯通过 Dieckmann 酯缩合反应得到，环上的酯基

可以脱去，羰基的 α-位可以进行各种烷基化。

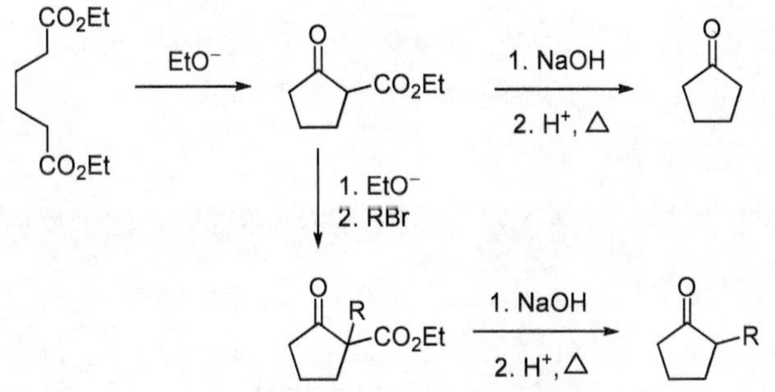

对于环戊烯酮类化合物，也可以切断为 1,6-二羰基化合物，再连接成为环己烯。环己烯可以由 Diels-Alder 反应制得。

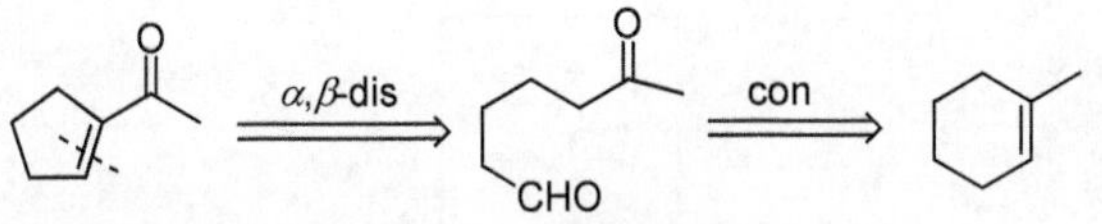

【实例 2-98】试设计化合物 **2-22** 的合成路线。

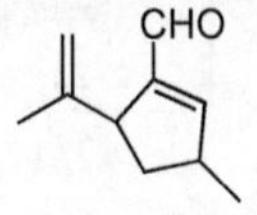

反合成分析：

按照上面所讲的方法，化合物 **2-22** 先进行 α,β-切断，然后连接得到天然产物苧烯。苧烯的合成在下一部分的内容中作介绍。

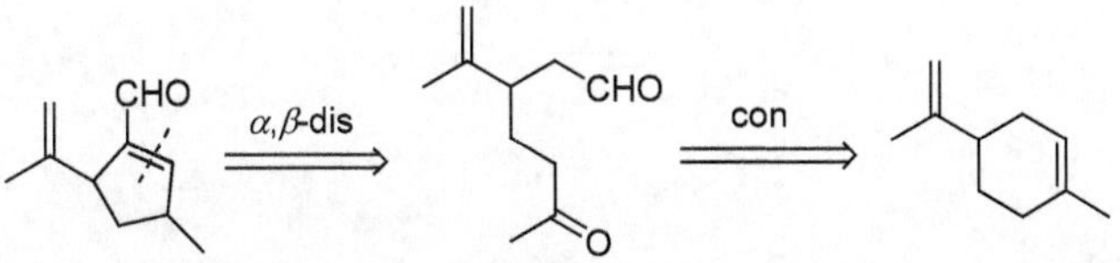

合成路线：

这个分子的合成必须要考虑化学选择性的问题。首先，如何保证环上双键开裂而不影响环外双键？这里可以将环内双键转化成环氧化物，因为环氧化可选择性作用于取代基较多的双键。其次，因为羰基和醛基均具有活泼 CH_2，都可以进攻另一个羰基，如何在最后一步环化反应中进行控制？在这里，弱碱性条件下只有醛发生烯醇化，可以通过动力学控制得到目标产物。

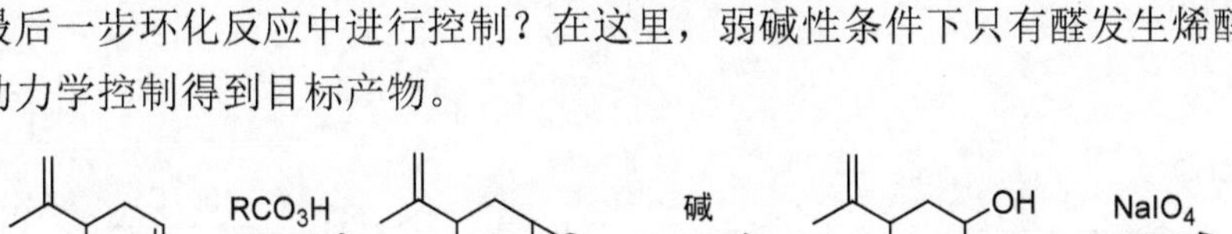

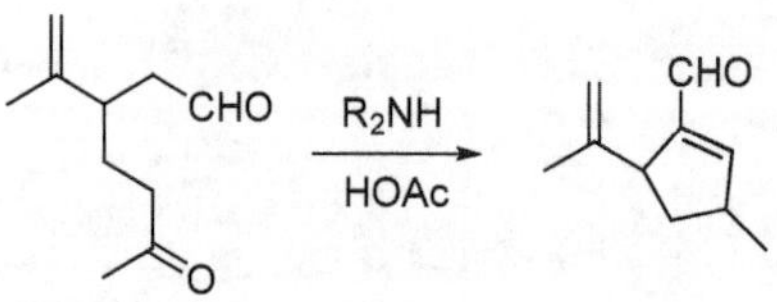

2.6.3.4 利用重排反应制备

乙烯基环丙烷在加热的条件下发生异构化生成环戊烯，这个反应属于 [1,3]-σ 迁移，在熵值上是极为有利的。

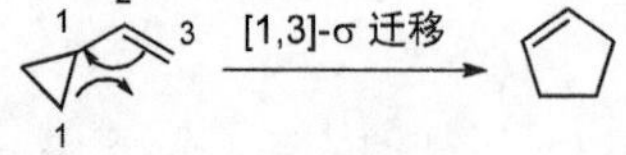

[1,3]-σ 迁移

【实例 2-99】试设计化合物 **2-23** 的合成路线。

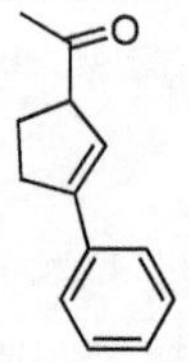

2-23

反合成分析：

这个分子的环戊烯结构利用重排反应可以有 a 和 b 两种转化方式。从有利于下一步切断考虑，我们选择 b 方法。

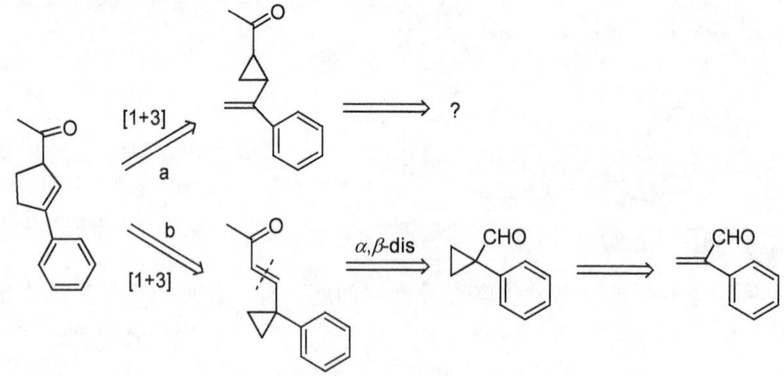

[1+3] a ?

b [1+3] α,β-dis

合成路线：

CH_2N_2 EtO⁻ 400 °C

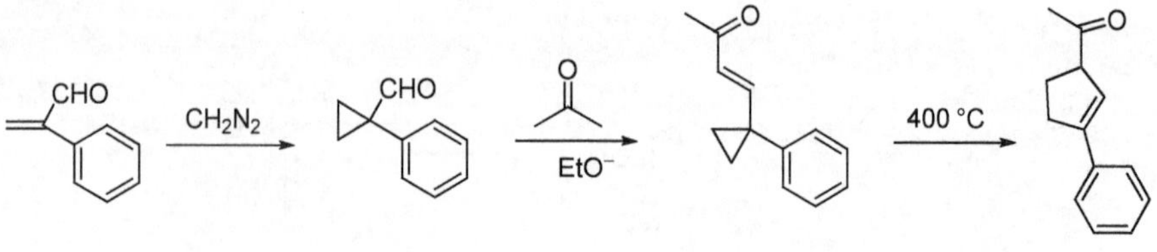

2.6.4 六元环的合成设计

制备脂肪族六元环通常有三种方法：Diels-Alder 反应 (简称 D-A 反应) 法、Robinson 成环反应法和芳香化合物还原法。每种方法可以得到带有特征性取代的六元环，在合成设计中应根据结构特征来选取合适的方法。

2.6.4.1 Diels-Alder 反应法

Diels-Alder 反应又称为双烯合成 (diene synthesis)，该反应发生在双烯体和亲双烯体之间，形成环己烯结构。若在双烯体上有供电子基团，或在亲双烯体上有吸电子基团，均能加速反应的进行。亲双烯体上的 Z 基团通常为羰基、酯基、氰基和硝基等吸电子基团。对于一些比较复杂的目标分子，只要能够找出 D-A 反应所需的结构特征，就可以进行相应的切断。我们首先通过几个实例来熟悉基于 D-A 反应的切断，然后重点要讨论 D-A 反应的区域选择性和立体选择性。

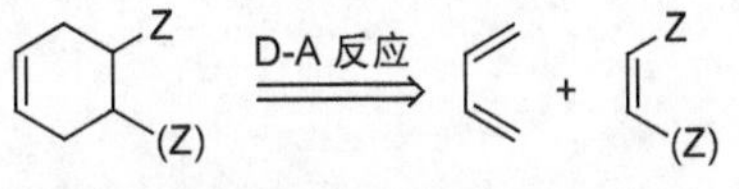

Z (Z) D-A 反应 + Z (Z)

Z = –COR, –CHO, –COOR, –CN, $-NO_2$

【实例 **2-100**】试设计化合物 **2-24** 的合成路线。

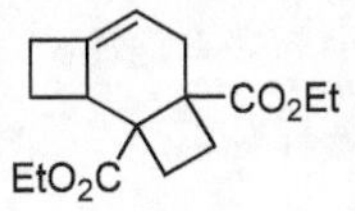

CO_2Et EtO_2C **2-24**

反合成分析：

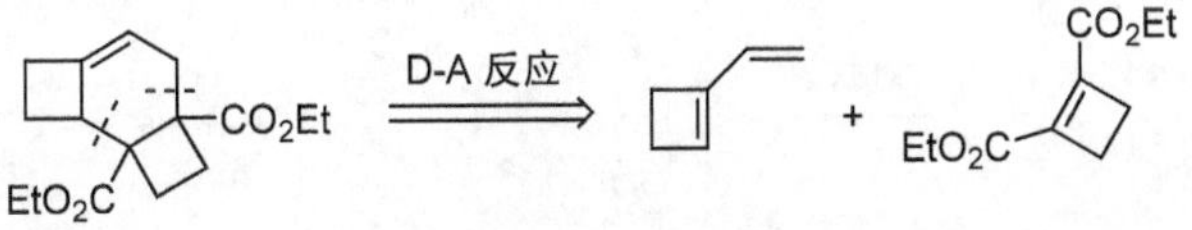

CO_2Et EtO_2C D-A 反应 + CO_2Et EtO_2C

合成路线：

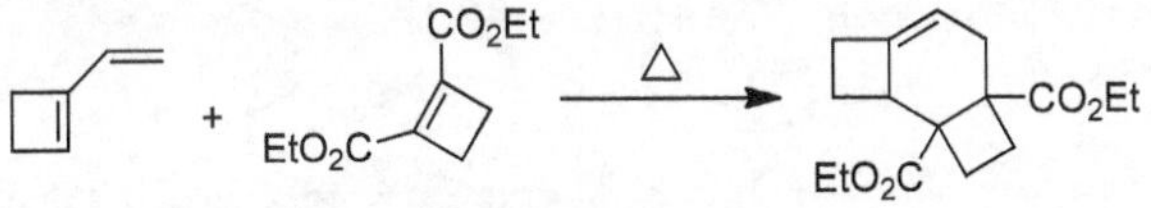

+ CO_2Et EtO_2C △ CO_2Et EtO_2C

【实例 **2-101**】试设计化合物 **2-25** 的合成路线。

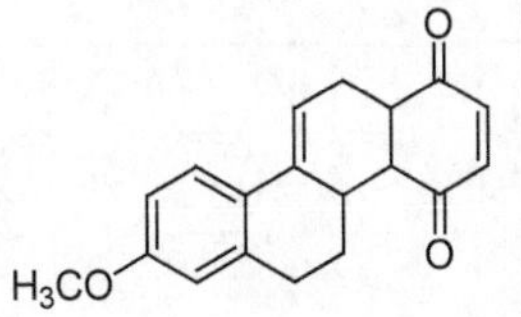

O O H_3CO **2-25**

反合成分析：

目标分子为甾类化合物，其中 C 环具有 D-A 反应的特征结构，将其切断后得到对苯二醌和双烯体。后者的环上双键可以转化为羟基，环外双键转化为炔基，这样可以利用加成反应切断，得到乙炔和苯并环己酮。对于苯并六元环，通常可由苯环与丁二酸酐酰化制得。

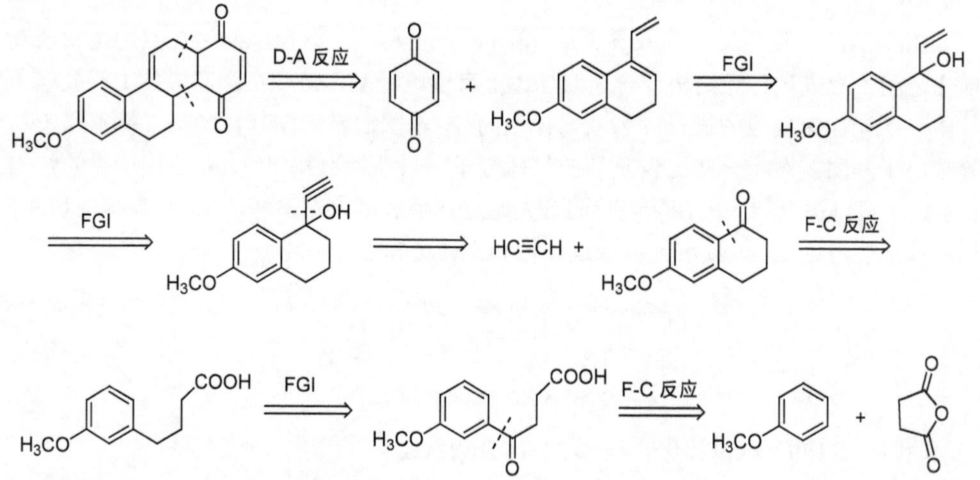

O O H_3CO —D-A 反应⟹ O O + H_3CO —FGI⟹ OH H_3CO

—FGI⟹ OH H_3CO ⟹ HC≡CH + O H_3CO —F-C 反应⟹

COOH H_3CO —FGI⟹ COOH H_3CO O —F-C 反应⟹ H_3CO + O O O

合成路线：

H_3CO + O O O —$AlCl_3$→ COOH H_3CO O —Zn-Hg/HCl→ COOH H_3CO

—1. $SOCl_2$ 2. $AlCl_3$→ O H_3CO —$^{-}C≡CH$→ OH H_3CO —H_2, Pd/C $BaSO_4$→ OH H_3CO

—→ H_3CO —O=⟨⟩=O→ O O H_3CO

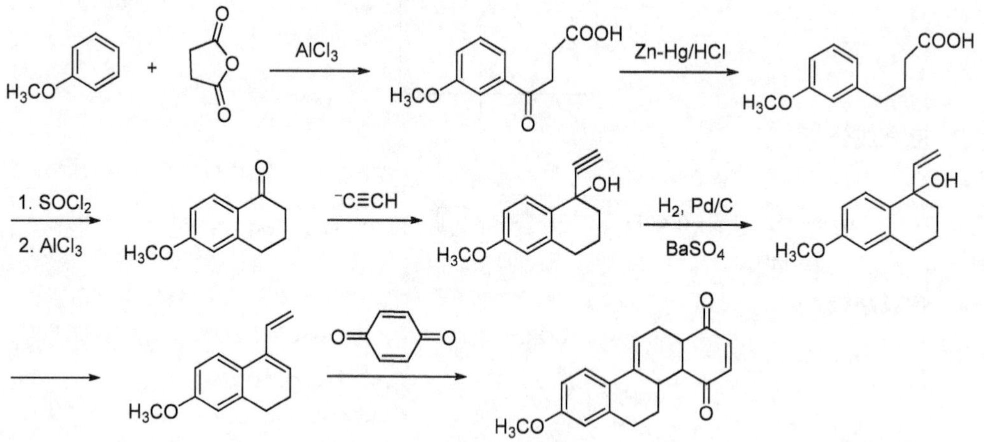

【实例 **2-102**】试设计化合物 **2-26** 的合成路线。

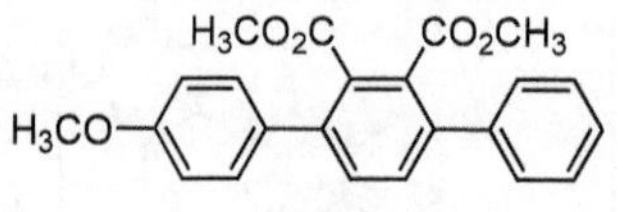

H_3CO_2C CO_2CH_3 H_3CO

2-26

反合成分析：

这个分子有三个苯环连在一起，看起来似乎难以下手。我们只要将中间的苯环转换成为环己二烯的结构，这样就可以直接利用 D-A 反应切断为双烯体和丁二炔酸二甲酯。双烯体可以利用 Wittig 反应切断双键得到肉桂醛和对甲氧基溴苄。

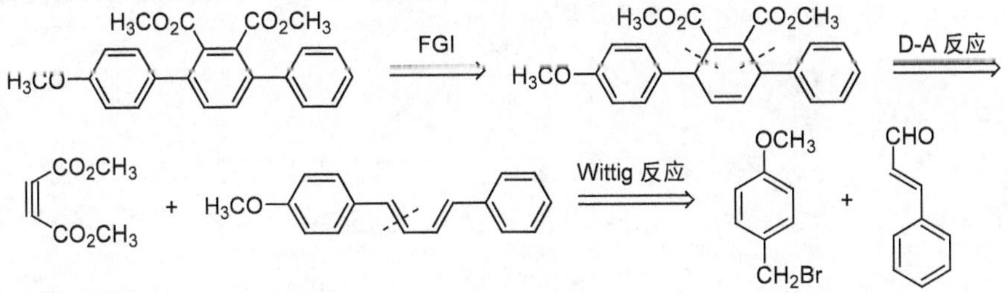

合成路线：

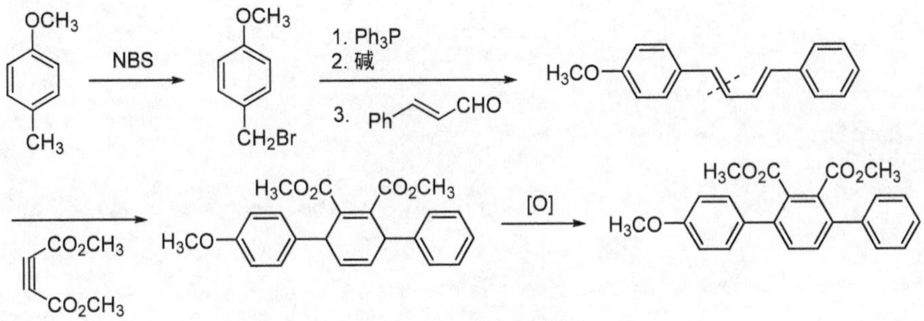

【实例 2-103】试设计化合物 **2-27** 的合成路线。

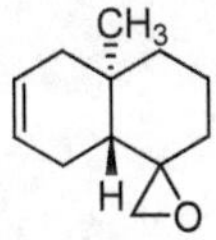

2-27

反合成分析：

将这个分子的环氧乙烷切断为羰基后就得到了 D-A 反应所需的结构，切断后得到丁二烯和 α,β-不饱和环己酮，它的合成在前面已经介绍过了。

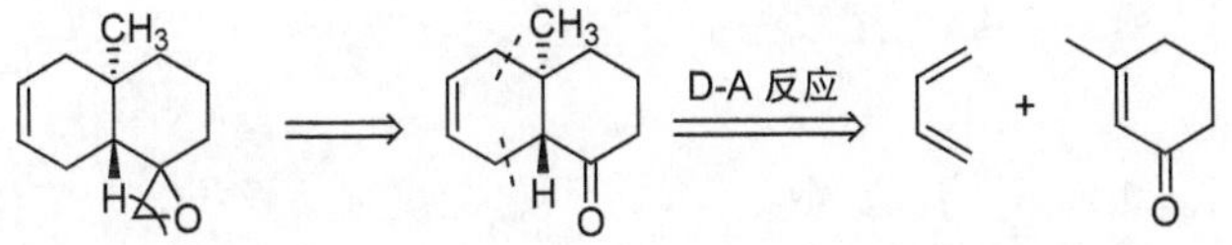

合成路线：

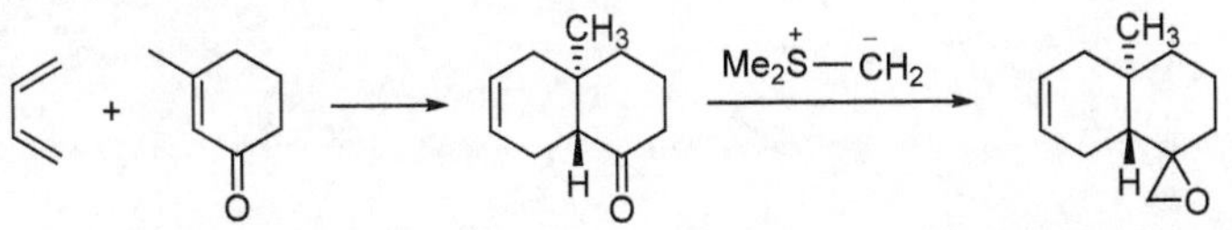

【实例 **2-104**】试设计化合物 **2-28** 的合成路线。

2-28

反合成分析：

首先，利用 [2+2] 环加成反应将四元环打开，得到具有环己二烯结构的六元环，然后将其转化为环己烯结构，就可以利用 D-A 反应进行切断，得到丁二烯和丁烯二酸酐。

[2+2]　FGI　D-A 反应

合成路线：

Br_2　碱

$h\nu$

（1）D-A 反应的区域选择性

当双烯体和亲双烯体上具有取代基时，D-A 反应就面临区域选择性的问题，在理论上存在两种异构产物。但是，在多数情况下，两种异构体是不等量的，例如下面这个反应。

(30%)　(70%)

D-A 反应的区域选择性具有“邻、对位”定位规则。这样，1-取代丁二烯与非对称的双烯体反应主要得到邻位产物，2-取代丁二烯与非对称的双烯体反应主要得到对位产物。

OAc　COOH　OAc　COOH

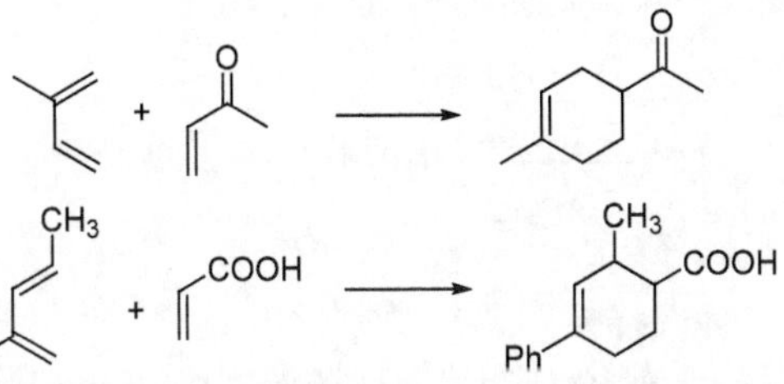

+ O

CH_3 + COOH　CH_3 COOH　Ph　Ph

【实例 2-105】试设计镇痛药替利定 (Tilidine) 中间体的合成路线。

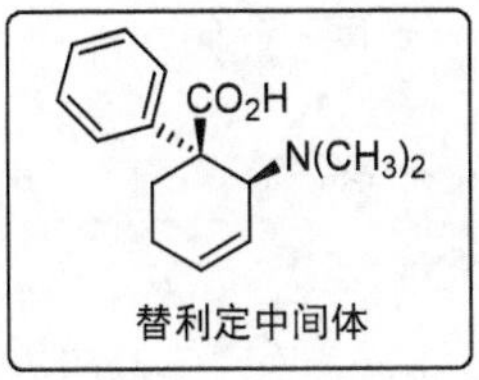

CO_2H　$N(CH_3)_2$

替利定中间体

反合成分析：

替利定是一个邻位取代的环己烯，因此可以利用 D-A 反应的区域选择性进行切断，得到 2-苯丙烯酸和烯胺。烯胺可以直接切断为二甲胺和丁烯醛。

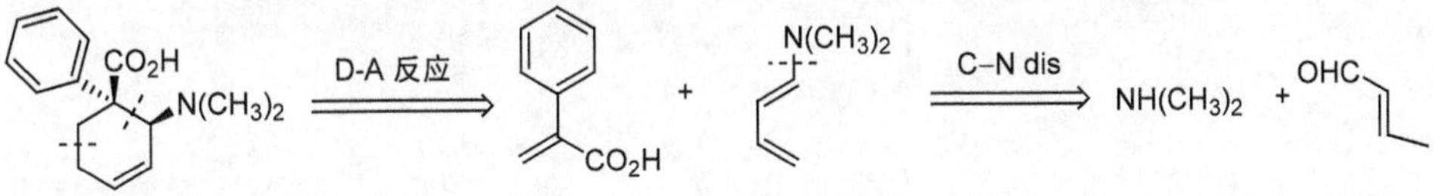

CO_2H　$N(CH_3)_2$　D-A 反应　CO_2H　+　$N(CH_3)_2$　C–N dis　$NH(CH_3)_2$ + OHC

合成路线：

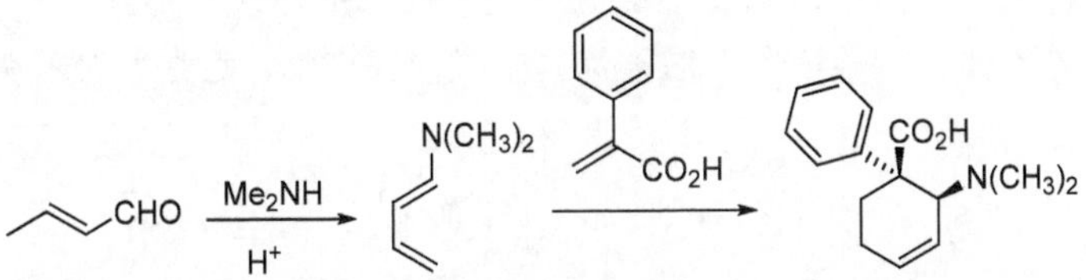

CHO　Me_2NH　H^+　$N(CH_3)_2$　CO_2H　CO_2H　$N(CH_3)_2$

【实例 2-106】试设计苧烯的合成路线。

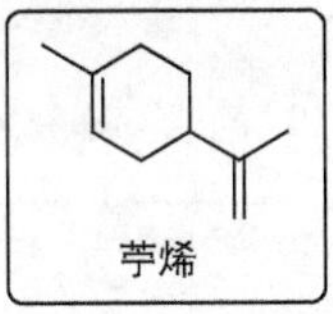

苧烯

反合成分析：

苧烯在利用 D-A 反应进行切断之前需要将环外双键官能团转化为羰基，而且 D-A 反应的区域选择性可保证生成对位产物。

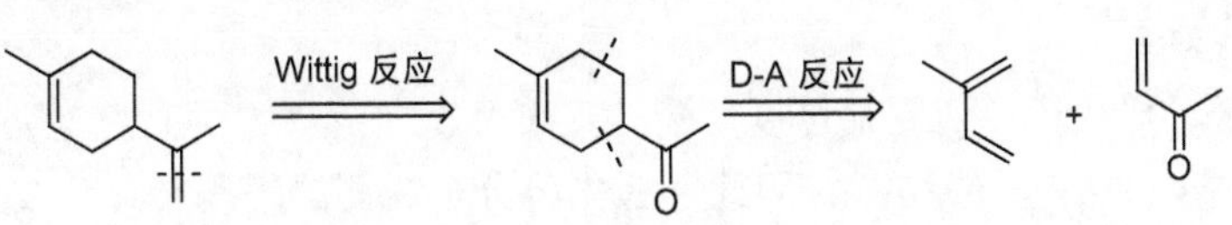

Wittig 反应　O　D-A 反应　+　O

合成路线：

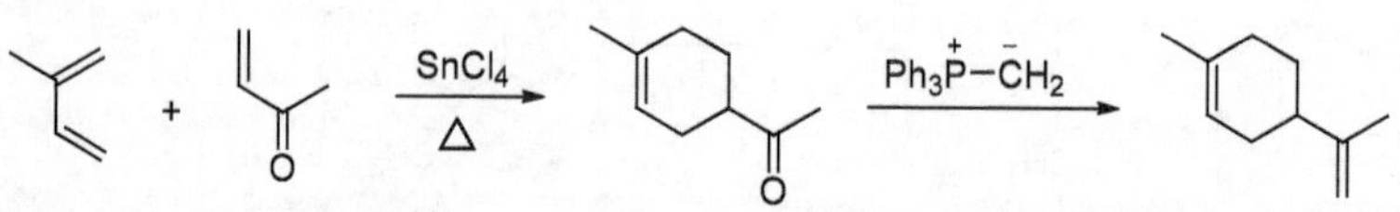

$SnCl_4$, Δ; $Ph_3\overset{+}{P}-\overset{-}{C}H_2$

(2) D-A 反应的立体选择性

D-A 反应为协同反应，双烯体和亲双烯体在反应时无法进行旋转，这样烯烃的立体化学会重现于产物之中。顺式的亲双烯体得到顺式的产物，反式的亲双烯体得到反式的产物。同样，双烯体的立体化学也会被如实地传递到产物之中。

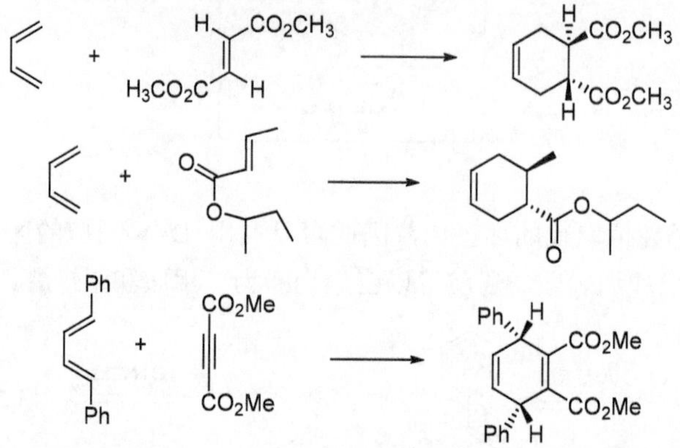

H, CO_2CH_3, H_3CO_2C, H → H, CO_2CH_3, H, CO_2CH_3

Ph, Ph + CO_2Me, CO_2Me → Ph, H, CO_2Me, CO_2Me, Ph, H

当双烯体和亲双烯体均具有立体构型时，尽管两者的立体化学都能够被保留，但在许多情况下仍能生成两种产物。当双烯体为环戊二烯时，会得到内式 (*endo*) 和外式 (*exo*) 两种异构体。实验证明，通常优先生成内式产物，这通常被称为内式规则。

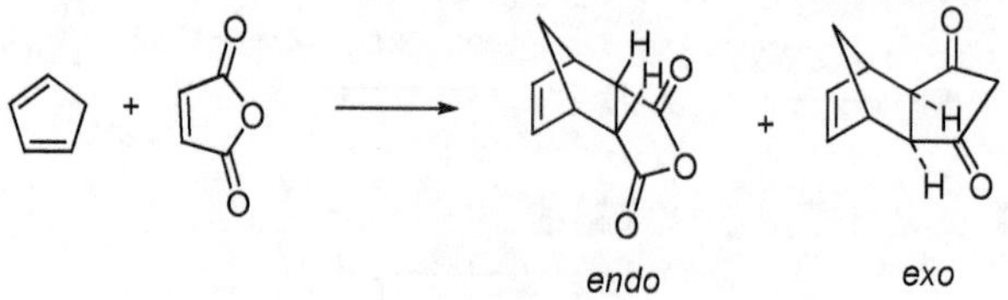

endo *exo*

【实例 2-107】试设计化合物 **2-29** 的合成路线。

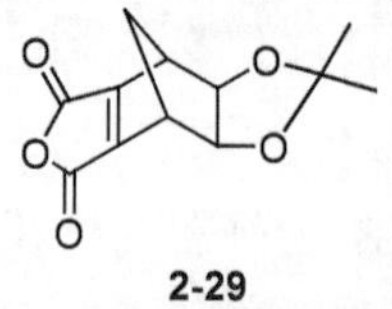

2-29

反合成分析：

这个分子看似从桥环两侧都可以切断，其实考虑到亲双烯体上需有吸电基取代，应该从左侧利用 D-A 反应切断。因此，首先将分子右侧的缩酮转化为二醇，再转化为双键。然后，如果直接进行 D-A 切断，就会得到炔二酸内酯，它的环张力相当大，很难得到。因此，还需要将内酯转化为二酯后再切断，这样得到环戊二烯和炔二酸乙酯两个很合理的起始原料。

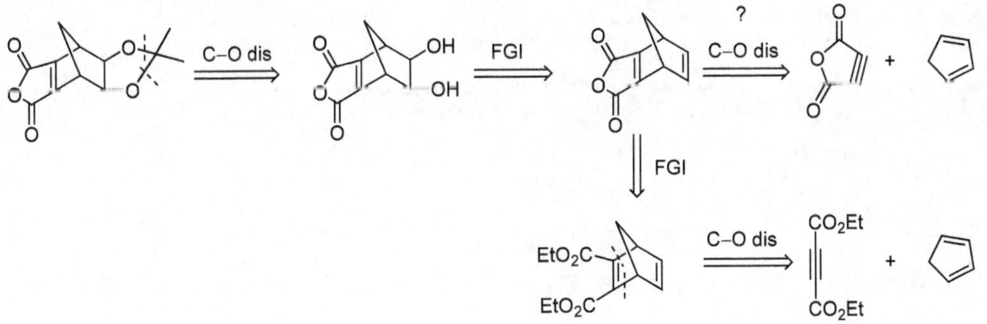

C–O dis
FGI
?
C–O dis
FGI
C–O dis
CO_2Et
EtO_2C
EtO_2C
CO_2Et

合成路线：

CO_2Et
CO_2Et
EtO_2C
EtO_2C
1. OsO_4
2. Me_2CO, H^+
EtO_2C
EtO_2C
1. HO^-, H_2O
2. EtO—≡

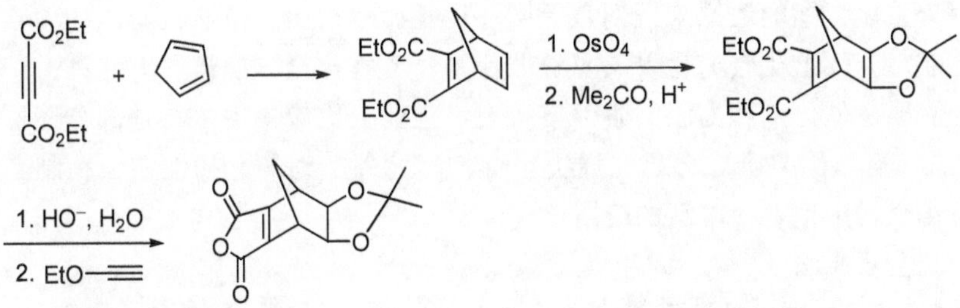

2.6.4.2 Robinson 成环反应法

Robinson 成环反应在前面已经介绍过，该反应是合成 α,β-不饱和环己酮的常用方法。

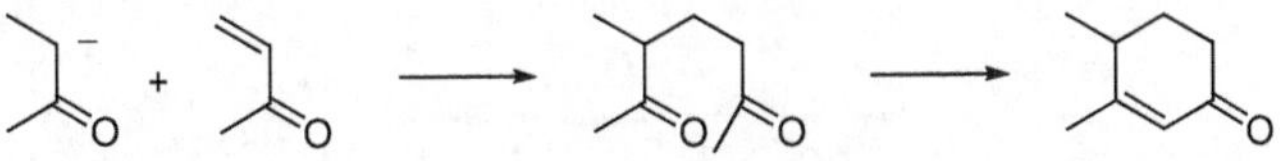

【实例 2-108】试设计化合物 **2-30** 的合成路线。

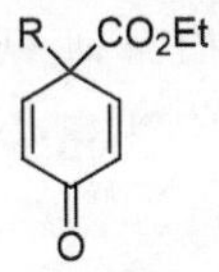

R CO_2Et
2-30

反合成分析：

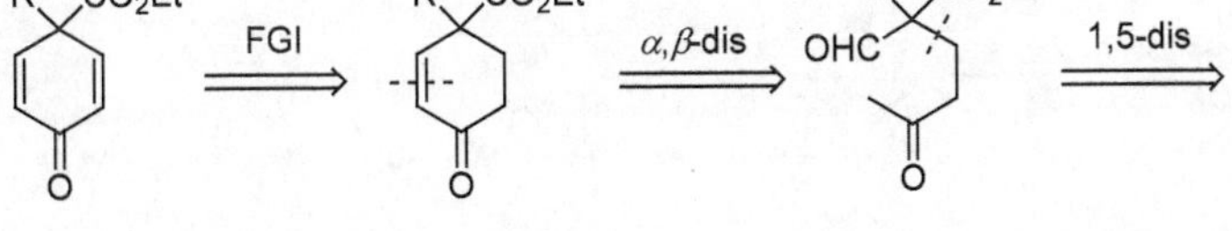

R CO_2Et
FGI
R CO_2Et
α,β-dis
R CO_2Et
OHC
1,5-dis

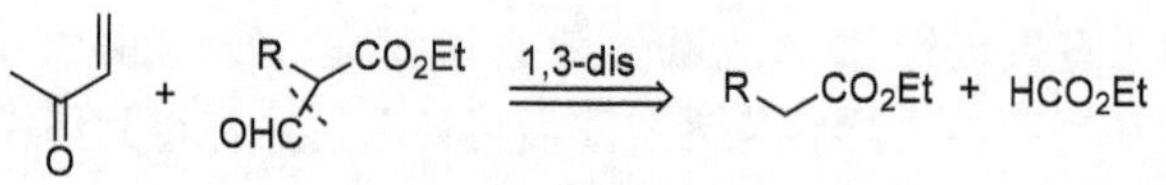

合成路线：

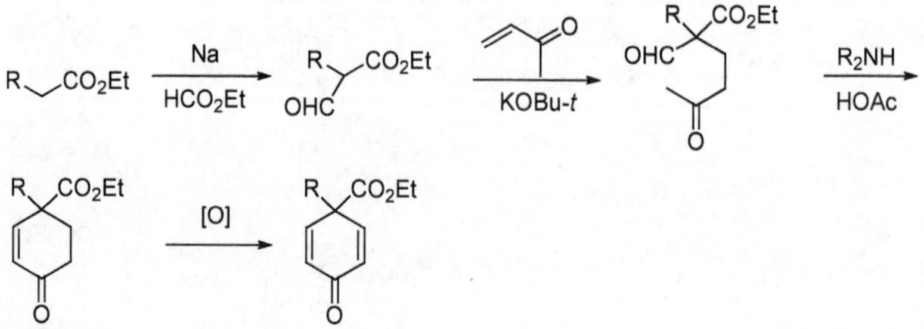

2.6.4.3 芳香化合物还原法

利用芳香化合物的还原来得到六元脂环也是比较常用的方法。本法的优点在于：在还原之前，芳环上比较容易引入各种取代基。芳香化合物的还原有两种：一是完全还原，这需要在催化剂和高压的条件下实现，工业上比较常用；二是部分还原，例如 Birch 还原，可以用来合成环己二烯类化合物。此外，萘的选择性还原在制备各种双六元环类化合物中也有很广泛的应用。

（1）完全还原法

【实例 2-109】试设计镇痉药二环胺 (dicyclomine) 的合成路线。

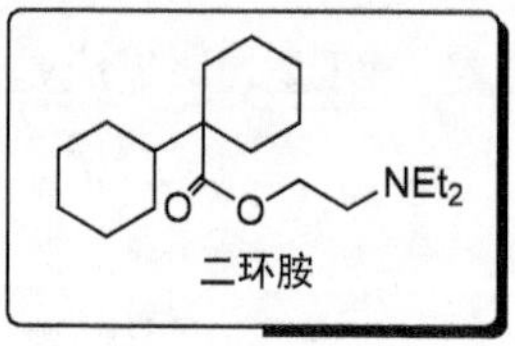

二环胺

反合成分析：

首先将二环胺分子中的“策略键”酯基切断，然后将羧基官能团转化为氰基。这样，分子中一个环己基可以通过苯环还原得到，另一个环己基可以利用氰基 α-位的活泼性通过取代反应得到。可见，羧基转化为氰基是合成二环胺的关键。

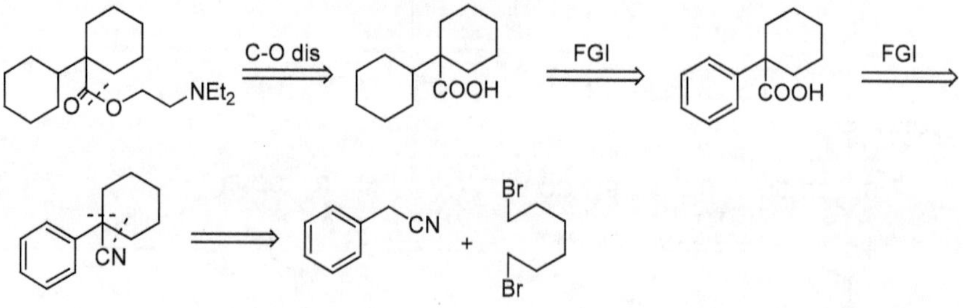

合成路线：

在合成中，先装配好完整的分子再进行还原，可以有比较高的收率。

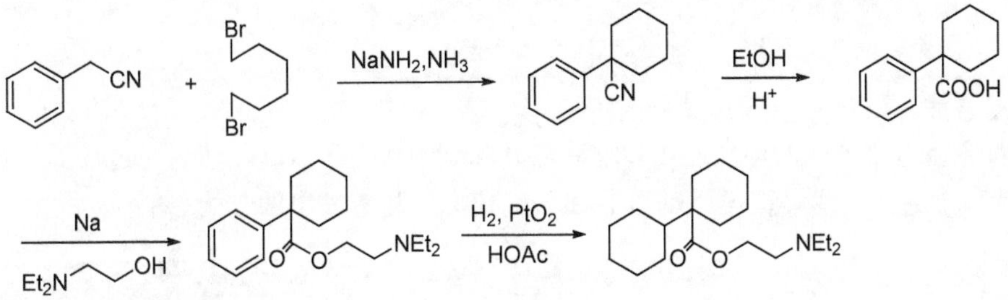

【实例 2-110】试设计化合物 **2-31** 的合成路线。

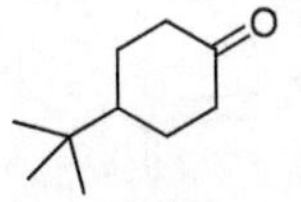

2-31

反合成分析：

环己烷上引入取代基并不容易，如果将环己基转化为苯环，取代问题就迎刃而解了，苯环上的 Friedel-Crafts 反应 (F-C 反应) 是非常实用的。

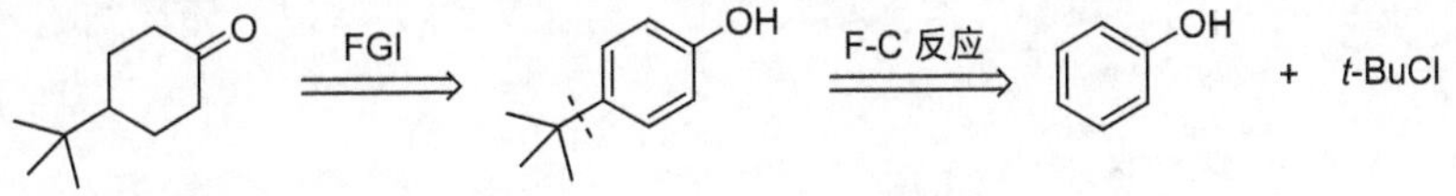

合成路线：

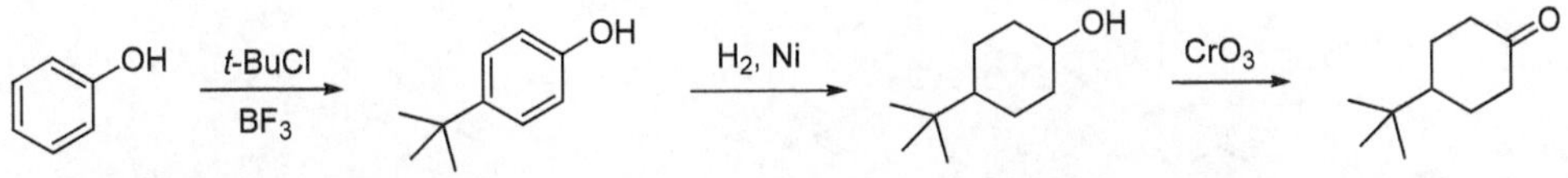

（2）Birch 还原法

Birch 还原是指芳香族化合物在液氨中用钠 (锂或钾) 还原生成非共轭二烯的反应。当芳环上取代基为供电子基时，生成 1-取代-1,4-环己二烯；当取代基为吸电子基时，生成 1-取代-2,5-环己二烯。

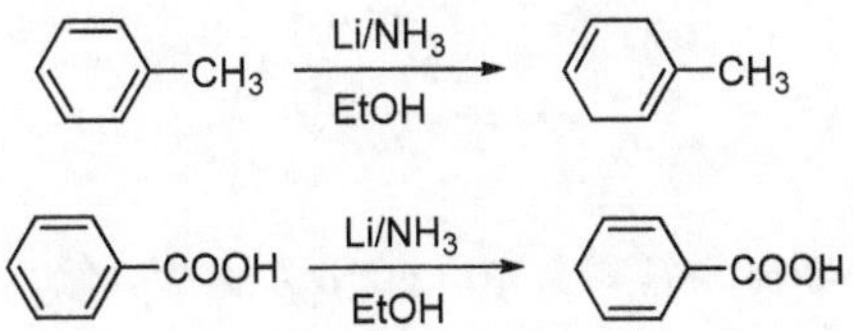

【实例 2-111】试设计化合物 **2-32** 的合成路线。

2-32

反合成分析：

首先将这个分子的环氧乙烷和缩醛部分转化为双键和羰基，然后通过烯醇化得到1-取代-1,4-环己二烯，这样可以利用 Birch 还原转化为简单的起始原料。

C–O dis　FGI　Birch 还原　H_3CO　CH_3

合成路线：

1. Me_2SO_4, 碱　2. CH_3Br, $AlCl_3$　Na, NH_3(l)　t-BuOH　H^+　H_2O　1. H^+ HO OH　2. MCPBA

（3）萘还原法

萘可以通过不同的还原条件得到多种产物。因此，将某些双六元环结构转化为萘是非常实用的。

Li, $EtNH_2$　H_2　H_2,Rh　Na, NH_3(l)　Et_2O, EtOH　Na, NH_3(l) ROH　H_2, Ni

【**实例 2-112**】试设计化合物 **2-33** 的合成路线。

2-33

反合成分析：

这个化合物前面的切断比较常规，先进行 α,β-切断，然后将所得的 1,6-二羰基化合物连接，最后一步转化为萘是合成的关键。

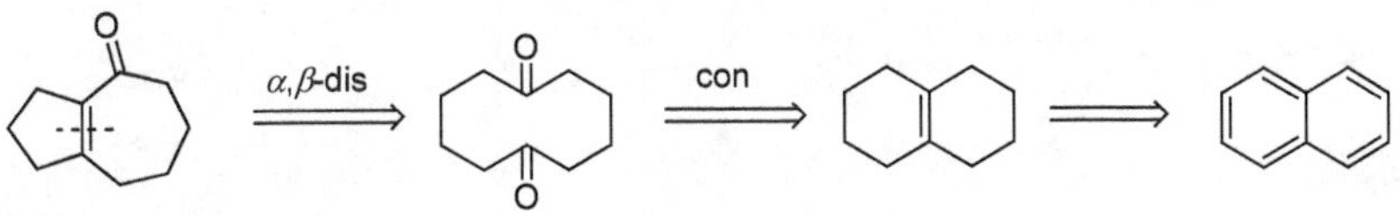

合成路线：

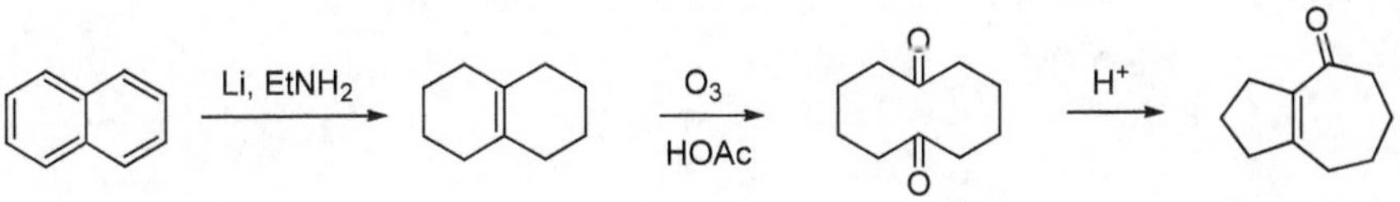

2.7

杂环化合物的合成设计

据统计，在现今已知的有机化合物中，杂环化合物的数量占总数的 65% 以上。多数药物分子均含有杂环，这是因为杂环在药物与受体相互作用以及改善药物代谢动力学性质方面具有非常重要的作用。因此，杂环化合物的合成设计在药物合成中具有举足轻重的地位。杂环一般可以分为饱和杂环和芳香杂环两种。饱和杂环的性质接近于脂环化合物，合成也相对比较容易。芳香杂环具有很多独特的性质，合成的方法也比较多，而且目前也发展得比较迅速，不断有新的合成方法报道。

2.7.1 饱和杂环的合成设计

饱和杂环的合成设计相对比较简单，C–X 键的切断再运用前面所学的知识就能完成大多数饱和杂环化合物的切断。下面通过一些实例来介绍饱和杂环的设计。

【实例 2-113】 试设计化合物 **2-34** 的合成路线。

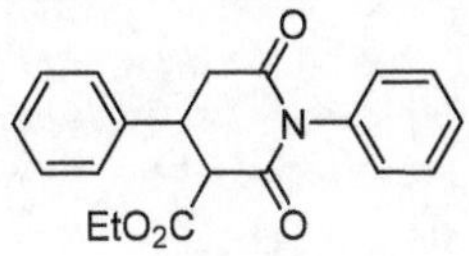

2-34

反合成分析：

这个目标分子首先进行 C–N 键切断，然后再进行 1,5-二羰基和 α,β-不饱和切断就得到苯甲醛和丙二酸二乙酯两个简单的原料。

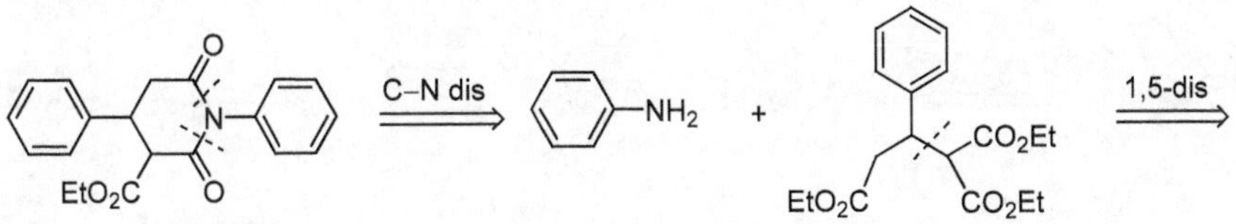

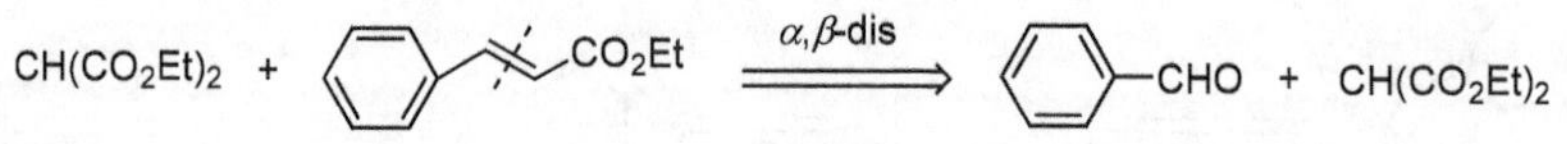

$CH(CO_2Et)_2$ + PhCH=CHCO₂Et $\xrightarrow{\alpha,\beta\text{-dis}}$ PhCHO + $CH(CO_2Et)_2$

合成路线：

PhCHO $\xrightarrow[\text{2. EtOH/H}^+]{\text{1. CH(CO}_2\text{Et)}_2}$ PhCH=CHCO₂Et $\xrightarrow[\text{EtO}^-]{\text{CH(CO}_2\text{Et)}_2}$ (EtO₂C)CH₂CH(Ph)CH(CO₂Et)₂ $\xrightarrow{\text{PhNH}_2}$ EtO₂C-substituted N-phenyl-4-phenylpiperidine-2,6-dione

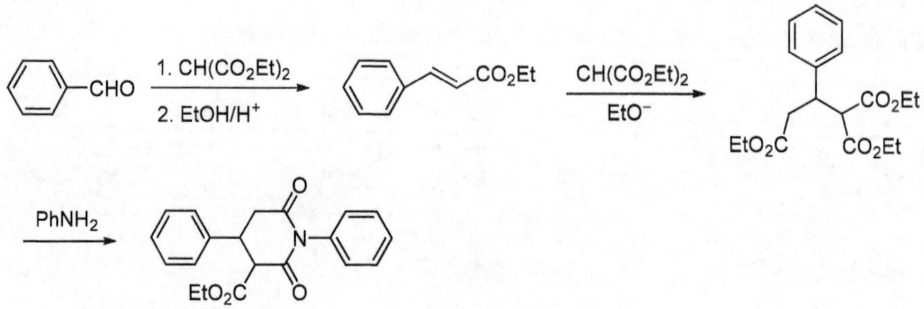

【实例 **2-114**】试设计化合物 **2-35** 的合成路线。

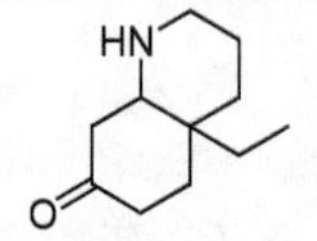

2-35

反合成分析：

这个分子的反合成分析运用了 C–N 键切断和多分支点切断的原理。运用 Michael 加成切断 C–N 键并将环打开是关键所在，得到的伯胺可以运用前面所学知识转化为氰基（切断 a）或酰胺（切断 b），随后的 α,β-切断激活了多分支点，这样下面的切断就比较顺利。

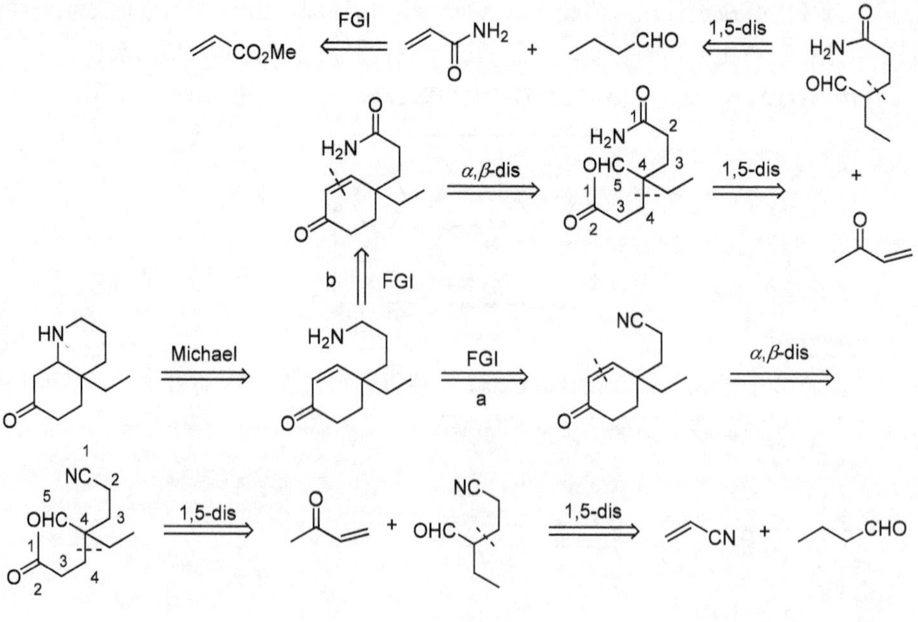

Route b: 2-35 $\xRightarrow{\text{Michael}}$ amine enone $\xRightarrow{\text{FGI (b)}}$ amide enone $\xRightarrow{\alpha,\beta\text{-dis}}$ OHC keto amide (numbered 1–5) $\xRightarrow{\text{1,5-dis}}$ methyl vinyl ketone + H_2N-CO-CH₂CH₂-CH(CHO)Et $\xRightarrow{\text{1,5-dis}}$ acrylamide + butanal (CHO); acrylamide $\xRightarrow{\text{FGI}}$ CH_2=CHCO₂Me

Route a: amine enone $\xRightarrow{\text{FGI (a)}}$ NC enone $\xRightarrow{\alpha,\beta\text{-dis}}$ NC/OHC keto compound (numbered 1–5) $\xRightarrow{\text{1,5-dis}}$ methyl vinyl ketone + NC-CH₂CH₂-CH(CHO)Et $\xRightarrow{\text{1,5-dis}}$ CH_2=CHCN + butanal (CHO)

合成路线：

在合成中需注意两点：酯氨解为酰胺在分子骨架构建完成后进行，这样可以提高合成的收率；酰胺还原需要将羰基保护。

CHO　1. R_2NH　2. CO_2Me　MeO　O　OHC　1. R_2NH　2.　O　MeO　O　OHC　O　HOAc　MeO　O　O

1. HO　OH　2. NH_4OH　O　H_2N　O　O　1. $LiAlH_4$　2. H^+/H_2O　H_2N　O　OH^-　HN　O

【实例 2-115】试设计化合物 **2-36** 的合成路线。

H　H　H　HN

2-36

反合成分析：

这个分子的仲胺转化为酰胺后 C–N 键切断，得到手性的取代环己烷衍生物。我们可以想到利用 D-A 反应的立体选择性来构建手性中心，这样将环己烷转化为环己烯后，得到双烯体和亲双烯体，它们的切断就比较容易了。

O　O　H　H　H　HN　FGI　O　O　H　H　H　HN　O　C–N dis　O　O　H　NH_2　CO_2Et

FGI　O　O　H　NO_2　CO_2Et　D-A 反应　O　O　NO_2　+　CO_2Et

α,β-dis　Wittig 反应

O　O　CHO　+　CH_3NO_2　CHO　+　Br　CO_2Et

合成路线：

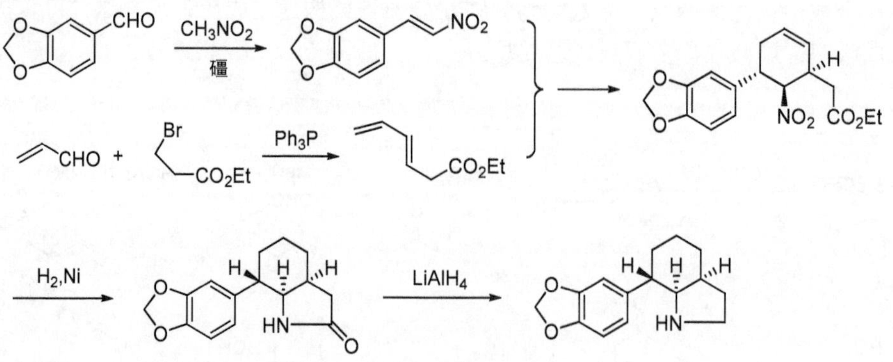

【实例 2-116】试设计化合物 **2-37** 的合成路线。

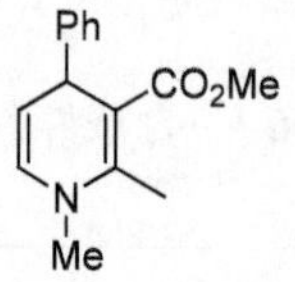

2-37

反合成分析：

对于烯胺结构可以直接切断得到氨和羰基化合物，然后再根据羰基之间的位置关系进行切断。

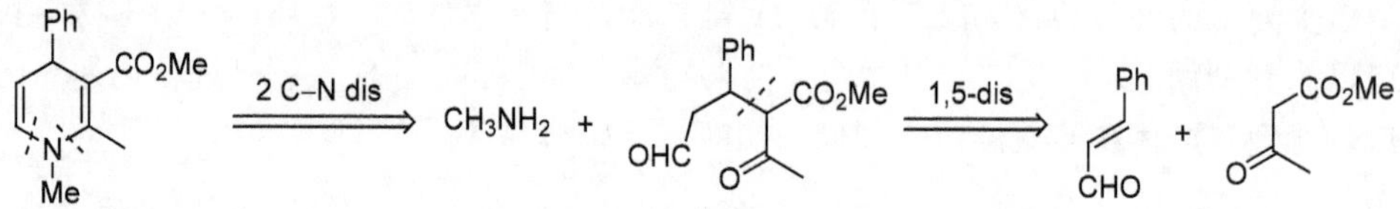

合成路线：

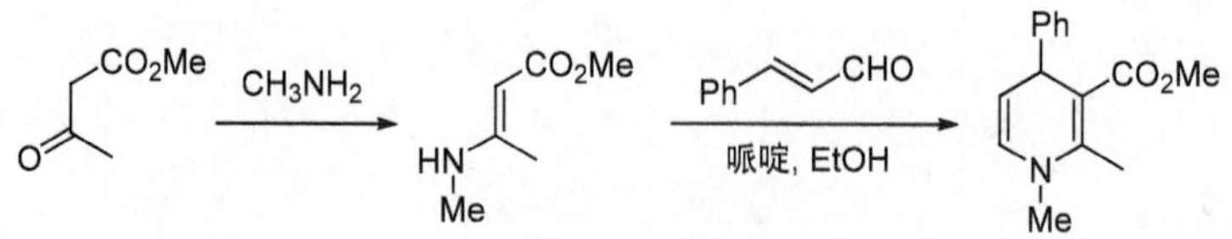

【实例 2-117】试设计化合物 **2-38** 的合成路线。

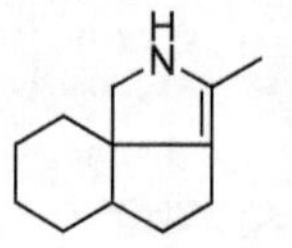

2-38

反合成分析：

这个分子的反合成分析综合应用了前面所学的很多知识。烯胺直接切断后，将伯胺转化为氰基，再切除氰基转化为 α,β-不饱和酮。然后通过切断双键、1,6-二羰基连接、双键转化为醇、切断醇为酮和环己基转化为苯环等步骤得到了苯并环己酮，它的合成在前面已经讲过了。

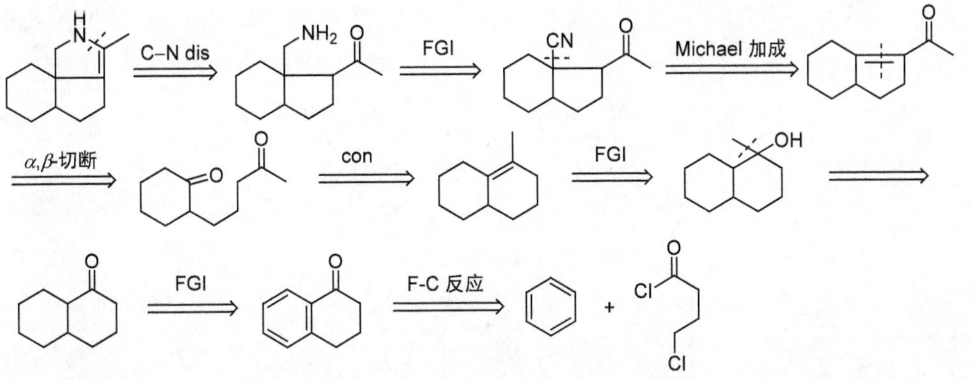

C–N dis　FGI　Michael 加成

α,β-切断　con　FGI

FGI　F-C 反应

合成路线：

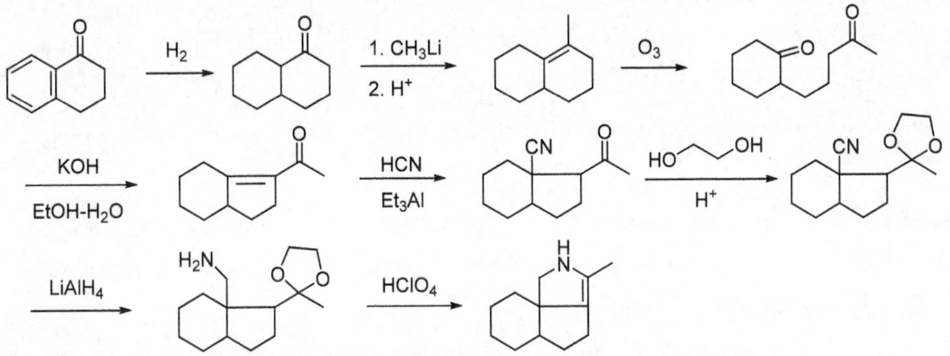

H_2　1. CH_3Li 2. H^+　O_3

KOH EtOH-H_2O　HCN Et_3Al　HO⁀OH H^+

$LiAlH_4$　$HClO_4$

【实例 2-118】试设计镇静催眠药地西泮 (diazepam) 的合成路线。

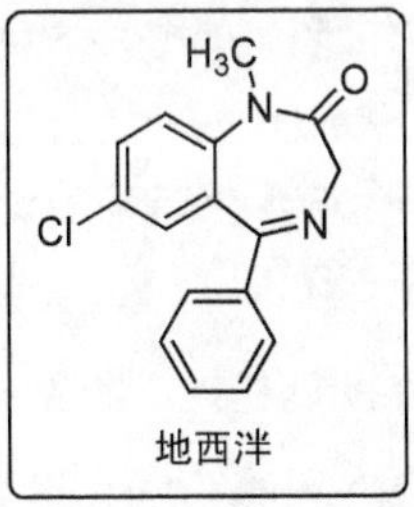

地西泮

反合成分析：

地西泮具有苯二氮䓬结构，首先将七元环上的两个 C–N 键切断得到氯乙酰氯和亚胺，后者可以转化为酮。芳香酮的切断与前面介绍的方法有所不同，它通过成环连接的方法转化为易得的工业原料 3-苯-5-氯嗯呢。

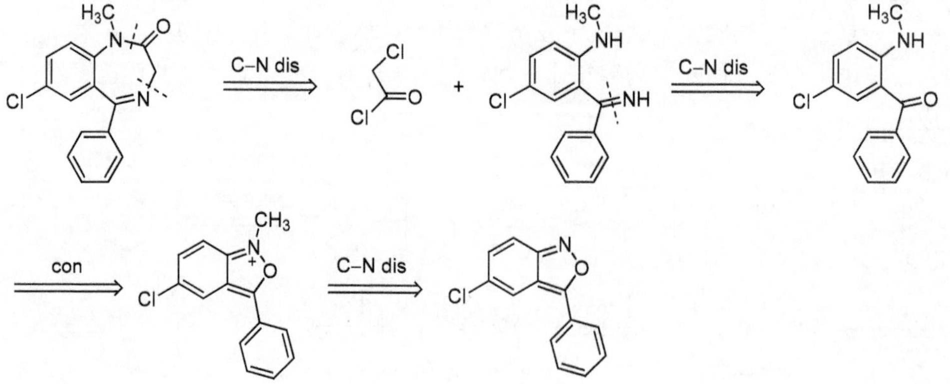

合成路线：

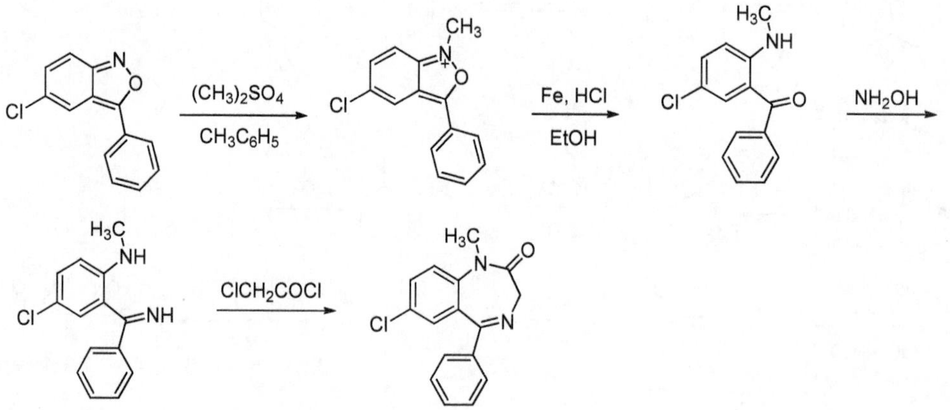

2.7.2 芳香杂环的合成设计

形成芳香杂环的方法很多，相关的文献数以万计。但是，杂环的合成还是有规律可循的。总的说来，杂环的生成就是各反应官能团之间的缩合、加成、消除、取代等常规反应的综合应用。杂环的形成有两种方式：一种是分子内环合，另一种是分子间环合。参与反应的分子除含有杂原子基团外，还必须至少含有两个活泼的反应中心，如活泼亚甲基、羰基、卤素等。由于芳香杂环种类繁多，本部分主要介绍药物分子中常见杂环的合成设计。

2.7.2.1 含单杂原子的五元杂环的合成设计：吡咯、呋喃和噻吩

按照切断位置的不同，吡咯、呋喃和噻吩的切断可以分为 [1+4] 和 [2+3] 两种类型。无论是哪一种情况，都是得到含有杂原子的化合物和至少含有两个活泼反应中心的化合物。下面介绍其中一些重要的合成方法和人名反应。

[1+4]　[2+3]　[2+3]　[2+3]

X = O, N, S

（1）吡咯的反合成分析

吡咯的反合成分析如下图所示：首先，将吡咯一侧双键官能团转化为醇，根据羟基的位置不同得到 α-氨基醇 (切断 a) 和β-氨基醇 (切断 d)。α-氨基醇可以切断得到氨和 1,4-二羰基化合物 (Paal-Knorr 合成法)，β-氨基醇可以切断得到 α-氨基酮和含活泼亚甲基的羰基化合物 (Knorr 合成法)。

+H_2O a　+H_2O d　b　e　$-NH_3$ c　f　+ NH_3　+

① Paal-Knorr 合成法

Paal-Knorr 合成法是指 1,4-二羰基化合物与氨或者伯胺生成吡咯或 *N*-取代吡咯的反应，在该反应中两个羰基氧都消除。

NH_3　H^+

② Knorr 合成法

Knorr 合成法是指 α-氨基酮和含活泼亚甲基的羰基化合物缩合得到吡咯的反应。当活泼亚甲基被进一步活化 (例如乙酰乙酸乙酯)，反应进行得更为顺利。

H_3C O　C_2H_5O C−NHR^1 H　+　$CH_2CO_2C_2H_5$　O　CH_3　H^+　H_3C　$CO_2C_2H_5$　C_2H_5O　N　CH_3　R^2

除了上面两种经典的合成方法，还有多种反应可以用来合成吡咯衍生物。下面简要介绍应用比较广泛的 Hantzsch 合成法、Barton-Zard 合成法和 Kenner 合成法。

③ Hantzsch 合成法

Hantzsch 合成法是指 α-卤代醛 (或酮) 与 β-酮基羧酸酯缩合成吡咯的反应，又称为 Feist-Benery 反应。

COOEt　R^2　R^1　N　R^3　Hantzsch 合成 ⟹　X　R^1　O　+　R^3-NH_2　+　COOEt　O　R^2

$H_3C-C(=O)-CH_2Cl$　+　$H_3C-C(=O)-CH_2CO_2C_2H_5$　$\xrightarrow{NH_3}$　H_3C　$CO_2C_2H_5$　CH_3　N　H

(50%)

④ Barton-Zard 合成法

Barton-Zard 合成法是指异氰基醋酸酯的阴离子对 α,β-不饱和硝基化合物进行共轭加成，消去亚硝酸得到 5-取代吡咯-2-酯的反应。

R^1　R^2　R^3　N　R^3　Barton-Zard 合成 ⟹　R^1　R^2　NO_2　+　R^3　N=C

R^3 = COOEt, Tos

NO_2　$\xrightarrow[THF,\ t\text{-}BuOH]{EtO_2CCH_2\overset{+}{N}\equiv C^-}$　CH_3　EtO_2C　N　H

(57%)

⑤ Kenner 合成法

Kenner 合成法是指 α,β-不饱和酮与 N-甲苯磺酰基 (Ts) 甘氨酸酯缩合成吡咯-2-酯的反应，该反应常用重氮双环十一碳烷 (DBU) 作催化剂。

R^1　$COOR^2$　N　H　Kenner 合成 ⟹　R^1　O　+　CH_2-COOR^2　NH−Ts

Et　O　+　TsHN　CO_2Et　$\xrightarrow[THF]{DBU}$　HO　Et　CO_2Et　N　Ts　$\xrightarrow[Py]{POCl_3}$

Et　CO_2Et　N　Ts　$\xrightarrow[PhMe]{DBU}$　Et　CO_2Et　N　H

【实例 2-119】试设计化合物 **2-39** 的合成路线。

2-39

反合成分析：

这个分子的吡咯环利用 Paal-Knorr 反应切断得到氨基酸和 1,4-二羰基化合物，后者切断为 α-卤代酮和烯胺。利用 Friedel-Crafts 反应切断萘环上的羰基得到萘和氯乙酰氯。

Paal-Knorr 反应 NH_2CH_2COOH 1,4-dis F-C 反应 $ClCOCH_2Cl$ FGI

合成路线：

$AlCl_3$ 1. 2. H^+/H_2O NH_2CH_2COOH CH_3CH_2OH

【实例 2-120】试设计化合物 **2-40** 的合成路线。

2-40

反合成分析：

这个分子是合成卟啉衍生物和维生素 B 的重要中间体。吡咯环的切断采用 Knorr 合成法，得到 1,5-二羰基化合物和 α-氨基酮，前者切断得到丙烯酸甲酯和丙酮。α-氨基酮转化为 α-肟基酮后，直接切除肟基得到亚硝酸和 1,3-二羰基化合物，后者顺利切断为乙酸乙酯和丙二酸二叔丁酯。

MeO_2C + （丙酮）

⇑ 1,5-dis

H_3CO_2C（吡咯，COO^tBu，N-H） ⟹（Knorr 合成） H_3CO_2C（5-氧代己酸甲酯） + O, H_2N, $CO_2{}^tBu$ ⟹（FGI） O, HON, $CO_2{}^tBu$

⟹ HONO + O, $CO_2{}^tBu$ ⟹（1,3-dis） O, OEt + $H_2C(CO_2{}^tBu)_2$

合成路线：

O, OEt + $H_2C(CO_2{}^tBu)_2$ —（OH^-）→ O, $CO_2{}^tBu$, $CO_2{}^tBu$ —（H^+, $-CO_2$）→ O, $CO_2{}^tBu$

—（HONO）→ O, HON, $CO_2{}^tBu$ → O, H_2N, $CO_2{}^tBu$

MeO_2C + （丙酮） —（CH_3ONa）→ H_3CO_2C（5-氧代己酸甲酯）

—（H^+）→ TM

（2）呋喃的反合成分析

呋喃的反合成分析与吡咯相类似，反应以 [1+4] 型为主。根据呋喃双键转化为醇时羟基位置的不同，呋喃可以最终切断得到 1,4-二羰基化合物 (Paal-Knorr 合成法)，或者 α-卤代酮 (醛) 和含活泼亚甲基的酮 (Feist-Benery 合成法)。

HO ⟸（$+H_2O$, a） 呋喃 ⟹（$+H_2O$, e） HO

⇓ b　　　　⇓ f

O HO ⟹（c） O O　　　　HO, X HO

Paal-Knorr 合成　　d　　　　⇓ g

O, X + O

Feist-Benery 合成

① Paal-Knorr 合成法

1,4-二羰基化合物可以直接进行分子内的加成和脱水反应形成呋喃。与该法合成吡咯相不同的是，在该反应中，一个羰基氧消除，另一个成环中杂氧。Paal-Knorr 反应的条件温和，收率高，是合成各种类型呋喃和吡咯的良好方法。反应中常用的脱水剂为 H_2SO_4 和多聚磷酸 (PPA)。

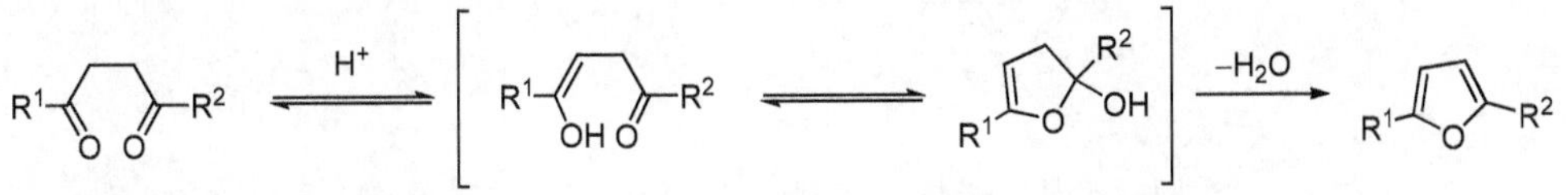

② Feist-Benery 合成法

该方法与合成吡咯相类似，羰基氧成呋喃杂氧。其机理是在 2-卤代羰基的碳上发生初始的羟醛缩合，再通过烯醇式的氧对卤原子进行分子内的取代而完成闭环。

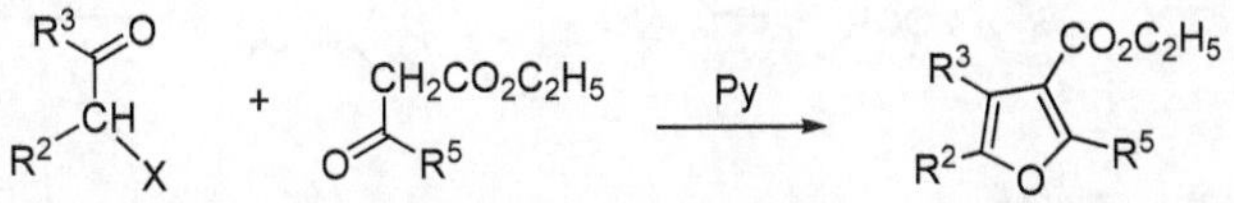

此外，糠醛 (呋喃甲醛) 也可以作为合成呋喃类似物的起始原料，具有非常广泛的应用。例如雷尼替丁 (ranitidine) 的合成就是以糠醛作为起始原料的。

【实例 2-121】 试设计抗溃疡药物雷尼替丁的合成路线。

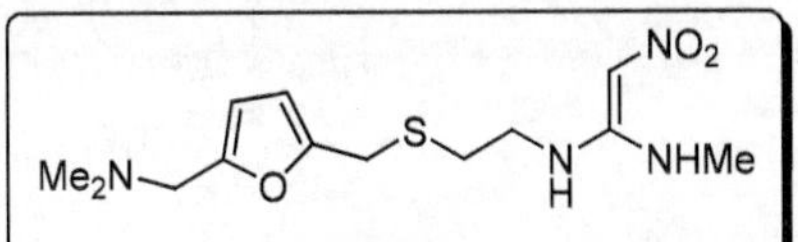

雷尼替丁

反合成分析：

雷尼替丁的合成就是通过简单的 C–N 键和 C–S 键切断，最后得到简单的起始原料——糠醛。

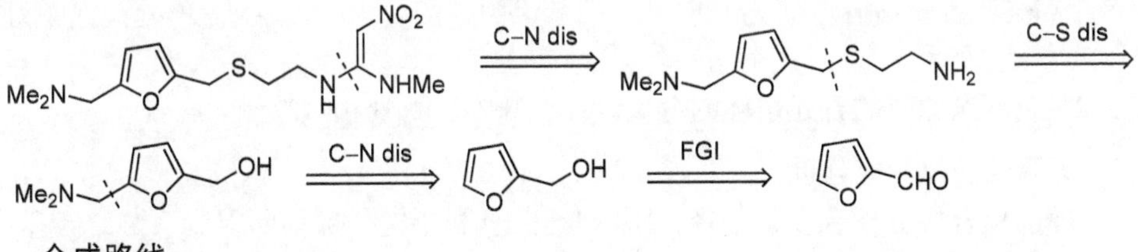

合成路线：

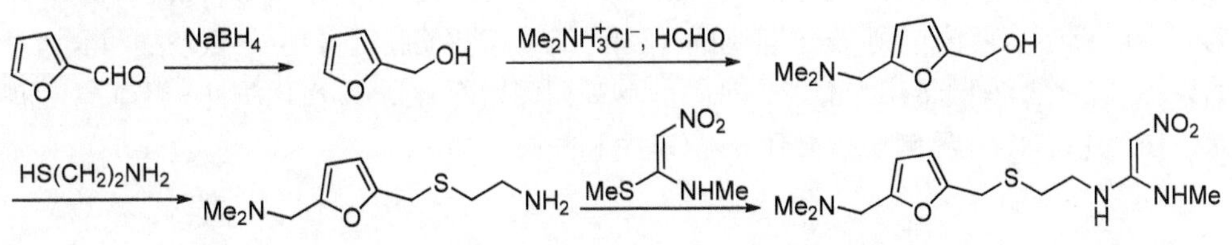

（3）噻吩的反合成分析

噻吩的反合成分析与吡咯和呋喃相类似，下面介绍几种经典的噻吩合成法。

① Paal-Knorr 合成法

1,4-二羰基化合物可以和“硫源”反应得到噻吩，常用的“硫源”有 P_2S_5 和 H_2S。

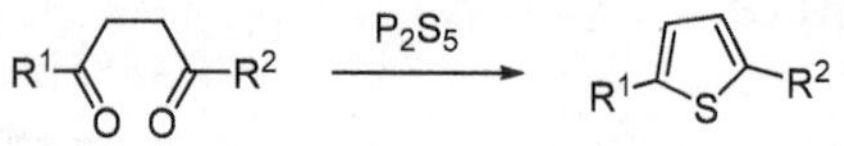

② Hinsberg 合成法

1,2-二羰基化合物与硫代二醋酸二乙酯发生连续的两次的羟醛缩合生成噻吩，噻吩上的酯基可以水解脱去。

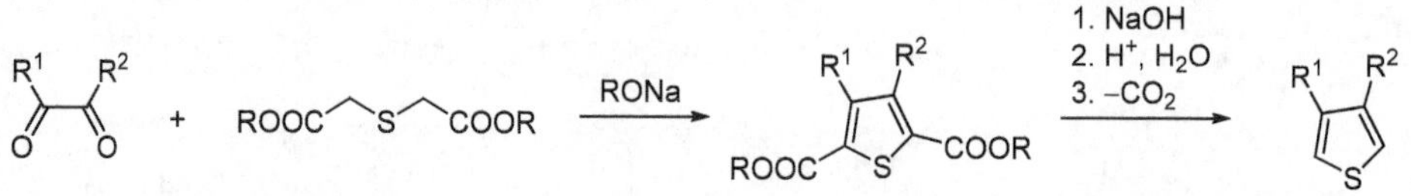

③ Fiesselmann 合成法

β-氯代乙烯醛或者 1,3-二羰基化合物与巯基乙酸 (或其他具有活泼亚甲基的硫醇) 反应得到噻吩-2-羧酸酯。

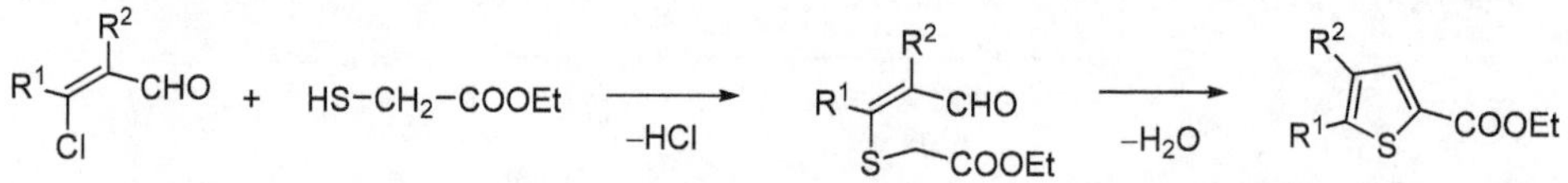

④ Gewald 合成法

含有活泼亚甲基的酮 (醛) 与腈乙酸和硫反应生成 2-氨基噻吩的反应称为 Gewald 合成法。该反应通常以乙醇作为溶剂，吗啉为碱。

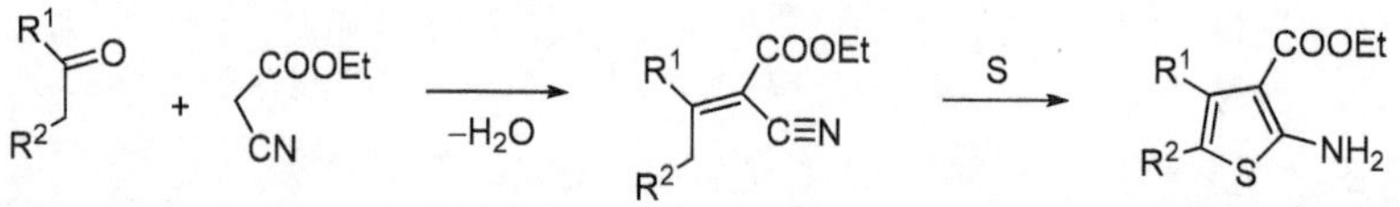

2.7.2.2 含双杂原子的五元杂环的合成设计：咪唑、噁唑和噻唑

（1）咪唑的反合成分析

咪唑的反合成分析有多条途径：将咪唑环上 4 个键全部切断得到 1,2-二羰基化合物、二分子氨和醛，这种方法称为 Redziszewski 合成法；如果将 C4–C5 双键转化为醇，切断 N1 两侧得到 α-酰氨基酮 (醛)，继续切断酰胺键得到 α-氨基酮和酰卤；如果将 C2–C3 双键转化为醇，在 N1 和 N3 同侧切断得到 α-卤代酮 (α-羟基酮) 和脒，在 N1 和 N3 异侧切断得到 α-氨基酮和酰胺。

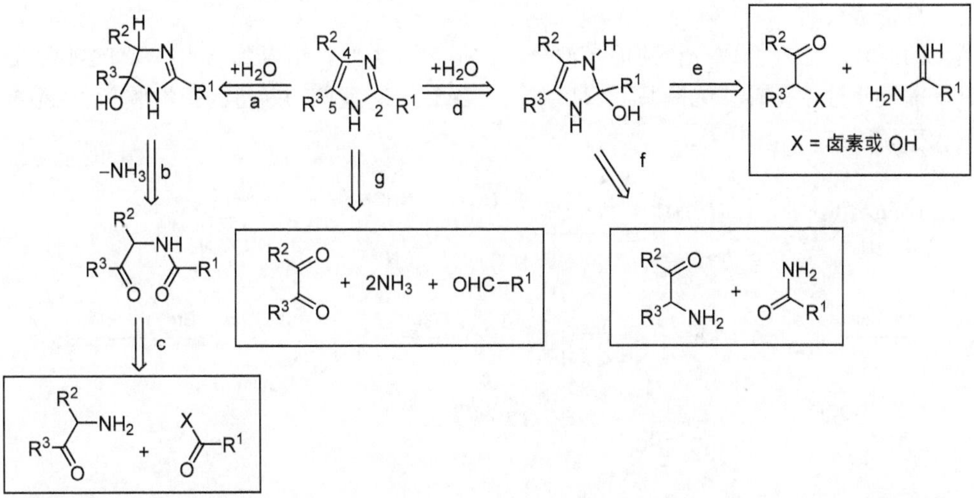

对于咪唑环上具有取代基要求的分子，可以采用其他方法来合成，下面介绍几种经典的反应。

① 2-位无取代咪唑的合成——Bredereck 合成法

α-羟基酮和二分子甲酰胺可以缩合得到 2-位无取代的咪唑衍生物，这称为 Bredereck 合成。

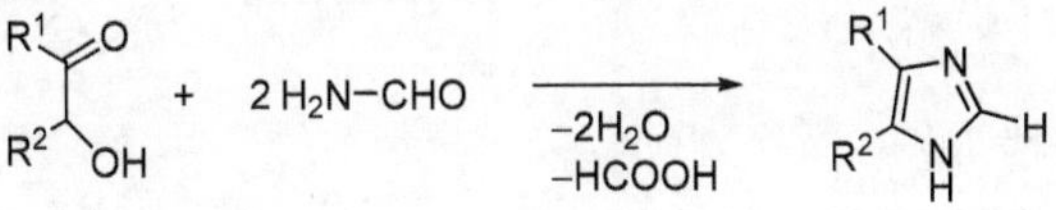

② 2-氨基咪唑的合成——Marckwald 合成法

α-氨基酮可以和腈氨缩合得到 2-氨基咪唑，这称为 Marckwald 合成法。

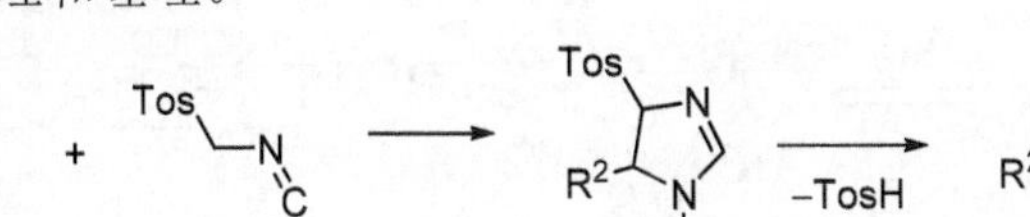

③ 1,5-二取代咪唑的合成——TosMIC 方法

甲苯磺酰甲基异氰 (TosMIC) 可以和取代亚胺缩合得到 1,5-二取代咪唑，这个方法还可以用来合成噁唑和噻唑。

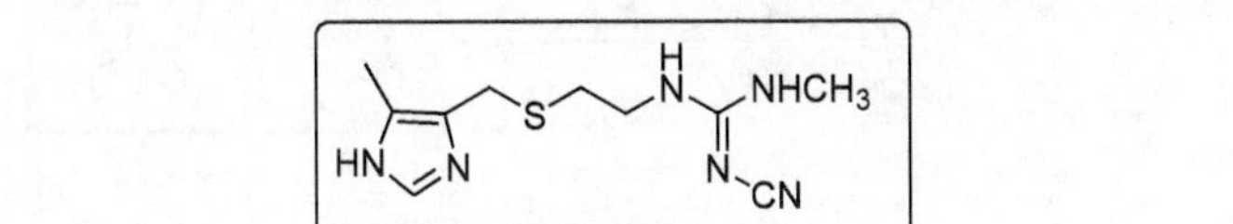

【实例 2-122】试设计抗溃疡药物西咪替丁 (Cimitidine) 的合成路线。

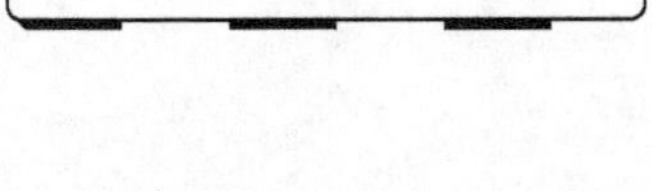

西咪替丁

反合成分析：

西脒替丁的反合成分析的前半部分与雷尼替丁类似。当得到 5-甲基咪唑-4-甲醇时，需要将羟甲基转化为酯基，然后利用 Bredereck 反应切断得到甲酰胺和 2-氯-3-氧代丁酸乙酯。

C–N dis　　H_3CS　$NHCH_3$　N　CN　+　NH_2

C–S dis　　HS　NH_2　+　CH_2OH　FGI　COOEt　Bredereck 反应

COOEt　Cl　+　2 H_2N–CHO

合成路线：

COOEt　Cl　+　2 H_2N–CHO　→　COOEt　$LiAlH_4$　CH_2OH

HS　NH_2　→　NH_2　H_3CS　$NHCH_3$　N　CN　→　$NHCH_3$　N　CN

（2）噁唑的反合成分析

噁唑的反合成分析有两种途径：将 O1–C2 键切断得到 α-酰氨基酮（切断 a，Robinson-Gabriel 合成法），进一步切断酰胺键，得到 α-酰氨基酮（醛）和酰卤（切断 c）；如将 N3–C4 键切断，得到不稳定的过渡中间体（切断 b），它又有多种切断的方法，如果切断 C–O 键（切断 d），得到 α-卤代酮和酰胺（Blümlein-Lewy 合成法）；如果切断烯胺（切断 e），得到 α-酯基酮（醛），继续切断 C–O 键得到 α-卤代酮和羧酸（切断 f），如果切断酯键得到 α-羟基酮和酰卤（切断 g）。

e

R^1 O; R^2 OH + X O R^3 ⟸ g ⟸ R^1 O; R^2 f O g O R^3 + NH_3 ⟹ f ⟹ R^1 O; R^2 X + HO O R^3

在前面咪唑合成中提到的甲苯磺酰甲基异氰也可以用来合成噁唑，TosMIC 与醛在碱催化下能够缩合得到噁唑，这个反应称为 Leusen 合成法。此外，α-金属化的异腈可以和酰卤反应得到 4,5-二取代的噁唑，这称为 Schöllkopf 合成法。

R–C(H)=O + Tos–CH₂–N≡C ⟶ Tos, R (N, O) ⟶ −TosH ⟶ R (N, O)

R^1–C(Cl)=O + R^2, Li, N≡C ⟶ −LiCl ⟶ R^2, R^1–C=O, N≡C ⟶ R^2, R^1 (N, O)

（3）噻唑的反合成分析

噻唑的反合成分析与吡咯和噁唑相类似，常用的合成方法有三种：Hantzsch 合成法、Cook-Heilbron 合成法和 Gabriel 合成法。

① Hantzsch 合成法

α-卤代酮 (醛) 和硫酰胺可以缩合得到噻唑，这称为 Hantzsch 合成法。如果 α-卤代酮 (醛) 与硫脲反应，则得到 2-氨基噻唑。

R^2, R^3, N, S, R^1 ⟹ Hantzsch 合成 ⟹ R^2 O; R^3 X + NH_2, S, R^1

X, O + NH_2, S, NH_2 ⟶ H_3C, N, S, NH_2

② Cook-Heilbron 合成法

α-氨基腈可以和 CS_2 在温和的条件下反应得到 2-巯基-5-氨基噻唑，这称为 Cook-Heilbron 合成法。

R, NH_2, N≡C + CS_2 ⟶ R, N, H_2N, S, SH

③ Gabriel 合成法

Gabriel 合成法是指 α-酰氨基酮与 P_4S_{10} 反应生成噻唑的反应。

R^1, O, NH, O, R^2 ⟶ P_4S_{10} ⟶ N, R^1, S, R^2

【实例 2-123】试设计化合物 **2-41** 的合成路线。

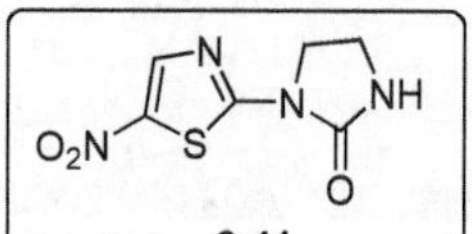

2-41

反合成分析：

这个分子同时含有饱和杂环和芳香杂环。我们首先将饱和杂环切开，通过两次的 C–N 键切断得到氰酸酯和 2-氨基-5-硝基噻唑。氰酸酯可以通过光气和胺反应制得。噻唑环上的硝基可以通过硝化反应得到，考虑到定位效应，应先将噻唑环上的氨基官能团转化为酰胺，硝化反应结束后再脱去酰基得到 2-氨基噻唑，最后通过 Hantzsch 方法切断得到溴代乙醛和硫脲。

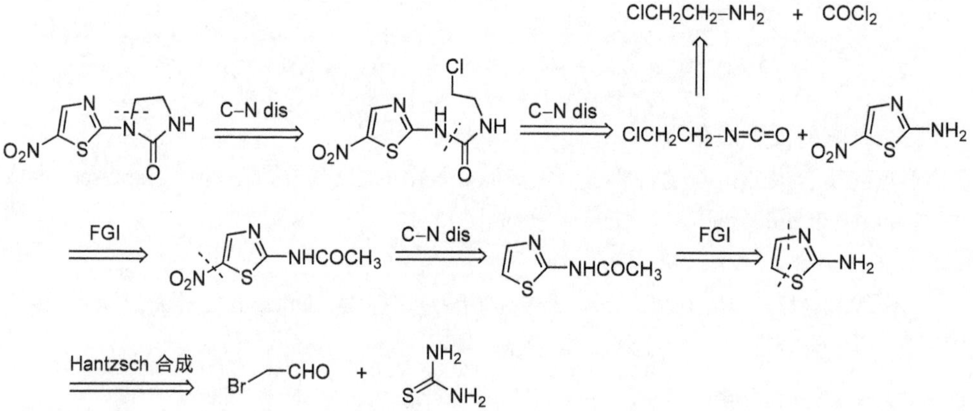

$ClCH_2CH_2-NH_2$ + $COCl_2$

C–N dis ⟹ C–N dis ⟹ $ClCH_2CH_2-N=C=O$ +

FGI ⟹ $-NHCOCH_3$ C–N dis ⟹ $-NHCOCH_3$ FGI ⟹ $-NH_2$

Hantzsch 合成 ⟹ Br–CH_2–CHO +

合成路线：

Br–CH_2–CHO + → $-NH_2$ $\xrightarrow{(CH_3CO_2)_2O}$ $-NHCOCH_3$

$\xrightarrow{HNO_3}$ $-NHCOCH_3$ $\xrightarrow{H^+}$ $-NH_2$ $\xrightarrow{ClCH_2CH_2-N=C=O}$

→

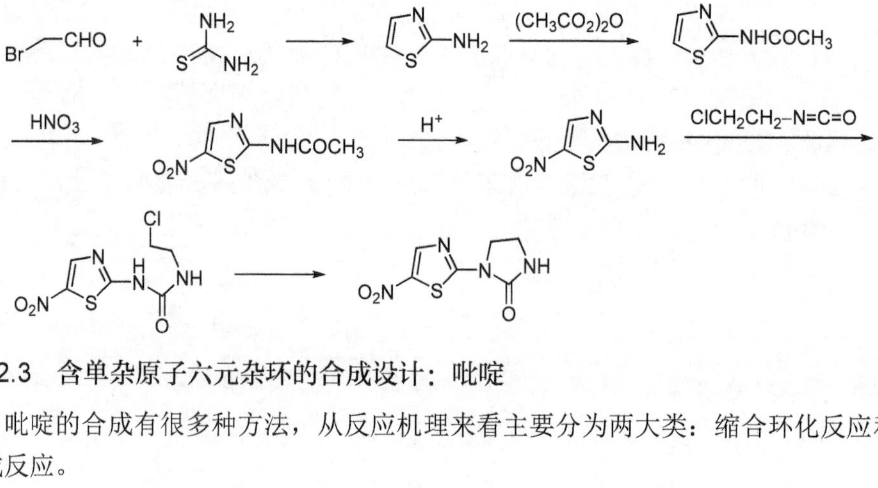

2.7.2.3 含单杂原子六元杂环的合成设计：吡啶

吡啶的合成有很多种方法，从反应机理来看主要分为两大类：缩合环化反应和环加成反应。

（1）基于缩合环化反应的吡啶合成法

吡啶可以直接切断烯胺，再转化为不饱和 1,5-二羰基化合物 (切断 a~e)。同样，吡啶可以转化为二氢吡啶，再将烯胺两侧切断得到 1,5-二羰基化合物和氨。此外，吡啶也可以转化为 3,5-二酯基二氢吡啶，这样可以切断得到醛、氨和两个等价的含有活泼亚甲基的 1,3-二羰基化合物 (通常是两分子乙酰乙酸乙酯)，这就是著名的 Hantzsch 吡啶合成法。吡啶环上的酯基可以脱去。Hantzsch 吡啶合成法在抗高血压药物的工业化生成中具有重要的应用。

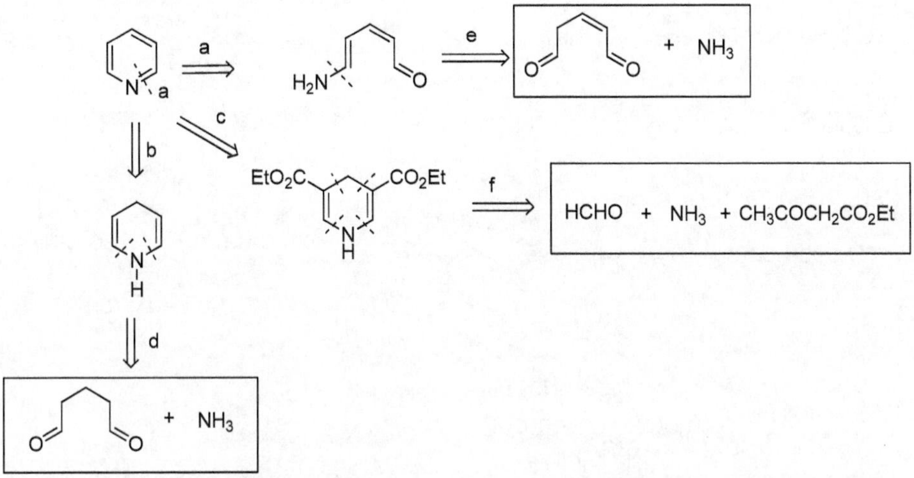

a; N; H_2N; O; e; O; O; + NH_3
b; c; EtO_2C; CO_2Et; N; H; f; HCHO + NH_3 + $CH_3COCH_2CO_2Et$
N; H; d; O; O; + NH_3

此外，对于 3 位酮基或酯基取代的吡啶，可以切断得到 1,3-二羰基化合物、3-氨基烯酮和 3-氨基丙烯酸酯。这种方法常用于构建不对称的取代吡啶。

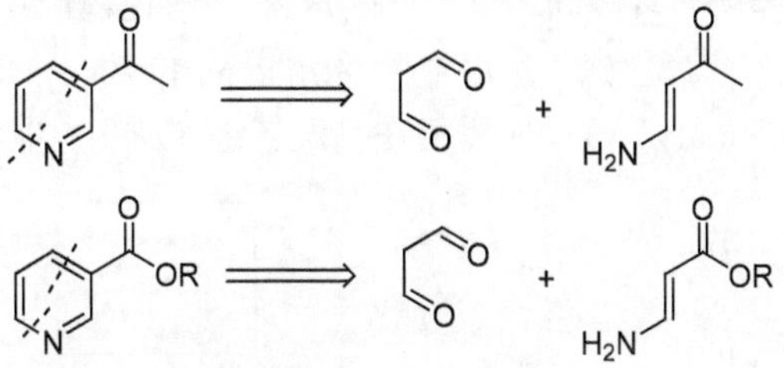

O; N; O; O; + O; H_2N
O; OR; N; O; O; + O; OR; H_2N

【实例 2-124】试设计降血压药物硝苯地平的合成路线。

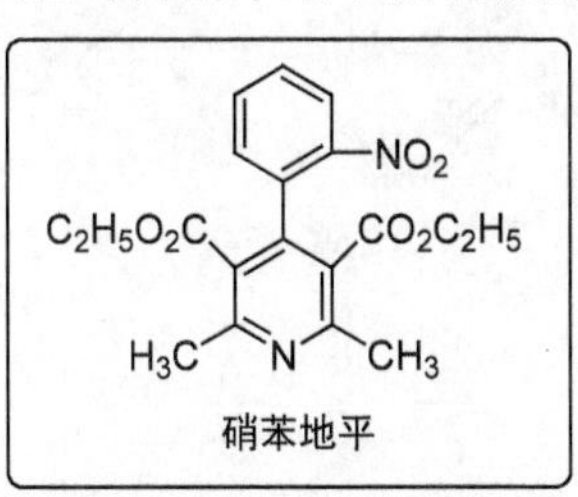

NO_2; $C_2H_5O_2C$; $CO_2C_2H_5$; H_3C; N; CH_3

硝苯地平

反合成分析：

将硝苯地平的吡啶环转化为二氢吡啶后，利用 Hantzsch 合成法直接切断得到氨、两分子乙酰乙酸乙酯和邻硝基苯甲醛。其他二氢吡啶类钙离子拮抗剂大多可以通过这种方法合成。

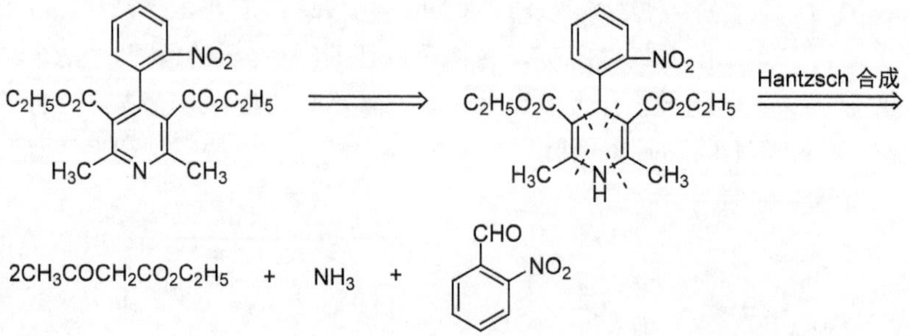

$2CH_3COCH_2CO_2C_2H_5$ + NH_3 +

Hantzsch 合成

合成路线：

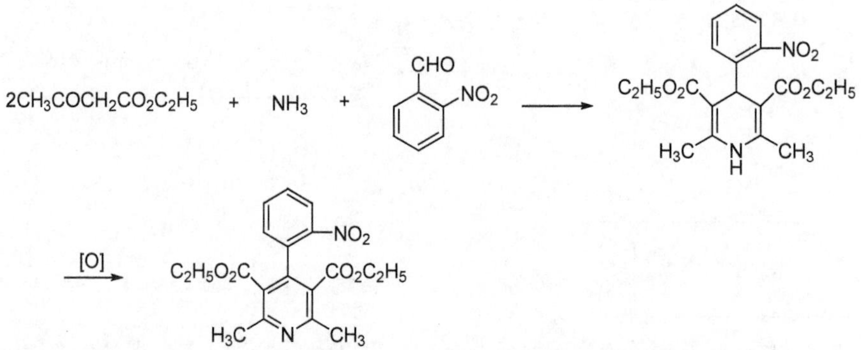

$2CH_3COCH_2CO_2C_2H_5$ + NH_3 +

[O]

（2）基于环加成反应的吡啶合成法

吡啶可以转化为各种二氢或四氢吡啶，然后再利用 [2+4] 型环加成反应 (类似于 D-A 反应)，切断得到不同的二烯、炔或亚胺 (切断 a、b 和 c)。吡啶也可以直接切断为二分子乙炔和腈 (切断 d)，该反应需要在高温下经 Co(Ⅰ) 催化。

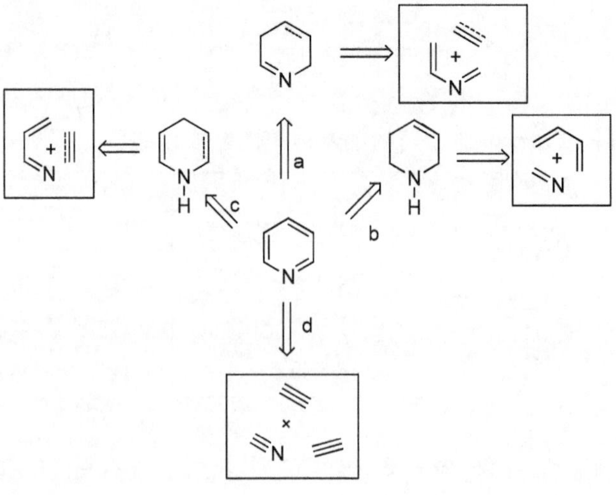

2.7.2.4 含双杂原子的六元杂环的合成设计：嘧啶、吡嗪和哒嗪

（1）嘧啶的反合成分析

嘧啶在两个 N 原子同侧切断，得到 1,3-二羰基化合物和 N–C–N 的脒类片段，这是合成嘧啶的标准方法，称为 Pinner 合成法。如果将 N1–C2 或 C2–N3 键切断，然后继续切断酰胺键，都会得到烯二胺和羧酸作为起始原料，这称为 Remfry-Hull 合成法。

a N c N R b a b c O O + NH_2 HN R O N H R NH_2 NH_2 NH R O NH_2 NH_2 + RCOOH

① Pinner 合成法

1,3-二羰基化合物不仅可以和脒缩合，而且还可以和脲、硫脲和胍等 N–C–N 片段反应得到不同类型的 2-嘧啶酮、2-嘧啶硫酮和 2-氨基嘧啶。

R^1 N R^1 N R^2 $-2H_2O$ NH R^2 NH_2 O R^2 NH_2 R^1 N R^2 N H O $-2H_2O$ R^1 O R^1 O R^1 N R^2 N H S $-2H_2O$ S R^2 NH_2 $-2H_2O$ NH H_2N NH_2 R^1 N R^1 N NH_2

② Remfry-Hull 合成法

基于 1,3-二氨基丙烯的吡啶合成并不常用，Remfry-Hull 合成法常用来合成嘧啶酮类化合物。通常是丙二酰胺与羧酸酯反应生成 6-羟基吡啶-4-酮。

R^1 O NH_2 O NH_2 + R^2 O OR NaOR R^1 O NH HO N R^2

【实例 2-125】试设计杀虫剂 Aphox 的合成路线。

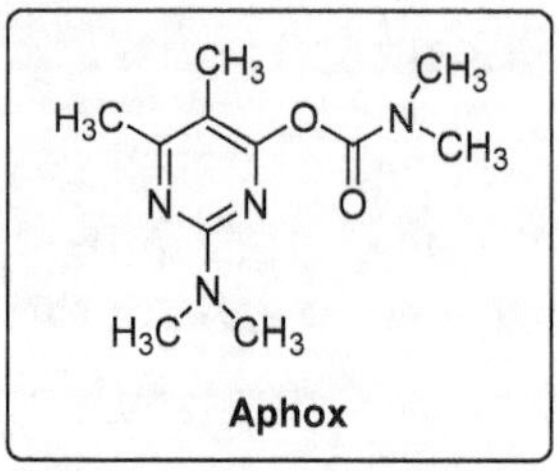

Aphox

反合成分析：

首先，将嘧啶环上的酯键切断，得到氯代酰胺和羟基嘧啶。氯代酰胺可以切断酰胺键得到光气和二甲胺。嘧啶环上的烯醇羟基可以等价于酮，这样按照 Pinner 合成法切断得到酮酸酯和胍，后者进一步切断得到二甲胺和腈胺。

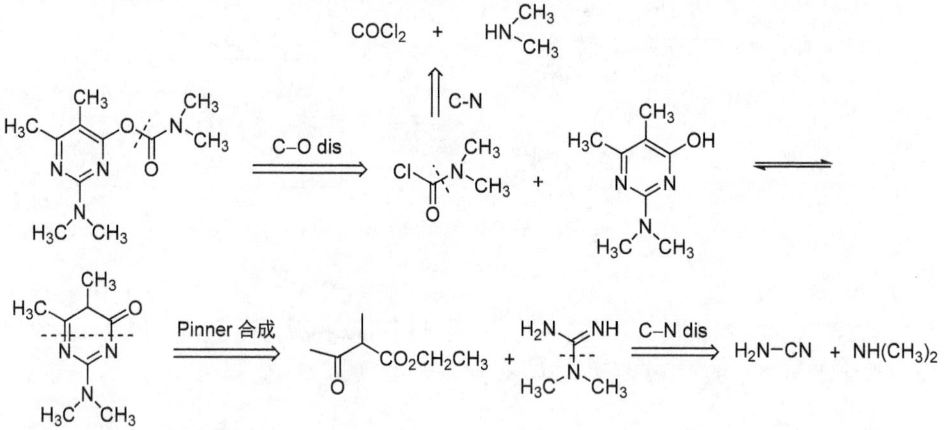

合成路线：

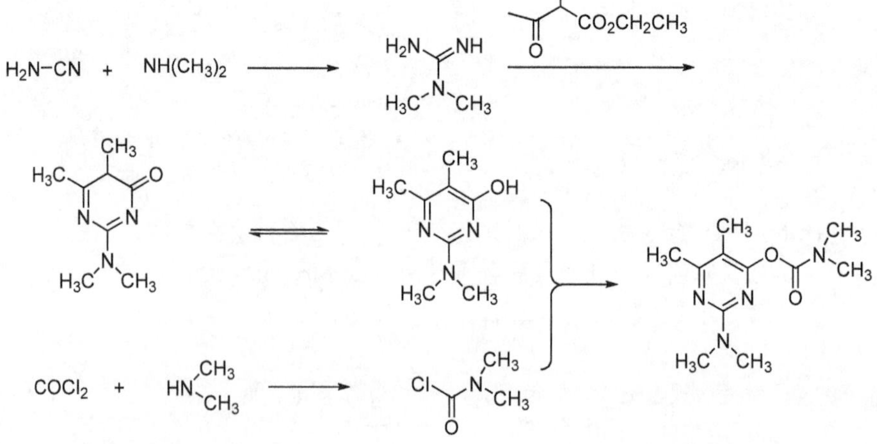

（2）吡嗪的反合成分析

在吡嗪的 N1 和 N4 同侧切断 (切断 a)，得到 1,2-二羰基化合物和 1,2-二烯胺。

但是，1,2-二烯胺的合成比较困难，因此可以将吡嗪转化为 1,2-二氢吡嗪，然后在两个 N 原子同侧切断得到 1,2-二羰基化合物和 1,2-二胺（切断 e）。这种方法非常适合于对称吡嗪的合成，如果二酮和二胺是不对称的，则得到两种异构的吡嗪。如果将吡嗪转化为 1,5-二氢吡嗪，然后在两个 N 原子的异侧切断（切断 d），得到两分子的 α-氨基酮（醛）。由于 α-氨基酮（醛）不稳定，需要临时制备，α-氨基酮（醛）分子间的缩合和最后的氧化都可以在温和的条件卜进行。

【实例 2-126】试设计抗菌药磺胺甲氧吡嗪的合成路线。

磺胺甲氧吡嗪

反合成分析：

磺胺甲氧吡嗪的反合成分析按照“切除杂环上取代基－切开杂环”的策略进行。首先，切除甲氧基，然后切断磺酰氨基，这样就得到了 2,3-二氯吡嗪。考虑到起始原料的易得性，将 2,3-二氯吡嗪转化为 2-羟基吡嗪，然后再在 N 原子同侧切断为乙二醛和 2-氨基乙酰胺。2-氨基乙酰胺经过简单的 C–N 键和酰胺键切断得到氯乙酸甲酯和氨两个简单的起始原料。

合成路线：

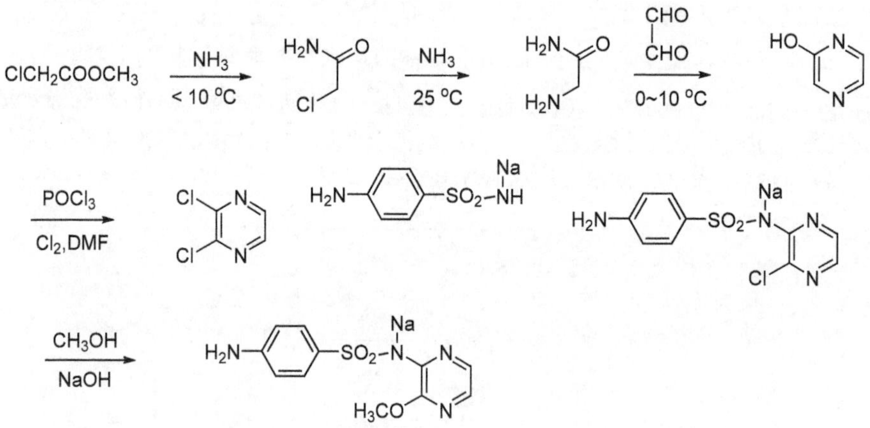

$ClCH_2COOCH_3 \xrightarrow[< 10\ ^oC]{NH_3} H_2NCOCH_2Cl \xrightarrow[25\ ^oC]{NH_3} H_2NCOCH_2NH_2 \xrightarrow[0\sim10\ ^oC]{CHO-CHO}$ 2-羟基吡嗪

$\xrightarrow[Cl_2,DMF]{POCl_3}$ 2,3-二氯吡嗪 $\xrightarrow{H_2N-C_6H_4-SO_2-NH(Na)} H_2N-C_6H_4-SO_2-N(Na)-$(3-氯吡嗪-2-基)

$\xrightarrow[NaOH]{CH_3OH} H_2N-C_6H_4-SO_2-N(Na)-$(3-甲氧基吡嗪-2-基) ($H_3CO$)

（3）哒嗪的反合成分析

哒嗪的反合成分析比较简单，将 N–N 组分切断后得到肼和 α,β-不饱和 1,4-二羰基化合物，后者可以继续转化为 1,4-二羰基化合物。这是合成哒嗪类化合物的标准方法。

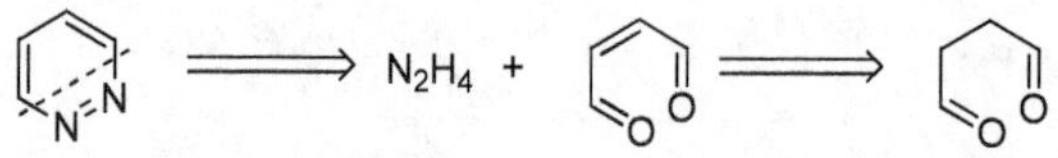

$$\text{哒嗪} \Longrightarrow N_2H_4 + \text{(Z)-丁烯二醛} \Longrightarrow \text{丁二醛}$$

对于哒嗪-3-酮类化合物，可以切断为 1,2-二酮 (醛)、含有亚甲基的酯和肼，这个方法称为 Schmidt-Druey 合成法。

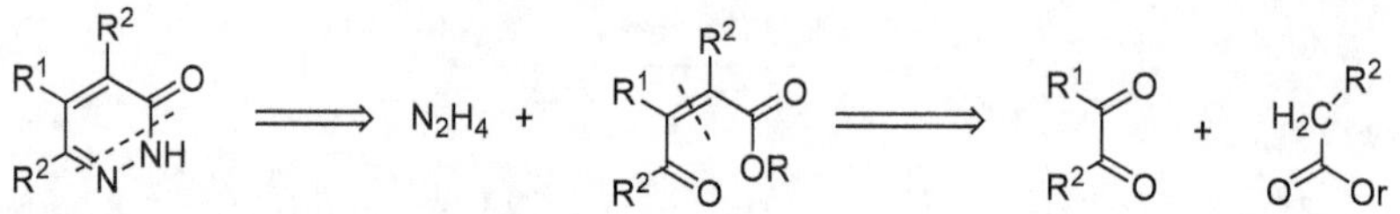

$$\text{哒嗪-3-酮}(R^1, R^2) \Longrightarrow N_2H_4 + R^1C(COR^2)=C(R^2)COOR \Longrightarrow R^1COCOR^2 + R^2CH_2COOr$$

2.7.2.5 苯并杂环的合成设计：吲哚、喹啉

（1）吲哚的反合成分析

吲哚在天然产物合成和药物合成中有着重要的应用，其合成方法进展迅速，目前已报道的吲哚合成方法有数十种之多，这里只介绍三种最常用的方法。

吲哚的反合成分析与吡咯相类似。如果羟基加在 2 位，从 N1–C2 切断得到邻氨基苄酮 (切断 d)，从 C2–C3 切断得到苯基酰胺 (切断 e)，但这两种产物都可以进一步切断得到相同的邻烷基苯胺和酰卤，苯胺通常由相应的硝基苯还原得到，这个方法称为 Reissert 合成法。如果羟基加在 3 位，切断 C3–C4 键得到 α-苯氨基酮 (切断 h)，进一步切断 C–N 键得到苯胺和 α-卤代酮，这个方法称为 Bischler 合成法。吲哚合成中最为著名的方法是 Fisher 合成法 (切断 c)，它是将吲哚切断为苯腙和酮 (醛)，这个方法已经应用于多个药物的工业化生产。

NHNH2 + O

c

H　e　+H2O　+H2O　HO

OH　a　b　h　H

N H　d　N H　c　N H

d　e　h

NH2　O　N H　O　N H

f　g　i

NO2　NH2 + X O　NH2 + O X

【实例 2-127】试设计化合物 **2-42** 的合成路线。

COOH

H_3CO

N H

2-42

反合成分析：

吲哚环按照 Fischer 合成法切断为 2-氧代戊酸和对甲氧基苯腙。前者按照 1,4-二羰基切断的方法，得到氯乙酸甲酯和丙酮。对甲氧基苯腙转化为对甲氧基苯胺，再将氨基转化为硝基，利用硝化反应切断硝基最后得到苯甲醚作为起始原料。

$ClCH_2COOCH_3$ + O

1,4-dis

H_3CO　COOH　Fischer 合成　COOH + H_3CO　NHNH2　FGI　H_3CO　NH2

N H　O

FGI　H_3CO　NO2　H_3CO

合成路线：

H_3CO —HNO_3→ H_3CO / NO_2 —[H]→ H_3CO / NH_2 —HONO / 还原→ H_3CO / $NHNH_2$
a

$ClCH_2COOCH_3$ + (O) → $COOCH_3$ / O
b

a + b —HCl→ H_3CO / $COOCH_3$ / N H —NaOH→ H_3CO / COOH / N H

【实例 2-128】试设计选择性 5-HT3 受体拮抗剂恩丹西酮 (ondansetron) 的合成路线。

O　H_3C　N　N　N　H_3C

恩丹西酮

反合成分析：

恩丹西酮含有吲哚子结构，侧链上含有咪唑。按照先切除支链后打开杂环的原则，首先切除甲基咪唑，然后利用羰基 α-位的活泼性切除支链得到吲哚并环己酮的结构。将环己酮部分作为取代基考虑，直接利用 Fischer 合成法切断得到苯腙和 1,3-环己二酮作为起始原料。

O　H_3C　N　N　N　H_3C ⟹(C–N dis) H_3C　HN　N + O　$CH_2\overset{+}{N}Me_3I^-$　N　H_3C ⟹(C–C dis)

O　N　H_3C ⟹(C–N dis) O　N H ⟹(Fischer 合成) $NHNH_2$ + O　O

合成路线：

$NHNH_2$ + O　O —$ZnCl_2$→ O　N H —CH_3I, K_2CO_3→ O　N

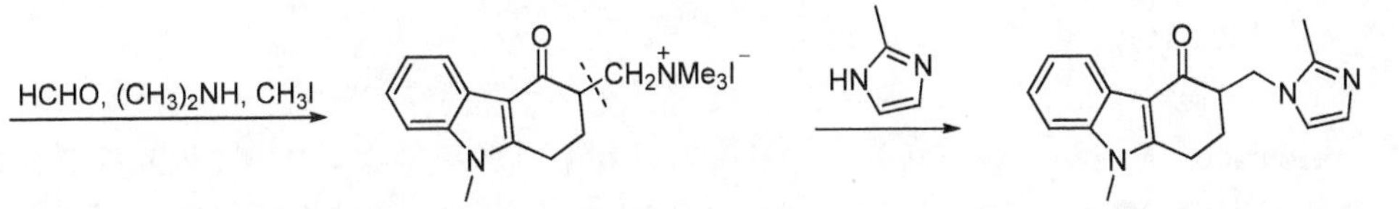

（2）喹啉的反合成分析

喹啉的反合成分析与吡啶相类似，有 a 和 b 两种切断方式。a 切断得到的产物有两种方式：一种是苯胺和 1,3-二羰基化合物 (Combes 合成法)，另一种是苯胺和 *α,β*-不饱和羰基化合物 (Skraup 合成法)。b 切断得到邻位酰基芳胺和羰基化合物 (Friedlander 合成法)。

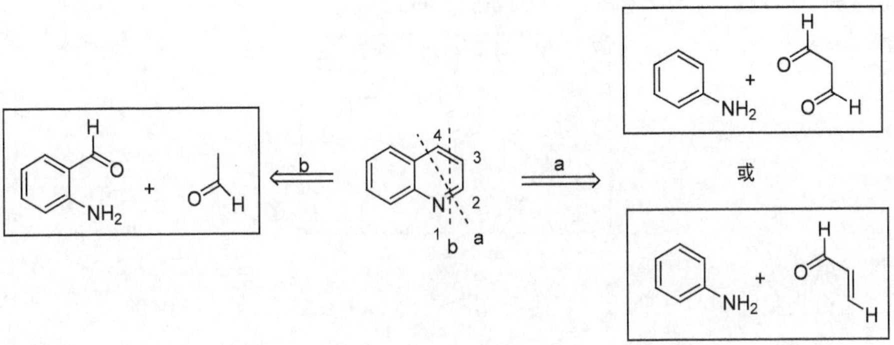

① Combes 合成法

1,3-二羰基化合物与芳胺首先发生缩合反应生成 *β*-氨基烯酮，然后在强酸条件下闭环，得到喹啉环。如果 1,3-二羰基化合物为 *β*-酮酸酯，则生成喹诺酮结构，这个反应称为 Conard-Limpach-Knorr 合成法。

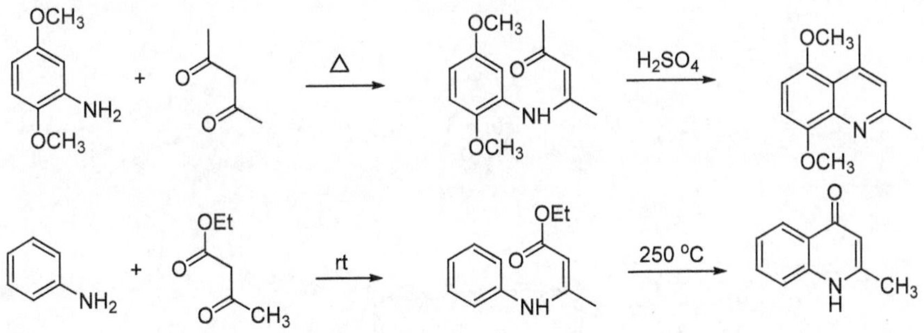

② Skraup 合成法

芳胺和 *α,β*-不饱和羰基化合物在氧化剂存在下生成喹啉，本方法是合成杂环上无取代基喹啉的最佳方法。

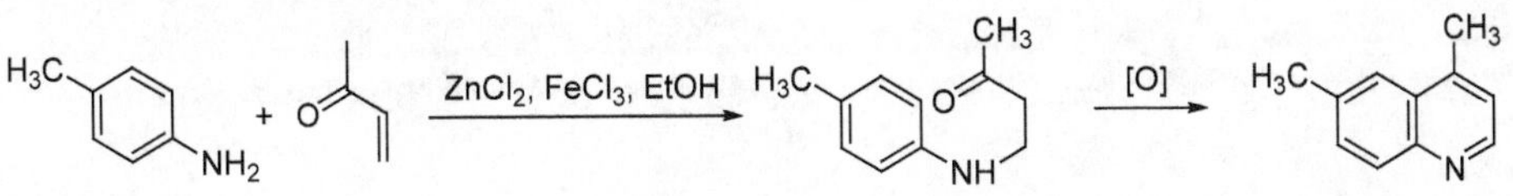

③ Friedlander 合成法

邻位酰基芳胺在碱或酸的催化下，与含有 α-亚甲基的醛或酮缩合生成喹啉，这就是 Friedlander 合成法。该方法的一个延伸就是利用 1*H*-吲哚-2,3-二酮作为起始原料，首先水解为邻芳氨基乙醛酸盐，然后与酮反应生成喹啉-4-羧酸，羧基可以脱去，这个方法称为 Pfitzinger 合成法。

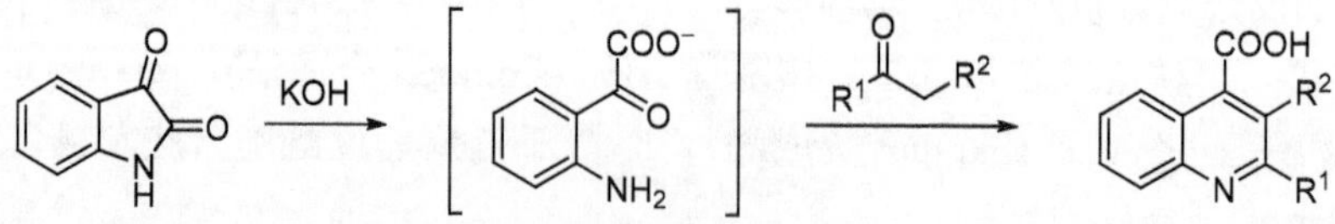

O O N H KOH COO^- O NH_2 R^1 O R^2 COOH R^2 N R^1

【**实例 2-129**】试设计抗疟药物氯喹的合成路线。

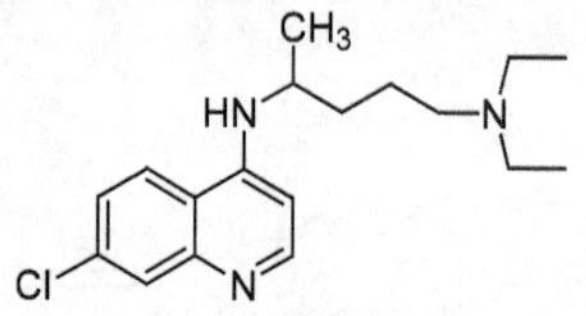

CH_3 HN N Cl N

氯喹

反合成分析：

首先将氯喹喹啉环上的含 N 侧链切断得到 4,7-二氯喹啉。考虑到工业化生产中起始原料的易得性，需要将 4,7-二氯喹啉转化为 2-酯基-7-氯喹诺酮，然后利用 Conard-Limpach-Knorr 合成法，切断得到简单的间氯苯胺和丙二酸二乙酯作为起始原料。

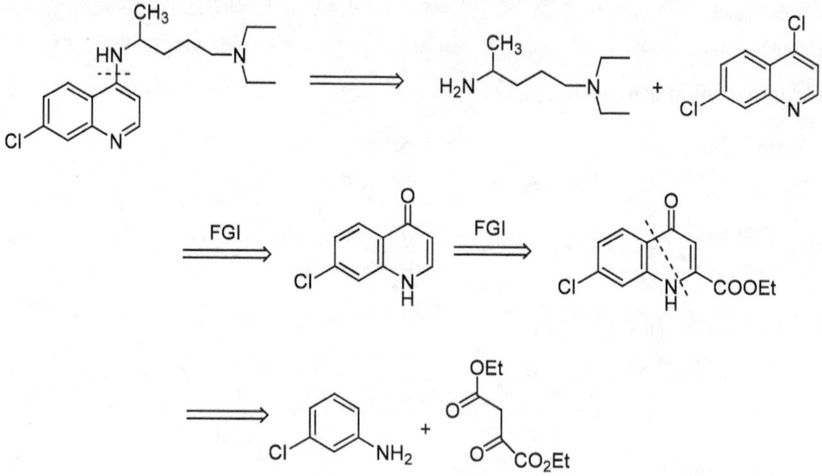

CH_3 HN N Cl N ⟹ CH_3 H_2N N + Cl Cl N

FGI ⟹ O Cl N H FGI ⟹ O Cl N H COOEt

⟹ Cl NH_2 + OEt O O CO_2Et

合成路线：

Cl NH_2 + OEt O O CO_2Et AcOH 40 °C → OEt O Cl NH CO_2Et

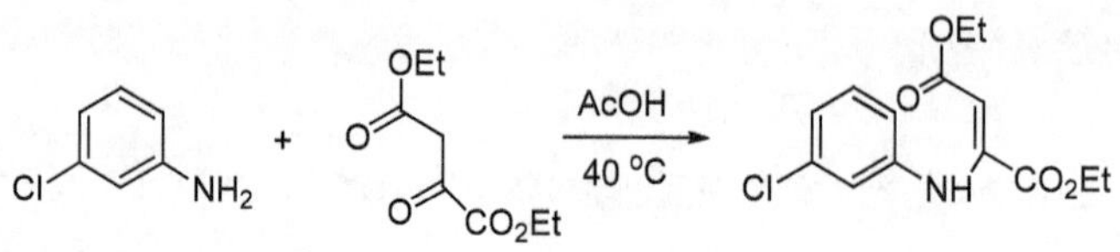

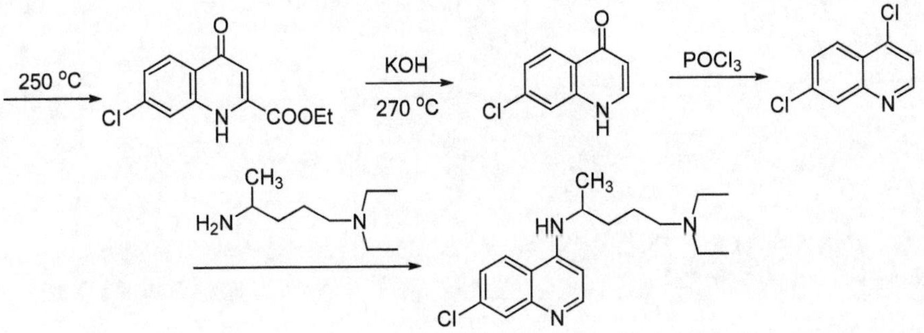

（盛春泉，董国强）

第3章 手性合成设计

3.1 手性合成概述

手性是自然界的普遍特征。一个物体若与自身镜像不能叠合，称具有手性(chirality)。在立体化学中，不能与镜像叠合的分子叫手性分子，而能叠合的叫非手性分子。在自然界中，特别是在生物体中，手性化合物的两个对映体的存在量是不同的，有的仅是以单一的对映体存在。例如，构成蛋白质的氨基酸都是 L-氨基酸，而组成多糖和核酸的单糖则是 D-单糖。许多其他天然存在的手性小分子也主要以对映体中的一种存在。很多药物分子也是具有手性的，但手性药物在相当长的一段时间内没有引起足够的重视。直到在 20 世纪 60 年代，著名的"反应停"事件震惊了国际医药界，随后的研究证实手性药物不同异构体之间可能存在药理学、毒理学和药代动力学性质的差异。因此，在临床上使用手性药物具有重要的意义。美国食品药品监督管理局(FDA) 在 1992 年的政策中规定：对于含有手性因素的药物倾向于发展单一对映体产品，后来又表示鼓励把已在销售的外消旋药物转化为手性药物，这称为"手性转换"(chiral switch)；对于申请新的外消旋药物，则要求对两个对映体都必须提供详细的生理活性和毒理数据，而不得作为相同物质对待。近年来，手性药物研究发展非常迅速，目前手性药物的年销售额已达数千亿美元。

在手性药物的研究中，一个最基本的问题就是：我们如何来获得手性分子？在此基础上，我们如何进行手性药物的工业化生产？关于这个方面的研究已经有上百年的历史，尤其是近年来不对称合成技术已经取得了飞速的发展，手性药物的合成和生产技术也日趋成熟。本章主要介绍手性合成设计中的基本思路和基本方法，有关手性合成详细的内容请参阅相关的专著。

3.1.1 手性合成常用术语

3.1.1.1 手性化合物构型的表示方法

（1）Fischer 投影式

Fischer 投影式的概念在有机化学中已经介绍过，在此不做详述。在 Fisher 投影式中，两个竖立的键代表向纸面背后伸去的键；两个横在两边的键表示向纸面前方伸出的键。这样，Fischer 投影式在纸面上旋转 180° 时构型不变；在纸面上旋转 90° 或 270° ，或垂直于纸面旋转 180° ，得到其镜像，构型翻转。

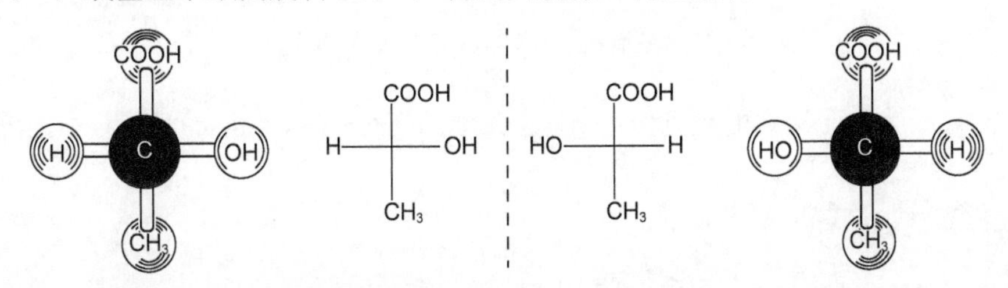

Fischer 投影式的优点在于它能够对许多天然产物的立体化学做出系统的表述，目前在碳水化合物和氨基酸的构型表征中有着广泛的应用。其缺点在于对多手性中心化合物的表述方面存在一定困难。

（2）Cahn-Ingold-prelog (CIP) 惯例：*R*, *S* 表述法

为完整清晰地描述一个手性中心的绝对三维取向，20 世纪 50 年代建立了 CIP 规则，用 *R* 和 *S* 来明确表示分子中不对称中心的绝对构型。其具体命名法如下：当连接到中心 C 原子上的 a、b、c、d 是不同基团，而且 a>b>c>d 时，如果从中心 C 原子到最小基团 d 的方向，观察到 a→b→c 是顺时针方向，这个碳中心就定义为 *R*，否则就定义为 *S*。用 *R-S* 命名系统表述手性分子的优点是比较可靠，目前已得到广泛应用。

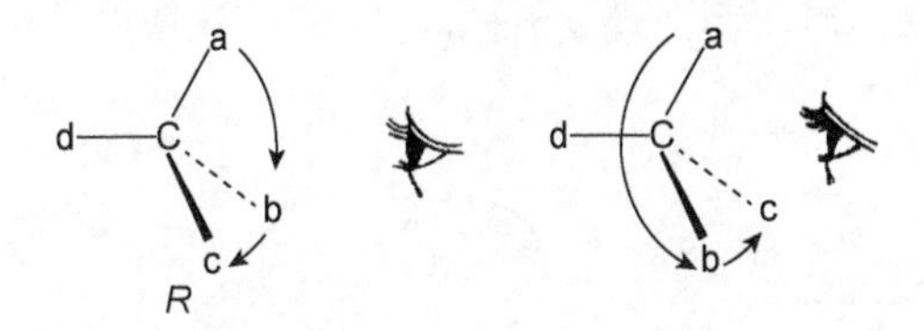

3.1.1.2 常用的术语

（1）D/L

表示分子的绝对构型。右旋甘油醛的构型定为 D 型，左旋甘油醛的构型定为 L 型。凡通过实验证明其构型与 D-甘油醛相同的化合物，都叫 D 型，在命名时标以“D”。而构型与 L-甘油醛相同的，都叫 L 型，在命名时标以“L”。D 和 L 只表示构型，而不表示旋光方向。

（2）*d*/*l*

d 表示右旋，*l* 表示左旋。化合物的右旋与左旋与该化合物的绝对构型并无直接的关系。

（3）+/–

“+”表示右旋，“–”表示左旋。

（4）光学纯度 (optical purity)

在两个对映体的混合物中一个对映体所占的百分数。

（5）比旋光度

比旋值 $[\alpha]_{\mathrm{D}}^{20}$ 中的“20”表示样品测定时的温度，“D”表示测定的光波长，通常是 D 线。比旋值的计算公式如下：

$$[\alpha]_{\mathrm{D}}^{20}=\frac{\alpha}{L\times c}\times 100$$

式中，α 为实验测定的旋光值；L 为样品池的光路长度，dm；c 表示样品的浓度，g/mL。

这样光学纯度可用下式表示：

$$光学纯度=[\alpha]_{测定值}/[\alpha]_{绝对值}\times 100\%$$

但是，在绝大多数情况下$[\alpha]_{绝对值}$是未知的，因此这种计算方法具有很大的局限性。

（6）对映异构体过量 (enantiomeric excess，ee)

在两个对映异构体 (E_1+E_2) 的混合物中，假定 E_1 的量大于 E_2，E_1 过量的百分数称为对映异构体过量。值的计算公式如下：

$$ee=[(E_1-E_2)/(E_1+E_2)]\times 100\%$$

在目前的绝大多数手性合成文献中，表述手性分子的光学纯度均用 ee 值表示。

（7）*Re* 与 *Si*

Re 与 *Si* 是关于局部面两侧的立体化学描述，如果基团 a>b>c：面向观察者，a-b-c 顺时针取向的面称为 *Re* 面；面向观察者，a-b-c 逆时针取向的面称为 *Si* 面。

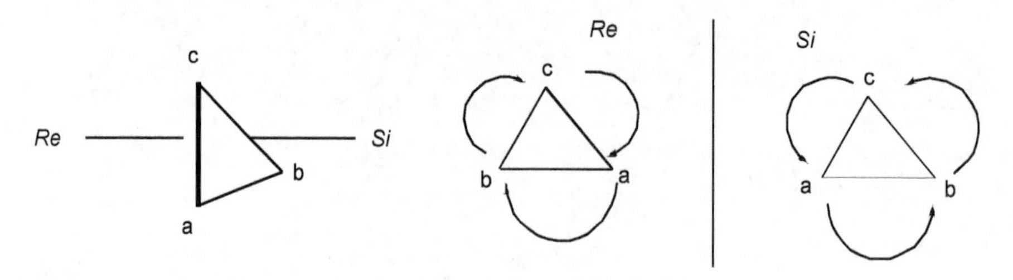

（8）*Syn* 与 *Anti*

Syn 表示两个取代基相对环平面位于同侧；*Anti* 表示两个取代基相对环平面位于异侧。

A B A B

Syn *Anti*

（9）苏式 (*erythro*) 与赤式 (*threo*)

苏式表示 Fischer 投影式中相同或相似的取代基在垂直链的同侧；赤式表示 Fischer 投影式中相同或相似的取代基在垂直链的异侧。

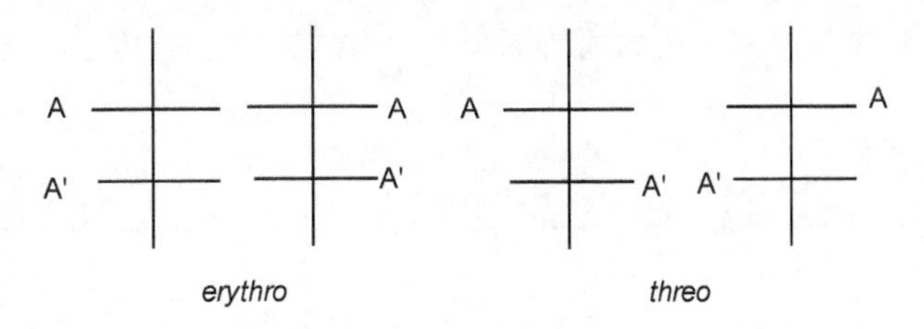

（10）*exo* 与 *endo*

描述桥环化合物(非桥头)的取代基相对构型的前缀。当不含取代基的两个桥头具有不相等的长度时，*endo* 指靠近这两个未取代桥中比较长的那个桥的取代基，意思是“环内”；而 *exo* 表示靠近比较短的那个桥的取代基，意思是“环外”。

3.1.1.3 对映体组成的测定

在手性合成中，测定对映体的组成具有十分重要的意义。目前能够精确测定 ee 值的方法有两种：核磁共振法 (NMR 法) 和色谱法。在通常情况下，NMR 谱无法直接区分对映体。通过手性衍生化试剂或者手性位移试剂，将对映体转化为非对映体或类似于非对映体，能够精确测定化合物的光学纯度。色谱方法是测定对映体组成最有效的方法之一，它具有高效、快速和自动化的优点。目前高效液相色谱 (HPLC) 和气相色谱 (GC) 的手性柱已经实现商品化，尤其是 HPLC 法已经成为当前测定 ee 值的主流方法。

3.1.2 手性合成设计的三大策略

手性化合物的制备主要有拆分法、“手性源” (chiral pool) 法和不对称合成法三种途径。

3.1.2.1 拆分法

直到 20 世纪 70 年代，经典的外消旋体拆分仍是获得手性化合物的基本方法。拆分包括化学拆分和生物拆分等多种方法，目前的进展也比较迅速，尤其在手性化合物的工业化生产中起着非常重要的作用。

3.1.2.2 “手性源” (chiral pool) 法

所谓“手性源”是指已知的手性化合物，以“手性源”化合物为手性引入试剂，通过适当的反应，可以合成得到所需的手性分子。

3.1.2.3 不对称合成法

不对称合成是近年来有机合成中的热点课题。目前已有大量文献报道了手性药物的不对称合成，部分研究已经成功应用到手性药物的工业化生产中，这充分说明了不对称合成在手性药物生产中的巨大潜力。

3.2 手性拆分

拆分 (resolution) 是指给外消旋体制造一个不对称的环境，从而使得两个对映体能够分离开来。拆分的方法有很多，大致可以分为直接结晶拆分、化学拆分、生物拆分、色谱拆分和包络拆分等。本节简要介绍一下各种拆分方法，重点通过实例来加深读者对拆分的认识。

在介绍拆分方法之前，首先要理解两个概念：外消旋体混合物 (racemic mixture) 和外消旋体化合物 (racemic compound)。外消旋体混合物又称为聚集体 (conglomerate)，是指两种构型相反的纯异构体晶体的混合物，其产生原因是同种对映体之间的作用力大于相反对映体的作用力。外消旋体混合物的熔点低于任一纯对映体，而溶解度高于纯对映体。外消旋体化合物是指两种对映体以等量的形式共存于晶格中，就像真正的化合物一样在晶胞中出现。其产生原因是同种对映体之间的作用力小于相反对映体的作用力。外消旋体化合物的熔点通常高于纯对映体，溶解度既可高于也可低于纯对映体。

3.2.1 直接结晶拆分法

从外消旋体混合物和外消旋体化合物的概念可以看出，只有在形成外消旋体混合物的情况下才有可能使对映体分别结晶。而且需要形成的晶体比较大，在外观上有差别，这样才能够用人工的方法将两种晶体分别挑出来，这种方法称为“自发结晶拆分” (spontaneous resolution)。事实上，这样的例子太少，而且操作繁琐，不实用。

自发结晶拆分一个改良的方法称为“优先结晶法” (preferential crystallization)。它的原理是在饱和或过饱和的外消旋体混合物热溶液中，加入对映体之一的晶种，然后冷却，这样与该晶种相同的异构体会附在晶种上从溶液中析出。滤去结晶后，将母液加热，并再加入外消旋体混合物使之达到饱和，重复上述操作，再次析出对映体的晶体。这样交替多次，可以比较高的收率得到对映体纯的晶体。如果需要提高产物的光学纯度，可通过反复重结晶实现。如果没有纯对映体的晶种，加入结构相似构型相同的手性化合物做晶种，有时也能取得比较好的效果。优先结晶法工艺简单、成本低、效率高，是比较理想的大批量拆分方法。优先结晶法在手性药物的工业化生产中，有着广泛的应用。下面看几个实例：

（1）顺式二苯乙烯二醇的拆分

在含有 11 g 顺式二苯乙烯二醇 (*cis*-stilbene diols) 外消旋体混合物的热饱和乙醇溶液中，加入 0.37 g (*S,S*)-二苯乙烯二醇 (通常是 5%~10% 的量)，冷却至 15 ℃，20 min 后析出光学纯的 (*S,S*)-异构体 0.87 g。在第一轮结晶中得到的异构体量约为加入晶种量的两倍。这样，母液中 (*R,R*)-异构体形成过量，如果再加入 0.87 g 外消旋体混合物使之形成饱和，冷却至 −15 ℃，20 min 后析出光学纯的 (*R,R*)-异构体 0.87 g。经过 15 个上述的循环，共计得到 (*S,S*)-异构体 6.5 g，(*R, R*)-异构体 5.7g，它们的 ee 值均为 97%。这种制备方法的效率要高于相应不对称合成方法（图 3-1）。

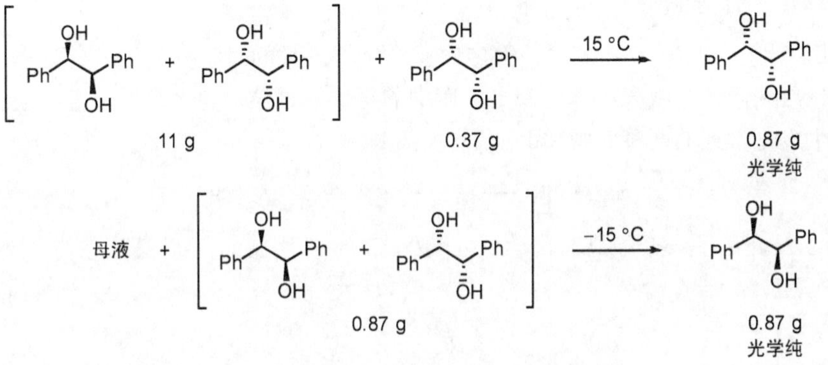

图 3-1 顺式二苯乙烯二醇的拆分

（2）L-甲基多巴的拆分

在 L-甲基多巴的工业化生产过程中，利用其合成中间体的对羟基苯磺酸盐能够形成外消旋体混合物的性质，进行优先结晶拆分，得到 L-对映体的收率约为 40% (图 3-2)[1]。L-对映体在 HBr 作用下脱去保护基，就能够得到光学纯的 L-甲基多巴，在此过程中不会发生外消旋化。

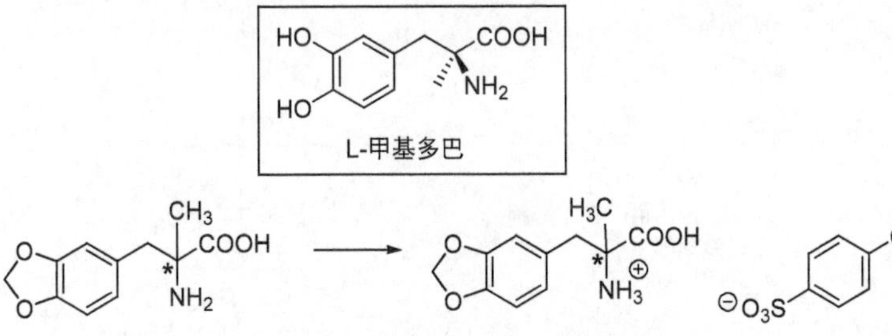

图 3-2 L-甲基多巴的拆分

（3）芬氟拉明 (fenfluramine) 的拆分[2]

芬氟拉明的拆分则从另一方面说明了优先结晶拆分方法的局限性，芬氟拉明尝试了 50 多种有机酸形成盐后，才发现其只能与两种苯乙酸盐形成消旋体混合物并发生结晶，而且光学纯度不高。

此外，在某些手性溶剂中，外消旋体两个对映体与手性溶剂的相互作用不同，因此可能会导致溶解度有差异。经过多次重结晶，两个对映体有可能会分开。但是，这种方法仅能够得到一些对映异构体过量的结晶，离真正意义上的拆分还有一段距离。

3.2.2 化学拆分法[3]

利用手性试剂 (拆分剂) 与外消旋体反应，将原来的对映异构体转化为非对映异构体，然后利用非对映异构体之间溶解度的差异，通过结晶将其分开，最后脱去拆分剂，再生成光学纯的两种对映体。

$$dlA + dB \longrightarrow dA \cdot dB + lA \cdot dB$$

图 3-3 介绍了一个经典的化学拆分流程。25 g 外消旋的 1-苯基乙胺与 (+)-(*R*,*R*)-

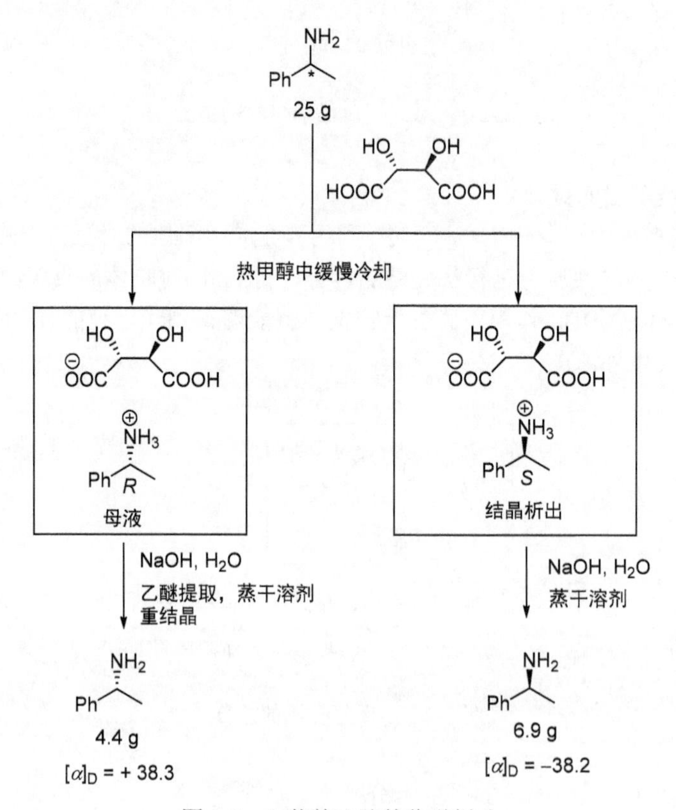

图 3-3 1-苯基乙胺的化学拆分

酒石酸在热甲醇中形成非对映异构体盐。溶液缓慢冷却后，*S*-构型的胺形成的盐首先结晶析出，然后在 NaOH 水溶液中，脱去酒石酸，得到光学纯的 (*S*)-1-苯基乙胺 6.9 g。*R*-构型的胺形成的盐留在母液中，通过 NaOH 水溶液作用脱去酒石酸，然后用乙醚提取，蒸干溶剂，再进行重结晶，最后得到 (*S*)-1-苯基乙胺 4.4 g。

酸、碱、醇、酚、醛、酮、酰胺和氨基酸都可以利用化学拆分法进行拆分。拆分的关键在于选择合适的拆分剂和溶剂。对于一个具体的化合物，很难预测何种拆分剂是最佳的，必需通过实验进行摸索。但是，拆分剂的选择还是有一定经验规则的，拆分剂的选择和目前常用的拆分剂请参阅相关专著。

3.2.3 生物拆分法

利用酶或者含有酶的生物组织进行拆分具有很多的优越性，例如高效、高选择性、拆分条件温和、环境友好等。下面重点介绍几个生物拆分的实例。

（1）利用脂肪酶和酯化酶进行拆分

水解和酯化反应是生物拆分中应用最广的反应。在酶的作用下，通常只有一个对映体能够被水解或酯化，这样水解或酯化产物能够比较容易地与另一个对映体分离。脂肪酶 (lipase) 和酯化酶 (esterase) 是两种比较常用的酶。例如，下面的环氧羧酸酯在脂肪酶的作用下，仅有 (2*S*,3*S*)-异构体被水解，而未被水解的 (2*R*,3*S*)-异构体是合成抗高血压药物地尔硫卓 (diltiazem) 的关键中间体 (图 3-4)[4]。

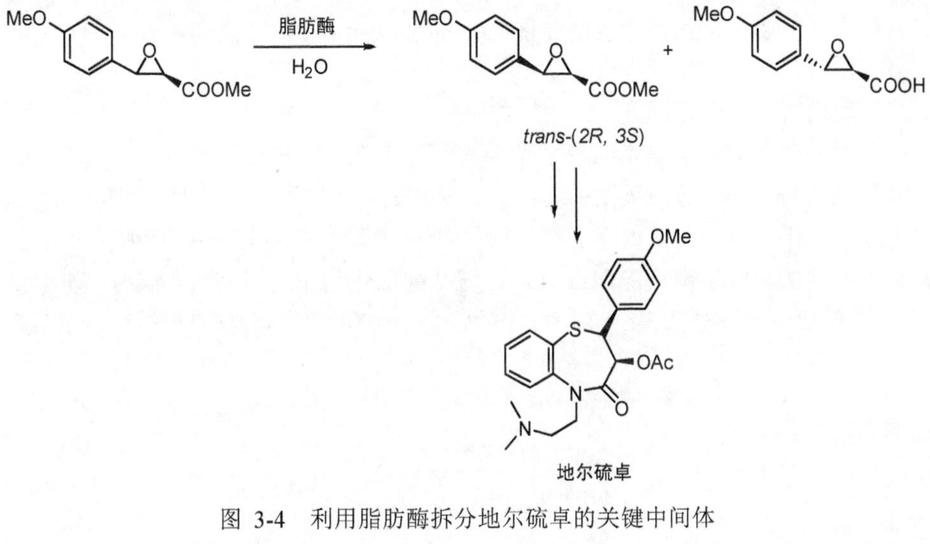

MeO COOMe 脂肪酶 H_2O MeO COOMe + MeO COOH

trans-(2*R*, 3*S*)

OMe S OAc N O N

地尔硫卓

图 3-4 利用脂肪酶拆分地尔硫卓的关键中间体

仲醇也可以通过脂肪酶拆分，以无水乙醚为溶剂，在猪胰脂肪酶 (porcine pancreatic lipase, PPL) 催化下，只有 (*R*)-构型的仲醇能够发生酯化，这样 (*S*)-构型的仲醇和 (*R*)-构型的酯很容易分离，所得产物的 ee 值在 90% 以上 (图 3-5)[5]。

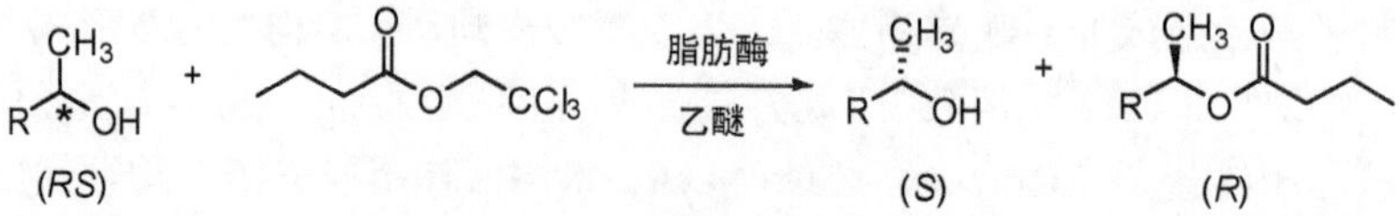

图 3-5 利用脂肪酶拆分手性仲醇

（2）利用脱卤酶 (dehalogenase) 进行拆分

Fusilude 是一种除草剂，它是 (*R*)-构型的手性分子。通过反合成分析，经 3 次 C–O 键切断，得到 2-氯-5-三氟甲基吡啶、对苯二酚和 (*S*)-2-氯丙酸 (根据亲核取代反应机理) 三个片段。外消旋的 2-氯丙酸在氯丙酸脱卤酶 (chloropropionic acid dehalogenase) 的作用下，仅 (*R*)-对映体发生脱卤反应得到 (*R*)-乳酸，通过简单的分离得到 (*S*)-2-氯丙酸 (图 3-6)。

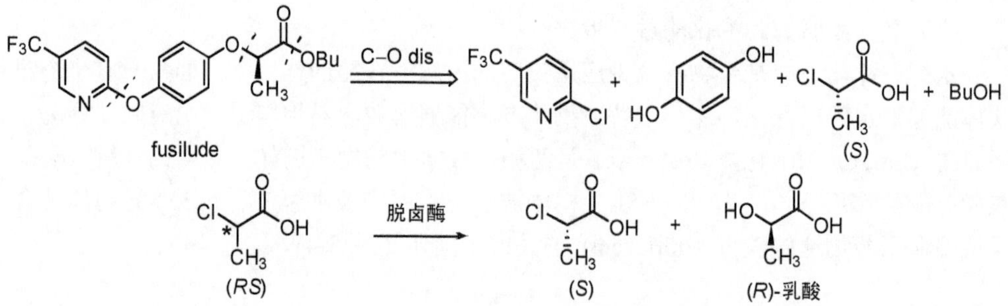

图 3-6 利用脱卤酶拆分 fusilude 的关键中间体 2-氯丙酸

（3）利用氨肽酶进行拆分

D-苯甘氨酸是非天然氨基酸，它是合成青霉素类抗生素氨苄西林 (ampicillin) 和头孢氨苄 (cephalexin) 等的重要中间体。D-苯甘氨酸难以通过化学拆分和化学合成的方法进行工业化生产，使得青霉素类药物的生产规模受到限制。后改用酶拆分方法，首先将外消旋的苯甘氨酸用醋酐酰化，在氨肽酶的作用下，只有 L-酰化产物被水解 (图 3-7)。然后，通过分离得到 D-酰化产物，进一步水解得到光学纯的 D-苯甘氨酸。

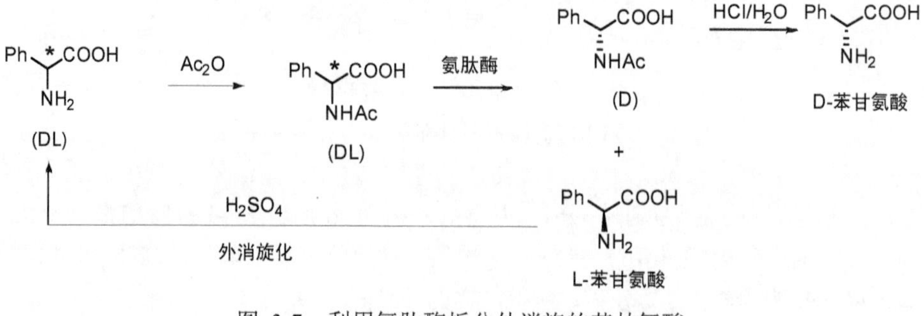

图 3-7 利用氨肽酶拆分外消旋的苯甘氨酸

而 L-苯甘氨酸可在硫酸作用下发生外消旋化，可以重新进行拆分，这样原料的利用率理论上可达 100%。采用该工艺，不仅降低了生产成本，而且扩大了生产规模。

3.2.4 色谱拆分法

色谱方法常用于对映体纯度的测定，由于近年来手性固定相的飞速发展，使得采用色谱方法拆分外消旋体成为可能。一次分离千克级高光学纯度 (>99%) 对映体的装置也已经问世，例如模拟流动床色谱法 (simulated moving bed chromatography, SMB) 已经实现商业化。色谱拆分虽然具有一次分离和光学纯度高等优点，但是它的价格昂贵，影响了其工业化的发展。

3.2.5 包络拆分法

包络拆分法是指利用手性的主体化合物 (host molecule) 通过氢键和 π-π 相互作用等弱的分子间作用力，选择性地与被拆分的外消旋客体化合物 (guest molecule) 中某一对映体形成比较稳定的包络配合物 (inclusion complex) 析出，从而实现分离的目的。包络拆分不需要被拆分物具有特定的衍生官能团，因此应用面很广。甾类化合物胆酸及其衍生物(例如去氢胆酸和胆汁酸)是目前应用比较多的主体化合物，它们可以拆分内酯、醇、亚砜、环氧化物、环酮等多类客体化合物，产物的光学纯度比较高，相关的实例可参见文献[6,7]。

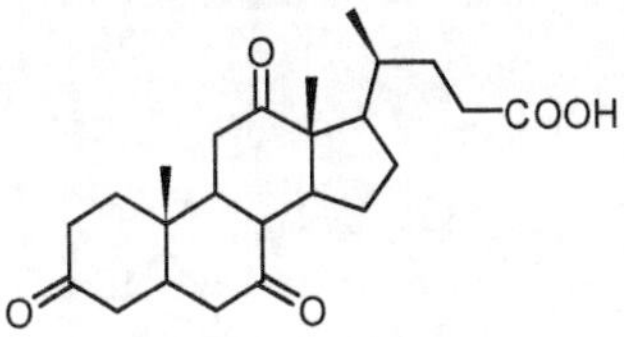

COOH
O
O
O
去氢胆酸

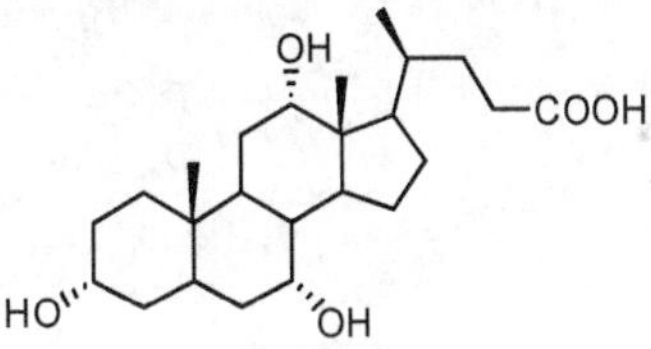

OH
COOH
HO
OH
胆汁酸

3.3 基于“手性源”的合成设计

许多天然产物具有手性，它们为合成手性化合物提供了丰富多样的起始原料。能够作为“手性源”的天然产物一般是价廉易得的，而且需要有高的光学纯度。基于“手性源”合成手性分子，可以利用其原有的手性中心，只需在化合物的适当部位引入新的官能团，就能得到新的手性化合物，而无需进行拆分等复杂的步骤。因此，这种方法在手性药物的工业化生产中非常有用。本节主要通过具体的实例来介绍基于“手性源”的合成设计。

3.3.1 常见的“手性源”化合物

（1）碳水化合物

开链 α-D-葡萄糖

开链甘露糖

甘露醇

D-(−)-阿拉伯糖 开链形式

D-(−)-核糖 开链形式

D-(+)-木糖 开链形式

木糖醇

赤藓糖

赤藓醇

苏糖

苏糖醇

（2）有机酸

(+)-(*S*)-乳酸

(−)-(*R*)-苹果酸

(*R,R*)-(+)-酒石酸 (天然)

(*S,S*)-(−)-酒石酸 (非天然)

(*R*)-(−)-扁桃酸

（3）氨基酸

(*S*)-(−)-苯丙氨酸 (*S*)-(−)-Phe

(*S*)-(+)-缬氨酸 (*S*)-(+)-Val

(*S*)-(−)-脯氨酸 (*S*)-(−)-Pro

(*S*)-(+)-谷氨酸 (*S*)-(+)-Glu

(*S*)-(+)-天冬氨酸 (*S*)-(+)-Asp

(*R*)-(+)-半胱氨酸 (*R*)-(+)-Cys

(*S*)-(+)-赖氨酸 (*S*)-(+)-Lys

(*S*)-(−)-组氨酸 (*S*)-(−)-His

(*S*)-(−)-色氨酸 (*S*)-(−)-Trp

(*S*)-(+)-丝氨酸 (*S*)-(+)-Ser

(2*S*,3*R*)-(−)-苏氨酸 (2*S*,3*R*)-(−)-Thr

(2*S*,3*R*)-5-羟基-赖氨酸

(2*S*,4*R*)-羟基-脯氨酸

注：目前许多 D 型氨基酸及其衍生物也是价廉易得的。

（4）萜类化合物

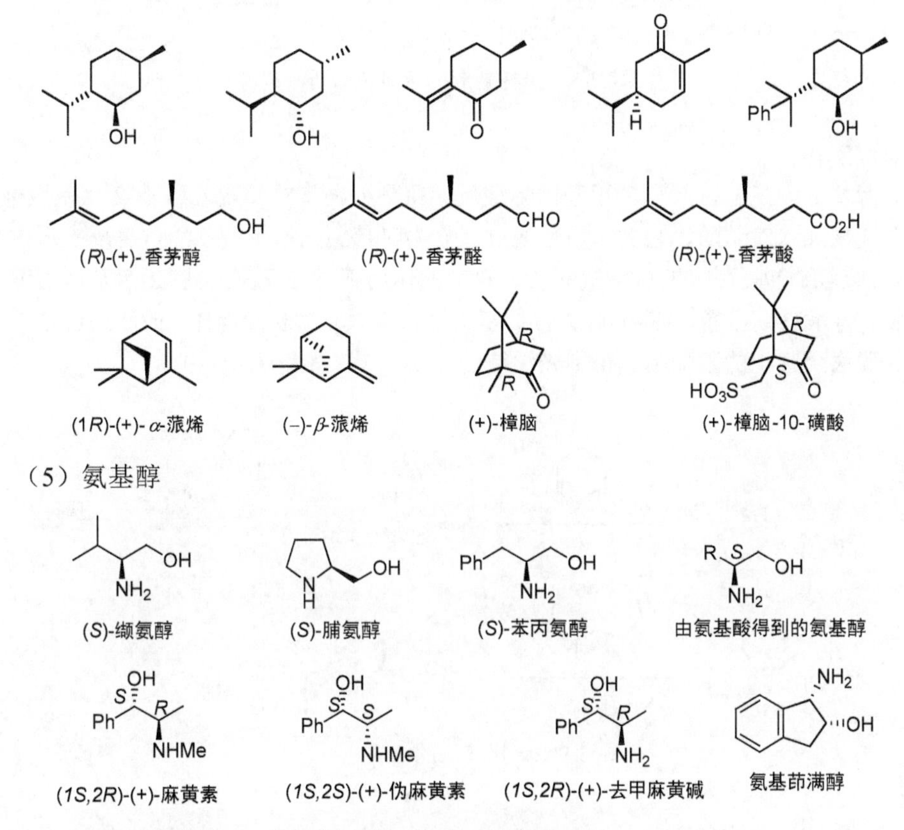

（5）氨基醇

3.3.2 以氨基酸作为“手性源”的合成设计

3.3.2.1 降血压药物卡托普利的合成

HS N O COOH

卡托普利

反合成分析：

卡托普利 (captopril) 含有两个手性中心，其 (*S*,*S*)-构型的活性是 (*R*,*R*)-构型的 1000 倍。分析它的结构特征，发现它具有 L-脯氨酸的亚结构，因此将酰胺键切断得到 L-脯氨酸和 *S*-巯基乳酸酯，后者可以切断得到巯基试剂和 2-甲基丙烯酸 (图 3-8)。在合成过程中，仅得到巯基乳酸酯的外消旋体。但这没有关系，因为脯氨酸部分的手性已经引入，用外消旋体与其反应会得到一对非对映异构体，两者的性质差异比较大，可以比较容易地进行结晶拆分。

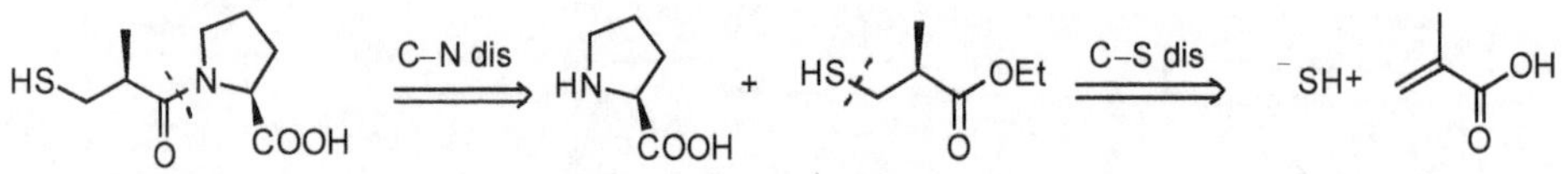

图 3-8　卡托普利的反合成分析

合成路线：

以巯乙酸为巯基试剂与 2-甲基丙烯酸反应得到外消旋的 3-巯乙酰基-2-甲基丙酸，在这里需要加入对苯酚，它的作用是通过氧化为对苯醌来抑制巯乙酸自身反应形成二硫键。然后，羧基保护的 L-脯氨酸在 DCC 的作用下与 3-巯乙酰基-2-甲基丙酸缩合成酰胺，再用三氟乙酸 (TFA) 脱去保护基，得到一对非对映异构体。最后通过结晶拆分，并脱去巯基上的乙酰基，得到光学纯的 (*S*,*S*)-卡托普利 (图 3-9)。

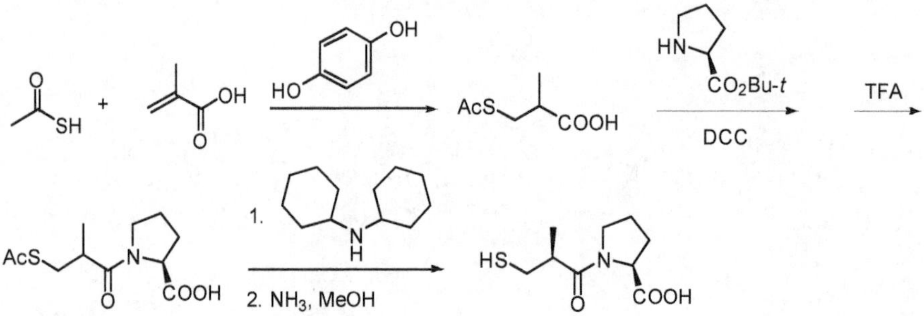

图 3-9　卡托普利的合成路线

3.3.2.2　他达拉非的合成[8]

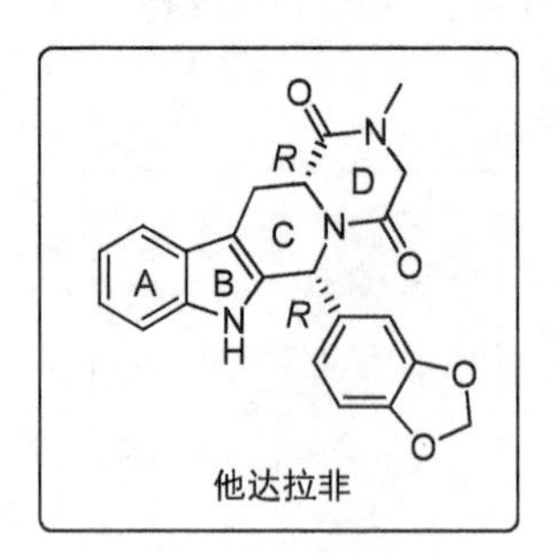

他达拉非

反合成分析：

他达拉非 (tadalafil) 的化学结构乍看比较复杂，似乎无从下手。经过仔细观察，发现其暗含了色氨酸的子结构，这样下一步的工作就是将环打开 (图 3-10)。比较 ABCD 四个环，D 环是哌嗪二酮的结构，比较容易打开。将 *N*-甲基两边的 C–N 键切断得到甲胺和开环产物，进一步切断 C–N 键得到 ABC 环。然后，将色氨酸甲酯部分从 ABC 环中提取出，剩下的胡椒醛部分是比较易得的原料。根据构型，我们所需的是 D-色氨酸甲酯，它可由市售的 D-色氨酸酯化得到。

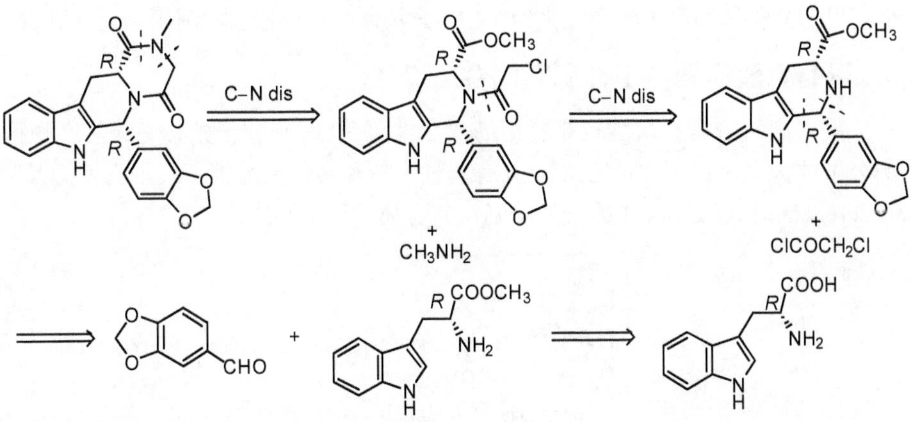

R R O N N N O H O C–N dis R R OCH3 O N N H O Cl O O O + CH_3NH_2 C–N dis R R OCH3 O NH N H O O + $ClCOCH_2Cl$

O O CHO + R COOCH3 NH2 N H R COOH NH2 N H

图 3-10 他达拉非的反合成分析

合成路线：

合成他达拉非过程中需要注意的是：胡椒醛与 D-色氨酸甲酯反应后得到的是一对非对映异构体，可以通过结晶拆分得到 (*R*,*R*)-异构体 (图 3-11)。而通过研究发现，(*S*,*R*)-

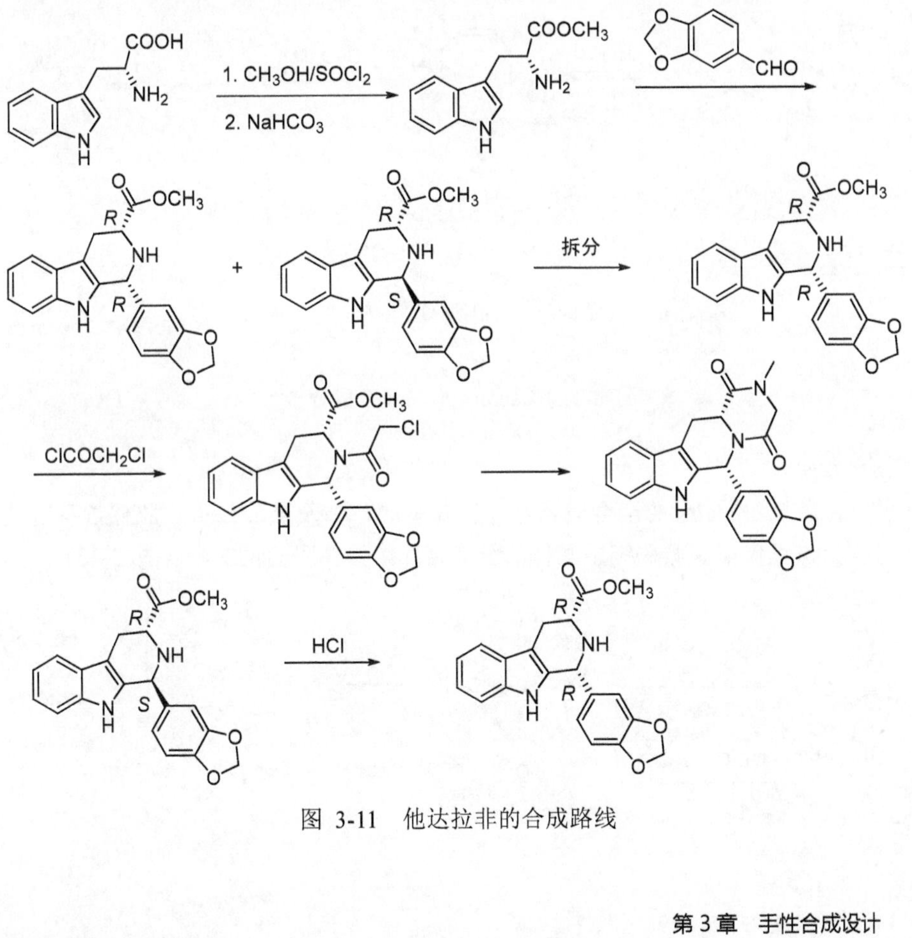

COOH NH2 N H 1. $CH_3OH/SOCl_2$ 2. $NaHCO_3$ COOCH3 NH2 N H O O CHO

R OCH3 O NH N H R O O + R OCH3 O NH N H S O O 拆分 R OCH3 O NH N H R O O

$ClCOCH_2Cl$ OCH3 O N N H O Cl O O O N N N H O O O O

R OCH3 O NH N H S O O HCl R OCH3 O NH N H R O O

图 3-11 他达拉非的合成路线

异构体可以在盐酸的作用下构型转化为 (*R*,*R*)-异构体，这样原料的利用率大为提高。

3.3.3 以有机酸作为“手性源”的合成设计

苹果酸和酒石酸等有机酸也是常用的“手性源”。有些分子尤其是天然产物很难从它的分子结构直接找到“手性源”，只有通过切断和转化后才能够发现合适的“手性源”。Laurencin 是来源于海洋的天然产物，其合成设计如下[9]。

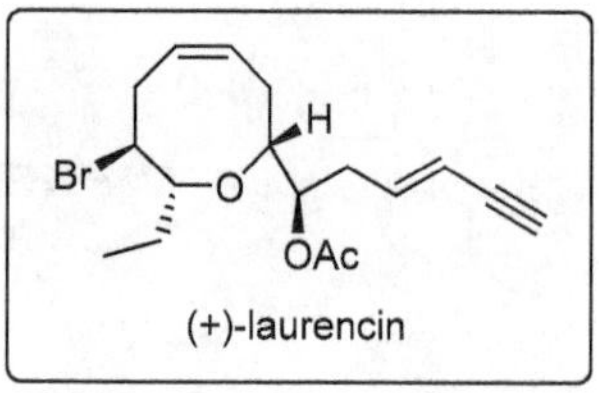

(+)-laurencin

反合成分析：

Laurencin 具有溴代的八元环核心结构，将环上的支链切断，并将溴官能团转化为构型相反的羟基，这样得到一个羟基取代的八元内酯环。然后，切断内酯键打开八元环，得到一个比较对称的顺式烯烃。利用 Wittig 反应切断双键，得到两个含有 4 个 C 原子的片段，通过结构分析，它们均能够转化为 (*R*)-(+)-苹果酸作为起始“手性源”(图 3-12)。

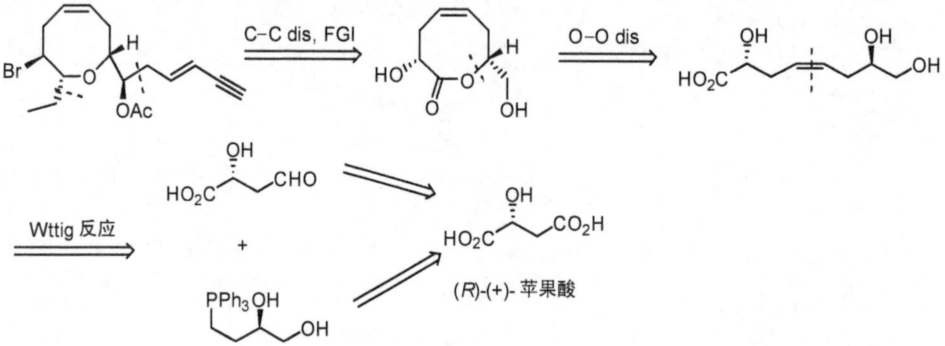

C–C dis, FGI

O–O dis

Wttig 反应

(*R*)-(+)- 苹果酸

图 3-12 Laurencin 的反合成分析

合成路线：

实际上，Laurencin 的全合成还是比较复杂的，涉及多步保护、脱保护和官能团转化过程，这里仅给出其关键中间体的合成路线，具体可查阅文献 (图 3-13)。

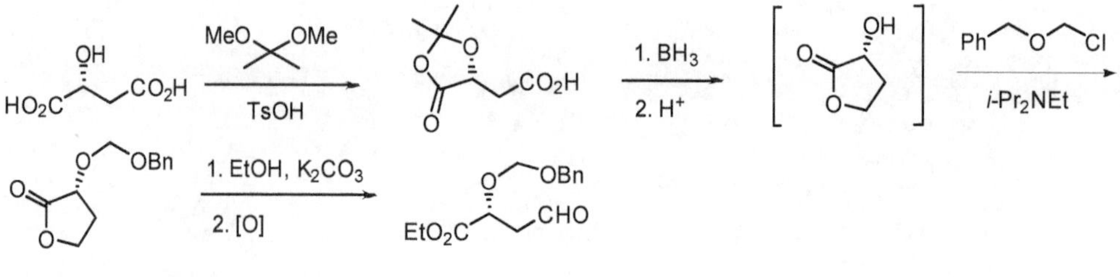

TsOH

1. BH_3

2. H^+

i-Pr_2NEt

1. EtOH, K_2CO_3

2. [O]

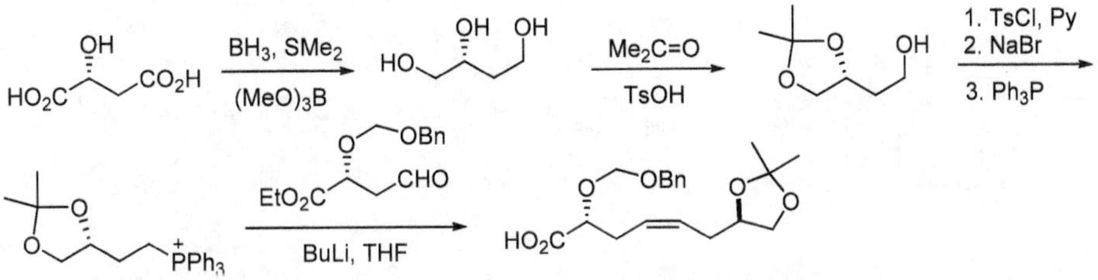

图 3-13　Laurencin 关键中间体的合成路线

3.3.4　以氨基醇作为“手性源”的合成设计

以左氧氟沙星 (Levofloxacin) 为例，介绍氨基醇作为“手性源”的合成设计。

左氧氟沙星

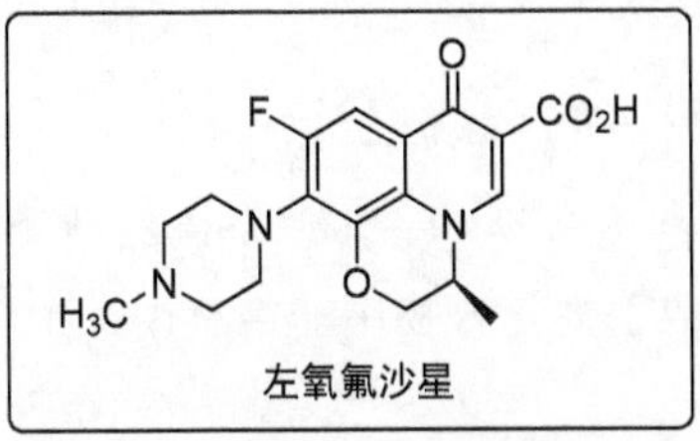

左氧氟沙星具有喹诺酮母核，首先将喹诺酮的烯胺切断，把环打开 (图 3-14)。然后把苯环上的两个 C–N 键和一个 C–O 键切断，得到 (*S*)-(+)-2-氨基丙醇 (alaninol)、甲基哌嗪和氟代芳香酮三个片段，其中 (*S*)-(+)-2-氨基丙醇是易得的“手性源”。氟代芳香酮可以进一步切断得到 2,3,4,5-四氟苯甲酰氯。

反合成分析：

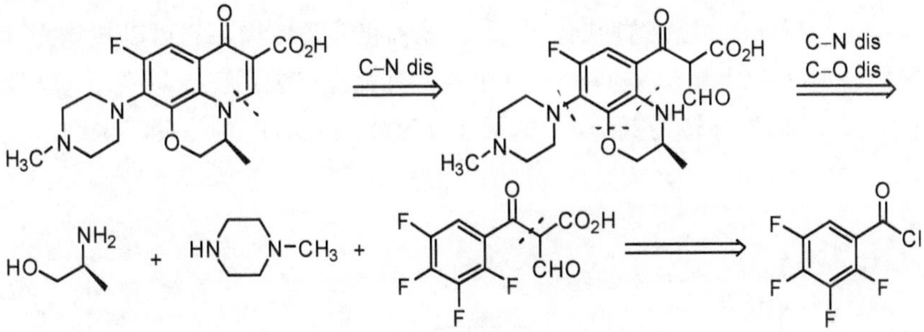

图 3-14　左氧氟沙星的反合成分析

合成路线 (图 3-15)：[10]

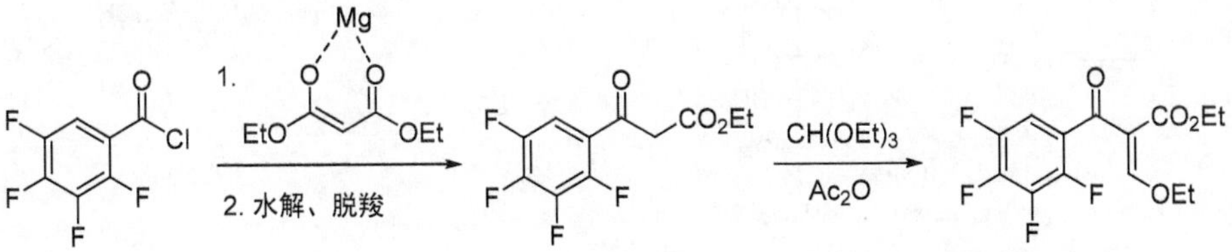

图 3-15

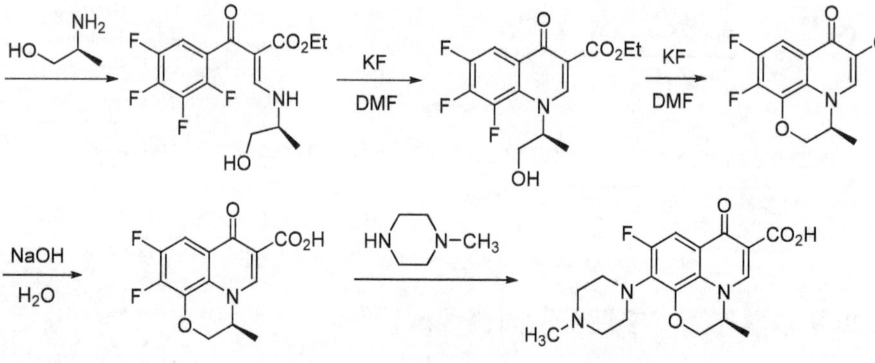

图 3-15　左氧氟沙星的合成路线

3.3.5 以糖作为“手性源”的合成设计

糖是自然界最丰富的手性化合物之一，一个六碳糖含有 4 个手性原子，可以进行各种化学改造，因此在合成手性化合物中非常有用。下面以负霉素为例，介绍以糖作为“手性源”的合成设计。

负霉素

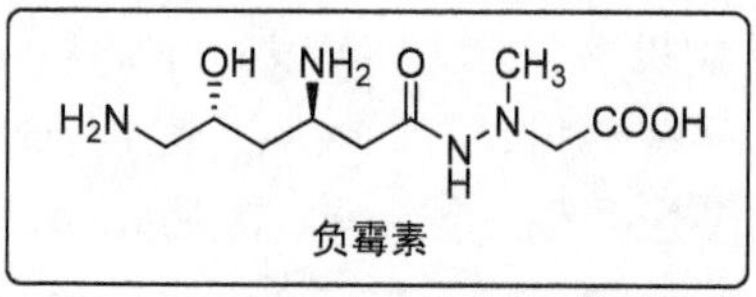

反合成分析：

将负霉素分子中的酰胺键切断，得到乙酸肼和糖类似物，它可以转化为 D-葡萄糖作为起始原料 (图 3-16)。在这个过程中，D-葡萄糖需要做三个转变：①去除 2 位羟基；②3 位羟基构型翻转为氨基，叠氮离子（N_3^-）是良好的构型翻转试剂；③去除 4 位羟基。

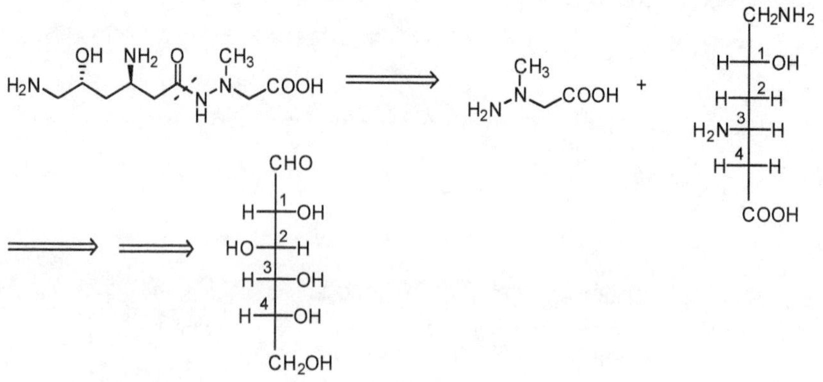

图 3-16　负霉素的反合成分析

合成路线[11]：

在合成过程中，以商品化的 1,2-氧异丙亚基-D-葡萄糖作为起始原料，这样 D-葡萄糖的羟基有比较合适的保护，然后通过多步的保护、脱保护、氧化和还原等反应合成得到负霉素 (图 3-17)。

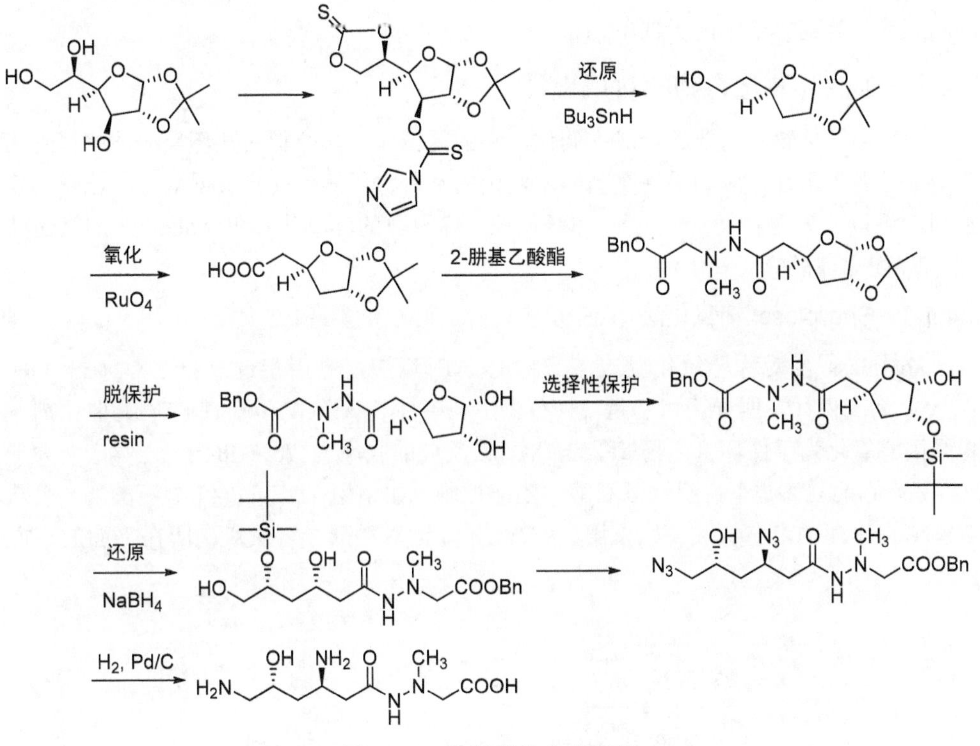

图 3-17　负霉素的合成路线

3.4

基于不对称合成反应的合成设计

不对称合成的概念于 1894 年由 E. Fischer 提出，并经历了比较长时间的发展过程。从目前的观点来看，不对称合成是指“一个反应，其中底物分子整体中的非手性单元由反应剂以不等量地生成立体异构产物的途径转化为手性单元”。也就是说，不对称合成是这样一个过程，它将潜手性单元转化为手性单元，使得产生不等量的立体异构产物。近年来，不对称合成技术取得了飞速的发展，尤其在天然产物的全合成和手性药物合成中有着广泛的应用。2001 年，Knowles 博士、Noyori 教授和 Sharpless 教授因为在不对称合成方面取得的卓越贡献，获得诺贝尔化学奖。他们不仅发现了高选择性的不对称合成反应，更将其成功应用于手性药物的工业化生产。相信随着不对称合成技术的不断发展和成熟，手性药物的合成和生产将会有更大的突破。

由于大多数手性药物分子中的手性中心不会太多 (一般 1~3 个)，因此构建手性单元 (手性砌块) 是合成的关键。本节的重点就在于介绍如何利用比较成熟的不对称反应来构建药物分子中的手性单元。

3.4.1 手性环氧化合物的合成设计

手性环氧化物是重要的合成中间体，它的区域和立体控制的开环反应能够得到相应的手性醇、手性二醇和手性氨基醇。双键的不对称环氧化反应根据双键的化学环境不同，可以分为两类：Sharpless 环氧化法 (烯丙醇的环氧化) 和 Salen 试剂氧化法 (非官能团化烯烃的环氧化)。

3.4.1.1 Sharpless 环氧化法 (AE 反应)

Sharpless 不对称环氧化反应，又称为 AE 反应，是用指过氧叔丁醇 (BuOOH, TBPA) 为氧供体，四异丙氧基钛 [$Ti(O^iPr)_4$]和手性酒石酸二乙酯 (DET) 为催化剂，将烯丙醇氧化为手性环氧化物 (图 3-18)。该反应的收率为 70%~90%，光学产率大于 90%。产物的立体构型由手性酒石酸二乙酯控制，如果用 (*S,S*)-D-(–)-酒石酸酯，氧从双键所在平面的上方进攻；如果用 (*R,R*)-L-(–)-酒石酸酯，氧从双键所在平面的下方进攻。

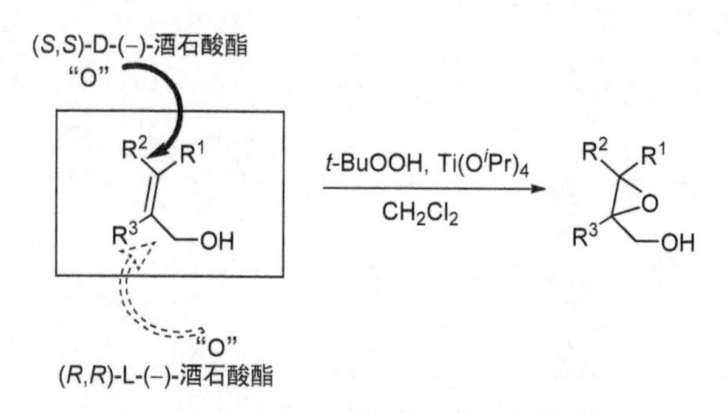

图 3-18 Sharpless 不对称环氧化反应

Sharpless 环氧化反应所用的试剂均是廉价并商品化的，对大多数烯丙醇均能够反应成功，而且反式烯丙醇反应的速度远比顺式烯丙醇快。如果烯丙醇的羟基存在手性，有利于生成 1,2-反式的产物 (图 3-19)。

手性环氧化物的开环反应具有区域选择性，在 1.5 摩尔倍量 $Ti(O^iPr)_4$ 存在下，亲核试剂 (例如仲醇、叠氮化物、硫醇和游离醇等) 主要进攻 2,3-环氧-1-醇的 C3 位，而且 C3 位发生构型翻转 (图 3-20)。

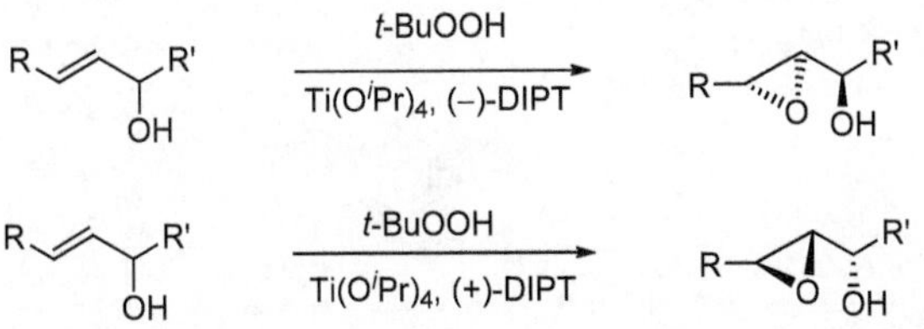

R R' OH t-BuOOH $Ti(O^iPr)_4$, (–)-DIPT R O R' OH

R R' OH t-BuOOH $Ti(O^iPr)_4$, (+)-DIPT R O R' OH

图 3-19 Sharpless 不对称环氧化优先生成 1,2-反式的产物

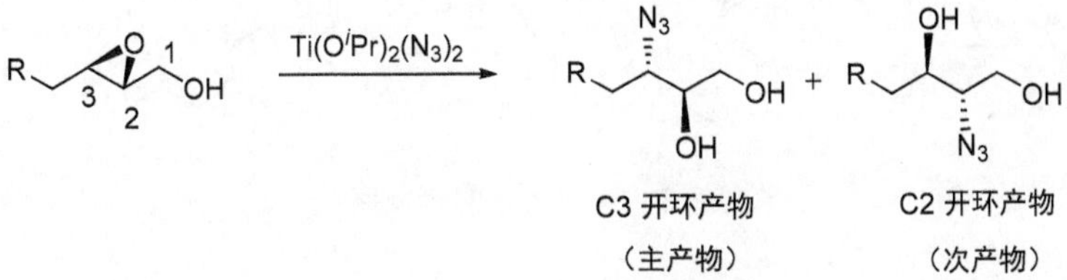

R O 1 3 2 OH $Ti(O^iPr)_2(N_3)_2$ R N_3 OH OH + R OH OH N_3

C3 开环产物
（主产物）

C2 开环产物
（次产物）

图 3-20 手性环氧化物的开环反应

【实例 3-1】试设计 (*S*)-普萘洛尔的合成路线。

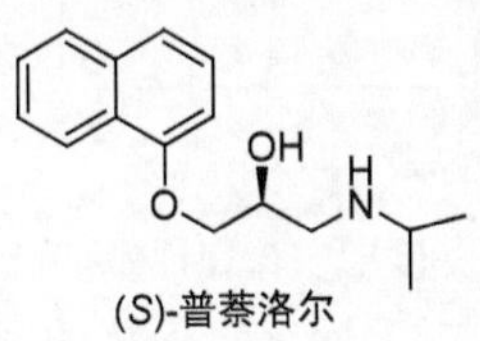

O OH H N

(*S*)-普萘洛尔

反合成分析：

普萘洛尔具有 (*S*)-氨基醇的手性单元，我们考虑利用胺与手性环氧化物开环反应进行构建。这样，切断 C–N 键，得到异丙胺和环氧化物，后者可以最后转化为烯丙醇和苯酚钠 (图 3-21)。

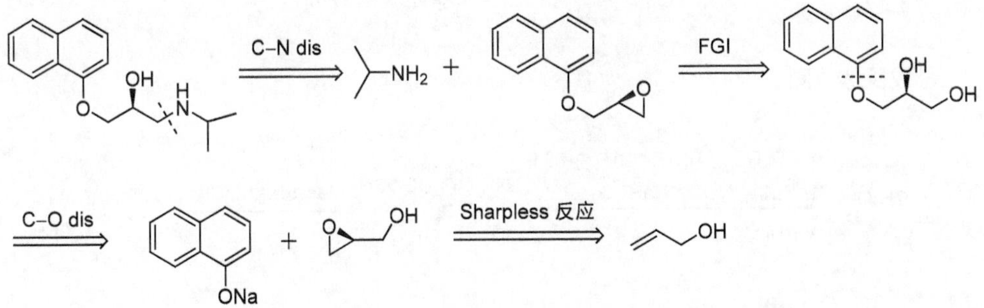

O OH H N C–N dis NH_2 + O O FGI O OH OH

C–O dis ONa + O OH Sharpless 反应 OH

图 3-21 普萘洛尔的反合成分析

合成路线 (图 3-22)：

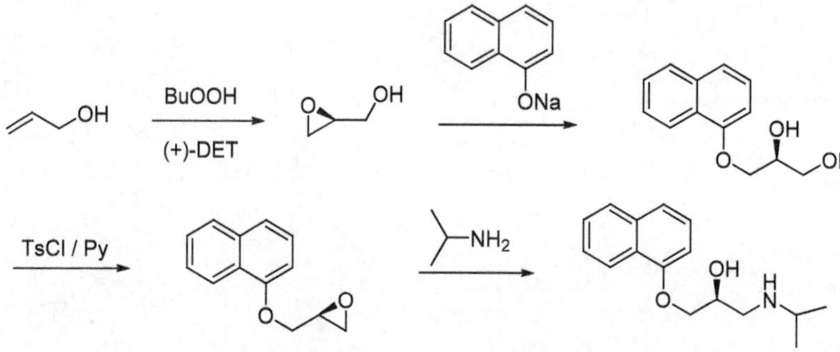

图 3-22 普萘洛尔的合成路线

【实例 3-2】试设计化合物 **3-1** 的合成路线。

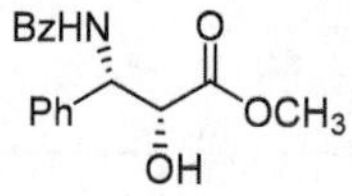

反合成分析：

该化合物是合成抗肿瘤药物紫杉醇 (taxol) 侧链的中间体，它的结构具有手性氨基醇的特征，这样可以利用 N_3^- 对手性环氧化物的亲核进攻来构建。利用 Sharpless 反应，环氧化物可以转化为顺式肉桂醇作为起始原料 (图 3-23)。

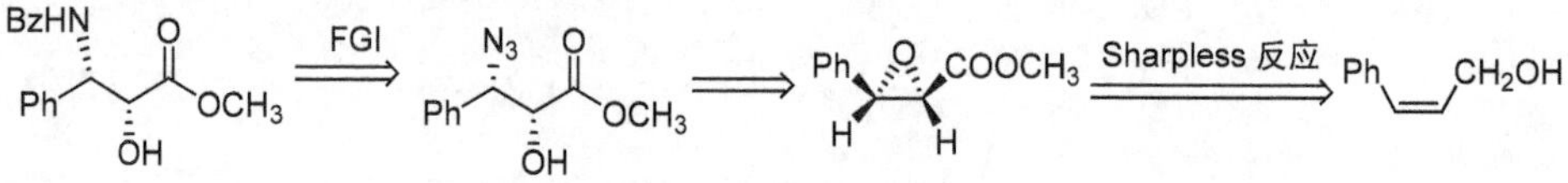

图 3-23 紫杉醇侧链中间体的反合成分析

合成路线 (图 3-24)[12]：

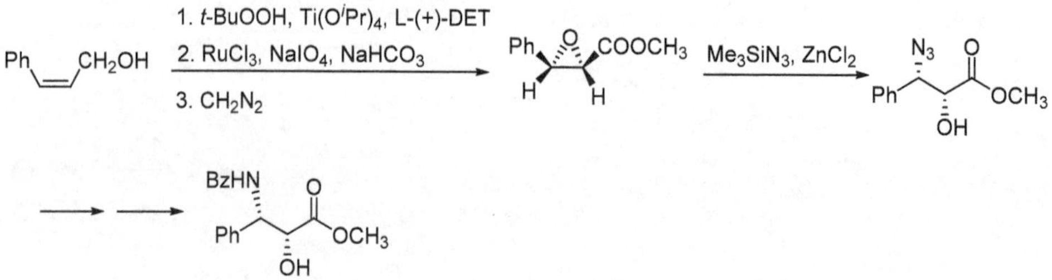

图 3-24 紫杉醇侧链中间体的合成路线

3.4.1.2 Salen 试剂氧化法

Sharpless 反应仅能够对烯丙醇进行不对称环氧化，这样限制了它的应用范围。1990 年，Jacobsen 和 Katsuki 报道了 Salen 配合物对非官能团化的烯烃的不对称氧化反应。Salen 试剂的结构如下图所示：

R=CH_3, Ph

R'=立体大基团

M=Mn, Co, Fe, Rh, Ni

Salen 试剂

它与 P450 酶系中氧化中心的卟啉环类似，其催化反应机理也是仿生过程。Salen 试剂催化氧化反应的方式是"侧向接近"，结构中的 R 基团 (CH_3 和 Ph 等) 的手性控制着环氧化产物的手性，其中心的配位金属离子通常为 Mn、Co、Fe、Rh 和 Ni 等，其中以 Mn(Ⅲ)-Salen 配合物的效果最好。该反应常用的氧化剂为 $NaIO_4$ 和 PhIO。

【实例 **3-3**】试设计下面两个化合物 **3-2** 和 **3-3** 的合成路线。

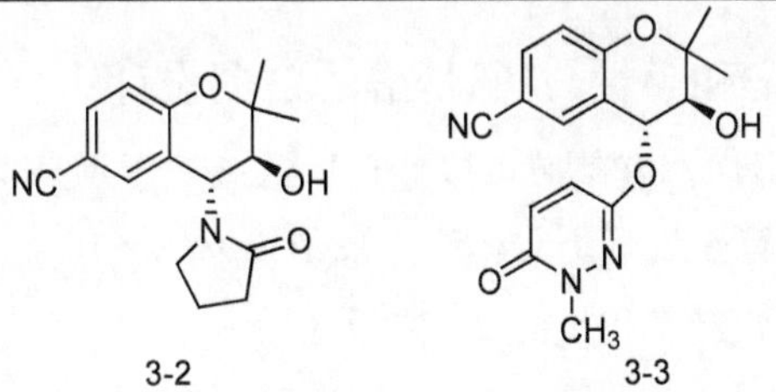

3-2　　3-3

反合成分析：

这两个化合物均为抗高血压候选药物，分析它们的结构特征发现，它们都能够转化为相应的手性环氧化物。由于环氧化物对应的烯烃不具有烯丙醇结构，因此可以考虑用 Salen 试剂进行催化 (图 3-25)。

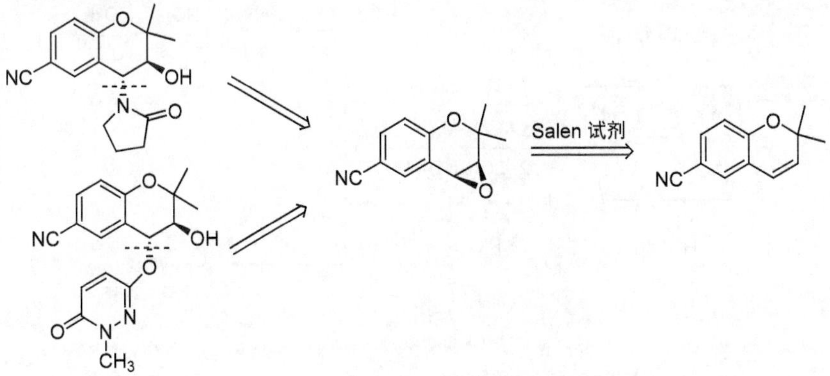

Salen 试剂

图 3-25　使用 Salen 试剂进行双键的不对称环氧化

合成路线 (图 3-26)[13~15]：

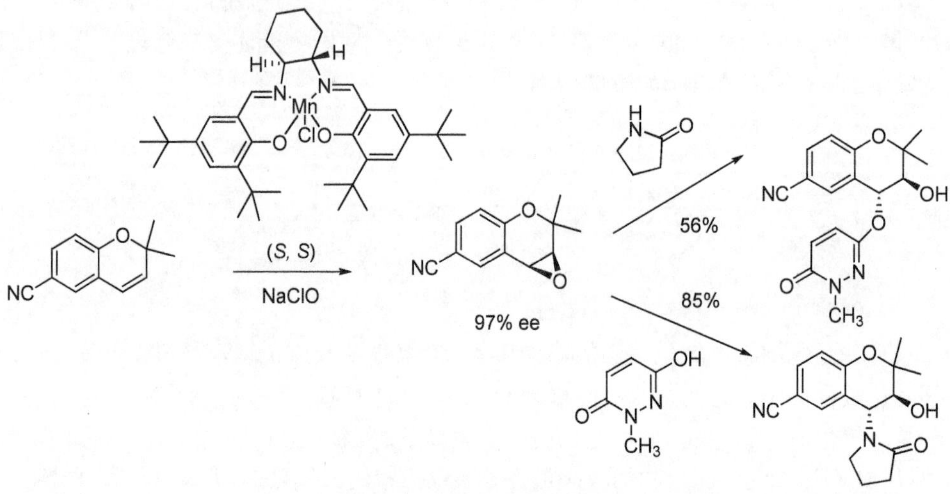

图 3-26　两个抗高血压候选药物的合成路线

3.4.2　手性 1,2-二醇和手性 β-氨基醇的合成设计

手性 1,2-二醇和手性 β-氨基醇可以通过醇或胺对手性环氧化物进行亲核进攻而得到，也可以基于烯烃直接进行不对称的二羟基化或羟胺化。

3.4.2.1　烯烃的不对称双羟基化反应 (AD 反应)

四氧化锇对烯烃具有顺式二羟基化的作用，但对映体纯度比较低。后来研究发现，四氧化锇与亲核配体结合能够提高二羟基化产物的 ee 值，这为烯烃的不对称双羟化反应奠定了基础。经过配体的筛选发现，采用 9-乙酰氧基二氢喹尼丁 (DHQD-OAc) 和

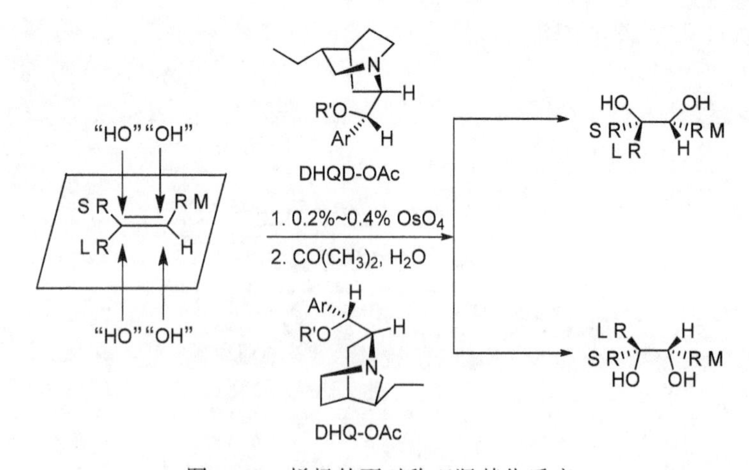

图 3-27　烯烃的不对称双羟基化反应

9-乙酰氧基二氢奎宁 (DHQ-OAc)，可以控制双羟基氧化反应的选择性在 α 面或 β 面，这种配体对催化芳基取代的烯烃的顺式二羟基化具有比较高的对映选择性。进一步研究发现，二氢喹尼丁(DHDQ) 和二氢奎宁 (DHQ) 的芳基醚具有更好的效果，目前已经将其与锇源、氧化剂和配体制成商品化的试剂 AD-mix-α 和 AD-mix-β，可以实现对各种烯烃的不对称双羟基化反应 (图 3-27)。

【实例 3-4】试设计 (*S*)-普萘洛尔的合成路线。

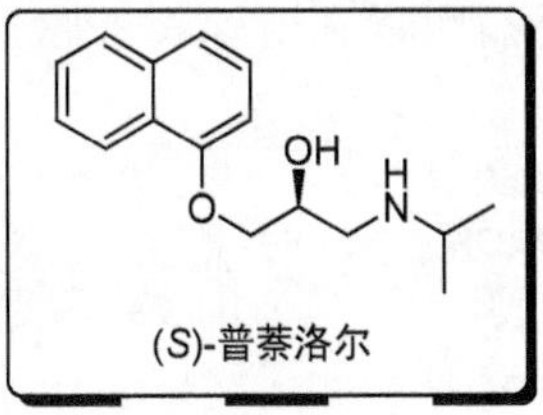
OH
H
N
O
(S)-普萘洛尔

反合成分析：

(*S*)-普萘洛尔的反合成分析在前面介绍过，其关键中间体手性环氧化物也可以通过手性 1,2-二醇成醚得到。手性 1,2-二醇可转化为烯烃，由 AD 反应得到 (图 3-28)。

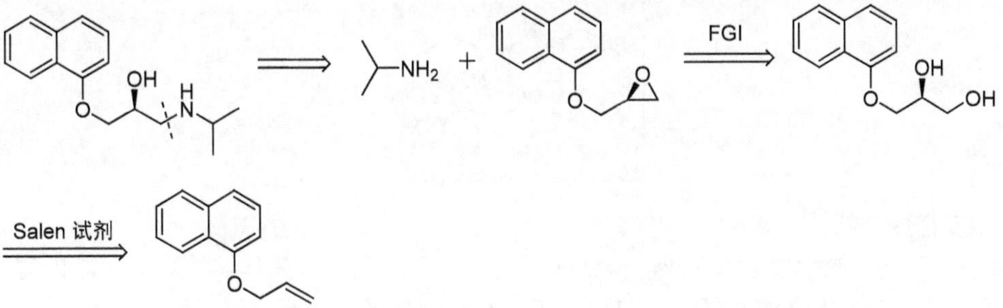
OH
H
N
O
NH2
+
FGI
OH
OH
Salen 试剂

图 3-28 普萘洛尔的反合成分析

合成路线 (图 3-29)[16]：

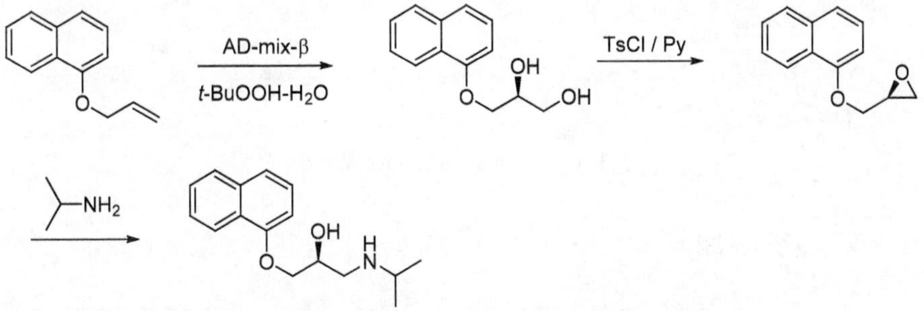
AD-mix-β
t-BuOOH-H2O
OH
OH
TsCl / Py
NH2
OH
H
N

图 3-29 普萘洛尔的合成路线

3.4.2.2 烯烃的不对称羟胺化反应 (AA 反应)

β-氨基醇是很多药物分子中的结构单元，如能将氨基和羟基以立体选择性方式直接加到烯烃上去将是合成 β-氨基醇最简单和最有效的方法。Sharpless 在研究 AE 反应和 AD 反应取得突破后，又发展了烯烃的不对称羟胺化反应。AA 反应的配体与 AD 反应配体相同，常用 $(DHDQ)_2PHAL$ 和 $(DHQ)_2PHAL$；其氮源供体常用对甲苯磺酰基氯代氮源 ($TsNCl\text{-}Na^+$，称为氯胺-T)，氧源供体常用 H_2O，催化剂为 $K_2OsO_2(OH)_4$。前面介绍过的紫杉醇侧链中间体就可以利用 AA 反应一步合成 (图 3-30)。

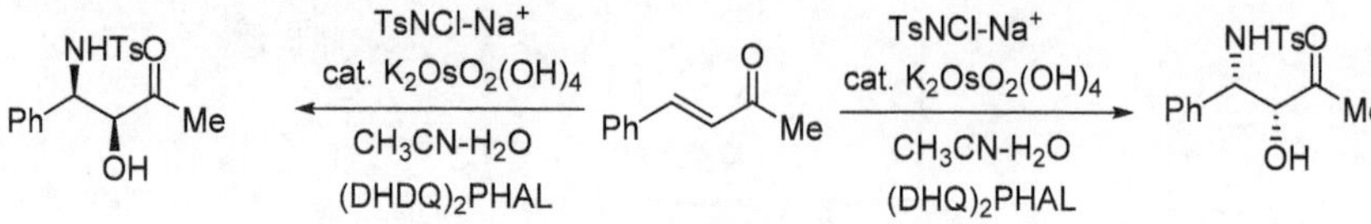

NHTs O
Ph Me
OH
$TsNCl\text{-}Na^+$
cat. $K_2OsO_2(OH)_4$
$CH_3CN\text{-}H_2O$
$(DHDQ)_2PHAL$
O
Ph Me
$TsNCl\text{-}Na^+$
cat. $K_2OsO_2(OH)_4$
$CH_3CN\text{-}H_2O$
$(DHQ)_2PHAL$
NHTs O
Ph Me
OH

图 3-30 烯烃的不对称羟胺化反应

【**实例 3-5**】试设计抗生素氯碳头孢 (loracarbef) 的合成路线。

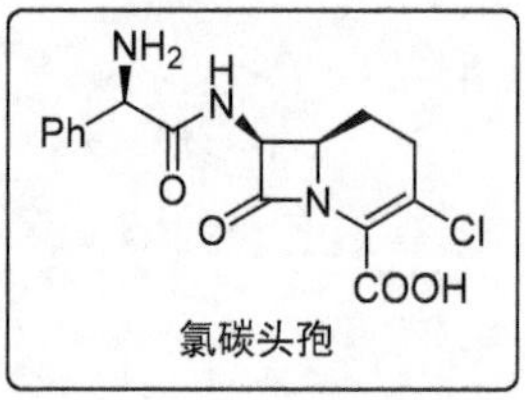

NH_2
H
N
Ph
O
O N
Cl
COOH
氯碳头孢

反合成分析：

将氯碳头孢的六元环打开，得到取代的手性丁内酰胺中间体。然后，切断内酰胺得到 Boc 保护的 β-氨基醇，这可以利用 AA 反应将其转化为烯烃 (图 3-31)。

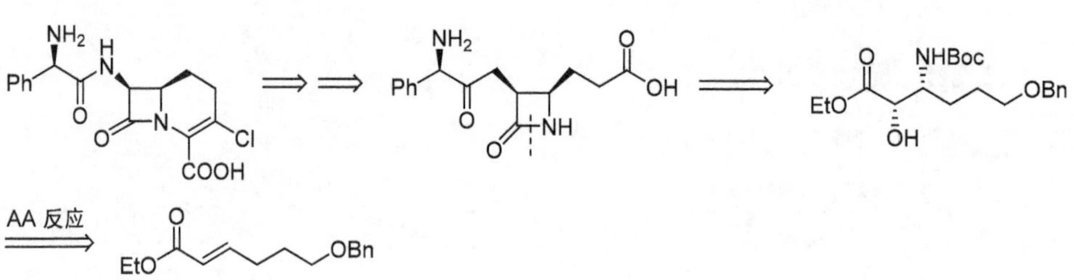

NH_2 H N Ph O O N Cl COOH ⟹ ⟹ NH_2 Ph O O NH O OH ⟹ O NHBoc EtO OBn OH

AA 反应 ⟹ O EtO OBn

图 3-31 氯碳头孢的反合成分析

合成路线 (图 3-32)[17]：

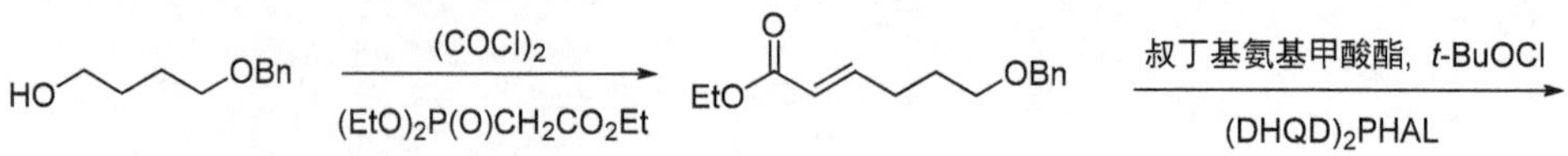

HO OBn → $(COCl)_2$ / $(EtO)_2P(O)CH_2CO_2Et$ → O EtO OBn → 叔丁基氨基甲酸酯, t-BuOCl / $(DHQD)_2PHAL$ →

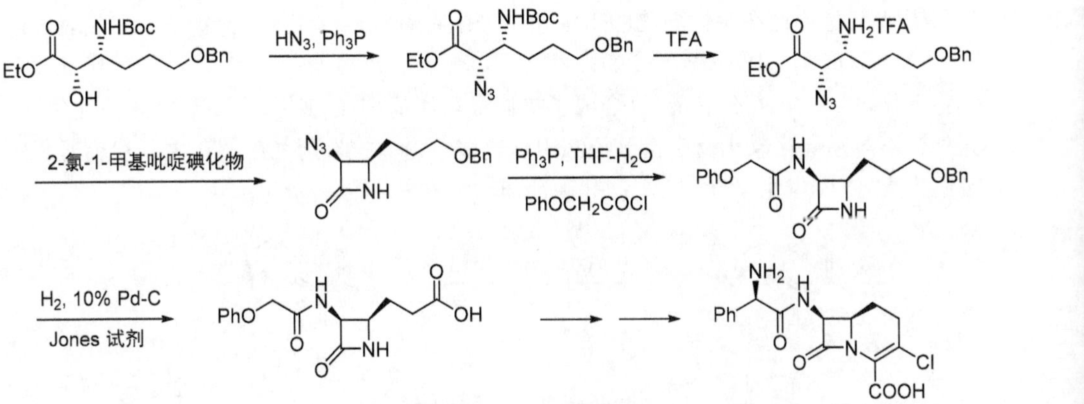

图 3-32 氯碳头孢的合成路线

3.4.3 基于不对称氢化反应和还原反应的合成设计

不对称氢化或还原反应是应用最为广泛的不对称反应。据统计，在不对称反应应用于工业化的实例中，不对称氢化反应占了约 70%。不对称氢化主要有如下三种形式，能够制得手性碳-碳键、手性醇和手性胺。下面主要介绍几种经典的不对称氢化和还原反应，以及其在药物合成中的应用。

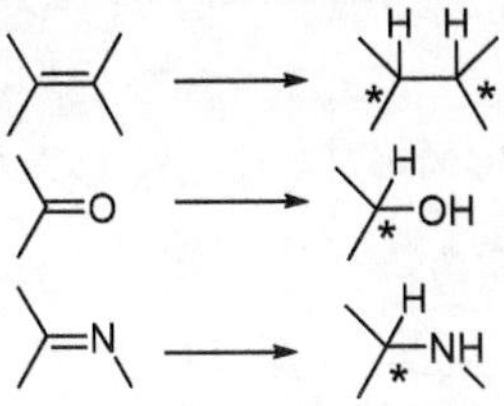

3.4.3.1 碳-碳双键的不对称氢化

高对映选择性不对称氢化反应的关键在于高催化活性的手性配体，这也是目前研究的热点领域之一。不对称氢化反应的催化剂多为各种铑 (Rh) 配合物，配体主要是 C_2 对称性的双齿手性膦配体。目前已经有 4000 多种含磷配体报道，其中最著名的为 DIOP、BINAP 和 DIPAMP。

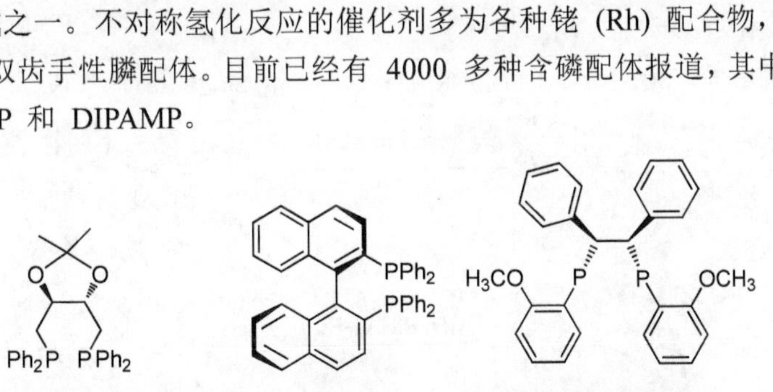

碳-碳双键的不对称催化氢化能够高对映选择性地合成各种手性 α-氨基酸和芳

基-α-甲基乙酸，这在手性药物的工业化生产中有着重要的应用。例如，孟山多公司以Rh(Ⅰ) 与 (*R*, *R*)-DIPAMP 配合物为催化剂，将 α-乙酰氨基-3′,4′-二羟基丙烯酸进行不对称氢化，以大于 96%的 ee 值合成了抗帕金森病药物 L-多巴，并实现了工业化生产。此外，不对称催化氢化反应也已经应用于合成非甾体抗炎药 (*S*)-萘普生，左旋薄荷醇及维生素 E 和维生素 K 的侧链等手性药物 (图 3-33)。

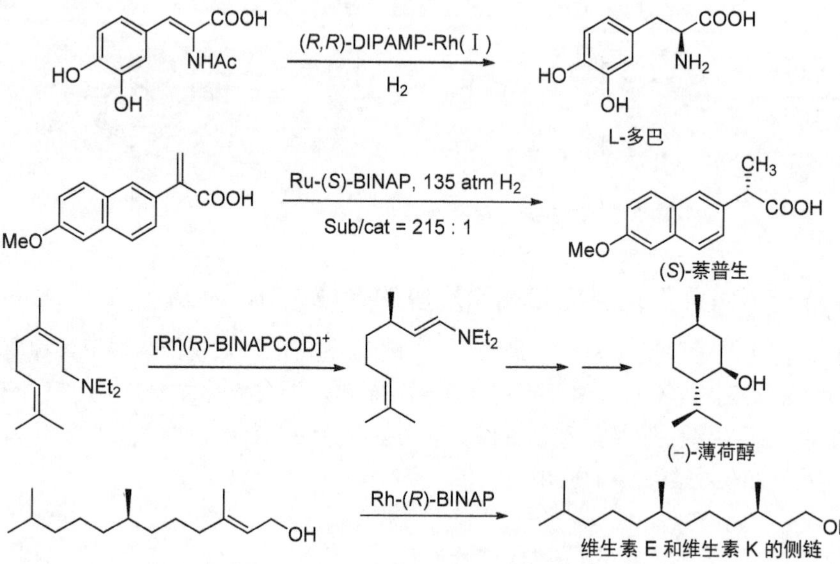

图 3-33 碳-碳双键的不对称催化氢化在药物合成中的应用

3.4.3.2 羰基的不对称氢化和化学还原

酮的不对称加氢反应是制备手性醇的重要方法，Ru(Ⅱ)-BINAP 是比较有效的催化剂，其他双键不对称加氢所用的催化剂也可以应用于酮的不对称氢化。(*R*)-肾上腺素和降血脂药 statin 的合成就是采用了这种方法 (图 3-34)。

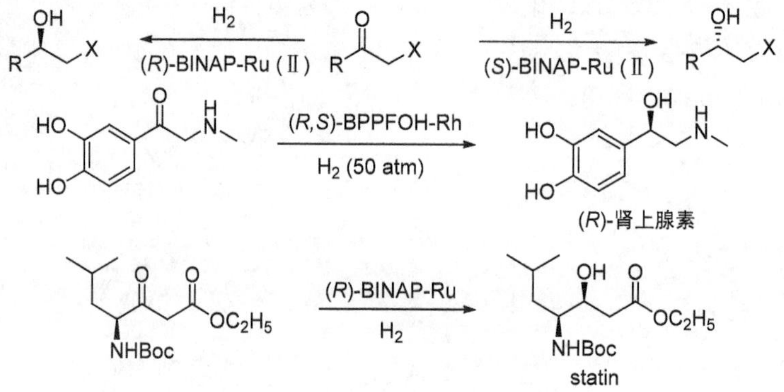

图 3-34 酮的不对称加氢反应

但是，上述这些金属催化剂存在价格昂贵、不易回收利用和性质不够稳定等缺点，这在一定程度上限制了它们在工业化生产中的应用。发展新一代的高效催化剂一直是研究的热点。Noyori 等发现钌配合物与手性 1,2-二胺组成的催化剂不仅能够快速、高效和高对映选择性地将酮还原为醇，而且对空气和潮气都很稳定。这也是目前酮不对称氢化最为有效的催化剂，它的催化效率比 Ru(Ⅱ)-BINAP 提高了约 2 个数量级。

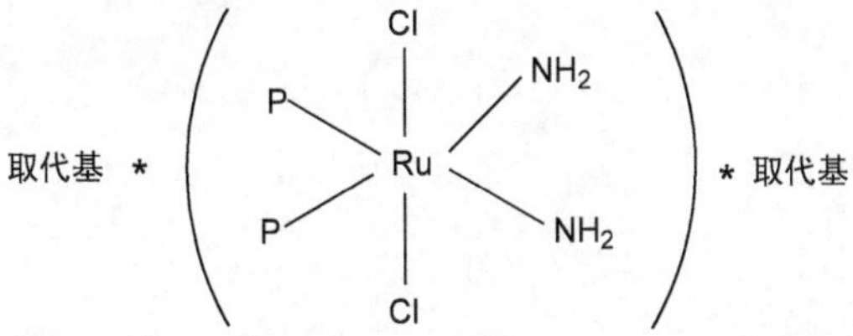

酮也可以通过化学还原来得到手性醇，由硼烷衍生的硼杂噁唑烷 (又称为 CBS 催化剂)是非常有效的催化剂。CBS 催化剂的机理同酶相类似，它与酮结合后将其还原，然后将产物释放，然后又可以循环使用，因此又称为“化学酶”(chemzyme)。例如，前列腺素合成中 C15 的立体化学控制就是通过用 CBS 催化剂将羰基还原为 *R*-构型的醇 (图 3-35)。

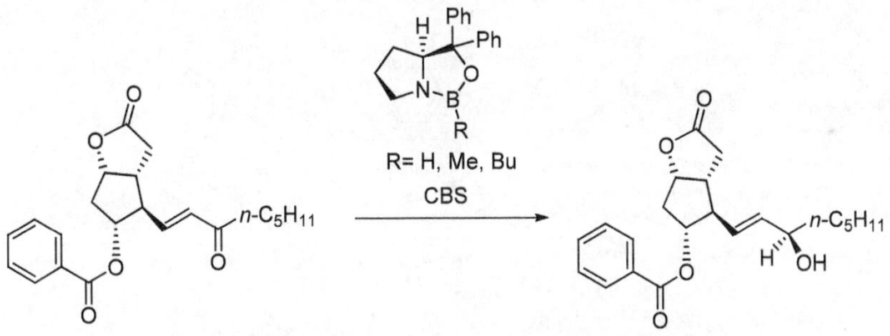

图 3-35　CBS 催化剂将羰基还原为 *R*-构型的醇

【**实例 3-6**】试设计抗忧郁药 (*R*)-氟西汀 (fluoxetine) 的合成路线[18,19]。

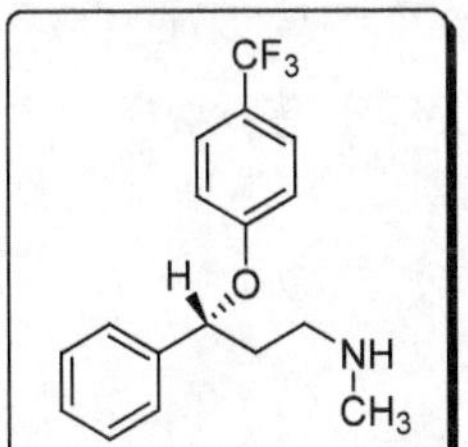

反合成分析：

氟西汀的反合成分析比较简单，主要是 C–O 和 C–N 键的简单切断。其手性醇的合成可以将相应的酮用 CBS 试剂来还原 (图 3-36)。

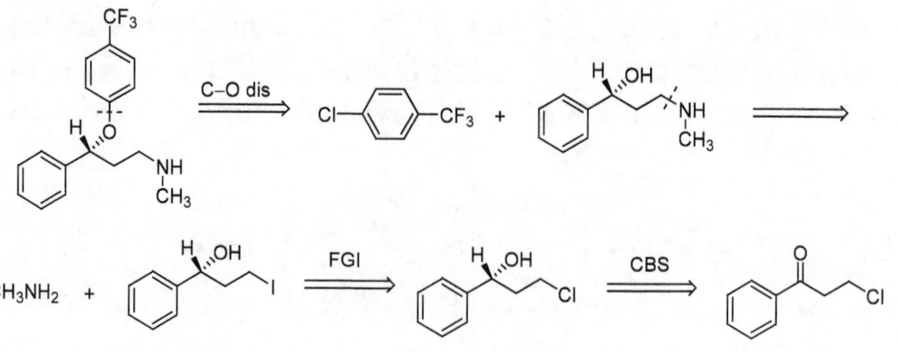

图 3-36 氟西汀的反合成分析

合成路线 (图 3-37):

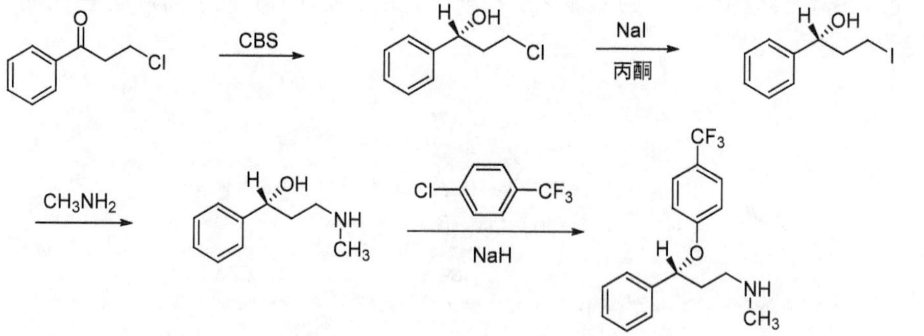

图 3-37 氟西汀的合成路线

3.4.4 生成不对称碳-碳键的合成设计

不对称碳-碳键的生成是手性合成研究的重要课题，其反应类型主要包括羰基的不对称 α-烷基化反应、羰基的不对称亲核加成反应、不对称醇醛缩合反应和不对称 Diels-Alder 反应等。这些反应的手性可以通过底物来控制，也可以加入手性辅剂来控制，采用高效的催化剂是其发展的方向。这些反应正处在不断的发展之中，因此在手性药物合成和工业化生产中的应用实例还比较少。下面主要介绍一下这些反应的基本知识。

3.4.4.1 羰基的不对称 α-烷基化反应

羰基的 α-烷基化反应需要羰基 α-位的质子被碱夺取，生成具有亲核作用的烯醇盐，然后与亲电试剂 EI^+ 反应。烯醇盐需要与金属离子配位，然后通过手性辅剂的方式来实现产物的对映选择性。

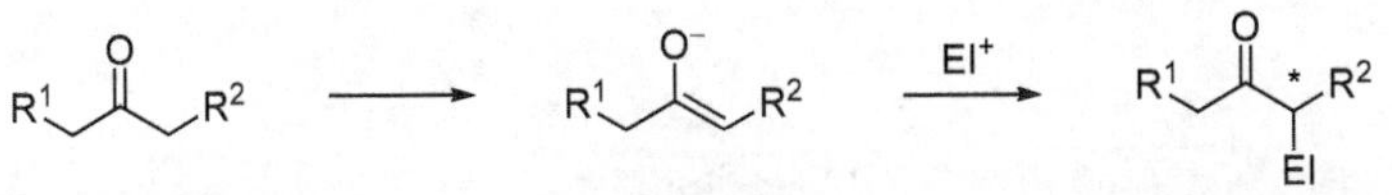

经典的不对称 α-烷基化手性辅剂称为 Evans 辅剂，它属于酰亚胺体系，其噁唑烷酮上取代基的手性可以控制烷基化产物的手性（图 3-38）。反应结束后，Evans 辅剂可以脱去。Evans 辅剂的缺点在于比较昂贵，因此又发展了一些新的手性辅剂，例如磺内酰胺体系等，在这里不作详细介绍。

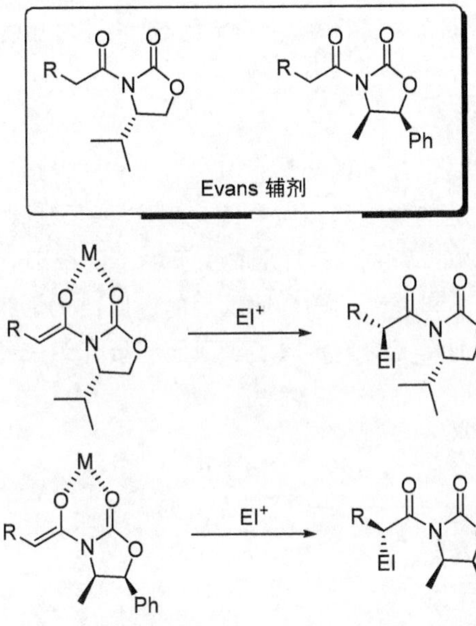

Evans 辅剂

图 3-38 Evans 辅剂在羰基不对称 α-烷基化反应中的应用

3.4.4.2 羰基的不对称亲核加成反应

烷基金属对羰基化合物的不对称亲核加成是合成手性药物和天然产物的有效方法。在各种烷基金属化合物中，二烷基锌 (R_2Zn) 的反应活性最强。为实现高对映选择性，必须加入手性配体，主要是各种各样的手性氨基醇，例如 DAIB 等（图 3-39）[20]。目前，抗艾滋病新药 efavirenz 分子中手性叔醇的构建就是通过这个方法实现的（图 3-39）。

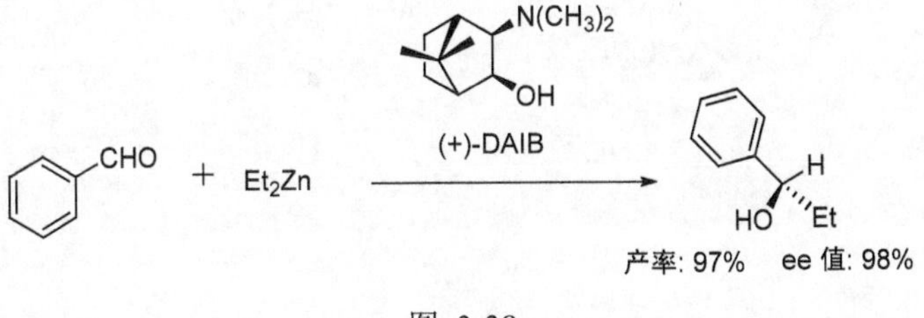

(+)-DAIB

产率: 97%　ee 值: 98%

图 3-39

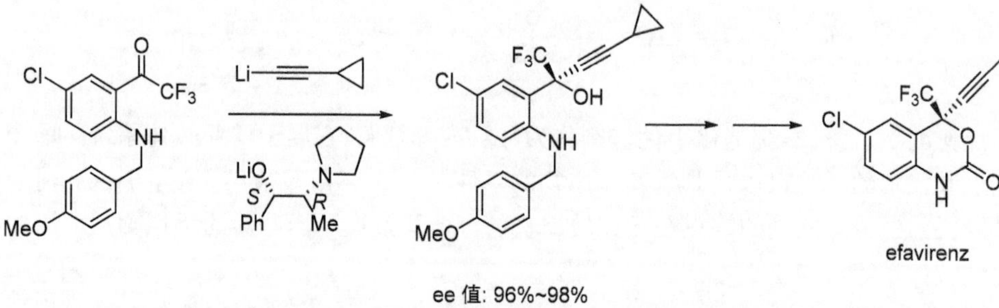

Cl CF3 NH MeO Li LiO S Ph N R Me F3C Cl OH NH MeO F3C Cl O N H O

efavirenz

ee 值: 96%~98%

图 3-39 烷基金属对羰基化合物的不对称亲核加成反应

3.4.4.3 不对称醇醛缩合反应

不对称醇醛缩合反应是以羰基的烯醇盐 (途径 a) 或者烯丙基金属衍生物 (途径 b) 作为亲核试剂，与亲电性的羰基基团发生缩合反应，能够同时建立两个相邻的手性中心 (图 3-40)。反应产物的手性控制主要取决于如下四个因素：①烯醇型或烯丙型金属中取代部分的空间大小和手性；②合适试剂的选用；③烯醇化反应的反应条件；④催化剂的手性及与催化剂配合的金属原子。下面简要介绍三种常用的反应。

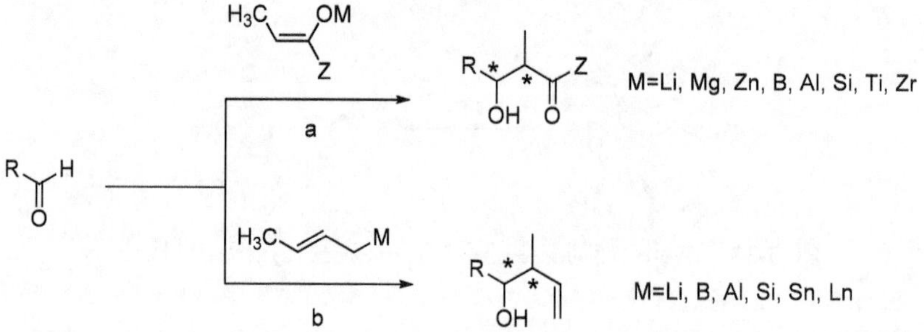

H_3C OM Z

R H O

a

R * * Z OH O M=Li, Mg, Zn, B, Al, Si, Ti, Zr

H_3C M

b

R * * OH M=Li, B, Al, Si, Sn, Ln

图 3-40 不对称醇醛缩合反应

（1）Corey 试剂控制的反应

Corey 试剂催化不对称醇醛缩合反应具有易得、可回收和高对映选择性的优点，它可以催化得到顺式的醇醛加成产物 (图 3-41)。

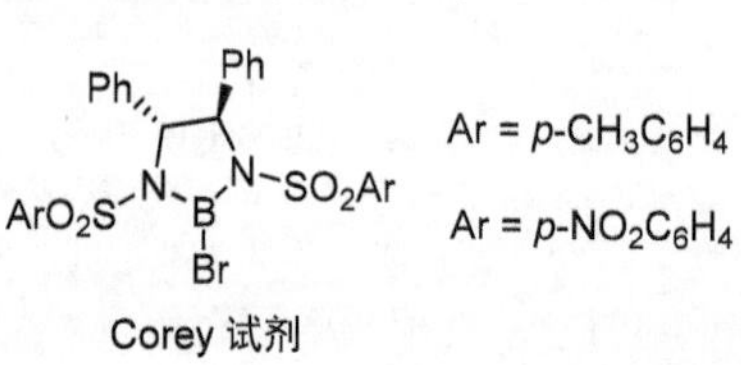

Ph Ph ArO_2S N B N SO_2Ar Br

Ar = p-$CH_3C_6H_4$

Ar = p-$NO_2C_6H_4$

Corey 试剂

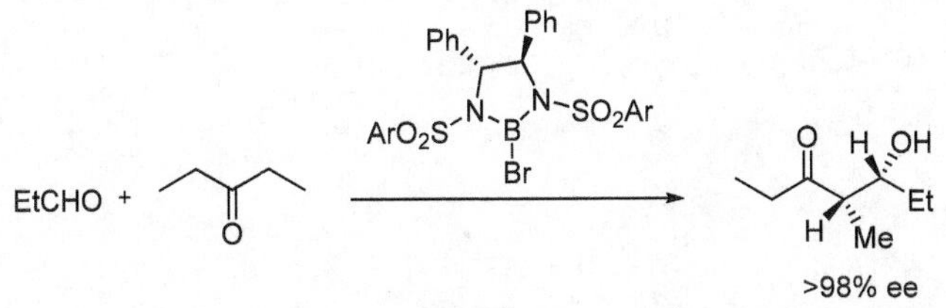

Ph Ph
ArO_2S N B N SO_2Ar
Br
EtCHO + (3-pentanone) → O H OH Et H Me
>98% ee

图 3-41 Corey 试剂催化不对称醇醛缩合反应

【实例 3-7】试设计手性氯霉素的合成路线[21]。

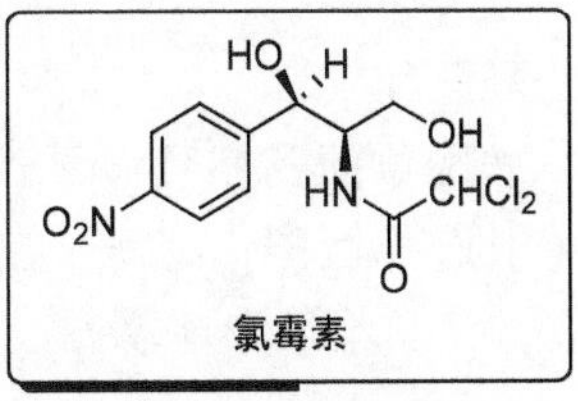

HO H OH
O_2N HN $CHCl_2$ O

氯霉素

反合成分析：

首先，将氯霉素分子中的酰胺键切断，得到手性的氨基醇，它可以用前面介绍的 AD 反应或 AA 反应来构建，但是其中间体不易制备 (图 3-42)。在这里，我们将氨基官能团转化为叠氮离子，再转化为构型相反的溴代物，这样可以利用 Corey 试剂催化的醇醛缩合反应将其切断为对硝基苯甲醛和溴乙酸丁酯。

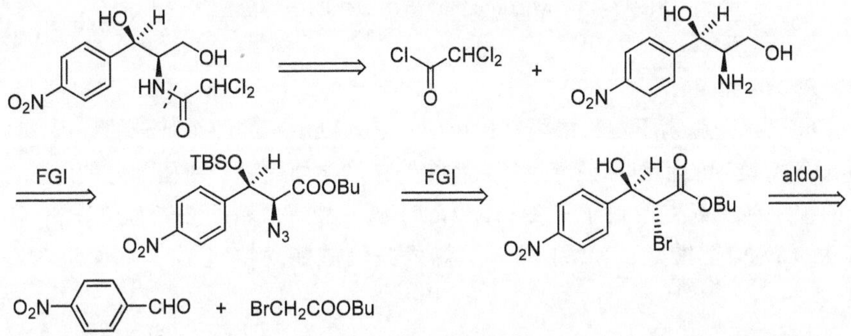

HO H OH O_2N HN $CHCl_2$ O ⟹ Cl $CHCl_2$ O + HO H OH O_2N NH_2

FGI ⟹ TBSO H COOBu O_2N N_3 FGI ⟹ HO H O OBu O_2N Br aldol ⟹

O_2N–C_6H_4–CHO + $BrCH_2COOBu$

图 3-42 氯霉素的反合成分析

合成路线 (图 3-43)：

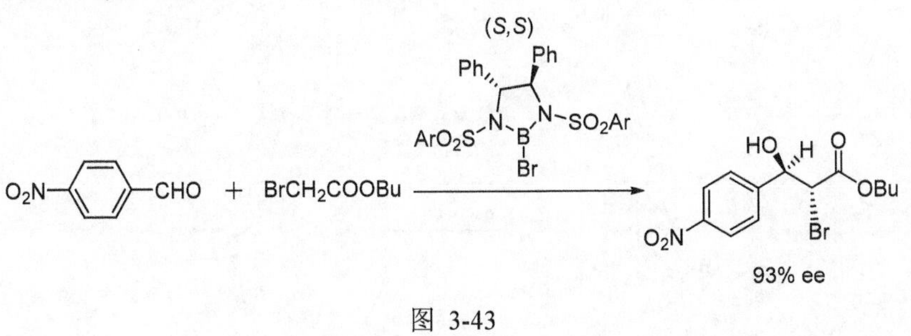

(*S*,*S*)
Ph Ph
ArO_2S N B N SO_2Ar
Br

O_2N–C_6H_4–CHO + $BrCH_2COOBu$ → HO H O OBu O_2N Br
93% ee

图 3-43

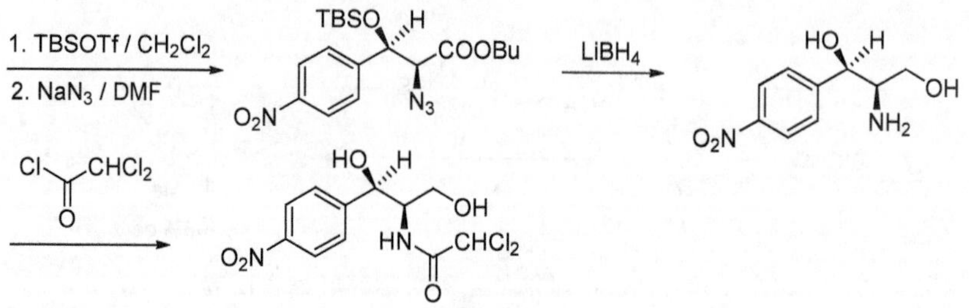

图 3-43　氯霉素的合成路线

（2）Mukaiyama 体系催化的醛醇反应

Mukaiyama 体系是指手性二胺配位的三氟甲磺酸亚锡 [$Sn(OTf)_2$] 和氟化三丁基锡 ($SnBu_3F$) 的组合，可以高对映选择性催化醛醇反应，产物以顺式产物为主 (图 3-44)。采用不同的手性二胺对立体化学结果影响较大。

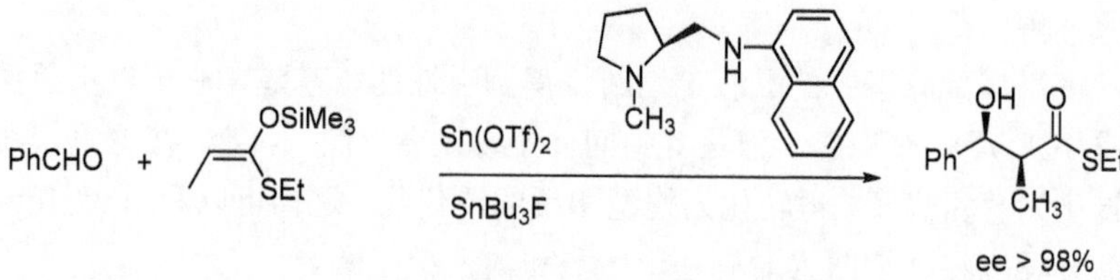

图 3-44　Mukaiyama 体系催化的醛醇反应

（3）Roush 反应

Roush 反应又称为不对称烯丙基化反应，它是以酒石酸酯为基础的烯丙基硼酸酯 (Roush 试剂) 诱导的不对称醛醇反应，产物的立体化学受酒石酸酯部分的手性和烯丙基部分的顺反异构双重控制 (图 3-45)。(*R*,*R*)-酒石酸烯丙基硼酸酯对羰基的 *Si* 面进攻，产生 (*S*)-构型的醇；(*S*,*S*)-酒石酸烯丙基硼酸酯对羰基的 *Re* 面进攻，产生

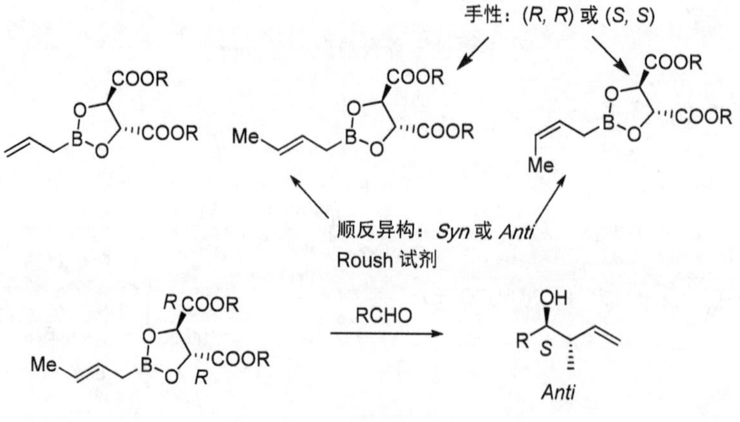

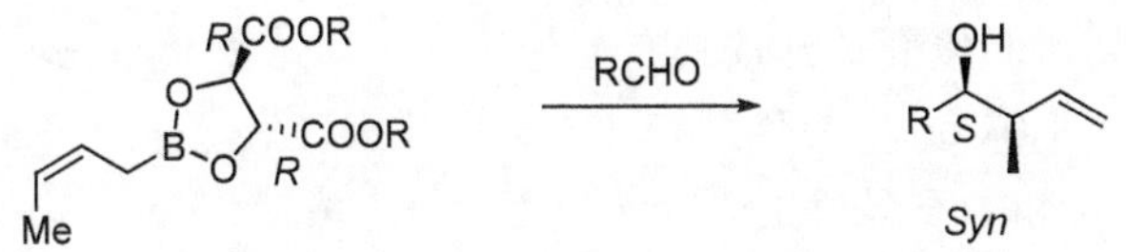

R COOR

O B O

COOR *R*

Me

RCHO

OH

R *S*

Syn

图 3-45　Roush 反应

(*R*)-构型的醇。

（4）不对称 Diels-Alder 反应

不对称 Diels-Alder 反应是构建复杂分子非常有效的方法之一，这个反应能以立体选择性同时生成两个键，形成 4 个手性中心 (图 3-46)。不对称 Diels-Alder 反应的立体控制主要通过如下两个途径来控制：在亲双烯体上连接手性辅剂和使用手性的 Lewis 催化剂。双烯体上连接手性辅剂的报道比较少，主要原因是不易制备。

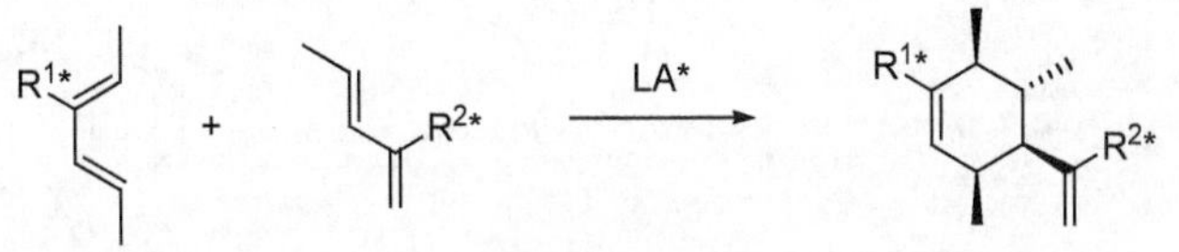

R^{1*} + R^{2*} LA* R^{1*} R^{2*}

图 3-46　不对称 Diels-Alder 反应

手性亲双烯体包括三种类型：Ⅰ型、Ⅱ 型和 Ⅲ 型。它们均可以在反应结束后脱去。Ⅰ 型试剂为手性丙烯酸酯，Ⅱ 型试剂为手性 α,β-不饱和酮，Ⅲ 型试剂为手性亚铵盐。其中以 Ⅲ 型试剂的活性最强。它们的反应实例如下 (图 3-47)：

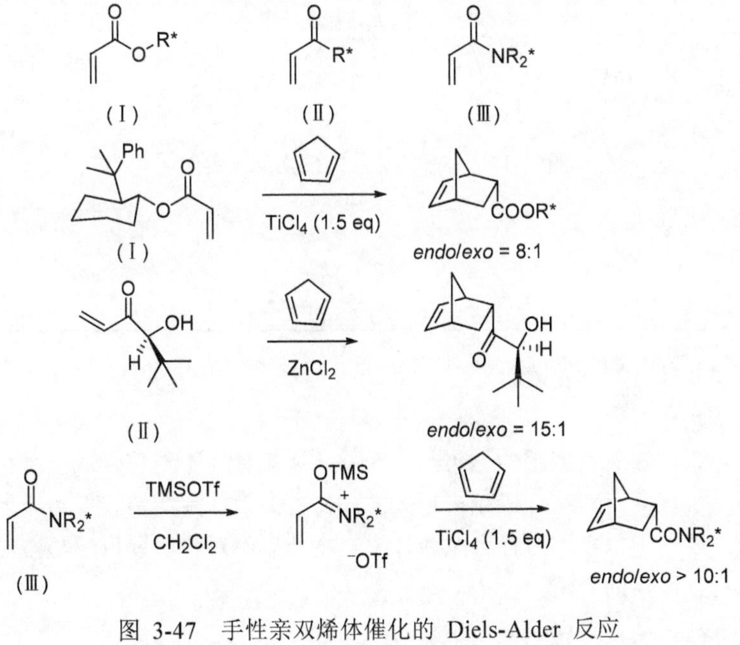

O O R*　(Ⅰ)

O R*　(Ⅱ)

O NR_2*　(Ⅲ)

Ph O O (Ⅰ)　$TiCl_4$ (1.5 eq)　COOR*　*endo*/*exo* = 8:1

O OH H (Ⅱ)　$ZnCl_2$　OH O H　*endo*/*exo* = 15:1

O NR_2* (Ⅲ)　TMSOTf　CH_2Cl_2　OTMS + NR_2* ⁻OTf　$TiCl_4$ (1.5 eq)　$CONR_2$*　*endo*/*exo* > 10:1

图 3-47　手性亲双烯体催化的 Diels-Alder 反应

使用手性 Lewis 催化剂是比较具有前景的方法，这里介绍三种比较著名的催化剂：Narasaka 催化剂、Corey 催化剂和 CAB 催化剂 (图 3-48)。Narasaka 催化剂由二异丙氧基二氯化钛和酒石酸衍生的手性二醇原位生成，Corey 催化剂属于双磺酰胺衍生物，CAB 催化剂为手性酰氧基烷硼衍生物，它们的催化反应实例如下 (图 3-49)。

图 3-48 Narasaka 催化剂、Corey 催化剂和 CAB 催化剂

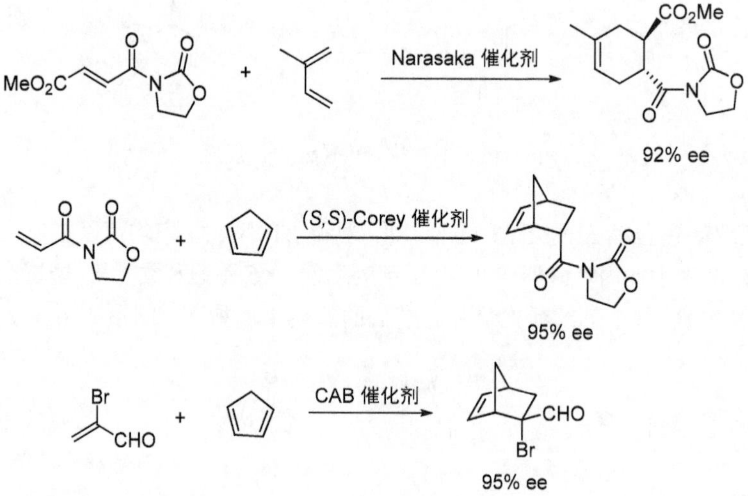

图 3-49 三种催化剂的催化反应实例

3.5

不对称合成的新技术

近二十年来，随着新型手性催化剂不断的发展完善，不对称合成技术得到了日新月异的发展。现代的不对称合成越来越关注如何更高效、更简洁、低污染地合成复杂的手性分子，发展了很多不对称合成新技术。本节以不对称串联反应与不对称多组分反应为例，进行简要的介绍。

3.5.1 不对称串联反应

串联反应 (cascade/tandem/domino reactions) 是指在同一个反应条件下，加入的反应物连续进行两步或两步以上的反应，进而高效构建结构复杂的分子骨架。近年来，手性催化剂催化的不对称串联反应 (asymmetric cascade reactions) 发展迅速。这类反应能够高效、高立体选择性构建含多个手性中心的分子骨架，具有环境友好、操作简单、原子经济性高、底物简单易制备等优点，已成为不对称合成的研究热点。目前，不对称串联反应已广泛用于构建含手性的复杂分子骨架，并越来越多地应用到天然产物、药物及活性分子的不对称合成中。

3.5.1.1 天然产物合成中的应用

天然产物往往含有多个手性中心，具有复杂的化学结构。如何高收率、高立体选择性地合成天然产物一直是有机合成的难点与热点。采用手性催化剂催化的不对称串联反应，能够通过简单的操作，“一锅法”高效率、高立体选择性构建天然产物的合成关键中间体，进而实现天然产物的高效合成。在天然产物的全合成和构效关系研究中，应用不对称串联反应，大大简化了合成步骤，加快推动了新药开发。

石蒜科生物碱是天然产物的大家族，表现出多种生物活性（如止痛、抗病毒、抗肿瘤等）。该类生物碱具有 ABCD 四环核心骨架。由于其新颖的骨架结构和特殊的药理活性，石蒜科生物碱引起了有机化学家与药物化学家的广泛关注。天然产物 α-lycorane 是这类生物碱的代表性结构。2012 年，兰州大学许鹏飞团队[22]采用双功能硫脲类催化剂催化的 Michael-Michael 串联反应一步高收率 (95%)、高立体选择性 (90% ee, 12:1 dr) 地构建了含有 3 个手性中心的环己烷关键中间体 (图 3-50)。该中间体经多步化学转化，最终得到目标产物 α-lycorane。较之前报道的合成方法相比，该合成路线更加简便高效。

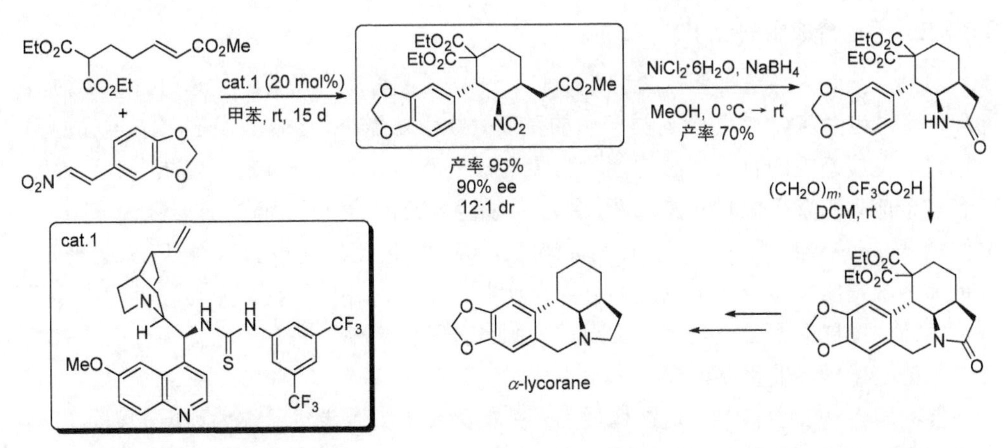

图 3-50 奎宁氨硫脲催化的不对称串联反应在天然产物 α-lycorane 合成中的应用

天然产物 kopsinine 和其他单萜吲哚类生物碱表现多种药理活性，如抗利什曼虫、抗肿瘤、止咳等。上海大学吴小余团队[23]通过脯氨醇硅醚催化的不对称 Michael/aza-Michael /cyclization (环合) 串联反应，一步高收率 (收率 63%)、高立体选择性 (93% ee) 地构建了四环螺吲哚关键中间体 (图 3-51)。该中间体经 8 步化学转化得到生物碱 (–)-kopsinine，总收率为 24%；经 9 步化学转化得到生物碱 aspidofractine，总收率为 18%。

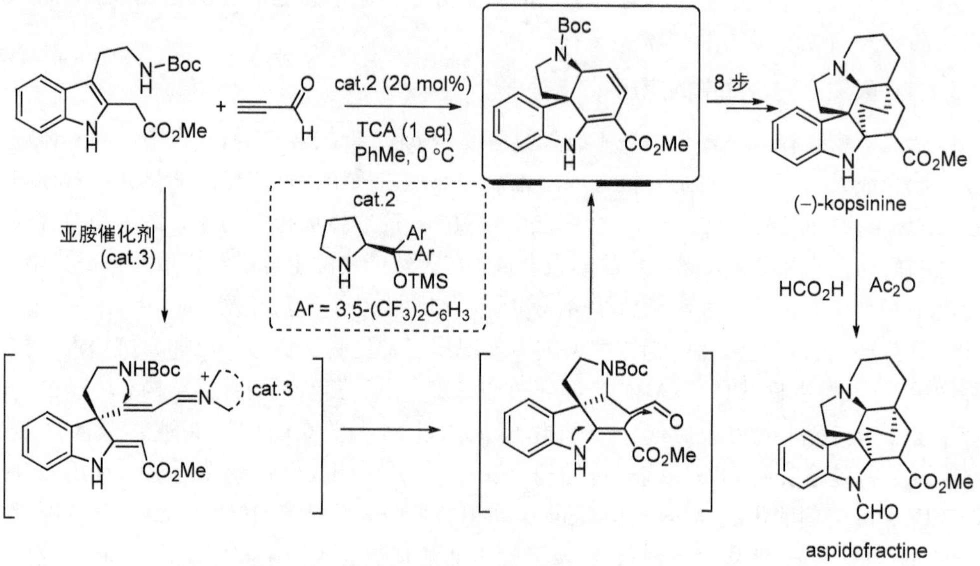

图 3-51　脯氨醇硅醚催化的不对称串联反应在天然产物 kopsinine 和 aspidofractine 合成中的应用

3.5.1.2　药物合成中的应用

前列腺素是人体内的激素类化学信使，在体内参与多个重要的生理过程（如血液循环、消化和生殖等)。基于这类分子的重要生物学功能与复杂的化学结构，过去的四十年里，发展高效的合成方法构建前列腺素分子及其衍生物一直是研究热点。目前，已有多个前列腺素衍生物开发成药，并取得了巨大的市场效益。例如前列腺素 F2α 的类似物 latanoprost，临床上用于治疗青光眼，其 2010 年的销售额达到 17.5 亿美元。对于前列腺素的化学合成，以往的合成路线非常繁杂，并伴随收率低与环境污染等问题。因此，发展新型合成技术，实现前列腺素分子的高效、高立体选择性合成是有机化学与药物化学界的重要课题。

前列腺素 F2α ($PGF_{2\alpha}$) 是结构最为复杂的天然前列腺素，又称为地诺前列素，临床上用于引产和堕胎。1969 年，有机合成大师 E. J. Corey[24]首次报道了 $PGF_{2\alpha}$ 的全合成，共需要 17 步反应。该合成路线从 1,3-环戊二烯出发，经 9 步反应得到关键中间体 Corey 内酯 (Corey lactone)，然后经 8 步反应得到 $PGF_{2\alpha}$。合成路线存在产率低、污染环境、路线长等缺点。2012 年，英国布里斯托大学 Aggarwal 团队[25]报道了 $PGF_{2\alpha}$ 更为简洁的全合成方法 (图 3-52)。该合成路线从价格低廉的底物 2,5-二甲氧基四氢呋喃出发，通过 7 步化学反应高立体选择性构建得到 $PGF_{2\alpha}$，总体反应收率为 2.2%~3.3%。合成过程中，最为关键的一步是在脯氨酸催化下，两分子丁二醛通过 Michael-aldol 串联反应高立体选择性地构建得到关键中间体双环烯醛 (98% ee)。所构建的双环烯醛用途广泛，还可用于其他前列腺素及多样性五元碳环骨架的不对称合成。

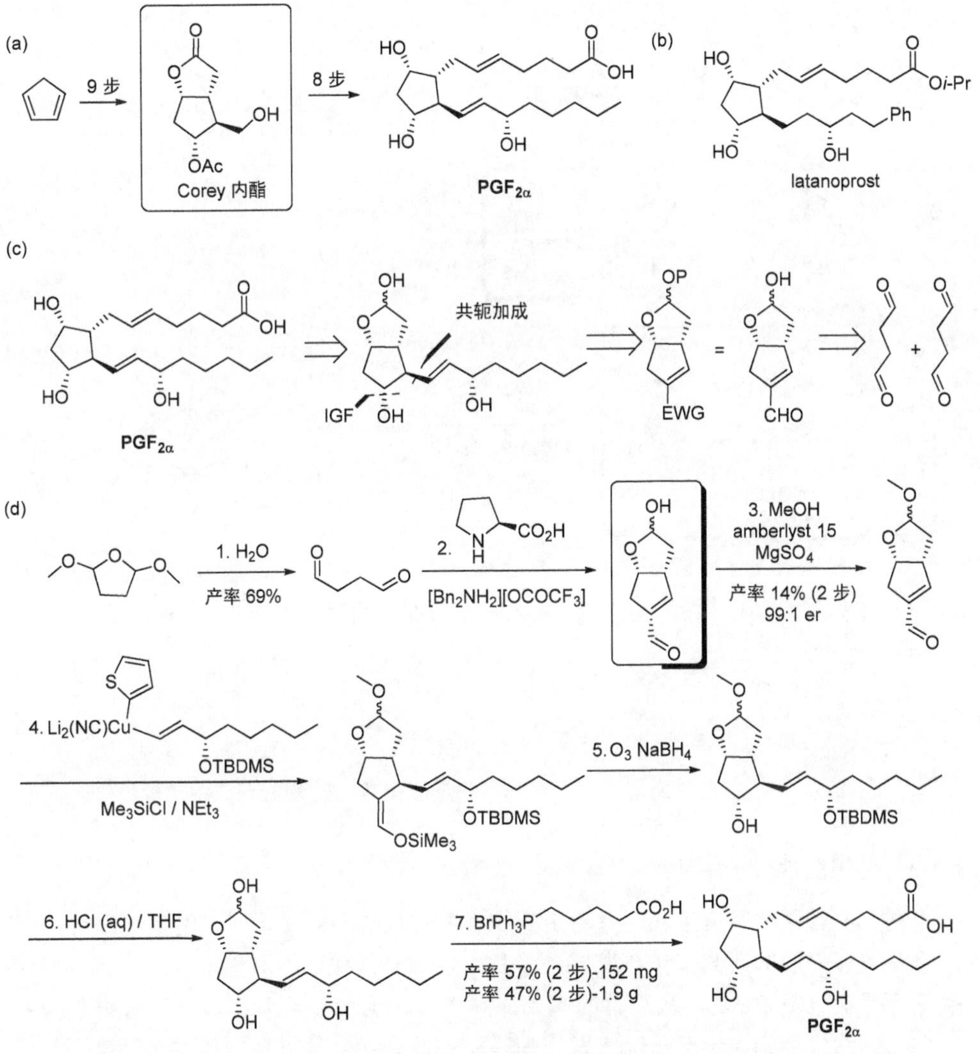

图 3-52 (a) E. J. Corey 报道的 $PGF_{2\alpha}$ 的 17 步合成法；(b) 临床上用于治疗青光眼的 latanoprost；(c) Aggarwal 教授团队对 $PGF_{2\alpha}$ 的反合成分析；(d) 脯氨酸催化的 $PGF_{2\alpha}$ 7 步合成法

前列腺素 E_1 甲酯 (PGE_1 methyl ester) 具有多种药理活性，如降血压、血管扩张、增加血液流动和抗血小板作用等。传统的 PGE_1 甲酯合成路线存在产率低、路线长等缺点。2013 年，日本东北大学 Hayashi 团队[26]报道了更为简便高效的 PGE_1 甲酯全合成路线 (图 3-53)。该路线共 9 步化学反应，总体收率为 14%。以简单的丁二醛与长碳链硝基烯为起始原料，经脯氨醇硅醚催化的 Michael-Henry 串联反应高效构建得到关键中间体。该中间体无需纯化，直接经 Witting 反应得到含多手性中心的环戊烷中间体 (收率 81%)，后经 5 步化学转化得到 PGE_1 甲酯。

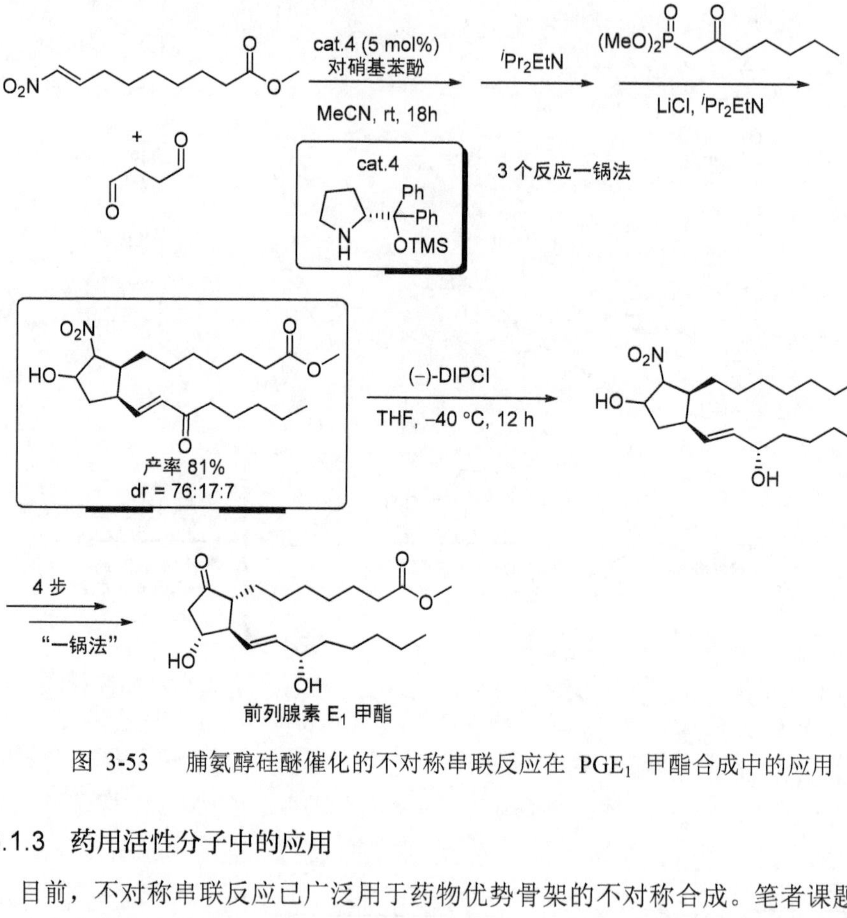

图 3-53　脯氨醇硅醚催化的不对称串联反应在 PGE_1 甲酯合成中的应用

3.5.1.3　药用活性分子中的应用

目前，不对称串联反应已广泛用于药物优势骨架的不对称合成。笔者课题组[27~33]也一直从事该方面的研究工作，发展了多种手性分子催化的不对称串联反应构建多种含硫杂环骨架 (图 3-54)。从简单的起始原料出发，含硫杂环骨架能够以较好的反应收率和立体选择性构建。活性筛选发现吲哚酮螺硫杂环骨架表现广谱的抗肿瘤活性，部分骨架被证实是新型 p53-MDM2 抑制剂，可以作为抗肿瘤的先导结构进行抗肿瘤药物的研发。将不对称串联反应应用到药用活性分子的发现，这为先导结构的发现和优化提供了新的思路。

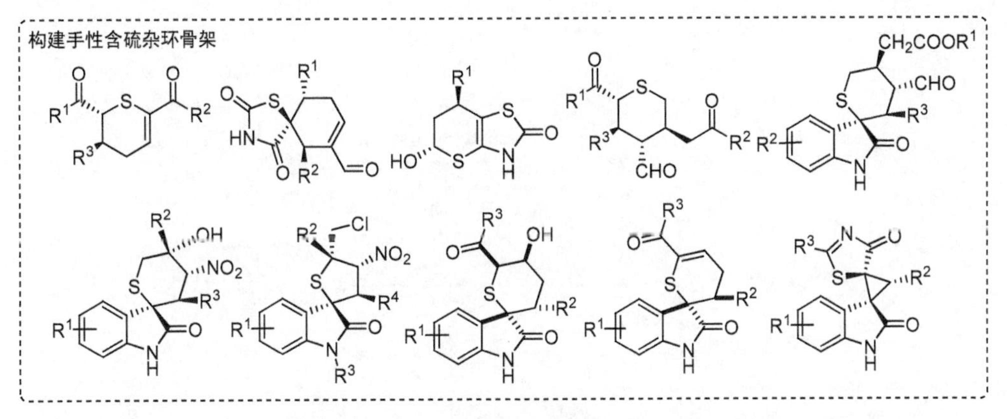

图 3-54　笔者课题组通过不对称串联反应构建的多种手性含硫杂环骨架

3.5.2　不对称多组分反应

多组分反应 (multicomponent reactions，MCRs) 是指三个或三个以上的起始原料进入反应，用“一锅法”生成一个终产物，并在终产物结构中含有所有原料片段的合成方法。手性催化剂催化的多组分反应，可以经简单的起始原料，“一锅法”高立体选择性构建复杂的分子骨架，具有原子经济性高、环境友好、操作简单、方便纯化等优点。近年来，不对称多组分反应 (asymmetric multicomponent reactions，AMCRs) 发展迅速，已被广泛用于药物优势骨架与活性分子的不对称构建。随着不对称合成技术的不断进步，这一领域正蓬勃发展。

3.5.2.1　不对称三组分反应

吲哚酮螺环骨架在天然产物与药物活性分子中广泛分布，具有多种重要的药理活性，如抗肿瘤、抗 HIV、抗寄生虫、抗肥胖等。该类骨架含有螺季碳手性中心，实现高效、高立体选择性构建这些骨架是有机合成的研究热点。南方科技大学谭斌团队[34]发展了双硫脲手性催化剂催化的三组分反应，以重氮吲哚酮、亚硝基芳烃和不饱和硝基为底物，“一锅法”高收率、高立体选择性构建了含有 3 个连续手性中心的吲哚酮螺异噁唑烷骨架 [图 3-55(a)]。此外，兰州的大学许鹏飞团队[35]以奎宁衍生的方酰胺为

(a)
N2
O
N
Boc
+
NO
Cl
+
NO2
R
cat.5 (20 mol%)
PhMe, rt, 6 d
Cl
O
N
R
NO2
O
N
Boc
cat.5
C6F5
C6F5
F3C
S
S
CF3
NH
HN
NH
HN
F3C
CF3
产率 72%~99%
ee > 97%
dr > 99:1

图 3-55

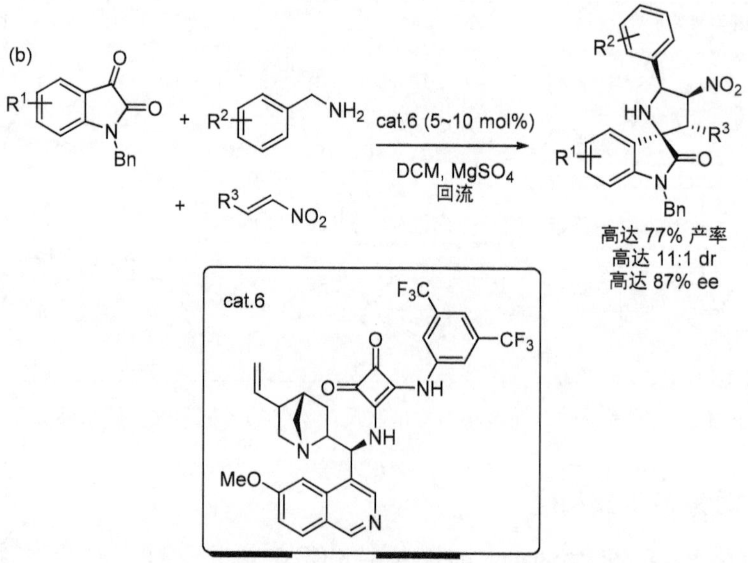

图 3-55　不对称三组分反应构建吲哚酮螺异噁唑烷 (a) 和吲哚酮螺四氢吡咯骨架 (b)

催化剂，以靛红、苄胺和硝基烯为底物，通过不对称三组分反应“一锅法”高效构建了含 4 个手性中心的吲哚酮螺四氢吡咯骨架 [图 3-55(b)]。

吡咯并[1,2-*a*]吲哚骨架在天然产物与药物活性分子中广泛分布，是药理活性的优势骨架。2016 年，西班牙奥维耶多大学 Rodriguez 团队[36]报道了轴手性的磺酰亚胺催化的不对称三组分反应，以 2-醛基吲哚、芳胺和二氢呋喃为底物，高收率、高立体选择性得到了含有 3 个手性中心的吡咯并[1,2-*a*]吲哚骨架 (图 3-56)。

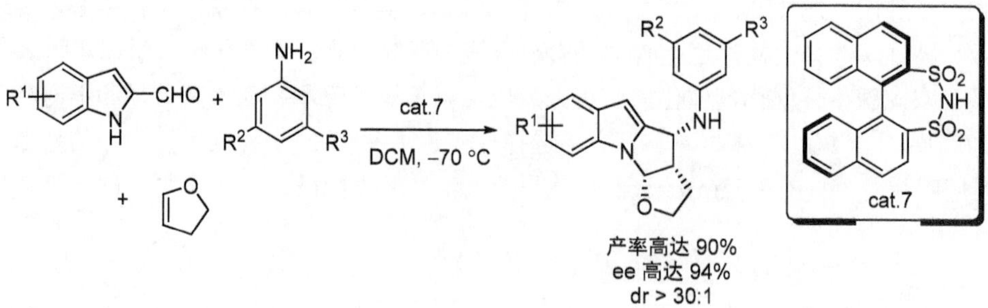

图 3-56　轴手性的磺酰亚胺催化的不对称三组分反应构建吡咯并 [1,2-*a*] 吲哚骨架

四氢吡啶同样是药物中的优势骨架。浙江大学林旭峰团队[37]采用手性磷酸酯催化的不对称三组分反应，以醛、芳胺和 *β*-酮酯为底物，“一锅法”高效构建了含有 2 个手性中心的四氢吡啶骨架 [图 3-57(a)]。此外，德国亚琛工业大学 Dieter Enders 团队[38]以奎宁衍生的方酰胺为催化剂，以 1,3-二羰基化合物、硝基烯和亚胺为底物，通过

Michael/Aza-Henry/cyclization 反应，“一锅法”高效构建了含有 3 个手性中心的四氢吡啶骨架 [图 3-57(b)]。

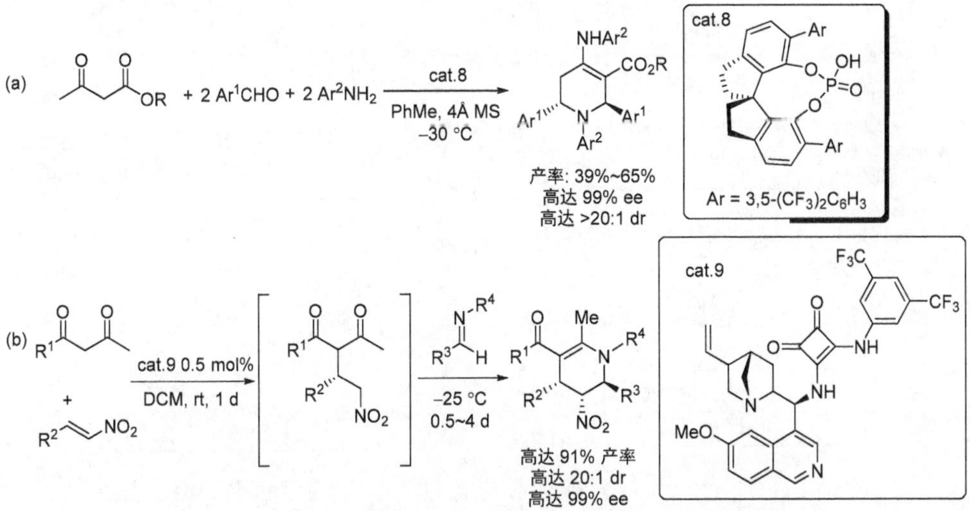

图 3-57 不对称三组分反应在合成四氢吡啶骨架中的应用

3.5.2.2 不对称四组分反应

与三组分反应相比，四组分反应更为复杂。基于反应底物的反应活性不同，筛选设计合适的手性催化剂对其进行识别，实现四种反应底物的反应控制，高立体选择性构建目标骨架，这对于化学家具有极大的挑战。

1959 年，著名的有机化学家 Ivar Karl Ugi[39]报道了 Ugi 四组分反应。以醛或酮、胺、羧酸和异腈为底物，“一锅法”高效构建含有 α-酰胺基的肽类骨架。目前该反应已广泛用于天然产物与药物活性分子的合成中。但传统的 Ugi 反应得到的目标分子为难以分离的消旋体，如何实现 Ugi 四组分反应的手性控制一直是有机化学界的难点。2018 年，南方科技大学谭斌团队[40]采用手性磷酸酯催化，发展了不对称的 Ugi 四组分反应 (图 3-58)。该方法通过选用不同的手性磷酸酯分子，实现了产物的对映选择性构建，具有高反应收率和高立体选择性的特点。

2009 年，华中科技大学龚跃法团队[41]发展了脯氨醇硅醚催化的不对称四组分反应，以醇、两分子烯醛和硝基烯为底物，通过 oxa-Michael/Michael/Michael/aldol 缩合反应，“一锅法”高效构建了含 3 个手性中心的环己烯骨架 [dr > 20:1, ee > 99%, 图 3-59(a)]。2013 年，北京大学黄湧团队[42]以手性磷酸酯为催化剂，以两分子芳胺和两

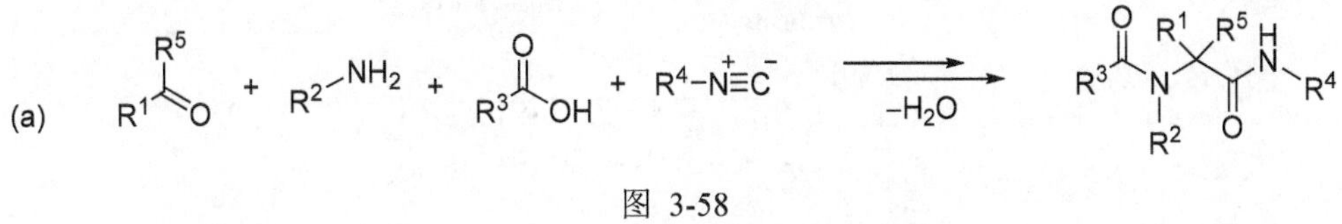

图 3-58

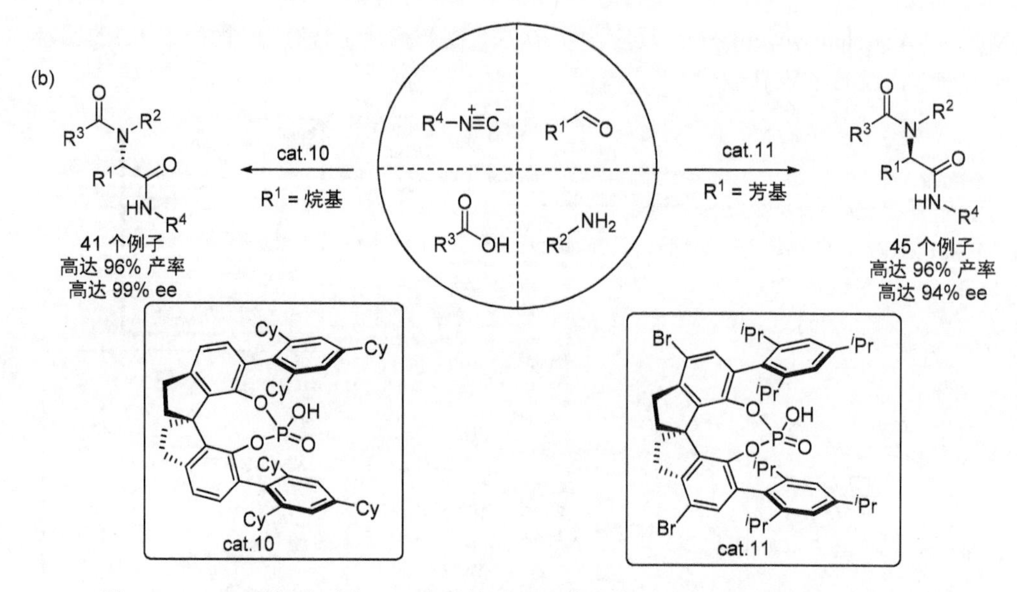

图 3-58 Ugi 四组分反应 (a) 和手性磷酸酯催化的不对称 Ugi 四组分反应 (b)

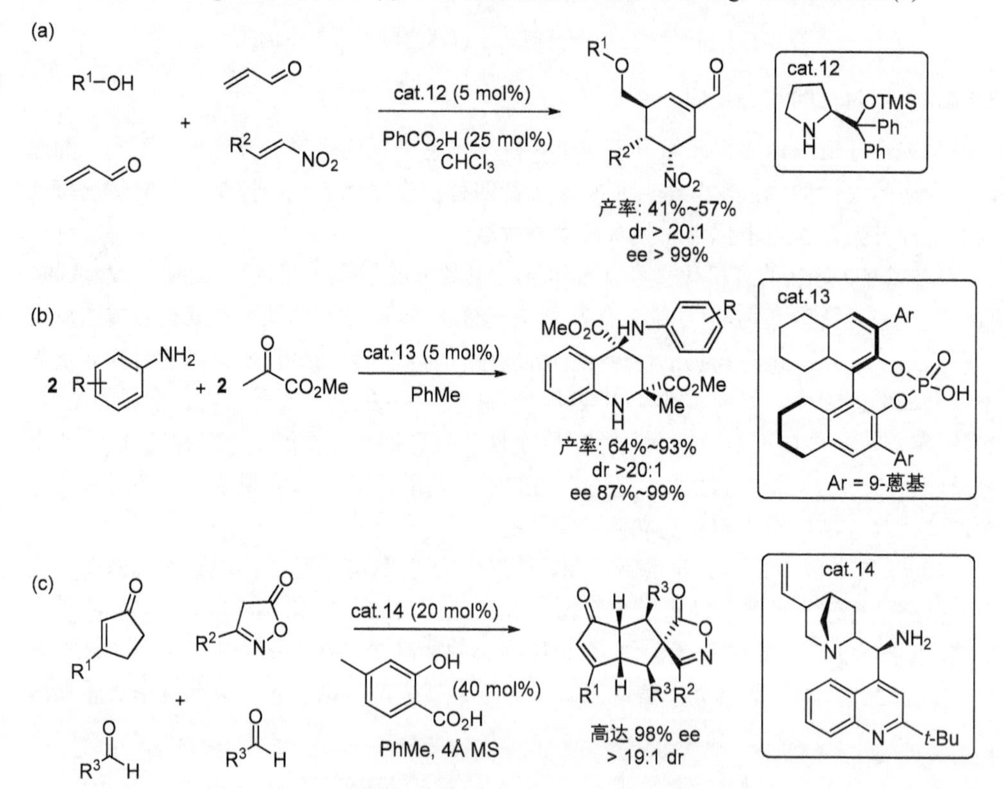

图 3-59 手性催化剂催化的不对称四组分反应构建环己烯骨架 (a)、四氢喹啉骨架 (b) 与螺环骨架 (c)

分子丙酮酸甲酯为底物，通过不对称的四组分反应，高收率、高立体选择性构建了四氢喹啉骨架 [dr > 20:1, 87%~99% ee, 图 3-59(b)]。此外，四川大学陈应春团队[43]以奎宁胺为催化剂，以不饱和酮、两分子醛和异噁酮为底物，通过 [5+1+1+1] 环加成反应构建了含 5 个手性中心的螺环骨架 [图 3-59(c)]。

除有机小分子催化的不对称四组分反应之外，有机小分子与过渡金属联用也可以很好地实现对手性的控制。2008 年，华东师范大学胡文浩团队[44]以手性磷酸酯与二价铑为催化剂，以重氮酯、苄醇、芳胺和芳醛为底物，通过四组分反应构建得到 β-仲氨-α-醚基酯骨架，反应具有高立体选择性的特点 [> 98% ee, 图 3-60(a)]。2015 年，该团队[45]同样使用手性磷酸酯与二价铑为催化剂，以重氮吲哚酮、芳胺、吲哚和乙醛酸乙酯为底物，通过不对称四组分反应"一锅法"高效构建了含有 2 个手性中心的 3,3-二取代-3-吲哚-3′-基吲哚酮骨架 [图 3-60(b)]。

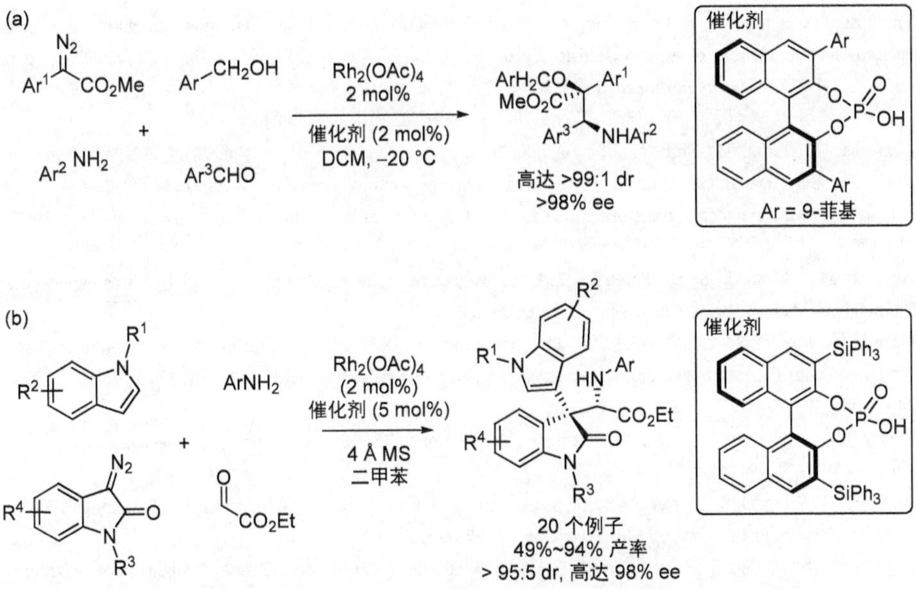

图 3-60 手性磷酸酯与二价铑共同催化的不对称四组分反应

3.5.2.3 不对称五组分反应

不对称五组分反应由于底物更多，实现手性控制的难度更大。目前，相关的研究报道还较少。江苏师范大学石枫团队[46]以手性磷酸酯为催化剂，以两分子芳氨、两分子芳醛和 β-酮酯为底物，通过不对称的五组分反应高效构建了含有 2 个手性中心的四氢吡啶骨架 (图 3-61)。

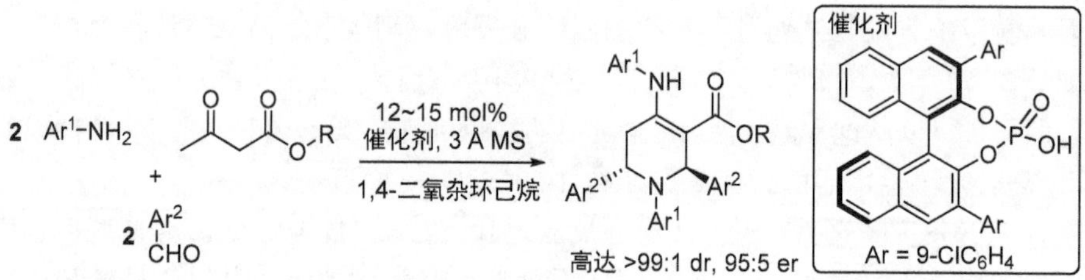

图 3-61 手性磷酸酯催化的不对称五组分反应构建四氢吡啶骨架

参 考 文 献

[1] Niwa, S.; Soai, K. Catalytic asymmetric synthesis of optically active alkynyl alcohols by enantioselective alkynylation of aldehydes and by enantioselective alkylation of alkynyl aldehydes. *J. Chem. Soc., Perkin Trans. 1* **1990**, 937-943.

[2] Thompson, A. S.; Corley, E. G.; Huntington, M. F.; Grabowski, E. J. J. Use of an ephedrine alkoxide to mediate enantioselective addition of an acetylide to a prochiral ketone: asymmetric synthesis of the reverse transcriptase inhibitor L-743,726. *Tetrahedron Lett.* **1995**, *36*, 8937-8940.

[3] 尤启冬，林国强. 手性药物——研究与应用. 北京：化学工业出版社， 2004.

[4] Matsumae, H.; Furui, M.; Shibatani, T.; Tosa, T. Production of optically active 3-phenylglycidic acid ester by the lipase from Serratia marcescens on a hollow-fiber membrane reactor. *J. Ferment. Bioeng.* **1994**, *78*, 59-63.

[5] Klibanov, A. M. Asymmetric transformations catalyzed by enzymes in organic solvents. *Acc. Chem. Res.* **1990**, *23*, 114-120.

[6] Gdaniec, M.; Milewska, M. J.; Połoński, T. Enantioselective Inclusion Complexation of N-Nitrosopiperidines by Steroidal Bile Acids. *Angew. Chem. Int. Ed.* **1999**, *38*, 392-395.

[7] Farina, A.; Meille, S. V.; Messina, M. T.; Metrangolo, P.; Resnati, G.; Vecchio, G. Resolution of Racemic 1,2-Dibromohexafluoropropane through Halogen-Bonded Supramolecular Helices. *Angew. Chem. Int. Ed.* **1999**, *38*, 2433-2436.

[8] Orme, M. W.; Daugan, A. C.-M.; Bombrun, A. Preparation of tetracyclic diketopiperazine compounds as PDE5 inhibitor. WO2001094347A1, 2001.

[9] Burton, J. W.; Clark, J. S.; Derrer, S.; Stork, T. C.; Bendall, J. G.; Holmes, A. B. Synthesis of Medium Ring Ethers. 5. The Synthesis of (+)-Laurencin. *J. Am. Chem. Soc.* **1997**, *119*, 7483-7498.

[10] Egawa, H.; Miyamoto, T.; Matsumoto, J.-I. A New Synthesis of 7*H*-Pyrido[1,2,3-*de*][1,4]benzoxazine Derivatives Including an Antibacterial Agent, Ofloxacin. *Chem. Pharm. Bull. (Tokyo)* **1986**, *34*, 4098-4102.

[11] De Bernardo, S.; Tengi, J. P.; Sasso, G.; Weigele, M. Synthesis of (+)-negamycin from D-glucose. *Tetrahedron Lett.* **1988**, *29*, 4077-4080.

[12] Denis, J. N.; Greene, A. E.; Serra, A. A.; Luche, M. J. An efficient, enantioselective synthesis of the taxol side chain. *J. Org. Chem.* **1986**, *51*, 46-50.

[13] Zhang, W.; Loebach, J. L.; Wilson, S. R.; Jacobsen, E. N. Enantioselective epoxidation of unfunctionalized olefins catalyzed by salen manganese complexes. *J. Am. Chem. Soc.* **1990**, *112*, 2801-2803.

[14] Irie, R.; Noda, K.; Ito, Y.; Matsumoto, N.; Katsuki, T. Catalytic asymmetric epoxidation of unfunctionalized olefins. *Tetrahedron Lett.* **1990**, *31*, 7345-7348.

[15] Lee, N. H.; Muci, A. R.; Jacobsen, E. N. Enantiomerically Pure Epoxychromans via Asymmetric Catalysis. *Tetrahedron Lett.* **1991**, *32*, 5055-5058.

[16] Wang, Z.-M.; Zhang, X.-L.; Sharpless, K. B. Asymmetric dihydroxylation of aryl allyl ethers. *Tetrahedron Lett.* **1993**, *34*, 2267-2270.

[17] Lee, J.-C.; Kim, G. T.; Shim, Y. K.; Kang, S. H. An asymmetric aminohydroxylation approach to the stereoselective synthesis of *cis*-substituted azetidinone of loracarbef. *Tetrahedron Lett.* **2001**, *42*, 4519-4521.

[18] Ohkuma, T.; Koizumi, M.; Yoshida, M.; Noyori, R. General Asymmetric Hydrogenation of Hetero-aromatic Ketones. *Org. Lett.* **2000**, *2*, 1749-1751.

[19] Corey, E. J.; Bakshi, R. K.; Shibata, S. Highly enantioselective borane reduction of ketones catalyzed by chiral oxazaborolidines. Mechanism and synthetic implications. *J. Am. Chem. Soc.* **1987**, *109*, 5551-5553.

[20] Pierce, M. E.; Parsons, R. L.; Radesca, L. A.; Lo, Y. S.; Silverman, S.; Moore, J. R.; Islam, Q.; Choudhury, A.; Fortunak, J. M. D.; Nguyen, D.; Luo, C.; Morgan, S. J.; Davis, W. P.; Confalone, P. N.; Chen, C.-y.; Tillyer, R. D.; Frey, L.; Tan, L.; Xu, F.; Zhao, D.; Thompson, A. S.; Corley, E. G.; Grabowski, E. J. J.; Reamer, R.; Reider, P. J. Practical Asymmetric Synthesis of Efavirenz (DMP 266), an HIV-1 Reverse Transcriptase Inhibitor. *J. Org. Chem.* **1998**, *63*, 8536-8543.

[21] Corey, E. J.; Choi, S. Efficient enantioselective syntheses of chloramphenicol and (*d*)-threo- and (*d*)-erythro-sphingosine. *Tetrahedron Lett.* **2000**, *41*, 2765-2768.

[22] Wang, Y.; Luo, Y.-C.; Zhang, H.-B.; Xu, P.-F. Concise construction of the tetracyclic core of lycorine-type alkaloids and the formal synthesis of α-lycorane based on asymmetric bifunctional thiourea-catalyzed cascade reaction. *Org. Biomol. Chem.* **2012**, *10*, 8211.

[23] Wu, X.; Huang, J.; Guo, B.; Zhao, L.; Liu, Y.; Chen, J.; Cao, W. Enantioselective Michael/aza-Michael/Cyclization Organocascade to Tetracyclic Spiroindolines: Concise Total Synthesis of Kopsinine and Aspidofractine. *Adv. Synth. Catal.* **2014**, *356*, 3377-3382.

[24] Corey, E. J.; Weinshenker, N. M.; Schaaf, T. K.; Huber, W. Stereo-controlled synthesis of prostaglandins F-2a and E-2 (dl). *J. Am. Chem. Soc.* **1969**, *91*, 5675-5677.

[25] Coulthard, G.; Erb, W.; Aggarwal, V. K. Stereocontrolled organocatalytic synthesis of prostaglandin PGF2alpha in seven steps. *Nature* **2012**, *489*, 278-281.

[26] Hayashi, Y.; Umemiya, S. Pot economy in the synthesis of prostaglandin A1 and E1 methyl esters. *Angew. Chem. Int. Ed. Engl.* **2013**, *52*, 3450-3452.

[27] Wang, S.; Chen, S.; Guo, Z.; He, S.; Zhang, F.; Liu, X.; Chen, W.; Zhang, S.; Sheng, C. Synthesis of spiro-tetrahydrothiopyran-oxindoles by Michael-aldol cascade reactions: discovery of potential P53-MDM2 inhibitors with good antitumor activity. *Org. Biomol. Chem.* **2018**, *16*, 625-634.

[28] Wang, S.; Guo, Z.; Chen, S.; Jiang, Y.; Zhang, F.; Liu, X.; Chen, W.; Sheng, C. Organocatalytic Asymmetric Synthesis of Spiro-Tetrahydrothiophene Oxindoles Bearing Four Contiguous Stereocenters by One-Pot Michael-Henry-Cascade-Rearrangement Reactions. *Chem. Eur. J.* **2018**, *24*, 62-66.

[29] Ji, C.; Wang, S.; Chen, S.; He, S.; Jiang, Y.; Miao, Z.; Li, J.; Sheng, C. Design, synthesis and biological evaluation of novel antitumor spirotetrahydrothiopyran-oxindole derivatives as potent p53-MDM2 inhibitors. *Bioorg. Med. Chem.* **2017**, *25*, 5268-5277.

[30] Wang, S.; Jiang, Y.; Wu, S.; Dong, G.; Miao, Z.; Zhang, W.; Sheng, C. Meeting Organocatalysis with Drug Discovery: Asymmetric Synthesis of 3,3'-Spirooxindoles Fused with Tetrahydrothiopyrans as Novel p53-MDM2 Inhibitors. *Org. Lett.* **2016**, *18*, 1028-1031.

[31] Wang, S.; Zhang, Y.; Dong, G.; Wu, S.; Fang, K.; Li, Z.; Miao, Z.; Yao, J.; Li, H.; Li, J.; Zhang, W.; Wang, W.; Sheng, C. Facile assembly of chiral tetrahydrothiopyrans containing four consecutive stereocenters via an organocatalytic enantioselective Michael-Michael cascade. *Org. Lett.* **2014**, *16*, 692-695.

[32] Wang, S.; Zhang, Y.; Dong, G.; Wu, S.; Zhu, S.; Miao, Z.; Yao, J.; Li, H.; Li, J.; Zhang, W.; Sheng, C.; Wang, W. Asymmetric synthesis of chiral dihydrothiopyrans via an organocatalytic enantioselective formal thio [3 + 3] cycloaddition reaction with binucleophilic bisketone thioethers. *Org. Lett.* **2013**, *15*, 5570-5573.

[33] Zhang, Y.; Wang, S.; Wu, S.; Zhu, S.; Dong, G.; Miao, Z.; Yao, J.; Zhang, W.; Sheng, C.; Wang, W. Facile construction of structurally diverse thiazolidinedione-derived compounds via divergent stereoselective cascade organocatalysis and their biological exploratory studies. *ACS. Comb. Sci.* **2013**, *15*, 298-308.

[34] Wu, M. Y.; He, W. W.; Liu, X. Y.; Tan, B. Asymmetric Construction of Spirooxindoles by Organocatalytic

Multicomponent Reactions Using Diazooxindoles. *Angew. Chem. Int. Ed. Engl.* **2015**, *54*, 9409-9413.

[35] Tian, L.; Hu, X. Q.; Li, Y. H.; Xu, P. F. Organocatalytic asymmetric multicomponent cascade reaction via 1,3-proton shift and [3+2] cycloaddition: an efficient strategy for the synthesis of oxindole derivatives. *Chem. Commun. (Camb.)* **2013**, *49*, 7213-7215.

[36] Galvan, A.; Gonzalez-Perez, A. B.; Alvarez, R.; de Lera, A. R.; Fananas, F. J.; Rodriguez, F. Exploiting the Multidentate Nature of Chiral Disulfonimides in a Multicomponent Reaction for the Asymmetric Synthesis of Pyrrolo[1,2-*a*]indoles: A Remarkable Case of Enantioinversion. *Angew. Chem. Int. Ed. Engl.* **2016**, *55*, 3428-3432.

[37] Li, X. J.; Zhao, Y.; Qu, H.; Mao, Z.; Lin, X. F. Organocatalytic asymmetric multicomponent reactions of aromatic aldehydes and anilines with beta-ketoesters: facile and atom-economical access to chiral tetrahydropyridines. *Chem. Commun. (Camb.)* **2013**, *49*, 1401-1403.

[38] Blumel, M.; Chauhan, P.; Hahn, R.; Raabe, G.; Enders, D. Asymmetric synthesis of tetrahydropyridines via an organocatalytic one-pot multicomponent Michael/aza-Henry/cyclization triple domino reaction. *Org. Lett.* **2014**, *16*, 6012-6015.

[39] Ugi, I.; Fetzer, R. M. U.; Steinbrückner C. Versuche mit isonitrilen. *Angew. Chem.* **1959**, *71*, 386-388.

[40] Zhang, J.; Yu, P.; Li, S. Y.; Sun, H.; Xiang, S. H.; Wang, J. J.; Houk, K. N.; Tan, B. Asymmetric phosphoric acid-catalyzed four-component Ugi reaction. *Science* **2018**, 361.

[41] Zhang, F. L.; Xu, A. W.; Gong, Y. F.; Wei, M. H.; Yang, X. L. Asymmetric organocatalytic four-component quadruple domino reaction initiated by oxa-Michael addition of alcohols to acrolein. *Chem. Eur. J.* **2009**, *15*, 6815-6818.

[42] Luo, C.; Huang, Y. A highly diastereo- and enantioselective synthesis of tetrahydroquinolines: quaternary stereogenic center inversion and functionalization. *J. Am. Chem. Soc.* **2013**, *135*, 8193-8196.

[43] Xiao, W.; Zhou, Z.; Yang, Q.-Q.; Du, W.; Chen, Y.-C. Organocatalytic Asymmetric Four-Component [5+1+1+1] Cycloadditions via a Quintuple Cascade Process. *Adv. Synth. Catal.* **2018**, *360*, 3526-3533.

[44] Xu, X.; Zhou, J.; Yang, L.; Hu, W. Selectivity control in enantioselective four-component reactions of aryl diazoacetates with alcohols, aldehydes and amines: an efficient approach to synthesizing chiral beta-amino-alpha-hydroxyesters. *Chem. Commun. (Camb.)* **2008**, 6564-6566.

[45] Jing, C.; Xing, D.; Hu, W. Catalytic Asymmetric Four-Component Reaction for the Rapid Construction of 3,3-Disubstituted 3-Indol-3'-yloxindoles. *Org. Lett.* **2015**, *17*, 4336-4339.

[46] Shi, F.; Tan, W.; Zhu, R.-Y.; Xing, G.-J.; Tu, S.-J. Catalytic Asymmetric Five-Component Tandem Reaction: Diastereo- and Enantioselective Synthesis of Densely Functionalized Tetrahydropyridines with Biological Importance. *Adv. Synth. Catal.* **2013**, *355*, 1605-1622.

（王胜正，刘娜）

第 4 章 药物合成设计中的选择性控制

在药物合成设计中，应用某一反应和试剂合成目标化合物时，尤其是合成复杂分子时，通常会涉及反应选择性的问题。

4.1 选择性的定义和分类

4.1.1 选择性的定义

反应的选择性 (selectivity) 是指一个反应可能在不同的底物或同一底物的不同部位和方向进行，从而形成几种产物时的选择程度。

不同底物之间的反应性差异亦称底物选择性，即在同一反应中，两个或多个反应底物产生竞争反应时的选择性。例如，$NaBH_4/CeCl_3$ 试剂可选择性还原 α,β-不饱和醛酮 (图 4-1)，这一方法已被广泛应用于复杂体系中的合成。

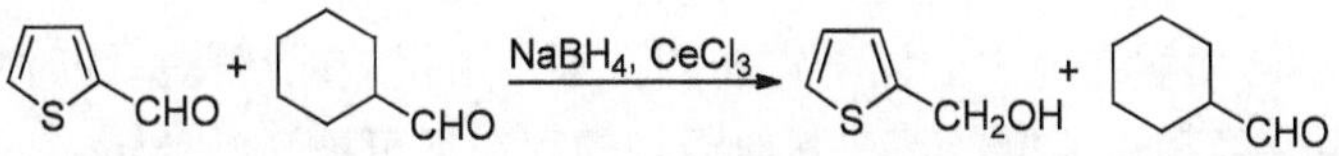

S CHO + CHO $\xrightarrow{NaBH_4,\ CeCl_3}$ S CH_2OH + CHO

图 4-1 底物选择性反应

同一底物不同部位上的反应性差异亦称产物选择性，即在同一反应中，同一底物中两个或多个位置、基团或反应面产生竞争反应时的选择性。

实际上，在绝大多数情况下，涉及的都是同一分子中不同位置间的反应选择性差异，因此，本章主要围绕这一主题讨论反应的选择性控制问题。

4.1.2 选择性的分类

反应的选择性从反应的底物和产物两方面来考察，通常可以分为化学选择性、区域选择性和立体选择性 3 类。

4.1.2.1 化学选择性

化学选择性 (chemoselectivity) 是指反应物中官能团化学反应活性大小差异产生的选择性，即不同官能团或处于不同化学环境中的相同官能团在不利用保护基团或活化基团时区别反应的能力，或一个官能团在同一反应体系中可能生成不同官能团产物的控制情况。

化学选择性反应的困难程度取决于两个或两个以上基团的相似性，如果官能团属于不同类型，例如羰基和烯键，就比较容易区别。如果官能团属于同一类型，例如同一分子中有两个或两个以上不同的羰基 (酮羰基、羧酸羰基及酯羰基)，区别就难一些。但在大多数反应中，同一分子内的官能团之间的反应通常是有区别的，至少在某种程度上是有区别的，利用这种区别就可以进行选择性反应。化学选择性反应中涉及最多的通常是选择性氧化反应、选择性还原反应、官能团的选择性保护和脱保护反应等，该部分将在选择性控制方法中详细介绍。

（1）不同官能团在不利用保护或活化基团时的反应选择性

例如，在同时存在羧基、酯基和酮基的多官能团化合物中，由于羰基的反应活性存在显著差异，因而很容易找到合适的试剂和条件对酮羰基进行高度选择性还原或格氏反应 (图 4-2)。

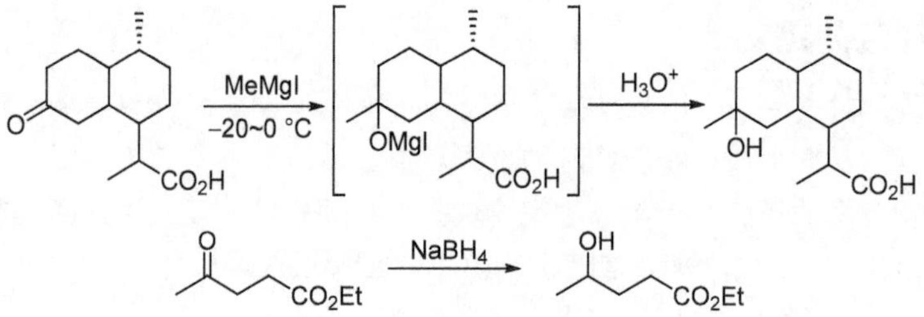

MeMgI, –20~0 °C; OMgI; H_3O^+; OH; CO_2H; $NaBH_4$; CO_2Et

图 4-2　不同羰基的选择性还原和格式反应

（2）处于不同化学环境中的同一官能团在不利用保护或活化基团时的反应选择性

例如，烯丙位羟基和苄位羟基在其他羟基的存在下可被活性 MnO_2、Ag_2CO_3/Celite 等选择性氧化 (图 4-3)。

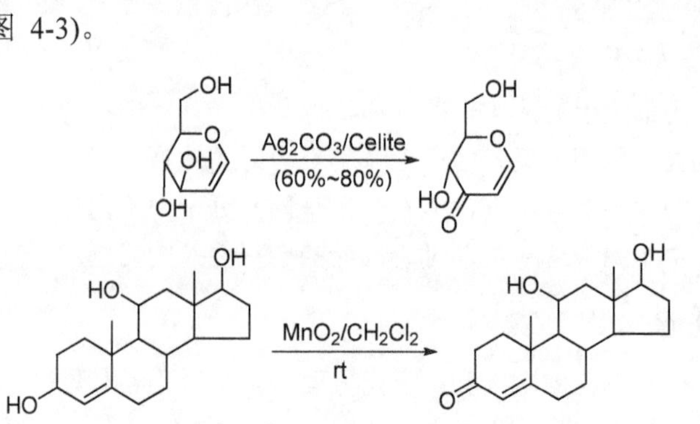

Ag_2CO_3/Celite (60%~80%); MnO_2/CH_2Cl_2, rt; OH; HO; O

图 4-3　不同化学环境中羟基的选择性氧化

（3）同一官能团在同一反应体系中的反应选择性

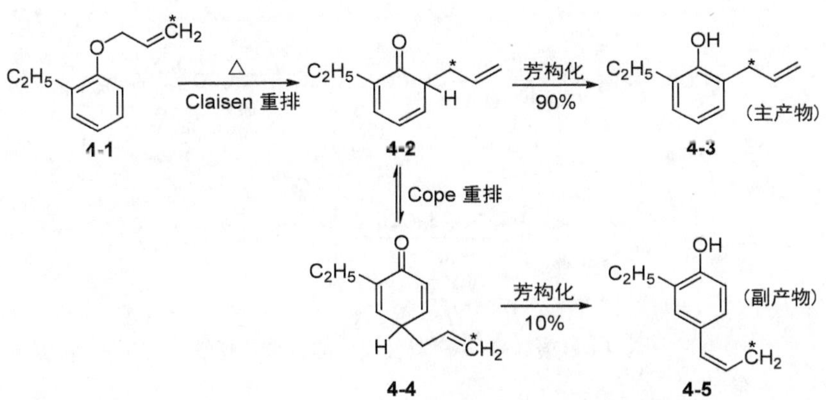

图 4-4　同一反应体系中芳基烯丙基醚重排的反应选择性

例如，上述芳基烯丙基醚 (**4-1**) 的 Claisen 重排反应 (图 4-4)，产物以邻烯丙基酚 (**4-3**) 为主。从反应机制上看，芳基烯丙醚经 Claisen 重排生成邻烯丙基环己二烯酮 (**4-2**)，该活泼中间体一方面可芳构化为邻烯丙基酚；另一方面，也可进一步通过 Cope 重排，再芳构化为对烯丙基酚 (**4-5**)，但最终产物以邻烯丙基酚 (**4-3**) 为主。

从标记碳 (*) 的位置来看，邻烯丙基酚 (**4-3**) 的烯丙基顺序只反转一次；而对烯丙基酚的烯丙基 (**4-5**) 顺序反转了两次，即先发生 Claisen 重排，后发生 Cope 重排，由于 Claisen 重排后生成的邻烯丙基环己二烯酮活泼中间体 (**4-2**) 的芳构化速度大于其发生 Cope 重排的速度，所以产物以邻位异构体为主。若两个邻位均被取代基占据 (**4-6**)，则得对位重排产物 (**4-7**) (图 4-5)。

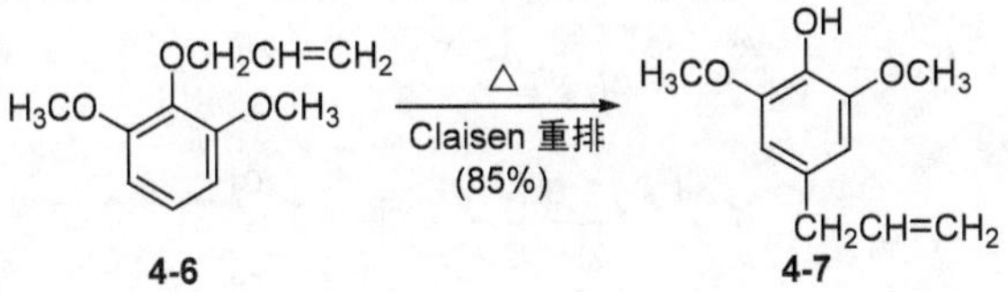

图 4-5　以对位重排产物为主的芳基烯丙基醚重排

4.1.2.2　区域选择性

区域选择性 (regioselectivity) 是指分子中同一官能团周围不同反应位点活性差异产生的反应选择性。通常涉及的是羰基两侧的 α-位、双键或环氧物两侧位置上的选择性反应，环加成反应，α,β-不饱和体系的 1,2-加成与 1,4-加成和烯丙基正离子或游离基的 1,3-选择反应等。

例如，在羰基的 α-卤取代反应中 (图 4-6)，不对称酮 2-戊酮 (**4-8**) 和 2-甲基环

己酮 (**4-11**) 的酸催化卤取代均主要得到在烷基较多的 α-位上卤取代的酮 (**4-9** 与 **4-12**)。

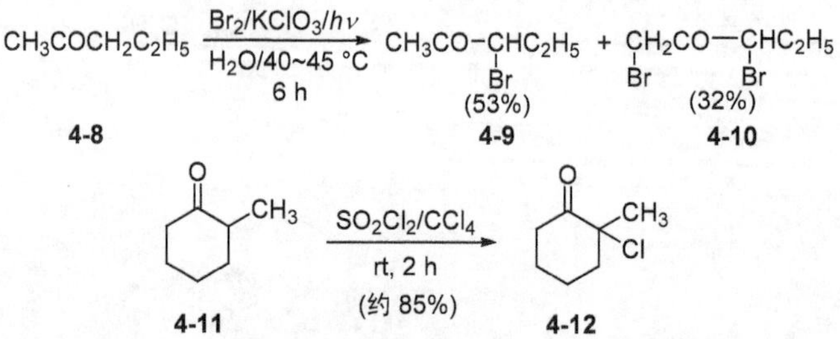

$$\underset{\textbf{4-8}}{CH_3COCH_2C_2H_5} \xrightarrow[H_2O/40\sim45\ ^\circ C,\ 6\ h]{Br_2/KClO_3/h\nu} \underset{\textbf{4-9}\ (53\%)}{CH_3CO-CH(Br)C_2H_5} + \underset{\textbf{4-10}\ (32\%)}{CH_2(Br)CO-CH(Br)C_2H_5}$$

$$\textbf{4-11} \xrightarrow[rt,\ 2\ h\ (约\ 85\%)]{SO_2Cl_2/CCl_4} \textbf{4-12}$$

图 4-6 羰基的 α-卤取代反应的区域选择性

4.1.2.3 立体选择性

立体选择性 (stereoselectivity) 是指同一反应位点产生不同立体异构体的选择情况，即反应优选生成一个 (或多个) 仅仅是构型差异的不同产物，这种立体选择性反应又可分为两种类型：非对映选择性 (diastereoselectivity) 和对映选择性 (enantioselectivity)。前者还包括顺反几何异构体的选择性反应，以及引入手性辅助基团的不对称反应。

（1）非对映选择性

当反应可能生成的异构体产物为非对映异构体且实际只选择性地生成一个或主要是一个非对映异构体，即非对映异构体过量 (de) 时，则该反应称为非对映选择性反应。非对映选择性可进一步细分为简单非对映选择性和绝对非对映选择性两种。

当一个非手性底物和一个非手性试剂反应有两个或更多的立体中心生成时，就属于简单的非对映选择性。这类反应的产物将是非手性的或是外消旋的。例如，下列三个反应就是简单的非对映选择性反应 (图 4-7)。

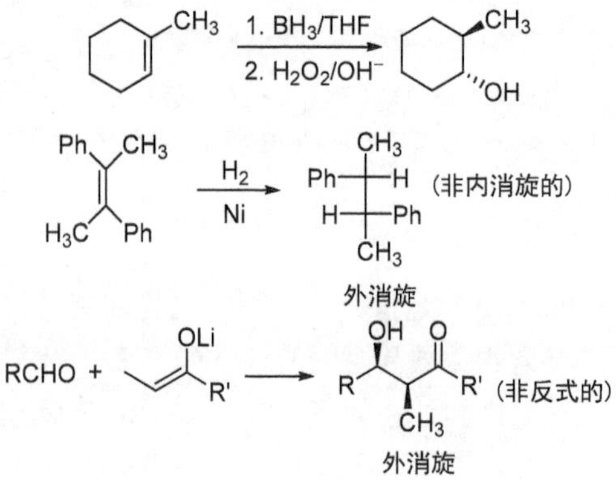

$$\xrightarrow[2.\ H_2O_2/OH^-]{1.\ BH_3/THF}$$

$$\xrightarrow[Ni]{H_2}\ (非内消旋的)\ 外消旋$$

$$RCHO + \ldots \longrightarrow \ldots\ (非反式的)\ 外消旋$$

图 4-7 简单的非对映选择性反应

绝对非对映选择性存在于一个手性底物和一个非手性试剂反应中。若反应原料是非外消旋的，那么，产物也将是非外消旋的，即非对映异构体过量。例如，下面两个反应就属于绝对非对映选择性反应 (图 4-8)。

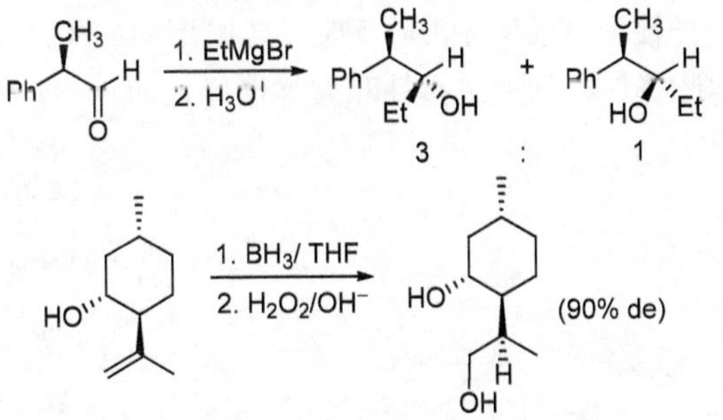

图 4-8　绝对非对映选择性反应

（2）对映选择性

当反应可能生成的两种异构体产物为对映异构体且实际只选择性地生成一个或主要是一个对映异构体，即对映异构体过量 (ee) 时，称该反应为对映选择性反应。例如，下面烯丙醇 (**4-13**) 的 Sharpless 环氧化反应就属于对映选择性反应 (图 4-9)。

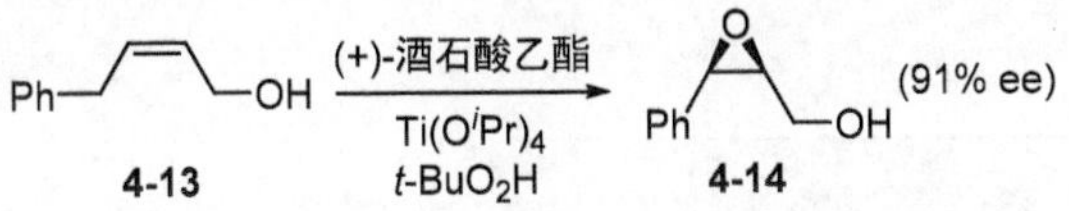

图 4-9　对映选择性烯丙醇的 Sharpless 环氧化反应

总之，在上述的三种选择性问题中，化学选择性比较易于理解，而区域选择性和立体选择性相对比较复杂，以下两个例子可以说明它们的异同。

如图 4-10 所示，不饱和羧酸的卤内酯化反应 (halolactonization) 中，产物 A

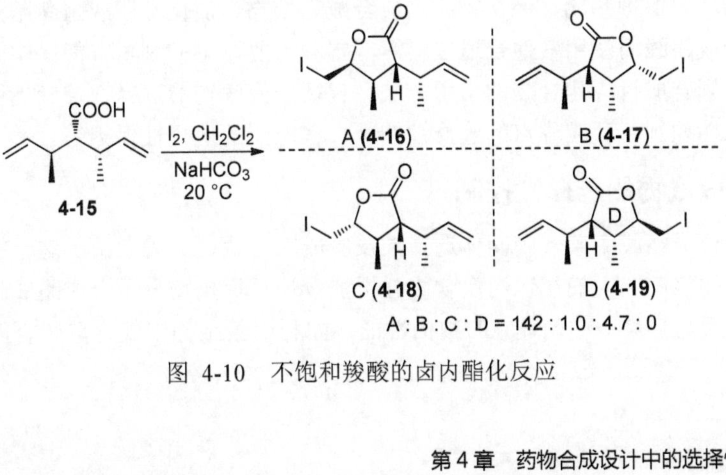

A : B : C : D = 142 : 1.0 : 4.7 : 0

图 4-10　不饱和羧酸的卤内酯化反应

(**4-16**) 和 B (**4-17**)、C (**4-18**) 和 D (**4-19**) 之间为区域选择性关系；产物 A 和 C、B 和 D 之间为立体选择性关系。其中，A 为主产物，B、C 为副产物，而理论上可能的产物 D 实际并没有生成。

图 4-11 中的 Diels-Alder 反应，亲双烯体 (**4-20**) 的两侧烯键活性差异以及双烯体烯烃两端的电性差异使得 Diels-Alder 反应表现出不同的反应性质，利用这样的性质就可分别达到化学选择性、区域选择性和立体选择性的目的。

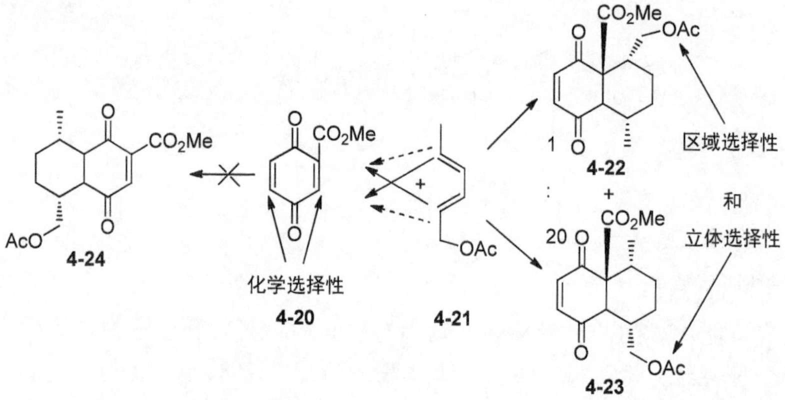

图 4-11 Diels-Alder 反应中的化学选择性、区域选择性和立体选择性

4.2 选择性控制方法

运用反合成分析法对复杂结构的药物分子进行合成路线设计及正向反应检查时，通常必须考虑上述三种选择性控制问题。由于合成过程涉及的中间体经常是多官能团的，而目标化合物又都是特定结构，因此，理想的解决办法就是采用高选择性的有机反应。但是，合成中也经常出现缺少进行有效选择性反应的情况，于是常采用迂回的方法。例如利用保护基团、潜在官能团或合成等价物、活化基团或阻断基团等方法，甚至改变合成路线而使用其他合适原料等。本章主要讨论控制多官能团中间体进行选择性反应直到合成目标化合物的常用方法，包括反应底物的选择性控制、反应试剂和条件的选择性控制、反应位点的选择性控制、官能团的选择性保护等。

4.2.1 反应底物的选择性控制

对药物合成路线中某一中间体选择性反应成功与否，首先取决于这一中间体即反应底物的结构状况。人们在运用反合成分析法设计目标药物分子合成路线时，可以通过主动控制反应底物 (中间体) 的结构特征，如利用其结构中仅含单个官能团或多官能团存在显著的反应活性差异，控制反应的选择性，达到预期选择性反应的目的。

例如，在下述同时存在羧基和酮基的多官能团底物 **4-25** 中，由于羧基和酮基的反应活性存在显著差异即化学选择性，人们就可以利用合适的试剂和条件对酮羰基进行选择性还原 (图 4-12)。

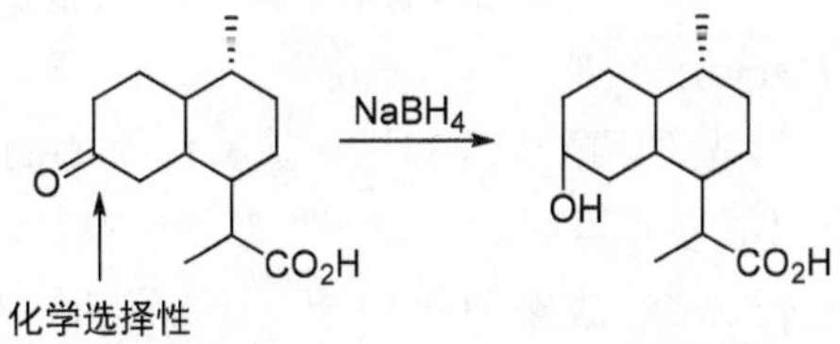

$NaBH_4$

化学选择性

4-25 4-26

图 4-12 羧基和酮基的选择性还原

但如果要使底物中反应活性低的羧基发生选择性反应，则就很难找到直接的办法，通称需采用选择性保护酮羰基的方法。酮羰基保护后，其反应性质就发生了根本变化，就可以达到对羧基进行选择性反应的目的。有关官能团的选择性保护将在本章的后面详细介绍。

此外，如果要对化合物 **4-27** 进行酸催化脱水反应，因缺少有效的选择性反应的控制因素而得到 1:1 的两个性质接近的反应产物 (图 4-13)。这时就很难找到满意的选择反应，只能采取分离的手段或改变合成路线。因此，在合成设计时应尽量避免这种情况发生。

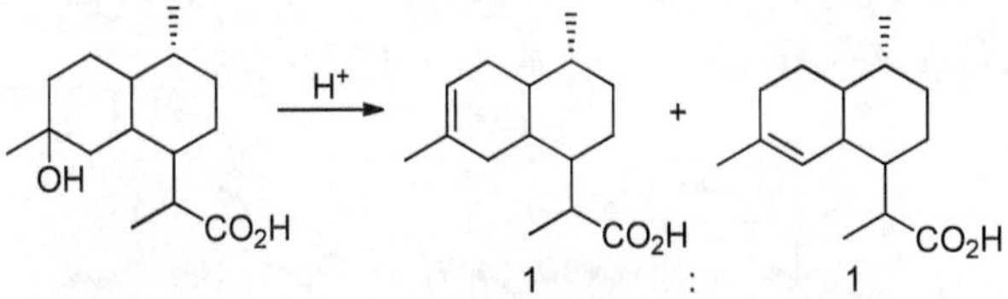

H^+

4-27 4-28 (1) : 4-29 (1)

图 4-13 非选择性羟基酸催化脱水反应

总之，在药物合成路线设计中，通过控制反应底物 (中间体) 的结构来达到反应选择性地朝预期方向进行的方法常受到其他因素限制。

4.2.2 反应试剂和条件的选择性控制

选择合适的反应试剂和条件通常就可以获得反应所需的选择性，这是目前有机合成方法学研究的一个热点，也是反应选择性控制最重要的方法。下面，本章结合典型官能团采用不同的反应试剂和条件进行选择性反应的实例详细介绍这些控制方法。

4.2.2.1 羟基的选择性氧化

氧化反应的选择性往往较差，例如，用 $KMnO_4$ 氧化伯醇、仲醇制取醛酮的用处不大，原因是 $KMnO_4$ 的选择性差，伯醇常被直接氧化成酸，仲醇被氧化生成的酮，当酮的 α-碳原子上有氢原子时，可被烯醇化，进而被氧化断裂，使酮的收率降低。然而，活性 MnO_2、Ag_2CO_3/Celite、DMSO、O_2/Pt 等具有很好的氧化选择性。

（1）活性二氧化锰 (MnO_2) 氧化

活性二氧化锰 (MnO_2) 是烯丙醇或苄醇进行选择性氧化的理想试剂，反应条件温和，常在室温下反应，反应缓慢时可回流加热，收率均较高。例如，肉桂醛 (**4-31**) 和 4α,3-*O*-亚异丙基吡多醛 [利尿药盐酸西氯他宁 (cicletanine hydrochloride) 中间体] (**4-33**) 的制备 (图 4-14)。

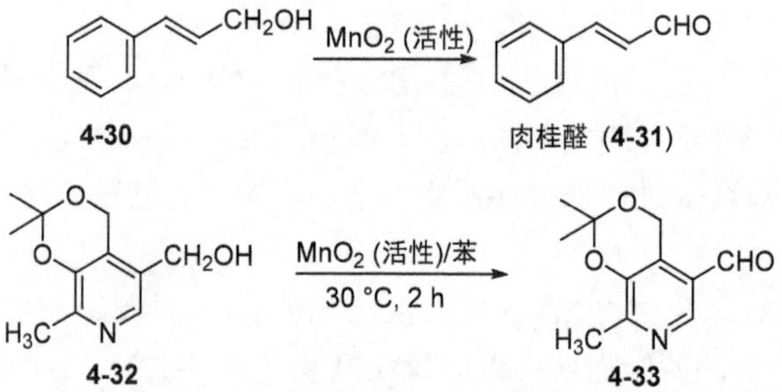

图 4-14 活性二氧化锰选择性氧化烯丙醇或苄醇的反应

特别是在同一分子中有烯丙位羟基 (或苄位羟基) 和其他羟基共存时，活性 MnO_2 可优先氧化烯丙位羟基 (或苄位羟基) (图 4-15)。

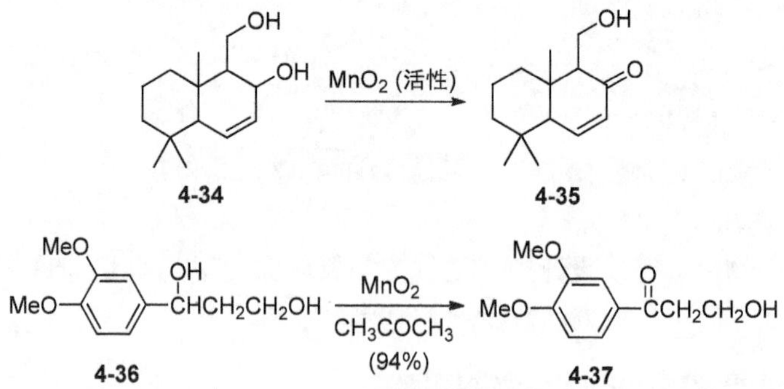

图 4-15 活性 MnO_2 选择性氧化烯丙位羟基或苄位羟基的反应

（2）碳酸银 (Ag_2CO_3) 氧化

由硝酸银和碳酸钠反应制得的碳酸银 (Ag_2CO_3) 是选择性氧化伯醇、仲醇的较理想试剂，反应通常将 Ag_2CO_3 沉积在硅藻土 (Celite) 上使用，这样可使过滤变得容易，因此，Ag_2CO_3/Celite 氧化剂具有反应条件温和、后处理方便的优点，并能以较高收率分离得到产品。

通常情况下，位阻大的羟基不易被氧化，优先氧化仲醇，但烯丙位羟基较仲醇更易被氧化；1,4-、1,5- 和 1,6- 等二元伯醇氧化时，可生成相应的环内酯，而其他二元伯醇被正常地氧化成羟基醛，二元仲醇被氧化为羟基酮，二元 (一伯一仲) 醇也被氧化为羟基酮 (图 4-16)。

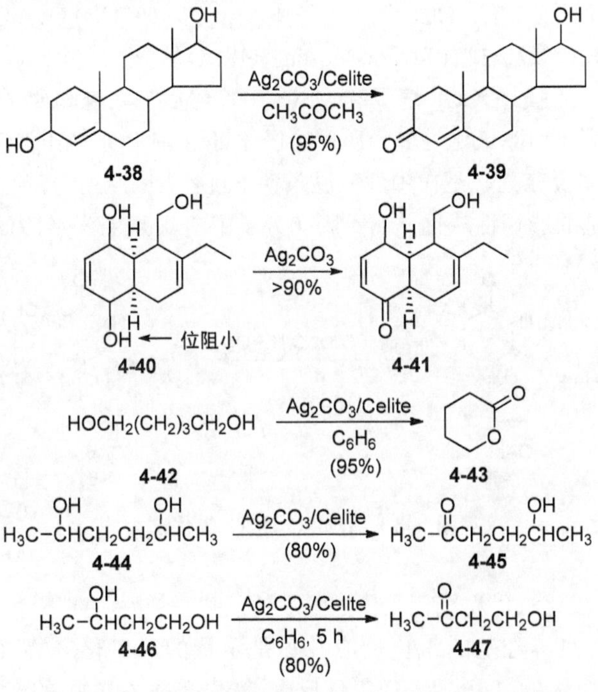

图 4-16 碳酸银选择性氧化伯醇、仲醇的反应

化学性质完全一致的仲羟基在试剂用量控制的条件下也能达到单边氧化的目的，Fitizon 等曾用 Ag_2CO_3/Celite 将 1,4-环己二醇 (**4-48**) 氧化为 4-羟基环己酮 (**4-49**) (图 4-17)。

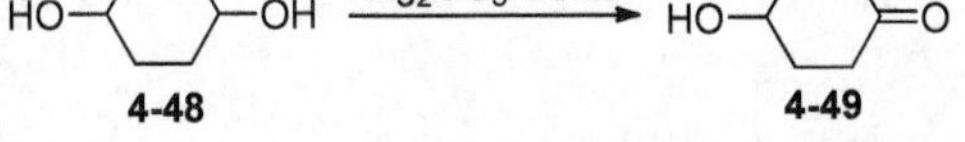

图 4-17 1,4-环己二醇氧化为 4-羟基环己酮的反应

(3) 二甲亚砜 (DMSO) 氧化

DMSO 可由各种强亲电试剂 (E) 活化，生成活性锍盐，极易和醇反应形成烷氧

基锍盐，接着发生消除反应，生成醛或酮 (图 4-18)。

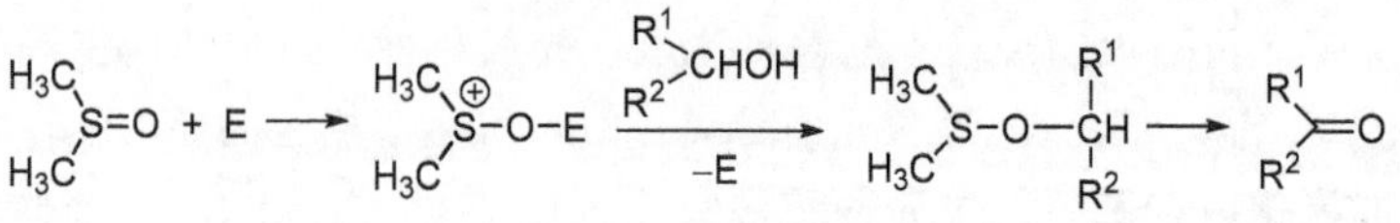

H_3C, H_3C S=O + E → H_3C, H_3C $\overset{\oplus}{S}$—O—E —(R^1R^2CHOH, −E)→ H_3C, H_3C S—O—CH(R^1)(R^2) → R^1R^2C=O

图 4-18 二甲亚砜氧化反应

常用强亲电试剂 (E) 有：DCC/质子给予体，Ac_2O，$(CF_3CO)_2O$，$SOCl_2$，$(COCl)_2$ 等。

① DMSO-DCC 氧化法 (Pfitznor-Moffat 氧化法)

二环己基碳二亚胺 (DCC) 溶于 DMSO 中，然后加入醇和质子给予体进行反应可将仲醇氧化为酮、伯醇氧化为醛；质子给予体可用 H_3PO_4、CF_3CO_2H、吡啶-磷酸、吡啶-三氟乙酸等。反应几乎是在中性室温条件下进行，广泛用于带有酸敏基团的糖类及甾体化合物羟基的选择性氧化，而不影响分子中的双键 (图 4-19)。

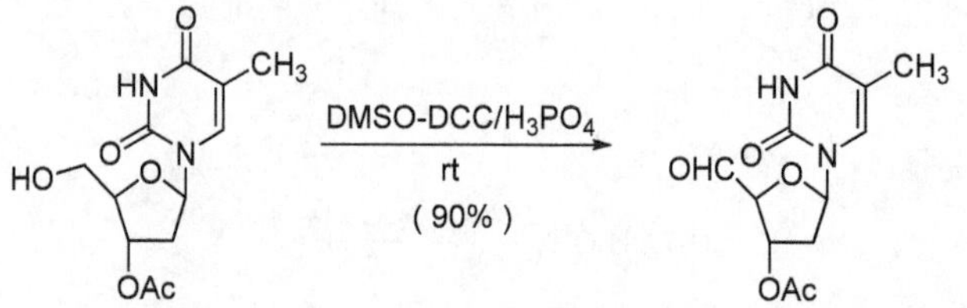

HO, HN, O, N, CH_3, OAc — **4-50** —(DMSO-DCC/H_3PO_4, rt, (90%))→ OHC, HN, O, N, CH_3, OAc — **4-51**

图 4-19 DMSO-DCC 氧化法

DMSO-DCC 氧化法优先氧化立体位阻小的羟基。例如，在下面的甾体化合物中，对立体位阻小的 11α-羟基的氧化反应几乎是定量的，氧化产物 (**4-53**) 的产率为 99%，而对立体位阻大的 11β-羟基的氧化反应，氧化产物 (**4-55**) 的产率仅为 6.2% (图 4-20)。本法的缺点是所用的 DCC 毒性较大，反应中副产物尿素衍生物较难除去。

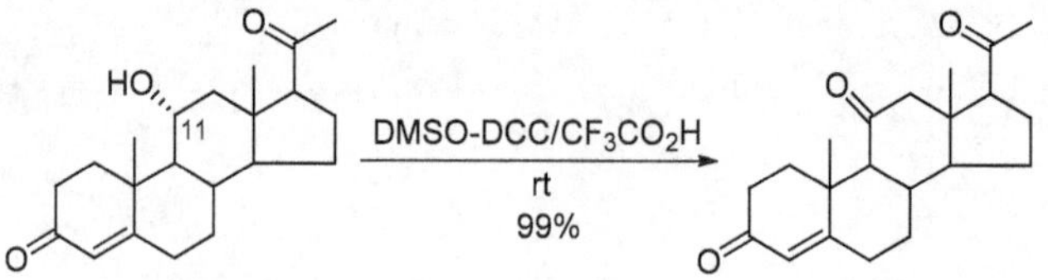

HO, 11, O — **4-52** —(DMSO-DCC/CF_3CO_2H, rt, 99%)→ **4-53**

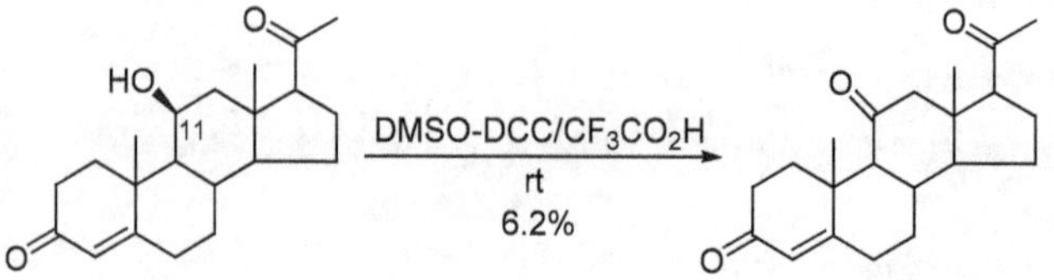

HO, 11, O — **4-54** —(DMSO-DCC/CF_3CO_2H, rt, 6.2%)→ **4-55**

图 4-20 DMSO-DCC 氧化法中的选择性

② DMSO-Ac_2O 氧化法 (Albright-Goldman 氧化法)

本法用 Ac_2O 代替 DCC 作活化剂，可避免 DMSO-DCC 法毒性大及副产物难处理两大缺点，常不加其他溶剂，也不需加质子给予体，且优先氧化立体位阻大的羟基，是 DMSO-DCC 法的一个补充 (图 4-21)。本法在氧化位阻大的羟基时，若分子中有位阻小的羟基存在，则会有乙酰化副产物产生而影响氧化反应产率。

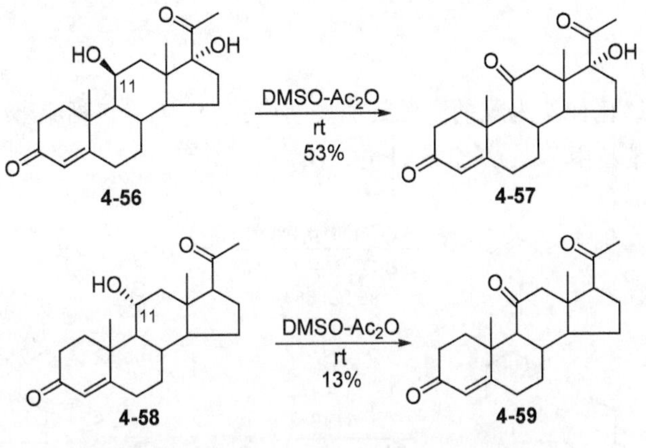

图 4-21 DMSO-Ac_2O 氧化法中的选择性

（4）O_2/Pt 氧化法

伯羟基和仲羟基同时存在时，铂催化下通氧气可选择性地氧化伯醇为羧酸。例如，底物分子 **4-60** 中的伯醇被选择性氧化为羧酸后随即发生内酯化反应而最后产生内酯产物 **4-61** (图 4-22)。

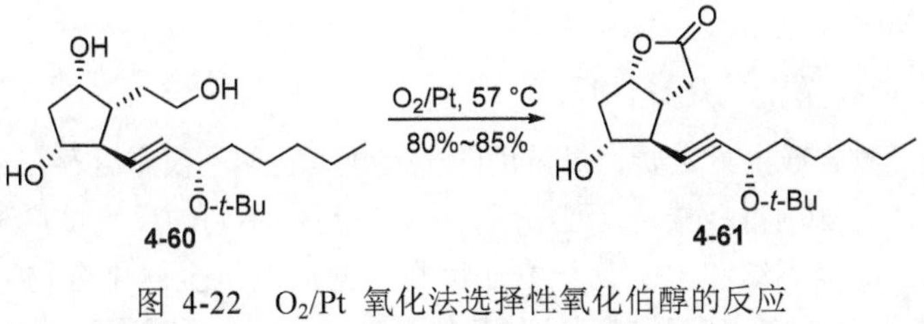

图 4-22 O_2/Pt 氧化法选择性氧化伯醇的反应

（5）羰基化合物氧化 (Oppenauer 氧化)

Oppenauer 氧化是羰基化合物 (丙酮或环己酮等) 在烷氧基铝 (异丙基铝或叔丁基铝) 催化下选择性氧化仲醇为酮的有效反应，酮的收率高。

本法已被广泛应用于甾醇的氧化，特别是能选择性地将烯丙位仲醇氧化 α,β-不饱和酮，而对其他基团无影响，但在甾醇氧化反应中，常有双键的移位，以生成 α,β-位的共轭酮 (**4-63**) (图 4-23)。

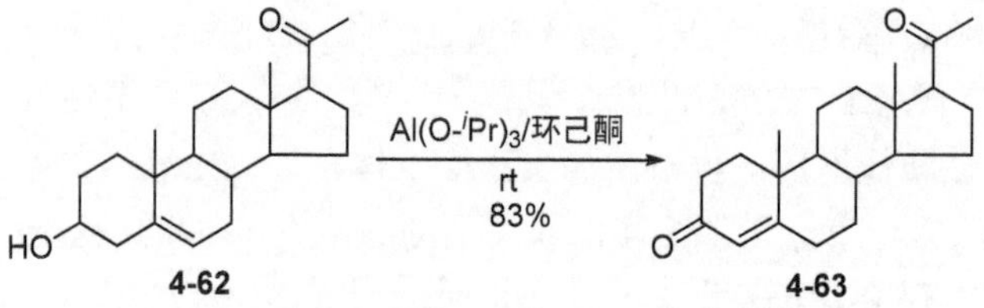

图 4-23　羰基化合物氧化 (Oppenauer 氧化)

（6）其他氧化方法

其他选择性氧化仲醇为酮的方法还有很多 (图 4-24)，包括硝酸铈铵氧化、*N*-卤代酰胺氧化、三苯基甲基四氟化硼 ($Ph_3C^+BF_4^-$) 氧化等。

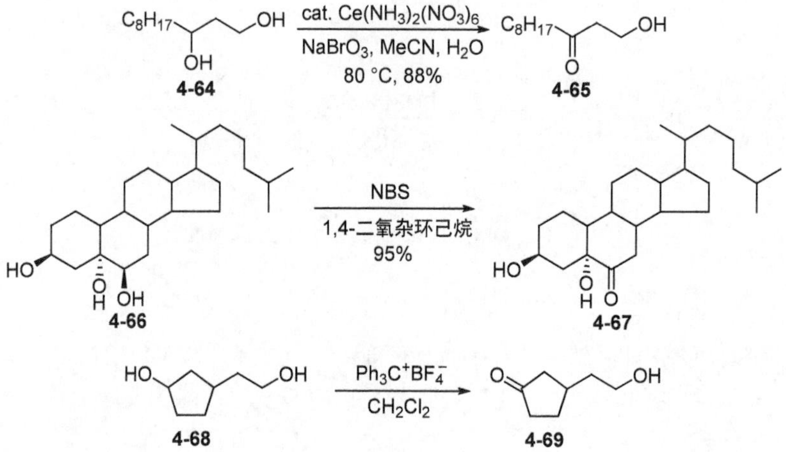

图 4-24　其他氧化方法

4.2.2.2　羰基 (醛、酮) 的选择性反应

醛、酮是药物合成中最重要、最常用的中间体。它们不仅广泛存在于自然界，而且易由化学合成方法制得。羰基 (醛、酮) 化合物可经不同的反应试剂和条件选择性还原为烃和醇。α,β-不饱和羰基化合物还可与不同的有机金属化合物进行选择性的 1,2-或 1,4-亲核加成制备复杂醇或新的羰基化合物。另外，不对称酮羰基两侧的 α-位也随反应试剂和反应条件的不同表现出显著的区域选择性，如不对称酮羰基两侧的 α-位选择性卤代和烃化等反应。

（1）羰基 (醛、酮) 的选择性还原

① 选择性还原为烃

a. Zn-Hg/HCl 还原法（Clemmensen 还原）

在酸性 (约 5% 盐酸) 条件下，用锌汞齐可选择性还原醛基 (**4-70**)、酮基 (**4-72**) 为甲基 (**4-71**) 和亚甲基 (**4-73**) (图 4-25)。底物分子中同时有羧酸、酯、酰胺等羰基存在时，均可不受影响。

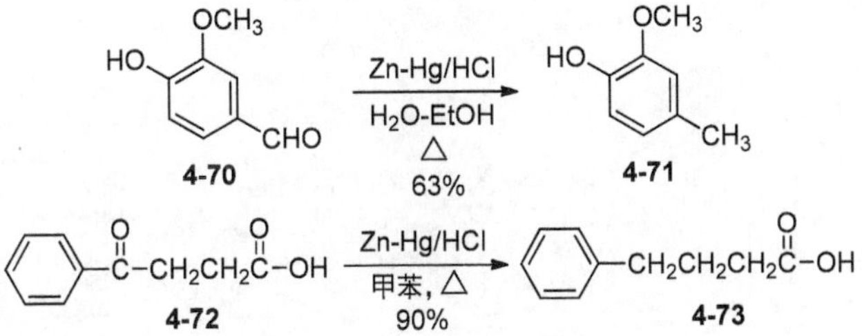

图 4-25 Zn-Hg/HCl 还原法选择性还原醛基、酮基为甲基和亚甲基的反应

但对 α-酮酸及其酯类中的酮羰基 (**4-74**) 只能还原成羟基 (**4-75**) (图 4-26)。

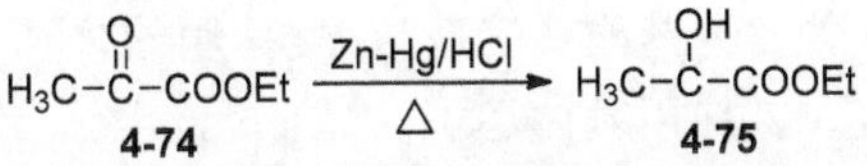

图 4-26 Zn-Hg/HCl 还原法选择性还原 α-酮酸及其酯类中的酮羰基成羟基的反应

还原不饱和酮时，通常分子中的孤立双键可不受影响；但与羰基共轭的双键，则同时被还原，而与酯羰基共轭的双键 (**4-76**)，则仅仅双键被还原 (**4-77**) (图 4-27)。

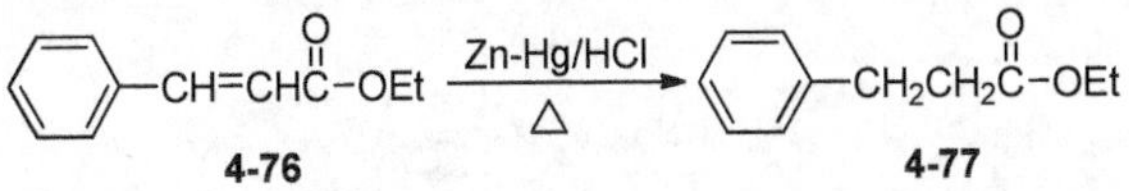

图 4-27 Zn-Hg/HCl 还原法选择性还原酯羰基共轭双键的反应

本法几乎适用于所有芳香酮的还原，产率较高。而脂肪酮、醛或脂环酮的 Clemmensen 还原易产生树脂化或双分子还原，生成频哪醇 (pinacols) 等副产物，因而收率低。本法一般不适用于对酸和热敏感的羰基化合物 (醛、酮) 的还原。

b. $H_2NNH_2/H_2O/KOH$ 还原法 (乌尔夫-凯惜纳-黄鸣龙反应)

将醛或酮和 85% 水合肼、氢氧化钾混合，在二聚乙二醇 (DEG) 或三聚乙二醇 (TEG) 等高沸点溶剂中，加热蒸出生成的水，然后升温常压下反应 2~4 h，即可选择性还原醛基和酮基为甲基和亚甲基。底物分子中同时有羧酸、酯、酰胺等羰基及双键存在时，均可不受影响。例如，抗癌药苯丁酸氮芥中间体 (**4-79**) 的制备 (图 4-28)。

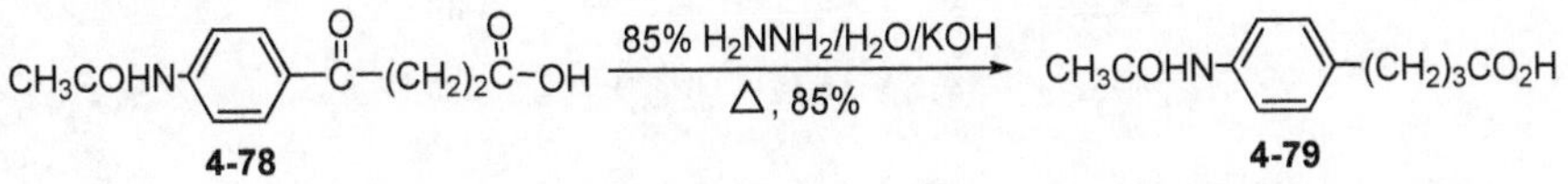

图 4-28 $H_2NNH_2/H_2O/KOH$ 还原法选择性还原醛基和酮基为甲基和亚甲基的反应

本法弥补了 Clemmensen 还原的不足，适用于对酸敏感的吡啶、四氢呋喃衍生物，对于甾族羰基化合物 (**4-80**) 及难溶的大分子羰基化合物尤为合适 (图 4-29)。

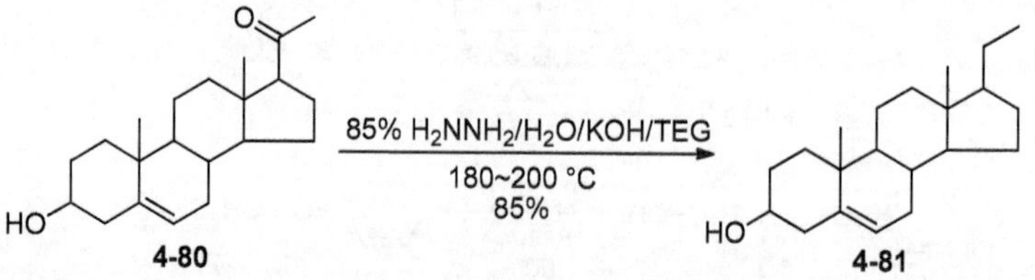

85% $H_2NNH_2/H_2O/KOH/TEG$
180~200 °C
85%
4-80 **4-81**

图 4-29 $H_2NNH_2/H_2O/KOH$ 还原法选择性还原甾族化合物的羰基

c. $LiAlH_4/AlCl_3$ 和催化氢化还原法

用金属复氢化合物和催化氢化还原羰基 (醛、酮) 化合物，通常得到相应的醇。但对某些特定结构的羰基如二芳基酮或烷基芳香酮，用催化氢化或 $LiAlH_4/AlCl_3$ 也能选择性地还原为相应的烃，其应用范围远不及 Clemmensen 还原和乌尔夫-凯惜纳-黄鸣龙还原那样普遍 (图 4-30)。

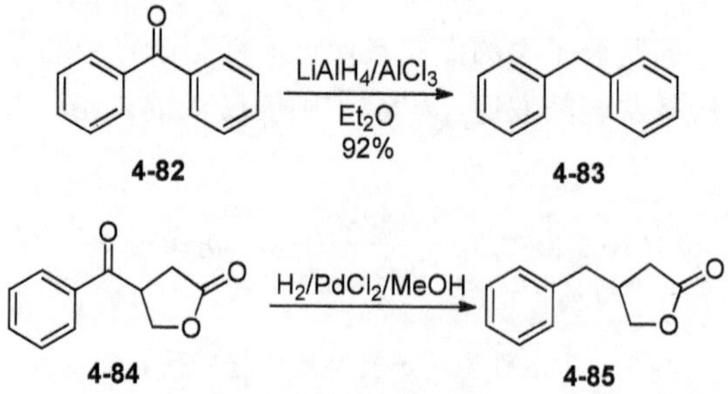

$LiAlH_4/AlCl_3$
Et_2O
92%
4-82 **4-83**

$H_2/PdCl_2/MeOH$
4-84 **4-85**

图 4-30 $LiAlH_4/AlCl_3$ 和催化氢化还原法选择性还原二芳基酮或烷基芳香酮为烃的反应

② 选择性还原为醇

醛、酮可被多种化学还原剂 (如金属钠-醇、锌-氢氧化钠、铁乙酸、连二亚硫酸钠等) 还原为醇。例如，钙拮抗剂盐酸马尼地平 (manidipine) 中间体 (**4-86**) 的制备 (图 4-31)。

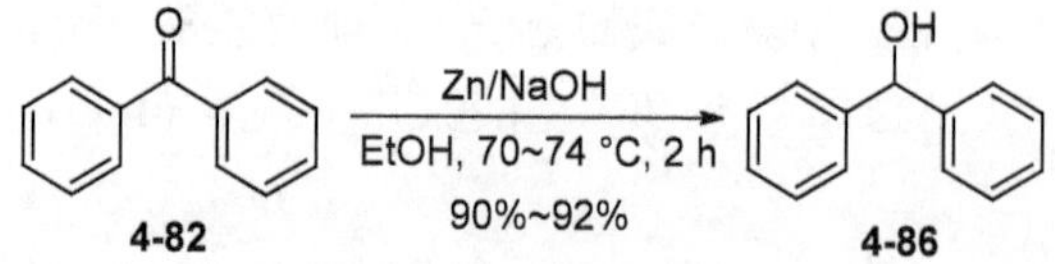

Zn/NaOH
EtOH, 70~74 °C, 2 h
90%~92%
4-82 **4-86**

图 4-31 醛、酮选择性还原为醇的反应

但将底物分子中存在易还原基团的羰基 (醛、酮) 选择性还原为羟基，应用最广

泛的是金属复氢化合物还原和麦尔外因-彭杜尔夫还原。

a. 金属复氢化合物还原

最常用的金属复氢化合物还原试剂有氢化铝锂（$LiAlH_4$）和硼氢化钾（钠、锂）（KBH_4，$NaBH_4$，$LiBH_4$）。其中，$LiAlH_4$ 还原力强、选择性差且反应要求高，主要用于羧酸及其衍生物（酸酐及酯）的还原。但硼氢化物 [$K(Na、Li)BH_4$] 由于其选择性好、操作简便安全，已成为还原羰基（醛、酮）化合物为醇的首选试剂；在反应时，底物分子中存在的羧酸羰基、酯羰基、硝基、氰基、亚氨基、与羰基共轭的双键、环氧键、卤素等均可不受影响（图 4-32）。

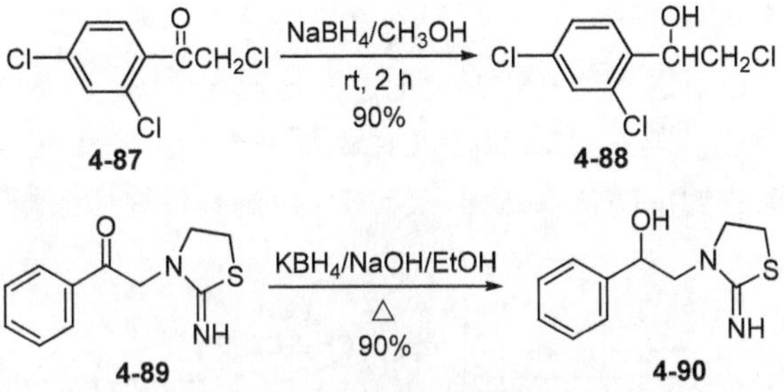

NaBH4/CH3OH, rt, 2 h, 90%: 4-87 → 4-88

KBH4/NaOH/EtOH, △, 90%: 4-89 → 4-90

图 4-32 硼氢化物选择性还原羰基的反应

饱和醛、酮的反应活性往往大于 α,β-不饱和醛酮，可进行选择性还原（图 4-33）。

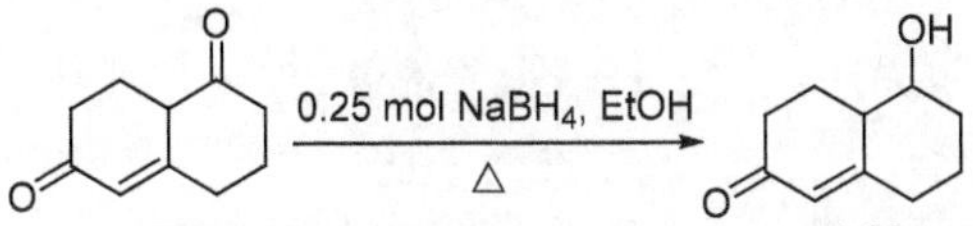

0.25 mol NaBH4, EtOH, △: 4-91 → 4-92

图 4-33 硼氢化物选择性还原饱和醛、酮的反应

但对 α,β-不饱和醛酮的还原，往往得到饱和醇和不饱和醇的混合物。要选择性地还原获得不饱和醇，可使用氰基硼氢化钠（$NaBH_3CN$）或氢化二异丁基铝 [DIBAL, $Al(Bu\text{-}i)_2H$] 等，其中，较好的选择性还原剂为 9-硼双环-[3.3.2]-壬烷（9-BBN），它不仅能迅速还原各种结构的 α,β-不饱和醛酮成 α,β-不饱和醇，产率几乎是定量的，而且不影响底物分子中其他易还原基团（如 –NO、–COOH、–COOR、–CONH–、–CN、–S–、–S–S–、–SO–、–N=N–、卤素等）（图 4-34）。

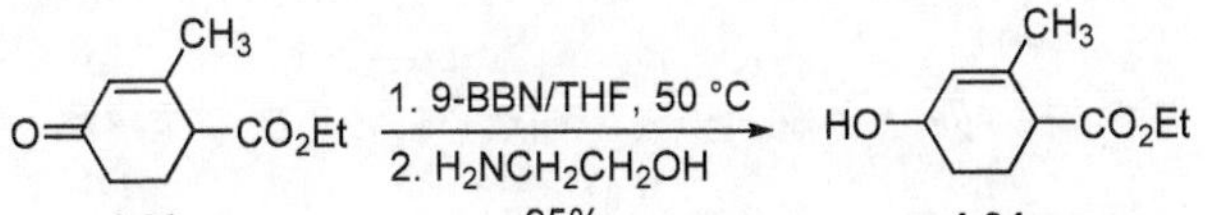

1. 9-BBN/THF, 50 °C; 2. H2NCH2CH2OH, 95%: 4-93 → 4-94

图 4-34 9-BBN 选择性还原 α,β-不饱和酮为 α,β-不饱和醇的反应

另外，$NaBH_4$ 和 $CeCl_3 \cdot 6H_2O$ 的组合也可选择性还原 α,β-不饱和醛酮为 α,β-不饱和醇 (图 4-35)。

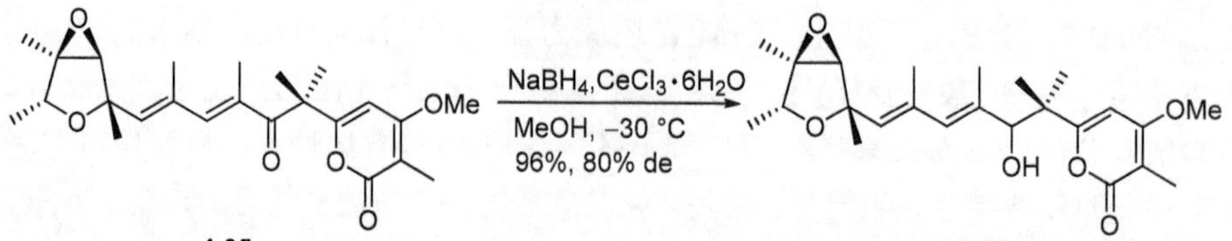

$NaBH_4, CeCl_3 \cdot 6H_2O$
MeOH, −30 °C
96%, 80% de

4-95 4-96

图 4-35 $NaBH_4$ 和 $CeCl_3 \cdot 6H_2O$ 选择性还原 α,β-不饱和醛酮为 α,β-不饱和醇的反应

此外，醛酮之间也可进行选择还原反应。在一般条件下，醛基的还原活性要大于酮，通常优先发生反应；但在 $NaBH_4/CeCl_3$ 试剂组合中，利用 $CeCl_3$ 容易与醛类螯合，产生类似于半缩醛的中间体，这样，$NaBH_4$ 可选择性地还原酮基 (图 4-36)。

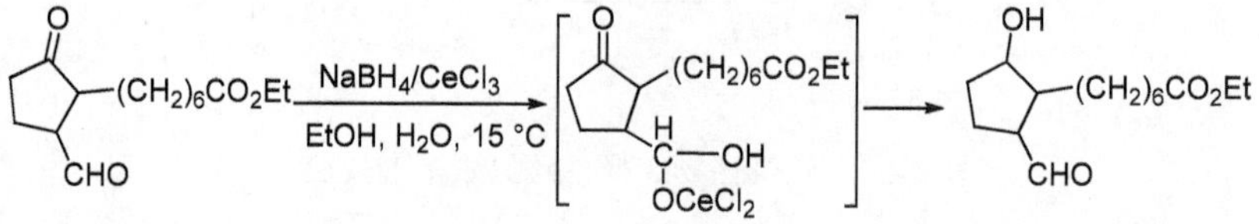

$NaBH_4/CeCl_3$
EtOH, H_2O, 15 °C

4-97 4-98 4-99

图 4-36 $NaBH_4/CeCl_3$ 选择性还原酮基的反应

b. 麦尔外因-彭杜尔夫还原 (Meerwein-Ponndorf-Verler 还原)

将醛、酮等羰基化合物和烷氧基铝在烷氧醇中共热，可选择性还原醛或酮羰基为醇，对底物分子中存在的烯键、炔键、硝基、缩醛、氰基及卤素等易还原基团无影响。这是仲醇化合物氧化为酮的反应 (Oppenauer 反应) 的逆反应 (图 4-37)。

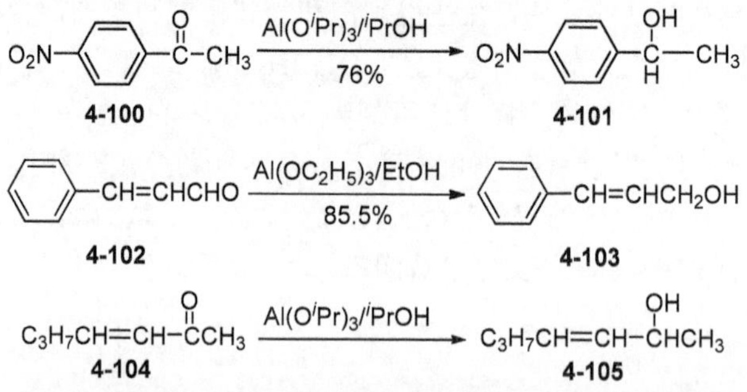

$O_2N-C_6H_4-COCH_3 \xrightarrow[76\%]{Al(O^iPr)_3/^iPrOH} O_2N-C_6H_4-CH(OH)-CH_3$

4-100 4-101

$C_6H_5-CH=CHCHO \xrightarrow[85.5\%]{Al(OC_2H_5)_3/EtOH} C_6H_5-CH=CHCH_2OH$

4-102 4-103

$C_3H_7CH=CH-COCH_3 \xrightarrow{Al(O^iPr)_3/^iPrOH} C_3H_7CH=CH-CH(OH)CH_3$

4-104 4-105

图 4-37 麦尔外因-彭杜尔夫还原法选择性还原醛或酮羰基为醇

但 1,3-二酮、β-酮酯等易于烯醇化的羰基化合物，或含有酚羟基、羧基等酸性基团的羰基化合物，其羟基或羧基易与烷氧基铝形成铝盐，使还原反应受到抑制，因而，

一般不适于本法还原。

（2）α,β-不饱和羰基的选择性亲核加成

重要的有机金属化合物如格氏试剂、有机锂试剂及锂二烷基铜试剂等对 α,β-不饱和羰基 (醛、酮) 化合物的亲核加成主要存在 1,2-或 1,4-加成的选择性。

① 格氏试剂

格氏试剂对 α,β-不饱和羰基 (醛、酮) 化合物亲核加成的选择性差，产物较为复杂。一般情况：醛和脂环酮以 1,2-加成为主，芳香族 α,β-不饱和酮以 1,4-加成为主，开链的脂肪酮或脂环酮加入少量 (1%) Cu_2Cl_2 就以 1,4-加成为主 (图 4-38)。

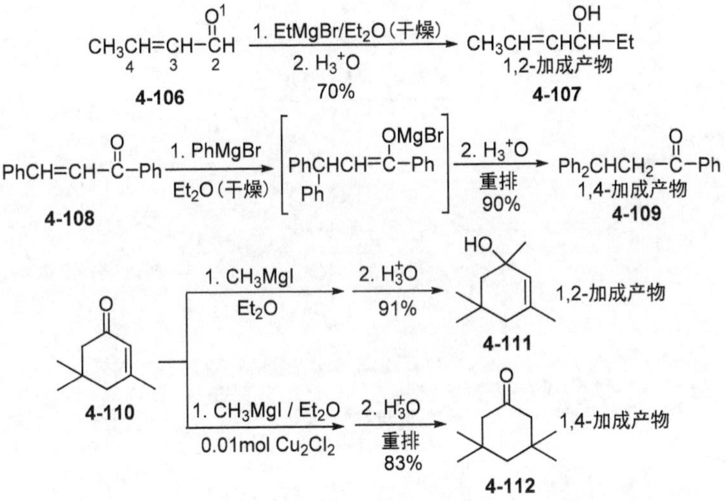

图 4-38 不同 α,β-不饱和羰基化合物亲核加成的选择性

为了定向地将烃基引入 2-位或 4-位，需采用选择性更好的有机锂或锂二烷基铜试剂。

② 有机锂试剂

有机锂试剂对 α,β-不饱和羰基 (醛、酮) 化合物的亲核加成以 1,2-加成为主 (图 4-39)。

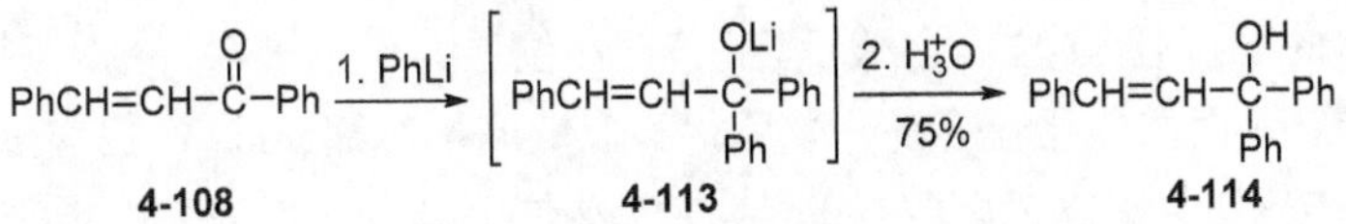

图 4-39 α,β-不饱和羰基化合物的 1,2-加成反应

③ 锂二烷基铜试剂

有机锂二烷基铜试剂对 α,β-不饱和羰基 (醛、酮) 化合物的加成以 1,4-加成为主

(图 4-40)。

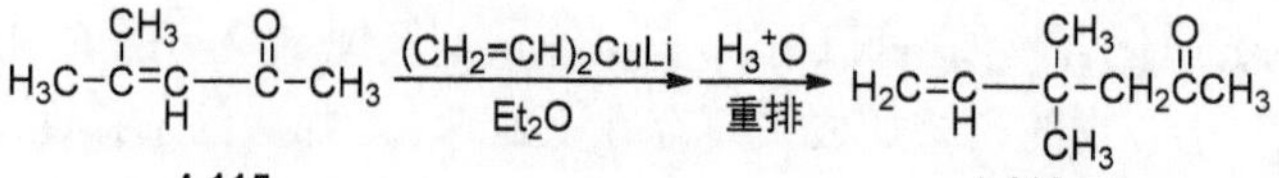

$$H_3C-\overset{CH_3}{C}=\underset{H}{C}-\overset{O}{\overset{\|}{C}}-CH_3 \xrightarrow[Et_2O]{(CH_2=CH)_2CuLi} \xrightarrow[重排]{H_3^+O} H_2C=\underset{H}{C}-\overset{CH_3}{\underset{CH_3}{C}}-CH_2\overset{O}{\overset{\|}{C}}CH_3$$

4-115 **4-116**

图 4-40 α,β-不饱和羰基化合物的 1,4-加成反应

【实例 4-1】试用反合成分析法设计下面化合物的合成路线。

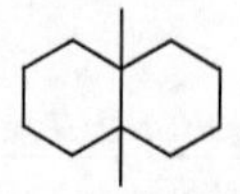

4a, 8a-二甲基十氢萘

反合成分析：

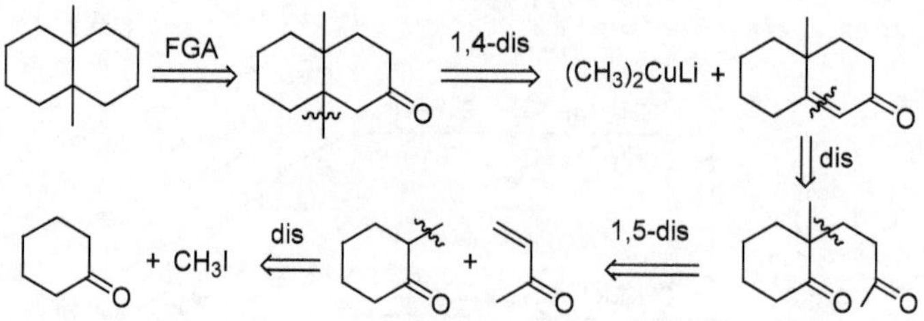

FGA 1,4-dis $(CH_3)_2CuLi$ + dis

+ CH_3I dis + 1,5-dis

合成路线：

CH_3I / t-BuOK Robinson 环化 1. $(CH_3)_2CuLi$ 2. H_3^+O, 重排

$85\%H_2NNH_2/H_2O/KOH/TEG$ / 180~200 °C (乌尔夫-凯惜纳-黄鸣龙反应)

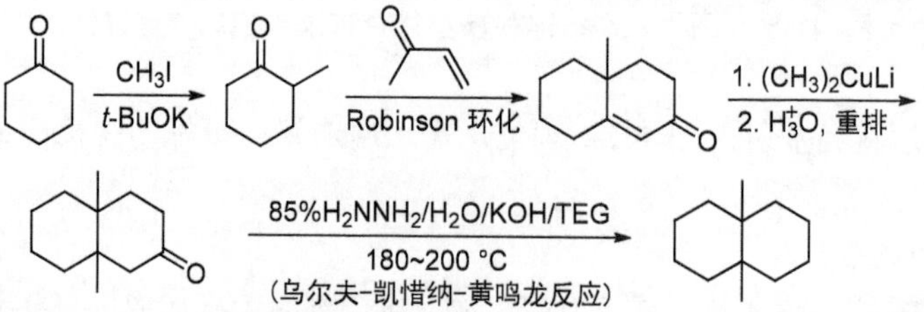

（3）不对称酮的 α-位区域选择性反应

① 不对称酮的 α-位选择性卤取代

在酸催化的酮羰基 α-位卤取代反应，若 α-位上有推电子取代基，则有利于烯醇过渡态的稳定化，卤取代比较容易，如环状和直链的不对称酮的 α-位卤取代反应，主要得到在烷基较多的 α-位上卤取代的酮。在 α-位上具有卤素等吸电子基时，卤代反应受到阻滞。因此，在同一个 α-位碳原子上引入第二个卤原子相对比较困难。若在 α′-位具有活泼氢，则第二个卤素原子优先取代 α′-位氢原子 (图 4-41)。

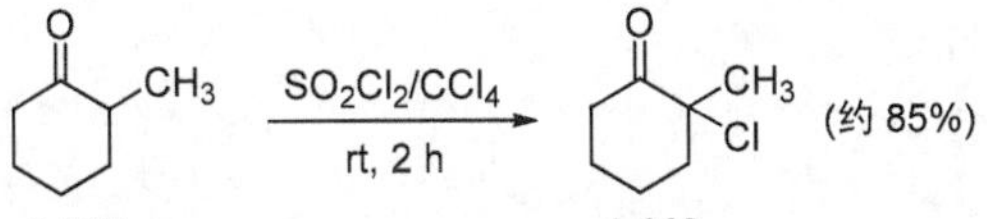

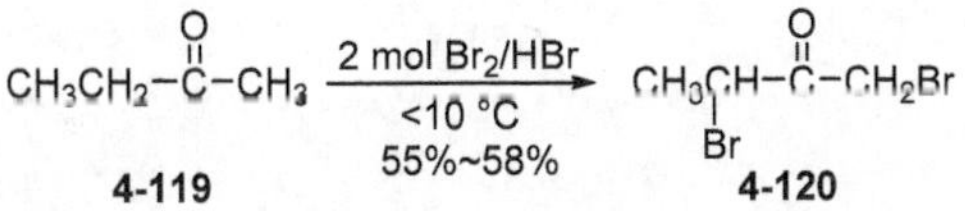

$$\text{4-117}\ \xrightarrow[\text{rt, 2 h}]{SO_2Cl_2/CCl_4}\ \text{4-118}\ (\text{约 }85\%)$$

$$\underset{\textbf{4-119}}{CH_3CH_2-\overset{O}{\overset{\|}{C}}-CH_3}\ \xrightarrow[<10\ ^{\circ}C,\ 55\%\sim58\%]{2\ mol\ Br_2/HBr}\ \underset{\textbf{4-120}}{CH_3\underset{Br}{\underset{|}{C}}H-\overset{O}{\overset{\|}{C}}-CH_2Br}$$

图 4-41　不对称酮的 α-位选择性卤取代反应

对于碱催化的 α-卤取代反应来说，与上述酸催化的情况相反，在过量卤素存在下，反应不停留在 α-单取代阶段，易在同一个 α-位碳原子上进行反应，直至所有 α-氢原子都被取代。下面甲基酮化合物在碱催化下的“卤仿反应”就是一个典型的例子 (图 4-42)。

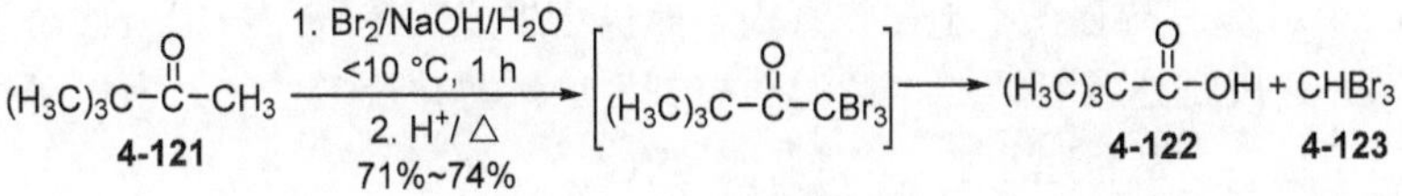

$$\underset{\textbf{4-121}}{(H_3C)_3C-\overset{O}{\overset{\|}{C}}-CH_3}\ \xrightarrow[\text{2. }H^+/\triangle,\ 71\%\sim74\%]{\text{1. }Br_2/NaOH/H_2O,\ <10\ ^{\circ}C,\ 1\ h}\ \left[(H_3C)_3C-\overset{O}{\overset{\|}{C}}-CBr_3\right]\longrightarrow \underset{\textbf{4-122}}{(H_3C)_3C-\overset{O}{\overset{\|}{C}}-OH}+\underset{\textbf{4-123}}{CHBr_3}$$

图 4-42　甲基酮化合物在碱催化下的“卤仿反应”

② 不对称酮的 α-位选择性烷基化

不对称酮的 α-位选择性烃化生成 **(C)** 或 **(D)** 主要取决于羰基烯醇化反应生成烯醇盐 **(A)** 或 **(B)** 时的区域选择性。该反应的区域选择性可通过用三甲基氯硅烷来捕获反应中间体烯醇盐 **(A)** 或 **(B)**，即形成烯醇硅醚进行研究。两种烯醇硅醚的相对比例取决于生成烯醇盐时的反应条件。

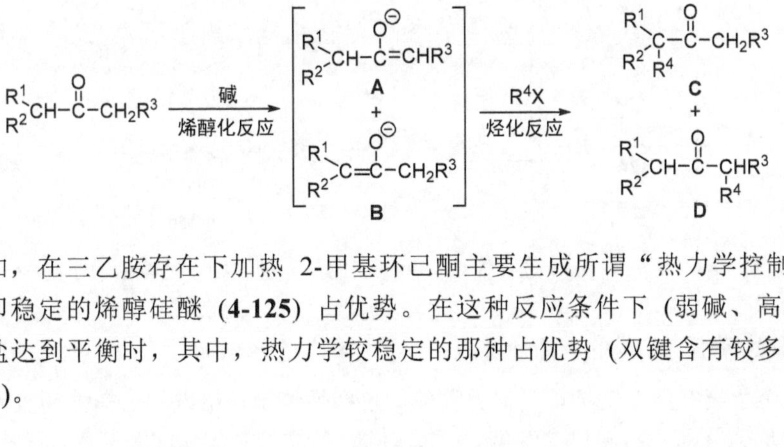

$$R^1R^2CH-\overset{O}{\overset{\|}{C}}-CH_2R^3\ \xrightarrow[\text{烯醇化反应}]{\text{碱}}\ \left[\underset{\textbf{A}}{R^1R^2CH-\overset{O^{\ominus}}{\overset{|}{C}}=CHR^3}+\underset{\textbf{B}}{R^1R^2C=\overset{O^{\ominus}}{\overset{|}{C}}-CH_2R^3}\right]\ \xrightarrow[\text{烃化反应}]{R^4X}\ \underset{\textbf{C}}{R^1R^2\underset{R^4}{\underset{|}{C}}-\overset{O}{\overset{\|}{C}}-CH_2R^3}+\underset{\textbf{D}}{R^1R^2CH-\overset{O}{\overset{\|}{C}}-\underset{R^4}{\underset{|}{C}}HR^3}$$

例如，在三乙胺存在下加热 2-甲基环己酮主要生成所谓“热力学控制”的烯醇盐，即稳定的烯醇硅醚 **(4-125)** 占优势。在这种反应条件下 (弱碱、高温)，两种烯醇盐达到平衡时，其中，热力学较稳定的那种占优势 (双键含有较多取代基) (图 4-43)。

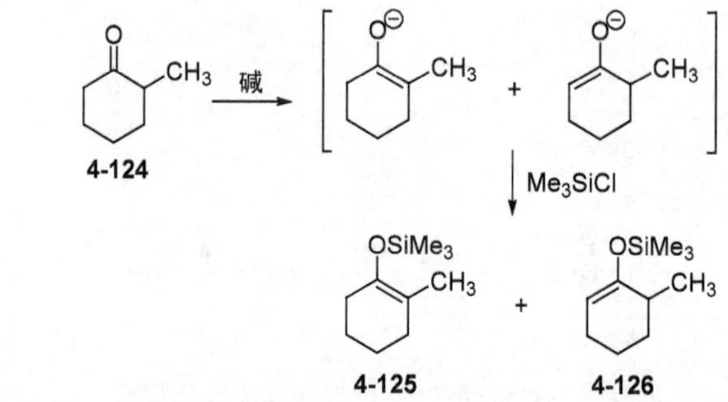

Et$_3$N + 加热 (热力学控制) : 78 : 22

LDA，<0 °C (动力学控制) : 1 : 99

图 4-43　不对称酮的 α-位选择性烷基化反应

与此相反，2-甲基环己酮在低温下与二异丙基氨基锂 (LDA，强碱) 反应时主要生成“动力学控制”的烯醇盐，即烯醇硅醚 (**4-126**) 占优势。在这种反应条件下 (强碱、低温)，两种烯醇盐存在不平衡，其中，能快速生成的烯醇盐占优势而与稳定性大小没有关系。这就是通常所谓的“动力学控制”的烯醇化反应，它之所以可以快速生成是因为质子更容易从位阻小的 α-碳上被攫取。

烯醇盐的区域选择性决定了后续烃化反应的区域选择性。不对称酮的 α-位选择性烷基化反应的热力学控制产物与动力学控制产物如图 4-44 所示。

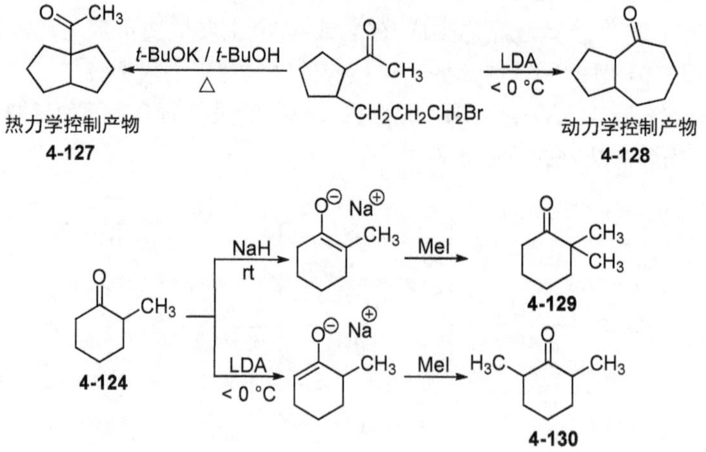

图 4-44　不对称酮的 α-位选择性烷基化反应的热力学控制产物与动力学控制产物

4.2.2.3　碳-碳不饱和键的选择性反应

该部分主要介绍双键顺反几何异构体的选择性控制、烯键的选择性环氧化、烯键选择性氧化为 1,2-二醇和烯键发生 Diels-Alder 反应的立体和区域选择性等。

（1）双键顺反几何异构体的选择性控制

双键顺反几何异构体可通过炔烃的立体选择性还原及醛的 Wittig 烯化反应等途径来设计合成预期的几何异构体产物。

① 炔烃的立体选择性还原

a. 选择性还原为顺式烯烃：非均相催化氢化

通常，炔烃的氢化还原活性要大于烯键，位阻小的不饱和键活性大于位阻大的不饱和键。顺式烯烃可由非末端炔键通过非均相催化氢化获得 (图 4-45)。常用的催化剂主要有 Lindlar 催化剂 [Pd-$CaCO_3$] 等和 P-2 型硼化镍 [Ni_2B(P-2)]，它们的催化能力均被控制在双键阶段。

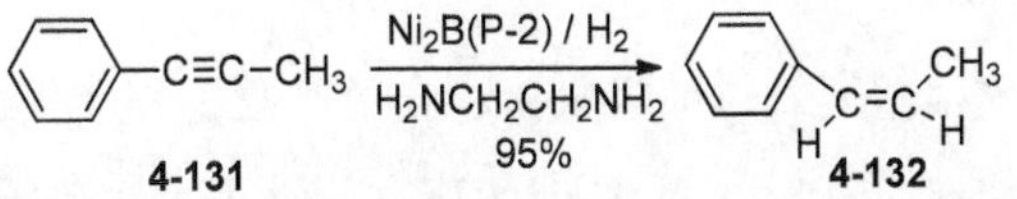

Ni_2B(P-2) / H_2, $H_2NCH_2CH_2NH_2$, 95%

4-131 → 4-132

图 4-45 非末端炔键通过非均相催化氢化制备顺式烯烃的反应

另外，P-2 型硼化镍还能选择性还原末端烯键，而不影响分子中存在的非末端烯键，效果较用 Lindlar 催化剂为佳 (图 4-46)。

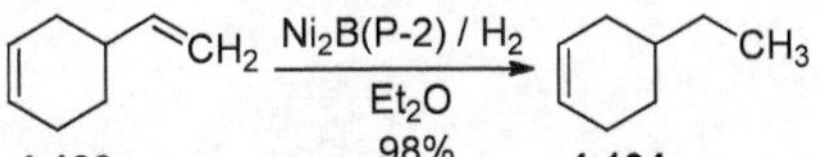

Ni_2B(P-2) / H_2, Et_2O, 98%

4-133 → 4-134

图 4-46 末端烯键的选择性还原反应

b. 选择性还原为反式烯烃：化学还原

通常情况下，炔烃的化学还原大多数以反式选择性为主 (图 4-47)。常用的选择性化学还原试剂有：Li-NH_3、$LiAlH_4$ 和 Red-Al {Na[$(MeOCH_2CH_2O)_2AlH_2$]} 等。

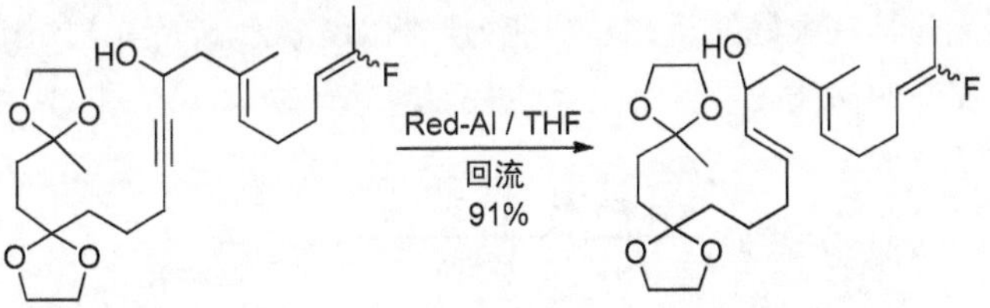

Red-Al / THF, 回流, 91%

4-135 → 4-136

图 4-47 选择性还原为反式烯烃的反应

② 醛的 Wittig 烯化反应

醛经 Wittig 反应生成烯烃的立体化学与叶立德 (Wittig 试剂) 的性质有关。通常，稳定的叶立德以 *E*-式产物为主，而不稳定的叶立德主要生成 *Z*-式产物。例如，维生素 A (**4-140**) 的合成 (图 4-48)。

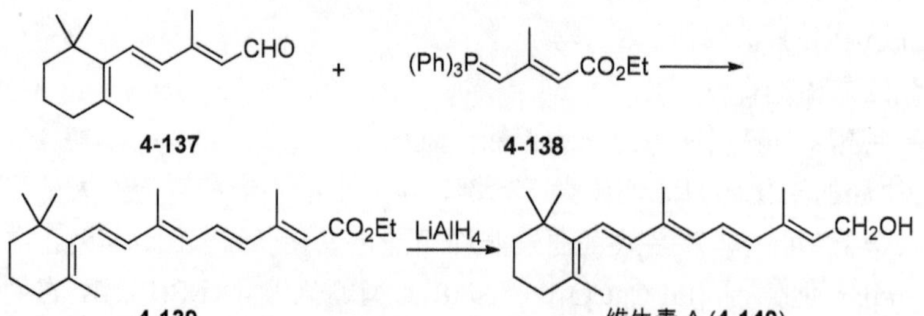

图 4-48 基于醛的 Wittig 烯化反应制备维生素 A

另外，溶剂条件也很重要。一般说来，稳定的叶立德在非极性溶剂中具有高度的反应选择性，并以 *E*-式产物占优，而在非质子性极性溶剂中选择性差，但仍以 *E*-式产物为主，在质子性极性溶剂中生成 *Z*-式产物的选择性增加。不稳定的叶立德在非极性溶剂中具有高度的反应选择性，并以 *Z*-式产物占优势，而在质子性极性溶剂中生成 *E*-式产物的选择性增加。

例如，图 4-49 所示底物与稳定叶立德作用，在非极性溶剂 CH_2Cl_2 中主要生成 *E*-式烯烃 **4-142**，但在质子性极性溶剂甲醇中主要生成 *Z*-式烯烃 **4-143**。

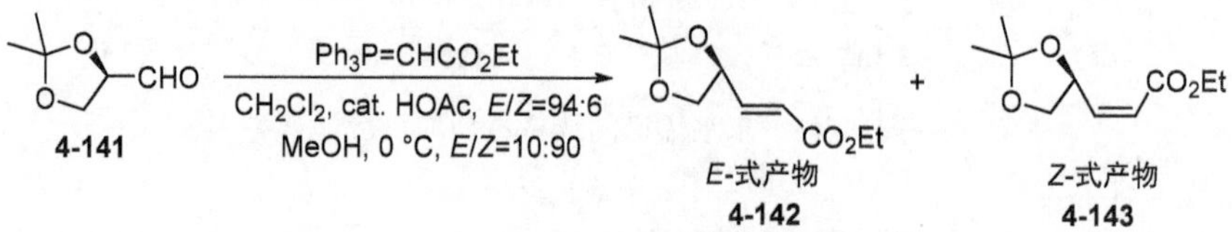

图 4-49 溶剂条件对反应选择性的影响

砷盐形成的叶立德比相应的磷叶立德具有更强的亲核性，因此，醛可以在温和的条件下与之反应，并具有很好的反式控制能力。例如，控制砷叶立德试剂溴代乙醛砷盐的用量，还可以发生两次反应，得到全反式共轭多烯产物 **4-145** 和 **4-147** (图 4-50) [1]。

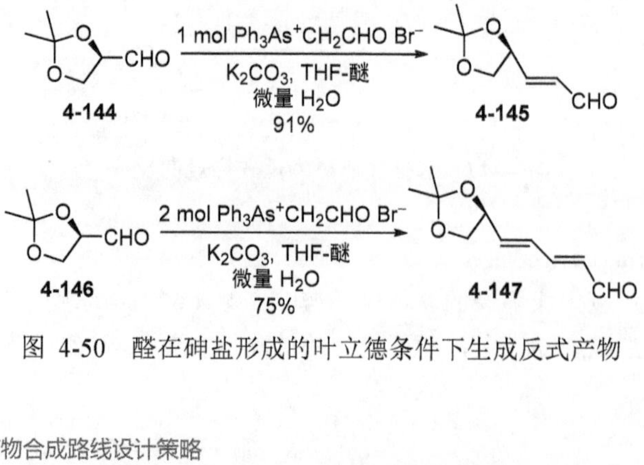

图 4-50 醛在砷盐形成的叶立德条件下生成反式产物

（2）烯键的选择性环氧化

将烯烃转化为环氧化物的方法有许多。常用的双键环氧化试剂有过氧化氢 (H_2O_2)、过氧叔丁醇 (t-BuO_2H) 和有机过氧酸 (RCO_3H) 等，其氧化活性为：$RCO_3H > H_2O_2 > t$-BuO_2H。对有机过氧酸而言，R 吸电子能力越强，氧化活性就越强，例如：过氧三氟乙酸 (CF_3CO_3H) 的氧化活性就大于过氧乙酸 (CH_3CO_3H)。不同的环氧化试剂可以分别对各种不同结构类型的烯烃如富电子 (electron rich) 烯烃和贫电子 (electron poor) 烯烃进行选择性环氧化。

① α,β-不饱和羰基化合物双键的环氧化

α,β-不饱和羰基化合物中，烯键受到共轭羰基的吸电子效应，烯键的电子云较贫乏，因此，双键的环氧化带有亲核性特征。若用有机过氧酸进行环氧化，则其中醛或酮羰基易发生 Baeyer-Villiger 氧化重排副反应 (图 4-51)。

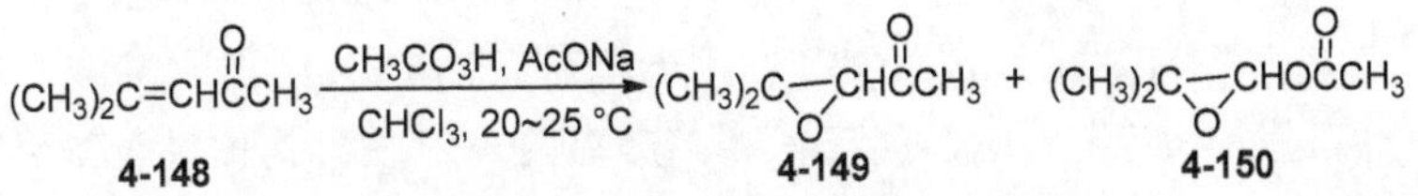

$(CH_3)_2C{=}CHCOCH_3$ (**4-148**) $\xrightarrow[CHCl_3,\ 20\sim25\ °C]{CH_3CO_3H,\ AcONa}$ **4-149** + **4-150**

图 4-51 α,β-不饱和羰基化合物双键的环氧化

因此，该类底物的双键一般在碱性条件下用 H_2O_2 或 t-BuO_2H 使之环氧化，而且环氧化反应具有立体选择性，氧环常在位阻小的一面形成。

例如，在下面存在孤立双键的 α,β-不饱和酮底物中，H_2O_2/NaOH 能选择性对与羰基共轭的双键进行环氧化 (图 4-52)。

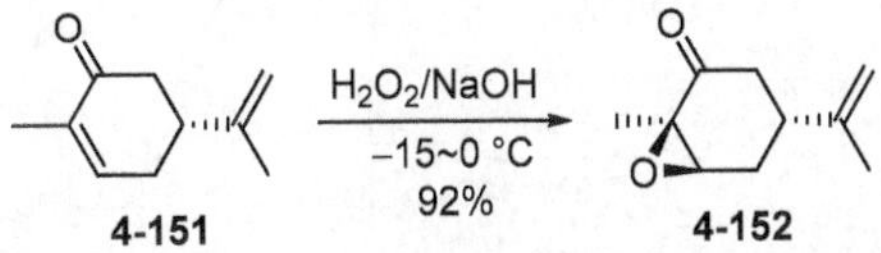

4-151 $\xrightarrow[-15\sim0\ °C,\ 92\%]{H_2O_2/NaOH}$ **4-152**

图 4-52 含孤立双键的 α,β-不饱和酮底物的选择性氧化反应

α,β-不饱和醛环氧化需控制反应介质 pH，才能使醛基不被氧化。例如，桂皮醛 (**4-153**) 在碱性 H_2O_2 作用下得到环氧化的酸 (**4-154**)，而调节 pH 为 10.5，用 t-BuO_2H 氧化就可得到环氧化的醛 (**4-155**) (图 4-53)。

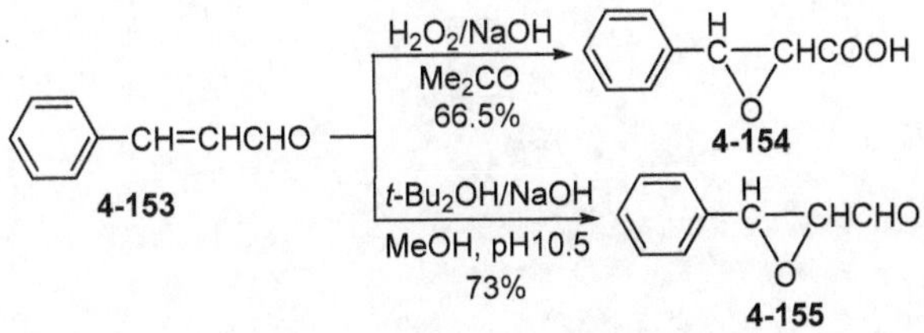

$PhCH{=}CHCHO$ (**4-153**) $\xrightarrow[Me_2CO,\ 66.5\%]{H_2O_2/NaOH}$ **4-154**

$PhCH{=}CHCHO$ (**4-153**) $\xrightarrow[MeOH,\ pH10.5,\ 73\%]{t\text{-}Bu_2OH/NaOH}$ **4-155**

图 4-53 控制反应介质 pH 下的 α,β-不饱和醛选择性环氧化反应

对 α,β-不饱和酯 (**4-156**) 的环氧化，也需控制反应介质的 pH，才能使酯基不被水解 (图 4-54)。

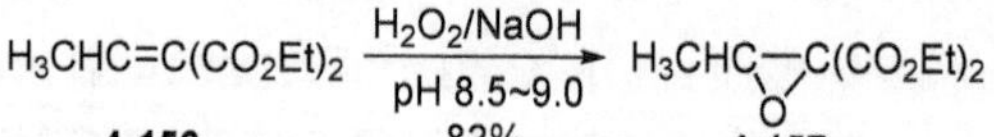

$$H_3CHC=C(CO_2Et)_2 \xrightarrow[\text{pH 8.5~9.0, 82\%}]{H_2O_2/NaOH} H_3CHC\overset{O}{—}C(CO_2Et)_2$$

4-156 **4-157**

图 4-54 控制反应介质 pH 下的 α,β-不饱和酯选择性环氧化反应

总之，在上述用 H_2O_2 或 t-BuO_2H 对 α,β-不饱和羰基化合物的环氧化反应中，虽然氧环常倾向于在位阻小的一面形成或者趋向于产生构型较稳定的环氧化物，但都只能得到少量程度或中等程度的对映异构体过量 (ee) 的环氧化产物，要获得高对映选择性的不对称环氧化产物，必须借助手性化合物或手性金属络合物催化剂。

例如[2~4]，利用由辛可宁衍生的手性季铵盐 (**4-158**) 作为相转移催化剂，以 H_2O_2 作氧化剂，在有机溶剂 (如用 n-Bu_2O) 中用无机碱 (如 LiOH) 的水溶液，对 α,β-不饱和酮 **4-159** 进行环氧化反应，就可得到高产率的高对映异构体过量的环氧化产物 **4-160** (图 4-55)。

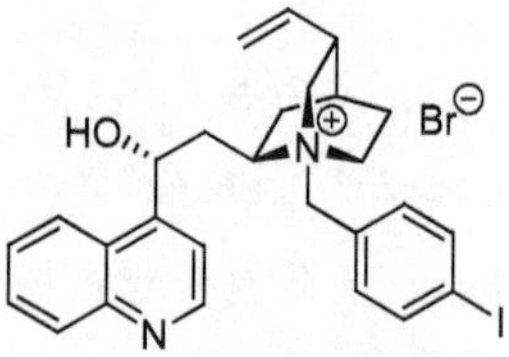

HO Br⊖ N⊕ N I

手性季铵盐 (**4-158**)

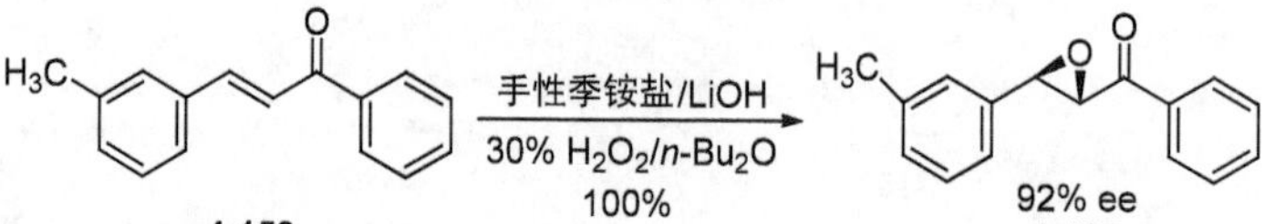

H₃C → 手性季铵盐/LiOH, 30% H_2O_2/n-Bu_2O, 100%

4-159 92% ee **4-160**

图 4-55 手性季铵盐介导的 α,β-不饱和酮制备高对映异构体过量环氧化产物

(R,R)-Salen-Mn(Ⅲ) 配合物 (**4-161**) 是另一个烯键不对称环氧化反应催化剂，以 H_2O_2 作氧化剂，对 α,β-不饱和酯进行环氧化，就能得到高对映异构体过量的环氧化产物[4] **4-163** (图 4-56)。

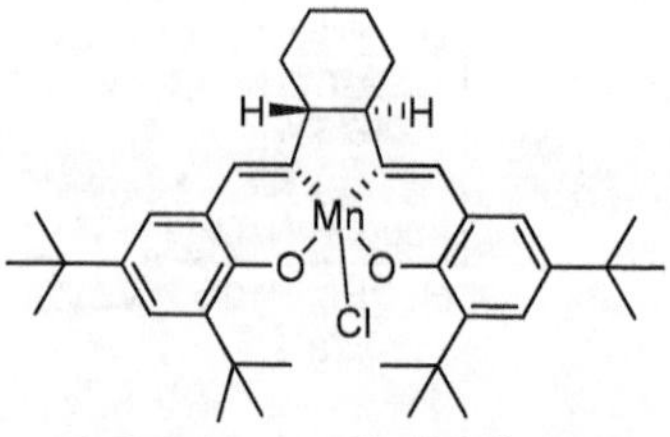

H H Mn O O Cl

(R,R)-Salen-Mn(Ⅲ) 配合物 (**4-161**)

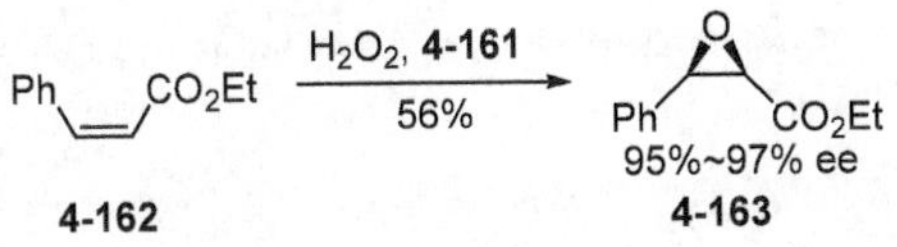

Ph CO2Et —H_2O_2, **4-161** / 56%→ Ph CO2Et 95%~97% ee

4-162 **4-163**

图 4-56 (*R*,*R*)-Salen-Mn(Ⅲ) 配合物介导的 α,β-不饱和酯制备高对映异构体过量环氧化产物

② 孤立双键的环氧化

这里的孤立双键主要是指不与羰基共轭的双键，包括非官能化双键和烯丙醇双键。该类双键的电子云较丰富，环氧化带有亲电性特征，一般可用有机过氧酸 (芳基过氧酸最常用) 或在过渡金属配合物如 $Mo(CO)_6$ 和 Salen-Mn(Ⅲ) 配合物的催化下用 H_2O_2 或 t-BuO_2H 使之环氧化，而且环氧化反应具有很好的化学选择性和立体选择性，氧环常在位阻小的一面形成。

a. 非官能化双键的环氧化

t-$BuO_2H/Mo(CO)_6$ 和有机过氧酸是这类烯烃最常用的选择性环氧化剂。分子中存在一个以上双键时，常常是连有较多烃基的双键被优先环氧化 (图 4-57)。

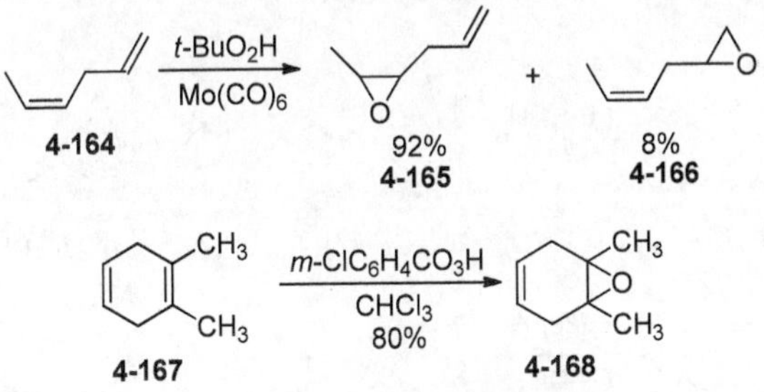

4-164 —t-BuO_2H / $Mo(CO)_6$→ **4-165** (92%) + **4-166** (8%)

4-167 (CH3, CH3) —m-$ClC_6H_4CO_3H$ / $CHCl_3$ / 80%→ **4-168** (CH3, O, CH3)

图 4-57 非官能化双键的环氧化

b. 烯丙醇双键的环氧化

在过渡金属配合物 $VO(acac)_2$ 催化下，t-BuO_2H 能选择性地对烯丙醇双键进行环氧化，并且具有很好的立体选择性：即氧环和羟基处于顺式的非对映异构体产物 (**4-171** 和 **4-173**) 占绝对优势 (图 4-58)。

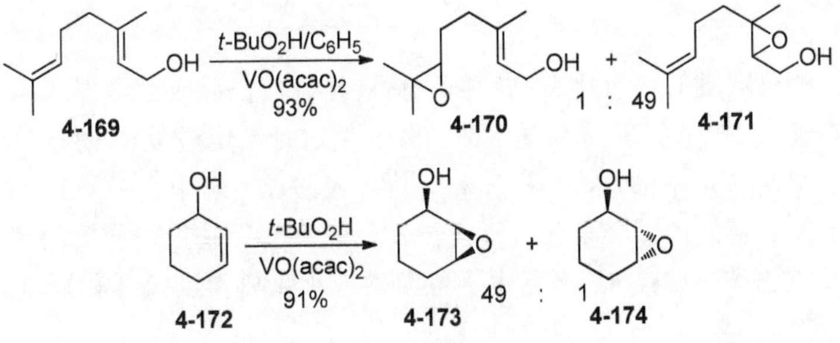

4-169 (OH) —t-BuO_2H/C_6H_5 / $VO(acac)_2$ / 93%→ **4-170** (O, OH) + **4-171** (O, OH) 1 : 49

4-172 (OH) —t-BuO_2H / $VO(acac)_2$ / 91%→ **4-173** (OH, O) + **4-174** (OH, O) 49 : 1

图 4-58 烯丙醇双键的环氧化

要使烯丙醇发生对映选择性环氧化即烯丙醇的不对称环氧化最成功的方法是：Sharpless 环氧化反应。

Sharpless 环氧化法以 t-BuO$_2$H 为环氧化剂，在四异丙氧基钛 [Ti(O^{i}Pr)$_4$] 和光学纯酒石酸二乙酯 (DET) 或二异丙酯 (DIPT) 催化下，可使各种烯丙基伯醇双键对映选择性环氧化，获得 90% 以上高 ee 值的环氧化物，其化学产率可达 70%~90%。特别是对非手性烯丙基伯醇 **4-175** 双键的 Sharpless 环氧化，其对映选择性极高 (图 4-59)。

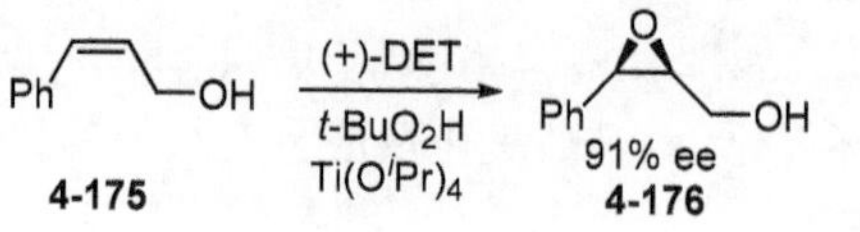

图 4-59 非手性烯丙基伯醇双键的 Sharpless 环氧化

对于手性烯丙基伯醇双键的 Sharpless 环氧化，还存在手性催化剂可能对手性底物产生“匹配好”或“匹配不好”的立体诱导作用 (图 4-60)。

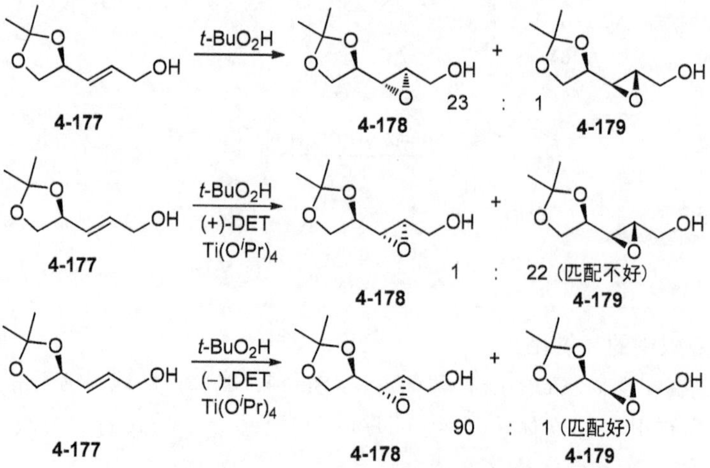

图 4-60 手性催化剂对手性底物的立体诱导作用

有机过氧酸对双键的环氧化有高度的立体选择性，在反应过程中原烯烃的构型不变，即顺式加成 (过氧酸只能从双键平面的任一侧进行亲电进攻)，而且对烯丙醇双键的环氧化存在明显的立体化学影响：在环氧化反应的过渡态中，羟基与试剂之间形成氢键，有利于在羟基的同侧环氧化，即主要得到氧环和羟基处在同侧的产物 **4-181**，若烯丙位羟基被乙酰化 (**4-182**)，则由于位阻效应，主要得到氧环和羟基处在异侧的产物 **4-183** (图 4-61)。

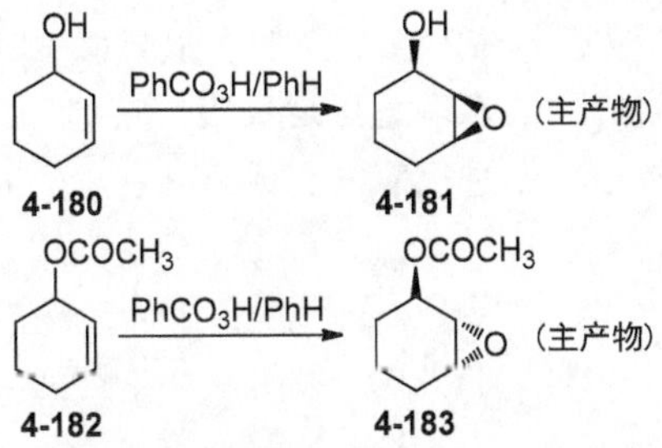

图 4-61 有机过氧酸条件下具有高度立体选择性的双键环氧化

可能是由于有机过氧酸的氧化活性较高，有机过氧酸对双键包括烯丙醇双键的环氧化没有高度的对映选择性。

（3）烯键选择性氧化为 1,2-二醇

使烯键选择性氧化为 1,2-二醇的试剂较多，但不同的氧化剂可引发顺式羟基化或反式羟基化两种不同的立体选择性反应。

① 选择性顺式羟基化

常用的烯键顺式羟基化试剂有：高锰酸钾（$KMnO_4$）、四氧化锇（OsO_4）和碘-湿羧酸银（$I_2/RCO_2Ag/H_2O$）。

a. 高锰酸钾（$KMnO_4$）氧化

$KMnO_4$ 氧化活性非常强，对烯键发生选择性氧化得到 1,2-顺式羟基，必须严格控制反应条件，否则将发生进一步氧化反应。例如，在 pH=9 的反应条件下，$KMnO_4$ 对油酸羟基化后，还会进一步将羟基氧化为酮。通常需在低温、pH > 12 及计算量低浓度（1%~3%）的水或含水有机溶剂作溶剂中反应。由于不饱和酸在碱性溶液中溶解，所以，本法对不饱和酸烯键的选择性 1,2-顺式羟基最为适用。例如，在此条件下，$KMnO_4$ 对油酸（**4-184**）的全羟基化（**4-187**）收率达 80%（图 4-62）。

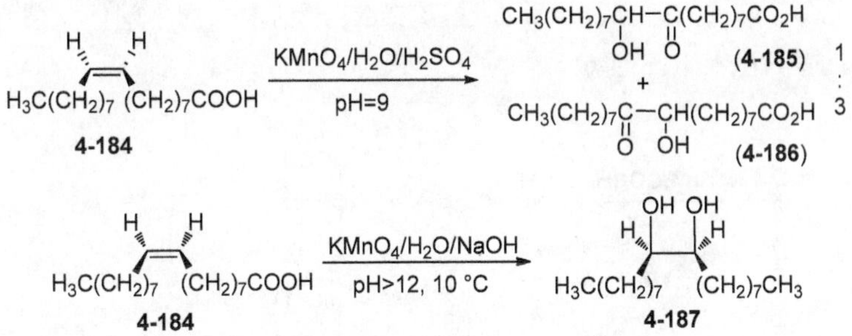

图 4-62 $KMnO_4$ 对油酸的全羟基化

b. 四氧化锇（OsO_4）氧化

OsO_4 对烯烃双键的顺式羟基化反应历程首先是形成环状的锇酸酯，然后是锇酸酯

的水解 (图 4-63)。由于锇酸酯不稳定，常需加入叔胺如吡啶组成配合物，以稳定锇酸酯，加速反应；另外，锇酸酯的水解是可逆反应，常加入一些还原剂如 Na_2SO_3 等使锇酸还原成金属锇沉淀析出，促进反应的完成。

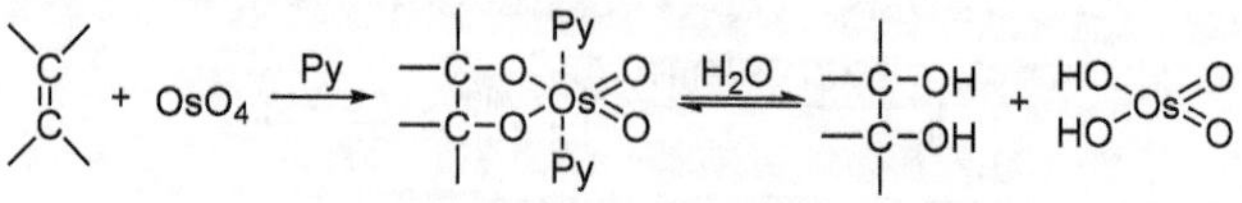

图 4-63 OsO_4 对烯烃双键的顺式羟基化反应历程

对于一些刚性结构分子如甾体化合物 **4-188**，锇酸酯一般在位阻小的一面形成 (图 4-64)。

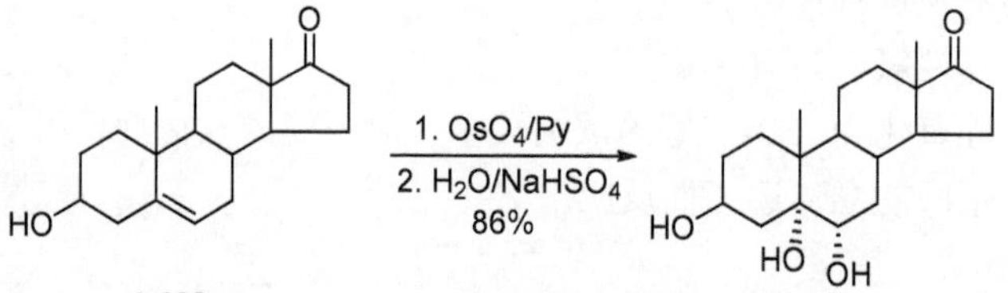

图 4-64 甾体化合物的四氧化锇 (OsO_4) 氧化

c. 碘-湿羧酸银 ($I_2/RCO_2Ag/H_2O$，Woodward 法) 氧化

由碘和 2 mol 乙酸银或苯甲酸银组成的试剂 (即 Prévost 试剂) 在有水存在时，可选择性氧化烯键为 1,2-二醇的单羧酸酯，继而经水解得到顺式加成的 1,2-二醇，此方法称为 Woodward 法。

Prévost 试剂在无水存在时选择性氧化烯键得到反式 1,2-二醇的二羧酸酯。生成的二羧酸酯经水解可获得反式 1,2-二醇产物，此方法称为 Prévost 法。

反应机理是首先形成三元桥型碘正离子，然后乙酰氧负离子从碘桥的背面进攻，形成一个五元环正离子 (即 Woodward 法和 Prévost 法的共同中间体)，遇水水解成顺式 1,2-二醇的单乙酰酯 (图 4-65)。

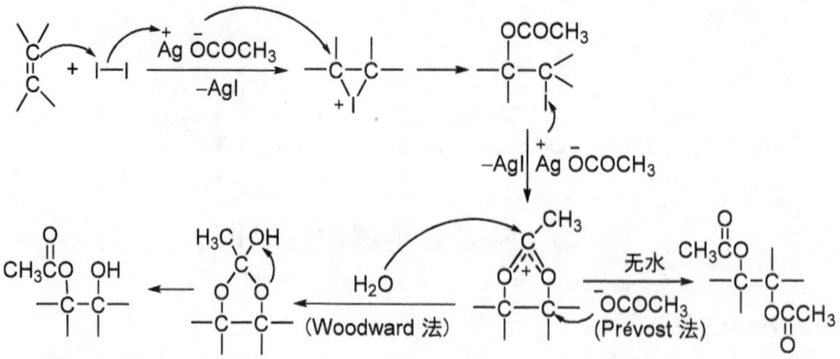

图 4-65 Woodward 法和 Prévost 法氧化反应机理

由于乙酰氧负离子从碘桥的另一侧进攻，故羟基的引入在碘桥平面的异侧，这个立体化学特点和 OsO_4 顺式羟基化的立体化学特点正好相反，对于一些刚性分子中的烯键，可用这两种方法进行立体选择性的 1,2-羟基化反应 (图 4-66)。

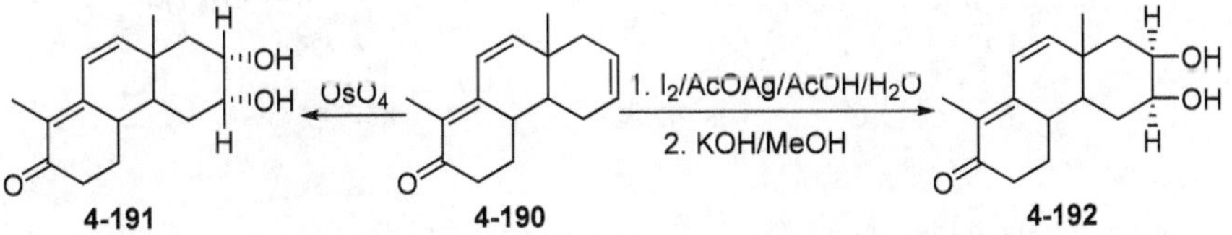

OsO4; 1. I2/AcOAg/AcOH/H2O; 2. KOH/MeOH; 4-191; 4-190; 4-192

图 4-66 立体选择性的 1,2-羟基化反应

② 选择性反式羟基化

常用的烯键反式羟基化试剂有：有机过氧酸 (RCO_3H) 和碘-羧酸银 (I_2/RCO_2Ag)。

a. 有机过氧酸 (RCO_3H) 氧化

有机过氧酸选择性氧化烯键为环氧化合物或 1,2-二醇，这主要取决于反应条件。首先过氧酸与烯键反应形成环氧化物，当反应中存在一些可使氧环开裂的条件，如酸时，则氧环被开裂形成反式 1,2-二醇。用于直接从烯烃制备反式 1,2-二醇的最常用有机过氧酸为过氧乙酸和过氧甲酸 (图 4-67)。

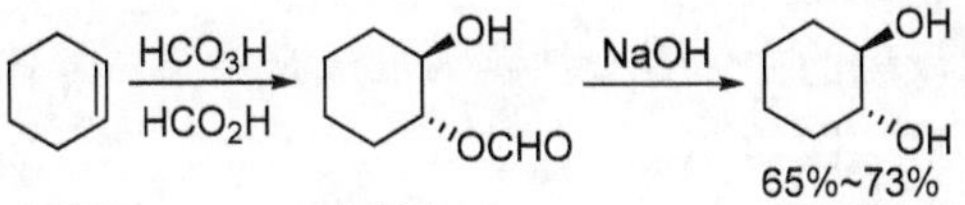

HCO3H; HCO2H; NaOH; OCHO; 65%~73%; 4-193; 4-194; 4-195

图 4-67 有机过氧酸氧化烯烃制备反式 1,2-二醇的反应

前面已经介绍了用于孤立烯键环氧化的最常用有机过氧酸为芳基过氧酸，因此，使用芳基过氧酸制备反式 1,2-二醇可分两步进行，先氧化烯键为环氧化合物，分离后加酸分解，酸从三元氧环平面的另一侧进攻，再水解形成反式 1,2-二醇 (图 4-68)。

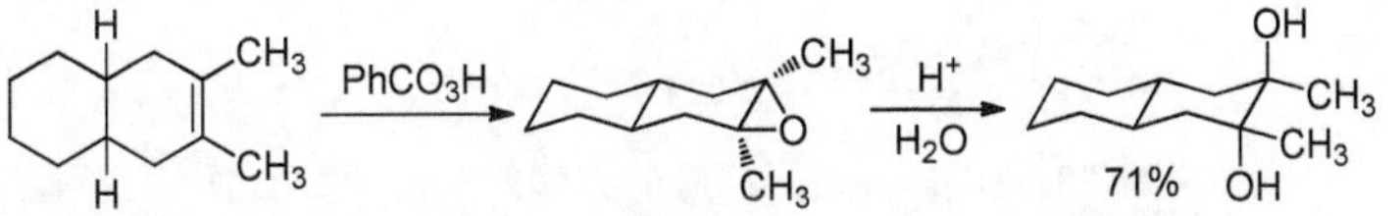

PhCO3H; H+; H2O; 71%; 4-196; 4-197; 4-198

图 4-68 芳基过氧酸氧化孤立烯键制备反式 1,2-二醇的反应

b. 碘-羧酸银 (I_2/RCO_2Ag，Prévost 法) 氧化

在无水存在时，由碘和 2 mol 乙酸银或苯甲酸银组成的 Prévost 试剂能选择性氧化烯键得到反式 1,2-二醇的二羧酸酯。生成的双酯经水解可获得反式 1,2-二醇产物

(图 4-69)。

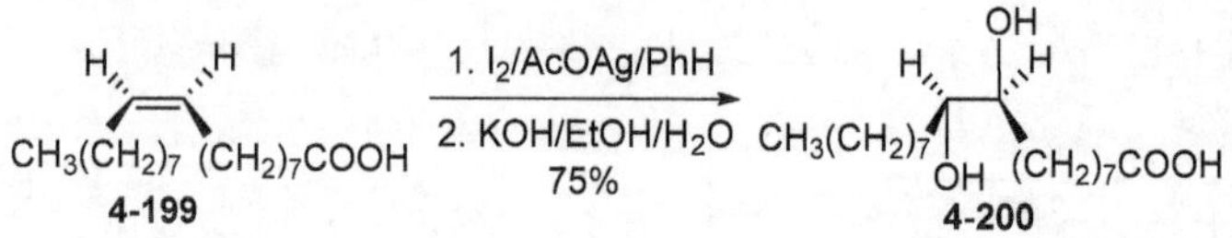

图 4-69 Prévost 法制备反式 1,2-二醇产物

（4）烯键 Diels-Alder 反应的选择性

Diels-Alder 反应具有很高的区域选择性和立体选择性，在药物合成中具有巨大的应用价值。Diels-Alder 反应除了形成两个新的 C–C 键外，反应最多还能产生 4 个新的手性中心。反应经过一个高度有序的环状过渡态，能严格控制新生成的立体中心的构型。

① Diels-Alder 反应的立体选择性

烯烃与共轭二烯发生 Diels-Alder 环加成反应具有立体专一性顺式加成和内向加成规则。使用 Lewis 酸作催化剂时，能增加反应的立体选择性。Diels-Alder 反应的绝对立体选择性既可以通过使用手性二烯体或手性亲二烯体控制，也可以通过使用手性 Lewis 酸催化剂控制。

a. 立体专一性顺式加成

所谓 Diels-Alder 反应的立体专一性顺式加成是指亲二烯体和二烯体原有的立体化学仍然保留在加成物中 (图 4-70)。

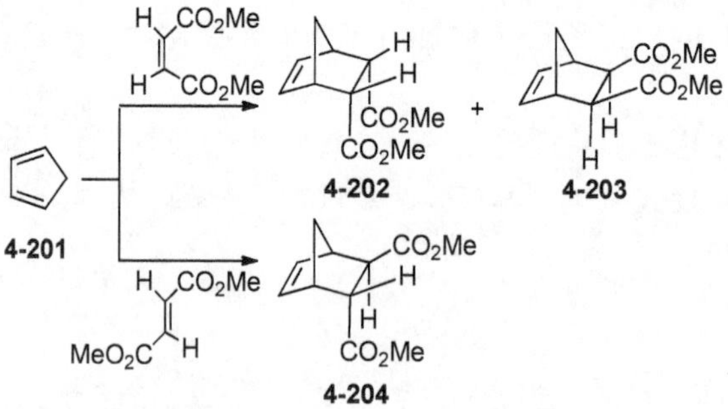

图 4-70 Diels-Alder 反应的立体专一性顺式加成

b. 内型加成规则

Diels-Alder 反应在形成两个新的 C–C 键的同时，最多还能产生 4 个新手性中心，理论上就可能产生 16 种立体异构体。实际上，如图 4-71 所示，由于反应经过一个高度有序的环状过渡态且只进行同面 (suprafacial) 加成而生成内型 (*endo*) 和外型 (*exo*) 两种加成产物，因此，反应生成立体异构体的数目就大为减少了。

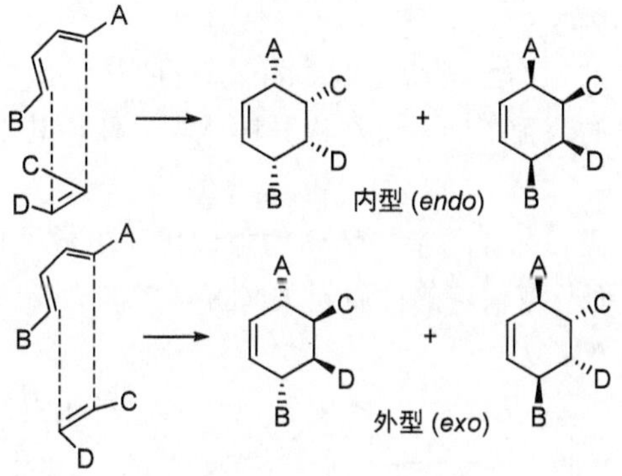

图 4-71　Diels-Alder 反应的内型加成

在多数情况下，反应优先生成内型加成产物，这一规律被称为 Diels-Alder 反应的内型加成规则。

c. 立体选择性控制

使用 Lewis 酸作催化剂时，能增加反应的立体选择性。亲二烯体通过与 Lewis 酸的配位作用降低其最低空轨道 (LUMO) 的能量，使二烯体的最高占有轨道 (HOMO) 和亲二烯体的最低空轨道 (LUMO) 之间的能垒减少，从而增加 *endo*/*exo* 的比例。

另外，Diels-Alder 反应可通过使用手性二烯体或手性亲二烯体或手性 Lewis 酸进行绝对立体选择性控制 (图 4-72)。

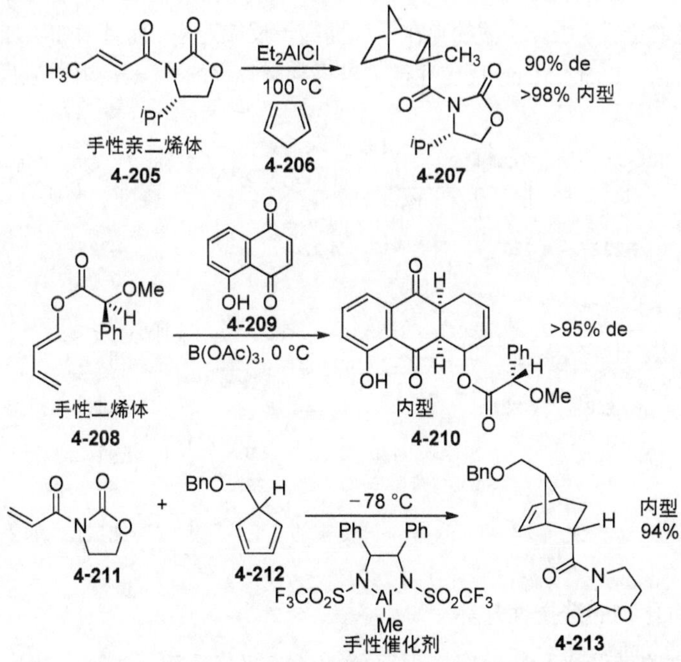

图 4-72　Diels-Alder 反应的绝对立体选择性控制

③ Diels-Alder 反应的区域选择性

不对称二烯体和不对称亲二烯体发生 Diels-Alder 环加成反应时具有良好的区域选择性，即在可能生成的两种不同定位结构异构体中，往往其中一种异构体占优。

a. 1,2-定位环加成

多数情况下，1-取代二烯体与亲二烯体的加成优先生成“1,2-”定位环加成产物(如 **4-216** 和 **4-220**)，而与取代基的性质无关 (图 4-73)。

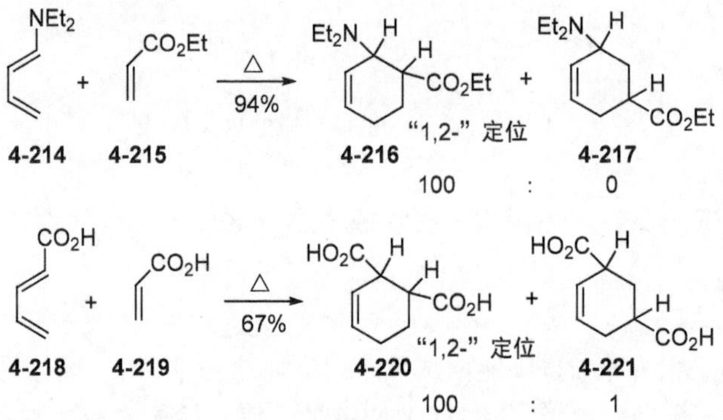

NEt_2 CO_2Et △ 94% Et_2N H H CO_2Et “1,2-” 定位 Et_2N H H CO_2Et

4-214 4-215 4-216 4-217

100 : 0

CO_2H CO_2H △ 67% HO_2C H H CO_2H “1,2-” 定位 HO_2C H H CO_2H

4-218 4-219 4-220 4-221

100 : 1

图 4-73 Diels-Alder 反应的“1,2-”定位环加成

b. 1,4-定位环加成

多数情况下，2-取代二烯体与亲二烯体的加成优先生成“1,4-”定位环加成产物，而与取代基的性质无关。Lewis 酸的存在不仅提高了反应速率，而且增加了加成反应的区域选择性，这时候，Diels-Alder 反应往往可以得到高收率的单一异构体 (图 4-74)。

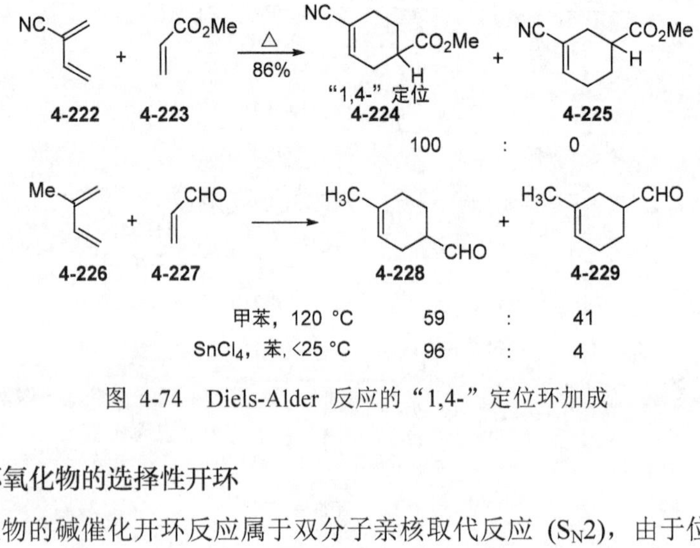

NC CO_2Me △ 86% NC CO_2Me H “1,4-” 定位 NC CO_2Me H

4-222 4-223 4-224 4-225

100 : 0

Me CHO H_3C CHO H_3C CHO

4-226 4-227 4-228 4-229

	4-228		4-229
甲苯，120 °C	59	:	41
$SnCl_4$，苯, <25 °C	96	:	4

图 4-74 Diels-Alder 反应的“1,4-”定位环加成

4.2.2.4 环氧化物的选择性开环

环氧化物的碱催化开环反应属于双分子亲核取代反应 (S_N2)，由于位阻原因，亲

核试剂通常进攻三元氧环取代较少的环碳原子。

环氧化物的酸催化开环则较复杂，环上氧原子的质子化使 C–O 键减弱，有利于被弱亲核试剂进攻开环。反应从 C–O 键断裂开始，带有一定的 S_N1 性质，开环方向取决于电子因素，与空间因素关系不大 (图 4-75)。因此，亲核试剂通常优先进攻三元氧环取代较多的环碳原子。

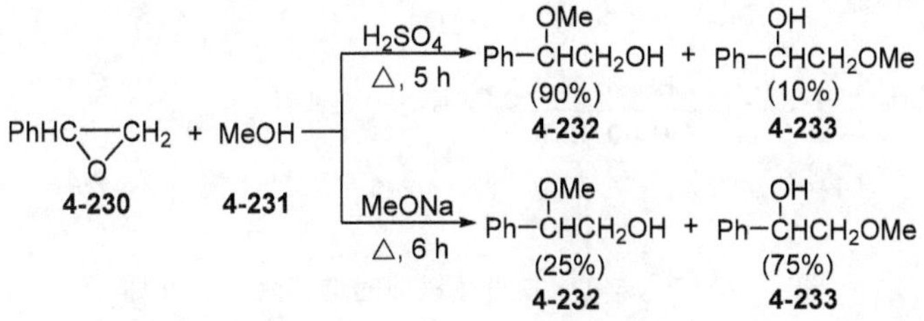

图 4-75　环氧化物的选择性开环

前面已经介绍了烯丙醇双键的不对称 Sharpless 环氧化方法，它在现代有机药物合成中占有重要地位。这里主要介绍几种较新的烯丙醇双键 Sharpless 环氧化物 (俗称环氧醇) 选择性开环的方法，其中，环氧醇底物结构中的羟基对三元氧环的开环反应具有关键的导向作用。

（1）Lewis 酸催化下亲核试剂对环氧醇的选择性开环

一般在 Lewis 酸如 $Ti(O^iPr)_4$ 等催化下，亲核试剂从三元氧环的背面优先进攻环氧醇中离醇羟基较远的三元氧环的环碳原子 (图 4-76)。

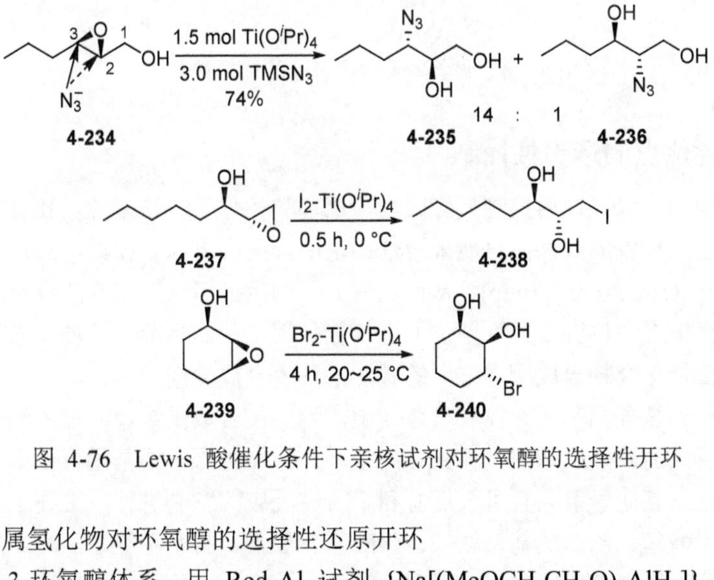

图 4-76　Lewis 酸催化条件下亲核试剂对环氧醇的选择性开环

（2）金属氢化物对环氧醇的选择性还原开环

对于 2,3-环氧醇体系，用 Red-Al 试剂 $\{Na[(MeOCH_2CH_2O)_2AlH_2]\}$ 还原可得到

高选择性的 1,3-二醇；而用 DIBAL-H［二异丁基氢化铝，$(^{i}Bu)_2AlH$］或 $LiBH_4/Ti(O^{i}Pr)_4$ 试剂还原，则得到高选择性的 1,2-二醇 (图 4-77)。

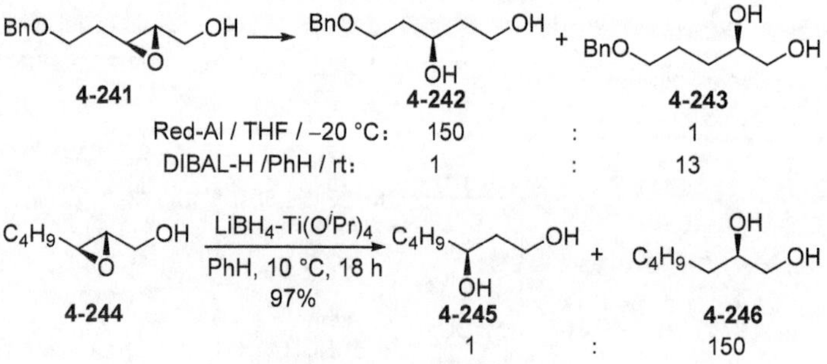

图 4-77　金属氢化物对环氧醇的选择性还原开环

（3）碳负离子对环氧醇的选择性开环

在 Cu(Ⅰ) 存在下，碳负离子亲核试剂一般都选择优先进攻环氧醇中离醇羟基较近的三元氧环的环碳原子 (图 4-78)。

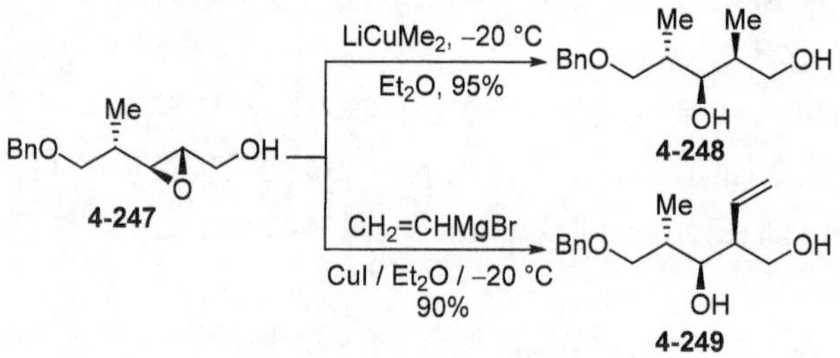

图 4-78　碳负离子对环氧醇的选择性开环

4.2.3　反应位点的选择性控制

选择性控制，除了利用控制反应底物、试剂和条件等方法之外，还有很多情况下因缺乏上述控制反应的条件而只能采用辅助基团等间接方法。比如，通过在底物分子上引入导向基 (directional group)，从而改变分子的反应活性位点，所需反应完毕后再除去导向基团，最终达到在目标部位上进行选择性反应的目的。这种引入导向基使化学反应符合目标化合物合成所需方向的做法，称为合成导向。

那么，什么是导向基呢？在有机合成中，为了使合成子经反应进入靶分子的某一位置而预先引入的原子或基团，称为导向基。什么样的原子或基团可作为导向基呢？简单地说就是：既便于引入且引入后有利于所需反应的顺利进行，又便于去除的原子或基团，如甲醛基、乙氧羰基、氨基、磺酸基、羧基、叔丁基等。

根据引入的导向基所起作用的不同，合成导向可分为下列三种类型：①活化导向；

②钝化导向；③封闭特定位置导向。导向基相应可分为活化基、钝化基和阻断基。其中，活化基及其活化导向在有机合成设计中应用最为广泛。

4.2.3.1 活化导向

所谓活化导向就是通过在底物分子中引入一个活化基对所需反应位点进行选择性活化，从而把反应导向指定的位置。下面着重介绍在延长碳链的药物合成设计中，常用的活化基如甲醛基、乙氧羰基 (或羧基)、硝基等吸电子基团如何对所需反应位点进行活化导向。

（1）甲醛基的活化导向

【实例 4-2】试设计下列化合物的合成路线。

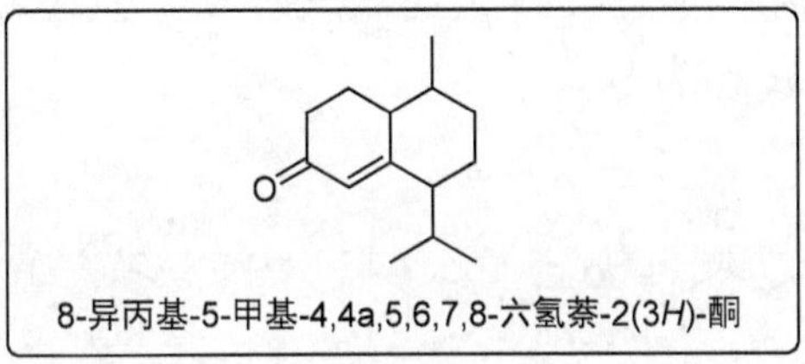

8-异丙基-5-甲基-4,4a,5,6,7,8-六氢萘-2(3*H*)-酮

反合成分析：

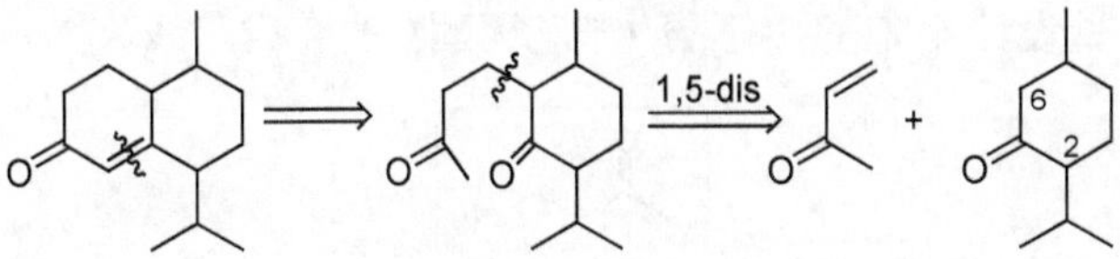

1,5-dis

对上述靶分子反合成分析进行正向反应审查时，发现起始原料 2-异丙基-5-甲基环己酮的 C2 和 C6 位均能和乙烯基甲基酮 (MVK) 发生 Michael 加成。为了制备靶分子，可通过先在 2-异丙基-5-甲基环己酮的 C6 位引入甲酰基来活化 C6–H 键，使 C6–H 选择性地和 MVK 反应，然后用碱水解脱去甲酰基，再环合得到目标化合物。

如何在不对称酮羰基两侧的 α-位选择性地引入甲酰基呢？通常利用甲酸酯对酮羰基两侧 α-位碳氢键的酰化作用规律，即甲酸酯优先酰化亚甲基，其他酯优先酰化甲基，次甲基很难被酰化，可选择性地在 2-异丙基-5-甲基环己酮的 C6 位引入甲酰基进行活化导向，从而提高所需反应的区域选择性。

合成路线：

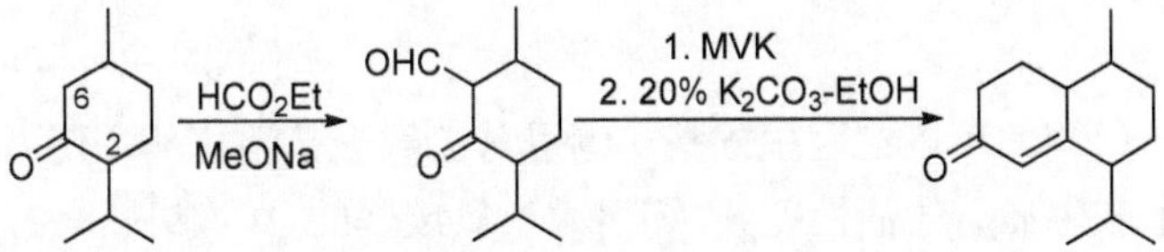

HCO_2Et / MeONa；1. MVK 2. 20% K_2CO_3-EtOH

【实例 4-3】试设计 2-甲基-6-烯丙基环己酮的合成路线。

2-甲基-6-烯丙基环己酮

反合成分析：

1,4-dis　dis

对上述靶分子反合成分析进行正向反应审查时，可以预计中间体 2-甲基环己酮的 C2 和 C6 位均能与烯丙基溴反应，生成混合产物，这一问题就可以通过在 C6 位引入甲酰基，进行活化导向来解决。

合成路线：

CH_3I / t-BuOK；HCO_2Et / MeONa；1. MeONa，Br／　2. KOH

（2）乙氧羰基 (或羧基) 的活化导向

【实例 4-4】试设计 4-苯基-2-丁酮 (苄基丙酮) 的合成路线。

4-苯基-2-丁酮

反合成分析：

1,4-dis

若以丙酮为起始原料，直接采用上述正向合成路线制备苄基丙酮的收率很低。原因在于丙酮羰基两侧甲基在碱性条件下均可以与溴苄反应，生成对称的二苄基丙酮副产物。另外，反应产物苄基丙酮羰基 α-位亚甲基在此反应条件下还可进一步与溴苄反应生成不对称的二苄基丙酮副产物。

碱 / $BrCH_2Ph$；碱 / $BrCH_2Ph$

要解决这一问题，可以在丙酮羰基一侧引入乙氧羰基活化基，使丙酮羰基两侧的 α-碳上的氢原子产生显著的活性差异，即引入乙氧羰基的 α-次甲基具有更强的反应活性，最终使这个活性次甲基成为溴苄优先进攻的部位。这样，合成时实际上以乙酰乙酸乙酯为原料，与溴苄反应完成后将乙酯基水解成为 β-酮酸，再利用 β-酮酸易于受

热脱去 CO_2 的特性而除去活化基。

合成路线：

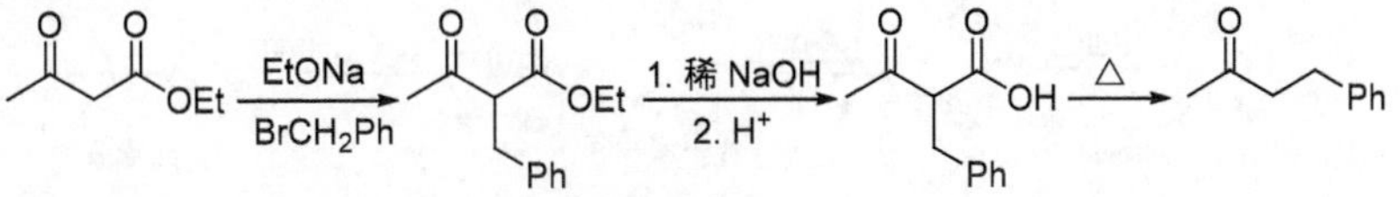

【**实例 4-5**】试设计下列化合物的合成路线。

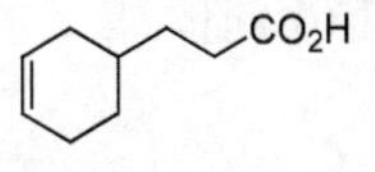

3-(3-环己烯-1-基) 丙酸

反合成分析：

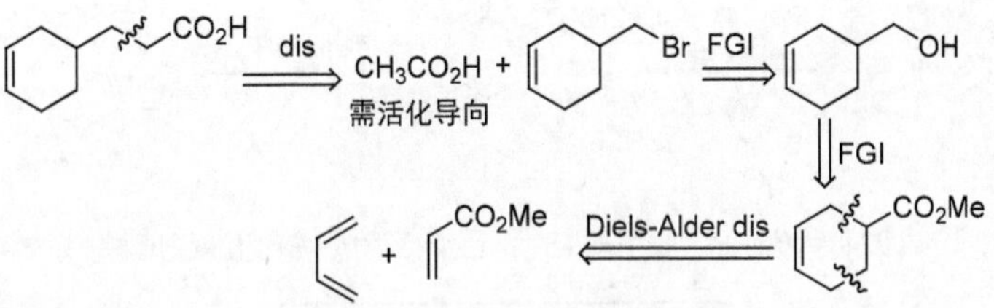

dis

CH_3CO_2H +

需活化导向

FGI

FGI

Diels-Alder dis

正向合成路线考察时，鉴于其中乙酸的 α-H 不够活泼，为了使烷基化反应在其 α-位碳上发生，可引入乙氧羰基活化基使乙酸的 α-H 活化，从而使其 α-位碳上烷基化反应顺利进行。这样，合成时实际上以丙酸二乙酯为原料，与溴化物反应完成后将乙酯基水解成羧基，再利用两个羧基连在同一个碳上受热易脱去一分子 CO_2 的特性而除去活化基。

合成路线：

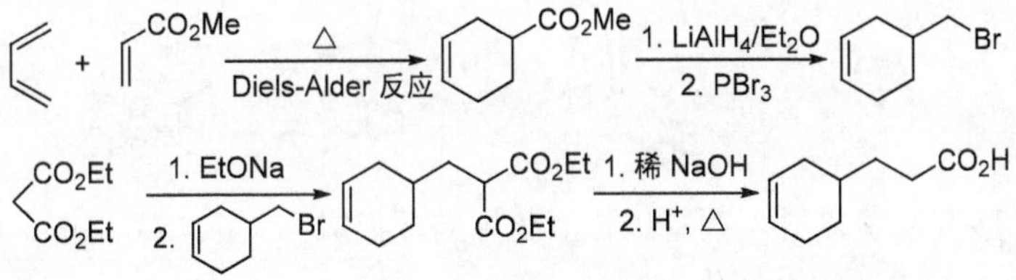

【**实例 4-6**】试设计 3-叔丁基环戊-2-烯酮的合成路线。

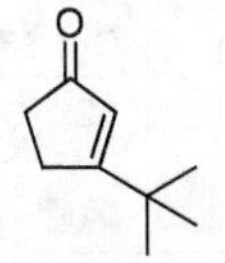

3-叔丁基环戊-2-烯酮

反合成分析：

dis　1,4-dis　需活化导向　+　Br　FGR　频哪酮

其正向合成路线中，丙酮合成子需引入乙氧羰基进行活化导向，即改用乙酰乙酸乙酯，才能选择性合成所需要的目标中间体。

合成路线：

2 （丙酮）　1. Mg-Hg/苯/△　2. 质子性溶剂　→　OH OH　稀 H_2SO_4, △（频哪醇重排）→　频哪酮　Br_2/H^+ →　Br

OEt　1. EtONa　2. Br　→　EtO_2C　1. 稀 NaOH, △　2. H^+, △ →

【**实例 4-7**】试设计 β-(3,4-二甲基-3-环己烯)基丙烯酸的合成路线。

CO_2H

β-(3,4-二甲基-3-环己烯) 基丙烯酸

反合成分析：

CO_2H　dis ⇒　CH_3CO_2H +　CHO　dis ⇒　+　CHO

活化导向 ⇓　$CH_2(CO_2H)_2$

FGI ⇓　2 （丙酮）⇐ dis　OH OH

其中，乙酸合成子需引入羧基进行活化导向即换成丙二酸，经 Knoevenagel 反应才能选择性合成所需要的目标化合物。

合成路线：

2 （丙酮）　1. Mg-Hg/苯/△　2. 质子性溶剂 →　OH OH　Al_2O_3 / 360 °C　$-2H_2O$ →　CHO, △　Diels-Alder 反应 →

CHO　$CH_2(CO_2H)_2$，吡啶，哌啶　Knoevenagel 反应 →　CO_2H

4.2.3.2 钝化导向

所谓钝化导向就是通过在底物分子中引入一个钝化基，从而对可能发生反应的多个反应位点进行选择性控制，最终把反应导向指定的位置。

【实例 4-8】试设计对溴苯胺和邻溴苯胺的合成路线。

对溴苯胺　　邻溴苯胺

反合成分析：

邻溴苯胺 $\xRightarrow{dis}$ 苯胺 + Br_2 $\xLeftarrow{dis}$ 对溴苯胺

在芳烃的溴代亲电取代反应中，由于氨基是一个很强的供电子基，对苯环具有很好的活化导向作用，是很强的邻、对位定位基，反应易生成多溴取代产物，因此，苯胺与过量的溴水作用，可生成 2,4,6-三溴苯胺，此反应是定量的，可用于苯胺的定性和定量分析。

苯胺 + $3Br_2$(过量) $\xrightarrow{H_2O}$ 2,4,6-三溴苯胺(白色)↓ + 3HBr

要想在苯胺芳环上只引进一个溴原子，则可通过在氨基上引入一个吸电子钝化基如乙酰基来降低氨基的供电子活性，从而达到苯胺的单溴代合成目的。乙酰氨基是比氨基供电子活性低的邻、对位定位基，乙酰氨基苯与溴素在不同反应条件下溴代主要产物分别是对溴乙酰苯胺和邻溴乙酰苯胺，随后溴代产物经碱水解可将乙酰基钝化基除去而得到目标化合物。

合成路线：

苯胺 $\xrightarrow{(CH_3CO)_2O}$ 乙酰苯胺（$NHCOCH_3$）$\xrightarrow{Br_2}$

- H_2O, △ → 对溴乙酰苯胺 $\xrightarrow[H_2O]{OH^-,\triangle}$ 对溴苯胺
- CS_2 或 CCl_4 → 邻溴乙酰苯胺 $\xrightarrow[OH^-,\triangle]{H_2O}$ 邻溴苯胺

4.2.3.3 封闭特定位置导向

有些靶分子结构中对于同一反应具有多个可发生反应的活性部位。在合成时，为了提高反应的区域选择性，除了可以利用上述的活化导向、钝化导向外，还可以引入一些基团，将其中的某些活性部位封闭起来，阻止不需要的反应发生，从而把反应导向指定的位置。这些特殊形式的保护基被称为阻断基，所需反应结束后应能很方便地将其除去。

在苯环的亲电取代反应中，常引入磺酸基、羧基、叔丁基等作为阻断基。此外，对于不对称酮羰基 α-位选择性烷基化反应，烷硫亚甲基等阻断基也具有很好的封闭导向作用。

（1）磺酸基的封闭导向

【实例 4-9】试设计邻氯甲苯的合成路线。

邻氯甲苯

反合成分析：

CH_3 Cl FGR ⟹ CH_3 + Cl_2

甲基是芳环亲电反应的邻、对位定位基，甲苯氯化时生成邻氯甲苯和对氯甲苯的混合物，两者沸点相近 (分别为 159 ℃和 162 ℃)，很难蒸馏分离。因此，合成设计时，可考虑先将甲苯磺化，在其对位引入磺酸基，将对位封闭起来，然后再氯化；鉴于磺酸基是间位定位基，这样一来，氯原子正好只能进入甲基的邻位 (即磺酸基的间位)，最后在酸性条件下加热水解，脱去磺酸基，就选择性地合成邻氯甲苯。

合成路线：

CH_3 —H_2SO_4→ CH_3 / SO_3H —Cl_2/Fe, △→ CH_3, Cl / SO_3H —H_2O, H^+, 150 °C→ CH_3, Cl

（2）羧基的封闭导向

【实例 4-10】试设计 4-溴-1,3-苯二酚的合成路线。

OH Br HO

4-溴-1,3-苯二酚

反合成分析：

$$\text{4-溴间苯二酚} \overset{FGR}{\Longrightarrow} \text{间苯二酚} + Br_2$$

间苯二酚原料可从煤焦油工业生产中制得，但要控制间苯二酚的直接单取代溴化非常困难。原因之一，羟基是芳环亲电反应很强的邻、对位致活基团，单羟基取代苯（即苯酚）溴代时就能同时上去三个乃至四个溴原子。原因之二，两个羟基互为间位，它们对苯环的致活效应方向一致，具有相互增强活化的作用，最终反应只上一个溴原子更是不太可能。

$$\text{苯酚} \xrightarrow{Br_2/H_2O} \text{2,4,6-三溴苯酚（白色）}\downarrow \xrightarrow[H_2O]{\text{过量}Br_2} \text{2,4,4,6-四溴环己二烯酮（黄色）}\downarrow$$

为了使反应只上一个溴原子，可在溴化之前先利用 Kolbe 反应引入一个吸电子羧基，既降低了苯环上亲电取代反应的活性，起到钝化导向作用，同时又封闭一个溴原子不该进入的部位，起到封闭导向作用，这样，引入的羧基既是钝化基，又是阻断基。溴化反应完毕后很容易经水溶液回流加热脱羧除去羧基。

合成路线：

$$\text{间苯二酚} \xrightarrow[57\%\sim60\%]{CO_2/KHCO_3\ (\text{Kolbe 反应})} \text{2,4-二羟基苯甲酸} \xrightarrow[57\%\sim63\%]{Br_2/HOAc,\ 30\sim50\ °C} \text{5-溴-2,4-二羟基苯甲酸} \xrightarrow[90\%\sim92\%]{H_2O,\ \text{回流, 24 h}} \text{4-溴间苯二酚}$$

本合成路线的优点在于充分利用了间苯二酚的结构特点：两个互处间位的羟基对芳环亲电取代反应的相互增强活化作用，有利于环上引入羧基；在脱羧反应中，羧基的邻对位两个羟基的吸电子效应又有利于它的除去。

（3）叔丁基的封闭导向

【**实例 4-11**】试设计 2,6-二氯苯酚的合成路线。

2,6-二氯苯酚

反合成分析：

$$\text{2,6-二氯苯酚} \overset{FGR}{\Longrightarrow} \text{苯酚} + Cl_2$$

羟基在芳环上的亲电反应中是很强的邻、对位致活基，苯酚的氯代反应得到的是2,4,6-三氯苯酚。要使两个氯原子分别进入羟基两侧邻位，需先在羟基的对位引入阻断基将对位封闭。那么该反应阻断基能不能用上述 $-CO_2H$ 等吸电子基呢？答案显然是否定的！因为$-CO_2H$ 等吸电子间位定位基对芳环亲电反应的钝化作用无法确保还可以使羟基两侧邻位双氯代。

叔丁基是该反应较理想的羟基对位阻断基。原因在于：

① 叔丁基是供电子基，但其对苯环亲电反应的致活作用比 –OH 要弱，这样至少可确保使羟基两侧邻位双氯代；

② 叔丁基体积大，空间位阻效应大，不仅可以封闭其所在部位，还能堵塞其两边的邻位发生氯代反应；

③ 叔丁基容易引入，也可以很方便地利用烷基转移法除去，即在苯中与 $AlCl_3$ 共热，叔丁基转移到苯上而除去。

合成路线：

$$\text{PhOH} \xrightarrow[-H_2O]{CH_2=C(CH_3)_2,\ H^+} \text{4-}C(CH_3)_3\text{-PhOH} \xrightarrow{Cl_2/Fe} \text{2,6-二Cl-4-}C(CH_3)_3\text{-PhOH} \xrightarrow[\triangle]{PhH\ /\ AlCl_3} \text{2,6-二Cl-PhOH} + \text{Ph}C(CH_3)_3$$

（4）烷硫亚甲基的封闭导向

【实例 4-12】试设计 9-甲基十氢萘-1-酮的合成路线。

9-甲基十氢萘-1-酮

反合成分析：

$$\text{9-甲基十氢萘-1-酮} \xRightarrow{dis} \text{十氢萘-1-酮} + CH_3I$$

十氢萘-1-酮的羰基 α-位两侧活泼氢原子在碱作用下均能发生 α-烃化反应。在不同的烃化反应条件下虽然也存在一定的区域选择性即动力学或热力学占优的烃化产物，但总体选择性不强。若先在十氢萘-1-酮的 C2 位引入烷硫亚甲基 (R–SCH=) 阻断基，则可使其羰基α-位甲基化反应只能发生在 C9 位，然后用碱水解脱去烷硫亚甲基 (R–SCH=) 就能选择性地合成得到收率良好的目标化合物 9-甲基十氢萘-1-酮。

如何在十氢萘-1-酮的 C2 位引入烷硫亚甲基 (R–SCH=) 呢？通常可先利用甲酸酯与不对称酮羰基两侧 α-位碳氢键的酰化作用规律，即甲酸酯优先酰化亚甲基，其他酯优先酰化甲基，次甲基很难被酰化，选择性地在其 C2 位引入甲酰基，然后在对

甲基苯磺酸 (TsOH) 存在下经正丁硫醇 (*n*-BuSH) 对醛基的选择性亲核加成及脱水反应而将甲酰基转化为烷硫亚甲基 (R−SCH=)，最后完成封闭导向，从而提高所需反应的区域选择性。

合成路线：

1. HCO_2Et/EtONa 2. *n*-BuSH/TsOH；CHSBu；1. *t*-BuOK/*t*-BuOH/MeI 2. KOH/H_2O 78%

4.2.4 官能团的选择性保护

在复杂靶分子中，往往可能同时存在反应活性相近的多个官能团或部位。要选择性地在某一官能团或部位发生反应，而其他官能团不受到影响，最佳的方法是直接采用高选择性的有机反应试剂和条件。但是，许多情况下无法找到合适的反应试剂和条件，或选择性不好，于是必须采取迂回的办法，在不希望发生反应的官能团或部位上引入保护基团，然后待所需反应完毕后再除去保护基，恢复原来的官能团或部位，这种方法就称为“官能团保护”法。

一般在下列几种情形下可考虑应用保护基：一是一些官能团保护后能控制反应的化学选择性或区域选择性；二是某些官能团保护后能提高反应的立体选择性；三是一些官能团保护后有利于多种产物的分离。另外，有些官能团的存在不影响反应，但要消耗反应试剂，因此，在试剂特别贵重时，采用“官能团保护”的方法是一种经济的选择，比如底物分子中羟基的存在对 Grignard 反应的影响。

实际合成过程中，要进行“官能团保护”，必须作细致考虑。一种理想的保护基应符合下列条件才可使用：① 引入保护基的试剂应易得、稳定、无毒、价廉；② 保护基的引入和脱去，所需反应简单、操作方便、选择性好、产率高；③ 引入保护基后的衍生物在整个反应和后处理过程中是稳定的；④ 脱保护后，保护基部分的副产物和产物易分离。

【实例 4-13】试设计 4-羟基-4,4-二苯基-2-丁酮的合成路线。

O OH Ph Ph

4-羟基-4,4-二苯基-2-丁酮

反合成分析：

OH Ph Ph dis ⟹ 2PhMgBr + O O OEt ⟹ HO OH O O O OEt

正向反应考察时，发现乙酰乙酸乙酯发生格氏 (Grignard) 反应时，存在显著的化学选择性，即酮基具有比酯基更强的反应活性而优先与 PhMgBr 反应。若在格氏反应前，先在酸性条件下用乙二醇选择性地将活性大的酮基转变成环状缩酮保护起来，则格氏反应只能发生在酯基官能团，反应完毕后再经质子酸水解脱去乙二醇保护基便能合成得到所需目标化合物。

因此，乙二醇是酮羰基的优良保护基。

合成路线：

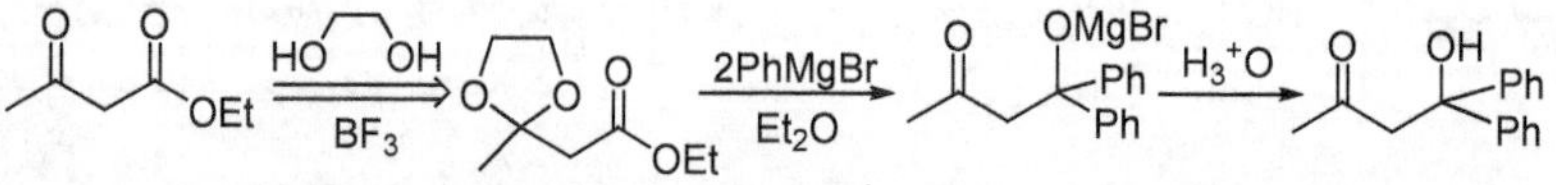

HO—OH, BF_3; 2PhMgBr, Et_2O; H_3^+O

由此可见，官能团的选择性保护已成为一些重要化合物如药物合成中必不可少的环节和手段。官能团选择性保护所形成的反应活性位点差异和反应时间差异，已成功用于设计复杂靶分子的合成路线中。近几十年来，每隔十年，发现的保护基数目几乎翻一番；一些新的保护基已在化学药物合成、活性天然产物的结构修饰和全合成方面发挥了巨大作用。新增加的保护基主要集中在对氨基、醇羟基、羧基及磷酸羟基的官能团的保护上，客观地反映了多肽、寡核苷酸及寡糖的合成研究已成为热点。

下面将着重介绍常见官能团如羟基、二醇、醛酮、氨基和羧基等的选择性保护，包括常用保护基种类及相应引入和脱去保护基的方法。

4.2.4.1 羟基的选择性保护

醇、酚易被氧化、酰化、卤化或烷基化成醚，仲醇、叔醇常易脱水。当对含有羟基的底物分子进行某些反应时，就需对羟基进行保护。羟基的保护基有 150 种左右，但只有少部分有普遍的应用价值。其中，最常用的保护基有酯类和醚类两大类。

（1）酯类保护基

羟基的酯类保护基主要有甲酰基 (HCO)、乙酰基 (MeCO，Ac)、α-卤代乙酰基 ($ClCH_2CO$，Cl_2CHCO，Cl_3CCO，F_3CCO 等)、三甲基乙酰基 (新戊酰基 *t*-BuCO，Piv)、烷氧羰基 (ROCO)、苯甲酰基 (PhCO，Bz) 等。

① 常用的羟基成酯方法

羟基的酯类保护衍生物可由醇或酚与相应的羧酸、酸酐、酰氯、活性酯 (如醋酸五氟苯基酯等)、氯甲酸酯等在相应条件下酰化制得。

a. 甲酰化

甲酸酯衍生物的特点是易于形成，其制备可以采用甲酸直接酰化的方法。该法能选择性地保护多羟基的糖苷类底物中的伯醇羟基。另外，还可用甲酸与乙酸形成的混合酸酐以及 DMF 与苯甲酰氯的加合物 (Me_2N^+=CHOBzCl$^-$) 等进行羟基的甲酰化保护 (图 4-79)。

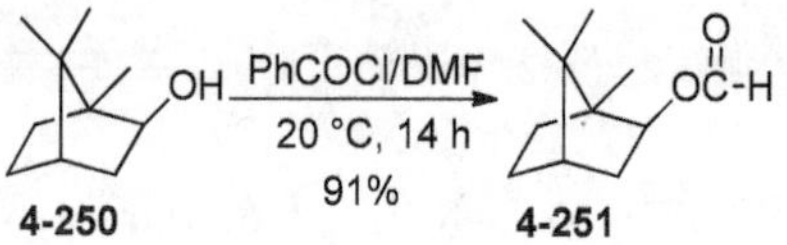

PhCOCl/DMF, 20 °C, 14 h, 91%; 4-250 → 4-251

图 4-79 羟基的甲酰化保护

b. 乙酰化

羟基的乙酰化保护应用最为广泛。常见的酰化剂有醋酐、乙酰氯、醋酸五氟苯酯等。其中，醋酐是最常用的乙酰化试剂，在低温 (< 20 ℃) 和吡啶催化下，可优先酰化伯羟基，但叔羟基不能被酰化。另外，乙酰氯在可力丁 (collidine) 催化下，也可在伯羟基和仲羟基共存时选择性酰化伯羟基；而醋酸五氟苯酯在三乙胺存在下可用于选择性酰化氨基醇中的醇羟基，如无三乙胺的存在，则选择性酰化氨基。

用醋酐或乙酰氯进行羟基酰化时，通常可加入催化剂吡啶、4-二甲氨基吡啶 (DMAP) 以及三氟化硼的乙醚复合物来加速反应。用 DMAP 催化可使大部分醇包括位阻较大的叔醇酰化；用三氟化硼的乙醚复合物催化可在醇和酚羟基共存时选择性酰化醇羟基。

醋酸乙酯在以三氧化二铝或二氧化硅为载体，硫酸氢钠为催化剂[5]对伯醇羟基进行选择性酰化时，对分子中的仲醇、酚羟基不产生影响 (图 4-80)。

OH
CH$(CH_2)_4$OH
4-252
AcOEt / Al_2O_3
75~80 °C, 1 h
92%
OH
CH$(CH_2)_4$OAc
4-253

图 4-80 羟基的乙酰化保护

c. α-卤代乙酰化

羟基的 α-卤代乙酰化可由相应的酸酐或酰氯与含羟基底物反应完成。比如，利用三氟乙酸酐或三氯乙酰氯，在吡啶催化下还可对底物分子中极其相似的羟基进行选择性保护 (图 4-81)。

OH
t-BuO
HO
O
O
4-254
$(CF_3CO)_2O$ / Py
THF, −5 °C
89%
O
OCCF$_3$
t-BuO
HO
O
O
4-255

O
OH
CO_2Et
TMS
HO
SPh
HO
CH_3
4-256
CCl_3COCl / Py
O
OH
CO_2Et
TMS
HO
SPh
Cl_3C−O
CH_3
O
4-257

图 4-81 羟基的 α-卤代乙酰化保护

d. 苯甲酰化

羟基的苯甲酸酯衍生物可用相应的酰氯、酸酐或混合酸酐如苯甲酸三氟甲磺酸酐

($BzOSO_2CF_3$，BzOTf) 以及某些活性酯如 *N*-羟基苯并三氮唑苯甲酸酯 (BzOBt) 和活性酰胺如苯甲酰咪唑或四唑与含羟基底物反应制备。苯甲酸酯衍生物包括苯甲酸酯、对苯基苯甲酸酯、2,4,6-三甲基苯甲酸酯等。该类保护基在碳水化合物及核苷醇羟基的保护中应用较为普遍。

在多羟基底物中，苯甲酰化比乙酰化更具选择性。苯甲酸酐 (Bz_2O) 或苯甲酰氯 (BzCl) 于低温 (0 ℃) 和吡啶催化下，可优先保护伯醇 (相比于烯丙仲醇)、*e*-键醇 (相比于 *a*-键醇) 和环状仲醇 (相比于非环状仲醇)。若以过氧苯甲酸酐 (Bz_2O_2) 及三苯基膦 (Ph_3P) 为酰化剂，则位阻大的羟基发生酰化，且光学活性醇发生构型反转。另外，苯甲酰腈 (BzCN) 在三乙胺催化下于乙腈中能优先酰化伯醇羟基 (相比于烯丙仲醇) (图 4-82)。

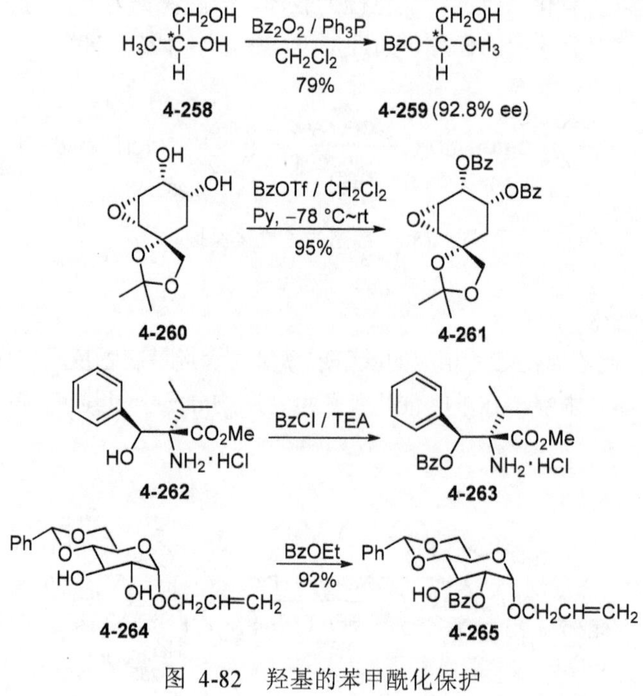

图 4-82 羟基的苯甲酰化保护

将醇转化为对苯基苯甲酸酯衍生物后，不仅具有保护羟基的作用，而且该酯多数呈结晶状而易于分离，且用 K_2CO_3-MeOH 即可进行选择性分解 (图 4-83)。

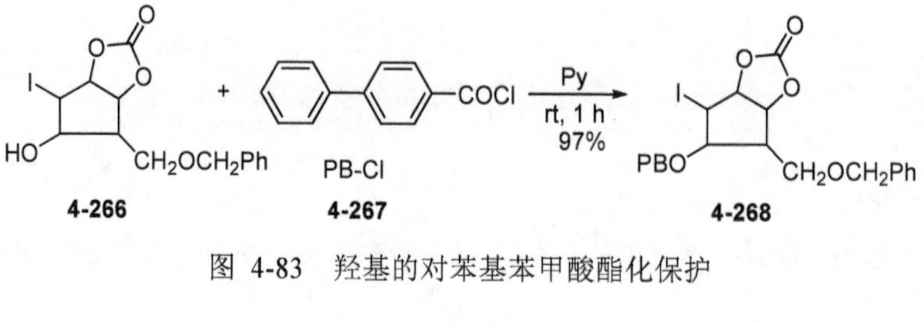

图 4-83 羟基的对苯基苯甲酸酯化保护

e. 烷氧羰基化

烷氧羰基酯即碳酸酯衍生物，多采用氯代甲酸酯 (如甲酯、甲氧甲基酯、乙酯、2-三氯乙基酯等) 与羟基化合物反应制备。

在多羟基和氨基共存底物中，氨基和羟基均可分别被烷氧羰基化成氨基甲酸酯和碳酸酯，但碳酸酯衍生物可经碱分解脱保护基，而氨基甲酸酯衍生物则一般不能被碱分解 (图 4-84)。

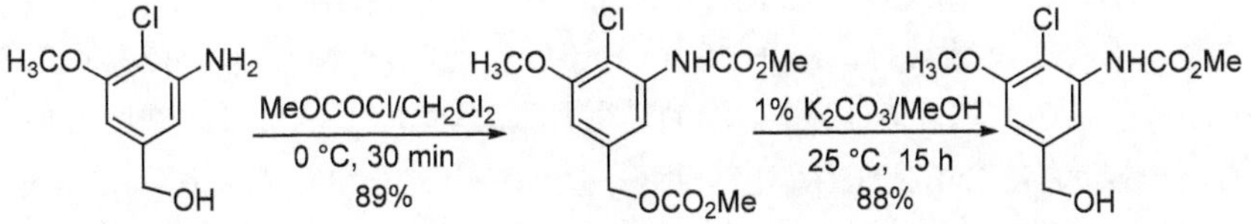

4-269 **4-270** **4-271**

图 4-84 羟基的烷氧羰基化保护

另外，氯代甲酸-2-三氯乙基酯 (Cl_3CCH_2OCOCl，Troc-Cl) 在吡啶催化下，能在多羟基底物中选择性保护伯醇羟基 (图 4-85)。

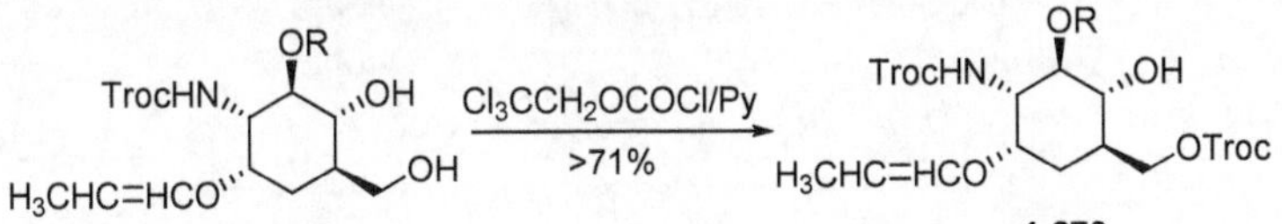

4-272 **4-273**

图 4-85 伯醇羟基的选择性保护

f. 新戊酰基化

在多羟基底物中，新戊酰氯 (*t*-BuCOCl，Piv-Cl) 可以选择性地保护伯醇羟基 (图 4-86)。

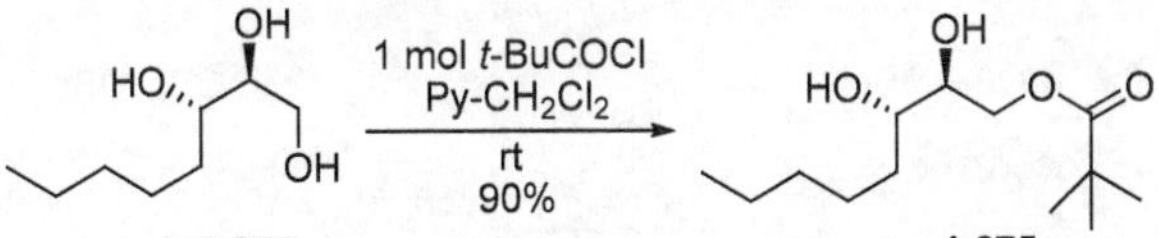

4-274 **4-275**

图 4-86 伯醇羟基的新戊酰基化保护

g. 氨甲酰化

氨基甲酸酯衍生物可用烷基异氰酸酯 (RN=C=O) 与醇反应制备。该氨甲酰基主要用于吡喃糖苷中伯醇羟基的保护，其脱保护采用在 $LiAlH_4$-THF 或 MeONa-MeOH 中回流即可 (图 4-87)。

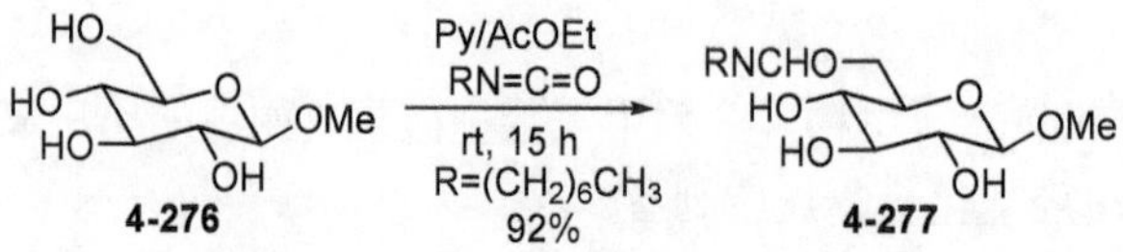

图 4-87　吡喃糖苷中伯醇羟基的氨甲酰化保护

② 酯类保护基的除去

一般情况下，酯类保护基均可在碱性条件除去。但各种酰基的碱水解也有难易之分，这些保护基碱水解速度通常为：RNHCO、*t*-BuCO < PhCO < MeCO < HCO < $ClCH_2CO$ < Cl_2CHCO < Cl_3CCO < F_3CCO。最常用的乙酸酯保护基一般在温和的碱性条件下即可除去，常用的碱为 K_2CO_3、NH_3 等；氨甲酰基 (RNHCO) 和新戊酰基 (*t*-BuCO，Piv) 需在 MeONa-MeOH 或 KOH-MeOH 强碱体系中回流才能除去；但三氟乙酰基 (F_3CCO) 在 pH=7 时就能水解除去。

甲酸酯可在乙酸酯、苯甲酸酯等存在下选择性地脱去甲酰基 (HCO) (图 4-88)。

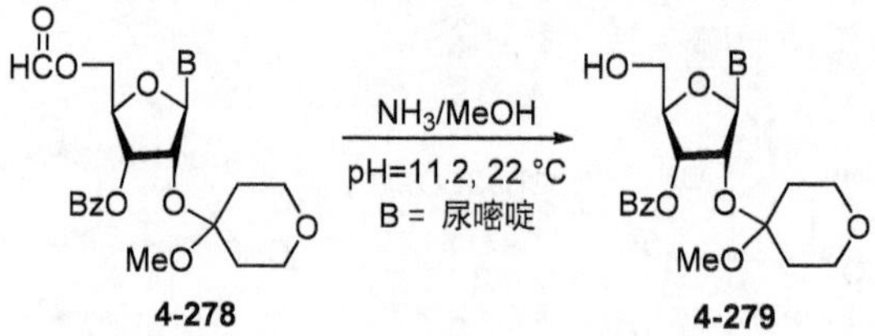

图 4-88　甲酰基的选择性脱保护

通常，酰基保护基的 α-位有吸电子因素时，酯水解速度将会大大提高。如 α-甲氧基乙酸酯水解比乙酸酯要快 20 倍；α-苯氧基乙酸酯水解则比乙酸酯要快 50 倍；α-卤代乙酸酯水解速度更快；因此，α-卤代乙酸酯可在乙酸酯、苯甲酸酯等存在下选择性地脱去 α-卤代乙酰基 (图 4-89)。

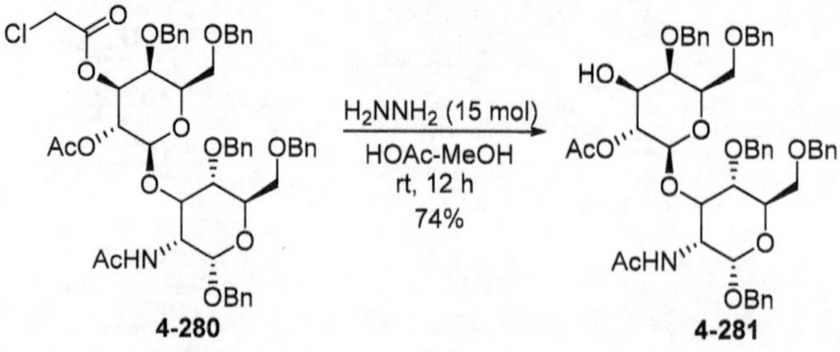

图 4-89　α-卤代乙酰基的选择性脱保护

新戊酰基 (*t*-BuCO，Piv) 因位阻效应，需要在较强碱体系中水解除去。但某些多羟基底物中，除了伯羟基的 Piv 基保护外，可能还存在对此强碱水解条件不稳定的仲羟基醚类保护基。因此，选择性除去 Piv 的另一种方法是用金属氢化物还原如四氢铝锂 ($LiAlH_4$)、氢化二异丁基铝 (DIBAL-H) 或三乙基硼氢化钾 ($KBHEt_3$) 等 (图 4-90)。

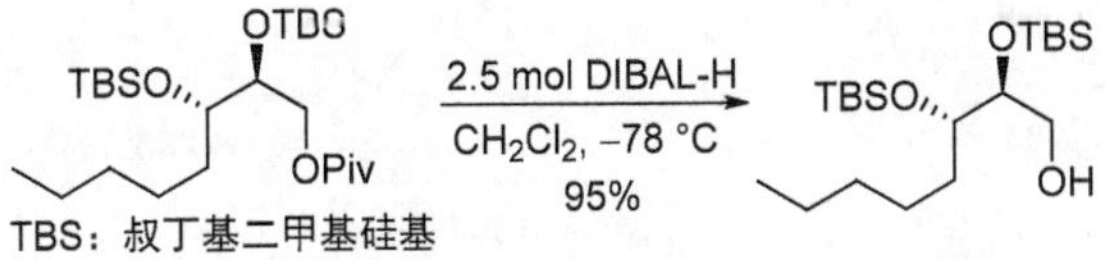

OTBS TBSO OPiv → 2.5 mol DIBAL-H, CH_2Cl_2, −78 °C, 95% → OTBS TBSO OH

TBS：叔丁基二甲基硅基

4-282 4-283

图 4-90 新戊酰基的选择性脱保护

（2）醚类保护基

羟基的醚类保护基主要包括硅基醚、烷基醚和烷氧基烷基醚三类保护基。

① 硅基醚保护基

硅基醚保护基主要有：三甲基硅基 (Me_3Si–，TMS)、三乙基硅基 (Et_3Si–，TES)、叔丁基二甲基硅基 (t-$BuMe_2Si$–，TBDMS 或 TBS)、三异丙基硅基 (i-Pr_3Si–，TIPS)、叔丁基二苯基硅基 (t-$BuPh_2Si$–，TBDPS) 等。

通常情况下，硅基醚保护衍生物可用三烷基氯化硅在有机碱存在下与底物中的羟基发生醚化反应制得。

所有三烷基硅基醚保护基对酸和碱都敏感，均可在酸或碱性条件除去，但各种三烷基硅基醚保护基的酸碱水解也有难易之分。这些保护基的酸水解速度通常为：TBDPS < TIPS < TBS < TES < TMS；其碱水解速度则为：TIPS < TBS < TBDPS < TES < TMS。

另外，由于 Si–F (142 kcal/mol) 和 O–Si (112 kcal/mol) 之间存在键能差异，因而大多数硅醚均可用含 F^- 试剂除去，这也是硅氧醚类保护基的特征脱除反应。常用的含氟试剂有：四丁基氟化铵 ($Bu_4N^+F^-$，TBAF) /THF、氢氟酸 (HF) 吡啶配合物/CH_3CN、HF/CH_3CN 等。

a. 三甲基硅基 (Me_3Si–，TMS)

三甲基硅基醚一般用三甲基氯化硅 (TMSCl) 或三氟甲磺酸三甲基硅基酯 (TMSOTf) 在碱如吡啶 (Py)、三乙胺 (TEA)、二异丙基乙基胺 (DIPEA)、咪唑 (imidazole，Imid.) 或 1,8-二氮杂双环[5.4.0]十一-5-烯 (DBU) 等存在下与羟基快速成醚制备。

由于三氟甲磺酰氧基 (OTf) 是一个比氯离子更佳的离去基团，因此，TMSOTf 活性比 TMSCl 强，它能将醛酮转化为烯醇硅醚。另外，TMSOTf 还是一个活性很强的 Lewis 酸，它甚至可催化将三元氧环开环。

通常情况下，底物分子中立体位阻最小的羟基优先被三甲基硅醚化，但也最容易被酸或碱除去。对于高位阻的叔醇羟基，则可使用活性更高的 TMS-Imid. (图 4-91)。

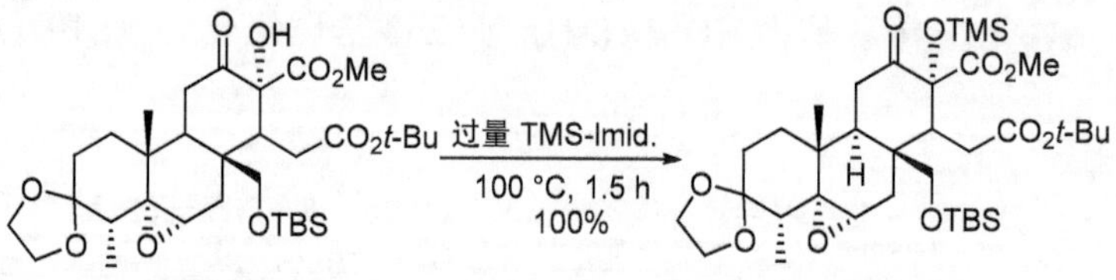

4-284　　4-285

图 4-91　羟基的三甲基硅基醚类保护

相比其他三烷基硅基醚，TMS 醚对酸碱水解稳定性更差，因此，用较弱的酸 (HOAc/MeOH 等) 或碱 (K_2CO_3/MeOH) 就能将 TMS 除去。当醇结构单元中含有吸电子因素时，能加速水解反应。此外，TBAF/THF 等含氟试剂也能很好地除去 TMS。

K_2CO_3/无水 MeOH 能在仲醇 TMS 醚存在下，选择性地脱去伯醇 TMS 醚保护基 (图 4-92)。

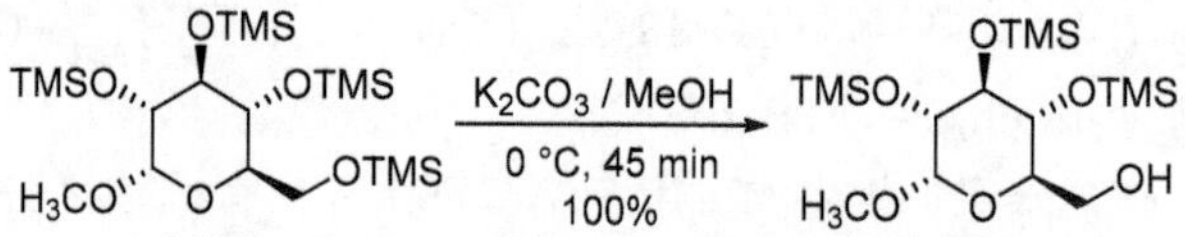

4-286　　4-287

图 4-92　伯醇 TMS 醚保护基的选择性脱保护

b. 三乙基硅基 (Et_3Si–，TES)

常用 TES 保护试剂有：TESCl/Imid.、TESCl/Imid. 和 DMAP、TESOTf/Py 或 2,6-二甲基吡啶。另外，TES 保护试剂用于保护 *β*-羟基醛、酮和酯时，不发生消除反应 (图 4-93)。

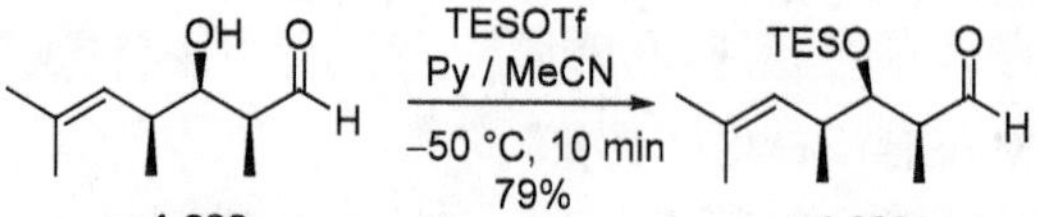

4-288　　4-289

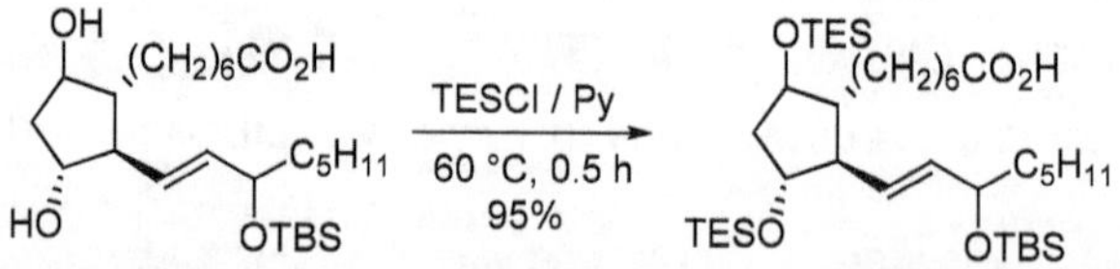

4-290　　4-291

图 4-93　*β*-羟基醛、酮和酯的三乙基硅基保护

TES 醚对酸碱水解的稳定性约为 TMS 醚的 10~100 倍，是 TBS 醚的 1/200。它

对格氏反应、Swern 氧化 (即用 DMSO 在光气或草酰氯及有机碱如三乙胺存在下将醇氧化为酮或醛的反应)、Wittig-Horner 反应都是稳定的。一般可用 2% HF/MeCN、HF-Py/MeCN 或 THF、HOAc-THF-H_2O、TFA-THF-H_2O、DDQ/MeCN 或 THF-H_2O 等试剂除去 TES (图 4-94)。

2% HF/MeCN 能在羟基的 TBS 醚和 Piv 酯存在下，选择性地脱去 TES 醚保护基。

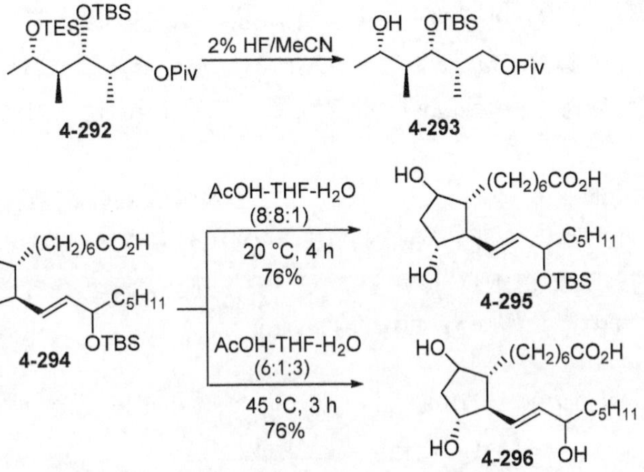

图 4-94 TES 醚保护基的选择性脱保护

c. 叔丁基二甲基硅基 (t-BuMe$_2$Si–，TBS 或 TBDMS)

TBS 自 1972 年被著名化学家 E. J. Corey 首次应用以来，已成为目前使用最广的硅醚保护基。TBS 醚常用 TBSCl/Imid. 或吡啶/DMF 体系与底物羟基在较大反应浓度条件下反应制备，一般伯醇较仲醇优先 TBS 硅醚化，位阻小的仲醇较位阻大的仲醇优先硅醚化；对于位阻大的仲醇或叔醇则采用 TBSOTf/二甲基吡啶试剂来保护[6]，如图 4-95 所示。

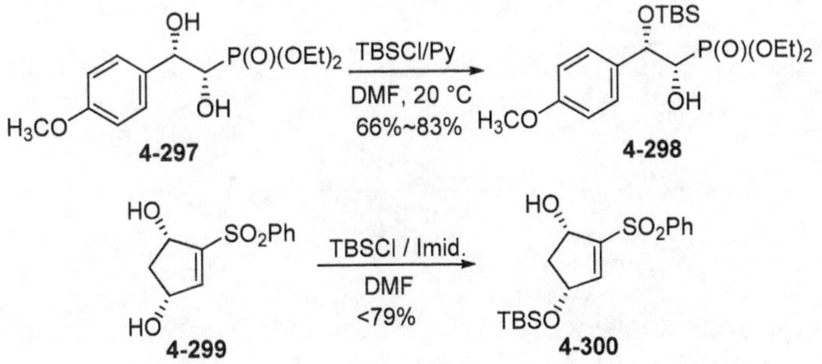

图 4-95

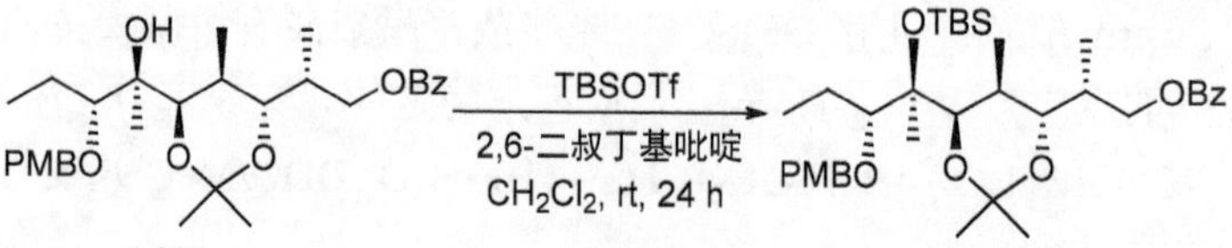

4-301 → 4-302（TBSOTf，2,6-二叔丁基吡啶，CH_2Cl_2, rt, 24 h）

PMB = 对甲氧苄基

图 4-95　羟基的 TBS 硅醚化保护

TBS 醚对于 0 ℃ 以下的正丁基锂 (*n*-BuLi) 反应、格氏反应、烯醇化反应等是稳定的，但叔丁基锂 (*t*-BuLi) 能使 Si–Me 的甲基金属化。它对中等强度的碱性是稳定的，但对酸较敏感。在无 Lewis 酸存在下，它对 $LiAiH_4$、DIBAL-H 的还原也是稳定的。

除去 TBS 的主要试剂有：PPTS (对甲基苯磺酸吡啶鎓盐) /MeOH/rt (室温)、TFA-H_2O (9 : 1) /0 ℃、5% HF/MeCN、HF-Py/MeOH 和 TBAF/THF 等。

HOAc-THF-H_2O (3:1:1) 可以在仲醇 TBS 醚存在下选择性地除去伯醇上的 TBS，或保留 TBDPS 而除去 TBS (图 4-96)。

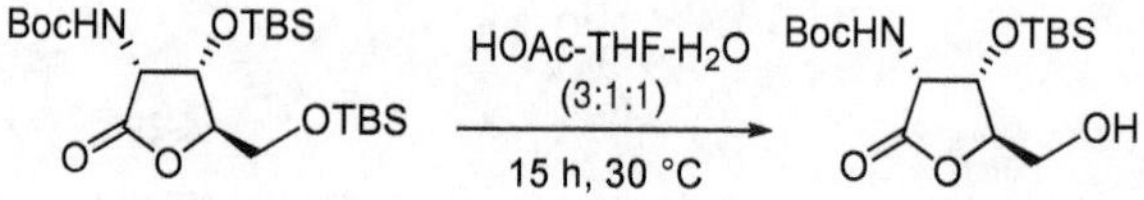

4-303 → 4-304（HOAc-THF-H_2O (3:1:1)，15 h, 30 °C）

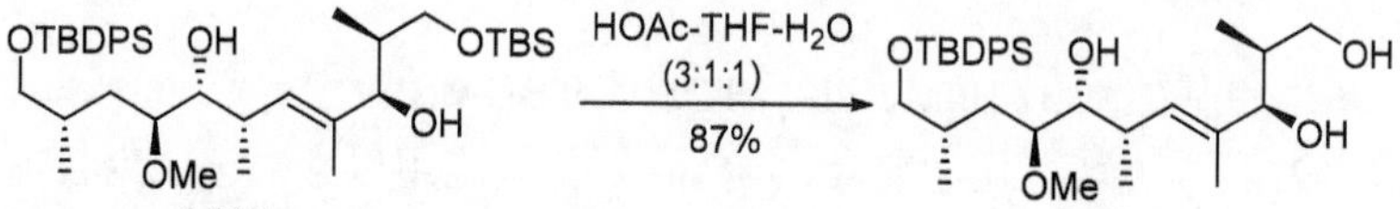

4-305 → 4-306（HOAc-THF-H_2O (3:1:1)，87%）

图 4-96　TBS 的选择性脱保护

TFA-H_2O (9:1) 和 HF-MeCN 在低温下对伯醇、仲醇 TBS 醚脱保护也有一定的选择性 (图 4-97)。

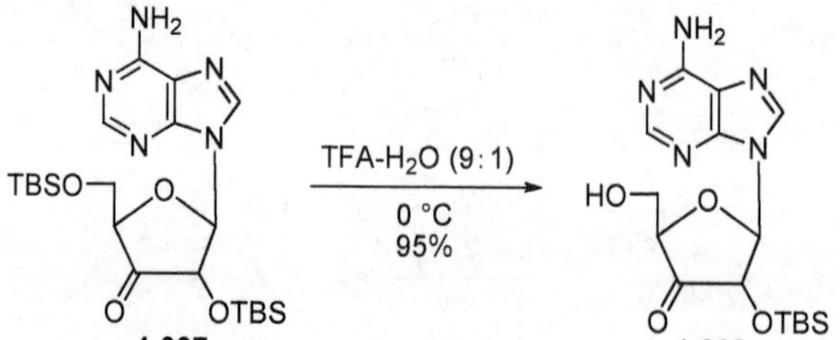

4-307 → 4-308（TFA-H_2O (9:1)，0 °C，95%）

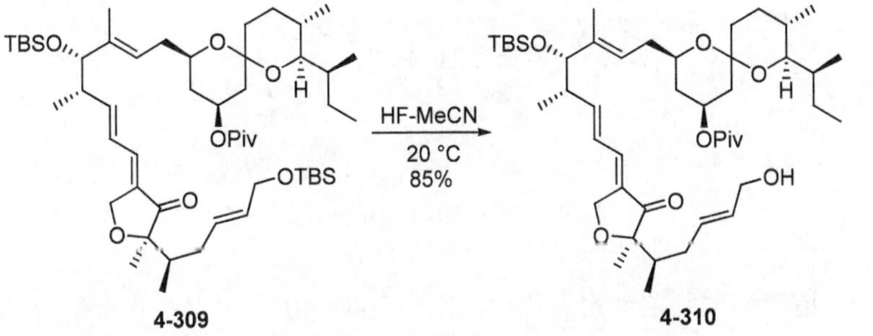

图 4-97 伯醇、仲醇 TBS 醚的脱保护

含氟试剂 TBAF 能选择性除去立体位阻小的仲醇 TBS 醚保护基 (图 4-98)。

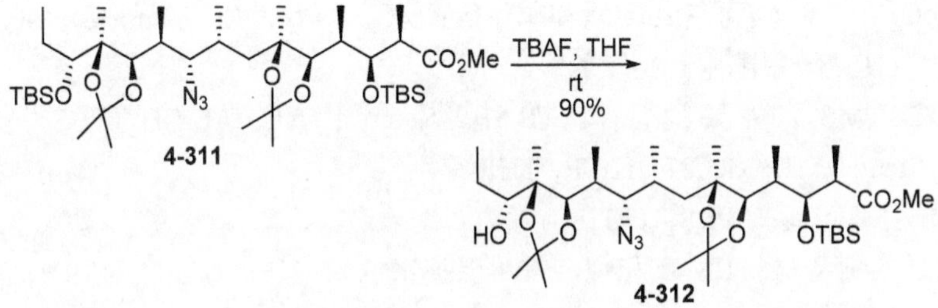

图 4-98 仲醇 TBS 醚的脱保护

另外，TBAF 和 HF-MeCN 还可分别选择性除去脂肪醇 TBS 醚和酚的 TBS 醚的保护基 (图 4-99)。

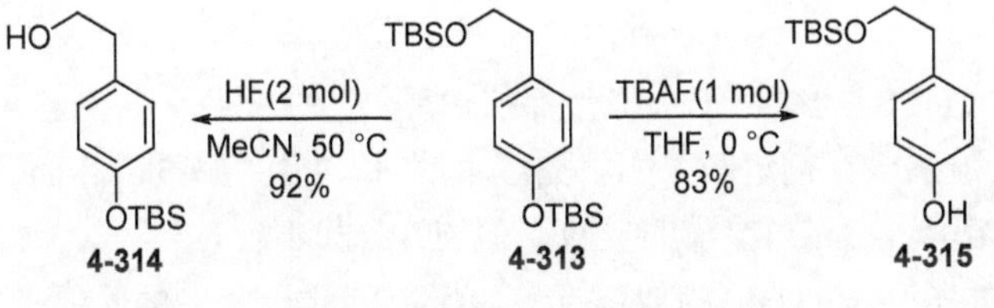

图 4-99 脂肪醇 TBS 醚和酚 TBS 醚的脱保护

d. 叔丁基二苯基硅基 (t-BuPh$_2$Si–，TBDPS)

TBDPS 醚一般使用 TBDPSCl/Imid. 或吡啶或三乙胺/DMF 体系与底物羟基进行硅醚化反应制得，常用 DMAP 催化反应，溶剂也可用 CH_2Cl_2、THF 等。一般伯醇较仲醇优先 TBDPS 硅醚化，位阻小的仲醇较位阻大的仲醇优先硅醚化。但 TBDPS 保护基不能保护叔醇，且对伯醇和仲醇的选择性硅醚化要优于 TBS 保护基 (图 4-100)。

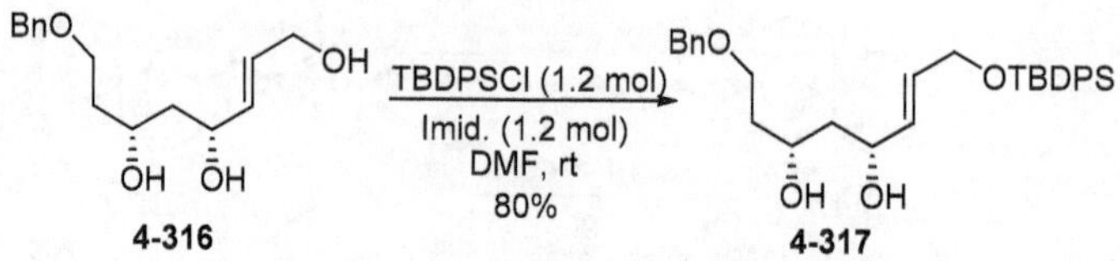

BnO ... OH → TBDPSCl (1.2 mol), Imid. (1.2 mol), DMF, rt, 80%

4-316 → **4-317** (OTBDPS)

图 4-100 羟基的 TBDPS 醚化保护

TBDPS 醚对酸的稳定性约为 TBS 醚的 100~250 倍，是 TIPS 醚的 5~10 倍，但对碱的稳定性比 TBS 醚及 TIPS 醚差。它被 TBAF 脱去 TBDPS 的速度与 TBS 醚除去 TBS 相当；对碳负离子的反应较 TBS 醚稳定，能经受 DIBAL-H 还原、80% HOAc [可脱去三苯甲基 (trityl，Tr)、四氢吡喃基 (THP) 和 TBS]、50% TFA-H_2O/THF 或 25%~75% HCO_2H/2~6 h 或 HBr/HOAc/2 min（可脱去丙酮叉和苄叉）、NaOMe/MeOH/rt/24 h (可使乙酸酯和苯甲酸酯水解)、NaOH (2 mol/L) /*i*-PrOH-H_2O (3 : 1) /60 °C (使羧酸甲酯水解) 等条件。

除去 TBDMS 的主要试剂有：TBAF、5 mol/L NaOH/EtOH (TBS 醚稳定)、10%NaOH/MeOH、HF/MeCN、HF-Py/THF 等。

e. 三异丙基硅基 (*i*-Pr_3Si–，TIPS)

TIPS 醚的制备与 TBS 醚相似，常用保护试剂为 TIPSCl/Imid./DMF (图 4-101)。

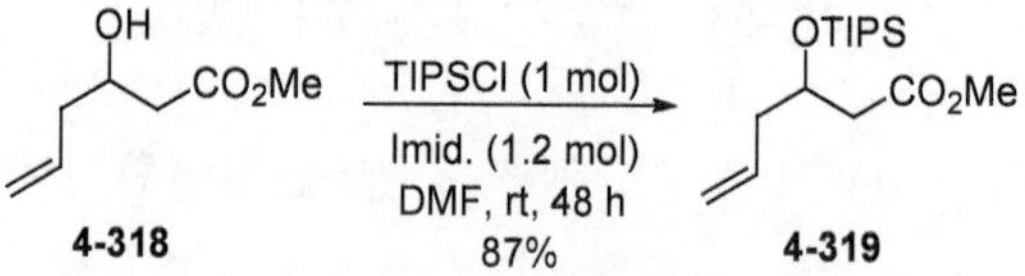

OH, CO_2Me → TIPSCl (1 mol), Imid. (1.2 mol), DMF, rt, 48 h, 87% → OTIPS, CO_2Me

4-318 → **4-319**

图 4-101 羟基的 TIPS 醚化保护

实际应用时，TIPS 常被用于选择性保护伯醇，它在碱性条件下比 TBS 和 TBDPS 稳定，且能经受强亲核试剂进攻。如甲酯碱水解时，TBS 醚被破坏而 TIPS 醚不受影响；TIPS 还能经受 *t*-BuLi 参与的反应，但 TBS 却不行。

TIPS 除去的条件与 TBS 相似但反应较慢，因此，两者的脱保护有一定选择性。

② 烷基醚保护基

该类保护基主要有甲基 (Me)、苄基 (Bn)、对甲氧基苄基 (PMB)、3,4-二甲氧基苄基 (DMB)、三苯甲基 (Tr)、叔丁基 (*t*-Bu) 和烯丙基 (Allyl) 等。

a. 甲基醚保护基

甲基醚化试剂主要有 MeI、Me_2SO_4、MeOTf，与相应的碱如 NaH、KH、NaOH、*t*-BuOK、$Ba(OH)_2$、Ag_2O、K_2CO_3、吡啶等组成反应体系。另外，CH_2N_2 在低温下也能对羟基发生甲醚化 (图 4-102)。

醇羟基甲基醚很稳定，对一般酸、碱、氧化剂和还原剂都不受影响，较难脱去，现已较少使用，但甲基醚是酚羟基最常用的保护基，不但容易制备，也比较容易除去。酚甲醚对一般酸、碱、亲核试剂、氧化剂和还原剂也是稳定的。

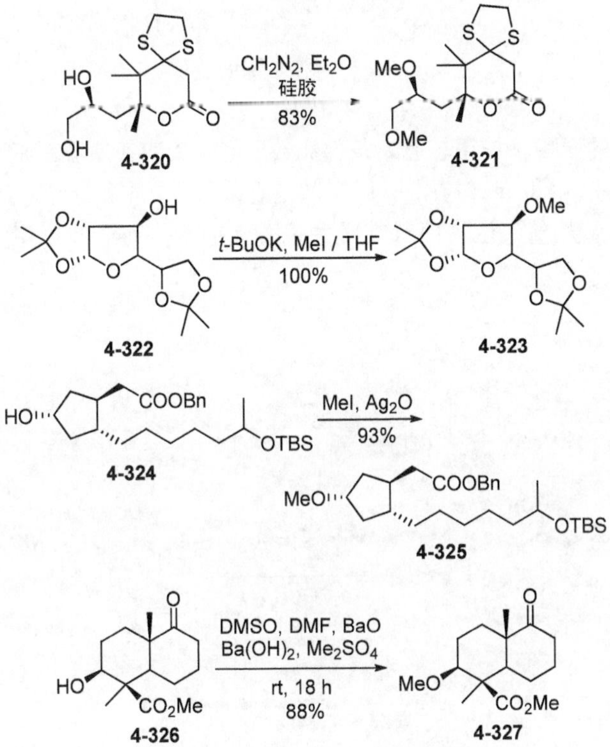

图 4-102 羟基的甲醚化保护

例如，对于 2,5-二羟基苯乙酮，2-OH 与羰基形成分子内氢键，MeI/K_2CO_3 或 NaOH 只能选择性地对 5-OH 甲醚化，但 Me_2SO_4/K_2CO_3 或 NaOH 可以甲基化有螯合作用的酚 (图 4-103)。

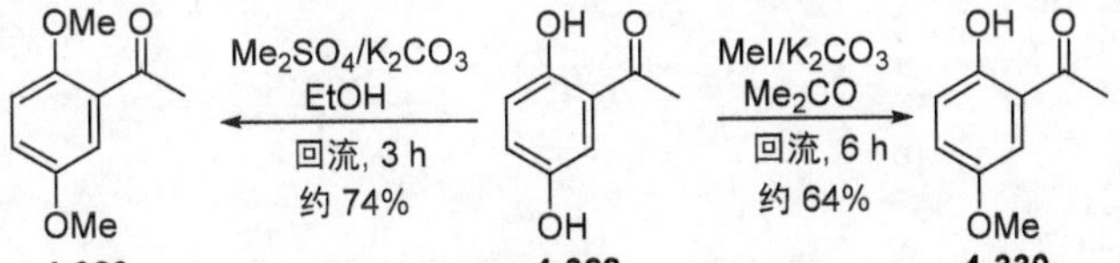

图 4-103 酚羟基的甲醚化保护

通常用 HBr/HOAc、吡啶盐酸盐及 Lewis 酸 [TMSI、BX_3 (X=Cl、Br)、AlX_3 (X=Cl、Br)] 在相应的溶剂 (如 CH_2Cl_2、$CHCl_3$、MeCN、EtOAc) 等组成的反应体系中除去甲醚保护基 (图 4-104)。

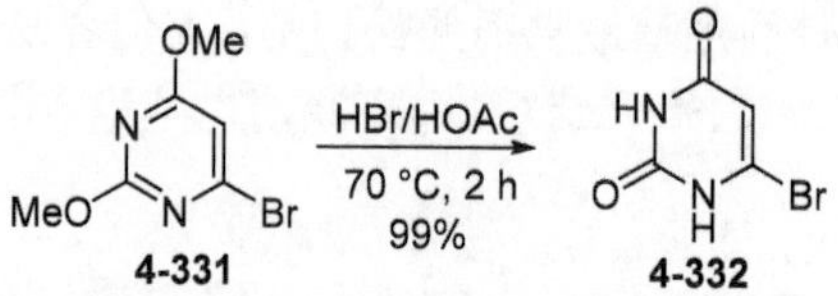

图 4-104 甲醚保护基的脱保护

其中，BBr_3 的脱甲基作用较强，条件比较温和，反应在室温或低于室温的惰性溶剂 (苯或二氯甲烷) 中进行。但 BBr_3 脱甲基是有限制的，原因是有时会引起聚合反应。BCl_3 能选择性地对羰基邻位的甲氧基脱去甲醚保护基，而对间位甲氧基则不受影响 (图 4-105)。

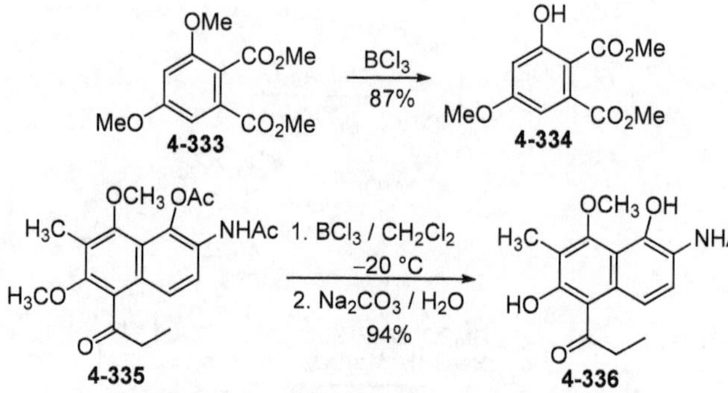

图 4-105 甲氧基的选择性脱保护

另外，三溴化铝及三氯化铝的脱甲醚活性与三卤化硼相似。控制反应条件也可以选择性地脱除羰基的邻、对位甲醚保护基 (图 4-106)。

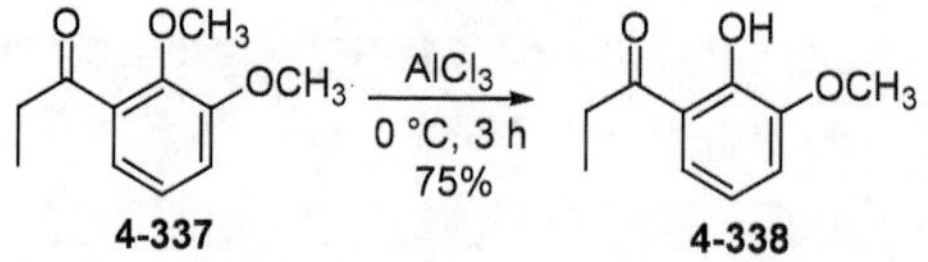

图 4-106 羰基邻、对位甲醚保护基的选择性脱保护

b. 苄基醚保护基

苄基广泛用于保护糖环及氨基酸中的醇羟基，也是酚羟基常用的保护基。苄醚常是结晶性固体，它对碱、亲核试剂、氧化剂、负氢还原剂是稳定的。

常用苄基醚化试剂为 BnCl 或 BnBr 与碱如 NaH、NaOH、K_2CO_3、Ag_2O、$NaHCO_3$ 等组成的反应体系。通常在多羟基底物中，位阻小的伯醇羟基优先被苄醚化；与羰基形成分子内氢键的邻位羟基较其他羟基难于苄基醚化，利用这一性质可达到选择性苄基醚化的目的[7](图 4-107)。

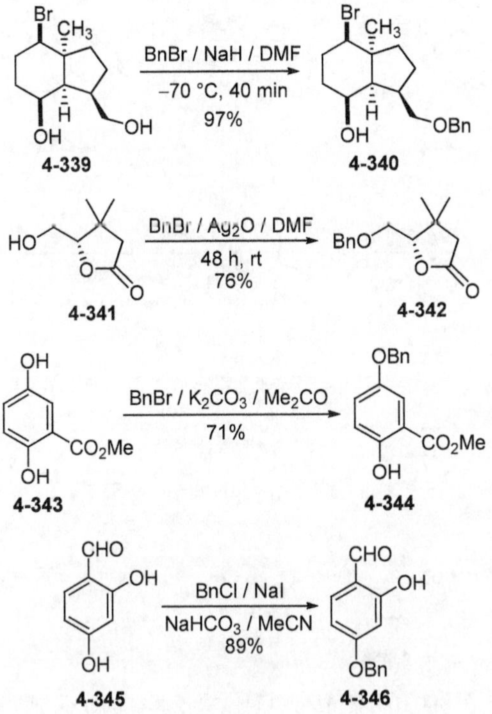

图 4-107　羟基的选择性苄醚化保护

另外，苄基醚还可在反应中由 1,3-二醇的苄叉保护衍生物经二异丁基氢化铝 (DIBAL-H) 还原转化而成，一般苄基产生在空间位阻较大的羟基上 (图 4-108)。

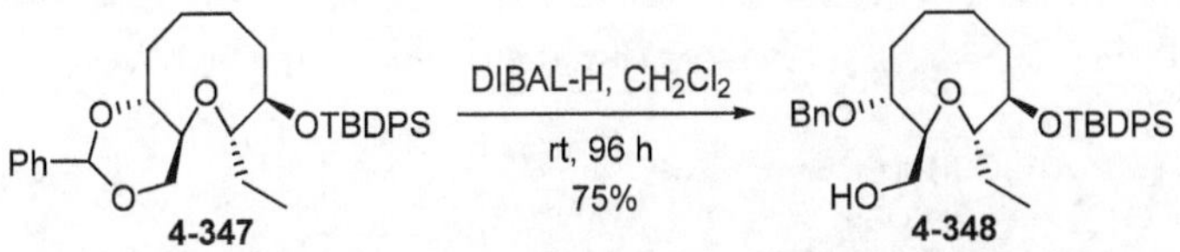

图 4-108　由苄叉保护衍生物转化为苄基醚的反应

苄基醚保护基一般可采用氢解的方法除去，10% Pd-C 是最常用的催化剂，此外，Raney-Ni、Rh-Al_2O_3 也是很好的催化剂。氢解的氢原子供体除了氢气外，还可以是环己烯、环己二烯、甲酸或甲酸胺等 (图 4-109)。

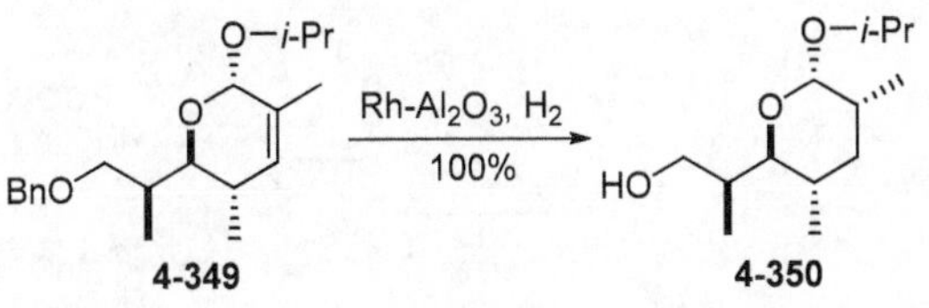

图 4-109

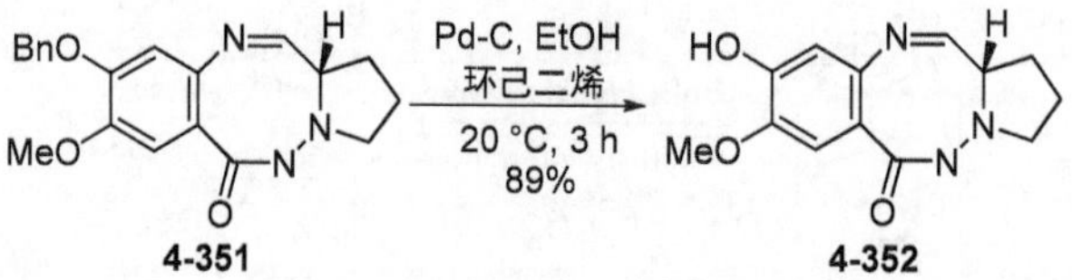

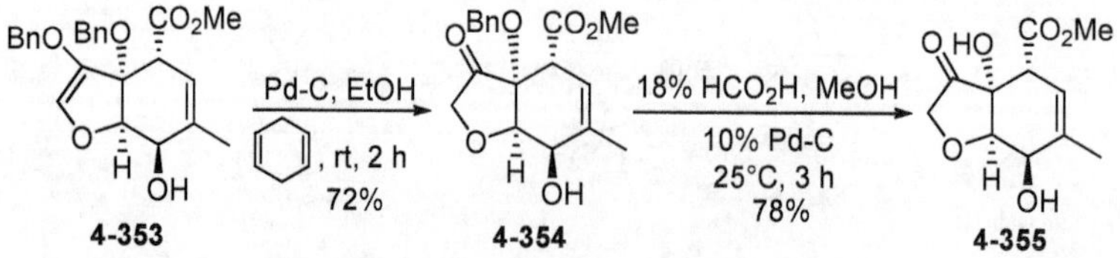

图 4-109　苄基醚保护基的脱保护

例如，抗生素氨曲南 (aztreonam) 合成中就使用苄基保护中间体羟胺上的羟基，完成反应后再催化氢解脱去苄基而制得所需中间体 **4-357** (图 4-110)。

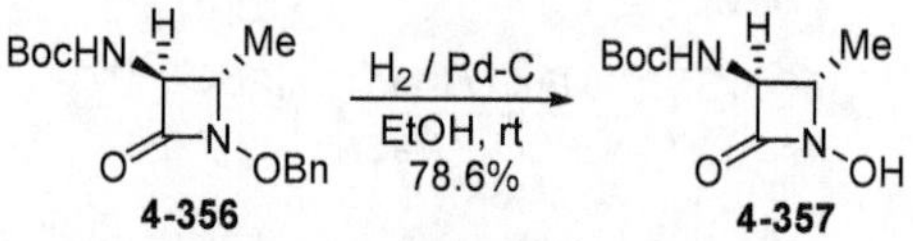

图 4-110　氨曲南中间体中苄基醚的脱保护

又例如，在抗病毒药更昔洛韦 (ganciclovir) 中间体的制备中，用苄基保护羟基，完成所需反应后再经催化转移氢解脱去苄基而得到中间体 (图 4-111)。

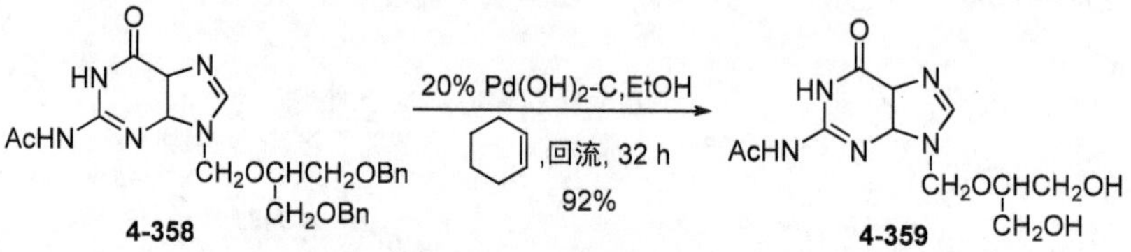

图 4-111　更昔洛韦中间体中苄基醚的脱保护

另外，Li (或 Na) /NH_3(l) 还原也可迅速脱去苄基醚保护基，同时不影响双键；但 Na/*t*-BuOH 还原脱去酚羟基苄基醚保护基时，与芳环共轭的双键同时被还原，而与芳环不共轭的双键不受影响 (图 4-112)。

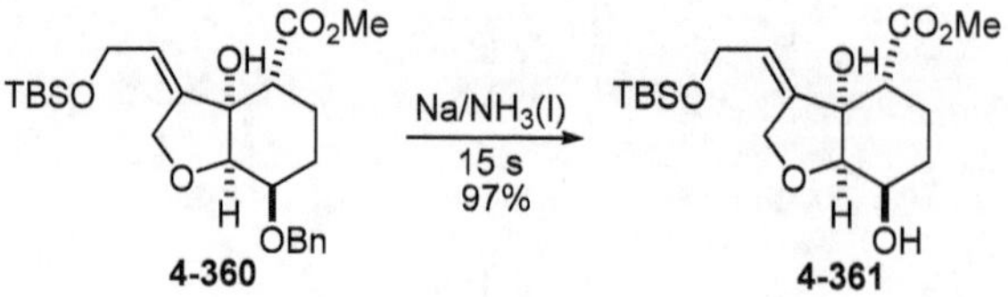

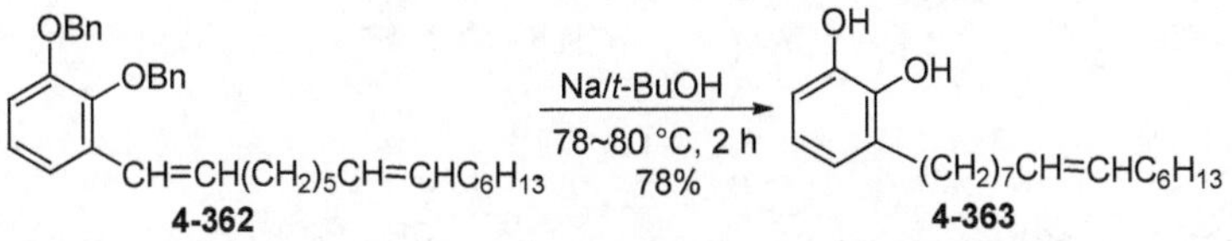

图 4-112 酚羟基苄基醚保护基的脱保护

Lewis 酸也可以除去苄基醚保护基，如 TMSI、$SnCl_4$、PhSTMS-ZnI_2、BCl_3、$FeCl_3$ 等 (图 4-113)。

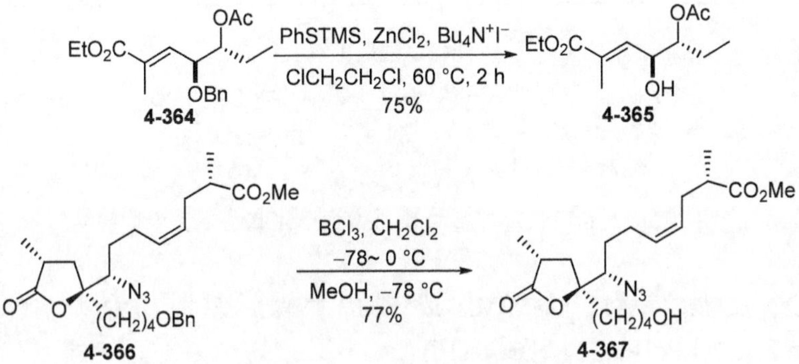

图 4-113 Lewis 酸除去苄基醚保护基

c. 对甲氧基苄基醚和 3,4-二甲氧基苄基醚保护基

对甲氧基苄基 (PMB) 醚和 3,4-二甲氧基苄基 (DMB) 醚的制备条件与苄基醚相似。常用醚化保护试剂为 PMB-Cl (Br) 和 DMB-Br 与相应的碱如 NaH、NaOH、K_2CO_3 等组成的反应体系。PMB-Cl 和 DMB-Cl 不太稳定，使用前需纯化。另一种活性较高的替代试剂是 p-$MeOC_6H_4CH_2OC(=NH)CCl_3$ 和 3,4-$(MeO)_2C_6H_3CH_2OC(=NH)CCl_3$。该类试剂可在对甲苯磺酸 (TsOH) 等质子酸催化下保护位阻较大的仲醇乃至叔醇。此外，在合成过程中，很多羟基的 PMB 醚及 DMB 醚还可从相应的取代苄叉经 DIBAL-H 还原转化而成。如图 4-114 所示。

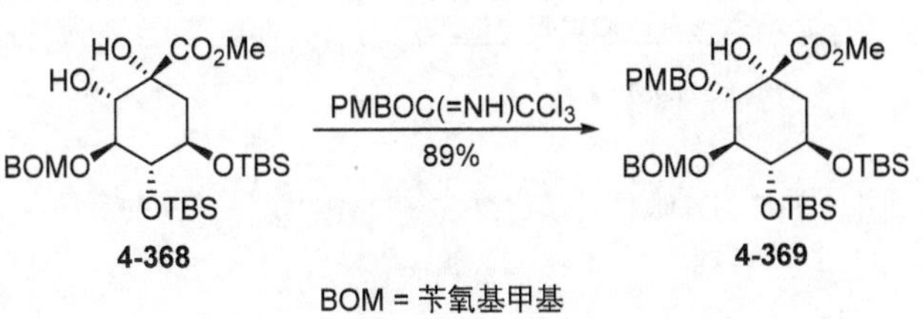

BOM = 苄氧基甲基

图 4-114 叔醇的 PMB 醚化保护

该类保护基的脱保护方法除了用脱苄基醚相同方法外，还可以用 DDQ (2,3-二氯-

5,6-二氰-1,4-苯醌)、CAN [硝酸铈铵，$(NH_4)_2Ce(NO_3)_6$] 等温和氧化的方法。如图 4-115 所示。

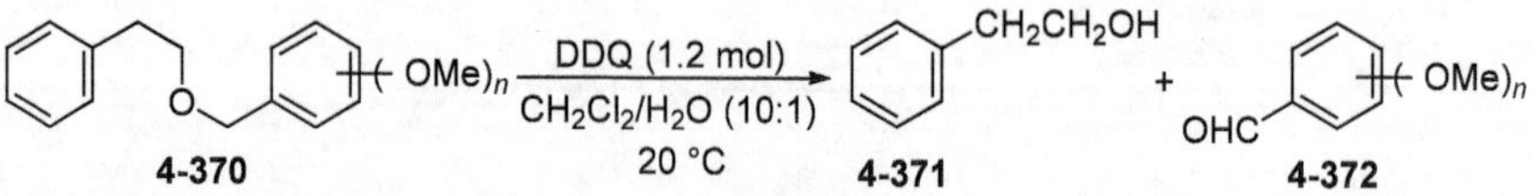

4-370 —— DDQ (1.2 mol), CH_2Cl_2/H_2O (10:1), 20 °C ——> 4-371 (CH_2CH_2OH) + 4-372 (OHC, $(OMe)_n$)

保护基	反应时间/h	产率/%	
PMB	0.33	89	86
DMB	< 0.33	86	84

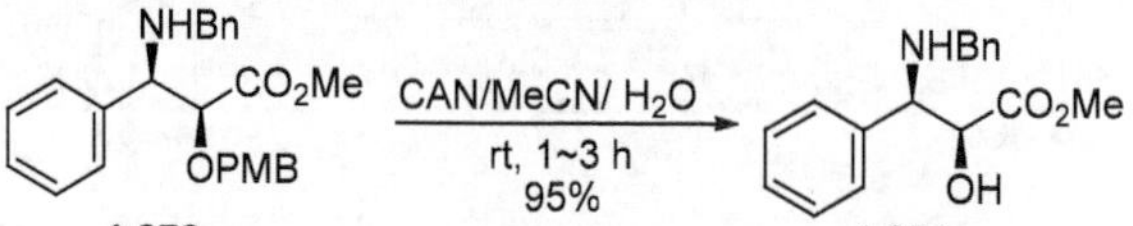

4-373 (NHBn, CO_2Me, OPMB) —— CAN/MeCN/ H_2O, rt, 1~3 h, 95% ——> 4-374 (NHBn, CO_2Me, OH)

图 4-115　对甲氧基苄基醚和 3,4-二甲氧基苄基醚保护基

用 DDQ 脱除烯丙醇羟基的 PMB 或 DMB 醚保护基时，DDQ 可使脱保护后的羟基进一步氧化为羰基化合物 (图 4-116)。

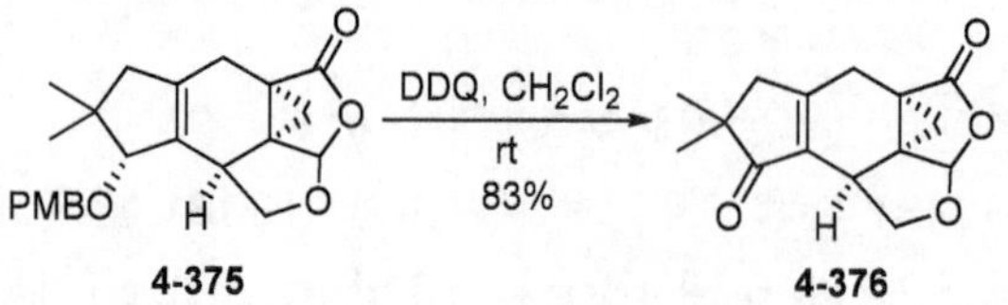

4-375 (PMBO) —— DDQ, CH_2Cl_2, rt, 83% ——> 4-376

图 4-116　DDQ 脱除烯丙醇羟基的 PMB 醚保护基

对于同时存在 PMB 醚和 DMB 醚的多羟基底物，DDQ 可优先氧化脱去 DMB 醚保护基 (图 4-117)。

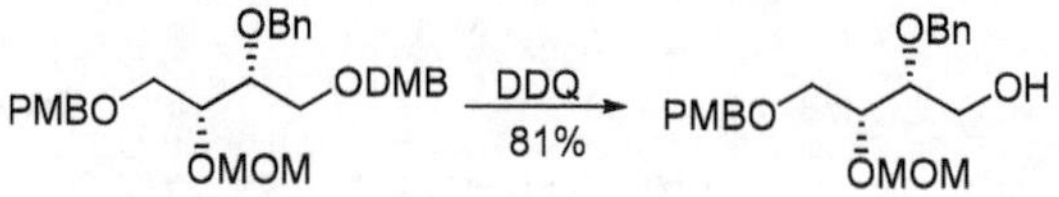

4-377 (PMBO, OBn, ODMB, OMOM) —— DDQ, 81% ——> 4-378 (PMBO, OBn, OH, OMOM)

图 4-117　DDQ 优先氧化脱去 DMB 醚保护基的反应

d. 三苯甲基醚保护基

三苯甲基 (Tr) 常被广泛用于保护糖、核苷及甘油酯中的伯醇羟基。它特别适用于选择性地封锁多元醇中的伯醇羟基，一般用 TrCl/Py 在 DMAP 催化下完成保护，也可利用 TrOTf (三氟甲磺酸三苯甲基酯) /2,6-二甲基吡啶来保护半缩醛羟基 (图

4-118)。

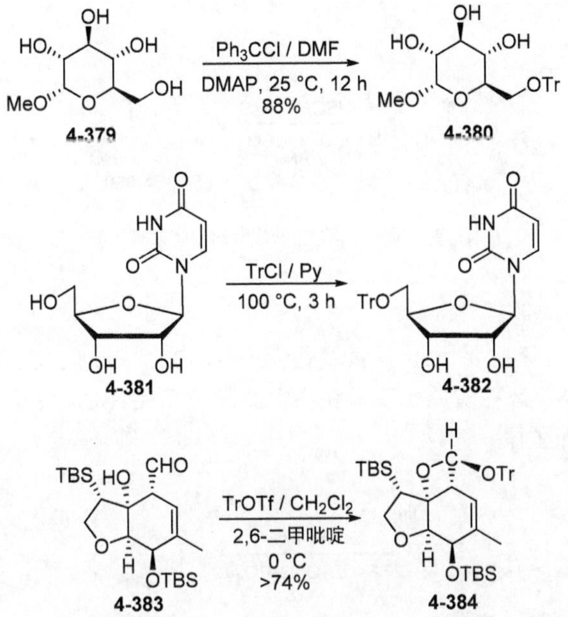

图 4-118　糖、核苷及甘油酯中伯醇羟基的三苯甲基醚保护

三苯甲基醚对酸 (质子酸或 Lewis 酸) 不稳定，但对碱及其他亲核试剂则是稳定的。最常用的脱保护试剂是质子酸如 90% TFA/t-BuOH/20 °C、80% HOAc/回流、HCO_2H/H_2O 或 t-BuOH、HBr (计算量) /HOAc、0.1 mol/L HCl/MeCN、HCl (气) /$CHCl_3$ 等 (图 4-119)。

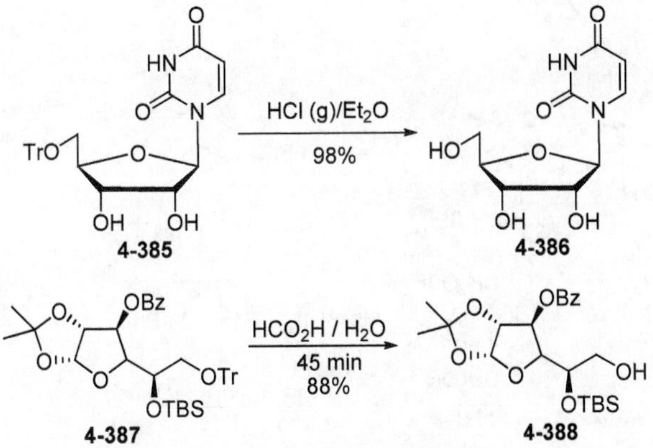

图 4-119　三苯甲基醚的脱保护 (一)

另外，$Na/NH_3(l)$ 及 H_2/Pd 还原和 Lewis 酸如 $BF_3 \cdot Et_2O$、$ZnBr_2/MeOH$[8]、BCl_3/CH_2Cl_2 也能除去 Tr 保护基 (图 4-120)。

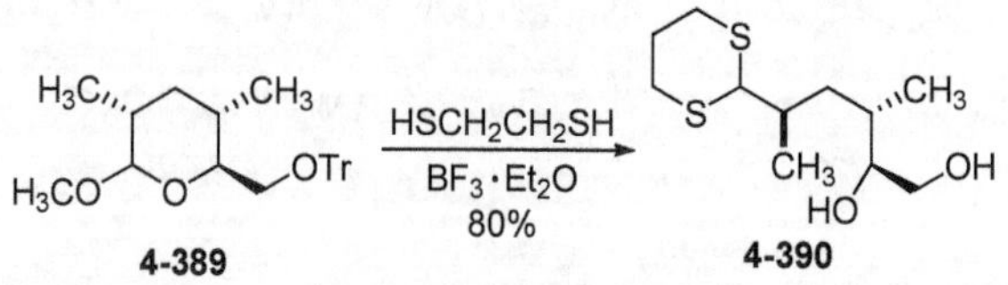

图 4-120 三苯甲基醚的脱保护 (二)

e. 叔丁基醚保护基

叔丁基 (*t*-Bu) 醚主要用于多肽及甾类化合物合成时底物醇羟基的保护 (图 4-121)。它一般用异丁烯在酸催化下与底物中的羟基于 CH_2Cl_2 中反应制得，替代试剂有 *t*-BuO–C(=NH)CCl_3。

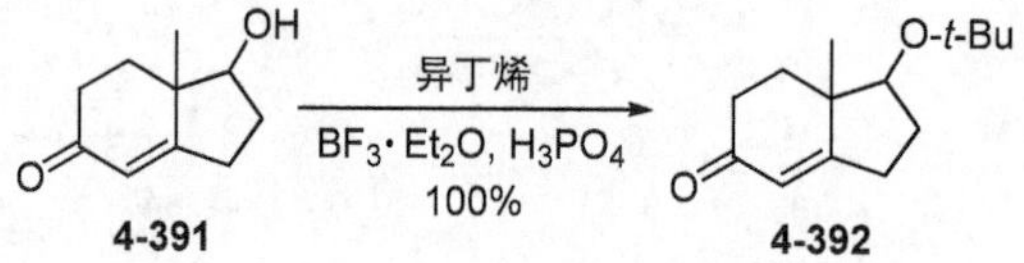

图 4-121 醇羟基的叔丁基醚保护

另外，叔丁基醚还可以由相应的 1,2-二醇的丙酮叉衍生物与有机金属甲基试剂如 Me_3Al 或 MeMgI 等反应转化制得 (图 4-122)。

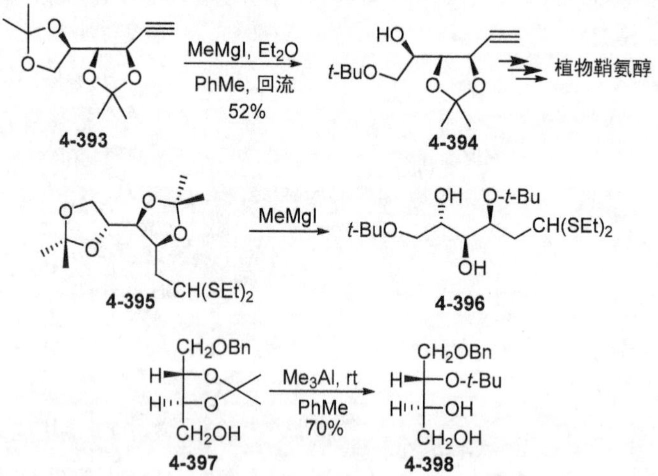

图 4-122 叔丁基醚保护基的制备

叔丁基醚对强碱及催化氢化是稳定的，但可被烷基锂和格氏试剂在较高温度下进攻破坏。它对酸敏感，稳定性低于甲醚、苄醚而接近于甲氧基甲醚 (MOM，甲缩醛) 及四氢吡喃醚 (混合缩醛)。脱叔丁基需中等强度的质子酸，如 HCO_2H、无水 TFA、HBr-HOAc、4 mol/L HCl-1,4-二氧杂环己烷，以及 Lewis 酸，如 $FeCl_3$、$TiCl_4$、TMSI 等。

f. 烯丙基醚保护基

烯丙基 (Allyl) 醚的制备与苄基醚类似。一般用烯丙基溴 (CH_2=$CHCH_2Br$) 在相应的碱如 NaOH、NaH 或 BaO 中和含羟基底物反应制得，也可以在酸催化条件下用 CH_2=$CHCH_2OC(=NH)CCl_3$ 反应制备。另外，还可通过醇与烯丙氧羰酰氯 (CH_2=$CHCH_2OCOCl$，AllylOCOCl) 先形成烯丙基碳酸酯，然后在 $(Ph_3P)_4Pd$ 催化下脱去 CO_2 转化而成 (图 4-123)。

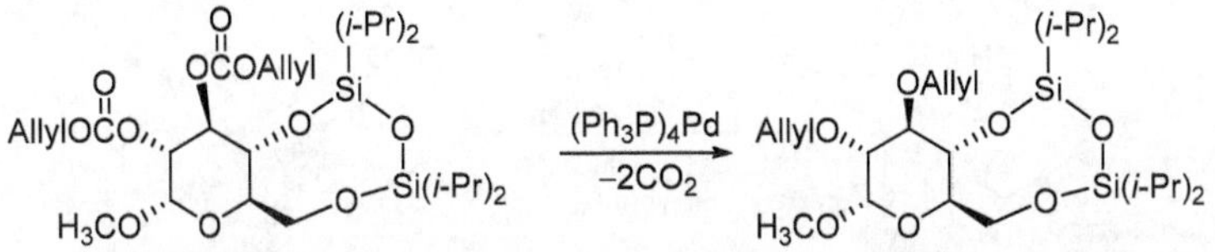

图 4-123 烯丙基醚的制备

烯丙基醚在中等强度的酸或碱性条件下是稳定的，但在强碱条件下 (t-BuOK/DMSO，100 ℃) 能转变成异构的烯醚，然后异构的烯醚很容易被酸水解 (0.1 mol/L HCl/丙酮-水、0.1 mol/L TsOH/MeOH) 或中性条件下用 $HgCl_2$ 分解。

$$ROCH_2-CH=CH_2 \xrightarrow[\text{DMSO}]{t\text{-BuOK}} ROCH=CHCH_3 \xrightarrow[\text{或 } HgCl_2]{\text{酸}} ROH$$

由于脱烯丙基醚保护基需要用强碱处理，其使用范围曾受到限制。后来发现用过渡金属试剂 $Rh(Ph_3P)_3Cl$ 等可在缓和条件下选择性脱去烯丙基，而不影响分子中存在的其他烷基醚、芳醚、酯等官能团。因此，该保护基的应用重新受到重视。

$$ROCH_2-CH=CH_2 \xrightarrow[\text{DABO, 10\% EtOH}]{Rh(Ph_3P)_3Cl} ROCH=CHCH_3 \xrightarrow[>90\%]{pH=2} ROH + CH_3CH_2CHO$$

③ 烷氧基烷基醚保护基

这类保护基主要包括 MOM (甲氧基甲基)、MTM (甲硫基甲基)、MEM (2-甲氧基乙氧基甲基)、BOM (苄氧基甲基)、PMBM (对甲氧基苄氧基甲基)、SEM (三甲基硅基乙氧基甲基)、THP (四氢吡喃基) 等。

a. 烷氧基烷基醚制备方法

除 THP 醚外，该类保护基醚的制备方法大致相同。常用的醚化试剂为 RCl 或 RBr (保护基氯化物或溴化物) 与相应的碱如 NaH、KH、DIPEA 等组成的反应体系。

反应机制是底物在碱作用下所得的醇负离子对卤代物发生亲核取代反应。如用 NaH 或 KH 作碱，反应一般在 THF 中进行，加料有先后次序；如用 DIPEA (二异丙基乙基胺，$i\text{-}Pr_2NEt$) 作碱，反应一般在 CH_2Cl_2 中进行，并可一次加料。

制备 MOM 醚时，对于立体位阻大的叔醇，可通过在反应体系中加入 NaI 使 MOMCl 转化为反应活性更高的 MOMI，从而达到保护叔醇的目的 (图 4-124)。

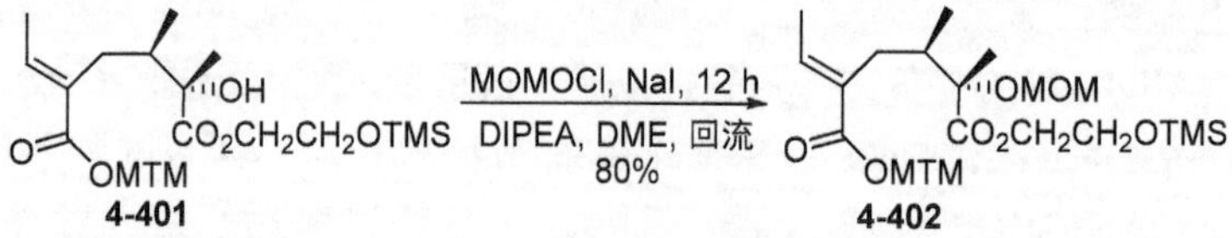

图 4-124 MOM 醚的制备 (一)

另外，MOM 醚还可以用 $CH_2(OMe)_2/P_2O_5/CHCl_3$ 体系与醇反应制备 (图 4-125)。

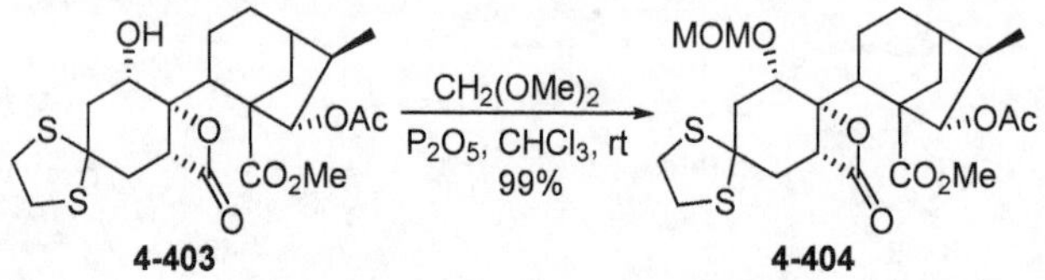

图 4-125 MOM 醚的制备 (二)

制备 MEM 醚时，对于酸碱敏感的底物，可采用季铵盐 $Et_3N^+MEMCl^-$ 与醇反应 (图 4-126)。

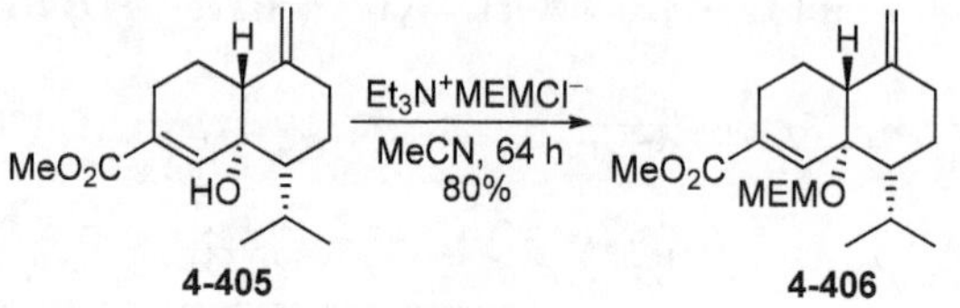

图 4-126 MEM 醚的制备

用 $SEMCl/DIPEA/CH_2Cl_2$ 制备 SEM 醚时，对某些底物需加入 $n\text{-}Bu_4N^+I^-$ 使 SEMCl 转化为活性更高的 SEMI，反应才能进行，否则，醚化反应无法完成 (图 4-127)。

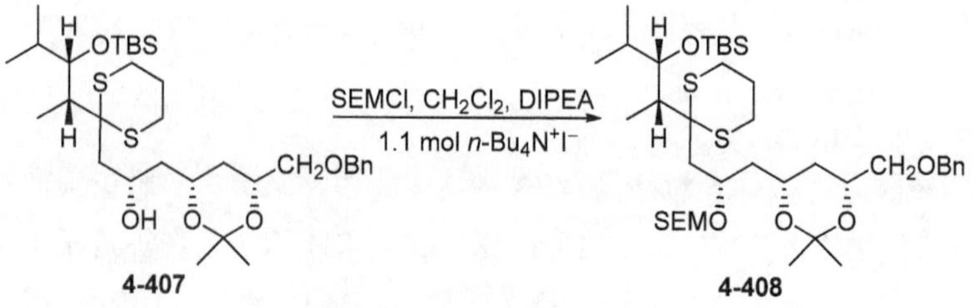

图 4-127 SEM 醚的制备

上述底物中由于存在对 KH、NaH 等强碱不稳定的 TBS 醚，因此，不宜用 SEMCl/NaH 或 KH/THF 体系。

THP 醚一般在酸催化下用二氢吡喃 (dihydropyran，DHP) 与底物羟基反应制备，常用的酸包括 CSA (樟脑磺酸) 和 TsOH (对甲苯磺酸)。保护叔醇或底物中含有对酸敏感的官能团 (如环氧基) 时，可以使用较弱的酸，如 PPTS (对甲苯磺酸吡啶鎓盐)、TMSI (三甲基碘化硅) 和 $POCl_3$ (三氯氧磷) 等，特别是 PPTS，其酸性比较温和，适用于许多底物 (图 4-128)。

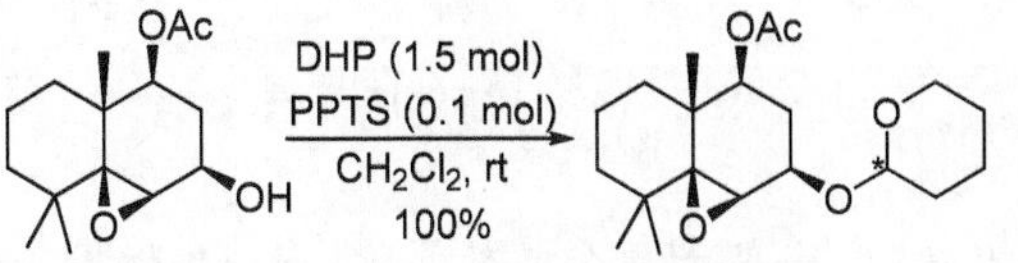

DHP (1.5 mol)
PPTS (0.1 mol)
CH_2Cl_2, rt
100%
4-409 → 4-410

图 4-128 THP 醚的制备

b. 脱烷氧基烷基醚保护基方法

MOM 醚对强碱、Grinard 试剂、*n*-BuLi、$LiAlH_4$、催化氢化等反应条件都很稳定。脱 MOM 保护基一般用酸性条件，如 6 mol/L HCl-THF-H_2O (1:2:1)、TFA/CH_2Cl_2 等质子酸及 Lewis 酸 TMSBr/CH_2Cl_2、BF_3/Et_2O/PhSH、Me_2BBr/CH_2Cl_2、$Ph_3C^+BF_4^-$ [9](图 4-129)。

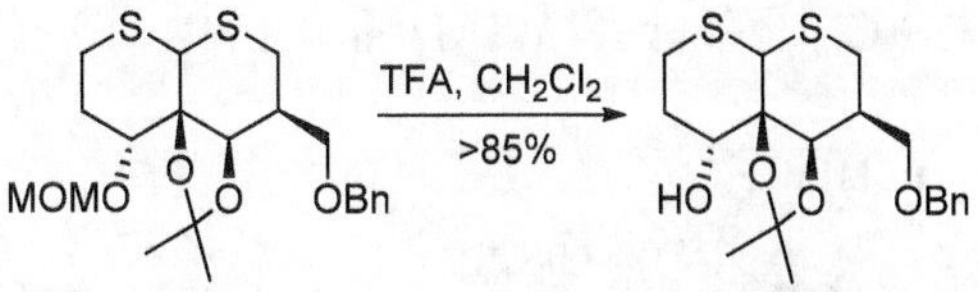

TFA, CH_2Cl_2
>85%
4-411 → 4-412

图 4-129 TFA 条件下 MOM 醚的脱保护

上述底物若用 TFA/THF 作为脱保护试剂，则丙酮叉能同时除去。

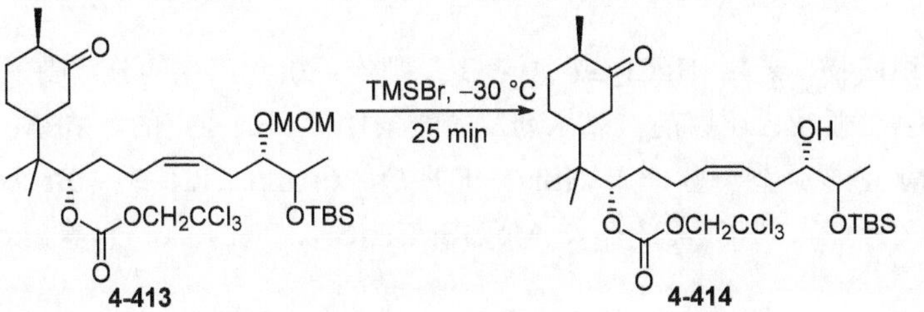

TMSBr, −30 °C
25 min
4-413 → 4-414

图 4-130 MOM 醚的脱保护 (一)

若以 TMSBr/CH_2Cl_2/0 ℃/8~9 h 为反应体系，则脱 MOM 的同时，还可脱去缩酮、THP、Tr 和 TBS 保护基 (图 4-130)；但对于酯、甲醚、苄醚、TBDPS 醚和酰胺是稳定的 (图 4-131)。

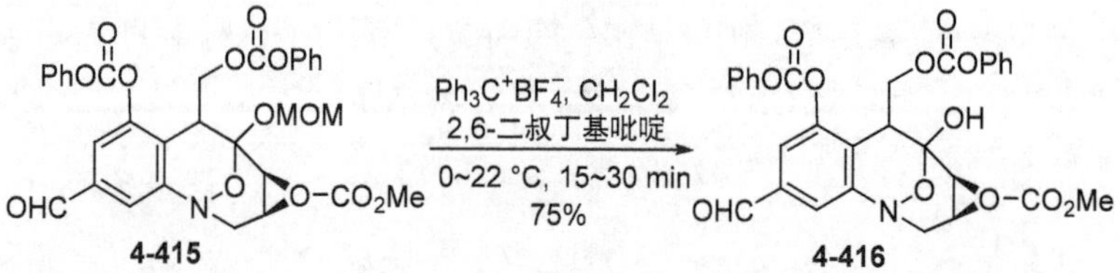

$Ph_3C^+BF_4^-$, CH_2Cl_2
2,6-二叔丁基吡啶
0~22 °C, 15~30 min
75%

4-415 → 4-416

图 4-131　MOM 醚的脱保护 (二)

MTM 醚对酸相当稳定。一般用重金属盐作脱 MTM 保护基试剂，如 $AgNO_3$/2,6-二甲基吡啶、$HgCl_2$-$CaCO_3$/MeCN-H_2O 等，且此条件对大多数醚及 1,3-噻二烷是稳定的 (图 4-132)。

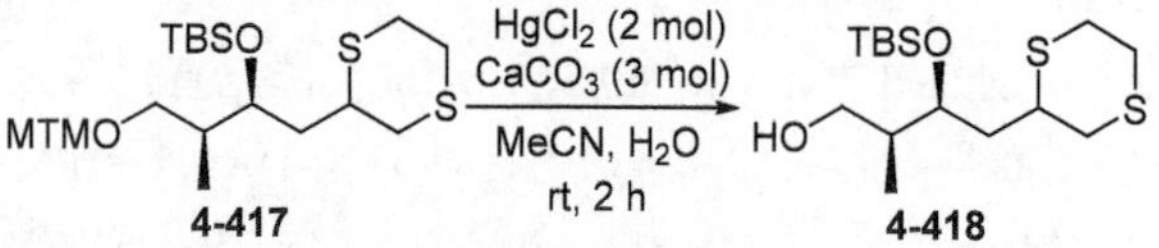

$HgCl_2$ (2 mol)
$CaCO_3$ (3 mol)
MeCN, H_2O
rt, 2 h

4-417 → 4-418

图 4-132　MTM 醚的脱保护 (一)

另外，$Ph_3C^+BF_4^-$/CH_2Cl_2 也能除去 MTM (图 4-133)。

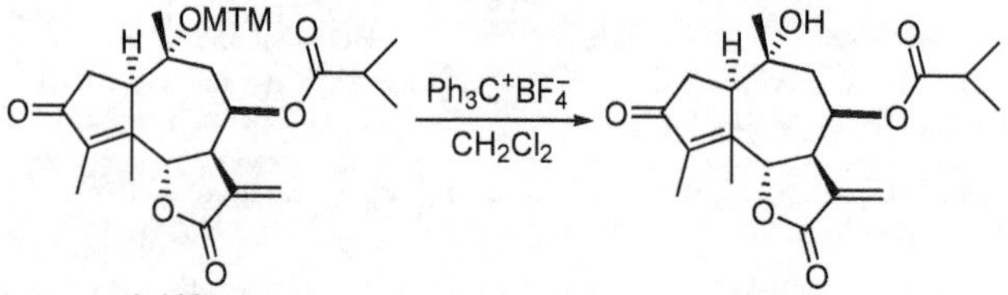

$Ph_3C^+BF_4^-$
CH_2Cl_2

4-419 → 4-420

图 4-133　MTM 醚的脱保护 (二)

对于上述底物，若用 $HgCl_2$ 或 $AgNO_3$，则均可引起广泛的分解副反应。

MEM 醚在强碱、还原剂、氧化剂及弱酸条件下都是稳定的。MEM 醚的脱保护条件较 MOM 醚要强烈一些，如 HBr-THF-H_2O、2 mol/L HCl 或 HBr-AcOH 等质子酸及 $ZnBr_2$/CH_2Cl_2、$TiCl_4$/CH_2Cl_2、Me_2BBr/CH_2Cl_2、$FeCl_3$/Ac_2O 等 Lewis 酸 (图 4-134)。

BOM 醚的脱保护可用还原方法如 Na(Li)/NH_3(l)、HCO_2H-MeOH (1:10)/Pd、H_2/$Pd(OH)_2$-C 或 10% Pd-C 以及 Lewis 酸如 BF_3/Et_2O/PhSH/CH_2Cl_2[10]等酸解方法

(图 4-135)。

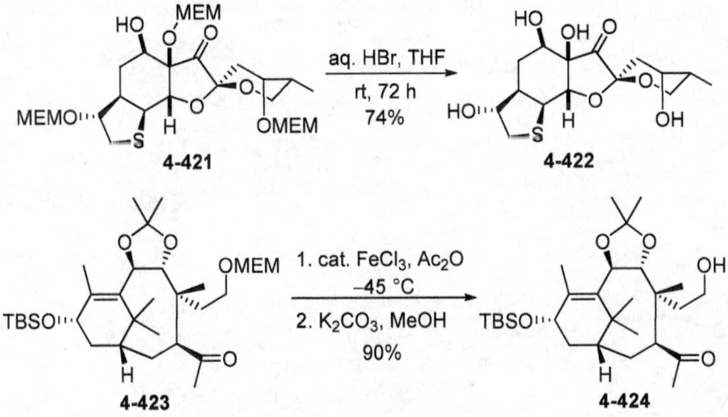

图 4-134 MEM 醚的脱保护

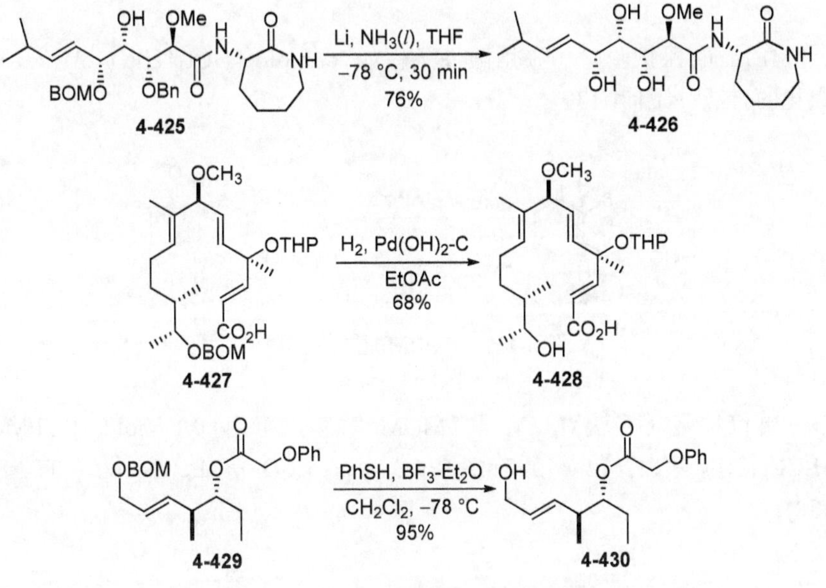

图 4-135 BOM 醚的脱保护

例如，在合成抗生素 tnicamycin 时，有如下一连串脱保护基过程：先以 HCO_2H 作为氢源，Pd 催化下脱除羟基的 BOM 保护基和氨基的 Cbz (苄氧羰基) 保护基，再与 14% HCO_2H-MeOH 溶液在 40 ℃ 反应 5 h，酸解 *N*-Boc (*N*-叔丁氧羰基) 及 1,3-二醇丙酮叉保护基，然后与 48% HF 的 MeOH-MeCN (1:1) 溶液反应 2 h 脱除羟基的 TBS 保护基，三步反应的总收率为 90% (图 4-136)。

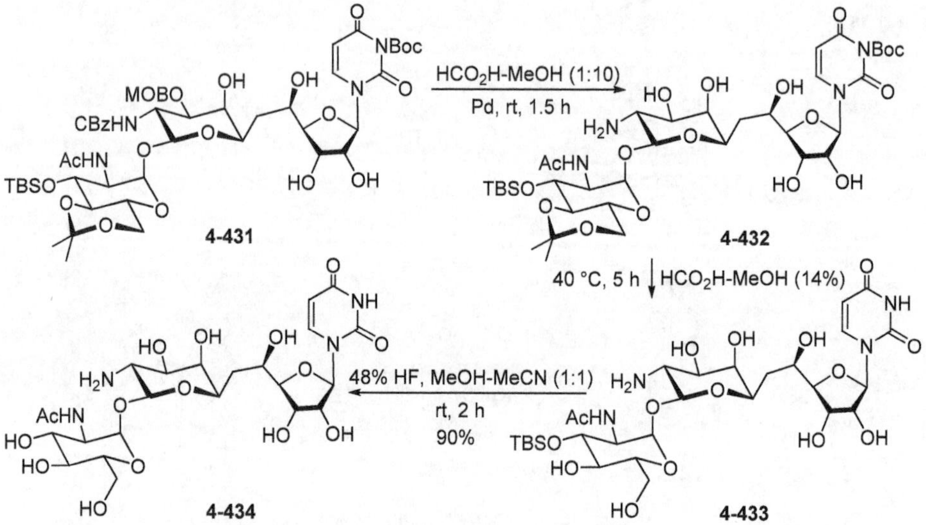

图 4-136 抗生素 tnicamycin 合成中的脱保护

脱 PMBM 醚保护基除了采用酸性条件如 6 mol/L HCl-THF (1:3)，还可以用 DDQ 氧化的方法[11](图 4-137)。

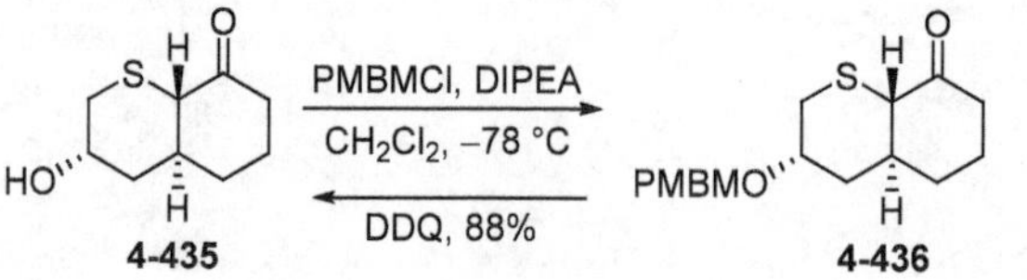

图 4-137 PMBM 醚的脱保护

SEM 醚保护基对酸较 MEM 和 MOM 敏感，可用 0.1 mol/L HCl/MeOH、TFA/CH_2Cl_2 (2:1) 除去，也可用 $ZnCl_2$-Et_2O、BF_3-Et_2O 等 Lewis 酸或 TBAF 除去(图 4-138)。

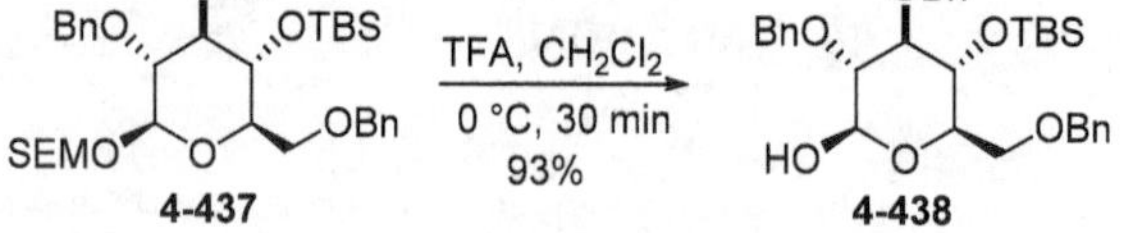

图 4-138 SEM 醚的脱保护

THP 醚对强碱条件稳定，对酸很敏感，在温和的酸性条件下即可被除去保护基。比如，AcOH-H_2O (4:1) [12]可以除去 THP，同时也使 TBS 除去，但不能除去 MOM、MEM、SEM、PMB 和 MTM。因此，在酸性条件下，THP 醚通常比其他缩醛类保护基 MOM、MEM、BOM 和 SEM 更容易被水解脱保护 (图 4-139)。

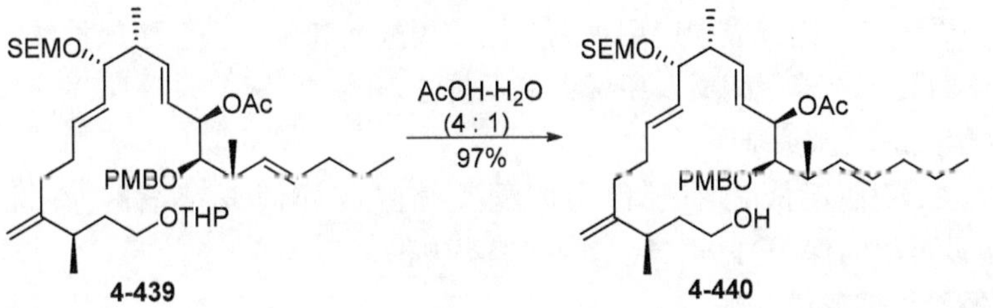

图 4-139 THP 醚的脱保护 (一)

另外，Lewis 酸如 $MgBr_2$、Me_2AlCl、$FeCl_3$、$SnCl_2$、BF_3/Et_2O 等也能催化 THP 的脱除。$MgBr_2$ 在脱除伯醇和仲醇的 THP 保护时，底物中同时存在的 TBS 和 MEM 醚可不受影响；但是，叔醇的 THP 醚可被转化为溴代烃 (图 4-140)。

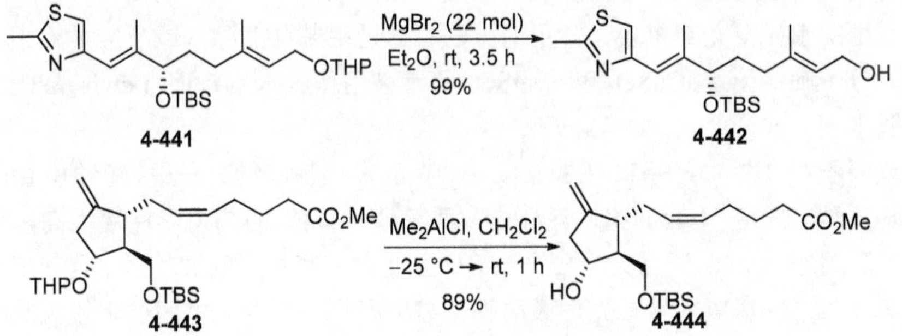

图 4-140 THP 醚的脱保护 (二)

4.2.4.2 二羟基的选择性保护

在多羟基活性化合物如糖类、核苷、核酸、生物碱等的合成过程中，有时为了提高合成的靶向性和效率，常需要对底物中的二羟基同时进行保护，其中，1,2-二羟基和 1,3-二羟基的选择性保护应用最多。

1,2-二羟基和 1,3-二羟基的保护基主要包括缩醛和硅氧醚两大类。

（1）缩醛保护基

在质子酸或 Lewis 酸的催化下，底物中的 1,2-二羟基或 1,3-二羟基都可与醛或酮的羰基形成环状缩醛。缩醛对碱稳定，但对酸非常敏感，均可在质子酸或 Lewis 酸的催化下水解脱去保护基。一般形成二羟基缩醛保护和脱缩醛保护基的反应条件都非常温和，引起的副反应较少，也容易实现选择性反应，因此，这类保护基在现代有机合成化学中被广泛应用。

1,2-二羟基或 1,3-二羟基的缩醛保护基有：丙酮叉 (异丙亚基)、脂环酮叉 (环戊亚基或环己亚基或环庚亚基)、苄叉 (苯亚甲基)、二苯甲酮叉 (二苯基亚甲基)、甲叉 (亚甲基)、乙叉 (亚乙基) 等。

这里主要详细讨论合成中应用最为广泛的丙酮叉和苄叉类缩醛保护法，另外，简要介绍脂环酮叉、二苯甲酮叉及甲叉缩醛保护法。

① 丙酮叉缩醛保护基

丙酮与二羟基形成的缩醛称为丙酮叉缩醛或异丙亚基缩醛 (isopropylidene acetal)，是最常用的保护 1,2-二羟基的缩醛类方法。

a. 丙酮叉缩醛形成方法

制备丙酮叉缩醛最经济方便的试剂是无水丙酮/质子酸或 Lewis 酸组成的反应体系。丙酮替代试剂为 2,2-二甲氧基丙烷 [$Me_2C(OMe)_2$，DMP] 或 2-甲氧基丙烯 [$CH_3C(OCH_3)=CH_2$]，但价格较贵。

常用的质子酸有 H_2SO_4、TsOH (对甲苯磺酸或 PTSA)、CSA (樟脑磺酸) 和 PPTS (对甲苯磺酸吡啶鎓盐) 等，常用的 Lewis 酸有 $FeCl_3$、$AlCl_3$、$CuSO_4$、$SnCl_2$ 和 $ZnCl_2$ 等。

用丙酮与二羟基形成缩醛保护时，生成一分子水，不利于正向反应。因此，除去反应体系中的水显得尤其重要，常用的方法有通过甲苯共蒸除水或反应体系中加干燥剂脱水。分子筛、无水 $CuSO_4$ 和 $MgSO_4$ 等常被用作脱水剂，而 Lewis 酸既是催化剂又是脱水剂。

若以丙酮对 1,2-二羟基和 1,3-二羟基共存的多羟基底物分子进行保护，由于形成的五元环丙酮叉缩醛 **4-446** 比六元环丙酮叉缩醛 **4-447** 的热力学稳定性高，所以五元环丙酮叉缩醛 **4-446** 通常为主要产物 (即主要保护底物 1,2-二羟基)，且其中一个为伯羟基的 1,2-二羟基更容易首先形成丙酮叉缩醛产物；另外，空间位阻较大的羟基也不影响五元环丙酮叉缩醛产物的优先生成 (图 4-141)。

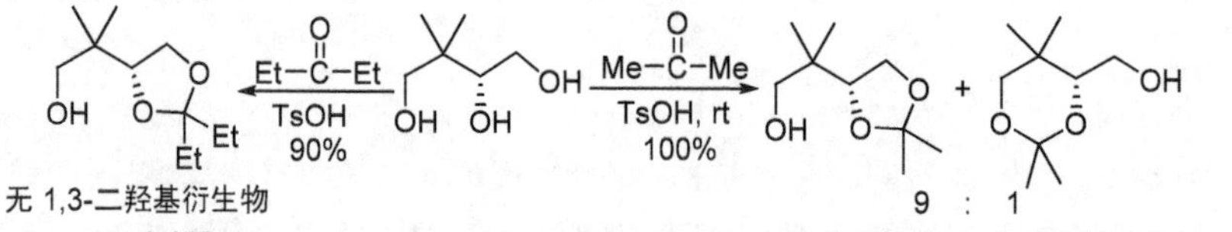

图 4-141 1,2-二羟基和 1,3-二羟基共存多羟基底物的丙酮叉缩醛保护

葡萄糖 (**4-448**) 与丙酮在 H_2SO_4 催化下可反应得到双 1,2-二羟基的丙酮叉缩醛产物 **4-449** (图 4-142)。

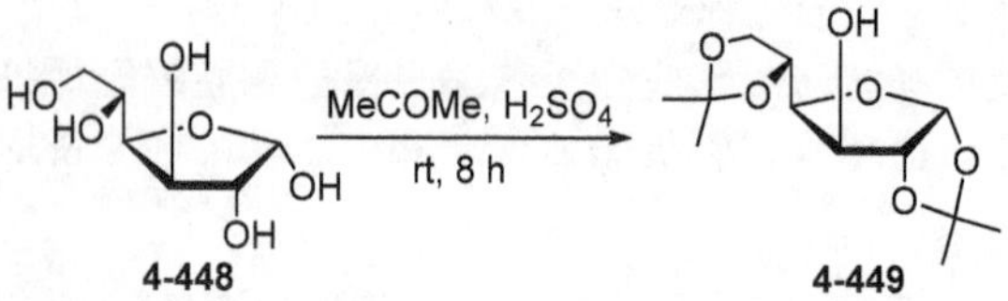

图 4-142 葡萄糖中 1,2-二羟基的丙酮叉缩醛保护

木糖 (**4-450**) 与丙酮在 $FeCl_3$ 催化和室温下反应，只生成 1,2-二羟基的丙酮叉缩醛产物 **4-451** (图 4-143)。

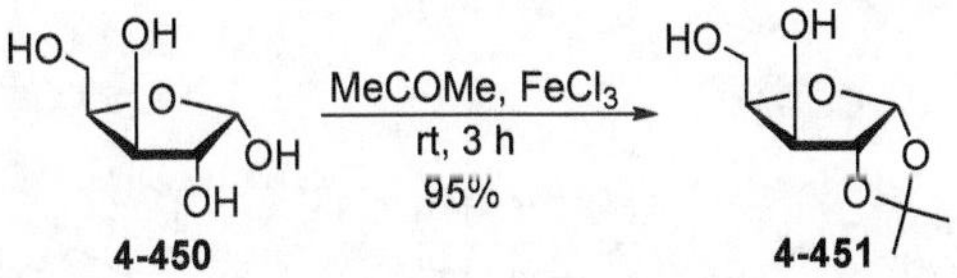

MeCOMe, $FeCl_3$, rt, 3 h, 95%

4-450 **4-451**

图 4-143 木糖中 1,2-二羟基的丙酮叉缩醛保护

含有伯、仲和叔三种羟基的底物，在 TsOH 和 $CuSO_4$ 催化下，于室温条件和丙酮反应，主要生成由叔羟基参与形成的五元环丙酮叉缩醛 **4-453**，而由伯羟基参与形成的六元环丙酮叉缩醛产物极少 (图 4-144)。

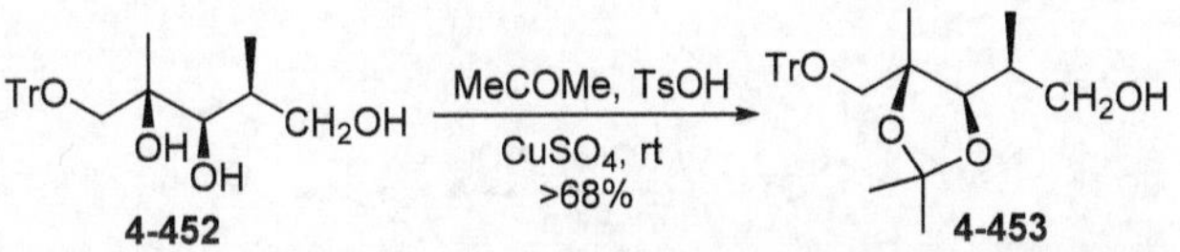

MeCOMe, TsOH, $CuSO_4$, rt, >68%

4-452 **4-453**

图 4-144 伯、仲和叔三种羟基同时存在时的丙酮叉缩醛保护

丙酮替代试剂 2,2-二甲氧基丙烷与丙酮一样，主要保护 1,2-二羟基。

例如，$SnCl_2$ 催化甘露醇 (**4-454**) 与 2,2-二甲氧基丙烷在室温下反应主要生成热力学控制的双 1,2-二羟基丙酮叉缩醛产物 **4-455** (图 4-145)。

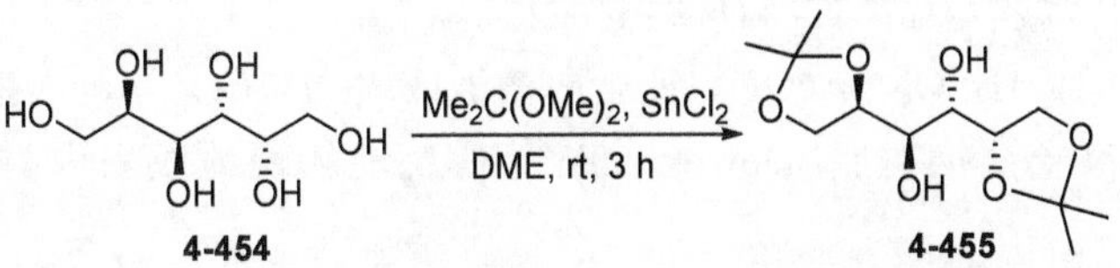

$Me_2C(OMe)_2$, $SnCl_2$, DME, rt, 3 h

4-454 **4-455**

图 4-145 甘露醇中羟基的双 1,2-二羟基丙酮叉缩醛保护

但是，丙酮替代试剂 2-甲氧基丙烯却例外地通常主要保护 1,3-二羟基。

例如，葡萄糖 (**4-456**) 与 2-甲氧基丙烯在 DMF 溶液中反应，在 0 ℃ 下由 TsOH 催化选择性生成动力学控制的 1,3-二羟基的丙酮叉缩醛产物 **4-457**[13](图 4-146)。

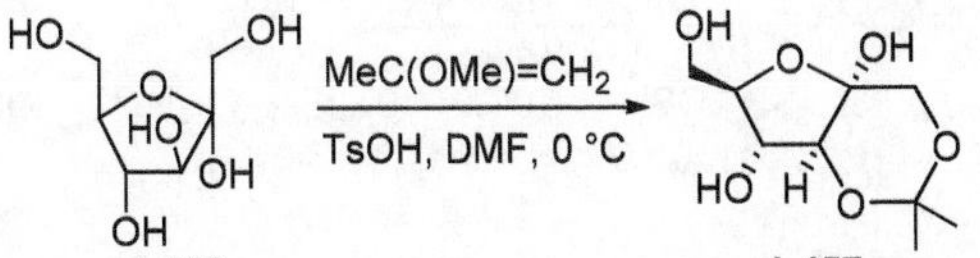

$MeC(OMe)=CH_2$, TsOH, DMF, 0 °C

4-456 **4-457**

图 4-146 葡萄糖中 1,3-二羟基的丙酮叉缩醛保护

另外，顺式 1,2-二羟基比反式 1,2-二羟基更容易形成丙酮叉缩醛产物。例如，下面底物在 CSA 催化下与 2,2-二甲氧基丙烷在室温下反应，生成顺式 1,2-二羟基丙酮叉缩醛为唯一的产物 (图 4-147)。

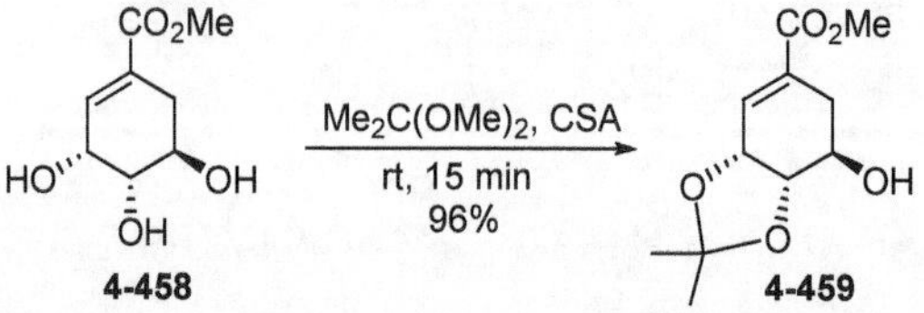

图 4-147　顺式 1,2-二羟基的丙酮叉缩醛保护

丙酮在 Lewis 酸催化下能高度立体选择性地对环氧化物开环并形成丙酮叉缩醛产物 (图 4-148)。

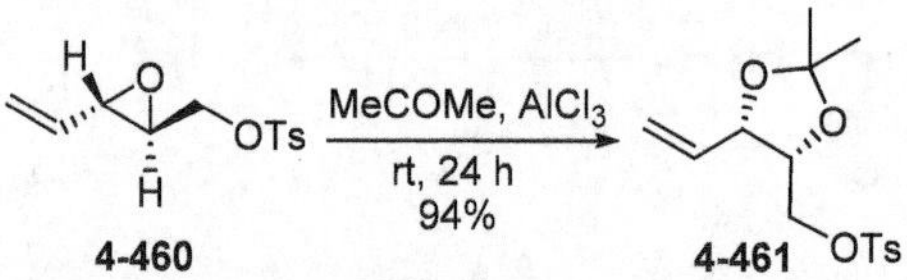

图 4-148　环氧化物的丙酮叉缩醛保护

b. 丙酮叉缩醛脱保护方法

缩醛 (如丙酮叉等) 保护衍生物对酸特别敏感，但碱对其几乎没有影响。质子酸或 Lewis 酸催化水解是缩醛的特征脱保护反应。

在稀 HCl、稀 H_2SO_4、AcOH、HBr/醇溶液或 THF-H_2O 等，中强酸 PPTS[14]、TFA 水溶液及离子交换树脂 Dowex 50W[15]等都能较快地脱去丙酮叉保护基 (图 4-149)。

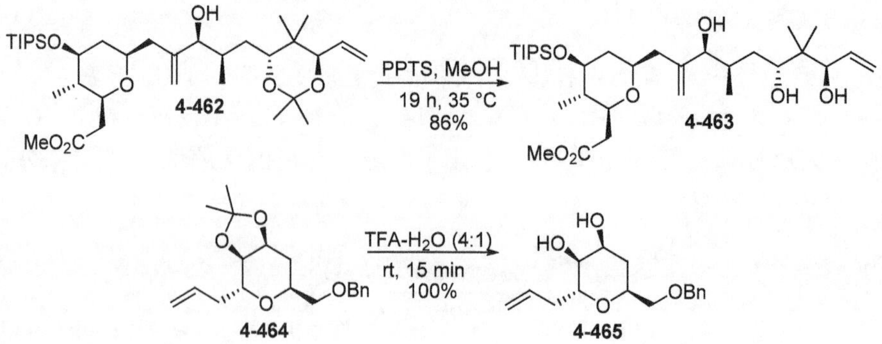

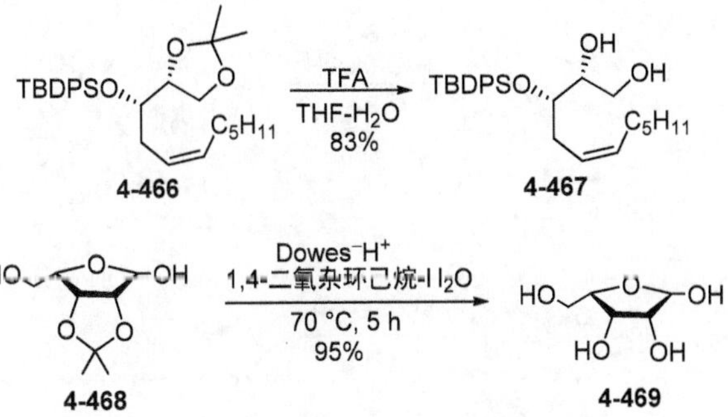

图 4-149 丙酮叉保护基的脱保护

糖类衍生物端基 1,2-二羟基的丙酮叉缩醛稳定性比伯羟基丙酮叉缩醛高得多，脱除丙酮叉保护基的反应条件较为剧烈。例如，L-核糖端基 1,2-二羟基的丙酮叉缩醛需在 H_2SO_4 和 AcOH 存在下，在 CH_2Cl_2 溶液中，先室温反应 36 h，再加热至 55 ℃ 反应 2 h 才选择性地脱去丙酮叉保护基，但苯甲酰基 (Bz) 和 9-芴甲氧羰基 (Fmoc) 仍然可不受影响[16] (图 4-150)。

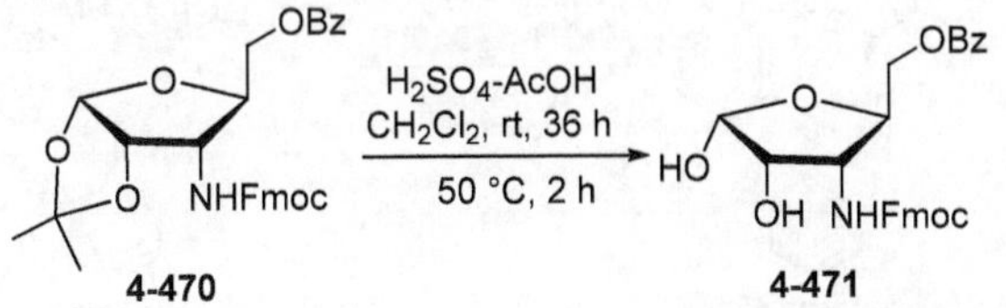

图 4-150 糖类衍生物端基 1,2-二羟基的丙酮叉缩醛脱保护

3 mol/L HCl 在 MeOH 中回流 4 h，可同时脱除底物醇羟基的 TBS 和丙酮叉保护基[17] (图 4-151)。

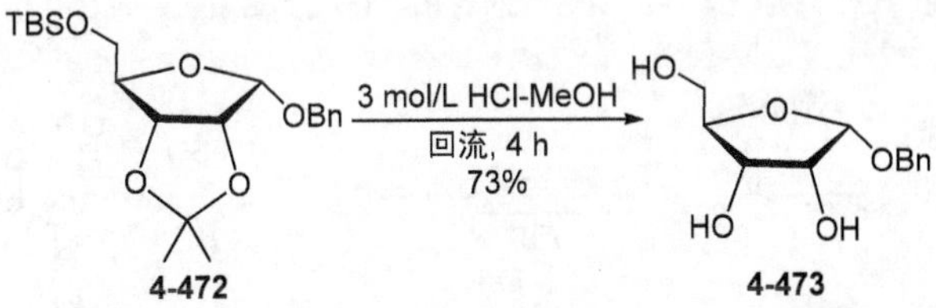

图 4-151 底物醇羟基的 TBS 和丙酮叉保护基的脱保护

含伯羟基的二羟基丙酮叉产物更容易被脱保护，六元环丙酮叉缩醛 (1,3-二羟基丙酮叉保护产物) 比五元环丙酮叉缩醛 (1,2-二羟基丙酮叉保护产物) 也更容易被水解脱保护。因此，通过调节酸性可选择性脱除含伯羟基的丙酮叉或 1,3-二羟基丙酮叉保护基 (图 4-152)。

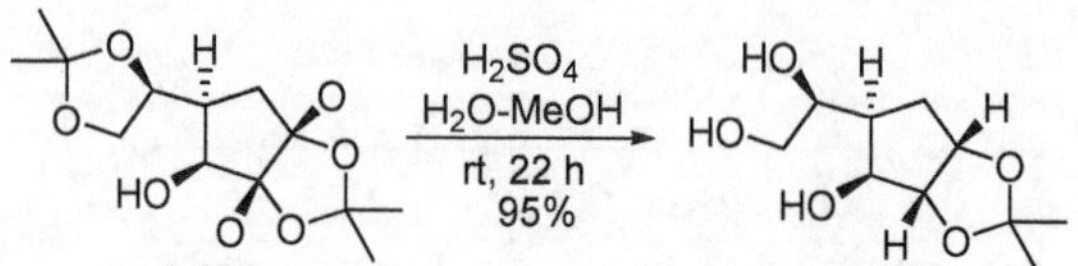

4-474　　4-475

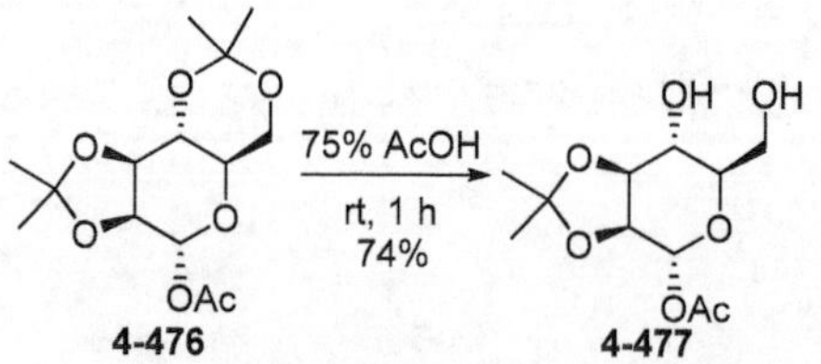

4-476　　4-477

图 4-152　伯羟基的丙酮叉或 1,3-二羟基丙酮叉的脱保护

酸性树脂在甲醇水溶液中也能选择性水解伯羟基丙酮叉保护基，但不影响底物分子中的反式邻二羟基的丙酮叉保护基 (图 4-153)。

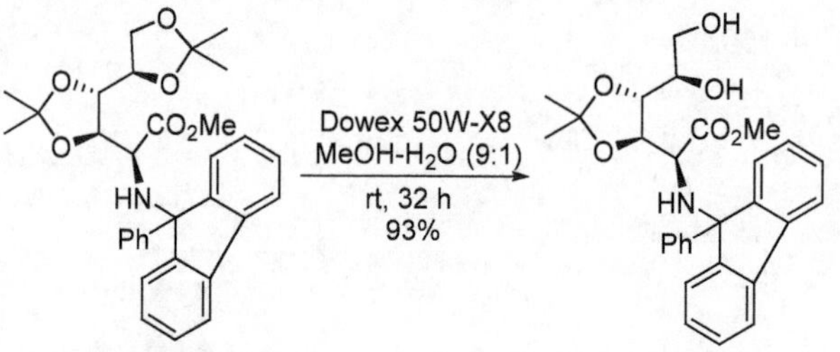

4-478　　4-479

图 4-153　伯羟基丙酮叉的脱保护

Lewis 酸也常被用于催化脱除丙酮叉保护基，而且对各种不同的羟基保护基表现出良好的选择性。比如，含结晶水的氯化铜在甲醇中回流 1 h，能高度选择性地脱除丙酮叉保护基，而 PMB 醚和 TBDPS 醚均可不受影响 (图 4-154)。

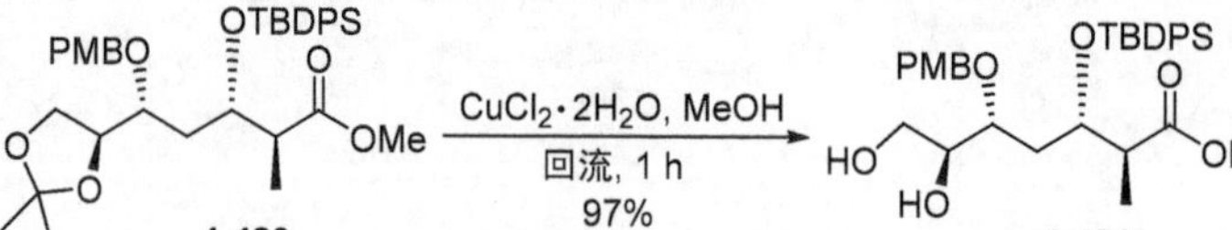

4-480　　4-481

图 4-154　丙酮叉的选择性脱保护

10% $SbCl_3$ 对脱除丙酮叉保护基也具有很好的选择性，而 Tr 醚可不受影响 (图 4-155)。

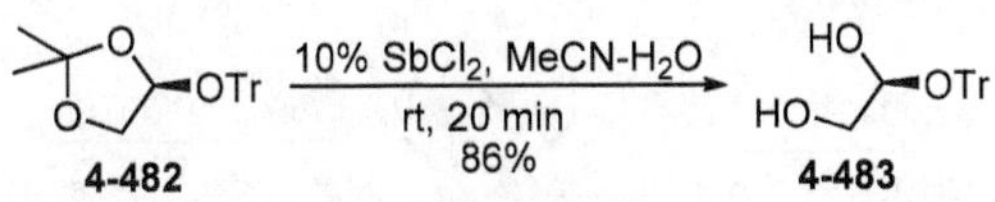

图 4-155 丙酮叉的选择性脱保护

5% $BiCl_3$ 能有效地选择性脱除含伯羟基的二羟基丙酮叉保护基，而对常见的官能团如甲基醚、苄醚、苯甲酰酯、叔丁氧羰酰胺 (BocNH)、叔丁基二甲基硅醚、乙酰基酯和四氢吡喃醚等都不产生影响[18,19] (图 4-156)。$Bi(OTf)_3$[20]也能在温和的反应条件下选择性脱除丙酮叉保护基。

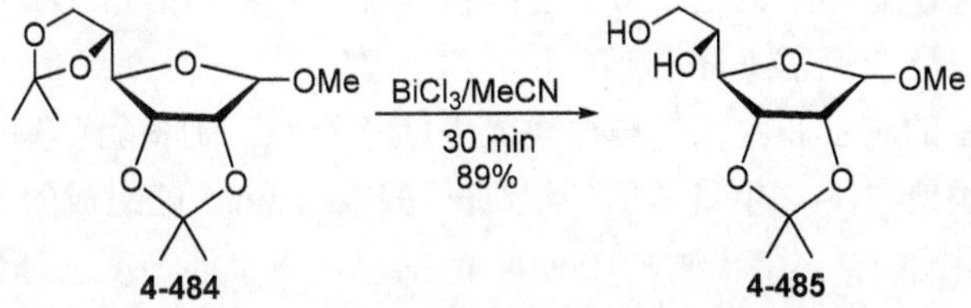

图 4-156 伯羟基的二羟基丙酮叉的选择性脱保护

另外，硝酸铈铵 (CAN)[21]、CAN-吡啶[22]、DDQ[23]都可以氧化脱除丙酮叉保护基 (图 4-157)。

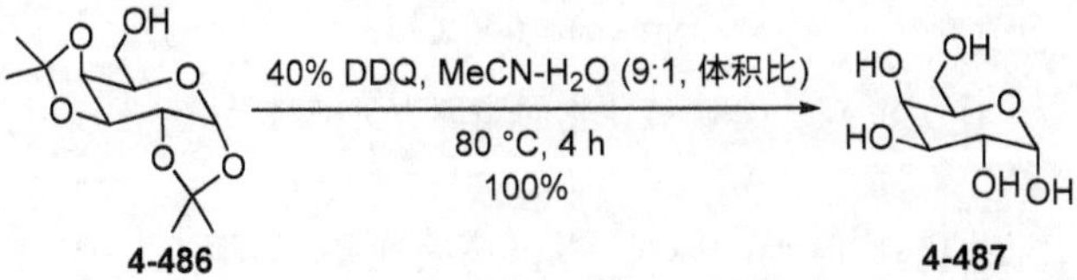

图 4-157 丙酮叉的氧化脱除

羟基的酯类保护基在酸性溶液中稳定，在碱性条件下易脱保护，这种稳定性与丙酮叉保护基正好相反。因此，根据药物合成设计需要，常把耐碱的丙酮叉保护基通过一步反应在脱保护的同时形成耐酸的酯类保护基，这种转化在核苷类药物的合成中应用广泛。

5% $Bi(OTf)_3$ 就可以选择性催化伯羟基丙酮叉保护产物与 Ac_2O 反应转化为二乙酸酯。

例如，对于木糖二丙酮叉保护产物，用 5% $Bi(OTf)_3/Ac_2O$ 在 CH_2Cl_2 及室温条件下反应 3 h 能选择性地将含伯羟基的丙酮叉保护基转化为二乙酰基保护基；若再用 5% $Bi(OTf)_3/Ac_2O$ 在 CH_2Cl_2 中回流反应 3 h 就能进一步将端基丙酮叉保护基转化为二乙酰基保护基 (图 4-158)。

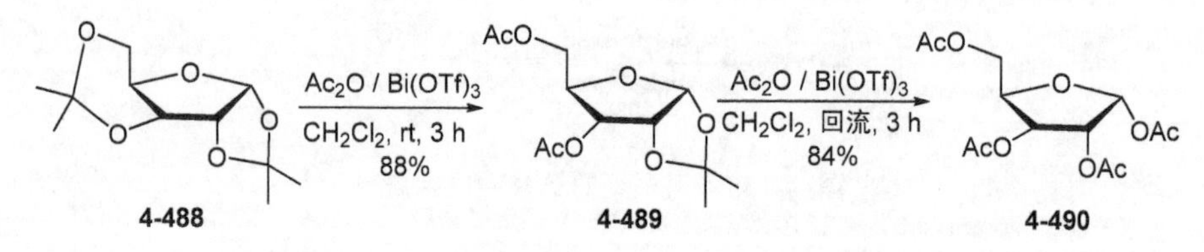

图 4-158 丙酮叉保护基转化为二乙酰基保护基的反应

此外，有机金属甲基试剂如 Me_3Al 或 MeMgI 等还能将邻二羟基丙酮叉衍生物转化为单羟基叔丁基醚衍生物 (见前面介绍的羟基的叔丁基醚保护法)。

② 脂环酮叉缩醛保护基

与丙酮叉一样，脂环酮叉主要用于选择性地保护底物中的 1,2-二羟基。常用的脂环酮叉保护基有：环戊亚基、环己亚基和环庚亚基。

脂环酮叉缩醛的制备和脱保护与丙酮叉缩醛相类似。制备脂环酮叉缩醛的常用试剂为：无水脂环酮或 1,1-二甲氧基脂环烷/质子酸或 Lewis 酸组成的反应体系。

另外，与丙酮叉一样，脂环酮在 Lewis 酸的存在下也能高度选择性地对环氧化物(特别是烯丙醇的环氧化物) 开环并形成脂环酮叉缩醛保护 (图 4-159)。

环戊酮
H_2SO_4, 苯
0 °C → rt, 2 h
80%
OPNB
4-491
4-492

PNB = 对硝基苄基

图 4-159 环氧化物的脂环酮叉缩醛保护

通常酸水解脱保护基速度为：环戊亚基≈环庚亚基>丙酮叉>>环己亚基。

此外，反式 1,2-二羟基脂环酮叉保护基比顺式的更容易被脱除[24]。含有伯羟基的 1,2-二羟基脂环酮叉保护基更容易被除去[25] (图 4-160)。

HOAc, H_2O
80 °C
80%~85%
CO_2Me
4-493
4-494

图 4-160 含伯羟基的 1,2-二羟基脂环酮叉的脱保护

③ 苄叉类缩醛保护基

苯甲醛与二羟基形成的缩醛称为苄叉缩醛或苯亚甲基缩醛 (benzylidene acetal)，

是最常用的保护 1,3-二羟基的缩醛类方法。

苄叉类保护基除苄叉外，还有对甲氧基苄叉、3,4-二甲氧基苄叉和 2,4,6-三甲基苄叉等。

a. 苄叉类缩醛形成方法

制备苄叉类缩醛最常用的试剂是：苯甲醛或取代苯甲醛/质子酸或 Lewis 酸组成的反应体系；也可用苯甲醛或取代苯甲醛的二甲基缩醛 [$PhCH(OMe)_2$或$ArCH(OMe)_2$，Ar=取代苯基] 代替苯甲醛或取代苯甲醛。

常用的质子酸有 HCl、H_2SO_4、TsOH (对甲苯磺酸，PTSA)、CSA (樟脑磺酸)、PPTS 等，常用的 Lewis 酸有 $SnCl_2$ 和 $ZnCl_2$ 等。

当用苯甲醛 (取代苯甲醛) 或活性更高的苯甲醛二甲基缩醛 (取代苯甲醛二甲基缩醛) 对 1,2-二羟基和 1,3-二羟基共存的多羟基底物分子进行保护时，由于形成的六元环苄叉缩醛 (1,3-二氧杂环己烷) 比五元环苄叉缩醛 (1,3-二氧杂环戊烷) 的热力学稳定性更高，所以，六元环苄叉缩醛通常为主要产物 (即主要保护底物中的 1,3-二羟基) [26] (图 4-161)。

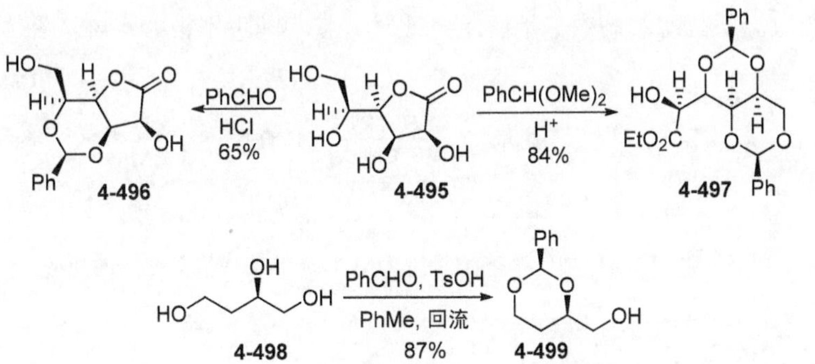

图 4-161　1,3-二羟基的六元环苄叉缩醛保护

其中一个为伯羟基的 1,3-二羟基更容易首先形成苄叉缩醛产物[27] (图 4-162)。

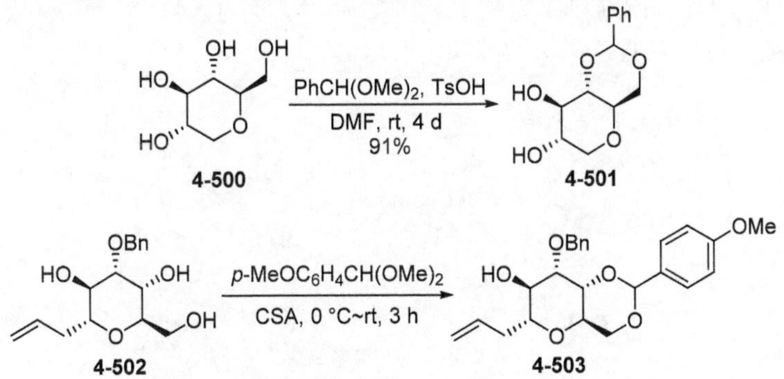

图 4-162　含伯羟基的 1,3-二羟基的苄叉缩醛保护

另外，也可以用 DDQ 氧化含有邻位 (2-位或 3-位) 羟基的 PMB 醚，经氧鎓离子过渡态与邻位羟基 (通常为 3-位) 反应转化为对甲氧基苄叉缩醛化物。该转化反应也称为 DDQ 氧化苄基醚重排反应 (图 4-163)。该反应需在无水条件下进行，所以分子筛 (MS) 常被用作除水剂。

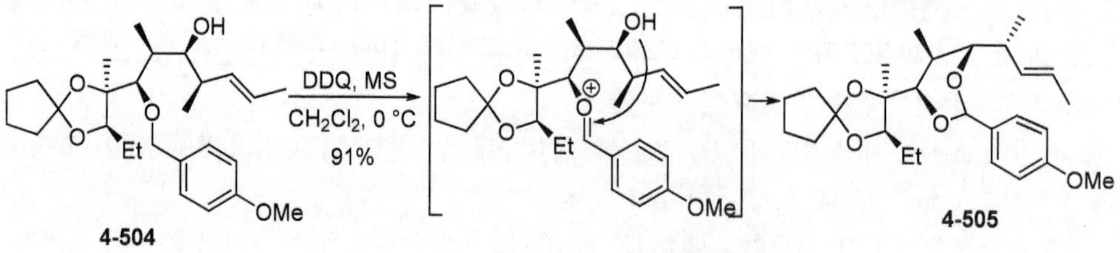

图 4-163 DDQ 氧化苄基醚重排反应

例如，在蛋白质磷酸酯酶抑制剂 Tautomycin 的合成中[28]，含邻位羟基的 DMB 醚中间体 **4-506** 经 DDQ 氧化苄基醚重排反应可转化为对酸更为敏感的 3,4-二甲氧基苄叉缩醛 **4-507**，这样，3,4-二甲氧基苄叉保护基用较弱的酸 PPTS (对甲苯磺酸吡啶鎓盐) 在室温下就能被高效率地脱除，此时，叔丁酯可不被酸水解 (图 4-164)。

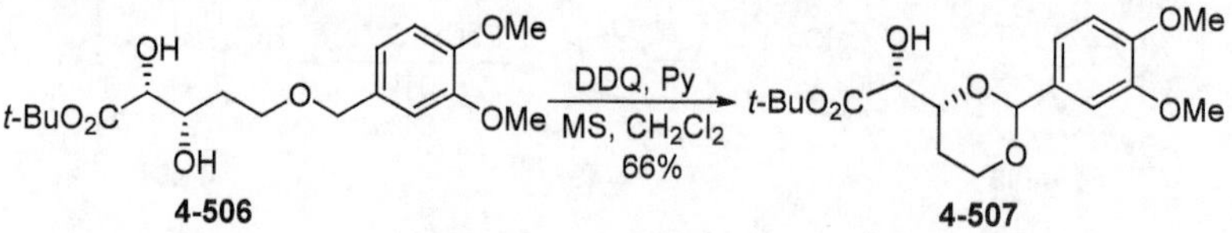

图 4-164 DDQ 氧化苄基醚重排为 3,4-二甲氧基苄叉缩醛的反应

b. 苄叉类缩醛脱保护方法

与丙酮叉保护基一样，酸性条件 (质子酸或 Lewis 酸) 是苄叉类缩醛脱保护的特征反应。苄叉需要在较强的酸性条件或在稀硫酸溶液中受热脱除保护。但对甲氧基苄叉缩醛对酸比较敏感，通常条件下，其酸水解速率为苄叉缩醛的 10 倍；它可以在苄叉缩醛存在时，选择性脱除对甲氧基苄叉保护基。例如，TsOH 和 80% AcOH 水溶液在室温下都可使对甲氧基苄叉保护基被水解脱除[29] (图 4-165)。

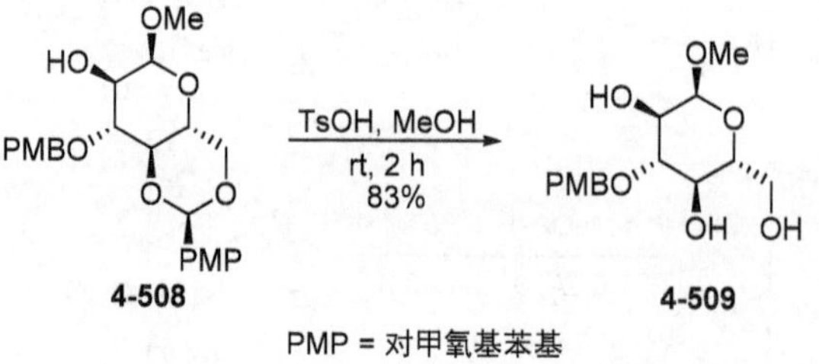

图 4-165 对甲氧基苄叉缩醛的脱保护

另外，2,4,6-三甲基苄叉缩醛比对甲氧基苄叉缩醛稳定，但比苄叉缩醛活泼，室温条件下，AcOH-H_2O (2 : 1) 就可较快速地脱去该保护基[30] (图 4-166)。

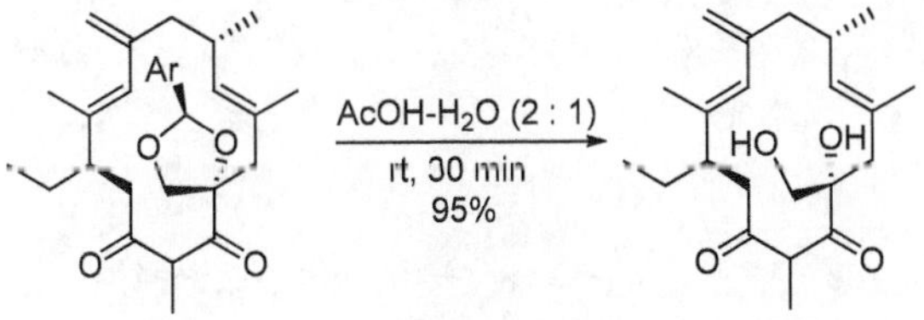

AcOH-H_2O (2 : 1)
rt, 30 min
95%
4-510　4-511
Ar = 2,4,6-三甲基苯基

图 4-166　2,4,6-三甲基苄叉缩醛的脱保护

在合成抗生素 Enythromycin 时，Martin 等[31]基于对甲氧基苄叉缩醛和 2,4,6-三甲基苄叉缩醛的酸稳定性差异，用 pH=1.0 的酸性水溶液，选择性地优先水解底物分子中的对甲氧基苄叉保护基 (图 4-167)。若用氢化还原脱保护方法，此两类保护基均被同时除去，缺乏选择性。

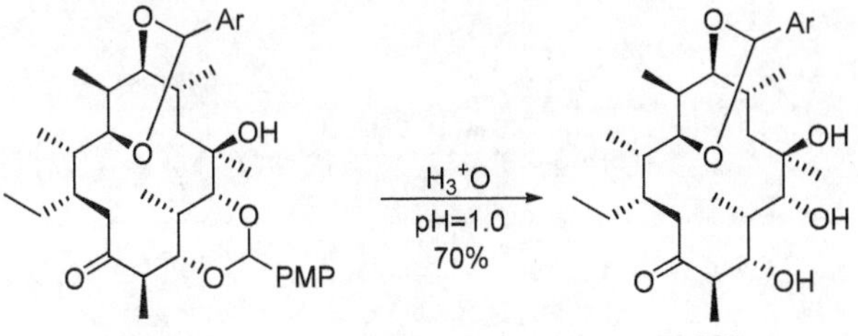

H_3^+O
pH=1.0
70%
4-512　4-513
Ar = 2,4,6-三甲基苯基

图 4-167　对甲氧基苄叉保护基的选择性脱保护

Lewis 酸如 BCl_3、$FeCl_3/CH_2Cl_2$/3~30 min、$SnCl_2/CH_2Cl_2$[32]等以及 1% I_2-MeOH (此条件也能除去丙酮叉及 *S,S*-缩醛保护基)[33]也能很好地脱去苄叉类缩醛保护基。

催化转移氢化还原[34]如 $Pd(OH)_2$/环己烯、Pd-C/HCO_2NH_4、Pd-C/肼/MeOH (在 1,3-二羟基苄叉缩醛存在下，选择性地除去 1,2-二羟基苄叉缩醛保护基) 等是又一种很有效且温和的脱除苄叉类保护基的方法。

Birch 还原 (钠和液氨) 也可以完成同样的转化，但其还原性太强，因此，选择性差，底物中的多数其他官能团也会发生反应 (图 4-168)。

金属氢化物与 Lewis 酸的组合试剂能将苄叉缩醛转化为邻羟基 (3-羟基或 2-羟基) 苄基醚，而且反应也具有区域选择性，这种选择性依赖于 Lewis 酸、底物分子的结构及溶剂等因素。多数情况下苄基醚形成在空间位阻较大的羟基上 (图 4-169)。

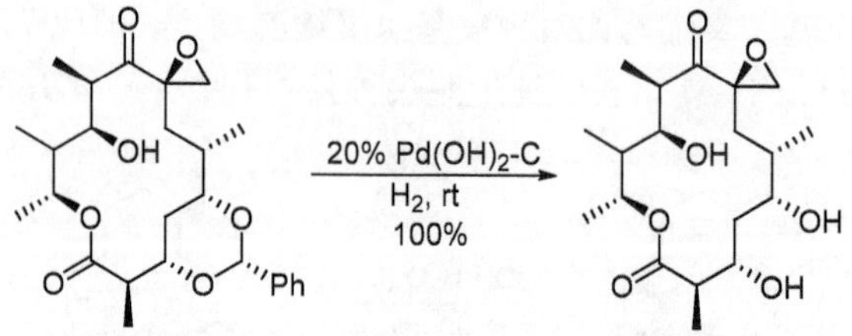

4-514 **4-515**

图 4-168 苄叉类保护基催化转移氢化还原选择性脱保护

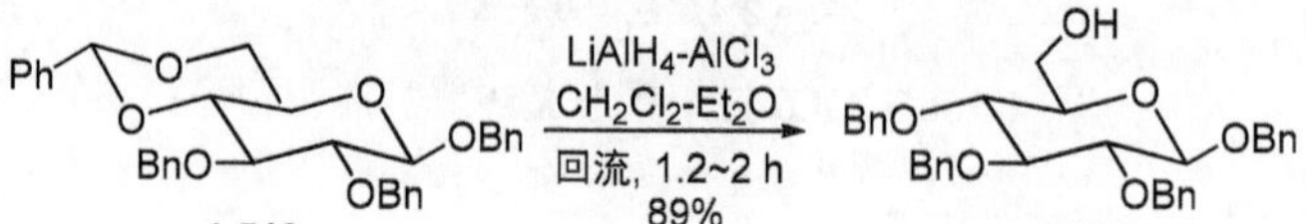

4-516 **4-517**

图 4-169 苄叉缩醛脱保护的区域选择性

另一个常用的还原剂是二异丁基氢化铝 (DIBAL-H)，它同时也是 Lewis 酸，还原苄叉类缩醛具有很高的区域选择性，苄基醚通常也产生在空间位阻较大的羟基上(图 4-170)。

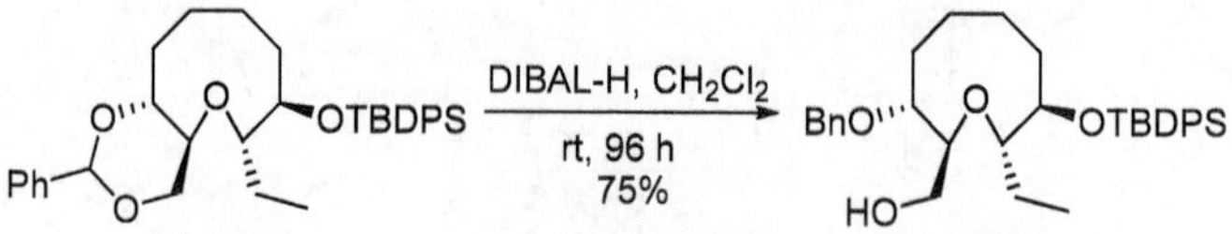

4-518 **4-519**

图 4-170 苄叉类缩醛还原脱保护的区域选择性

与苄叉缩醛相比，对甲氧基苄叉缩醛活性较高，在 0 ℃ 就可被还原转化为相应的苄基醚。通常情况下，空间位阻较小的缩醛氧原子与铝原子更易形成配位键，然后使空间位阻较大的缩醛氧原子转化为对甲氧基苄基醚 (PMB) [35] (图 4-171)。

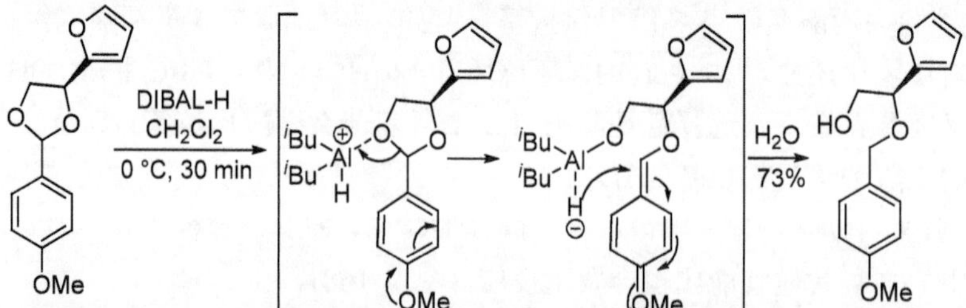

4-520 **4-521**

图 4-171 对甲氧基苄叉缩醛脱保护的区域选择性

有邻基参与反应时，DIBAL-H 还原苄叉类缩醛形成苄基醚的区域选择性要受到影响。比如，由于底物分子中的邻位羰基与 Al 原子形成配位键，导致 DIBAL-H 与缩醛氧原子之间的作用选择了空间位阻较大的氧原子，结果苄基醚产生在空间位阻较小的缩醛氧原子上 (即远离邻基的缩醛氧原子上) [36] (图 4-172)。

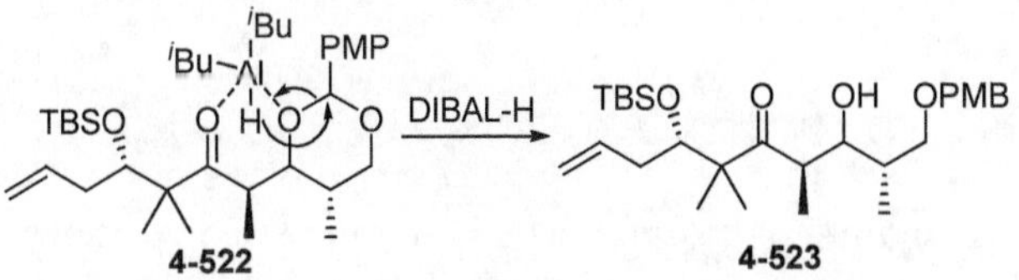

图 4-172 DIBAL-H 还原苄叉类缩醛脱保护的区域选择性

苄叉类缩醛邻位的氨基也能与 DIBAL-H 的 Al 原子形成配位键，从而导致还原产生的苄基醚位于空间位阻较小的缩醛氧原子上 (即远离邻基的缩醛氧原子上) [37] (图 4-173)。

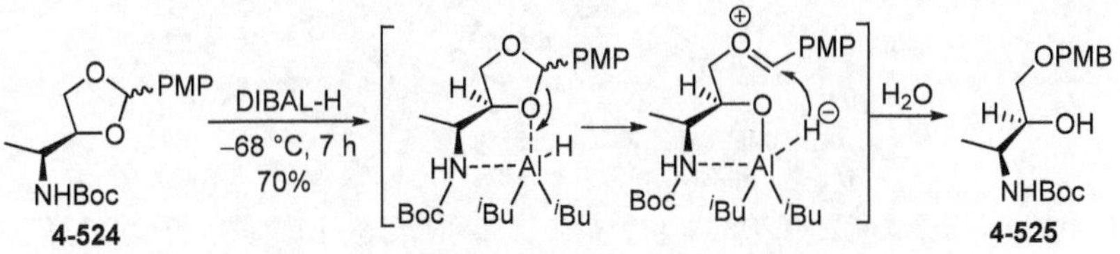

图 4-173 含邻位氨基的苄叉类缩醛脱保护的区域选择性

硼烷-三甲基胺在 BF_3 或 $AlCl_3$ 存在下还原苄叉类缩醛，生成的苄基醚一般也位于空间位阻较小的羟基上[38] (图 4-174)。

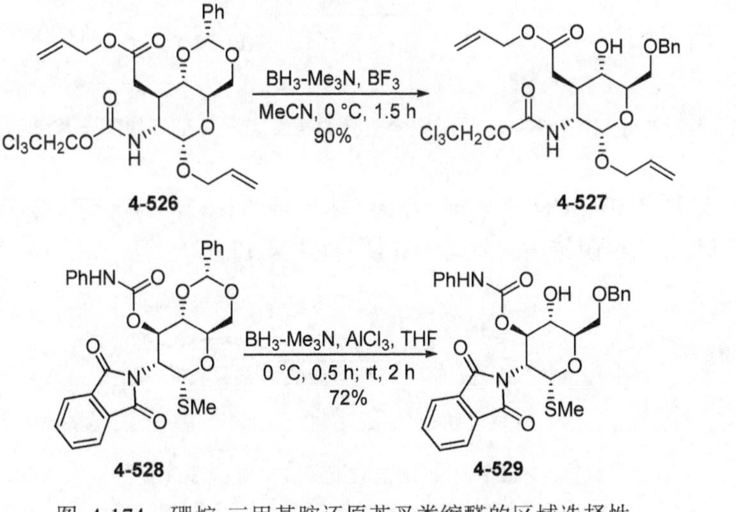

图 4-174 硼烷-三甲基胺还原苄叉类缩醛的区域选择性

若在苄叉类缩醛邻位有羟基，则直接影响还原生成的苄基醚的位置，通常形成的苄基醚在远离邻位羟基的缩醛氧原子上[39] (图 4-175)。

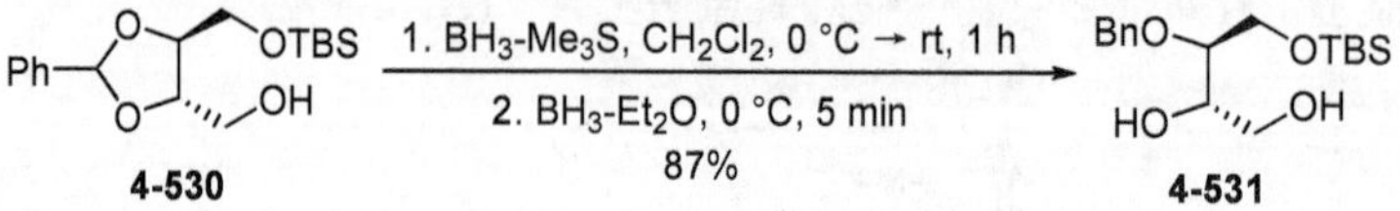

图 4-175　含邻位羟基的苄叉类缩醛脱保护的区域选择性

除了底物分子结构和所用还原剂外，溶剂和亲电试剂 (质子酸或 Lewis 酸) 也会影响苄基醚产生的位置。

例如，$NaBH_3CN$ 于不同的溶剂及亲电试剂条件下还原苄叉类缩醛保护的葡萄糖衍生物，形成的苄基醚具有不同的区域选择性 (图 4-176)。

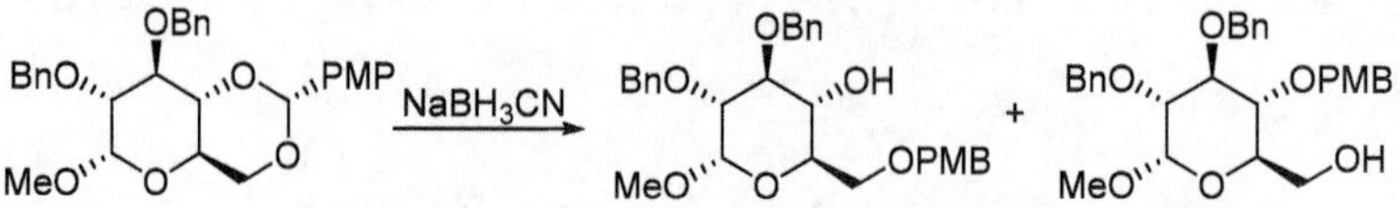

条件	4-533	4-534
DMF：	1	1
TFA，DMF，MS，0 °C：	85%	9%
TMSCl，MeCN，MS，rt：	13%	76%

图 4-176　苄叉类缩醛保护的葡萄糖衍生物在不同条件下脱保护的区域选择性

$NaBH_3CN$-$TiCl_4$ 还原含伯醇的苄叉类缩醛，通常得到较高产率仲醇的苄基醚，而底物分子中的 TBDPS 醚保护基可不受影响[40] (图 4-177)。

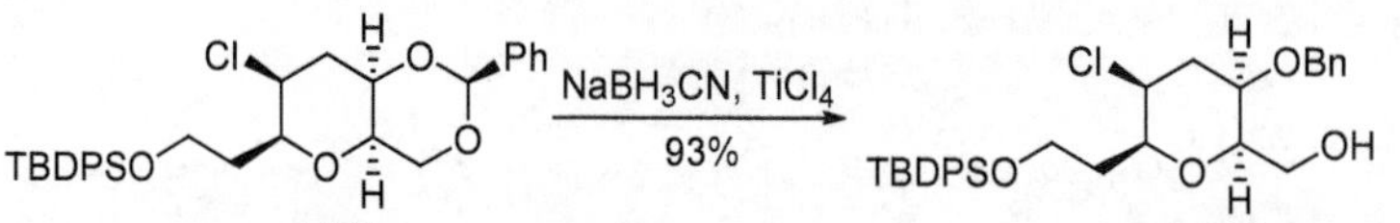

图 4-177　$NaBH_3CN$-$TiCl_4$ 还原含伯醇的苄叉类缩醛得到仲醇苄基醚的反应

另外，过量 $NaBH_3CN$ 在强酸如无水 HCl 或 TfOH (三氟甲磺酸) 存在下还原苄叉类缩醛可转化为位阻较小的羟基苄基醚[41] (图 4-178)。

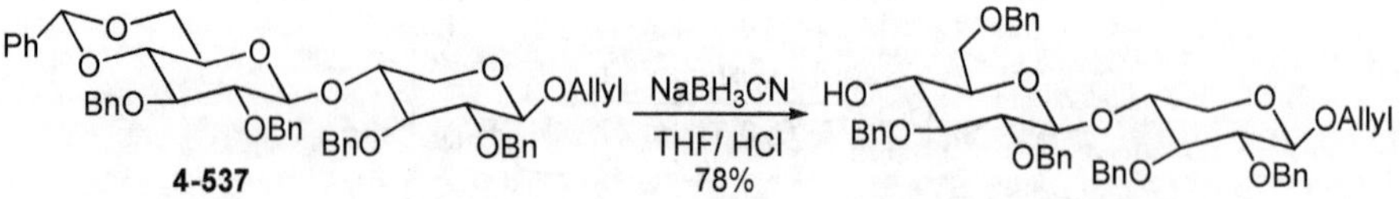

图 4-178　过量 $NaBH_3CN$ 在强酸下苄叉类缩醛脱保护的区域选择性

上述金属氢化物可还原苄叉类缩醛为苄基醚，然而，氧化剂如 O_3 (臭氧)、t-Bu_2O_2 (过氧叔丁基醚)、NBS (*N*-溴代丁二酰亚胺)、DDQ 等则可将苄叉类缩醛转化为相应的苯甲酸酯，并具有较好的区域选择性 (图 4-179)。

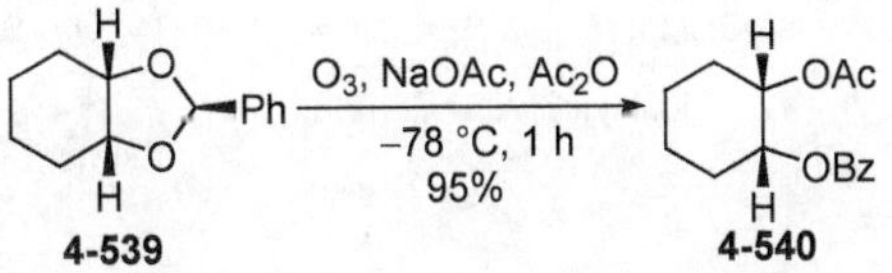

O_3, NaOAc, Ac_2O
−78 °C, 1 h
95%
4-539
4-540

图 4-179 氧化剂将苄叉类缩醛转化为相应苯甲酸酯的反应

在三异丙基硅硫醇存在下，过氧叔丁基醚能选择性地将苄叉缩醛转化为单苯甲酸酯，而且主要产物为苯甲酸伯醇酯，底物分子中的丙酮叉保护基不受影响[42] (图 4-180)。

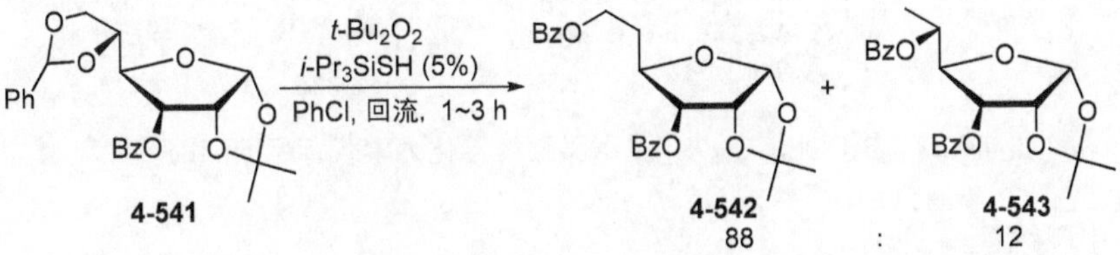

t-Bu_2O_2
i-Pr_3SiSH (5%)
PhCl, 回流, 1~3 h
4-541
4-542 88 : 4-543 12

图 4-180 过氧叔丁基醚能选择性地将苄叉缩醛转化为单苯甲酸酯

NBS 能将苄叉缩醛转化为邻溴苯甲酸酯，此反应对含伯羟基的苄叉缩醛的反应产物通常主要为伯溴代苯甲酸酯，收率高 (图 4-181)。

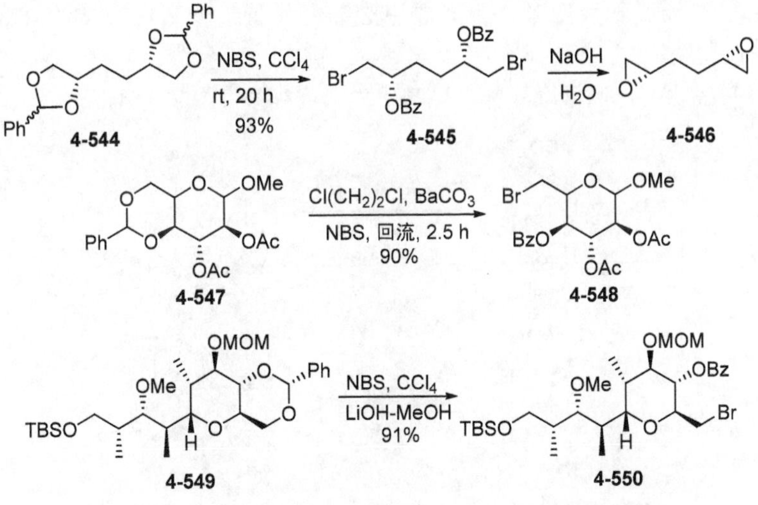

NBS, CCl_4
rt, 20 h
93%
NaOH
H_2O
4-544
4-545
4-546

$Cl(CH_2)_2Cl$, $BaCO_3$
NBS, 回流, 2.5 h
90%
4-547
4-548

NBS, CCl_4
LiOH-MeOH
91%
4-549
4-550

图 4-181 NBS 将苄叉缩醛转化为邻溴苯甲酸酯的反应

DDQ/$Bu_4N^+Br^-$/$CuBr_2$ 在无水条件下也可使苄叉类缩醛转化为溴代苯甲酸酯[43] (图 4-182)，而在有水条件下将缩醛转化为邻二醇。

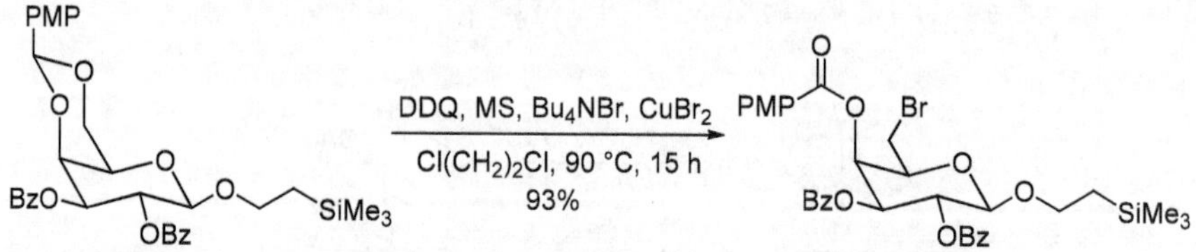

5-551　5-552

PMP = 对甲氧基苯基

图 4-182　无水条件下 DDQ/$Bu_4N^+Br^-$/$CuBr_2$ 将苄叉类缩醛转化为溴代苯甲酸酯的反应

另外，$BrCCl_3$/CCl_4/$h\nu$也能将苄叉缩醛转化为溴代苯甲酸酯 (图 4-183)。

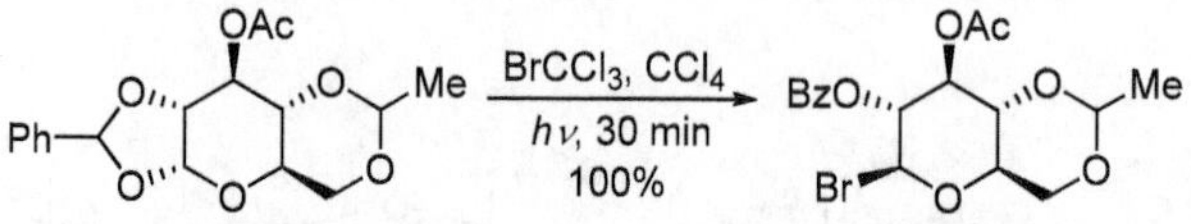

4-553　4-554

图 4-183　$BrCCl_3$/CCl_4/$h\nu$ 将苄叉缩醛转化为溴代苯甲酸酯的反应

④ 甲叉缩醛保护基

甲叉缩醛通常是最稳定的缩醛，常用的酸性条件难以脱保护。因此，它在保护邻二羟基方面不常用，但邻二苯酚的甲叉缩醛常存在于一些天然产物中。

常用的制备邻二羟基甲叉的保护试剂是 CH_2Br_2 或 CH_2Cl_2 和碱如 NaH、NaOH、KOH[44]等组成的反应体系。另外，用二甲氧基甲烷 [$CH_2(OMe)_2$] 代替二溴甲烷 (或二氯甲烷) 可在较温和反应条件下形成甲叉缩醛保护，一般用 P_2O_5、TMSOTf 和 TsOH 等作催化剂。

在多羟基底物中，通常顺式邻二羟基优先形成缩醛 (图 4-184)。

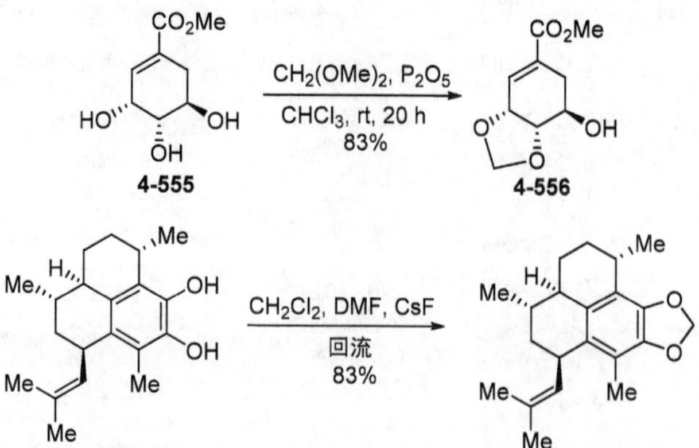

4-555　4-556　4-557　4-558

图 4-184　顺式邻二羟基形成缩醛的区域选择性

甲叉缩醛脱保护条件剧烈，选择性差，产率也低；因此，在合成设计中应用很少。浓盐酸水溶液回流可除去甲叉保护基，但对底物分子中酸敏感官能团产生显著影响[45] (图 4-185)。

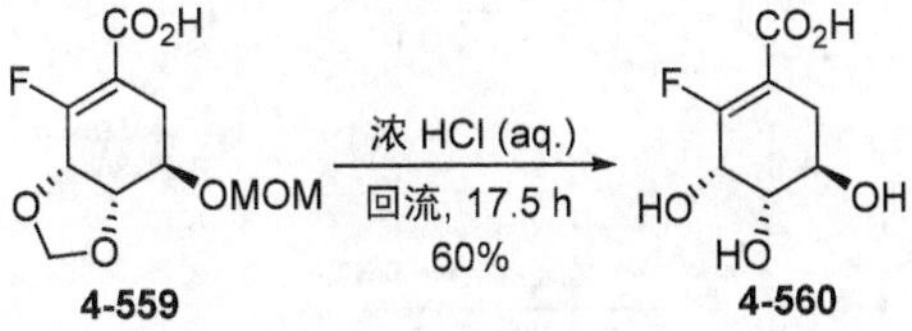

图 4-185 浓盐酸条件下的甲叉缩醛脱保护

另外，Ph_3CBF_4 也可脱去甲叉缩醛基团中的氢负离子，形成碳正离子中间态，然后在酸性水溶液中水解为二羟基化合物。该试剂也可用来脱除其他缩醛和苄叉缩醛的保护 (图 4-186)。

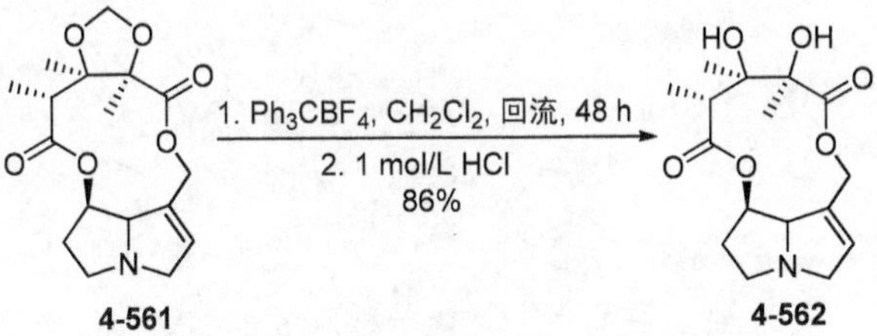

图 4-186 Ph_3CBF_4 介导的甲叉缩醛脱保护

Lewis 酸如 BCl_3 和 BBr_3 都能脱除邻二酚甲叉保护基，但同时能除去酚甲醚保护基，是一种常用的脱保护基方法 (图 4-187)。

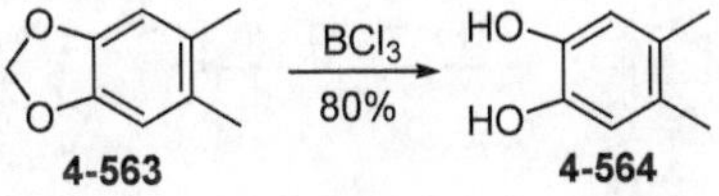

图 4-187 邻二酚甲叉保护基的脱保护

⑤ 二苯甲酮叉缩醛保护基

与丙酮叉(异丙亚甲基)相比，二苯甲酮叉 (二苯基甲亚基) 的体积比较大，能影响相邻反应位点的立体合成。形成保护反应的条件比较温和；除酸性条件可以脱保护外，催化氢化和 Birch 还原都可以有效地脱保护，为选择性脱除保护基团提供了方便。

常用的制备邻二羟基二苯甲酮叉缩醛的保护试剂是：Ph_2CCl_2/碱和 $Ph_2C(OMe)_2$ (二苯甲酮的二甲基缩醛) /酸[46~48] (图 4-188)。

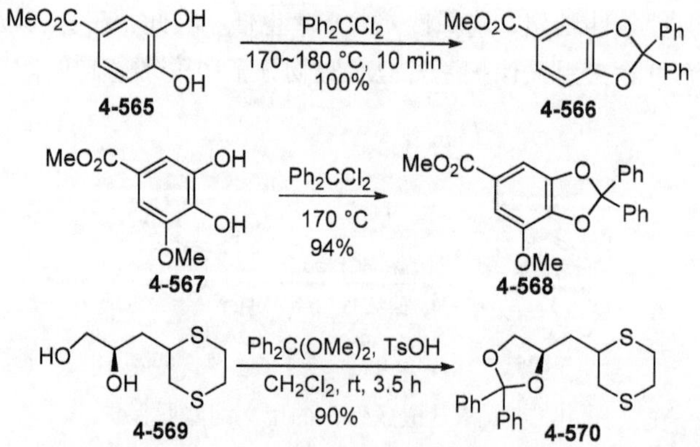

图 4-188　邻二羟基二苯甲酮叉缩醛的制备

常用的脱二苯甲酮叉缩醛保护基试剂为：质子酸如 TFA、HOAc 等或 Lewis 酸、Pd-C 催化氢化、Li-NH_3(l) 还原等[49] (图 4-189)。

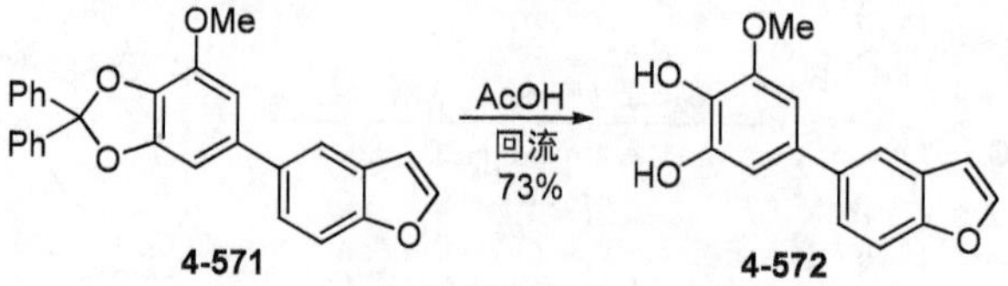

图 4-189　二苯甲酮叉缩醛的脱保护

在生物碱 Galanthamine 的合成中，TFA 室温下就能脱除二苯甲酮叉保护基，同时成功地使三甲基硅被质子化水解，定量地获得目标中间体 **4-574**[46] (图 4-190)。

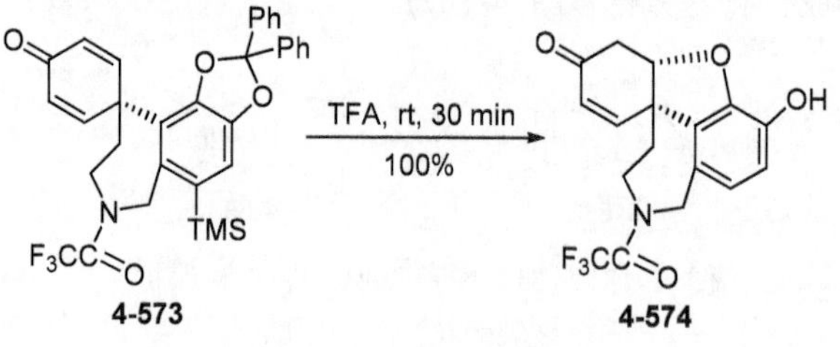

图 4-190　二苯甲酮叉的脱保护

在抗生素 Roxaticin 的合成中，低温 Birch 还原能选择性脱除底物中的二苯甲酮叉保护基，而丙酮叉缩醛和 TBS 醚保护基不受影响 (图 4-191)。

在天然产物 Ellagitannin 系列中的一个具有抗癌和抗病毒活性产物 Tellimagrandin I 的合成中，利用 Pd-C/H_2 氢化可一步脱去中间体中的邻苯二酚羟基的二苯甲酮叉缩醛保护基及苄醚保护基，得到目标中间体[50~52] (图 4-192)。

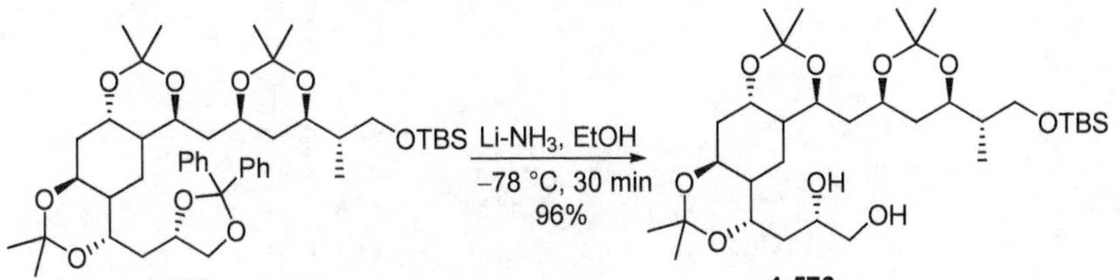

图 4-191 二苯甲酮叉的选择性脱保护

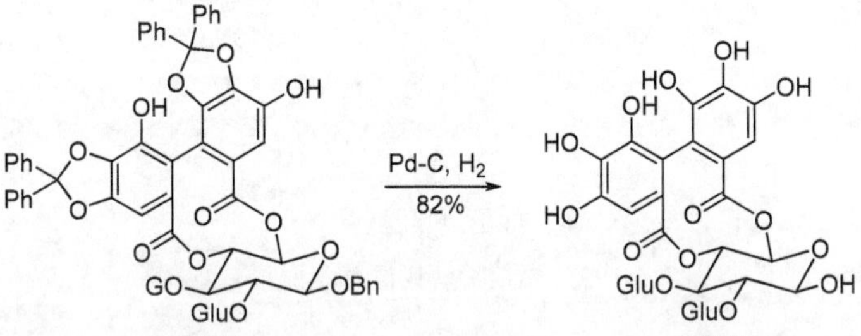

图 4-192 Pd-C/H_2 氢化脱去二苯甲酮叉缩醛及苄醚保护基

（2）硅氧醚类保护基

前面讨论了羟基的各种硅氧醚保护及其特征性脱除反应，即由于 Si–F (142 kcal/mol) 和 O–Si (112 kcal/mol) 之间存在键能差异，大多数硅氧醚均可用含氟试剂如四丁基氟化铵 ($Bu_4N^+F^-$，TBAF)、HF 及氢氟酸吡啶络合物等除去。

硅氧醚类保护基可用含 F^-试剂脱除的特征反应也为邻二羟基的保护提供了更多的选择。常用的邻二羟基硅醚类保护基有：二叔丁基亚硅基 (di-*t*-butylsilylene，DTBS) 和 1,3-(1,1,3,3-四异丙基)二硅氧烷亚基 [1,3-(1,1,3,3-tetraisopropyldisioxanylidene)，TIPDS]。

① 二叔丁基亚硅基保护基

1983 年，Trost 等首先使用 DTBS (二叔丁基亚硅基) 保护 1,2- 或 1,3-二羟基获得成功。该保护基形成的醚不如丙酮叉缩醛和苄叉缩醛稳定，但对温和的氧化剂如 O_3、DDQ 及 9-BBN、BF_3-Et_2O 和 $TiCl_4$ 等 Lewis 酸、CSA 和 PPTS 等质子酸参与的反应都较稳定。

a. 二叔丁基亚硅基氧醚制备方法

制备邻二羟基 DTBS 醚的常用保护试剂为：*t*-Bu_2SiCl_2/Et_3N/HOBt/MeCN 和活性更高的 *t*-$Bu_2Si(OTf)_2$ (三氟甲磺酸二叔丁基亚硅基酯)/2,6-二甲基吡啶/CH_2Cl_2[53]。其中，前者可保护 1,2- 或 1,3-二羟基；后者对 1,2-、1,3- 或 1,4-二羟基均可形成保护 (图 4-193)。

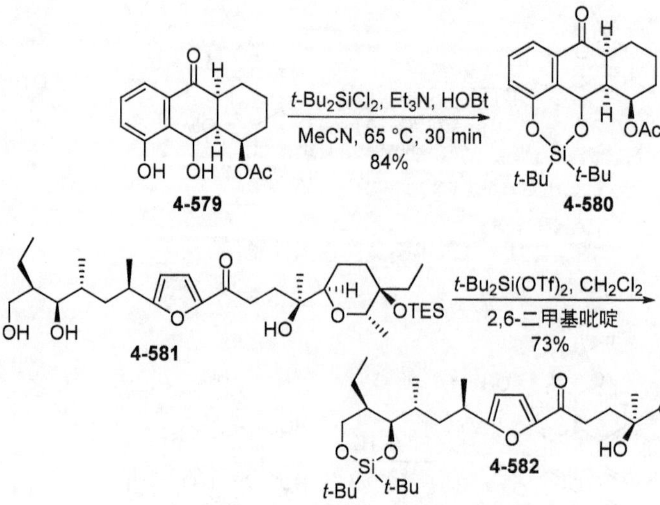

4-579　　4-580　　4-581　　4-582

图 4-193　二叔丁基亚硅基氧醚的制备

b. 二叔丁基亚硅基氧醚脱保护方法

常用的含氟试剂四丁基氟化铵 ($Bu_4N^+F^-$，TBAF) /THF[54]、HF/CH_3CN、氢氟酸吡啶络合物/THF 等都可以在室温下脱除二叔丁基亚硅基保护基 (图 4-194)。

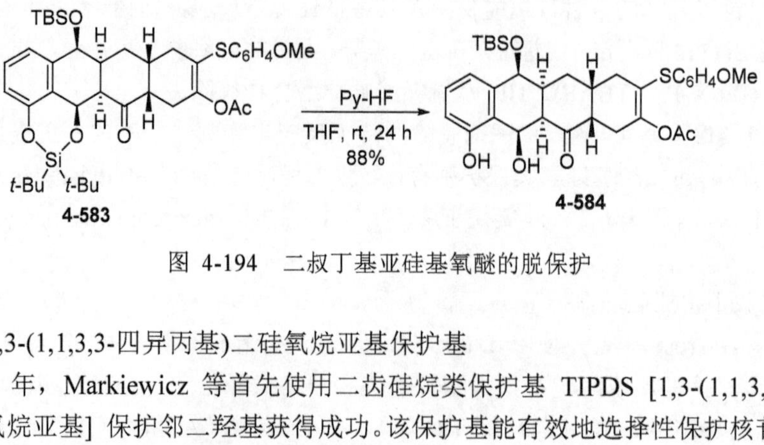

4-583　　4-584

图 4-194　二叔丁基亚硅基氧醚的脱保护

② 1,3-(1,1,3,3-四异丙基)二硅氧烷亚基保护基

1979 年，Markiewicz 等首先使用二齿硅烷类保护基 TIPDS [1,3-(1,1,3,3-四异丙基)二硅氧烷亚基] 保护邻二羟基获得成功。该保护基能有效地选择性保护核苷的 3′,5′-二羟基[55~57]，特别适用于核苷和核酸的合成。

TIPDS 氧醚一般用 $TIPDSCl_2$ 在吡啶、咪唑等催化剂存在下与邻二羟基成醚反应制得，通常生成的是动力学控制的八元环产物 (即总是优先保护 1,3-二羟基)，而且与伯羟基的反应速率是仲羟基反应速率的 10^3 倍[57~59]。例如，鸟苷与 $TIPDSCl_2$ 在吡啶溶液中反应几乎定量生成核糖的 3′,5′-二羟基的 TIPDS 氧醚产物 (图 4-195)。

在酸性条件下，动力学控制的八元环 TIPDS 氧醚可异构化为更稳定的热力学控制七元环 TIPDS 氧醚 (即保护 1,2-二羟基) (图 4-196)。

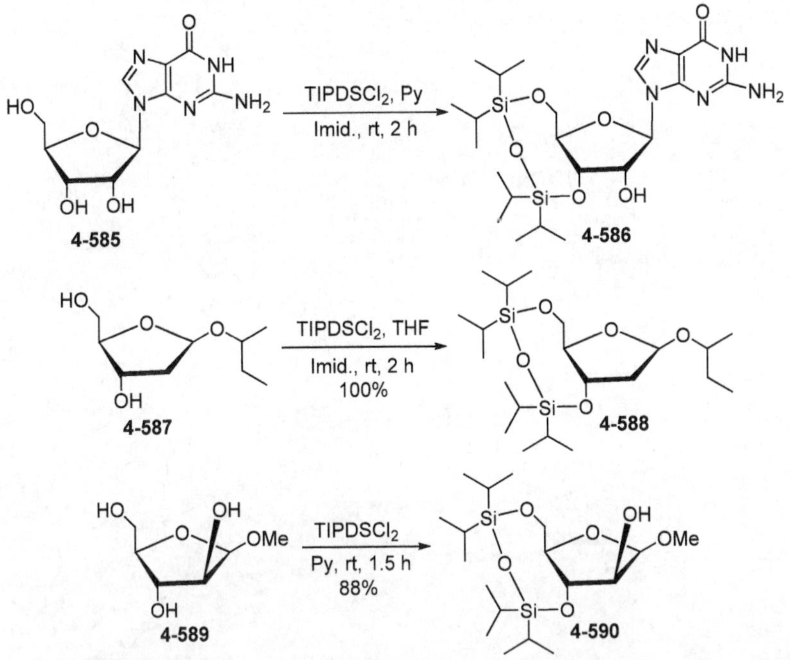

图 4-195 鸟苷与 $TIPDSCl_2$ 在吡啶溶液中定量生成核糖的 3′,5′-二羟基的 TIPDS 氧醚的反应

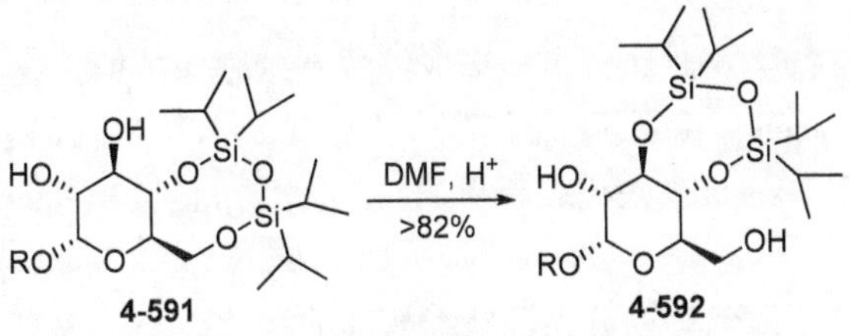

图 4-196 酸性条件下八元环 TIPDS 氧醚的异构化

TIPDS 是稳定性较高的硅氧醚类保护基，在低浓度酸或碱溶液中及一些氧化还原剂作用下都能够稳定存在。比如：10% TFA-CH_2Cl_2 液、0.3 mol/L 的 TsOH-二氧杂环己烷溶液、5 mol/L 氨水-二氧杂环己烷溶液、$LiAlH_4$ 还原、CAN 和 DDQ 及 Crown 氧化 (CrO_3-Ac_2O) 等。

脱除邻二羟基 TIPDS 醚保护基的常用试剂有：TBAF、0.2 mol/L HCl 或 0.2 mol/L NaOH 的二氧环己烷水溶液、过量 NH_4F/MeOH/回流、HF-Et_3N/rt[55]等 (图 4-197)。

4.2.4.3 羰基 (醛、酮) 的选择性保护

众所周知，羰基化合物 (醛、酮) 的主要反应特点是羰基易接受亲核试剂的进攻，比如与格氏试剂、有机锂试剂等金属有机试剂发生亲电加成反应，与某些氧化试剂、碱等也可以发生反应。因此，醛和酮如要经历若干步反应，往往需要对其羰基进行保

护才能合成得到所需要的目标化合物。

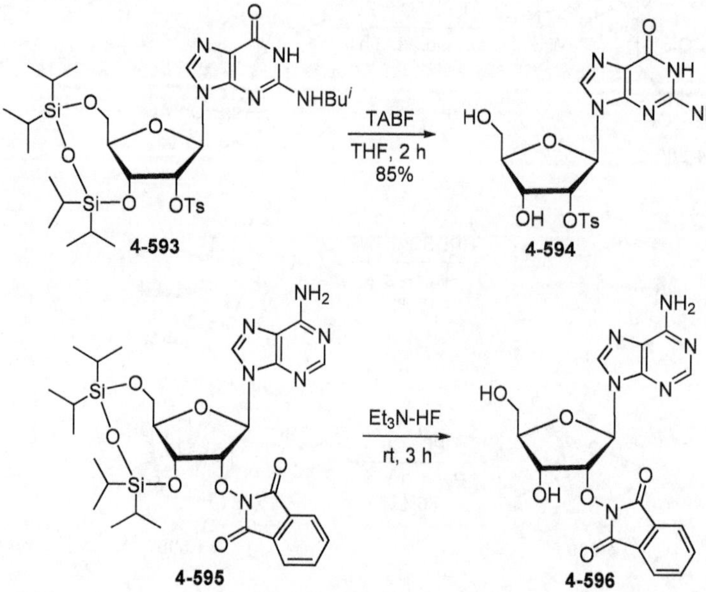

图 4-197 邻二羟基 TIPDS 醚的脱保护

醛、酮的保护基种类相对比较少。形成缩醛是羰基保护的主要方式。过去，化学家对缩醛 (源于醛，acetal) 和缩酮 (源于酮，ketal) 有较为严格的区分，目前 IUPAC 已统一规定使用缩醛 (acetal) 来代表所有的 1,1-双醚 (1,1-bis-ethers)，不管其源于醛还是酮。

按分子结构划分，缩醛可以分为环状缩醛和非环状缩醛；按原子组成划分，缩醛包括 *O,O*-缩醛、*S,S*-缩醛、*O,S*-缩醛和 *O,N*-缩醛等。其中，*O,O*-缩醛为本书要讨论的重点。

缩醛通常对酸敏感，但对碱较稳定。另外，BuLi、RMgBr、$LiAlH_4$、$Na\text{-}NH_3(l)$ 等试剂都不能与缩醛反应，多数氧化剂也不能氧化缩醛。但硫代缩醛对酸稳定，易被氧化剂氧化和被 Raney-Ni、$Na\text{-}NH_3(l)$ 还原。这为羰基的选择性保护提供多种方式。

(1) *O,O*-缩醛保护

O,O-缩醛是保护羰基最常用的形式，质子酸和 Lewis 酸都可以催化醛或酮与醇反应形成缩醛。酸也可以催化缩醛水解，使羰基再生，这也是最常用的脱保护方法。环状缩醛比非环状缩醛稳定，也是最常用的羰基保护形式。

① 形成 *O,O*-缩醛保护的方法

使羰基形成 *O,O*-环状缩醛最常用的保护试剂是 1,2-乙二醇、1,3-丙二醇或 2,2-二甲基-1,3-丙二醇与酸催化剂组成的反应体系。

常用的酸催化剂有：TsOH (对甲苯磺酸)、CSA (樟脑磺酸)、PPTS (对甲苯磺酸吡啶鎓盐)、酸性阳离子交换树脂等质子酸和 TMSCl、TMSOTf 等 Lewis 酸。

通常羰基化合物 (醛、酮) 形成 *O*,*O*-缩醛的反应活性具有以下特点：

a. 醛比酮更容易形成缩醛；

b. 环状缩醛又比非环状缩醛容易形成；

c. 非共轭羰基比共轭羰基容易形成缩醛；

d. 空间位阻大的羰基不易形成缩醛；

e. 吸电子基取代芳香醛 (或酮) 比供电子基取代芳香醛 (或酮) 容易形成缩醛；

f. 2,2-二甲基-1,3-丙二醇比 1,2-乙二醇容易形成缩醛，1,2-乙二醇又比 1,3-丙二醇更容易形成缩醛。

低活性的 1,3-丙二醇在 TsOH 催化下可选择性地与底物中活性较高的醛羰基反应形成缩醛保护 (图 4-198)。

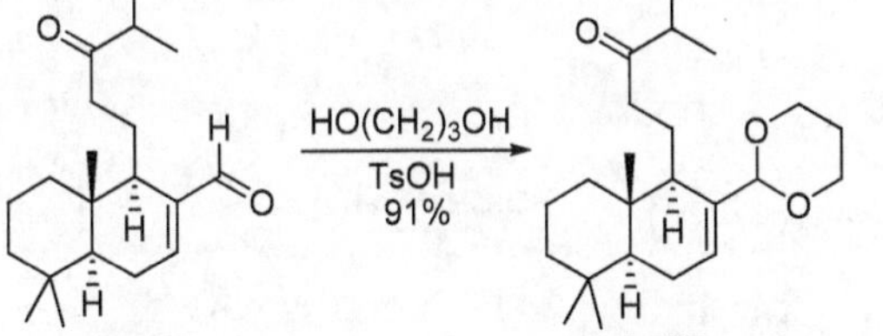

HO(CH$_2$)$_3$OH, TsOH, 91%

4-597 → 4-598

图 4-198 醛羰基的选择性保护

较高活性的 1,2-乙二醇在酸催化下可选择性地与底物中空间位阻小的低活性酮羰基反应形成缩醛保护 (图 4-199)。

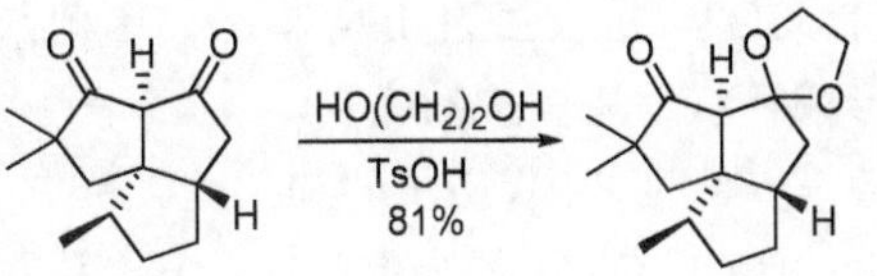

HO(CH$_2$)$_2$OH, TsOH, 81%

4-599 → 4-600

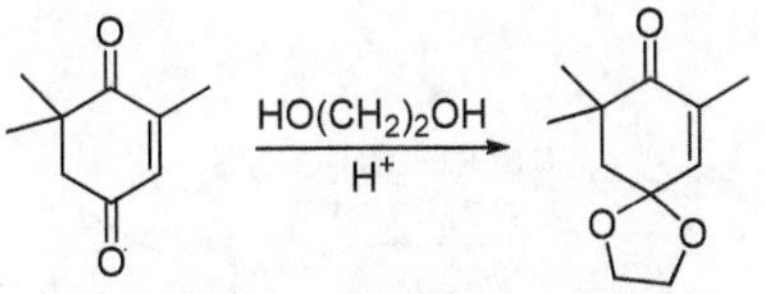

HO(CH$_2$)$_2$OH, H$^+$

4-601 → 4-602

图 4-199 酮羰基的选择性保护 (一)

高活性的 2,2-二甲基-1,3-丙二醇在酸性阳离子交换树脂 (Amberlyst-15) 催化下，用甲苯回流除去生成的水，可与底物中位阻较大的酮羰基反应形成缩醛保护 (图 4-200)。

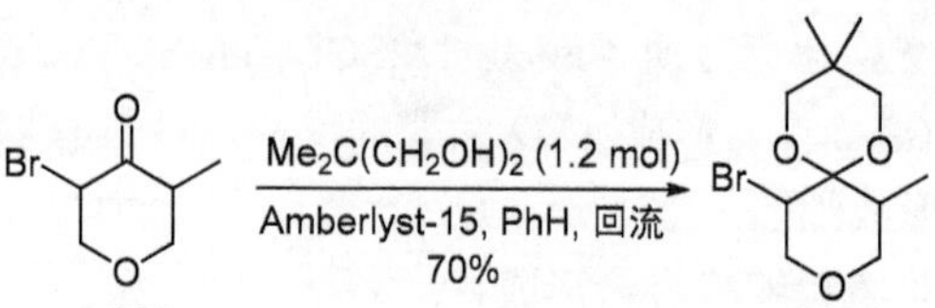

$Me_2C(CH_2OH)_2$ (1.2 mol)
Amberlyst-15, PhH, 回流
70%

4-603　　4-604

图 4-200　酮羰基的选择性保护 (二)

在上述反应条件中，使用 2,2-二甲基-1,3-丙二醇作为醛酮形成缩醛保护的反应试剂还有其他的一些优点：

a. 廉价易得；

b. 缩醛基团的核磁谱简单，易解析；

c. 阳离子交换树脂通过过滤即可除去。

TMSCl 是一个很好的 Lewis 酸，它在反应中既是催化剂，又是脱水剂 (图 4-201)。

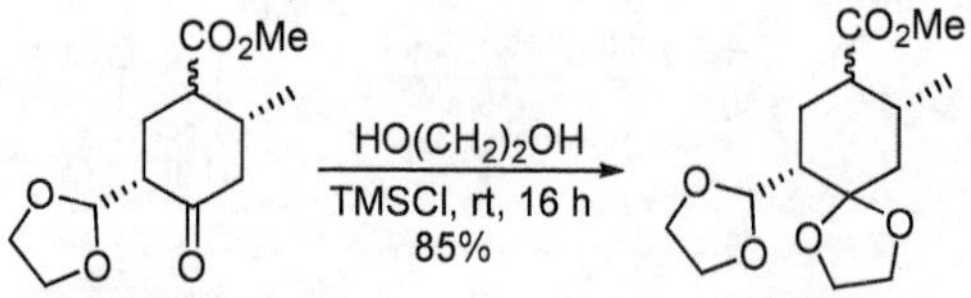

$HO(CH_2)_2OH$
TMSCl, rt, 16 h
85%

4-605　　4-606

图 4-201　在酮羰基保护中作为催化剂与脱水剂的 TMSCl

对于某些对水和酸敏感的底物，可采用乙二醇双三甲基硅氧醚 ($TMSOCH_2CH_2OTMS$) / TMSOTf 组成的反应体系。这时，反应产生的副产物为二(三甲基硅)氧醚 [$(TMS)_2O$]，而不是水。此外，由于 TMSOTf 是较强的 Lewis 酸，因此，该反应体系特别适合于在通常反应条件下难以形成环状缩醛保护的底物。

下列底物的酚基糖苷是一活性基团，质子酸和某些 Lewis 酸催化保护羰基时会引起底物分解，采用 $TMSOCH_2CH_2OTMS$/TMSOTf 反应体系就可以形成羰基缩醛保护 (图 4-202)。

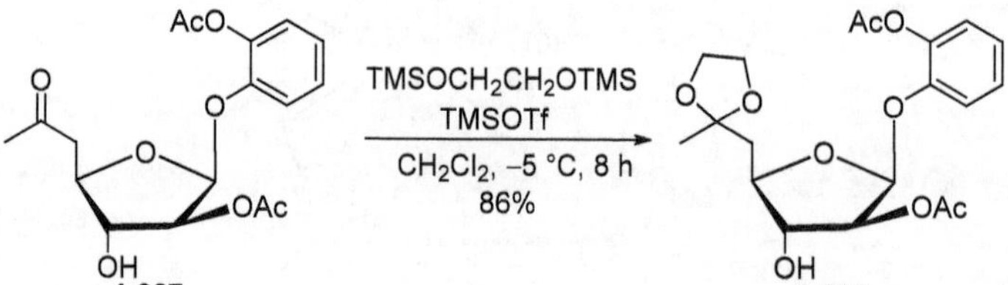

$TMSOCH_2CH_2OTMS$
TMSOTf
CH_2Cl_2, −5 °C, 8 h
86%

4-607　　4-608

图 4-202　酚基糖苷羰基的保护

下列环丁烯二酮衍生物在通常酸催化下不能形成环状缩醛，而采用 $TMSOCH_2CH_2OTMS$/TMSOTf 反应体系，两个羰基都可以形成 1,3-二氧杂环戊烷保护 (图 4-203)。

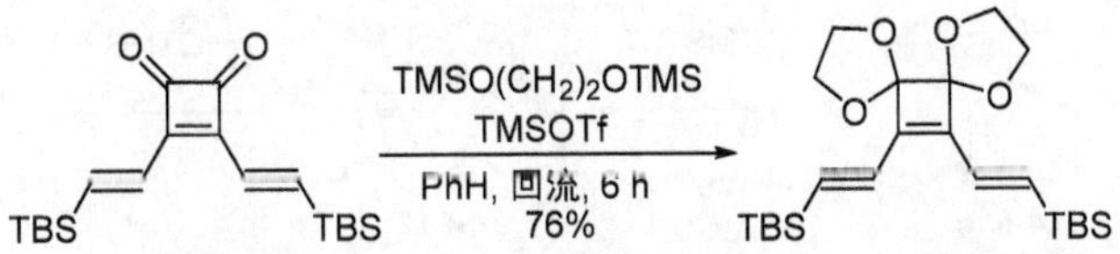

4-609　4-610

图 4-203　环丁烯二酮衍生物酮羰基的保护

在酸催化下进行的缩醛之间的交换反应是制备缩醛保护的又一种方法 (图 4-204)。

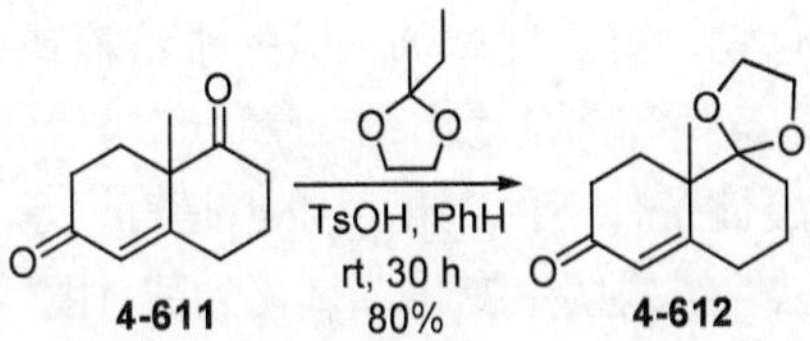

4-611　4-612

图 4-204　缩醛间交换反应的缩醛保护

从上一例子可知，共轭羰基反应活性相对非共轭羰基弱些。

采用 $TMSOCH_2CH_2OTMS$/TMSOTf 反应体系，在低温条件下，非共轭酮羰基被优先保护，共轭醛羰基 (α,β-不饱和醛羰基) 几乎不反应 (图 4-205)。

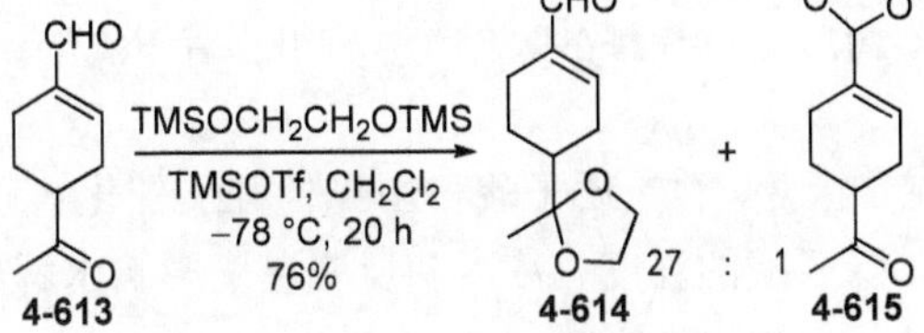

4-613　4-614　4-615

图 4-205　非共轭酮羰基的选择性保护

若在 $TMSOCH_2CH_2OTMS$/TMSOTf 反应体系中加入二甲基硫醚，TMSOTf 能使硫醚首先与活性较高的醛羰基形成暂时性保护，然后酮羰基才能与 $TMSOCH_2CH_2OTMS$ 反应形成二氧杂环戊烷缩醛，最后经碱性水溶液中水解，就可以达到选择性地保护酮羰基的目的 (图 4-206)。

② 脱除 *O,O*-缩醛保护的方法

O,O-缩醛在通常条件下是比较稳定的，但是某些 Lewis 酸还是会与之作用，并破

坏它的基本结构。例如，格氏试剂在强 Lewis 酸的帮助下可以取代缩醛中的一个氧原子。

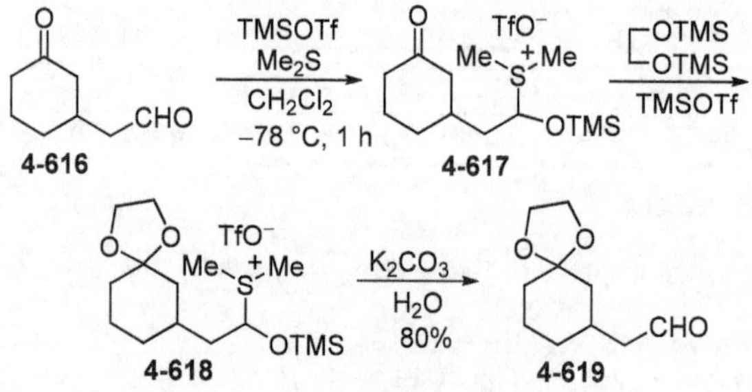

图 4-206 酮羰基的选择性保护

O,O-缩醛对于金属氢化物、有机锂试剂、碱的水溶液或醇溶液、催化氢化 (不包括苄叉类)、Li-NH_3(l) 还原条件等都是稳定的。

O,O-缩醛对大多数非酸性条件下的氧化反应也是可以承受的，但臭氧 (O_3) 氧化反应可以使 1,3-二氧杂环己烷结构发生变化，氧化为酯 (图 4-207)。

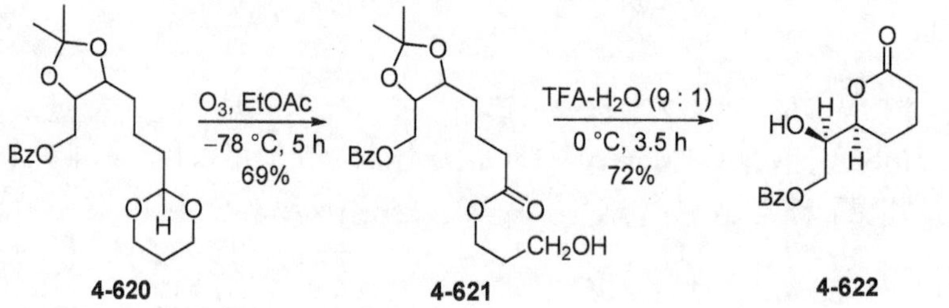

图 4-207 *O,O*-缩醛在臭氧 (O_3) 氧化条件下氧化为酯

缩醛对酸特别敏感。因此，酸 (质子酸和 Lewis 酸) 催化水解反应是脱除 *O,O*-缩醛保护最常见的方法。除了酸的强度、浓度和反应温度影响水解反应速率外，缩醛的分子结构对脱除保护基的速率也有影响。

常用脱保护酸催化剂有：低浓度 HCl、TsOH[60~62]、PPTS、TFA、80% AcOH 等质子酸和 $CeCl_3$[63, 64]、$FeCl_3$[65]、$BiCl_3$[19]、$TiCl_4$[66]等 Lewis 酸 (图 4-208)。

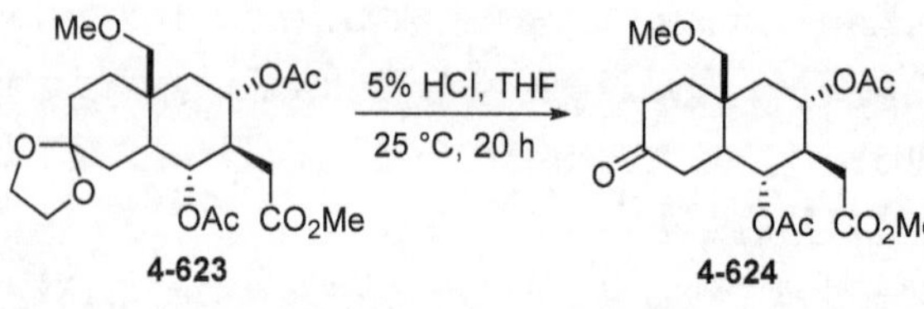

图 4-208 *O,O*-缩醛的脱保护

通常 *O*,*O*-缩醛酸水解反应活性具有以下特点：

a. 酮的缩醛物比醛的缩醛物更易水解；

b. 环状缩醛的水解与环大小有关，1,3-二氧杂环己烷 1,3-二氧杂环戊烷易水解；

c. 环戊酮缩醛比环己酮缩醛容易水解；

d. 没有取代基的环状缩醛比有取代基的环状缩醛容易水解，如 5,5-二甲基-1,3-二氧杂环己烷的水解比 1,3-二氧杂环己烷缩醛慢；

e. 非环状缩醛又比环状缩醛更容易水解，两者共存时，前者可以被选择性优先水解。

1 mol/L HCl/THF 能选择性脱去底物中羰基的乙二醇缩醛保护基，但底物结构的邻二醇丙酮叉缩醛保护基不受影响 (图 4-209)。

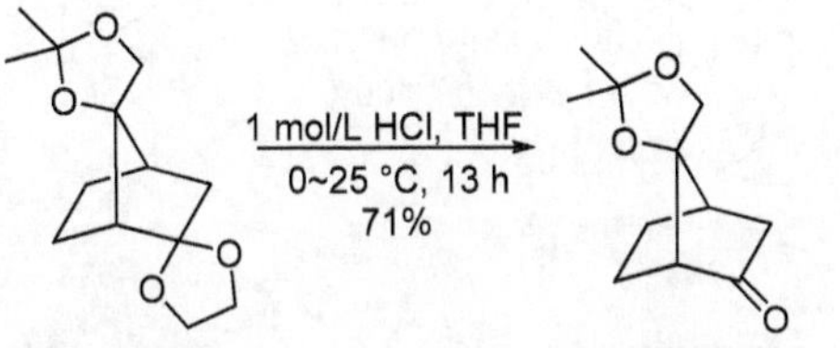

1 mol/L HCl, THF
0~25 °C, 13 h
71%

4-625 **4-626**

图 4-209 羰基的乙二醇缩醛的选择性脱保护

如果底物分子中含有氮原子，酸水解很困难。因为氮原子首先被质子化，质子化氮原子上的正电荷的存在影响了缩醛基团中氧原子被质子化。因此，需要较剧烈的反应条件，比如 6 mol/L HCl-丙酮溶液中回流，才能脱去缩醛保护基 (图 4-210)。

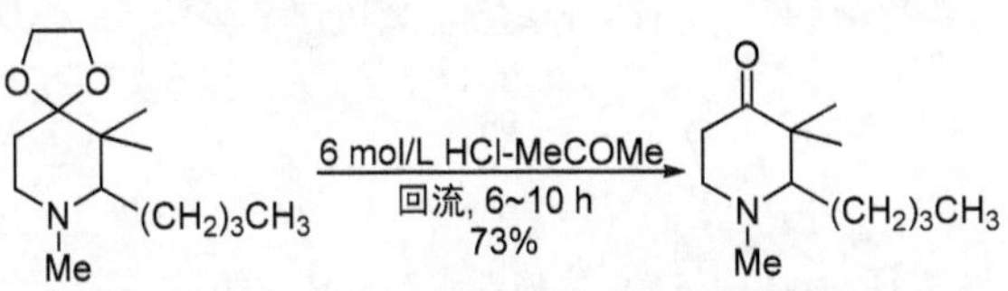

6 mol/L HCl-MeCOMe
回流, 6~10 h
73%

4-627 **4-628**

图 4-210 含有氮原子缩醛的脱保护

用酸性较弱的质子酸如 TsOH、CSA、较低浓度 TFA、PPTS 等可以实现选择性水解脱除缩醛保护基，即使分子中含有对酸敏感的基团。例如，TsOH 选择性水解 1,3-二氧杂环戊烷缩醛，底物分子中的双键、TBS 醚、环氧丁醚都不受影响[60] (图 4-211)。

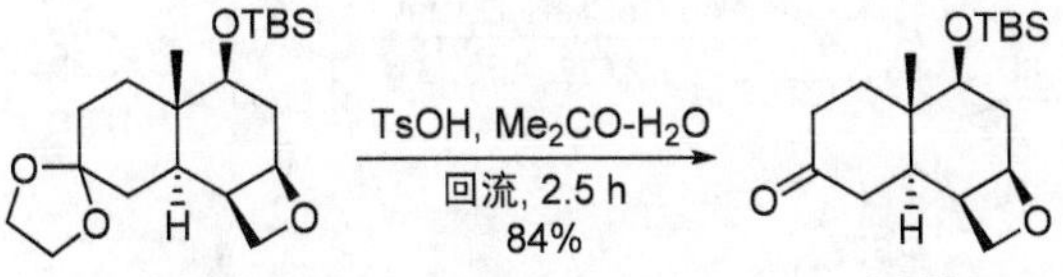

TsOH, Me_2CO-H_2O
回流, 2.5 h
84%

4-629 **4-630**

图 4-211

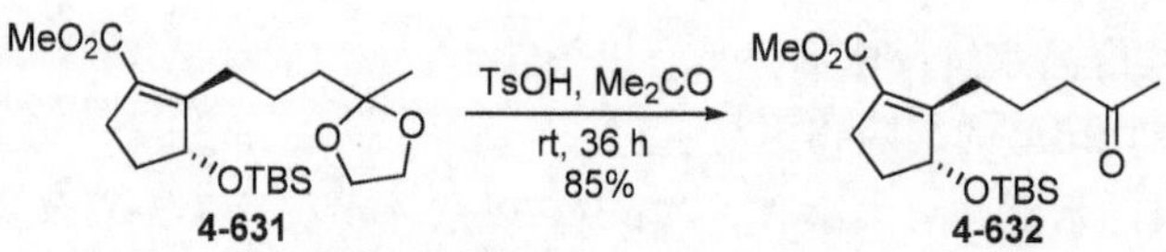

图 4-211 TsOH 选择性水解 1,3-二氧杂环戊烷缩醛

PPTS 选择性水解 1,3-二氧杂环戊烷缩醛，底物分子中的双键、MOM 醚都不受影响 (图 4-212)。

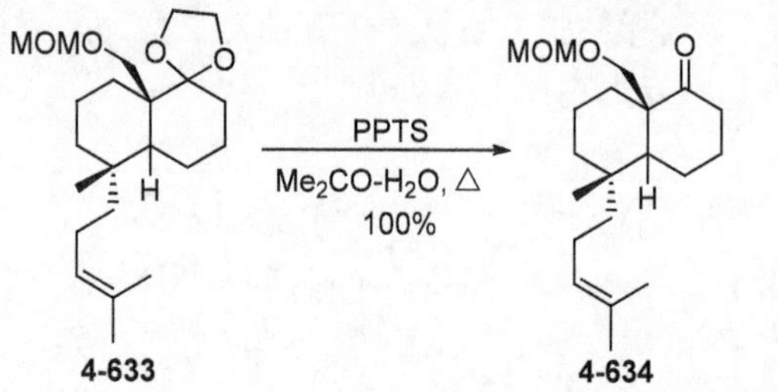

图 4-212 PPTS 选择性水解 1,3-二氧杂环戊烷缩醛

50% TFA 在 $CHCl_3$-H_2O 溶液中，0 ℃ 下可选择性水解底物中的开环结构缩醛 (图 4-213)。

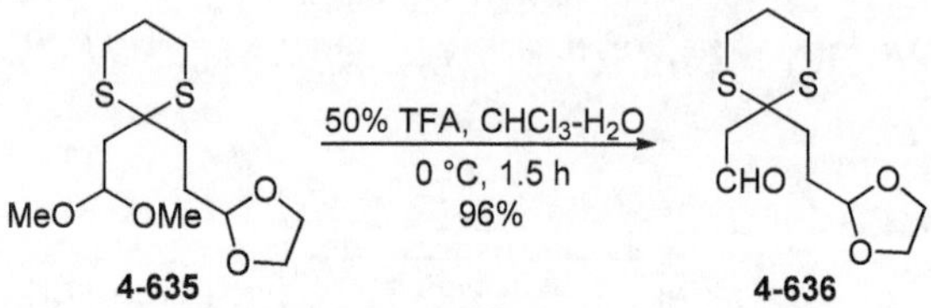

图 4-213 TFA 选择性水解开环结构缩醛

$CeCl_3$-NaI 能选择性脱除 1,3-二氧杂环戊烷缩醛保护，底物中的 TBS 酚醚不受影响[63] (图 4-214)。

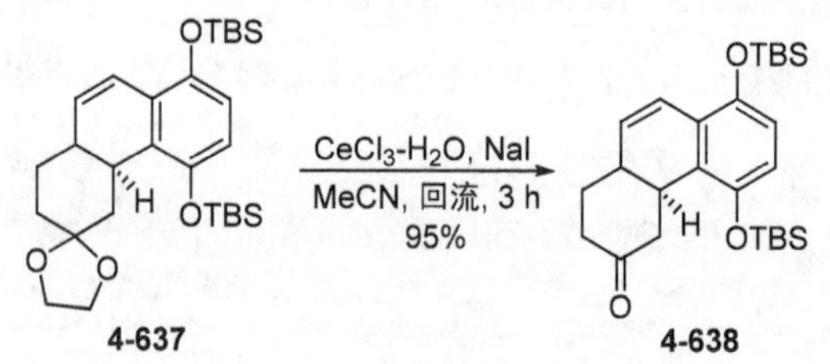

图 4-214 $CeCl_3$-NaI 选择性脱除 1,3-二氧杂环戊烷缩醛

负载在 SiO_2 上的 $FeCl_3$ 能有效地脱除 1,3-二氧杂环戊烷缩醛保护，底物中的 TBS 醚和对酸敏感的叔丁基酯可不受影响 (图 4-215)。

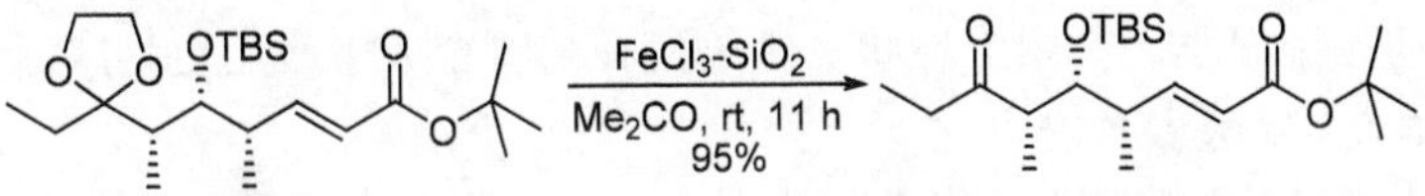

图 4-215 $FeCl_3$-SiO_2 脱除 1,3-二氧杂环戊烷缩醛保护基

对于 β-羟基酮的缩醛保护产物，若使用质子酸性条件极易发生消除反应，而用 Lewis 酸可以在温和条件下除去缩醛保护基。例如，催化量的 $PdCl_2(MeCN)_2$ 处理底物的丙酮液，可以选择性地脱除 1,3-二氧杂环戊烷缩醛保护，底物的 TBS 醚和对酸敏感的 β-羟基可不受影响 (图 4-216)。

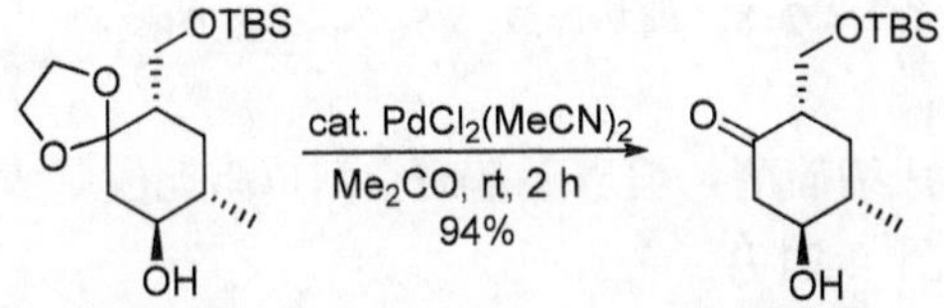

图 4-216 催化量 $PdCl_2(MeCN)_2$ 选择性地脱除 1,3-二氧杂环戊烷缩醛保护

另外，CAN[67, 68]和 DDQ 氧化反应也能够有效地脱去缩醛保护 (图 4-217)。

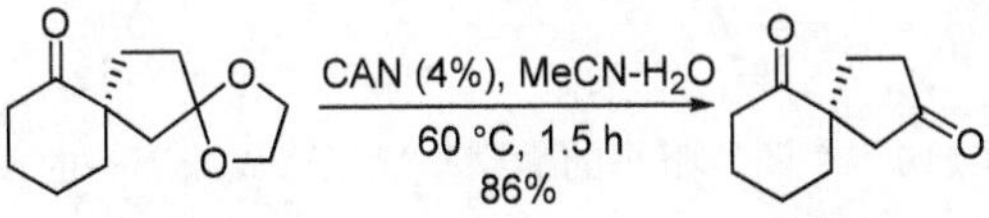

图 4-217 CAN 氧化反应脱去缩醛保护

（2）*S*,*S*-缩醛保护

与 *O*,*O*-缩醛相比，*S*,*S*-缩醛更加稳定，形成 *S*,*S*-缩醛保护也更加容易，反应中也无需除水，而且经常在有水的条件下反应。另外，*S*,*S*-缩醛在酸性和碱性条件下都很稳定，常用的脱保护方法有氧化法、与重金属盐形成配合物法和硫烷基化反应法。因此，该类保护基团可满足更广泛的反应要求。

但是，使用 *S*,*S*-缩醛保护羰基化合物也存在明显的缺点：首先，所用硫醇保护试剂有令人难以忍受的气味；其次，水解脱保护常用到重金属盐，产生相当的毒性和环境污染问题；最后，硫醇保护后的含硫底物对 Pd 和 Pt 催化剂具有毒化作用，对需要进行后续还原反应的靶分子合成具有相当大的限制。尽管如此，该类缩醛对酸、碱水解时的稳定性和除去保护基时使用的条件温和，且高度专一，使之在复杂药物分子合成中仍有广泛的应用。

S,S-缩醛也有环状和非环状两种形式，但与 *O,O*-缩醛不同，它们在形成保护和脱保护方面性质差别很小。其中，环状 *S,S*-缩醛在药物合成中应用更为广泛。

① 形成 *S,S*-缩醛保护的方法

S,S-缩醛形成的方法与 *O,O*-缩醛类似，质子酸或 Lewis 酸均可以催化羰基与硫醇反应生成缩醛，且质子酸催化下有水存在时也能反应。羰基形成 *S,S*-环状缩醛最常用的保护试剂为 1,2-乙二硫醇和 1,3-丙二硫醇 (图 4-218)。

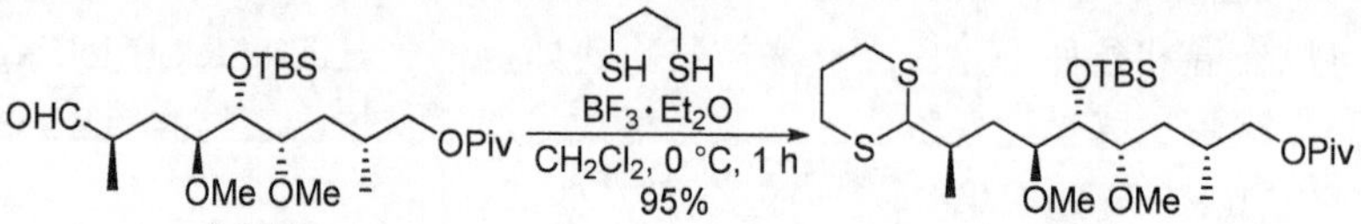

4-645　　4-646

图 4-218　羰基形成 *S,S*-环状缩醛的反应

通常醛比酮容易形成缩硫醛，但当醛基的空间位阻比酮基大时，酮羰基也可以被优先形成缩硫醛保护 (图 4-219)。

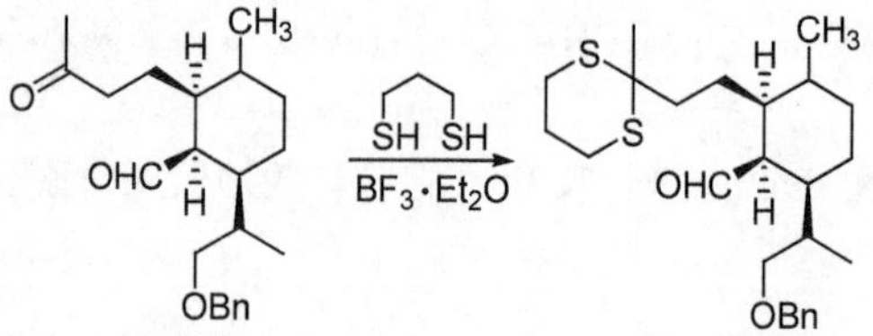

4-647　　4-648

图 4-219　空间位阻小的酮羰基优先形成缩硫醛的反应

例如，用 BF_3-Et_2O 或 $MgSO_4$ 催化，则含 *β*-羟基 TBS 醚的酮羰基与乙二硫醇反应可导致 *β*-消除反应。若改用 $Zn(OTf)_2$ 为催化剂，就可以选择性地对底物中的酮羰基形成环状缩硫醛保护，而 *β*-羟基 TBS 醚不受影响 (图 4-220)。

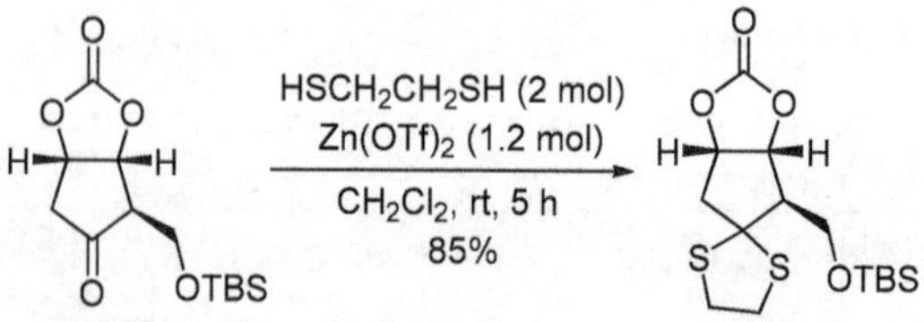

4-649　　4-650

图 4-220　酮羰基选择性形成环状缩硫醛的反应

与 O,O-缩醛不同，α,β-不饱和酮比饱和酮更容易形成 S,S-缩硫醛保护，而且，双键不发生移位 (图 4-221)。

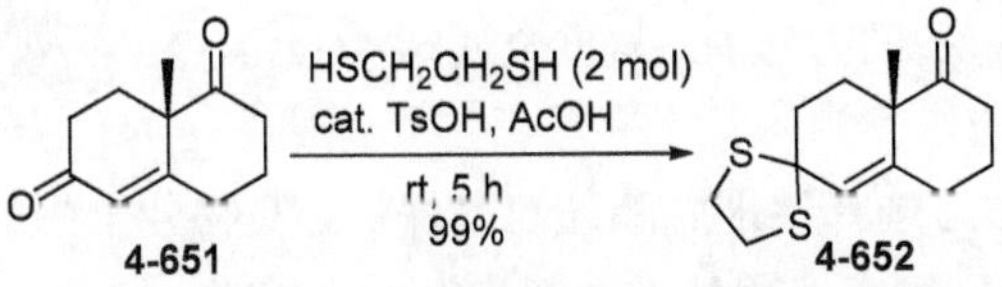

图 4-221　α,β-不饱和酮的 S,S-缩硫醛保护

由于 S,S-缩硫醛高度的热力学稳定性，因此，$HS(CH_2)_2SH$ 或 $HS(CH_2)_3SH$ 也可以直接将一些 O,O-缩醛转化为更稳定的 S,S-缩硫醛 (图 4-222)。

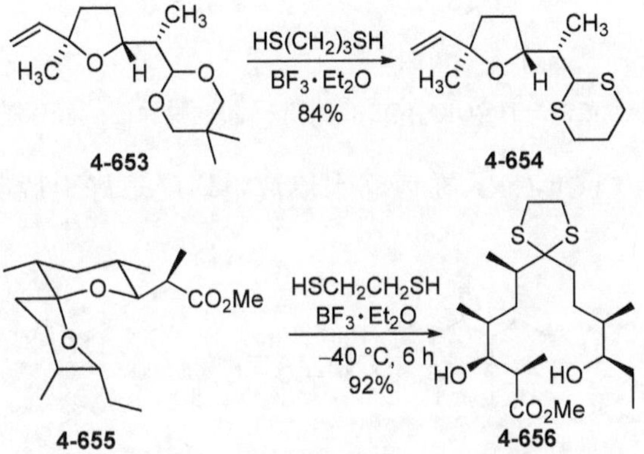

图 4-222　O,O-缩醛转化为 S,S-缩硫醛的反应

另外，与 O,O-缩醛制备类似，S,S-缩硫醛也可以用三甲基硅硫醚来制备，反应中不会有水生成。例如，1,3-二(三甲基硅基)丙硫醚 [$CH_2(CH_2S\text{–}SiMe_3)_2$] 可使底物分子的烯酮羰基优先形成缩硫醛，而分子中的 O,O-缩醛却不能被置换成 S,S-缩硫醛 (图 4-223)。

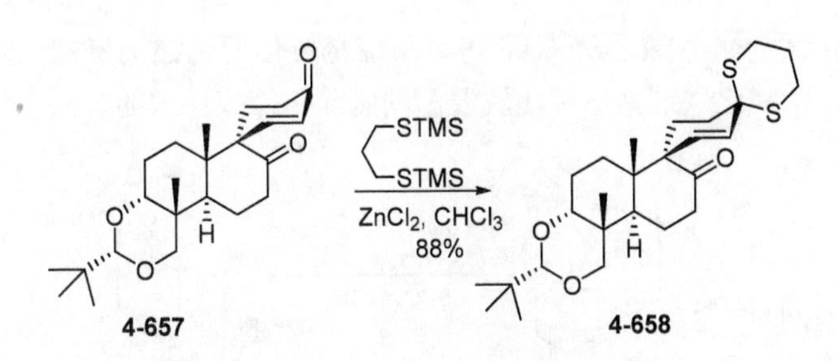

图 4-223　烯酮羰基优先形成缩硫醛的反应

② 脱除 *S*,*S*-缩醛保护的方法

质子酸和 Lewis 酸都可以催化 *S*,*S*-缩醛的形成，但难以催化 *S*,*S*-缩醛水解脱保护生成相应的醛或酮。

常用的脱缩硫醛保护的方法有：与重金属盐 (Hg^{2+}、Cu^{2+}、Ag^{+} 等) 形成配合物法、氧化法和硫烷基化反应法。

$Hg(ClO_4)_2$-$CaCO_3$ 可选择性地脱除缩硫醛保护，底物分子中的羟基、SEM 醚、Bn 醚、TBS 醚、*O*,*O*-缩醛等官能团都不受影响 (图 4-224)。

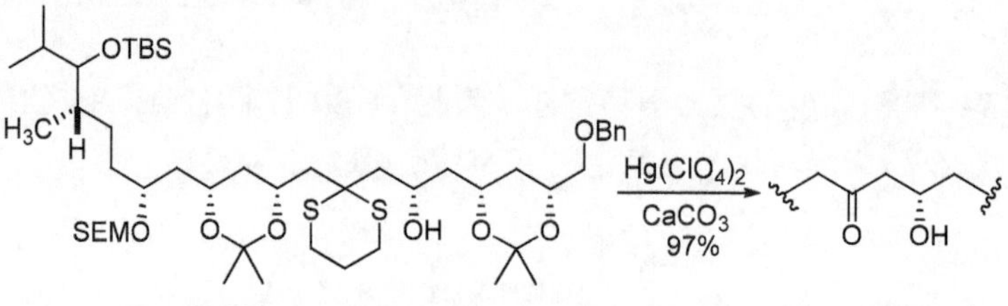

4-659 **4-660**

图 4-224 $Hg(ClO_4)_2$-$CaCO_3$ 选择性地脱除缩硫醛保护

$HgCl_2$-HgO 和 $CuCl_2$-CuO 在丙酮水溶液中均能很好地脱除缩硫醛保护 (图 4-225)。

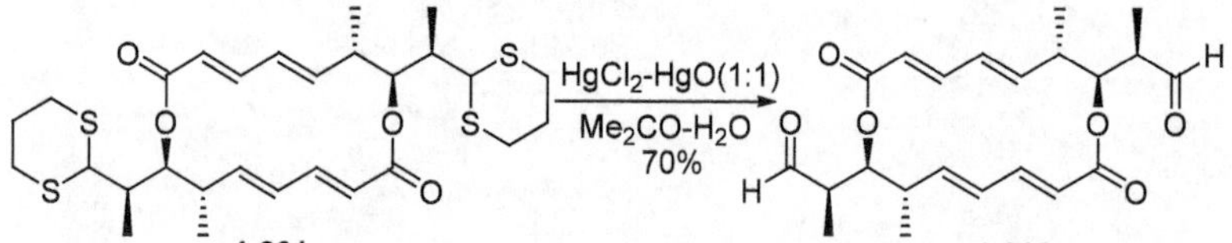

4-661 **4-662**

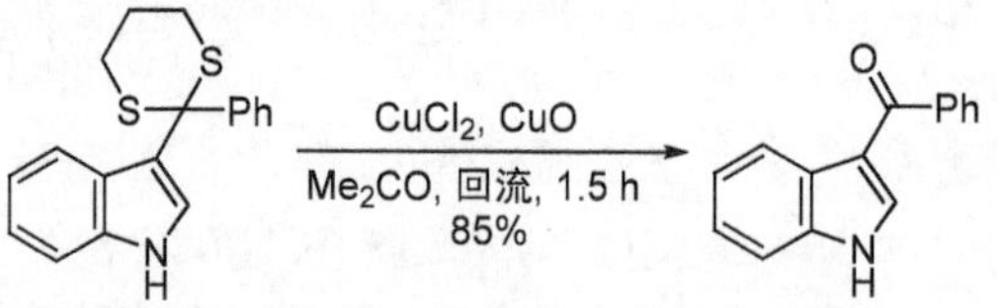

4-663 **4-664**

图 4-225 $HgCl_2$-HgO 和 $CuCl_2$-CuO 在丙酮水溶液中脱除缩硫醛保护

使用烷基化试剂如 MeI、MeOTf 等可将硫醚转化为硫鎓离子盐，随后水解释放出羰基，因此，烷基化试剂是一种比较温和的脱除硫缩醛保护的方法 (图 4-226)。

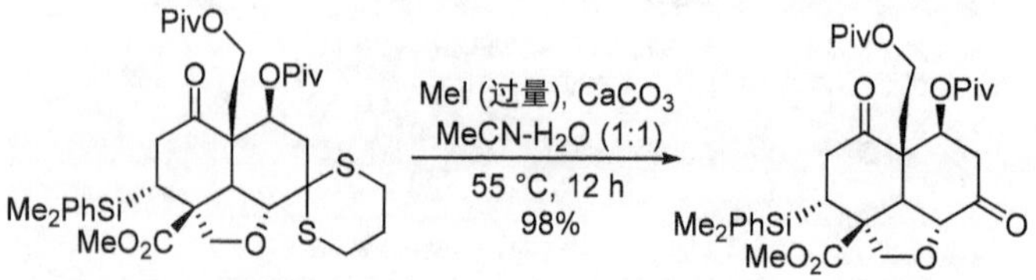

4-665 **4-666**

图 4-226 通过烷基化试剂脱除硫缩醛保护的方法

氧化水解法是另一种反应条件温和的脱缩硫醛保护的方法。常用的氧化剂有：卤素 (Cl_2、Br_2、I_2，其中 I_2 的反应效果较好) 以及 NBS、NCS 和 CAN 等。

下面的底物，若用 $Hg(ClO_4)_2$-$CaCO_3$ 在各种条件下脱缩硫醛保护，收率都很低，而改用 I_2 催化脱除缩硫醛保护则能高效率地得到目标化合物[69] (图 4-227)。

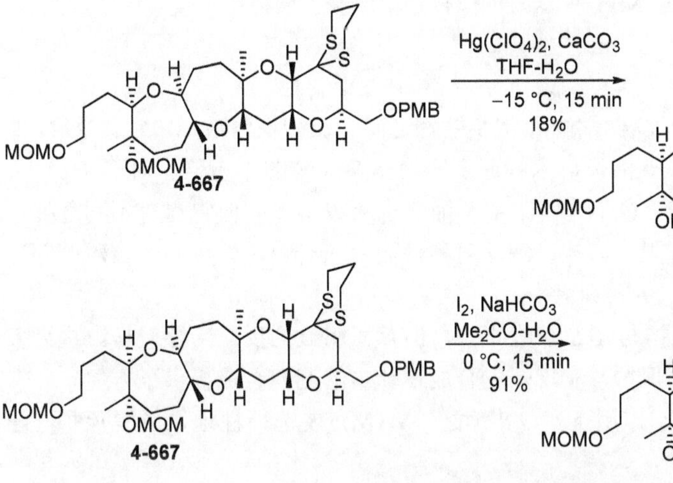

图 4-227 I_2 催化脱除缩硫醛保护

如果分子中没有孤立双键，可以用 NBS 在弱碱如 2,6-二甲基吡啶 (lutidine) 存在下脱除缩硫醛保护基，而底物中的 *O,O*-缩醛官能团保持不变 (图 4-228)。

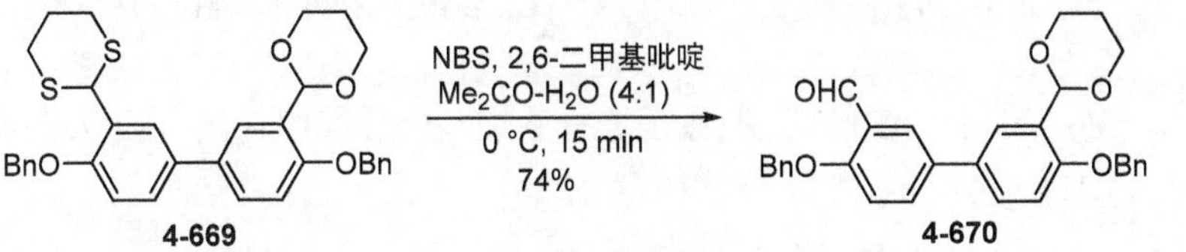

图 4-228 NBS 在弱碱中脱除缩硫醛保护基

另外，NBS 与 $AgClO_4$ 合用，不需碱的参与就可以有效脱除缩硫醛保护，且底物分子中存在的双键和 TBS 醚不发生反应[70] (图 4-229)。

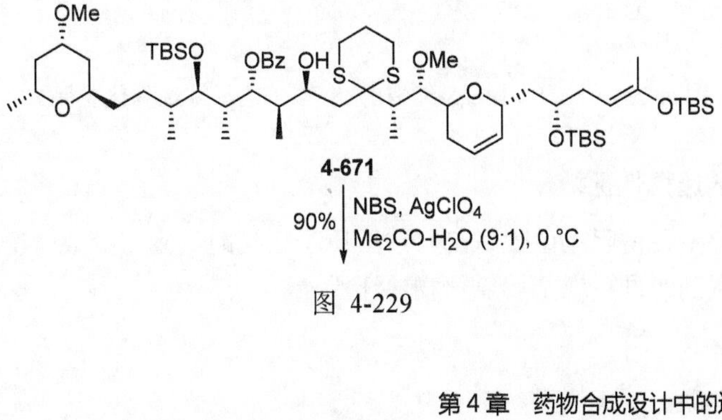

图 4-229

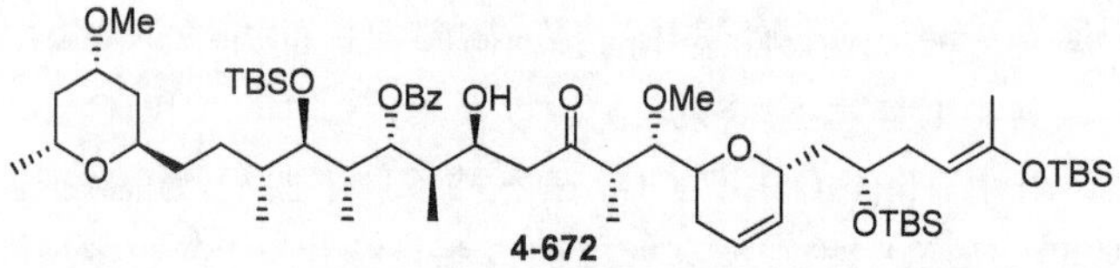

图 4-229 NBS 与 $AgClO_4$ 合用脱除缩硫醛保护基

（3）*O,S*-缩醛保护

O,S-缩醛的稳定性介于 *O,O*-缩醛和 *S,S*-缩醛之间。在酸性溶液中，它比 *O,O*-缩醛稳定得多；但比 *S,S*-缩醛要活泼，水解速度约为 *S,S*-缩醛的 1 万倍。对于 Hg^{2+} 和 Ag^{+} 催化的脱缩醛保护反应，*O,S*-缩醛比 *S,S*-缩醛也活泼得多。但它也有不利之处：首先，对锂试剂的稳定性有限；其次，缺乏对称性而引入一个手性中心，核磁谱图也复杂。

O,S-缩醛的形成和脱保护与 *S,S*-缩醛相似，但存在明显的反应活性差异。这为多羰基底物的选择性保护和脱保护，实现药物合成设计中的靶向合成提供了方便。

例如，在 $HgCl_2$-$CaCO_3$ 作用下，*O,S*-缩醛 (MTM) 被选择性地水解脱保护 (图 4-230)。

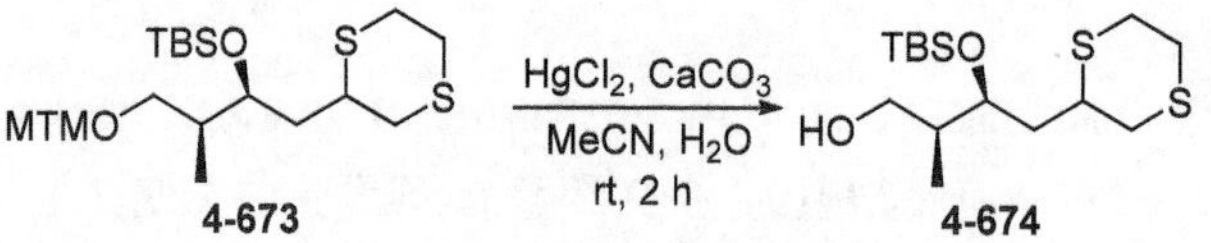

图 4-230 $HgCl_2$-$CaCO_3$ 作用下 *O,S*-缩醛选择性水解脱保护

例如，MeI 可对 *O,S*-缩醛 S 原子选择性烷基化使其脱保护，而 *O,O*-缩醛不受影响 (图 4-231)。

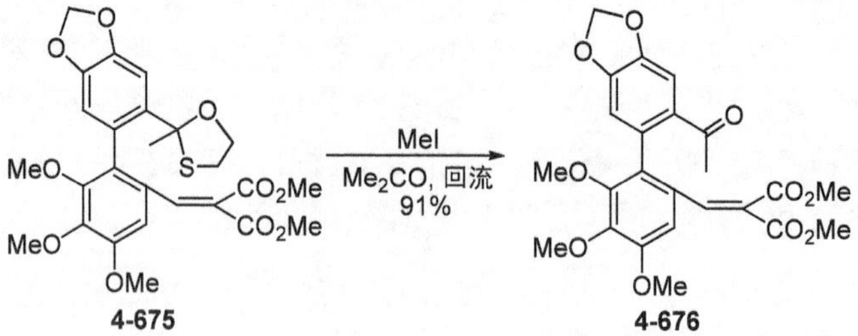

图 4-231 MeI 对 *O,S*-缩醛的 S 原子选择性烷基化脱保护

4.2.4.4 羧基的选择性保护

羧酸的保护主要是阻止碱性试剂与羧酸质子之间的反应。少数情况下，保护的目的是阻止亲核试剂的进攻或金属氢化物的还原。

在肽或核苷类药物的合成设计中，为了达到靶向合成的目的，羧酸的保护是一个常见步骤。羧酸的保护主要集中在质子的保护，而且形成酯类保护基的方法占绝大多数。水解是最常用的脱保护基方法。水解速率取决于空间因素和电子因素，这两个影响因素为选择性脱除保护基提供了可能。

传统的羧酸酯制备方法有：

a. 酸和醇直接反应；

b. 酸制备成酰氯或混合酸酐再与醇反应；

c. 羧酸盐与卤代烷之间的反应；

d. 羧酸与重氮甲烷的反应；

e. 羧酸与烯烃的反应，特别是叔丁基酯的反应；

f. 各种活化酯与醇的反应。

本书重点介绍下列几种在合成设计中应用最广泛或最具脱保护特点的酯类保护基：甲酯、叔丁基酯、苄基酯、9-芴甲基酯。

（1）甲酯保护基

① 形成甲酯保护的方法

甲酯的优点是结构简单、位阻小，核磁谱简单，易于制备。甲酯通常可以用传统的方法如 $MeOH/H_2SO_4$、$MeI/KHCO_3$、CH_2N_2 等制备。

另外，还可使用 TMSCl 催化 MeOH 与羧酸反应生成甲酯，该法被广泛用于保护氨基酸分子中的羧基。反应过程中，羧酸首先被转化为羧酸的硅烷酯，然后反应产生的 HCl 正好催化羧酸的硅烷酯与甲醇进行酯交换反应转化成羧酸甲酯。

例如，在低温下 (<5 ℃)，$MeOH/H_2SO_4$ 可以选择性地对位阻小的羧基甲酯化 (图 4-232)。

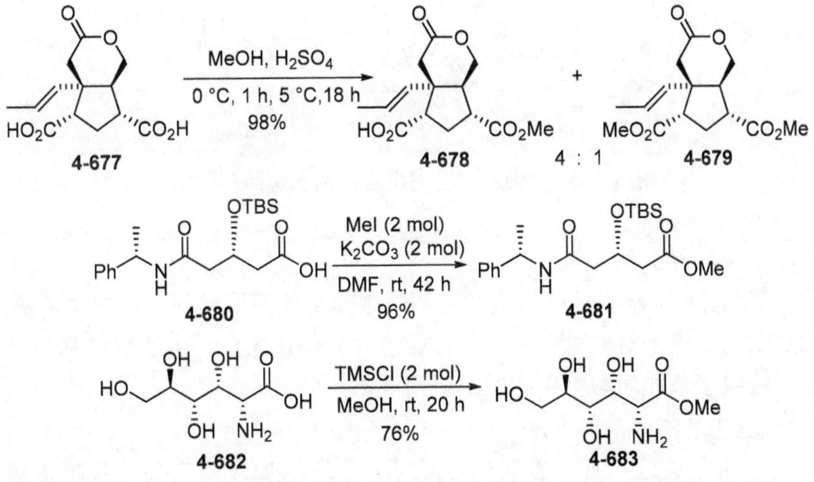

图 4-232　在低温条件下 $MeOH/H_2SO_4$ 位阻小的羧基的选择性甲酯化

② 脱除甲酯保护的方法

由于羧酸甲酯相对比较稳定，因此，脱除甲基保护条件比较剧烈。通常用无机碱如 LiOH、KOH、NaOH 等或 Lewis 酸水解的方法脱甲基保护。

0.95 mol 的 KOH 甲醇水溶液能选择性水解底物分子中与羟基同侧的羧酸甲酯 (图 4-233)。

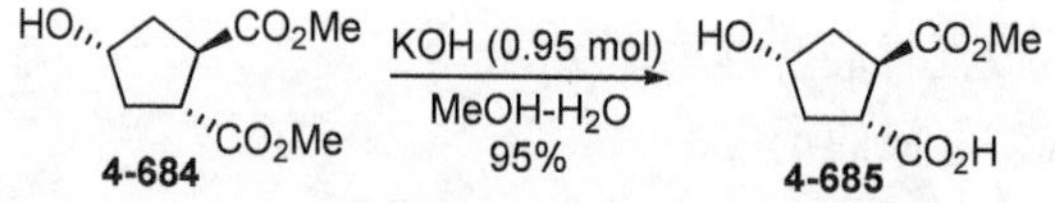

图 4-233　与羟基同侧羧酸甲酯的选择性脱保护

LiOH 于叔丁醇水溶液中能够水解羧酸甲酯，TIPS 醚、TES 醚可不受影响[71] (图 4-234)。

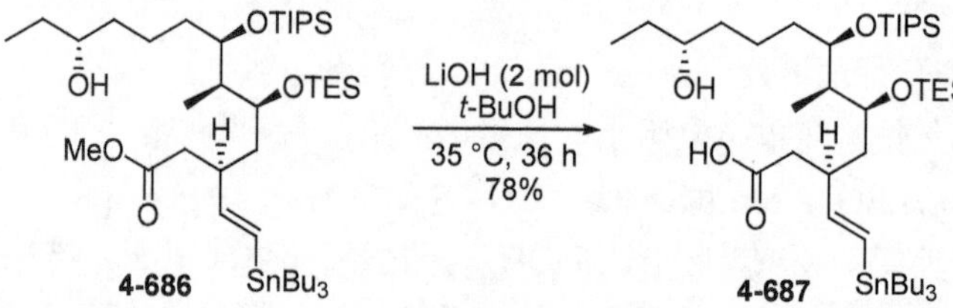

图 4-234　LiOH 叔丁醇水溶液中羧酸甲酯的选择性脱保护

Lewis 酸 $AlBr_3$ 与硫醚组合试剂也常用于水解羧酸甲酯 (图 4-235)。

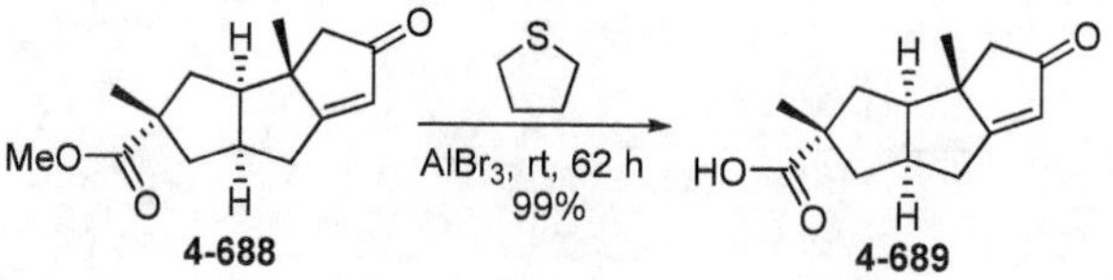

图 4-235　$AlBr_3$ 与硫醚组合试剂水解羧酸甲酯

（2）叔丁基酯保护基

与伯烷基酯相比，叔丁基酯产生的空间位阻作用使亲核试剂不易进攻羰基。因此，叔丁基酯最大的特点是对碱稳定，另外，也能经受催化氢化。由于叔丁基正离子相对比较稳定，故叔丁基酯对酸特别敏感，可用酸水解脱保护。

① 形成叔丁基酯保护的方法

早期经典的方法是用质子酸催化羧酸对异丁烯的加成反应来制备叔丁基酯 (图 4-236)。

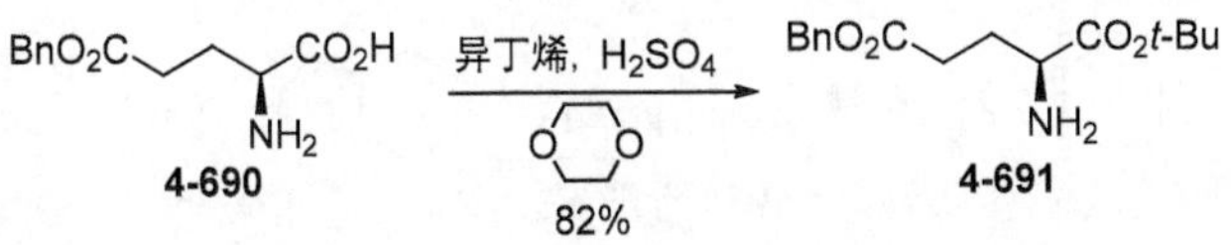

图 4-236 质子酸催化羧酸对异丁烯的加成反应制备叔丁基酯

异丁烯易挥发，制备时需要密封设备，给制备带来不便。一种简便的方法是用叔丁醇与羧酸直接发生酯化反应，以吸附在 $MgSO_4$ 上的浓 H_2SO_4 作催化剂。此方法几乎适用于制备各种羧酸酯，但对于含游离氨基的底物分子，其氨基通常需要先行保护[72] (图 4-237)。

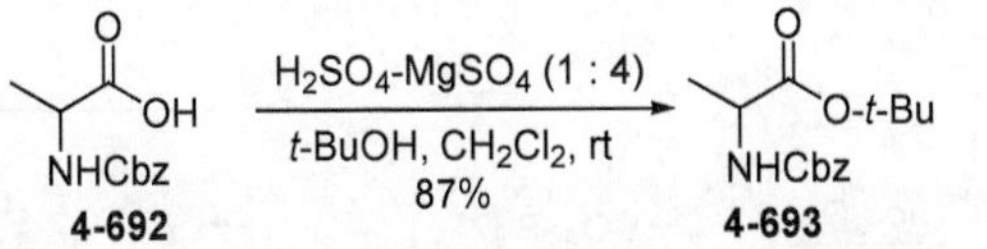

图 4-237 叔丁醇与羧酸直接酯化制备羧酸酯

羧酸可以在催化量 BF_3-Et_2O 存在下，与三氯乙酰亚胺叔丁基酯 [$Cl_3CC(=NH)O$*t*-Bu] 反应制备叔丁基酯；但如果羧酸底物分子中有羟基，则该试剂同时与羟基反应形成叔丁基醚 (图 4-238)。

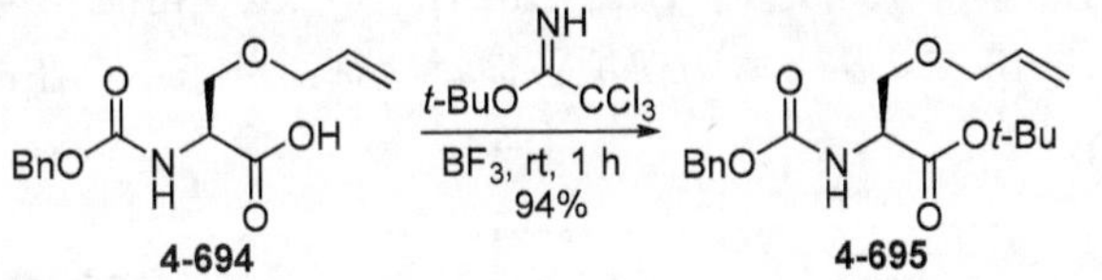

图 4-238 羧酸与三氯乙酰亚胺叔丁基酯 [$Cl_3CC(=NH)O$*t*-Bu] 反应制备叔丁基酯

N,*N'*-二异丙基-*O*-叔丁基脲 [*i*-PrN=C(O*t*-Bu)NH*i*-Pr] 与羧酸在苯中加热反应也可以制备叔丁基酯，但该试剂对羧酸底物中存在的游离羟基不发生反应 (图 4-239)。

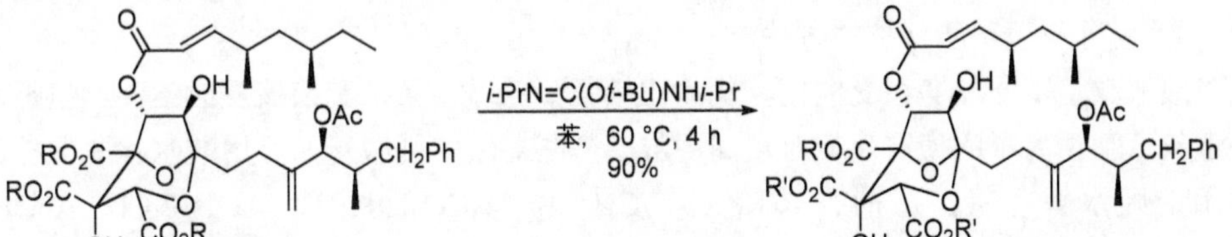

R=H; R'=*t*-Bu

图 4-239 *N*,*N'*-二异丙基-*O*-叔丁基脲与羧酸在苯中加热反应制备叔丁基酯

N,*N*-二甲基甲酰胺二叔丁基缩醛 [$Me_2NCH(O$*t*-Bu$)_2$] 也是与羧酸反应形成叔丁基酯的有效试剂[73] (图 4-240)。

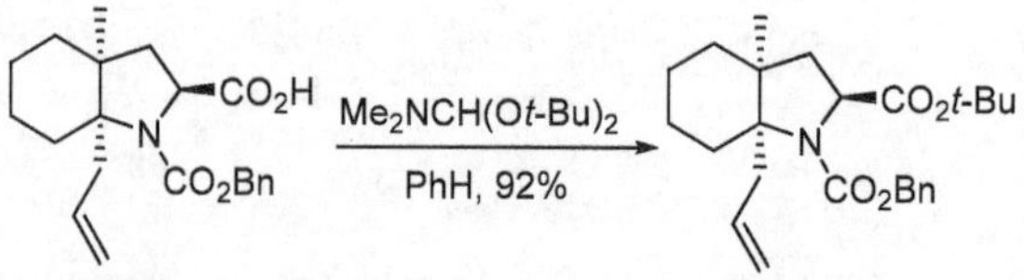

4-698 **4-699**

图 4-240 *N*,*N*-二甲基甲酰胺二叔丁基缩醛与羧酸反应制备叔丁基酯

另一个更为简便的方法是羧酸与碳酸酐二叔丁基酯 [(*t*-BuOCO)$_2$O，Boc_2O] 在 DMAP 催化下反应可高效率地生成羧酸叔丁基酯。该试剂特别适用于氨基酸羧基形成叔丁基酯保护，但底物中存在的游离氨基必须先行保护，否则，会使氨基优先生成叔丁氧羰基保护 (图 4-241)。

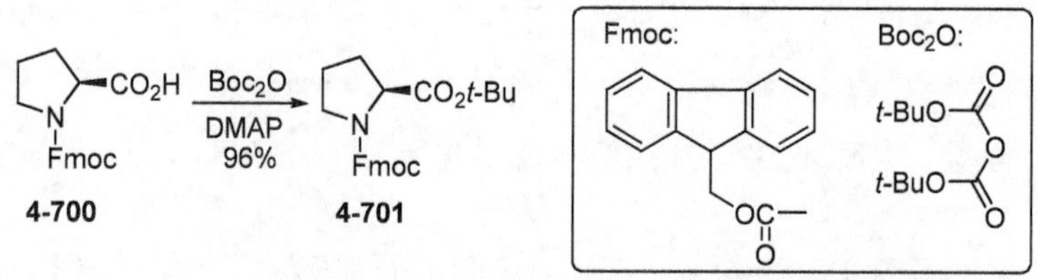

图 4-241 羧酸与碳酸酐二叔丁基酯反应制备羧酸叔丁基酯

另外，羧酸叔丁基酯还可通过 DCC-DMAP 催化叔丁醇直接与羧酸酯化反应制备。此法同样尤其适用于氨基酸羧基保护，但对氨基酸分子中存在的游离氨基需先行保护[74] (图 4-242)。

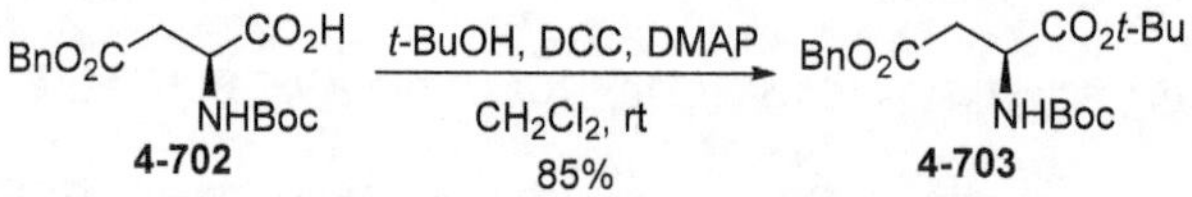

4-702 **4-703**

图 4-242 DCC-DMAP 催化叔丁醇直接与羧酸酯化反应制备羧酸叔丁基酯

② 脱除叔丁基酯保护的方法

羧酸叔丁基酯能够经受催化氢化、比较强烈的碱性条件和亲核反应条件。但是，由于叔丁基正离子的稳定性相对较高，叔丁基酯对酸特别敏感，可用酸水解脱保护。常用的酸水解脱保护试剂有 CF_3CO_2H/CH_2Cl_2、HCO_2H/PhH、TsOH/PhH、AcOH-*i*-PrOH-H_2O 等 (图 4-243)。

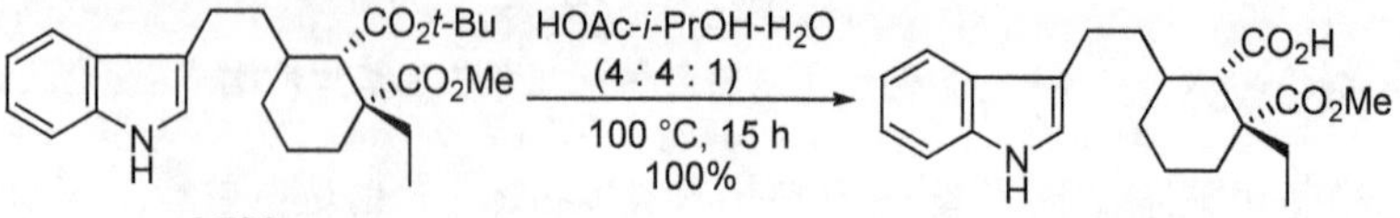

4-704 **4-705**

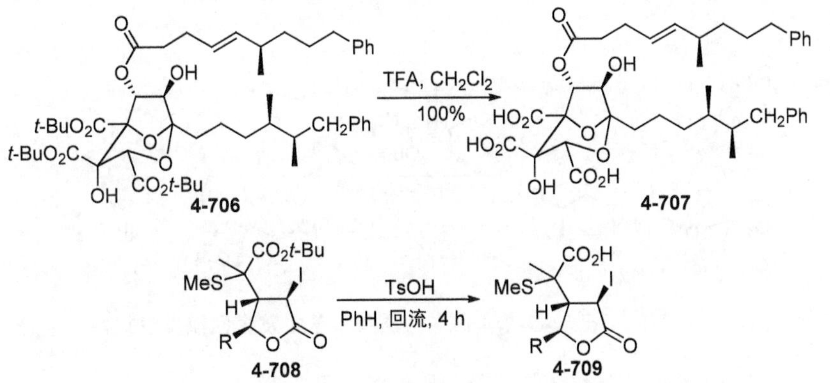

图 4-243　叔丁基酯脱保护的常用方法

（3）苄基酯保护基

由于苄基保护和脱保护的条件温和，容易操作，苯环上的取代基还可以调节反应活性，因此，苄基常被用于保护羟基、氨基和羧基。前面已介绍的脱除苄基醚保护基的方法同样也适用于苄基酯的脱保护。

① 形成苄基酯保护的方法

羧酸苄基酯的经典制备方法是苄醇与酰氯反应，由吡啶或碳酸二咪唑酰胺催化。苄溴与羧酸在碱如 DBU、Cs_2CO_3 等存在下反应也是一种有效的方法。

苄氧甲酰氯在 Et_3N (1.1 mol) 和 DMAP (0.1 mol) 存在下与羧酸反应也能制得羧酸苄基酯。其反应过程为首先形成羧酸与碳酸的混合酸酐，DMAP 随后催化羧酸混酐的分解，生成羧酸苄基酯和 CO_2。

另一个更为有效的方法是羧酸与碳酸酐二苄基酯 [$(BnOCO)_2O$，Cbz_2O] 在 DMAP (0.1 mol) 催化下反应，叔丁醇或 THF 作溶剂。这一方法可以广泛用来制备各种羧酸酯，如甲酯、乙酯、叔丁酯和烯丙酯等。

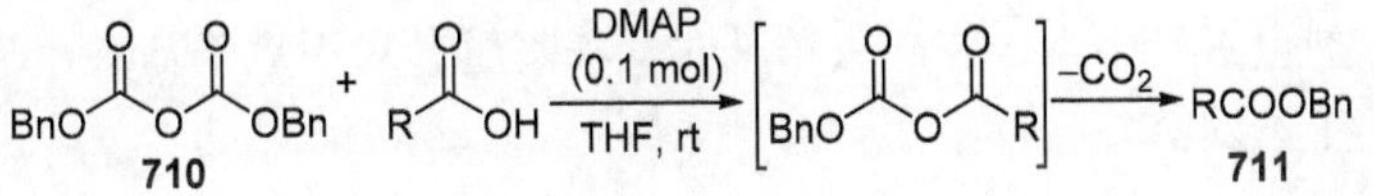

对于氨基酸，也可在氨基先行保护的前提下，与苄醇在二环己基脲 (DCC) 和 DMAP 的催化下经缩合反应制备其苄基酯。

三氯乙酰亚胺苄基酯 [$Cl_3CC(=NH)OBn$] 可以在催化量的 BF_3-Et_2O 存在下，与羧酸反应制备苄基酯，但如果羧酸底物分子中有羟基，则该试剂可同时与羟基反应形成苄基醚[75]。

N,*N*-二甲基甲酰胺二苄基缩醛 [$Me_2NCH(OBn)_2$] 也是与羧酸形成苄基酯的有效试剂。

N,*N'*-二环己基-*O*-苄基脲 [c-$C_6H_{11}PrN=C(OBn)NHc$-C_6H_{11}] 与羧酸在甲苯中回流反应也可以制备苄基酯。该试剂对羧酸底物中存在的游离羟基不产生影响[76] (图

4-244)。

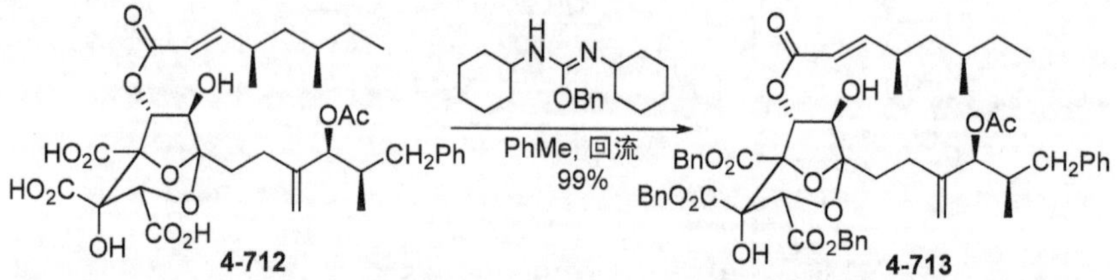

图 4-244　N,N'-二环己基-O-苄基脲与羧酸在甲苯中发生回流反应制备苄基酯

② 脱除苄基酯保护的方法

与苄基醚类似，苄基酯也可以用 Pd-C/H_2 催化氢化、Pd-C/环己烯或 1,4-环己二烯或 HCOOH 催化转移氢化、Na-NH_3(l) 还原和 BCl_3/CH_2Cl_2、$AlCl_3$ 等 Lewis 酸解脱除苄基保护。

Pd-C/H_2/乙二胺-MeOH 在室温下可以选择性氢解脱除苄基酯保护，但苄基醚和苄氧羰基都不被氢解 (图 4-245)。

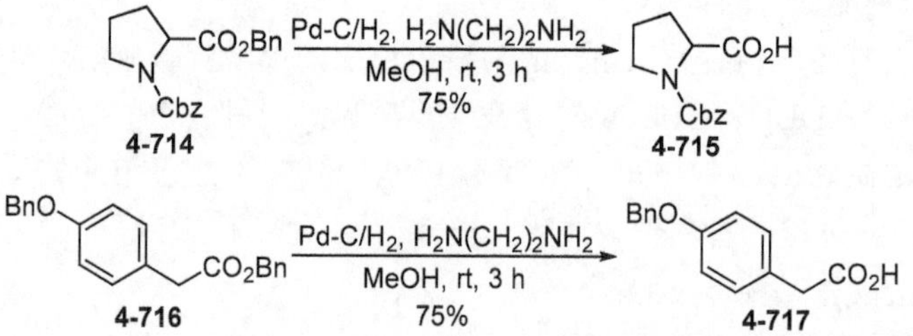

图 4-245　Pd-C/H_2/乙二胺-MeOH 条件下苄基酯的选择性脱保护

除 H_2 外，环己烯或 1,4-环己二烯和甲酸等也可以用作氢源，且比 H_2 更方便、更安全，催化剂也不易中毒，在除去苄基时，苄基醚、对甲氧苄基醚、苄胺和双键不受影响[77, 78] (图 4-246)。

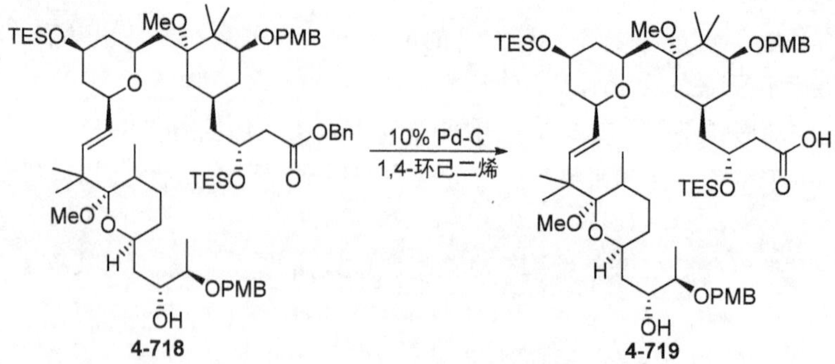

图 4-246　1,4-环己二烯作为氢源对苄基的脱保护

此外，$Pd(OAc)_2$ 和叔丁基二甲基硅烷 (t-$BuMe_2SiH$，TBS-H) 合用可以将苄基酯转化为相应的叔丁基二甲基硅烷基酯，分子中的苄基醚和双键都不受影响，但氨基的苄氧羰基 (Cbz) 和烯丙氧羰基 (Alloc) 保护基能被同时脱除 (图 4-247)。硅烷基酯在非水溶液中是稳定的，但在很弱的酸或碱性条件下都会水解，也比对应的硅烷基醚稳定性差很多。这样，使原来对酸碱稳定的苄基酯变成对酸碱不稳定的硅烷基酯，从而增加了底物进行其他选择性反应的可能性 (图 4-247)。

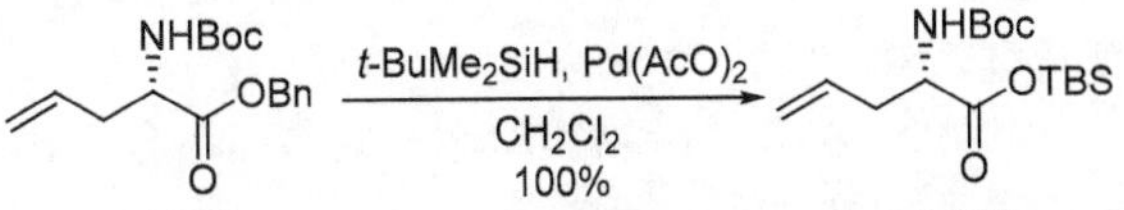

NHBoc OBn 4-720 —— t-$BuMe_2SiH$, $Pd(AcO)_2$ / CH_2Cl_2 / 100% → NHBoc OTBS 4-721

图 4-247 $Pd(OAc)_2$和叔丁基二甲基硅烷合用将苄基酯转化为叔丁基二甲基硅烷基酯的反应

另外，由于硅烷基酯比对应的硅烷基醚稳定性要差，所以，在羧基和羟基均用硅烷基保护时，硅烷基酯可用相对较弱的酸或碱选择性水解 (图 4-248)。

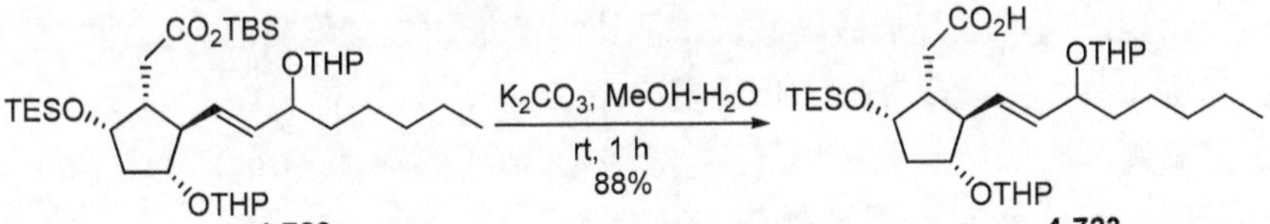

CO_2TBS OTHP TESO OTHP 4-722 —— K_2CO_3, MeOH-H_2O / rt, 1 h / 88% → CO_2H OTHP TESO OTHP 4-723

图 4-248 硅烷基酯的选择性水解

(4) 9-芴甲基酯保护基

9-芴甲基酯除了在多肽合成中用于保护羧基，并具有保护和脱保护简便的优点外，还可以在多肽药物合成过程中，保护多肽中间体在有机溶剂中的溶解性，有利于后续反应的进行。

① 形成 9-芴甲基酯保护的方法

9-芴甲基酯保护基主要用于氨基酸的羧基保护。通常用 *N*-保护的氨基酸，在 DCC/DMAP 催化下与 9-芴基甲醇反应制备；也可以用 *N*-保护的氨基酸活化酯如 *N*-羟基苯并三氮唑酯、5-氟苯酚酯等与 9-芴基甲醇反应制备。

② 脱除 9-芴甲基酯保护的方法

通常用 Et_2N 或哌啶在 CH_2Cl_2 中反应 2 h 即可脱除 9-芴甲基酯保护基，且在脱保护过程中不发生外消旋化。但该反应条件也可使氨基的 9-芴甲氧羰基 (Fmoc) 保护基同时除去。

4.2.4.5 氨基的选择性保护

氨基保护基与前面介绍的各种官能团的保护基有着很大的区别。主要是因为氨基氮原子上含有孤对电子，是活性很强的亲核试剂，易发生亲核取代反应和氧化反应。为了确保在底物分子其他部位反应时氨基不发生反应，通常需要使用易于脱除的基团对氨基进行保护。

由于许多生物活性分子如氨基酸、肽、糖肽、氨基糖、核苷、生物碱等均含有氮原子，因此，氨基的保护在有机药物合成中占有十分重要的地位。在多达 250 余种保护基中，该部分重点介绍 *N*-酰基型氨基保护基、*N*-磺酰基型氨基保护基和 *N*-烷基型氨基保护基三类保护基。

（1）*N*-酰基型氨基保护基

由于酰化试剂通常廉价、易得，所以，将胺转化成 *N*-酰基型氨基保护衍生物是一个简便且应用最为广泛的氨基保护方法。

常用的 *N*-酰基型氨基保护基有两类：一类是用于形成酰胺类 (amide) 的酰基保护基；另一类为用于形成氨基甲酸酯类 (carbamates) 的烷氧羰基保护基。

前者 *N*-酰基型保护基包括甲酰基、乙酰基及取代乙酰基、苯甲酰基及取代苯甲酰基、邻苯二甲酰基等。该类保护基已在羟基的保护和脱保护中详细介绍了。由于它们用于氨基和羟基分别形成酰胺和羧酸酯的保护和脱保护非常类似，不同之处是酰胺比羧酸酯更稳定，通常氨基形成酰胺保护要比羟基形成羧酸酯更容易，但酰胺脱保护要比羧酸酯更难些，因此，在此不作重复介绍了。

后者烷氧羰基类保护基包括甲（乙）氧羰基、叔丁氧羰基 (Boc)、苄氧羰基 (Cbz)、烯丙氧羰基 (Alloc) 和 9-芴甲氧羰基 (Fmoc) 等。该类保护基非常容易引入，而脱保护方法又各不相同，因此，可以为各种底物完成靶向合成提供不同的保护选择。

这里重点介绍具有不同脱保护特点且应用最为广泛的 3 个烷氧羰基保护基——叔丁氧羰基、苄氧羰基和 9-芴甲氧羰基。

① 叔丁氧羰基

叔丁氧羰基 (*tert*-butoxycarbonyl，Boc) 广泛用于多肽合成中的氨基保护。Boc 保护的氨基甲酸酯类能够经受催化氢化、比较剧烈的碱催化水解和亲核反应条件。

a. 形成叔丁氧羰基保护的方法

形成氨基叔丁氧羰基衍生物最常用的保护试剂为 Boc_2O (di-*tert*-butyl dicarbonate，碳酸酐二叔丁基酯) 和 BocON [2-(*tert*-butoxycarbonyloxyimino)-phenylacetonitrile，2-(叔丁氧羰酰氧亚氨基)苯乙腈]，反应通常需要碱参与，溶剂可以是水或无水有机溶剂 (图 4-249)。

CO_2H NH_2 **4-724** —— Boc_2O, NaOH / H_2O/*t*-BuOH / 20~40 °C, 12 h / 78%~87% → **4-725** CO_2H HN O O

BocON, Et_3N, H_2O-二氧杂环己烷 / rt, 3 h 80%~83%

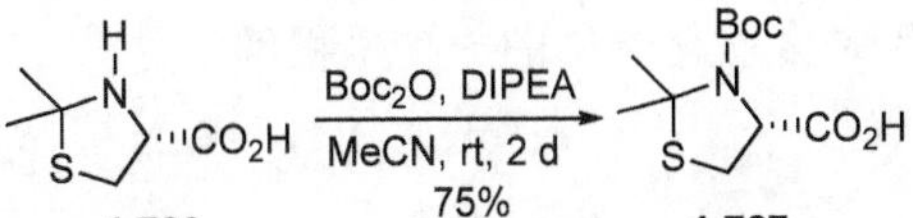

4-726 **4-727**

图 4-249 制备氨基叔丁氧羰基衍生物的反应

Boc_2O 在 DMAP 催化下能保护酰胺 –NH 和吲哚上的 –NH。另外，氨基的 Boc 保护衍生物还可以由叠氮基 ($-N_3$) 在 Boc_2O 存在下氢化制备 (图 4-250)。

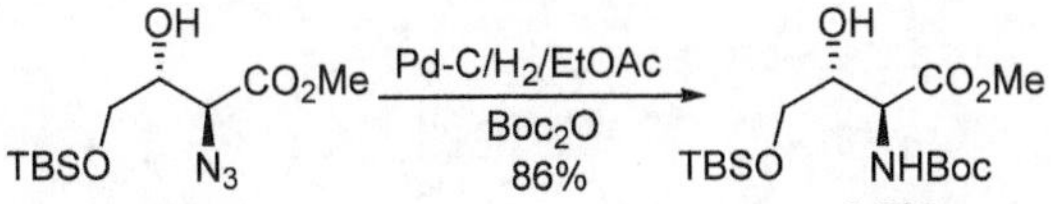

4-728 **4-729**

图 4-250 叠氮基在 Boc_2O 存在下氢化制备氨基 Boc 衍生物

b. 脱除叔丁氧羰基保护的方法

去除 Boc 保护基最常用的试剂是：三氟乙酸 (TFA) 或三氯乙酸，一般在室温条件下就可以迅速脱保护 (图 4-251)。

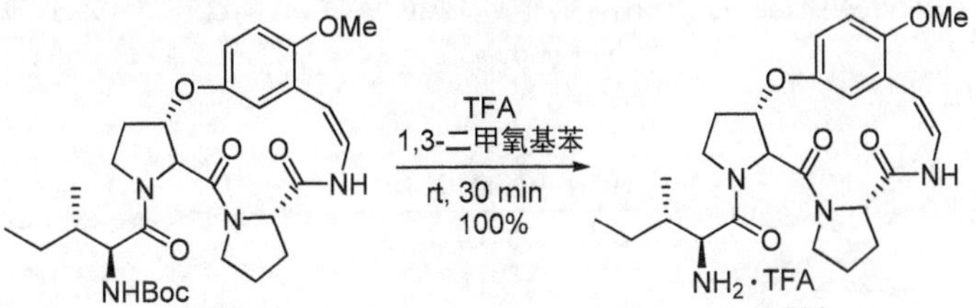

4-730 **4-731**

图 4-251 叔丁氧羰基的脱保护

HCl 的乙酸乙酯溶液也可选择性地脱除 *N*-Boc 保护基，而底物分子中其他对酸敏感的保护基 (如叔丁基酯、脂肪族叔丁基醚、*S*-Boc、三苯基甲基醚) 可不受影响 (图 4-252)。

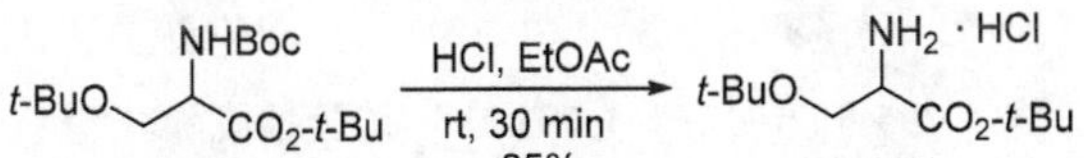

4-732 **4-733**

图 4-252 HCl 的乙酸乙酯溶液选择性脱除 *N*-Boc 保护基

② 苄氧羰基

1932 年 Bergman 等首先发明苄氧羰基 (benzyloxycarbonyl，Cbz) 保护基，开创

了现代有机合成化学特别是多肽化学中的一个里程碑。

Cbz 保护的氨基甲酸酯类对中等强度的质子酸和碱特别稳定，但可以被催化氢解除去，条件为中性，因此得到了广泛的应用。

a. 形成苄氧羰基保护的方法

氨基进行 Cbz 保护的条件非常温和，通常在碱性水溶液中在低温下 (5~10 ℃) 用 CbzCl (苄氧羰酰氯或氯甲酸苄酯) 或 $(BnOCO)_2O$ (碳酸酐二苄基酯，Cbz_2O) 与氨基化合物反应制得。其中，CbzCl 非常便宜，适合大量原料的制备，是最常用的苄氧羰酰化试剂 (图 4-253)。

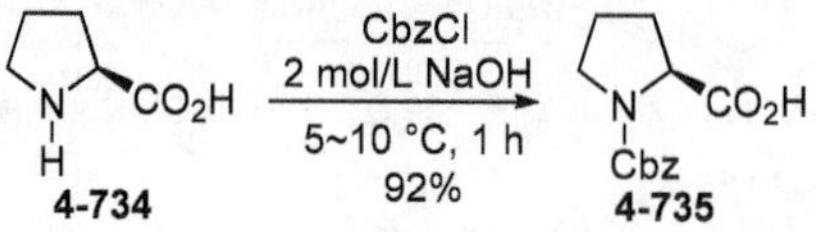

图 4-253 氨基苄氧羰基保护的制备

b. 脱除苄氧羰基保护的方法

Cbz 保护基的除去与苄基醚类似，可以采用催化氢解、金属还原和酸解方式脱保护。其中，常压下，利用 Pd-C 催化氢解是最常使用的脱除 Cbz 保护基的方法。

金属钠在乙酰胺和液氨的缓冲体系中，可将苄醚、苄酯和 Cbz 保护基同时脱除 (图 4-254)。

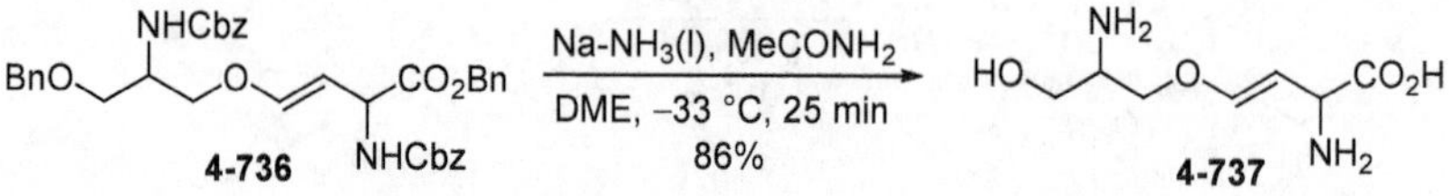

图 4-254 苄醚、苄酯和 Cbz 保护基的脱保护

Pd-C/H_2/MeOH-NH_3 可选择性地脱除 Cbz，原因是反应体系中存在的 NH_3 抑制了苄醚还原脱 Bn 保护基[79] (图 4-255)。

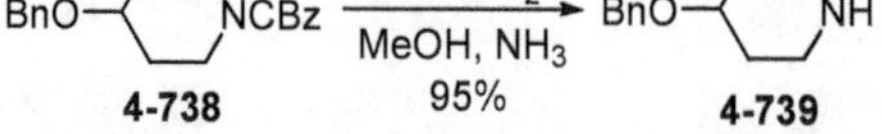

图 4-255 Pd-C/H_2/MeOH-NH_3 选择性脱除 Cbz

Cbz 的酸解可以用质子酸或 Lewis 酸来实现。使用适宜的酸度可以用来选择性地脱除 Cbz 和 Boc 保护基。例如，在 4 mol/L HCl 的 1,4-二氧杂环己烷溶液中，于室温反应 6 h，就选择性地脱除 Boc，Cbz 可不受影响。脱除 Cbz 的传统质子酸是无水 HBr 的乙酸溶液 (图 4-256)。其他用于脱除 Cbz 保护基的质子酸还有 TfOH (三

氟甲磺酸)、甲磺酸和 70% HF 的吡啶液。

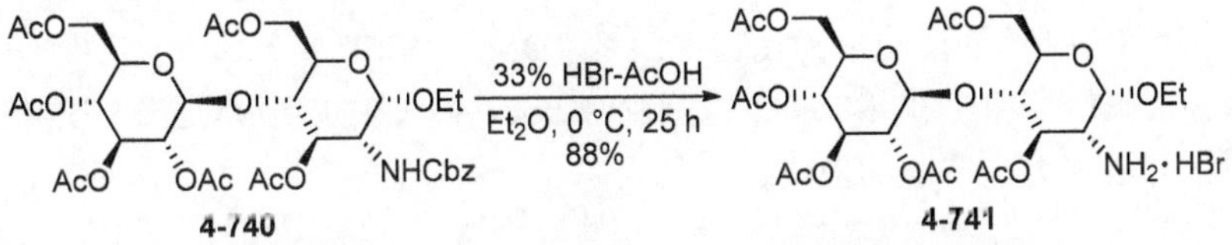

图 4-256 无水 HBr 乙酸溶液脱除 Cbz

脱除 Cbz 保护基的 Lewis 酸有 TMSI、$PdCl_2$、BBr_3 或 BCl_3 等 (图 4-257)。

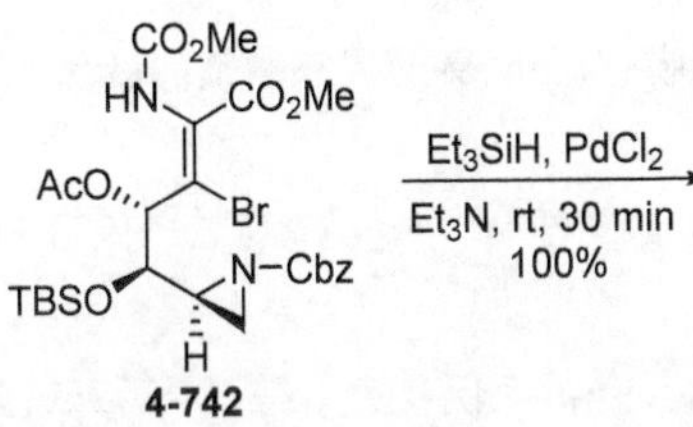

图 4-257 $PdCl_2$ 脱除 Cbz

③ 9-芴甲氧羰基

9-芴甲氧羰基 (9-fluorenylmethoxycarbonyl, Fmoc) 是 Carpino 等对多肽液相合成作出的一大卓越贡献，此后也广泛用于多肽的固相合成。

a. 形成 9-芴甲氧羰基保护的方法

Fmoc 保护的氨基甲酸酯类衍生物常用 Fmoc-Cl 在碱性溶液如 Na_2CO_3、$NaHCO_3$ 或 DIPEA (二异丙基乙基胺) 中与氨基化合物反应制备，一般均能取得很好的收率 (图 4-258)；也可以用 Fmoc 活泼酯如 Fmoc-OBt (9-芴甲氧羰酰-*N*-羟基苯并三氮唑酯或 *O*-9-芴甲基-*O'*-1-苯并三氮唑基碳酸二酯)、Fmoc-OSu (9-芴甲氧羰酰-*N*-羟基丁二酰亚氨酯或 *O*-9-芴甲基-*O'*-丁二酰亚氨基碳酸二酯)、Fmoc-OC_6H_5 (9-芴甲氧羰酰-5-氟苯酚酯或 *O*-9-芴甲基-*O'*-5-氟苯基碳酸二酯) 等与氨基化合物反应制得。

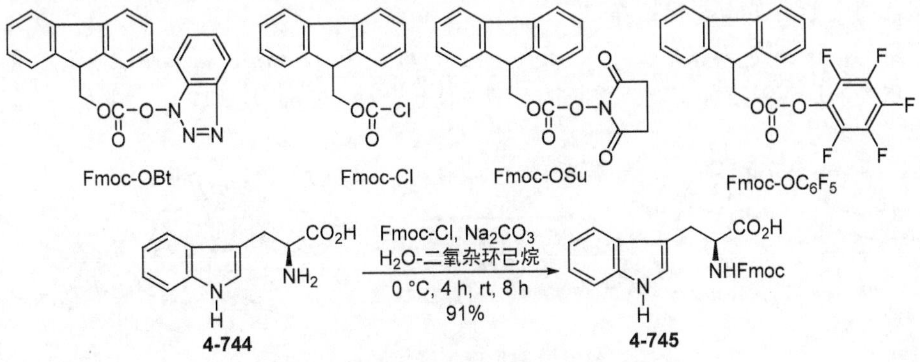

图 4-258 9-芴甲氧羰基保护的制备

b. 脱除 9-芴甲氧羰基保护的方法

Fmoc 保护的氨基甲酸酯类衍生物对酸相当稳定，但可被简单的碱如 NH_3、Et_2NH、哌啶和吗啡啉等在非质子性极性溶剂 (DMF、NMP 或 MeCN) 中经 β-消除反应迅速除去，条件温和 (图 4-259)。这是脱 Fmoc 保护基的特征反应，在现代多肽的液相和固相合成中得到广泛的应用。

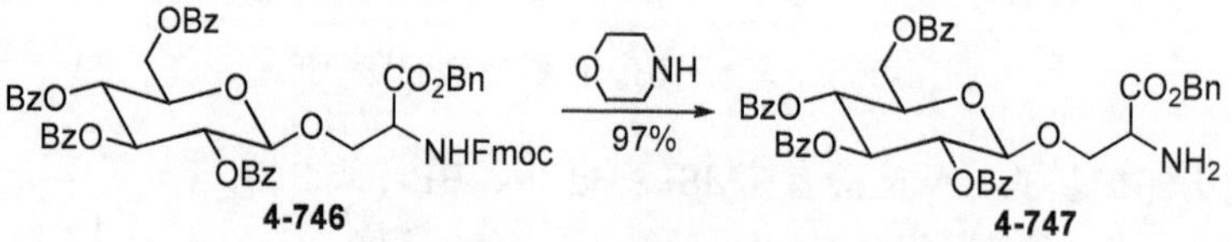

4-746　4-747

图 4-259　吗啡啉作用下 9-芴甲氧羰基的脱保护

另外，Fmoc 保护基也可以被 Pd-C/H_2 催化氢解或以 HCO_2H、HCO_2NH_4 代替 H_2 源的催化转移氢解。

例如，催化转移氢解可同时去除 Fmoc 保护基、苄基酯和苯酚苄基醚 (图 4-260)。

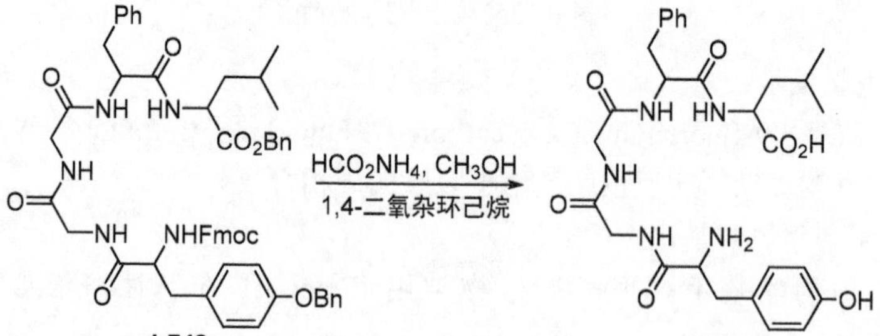

4-748　4-749

图 4-260　催化转移氢解同时脱除 Fmoc 保护基、苄基酯和苯酚苄基醚

通常情况下，氢解脱 Fmoc 保护基的反应速率要比氢解脱苄基醚和苄基酯保护基慢。因此，通过控制氢解条件 (反应时间和温度等) 可以实现选择性脱除苄基醚或苄基酯，而不影响 Fmoc 保护基。

例如，化合物 **4-750** 在 5 ℃ 条件下氢解反应 10~12 min，可选择性地脱除苄基酯，更高的反应温度如室温或更长的反应时间也会使 Fmoc 基团脱除 (图 4-261)。

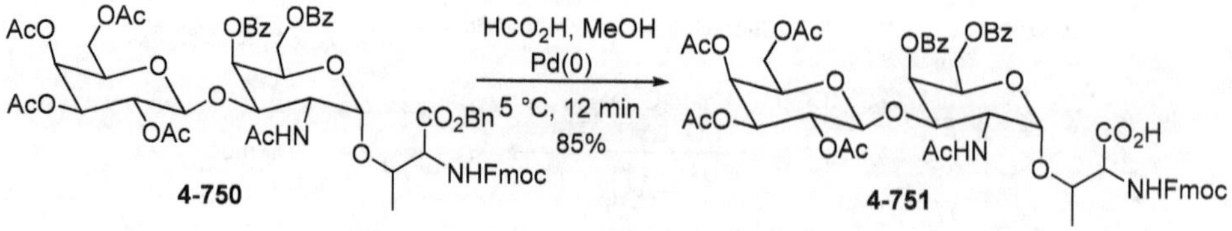

4-750　4-751

图 4-261　氢解反应选择性脱除苄基酯

（2）*N*-磺酰基型氨基保护基

以磺酰基保护的磺酰胺是氨基保护基中最稳定的，晶型好且对亲核试剂的敏感性比更为常用的碳甲酰胺类要差得多。芳香磺酰基如苯磺酰基和对甲苯磺酰基 (Ts) 是最常用的 *N*-磺酰基型氨基保护基。芳香磺酰胺的形成与脱保护难易程度取决于胺底物的结构。

首先，具有弱碱性的吲哚、吡咯和咪唑类的芳香磺酰基保护需要用强碱如 NaOH 或 *n*-BuLi 先夺取 N 上的质子，然后与磺酰氯反应完成 (图 4-262)。

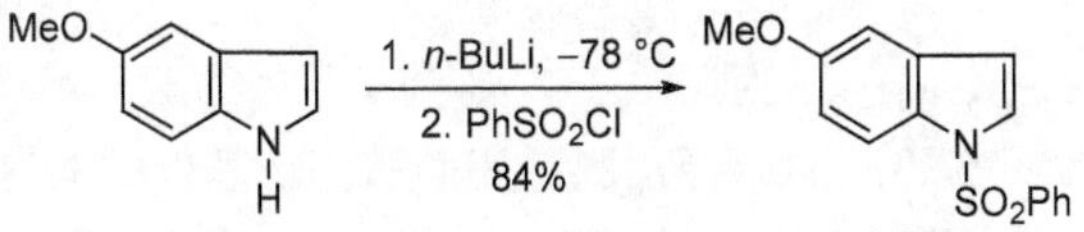

图 4-262 *N*-磺酰基型氨基保护基的制备

对上述吲哚、吡咯和咪唑类芳香磺酰胺衍生物的脱保护相对比较温和，使用简单的碱水解就可以完成 (图 4-263)。

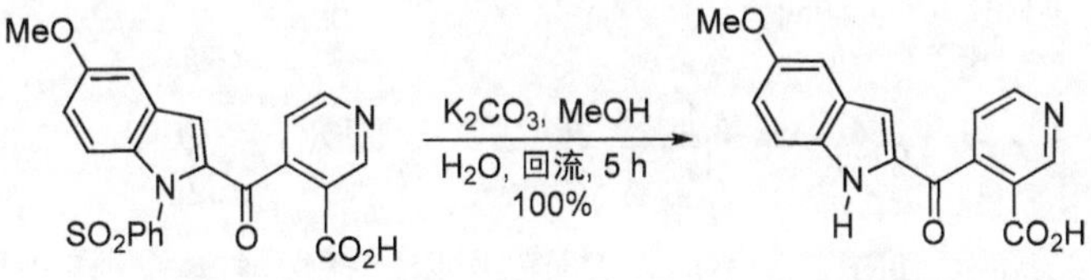

图 4-263 碱水解芳香 *N*-磺酰基型氨基

其次，脂肪伯胺和仲胺的芳香磺酰胺类衍生物，则存在保护容易、脱保护难的问题 (图 4-264)。

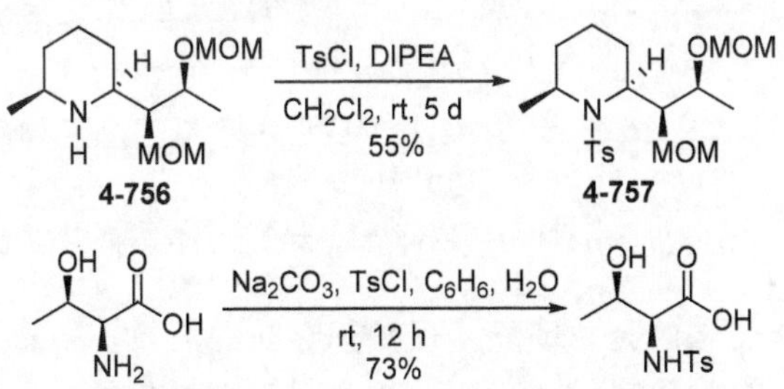

图 4-264 脂肪伯胺和仲胺的芳香磺酰胺类衍生物的制备

上述脂肪伯胺或仲胺类芳香磺酰胺的脱保护比较困难，需要强烈的还原条件如

$Li-NH_3(l)/THF$[80]、Na-萘/DME (乙二醇二甲醚) (图 4-265) 和 Na-蒽/DME。

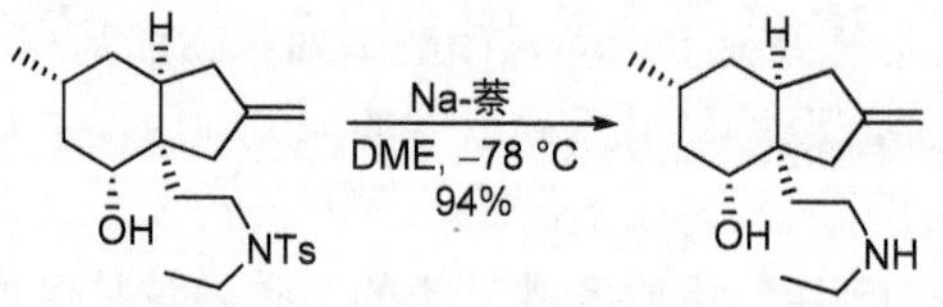

图 4-265 Na-萘/DME 条件下脂肪仲胺的芳香磺酰胺的脱保护

上述底物如用 $Li-NH_3(l)$ 还原脱除 Ts，则会使环外的亚甲基同时被还原。因此，Na-萘/DME 是控制亚甲基还原的选择性脱除脂肪胺 Ts 基保护的有效方法。

例如，Na-萘/DME 能在 PMB (对甲氧基苄基) 和二噻烷基存在下，选择性地还原脱除脂肪胺的 Ts 保护基 (图 4-266)。

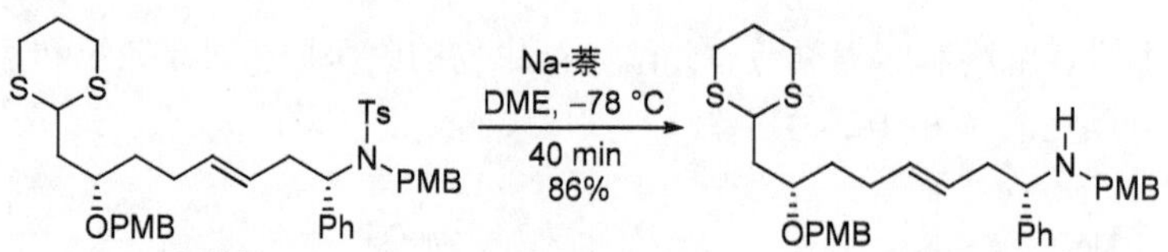

图 4-266 Na-萘/DME 择性脱除脂肪胺 Ts 保护基

另外，使用 Na-萘/DME 或 Na-蒽/DME 可以选择性地分别脱除不同反应活性的 *N*-苯磺酰基。Na-蒽/DME 可选择性脱除反应活性稍强的内酰胺 N 上的苯磺酰基，而反应活性低的脂肪胺上的苯磺酰基需用 Na-萘/DME 还原才能除去[81] (图 4-267)。

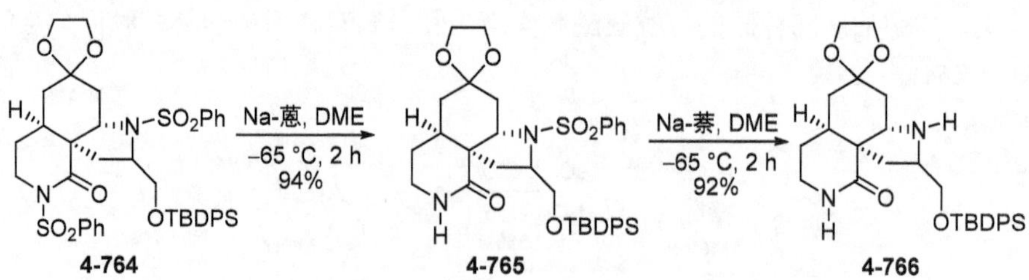

图 4-267 Na-蒽/DME 选择性脱除内酰胺 N 上的苯磺酰基

为了克服上述脂肪胺的芳香磺酰基保护基存在的需要较剧烈还原条件才能脱保护的缺点，Weinreb 等于 1986 年发明了一种新的磺酰基保护基，即 2-(三甲基硅基)-乙磺酰基 [2-(trimethylsilyl)ethylsulfonyl，SES]。它比芳香磺酰基稳定，且可以在非还原条件下除去，现已广泛应用于生物碱、糖类和氨基酸的合成 (图 4-268)。

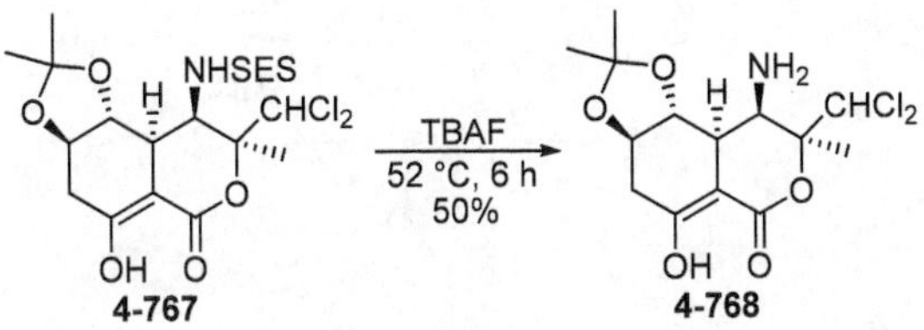

图 4-268 2-(三甲基硅基)乙磺酰基的脱保护

（3）*N*-烷基型氨基保护基

通常情况下，氨基的 *N*-烷基保护衍生物非常稳定，保护基难以除去。除了一些特殊需要，一般很少使用此类保护基。使用比较多的氨基 *N*-烷基保护基主要是苄基、二苯甲基和三苯甲基等。其中，苄基和二苯甲基可以催化氢解除去，而三苯甲基的空间位阻作用对氨基可以起到独特的保护作用，并且很容易在温和的酸性条件下脱去。

① 苄基保护基

a. 形成苄基保护的方法

伯胺和其他氨基化合物可以在 Na_2CO_3 的存在下与苄溴反应，二次烷基化得到 *N,N*-二苄基衍生物[82] (图 4-269)；而酰胺上的 NH 需采用与羟基类似的条件进行苄基保护，多使用 NaH 为碱。还原胺化方法是另一种常用方法，而且可控制 *N*-单苄基化。

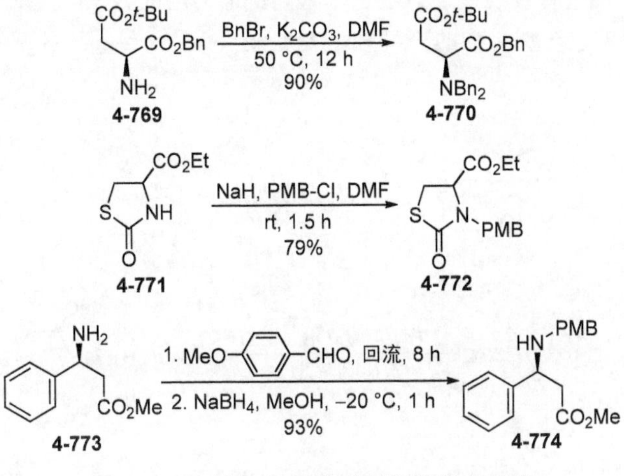

图 4-269 制备 *N*-取代苄基衍生物的反应

b. 脱除苄基保护的方法

尽管有文献报道在苄醚存在下，苄胺衍生物可选择性被氢解脱去苄基；但通常苄胺衍生物对催化氢解的敏感性远不如苄基醚、苄基酯或氨基的 Cbz 保护衍生物。苄胺衍生物的催化氢解一般比苄基醚需要更大剂量的催化剂，有时还需要使用更高反应氢压和/或温度[83] (图 4-270)。

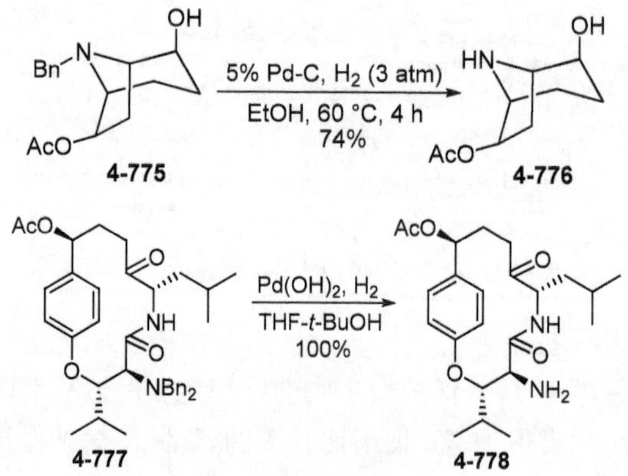

4-775 → 4-776: 5% Pd-C, H_2 (3 atm), EtOH, 60 °C, 4 h, 74%

4-777 → 4-778: $Pd(OH)_2$, H_2, THF-*t*-BuOH, 100%

图 4-270 苄胺的脱保护

② 三苯甲基保护基

三苯甲基 (trityl，Tr) 作为胺的保护基，对酸敏感，而对碱稳定；但三苯甲基胺的酸解比三苯甲基醚更稳定。

a. 形成三苯甲基保护的方法

氨基的 Tr 保护衍生物可以用三苯基甲基溴或氯在碱如三乙胺存在下于非质子溶剂中与胺发生 *N*-烷基化反应制备，这是引入 Tr 最常用的方法。三苯甲基胺与羰基的还原胺化方法[84]或与环氧化物的开环反应是制备 *N*-三苯甲基化的另外两种方法 (图 4-271)。

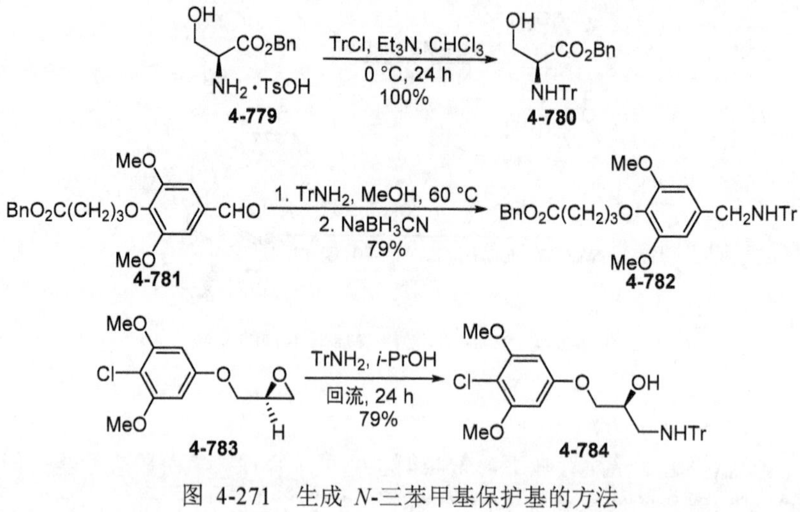

4-779 → 4-780: TrCl, Et_3N, $CHCl_3$, 0 °C, 24 h, 100%

4-781 → 4-782: 1. $TrNH_2$, MeOH, 60 °C; 2. $NaBH_3CN$, 79%

4-783 → 4-784: $TrNH_2$, *i*-PrOH, 回流, 24 h, 79%

图 4-271 生成 *N*-三苯甲基保护基的方法

b. 脱除三苯甲基保护的方法

氨基的 Tr 保护基可以在温和的酸性条件下 (如三氟乙酸等) 脱去 (图 4-272)。

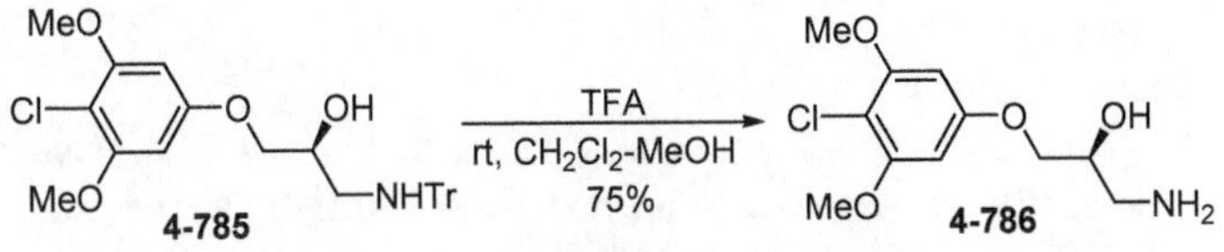

图 4-272　三氟乙酸脱除三苯甲基保护基

双(对甲氧基苯基)苯甲基和单(对甲氧基苯基)二苯基甲基保护基对酸更不稳定，只需较弱的酸如三氯乙酸即可脱除 (图 4-273)。

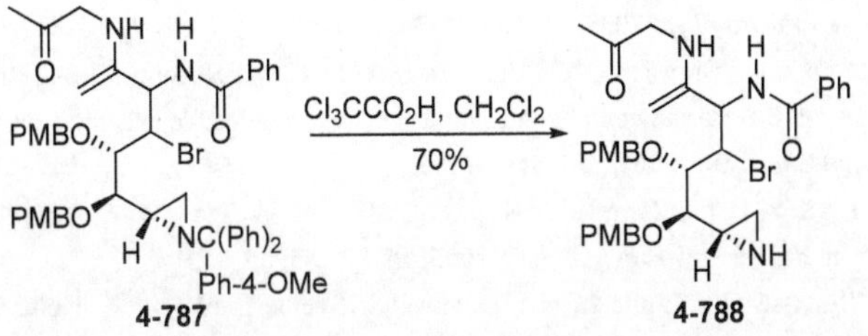

图 4-273　三氯乙酸脱除单(对甲氧基苯基)二苯基甲基保护基

本章用大量的篇幅讨论了合成设计中的常用官能团如羟基、醛酮羰基、羧基和氨基在相应条件下以各种不同类型保护基进行的选择性保护和脱保护问题。在合成设计中，尽管保护基的巧妙应用是一种有效的手段，并且在近年来仍保持发展势头，但它毕竟属于一种迂回的方法或是无奈之举，因而，尽可能少用或不用保护基则是最佳的选择，这就需要从根本上提高有机反应的选择性。

参考文献

[1] Peng, Z.-H.; Li, Y.-L.; Wu, W.-L.; Liu, C.-X.; Wu, Y.-L. Synthesis of (2*E*,4*E*)-dienals by double formyl-olefination with an arsonium salt and its application in the syntheses of lipoxygenase metabolites of arachidonic acid. *J. Chem. Soc., Perkin Trans. 1* **1996**, 1057-1066.

[2] Arai, S.; Tsuge, H.; Shioiri, T. Asymmetric epoxidation of α,β-unsaturated ketones under phase-transfer catalyzed conditions. *Tetrahedron Lett.* **1998,** *39*, 7563-7566.

[3] Arai, S.; Hamaguchi, S.; Shioiri, T. Catalytic asymmetric Horner-Wadsworth-Emmons reaction under phase-transfer-catalyzed conditions. *Tetrahedron Lett.* **1998,** *39*, 2997-3000.

[4] Arai, S.; Shioiri, T. Catalytic asymmetric Darzens condensation under phase-transfer-catalyzed conditions. *Tetrahedron Lett.* **1998,** *39*, 2145-2148.

[5] Breton, G. W. Selective monoacetylation of unsymmetrical diols catalyzed by silica gel-supported sodium hydrogen sulfate. *J. Org. Chem.* **1997,** *62*, 8952-8954.

[6] Yokomatsu, T.; Suemune, K.; Yamagishi, T.; Shibuya, S. Highly regioselective silylation of α,β-dihydroxyphosphonates: an application to stereoselective synthesis of α-amino-β-hydroxyphosphonic acid derivatives. *Synlett* **1995,** 847-849.

[7] Mendelson, W.; MonicaHolmes; JackDougherty. The regioselective 4-benzylation of 2,4-dihydroxybenzaldehyde. *Synth. Commun.* **1996,** *26*, 593-601.

[8] Lampe, T. F. J.; Hoffmann, H. M. R. Asymmetric synthesis of the C(10)-C(16) segment of the bryostatins. *Tetrahedron Lett.* **1996,** *37*, 7695-7698.

[9] Schkeryantz, J. M.; Danishefsky, S. J. Total synthesis of (+)-FR-900482. *J. Am. Chem. Soc.* **1995,** *117*, 4722-4723.

[10] Nicolaou, K. C.; Hwang, C. K.; Duggan, M. E.; Nugiel, D. A.; Abe, Y.; Reddy, K. B.; DeFrees, S. A.; Reddy, D. R.; Awartani, R. A. Total synthesis of Brevetoxin B. 1. First generation strategies and new approaches to oxepane systems. *J. Am. Chem. Soc.* **1995,** *117*, 10227-10238.

[11] Kigoshi, H.; Suenaga, K.; Mutou, T.; Ishigaki, T.; Atsumi, T.; Ishiwata, H.; Sakakura, A.; Ogawa, T.; Ojika, M.; Yamada, K. Aplyronine A, a potent antitumor substance of marine origin, aplyronines B and C, and artificial analogues: total synthesis and structure-cytotoxicity relationships. *J. Org. Chem.* **1996,** *61*, 5326-5351.

[12] Williams, D. R.; Kissel, W. S. Total synthesis of (+)-Amphidinolide J. *J. Am. Chem. Soc.* **1998,** *120*, 11198-11199.

[13] Cai, J.; Davison, B. E.; Ganellin, C. R.; Thaisrivongs, S. New 3,4-*O*-isopropylidene derivatives of *d*- and *l*-glucopyranosides. *Tetrahedron Lett.* **1995,** *36*, 6535-6536.

[14] White, J. D.; Blakemore, P. R.; Browder, C. C.; Hong, J.; Lincoln, C. M.; Nagornyy, P. A.; Robarge, L. A.; Wardrop, D. J. Total synthesis of the marine toxin Polycavernoside A via selective macrolactonization of a trihydroxy carboxylic acid. *J. Am. Chem. Soc.* **2001,** *123*, 8593-8595.

[15] Yun, M.; Moon, H. R.; Kim, H. O.; Choi, W. J.; Kim, Y.-C.; Park, C.-S.; Jeong, L. S. A highly efficient synthesis of unnatural *l*-sugars from *d*-ribose. *Tetrahedron Lett.* **2005,** *46*, 5903-5905.

[16] Gilbert, C. L. K.; Lisek, C. R.; White, R. L.; Gumina, G. Synthesis of 1,l-puromycin. *Tetrahedron* **2005,** *61*, 8339-8344.

[17] Wang, J.; Jin, Y.; Rapp, K. L.; Bennett, M.; Schinazi, R. F.; Chu, C. K. Synthesis, Antiviral activity, and mechanism of drug resistance of *d*- and *l*-2',3'-didehydro-2',3'-dideoxy-2'-fluorocarbocyclic nucleosides. *J. Med. Chem.* **2005,** *48*, 3736-3748.

[18] Swamy, N. R.; Venkateswarlu, Y. A mild and efficient method for chemoselective deprotection of acetonides by bismuth (Ⅲ) trichloride. *Tetrahedron Lett.* **2002,** *43*, 7549-7552.

[19] Gowravaram, S.; Satheesh, B. R.; Veakata, R. E.; S., Y. J. A novel, efficient, and selective cleavage of acetals using bismuth (Ⅲ) chloride. *Chem. Lett.* **2000,** *29*, 1074-1075.

[20] Carrigan, M. D.; Sarapa, D.; Smith, R. C.; Wieland, L. C.; Mohan, R. S. A simple and efficient chemoselective method for the catalytic deprotection of acetals and ketals using bismuth triflate. *J. Org. Chem.* **2002,** *67*, 1027-1030.

[21] Zacuto, M. J.; O'Malley, S. J.; Leighton, J. L. Tandem silylformylation–allyl(crotyl) silylation: a new approach to polyketide synthesis. *Tetrahedron* **2003,** *59*, 8889-8900.

[22] Barone, G.; Bedini, E.; Iadonisi, A.; Manzo, E.; Parrilli, M. Ceric ammonium nitrate/pyridine: a mild reagent for the selective deprotection of cyclic acetals and ketals in the presence of acid labile protecting groups. *Synlett* **2002,** 1645-1648.

[23] García Fernández, J.; Ortiz Mellet, C.; Moreno Marín, A.; Fuentes, J. A mild and efficient procedure to remove acetal and dithioacetal protecting groups in carbohydrate derivatives using 2,3-dichloro-5,6-dicyano-1,4-benzoquinone. *Carbohydr. Res.* **1995,** *274*, 263-268.

[24] E. Innes, J.; J. Edwards, P.; V. Ley, S. Dispiroketals in synthesis. Part 23.1 A new route to (+)-D-conduritol B from myo-inositol. *J. Chem. Soc., Perkin Trans. 1* **1997**, 795-796.

[25] Stamos, D. P.; Kishi, Y. Synthetic studies on halichondrins: A practical synthesis of the C.1–C.13 segment. *Tetrahedron Lett.* **1996,** *37*, 8643-8646.

[26] Sánchez-Sancho, F.; Valverde, S.; Herradón, B. Stereoselective syntheses and reactions of chiral oxygenated α,β-unsaturated-γ- and δ-lactones. *Tetrahedron: Asymmetry* **1996,** *7*, 3209-3246.

[27] Urbanek, R. A.; Sabes, S. F.; Forsyth, C. J. Efficient synthesis of okadaic acid. 1. Convergent assembly of the C15–C38 domain. *J. Am. Chem. Soc.* **1998,** *120*, 2523-2533.

[28] Oikawa, M.; Ueno, T.; Oikawa, H.; Ichihara, A. Total synthesis of tautomycin. *J. Org. Chem.* **1995,** *60*, 5048-5068.

[29] Chen, J.; Feng, L.; Prestwich, G. D. Asymmetric total synthesis of phosphatidylinositol 3-phosphate and

4-phosphate derivatives. *J. Org. Chem.* **1998,** *63*, 6511-6522.

[30] Tse, B. Total synthesis of (−)-Galbonolide B and the determination of its absolute Stereochemistry. *J. Am. Chem. Soc.* **1996,** *118*, 7094-7100.

[31] Martin, S. F.; Hida, T.; Kym, P. R.; Loft, M.; Hodgson, A. The asymmetric synthesis of Erythromycin B. *J. Am. Chem. Soc.* **1997,** *119*, 3193-3194.

[32] Xia, J.; Hui, Y. A convenient method for highly selective deprotection of benzylidene acetals from sugars. *Cheminform* **2010,** *26*, 881-886.

[33] Feldman, K. S.; Lawlor, M. D. Ellagitannin chemistry. The first total synthesis of a dimeric ellagitannin, Coriariin A. *J. Am. Chem. Soc.* **2000,** *122*, 7396-7397.

[34] Evans, D. A.; Kim, A. S.; Metternich, R.; Novack, V. J. General strategies toward the syntheses of macrolide antibiotics. The total syntheses of 6-Deoxyerythronolide B and Oleandolide. *J. Am. Chem. Soc.* **1998,** *120*, 5921-5942.

[35] Efremov, I.; Paquette, L. A. First synthesis of a rearranged neo-clerodane diterpenoid. development of totally regioselective trisubstituted furan ring assembly and medium-ring alkylation tactics for efficient access to (−)-Teubrevin G. *J. Am. Chem. Soc.* **2000,** *122*, 9324-9325.

[36] Mulzer, J.; Mantoulidis, A.; Öhler, E. Total syntheses of Epothilones B and D. *J. Org. Chem.* **2000,** *65*, 7456-7467.

[37] Pastó, M.; Moyano, A.; Pericàs, M. A.; Riera, A. Enantioselective synthesis of fully protected anti 3-amino-2-hydroxy butyrates. *Tetrahedron: Asymmetry* **1995,** *6*, 2329-2342.

[38] Fukase, K.; Fukase, Y.; Oikawa, M.; Liu, W.-C.; Suda, Y.; Kusumoto, S. Divergent synthesis and biological activities of lipid A analogues of shorter acyl chains. *Tetrahedron* **1998,** *54*, 4033-4050.

[39] Saito, S.; Kuroda, A.; Tanaka, K.; Kimura, R. A novel reducing system for acetal cleavage: $BH_3 \cdot S(CH_3)_2$-$BF_3 \cdot O(C_2H_5)_2$ combination. *Synlett* **1996,** 231-233.

[40] Lee, E.; Park, C. M.; Yun, J. S. Total synthesis of dactomelynes. *J. Am. Chem. Soc.* **1995,** *117*, 8017-8018.

[41] Renard, P.-Y.; Six, Y.; Lallemand, J.-Y. 1,3-dienylboronates in diels-alder reaction: Part Ⅲ. *Tetrahedron Lett.* **1997,** *38*, 6589-6590.

[42] Dang, H.-S.; Roberts, B. P.; Sekhon, J.; Smits, T. M. Deoxygenation of carbohydrates by thiol-catalysed radical-chain redox rearrangement of the derived benzylidene acetals. *Org. Biomol. Chem.* **2003,** *1*, 1330-1341.

[43] Zhang, Z.; Magnusson, G. DDQ-Mediated oxidation of 4,6-*O*-methoxybenzylidene-protected saccharides in the presence of various nucleophiles: formation of 4-OH, 6-Cl, and 6-Br derivatives. *J. Org. Chem.* **1996,** *61*, 2394-2400.

[44] Nugent, T. C.; Hudlicky, T. Chemoenzymatic synthesis of all four stereoisomers of sphingosine from chlorobenzene: glycosphingolipid precursors1a. *J. Org. Chem.* **1998,** *63*, 510-520.

[45] Rich, R. H.; Bartlett, P. A. Synthesis of (−)-2-fluoroshikimic acid. *J. Org. Chem.* **1996,** *61*, 3916-3919.

[46] Kita, Y.; Arisawa, M.; Gyoten, M.; Nakajima, M.; Hamada, R.; Tohma, H.; Takada, T. Oxidative intramolecular phenolic coupling reaction induced by a hypervalent iodine(Ⅲ) reagent: leading to galanthamine-type amaryllidaceae alkaloids. *J. Org. Chem.* **1998,** *63*, 6625-6633.

[47] Mori, Y.; Asai, M.; Kawade, J.-i.; Furukawa, H. Total synthesis of the polyene macrolide antibiotic roxaticin. II. Total synthesis of roxaticin. *Tetrahedron* **1995,** *51*, 5315-5330.

[48] Yoon, T.; Shair, M. D.; Danishefsky, S. J.; Shulte, G. K. Experiments directed toward a total synthesis of Dynemicin A: a solution to the stereochemical problem. *J. Org. Chem.* **1994,** *59*, 3752-3754.

[49] Kelly, T. R.; Szabados, A.; Lee, Y.-J. Total synthesis of Garcifuran B. *J. Org. Chem.* **1997,** *62*, 428-429.

[50] Sartori, G.; Ballini, R.; Bigi, F.; Bosica, G.; Maggi, R.; Righi, P. Protection (and deprotection) of functional groups in organic synthesis by heterogeneous catalysis. *Chem. Rev.* **2004,** *104*, 199-250.

[51] van Otterlo, W. A. L.; Morgans, G. L.; Madeley, L. G.; Kuzvidza, S.; Moleele, S. S.; Thornton, N.; de Koning, C. B. An isomerization-ring-closing metathesis strategy for the synthesis of substituted benzofurans. *Tetrahedron* **2005,** *61*, 7746-7755.

[52] Zhang, B.-L.; Wang, F.-D.; Yue, J.-M. A New Efficient Method for the Total Synthesis of Linear Furocoumarins.

Synlett **2006,** 0567-0570.

[53] Ghosh, A. K.; Wang, Y. Synthetic studies of nucleoside antibiotics: a formal synthesis of (+)-sinefungin. *J. Chem. Soc., Perkin Trans. 1* **1999,** 3597-3601.

[54] Delpech, B.; Calvo, D.; Lett, R. Total synthesis of forskolin — Part Ⅱ. *Tetrahedron Lett.* **1996,** *37*, 1019-1022.

[55] Karpeisky, A.; Gonzalez, C.; Burgin, A. B.; Beigelman, L. Highly efficient synthesis of 2′-O-amino nucleosides and their incorporation in hammerhead ribozymes. *Tetrahedron Lett.* **1998,** *39*, 1131-1134.

[56] Nishizono, N.; Sumita, Y.; Ueno, Y.; Matsuda, A. Effects of 2′-*O*-(trifluoromethyl) adenosine on oligodeoxynucleotide hybridization and nuclease stability. *Nucleic Acids Res.* **1998,** *26*, 5067-5072.

[57] Wang, G.; Girardet, J.-L.; Gunic, E. Conformationally locked nucleosides. Synthesis and stereochemical assignments of 2′-C,4′-C-bridged bicyclonucleosides. *Tetrahedron* **1999,** *55*, 7707-7724.

[58] Zhu, X.-F.; Williams, H. J.; Scott, A. I. Aqueous trifluoroacetic acid—an efficient reagent for exclusively cleaving the 5′-end of 3′,5′-TIPDS protected ribonucleosides. *Tetrahedron Lett.* **2000,** *41*, 9541-9545.

[59] Reese, C. B.; Wu, Q. Conversion of 2-deoxy-d-ribose into 2-amino-5-(2-deoxy-β-d-ribofuranosyl) pyridine, 2′-deoxypseudouridine, and other C-(2′-deoxyribonucleosides). *Org. Biomol. Chem.* **2003,** *1*, 3160-3172.

[60] Danishefsky, S. J.; Masters, J. J.; Young, W. B.; Link, J. T.; Snyder, L. B.; Magee, T. V.; Jung, D. K.; Isaacs, R. C. A.; Bornmann, W. G.; Alaimo, C. A.; Coburn, C. A.; Di Grandi, M. J. Total synthesis of Baccatin Ⅲ and taxol. *J. Am. Chem. Soc.* **1996,** *118*, 2843-2859.

[61] Wachtmeister, J.; Classon, B.; Samuelsson, B.; Kvarnström, I. Synthesis of 2′,3′-dideoxycyclo-2′-pentenyl-3′-C-hydroxymethyl carbocyclic nucleoside analogues as potential anti-viral agents. *Tetrahedron* **1995,** *51*, 2029-2038.

[62] Borrelly, S.; Paquette, L. A. Studies directed to the synthesis of the unusual cardiotoxic agent kalmanol. Enantioselective construction of the advanced tetracyclic 7-oxy-5,6-dideoxy congener. *J. Am. Chem. Soc.* **1996,** *118*, 727-740.

[63] Marcantoni, E.; Nobili, F.; Bartoli, G.; Bosco, M.; Sambri, L. Cerium(Ⅲ) chloride, a novel reagent for nonaqueous selective conversion of dioxolanes to carbonyl compounds. *J. Org. Chem.* **1997,** *62*, 4183-4184.

[64] Carreño, M. C.; García-Cerrada, S.; Urbano, A. Enantiopure dihydro-[5]-helicenequinones via Diels–Alder reactions of vinyl dihydrophenanthrenes and 2-(*p*-tolylsulfinyl)-1,4-benzoquinone. *J. Am. Chem. Soc.* **2001,** *123*, 7929-7930.

[65] Sen, S. E.; Roach, S. L.; Boggs, J. K.; Ewing, G. J.; Magrath, J. Ferric chloride hexahydrate: a mild hydrolytic agent for the deprotection of acetals. *J. Org. Chem.* **1997,** *62*, 6684-6686.

[66] Engstrom, K. M.; Mendoza, M. R.; Navarro-Villalobos, M.; Gin, D. Y. Total synthesis of (+)-Pyrenolide D. *Angew. Chem. Int. Ed.* **2001,** *40*, 1128-1130.

[67] Markó, I. E.; Ates, A.; Gautier, A.; Leroy, B.; Plancher, J.-M.; Quesnel, Y.; Vanherck, J.-C. Cerium(Ⅳ)-catalyzed deprotection of acetals and ketals under mildly basic conditions. *Angew. Chem. Int. Ed.* **1999,** *38*, 3207-3209.

[68] Cossy, J.; Bellosta, V.; Ranaivosata, J.-L.; Gille, B. Formation of radicals by irradiation of alkyl halides in the presence of triethylamine. Application to the synthesis of (±)-bisabolangelone. *Tetrahedron* **2001,** *57*, 5173-5182.

[69] Ishihara, J.; Murai, A. Absolute construction of the whole mother skeleton of hemibrevetoxin-B. *Synlett* **1996,** 363-365.

[70] Nicolaou, K. C.; Ajito, K.; Patron, A. P.; Khatuya, H.; Richter, P. K.; Bertinato, P. Total synthesis of swinholide A. *J. Am. Chem. Soc.* **1996,** *118*, 3059-3060.

[71] Selkälä, S. A.; Koskinen, A. M. P. Preparation of bicyclo[4.3.0]nonanes by an organocatalytic intramolecular Diels–Alder reaction. *Eur. J. Org. Chem.* **2005,** 1620-1624.

[72] Wright, S. W.; Hageman, D. L.; Wright, A. S.; McClure, L. D. Convenient preparations of *t*-butyl esters and ethers from *t*-butanol. *Tetrahedron Lett.* **1997,** *38*, 7345-7348.

[73] Belvisi, L.; Colombo, L.; Colombo, M.; Di Giacomo, M.; Manzoni, L.; Vodopivec, B.; Scolastico, C. Practical stereoselective synthesis of conformationally constrained unnatural proline-based amino acids and peptidomimetics. *Tetrahedron* **2001,** *57*, 6463-6473.

[74] Li, X.; Atkinson, R. N.; Bruce King, S. Preparation and evaluation of new l-canavanine derivatives as nitric oxide synthase inhibitors. *Tetrahedron* **2001,** *57*, 6557-6565.

[75] Kokotos, G.; Chiou, A. Convenient synthesis of benzyl and allyl esters using benzyl and allyl 2,2,2-trichloroacetimidate. *Synthesis* **1997,** 168-170.

[76] Herb, C.; Bayer, A.; Maier, M. E. Total synthesis of salicylihalamides A and B. *Chem. Eur. J.* **2004,** *10*, 5649-5660.

[77] Evans, D. A.; Ripin, D. H. B.; Halstead, D. P.; Campos, K. R. Synthesis and absolute stereochemical assignment of (+) -Miyakolide. *J. Am. Chem. Soc.* **1999,** *121*, 6816-6826.

[78] Evans, D. A.; Carter, P. H.; Carreira, E. M.; Charette, A. B.; Prunet, J. A.; Lautens, M. Total synthesis of bryostatin 2. *J. Am. Chem. Soc.* **1999,** *121*, 7540-7552.

[79] Sajiki, H. Selective inhibition of benzyl ether hydrogenolysis with Pd/C due to the presence of ammonia, pyridine or ammonium acetate. *Tetrahedron Lett.* **1995,** *36*, 3465-3468.

[80] Dalko, P. I.; Brun, V.; Langlois, Y. A concise synthesis of (−)-mesembrine. *Tetrahedron Lett.* **1998,** *39*, 8979-8982.

[81] Uchida, H.; Nishida, A.; Nakagawa, M. An efficient access to the optically active manzamine tetracyclic ring system. *Tetrahedron Lett.* **1999,** *40*, 113-116.

[82] Xue, C.-B.; He, X.; Roderick, J.; Corbett, R. L.; Decicco, C. P. Asymmetric synthesis of *trans*-2,3-Piperidinedicarboxylic acid and *trans*-3,4-piperidinedicarboxylic acid derivatives. *J. Org. Chem.* **2002,** *67*, 865-870.

[83] Temal-Laïb, T.; Chastanet, J.; Zhu, J. A convergent approach to cyclopeptide alkaloids: total synthesis of sanjoinine G1. *J. Am. Chem. Soc.* **2002,** *124*, 583-590.

[84] Desai, R. C. A convenient synthesis of the novel hypoglycemic agent SDZ PGU 693. *J. Org. Chem.* **2001,** *66*, 4939-4940.

（武善超，姚建忠）

第 5 章 碳氢键后期官能团化策略

合成药物和天然产物等生物活性分子中含有丰富的碳氢键。直接将这些碳氢键转化为多样性官能团，可以避免繁琐的多步合成，实现各种衍生物的快速高效构建，成为药物先导物结构改造和构效关系研究的有效工具，这一药物合成策略被称为碳氢键后期官能团化 (late stage functionalization, LSF)。近年来，随着各种碳氢键官能团化合成方法学的蓬勃发展，该策略在新药研发中得到了广泛应用。本章将重点介绍近十年该策略的重要进展。

5.1 碳氢键后期官能团化的基本概念与分类

利用传统方法对碳氢键进行官能团化，需要先将碳氢键转化为较为活泼的碳卤键、碳硼键等，进而实现多样性官能团化衍生。这一合成策略需要多步反应，并且反应过程中会生成无机卤化物、硼化物等副产物，增加了合成成本，不符合绿色化学的发展趋势 [图 5-1 (a)]。然而，通过碳氢键活化的方式，直接进行官能团化衍生，则有效避免了这些问题，成为近年来有机合成方法学的研究热点 [图 5-1(b)]。将该反应方式用于复杂分子中碳氢键的直接官能团化和多样性衍生物的合成，即碳氢键后期官能团化。本章将主要聚焦该策略在新药研发中的应用。

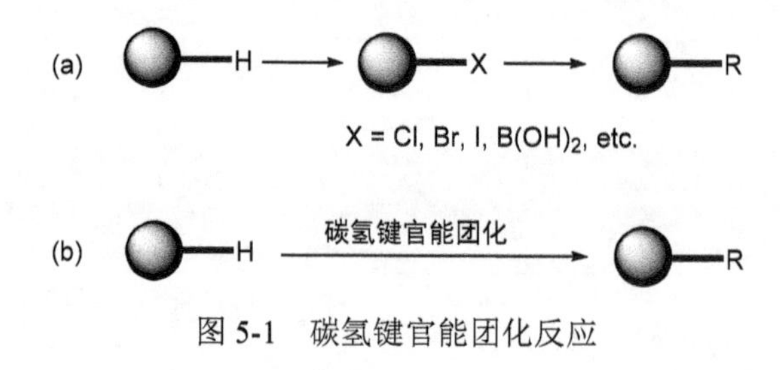

图 5-1　碳氢键官能团化反应

由于合成药物和天然产物等生物活性分子中通常含有多个碳氢键，具有结构复杂和官能团多样的特点，因此高效和高选择性的碳氢键官能团化反应对该策略的实施至关重要。依据实现选择性的方式不同，本章将碳氢键后期官能团化分为导向性碳氢键后期官能团化和非导向性碳氢键后期官能团化两种。其中导向性碳氢键后期官能团化，是通过特定导向基团的配位等作用，大位阻催化剂/试剂的使用，或酶的分子识别等作用，在多个碳氢键之间实现高选择性。由于对底物具有较高的要求，客观上限制了其应用范围。非导向性碳氢键后期官能团化，其选择性通常由碳氢键本身的特性（位阻和电子云密度等）决定，具有适用范围广的优点，但选择性往往不是很理想。此外，本章还对碳氢键后期官能团化在药物化学和化学生物学领域的代表性应用实例进行了解析。

5.2

导向性碳氢键后期官能团化

导向性碳氢键后期官能团化，依据导向方式的不同，可分为导向基团诱导的碳氢键后期官能团化、位阻诱导的碳氢键后期官能团化和酶催化的碳氢键后期官能团化。

5.2.1 导向基团诱导的碳氢键后期官能团化

该策略旨在通过在碳氢键的邻近位点引入导向基团，利用过渡金属催化剂在碳氢键之间的插入以及与导向基团的配位，与底物形成较为稳定的五元或六元环的过渡态，从而介导碳氢键选择性官能团化反应，在芳基 sp^2 碳氢键和 sp^3 碳氢键的后期官能团化反应中应用广泛（图 5-2）。此外，利用自由基 1,5-氢迁移的方式进行选择性碳氢键官能团化反应，反应条件更温和，避免了有毒昂贵过渡金属的使用，近年来也得到了一定的发展。

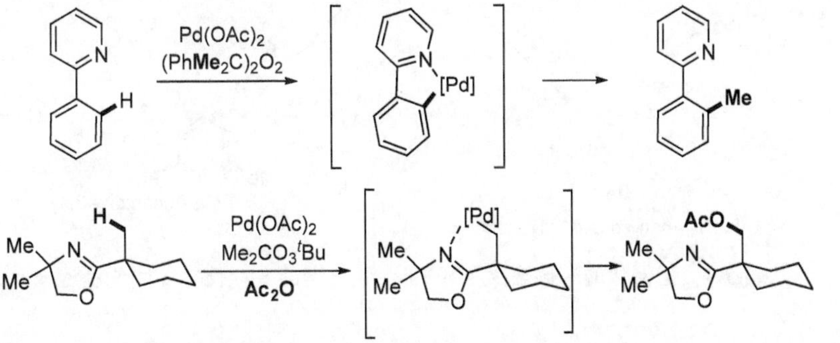

N
H
$Pd(OAc)_2$
$(PhMe_2C)_2O_2$
N
[Pd]
N
Me
H
Me
Me
N
O
$Pd(OAc)_2$
$Me_2CO_3{}^tBu$
Ac_2O
[Pd]
Me
Me
N
O
AcO
Me
Me
N
O

图 5-2 导向基团诱导的碳氢键后期官能团化反应模式

5.2.1.1 导向基团诱导的 sp^2 碳氢键后期官能团化

该策略旨在对生物活性分子中芳基或杂芳基的碳氢键进行选择性官能团化。主要使用过渡金属催化的碳氢键活化反应。羧基、磺酰胺、酰胺、吡啶、噁唑、肟等多种基团被用作导向基团。这些导向基团可以和过渡金属配位，从而调控该反应的区域选择性。下面将以苯磺酰胺和酰胺噁唑导向基团为实例来介绍该策略。

苯磺酰胺是一类存在于近 200 种市售药物中的药效基团，包括“重磅炸弹型”非甾体抗炎药塞来昔布等。同时，该基团还是过渡金属钯催化剂有效的配位基团，可以作为导向基团，参与芳基碳氢键后期官能团化反应。2011 年，美国 Scripps 研究所余金权课题组[1]报道了以苯磺酰胺为导向基团的 sp^2 碳氢键后期官能团化研究，并成功应用于含苯磺酰胺药效团药物衍生物的快速合成。使用 *N*-五氟苯基苯磺酰胺为模板底物，以醋酸钯为催化剂，乙酰基保护的亮氨酸为配体，醋酸银为氧化剂，探索了苯磺酰胺邻位 sp^2 碳氢键后期官能团化的可行性。结果表明，烯基、芳基、烷基、卤素、羧基和羰基等，都能通过该策略快速引入 (图 5-3)。

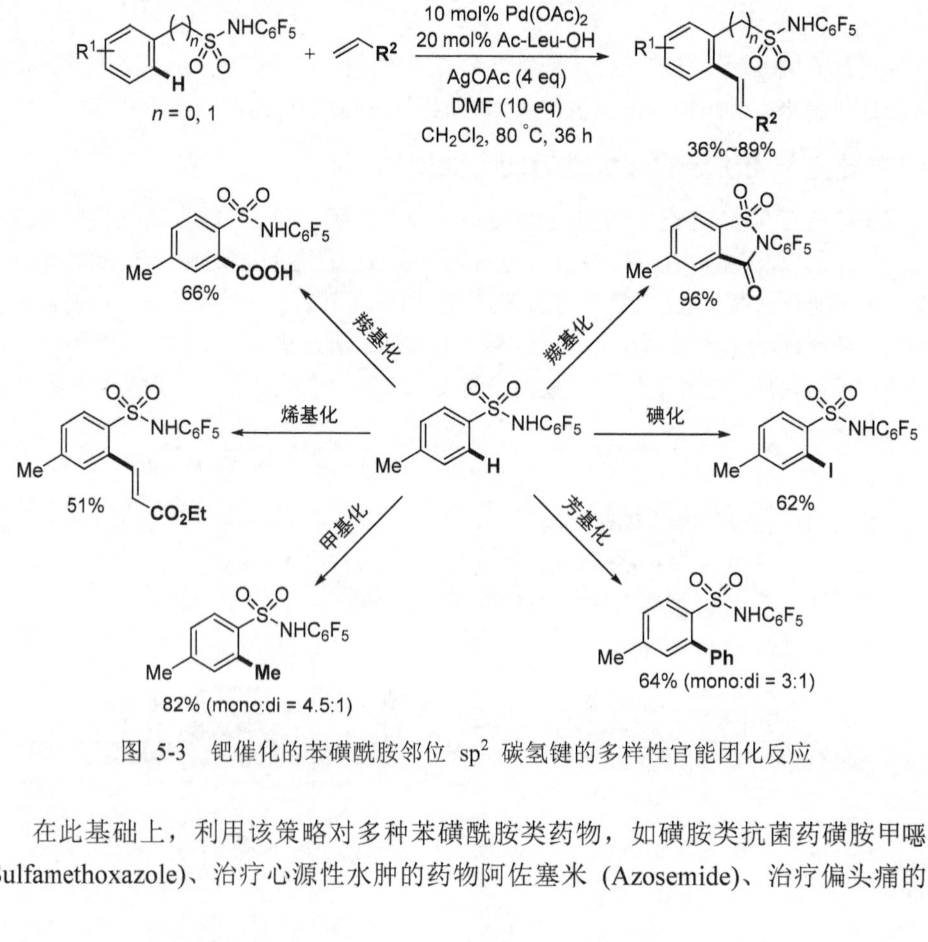

图 5-3 钯催化的苯磺酰胺邻位 sp^2 碳氢键的多样性官能团化反应

在此基础上，利用该策略对多种苯磺酰胺类药物，如磺胺类抗菌药磺胺甲噁唑 (Sulfamethoxazole)、治疗心源性水肿的药物阿佐塞米 (Azosemide)、治疗偏头痛的药

物舒马曲坦 (Sumatriptan)、非甾体抗炎药塞来昔布 (Celecoxib) 等进行了后期官能团化研究 (图 5-4)，快速高效地实现了相关衍生物的合成。而利用传统方法完成这些转化，需要重新设计合成路线，步骤繁琐，效率低下。因此碳氢键后期官能团化反应在药物合成中显示出了广阔的应用前景。

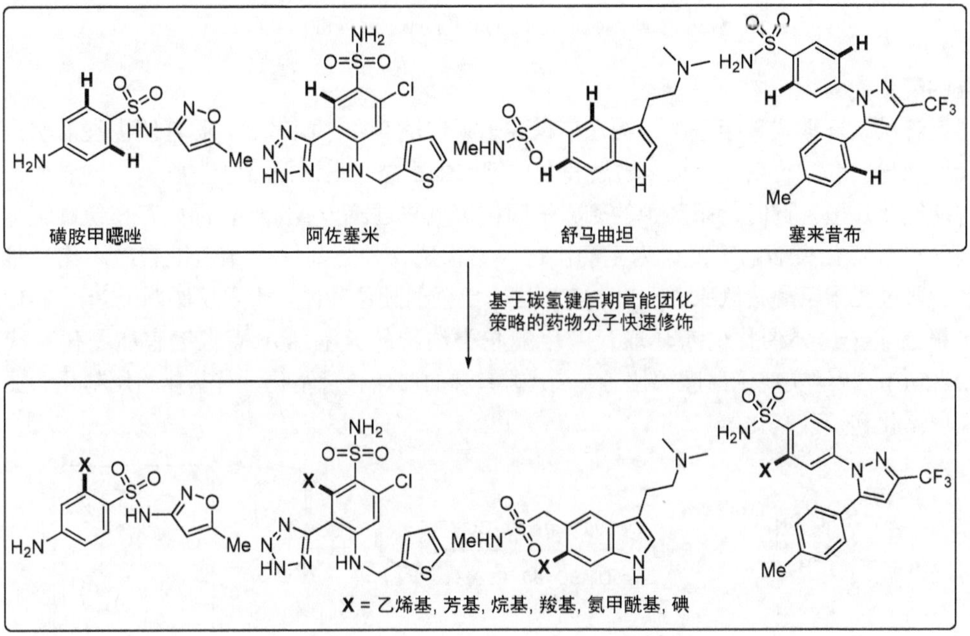

图 5-4 苯磺酰胺类药物的 sp^2 碳氢键后期官能团化研究

受余金权课题组工作启发，以多肽磺酰胺作导向基团，2018 年南京大学王欢课题组[2]报道了金属钯催化的芳基 sp^2 碳氢键后期官能团化反应，实现了芳基碳氢键的选择性烯化和多样性磺酰胺多肽骨架的有效构建。此外，通过分子内相关策略的实施，还实现了挑战性大环化结构的有效合成 (图 5-5)。需要指出的是，在丰富配位基团多肽骨架存在的情况下，该反应实现了较高的碳氢键选择性，再次显示了磺酰胺基团较

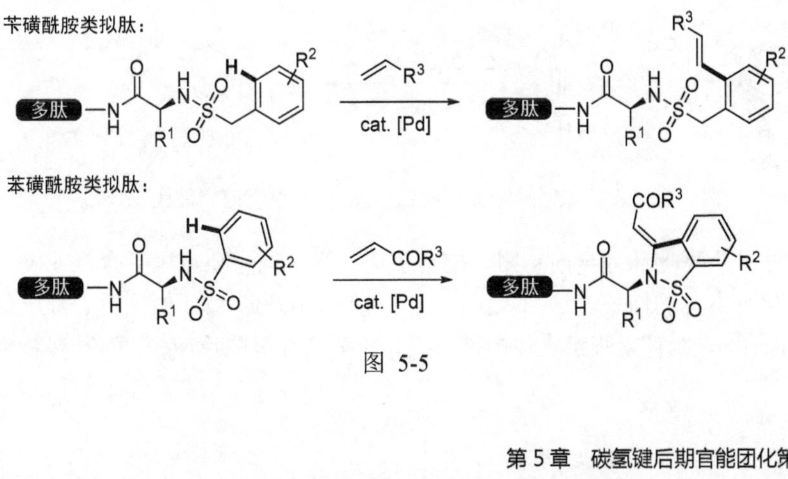

图 5-5

苯磺酰胺类大环肽：

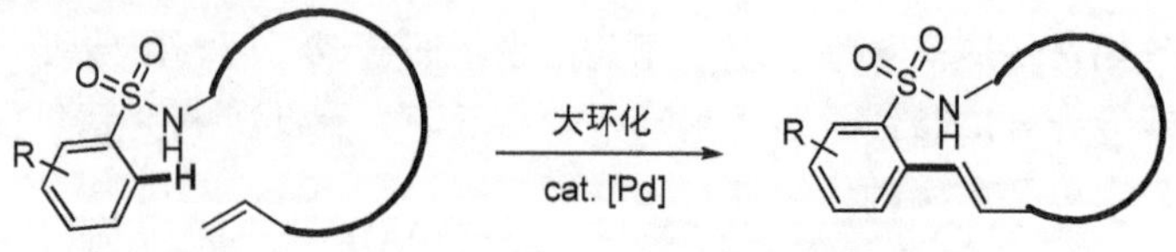

图 5-5　多肽磺酰胺导向的芳基 sp^2 碳氢键烯化反应

强的配位能力。

各种杂环取代苯甲酰胺结构在药物分子中广泛存在。同时，酰胺基团也被证明是良好的导向和配位基团，可以通过和金属钯或铜配位，来调控邻位芳基 sp^2 碳氢键的官能团化反应。同时，杂环中的氮原子同样可以与过渡金属配位，因此存在使过渡金属催化剂毒化失活的可能。为了解决这一结构选择性芳基 sp^2 碳氢键官能团化的难题，通过在苯甲酰胺氮原子上引入噁唑这一更强的配位基团，余金权课题组[3]于 2017 年报道了金属铜催化的杂环取代苯甲酰胺类结构的芳基 sp^2 碳氢键官能团化反应（图 5-6），相继实现了酰胺邻位芳基 sp^2 碳氢键的胺化、羟基化、芳基化、炔基化、三氟甲基化和苯硫基化等。

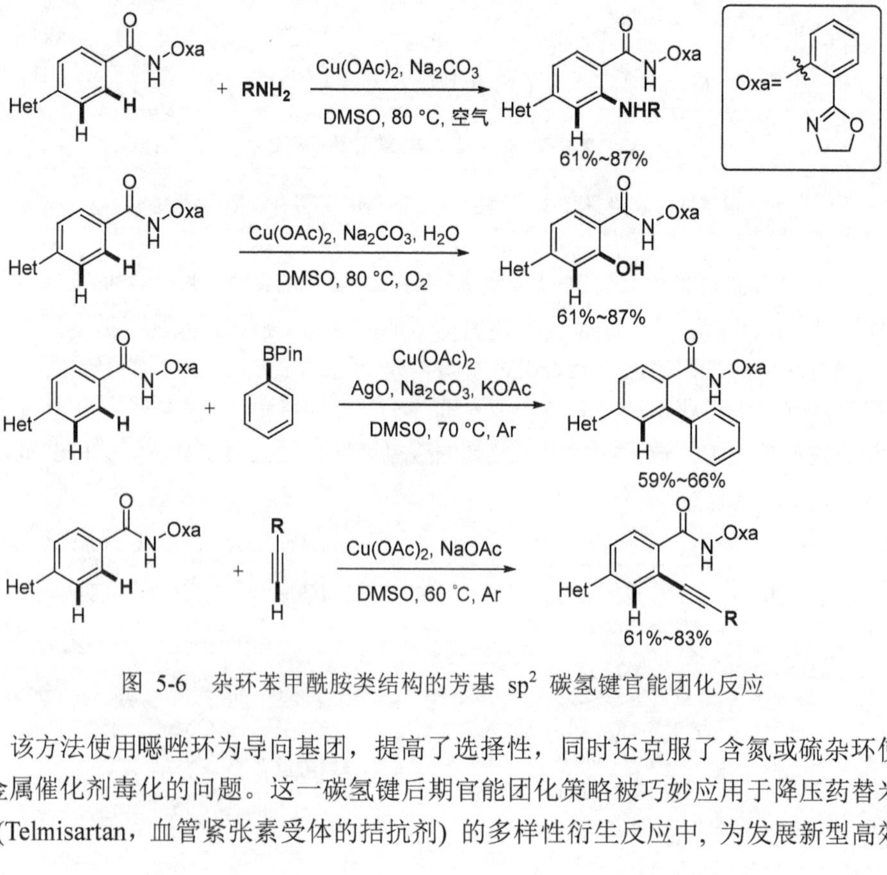

图 5-6　杂环苯甲酰胺类结构的芳基 sp^2 碳氢键官能团化反应

该方法使用噁唑环为导向基团，提高了选择性，同时还克服了含氮或硫杂环使过渡金属催化剂毒化的问题。这一碳氢键后期官能团化策略被巧妙应用于降压药替米沙坦（Telmisartan，血管紧张素受体的拮抗剂）的多样性衍生反应中，为发展新型高效降

压药提供了新思路 (图 5-7)。

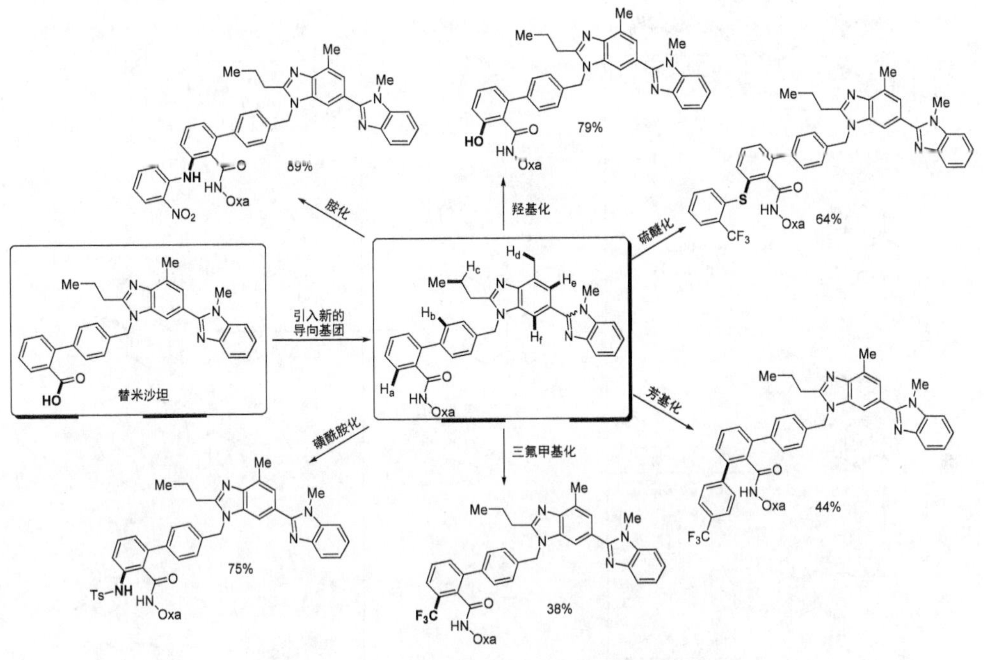

图 5-7　替米沙坦的 sp^2 碳氢键后期官能团化

除了苯磺酰胺和酰胺噁唑可以作为导向基团介导芳基 sp^2 碳氢键后期官能团化反应之外，余金权小组利用简单的羧酸和酰胺为导向基团，报道了天然产物 (+)-hongoquercin A 的碳氢键后期官能团化研究。在羧基/酰胺的邻位快速引入羟基、烯基、苯基、氟烷基、氨基、内酯、内酰胺等基团 (图 5-8) [4]。

另外，使用特定的氰基导向基团，通过十二元环过渡态，过渡金属催化也可以催化芳基间位 sp^2 碳氢键的后期官能团化反应，并在复杂分子后期官能团化中得到初步应用[5]。

5.2.1.2　导向基团诱导的 sp^3 碳氢键后期官能团化

（1）过渡金属催化的 sp^3 碳氢键后期官能团化

sp^3 碳氢键在药物分子和天然产物中含量丰富，直接将其转化为碳氮键，引入多样性含氮基团，是提高水溶性、改善药代动力学性质、提高药效的有效途径。因此针对生物活性分子中的 sp^3 碳氢键，进行后期官能团化研究，具有重要价值。然而，与导向基团诱导的 sp^2 碳氢键后期官能团化易于发生不同，过渡金属复合物易于发生 β-消除，导致了 sp^3 碳氢键的后期官能团化研究相对滞后。2014 年，韩国科学技术院的 Sukbok Chang 课题组[6]报道了金属铱催化下亚胺导向的 sp^3 碳氢键磺酰胺和酰胺化反应 (图 5-9)。该反应以磺酰基和酰基叠氮作为氨基源，反应条件温和，底物适用范围广，官能团兼容性强，为通过碳氢键后期官能团化的方法在特定生物活性分子中引入含氮基团提供了有效的工具。

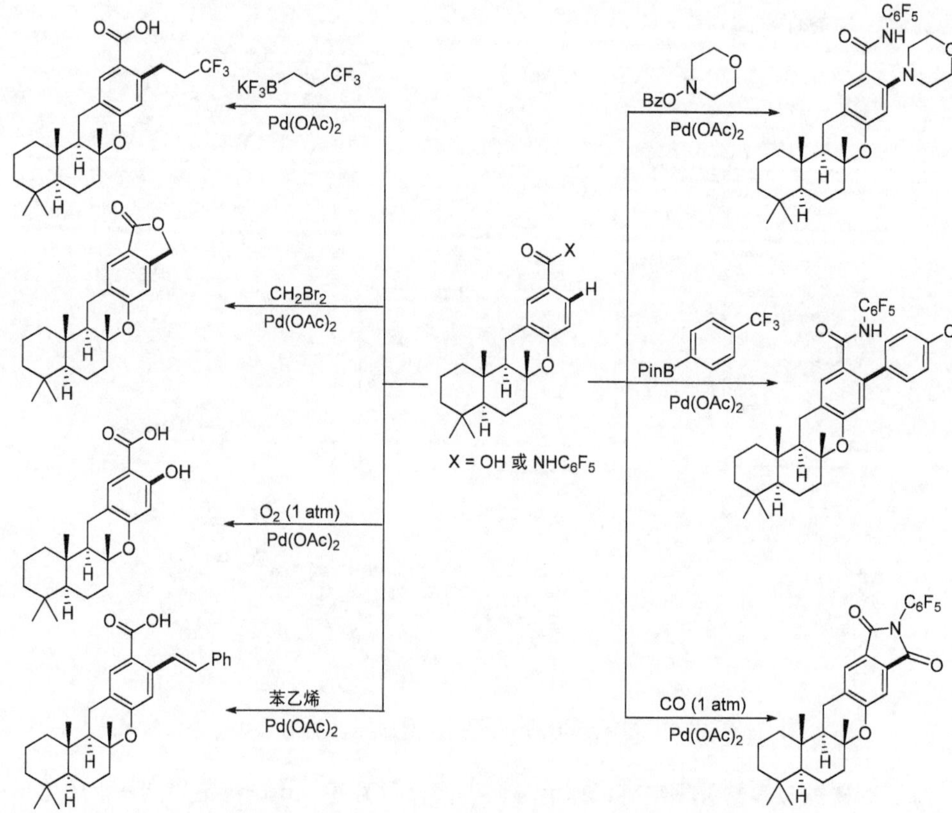

O OH
CF_3
KF_3B CF_3
$Pd(OAc)_2$
H
H

CH_2Br_2
$Pd(OAc)_2$
H
H

O OH
OH
O_2 (1 atm)
$Pd(OAc)_2$
H
H

O OH
Ph
苯乙烯
$Pd(OAc)_2$
H
H

O X
H
H
H
X = OH 或 NHC_6F_5

BzO N O
$Pd(OAc)_2$
C_6F_5
O NH
N O
H
H

PinB CF_3
$Pd(OAc)_2$
C_6F_5
O NH
CF_3
H
H

CO (1 atm)
$Pd(OAc)_2$
O N C_6F_5
O
H
H

图 5-8 天然产物 (+)-hongoquercin A 的 sp^2 碳氢键后期官能团化

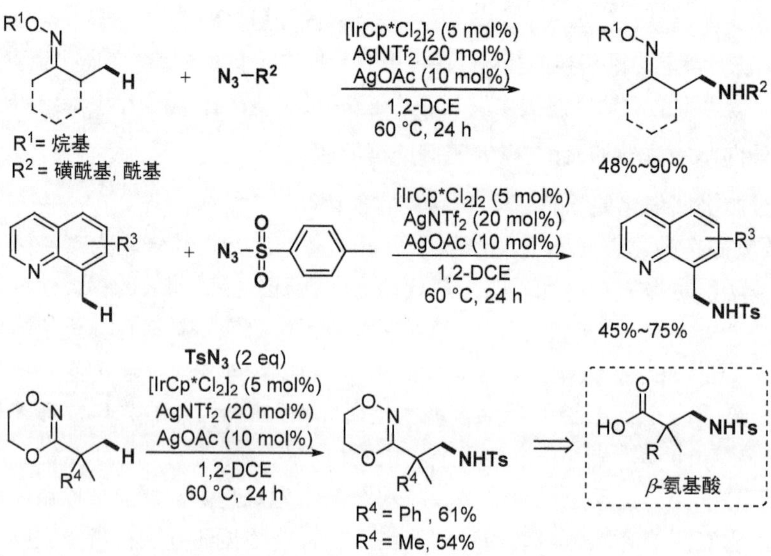

R^1O N
H
+ N_3-R^2
$[IrCp^*Cl_2]_2$ (5 mol%)
$AgNTf_2$ (20 mol%)
AgOAc (10 mol%)
1,2-DCE
60 °C, 24 h
R^1O N
NHR^2
R^1= 烷基
R^2 = 磺酰基, 酰基
48%~90%

N R^3
H
+ $N_3-S(O)_2-C_6H_4-CH_3$
$[IrCp^*Cl_2]_2$ (5 mol%)
$AgNTf_2$ (20 mol%)
AgOAc (10 mol%)
1,2-DCE
60 °C, 24 h
N R^3
NHTs
45%~75%

O N
O
R^4
H
TsN_3 (2 eq)
$[IrCp^*Cl_2]_2$ (5 mol%)
$AgNTf_2$ (20 mol%)
AgOAc (10 mol%)
1,2-DCE
60 °C, 24 h
O N
O
R^4
NHTs
R^4 = Ph , 61%
R^4 = Me, 54%
⟹
O
HO NHTs
R
β-氨基酸

图 5-9 铱催化下导向基团诱导的 sp^3 碳氢键 (磺) 酰胺化反应

2017 年，英国哈德斯菲尔德大学的 Joseph B. Sweeney 课题组[7]报道了 Pd 催化下磺酰胺导向的 sp^3 碳氢键烯丙基化反应，该反应能够合成一系列 sp^3 碳氢键烯丙基化的磺酰胺结构(图 5-10)。该反应在室温下即可有效进行，被成功用于一类磺酰胺类药物的烯丙基化后期官能团化修饰。

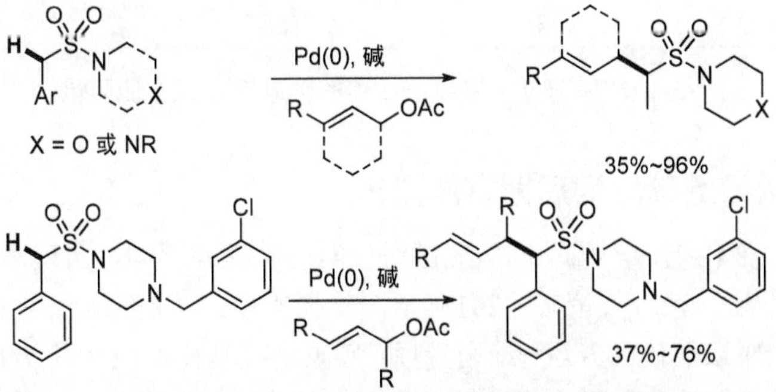

X = O 或 NR

Pd(0), 碱

35%~96%

37%~76%

图 5-10 磺酰胺导向的 sp^3 碳氢键烯丙基化后期官能团化反应

（2）1,5-氢迁移介导的 sp^3 碳氢键后期官能团化

基于自由基的 1,5-氢原子转移 (hydrogen atom transfer, HAT) 也被证明是 sp^3 碳氢键官能团化的有效工具。该方法通常由氮或氧自由基的生成启动，通过形成六元环的过渡态，使距离该自由基五个化学键处的碳氢键均裂生成相应的碳自由基，进而发生各种官能团化反应 (图 5-11)。在该过程中，生成自由基的含氧或氮基团可被认为是该类反应的导向基团。与过渡金属催化的碳氢键官能团化反应相比，该反应在温和的条件下即可进行，在复杂药物分子碳氢键后期官能团化中有着更广的应用前景。

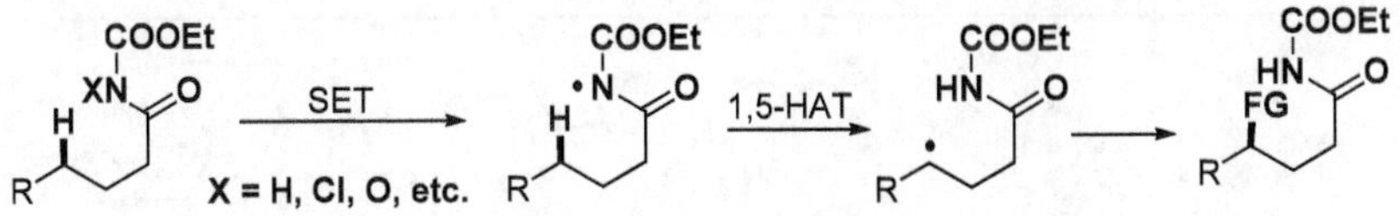

SET

X = H, Cl, O, etc.

1,5-HAT

图 5-11 1,5-氢原子转移的碳氢键官能团化反应模式

2017 年，美国哥伦比亚大学的 Rovis 课题组[8]报道了基于可见光催化 1,5-氢迁移的碳氢键后期官能团化反应。使用酰胺为导向基团，首先在可见光催化的条件下，经金属铱光催化剂介导的单电子转移 (single electron transfer, SET)，生成酰胺氮自由基，进而发生 1,5-氢迁移，实现酰胺 γ 位的碳氢键活化和与迈克尔受体的 1,4-加成，糖和甾体类结构对该反应都有良好的兼容性 (图 5-12)。

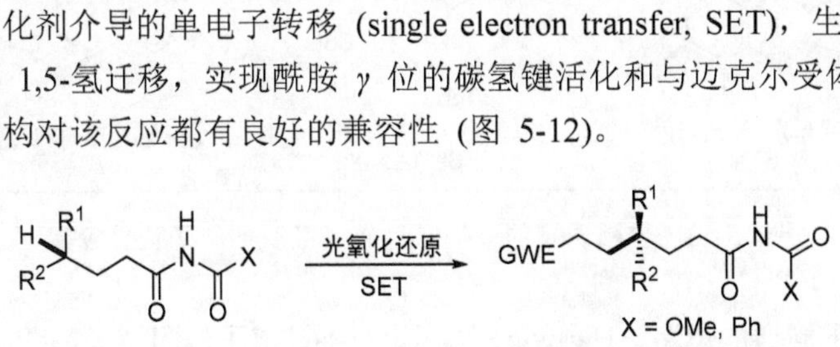

光氧化还原

SET

X = OMe, Ph

图 5-12

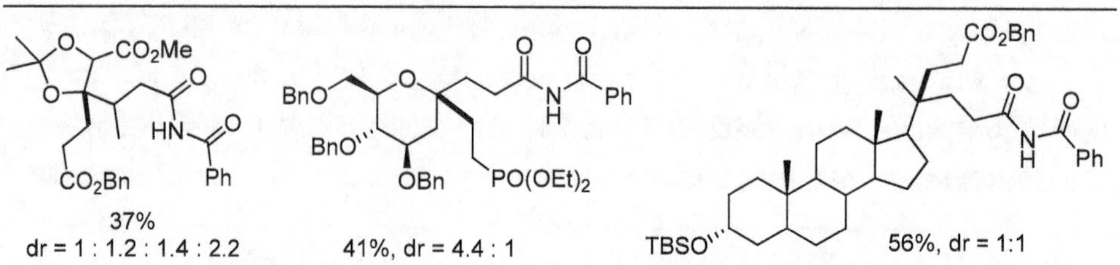

37%
dr = 1 : 1.2 : 1.4 : 2.2

41%, dr = 4.4 : 1

56%, dr = 1:1

图 5-12 基于 1,5-氢原子转移的碳氢键后期官能团化

5.2.2 位阻诱导的碳氢键后期官能团化

使用大位阻催化剂，利用不同碳氢键对位阻的敏感性不同，实现碳氢键的选择性官能团化，是另外一种有效策略。2015 年，美国加州大学伯克利分校的 Hartwig 课题组[9]报道了金属铱催化的芳烃 (或杂芳烃) 碳氢键硅基化反应 (图 5-13)。该反应使用 1,10-二氮菲配位的大位阻金属铱为催化剂，使用大体积的硅烷为硅化试剂，在温和的条件下，利用碳氢键对位阻的敏感性差异，实现了碳氢键高选择性硅基化。该反应能够被多类药物分子所兼容，显示出广泛的后期功能化应用前景。需要指出的是，所生成的芳基硅可以进一步转化为多种官能团，实现药物分子衍生物的快速合成，显示出广阔的应用前景。

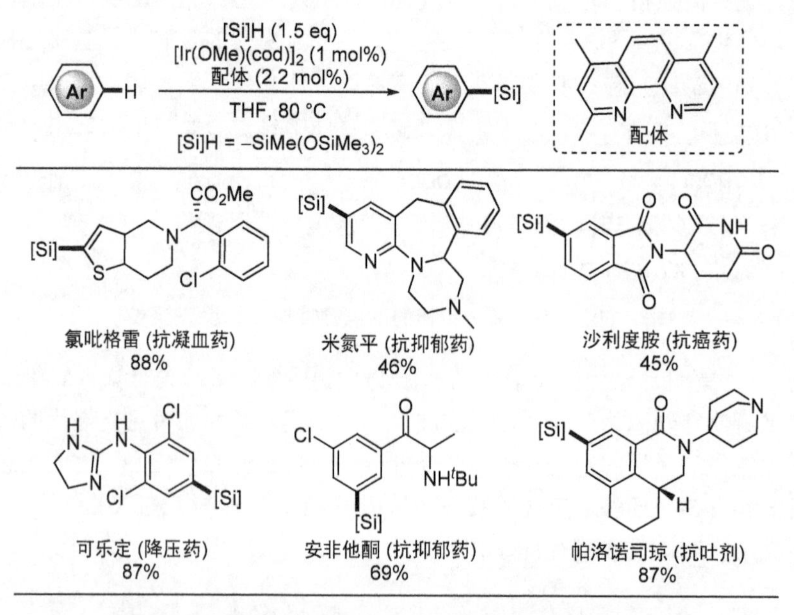

图 5-13 位阻诱导的芳基 sp^2 碳氢键后期硅基化反应

另外，基于同样的思路，Hartwig 课题组[10]还报道了位阻诱导的芳基 sp^2 碳氢键选择性硼基化反应，并在复杂药物分子的后期官能团化中得到了应用。

5.2.3 酶催化的碳氢键后期官能团化

酶催化的反应通常具有更优的化学、区域和立体选择性，同时可以在较为温和绿色的条件下进行，尤其是酶定向进化策略的实施，使得酶催化的反应在碳氢活化和碳氢键后期官能团化研究中得到了广泛的应用。

小白菊内酯 (parthenolide) 具有广谱的抗肿瘤活性，显示出良好的新药开发前景。然而结构的复杂性和官能团的多样性，严重制约了衍生物的合成和构效关系研究，成为其新药开发的瓶颈。2013 年，美国罗切斯特大学 Fasan 课题组[11]利用酶催化反应技术，通过筛选不同的 P450 氧化酶，实现了 C9 和 C14 位 sp^3 碳氢键的选择性羟基化 (图 5-14)，进一步反应合成了一系列 C9 和 C14 位衍生物，其中两个化合物对急性髓系白血病 (AML) 细胞株显示出更强的抑制活性，为进一步药物开发奠定了基础。

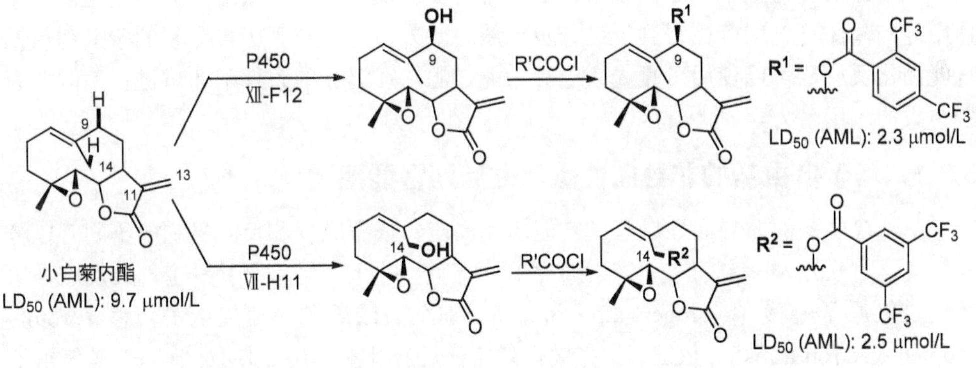

小白菊内酯
LD_{50} (AML): 9.7 μmol/L
P450 XII-F12
P450 VII-H11
R'COCl
R^1 =
LD_{50} (AML): 2.3 μmol/L
R^2 =
LD_{50} (AML): 2.5 μmol/L

图 5-14 酶催化的小白菊内酯 sp^3 碳氢键后期官能团化反应

酶催化技术同样可以应用于 sp^2 碳氢键的后期官能团化。2016 年，美国芝加哥大学的 Lewis 课题组[12]使用卤化酶 (halogenase) 为催化剂，在多种碳氢键存在的情况下，实现了芳基碳氢键向碳卤键的选择性转化。生成的卤代物可以继续进行钯催化的偶联反应，高效合成多种相关衍生物 (图 5-15)。而这些转化很难在简单的化学反应

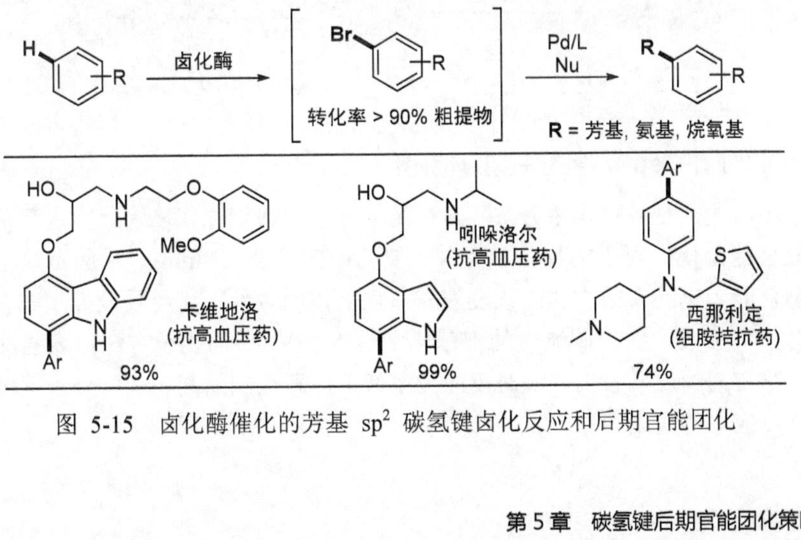

卤化酶
转化率 > 90% 粗提物
Pd/L Nu
R = 芳基, 氨基, 烷氧基
卡维地洛 (抗高血压药) 93%
吲哚洛尔 (抗高血压药) 99%
西那利定 (组胺拮抗药) 74%

图 5-15 卤化酶催化的芳基 sp^2 碳氢键卤化反应和后期官能团化

体系中实现，再一次显示了酶促碳氢键后期官能团化在药物合成中的应用潜力。

5.3

非导向性碳氢键后期官能团化

导向性碳氢键官能团化反应，作为一种高效、高选择性的化学合成策略，在活性分子衍生物快速合成和构效关系研究中显示出广阔的应用前景[13,14]。然而该策略需要使用特定的导向基团或大位阻催化剂等，来提高反应效率和选择性，限制了其应用范围。而近年来，随着自由基和卡宾化学的蓬勃发展，以其为基础的非导向性碳氢键后期官能团化反应得到了长足的发展。这些策略虽然反应选择性相对不高，但是由于不使用导向基团，应用范围得到了进一步扩展。此外，尤其是基于自由基的碳氢键后期官能团化反应，可以使用可见光或电等为能量源，在温和的条件下即可进行，因此有着更大的应用潜力。

5.3.1 基于自由基的非导向性碳氢键后期官能团化

基于自由基的非导向性碳氢键官能团化反应，依据底物和反应机制的不同可以分为两类。对 sp^2 碳氢键而言，新生成的自由基可与芳环 (芳杂环) 发生加成反应，进而通过氢原子转移 (hydrogen atom transfer, HAT) 或质子伴随的电子转移 (proton-coupled electron transfer, PCET)，完成官能团化反应 [图 5-16(a)]；对于 sp^3 碳氢键而言，经过氮、氧、硫、卤素等自由基介导的氢原子转移生成 sp^3 碳自由基，进一步与自由基捕捉试剂 (例如 Michael 受体) 等反应，完成官能团化反应 [图 5-16(b)]。

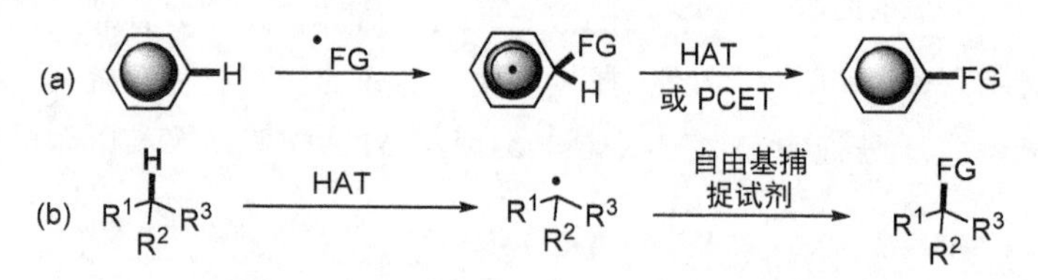

图 5-16 基于自由基的非导向性碳氢键官能团化反应模式

5.3.1.1 非导向性 sp^2 碳氢键后期官能团化

芳杂环，尤其是各种含氮芳杂环，在药物分子中普遍存在。因此实现芳杂环的碳氢键高效官能团化，对于药物化学有着重要的研究价值。Minisci 反应是缺电子芳杂环碳氢键官能团化的有效方式。该反应在氧化剂作用条件下，经脱羧等生成烷基自由基，与芳杂环加成，实现碳氢键的烷基化 (图 5-17)。然而传统方法需要强酸、强氧化、加热等苛刻的反应条件，同时反应效率低下，严重制约其在药物分子碳氢键后期官能团化反应中的应用。

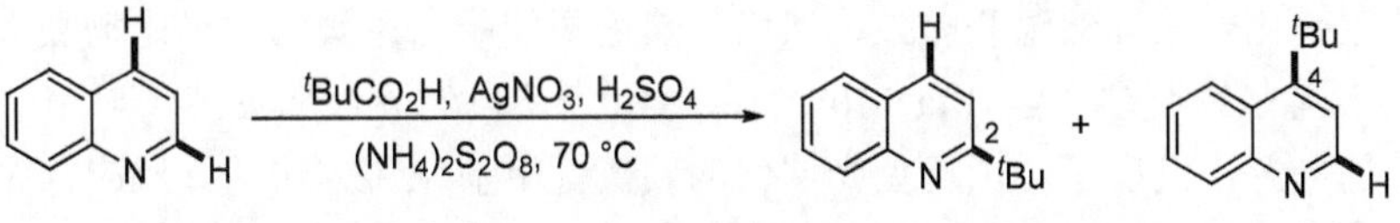

图 5-17 传统的 Minisci 反应

作为温和有效的自由基生成方式，可见光催化近年来在有机合成中得到了广泛的应用，为解决传统 Minisci 反应所面临的问题提供了契机。“神奇的甲基效应”是指在生物活性分子的特定位点引入甲基，可以有效提高其活性或代谢稳定性，是药物设计的重要策略。然而甲基的引入涉及碳碳键的生成，是有机合成中的难点。因此，在复杂生物活性分子中引入甲基，往往需要重新设计合成路线，步骤繁琐，效率低下。2014 年，DiRocco 课题组[15]利用可见光催化的方法，发展了一类缺电子芳杂环 sp^2 碳氢键甲基化的新方法。该方法使用 450 nm LED 灯为能量源，以过渡金属铱为光催化剂，乙酰化过氧叔丁醇为甲基供体，在室温下实现了包括抗真菌药伏立康唑 (Voriconazole)、戒烟药伐仑克林 (Varenicline)、抗肿瘤药喜树碱 (Camptochecin)、血管扩张药法舒地尔 (Fasudil) 等在内的多种药物的碳氢键后期甲基化反应 (图 5-18)。鉴于甲基化是提高药物代谢稳定性和提高药效的有效方式，这一碳氢键后期甲基化方法，在药物化学中有着广阔的应用前景。然而该方法与传统 Minisci 反应一样，碳氢键的选择性相对较差，尚需改进。

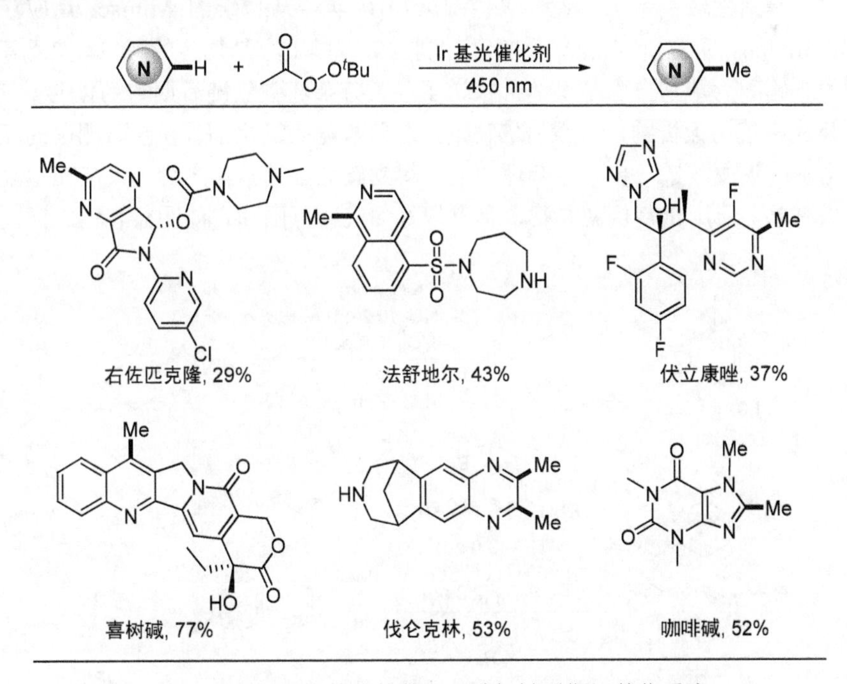

图 5-18 可见光催化的芳杂环碳氢键后期甲基化反应

上述甲基化方法固然温和有效，然而仍然需要使用当量级的过氧化物来生成甲基自由基。美国普林斯顿大学 MacMillan 课题组[16]从自然界汲取灵感，以甲醇作为甲基自由基的来源，发展了一项可见光催化的碳氢键甲基化新方法。该反应首先生成硫醇自由基，通过氢原子转移生成羟甲基碳自由基，与芳杂环加成，进一步脱水，完成甲基化反应 (图 5-19)。除此之外，乙醇、异丁醇以及其他各种取代醇均可以作为烷基自由基的来源，同样可以与缺电子含氮杂环反应。这一方法利用廉价的醇类底物作为甲基化/烷基化的试剂来源，为芳杂环碳氢键后期官能团化反应提供了新的途径。

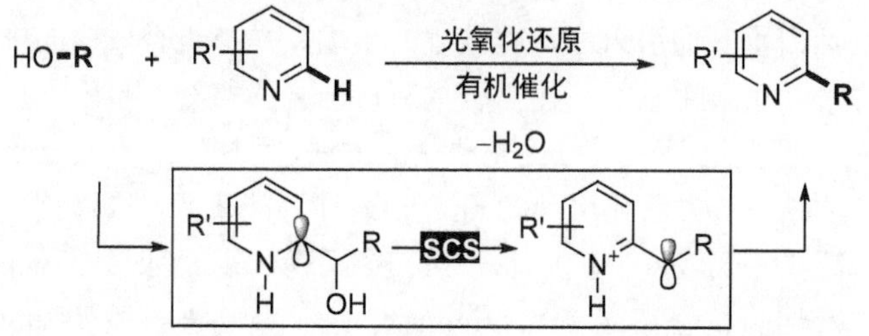

光氧化还原
有机催化
$-H_2O$
SCS

图 5-19　以醇为烷基化试剂的可见光催化芳杂环碳氢键后期烷基化反应

如上所述，杂环 sp^2 碳氢键烷基化反应，可以通过烷基自由基与芳杂环的加成来实现。然而碳氢键苯基化则鲜见报道。其主要原因在于苯基自由基生成较为困难，同时苯基自由基活性较高，选择性难以控制。2010 年，从传统的 Minisci 反应获得灵感，美国 Scripps 研究所 Baran 课题组[17]利用碳硼键更容易均裂的特点，使用各种商业易得的苯硼酸为苯基自由基供体，报道了一类芳杂环碳氢键后期苯基化的反应 (图 5-20)。反应中使用廉价的硝酸银为催化剂，过硫酸盐为氧化剂，介导碳硼键的断裂和苯基自由基的生成，进一步与芳杂环加成，得到碳氢键苯基化产物。反应在室温下进行，操作简单，所用试剂价廉易得，具有较好的底物范围和官能团兼容性。因此直接

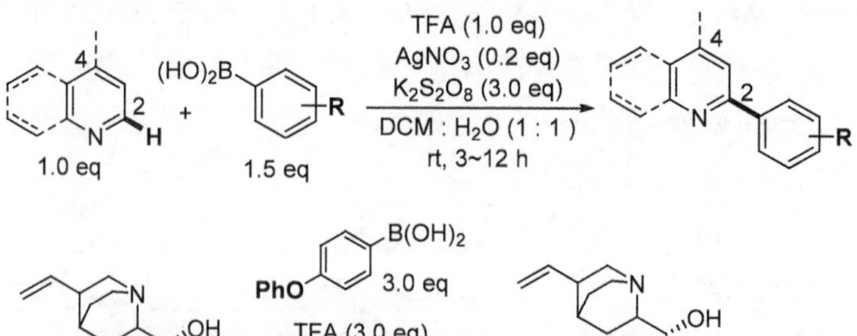

TFA (1.0 eq)
$AgNO_3$ (0.2 eq)
$K_2S_2O_8$ (3.0 eq)
DCM : H_2O (1 : 1)
rt, 3~12 h
1.0 eq　1.5 eq

3.0 eq
TFA (3.0 eq)
$AgNO_3$ (0.2 eq)
$K_2S_2O_8$ (2.0 eq)
DCM-H_2O (1 : 1), rt
40%
奎宁

图 5-20　芳杂环 sp^2 碳氢键后期芳基化反应

用于抗疟药奎宁的碳氢键后期官能团化，取得了较好的效果。值得注意的是，奎宁结构中的羟基和烯烃对反应没有影响，显示出良好的应用前景。

三氟甲基和二氟甲基等氟代烷基取代的芳杂环结构在药物分子中同样广泛使用。因此在上述工作的基础上，使用亚磺酸锌盐或钠盐为氟代烷基自由基的来源，Baran 课题组[18]又报道了一种芳杂环 sp^2 碳氢键氟烷基化的新方法。由于碳硫键更容易均裂，且同时释放出二氧化硫，所以自由基生成更容易。该方法反应条件更温和，底物范围更广，可以耐受如氰基、酮、酯等基团。对杂芳基卤化物、游离羧酸和硼酸酯也有很好的耐受性，对水和空气不敏感，反应可以在水中进行。正是由于以上优点，该技术已成为药物化学家进行药物先导物优化的“必备神技”，在复杂药物分子的碳氢键后期氟烷基化中广泛使用，如二氢奎宁以及戒烟药伐伦克林等（图 5-21）。需要指出的是，三氟甲基化和二氟甲基化表现出完全不同的区域选择性。其原因在于三氟甲基自由基属于缺电子自由基，更容易在富电子位点引进；而二氟甲基自由基属于富电子自由基，则更容易在缺电子位点引进。

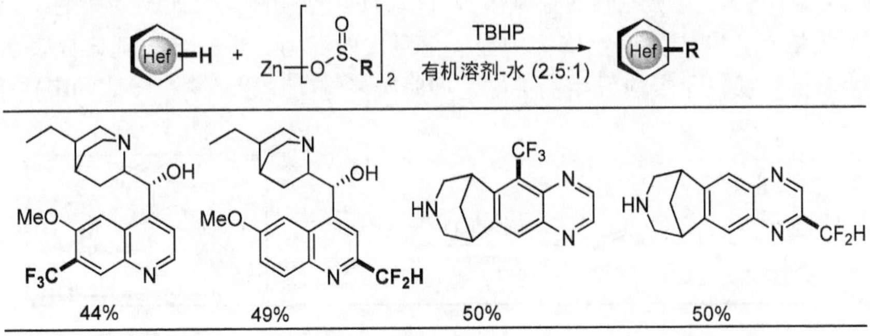

图 5-21 芳杂环 (Hef) sp^2 碳氢键后期三氟/二氟甲基化反应

此外，基于同样的思路，Baran 课题组[19]还发展了一种新型的氨基化试剂，该试剂通过在 *N*-羟基丁二酰亚胺的氮原子上引入过氧乙酸叔丁酯结构制备。在廉价金属催化剂二茂铁的作用下，可以完成对各种取代苯环、富电子以及缺电子芳杂环的 sp^2 碳氢键氨基化反应，为药物分子芳基碳氢键后期氨基化反应提供了一条新的途径（图 5-22）。

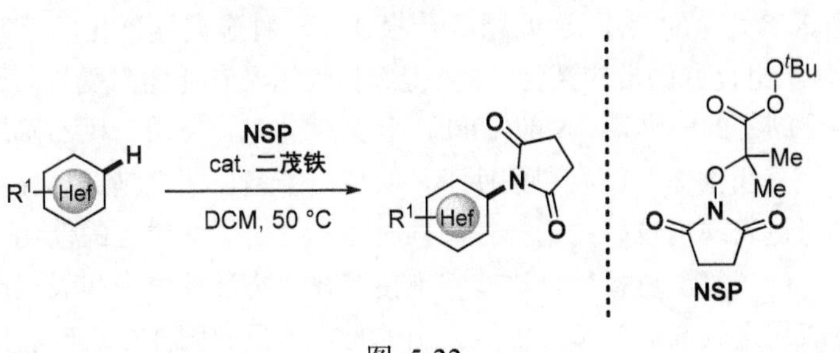

图 5-22

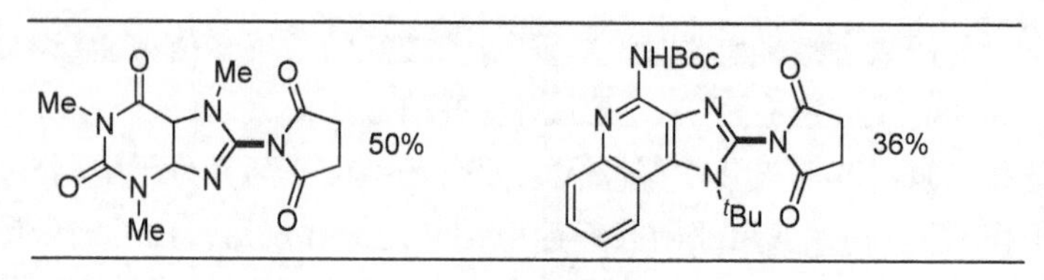

图 5-22　芳杂环 sp^2 碳氢键后期氨基化反应

5.3.1.2　非导向性 sp^3 碳氢键后期官能团化

生物活性分子尤其是天然产物中，含有丰富的 sp^3 碳氢键，但是大多数天然产物并不满足导向性碳氢键后期官能团化的条件。鉴于天然产物是药物先导物的重要来源，发展非导向性 sp^3 碳氢键后期官能团化反应具有重要意义。

2015 年，加州大学伯克利分校的 Hartwig 课题组[20]报道了一种廉价金属铁催化的 sp^3 碳氢键叠氮化反应 (图 5-23)。该反应使用三价碘叠氮化物为叠氮源，反应条件温和，对叔/仲等电子云密度较高的 sp^3 碳氢键具有良好的选择性，且可以在含水溶剂中进行。另外，反应生成的叠氮化物可以通过“点击化学”进一步衍生，还可以直接还原为氨基，在天然产物修饰中显示出巨大的潜力。进一步机理研究表明，叔/仲碳自由基的生成，是反应发生的关键，同时碳氢键的均裂是整个反应的限速步骤。

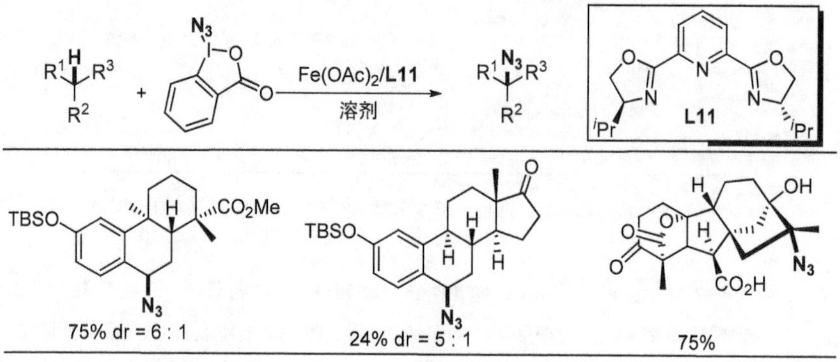

图 5-23　铁催化的 sp^3 碳氢键后期叠氮化反应

美国伊利诺伊大学的 White 课题组[21]报道了一种金属锰催化的苄基碳氢键胺化反应。该反应显示出良好的反应活性、碳氢键选择性以及官能团耐受性。反应如图 5-24 所示，使用易于制备的卟啉锰 [Mn^{III}(ClPc)] 作为催化剂，使用三氯乙磺酰胺衍生三价碘为氧化剂和氮基团供体，在温和条件下，实现了苄基位碳氢键选择性氨基化。该反应对富电子碳氢键表现出较好的选择性，同时由于使用了大位阻的催化剂，对仲碳表现出较叔碳更好的碳氢键选择性。这些特点使其在生物活性分子和天然产物分子的后期官能团化中表现出较高的效率。需要指出的是，该反应同样涉及碳氢键均裂和碳自由基的生成。

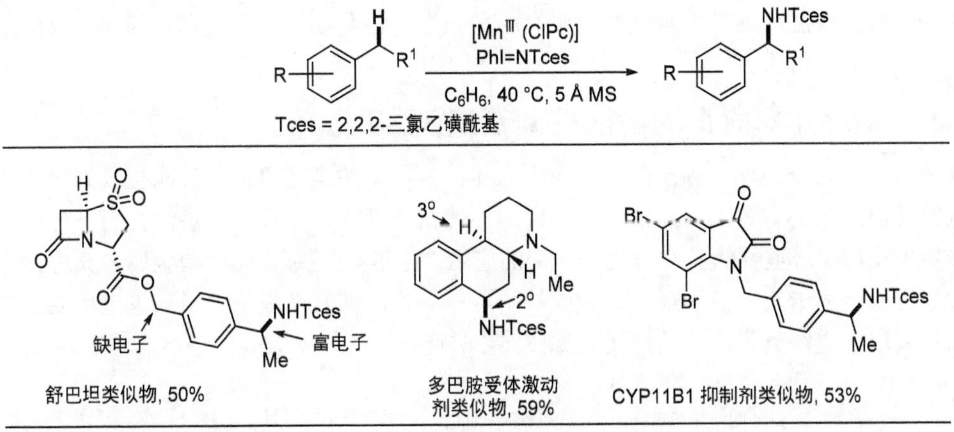

图 5-24 金属锰催化的 sp^3 碳氢键后期氨基化反应

对 sp^3 碳氢键而言，由于化学键的稳定性，寻求高效、温和的碳氢键活化新策略，是该领域的研究热点。上海科技大学左智伟课题组[22]开创性地发展了廉价、高效的铈盐/醇的协同可见光催化体系，在室温条件下实现了较为惰性的甲烷碳氢键的高效转化(图 5-25)。该反应利用配体至金属的电荷转移 (ligand-to-metal charge transfer, LMCT) 催化模式，使用可见光，在铈催化剂作用下，通过单电子转移，将普通的醇转化为高能烷氧自由基，该烷氧自由基介导甲烷碳氢键的均裂，生成相应的甲基自由基，进一步和自由基捕获试剂 (偶氮类化合物) 发生反应，完成其官能团化。需要指出的是，三氟甲磺酸铈和三氯乙醇的协同可见光催化体系催化剂转化数 (TON) 高达 2800。天然气中的另一常见组分乙烷也能够被高收率、高效地转化为胺类化合物，TON 高达

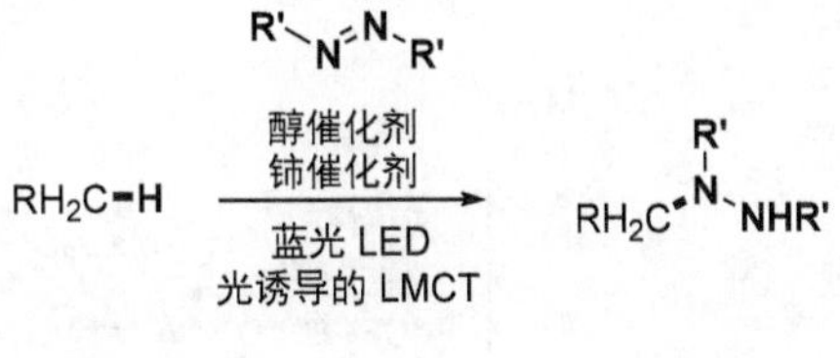

(a) 甲烷

序号	铈催化剂	温度	时间	收率	TON
1	0.5 mol% $Ce(OTf)_4$	25 °C	2 h	45%	**90**
2	0.01 mol% $Ce(OTf)_4$	25 °C	11 h	28%	**2800**

(b) 乙烷

序号	铈催化剂	醇催化剂	时间	收率	TON
1	0.5 mol% $CeCl_3$	20 mol% CCl_3CH_2OH	4 h	74%	**148**
2	0.01 mol% $CeCl_3$	20 mol% CCl_3CH_2OH	4 h	97%	**9700**

图 5-25 可见光催化的甲烷碳氢键选择性胺化反应

9700。该反应温和高效，虽然暂时没有相关报道，但是在碳氢键后期官能团化反应中显示出巨大的潜力。

5.3.2 基于卡宾的非导向性碳氢键后期官能团化

卡宾代表着另外一种活泼的反应中间体，其特有的碳氢键插入反应也成为一种碳氢键官能团化的有效工具。然而高反应活性使其容易二聚成稳定的烯烃，而不是进一步参加反应，严重制约其在有机合成中的应用。近年来，供体-受体型金属卡宾作为一种较为稳定的卡宾源被发现，有效弥补了这一缺陷，使其在复杂分子碳氢键后期官能团化反应中也得到了广泛的应用。如图 5-26 所示。

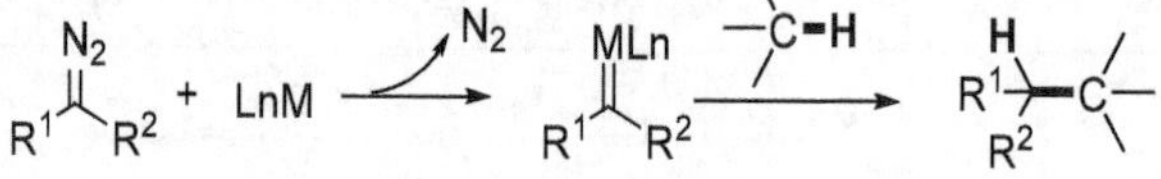

图 5-26 金属卡宾介导的碳氢键官能团化反应模式

如图 5-27 所示，过渡金属，通常为铑 (Rh)，可以与重氮化合物反应形成金属卡宾 (LnM＝CR_2)。由于自由态卡宾碳原子具有 6 个价电子，反应活性高，可迅速进行碳氢键的插入反应，完成碳氢键官能团化。在该过程中，可以使用大位阻配体，调控

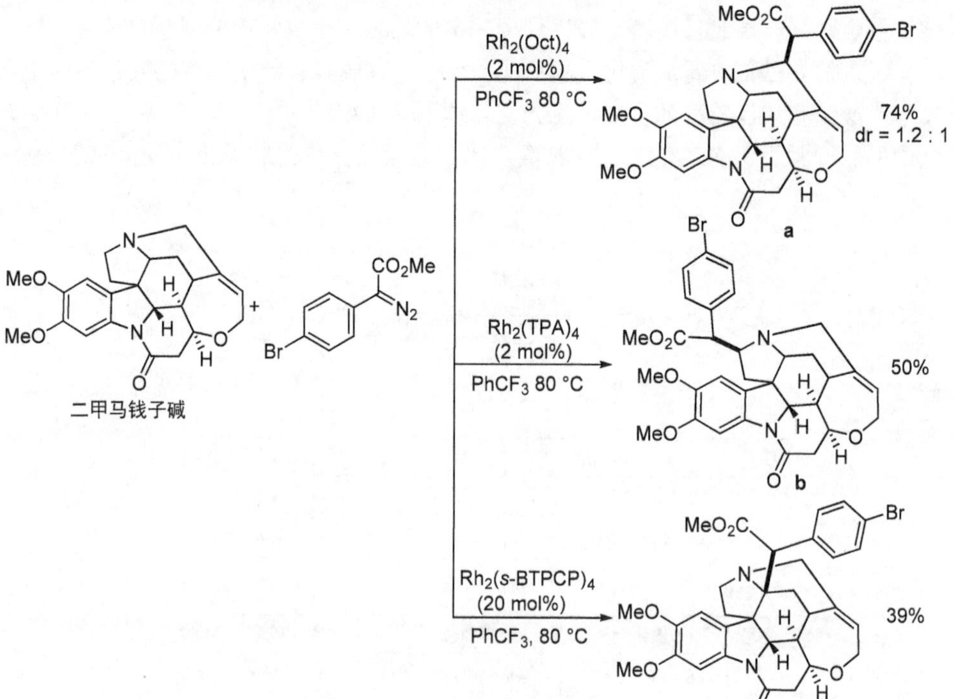

图 5-27 基于金属碳卡宾的碳氢键后期官能团化反应

碳氢键选择性，同时还可以使用手性配体调控立体选择性。2015 年，使用芳基重氮乙酸酯为卡宾源，美国埃默里大学 Davies 课题组[23]报道了铑催化的碳卡宾与多种生物碱的碳氢键插入反应。如以二甲马钱子碱 (Brucine) 为底物，使用 2 mol% 铑催化剂 $Rh_2(Oct)_4$ 和 $Rh_2(TPA)_4$，使得富电子四氢吡咯结构中氮原子邻位两个亚甲基碳氢键选择性插入。奇怪的是，使用位阻更大的 $Rh_2(s\text{-}BTPCP)_4$ (2 mol%) 为催化剂，反而生成微量的次甲基碳氢键插入产物，继续增加催化剂用量至 20 mol%，可进一步提高反应收率至 39%。尽管产生选择性的原因尚不清楚，但是使用不同配体可以调控碳氢键选择性反应这一事实，进一步证明金属卡宾的碳氢键插入是其选择性后期官能团化的有效途径。

总体来看，供体-受体型金属卡宾选择性碳氢键插入，反应活性高，倾向于在富电子碳氢键上进行[24]，可以通过配体对选择性进行调控，表现出优于自由基型碳氢键官能团化反应的选择性，在生物活性分子 sp^3 碳氢键的后期官能团化反应中有较好的应用前景。然而，昂贵且有毒性的过渡金属的使用，以及卡宾对碳氢键、烯烃、氧氢键、氮氢键等缺乏选择性，是这一方法仍然存在的问题。此外，通常需要制备特殊的芳基重氮乙酸酯作为卡宾来源，也限制了碳氢键官能团化的范围，不利于其在药物化学中的应用。

氮卡宾又称为氮烯或乃春，是一种和碳卡宾相似的反应中间体，可以用 R–N̈ 表示，其中 N 原子只有一个 δ 键与其他原子或者基团相连，具有 6 个价电子。如图 5-28 所示，氮卡宾具有单线态和三线态两种结构。单线态氮卡宾比三线态氮卡宾能量高约 158 kJ/mol。单线态氮卡宾具有亲电性，而三线态卡宾的行为与双自由基相类似。

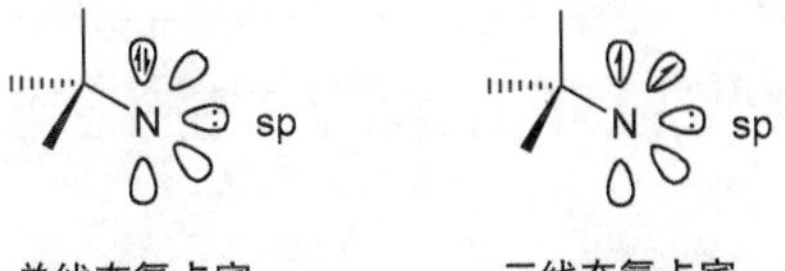

图 5-28　氮卡宾结构

使用氨基磺酸酯类化合物为氮卡宾前体 (经三价碘介导的氧化反应生成氮卡宾)，使用铑等过渡金属为催化剂，复杂生物活性分子的 sp^3 碳氢键也可以发生氮卡宾插入反应，实现碳氢键后期胺化。例如，美国斯坦福大学的 Bois 课题组[25]报道在催化剂 $[Rh_2(esp)_2]$ 介导下，使用氨基磺酸-2,6-二氟苯酯 ($DfsNH_2$) 为氮卡宾供体，碘苯二乙酯 $[PhI(OAc)_2]$ 为氧化剂，实现了天然产物中相对富电子的三级碳氢键的后期氨基化反应 [图 5-29(a)]。通常而言，对于该类反应，碳氢键的反应活性是叔碳＞仲碳＞伯碳。然而使用不同的氮卡宾源 (氨基磺酸酯)，对立体选择性也有一定影响，如美国犹他大学的 Sigman 课题组[26]在同样的反应中，使用氨磺酸多氟烷基酯为氮卡宾源，可以使苄基位的伯碳氢键选择性官能团化，而对叔碳氢键影响较小 [图 5-29(b)]。此外，当使用的催化剂体积较大时，空间位阻效应也可能成为主导因素[24]。

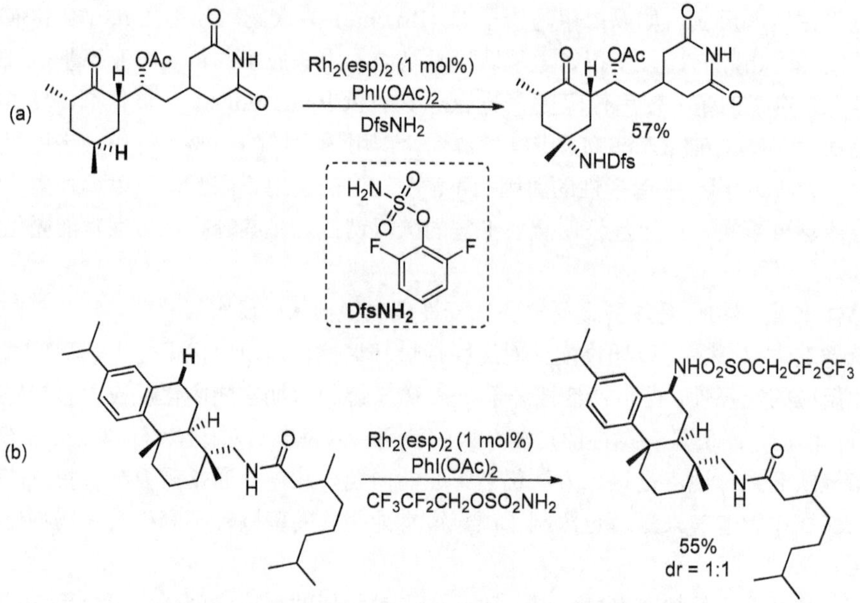

(a)

OAc O NH O H O H

$Rh_2(esp)_2$ (1 mol%)
$PhI(OAc)_2$
$DfsNH_2$

OAc O NH O H O NHDfs
57%

H_2N S O O O F F
$DfsNH_2$

(b)

H H N H O

$Rh_2(esp)_2$ (1 mol%)
$PhI(OAc)_2$
$CF_3CF_2CH_2OSO_2NH_2$

$NHO_2SOCH_2CF_2CF_3$ H N H O
55%
dr = 1:1

图 5-29 基于金属氮卡宾的碳氢键后期官能团化反应

5.4
碳氢键后期官能团化技术在化学生物学和新药发现中的应用

5.4.1 碳氢键后期官能团化技术在化学生物学中的应用

在药物发现的早期阶段，发病机制和靶标确认是研究的重点。利用生物活性分子探针，如生物素探针和荧光探针，对靶标进行确认并对作用部位进行精准定位，是确证靶标的有效策略。然而，生物活性分子 (尤其是一些天然产物) 中易于衍生的部位，如羟基、氨基、羧基等，往往也是药效团之一，参与和靶标的相互作用，因此并非理想的探针衍生部位。而碳氢键是生物活性分子中最常见的化学键，并非药效必需结构，通过碳氢键后期官能团化的方法，在特定碳氢键上引入标记基团，就可以合成得到生物活性分子探针，从而有助于进行化学生物学研究。

如图 5-30 所示 [20,27,28]，利用自由基型和氮卡宾型 sp^3 和 sp^2 碳氢键后期官能团化方法，包括烷基自由基与芳杂环的加成反应[28]、脂肪族碳氢键的叠氮化反应[20]和金属氮卡宾的碳氢键插入反应等[27]，辅之以生成三氮唑的点击化学反应，可以高效合成诸多天然产物的生物素和荧光探针，用于化学生物学研究和药物作用靶标的发现。需要指出的是，如果通过传统方法对这些复杂天然产物进行标记，需要进行全合成路线的重新设计和实施，难度非常大。

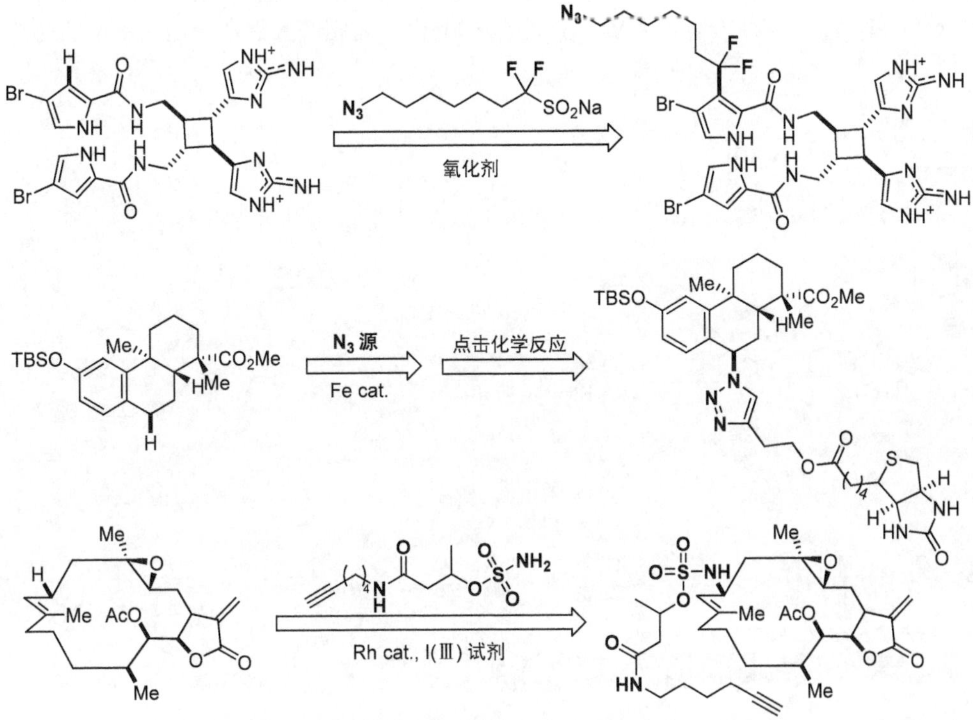

图 5-30 碳氢键后期官能团化在合成探针分子中的应用

5.4.2 碳氢键后期官能团化技术在新药发现中的应用

一旦生物学靶标被确证，药物发现工作就会进入下一阶段，即先导物结构优化。这阶段工作的目的在于建立先导物的构效关系及结构-性质关系。在这个阶段，碳氢键的后期官能团化技术可以简化先导物类似物的合成路径，从而加速构效关系研究和新药研发的进程[23]。例如阿瑞匹坦 (aprepitant) 是一种神经激肽-1 (NK-1) 受体阻滞剂类药物，其发现的过程充分体现了碳氢键后期官能团化的技术优势。通过碳氢键的氟化，在先导物 **a** 的苯环对位引入氟原子，可以有效避免在该位点的氧化代谢，延长其体内作用时间，降低副作用；碳氢键的甲基化反应，在氧原子 α 位引入甲基，使得该化合物更容易与受体结合，提高了药效。通过这些改造，得到了上市药物阿瑞匹坦 [图 5-31(a)][24]。

除了构效关系研究之外，化合物合理的理化性质对于其最终能开发为上市药物同样重要。在理化性质研究中，如何提高化合物的亲水性是经常需要解决的难题，碳氢键后期官能团化方法在该领域同样具有优势。例如天然产物桦木醇 (betulin) 具有多重生物活性，但是水溶性不佳，严重制约其在新药开发中的应用。在结构中引入羟基是提高水溶性的有效方式。2014 年，Baran 课题组[29]利用碳氢键后期官能团化的原理，通过使用导向性/非导向性碳氢键羟基化组合策略，发现了两个桦木醇新型羟基化衍生物 **c** 和 **d**，其水溶性较之桦木醇，提高了 100 倍，为相关天然产物提高水溶性的结构改造指明了方向[图 5-31(b)]。

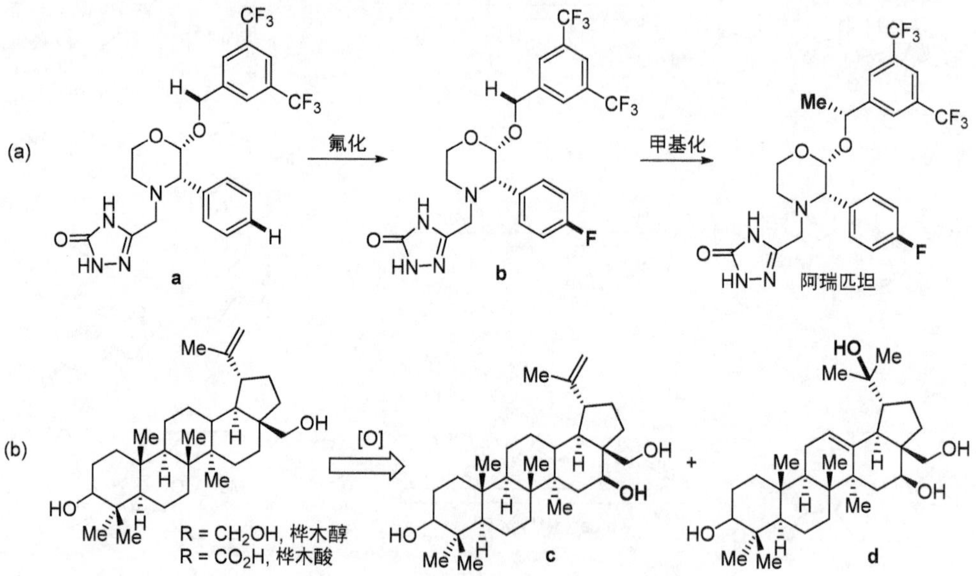

(a) 氟化 甲基化 a b 阿瑞匹坦

(b) [O] R = CH_2OH, 桦木醇 R = CO_2H, 桦木酸 c d

图 5-31 碳氢键后期官能团化在先导物构效和结构-性质关系研究中的应用

碳氢键后期官能团化的方法在发展药物合成新工艺中同样有应用前景，尤其是当前在大力倡导环保和绿色合成[30]。例如喜树碱类抗肿瘤药物伊立替康 (IrTnotecan) 的合成关键中间体 **SN-38**，全合成路线繁琐，代价高昂，不符合绿色化学的要求。基于碳氢键后期官能团化的合成工艺，则可以通过对喜树碱 (camptothecine) 7 位 sp^2 碳氢键的乙基化 (自由基型非导向碳氢键后期官能团化) 得到中间体 **a**，进而通过氧化重排的导向性碳氢键羟基化在 10 位引入羟基，合成得到关键中间体 **SN-38** (图 5-32)。

在过去十年中，碳氢键官能团化的方法蓬勃发展，反应条件越来越温和，底物适用性越来越广，官能团的兼容性越来越好，为该合成方法学应用于药物分子和天然产物等复杂结构修饰和碳氢键后期官能团化提供了契机。整体来看，过渡金属催化和导向基团参与的碳氢键后期官能团化，碳氢键选择性高，发展相对成熟，在复杂生物活性分子修饰方面取得了诸多进展。然而，由于需要特定的导向基团参与，客观上限制了其应用范围。同时由于使用过渡金属等有毒昂贵催化剂，也不符合绿色化学的发展趋势。自由基型碳氢键后期官能团化反应，可以使用可见光或电为能量源，能够在温和、绿色的条件下实现 sp^3 和 sp^2 碳氢键的多样性后期官能团化，羟基等活泼基团无需保护，可以用水作反应溶剂，显示出最强劲的发展势头。然而如何提高其对碳氢键的选择性，是下一步需要解决的关键问题。在这方面，1,5-氢迁移可以选择性地对碳氢键进行活化，生成碳自由基，实现其官能团化，是下一步发展的目标之一。然而，仍然迫切需要发展更多的策略来提高自由基型碳氢键后期官能团化反应的区域选择性。由于定向进化策略的广泛实施，可以预见酶催化方法会迎来新的发展机遇。然而，其相对较窄的底物范围和较为严苛的反应条件是其进一步发展的制约因素。基于卡宾的碳氢键后期官能团化也有着同样的问题。碳氢键后期官能团化策略在药物靶标确认、药物先导物优化和药物合成工艺发展中表现出巨大潜力，未来随着相关合成方法学的不断成熟，碳氢键后期官能团化将会迎来一个新的发展高峰。

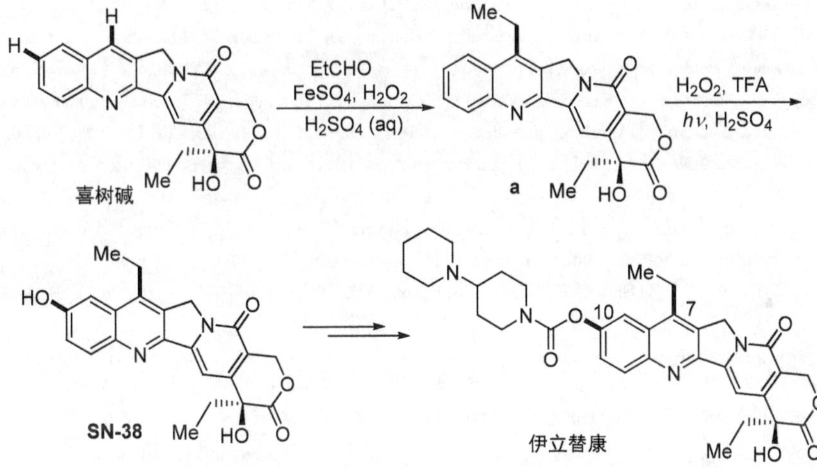

图 5-32 碳氢键后期官能团化在合成抗癌药伊立替康中的应用

参考文献

[1] Dai, H.-X.; Stepan, A. F.; Plummer, M. S.; Zhang, Y.-H.; Yu, J.-Q. Divergent C-H functionalizations directed by sulfonamide pharmacophores: Late-stage diversification as a tool for drug discovery. *J. Am. Chem. Soc.*, **2011**, *133*, 7222-7228.

[2] Tang, J.; Chen, H.; He, Y.; Sheng, W.; Bai, Q.; Wang, H. Peptide-guided functionalization and macrocyclization of bioactive peptidosulfonamides by Pd(Ⅱ)-catalyzed late-stage C-H activation. *Nature Comm.*, **2018**, *9*, 3383.

[3] Shang, M.; Wang, M. M.; Saint-Denis, T. G.; Li, M.-H.; Dai, H.-X.; Yu, J.-Q. Copper-mediated late-stage functionalization of heterocycle-containing molecules. *Angew. Chem. Int. Ed.*, **2017**, *56*, 5317-5321.

[4] Rosen, B. R.; Simke, L. R.; Thuy-Boun, P. S.; Dixon, D. D.; Yu, J.-Q.; Baran, P. S. C-H Functionalization logic enables synthesis of (+)-Hongoquercin A and related compounds. *Angew. Chem. Int. Ed.*, **2013**, *52*, 7317-7320.

[5] Leow, D.; Li, G.; Mei, T.-S.; Yu, J.-Q. Activation of remote meta-C-H bonds assisted by an end-on template. *Nature*, **2012**, *486*, 518-522.

[6] Kang, T.; Kim, Y.; Lee, D.; Wang, Z.; Chang, S. Iridium-catalyzed intermolecular amidation of *sp^3* C-H bonds: Late-stage functionalization of an unactivated methyl group. *J. Am. Chem. Soc.*, **2014**, *136*, 4141-4144.

[7] Abdulla, O.; Clayton, A. D.; Faulkner, R. A.; Gill, D. M.; Rice, C. R.; Walton, S. M.; Sweeney, J. B. Catalytic *sp^3-sp^3* functionalisation of sulfonamides: Late-stage modification of drug-like molecules. *Chem. Eur. J.*, **2017**, *23*, 1494-1497.

[8] Chen, D.-F.; Chu, J. C. K.; Rovis, T. Directed γ-C(sp^3)-H alkylation of carboxylic acid derivatives through visible light photoredox catalysis. *J. Am. Chem. Soc.*, **2017**, *139*, 14897-14900.

[9] Cheng, C.; Hartwig, J. F. Iridium-catalyzed silylation of aryl C-H bonds. *J. Am. Chem. Soc.*, **2015**, *137*, 592-595.

[10] Larsen, M. A.; Hartwig, J. F. Iridium-catalyzed C-H borylation of heteroarenes: Scope, regioselectivity, application to late-stage functionalization, and mechanism. *J. Am. Chem. Soc.*, **2014**, *136*, 4287-4299.

[11] Kolev, J. N.; O'Dwyer, K. M.; Jordan, C. T.; Fasan, R. Discovery of potent parthenolide-based antileukemic agents enabled by late-stage P450-mediated C-H functionalization. *ACS Chem. Biol.*, **2014**, *9*, 164-173.

[12] Durak, L. J.; Payne, J. T.; Lewis, J. C. Late-stage diversification of biologically active molecules via chemoenzymatic C-H functionalization. *ACS Catal.*, **2016**, *6*, 1451-1454.

[13] Cernak, T.; Dykstra, K. D.; Tyagarajan, S.; Vachalb, P.; Krska, S. W. The medicinal chemist's toolbox for late stage functionalization of drug-like molecules. *Chem. Soc. Rev.*, **2016**, *45*, 546-576.

[14] DiRocco, D. A.; Dykstra, K.; Krska, S.; Vachal, P.; Conway, D. V.; Tudge, M. Late-stage functionalization of biologically active heterocycles through photoredox catalysis. *Angew. Chem. Int. Ed.*, **2014**, *53*, 4802-4806.

[15] DiRocco, D. A.; Dykstra, K.; Krska, S.; Vachal, P.; Conway, D. V.; Tudge, M. Late-stage functionalization of biologically active heterocycles through photoredox catalysis. *Angew. Chem. Int. Ed.*, **2014**, *53*, 4802-4806.

[16] Jin, J.; MacMillan, D. W. C. Alcohols as alkylating agents in heteroarene C-H functionalization. *Nature*, **2015**, *525*, 87-90.

[17] Seiple, I. B.; Su, S.; Rodriguez, R. A.; Gianatassio, R.; Fujiwara, Y.; Sobel, A. L.; Baran, P. S. Direct C-H arylation of electron-deficient heterocycles with arylboronic acids. *J. Am. Chem. Soc.*, **2010**, *132*, 13194-13196.

[18] Fujiwara, Y.; Dixon, J. A.; O'Hara, F.; Funder, E. D.; Dixon, D. D.; Rodriguez, R. A.; Baxter, R. D.; Herlé, B.; Sach, N.; Collins, M. R.; Ishihara, Y.; Baran, P. S. Practical and innate carbon-hydrogen functionalization of heterocycles. *Nature*, **2012**, *492*, 95-99.

[19] Foo, K.; Sella, E.; Thomé, I.; Eastgate, M. D.; Baran, P. S. A mild, ferrocene-catalyzed C-H imidation of (hetero)arenes. *J. Am. Chem. Soc.*, **2014**, *136*, 5279-5282.

[20] Sharma, A.; Hartwig, J. F. Metal-catalysed azidation of tertiary C-H bonds suitable for late-stage functionalization. *Nature*, **2015**, *517*, 600-604.

[21] Clark, J. R.; Feng, K.; Sookezian, A.; White, M. C. Manganese-catalysed benzylic C(sp^3)-H amination for late-stage functionalization. *Nature Chem.*, **2018**, *10*, 583-591.

[22] Hu, A.; Guo, J.-J.; Pan, H.; Zuo, Z W. Selective functionalization of methane, ethane, and higher alkanes by cerium photocatalysis. *Science*, **2018**, *361*, 668-672.

[23] He, J.; Hamann, L. G.; Davies, H. M. L.; Beckwith, R. E. J. Late stage C-H functionalization of complex alkaloids and drug molecules via intermolecular rhodium-carbenoid insertion. *Nat. Commun.*, **2015**, *6*, 5943.

[24] Qin, C.; Davies, H. M. L. Role of sterically demanding chiral dirhodium catalysts in site-selective C-H functionalization of activated primary C-H bonds. *J. Am. Chem. Soc.*, **2014**, *136*, 9792-9796.

[25] Roizen, J. L.; Zalatan, D. N.; Bois, J. D. Selective intermolecular amination of C-H bonds at tertiary carbon centers. *Angew. Chem. Int. Ed.*, **2013**, *52*, 11343-11346.

[26] Bess, E. N.; DeLuca, R. J.; Tindall, D. J.; Oderinde, M. S.; Roizen, J. L.; Bois, J. D.; Sigman, M. S. Analyzing site selectivity in $Rh_2(esp)_2$-catalyzed intermolecular C-H amination reactions. *J. Am. Chem. Soc.*, **2014**, *136*, 5783-5789.

[27] Li, J.; Cisar, J. S.; Zhou, C.-Y.; Vera, B.; Williams, H.; Rodríguez, A. D.; Cravatt, B. F.; Romo, D. Simultaneous structure-activity studies and arming of natural products by C-H amination reveal cellular targets of eupalmerin acetate. *Nature Chem.*, **2013**, *5*, 510-517.

[28] Zhou, Q.; Gui, J.; Pan, C.-M.; Albone, E.; Cheng, X.; Suh, E. M.; Grasso, L.; Ishihara, Y.; Baran, P. S. Bioconjugation by native chemical tagging of C-H bonds. *J. Am. Chem. Soc.*, **2013**, *135*, 12994-12997.

[29] Michaudel, Q.; Journot, G.; Regueiro-Ren, A.; Goswami, A.; Guo, Z.; Tully, T. P.; Zou, L.; Ramabhadran, R. O.; Houk, K. N.; Baran, P. S. Improving physical properties via C-H oxidation: chemical and enzymatic approaches. *Angew. Chem. Int. Ed.*, **2014**, *53*, 12091-12096.

[30] Genovino, J.; Lütz, S.; Sames, D.; Touré, B. B. Complementation of biotransformations with chemical C-H oxidation: Copper-catalyzed oxidation of tertiary amines in complex pharmaceuticals. *J. Am. Chem. Soc.*, **2013**, *135*, 12346-12352.

（张永强，张万年）

第 6 章
药物合成路线的评价和选择

6.1

合成路线评价的原则和标准

在设计靶分子合成路线时，若运用反合成分析法依次逆向切断其骨架碳-碳键或碳-杂键，则按照可能存在的原料、中间体及不同化学反应等因素的排列组合，可以有成千上万条可能的合成路线。若把所有原料、中间体和靶分子 (TM) 用点表示，所有的化学反应用直线表示，然后把上述所有的排列组合汇总起来，这样所构成的一幅像庞大的树那样的画就称为“合成树” (synthesis tree)。它形象直观地从本质上描述了靶分子的所有可能合成路线[1,2]。

若不考虑各种化学反应的可行性和有效性，这些可能的合成路线总数，可用各种不同的合成子 (synthon) 的排列组合总和来表示。

如果一个靶分子有 b 个化学键，其中，λ 个化学键被逆向切断后得到 K 个合成子，那么，不同性质、不同数目的化学键被逆向切断的所有组合结果之总和，在数值上等于 λ^b; 若再考虑各种可能切断后生成的合成子在装配成靶分子时的次序上的不同排列，则靶分子的各种装配方式可能性总数，即各种可能合成路线的总和为 $\lambda!\ (\lambda^b)$。其中，b 和 λ 可由靶分子碳原子数 (n)、含环数 (r)、逆向切断后得到的合成子的碳原子数 (m) 或合成子总数 (K) 来计算：$b = n + r - 1$，$K = n / m$，$\lambda = K + \Delta r - 1$；若所有合成子均为非环状的，则 $\lambda = K + r - 1$。

以含 21 个碳原子的甾体化合物 A 为例，如果所有合成子均为一个碳原子的单元结构，则 $\lambda!(\lambda^b)$ 计算如下：$n = 21$，$r = 4$，$m = 1$；$b = 21 + 4 - 1 = 24$；$K = 21/1 = 21$，$\lambda = 21 + 4 - 1 = 24$；$\lambda!(\lambda^b) = b!/(b-\lambda)! = 24! = 6.2 \times 10^{23}$。

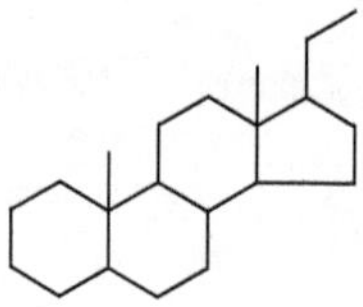

A

由此可见，上述甾体化合物所有可能的合成路线总和竟然达到 6.2×10^{23} 条，此值比阿伏伽德罗常数还大。那么，从这天文数字中，如何确定哪一条才是最理想的合成路线呢？这就涉及评价合成路线的标准和原则问题。

无论是实验室制备还是工业生产，能以最少的人力、物力和时间，方便而安全地合成靶分子的多步反应路线将成为理想或较理想的合成路线。因此，效率和安全是评价合成路线优劣的两大基本原则。具体地说，评价靶分子的合成路线是否优越的理想标准应该是合成路线短、反应效率高、原料利用率高、廉价易得、操作简便、条件易控制、安全性高、"三废"处理易、绿色环保等。

6.2 合成路线效率评价指标

6.2.1 反应步骤和总收率

合成路线的长短直接关系到合成靶分子的效率，其中，合成路线中反应步骤和反应总收率是衡量各条合成路线效率优劣的最直接指标。这里，反应步骤指从所有起始原料或试剂各自到达靶分子所经过的反应步数 (l_i) 之和 (Σl_i)；反应总收率是各步反应收率的连乘节。由此可见，合成反应步数越多，总收率也就越低，原料消耗就越大，成本也就越高。

一般只要简单比较各条合成路线的Σl_i值，就能粗略地进行单因素合成路线优劣评判：Σl_i值越小，则表明反应步数越少，反应总收率就越高，其合成效率就越高。

在靶分子的合成设计中，为了尽可能降低 Σl_i 值，从而简化合成路线，提高合成效率，通常采用的策略有：①设计和选择汇聚式合成；②利用多重建架反应；③采用自动连贯式过程；④利用分子的对称性；⑤利用分子的重排反应；⑥利用官能团的变换；⑦寻找特殊结构成分；⑧减少官能团保护等其他方法。

6.2.1.1 设计和选择汇聚式合成

在不同路线中，合成子等价试剂组装成靶分子的不同次序和方式可用"汇聚性"(convergency) 程度来表示。若将合成子等价试剂连续地反应装配到中间体结构上，最终合成得到靶分子，则该种合成方式称为"直线式合成"(linear synthesis)；若将合成子等价试剂先分别和其他合成子等价试剂反应连接生成几个中间体，然后再由中间体彼此反应汇总连接生成靶分子，则这种合成方式称为"汇聚式合成"(convergent synthesis)，其中，又分为完全汇聚式合成和部分汇聚式合成两种。如图 6-1 所示。

上述 8 种起始合成子 (A、B、C、D、E、F、G 和 H) 通过化学反应合成靶分子 TM (ABCDEFGH) 的四种不同合成路线，即直线式合成、部分汇聚式合成 1、部分汇聚式合成 2 和完全汇聚式合成的 Σl_i 值分别为 35、27、26 和 24，这表明：汇聚程度最高的完全汇聚式合成路线，其效率最高；部分汇聚式合成路线的效率次之，其中，对称的部分汇聚式合成路线 2 又比不对称的部分汇聚式合成路线 1 的效率高；而直线式合成路线的效率最低。

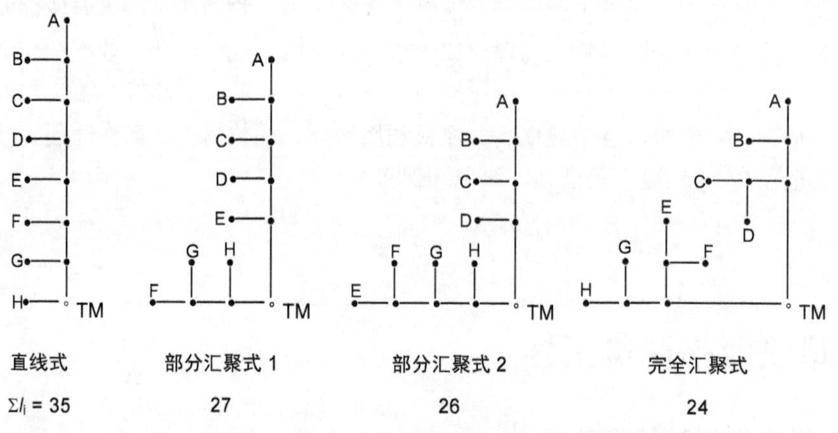

其中，“•”代表 8 个合成子或中间体；“—”表示有机化学反应；“◦”表示靶分子 (TM)

图 6-1 不同汇聚程度的靶分子合成路线

若以每一步反应的收率均为 80% 为假设，分别计算上述四种不同合成路线的总收率也可以得出同样的结论：合成路线汇聚程度越高，其总收率就越高，合成效率也就越高。

（1）直线式合成

$$A \xrightarrow{B} AB \xrightarrow{C} ABC \xrightarrow{D} ABCD \xrightarrow{E} ABCDE \xrightarrow{F} ABCDEF \xrightarrow{G} ABCDEFG \xrightarrow{H} ABCDEFGH\ (TM)$$

在该直线式合成中，以 A 为起始原料，连续与其余 7 个合成子依次逐一反应制得靶分子，共需七步反应，其反应总收率为：$(80\%)^7 = 21.0\%$。

（2）部分汇聚式合成 1

$$\left.\begin{array}{l} A \xrightarrow{B} AB \xrightarrow{C} ABC \xrightarrow{D} ABCD \xrightarrow{E} ABCDE \\ F \xrightarrow{G} FG \xrightarrow{H} FGH \end{array}\right\} \longrightarrow ABCDEFGH\ (TM)$$

在该不对称部分汇聚式合成中，先分别同时平行合成两个不对称中间体 ABCDE 和中间体 FGH，然后在接近合成结束时再将两个中间体汇聚连接制得靶分子，这样以 A 为起始原料的连续反应步骤缩短为 5 步，其反应总收率提高为：$(80\%)^5 = 32.8\%$。

（3）部分汇聚式合成 2

$$\left.\begin{array}{l} A \xrightarrow{B} AB \xrightarrow{C} ABC \xrightarrow{D} ABCD \\ E \xrightarrow{F} EF \xrightarrow{G} EFG \xrightarrow{H} EFGH \end{array}\right\} \longrightarrow ABCDEFGH\ (TM)$$

在该对称部分汇聚式合成中，先分别同时平行合成两个对称的中间体 ABCD 和 EFGH，然后在接近合成结束时再将两个对称中间体汇聚连接制得靶分子，这样以 A 为起始原料的连续反应步骤进一步缩短为 4 步，其反应总收率提高为：$(80\%)^4 = 41.0\%$。

（4）完全汇聚式合成

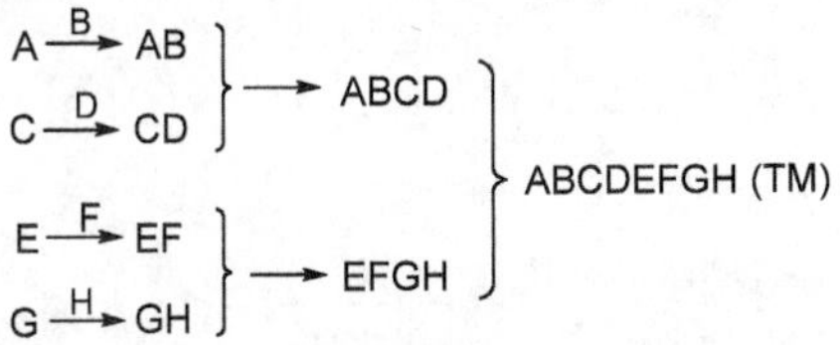

A —B→ AB, C —D→ CD → ABCD
E —F→ EF, G —H→ GH → EFGH
ABCD + EFGH → ABCDEFGH (TM)

该完全汇聚式合成采用了多重汇聚的方式，从而进一步提高了合成路线的汇聚性，以 A 或 B、C、D、E、F、G、H 为起始原料的连续反应步骤均只有 3 步，其反应总收率也提高到：$(80\%)^3 = 51.2\%$。

采用多重汇聚的合成方式，不仅提高了合成效率，同时也为在实际药物化学研究中合成多种衍生物打开了方便之门；另外，即使其中某一个中间体合成不顺利，对整个合成路线的影响也不是太大。若采用直线式合成，则一步反应受阻就会导致整个合成无法进行。

一般来说，简单靶分子合成步骤少，可采用直线式合成。复杂靶分子合成步骤多，路线长，在合成设计时应注意提高合成路线的"汇聚性"，尽可能设计成完全汇聚式合成路线，这样就可以简化并降低合成路线的反应步骤、缩短合成周期并提高反应总收率。

例如，工业合成雌酚酮 (estrone，**6-1**) 的路线 (图 6-2)，从反合成分析设计来看，靶分子中的 5 个化学键可以如图 6-2 那样被逆向切断而得到 4 个简单的合成子等价试剂 Ⅰ、Ⅱ、Ⅲ 和 Ⅳ，它们均是廉价易得的原料。

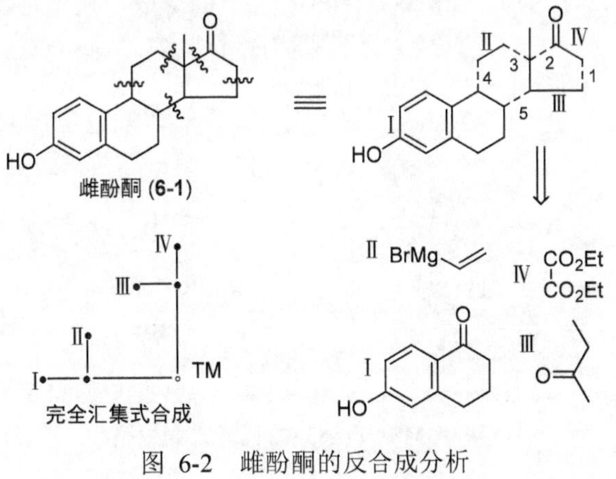

雌酚酮 (**6-1**)

完全汇集式合成

图 6-2 雌酚酮的反合成分析

雌酚酮的工业全合成就是按上述设计的完全汇聚式合成方式，将合成等价试剂Ⅰ与Ⅱ、Ⅲ与Ⅳ分别通过反应连接生成两个关键中间体（Ⅰ+Ⅱ）和（Ⅲ+Ⅳ），然后两个中间体再通过多步反应连接生成靶分子（图 6-3）。

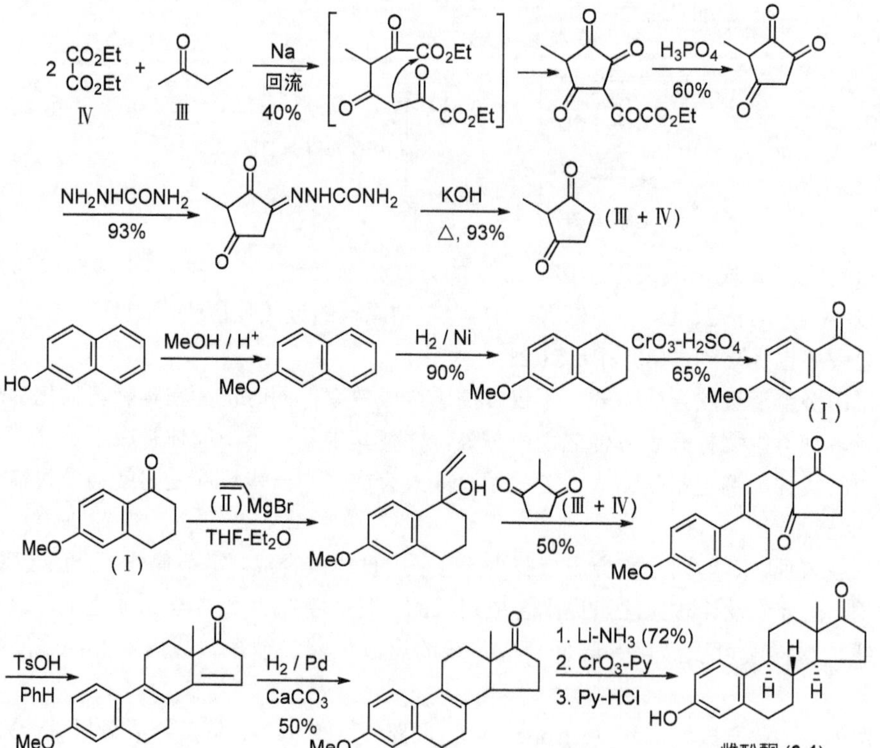

图 6-3 雌酚酮的工业全合成路线

又如，对 JAK2 抑制剂（BMS-911543，**6-2**）的合成，初始路线以 2,6-二氯吡啶作为起始原料，通过 20 步的直线式合成来完成（图 6-4）。该合成路线较长，合成效率较低（0.05%总收率），制约了后续的临床开发。

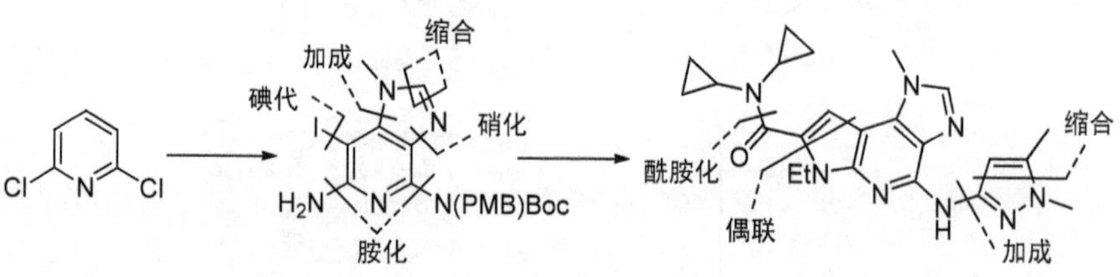

图 6-4 BMS-911543 的直线式合成路线

随后，经过合成工艺研究，一条完全汇聚式合成路线被开发出，以 8 步 29% 的总收率完成了 BMS-911543 的合成 (图 6-5)。此路线通过所发展的镍催化环化方法作为关键步骤，实现了高官能团化氮杂吲哚骨架的高效合成[3]。

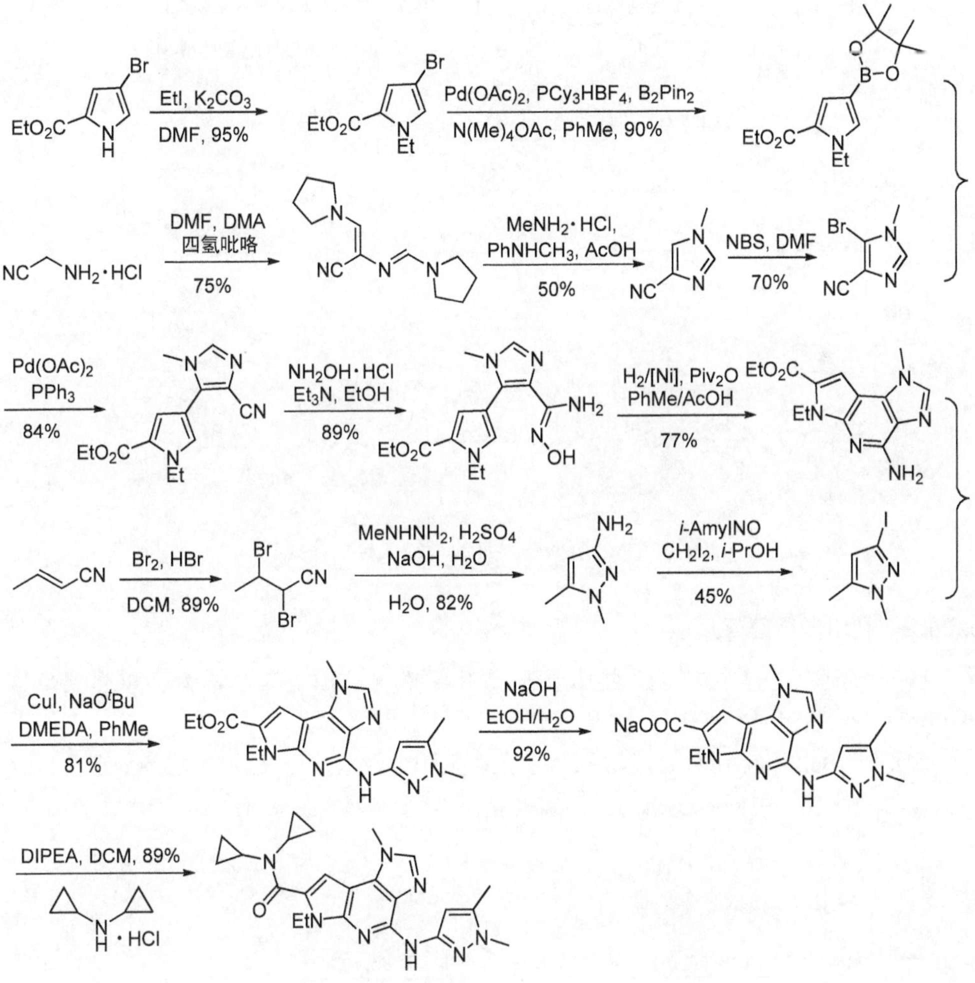

BMS-911543 (**6-2**)

图 6-5 BMS-911543 的汇聚式合成路线

但要注意，只有每步反应收率都相同或相近时，汇聚式合成才比直线式合成更佳。汇聚式合成不是万能灵药，若有某一汇聚合成步骤收率极低，则也将导致合成失败。例如，欧洲榆小蠹信息素摩斯梯曲黑汀 (**6-3**) 的合成路线中，一条是采用汇聚式合成方法 (图 6-6)，但其关键的汇聚步骤反应收率极差 (5%)，而另一条直线式合成的总收率要好得多 (图 6-7)，最终采用了直线式合成。

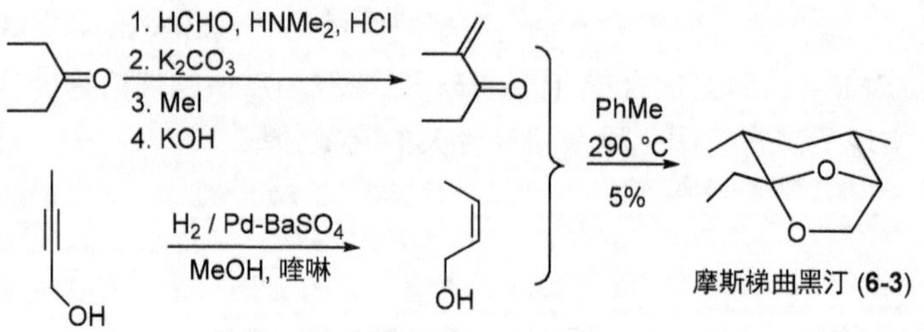

图 6-6　摩斯梯曲黑汀的汇聚式合成路线

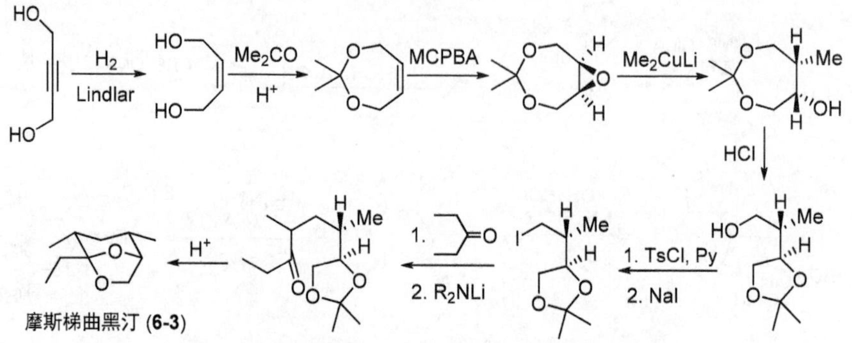

图 6-7　摩斯梯曲黑汀的直线式合成路线

6.2.1.2　利用多重建架反应

在一次反应过程中同时建立几个碳-碳化学键的合成反应，称为多重建架反应 (multiple construction)，它在合成设计中是一个十分经济的方法。

例如[4]，Johnson 甾体合成法利用了含氧基团电性效应引发的仿生-烯烃多重环合反应，可在此反应中同时建立 3 个碳-碳键和 3 个脂环 (图 6-8)。

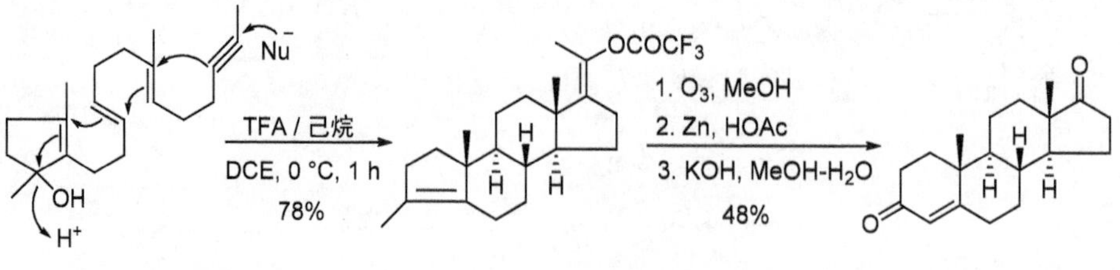

图 6-8　Johnson 甾体合成法

Boger 等人用噁二唑作为双烯进行串联的 [4+2] 环加成和失氮 [3+2] 环加成反应，以 70% 的收率一步合成了长春花朵灵的前体，同时建立了 5 个环和 6 个手性中心 (图 6-9)。

对于这种含有桥头氮原子的稠合杂环结构，Boger 及其他研究小组主要采用 [4+2]

或 [3+2] 环化的方法来构筑，而 Procter 等人则另辟蹊径，发展了酰胺自由基引发的串联氮杂环化反应 (图 6-10)，成功实现了一步构建多达 6 个手性中心 (dr 值高达 95:5)、两个 C–C 键以及三组杂环或碳环[5]。

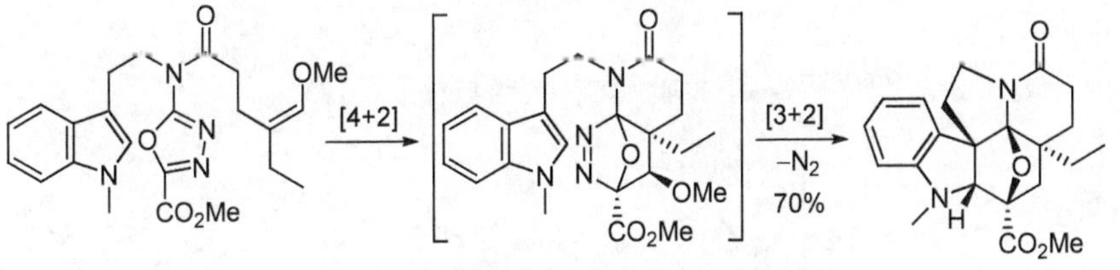

图 6-9 Boger 发展的串联的 [4+2]/[3+2] 环加成反应

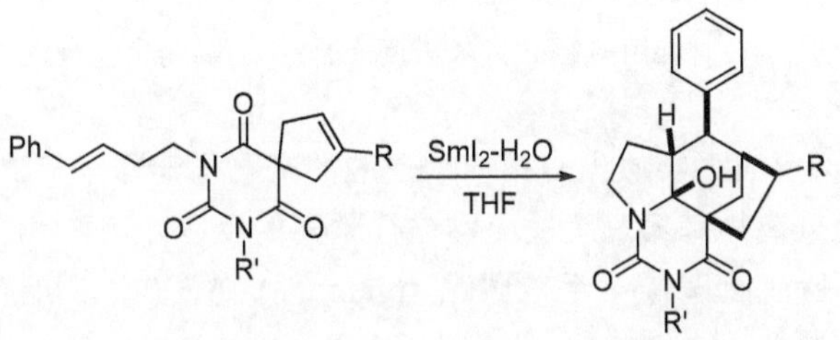

图 6-10 Procter 发展的酰胺自由基引发的串联氮杂环化反应

对于具有对称性的靶分子，也常常利用多重建架反应来缩短反应步骤，提高合成效率。例如，生物碱鹰爪豆碱 (sparteine，**6-4**) 是一个对称分子，可巧妙地由哌啶、甲醛和丙酮作为起始原料，经两次双重的 Mannich 反应来合成 (图 6-11)。

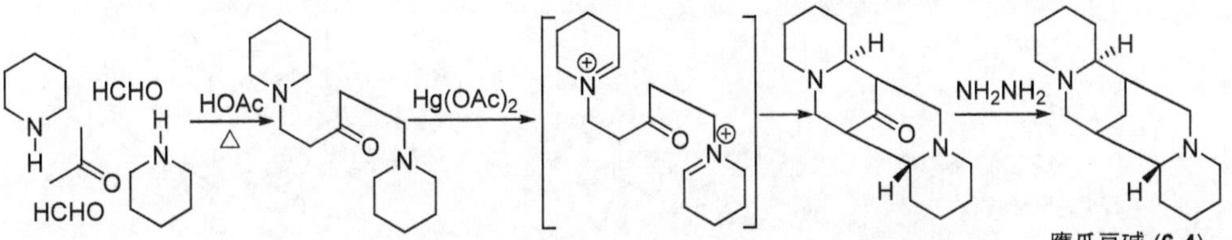

图 6-11 利用多重建架反应进行生物碱鹰爪豆碱的合成

6.2.1.3 采用自动连贯式过程

当原料分子上含有靶分子所有官能团，或者预先通过官能团转化反应引入建架反应所需要的官能团，使在第一次反应后生成的或余下的官能团又是第二次建架反应所需要的，这样依次推向反应终点，最后一个建架反应后所余下的官能团正好是靶分子所需官能团，这种合成设计方式被称为自动连贯式过程 (self-consistent sequence)。这样的合成过程理论上能最大限度地利用官能团在建架反应中的作用，避免了不必要的官能团转化反应，是一种很经济的合成方式。但是，在实际例子中自动连贯式合成是很少存在的，因为在普通的有机合成中官能团转化反应往往比建架反应多 1~2 倍。

近年发展起来的应用于复杂生物碱合成策略的“多组分多米诺反应”(multi-component Domino reaction)[6]就属于实际有意义的自动连贯式反应。多米诺反应首先由一分子醛和一分子 1,3-二羰基化合物发生 Aldol 缩合反应得到具 (杂) 二烯结构的活性中间体，然后与反应液中的亲二烯化合物 (二取代乙烯醚) 立即发生 [4+2] 环加成反应，最后经溶剂化后得到 2-吡喃酮化合物 (图 6-12)。

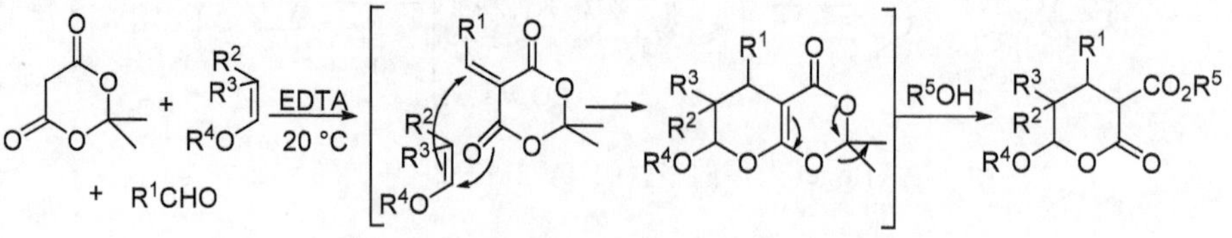

图 6-12　利用多组分多米诺反应合成 2-吡喃酮化合物

“多组分多米诺反应”实质上是第一个反应的产物已建立了第二个反应所需的功能骨架，然后不经分离地和第三个反应物进行预期的反应。例如[7]，在仿生合成天然抗病毒药物——吲哚生物碱 (–) 毛钩藤碱 (hirsutine) (**6-5**) 中，可逆向推断出三个组分的多米诺反应的原料 Ⅰ、Ⅱ 和 Ⅲ (图 6-13)。

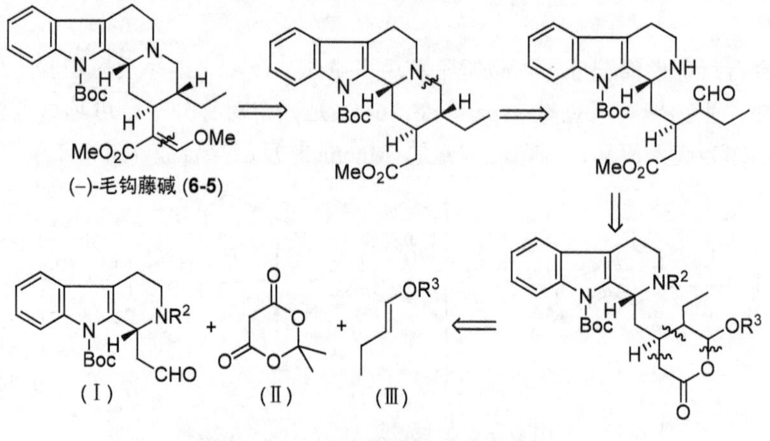

图 6-13　毛钩藤碱的逆合成分析

毛钩藤碱的仿生多米诺合成路线如图 6-14 所示。

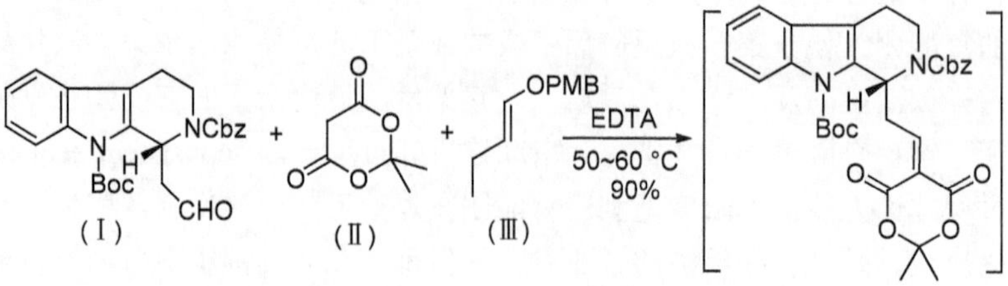

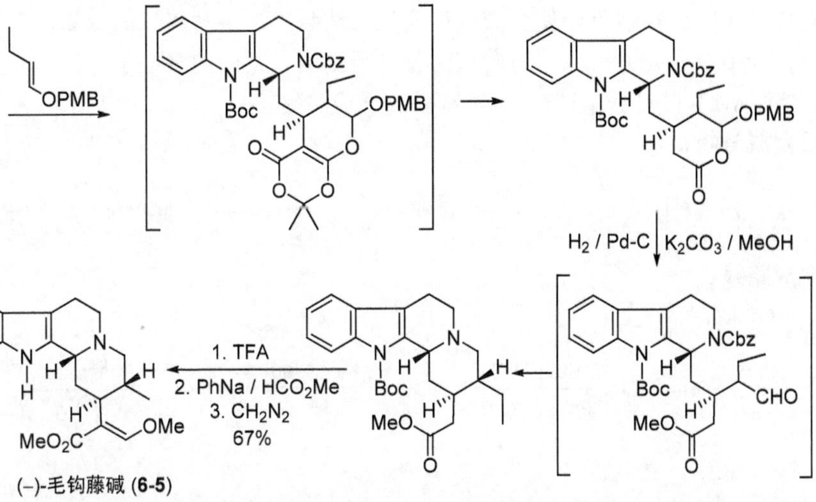

(−)-毛钩藤碱 (**6-5**)

图 6-14　毛钩藤碱的仿生多米诺合成路线

可见，“多组分多米诺反应”是一种类似“一锅法”的高效经济的合成方法。由于反应过程一般经历了一些活性中间体，这样只要发生了一个反应就可以启动另一个反应，因此，多步反应可连续进行，无需分离出中间体，不产生相应的废弃物，可免去各步反应后处理和分离带来的消耗和污染，而且原料的主体部分都进入最终产物中。

另外，Mannich 反应 (三组分) 和 Ugi 反应 (四组分) 同样属于类似“一锅法”的多组分自动连贯式反应，也是合成设计中的高效合成方式。例如，最新报道了 Ugi 七组分自动连贯式反应 (图 6-15)，产物收率达到了 43%。

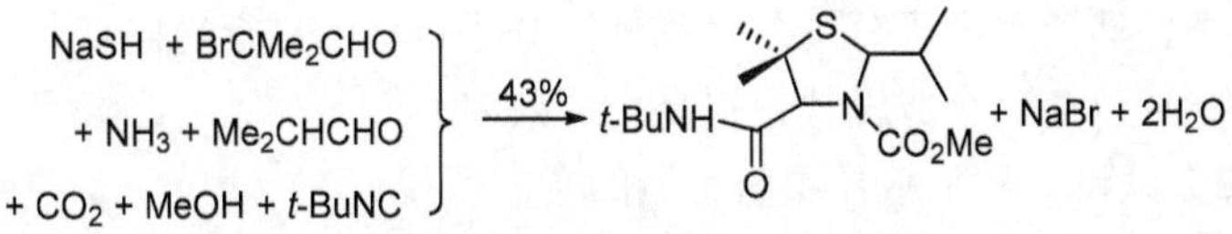

图 6-15　报道的 Ugi 七组分自动连贯式反应

6.2.1.4　利用分子的对称性

利用靶分子结构的对称性，可将合成设计简化为多重建架反应 (如前面所述生物碱鹰爪豆碱的合成)。对称分子是指有对称面的分子。对称面可通过共价键 (如化合物 **6-6**)，也可以通过一个原子或若干原子 (如化合物 **6-7**) 将分子平分成两个相等的部分。

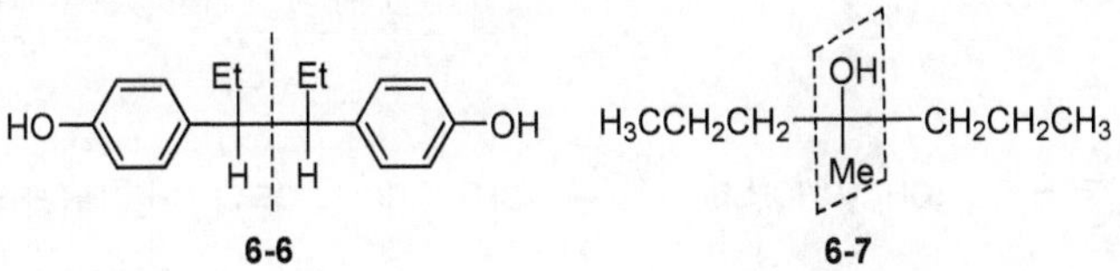

6-6　　**6-7**

对称分子的这种特点能使合成设计简化，达到“事半功倍”的效果。在对称分子的合成设计中，只要沿对称面逆向切割就能得到两个相同的合成子。

【实例 6-1】试设计上述化合物 **6-6** 的合成路线。

反合成分析：

$$HO-C_6H_4-CH(Et)\wr CH(Et)-C_6H_4-OH \xRightarrow[FGI]{dis} 2\ MeO-C_6H_4-CH(Et)-Cl \xRightarrow{FGI} MeO-C_6H_4-CH{=}CHCH_3$$

合成路线：

$$MeO-C_6H_4-CH{=}CHCH_3 \xrightarrow[PhH,\ 5\sim10\ °C]{HCl\ (干燥)} MeO-C_6H_4-CH(Et)Cl \xrightarrow[2.\ HI,\ \triangle]{1.\ Fe,\ 80\sim90\ °C} HO-C_6H_4-CH(Et)-CH(Et)-C_6H_4-OH$$

【实例 6-2】试设计上述化合物 **6-7** 的合成路线。

反合成分析：

$$H_3CH_2CH_2C\wr C(OH)(Me)\wr CH_2CH_2CH_3 \xRightarrow{dis} 2\ CH_3CH_2CH_2MgBr + CH_3CO_2Et$$

合成路线：

$$CH_3CH_2CH_2Br \xrightarrow[Et_2O,\ 25\ °C]{Mg} CH_3CH_2CH_2MgBr \xrightarrow[2.\ H^+]{1.\ AcOEt} H_3CH_2CH_2C-C(OH)(Me)-CH_2CH_2CH_3$$

另外，还可以利用“潜在对称性分子”设计来简化合成路线。所谓潜在对称性分子是指分子原来没有对称性，但在合成设计时可以先通过官能团转化等手段逆向变换成为对称性分子，然后再利用分子的对称性沿分子对称面进行逆向切断成两个相同的合成子，这样就可以简化合成设计，提高合成效率。

【实例 6-3】试设计异丁基异戊基甲酮的合成路线。

$$(CH_3)_2CHCH_2C(=O)(CH_2)_2CH(CH_3)_2$$

异丁基异戊基甲酮

反合成分析：

$$\underset{(无对称性)}{(CH_3)_2CHCH_2C(=O)(CH_2)_2CH(CH_3)_2} \xRightarrow{FGI} \underset{(对称性分子)}{(CH_3)_2CHCH_2\wr C{\equiv}C\wr CH_2CH(CH_3)_2} \xRightarrow{dis} HC{\equiv}CH + (CH_3)_2CHCH_2Br$$

合成路线：

$$HC{\equiv}CH + (CH_3)_2CHCH_2Br \xrightarrow{NaNH_2} (CH_3)_2CHCH_2-C{\equiv}C-CH_2CH(CH_3)_2$$

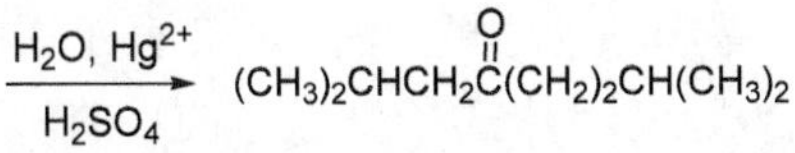

$\xrightarrow[H_2SO_4]{H_2O,\ Hg^{2+}}$ $(CH_3)_2CHCH_2C(=O)(CH_2)_2CH(CH_3)_2$

6.2.1.5 利用分子的重排反应

在不需要特殊试剂的重排反应中，原料分子的碳架和官能团发生重排而生成新化合物，但不导致碳原子的损失。因此，从合成效率来看，重排反应是有效而经济的建架反应。比如，Claisen 重排具有高度的区域选择性和立体选择性，能有效延长碳链，建立 (*E*)-烯键或季碳原子中心，在天然活性产物的合成中应用广泛。另外，利用 Wagner-Meewein 重排进行扩环或缩环，也可作为合成稠环的重要策略之一。

【**实例 6-4**】试设计螺[4.5]-1-癸酮的合成路线。

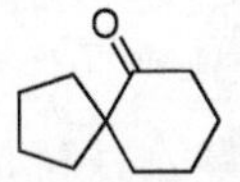

螺[4.5]-1-癸酮

反合成分析：

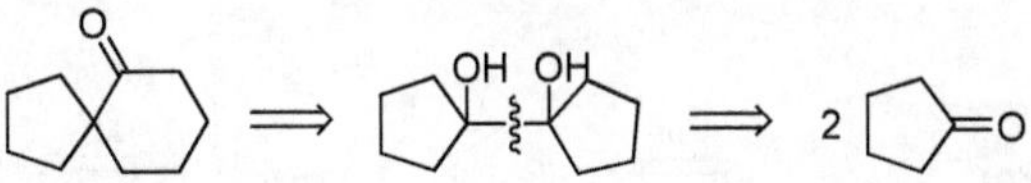

合成路线：

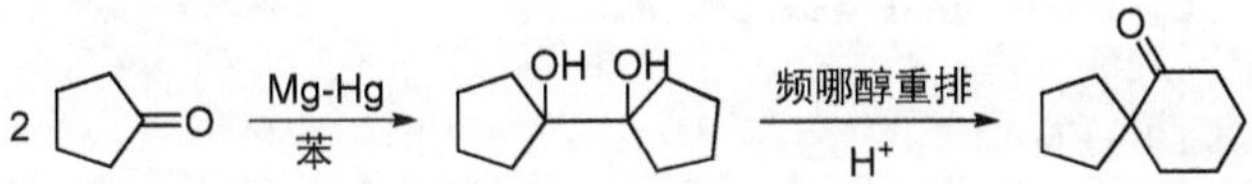

2 环戊酮 $\xrightarrow[苯]{Mg\text{-}Hg}$ 频哪醇 $\xrightarrow[H^+]{频哪醇重排}$ 螺[4.5]-1-癸酮

例如，涂永强组报道了加兰他敏 **(6-8)** 的全合成，巧妙地利用了半频哪醇 (semipinacol) 重排反应，高效地构建了目标分子中最具挑战的苄位季碳中心 (图 6-16)，完成此复杂天然药物分子的合成[8]。

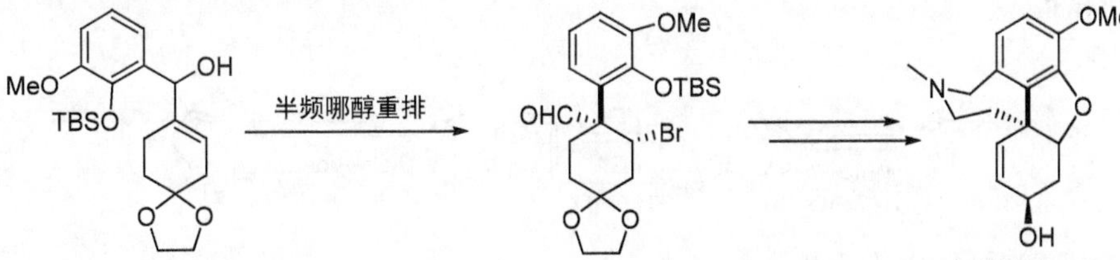

MeO, TBSO, OH, 半频哪醇重排, OMe, OTBS, OHC, Br, 加兰他敏 **(6-8)**

图 6-16 半频哪醇重排反应构建加兰他敏的核心骨架

6.2.1.6 利用官能团的变换

利用靶分子结构特点，巧妙应用官能团互换 (FGI) 和官能团添加 (FGA) 等变换手段，就能以最少的步骤、最有效的分析方法，将靶分子逆向变换成原料分子，从而达到简化合成设计、减少合成步骤和提高合成效率的目的。

（1）官能团互换 (FGI)

由于羰基是建架反应中一个十分重要的官能团，且许多原料或衍生物含有羰基，所以把靶分子的某些官能团变换成羰基，常可简化合成设计、减少合成步骤和提高合成效率。

例如，下面靶分子的逆合成分析中，首先将醇变换为酯，然后方便地利用逆羰基α-烃化变换，将稠环逆向切断成原料分子环己烯衍生物和 1,3-二溴丙烷。

胺类常由醛、酮的还原胺化或由酰胺、腈、硝基还原制得，因此，在胺类以及某些含氮杂环化合物的合成分析中，可将胺变换成上述前体化合物。

例如，抗心律失常药物阿普林定 (Aprindine，**6-9**) 中，叔氨基经碳-氮键的逆向切断，变换成原料茚酮。

（2）官能团添加 (FGA)

在靶分子上添加官能团的目的在于找到逆向切断的位置及相应的合成子，从而能巧妙地简化合成设计，减少合成步骤，提高合成效率。

通常，当环己烷的一侧碳链具有 1 个或 2 个吸电子基 (或前体基团)，则通常在对侧添加双键后，可方便地进行逆 Diels-Alder 变换，找到相应的二烯和亲二烯合成子等价试剂。

6.2.1.7 寻找特殊结构成分

若靶分子具有某些易得的原料或中间体的基本骨架和官能团成分，则可利用该特殊结构作为逆向变换的线索，常能找到以相应分子骨架为原料的合成路线。例如，下面光学活性靶分子（Ⅰ）就可利用此法逆向变换成易得的天然 (*R*)-(+)-香茅醛作为合成起始原料。

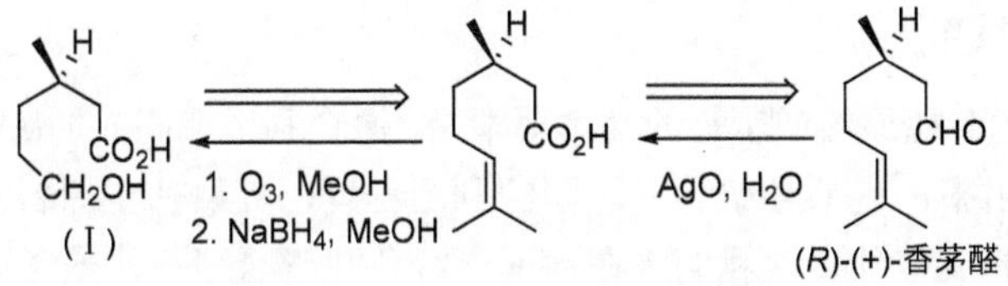

图 6-17 是天然产物石松生物碱 (–)-8-deoxyserratinine (**6-10**) 的逆合成分析，该路线充分体现了合成设计的巧妙性，通过分子骨架中特殊结构成分的发掘，进行一步步的逆向设计，最终将复杂的天然产物逆向变换为廉价易得的简单天然骨架 (+)-长叶薄荷酮 [(+)-pulegone]，成功将起始原料的手性中心引入目标分子中，完成了目标分子的不对称合成[9]。

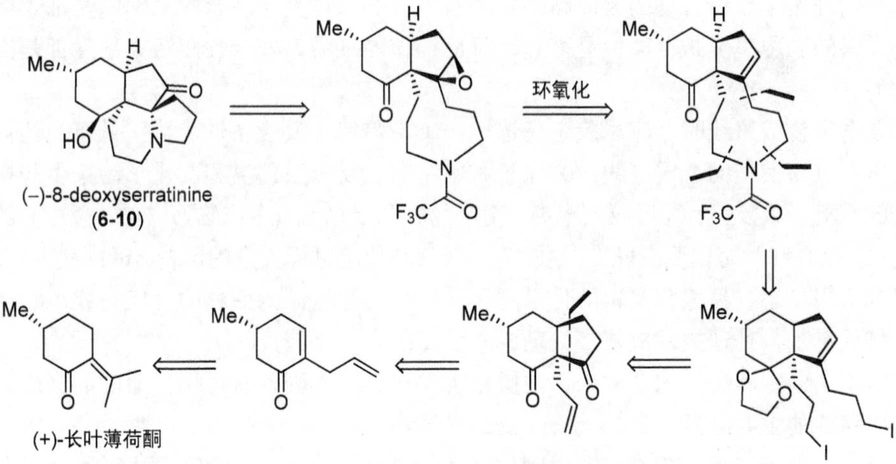

图 6-17 (–)-8-deoxyserratinine (**6-10**) 的逆合成分析

6.2.1.8 减少官能团保护

在有机合成反应中应用保护基常需要增加二次官能团转化操作 (保护和脱保护)，可导致反应步骤的增加和合成路线反应总收率的降低，从而影响合成效率。因此，保护基化学虽然从合成策略上可以看成是“很好的化学”，但从合成效率的角度看，又是“很坏的合成”。如果在满足了化学选择性的基础上，尽可能不使用保护基手段，或者能使所引入的保护基在后续反应中自动除去而不需要附加的脱保护基操作，则也可提高合成效率。

另外，应尽早完成必要的官能团转化反应，使官能团转化对合成效率的影响降低到最小程度。为此，可在将原料和其他试剂反应成更大分子的中间体之前，进行必要的官能团转化反应，或尽早对尽可能小的手性中间体进行光学分析，以提高不对称合成效率。

6.2.2 原料和试剂

合成设计中对起始原料或试剂的基本要求是：原料利用率高、价廉易得、绿色环保。

所谓原料利用率，包括骨架和官能团的利用程度，其取决于原料和试剂的结构、性质以及所进行的反应种类，我们将在后面“绿色化学合成”中给予详细介绍。

原料易得、价廉、绿色环保可有利于后续工业化，但必须在原料的纯度和价格间找到平衡，因为纯度的高低直接影响后续反应的收率和质量。

哪些原料价廉、易得可查阅国内外各种化工原料和试剂目录或手册，以及从化学文献资料中检索化工原料重要中间体和药物重要中间体。

6.2.3 合成操作和安全性

一条理论上设计合理的合成路线是否有效，必须接受实际合成工作的验证。除了考虑原料的利用率及是否廉价易得外，反应操作的难易、安全性和污染程度都是必须考虑的。

在选择合成路线时，应尽量考虑选用：①不需特殊反应条件，特别是避免超低温或高压，容易实施的合成路线；②原子利用率高、反应条件温和、化学污染少和操作安全的有机合成反应；③反应收率高、副产物少和易精制（主产物占 70% 以上）的合成方法，以有利于简化反应操作；④保存、转移和使用过程安全的原料、试剂和中间体，少用或不用易燃、易爆和有毒的化学物质；⑤可再生资源为原料的合成路线；⑥“三废”排放量少，处理技术成熟、处理成本低廉的合成路线。

对于实验室和工厂的合成来说，操作上要求有所不同，有时操作上的因素成为决定合成路线的主要因素。

例如，前列腺素 PGF2α 的中间体 **6-11** 的制备，开始实验室方法采用臭氧和铬酸氧化、甲基锂加成的二步反应，但在工业生产上，因无法大规模使用臭氧和甲基锂试剂，于是改用高锰酸钾顺式羟基化、过碘酸氧化、格氏反应、铬酸氧化等四步反应（图 6-18）。

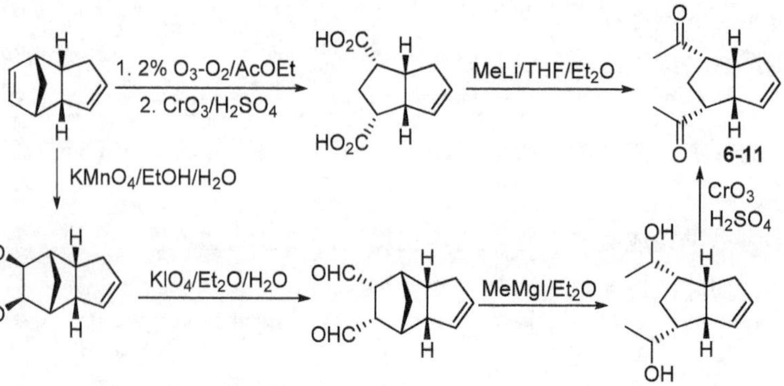

图 6-18 前列腺素 PGF2α 中间体的两种合成路线

PF-04449913 (**6-12**) 是辉瑞开发的 SMO 抑制剂，对其合成的最大挑战在于如何以高效、实用的方法来构建哌啶环 2 位和 4 位的手性中心。最早的实验室合成路线是从一个已知的光学纯手性化合物开始，经过 14 步的线性合成，以 4% 的总收率完成目标分子的合成 (图 6-19)。该合成路线存在一些显著的缺陷：难以获得大量的起始原料；合成路线太长，总收率低；S_N2 取代反应需要使用叠氮化钠，规模化生产存在较大的安全隐患。

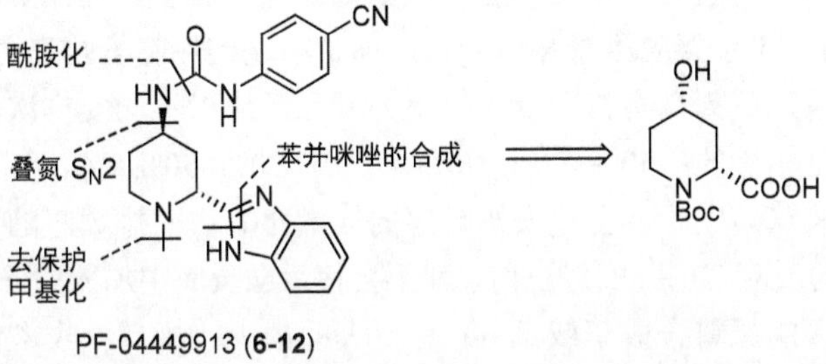

酰胺化
叠氮 S_N2
苯并咪唑的合成
去保护
甲基化
PF-04449913 (**6-12**)

图 6-19 PF-04449913 的实验室合成路线

为了满足此化合物进行临床研究的用药需求，经过长期的合成研究，辉瑞开发出了更加安全、高效的合成路线[10] (图 6-20)。从廉价易得的苯并咪唑化合物开始，经过加成、还原两步反应得到了 4-哌啶酮骨架分子。接下来是此合成路线的关键步骤，也是最大的亮点，4-哌啶酮骨架分子在酶催化下实现了转氨化及动态动力学拆分，高效地获得高光学纯度的4-氨基哌啶化合物，最后通过一步酰胺化反应即得到了目标分子。此路线开创性地设计了酶催化的转氨化和动态动力学拆分，实现了目标分子的不对称合成，以 5 步 40% 的总收率完成，合成效率大大提高，解决了之前的安全性问题，可以实现公斤级的规模化生产，体现了上述合成路线选择需要考虑的一些原则。

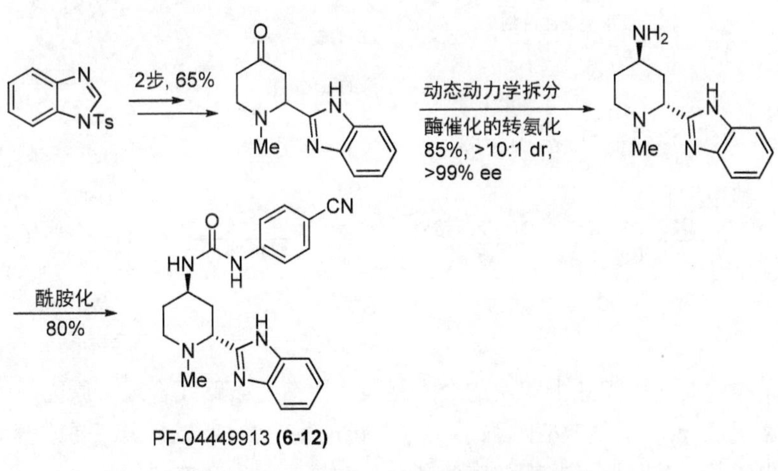

2步, 65%
动态动力学拆分
酶催化的转氨化
85%, >10:1 dr, >99% ee
酰胺化
80%
PF-04449913 (**6-12**)

图 6-20 PF-04449913 的工业合成路线

6.2.4 反应安排

化学反应是合成设计时考虑一切问题的基础。合成设计中应尽量使用已知、成熟且在类似化合物的合成中运作良好 (操作简单、后处理方便、收率高、成本低、“三废”排放少且处理容易) 的反应或选择性好、效率高的新型有机反应。在合成设计时所选择难度大的反应越少、稳定的中间体越多、关键性反应出现得越早，反应的成功率和合成效率就越高。

另外，合成路线中反应次序安排的一般原则是先难后易。具体要求就是：

① 收率低的反应步骤应尽量靠前安排，而价格高的原料安排在最后使用

从数学角度看，下列具有相同反应收率的单元反应以不同安排次序构成的两条合成路线的总收率是相等的：$50\%\times90\%\times90\% = 90\%\times90\%\times50\% = 40.5\%$。

但是从成本核算角度看，左边安排顺序的成本比右边安排顺序的要低。因为收率低或损失原料大的反应 (50%) 安排在前，就不会使后面反应中加入的原料 (即前一步反应的产物和新加入的原料合成子或试剂) 有更大的损失；相反，收率低或损失原料大的反应 (50%) 安排在后，则意味着前面收率高、损失原料少的产品，最后一步要损失一半，岂不是“前功”竟要“弃去一半”。所以，损失原料大或收率低的反应尽量往前安排，成本核算相对要低，合成效率要高得多。

另外，如需拆分，也尽可能安排在早期，这样使整个合成路线中的处理量和工作量减少，节约了人力和物力。

② 各步反应安排应尽量达到相互促进

例如，由氯苯合成苦味酸，单元反应安排次序不同，效果就不同。

a. 先水解后硝化路线

Cl + NaOH (20%) —300 °C, 2.03×10^5 Pa, 水解条件苛刻→ OH —混酸→ OH, NO_2, NO_2 (少量) + 混杂的氧化产物 —混酸或稀 HNO_3→ O_2N, OH, NO_2, NO_2 苦味酸

b. 部分硝化→水解→再硝化路线

Cl —混酸, △→ Cl, NO_2, NO_2 —Na_2CO_3 溶液, 煮沸→ OH, NO_2, NO_2 —混酸或稀 HNO_3→ O_2N, OH, NO_2, NO_2 苦味酸

第二条路线是一条工业上实用的合成路线，比第一条路线合理。原因是：i. 氯苯为乙烯式卤代烃，p-π 共轭效应加强了 C–Cl 键的稳定性，所以氯苯不易水解。ii. $-NO_2$ 是强的吸电子基，其吸电子共轭效应使其邻、对位易发生亲核取代的水解反应，所以

2,4-二硝基氯苯易水解。iii. 反过来，一方面，–OH 比 –Cl 供电子能力强，对引入第三个硝基的亲电反应起到了致活作用；另一方面，–OH 受两个 $-NO_2$ 的影响，也不容易氧化了。所以在第二条合成路线中，各个单元反应是互相促进的。

c. 彻底硝化再水解路线

Cl —混酸, △→ Cl, NO_2, NO_2 —发烟 HNO_3, 浓 H_2SO_4, 140~150 °C→ Cl, O_2N, NO_2, NO_2 —H_2O, 温热→ OH, O_2N, NO_2, NO_2

苦味酸

该路线同样是三步反应，但仍不如第二条路线优越，理由是：i.氯苯的二次再硝化比 2,4-二硝基苯酚硝化困难得多，因为各基团相互影响的结果对反应是不利的；ii.使用发烟硝酸，对设备腐蚀性太大，尽管省去了纯碱 (Na_2CO_3)，但对设备的要求高了，需要使用不锈钢设备。

6.2.5 绿色化学合成

所谓“绿色化学”是指环境无害化学、环境友好化学或清洁化学。绿色化学对药物合成化学，尤其是精细合成化学提出了更严格的要求。绿色化学要求任何一个化学活动，包括使用的化学原料、化学反应和操作过程以及最终的产品，对人类的健康和地球环境都是无害和友好的。

绿色化学包括了下列具体要求：①防止污染的产生优于治理产生的污染；②原子经济性反应；③只要可能，尽量采用毒性小的化学合成路线；④化学药物的设计必须在保留其高效活性的同时，尽量减少其毒性；⑤应尽可能避免使用溶剂、分离试剂等辅助物质，如果不可避免，也要选用无害、无毒的；⑥应考虑能源消耗对环境和经济的影响，设法降低能耗，最好采用在常温常压下的合成方法；⑦原料应是再生的，而非耗竭的；⑧尽量减少不必要的衍生化步骤，如封闭导向、保护和脱保护过程等；⑨采用高选择性高效催化剂优于使用化学计量性试剂；⑩化学品在完成其使用功能后，不应永存于环境中，而应能降解为无害的物质等。

绿色化学，从环保角度看，是从源头上消除污染隐患；从合成的经济效率看，是合理利用资源和能源，降低生产成本。所以，在进行合成设计时，绿色合成应是考虑的重要因素。一条理想的合成路线应尽可能符合上述绿色合成化学的要求。

“原子经济性”“高选择性高效催化剂”和“无毒无害溶剂”是绿色化学的核心内容。

6.2.5.1 原子经济性反应

1991 年，美国斯坦福大学著名化学家 B. M. Trost 首先提出“原子经济性”的观点来评估化学反应的效率。他认为高效的有机合成应最大程度地使原料分子的每一个原子结合到靶分子中，不产生副产物或废物，实现废弃物的“零排放”。因此，“原子经济性”可以用原子利用率来衡量：

$$原子利用率 = \frac{预期产物的分子量}{反应物的原子量总和} \times 100\%$$

理想的“原子经济性”反应，应该是 100% 的反应物转化到终产物中，而没有副产物生成。显然，原子经济性反应有两大优点：一是最大限度地利用了原料；二是最大限度地降低废弃物的生成，减少了对环境的污染。因此，“原子经济性”是绿色化学的基本原理之一。

传统的有机反应比较重视反应产物的收率，而忽视了副产物或废弃物的生成。例如，Wittig 反应广泛用于带烯键化合物的合成，并获得了 1979 年诺贝尔化学奖。其反应过程为：

$$Ph_3P^+CH_3Br^- \xrightarrow{碱} Ph_3P{=}CH_2 \xrightarrow{R^1R^2C{=}O} R^1R^2C{=}CH_2 + Ph_3P{=}O$$

该反应的收率可达 80% 以上，但是溴化甲基三苯基鏻分子中仅有亚甲基被转化到产物中，即 357 份质量中仅有 14 份质量被利用，却产生了 278 份质量的“废弃物”氧化三苯基膦，反应的“原子经济性”很差。

目前，真正属于高“原子经济性反应”的精细有机合成反应还不多，因此，不断开发新的化学催化反应、改变传统的化学合成途径或不断提高传统化学反应的选择性和采用新的可再生合成原料，仍是从根本上提高反应的原子经济性和合成效率、确保合成过程对环境友好的十分重要的手段。

（1）开发新的化学催化反应

将化学反应从化学计量的反应转化为催化反应，是实现高原子经济性反应的重要途径。应用各种形式的化学催化和生物催化方法就可以实现常规方法无法进行的反应，从而大大缩短合成靶分子的反应步骤，提高合成效率。

例如，Noyori 发明了一种以环己烯直接用 30% H_2O_2 氧化制备己二酸的方法。该方法只生成己二酸和水，是一个不用有机溶剂和不含卤素的绿色化学过程。

$$环己烯 + 4H_2O_2 \xrightarrow[{[CH_3(n\text{-}C_8H_{17})_3N]^+HSO_4^-}]{Na_2WO_4} HO_2C(CH_2)_4CO_2H + 4H_2O$$

抗帕金森药物拉扎贝胺 (lazabemide) (**6-13**) 的传统合成方法是以 2-甲基-5-乙基吡啶为起始原料，经 8 步合成反应，总收率只有 8%。

$$2\text{-}甲基\text{-}5\text{-}乙基吡啶 \xrightarrow[8\%]{8 步} 拉扎贝胺$$

拉扎贝胺 (**6-13**)

但 Hoffmann-LaRoche 公司研究提供了用钯催化羰基化反应，以 2,5-二氯吡啶为起始原料，与 CO 和 1,2-乙二胺一步反应就得到拉扎贝胺的合成路线，其收率为 65%，原子利用率达到 100%，且可达到年生产 3000 t 的生产规模。

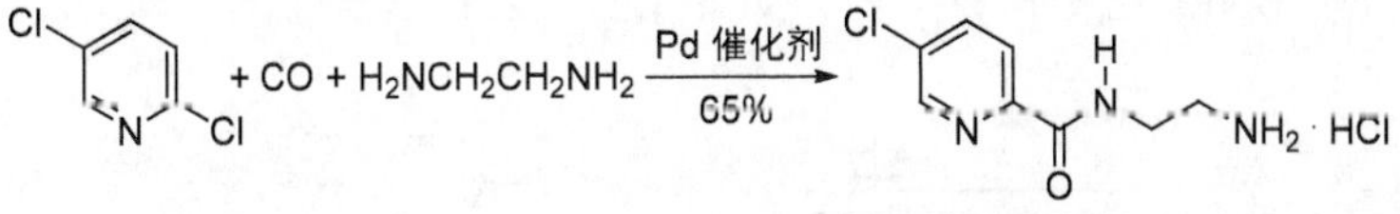

$$\text{2,5-二氯吡啶} + CO + H_2NCH_2CH_2NH_2 \xrightarrow[65\%]{\text{Pd 催化剂}} \text{拉扎贝胺 (6-13)} \cdot HCl$$

拉扎贝胺 (**6-13**)

另外，在绿色化学氧化反应中，最常用的氧化剂是 H_2O_2，反应后生成 H_2O，对环境没有污染，但通常对 H_2O_2 的浓度要求达 95% 以上，增加了成本和工艺难度。用新型催化剂钛硅-1 (TS-1) 分子筛催化选择性氧化，可使 H_2O_2 浓度降低至 40%，而且对几乎一切有机物的氧化都有效，选择性都大于 80% (图 6-21)。

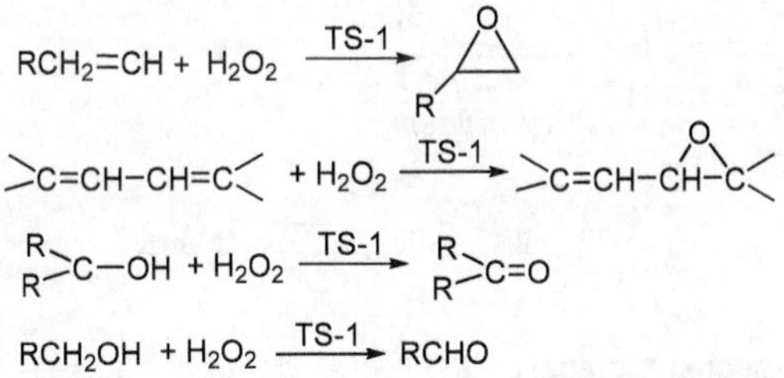

$$RCH_2{=}CH + H_2O_2 \xrightarrow{\text{TS-1}} \text{环氧化物}$$

$$>C{=}CH{-}CH{=}C< + H_2O_2 \xrightarrow{\text{TS-1}} >C{=}CH{-}\overset{O}{CH{-}C}<$$

$$R_2C{-}OH + H_2O_2 \xrightarrow{\text{TS-1}} R_2C{=}O$$

$$RCH_2OH + H_2O_2 \xrightarrow{\text{TS-1}} RCHO$$

图 6-21　新型催化剂 TS-1 促进的 H_2O_2 氧化的烯烃和醇原子经济性

TS-1 分子筛除了在醇氧化、烯键环氧化上能有效地提高 H_2O_2 氧化反应的原子经济性外，还可以提高苯酚羟基化、环己酮氨肟化等反应的原子经济性，且整个反应工艺过程绿色化。

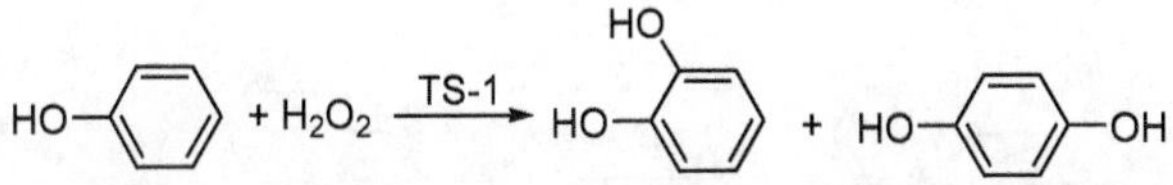

$$\text{HO-C}_6\text{H}_5 + H_2O_2 \xrightarrow{\text{TS-1}} \text{邻苯二酚} + \text{HO-C}_6\text{H}_4\text{-OH}$$

在苯酚羟基化反应中，传统的二异丙苯氧化法的反应过程复杂，产率低，环境污染严重，反应的原子利用率只有 47.2%。用 TS-1 作催化剂，H_2O_2 作氧化剂的新工艺，实现了废弃物的“零排放”，原子利用率提高到 85.2%。

（2）改变传统化学合成途径

在药物合成中，许多中间体往往需要多步合成才能制得，有时尽管单步反应的收率很高，但整条合成路线的总收率不高，原子经济性不理想。若改变反应途径，简化合成步骤，就能大大提高反应的原子经济性和合成效率，布洛芬的合成就是一个例子。

解热镇痛药布洛芬 (**6-14**) 的早期“Boots 合成法”是以异丁基苯为原料，经傅-克酰基化反应、Darzens 缩合、肟化、水解制得。我国常州制药厂和新华制药厂分别仿制上述路线生产过布洛芬。但该合成路线的反应步骤繁琐、原料利用率低、能耗大。所用原料中的原子只有 40% 进入最后产物中。另外，有大量的无机盐产生，成品的精制也很繁杂，生产成本高，污染严重。

布洛芬的“Boots 合成法”工艺[11]如下 (图 6-22)：

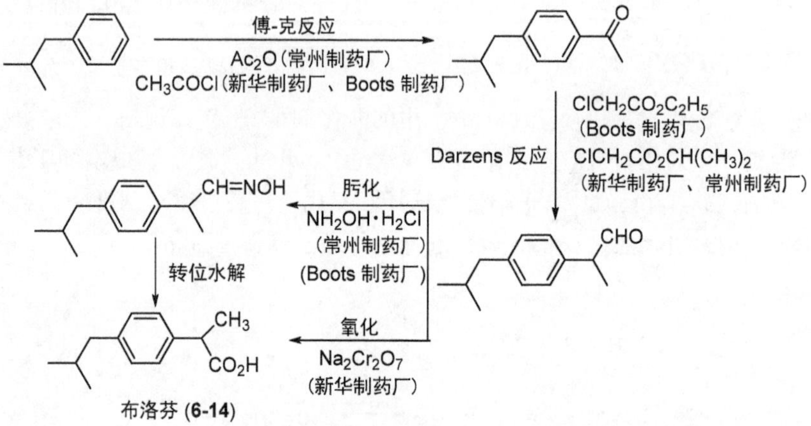

傅-克反应
Ac_2O（常州制药厂）
CH_3COCl（新华制药厂、Boots 制药厂）
$ClCH_2CO_2C_2H_5$
（Boots 制药厂）
Darzens 反应
$ClCH_2CO_2CH(CH_3)_2$
（新华制药厂、常州制药厂）
CHO
CH=NOH
肟化
$NH_2OH \cdot H_2Cl$
（常州制药厂）
（Boots 制药厂）
转位水解
CH_3
氧化
$Na_2Cr_2O_7$
（新华制药厂）
CO_2H
布洛芬 (**6-14**)

图 6-22 布洛芬的“Boots 合成法”

1992 年，美国 Hoechst-Celanese 公司和德国 BASF 公司合资的 BHC 公司发明了以异丁基苯为原料，经傅-克酰基化反应、氢化和醇羰基化 3 步反应合成布洛芬的新工艺。该工艺年产布洛芬可达 3500 t，其原子利用率达到了 77.4%，少产废弃物 37%；如果考虑副产物乙酸的回收，则其原子有效利用率高达 99%。BHC 公司因此获得了 1997 年美国“总统绿色化学挑战奖”。

布洛芬的“BHC 合成法”工艺[11]如下 (图 6-23)：

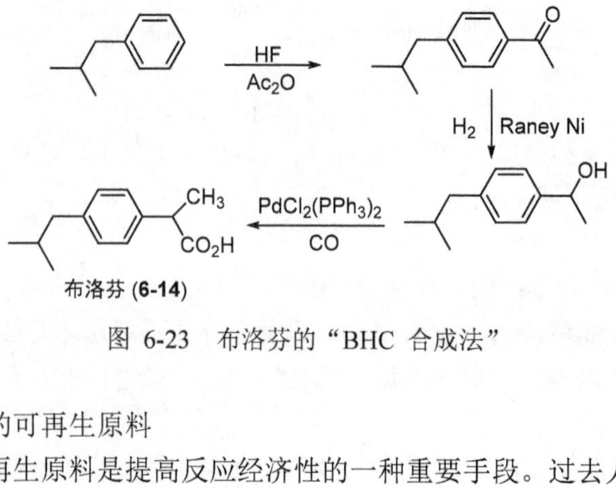

HF
Ac_2O
H_2 Raney Ni
OH
$PdCl_2(PPh_3)_2$
CO
CH_3
CO_2H
布洛芬 (**6-14**)

图 6-23 布洛芬的“BHC 合成法”

（3）采用新的可再生原料

采用新的可再生原料是提高反应经济性的一种重要手段。过去人们习惯于使用石油、煤、天然气等矿物资源作为合成化学的主要原料，但矿物资源是不可再生的。因此，开发可再生资源为合成原料，是实现可持续发展和绿色化学合成的一个重要手段。

例如，己二酸的传统合成方法是以苯为原料，经 Pd 或 Ni 催化加氢还原成环己烷，环己烷进行空气氧化成环己醇或环己酮，然后进一步用 HNO_3 氧化成己二酸。

$$\text{苯} \xrightarrow[\text{Ni 或 Pd}]{H_2} \text{环己烷} \xrightarrow{O_2} \text{环己醇} + \text{环己酮} \xrightarrow{HNO_3} HO_2C(CH_2)_4CO_2H$$

上述工艺路线曾是现代合成化学的重大成就之一。但从绿色化学的观点来看，该工艺存在严重缺陷。首先，苯来自石油，属不可再生资源，而且是有毒物；其次，在合成过程中采用空气和硝酸氧化，其氧化选择性差、原料的利用率差；最后，最后一步采用硝酸为氧化剂，腐蚀严重，且反应产生 N_2O，会破坏大气中的臭氧层。另外，前面介绍的 Noyori 用 H_2O_2 直接氧化环己烯为己二酸的方法，虽不用有机溶剂和无机氧化剂，但环己烯仍是由石油化工原料转化而来，为不可再生资源，且使用 H_2O_2 为氧化剂，成本高，缺乏经济竞争力。

为了克服上述合成路线存在的缺点，美国的 J. W. Frost 和 K. M. Draths 开发了一条合成己二酸的生物技术路线。该路线由淀粉和纤维素制取的葡萄糖为原料，经由 DNA 重组技术改进的大肠杆菌将葡萄糖转化为己二烯二酸，然后催化氢化还原制得己二酸：

$$\text{葡萄糖} \xrightarrow{\text{大肠杆菌}} \text{己二烯二酸} \xrightarrow[\text{Pd 或 Ni}]{H_2} HO_2C(CH_2)_4CO_2H$$

上述己二酸合成新工艺不仅利用可再生资源，而且过程安全，无毒、无害、无污染，原子利用率高，是绿色化学合成技术，并获得了 1999 年美国“总统绿色化学挑战奖”。

6.2.5.2 高选择性高效催化剂

在传统的合成反应中，80% 以上的反应必须在催化剂存在下才能完成。绿色化学要求选用高选择性高效的化学反应，实现产生极少的副产物和“废物”零排放。相对于化学计量反应，高选择性高效的催化反应更符合绿色化学的要求。

（1）不对称催化剂

2001 年的诺贝尔化学奖就是授予不对称氢化和不对称环氧化反应。例如，美国 Monsanto 公司用 DIPAMP/Rh 为催化剂，不对称催化氢化合成了 L-多巴 (**6-15**)。Knowles 因此获得了 2001 年的诺贝尔化学奖。

另外，前面介绍过的 (*R*,*R*)-Salen-Mn(Ⅲ) 配合物能很好地催化 H_2O_2 对 α,β-不饱和酯的烯键进行不对称环氧化反应，得到高对映异构体过量的环氧化产物。

[Rh(*R*,*R*)-DIPAMP] H_2/MeOH HCl 95% ee

L-多巴 (**6-15**)

(*R*,*R*)-salen-Mn (Ⅲ) 配合物

H_2O_2 (*R*,*R*)-salen-Mn (Ⅲ) 配合物 56% 95%~97% ee

著名的“Sharpless 环氧化法”以 *t*-BuO_2H 为氧化剂，四异丙氧基钛 [$Ti(O^iPr)_4$] 和光学纯酒石酸二乙酯 (DET) 或二异丙酯 (DIPT) 作催化剂，可对各种烯丙基伯醇双键进行对映选择性环氧化，获得 70%~90% 的化学产率和 90% 以上光学产率 (对映异构体过量) 的环氧化物。

(+)-DET *t*-BuO_2H $Ti(O^iPr)_4$ 91% ee

近年来，随着我国有机化学学科的飞速发展，有机合成水平已走在了世界前列。在不对称合成领域，国内学者取得了较为显著的研究成果，开发了一些具有自主知识产权的新型催化剂。如四川大学的冯小明教授所研发的 C_2-对称的双氮氧酰胺配体，该类配体结构易调，可与 20 多种稀土元素、主族元素或过渡金属配位，催化包括多类新反应在内的四十多类不对称催化反应，为手性化合物的合成提供了新的高效、高选择性方法。中科院上海有机化学研究所的唐勇研究员运用边臂策略，设计合成了一系列新型的催化剂等，并成功应用于不对称催化、叶立德反应以及高性能聚烯烃合成[12]。

n=1,2; *m*=0,1; *p*=1,2

双氮氧酰胺配体

边臂调控的噁唑啉配体

（2）分子筛和固体酸碱催化剂

许多合成反应中，最常用的传统催化剂是无机酸或碱，一般是液体的酸或碱。它们虽然便宜、催化效率高，但对设备的腐蚀和对环境污染严重，副反应多、后处理困难。研究开发新型环保的绿色催化剂是实现绿色化学合成、提高合成效率的重要手段。

目前，各种新型分子筛催化剂、固体超强酸或超强碱催化剂、杂多酸催化剂和固体夹层催化剂、相转移催化剂等的催化能力均优于传统的酸碱催化剂，同时对环境友好，使原来的化工合成变为绿色化学合成。

比如，前面已经介绍的新型催化剂钛硅-1 (TS-1) 分子筛催化 H_2O_2 对几乎一切有机物的选择性氧化反应。

又如，线型烷基苯 (LBA) 是合成表面活性剂的重要原料。工业上所指的线型烷基苯是指 C_{10}~C_{14} 直链烯烃与苯烷基化所得的各种烷基苯的混合物。目前，LBA 的生产仍主要采用 HF 为催化剂。该工艺的主要问题是：HF 具有强烈的腐蚀性和毒性，严重腐蚀设备，会对操作人员的健康造成威胁。为克服 HF 催化烷基化路线，美国环球油品 (UOP) 公司成功开发了固体酸催化 LBA 生产新工艺。新工艺采用的固体酸催化剂无毒、无腐蚀性，能反复再生使用。但该固体酸催化剂的组成配方仍处于严格的保密之中。该工艺反应过程如下：

$$\text{苯} + \text{烯烃} \xrightarrow{\text{固体酸}} \text{烷基苯}$$

（3）生物催化

所谓生物催化是指利用酶或微生物为催化剂来实现化学转化过程。比如前面介绍过的己二酸的生物技术合成路线中，DNA 重组技术改进的大肠杆菌可催化葡萄糖转化成己二烯二酸。

最近几年，生物催化技术在精细化学品合成上的应用得到了迅速发展。例如，可的松 **(6-16)** 的生物合成 (图 6-24)。

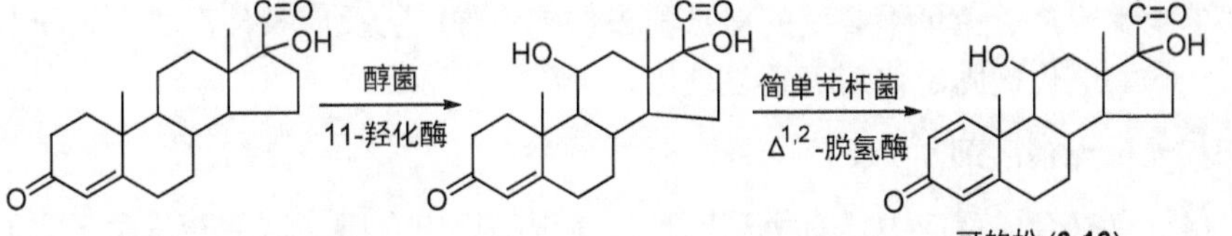

醇菌 / 11-羟化酶；简单节杆菌 / $\Delta^{1,2}$-脱氢酶；可的松 **(6-16)**

图 6-24 可的松的生物合成

生物催化在不对称合成上的应用也更加广泛，已成为化学合成手性化合物的重要补充，显示出巨大的工业潜力。例如，候选药物分子手性 *β*-羟基氨基酸酒石酸盐，由于其在人体中的有效剂量较高，需提供较大量化合物用以进行相关临床研究，因此合成效率和生产成本是药物生产最为关键的两个要素。其最初合成路线虽然很短（图

6-25)，但存在不少缺陷，包括起始原料为有毒、不稳定且价格昂贵的异腈化合物；另外该合成路线是消旋合成，需进行化学拆分以获得光学纯产品，这显然不符合绿色化学的理念，也增加了生产成本。针对这些问题，一条高效、绿色的工业化合成路线被开发出来（图 6-25)，通过 D-苏氨酸醛缩酶催化的 Aldol 反应作为关键步骤，以较好的立体选择性和反应收率实现了目标分子手性中心的构筑[13]。

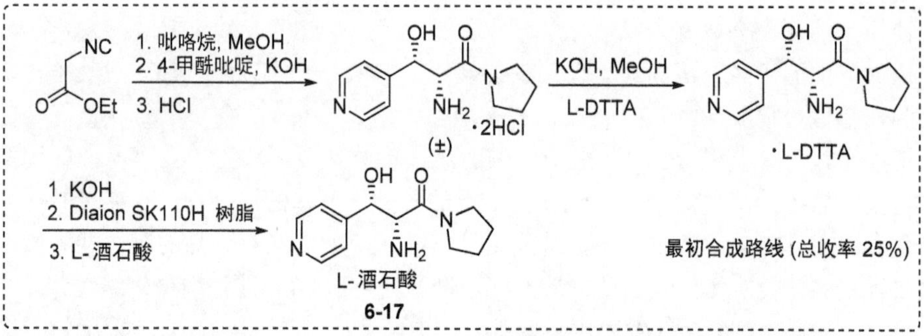

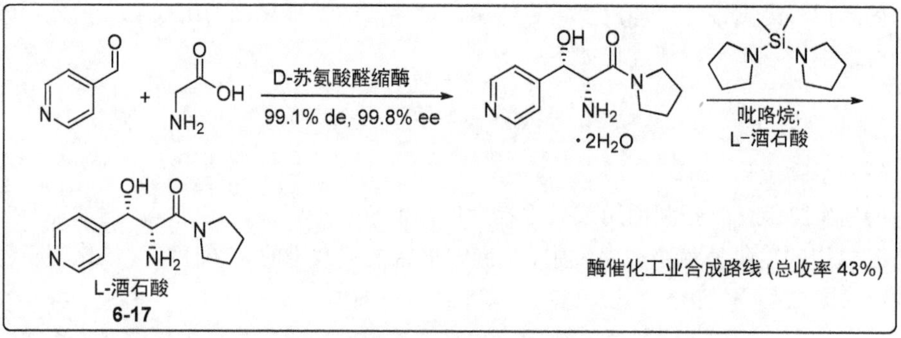

图 6-25　*β*-羟基氨基酸酒石酸盐 (**6-17**) 的合成方法

总之，生物催化具有明显的优点：①广泛的反应性；②高区域选择性和立体选择性；③单步反应，避免了不必要的保护和去保护步骤；④反应条件温和，适于复杂分子合成；⑤酶催化剂固定化后可重复使用。

6.2.5.3　无毒无害溶剂

在传统有机合成反应中，有机溶剂是最常用的反应介质，这主要是由于它们能够很好地溶解有机化合物。但有机溶剂的毒性和难回收，使它成为对环境有害的因素。因此，选择环保的反应介质是绿色化学合成的基本要求。目前，除选用毒性小的溶剂甲苯代替毒性大的苯作反应介质的例子外，还有水、超临界 CO_2、离子液体等溶剂，甚至是无溶剂的固态反应。

（1）以水作为反应介质

由于大多数有机化合物在水中的溶解度差，且许多试剂在水中会分解，因此，一般不用水作反应介质。但水相反应确实有许多优点：①无毒、无污染、价廉；②操作简便、安全，没有介质的易燃易爆等问题。

水相反应的研究已涉及多个反应类型，如周环反应、亲核加成反应和取代反应。其中，水相有机合成的一个重要进展是应用于有机金属类反应，特别是有机铟试剂参与的水相形成碳-碳键反应。例如，金属铟引发烯丙基卤与醛或酮发生烯丙基化反应，该反应在室温和水相中进行，产率优良。甘露糖与 α-溴甲基丙烯酸甲酯在金属铟和水中偶联，非常简便地合成了(+)-KDN (**6-18**)。如图 6-26 所示。

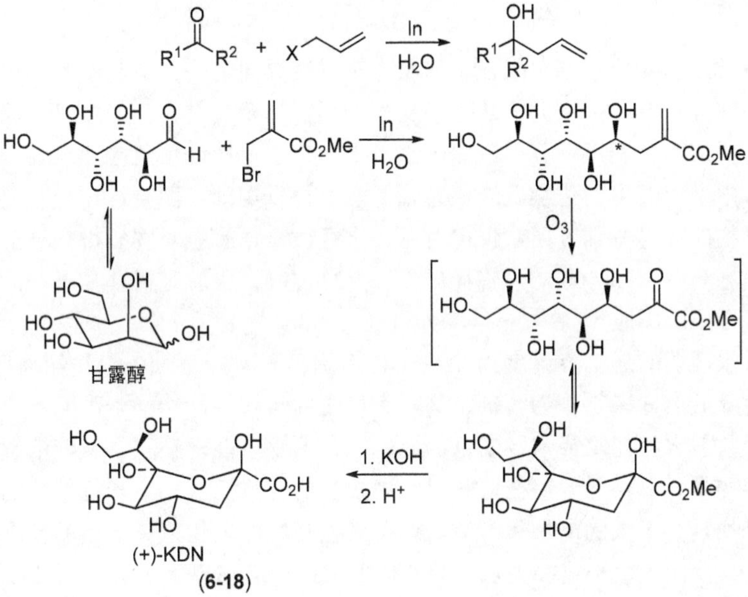

图 6-26 水相反应合成 (+)-KDN (**6-18**)

水相合成的另一重要进展是水相 Lewis 酸催化反应。常规的 Lewis 酸催化反应需在无水有机溶剂中进行，但环戊二烯和亲二烯体在 0.01 mol/L 硝酸铜催化下于水相中的环加成比在乙腈中进行的非催化反应反应速率提高 79300 倍。

（2）超临界流体作为反应介质

“超临界流体”是指物质的温度和压力分别处于其临界温度和临界压力之上的一种特殊状态的流体，是一种气液不分的混沌态物质。它不但具有液体的高密度、强溶解性和高传热系数，而且具有气体的低黏度和高扩散性能，并且这些性质随温度和压力变化而发生显著突变。由于这些特殊性质，超临界流体在萃取、色谱分离、重结晶以及合成反应等方面表现出特有的优越性，并在实际工作中获得应用。

目前，最引人注目的“超临界流体”是超临界 CO_2、超临界 H_2O 和近临界 H_2O。这三种物质都是无毒、不燃、化学惰性，来源广泛，其临界温度和压力适中，临界状态容易实现。

超临界 CO_2，常表示为 $scCO_2$，其中，sc 表示超临界。例如，甲苯与 NBS 进行的自由基溴化反应，在 $scCO_2$ 中生成溴苄的产率可达 100%；Burk 等报道了以 $scCO_2$ 为溶剂可以提高不对称氢化的对映选择性等；这些以 $scCO_2$ 为溶剂的反应无疑都是环保的绿色化学过程。

$$PhCH_3 \xrightarrow[100\%]{NBS\ /\ scCO_2,\ h\nu,\ 40\ ^{\circ}C} PhCH_2Br$$

$$CH_2=C(NHAc)CO_2Me \xrightarrow[95\%\ ee]{H_2\ /\ scCO_2,\ cat.^*} CH_3CH(NHAc)CO_2Me$$

水是最常用的廉价溶剂。水在临界状态下气液界面消失，成为气液一体的超临界流体。在超临界水中，由于分子热运动相当剧烈，分子具有很高的能量，因此，它能促进其中的反应物分子进行分子或原子水平上的化学反应，使反应速度加快，甚至一些在常态水中不能发生的化学反应在超临界水中得以实现，而且，在超临界水中进行反应物和产物的分离特别方便，仅需对压力进行微调，就能对物质进行分解或抽出。但是水的临界温度 $T_c = 400\ ^{\circ}C$，临界压力 p_c=23 MPa，也就是需要高温和高压，限制了其在有机合成中的应用。

近临界水需要的近临界温度为 275 ℃，近临界压力为 6 MPa；与超临界水相比，温度和压力降低了许多。作为溶剂，其对有机物的溶解性能相当于丙酮和乙醇，而介电常数介于常态水和超临界水之间，因此，近临界水既能溶解盐，又能溶解有机物，而且水与产物易分离。另外，在近临界水中发生的合成反应还有一些独特的优点，即由于近临界水具有很大的离子化常数，对于某些需要酸催化或碱催化的反应，近临界水也能催化其反应，而不需要另加催化剂。例如，在近临界水中进行的 Friedel-Crafts 反应，就不必像传统合成需加入 2 倍量的 $AlCl_3$ 或其他的 Lewis 酸即可反应，避免了大量无机盐废弃物的生成。近临界水特别适合于一些小规模、高附加值的精细有机合成，如烷基化反应、Aldol 反应和氧化反应等。

（3）离子液体作为反应介质

离子液体是指在室温或低温下为液体的含有机正离子的盐，由含氮或磷有机阳离子和大的无机阴离子组成。常见的室温离子液体有：

$[BMIM]^+[PF_6]^-$　　$[C_6H_{13}\text{-}Py]^+[BF_4]^-$　　$[BMIM]^+[NO_3]^-$

离子液体对有机、金属有机、无机化合物均有很好的溶解性能，无可测蒸气压，无味、不燃、易与产物分离，易回收、可循环使用，因而是一类绿色环保溶剂。

已报道的在离子液体中的反应有：Friedel-Crafts 反应、烯烃的氢化反应、氧化还原反应、形成 C–C 键的偶联反应等。

例如，杜邦公司开发了在离子液体 $[BMIM]^+[BF_4]^-$ 和异丙醇两相体系中进行不对称催化氢化合成萘普生的方法，产物的对映异构体过量 (ee) 可达 80%。

MeO ... CO_2H $\xrightarrow[\text{[BMIM]}^+\text{[BF}_4\text{]}^- / i\text{-PrOH}]{H_2 / \text{[RuCl}_2\text{-(}S\text{)-BINAP]}}$ MeO ... CO_2H 80% ee

综上所述，目标靶分子的合成受多方面因素的影响，其中，所选用的化学反应是根本，而合成设计是基础。良好的开始是成功的一半，因此，我们首先应精心策划、认真设计多条合成路线，然后从整体上对其进行综合评价，从中优选出经济、环保、安全、高效、易实施的合成路线。

参考文献

[1] Corey, E. J. The Logic of Chemical Synthesis: Multistep Synthesis of Complex Carbogenic Molecules. *Angew. Chem. Int. Ed. Egl.* **1991**, *30*, 455-465.

[2] Hendrickson, J. B. Approaching the logic of synthesis design. *Acc. Chem. Res.* **1986**, *19*, 274-281.

[3] Fitzgerald, M. A.; Soltani. O.; Wei, C.; Skliar, D.; Zheng, B.; Li, J.; Albrecht, J.; Schmidt, M.; Mahoney, M.; Fox, R. J.; Tran, K.; Zhu, K.; Eastgate, M. Ni-Catalyzed C−H Functionalization in the Formation of a Complex Heterocycle: Synthesis of the Potent JAK2 Inhibitor BMS-911543. *J. Org. Chem.* **2015**, *80*, 6001-6011.

[4] Johnson, W. S.; Newton, C.; Lindell, S. D. The carboalkoxyallylsilane terminator for biomimetic polyene cyclizations. A route to 21-hydroxyprogesterone types. *Tetrahedron Lett.* **1986**, *27*, 6027-6030.

[5] Huang, H. M.; Procter, D. J. Radical Heterocyclization and Heterocyclization Cascades Triggered by Electron Transfer to Amide-Type Carbonyl Compounds. *Angew. Chem. Int. Ed.* **2017**, *56*, 14262-14266.

[6] Tietze, L. F.; Modi, A. Multicomponent Domino Reactions for the Synthesis of Biologically Active Natural Products and Drugs. *Med. Res. Rev.* **2000**, *20*, 304-322.

[7] Tietze, L. F.; Zhou, Y. F. Highly Efficient, Enantioselective Total Synthesis of the Active Anti-Influenza A Virus Indole Alkaloid Hirsutine and Related Compounds by Domino Reactions. *Angew. Chem. Int. Ed.* **1999**, *38*, 2045-2047.

[8] Hu, X.-D; Tu, Y. Q.; Zhang, E.; Gao, S.; Wang, S.; Wang, A.; Fan, C.-A.; Wang, M. Total Synthesis of (±)-Galanthamine. *Org. Lett.* **2006**, *8*, 1823-1825.

[9] Yang, Y. R.; Lai, Z.-W.; Shen, L.; Huang, J.-Z.; Wu, X.-D.; Yin, J.-L.; Wei, K. Total Synthesis of (−)-8-Deoxyserratinine via an Efficient Helquist Annulation and Double N-Alkylation Reaction. *Org. Lett.* **2010**, *12*, 3430-3433.

[10] Peng, Z.; Wong, J. W.; Hansen, E. C.; Puchlopek-Dermenci, A. L. A.; Clarke, H. J. Development of a Concise, Asymmetric Synthesis of a Smoothened Receptor (SMO) Inhibitor: Enzymatic Transamination of a 4-Piperidinone with Dynamic Kinetic Resolution. *Org. Lett.* **2014**, *16*, 860-863.

[11] 于凤丽，赵玉亮，金子林. 布诺芬合成绿色化进展. 有机化学，**2003**, *23*, 1198-1204.

[12] Liao, S.; Sun, X.-L.; Tang, Y. Side Arm Strategy for Catalyst Design: Modifying Bisoxazolines for Remote Control of Enantioselection and Related. *Acc. Chem. Res.* **2014**, *47*, 2260-2272.

[13] Schidt, M. A.; Reiff, E. A.; Qian, X.; Hang, C.; Truc, V. C.; Natalie, K. J.; Wang, C.; Albrecht, J.; Lee, A. G.; Lo, E. T.; Guo, Z.; Goswami, A.; Goldberg, S.; Pesti, J.; Rossano, L. T. Development of a Two-Step, Enantioselective Synthesis of an Amino Alcohol Drug Candidate. *Org. Process Res. Dev.* **2015**, *19*, 1317-1322.

（赖增伟，姚建忠）

第7章 计算机辅助合成路线设计和人工智能

计算机辅助合成路线设计 (computer-aided synthesis planning，CASP) 的核心是帮助化学家科学合理地设计目标分子的合成路线。理想的 CASP 程序通常是输入化合物的分子结构，输出详细的合成路线分类列表，每一条合成路线通过一系列切实可行的反应步骤将该化合物推演到可购买的起始材料。早期研究中，该领域主要依赖专家制订的化学反应规则和启发式方法，推测可行的反合成切断和反应选择性规则，但存在诸多问题，如涵盖范围不够全面、可行性差和过于依赖专家的主观经验等。目前大型化学反应数据库 (如 USPTO、Reaxys 和 SciFinder 等) 正不断更新发展，它们所包含的数百万个化学反应可用来构建和验证由纯数据所驱动的合成路线设计。因此，计算机技术越来越多地应用到合成路线设计中，CASP 这一领域正快速发展。

本章将重点讨论 CASP 中的两个关键问题以及与这两个问题相关的最新计算机学习方法。第一个关键问题是反合成路线设计所存在的局限性。反合成设计需要计算机系统从目标分子出发提出可行的合成切断策略。本章讲述了如何通过不断完善的计算机算法去克服反合成搜索时遇到的问题 (如随着反应步骤的增加导致搜索空间的指数级增长)。本章还介绍了如何通过简单的最近邻模型 (nearest neighbor model) 执行递归扩展 (recursive expansion)，该模型巧妙地使用化学反应数据库来生成可行性强的反合成切断策略。第二个关键问题是预测化学反应的产物。这可以进一步验证计算机所设计的合成路线是否可行，提高实验的成功率。此外，还可以应用到预测副产物、杂质以及化学反应的收率等诸多方面。本章讲述了针对正向反应产物预测问题所开发的基于神经网络的算法，这些算法可以使用公开发表的实验数据进行不断的训练和完善。

计算机学习和人工智能已经彻底改变了许多学科，已广泛应用于图像识别、听写、翻译、内容推荐、广告和自动驾驶等方面。虽然计算机学习在 20 世纪 90 年代就已广泛用于构建药物设计中的定量构效关系模型，但直到近年来才被更多地应用到化学合成路线设计中。计算机学习正迅速改变计算机辅助合成路线设计，但仍面临许多挑战和机遇，主要与数据和评价方法的可用性和标准化有关，必须由多学科共同努力解决。本章节内容参考了麻省理工学院 Green 和 Jensen 教授团队发表于 *Accounts of Chemical Research* 的综述[1]和一些最新研究报道。

7.1

计算机辅助合成路线设计的基本组成

7.1.1 合成路线设计的基本概念

合成路线设计是指从可用的起始原料出发，通过一系列可行的化学反应步骤，设计目标化合物合成路线的过程。20 世纪 60 年代初，E. J. Corey 提出采用反合成分析的方法解决路线设计的问题[2]。反合成分析从目标化合物出发，选择合理的化学切断方式，推导出合成路线。这为 CASP 建立了理论基础，因为 CASP 同样从特定的目标分子出发搜索大量可能的合成中间体。CASP 的最初原型可以追溯到 Corey 开发的 LHASA 软件，其设计目的是向化学家们提供目标化合物的合成路线[3]。

7.1.2 计算机辅助合成路线设计的组成部分

CASP 主要由五个部分组成[1]：①包含切断规则的模板库，用于提出反应切断的位置；②递归模板应用引擎，为目标分子生成候选的中间体；③包含不需要进一步反合成分析的化合物数据库 (例如可商业购买的起始原料)；④搜索策略，用于搜索生成的中间体是否存在于化合物数据库；⑤评分方法，可以基于单步或总体水平对合成路线打分排序 (例如优选短的合成路线)。CASP 的工作原理如图 7-1 所示，该工作原理的主体框架数十年前就已提出，近年来随着大型反应数据库及计算机技术的不断进步，该原理得到了不断的发展和完善。

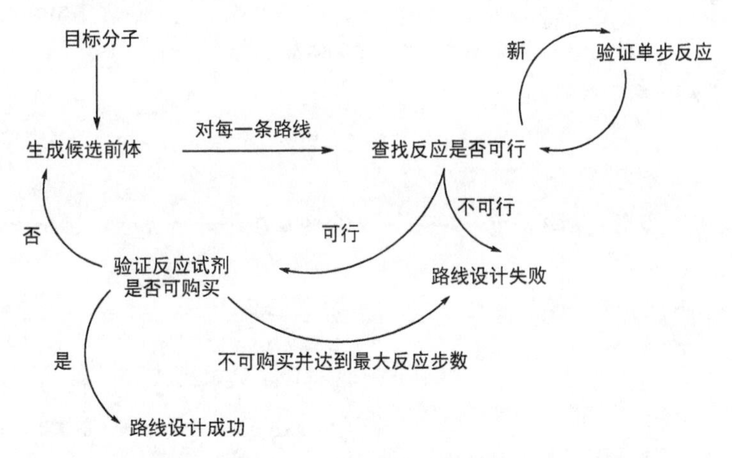

图 7-1 CASP 的工作原理

7.1.3 计算机学习的作用

计算机学习技术能够运用复杂的函数，去描述输入和输出之间的内在关系。近年来，随着计算机硬件和数据可用性的共同进步，之前基于专家系统的 CASP 所面临的诸多问题都得到了彻底变革（如图像识别、内容推荐、计算机翻译等）。

本章重点关注计算机学习在有机合成领域的应用，主要包括两个方面：①逆向合成，即合成路线的设计；②正向合成，即反应产物的预测。随着技术的不断进步，计算机学习在有机合成领域得到越来越广泛的应用，并且其预测结果也越来越接近实验数据。

7.2 计算机辅助合成路线设计的三种策略

目前 CASP 按照设计策略可以分为三类：基于化学反应模板库 [template library-based，图 7-2(a)]、不基于化学反应模板库 [template-free，图 7-2(b)] 和针对性模板应用 [focused template application，图 7-2(c)]。

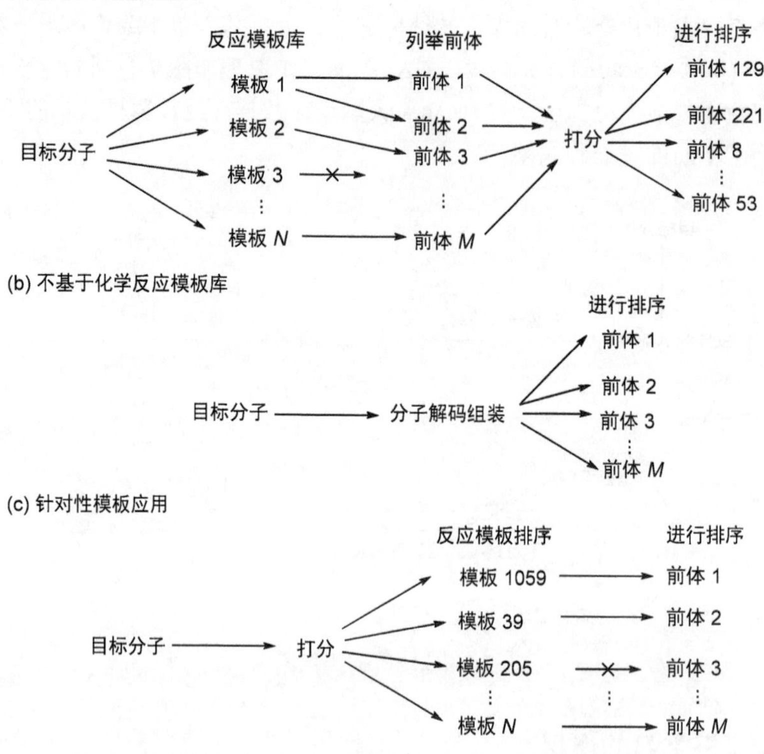

图 7-2 反合成设计的三种策略：(a) 基于化学反应模板库；(b) 不基于化学反应模板库；(c) 针对性模板应用

7.2.1 基于化学反应模板库的方法

基于模板库的反合成设计通常将反应规则与目标分子进行匹配，进而产生一种或多种候选中间体。早期的 CASP 软件要求化学家使用晦涩的计算机语言手动编写这些反应规则，这导致模板反应库不全面，并只能预测有限的目标分子。通过投入足够的时间精力，这种手动方法也可以涵盖大部分已知的化学反应 (如商业化软件 Chematica)。

而现代的 CASP 方法多采用算法模板，该模板从原子匹配的反应实例中提取 (图 7-3)[4,5]。提取的规则必须包含分子断开的原子，而是否包含相邻原子则是灵活的。在计算机辅助路线设计中，特异性与计算效率往往是相悖的：包含过多的相邻原子会提高特异性，但会产生海量通用性较差的模板库，并且应用这些模板库的计算成本很高；而包含太少的相邻原子则提高了计算效率，却忽略了分子整体，导致不合理的化学切断。因此在计算机辅助路线设计中，特异性和效率之间应达到一定的平衡。

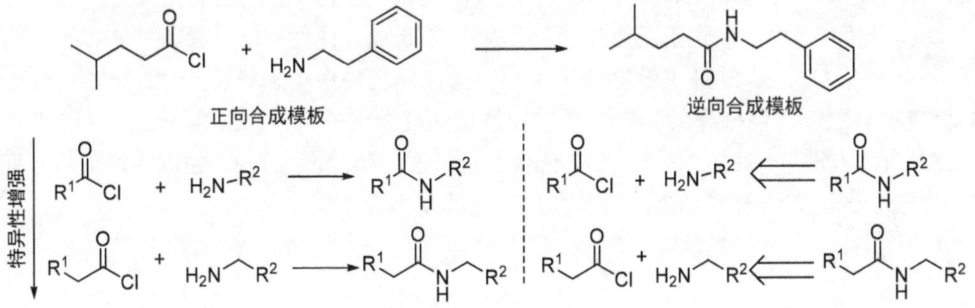

图 7-3 通过反应实例提取化学反应模板

麻省理工学院的 Jensen 团队发现可以使用简单的启发式方法达到适当的平衡[1]。如果与反应中心相邻近的原子影响手性中心的构型或影响反应中心的活性，则提取规则需包含这些相邻的原子。采用这种启发式的提取规则，该团队从 Reaxys 数据库中的 1250 万个单步反应中提取了 250 万个模板反应，这其中约有 10 万个反应的重复次数在 10 次以上。在反合成路线设计中，排除稀有的反应模板可以提高计算的效率，降低计算的成本。

采用反应模板库对目标分子进行路线设计，合成前体的列举时间通常为 100~1000 s。如果未发现可购买的前体，则进一步进行前体的反合成分析，这一过程不断循环，直到发现含有商业化前体的合成路线或达到限定的最大的反应步数。在路线设计过程中，一定要谨慎处理手性中心的构型 (如手性构型的保留、翻转或重建等)，这一过程可以使用 RDKit 软件的 RDChiral 模块。

在反合成路线设计中，如果对每步的反应前体都进行组合搜索，将会产生搜索空间的极大扩增，进而耗费巨大的计算量。为避免这一过程，递归扩展必须只关注产生最优的切断方式，即得到最易合成的前体。在这个过程中，需要计算机对分子的复杂程度进行评估，从而能够量化挑选最易合成的前体。目前已报道多种参数可以量化分子结构的复杂程度。简单的方法是使用分子的 SMILES 长度的$\frac{3}{2}$次方，即 $\lg(\text{SMILES})^{3/2}$。Chematica 软件采用用户可定义的化学评分函数 (CSF)：分子参数的代数函数 (例如，$2\times$原子数目$^{3/2}+$ 环键数目$^{3/2}+2\times$手性原子数目^{2}) [6]。SA_Score 是一种更复杂的方法，它考虑了分子片段的贡献，如将不常见的结构片段评为复杂[7]。

由于化学结构的复杂与合成的难易并不对等，因此上述的几种启发式方法存在弊端。一个结构庞大含有多种官能团的分子看上去难以合成，而实际上可通过已有的合成子简单构建。此外，保护基的应用被这些启发式方法通常认为是“更加复杂”，分子虽然变大，而实际是“更加容易”，因为更有利于合成。

为了更真实地反应分子的合成难易，Jensen 团队开发了基于数据驱动的 SCScore[8]。SCScore 理论的基础是文献所发表的反应产物的化学合成比相应的每一种反应物更复杂。从 Reaxys 数据库提取了大约 1200 万个单步反应，并分为 2200 万对 (反应物和产物)。构建正反馈神经网络模型不断进行成对 (反应物和产物) 的学习训练，最终 SCScore 能够了解哪些结构和单元在反应物中更加普遍，进而能够对分子的合成难易进行量化打分。例如在对乐伐替尼的反合成分析中，SCScore 明显优于其他三种方法，即 $\lg(\text{SMILES}^{3/2})$、Chematica 的 CSF 和 SA_Score。如图 7-4 所示，只有 SCScore 认为分子的复杂性随着合成步骤的增多而不断增加。

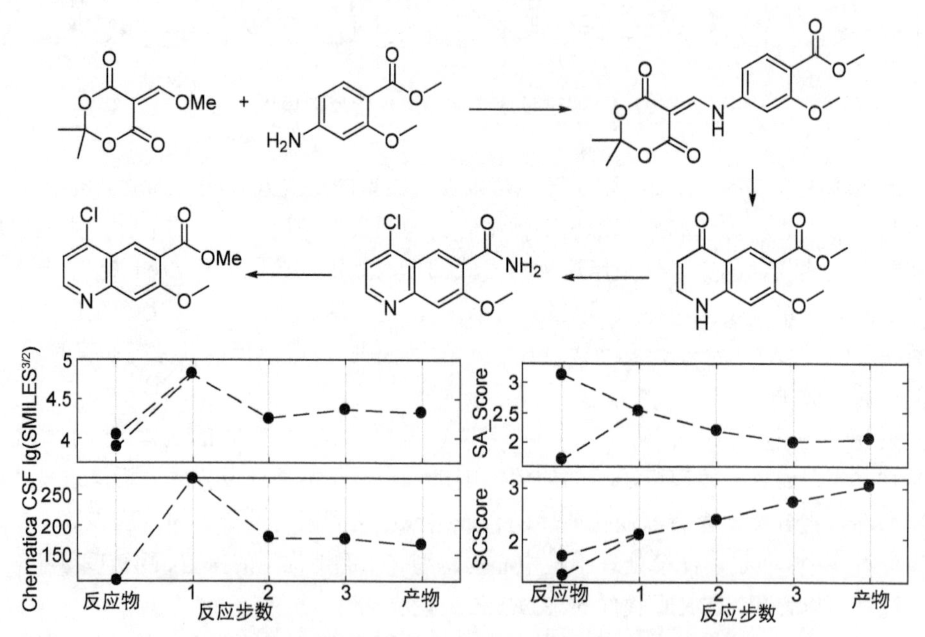

图 7-4　使用四种度量去评价前体与目标分子的合成难易，
仅 SCScore 呈现相关性 (图片数据来源于参考文献[1])

7.2.2 不基于化学反应模板库的方法

目前 CASP 以基于反应模板库为主，但不基于反应模板的方法也具有一定的优势。它可以避免基于反应模板库存在的几个弊端，如：①计算子图同构消耗大量的计算资源，特别是大型的反应库；②模板反应库的质量 (如普遍性与特异性的程度) 可能导致所设计的路线质量低或者不完整；③局限于反应库中的模板，不能提出模板反应库以外的新颖的切断方式。

斯坦福大学的 Pande 教授团队[9]开发了一种数据驱动的“序列比对序列” (sequence-to-sequence, Seq2seq) 神经网络模型 (图 7-5)。他们将化学结构转化成 SMILES 格式，构建神经网络模型分析产物与反应物之间的内在联系。采用 5 万个美国专利中的反应实例对神经网络模型进行训练。在合成路线设计评价中，Seq2seq 模型能够在排名前五的预测反应物中含有真实反应物的比例为 57.0%，与基于规则的专家系统相当 (59.1%)。虽然准确率没有提高，但 Seq2seq 模型存在如下优势：可以以端对端的方式进行训练；能够适应更大的反应数据集；该方法从本质上考虑了分子的

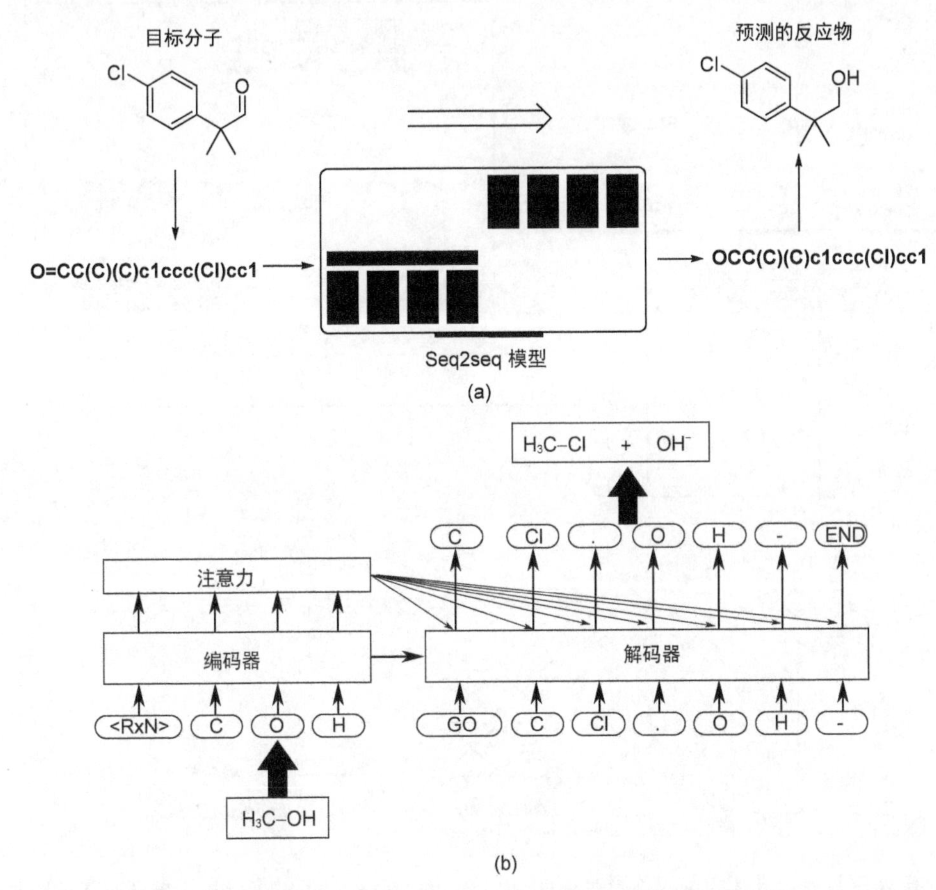

图 7-5 (a) Seq2seq 模型预测反应物；(b) Seq2seq 模型的架构 (图片数据来源于参考文献 [9])

整体环境。深入地优化该方法，可能会进一步提高其实用性和准确性。

7.2.3 应用针对性模板的方法

与完全放弃反应模板库的方法不同，针对性模板方法只选择相关的应用模板，这样能降低使用完整反应模板库所需的计算消耗，进一步提高计算效率。明斯特大学的 Segler 和上海大学的 Waller 团队使用深度神经网络模型根据分子指纹 (ECFP4) 对反应模板的相关性进行评分 (图 7-6)[10]。该模型考虑了分子的整体和官能团之间的反

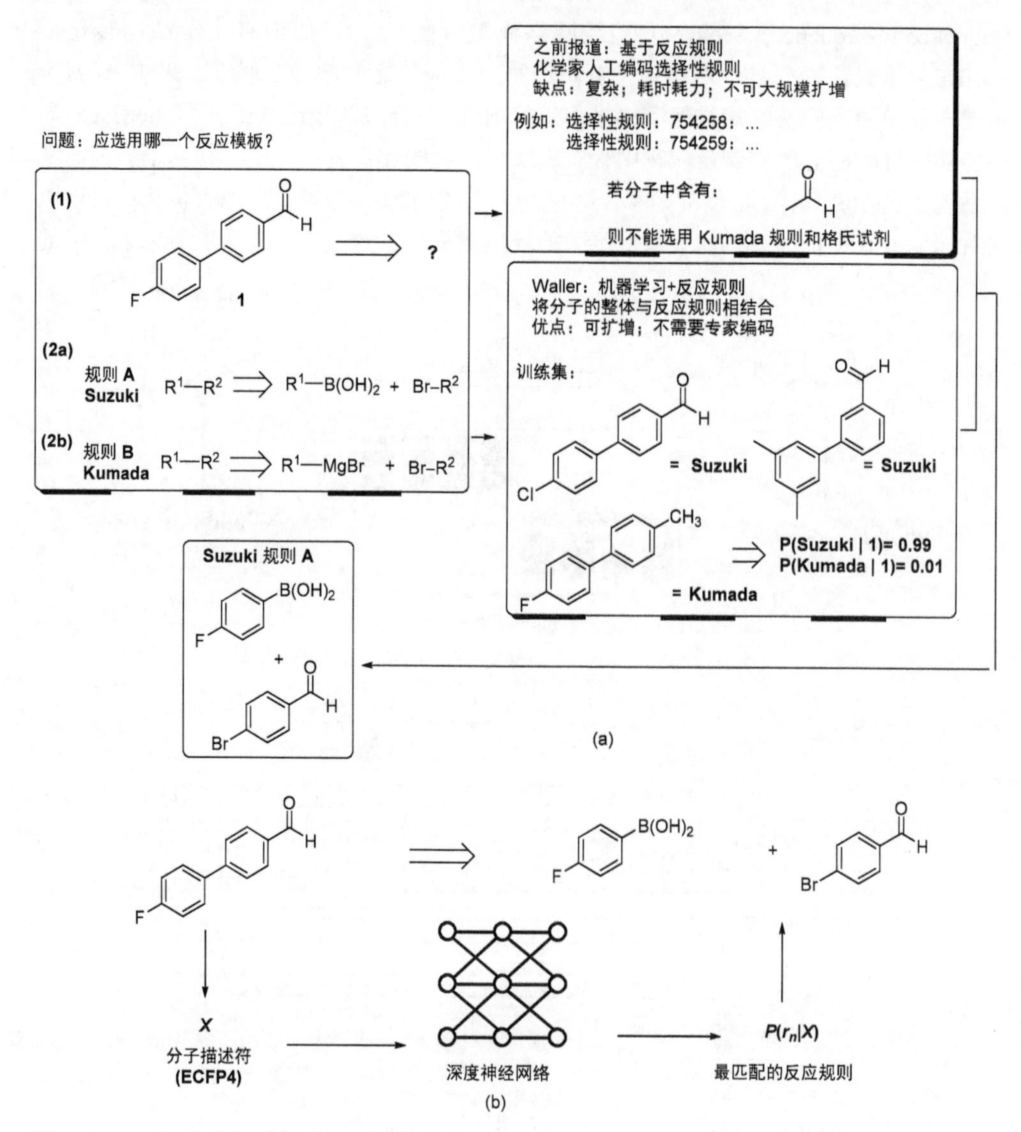

图 7-6 (a) 反合成设计和反应预测的难点；(b) Segler 和 Waller 团队使用深度神经网络模型预测反应物 (图片数据来源于参考文献[11])

应冲突，可以从反应模板库中挑选出最匹配的反应规则，具有可大规模扩增、无需专家手工编码的优势。利用提取的 350 万个反应对该模型进行学习和训练，提取约 100 万个反应进行评价。结果显示反合成分析中反应物预测的准确率为 95%，正向反应预测中产物预测的准确率为 97%。

该研究团队进一步结合三种不同的神经网络、蒙特卡洛树搜寻和图形规则，设计了一套可以自主学习化学反应并设计合成路线的人工智能新系统“3N-MCTS”[11]。与传统的搜寻方法 (基于提取规则和人工设计的启发式方法) 相比，新系统依靠纯数据驱动，不需要化学家进行繁杂的编码，可在几天时间内完成初步搭建。利用从 Reaxys 数据库中提取的上千万个单步反应规则进行训练和深度学习，这套系统较传统的方法具有更高的路线设计效率和成功率。在双盲测试中，化学家们认为该系统所设计的合成路线能够与文献报道的合成路线相媲美。

化学家在设计新分子的合成路线时，通常会搜索 Reaxys 或 SciFinder 查找类似化合物的合成，并考虑类似物的合成策略是否适用于目标分子。模拟这一过程，Jensen 团队设计了一种基于分子相似性概念的逆合成扩展策略[12]。该方法首先计算目标分子与所有已知化合物之间的结构相似性 (使用 ECFP 指纹和 Tanimoto 系数)，并从数据库中提取这些结构相似的化合物 (图 7-7)。从这些结构相似的化合物中提取高度通用的反应模板 (过程中不考虑周围原子的信息)，并将模板应用于目标分子。对于得到的反应前体组，计算它们与类似物的反应物的结构相似性并乘以产物相似性得出总的相似性打分。该总体相似性评分量化了结构类似产物所提出的反应规则，并用于排序建议。基于相似性的评分考虑了潜在官能团之间的冲突或缺失的活化基团。此外，该方

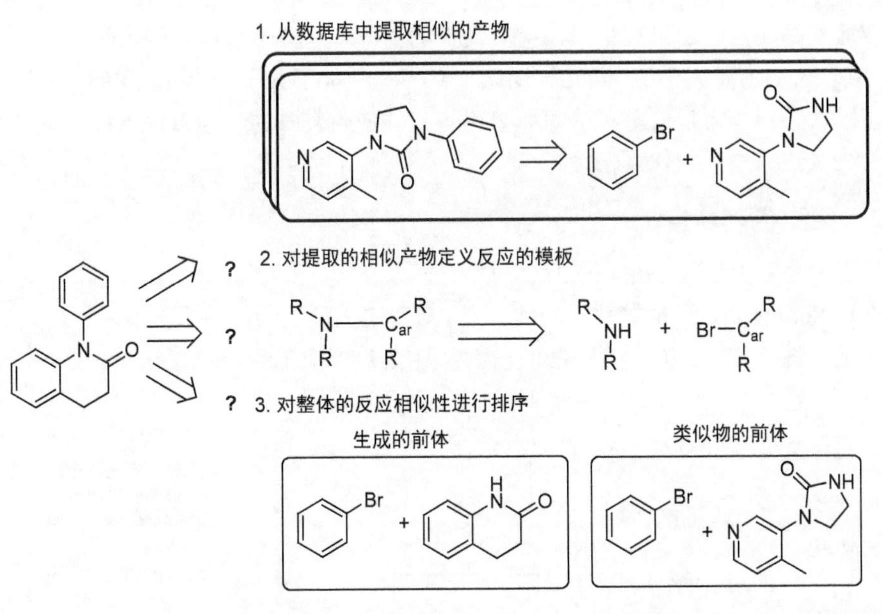

图 7-7 基于分子相似性策略提出目标化合物的合成前体 (图片数据来源于参考文献 [12])

法利用了所有已知的反应，而不仅涵盖常见的反应模板。评价结果显示，基于分子相似性的方法优于无模板的 Seq2seq 模型（排名前五的精确度分别为 81.2% 和 57.0%），并在递归应用时可以扩展到整个路线设计。

7.3 反应产物的预测

由数据驱动的反合成路线设计不断取得发展和进步，避免了模板库的人工管理并提高了计算效率。此外，在没有明确编码官能团之间的反应冲突下，由数据驱动的反合成路线设计增加了反应模板的广泛适用性。CASP 的一个重要目标是减少设计路线的假阳性：即提出的合成路线不合理，但被错误地认为化学上可行。

为验证所提出的合成路线是否可行，可以采取正向的验证方式：即给定具体的实验参数（反应物、试剂、催化剂、溶剂、浓度、温度、时间等），推测出反应产物。由于反应数据库通常缺乏详细的浓度信息，需要对实验参数进行简化（如只包括反应物、试剂、催化剂、溶剂和温度）。但由于实验参数进行了简化，由此产生的问题是无法评估的。另一个问题是反应数据库中通常缺少副产物的数据，因此预测完整的产物分布只能限定预测主产物（收率 ＞50%）。本节将以问题为导向，分类讲述计算机学习应用于有机反应的产物预测。

7.3.1 分类反应的可行性

该方法是在没有明确列举或考虑副反应的情况下，评估反应是否可行。明斯特大学的 Segler 和上海大学的 Waller 团队建立了一种基于分子指纹（ECFP4）的神经网络模型[11]。该模型将反应分类为可行或不可行，使用真实的实验数据进行训练，并用合成的失败数据进行强化。

7.3.2 预测机制步骤

加利福尼亚大学 Baldi 研究团队从反应机理的角度对反应产物进行预测。他们开发了 ReactionPredictor，能够从反应物出发，对反应类型按照亲核亲电反应、周环反应、自由基反应进行分类，并预测可能的产物（图 7-8）[13]。ReactionPredictor 使用分子的

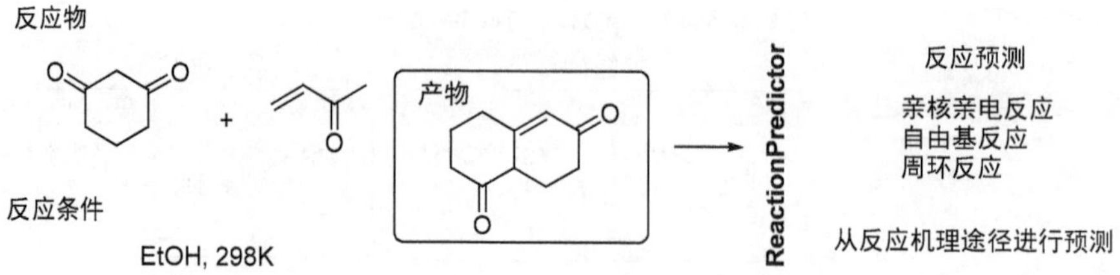

图 7-8 ReactionPredictor 从反应机理途径预测产物

图形表示和近似的分子轨道方法，考虑反应物之间的相互作用并进行排序。这种方法的弊端是需要对机理规则进行人工编码，限制了大规模的应用。此外，需要人工构建训练集，限制了可扩展性。

7.3.3 反应模板排序

从反应物出发，应用反应模板库会产生大量的产物。而主产物只分布在其中一个模板，这就需要对选用的反应模板进行排序。

哈佛大学的 Guzik 研究团队建立了使用计算机学习来预测反应模板的适用性概念验证[14]。他们对反应物的分子结构进行了 SMARTS 转化。给定反应物和试剂，所构建的模型能够预测与 16 种 (4 种烷基卤代烃和 12 种烯烃反应) 反应规则中最相关的类别，并进一步预测可能的产物 (图 7-9)。评价结果显示，这个模型对反应类型归类的准确率在 80% 以上，预测反应产物的准确率在 50% 以上。该方法的缺陷是分子结构的 SMARTS 转化并不能完全描述反应类型的机理。此外，该方法只局限于卤代烃和烯烃的 16 种反应类型，适用范围窄。

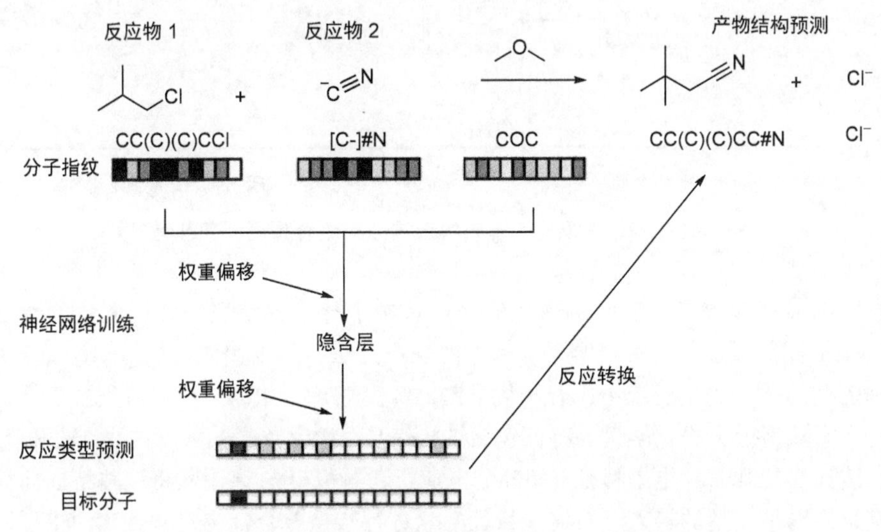

图 7-9 基于计算机学习来预测反应模板的适用性(图片数据来源于参考文献 [14])

上海大学 Waller 团队将该方法扩展到 Reaxys 的实验数据[11]。他们利用 CDK1.5.13 软件对反应物分子进行了 ECFP4 编码。每一个反应物的指纹在算法所提取的模板库 (≤8720) 中产生概率分布。该方法存在两个主要缺陷：①由于基于规则设定，该模型不能预测规则以外的反应；②该模型没有考虑立体化学。

此外，这两种方法都没有直接预测主要产物。因为应用排名最高的模板可能会产生几种不同的产物，如当反应位点不明确时 (如卤化反应可能会激活多个芳香性的 C–H 键)，产生多个同分异构体。

7.3.4 反应产物排序

对于反应 A + B → C，一般被收录的产物 C 的反应收率在 50% 以上。其他未获得或收率低的产物被定义为阴性反应。文献倾向于只报道收率高的反应，而对于阴性反应报道较少。若没有阴性反应作为比对，模型不能深入学习化学反应的特性。因此阴性反应有助于训练模型正确识别反应是否可行，更准确地预测产物。

为克服文献偏向只报道阳性反应的缺陷，Jensen 团队构建了一混合系统 (图 7-10)[15]。该系统将基于模板的正向反应列举与计算机学习的产物排名相结合，通过两步预测反应产物：①对反应物使用宽泛的反应模板，产生化学上所有可能的产物。产物中包含文献记录的真实产物和实际不可行的阴性产物，而这些阴性产物可用于下一步模型的训练。②通过计算机学习的方法构建参数化模型，对所有的候选反应进行评分。对模型进行训练学习，提高其识别真实产物的能力 (如真实产物的概率最大)。

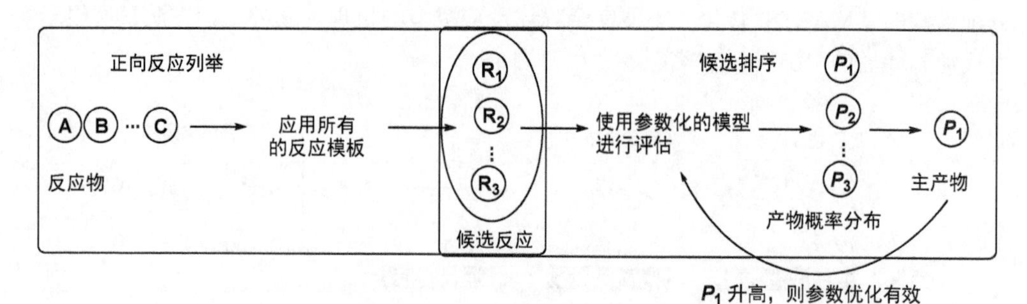

图 7-10 将正向反应列举与候选排序相结合预测反应产物

产物的概率应该是相应结构变化的函数。由于分子指纹表征结构变化的性能有限，Jensen 团队设计了一种“基于编辑”的表征方法，可以实现对化学知识更丰富、更明确的编码[15]。化学反应由原子和化学键的改变表示，如原子获得或失去氢原子和原子对之间获得或失去化学键。特征包括结构信息 (如原子序数、芳香性、饱和度等) 及可快速计算的几何和电子特征 (如部分电荷、表面积等)。该团队将这些特征向量构成前馈神经网络模型的输入，对这些特征向量进行转换整合，构建参数化的模型，将候选产物产生概率分布。对模型进行训练学习，实现记录的主产物的概率最大化。将这一混合系统应用到提取的 15000 个 USPTO 反应。通过反应模板应用获得了阴性反应，用于增强模型识别真实产物的能力。5 次交叉验证显示，该系统预测真实产物排名第一的准确率为 72%，排名前三和前五的准确率分别为 87% 和 91%[15]。这项研究是使用实验数据进行产物预测的第一次大规模演示，但也存在缺点，如产物的预测限定于模板反应库内以及使用模板进行数据的扩增，限制了其可扩展性。

7.3.5 产物生成

对于一个化学反应，反应物可能包含上百个原子，通过探索原子间全部的可能转换进而预测产物是不切实际的。目前最常用的解决方法是使用反应模板对探索的空间进行限定，但存在模板覆盖不全面和效率低等问题。对于化学反应，反应物中只有少部分的原子参与了反应 (将参与反应的原子定义为反应中心)。那么能否只利用这些参与反应的原子对产物进行预测？对此，Jensen 团队放弃使用反应模板，基于反应中心构建模型进行产物的列举及排序 (图 7-11) [16]。他们用具有原子和化学键特征的属性图表示反应物分子。属性图中原子特征不仅包含原子本身的信息，还嵌入了相邻原子的信息。基于特征向量，计算反应物中每组原子对间的成对反应活性，从而对原子对之间相互作用的变化倾向进行量化打分。构建模型并进行训练，使其能够预测哪些原子对为反应中心。对打分高的原子对进行化学键的组合，列举可能的产物。构建另一模型并进行训练，提高其从所有可能的产物中发现真实的产物的能力。对该方法的评价结果显示，与基于反应模板的方法相比，该方法预测产物的成功率更高，且预测效率更快。此外，对 80 个给出反应物的反应进行产物预测，10 名化学家 (包含研究生、博士后、教授) 作为参比。结果显示，该方法预测产物的准确率为 69.1%，与 10 名化学家中的最好水平相当 (准确率为 72.0%)。

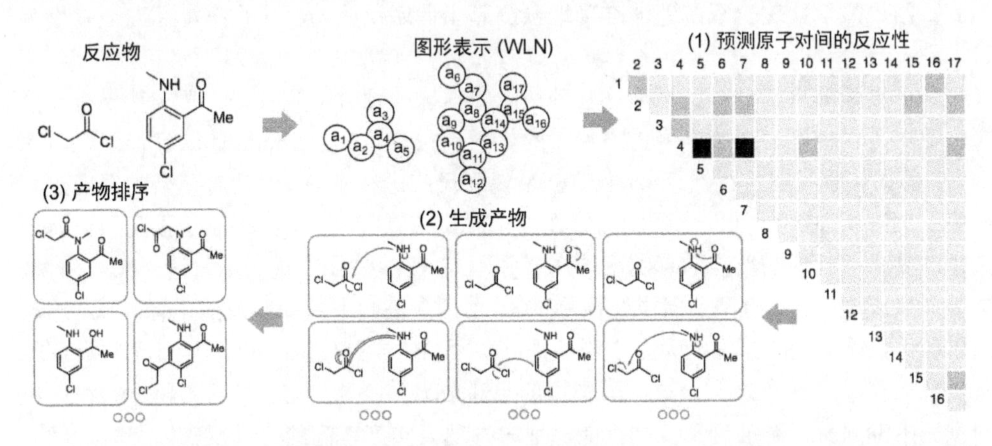

图 7-11　基于反应中心构建属性图模型进行产物的列举及排序 (图片数据来源于参考文献 [16])

7.4

研究进展

过去的十年里，计算机学习在化学合成领域取得了很大的进步，这不仅体现在辅助合成路线设计方面，还在化学合成自动化、探索新反应等领域产生了深远影响。本节介绍 2017 年至 2019 年间，计算机学习在化学合成领域取得的突破性进展。

7.4.1　“AI”机器人：探索新反应并预测反应收率

目前，计算机学习与人工智能领域已取得了长足的进步，但能否像人类一样拥有独立思考能力一直存有争议。英国格拉斯哥大学的 Leroy Cronin 教授带领的研究团队发现，计算机也可以拥有人类化学家的“直觉”，具备“三思而后行”的能力[17]。研究团队开发了计算机学习算法控制的有机合成机器人，在完成化学合成实验后，可以进行“思考”，并优化下一步反应。与人类化学家一样，机器人在化学实验中能够探索新的化学反应，并且它们能够更加精确地预测化学反应的结果 (如反应收率)。

这套有机合成机器人系统的核心部分包括装有不同反应底物的原料罐、压力泵、系统的化合物表征和分析系统。在压力泵的作用下，反应原料被运送到可平行反应的 6 个反应瓶中。反应结束后，反应瓶中的混合物进行红外光谱、质谱、核磁共振的表征。通过支持向量机 (supported vector machine，SVM) 模型对反应前后的指纹图谱进行比对，进而判断是否进行了化学反应，以及反应进行的程度。

Cronin 教授团队发现人工智能不仅能探索新的化学反应，还能进行化学反应收率的预测，而这一点是人类化学家所不具备的。研究团队开发了新的神经网络算法，采用“数字化”数据编码 5760 个 Suzuki-Miyaura 偶联反应。选取其中的 3456 个实验数据对这套神经网络系统进行训练学习，而剩余的 2304 个偶联反应用于反应收率的预测。结果显示，这套系统能够准确地预测剩余偶联反应的反应收率，标准误差仅为 11%。

基于大量的反应实验数据，这套系统能够准确地预测反应收率。那么基于少量的实验数据是否也能够准确预测出高收率的化学反应？对此，Cronin 团队进行了以下探索。机器人化学家随机挑选了其中 576 个偶联反应进行学习，然后对剩余的反应进行收率的预测。选择前 100 个预测高收率的偶联反应进行测试，结果显示预测的误差较大 (27%)，并且这些反应的真实平均产率并不高 (仅 39%)。进一步将这 100 个新数据导入系统进行机器学习，同样选择前 100 名预测高收率的偶联反应进行测试。这次结果显示，计算机的预测能力有了明显提高，预测的误差仅为 14%，而且这些反应的真实平均收率达到 85%。通过实验数据的不断加大和不断学习，机器人化学家在随后的预测中都保持了高准确率，并且能够优先发现真实产率高的化学反应。

对于人工智能机器人能否取代化学家这一问题，Cronin 教授认为人工智能机器人只是在帮助化学家节约脑力和体力，它是一种回归算法，训练 (算法) 离不开化学家，没有化学家也就没有人工智能[18]。

7.4.2 Chematica：实现从路线设计到实验室验证

让计算机进行化学合成路线设计一直是现代有机化学的挑战。尽管进行了数十年的研究并设计了许多巧妙的方法，但用计算机设计合成路线并在实验室成功实施一直未见报道。计算机程序存在一些不足，如有限的化学转化知识基础、无法以智能方式整合所有合成的可能性以及缺乏高阶逻辑指导每一步反应该如何整合在一起，产生高效可行的合成路线。基于对化学网络十多年的研究，Grzybowski 团队最近在 Chematica 软件中设计了一种从头合成模块，它将网络理论、现代高效计算、人工智能和专业的化学知识整合在一起，设计目标分子的合成路线[19]。虽然 Chematica 软件已在设计合成路线方面取到了很大的进步，但到目前为止其所设计的合成路线尚未通过实验验证。对此，研究人员运用 Chematica 软件对 8 个结构多样性的分子进行了自动化的合成路线设计，并在实验室对合成路线进行了验证。结果表明，所设计的合成路线都可以顺利得到目标产物。较之前报道的合成方法相比，Chematica 设计的合成路线具有合成效率更高、成本更低、耗时更短等优势。对于专利保护的分子，Chematica 设计了专利保护之外的合成路线。此外，采用 Chematica 所设计的路线，首次完成了对天然产物 engelheptanoxide C 的化学合成。

经过十多年的发展，Chematica 最终能够针对药物活性分子设计新颖并合成可行的合成路线。对其中 4 个化合物，Chematica 设计了四条基于多组分反应的合成路线，其中一条合成路线被化学家们认为极具挑战性。未来 Chematica 的发展关键在于计算机基础设施的发展 (如计算功能更为强大的计算机集群)，从而进行更大规模的反应合成树的探索。

Chematica 展示出强大的路线设计能力，但也存在不足：如 Chematica 尚不具备自我学习能力；它的算法主要取决于有机反应规则，即 Chematica 通过模仿人类化学家的思维方式进行工作；还不能解决更加复杂的目标化合物的合成。

7.4.3 模块化机器人系统：实现化学合成的自动化

目前，多肽、寡核苷酸的化学合成以及大规模的化学工业过程基本实现了合成的自动化，然而实验室规模和微量合成仍然需要依靠人力。随着流动化学 (flow chemistry)、寡糖合成及迭代交叉偶联等领域的不断发展，越来越多的化合物将实现合成的自动化。然而到目前为止，还没有通用的交互操作标准和平台实现化学合成的自动化。

格拉斯哥大学 Lee Cronin 团队开发了一种化学编程语言驱动的模块化机器人合成平台[20]。该平台被命名为 Chemputer，包含了化学合成的四个关键部分：反应、后处理、分离和纯化。为了使 Chemputer 实现自动化合成目标分子，研究人员开发了化学编程语言 Chempiler，用于给 Chemputer 发送指令。通过这一程序化操作平台，研究人员实现了 3 种药物的自动化合成 (盐酸苯海拉明、卢非酰胺和西地那非)，并且纯度和收率堪比人工合成。由于平台使用了开源的化学编程语言，其他人员可以方便地进行编码。这项研究工作通过模块化机器人平台和化学编程语言驱动，实现了实验室规模的自动化化学合成。

此外，麻省理工学院 Jamison 和 Jensen 等研究人员也开发了一套自动化多样性合成平台[21]。该平台包括三个部分：硬件部分 (用于化学合成和分离纯化)、在线分析检测部分 (包括高效液相、质谱、振动光谱) 和用户操作界面 (方便软件操作和监控反应)。该平台整合了算法、流动化学和分析技术，可进行均相或非均相催化反应。功能包括：可自动优化反应条件；在用户设定的条件下合成一系列底物；在最优反应条件下扩大反应规模。研究人员用该自动化平台进行了 C–C 键/C–N 键偶联、烯烃化、还原胺化、芳香亲核取代、光催化等不同类型的化学反应，点对点地完成从反应条件优化到目标分子合成及分离的全过程。

7.4.4 高通量反应筛选平台：完成反应条件优化和毫摩尔规模的制备

在合成过程中，结构复杂的中间体由于难以制备往往需要对反应条件进行优化，提高其反应收率。在优化反应过程中，如果能在亚毫克级别的条件下完成反应的优化，则更为理想。针对这个问题，辉瑞公司的研究人员开发了一套高通量化学反应筛选平台[22]。该平台由市面上易购买到的组件组成，基于流动化学和高效液相色谱-质谱技术，可以在纳摩尔水平完成反应条件的优化，并在毫摩尔的规模下完成产物制备。该平台可以实时监测反应情况，无需反应完成即可得到有价值的信息。研究人员利用该平台对 Suzuki-Miyaura 偶联反应进行了探索。考察了不同的反应底物、催化剂、添加剂、溶剂等因素对反应收率的影响。结果显示，该自动化平台可以每 24 小时探索 1500 多个不同条件下的反应，能够短时间内筛选得到最优反应条件，并制备得到微摩尔规模的产物。该最优反应条件对扩大规模制备具有很强的参考价值。

7.5 展望

尽管 CASP 已经取得了巨大进步，但仍存在一些制约其发展的因素，如反应数据信息不规范、评价指标不统一等问题。随着这些问题的有效解决，CASP 将得到更为迅速的发展。

7.5.1 数据的规范化

目前列表类化学反应数据不够全面、规范。Daniel Lowe 提取了开源的 USPTO 数据库，涵盖了美国专利 (1976.01—2016.09) 中的化学反应[23]。Elsevier 公司的 Reaxys 数据库包含从文献中提取的大量化学反应数据。然而这些反应数据不包含原子匹配、反应条件与收率的信息，也不包括浓度和反应物的当量比信息，尽管这些信息在原始文献中有详细的说明。目前迫切需求包含详细反应条件的开源数据。数据的标准化和行业内竞争将促进数据规范化的迅速发展。

7.5.2 数据的共享性

目前文献倾向于只报道成功的化学反应，而很少报道失败的反应。然而这些失败的反应数据有助于更深入地理解化学反应的特性。制药企业和化学公司的电子实验记录本记录了数以百万计的成功与失败的反应实例，如果能共享这些数据，将有助于解决这一问题。

7.5.3 数据的适用性

对反应产物及收率进行预测需要指明详细的反应条件。目前已有的数据信息未能涵盖不同的反应条件对反应结果的影响。由于数据信息不全面，造成阴性反应与阳性反应使用相同的反应物和条件，这将导致生成的模型只能模拟实验数据的模式而不学习实际的反应性趋势。通过对实验数据的不断完善，数据的适用性将不断提高。

7.5.4 评价标准

除了数据的标准化之外，评分的标准化也非常关键。正向产物预测具有明确的评价标准：真实产物在预测的产物列表中的排名情况。而对于逆向合成分析，定量评价具有挑战性，因为只有通过实验才能证实预测是否准确。作为单步的评价方法，以文献发表的产物为目标化合物，有效的模型应将文献中的真实反应物排名非常靠前。

对于完整的合成路线评价，采用还原文献中报道的真实合成路线去评价是不恰当的，因为不同的反应物可能会得到相同的目标产物。此外，评价软件能否更快地找到合成路线也不可取，因为这忽略了合成路线设计的可行性。明斯特大学的 Segler 和上海大学的 Waller 团队邀请化学家对计算机设计的合成路线进行评价，这种方法值得推荐，但存在标准化不统一 (个体差异) 和不可扩展等问题[11]。此外，并没有统一标准的最优合成路线：以合成多样性化合物为目标的药物化学家希望能够合成多样性的类似物；而以探索合成方法为目的化学家可能更关注合成成本、副产物的毒性、合成效率等。

7.5.5 接受和采用

目前计算机学习在化学某些领域已有广泛应用 (如性质预测)，但许多化学家对其能否真正掌握有机化学这门“艺术”持怀疑态度。要改变这种观念，一方面需要开发出切实有用的计算机辅助路线设计软件，另一方面还需要不断地探讨计算机学习的优点和缺点，不断地进行修正和完善。

7.5.6 结语

计算机学习与人工智能技术已应用到化学的诸多领域，如预测化学反应的区域和立体选择性、指导催化剂的合理设计、反应条件优化、机理推测等。未来随着技术的不断进步，在其他相关领域的应用也会越来越广泛。目前，从事计算机化学相关领域的专家团队还比较少，但随着数据的规范化和共享性等问题的解决，从事该领域的团队会越来越多，将会进一步促进该领域的蓬勃发展。

未来计算机辅助合成路线设计将会产生更为深远的影响力。随着自动化实验技术的不断发展，复杂而又精密的计算机辅助路线设计软件将实现化学合成的全自动化，真正成为“机器人化学家”。将“机器人化学家”进一步整合全新药物设计和活性检测平台，将彻底改变和加速小分子药物的发现过程。

参考文献

[1] Coley, C. W.; Green, W. H.; Jensen, K. F. Machine Learning in Computer-Aided Synthesis Planning. *Accounts Chem. Res.* **2018,** *51*, 1281-1289.

[2] Corey, E. J. General methods for the construction of complex molecules. *Pure Appl. Chem.* **1967,** *14*, 19-38.

[3] Corey, E. J.; Long, A. K.; Rubenstein, S. D. Computer-assisted analysis in organic synthesis. *Science* **1985,** *228*, 408-18.

[4] Christ, C. D.; Zentgraf, M.; Kriegl, J. M. Mining electronic laboratory notebooks: analysis, retrosynthesis, and reaction based enumeration. *J. Chem. Inf. Model.* **2012,** *52*, 1745-56.

[5] James, L.; Zsolt, Z.; Aniko, S.; Darryl, R.; Yang, L.; Sing Yoong, K.; A Peter, J.; Sarah, M.; Wade, R. A.; Ando, H. Y. Route Designer: a retrosynthetic analysis tool utilizing automated retrosynthetic rule generation. *J. Chem. Inf. Model.* **2009,** *49*, 593.

[6] Szymkuć, S.; Gajewska, E. P.; Klucznik, T.; Molga, K.; Dittwald, P.; Startek, M.; Bajczyk, M.; Grzybowski, B. A. Computer-Assisted Synthetic Planning: The End of the Beginning. *Angew. Chem. Int. Ed.* **2016,** 55, 5904-5937.

[7] Ertl, P.; Schuffenhauer, A. Estimation of synthetic accessibility score of drug-like molecules based on molecular complexity and fragment contributions. *J. Cheminf.* **2009,** *1*, 8-8.

[8] Coley, C. W.; Rogers, L.; Green, W. H.; Jensen, K. F. SCScore: Synthetic Complexity Learned from a Reaction Corpus. *J. Chem. Inf. Model.* **2018,** *58*, 252-261.

[9] Liu, B.; Ramsundar, B.; Kawthekar, P.; Shi, J.; Gomes, J.; Luu Nguyen, Q.; Ho, S.; Sloane, J.; Wender, P.; Pande, V. Retrosynthetic Reaction Prediction Using Neural Sequence-to-Sequence Models. *ACS Cent. Sci.* **2017,** *3*, 1103-1113.

[10] Segler, M. H. S.; Waller, M. P. Neural-Symbolic Machine Learning for Retrosynthesis and Reaction Prediction. *Chem-Eur. J.* **2017,** *23*, 5966-5971.

[11] Segler, M. H. S.; Preuss, M.; Waller, M. P. Planning chemical syntheses with deep neural networks and symbolic AI. *Nature* **2018,** *555*, 604-610.

[12] Coley, C. W.; Rogers, L.; Green, W. H.; Jensen, K. F. Computer-Assisted Retrosynthesis Based on Molecular Similarity. *ACS Cent. Sci.* **2017,** *3*, 1237-1245.

[13] Kayala, M. A.; Baldi, P. ReactionPredictor: prediction of complex chemical reactions at the mechanistic level using machine learning. *J. Chem. Inf. Model.* **2012,** *52*, 2526-40.

[14] Wei, J. N.; Duvenaud, D.; Aspuru-Guzik, A. Neural Networks for the Prediction of Organic Chemistry Reactions. *ACS Cent. Sci.* **2016,** *2*, 725-732.

[15] Coley, C. W.; Barzilay, R.; Jaakkola, T. S.; Green, W. H.; Jensen, K. F. Prediction of Organic Reaction Outcomes Using Machine Learning. *ACS Cent. Sci.* **2017,** *3*, 434-443.

[16] Jin, W.; Coley, C. W.; Barzilay, R.; Jaakkola, T. Predicting Organic Reaction Outcomes with Weisfeiler-Lehman Network. *ArXiv* **2017**, arXiv:1709.04555.

[17] Granda, J. M.; Donina, L.; Dragone, V.; Long, D. L.; Cronin, L. Controlling an organic synthesis robot with machine learning to search for new reactivity. *Nature* **2018,** *559*, 377-381.

[18] http://www.sohu.com/a/285357032_610519.

[19] Klucznik, T.; Mikulak-Klucznik, B.; McCormack, M. P.; Lima, H.; Szymkuć, S.; Bhowmick, M.; Molga, K.; Zhou, Y.; Rickershauser, L.; Gajewska, E. P.; Toutchkine, A.; Dittwald, P.; Startek, M. P.; Kirkovits, G. J.; Roszak, R.; Adamski, A.; Sieredzińska, B.; Mrksich, M.; Trice, S. L. J.; Grzybowski, B. A. Efficient Syntheses of Diverse, Medicinally Relevant Targets Planned by Computer and Executed in the Laboratory. *Chem.* **2018,** *4*, 522-532.

[20] Steiner, S.; Wolf, J.; Glatzel, S.; Andreou, A.; Granda, J. M.; Keenan, G.; Hinkley, T.; Aragon-Camarasa, G.; Kitson, P. J.; Angelone, D.; Cronin, L. Organic synthesis in a modular robotic system driven by a chemical programming language. *Science* **2019,** *363*, eaav2211.

[21] Bédard, A.-C.; Adamo, A.; Aroh, K. C.; Russell, M. G.; Bedermann, A. A.; Torosian, J.; Yue, B.; Jensen, K. F.; Jamison, T. F. Reconfigurable system for automated optimization of diverse chemical reactions. *Science* **2018,** *361*,

1220-1225.

[22] Perera, D.; Tucker, J. W.; Brahmbhatt, S.; Helal, C. J.; Chong, A.; Farrell, W.; Richardson, P.; Sach, N. W. A platform for automated nanomole-scale reaction screening and micromole-scale synthesis in flow. *Science* **2018,** *359*, 429-434.

[23] Lowe, D. Chemical reactions from US patents (1976-Sep2016). https://figshare.com/articles/Chemical_reactions_from_US_patents_1976-Sep2016_/5104873, Accessed: 2018-01-31.

（王胜正，盛春泉）

第 8 章 合成新技术在新药发现中的应用

据估计，类药性小分子化合物的化学空间约为 10^{60}，尽管已报道的分子数量也已经达到了 1.35 亿，但其中仅有一小部分是类药分子[1]。分析 5120 种上市药物分子结构发现，约 50% 的药物分子中含有 32 种常见的分子骨架[2]，约 73% 的药物分子中含有 20 种常见的侧链[3]。直到 2010 年，以上特征都没有发生重大变化，仍然有约 48%~52% 的上市药物和正处于临床试验的药物含有 50 种常见的分子骨架[4]。药物分子结构主要集中在已有分子骨架尤其是常见分子骨架界定的有限化学空间内，加之多数研究资源集中于少数热门的药物靶标 (G-蛋白偶联受体、激酶等)，导致类药性化学空间没有得到有效的探索[5]。

早期，药物发现被视为“数字游戏”，即合成和测试的化合物越多，成功的概率就越大。尽管筛选小片段化合物库，开展基于片段的药物设计或基于低通量测试的虚拟筛选为药物发现提供了新策略，但当前仍需要构建新的成药性化合物库。尤其对新型药物靶标 (例如蛋白-蛋白相互作用) 而言，结构多样性的化合物库对新药发现更为关键。目前的化合物库主要是通过有限的反应构建，可能导致某些分子骨架类型过多 (如二芳基化合物)[6]；化合物的合成通常使用市售构建砌块，限定了候选药物的化学类型，导致化学结构 (尤其是骨架结构) 多样性差；目标化合物的合成也倾向于简单的分子，新药先导结构中往往缺乏手性中心和三维立体多样性，导致成药性存在先天缺陷[7]，远远不能满足新药发现的需求[8]。

例如，采用目标导向合成 (target oriented synthesis，TOS，图 8-1) 策略建立的聚焦化合物库 (focused library) 围绕着某一特定的化合物骨架进行结构修饰得到一系列结构类似的化合物，缺乏化学结构的多样性；传统的组合化学库由于受限于反应原料或反应过程，往往只能得到一些结构相对简单的化合物，大多数情况下化合物缺乏结构复杂性和三维立体多样性[9]。因此，亟待发展合成新方法、新策略、新技术构建具有骨架多样性、结构复杂性、类药性以及立体多样性 (多手性中心) 等特点的高质量小分子化合物库用于新药发现和化学生物学研究。本章主要结合代表性实例介绍通过合成新方法、新策略、新技术发现类药小分子的基本思路和研究方法。

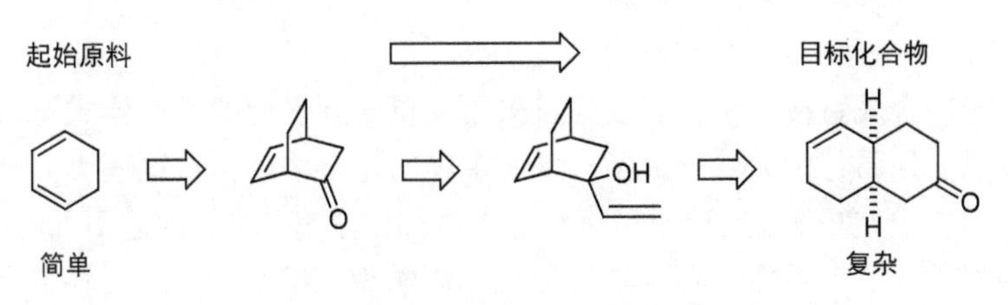

图 8-1　目标导向合成

8.1 多样性导向合成策略

多样性导向合成 (diversity-oriented synthesis，DOS) 的概念最初由 Sehreiber 教授于 2000 年提出[10]。与目标导向合成相比 (图 8-2)，多样性导向合成不是单纯地针对某一特定目标分子，其主要目的是建立一个含有分子结构复杂性和多样性的化合物库，为各种靶标寻找新的配体，然后分析其在细胞和生物体系的功能，以期发现新的作用机制和药物靶标[11]。分子结构复杂性之所以重要，是因为许多生物进程主要依赖于蛋白-蛋白相互作用，增加化合物库中小分子的结构复杂性可以增加蛋白结合的可能性，有利于发现活性分子。分子结构多样性之所以重要，是因为生物大分子在三维空间相互作用，其功能的多样性直接与小分子的三维化学信息相关。因而，化合物库的骨架多样性能够大大增加与生物大分子相互作用的概率，同样有利于发现活性分子。

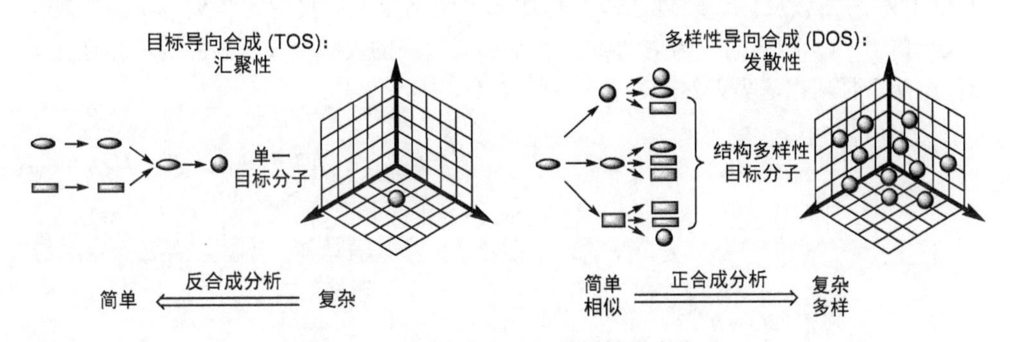

图 8-2　目标导向合成与多样性导向合成

分子结构多样性大体包括以下四个方面[12]：

① 取代基的多样性：在一个分子上连有不同的取代基。

② 官能团的多样性：包含不同的官能团。

③ 立体化学的多样性：在空间上有不同的方向。

④ 骨架的多样性：不同的分子骨架。

多样性导向合成直接分析化学反应，采用由单一到多元的发散模式，从简单的起始原料出发以简便易行的方法合成结构复杂多样的化合物库。该过程类似于目标导向合成中的正向合成，在合成过程中尽可能引入多样化的官能团，构建不同的分子骨架，建立化学多样性 (多个手性中心、丰富的立体化学和三维结构、多样性的骨架) 的小分子化合物库 (图 8-3)。现有的多样性导向合成策略按反应类型的不同大致可以分为以下几种。

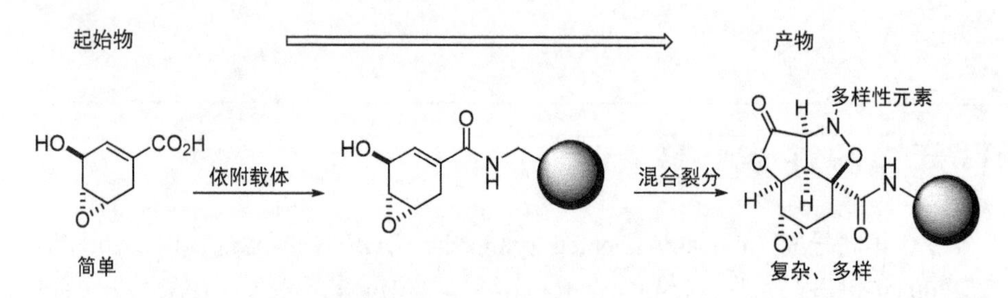

图 8-3　多样性导向合成示意图

8.1.1　基于串联反应的多样性导向合成

串联反应 (cascade reaction) [13]是多样性导向合成的重要合成手段之一，符合“原子经济性” (详见第 6 章)。该技术使用的原料简单易得，合成步骤少，可以快速高效构建结构、骨架以及立体构型多样性的化合物库。例如，Arya 等[14]报道了通过 Michael-aza-Michael 串联反应构建复杂二氢吲哚生物碱类化合物。吲哚化合物 **8-1** 与 TBSOTf 和三乙胺反应，经过两步共轭加成串联反应生成复杂的骨架 **8-2**。当减少 Lewis 碱的用量，相同的起始物 **8-1** 同样能够以很高的收率生成复杂的四环并合骨架 **8-3**。这两个骨架都是类天然产物骨架 (图 8-4)。

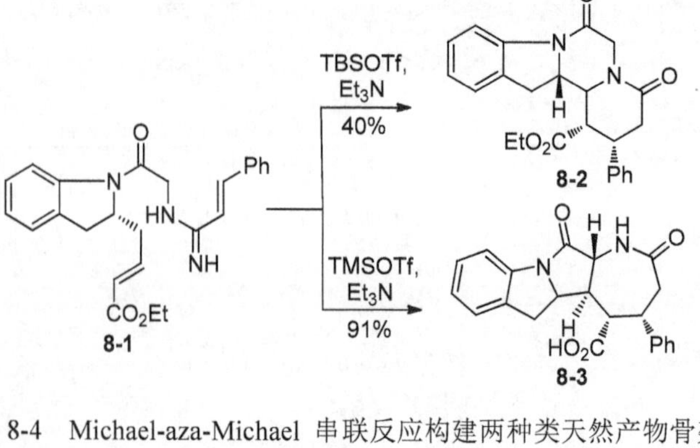

图 8-4　Michael-aza-Michael 串联反应构建两种类天然产物骨架

笔者研究团队[15]以具有广泛生物活性的吲哚酮优势骨架为底物，通过吲哚化合物 **8-4** 与肉桂醛 **8-5** 在催化剂脯氨醇有机小分子催化下通过不对称 Michael-Michael 串联反应构建了具有优秀对映选择性和非对映选择性的新型吲哚酮螺硫代四氢吡喃骨架，该骨架含四个连续的手性中心。对该骨架衍生物进行生物活性研究发现化合物 **8-6a** 是 p53-MDM2 抑制剂 (图 8-5)，具有优秀的抗肿瘤活性，可以作为抗肿瘤先导化合物。

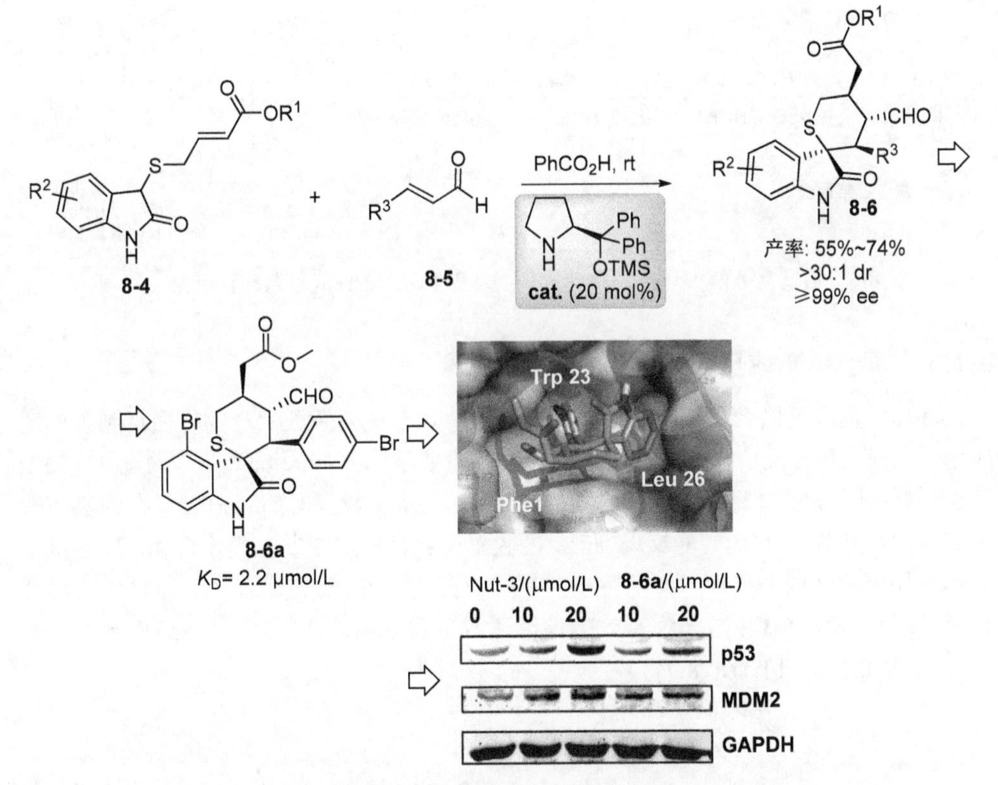

图 8-5 有机小分子催化的不对称串联反应构建吲哚酮螺硫代四氢吡喃及抗肿瘤药物先导物的发现

8.1.2 基于复分解关环反应的多样性导向合成

复分解关环反应 (ring closing metathesis，RCM) 可以构建大中小不同类型的环状骨架，在多样性导向合成中得到了广泛的应用[16~18]。Schreiber 等采用固相合成方法，通过复分解关环反应关键步骤合成了 2070 个含 12~14 个原子的大环化合物。

首先，将 2-取代戊烯酸 **8-7** 和立体结构丰富的底物 1,2-氨基醇 **8-8** 固定在聚苯乙烯磁珠上，在缩合剂作用下 (例如 EDC、HOBT) 合成立体结构丰富的化合物，然后再在缩合剂作用下引入第三个立体结构丰富的底物 2-取代长链烯酸 **8-9**，最后通过二亚苄基二氯化钌催化剂经复分解关环反应得到一系列大环目标产物。对化合物库进行生物活性测试，发现化合物 robotnikinin (**8-11**) 可以直接与细胞外蛋白 Sonic hedgehog (Shh) 结合并阻断 Shh 的信号通路 (图 8-6)。这一研究对新药发现非常重要，因为许多肿瘤的发展失调都与 Shh 信号通路的畸变有关[19]。

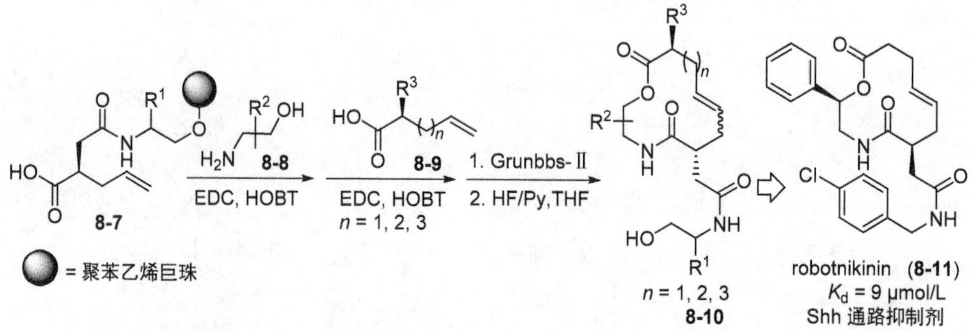

图 8-6 通过复分解关环反应构建大环类化合物及 Shh 信号通路抑制剂的发现

8.1.3 基于环加成反应的多样性导向合成

环加成反应可以合成结构相对复杂的分子，在合成复杂天然产物方面得到了广泛应用[20]，同时环合反应也是多样性导向合成的重要手段。Schreiber 等[21]通过 [2+2+2] 环加成合成了复杂的吡啶结构。底物二炔 **8-12**、腈 **8-13** 和 $CpCo(CO)_2$ 在四氢呋喃溶液中加热到 140 ℃时，能够以 80% 的收率得到目标产物吡啶类化合物。硅连接子控制环加成的区域选择性，最后除去 TBAF 得到复杂的吡啶化合物。通过生物活性研究发现化合物 **8-14** 是一种有效的神经调节蛋白/ErbB4 依赖信号通路抑制剂，其 EC_{50} 值为 0.3 μmol/L (图 8-7)。

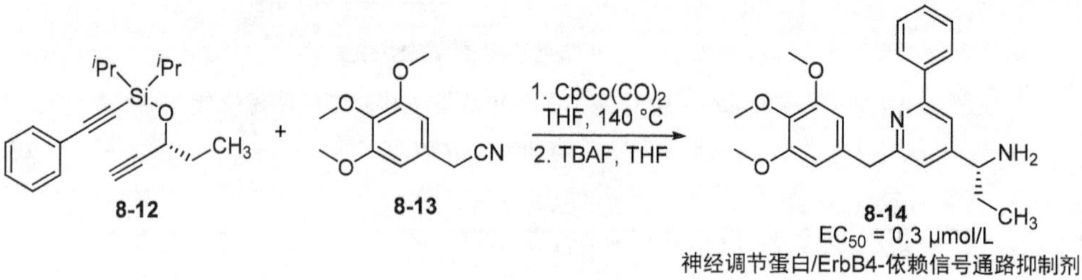

图 8-7 [2+2+2] 环加成构建复杂吡啶类结构及神经调节蛋白/ErbB4 依赖信号通路抑制剂的发现

8.1.4 基于官能团配对策略的多样性导向合成

官能团配对策略最早由 Porco 教授提出[22]，即通过多官能团化合物中的官能团成对偶联发展多样性导向合成方法。他们以修饰的金鸡纳生物碱 **8-15** 为催化剂，底物

硝基苯乙烯 **8-16** 和丙二酸酯 **8-17** 通过不对称的 Michael 加成生成多官能团的化合物 **8-18**，化合物 **8-18** 中的烯烃和炔烃官能团再以三种不同的方式配对，经由环化异构化反应、Diels-Alder 反应、Pauson-Khand 反应三种不同的反应类型分别生成十元环产物 **8-19**、骨架复杂的产物 **8-20** 以及桥接二环环戊烯酮产物 **8-21** 三种结构类型不同的化合物 (图 8-8)。

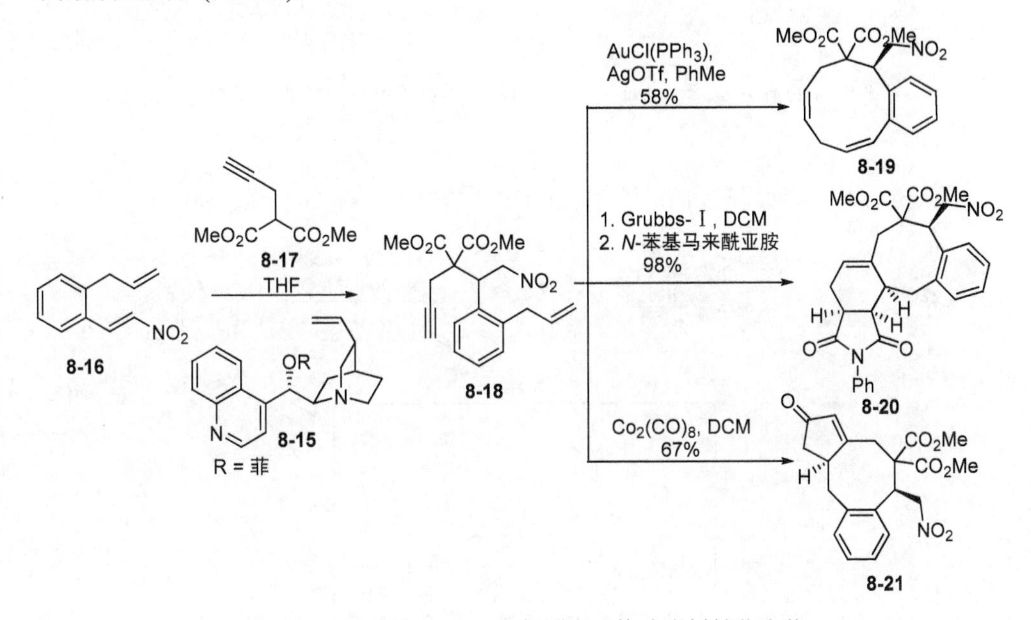

图 8-8 通过烯烃、炔烃官能团配对构建多样性化合物

8.1.5 基于多组分反应的多样性导向合成

多组分反应 (multi-component reactions，MCRs) 需要多个反应底物，通过增加底物的多样性可以合成多样性的目标产物，适宜多样性导向合成[23~25]。

Hansen 等[26]基于天然产物生物碱结构中的帽子基团 (cap groups，图 8-9)，通过 Ugi 四组分反应 (U-4CR) 多样性导向合成得到了一系列基于类肽的 HDAC6 (组蛋白去乙酰化酶 6) 抑制剂，活性研究发现化合物 **8-28** 可以作为新型 HDAC 抑制剂 (HDACi) 的先导化合物 (图 8-10)。

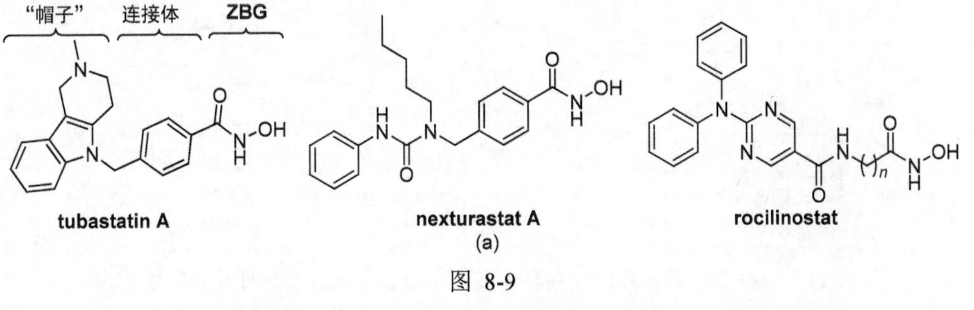

“帽子” 连接体 ZBG

tubastatin A　　nexturastat A　　rocilinostat

(a)

图 8-9

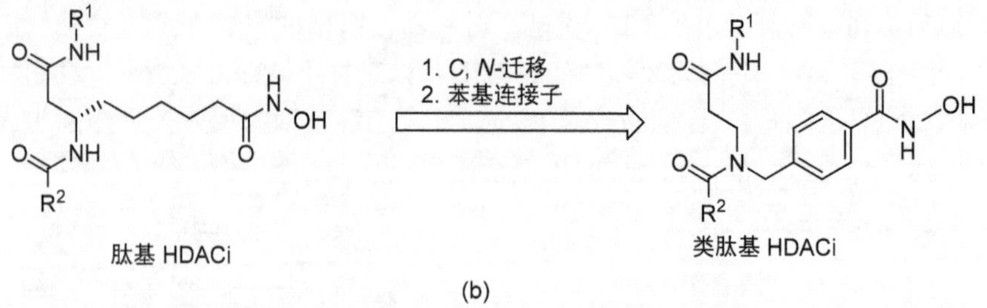

(b)

图 8-9 HDAC6 选择性抑制剂 (a) 和基于类肽设计的 HDAC 抑制剂 (b)

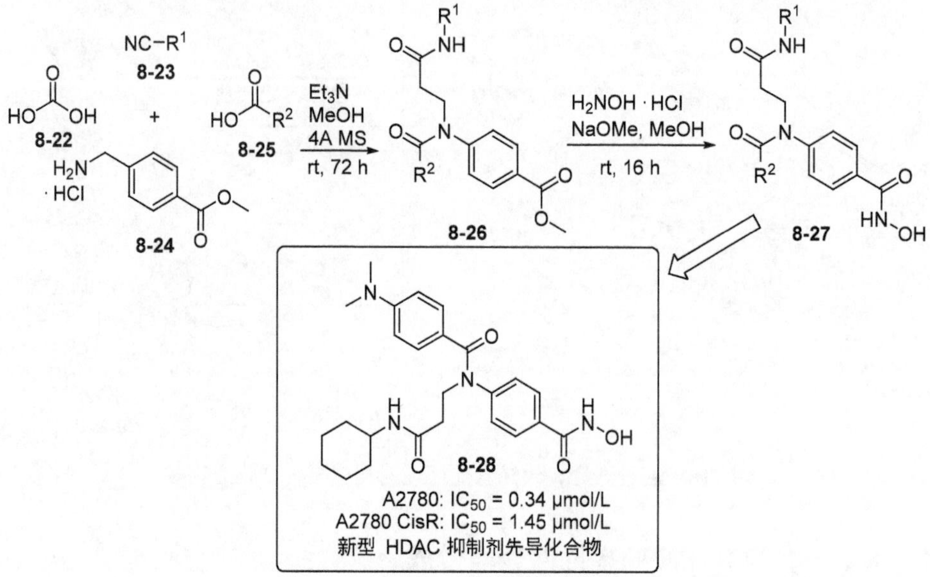

图 8-10 Ugi 四组分反应多样性导向合成发现新型 HDAC 抑制剂

Gogoi 等[27]通过三组分串联反应合成了多取代的吡啶 (图 8-11)，并通过体外抗肿瘤活性测试发现化合物 **8-33** 和 **8-34** 具有明显的抗肿瘤活性。

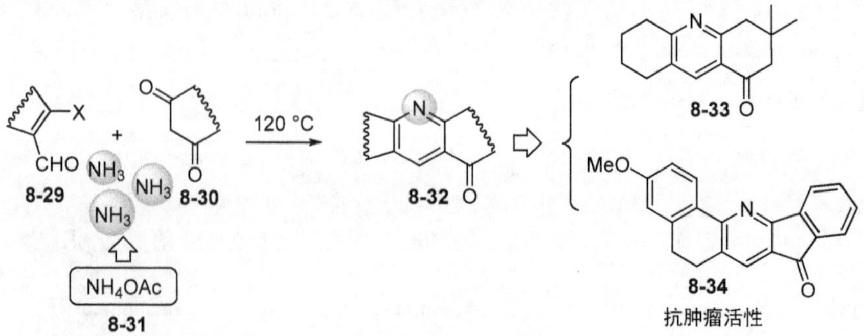

图 8-11 三组分反应多样性导向合成多取代吡啶及抗肿瘤活性化合物的发现

8.2

生物导向性合成策略

生物导向性合成 (biology-oriented synthesis，BIOS) 的概念最早由 Waldmann[28, 29]提出，其核心思路是将已知生物活性化合物的骨架用于多样性导向合成。

近年来，生物导向性合成的概念得到了发展，现主要是指通过分析已知生物活性分子 (内源性代谢产物、天然产物等) 的相似性，选择合适的骨架，采用多样性导向合成的策略构建聚焦化合物库，用于研究某种特定的靶点或机制。生物导向性合成除了符合多样性导向合成中提出的分子结构复杂性和多样性要求外，其采用的骨架有着更为严苛的挑选标准[30]，该策略类似于药物化学中的优势骨架策略[31,32]，对单一优势骨架进行结构修饰以期发现其特定的某种生物活性。由于生物进化形成的天然产物骨架更容易与配体的位点相结合，目前用于生物导向性合成的骨架主要是类天然产物优势骨架。

8.2.1 天然产物骨架分层次策略

天然产物骨架分层方法 (structural classification of natural products，SCONP) 最初由 Waldmann 提出，通过软件预测天然产物骨架的层次[33, 34]：首先去掉天然产物中不含环的侧链，再根据参考去掉外围的环结构，得到结构更为简单的母体结构。母体结构就好比是天然产物的树干 (图 8-12)，如果该母体结构具有生物活性，以母体结构为基础构建的化合物库也可能具有生物活性。举例如下，该类代表性天然产物骨架按层级可分为 digitoxigenin (**8-35**)、dehydroepiandrosterone (DHEA，**8-36**)、klysimplexin T (**8-37**)[35,36]、nakamurol A (**8-38**) [36]和 gabosine A (**8-39**) [37]。

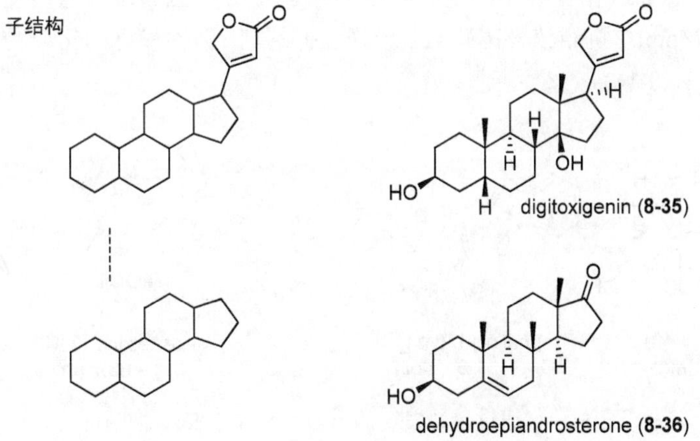

子结构

digitoxigenin (**8-35**)

dehydroepiandrosterone (**8-36**)

图 8-12

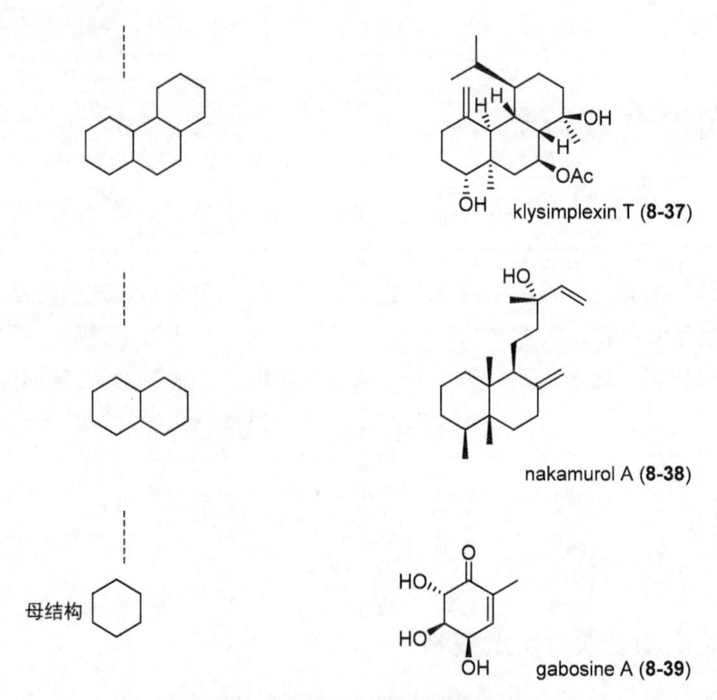

图 8-12　天然产物核心骨架分类树状图及示例

Waldmann 课题组[38]又通过筛选天然产物库，发现了三个 Cdc25A (一种具有调节细胞周期的功能的蛋白磷酸酯酶) 抑制剂 (图 8-13)。进一步对三个生物碱结构进行分析发现，其主要差别在于 E 环取代基不同。然后根据 SCONP 分析其核心骨架 (图 8-14)，并以这些骨架为核心，基于骨架 **8-44~8-46** 通过固相合成的方法设计合成了 450 个化合物。对合成化合物进行蛋白磷酸酯酶抑制活性研究，发现了两个活性相当的 Cdc25A 抑制剂 (化合物 **8-49** 和 **8-50**，图 8-15)，并且通过筛选还发现了 3 个蛋白磷酸酯酶 MptpB (抗结核杆菌靶点) 选择性抑制剂，活性最好的化合物的 IC_{50} 值为 0.36 μmol/L (图 8-16)。

yohimbine (**8-40**)
IC_{50} = 22.3 μmol/L

ajmalicine (**8-41**)
IC_{50} = 31.6 μmol/L

reserpine (**8-42**)
IC_{50} = 63.7 μmol/L

图 8-13　通过筛选发现的天然产物 Cdc25A 抑制剂

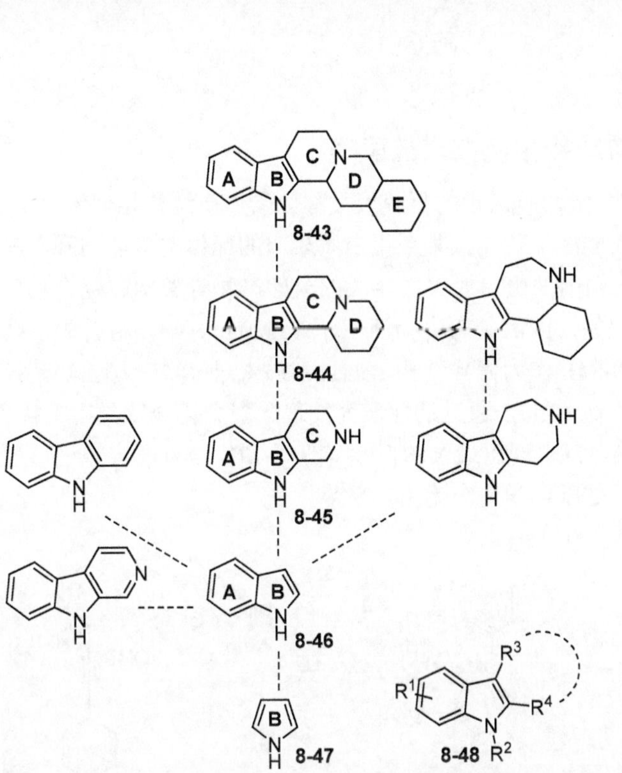

8-43

8-44

8-45

8-46

8-47

8-48

图 8-14 根据 SCONP 分析生物碱的核心骨架

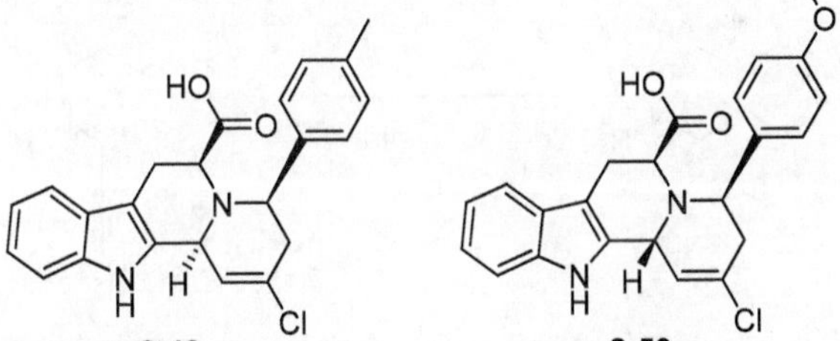

8-49
IC_{50} = 20.3 μmol/L
Cdc25A 抑制剂

8-50
IC_{50} = 32.8 μmol/L
Cdc25A 抑制剂

图 8-15 蛋白磷酸酯酶 Cdc25A 抑制剂

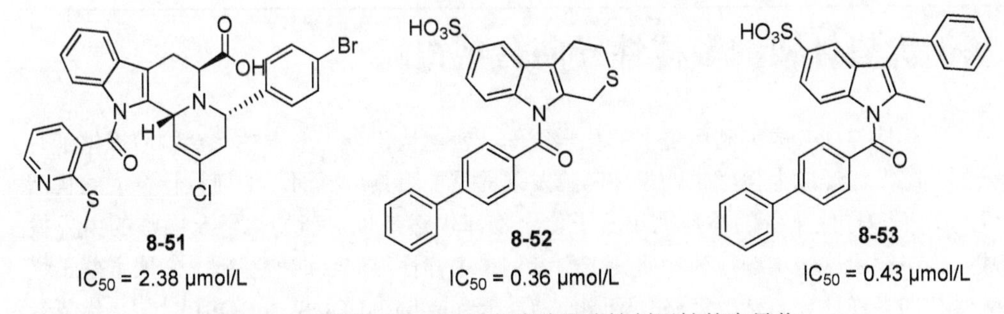

图 8-16 具有 MptpB 蛋白磷酸酯酶抑制活性的先导物

8.2.2 蛋白质结构相似性聚类策略

根据相似性，蛋白质发生的折叠聚类称为蛋白质结构相似性聚类 (protein structure similarity clustering，PSSC)。某个蛋白质聚类的配体也可能与和其相似的蛋白质聚类结合[39,40]，那么利用与蛋白质聚类相关的天然产物骨架构建化合物库，就有可能与其他蛋白质聚类相关，因而具有生物活性。Waldmann 研究组首先以四氢异喹啉天然产物 noscapine (**8-54**) 作为先导结构，通过亚胺离子 **8-55** 与乙炔亲核试剂反应得到四氢异喹啉类化合物 **8-56**，通过活性研究发现，多个化合物具有干扰微管聚合的作用，尤其是化合物 **8-57** 表现出最强的活性 (图 8-17)。这种研究方法以生物导向性合成为指导，实际上还是以化学研究为主。

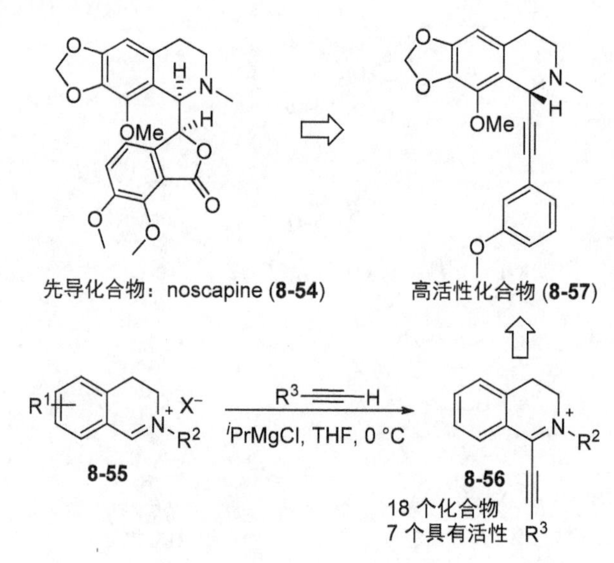

图 8-17 四氢异喹啉化合物的合成及活性化合物的发现

8.3 基于优势骨架的多样性导向合成策略

多样性导向合成为利用更多的化学空间、快速构建分子多样性化合物库提供了有效的策略，已经成为化学生物学和药物发现的重要工具。然而，如何设计合成生物活性与分子多样性兼备的类药性小分子化合物库仍然是目前药物化学家面临的主要挑战。为了解决这些难题，药物研究工作者们在多样性导向合成的基础上发展了基于优势骨架的多样性导向合成策略 (privileged structure-based DOS，pDOS) [32, 41]。优势骨架 (privileged structures) 的概念最早由 Evans 于 1988 年提出，指的是“可以为不止一种类型的受体提供高亲和性配体的单一分子骨架”[31]。药物化学家们设想将优势骨架 (经常出现在天然产物和生物活性小分子中的骨架) 与多聚杂环核心骨架嵌合成新的类药性小分子，该类药性小分子可能同样会与某种特定的生物聚合物产生特异性相互作用，可以进一步提高化合物的类药性。该策略是为了探索化学空间中未被开发利用的生物活性区域，以期发现新的生物活性分子。

采用 pDOS 策略构建多聚杂环主要有两种不同的方法：①基于相同优势骨架构建多样性核心骨架；②基于相同关键中间体发散性构建多样性优势多聚杂环。

8.3.1 基于相同优势骨架构建多样性核心骨架策略

Park 等[42]通过该方法构建基于优势骨架“苯并吡喃”的多样性导向合成，共合成了 22 个含苯并吡喃的新型核心骨架。该课题组通过不同的化学反应得到收率高、立体选择性好、原子经济的骨架，构建了骨架多样性的化合物库 (图 8-18)。从该库中选取分别代表 22 个核心骨架的化合物对人 A549 肺癌细胞株进行体外抗肿瘤活性测试，发现取代基相同而核心骨架不同的化合物之间抗肿瘤活性相差了 30~60 倍。进一步对该库进行系统的生物活性研究，又发现了一系列高活性的化合物[43]。研究表明，核心骨架对化合物的生物活性有着至关重要的作用，通过对基于优势骨架合理设计的小分子化合物库进行广泛的生物活性评价有利于发现新化学实体。

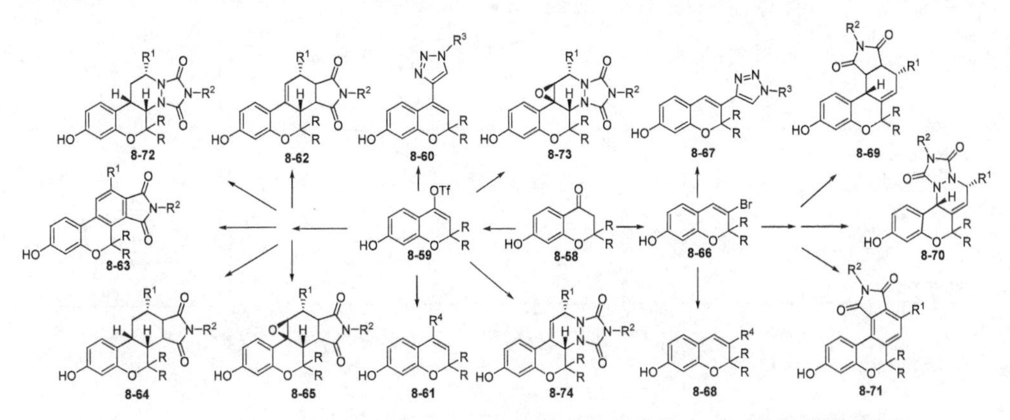

图 8-18 基于优势骨架“苯并吡喃”多样性导向合成构建不同类型的核心骨架

8.3.2 基于相同关键中间体发散性构建多样性优势多聚杂环的策略

Park 等提出了基于相同关键中间体发散性构建多样性优势多聚杂环的策略。首先，以具有反应活性的六环亚胺离子关键中间体为起始物，发散性地合成了 6 类不同的新型核心骨架。新型核心骨架中分别引入了二氮杂桥环结构类天然产物 yondelis (ET-743)[44]、saframycin A[45]、cribrostatin Ⅳ[46]，基于二氮杂桥环结构再次引入其他优势骨架 (吲哚、L-3,4-二羟基苯丙氨酸[47]、四氢-β-咔啉[48]和苯二氮结构[49])。然后，通过固相合成的方法快速高效地合成了含有 6 类不同核心骨架的类药性小分子 1000 个（图 8-19）。通过该策略构建的化合物库不仅具有结构的多样性，更具有生物活性相关性。

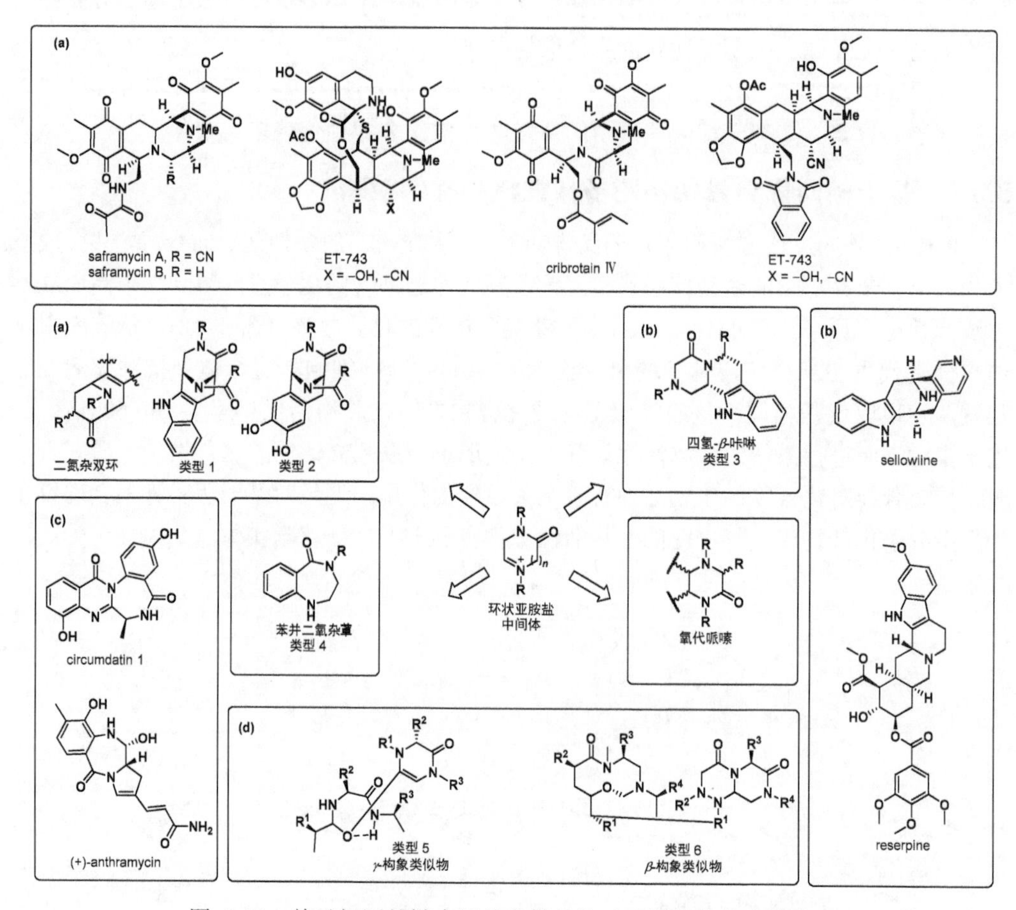

图 8-19 基于相同关键中间体发散性构建多样性优势多聚杂环

笔者研究团队[50]采用同样的策略，通过有机小分子催化的发散性不对称串联反应以关键中间体吡唑并四氢吡喃半缩醛 **8-76** 为起始物，构建了基于优势骨架-吡唑-5-酮的 5 种类药性小分子骨架，合成的这些小分子具有骨架和立体化学多样性。选取了 10 个分别代表 5 种不同骨架类型的化合物进行体外抗肿瘤活性测试，发现了 2 个抗肿瘤先导化合物（化合物 **8-84** 和 **8-85**），并通过构效关系研究发现了 1 个具有较高活性的抗肿瘤化合物（化合物 **8-86**）[51]，并对其作用机制进行了初步研究（图 8-20）。

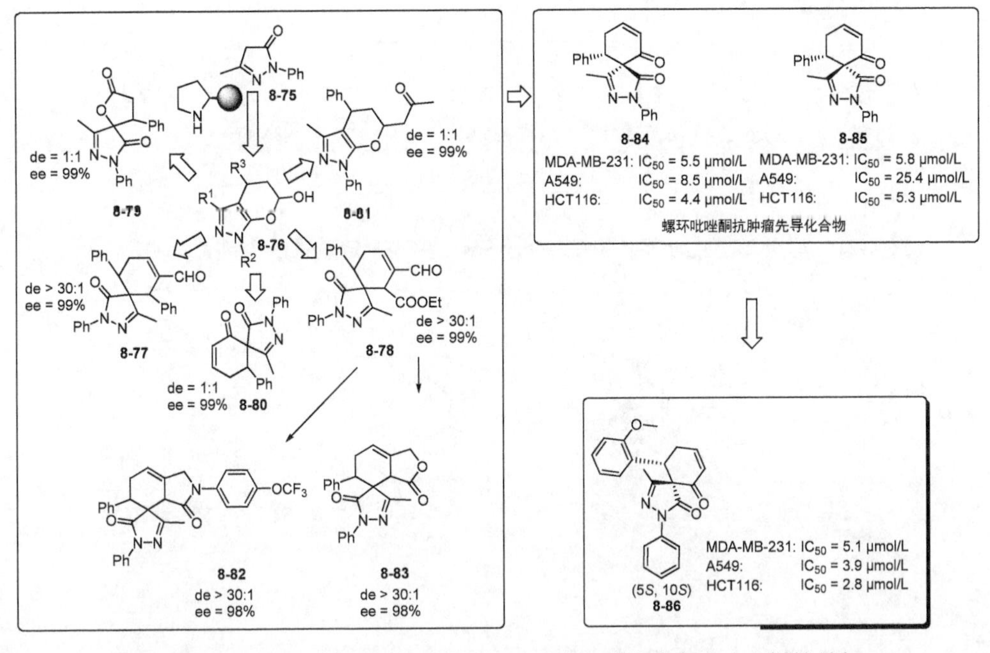

图 8-20 发散性有机小分子催化的不对称串联构建含吡唑多样性骨架

8.4

药物合成新技术

新型反应技术有助于发现更多新化合物，有助于发现新型、多样化反应中间体，有助于后续化合物的功能化。

8.4.1 基于高通量纳米级合成结合 ASMS 生物测定技术

基于高通量纳米级合成结合 ASMS 生物测定的蛋白抑制剂发现策略如图 8-21 所示。

Cernak 等[52]将高通量纳米级合成与无标签亲和选择质谱 (affinity-selection mass spectrometry，ASMS) 生物测定相结合，用过渡金属催化，分别采用成酰胺反应、Suzuki 偶联或碳-氮偶联反应，以 0.1 mol 的浓度在离散的孔中进行反应，每个反应底物消耗少于 0.05 mg。然后用亲和选择质谱生物测定法对反应产物与靶蛋白的亲和度进行排序，减少了反应纯化的时间，发现了三种激酶 (丝裂原活化蛋白激酶 1，MAPK1；MAP 激酶-活化蛋白激酶 2，MK2；CHEK1) 抑制剂 (图 8-22)。该方法以最少的原料消耗快速地完成初步的化学合成和活性测试，发现了激酶抑制剂。

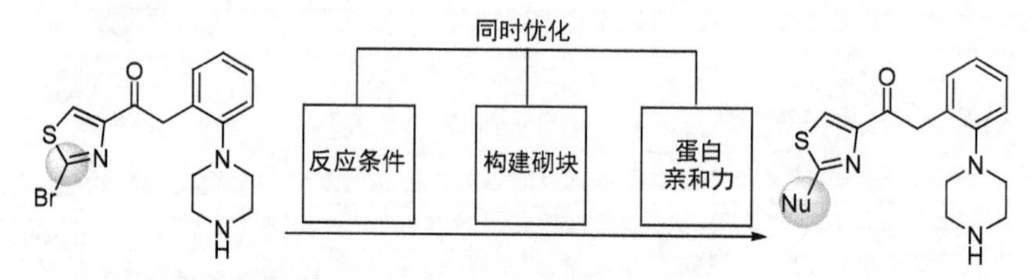

图 8-21 基于高通量纳米级合成结合 ASMS 生物测定的蛋白抑制剂发现策略

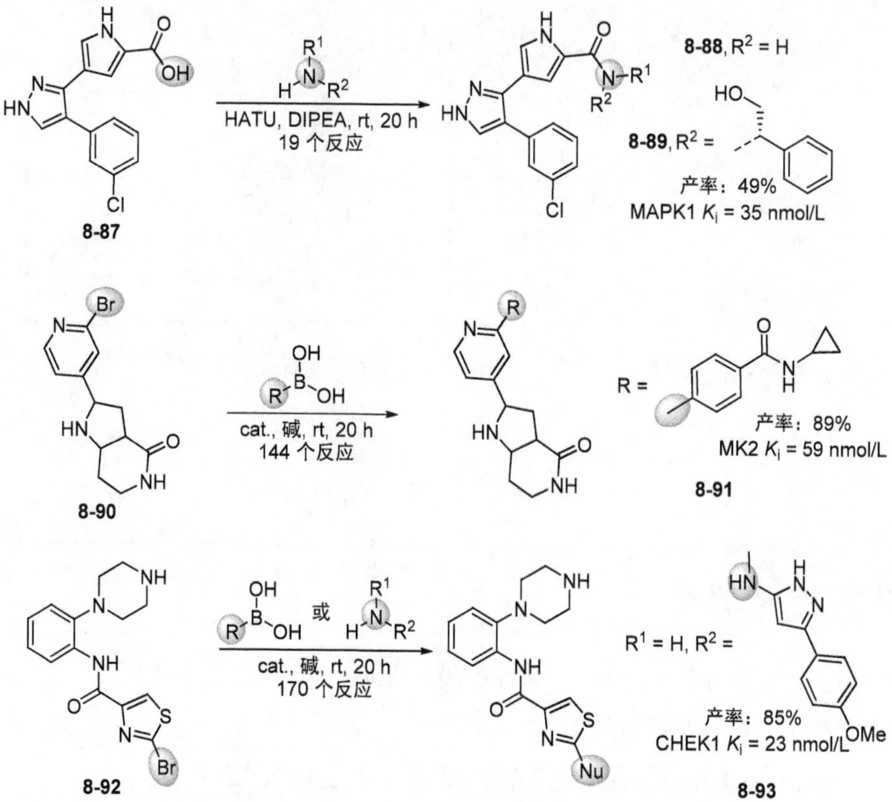

图 8-22 高通量纳米级合成与 ASMS 生物测定相结合发现激酶抑制剂

8.4.2 微波反应技术

微波加热广泛应用在反应的发现与开发阶段，用以提高反应速率，通常还会提高反应收率或使反应更干净。例如，利用微波加热，胺 (**8-94**)、炔烃 (**8-95**) 和醛 (**8-96**) (三组分偶联) 在水中进行多组分反应制备二级炔丙基胺 (**8-97**)，该反应迅速且具有通用性，产物可以作为含氮杂环 (例如，吡咯烷、吡咯、噁唑烷酮和氨基吲嗪) 的前体或生物活性骨架 (例如 β-内酰胺类和肽模拟物) 的关键中间体[53]。如图 8-23 所示。

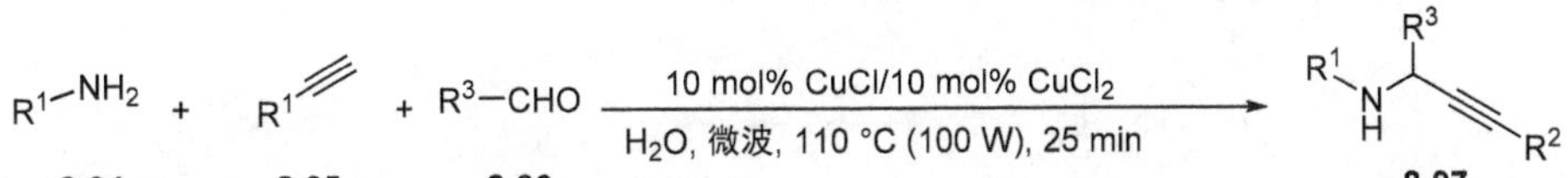

R^1-NH_2 + R^1—≡ + R^3-CHO → (10 mol% CuCl/10 mol% $CuCl_2$; H_2O, 微波, 110 °C (100 W), 25 min)

8-94　8-95　8-96　8-97

图 8-23　微波加热快速制备二级炔丙基胺

8.4.3　高压/高温反应技术

高温高压下的化学反应可用于新骨架的合成 (图 8-24)。Djuric 等[54]在 390 ℃、100 bar 的高温高压条件下以较高的收率制备取代稠合嘧啶酮和喹诺酮衍生物。该技术还可快速有效地合成其他具有挑战性的杂环骨架。

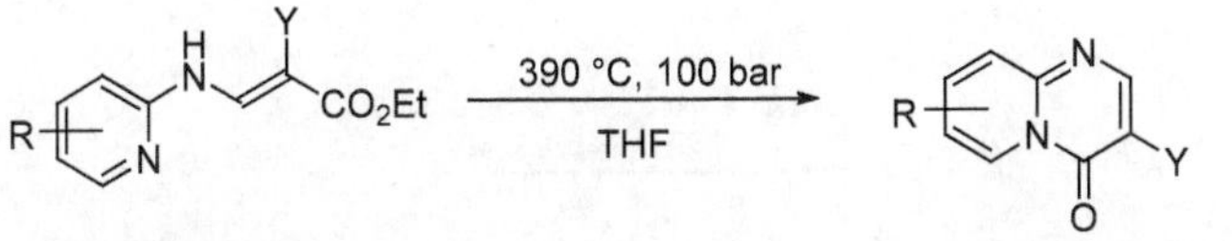

390 °C, 100 bar; THF

8-98　$Y = CO_2Et$, CN, COMe

8-99　9个例子, 77%~96%

图 8-24　高温高压化学制备新型杂环化合物

8.4.4　微流体-微反应技术

微流体-微反应器流动化学具有混合性好、改善传热、扩大温度压力范围等优势。Ley 等[55]将有害的不稳定性芳基乙烯基重氮化合物以流动化学技术与硼酸进行无金属的 sp^2-sp^3 交叉偶联反应，操作方便。此外，将不同的重氮化合物按顺序加入合适的硼酸中能够制备结构更为复杂的分子[56]。如图 8-25 所示。

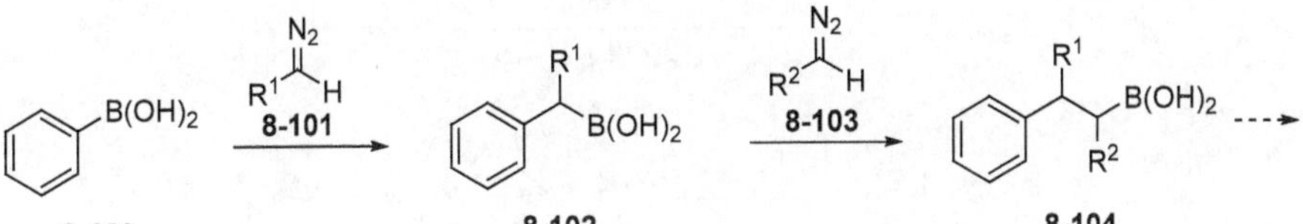

8-100　8-101　8-102　8-103　8-104

图 8-25　微流体-微反应器流动化学新合成技术

8.4.5　闪蒸反应技术

流动微反应器也已应用于闪蒸化学 (flash chemistry)，高度可控地进行极快反应，合成在普通反应条件下具有挑战性或难以制备的化合物[57] (图 8-26)。最近报道的邻位锂化芳基氨基甲酸酯的化学选择性官能化能够快速进行，例如阴离子 Fries 重排，可通过亚毫秒级的微流体混合反应制备[58]。

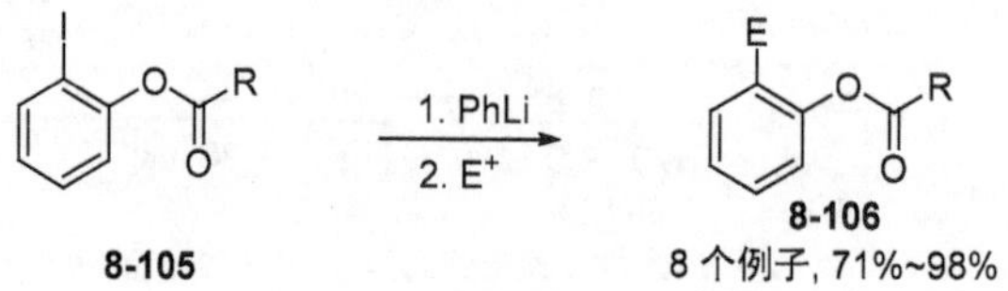

8-105

1. PhLi
2. E^+

8-106
8 个例子, 71%~98%

图 8-26 流动微反应技术在闪蒸化学中的应用

8.4.6 生物催化

生物催化剂有望在环境友好条件下合成结构多样性分子，使特定酶发生非天然反应。例如，工程酶可以进行碳-碳键 (C–C) 生成反应、碳-氮键 (C–N) 生成反应，碳-硅键 (C–Si) 生成反应和碳-硼键 (C–B) 生成反应 (图 8-27) [59~61]。

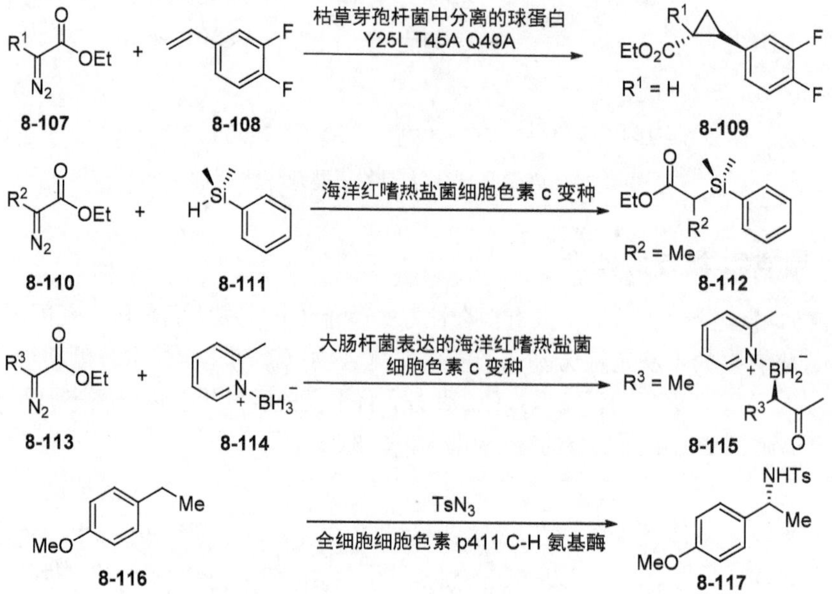

8-107 + 8-108 —— 枯草芽孢杆菌中分离的球蛋白 Y25L T45A Q49A → 8-109 (R^1 = H)

8-110 + 8-111 —— 海洋红嗜热盐菌细胞色素 c 变种 → 8-112 (R^2 = Me)

8-113 + 8-114 —— 大肠杆菌表达的海洋红嗜热盐菌细胞色素 c 变种 → 8-115 (R^3 = Me)

8-116 —— TsN_3, 全细胞细胞色素 p411 C-H 氨基酶 → 8-117

图 8-27 工程酶作用下发生的非天然 C–X 键生成反应

通过细胞色素 p450 (CYP) 制剂[62]、微粒体[61]或微生物培养基等作用，微生物的生物转化更容易产生代谢标记物，用于代谢物标准品的合成。例如抗肿瘤分子 epacadostat 经 UGT1A9、Gut 微生物、CYP3A4/2C19/1A2 作用后分别以较高的收率生成对应的代谢物标准品 **8-118**、**8-119**、**8-120**，且所有的产物从菌丝生物转化面板分离即可获得，避免了复杂繁琐、重复操作的常规合成 (图 8-28) [63]。

此外，酶也可应用在化合物的后期官能团化。例如利用微生物生物转化，对亲脂性先导化合物 **8-121** 定向羟基化，得到亲水性提高的化合物 **8-122**，改善了先导化合物的理化性质，活性 (K_d) 和配体亲脂效率 (LLE) 得到了同步提高 (图 8-29)。

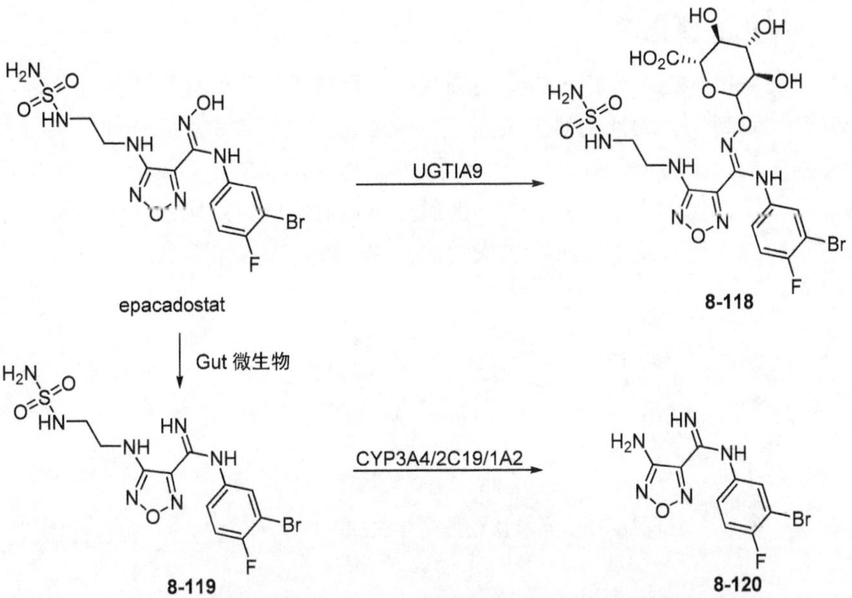

epacadostat —UGTIA9→ 8-118

epacadostat —Gut 微生物→ 8-119 —CYP3A4/2C19/1A2→ 8-120

CYP, 细胞色素 p450　　UGT1A9，UDP- 葡糖醛酸糖基转移酶 1-9

图 8-28　微生物的生物转化在代谢物标准品中的应用

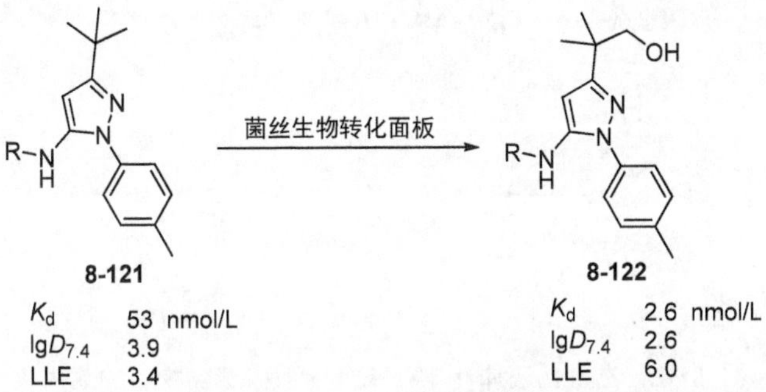

8-121 —菌丝生物转化面板→ 8-122

	8-121	8-122
K_d	53 nmol/L	2.6 nmol/L
$\lg D_{7.4}$	3.9	2.6
LLE	3.4	6.0

图 8-29　微生物的生物转化在先导化合物官能团化中的应用

近期，使用与细胞色素结合的试剂对药物雷美替胺 (ramelteon) 进行后期官能团化，脱氧-氟化，能够在特定位点羟基化并引入氟，引入氟可以改善化合物性质并限制化合物的构象[64] (图 8-30)。

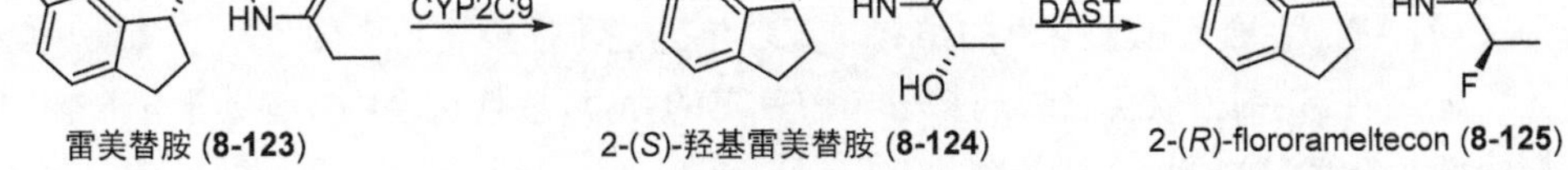

雷美替胺 (**8-123**) —CYP2C9→ 2-(*S*)-羟基雷美替胺 (**8-124**) —DAST→ 2-(*R*)-fluororameltecon (**8-125**)

图 8-30　细胞色素试剂在化合物定向官能团化中的应用

8.4.7 光氧化还原化学

光氧化还原化学是一个相对古老的领域，由于缺乏反应条件和特定催化剂，在实践中一直受到限制[65]。近期的研究发现了多种催化剂、配体和反应条件，实现了之前被认为是困难的化学转化 (例如需要多步骤和/或保护基团的化学反应)。光氧化还原化学的基础是光活化光氧化还原催化剂，然后光活化后的催化剂增强两个“伙伴分子”间的单电子转移，使之发生反应，生成新的 C–C 键、C–N 键 (图 8-31)。

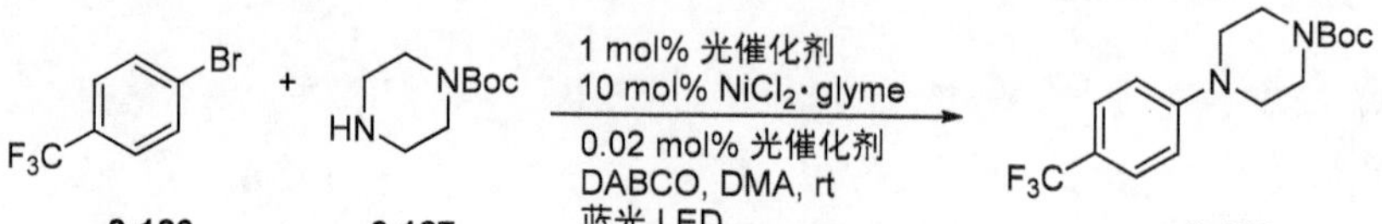

1 mol% 光催化剂
10 mol% $NiCl_2$·glyme
0.02 mol% 光催化剂
DABCO, DMA, rt
蓝光 LED

8-126 8-127 8-128

glyme 为乙二醇二甲醚

图 8-31 光氧化还原化学生成新的 C–N 键

光氧化还原方法生成 C–N 键的反应与 Buchwald-Hartwig 反应 (药物化学 20 个最常用反应之一) 在机理上不同。因此，光氧化还原化学可以在传统方法失效时，为药物化学家提供“第二选择”，从而更加有效地探索化学空间[6]。该技术已用于高效合成临床试验抗结核病候选药物 Q203 (**8-130**) (图 8-32)[66]。

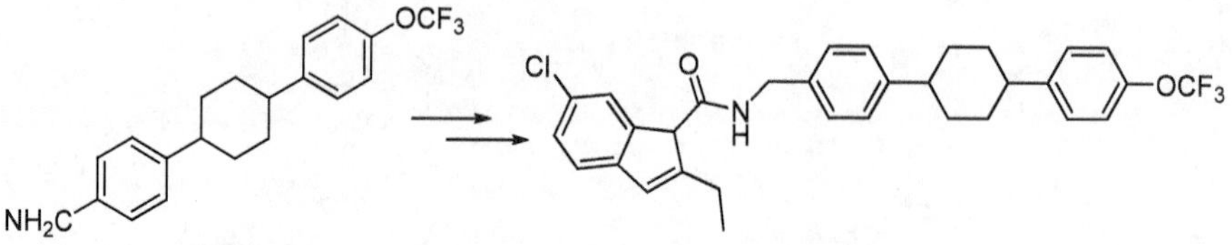

8-129 Q203 (**8-130**)

图 8-32 光氧化还原化学在高效合成候选药物中的应用

8.4.8 电化学

得益于电化学合成方法实用性的发展，电化学在合成药物分子骨架中得到了广泛应用。而在这之前，通常需要在一个反应配体上“安装”上“电子辅助”官能团 (例如，芳硫基、α-甲硅烷基和有机锡等)，控制与另一个反应配体的电子转移[66]。然而，这些类型的官能团并不都是常用试剂，并且在配对体上构建这些官能团还需要对每种目标化合物进行大范围考察和优化，有时反而成了一种限制因素。相比之下，最近报道的 C–N 键的生成采用了常见的结构单元，该方法不需要将特殊的“电子辅助”官能团“安装”在试剂上就可合成药物分子中常见的 *N*-双取代化合物，有助于化合物的结构修饰 (图 8-33)[67]。

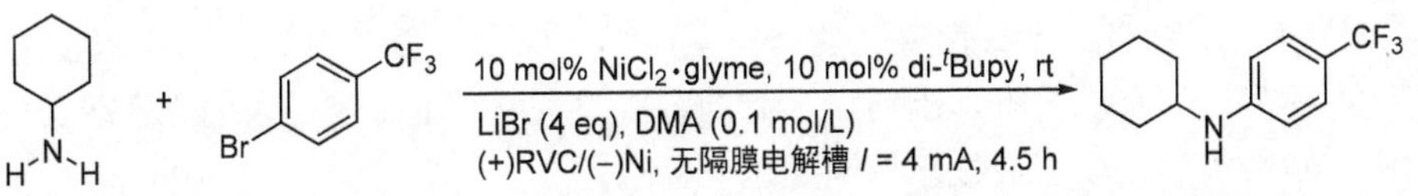

8-131 **8-132** **8-133**

图 8-33 电化学方法生成 C–N 键

在电化学反应条件下，也可以生成 C–O 键，并已应用于药物化学，例如合成新型 γ-氨基丁酸吸收抑制剂 (**8-136**) (图 8-34) [68]。

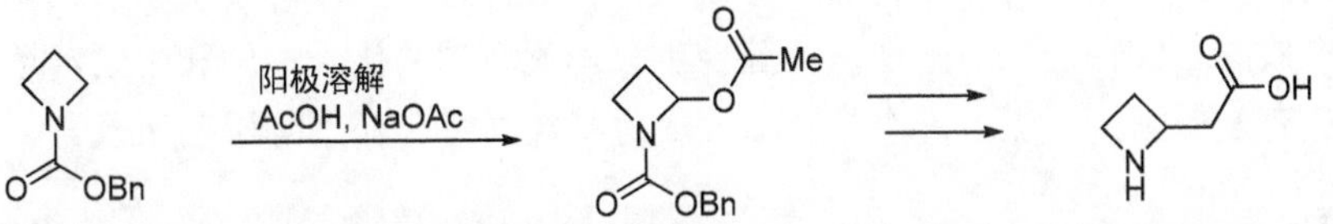

8-134 **8-135** **8-136**

图 8-34 电化学方法生成 C–O 键

电化学条件下，同样可以生成 C–C 键。例如，α-萘酚 (**8-137**) 与 2-甲氧基-4-甲基苯酚 (**8-138**) 在无隔膜电解槽的硼掺杂金刚石电极 (BDD) 正极作用下生成偶联化合物 (**8-139**) (图 8-35) [69]。

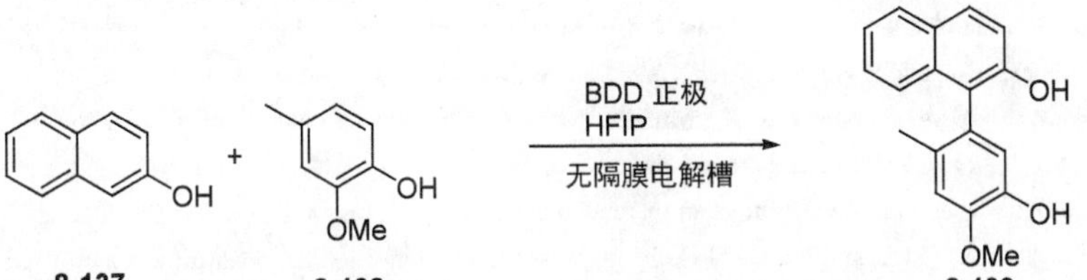

8-137 **8-138** **8-139**

图 8-35 电化学方法生成偶联化合物

电化学方法适用于流动化学，具有自动合成的应用前景，但也可以按比例放大用于化学工艺。电化学反应器可及性和易用性的进步有望使其成为常规方法。

8.5

展望

新药研发涉及的过程非常复杂，因而极具挑战性，化学合成往往是其中的限速步骤。“数字游戏式”的研发理念致使药物化学家更偏爱易于合成的化合物，但这一理念往往会使研究者们偏离“探索更大的类药空间”的原则，并且可能会错失更复杂和/或更具有挑战性的合成策略。因而，已有的合成技术已经很难满足人们探索类药空间的需求，亟待扩展化学合成技术以满足这一需求。

为了尽可能利用化学空间并兼顾生物相关性，在活性分子已知的生物活性空间、已有技术的基础上，研究者们基于“多样性”导向原则，发展了 DOS、BIOS、pDOS、生物催化、电化学等多种合成新方法和新技术。这些技术方法间的相互渗透在构建类药小分子化合物库方面发挥了积极的作用，并成功发现了多种新型生物活性小分子，为新药发现做出了贡献。但目前这些技术还存在许多瓶颈，如合成化合物的生物相关性有待提高；合成化合物的结构还不够复杂；合成化合物的成药性有待兼顾等。随着更多更有效的合成新技术的出现，类药性小分子化合物的化学空间和生物活性空间将会得到更有效的探索，更多具有生物活性的化学实体将会应用于医药研发。

参 考 文 献

[1] Virshup, A. M.; Julia, C. G.; Peter, W.; Weitao, Y.; Beratan, D. N. Stochastic voyages into uncharted chemical space produce a representative library of all possible drug-like compounds. *J. Am. Chem. Soc.* **2013**, *135*, 7296-7303.

[2] Bemis, G. W.; Murcko, M. A. The properties of known drugs. 1. Molecular frameworks. *J. Med. Chem.* **1996**, *39*, 2887-2893.

[3] Bemis, G. W.; Murcko, M. A. Properties of known drugs. 2. Side chains. *J. Med. Chem.* **1999**, *42*, 5095-5099.

[4] Wang, J.; Hou, T. Drug and Drug Candidate Building Block Analysis. *J. Chem. Inf. Model.* **2010**, *50*, 55-67.

[5] Tsukamoto, T. Tough times for medicinal chemists: are we to blame? *ACS. Med. Chem. Lett.* **2013**, *4*, 369-370.

[6] Brown, D. G.; BoströM, J. Analysis of Past and Present Synthetic Methodologies on Medicinal Chemistry: Where Have All the New Reactions Gone? *J. Med. Chem.* **2015**, *59*, 4443-4458.

[7] W Patrick, W.; Jeremy, G.; Weiss, J. R.; Murcko, M. A. What do medicinal chemists actually make? A 50-year retrospective. *J. Med. Chem.* **2011**, *54*, 6405-6416.

[8] Meunier, B. Does chemistry have a future in therapeutic innovations? *Angew Chem. Int. Ed.* **2012**, *51*, 8702-8706.

[9] Reayi, A.; Arya, P. Natural product-like chemical space: search for chemical dissectors of macromolecular interactions. *Curr. Opin. Chem. Biol.* **2005**, *9*, 240-247.

[10] Schreiber, S. L. Target-oriented and diversity-oriented organic synthesis in drug discovery. *Science* **2000**, *287*, 1964-1969.

[11] Stockwell, B. R. Exploring biology with small organic molecules. *Nature* **2004**, *432*, 846-854.

[12] Galloway, W. R.; Isidro-Llobet, A.; Spring, D. R. Diversity-oriented synthesis as a tool for the discovery of novel biologically active small molecules. *Nat. Commun.* **2010**, *1*, 80.

[13] Nicolaou, K. C.; Edmonds, D. J.; Bulger, P. G. Cascade reactions in total synthesis. *Angew Chem. Int. Ed. Engl.* **2006**, *45*, 7134-7186.

[14] Brochu, J. L.; Prakesch, M.; Enright, G. D.; Leek, D. M.; Arya, P. Reagent-based, modular, tandem Michael approach for obtaining different indoline alkaloid-inspired polycyclic architectures. *J. Comb. Chem.* **2008**, *10*, 405-420.

[15] Wang, S.; Jiang, Y.; Wu, S.; Dong, G.; Miao, Z.; Zhang, W.; Sheng, C. Meeting Organocatalysis with Drug Discovery: Asymmetric Synthesis of 3,3'-Spirooxindoles Fused with Tetrahydrothiopyrans as Novel p53-MDM2 Inhibitors. *Org. Lett.* **2016**, *18*, 1028-1031.

[16] Chattopadhyay, S. K.; Karmakar, S.; Biswas, T.; Majumdar, K.; Rahaman, H.; Roy, B. Formation of medium-ring heterocycles by diene and enyne metathesis. *Tetrahedron* **2007**, *63*, 3919-3952.

[17] Nicolaou, K. C.; Bulger, P. G.; Sarlah, D. Metathesis reactions in total synthesis. *Angew Chem. Int. Ed. Engl.* **2005**, *44*, 4490-4527.

[18] Deiters, A.; Martin, S. F. Synthesis of oxygen- and nitrogen-containing heterocycles by ring-closing metathesis. *Chem. Rev.* **2004**, *104*, 2199-2238.

[19] Tremblay, M. R.; McGovern, K.; Read, M. A.; Castro, A. C. New developments in the discovery of small molecule Hedgehog pathway antagonists. *Curr. Opin. Chem. Biol.* **2010**, *14*, 428-435.

[20] Tan, D. S.; Foley, M. A.; Shair, M. D.; Schreiber, S. L. Stereoselective synthesis of over two million compounds having structural features both reminiscent of natural products and compatible with miniaturized cell-based assays. *J. Am. Chem. Soc.* **1998**, *120*, 8565-8566.

[21] Gray, B. L.; Wang, X.; Brown, W. C.; Kuai, L.; Schreiber, S. L. Diversity synthesis of complex pyridines yields a probe of a neurotrophic signaling pathway. *Org. Lett.* **2008**, *10*, 2621-2624.

[22] Comer, E.; Rohan, E.; Deng, L.; Porco, J. A., Jr. An approach to skeletal diversity using functional group pairing of multifunctional scaffolds. *Org. Lett.* **2007**, *9*, 2123-2126.

[23] Sunderhaus, J. D.; Martin, S. F. Applications of multicomponent reactions to the synthesis of diverse heterocyclic scaffolds. *Chemistry (Easton)* **2009**, *15*, 1300-1308.

[24] Biggs-Houck, J. E.; Younai, A.; Shaw, J. T. Recent advances in multicomponent reactions for diversity-oriented synthesis. *Curr. Opin. Chem. Biol.* **2010**, *14*, 371-382.

[25] Syamala, M. Recent progress in three-component reactions. An update. *Org. Prep. Proced. Int.* **2009**, *41*, 1-68.

[26] Diedrich, D.; Hamacher, A.; Gertzen, C. G.; Alves Avelar, L. A.; Reiss, G. J.; Kurz, T.; Gohlke, H.; Kassack, M. U.; Hansen, F. K. Rational design and diversity-oriented synthesis of peptoid-based selective HDAC6 inhibitors. *Chem. Commun. (Camb.)* **2016**, *52*, 3219-3222.

[27] Goswami, L.; Gogoi, S.; Gogoi, J.; Boruah, R. K.; Boruah, R. C.; Gogoi, P. Facile Diversity-Oriented Synthesis of Polycyclic Pyridines and Their Cytotoxicity Effects in Human Cancer Cell Lines. *ACS Comb. Sci.* **2016**, *18*, 253-261.

[28] Wetzel, S.; Bon, R. S.; Kumar, K.; Waldmann, H. Biology-Oriented Synthesis. *Angew Chem Int Edit* **2011**, *50*, 10800-10826.

[29] Kaiser, M.; Wetzel, S.; Kumar, K.; Waldmann, H. Biology-inspired synthesis of compound libraries. *Cell. Mol. Life Sci.* **2008**, *65*, 1186-1201.

[30] Zhang, L.; Zheng, M.; Zhao, F.; Zhai, Y.; Liu, H. Rapid generation of privileged substructure-based compound libraries with structural diversity and drug-likeness. *ACS Comb. Sci.* **2014**, *16*, 184-191.

[31] Evans, B. E.; Rittle, K. E.; Bock, M. G.; DiPardo, R. M.; Freidinger, R. M.; Whitter, W. L.; Lundell, G. F.; Veber, D. F.; Anderson, P. S.; Chang, R. S.; et al. Methods for drug discovery: development of potent, selective, orally effective cholecystokinin antagonists. *J. Med. Chem.* **1988**, *31*, 2235-2246.

[32] Costantino, L.; Barlocco, D. Privileged structures as leads in medicinal chemistry. *Front. Med. Chem.* **2010**, *5*, 381-422.

[33] Wetzel, S.; Klein, K.; Renner, S.; Rauh, D.; Oprea, T. I.; Mutzel, P.; Waldmann, H. Interactive exploration of chemical space with Scaffold Hunter. *Nat. Chem. Biol.* **2009**, *5*, 581-583.

[34] Klein, K.; Koch, O.; Kriege, N.; Mutzel, P.; Schäfer, T. Visual analysis of biological activity data with scaffold hunter. *Mol. Inform.* **2013**, *32*, 964-975.

[35] Chen, B.-W.; Chao, C.-H.; Su, J.-H.; Tsai, C.-W.; Wang, W.-H.; Wen, Z.-H.; Huang, C.-Y.; Sung, P.-J.; Wu, Y.-C.; Sheu, J.-H. Klysimplexins I-T, eunicellin-based diterpenoids from the cultured soft coral Klyxum simplex. *Org. Biomol. Chem.* **2011**, *9*, 834-844.

[36] Díaz, S.; Cuesta, J.; González, A.; Bonjoch, J. Synthesis of (-)-nakamurol A and assignment of absolute configuration of diterpenoid (+)-nakamurol A. *J. Org. Chem.* **2003**, *68*, 7400-7406.

[37] Mac, D. H.; Chandrasekhar, S.; Grée, R. Total Synthesis of Gabosines. *Eur. J. Org. Chem.* **2012**, *2012*, 5881-5895.

[38] Nören-Müller, A.; Reis-Corrêa, I.; Prinz, H.; Rosenbaum, C.; Saxena, K.; Schwalbe, H. J.; Vestweber, D.; Cagna, G.; Schunk, S.; Schwarz, O. Discovery of protein phosphatase inhibitor classes by biology-oriented synthesis. *Proc.*

Natl. Acad. Sci. USA **2006**, *103*, 10606-10611.

[39] McArdle, B. M.; Campitelli, M. R.; Quinn, R. J. A common protein fold topology shared by flavonoid biosynthetic enzymes and therapeutic targets. *J. Nat. Prod.* **2006**, *69*, 14-17.

[40] Camp, D.; Davis, R. A.; Campitelli, M.; Ebdon, J.; Quinn, R. J. Drug-like properties: guiding principles for the design of natural product libraries. *J. Nat. Prod.* **2012**, *75*, 72-81.

[41] Welsch, M. E.; Snyder, S. A.; Stockwell, B. R. Privileged scaffolds for library design and drug discovery. *Curr. Opin. Chem. Biol.* **2010**, *14*, 347-361.

[42] Ko, S. K.; Jang, H. J.; Kim, E.; Park, S. B. Concise and diversity-oriented synthesis of novel scaffolds embedded with privileged benzopyran motif. *Chem. Commun.* (*Camb.*) **2006**, 2962-2964.

[43] Oh, S.; Park, S. B. A design strategy for drug-like polyheterocycles with privileged substructures for discovery of specific small-molecule modulators. *Chem. Commun.* (*Camb.*) **2011**, *47*, 12754-12761.

[44] González, J. F.; de la Cuesta, E.; Avendaño, C. Pictet Spengler-type reactions in 3-arylmethylpiperazine-2, 5-diones. Synthesis of pyrazinotetrahydroisoquinolines. *Tetrahedron* **2004**, *60*, 6319-6326.

[45] Myers, A. G.; Lanman, B. A. A solid-supported, enantioselective synthesis suitable for the rapid preparation of large numbers of diverse structural analogues of (–)-saframycin A. *J. Am. Chem. Soc.* **2002**, *124*, 12969-12971.

[46] Chan, C.; Heid, R.; Zheng, S.; Guo, J.; Zhou, B.; Furuuchi, T.; Danishefsky, S. J. Total synthesis of cribrostatin IV: fine-tuning the character of an amide bond by remote control. *J. Am. Chem. Soc.* **2005**, *127*, 4596-4598.

[47] Lee, S.-C.; Park, S. B. Solid-phase parallel synthesis of natural product-like diaza-bridged heterocycles through Pictet-Spengler intramolecular cyclization. *J. Comb. Chem.* **2006**, *8*, 50-57.

[48] Ho, B. T.; McIsaac, W. M.; Walker, K. E.; Estevez, V. Inhibitors of monoamine oxidase. Influence of methyl substitution on the inhibitory activity of β-carbolines. *J. Pharm. Sci.* **1968**, *57*, 269-274.

[49] Sternbach, L. H. The benzodiazepine story. *J. Med. Chem.* **1979**, *22*, 1-7.

[50] Zhang, Y.; Wu, S.; Wang, S.; Fang, K.; Dong, G.; Liu, N.; Miao, Z.; Yao, J.; Li, J.; Zhang, W. Divergent Cascade Construction of Skeletally Diverse "Privileged" Pyrazole - Derived Molecular Architectures. *Eur. J. Org. Chem.* **2015**, *2015*, 2030-2037.

[51] Wu, S.; Li, Y.; Xu, G.; Chen, S.; Zhang, Y.; Liu, N.; Dong, G.; Miao, C.; Su, H.; Zhang, W. Novel Spiropyrazolone Antitumor Scaffold with Potent Activity: Design, Synthesis and Structure-activity Relationship. *Eur. J. Med. Chem.* **2016**.

[52] Gesmundo, N. J.; Sauvagnat, B.; Curran, P. J.; Richards, M. P.; Andrews, C. L.; Dandliker, P. J.; Cernak, T. Nanoscale synthesis and affinity ranking. *Nature* **2018**, *557*, 228-232.

[53] Trang, T. T. T.; Ermolat'ev, D. S.; Van der Eycken, E. V. Facile and diverse microwave-assisted synthesis of secondary propargylamines in water using $CuCl/CuCl_2$. *RSC Advances* **2015**, *5*, 28921-28924.

[54] Tsoung, J.; Bogdan, A. R.; Kantor, S.; Wang, Y.; Charaschanya, M.; Djuric, S. W. Synthesis of Fused Pyrimidinone and Quinolone Derivatives in an Automated High-Temperature and High-Pressure Flow Reactor. *J. Org. Chem.* **2017**, *82*, 1073-1084.

[55] Tran, D. N.; Battilocchio, C.; Lou, S. B.; Hawkins, J. M.; Ley, S. V. Flow chemistry as a discovery tool to access sp2-sp3 cross-coupling reactions via diazo compounds. *Chem. Sci.* **2015**, *6*, 1120.

[56] Battilocchio, C.; Feist, F.; Hafner, A.; Simon, M.; Tran, D. N.; Allwood, D. M.; Blakemore, D. C.; Ley, S. V. Iterative reactions of transient boronic acids enable sequential C-C bond formation. *Nat. Chem.* **2016**, *47*, 360-367.

[57] Yoshida, J.; Takahashi, Y.; Nagaki, A. Flash chemistry: flow chemistry that cannot be done in batch. *Chem. Commun.* (*Camb.*) **2013**, *49*, 9896-9904.

[58] Kim, H.; Min, K. I.; Inoue, K.; Im do, J.; Kim, D. P.; Yoshida, J. Submillisecond organic synthesis: Outpacing Fries rearrangement through microfluidic rapid mixing. *Science* **2016**, *352*, 691-694.

[59] Kan, S. B. J.; Huang, X.; Gumulya, Y.; Chen, K.; Arnold, F. H. Genetically programmed chiral organoborane synthesis. *Nature* **2017**, *552*, 132-136.

[60] Arnold, F. H. Directed Evolution: Bringing New Chemistry to Life. *Angew Chem. Int. Ed. En.* **2018**, *57*, 4143-4148.

[61] Prier, C. K.; Zhang, R. K.; Buller, A. R.; Brinkmann-Chen, S.; Arnold, F. H. Enantioselective, intermolecular

benzylic C-H amination catalysed by an engineered iron-haem enzyme. *Nat. Chem.* **2017**, *9*, 629-634.

[62] Kan, S. B. J.; Huang, X.; Gumulya, Y.; Kai, C.; Arnold, F. H. Genetically programmed chiral organoborane synthesis. *Nature* **2017**, *552*, 132-136.

[63] Boer, J.; Young-Sciame, R.; Lee, F.; Bowman, K. J.; Yang, X.; Shi, J. G.; Nedza, F. M.; Frietze, W.; Galya, L.; Combs, A. P.; Yeleswaram, S.; Diamond, S. Roles of UGT, P450, and Gut Microbiota in the Metabolism of Epacadostat in Humans. *Drug Metab. Dispos.* **2016**, *44*, 1668-1674.

[64] Obach, R. S.; Walker, G. S.; Brodney, M. A. Biosynthesis of fluorinated analogues of drugs using human cytochrome p450 enzymes followed by deoxyfluorination and quantitative nmr spectroscopy to improve metabolic stability. *Drug Metab. Dispos.* **2016**, *44*, 6022-6025.

[65] Romero, N. A.; Nicewicz, D. A. Organic Photoredox Catalysis. *Chem. Rev.* **2016**, *116*, 10075-10166.

[66] Jun-Ichi, Y.; Kazuhide, K.; Roberto, H.; Aiichiro, N. Modern strategies in electroorganic synthesis. *Chem. Rev.* **2008**, *108*, 2265-2299.

[67] Yan, M.; Kawamata, Y.; Baran, P. S. Synthetic Organic Electrochemical Methods Since 2000: On the Verge of a Renaissance. *Chem. Rev.* **2017**, *117*, 13230-13319.

[68] Faust, M. R.; Höfner, G.; Pabel, J.; Wanner, K. T. Azetidine derivatives as novel γ-aminobutyric acid uptake inhibitors: Synthesis, biological evaluation, and structure–activity relationship. *Eur. J. Med. Chem.* **2010**, *45*, 2453-2466.

[69] Elsler, B.; Schollmeyer, D.; Dyballa, K. M.; Franke, R.; Waldvogel, S. R. Metal- and reagent-free highly selective anodic cross-coupling reaction of phenols. *Angew. Chem. Int. Ed. En.* **2014**, *53*, 5210-5213.

（武善超，盛春泉）

第 3 部分

药物合成案例解析

第 9 章 新药合成路线分析实例

9.1 抗肿瘤药

9.1.1 来曲唑 (letrozole)

来曲唑 (**9-1**) 由诺华制药公司 (Novartis) 研发，是 1996 年首次在英国上市的第三代高效选择性非甾体类芳香化酶抑制剂，商品名为 Femarax。来曲唑通过抑制芳香化酶，有效抑制雄激素向雌激素转化，使雌激素水平下降，消除雌激素对肿瘤生长的刺激作用，临床用于抗雌激素治疗失败后绝经后妇女晚期乳腺癌的治疗。

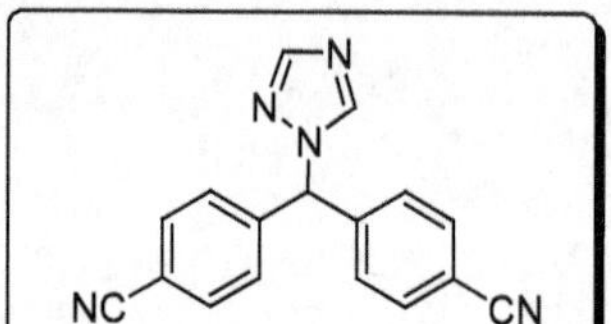

来曲唑 (**9-1**)

反合成分析：

来曲唑的反合成分析，分别通过 C–C 键和 C–N 键的切断，得到三个原料：对甲基苯腈 (**9-6**)、对氟苯腈 (**9-2**) 和三氮唑 (**9-4**)。

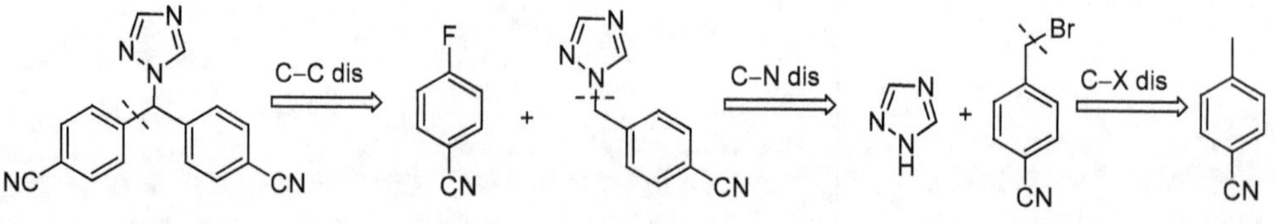

合成路线[1]**：**

以对甲基苯腈 (**9-6**) 为起始原料，过氧苯甲酸酐催化作用下，与溴代丁二酰亚胺

(NBS) 发生溴代反应生成对溴甲基苯腈 (**9-5**)。然后，与三氮唑发生 S_N2 取代反应生成 1-(4-氰基苄基)-1*H*-1,2,4-三氮唑 (**9-3**)。最后，在叔丁醇钾作用下，与对氟苯腈 (**9-2**) 发生缩合反应生成来曲唑 (**9-1**)。

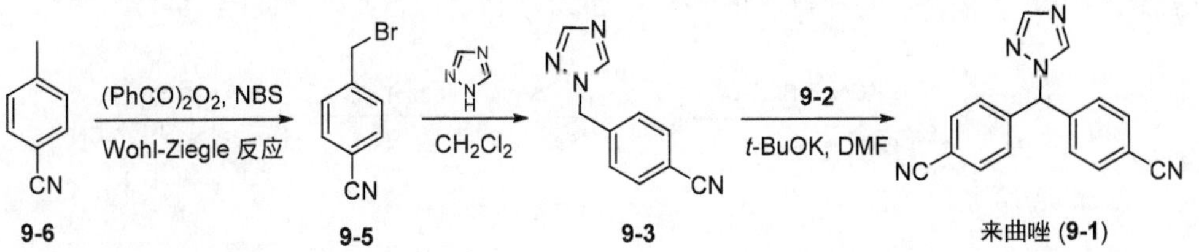

9.1.2 阿那曲唑 (anastrozole)

阿那曲唑 (**9-7**) 由阿斯利康公司 (Astra Zeneca) 研发，是 1995 年上市的第三代高效选择性非甾体类芳香化酶抑制剂，商品名为 Arimidex。阿那曲唑可显著降低血清中雌二醇的浓度，临床用于他莫昔芬及其他抗雌激素疗法无效的绝经后妇女晚期乳腺癌患者的治疗。

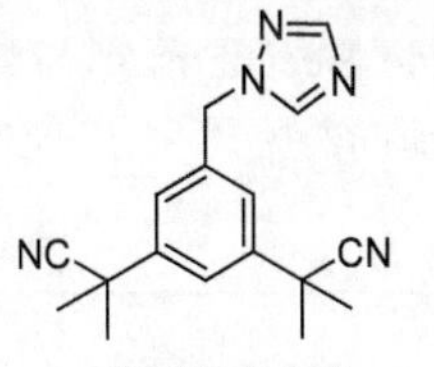

反合成分析：

阿那曲唑的反合成分析，采用类似来曲唑的反合成分析策略。通过 C–N 键、C–X 键和 C–C 键的切断，分别得到四个原料：3,5-二溴甲基甲苯 (**9-11**)、碘甲烷、氰化钾和三氮唑 (**9-4**)。

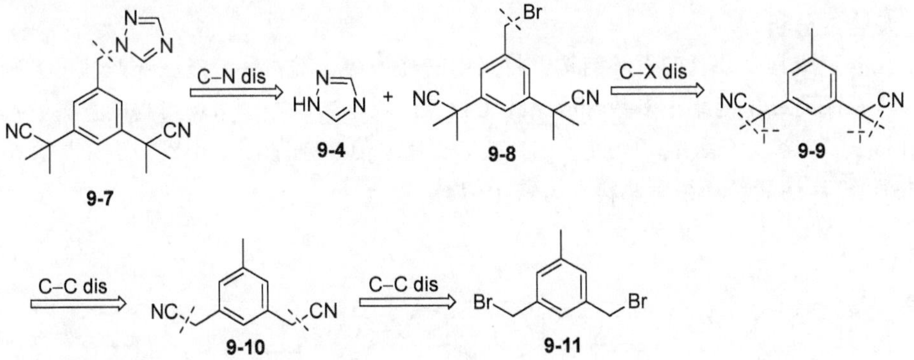

合成路线[2,3]**：**

以 3,5-二溴甲基甲苯 (**9-11**) 为起始原料，用四正丁基溴化铵 (TBAB) 为催化剂，

与氰化钾发生 S_N2 取代反应生成 3,5-二氰甲基甲苯 (**9-10**)。然后，在氢化钠催化作用下，与过量碘甲烷发生甲基化反应生成 3,5-二(2-氰基-2-丙甲基)甲苯 (**9-9**)。在催化量过氧苯甲酸酐存在下，与 NBS 发生 Wohl-Ziegler 反应生成 3,5-二(2-氰基-2-丙甲基)苄溴 (**9-8**)。最后，与三氮唑钠盐发生 S_N2 取代反应得到阿那曲唑 (**9-7**)。

KCN, n-Bu_4NBr
CH_2Cl_2-H_2O (10:3)
MeI, DMF
NaH
9-11 **9-10** **9-9**

$(PhCO)_2O_2$, NBS
Wohl-Ziegler 反应
DMF
9-8 阿那曲唑 (**9-7**)

9.1.3 拓扑替康 (topotecan)

拓扑替康 (**9-12**) 由 SmithKline Beecham 制药公司研发，是 1996 年上市的一种水溶性喜树碱类拓扑异构酶 Ⅰ 抑制剂，临床用于小细胞肺癌和晚期转移性卵巢癌患者的治疗。

拓扑替康 (**9-12**)

反合成分析：

拓扑替康具有并合的五环结构，将其中的喹啉环、吡咯环或酰胺环开环可分别得到多个合成路线，但绝大多数合成路线比较长，成本高。基于市场可售的喜树碱，通过 Mannich 合成子首先切断 9 位的 *N,N*-二甲基氨甲基基团，得到 10-羟基喜树碱 (**9-13**)，然后切断羟基得到原料喜树碱 (**9-14**)。

9-12 **9-13** **9-14**

合成路线[4]**：**

拓扑替康以喜树碱 (**9-14**) 为起始原料的半合成路线，具有原料易得、成本低的特点，实现了工业化生产。首先将喜树碱用二氧化铂还原喹啉环成四氢喹啉环，利用电子效应选择性氧化在喜树碱的 10 位引入羟基，然后与甲醛、二甲胺进行 Mannich 反应生成拓扑替康 (**9-12**)。

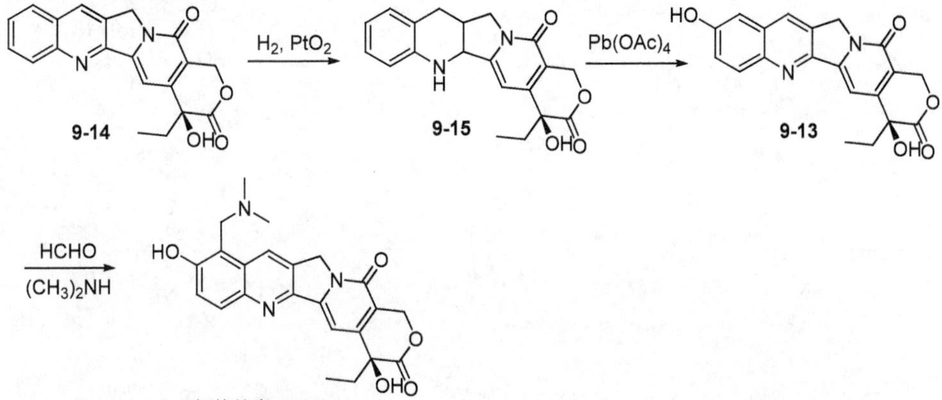

9-14 → (H_2, PtO_2) → 9-15 → ($Pb(OAc)_4$) → 9-13 → (HCHO, $(CH_3)_2NH$) → 拓扑替康 (**9-12**)

9.1.4 吉非替尼 (gefitinib)

吉非替尼 (**9-16**) 由阿斯利康公司 (Astra Zeneca) 研发，用于治疗既往接受过化学治疗或不适于化疗的局部晚期或转移性非小细胞肺癌。本品于 2002 年首次在日本上市，2003 年获美国食品药品监督管理局 (FDA) 批准，2005 年进入中国，商品名 Iressa (易瑞沙)。吉非替尼是一种选择性表皮生长因子受体 (EGFR) 酪氨酸激酶抑制剂，该酶通常表达于上皮来源的实体瘤。对 EGFR 酪氨酸激酶活性的抑制可妨碍肿瘤的生长、转移和血管生成，并增加肿瘤细胞的凋亡。

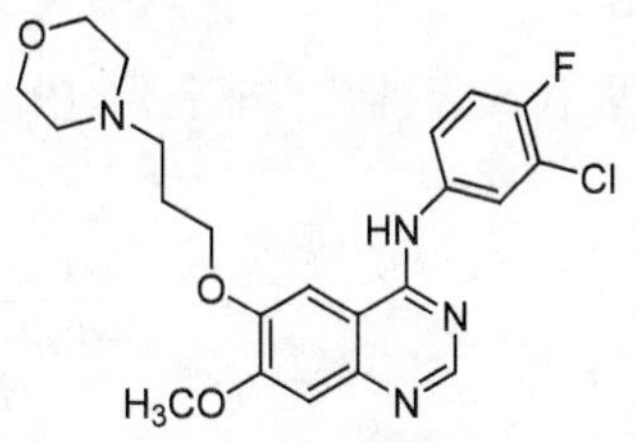

吉非替尼 (**9-16**)

反合成分析：

吉非替尼含有取代喹唑啉结构，一般先切断侧链，后构建杂环母核。根据杂原子化合物的切断原则，首先将 6 位 C–O 键切断得到 4-(3-氯丙基)吗啉 (**9-17**) 和酚 (**9-18**)。然后，将 4 位 C–N 键切断得到 3-氯-4-氟苯胺 (**9-19**) 和氯代喹唑啉 (**9-20**)，同时需要将 6 位酚羟基保护。通过官能团转化，将氯代喹唑啉转化为羟基喹唑啉，即喹唑啉酮结构（**9-21**），同时将 6 位乙酰基官能团转化为甲氧基，以便得到简单的起始原料。最后，将喹唑啉酮（**9-23**）的酰胺键和烯胺键同时切断，得到化合物 **9-24** 和甲酰胺。

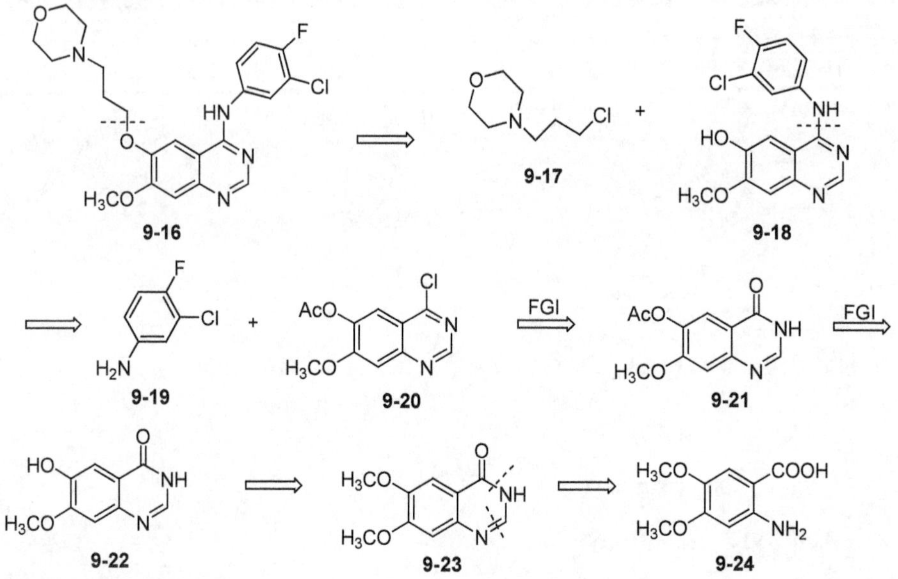

合成路线[5,6]：

以 4,5-二甲氧基-2-氨基苯甲酸（**9-24**）为起始原料与甲酰胺环化制得 6,7-二甲氧基-3*H*-喹唑啉-4-酮（**9-23**）。然后，使用 L-蛋氨酸，在甲磺酸中将喹唑啉环上 6 位甲基脱除得到酚（**9-22**）。将 **9-22** 的酚羟基乙酰化，以 75% 的收率得到乙酸酯（**9-21**）。在催化量的 DMF 作用下，用 $SOCl_2$ 对 **9-21** 进行氯代，得到氯代喹唑啉（**9-20**）。然后，在芳环上发生取代反应，引入 3-氯-4-氟苯胺结构，并用羟胺的甲醇溶液将乙酰基去保护得到关键中间体酚（**9-18**）。最后，以 K_2CO_3 为碱，在 DMF 中酚（**9-18**）与 4-(3-氯丙基)吗啉（**9-17**）发生取代反应得到吉非替尼（**9-24**）。

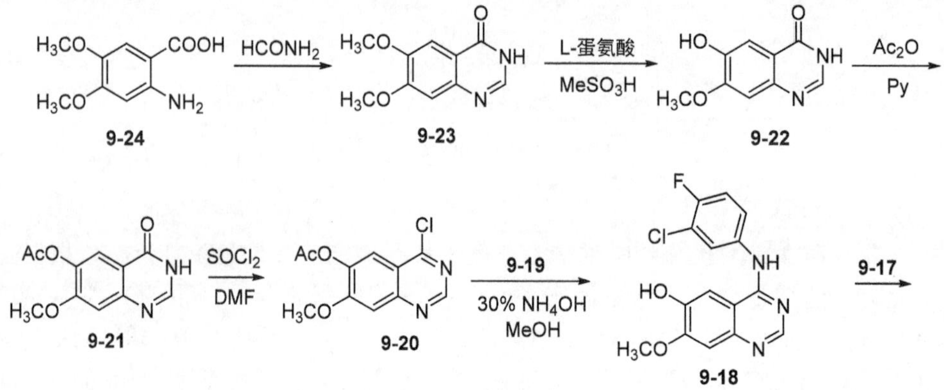

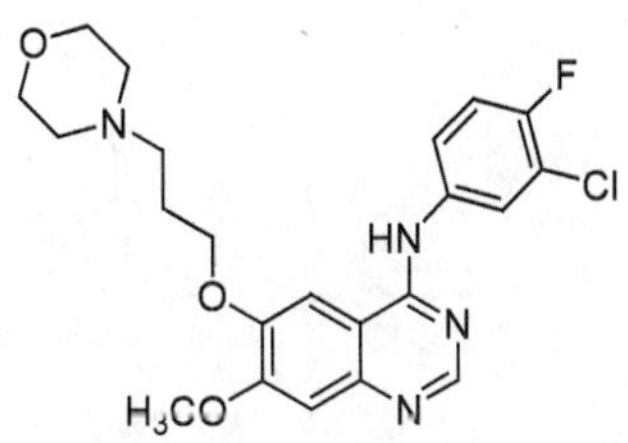

吉非替尼 (9-16)

9.1.5 埃洛替尼 (erlotinib)

埃洛替尼 (**9-25**) 是 OSI 制药公司开发的 4-氨苯基喹唑啉类口服抗肿瘤药，2004 年美国 FDA 批准上市，用于治疗胰腺癌和转移性非小细胞肺癌。埃洛替尼于 2007 年 3 月在中国上市，商品名为特罗凯。盐酸埃洛替尼系小分子酪氨酸激酶抑制剂，靶向可逆并选择性作用于酪氨酸激酶表皮生长因子受体亚型 (EGFR-TK)，其作用机制是在细胞内与底物竞争，抑制 EGFR-TK 磷酸化，阻断肿瘤细胞信号的转导，从而抑制肿瘤细胞生长，诱导其调亡。

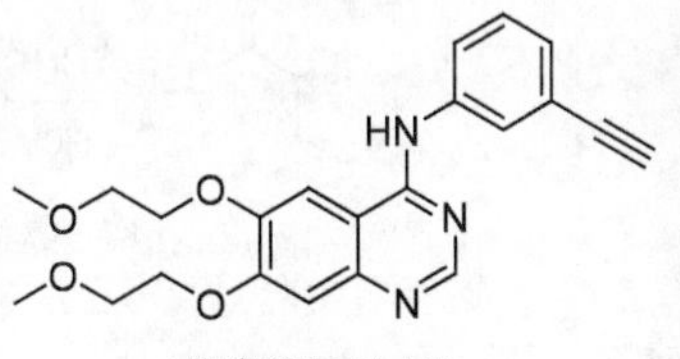

埃洛替尼 (9-25)

反合成分析：

盐酸埃洛替尼 4-氨苯基喹唑啉衍生物，根据杂环和取代基的特点，可先切断氨基侧链，然后再构建喹唑啉环。首先，切断喹唑啉环 4 位氨基，得到 3-乙炔基苯胺和氯代喹唑啉 (**9-27**)。然后，将氯原子官能团转化为羟基，并通过酰胺键和烯胺键切断，打开喹唑啉环得到甲酰胺和 **9-29**。将 **9-29** 的氨基官能团转化为硝基，并利用硝化反应切断硝基得到化合物 **9-31**。最后，切断酚羟基上两个侧链，得到易得的起始原料 2-溴乙基甲基醚和 3,4-二羟基苯甲酸乙酯 (**9-33**)。

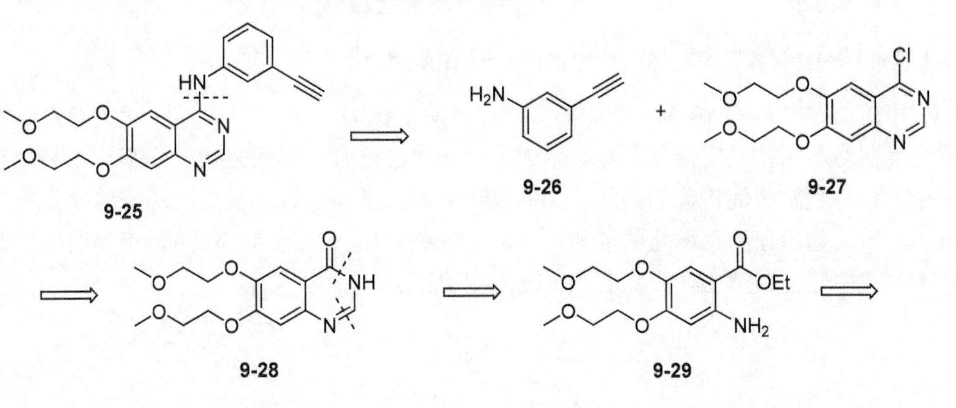

9-25　9-26　9-27

9-28　9-29

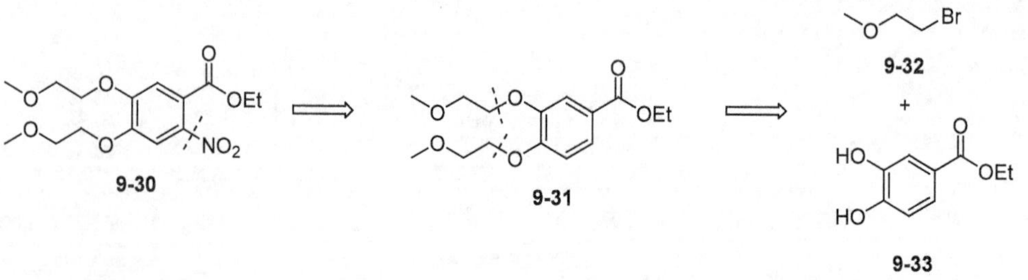

合成路线[7,8]：

在 K_2CO_3 和四丁基碘化铵 (TBAI) 条件下，2-溴乙基甲基醚和 3,4-二羟基苯甲酸乙酯 (**9-33**) 发生醚化反应生成 3,4-二(2-甲氧基乙氧基)-苯甲酸乙酯 (**9-31**)。后者与 HNO_3 发生硝化反应，引入硝基，然后通过催化氢化将硝基还原为氨基，得到化合物 **9-29**。后者与甲酰胺缩合成环，得到喹唑啉酮 (**9-28**)。最后，用 $(COCl)_2$ 将喹唑啉酮环氯代，并与 3-乙炔基苯胺在酸性条件下发生取代反应，制得埃洛替尼 (**9-25**)。

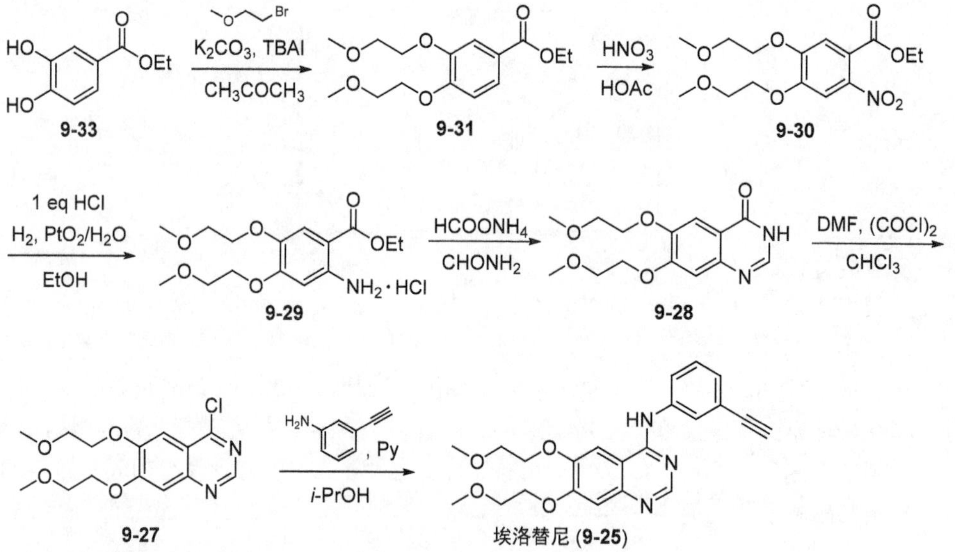

9.1.6 培美曲塞二钠盐 (pemetrexed disodium)

培美曲塞二钠盐 (**9-34**) 是新型多靶点叶酸拮抗剂。2004 年 2 月，美国 FDA 批准培美曲塞与顺铂联用治疗不能手术或不能切除的恶性胸膜间皮瘤，是第一个被批准用于治疗恶性胸膜间皮瘤的药物。2004 年 8 月，美国 FDA 又批准培美曲塞作为二线、单一药物治疗局部恶化的或转移性非小细胞肺癌。2005 年 8 月，培美曲塞二钠被批准在中国上市销售，商品名为 Alimta (力比泰)。

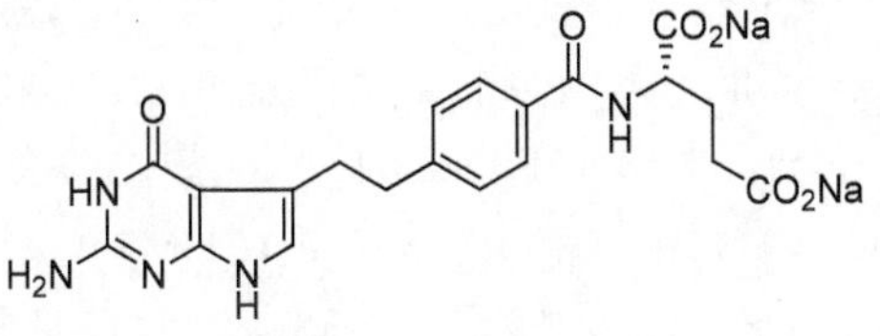

培美曲塞二钠盐 (**9-34**)

反合成分析：

培美曲塞二钠盐可以转化为培美曲塞二乙酯进行切断。首先，将培美曲塞二乙酯中的酰胺键切断得到 L-谷氨酸二乙酯和羧酸 (**9-37**)。然后，将羧基转化为酯基，并利用缩合反应将吡咯环切断，得到嘧啶酮 (**9-39**) 和溴代醛 **9-40**。**9-40** 的侧链无法直接引入，需要将末端 α-溴代醛基转化为羟基，然后通过在烷基部分引入炔基，转化为 **9-42**。最后，将苯环上侧链切断得到 3-丁炔-1-醇 (**9-44**) 和对溴苯甲酸甲酯 (**9-43**)。

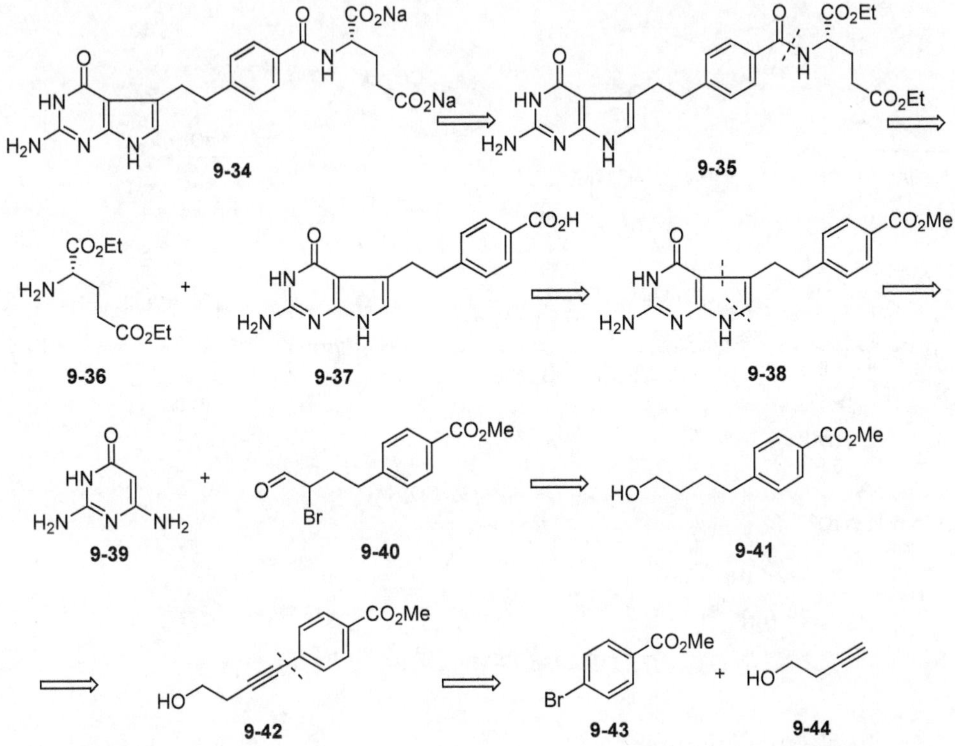

合成路线[9]**：**

3-丁炔-1-醇 (**9-44**) 和对溴苯甲酸甲酯 (**9-43**) 在 $PdCl_2$、三苯基膦和 CuI 的催化下发生偶联反应，生成 4-(4-羟基-1-丁炔基)苯甲酸甲酯 (**9-42**)，然后通过催化氢化将炔基还原得到 4-(4-羟基丁基)苯甲酸甲酯 (**9-41**)。在 2,2,6,6-四甲基-1-哌啶酮

(TEMPO) 催化下，用 NaOCl 将羟基氧化为醛，并通过 5,5-二溴巴比妥酸 (DBBA) 和催化量的 HBr 在醛基 α-位引入溴，得到 α-溴代醛 **9-40**。**9-40** 与嘧啶酮 **9-39** 缩合得到吡咯并[2,3-*d*]嘧啶化合物 **9-38**。在 NaOH 水溶液中，将 **9-38** 的酯基水解为羧基。羧酸 **9-37** 先与 2-氯-4,6-二甲氧基-1,3,5-三嗪 (CDMT) 反应生成活化酯，然后与 L-谷氨酸二乙酯成酰胺得到培美曲塞二乙酯 (**9-35**)。最后，将酯基水解为羧基，并与 NaOH 成钠盐，制得培美曲塞二钠盐 (**9-34**)。

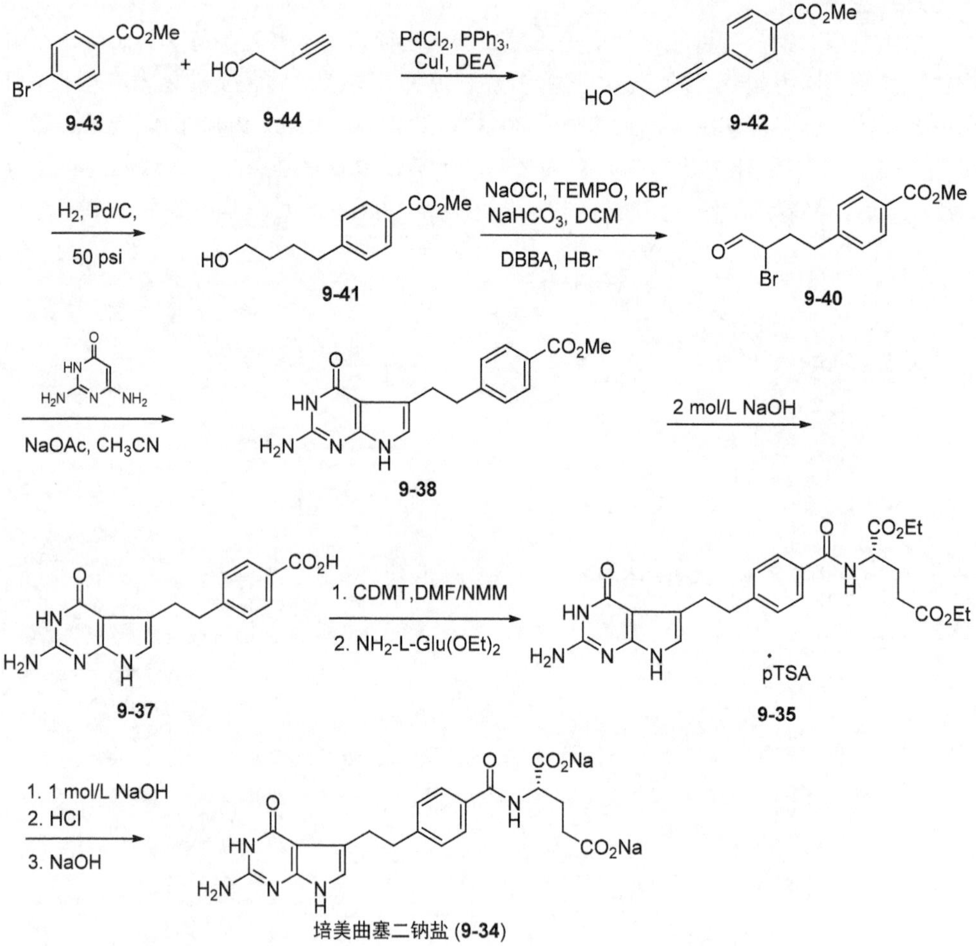

培美曲塞二钠盐 (**9-34**)

9.1.7 尼罗替尼 (nilotinib)

尼罗替尼 (**9-45**) 是由诺华制药公司研发的第 2 代 Bcr-Abl 激酶抑制剂，商品名为 Tasigna。该药为口服胶囊剂，于 2007 年 10 月获美国 FDA 批准上市，用于慢性粒细胞白血病 (CML) 患者的治疗。尼罗替尼是对伊马替尼进行结构改造得到的，效果比伊马替尼强 20 倍，对伊马替尼耐药和不能耐受的患者有广泛的活性。

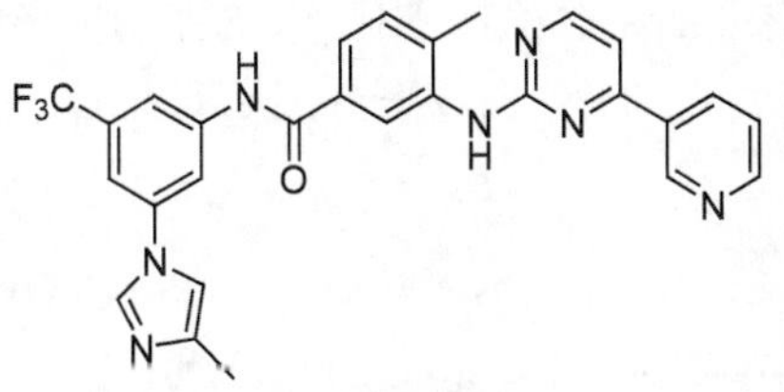

尼罗替尼 (**9-45**)

反合成分析：

尼罗替尼是一个多芳基化合物，可以利用芳基偶联反应来进行切断。尼罗替尼同时含有酰胺键和仲胺，如果先切断酰胺键，会给随后的胺化反应带来化学选择性问题。因此，首先利用芳胺偶联反应将尼罗替尼切断为工业原料 4-(吡啶-3-基)-嘧啶-2-胺 (**9-47**) 和酰胺 (**9-46**)。然后，切断 **9-46** 的酰胺键得到 3-碘-4-甲基苯甲酰氯 (**9-49**) 和咪唑苯胺 (**9-48**)。最后，利用偶联反应将苯环与咪唑之间的键切断，得到起始原料 3-溴-5-三氟甲基苯胺 (**9-50**) 与 4-甲基咪唑 (**9-51**)。

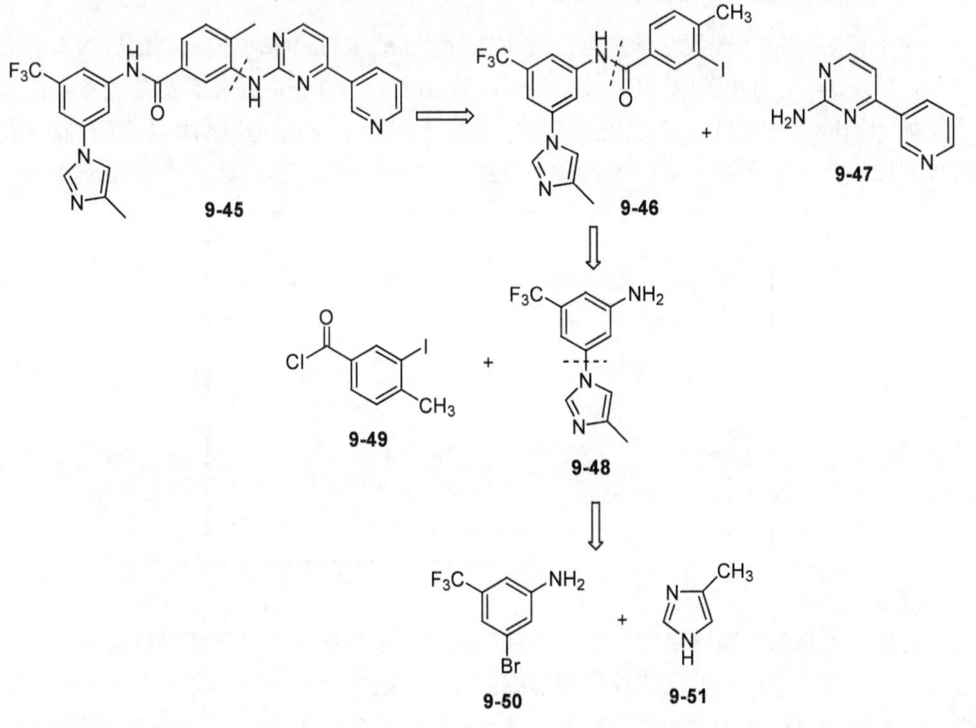

合成路线[10]**：**

在 CuI、8-羟基喹啉和 K_2CO_3 作用下，3-溴-5-三氟甲基苯胺 (**9-50**) 与 4-甲基咪唑 (**9-51**) 在 DMSO 中发生缩合反应，得到咪唑苯胺 (**9-48**)。在二异丙基乙胺 (DIPEA) 作用下，咪唑苯胺 (**9-48**) 与 3-碘-4-甲基苯甲酰氯在 THF 中以 95% 的收率得到酰

胺 (**9-46**)。在 $Pd_2(dba)_2$/Xantphos 体系的催化下，酰胺 (**9-46**) 与 4-(吡啶-3-基)-嘧啶-2-胺 (**9-47**) 发生偶联反应，以 85% 的收率得到尼罗替尼。

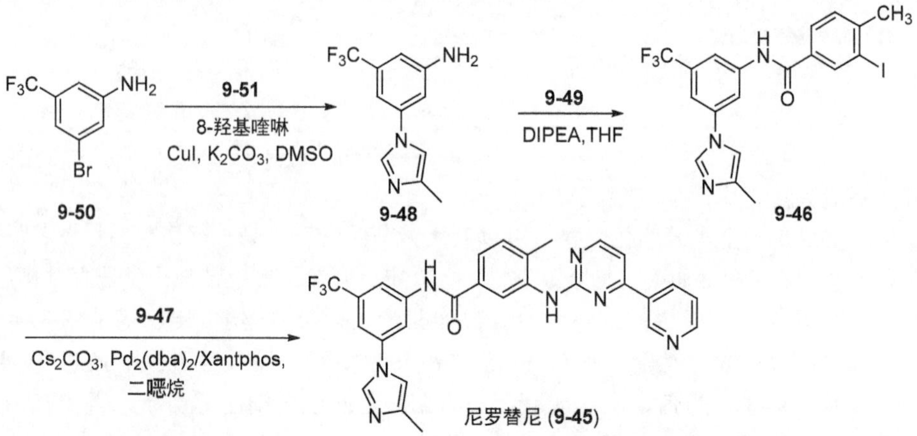

9-51, 8-羟基喹啉, CuI, K_2CO_3, DMSO; **9-49**, DIPEA, THF; **9-47**, Cs_2CO_3, $Pd_2(dba)_2$/Xantphos, 二噁烷

9-50 **9-48** **9-46**

尼罗替尼 (**9-45**)

9.1.8 拉帕替尼 (lapatinib)

拉帕替尼 (**9-52**) 是葛兰素史克公司 (Glaxo Smith Kline) 研制的新型酪氨酸激酶抑制剂，2007 年 3 月由美国 FDA 批准上市，商品名为 Tykerb。拉帕替尼是表皮生长因子受体 (EGFR，ErbB1) 和人表皮生长因子受体 2 (HER2) 的细胞内酪氨酸激酶抑制剂，其适应证为与卡培他滨联合用于 HER2 过度表达的晚期或转移性乳腺癌患者的治疗。

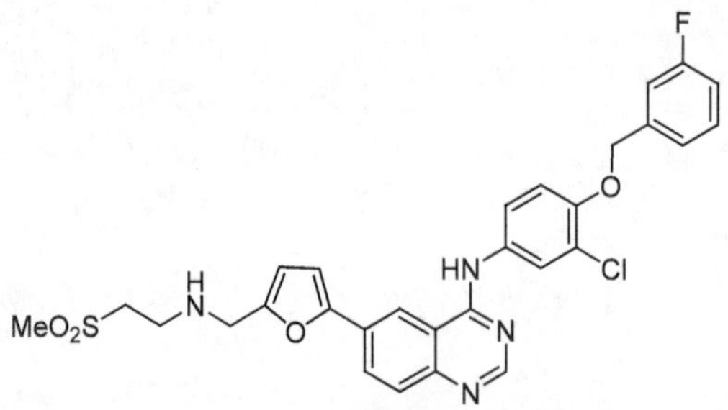

拉帕替尼 (**9-52**)

反合成分析：

拉帕替尼是取代喹唑啉衍生物，可以通过先切断侧链后构建杂环的策略进行反合成分析。首先，利用还原胺化反应将喹唑啉环 6 位侧链仲胺切断为 2-甲磺酰基乙胺 (**9-54**) 和醛 **9-53**。为便于下一步切断，需要将醛基用缩醛保护。然后，利用偶联反应，将喹唑啉环 6 位缩醛呋喃侧链切断，得到呋喃 **9-55** 和喹唑啉 **9-56**。将 **9-56** 喹唑啉环上 4 位侧链切断得到 4-氯-6-碘喹唑啉 (**9-57**) 和苯胺 **9-58**。4-氯-6-碘喹唑啉可官能团转化为易得的原料 6-碘喹唑啉-4(3*H*)-酮 (**9-59**)。利用 Williamson 醚合成法，将苯胺 **9-58** 的氨基转化为硝基后，将醚键切断，得到 2-氯-4-硝基苯酚 (**9-62**) 与 3-氟

溴苄 (**9-61**)。

F
F
HN
Cl
HN
Cl
H_3C
NH_2
MeO_2S
H
N
O
N
N
⟹
O
O
O
N
N
+
S
O
O
9-54
9-52
9-53

⇓

F
O
O
O
$SnBu_3$
+
HN
Cl
I
N
N
9-55
9-56

⇓

O
Cl
I
NH
N
⟸
I
N
N
+
O
F
H_2N
Cl
9-59
9-57
9-58

⇓

Br
F
+
OH
O_2N
Cl
⟸
O
F
O_2N
Cl
9-61
9-62
9-60

合成路线[11]：

以三乙胺为碱，6-碘喹唑啉-4(3*H*)-酮 (**9-59**) 经 $POCl_3$ 氯代得到 4-氯-6-碘喹唑啉 (**9-57**)。2-氯-4-硝基苯酚 (**9-62**) 与 3-氟溴苄 (**9-61**) 反应成醚，然后采用催化氢化方法将硝基还原为氨基，并与 4-氯-6-碘喹唑啉 (**9-57**) 发生取代反应得到喹唑啉 **9-56**。在 $PdCl_2(PPh_3)_2$ 催化下，喹唑啉 **9-56** 与呋喃 **9-55** 发生 Stille 偶联，引入取代呋喃侧链。然后，在酸性条件下将缩醛水解为醛，并与 2-甲磺酰基乙胺 (**9-54**) 发生还原胺化反应，得到拉帕替尼 (**9-52**)。

OH
O_2N
Cl
9-62
9-61
K_2CO_3, MeOH
→
O
F
O_2N
Cl
9-60
H_2, Pt / C
→
O
F
H_2N
Cl
9-58

9-59 → ($POCl_3$, Et_3N) → 9-57 → (9-58, *i*-PrOH) → 9-56 → (9-55, $PdCl_2(PPh_3)_2$, *i*-Pr_2NEt, DMF) → 9-53 → (1. HCl, H_2O, THF; 2. 9-54, $NaBH(OAc)_3$, AcOH) →

拉帕替尼 (**9-52**)

9.1.9 Ribociclib

Ribociclib (**9-63**) 是 2017 年 3 月 FDA 批准上市的作用于细胞周期蛋白依赖性激酶 4/6 抑制剂类抗肿瘤药物，商品名为 Kisqal。临床用于激素受体阳性/人表皮生长因子受体 2 阴性绝经后妇女晚期或转移性乳腺癌患者的治疗。

Ribociclib (**9-63**)

反合成分析：

Ribociclib 的合成可以先将 C–N 进行切断，分别得到取代嘧啶并吡咯 (**9-64**) 和哌嗪取代氨基吡啶 **9-65**。**9-65** 的合成相对简单，可通过官能团转化成硝基，然后再次进行 C–N 切断得到 5-氯-2-硝基吡啶原料。取代嘧啶并吡咯 (**9-64**) 的 6-甲酰胺可由 6-羧酸 (**9-68**) 制备，而 6-羧酸通过官能团转换成羟甲基 (**9-69**)，然后进行吡咯环开环切断得到炔基取代嘧啶 (**9-70**)。炔基可通过卤代烃制备，最后采用 C–N 切断得到 2,6-二氯-5-溴嘧啶 (**9-72**)。

9-63 ⟹ 9-64 + 9-65

9-64 ⇓ FGI 9-68; 9-65 ⇓ FGI 9-66

9-70 ⟸ 9-69 ⟸ FGI 9-68

9-66 ⇓ 9-67

9-70 ⇓ 9-71 ⟹ 9-72

合成路线[12]:

取代嘧啶并吡咯 (**9-64**) 以 2,6-二氯-5-溴嘧啶 (**9-72**) 为原料，与环戊胺反应生成 6-环戊氨基取代嘧啶 (**9-71**)，然后在二氯二(三苯基膦)钯催化下与 2-丙炔-1-醇反应生成炔基取代嘧啶 (**9-70**)。再进行环合反应形成吡咯环，最后将羟甲基氧化、酰胺化制备取代嘧啶并吡咯 (**9-64**)。

以 5-氯-2-硝基吡啶 (**9-67**) 为原料，引入哌嗪后，需要将哌嗪氨基进行保护，避免与取代嘧啶并吡咯 (**9-64**) 反应时的副反应。然后进行硝基催化氢化还原成氨基后与取代嘧啶并吡咯 (**9-64**) 反应，最后脱去 Boc 保护生成 ribociclib (**9-63**)。

9-72 —(H_2N-环戊基, DIPEA)→ 9-71 —(丙炔醇, $Pd(PPh_3)_2Cl_2$)→ 9-70 —(TBAF)→

9-69 —(1. MnO_2, NaCN; 2. $HN(CH_3)_2$)→ 9-64

9-67 —(哌嗪)→ 9-66 —(Boc_2O, K_2CO_3)→ 9-73 —(10% Pd/C, H_2)→

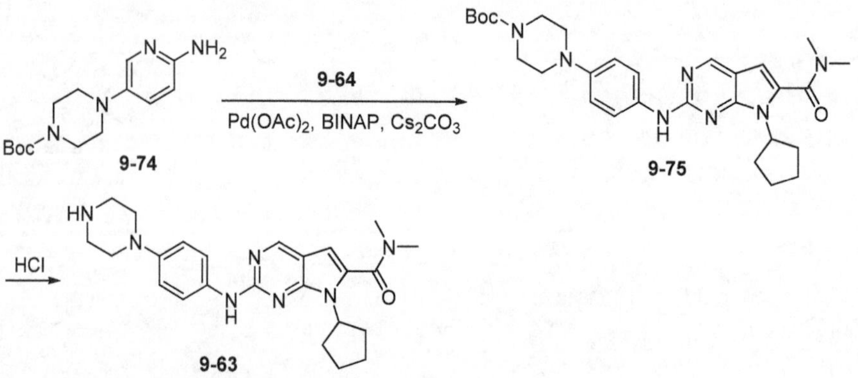

9-74 → (9-64; $Pd(OAc)_2$, BINAP, Cs_2CO_3) → 9-75 → (HCl) → 9-63

9.1.10 布格替尼 (brigatinib)

布格替尼 (**9-76**) 由 Ariad 制药公司研发，2017 年 4 月 FDA 批准上市，用于正在使用或对克唑替尼耐受的渐变性淋巴瘤激酶 (ALK) 阳性的转移性非小细胞肺癌患者的治疗，商品名为 Alunbrig。布格替尼能抑制 ALK 自磷酸化和 ALK 介导的下游信号蛋白 STAT3、ERK1/2 和 S6 的磷酸化。

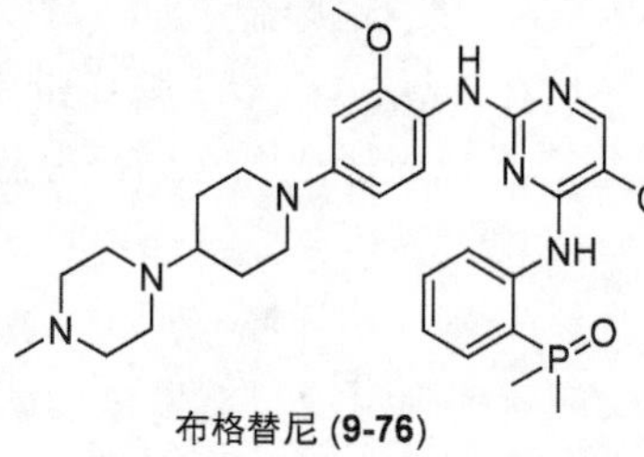

布格替尼 (**9-76**)

反合成分析：

从结构分析，布格替尼分子中含有多个氨基结构，相对而言，从中间的 C–N 进行切断可快速简化结构，分别得到苯胺 **9-77** 和嘧啶 **9-78**。苯胺 (**9-77**) 经官能团转化成硝基化合物后再次进行 C–N 切断，得到 1-甲基-4-(哌啶-4-基)哌嗪 (**9-80**) 和 4-氟-2-甲氧基硝基苯。嘧啶 **9-78** 采用 C–N 切断简化后，进一步切断 C–P 键，得到邻碘苯胺 (**9-82**)。

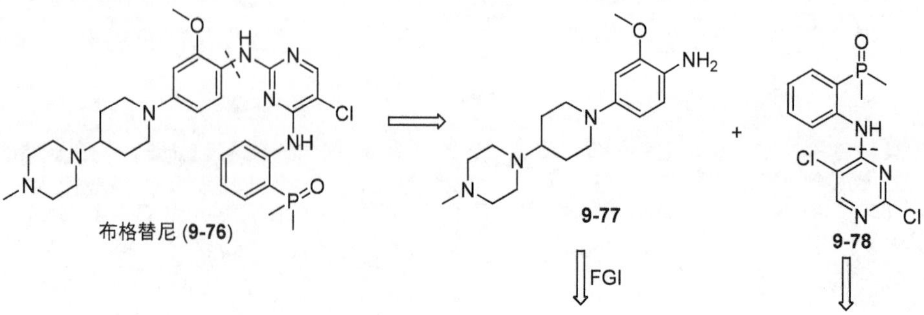

布格替尼 (**9-76**) ⟹ 9-77 + 9-78

9-77 ⇓ FGI

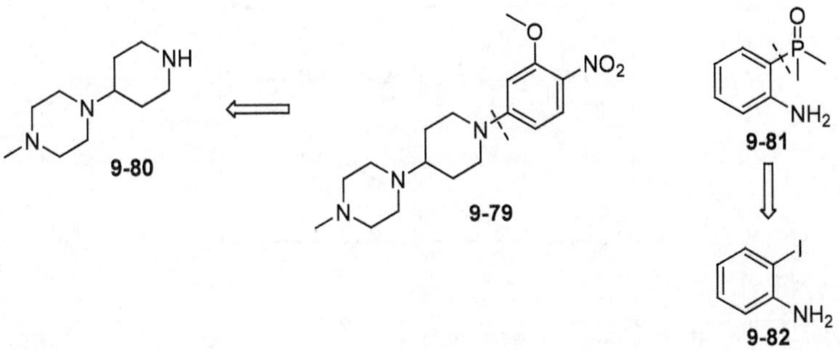

合成路线[13]：

将邻碘苯胺 (**9-82**) 与二甲基膦氧化合物反应生成 (2-氨基苯基) 二甲基膦氧化合物 (**9-81**)，然后与 2,4,5-三氯嘧啶反应生成嘧啶 (**9-78**)。同时，1-甲基-4-(哌啶-4-基)哌嗪 (**9-80**) 在碳酸钾催化作用下与 4-氟-2-甲氧基硝基苯反应，钯炭催化氢化还原硝基成氨基后，与嘧啶 (**9-78**) 发生取代反应生成布格替尼。

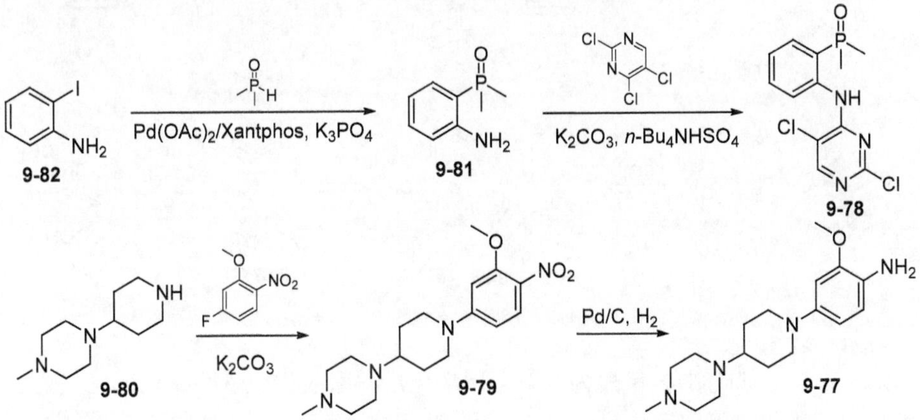

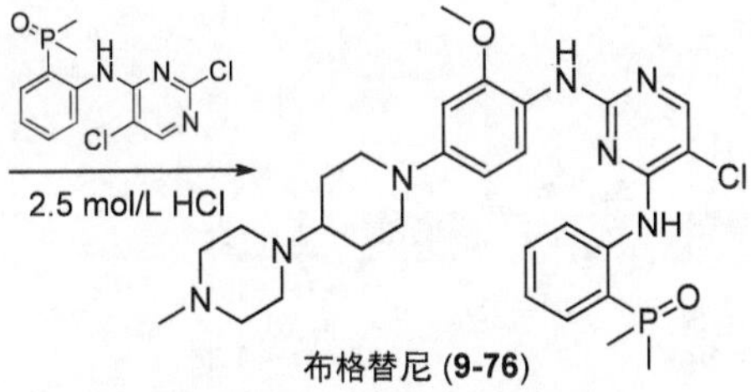

Pd(OAc)2/Xantphos, K_3PO_4

K_2CO_3, n-Bu_4NHSO_4

K_2CO_3

Pd/C, H_2

2.5 mol/L HCl

布格替尼 (**9-76**)

9.1.11 恩西地平 (enasidenib)

恩西地平 (**9-83**) 由新基公司 (Celgene) 研发，是 2017 年 8 月 FDA 批准上市的异柠檬酸脱氢酶-2 (IDH2) 抑制剂，能减少羟基戊二酸对表观遗传氧化酶的抑制，商品名为 Idehifa。用于伴有 IDH2 突变的复发或难治性急性髓性白血病患者的治疗。

恩西地平 (**9-83**)

反合成分析：

尽管恩西地平含有两个三氟甲基吡啶结构，但其不对称，因此首先进行 C–N 切断，得到三嗪化合物 (**9-84**)。再次进行 C–N 切断得到二氯三嗪化合物 (**9-85**)，进行官能团转化成三嗪二酮 (**9-86**)，然后将环打开后得到 6-三氟甲基吡啶-2-甲酸甲酯 (**9-87**)，甲酯可由 6-三氟甲基吡啶-2-甲酸制备。

9-83 ⟹ F_3C-吡啶-NH_2 + **9-84** ⟹ **9-85** ⟹(FGI) **9-86** ⟹ **9-87** ⟹(FGI) **9-88**

合成路线[14]**：**

以 6-三氟甲基吡啶-2-甲酸为原料，甲酯化后与脲取代甲酰胺缩合形成三嗪二酮 (**9-86**)。用五氯化磷氯代后依次与 1-氨基-2-甲基-2-丙醇和 2-三氟甲基-4-氨基吡啶反应生成恩西地平 (**9-83**)。

9-88 →(浓 HCl, CH_3OH) **9-87** →(H_2N-CO-NH-CO-NH_2, NaOEt) **9-86** →(PCl_5, $POCl_3$) **9-85** →(1-氨基-2-甲基-2-丙醇) **9-84** →(2-三氟甲基-4-氨基吡啶, *t*-BuONa, Pd(dppf)Cl_2) 恩西地平 (**9-83**)

9.1.12 阿可替尼 (acalabrutinib)

阿可替尼 (**9-89**) 是由 Acerta 公司研发、2017 年 10 月上市的 Bruton 酪氨酸激酶 (BTK) 抑制剂，商品名为 Calquence。临床用于至少接受过一次治疗的成人套细胞淋巴瘤患者的治疗。

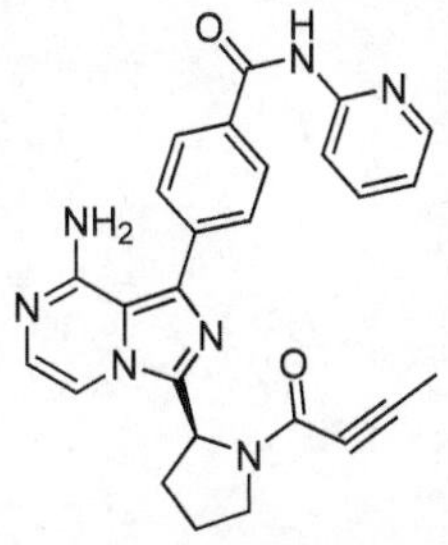

阿可替尼 (**9-89**)

反合成分析：

阿可替尼存在酰胺结构，是优先进行切断的基团，切断后采用基于钯催化的 Suzuki 反应将咪唑并吡嗪的 1 位进行切断，得到 1-溴-8-氨基咪唑并吡嗪化合物 (**9-91**)。经官能团转换成 8-氯咪唑并吡嗪化合物 (**9-92**) 后将咪唑环切断成吡嗪-2-乙酰胺 (**9-93**)，再次进行酰胺键切断得到甲胺化合物 (**9-94**)，而甲胺可由氰基还原得到。

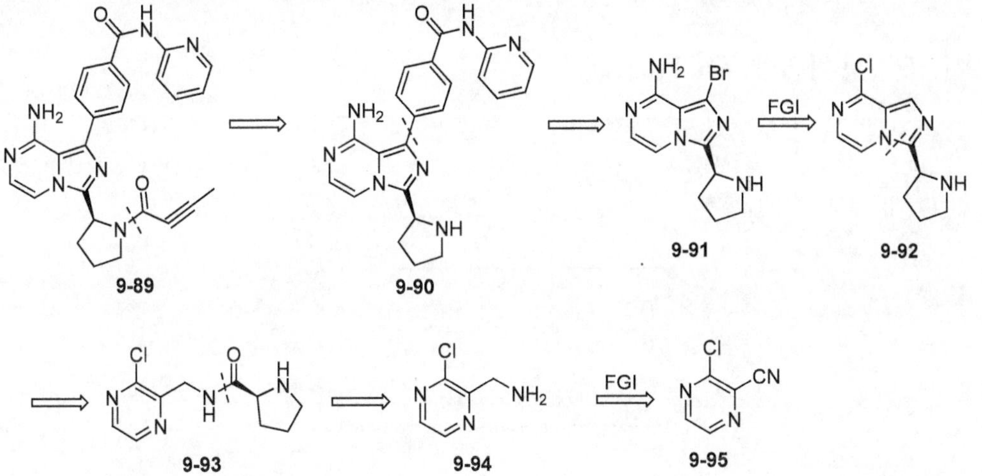

9-89 ⟹ **9-90** ⟹ **9-91** ⟹(FGI) **9-92** ⟹ **9-93** ⟹ **9-94** ⟹(FGI) **9-95**

合成路线[15]**：**

以 3-氯吡嗪-2-腈 (**9-95**) 为原料，用 Raney Ni 还原成甲胺后与 Cbz 保护的脯氨酸反应成酰胺化合物 (**9-96**)。先在三氯氧磷作用下环合成咪唑并吡嗪 (**9-97**)，然后用 NBS 在 1 位引入溴，与氨气反应将 8 位氯转化成氨基，发生钯催化的 Suzuki 偶联反应生成酰胺结构 (**9-100**)。最后在溴化氢作用下脱去 Cbz，与丁-2-炔酰氯反应生成阿可替尼 (**9-89**)。

9-95 → (H_2, Raney Ni) → 9-94 → (TEA, HATU) → 9-96 → ($POCl_3$) → 9-97

NBS → 9-98 → (NH_3) → 9-99 → (K_2CO_3, Pd(dppf)Cl_2) → 9-100

HBr → 9-90 → (TEA) → 阿可替尼 (9-89)

9.1.13 贝利司他 (belinostat)

贝利司他 (**9-101**) 是由 Spectrum 制药公司研发，2014 年 7 月 FDA 批准上市的组蛋白去乙酰化酶 (HDAC) 抑制剂，商品名为 Beleodaq。临床用于复发或难治周边 T 细胞淋巴瘤的治疗。

贝利司他 (9-101)

反合成分析：

贝利司他中含羟肟酸结构，可以优先进行切断得到肉桂酸化合物 (**9-102**)。经官能团转换成肉桂酸甲酯化合物后，将磺酰胺切断得到 3-氯磺酰基肉桂酸甲酯 (**9-103**)。然后进行 *α,β*-不饱和羰基化合物切断，得到 3-氯磺酰基苯甲醛 (**9-105**)，最后切断氯磺酰基得到苯甲醛。

贝利司他 (**9-101**)

9-102

9-103

9-104

9-105

9-106

合成路线[16]**：**

以苯甲醛为原料，用三氧化硫/浓硫酸进行磺化生成 3-甲酰基苯磺酸钠 (**9-107**)。与 2-(二甲氧基膦酰基)乙酸甲酯反应生成 (*E*)-3-(3-甲氧基-3-氧代-1-丙烯-1-基)苯磺酸钠 (**9-108**)，转化成 3 位氯磺酰基取代后，与苯胺生成苯磺酰胺化合物 3-氯磺酰基肉桂酸甲酯 (**9-103**)。氢氧化钠水解肉桂酸甲酯成肉桂酸后，用草酰氯和催化量 DMF 酰氯化，最后与盐酸羟胺缩合成贝利司他 (**9-101**)。

9-106 → (H_2SO_4/SO_3) → **9-107** → (K_2CO_3, H_2O; $(MeO)_2P(=O)CH_2COOMe$) → **9-108** → ($SOCl_2$) → **9-104** → (苯胺 NH_2, 吡啶) → **9-103** → (NaOH) → **9-102** → (草酰氯, DMF) → **9-109** → ($NH_2OH \cdot HCl$) → 贝利司他 (**9-101**)

9.1.14 Idelalisib

Idelalisib (**9-110**) 是由吉利德公司 (Gilead Science) 研发，2014 年 7 月 FDA 批准上市的 PI3Kδ 抑制剂，商品名为 Zydelig。Idelalisib 能抑制 BCR 信号通路，诱导 B 细胞凋亡，抑制 B 细胞增殖，临床用于复发性慢性淋巴细胞白血病、复发性滤泡性 B 细胞非霍奇金淋巴瘤和复发性小淋巴细胞白血病患者的治疗。

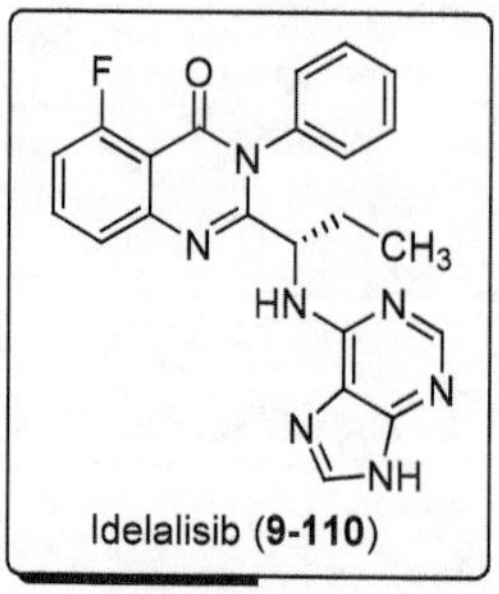

Idelalisib (**9-110**)

反合成分析：

Idelalisib 可采用嘌呤 6 位氨基的 C–N 切断简化结构，得到 (*S*)-2-(1-氨基丙基)-5-氟-3-苯基喹唑啉-4(3*H*)-酮 (**9-111**)。将喹唑啉酮开环切断后得到二酰胺化合物 (**9-112**)，切断氨基丁酰胺侧链得到 2-氨基-6-氟-*N*-苯基苯甲酰胺 (**9-113**)。氨基经官能团转换成硝基后，进行酰胺键切断得到 2-硝基-6-氟苯甲酸 (**9-115**)。

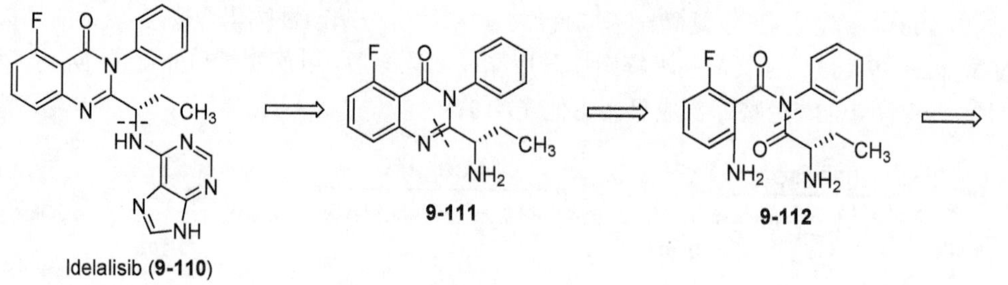

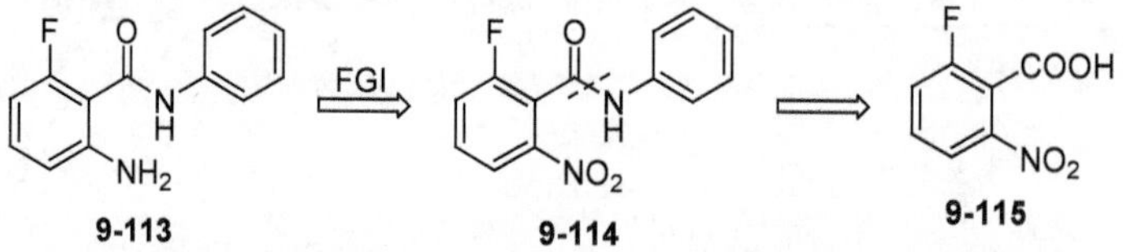

Idelalisib (**9-110**) ⟹ **9-111** ⟹ **9-112** ⟹

9-113 $\xRightarrow{FGI}$ **9-114** ⟹ **9-115**

合成路线[17]**：**

以 2-硝基-6-氟苯甲酸为原料，用草酰氯酰氯化后与苯胺反应生成酰胺化合物 (**9-114**)。然后用二氯亚砜使 *N*-Boc-L-2-氨基丁酸酰氯化后，再与 **9-114** 反应生成二酰胺化合物 (**9-116**)，在锌粉和乙酸条件下，硝基还原成氨基后缩合成喹唑啉酮 (**9-117**)。三氟乙酸脱去 Boc 保护后，与 6-溴嘌呤在 DIEA 催化下生成 Idelalisib (**9-110**)。

9-115 → (1. 草酰氯; 2. 苯胺) → **9-114** → (*N*-Boc-L-2-氨基丁酸, $SOCl_2$) → **9-116**

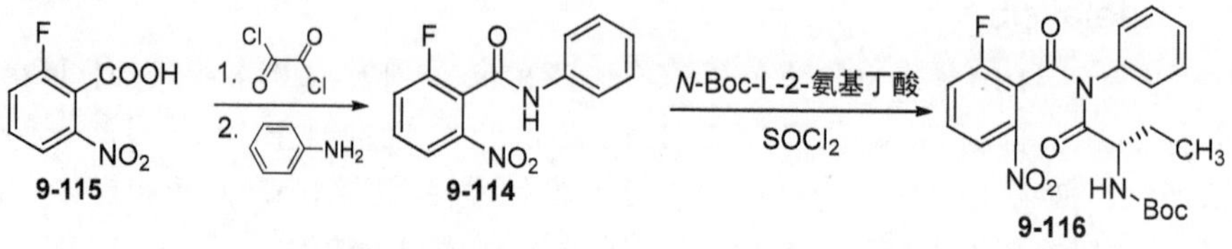

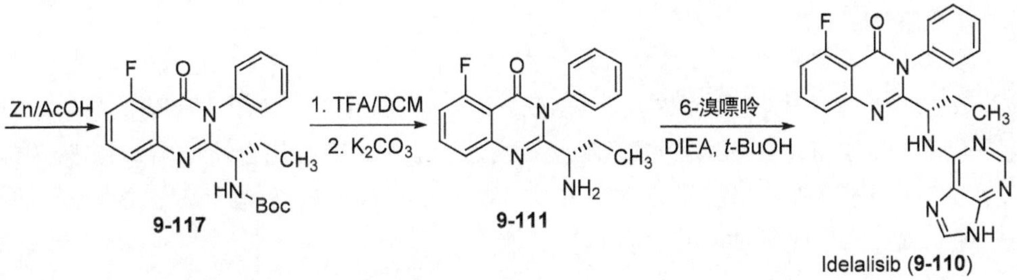

Zn/AcOH → 9-117 —1. TFA/DCM 2. K_2CO_3→ 9-111 —6-溴嘌呤, DIEA, t-BuOH→ Idelalisib (9-110)

9.1.15 奥希替尼 (osimertinib)

奥希替尼 (**9-118**) 是由 Astrazeneca 制药公司研发，2015 年 11 月 FDA 批准上市的表皮生长因子受体 (EGFR) 激酶不可逆抑制剂，商品名为 Tagrisso。临床用于转移性表皮生长因子受体 T790M 突变阳性以及其他 EGFR 阻断剂治疗后恶化的非小细胞肺癌患者的治疗。

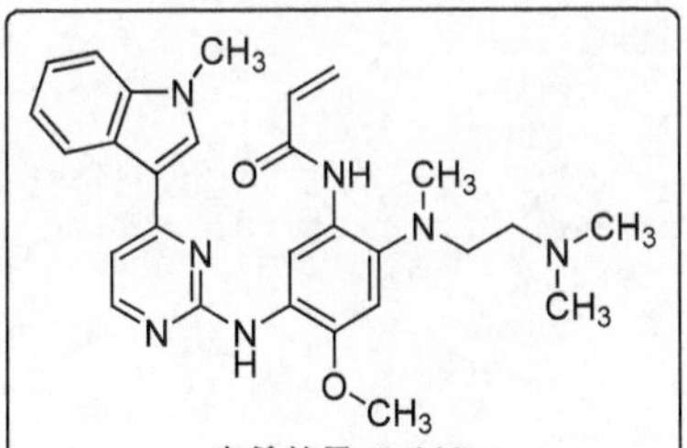

奥希替尼 (**9-118**)

反合成分析：

奥希替尼的反合成分析可以采用酰胺键切断，得到苯胺化合物 (**9-119**)。官能团转换成硝基后将乙二胺侧链进行 C–N 切断得到嘧啶化合物 (**9-121**)，然后将嘧啶 2 位继续进行 C–N 切断得到 4 位吲哚取代嘧啶化合物 (**9-122**)。最后将 4 位进行切断得到 2,4-二氯嘧啶。

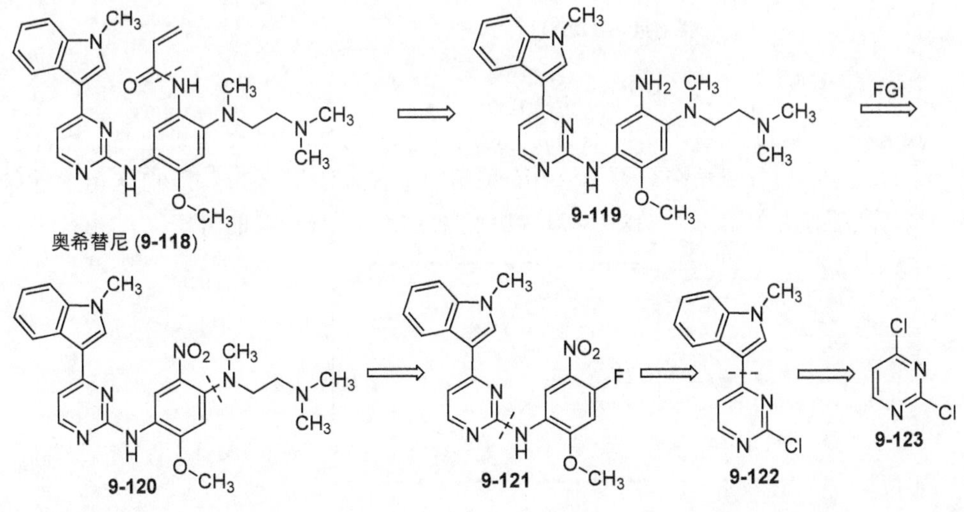

奥希替尼 (**9-118**) ⟹ **9-119** ⟹(FGI) **9-120** ⟹ **9-121** ⟹ **9-122** ⟹ **9-123**

合成路线[18]：

以 2,4-二氯嘧啶为原料，在甲基溴化镁催化下与吲哚发生取代反应，在吲哚 3 位引入嘧啶环得到 **9-124**。之后在氢化钠强碱作用下与碘甲烷反应引入甲基保护吲哚的氮原子后，与 5-氨基-2-氟-4-甲氧基硝基苯反应生成嘧啶苯胺化合物 (**9-121**)。然后与 N^1,N^1,N^2-三甲基-1,2-乙二胺在 DIPEA 催化下引入乙二胺侧链，铁粉还原硝基为氨基后与丙烯酰氯反应生成奥希替尼 (**9-118**)。

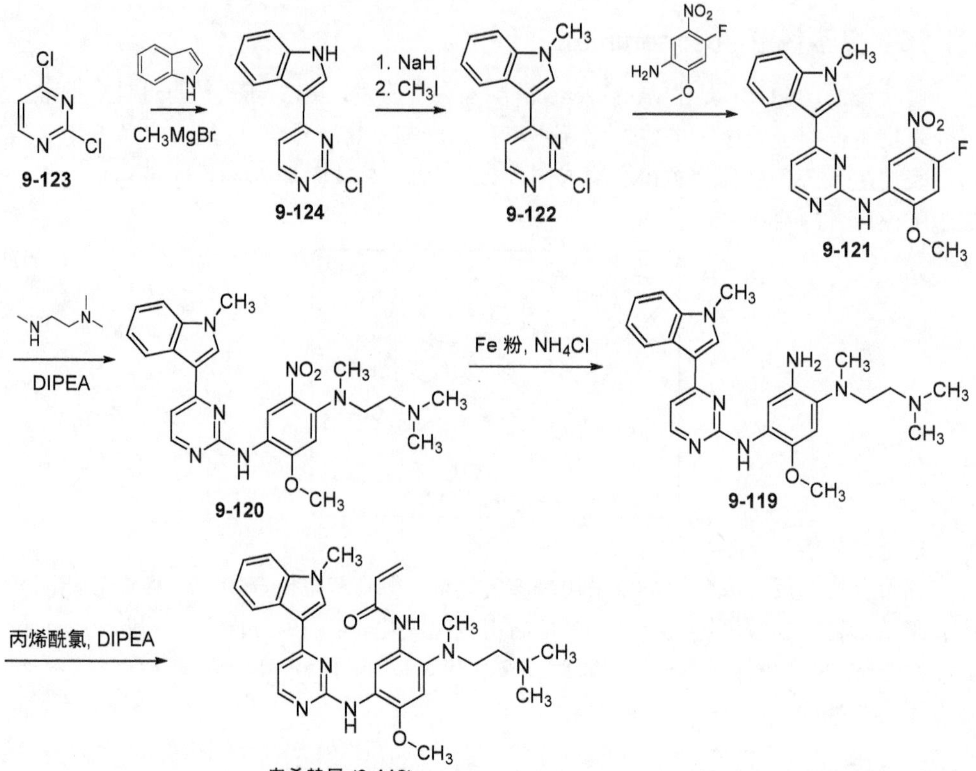

奥希替尼 (**9-118**)

9.1.16 瑞卡帕布 (rucaparib)

瑞卡帕布 (**9-125**) 是由 Clovis Oncology 公司研发，2016 年 12 月 FDA 批准上市的多聚二磷酸腺苷核糖聚合酶 (PARP) 抑制剂，商品名为 Rubraca。临床用于已有两次或多次化疗并伴有有害 BRCA 基因突变的晚期卵巢癌患者的治疗。

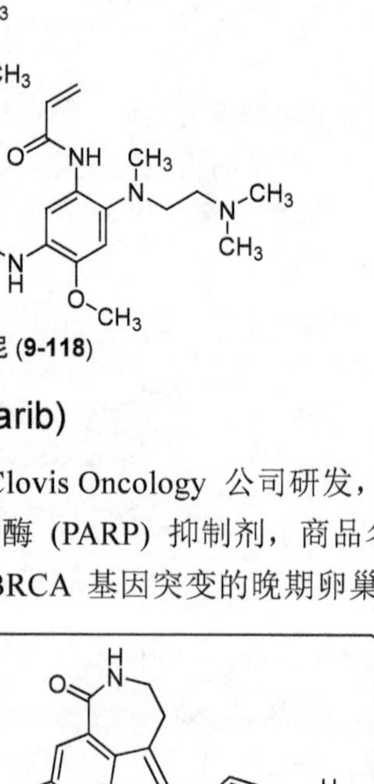

瑞卡帕布 (**9-125**)

反合成分析：

瑞卡帕布含有含氮侧链，可以采用 C–N 切断，也可以将其转换成亚胺后切断得到苯甲醛化合物 (**9-127**)。然后进行基于 Suzuki 反应的切断，形成溴化物 (**9-128**) 和 4-甲酰基苯硼酸。溴化物经官能团转换后将酰胺进行切断得到 3-乙胺-4-羧酸甲酯化合物 (**9-130**)。最后将氨基侧链切断后得到 2-氨基乙醛 (**9-131**)。

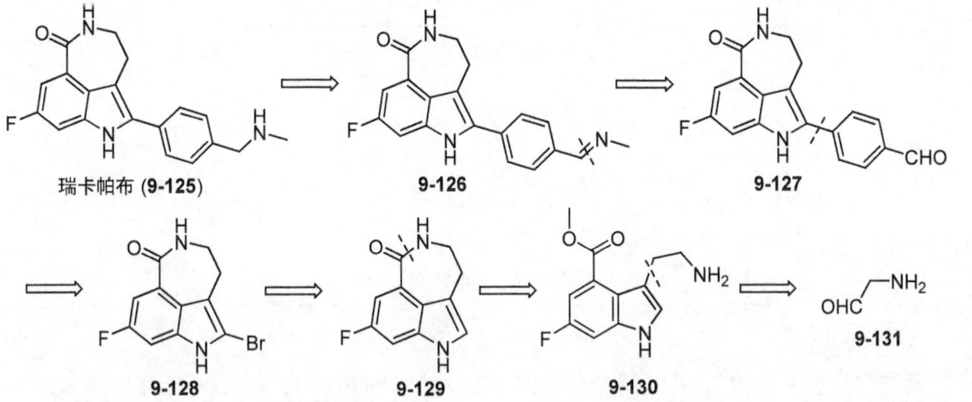

合成路线[19]**：**

以市售的 2-(2,2-二乙氧基乙基)异吲哚啉-1,3-二酮 (**9-132**) 为原料，酸性水解成邻苯二酰胺乙醛 (**9-133**)，与 6-氟吲哚-4-甲酸甲酯进行加成反应后，在甲胺条件下脱去氨基保护基团，游离出氨基进行环合。然后经三溴吡啶鎓溴代生成溴化物 (**9-128**) 后与 4-甲酰苯硼酸反应引入苯甲醛侧链，与甲胺生成亚胺后，硼氢化钠还原得到瑞卡帕布 (**9-125**)。

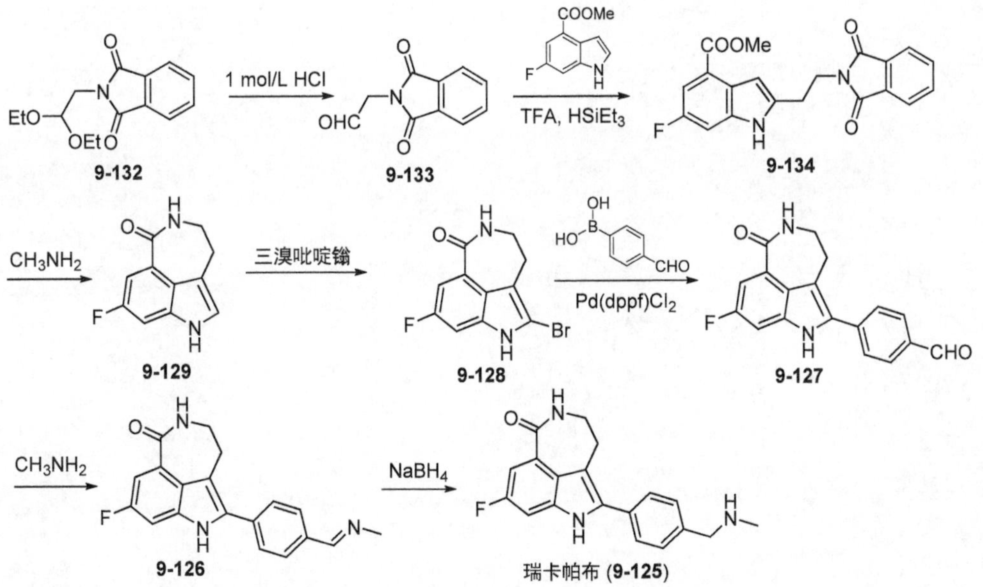

9.1.17 维奈托拉 (venetoclax)

维奈托拉 (**9-135**) 是由 AbbVie 和 Genetech 公司联合研发，2016 年 4 月 FDA 批准上市的 Bcl-2 蛋白选择性抑制剂，商品名为 Venclexta。作为首个上市的蛋白-蛋白相互作用抑制剂，维奈托拉临床用于既往接受至少一种治疗方案的 17p 缺失的慢性淋巴细胞白血病患者。

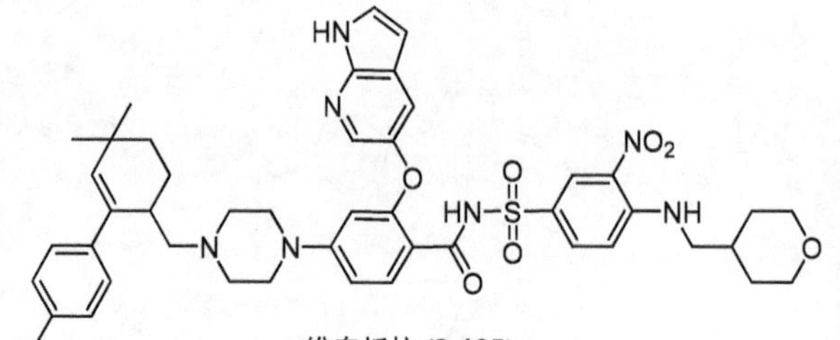

维奈托拉 (**9-135**)

反合成分析：

维奈托拉分子较大，采用中间部分酰胺键切断可简化分子得到苯甲酸化合物 (**9-136**)。官能团转换成甲酯后进一步采用 C–N 切断，得到吡咯并吡啶取代的苯甲酸甲酯 (**9-137**)。然后采用 C–O 切断得到 5-羟基-1*H*-吡咯[2,3-*b*]吡啶 (**9-139**) 和 2,4-二氟苯甲酸甲酯，前者可由溴化物转换而来。

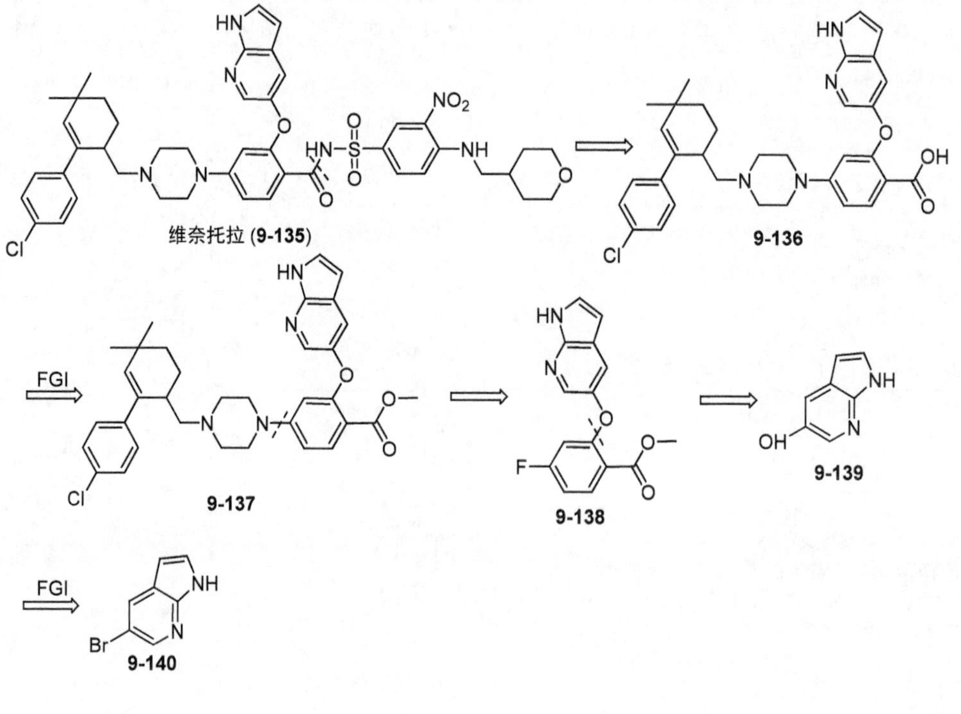

维奈托拉 (**9-135**) ⟹ **9-136** ⟹(FGI) **9-137** ⟹ **9-138** ⟹ **9-139** ⟹(FGI) **9-140**

合成路线[20]：

以 5-溴-1*H*-吡咯[2,3-*b*]吡啶为原料，首先用 TIPS 保护吡咯环的氮原子。将溴化物 (**9-141**) 水解成 5-羟基化合物 (**9-142**) 后，在磷酸钾催化作用下与 2,4-二氟苯甲酸甲酯成醚 (**9-138**)。然后，与取代哌嗪反应在对位引入哌嗪环。碱性条件下水解成酸后，与苯磺酰胺化合物酰胺化生成维奈托拉 (**9-135**)。

9-140 LHMDS, TIPSCl → **9-141** 1. *n*-BuLi, $B(OMe)_3$ 2. NaOH (aq), H_2O_2 → **9-142** K_3PO_4 →

9-138 K_2HPO_4 → **9-137** NaOH (aq) → **9-136**

EDAC, DMAP →

维奈托拉 (**9-135**)

9.2

心血管系统药物

9.2.1 氯吡格雷 (clopidogrel)

氯吡格雷 (**9-143**) 是一种血小板聚集抑制剂，最先由 Sanofi 公司于 1986 年开始研制，1998 年 3 月首先在美国上市。硫酸氯吡格雷的作用机制是通过选择性抑制二磷酸腺苷 (ADP) 与它的血小板受体的结合及继发的 ADP 介导的糖蛋白 GPⅡb/Ⅲa 复合物的活化，临床上用于预防和治疗因血小板高聚集状态引起的心、脑及其他动脉的循环障碍疾病。

氯吡格雷 (**9-143**)

反合成分析：

氯吡格雷 (**9-143**) 具有一个手性碳原子，可以通过消旋体拆分的方法得到。消旋体氯吡格雷通过 C–N 切断得到 α-氯-(2-氯苯基)-乙酸甲酯 (**9-145**) 和四氢噻吩并吡啶 (**9-144**)，前者的 α-氯可由 α-羟基转化，甲酯经酰氧基切断得到氯代扁桃酸 (**9-147**)。

9-143 ⟹ **9-144** + **9-145**

9-145 ⟹ **9-146** ⟹ **9-147**

合成路线[21]**：**

氯代扁桃酸 (**9-147**) 在酸性条件下甲酯化后，用氯化亚砜氯化得到 α-氯-(2-氯苯基)-乙酸甲酯 (**9-145**)，然后与 4,5,6,7-四氢噻吩并[3,2-*c*]吡啶 (**9-144**) 进行 S_N2 取代反应生成消旋体氯吡格雷 [(*R,S*)-**9-143**]。*S*-氯吡格雷 (**9-143**) 可以通过将消旋体氯吡格雷在丙酮中用左旋樟脑磺酸拆分得到。

9-147 → (CH_3OH, HCl) → **9-146** → ($SOCl_2$) → **9-145** → (**9-144**, K_2CO_3, DMF) → (***R,S***)-氯吡格雷 (**9-143**)

→ (樟脑磺酸, CH_3COCH_3) → [**9-148**] → (重结晶, CH_3COCH_3) → (***S***)-氯吡格雷 (**9-143**)

起始原料引入手性中心 *R*-(2-氯苯基)-羟基乙酸 [(*R*)-**9-147**]，通过不对称合成可以得到 *S*-氯吡格雷 (**9-143**) [22]。

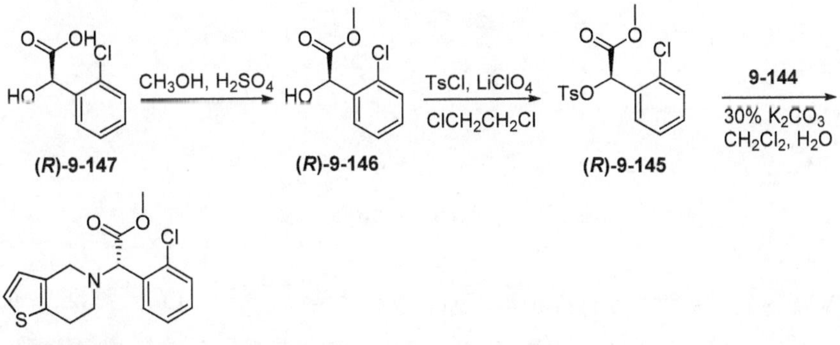

CH_3OH, H_2SO_4　TsCl, $LiClO_4$, $ClCH_2CH_2Cl$　**9-144**, 30% K_2CO_3, CH_2Cl_2, H_2O

(***R***)**-9-147**　(***R***)**-9-146**　(***R***)**-9-145**

(***S***)**-氯吡格雷 (9-143)**

9.2.2 兰地洛尔 (landiolol)

兰地洛尔 (**9-149**) 是 2002 年在日本上市的高选择性 β_1 受体阻滞药，用于治疗手术时心动过速性心律失常 (心房纤维性颤动、心房扑动及窦性心动过速)。

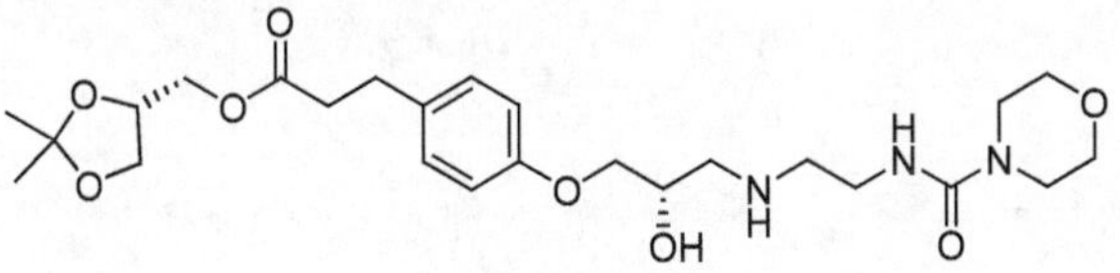

兰地洛尔 (**9-149**)

反合成分析：

兰地洛尔含有长链结构，并含有酯基、酰胺、醚和 *β*-氨基醇等比较容易切断的基团。因此，可以分步将这些策略键切断，得到简单的起始原料。首先，将 *β*-氨基醇切断得到胺 **9-150** 和环氧化物 **9-151**。其次，将 **9-151** 中的醚键切断得到 *S*-环氧溴丙烷 (**9-152**) 和酚 **9-153**。最后，将酚 **9-153** 中的酯键切断得到酸 **9-155** 和氯代缩酮 **9-154**。

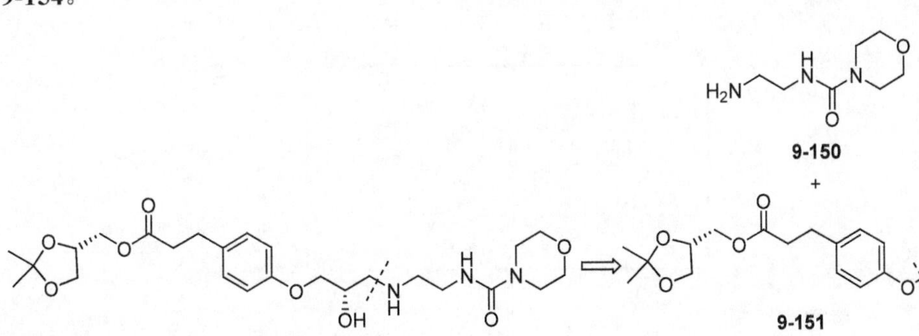

9-150　+　**9-151**

兰地洛尔 (**9-149**)

9-153 + 9-152

9-154 + 9-155

合成路线[23]：

兰地洛尔分子中两个手性碳都可以通过手性源方法构建，以 3-(4-羟基苯基)丙酸 (**9-155**) 和氯代缩酮 **9-154** 为起始原料进行酯化，所得酯的酚羟基与 *S*-环氧溴丙烷成醚 (**9-151**)。最后，用胺 **9-150** 对环氧基进行亲核进攻，以 43% 收率得到兰地洛尔 (**9-149**)。

9-155 →(1. K_2CO_3, KI, DMSO; 2. 9-154) 9-153 →(9-152, K_2CO_3, 丙酮)

9-151 →(9-150, IPA) 兰地洛尔 (9-149)

9.2.3 考尼伐坦 (conivaptan)

考尼伐坦 (**9-156**) 是山之内制药公司 (Yamanouchi) 研制的治疗低钠血症药物，2005 年 12 月获得美国 FDA 批准上市，商品名为 Vaprisol。考尼伐坦是精氨酸加压素 (AVP)V1a 和 V2 受体的双重抑制剂，它可通过增加水的排泄，但不增加钠的排泄，维持低钠血症病人的血钠浓度。主要用于血容量正常的低钠血症住院病人的治疗。

考尼伐坦 (9-156)

反合成分析：

考尼伐坦结构中含有两个酰胺键，都可以进行切断。首先切断苯环和三元环之间的酰胺键，得到三元环 (**9-157**) 和芳香酰胺 (**9-158**)。将 **9-157** 的氨基用对甲苯磺酰基保护，然后将咪唑部分的两个 C–N 键切断，得到乙脒和 α-溴代酮 (**9-160**)，后者可由对甲苯磺酰基保护的苯并吖庚因-3-酮 (**9-161**) 溴代得到。另一方面，将芳香酰胺 (**9-158**) 的酰胺键切断，得到联苯-2-甲酸 (**9-162**) 和对氨基苯甲酸 (**9-163**)。

9-156 ⟹ 9-157 + 9-158

9-157 ⟹ 9-159 ⟹ 9-160 ⟹ 9-161

9-158 ⟹ 9-162 + 9-163

合成路线[24]：

化合物 (**9-161**) 在三溴化氢·吡啶复合物催化下将其羰基 α-位溴代。以 K_2CO_3 为碱，α-溴代酮 (**9-160**) 与乙脒盐酸盐缩合，构建得到咪唑化合物 (**9-159**)。在 H_2SO_4 作用下，脱去对甲苯磺酰保护基，得到关键中间体 (**9-157**)。另一方面，联苯-2-甲酸与 $SOCl_2$ 反应得到酰氯后，与对氨基苯甲酸酰胺化得到化合物 (**9-158**)。后者的羧基用 $SOCl_2$ 活化后，进一步与中间体 (**9-157**) 酰化，以 90% 收率得到考尼伐坦 (**9-156**)。

9-161 —($C_5H_5N\cdot HBr$, Br_2)→ 9-160 —(乙脒·HCl, K_2CO_3)→ 9-159 —(80% H_2SO_4)→ 9-157

9-162 —($SOCl_2$, DMF)→ 9-164 —(9-163, *N*,*N*-二甲基苯胺)→ 9-158

—(1. $SOCl_2$ 2. 9-157 3. EtOH)→ 考尼伐坦 (**9-156**)

9.2.4 西他塞坦 (sitaxentan)

西他塞坦 (**9-164**) 是 Encysiv 公司开发的治疗肺动脉高压新药，2006 年 11 月在欧洲上市，商品名为 Thelin。西他塞坦钠是第一个上市的选择性内皮素 A 受体拮抗剂，也是第一个每天一次口服就能治疗肺动脉高压的药物。

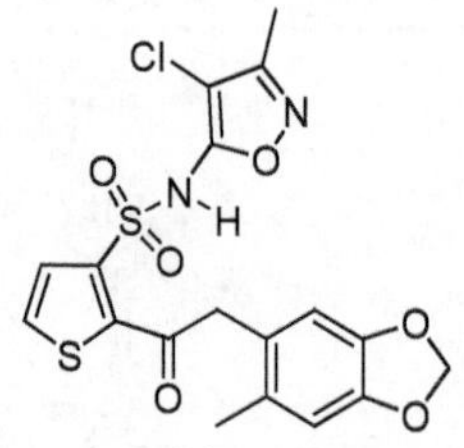

西他塞坦 (**9-164**)

反合成分析：

西他塞坦结构中含有磺酰胺和羰基两个可切断的官能团，综合考虑化学选择性的问题，首先利用 Weinreb 酮合成反应，将羰基切断，得到格氏试剂 (**9-165**) 和磺酰胺 (**9-166**)。格氏试剂 (**9-165**) 可转化为氯苄，并进一步切断苄基得到化合物 (**9-167**)。将磺酰胺化合物 (**9-166**) 的磺酰胺键切断，得到商业化的原料 3-氯磺酰基-2-噻吩甲酸甲酯 (**9-168**) 和异噁唑 (**9-169**)。后者可利用氯代反应，进一步转化为 5-氨基-3-甲基异噁唑 (**9-170**)。

西他塞坦 (**9-164**) ⟹ **9-165** + **9-166** ⟹ **9-168** + **9-169**；**9-165** ⟹ **9-167**；**9-169** ⟹ **9-170**

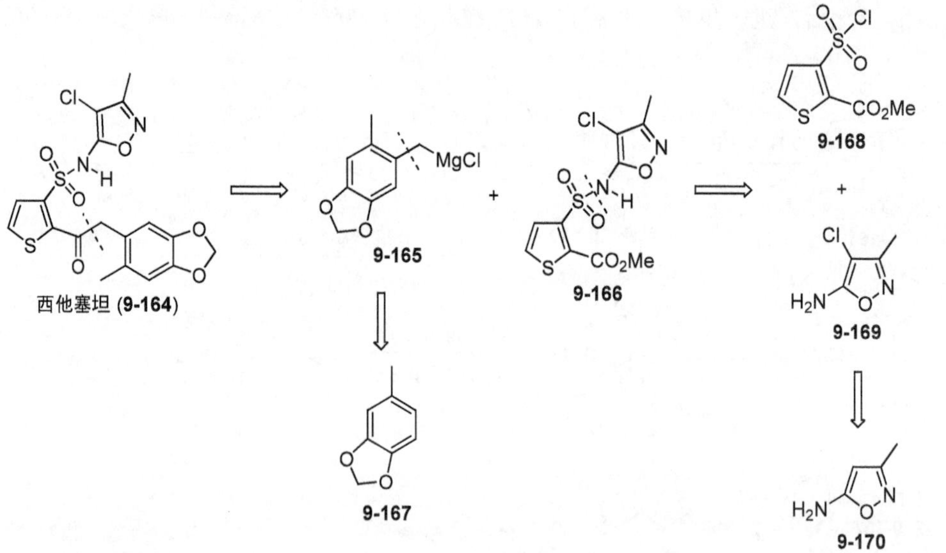

合成路线[25]**：**

以二氯甲烷为溶剂，5-氨基-3-甲基异噁唑 (**9-170**) 与 *N*-氯代琥珀酰亚胺 (NCS) 在 0 ℃ 发生氯代反应，以 87% 的收率得到氯代异噁唑 (**9-169**)。以 NaH 为碱，后

者与 (**9-168**) 在 THF 中发生偶联反应，然后用 NaOH 将酯基水解为羧基。羧基与 *N*,*O*-二甲基羟胺反应得到 Weinreb 酰胺 (**9-172**)。另一方面，化合物 (**9-167**) 与甲醛和 HCl 发生氯甲基化反应，并将其制成格氏试剂 (**9-165**)，最后与中间体 Weinreb 酰胺 (**9-172**) 反应，以 50% 的收率得到西他塞坦 (**9-164**)。

HCHO, HCl, Et_2O

9-167 **9-171** **9-165**

NCS, DCM

9-168

1. NaH, THF
2. NaOH

CDI
CH_3NHOCH_3
THF

9-170 **9-169** **9-166**

9-165

9-172

西他塞坦 (**9-164**)

9.2.5 雷诺嗪 (ranolazine)

雷诺嗪 (**9-173**) 是 CV Therapeutics 公司开发的脂肪酸氧化酶抑制剂。2006 年 1 月，美国 FDA 批准雷诺嗪薄膜包衣缓释片上市，商品名为 Ranexa。雷诺嗪主要用于治疗慢性稳定性心绞痛。雷诺嗪的作用机制不同于传统的抗心绞痛药，其特点是减少脂肪酸氧化，增加葡萄糖氧化，因为葡萄糖氧化每单位氧比脂肪酸氧化产能高，而使心脏做功更多，发挥抗缺血和抗心绞痛作用。由于上述全新的作用机制，口服雷诺嗪后不引起心率减慢和血压下降,还可防止乳酸酸中毒，安全性比较高。

雷诺嗪 (**9-173**)

反合成分析：

雷诺嗪结构中含有酰胺键、*β*-氨基醇和 1,2-二氧等比较容易切断的反合成子，因此有多种切断方式。下面主要介绍一条能实现工业化生产的反合成分析路线。首先，将 *β*-氨基醇部分切断为环氧化合物 **9-175** 和酰胺 **9-174**。将 **9-175** 的 C–O 键切断得到易得的环氧氯丙烷 (**9-177**) 和 2-甲氧基苯酚 (**9-176**)。进一步将化合物 **9-174** 的哌嗪基切断，得到 **9-178**。最后，切断 **9-178** 的酰胺键，得到起始原料 2,6-二甲基苯胺 (**9-179**) 与氯乙酰氯 (**9-180**)。

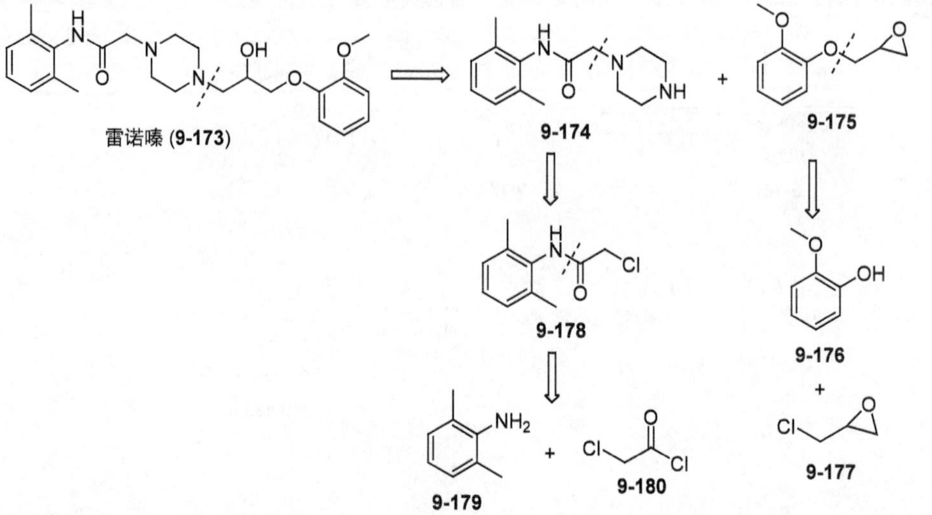

合成路线[26,27]：

以三乙胺为碱，2,6-二甲基苯胺与氯乙酰氯 (**9-180**) 在 0 ℃ 下发生酰胺化反应，得到 2-氯-*N*-(2,6-二甲苯基)乙酰胺 (**9-178**)。然后，**9-178** 与哌嗪在乙醇中进行回流反应，得到哌嗪酰胺化合物 (**9-174**)。2-甲氧基苯酚 (**9-176**) 与环氧氯丙烷 (**9-177**) 缩合反应得到化合物 **9-175**，然后与前述制得的中间体 **9-174** 在异丙醇中发生开环反应制得雷诺嗪 (**9-173**)。

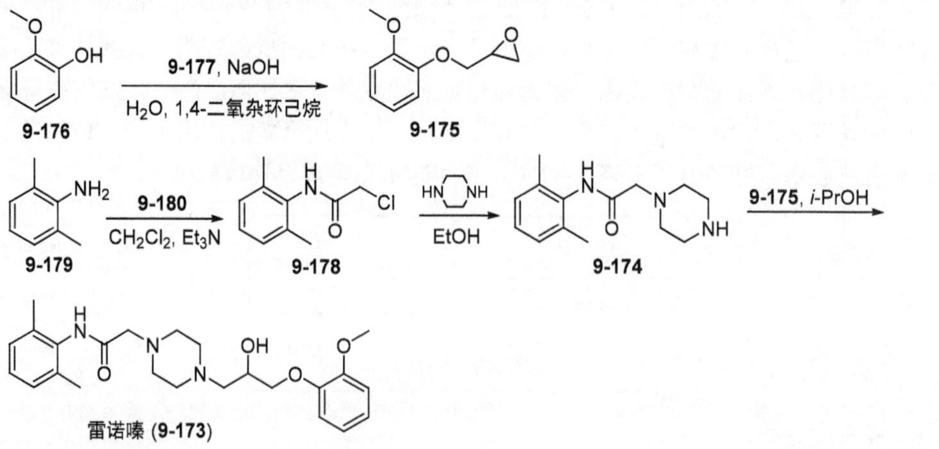

9.2.6 莫扎伐普坦 (mozavaptan)

莫扎伐普坦 (**9-181**) 为新型血管升压素 V2 受体拮抗剂，由日本大冢制药株式会社(Otsuka Pharmaceutical) 开发，2006 年在日本上市，商品名为 Physuline。莫扎伐普坦用于治疗心衰引起的低钠血症。莫扎伐普坦具有尿水排泄作用，能够提高血钠离子浓度，产生有益的血液动力学变化，口服方便，没有明显副作用。

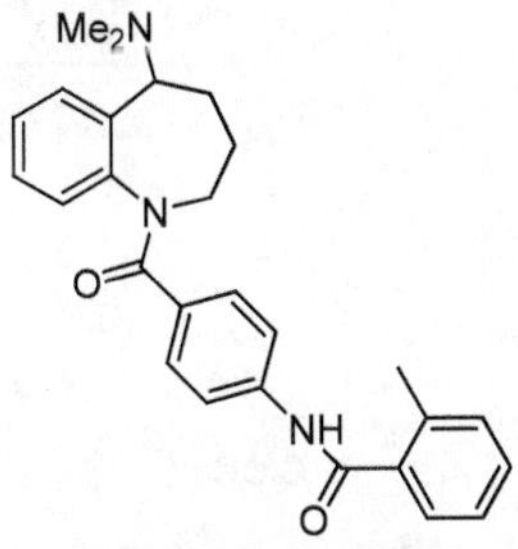

莫扎伐普坦 (9-181)

反合成分析：

莫扎伐普坦含有两个酰胺键，比较容易进行切断。首先，将两个苯基之间的酰胺键切断，得到邻甲基苯甲酰氯和苯并氮杂䓬酰胺 (**9-182**)。为提高化学选择性，将苯环对位氨基官能团转化为硝基 (**9-183**)，并切断酰胺键得到对硝基苯甲酰氯和苯并氮杂䓬 (**9-184**)。利用还原胺化反应，将二甲氨基切断得到苯并氮杂䓬-5-酮，同时需要将氨基用对甲苯磺酰基保护，得到起始原料 (**9-161**)。

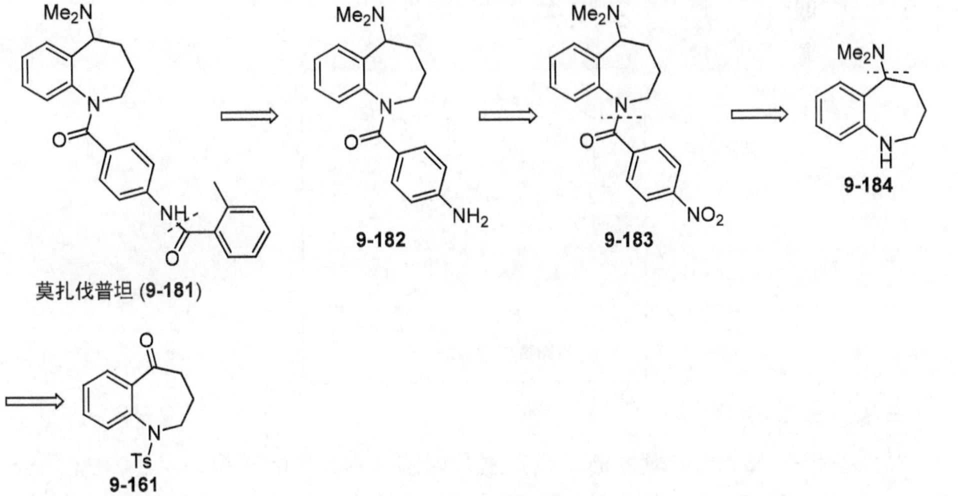

莫扎伐普坦 (9-181) ⟹ 9-182 ⟹ 9-183 ⟹ 9-184 ⟹ 9-161

合成路线[28,29]：

对甲苯磺酰基保护的苯并氮杂䓬-5-酮 (**9-161**) 与 40% 甲胺醇溶液回流反应，制得亚胺化合物，然后用 $NaBH_4$ 还原为单甲基胺。后者与 37% 甲醛再进行一次还原胺化反应，得到二甲氨基苯并氮杂䓬化合物 (**9-185**)。在多聚磷酸 (PPA) 的作用下，以 97% 的收率脱去对甲苯磺酰保护基，并与对硝基苯甲酰氯反应生成酰胺 **9-183**。催化氢化将硝基还原为氨基，并与邻甲基苯甲酰氯发生酰化反应，以 54% 的收率制得莫扎伐普坦 (**9-181**)。

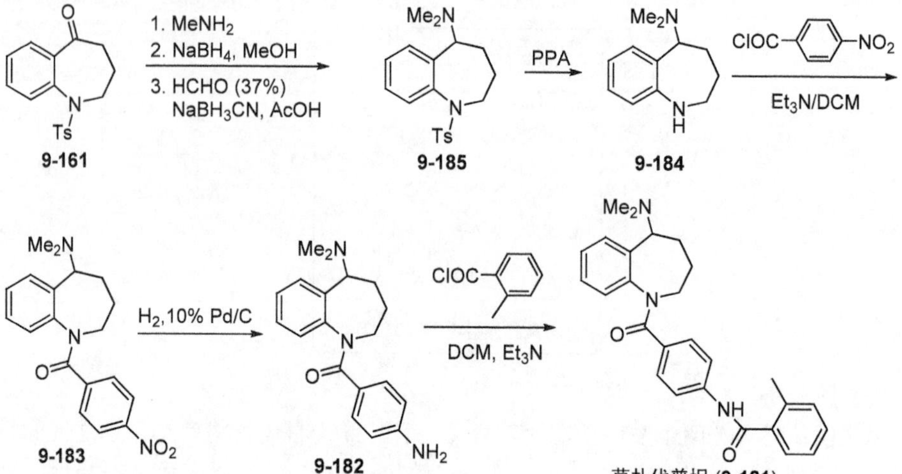

莫扎伐普坦 (**9-181**)

9.2.7 马西替坦 (macitentan)

马西替坦 (**9-186**) 是由 Actelion 制药公司研发，2013 年 10 月美国 FDA 批准上市的内皮素受体拮抗剂，商品名为 Opsumit。马西替坦能抑制内皮素-1 与内皮素受体 A 和 B 的结合，临床用于肺动脉高压患者的治疗。

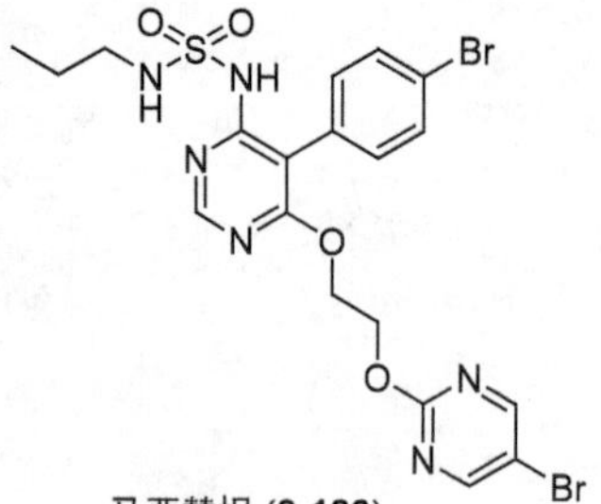

马西替坦 (**9-186**)

反合成分析：

马西替坦含一个乙二醚侧链，首先进行侧链 C–O 切断，得到 4-氯嘧啶化合物 (**9-188**)。进一步在嘧啶 6 位磺酰胺进行 C–N 切断，得到 5-(4-溴苯基)-4,6-二氯嘧啶 (**9-189**) 和 *N*-丙基氨基磺酰胺钾。前者氯取代官能团转换成羟基后，进行嘧啶切断开环，得到 2-(4-溴苯基)丙二酸甲酯 (**9-191**)。1,3-二羰基切断后得到 4-溴苯乙酸甲酯 (**9-192**)，经官能团转换成原料 4-溴苯乙酸 (**9-193**)。

马西替坦 (**9-186**)

9-107

9-188

9-189

9-190

9-191

9-192

9-193

合成路线[30]：

以 4-溴苯乙酸 (**9-193**) 为原料，用二氯亚砜和甲醇酯化生成 4-溴苯乙酸甲酯 (**9-192**)，然后与碳酸二甲酯缩合成 2-(4-溴苯基)丙二酸甲酯 (**9-191**)。与甲脒盐酸盐环合成嘧啶，经三氯氧磷氯代后与 *N*-丙基氨基磺酰胺钾反应生成 6-磺酰胺化合物 (**9-188**)，3 位氯先后与乙二醇和 2-氯-5-溴嘧啶进行醚化反应生成马西替坦 (**9-186**)。

9-193 → ($SOCl_2$, MeOH) → **9-192** → (NaH) → **9-191** → (NaOMe) → **9-190** → ($POCl_3$) → **9-189** → **9-188** → (KO*t*-Bu) → **9-187** → 马西替坦 (**9-186**)

9.2.8 依度沙班 (edoxaban)

依度沙班 (**9-194**) 是由第一三共株式会社 (Daiichi Sankyo) 研发，2015 年 1 月 FDA 批准上市的凝血因子 Xa 抑制剂，商品名为 Savaysa。临床用于降低非心脏瓣膜病引起的房颤患者卒中和危险血栓的风险。

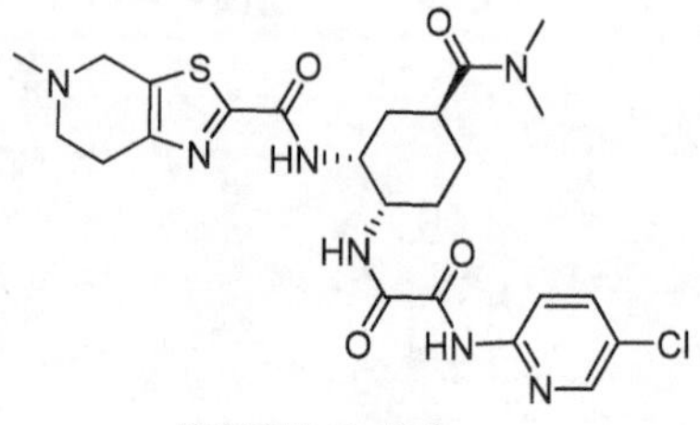

依度沙班 (**9-194**)

反合成分析：

依度沙班含四个酰胺键，将环己烷 4 位酰胺键首先进行切断有利于简化结构，得到 4 位氨基化合物 (**9-195**)。氨基官能团转换成叠氮后，再次进行酰胺键切断得到环己基甲酰胺化合物 (**9-197**)。将甲酰胺切断后经官能团转换成 (1*S*,3*R*,4*R*)-3-氨基-4-羟基环己基-1-甲酸乙酯 (**9-199**)，3 位氨基和 4 位羟基可由环氧乙烷碱性开环生成，因此可以转换成环氧乙基 (**9-200**)，进一步转换成 (*S*)-环己-3-烯-1-甲酸 (**9-201**)。

依度沙班 (**9-194**) ⟹ **9-195** ⟹ **9-196** ⟹ **9-197** ⟹ **9-198** ⟹(FGI) **9-199** ⟹ **9-200** ⟹ **9-201**

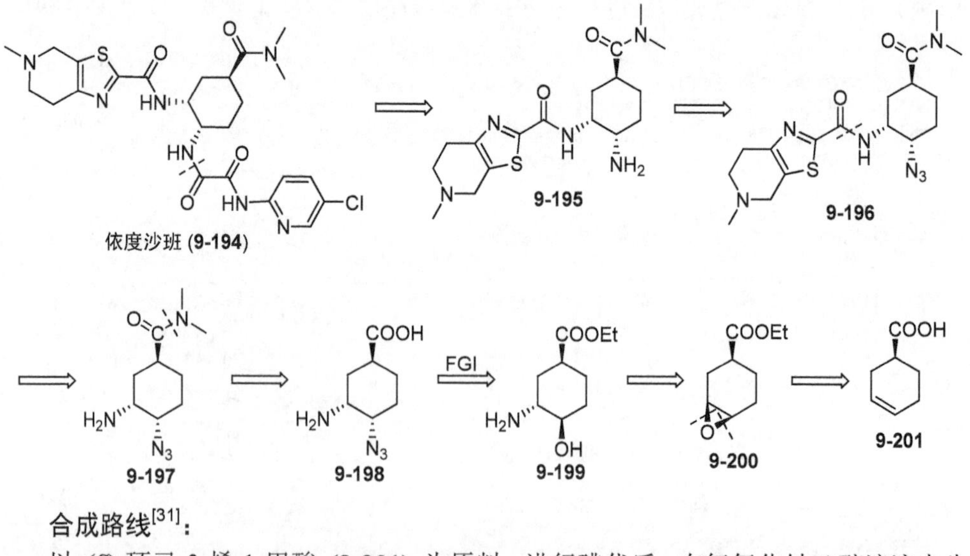

合成路线[31]**：**

以 (*S*)-环己-3-烯-1-甲酸 (**9-201**) 为原料，进行碘代后，在氢氧化钠乙醇溶液中生成环氧乙基化合物 (**9-200**)，用叠氮化钠将环氧环开环。氢化还原后用 Boc 保护氨基，然后将羟基用甲磺酰氯生成甲磺酸酯 (**9-205**)，再与叠氮化钠反应生成叠氮化合物 (**9-206**)。氢氧化锂水解乙酯成羧酸后与二乙胺生成酰胺 (**9-208**)，然后与四氢吡啶并噻唑甲酸锂生成吡啶并噻唑甲酰胺化合物 (**9-196**)。催化氢化还原叠氮成氨基后，在催化剂 HOBT 和缩合剂 EDC 作用下与羧酸锂化合物生成依度沙班 (**9-194**)。

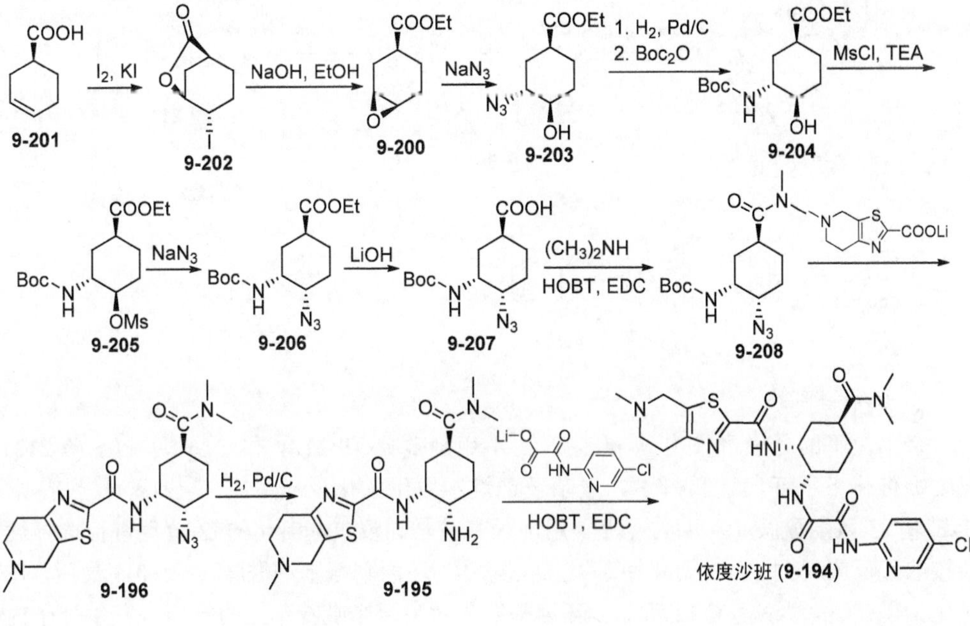

9.3

抗病毒药

9.3.1 奈韦拉平 (nevirapine)

奈韦拉平 (**9-209**) 是 1996 年上市的非核苷类抗 HIV 感染药，商品名为 Viramune (维乐命)。奈韦拉平由德国勃林格殷格翰公司开发上市。奈韦拉平通过与人体免疫缺陷病毒 (HIV-1) 的逆转录酶 (RT) 直接连接并使此酶的催化端破裂来阻断 RNA 依赖和 DNA 依赖的 DNA 聚合酶活性而发挥抗病毒作用。

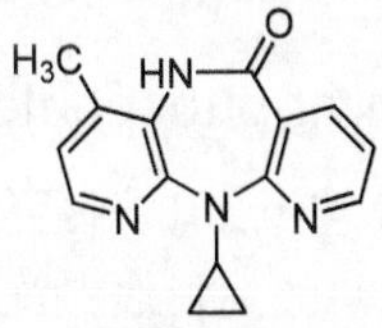

奈韦拉平 (**9-209**)

反合成分析：

奈韦拉平的反合成分析比较简单，仅通过三次 C–N 键逆向切断便得到正向合成所需起始原料：3-氨基-2-氯-4-甲基吡啶 (**9-212**)、2-氯烟酰氯 (**9-213**) 和环丙基胺。

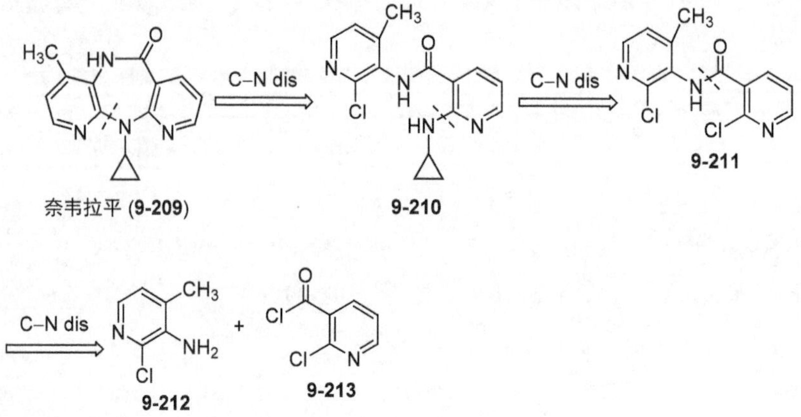

合成路线[32,33]：

奈韦拉平的合成可采用 3-氨基-2-氯-4-甲基吡啶 (**9-212**) 和 2-氯烟酰氯 (**9-213**) 在吡啶催化下于环己烷和 1,4-二氧杂环己烷中发生酰化反应生成 *N*-(2-氯-4-甲基-吡啶-3-基)-2-氯烟酰胺 (**9-211**)。然后，用环丙基胺与邻位羰基活化的 2-位氯进行选择性亲核取代反应得到 *N*-(2-氯-4-甲基-吡啶-3-基)-2-环丙基氨基烟酰胺 (**9-210**)。最后，在氢化钠催化下，烟酰胺吡啶环上 2-环丙基氨基对另一个吡啶环上的氯原子发生分子内亲核取代反应，闭环生成奈韦拉平 (**9-209**)。

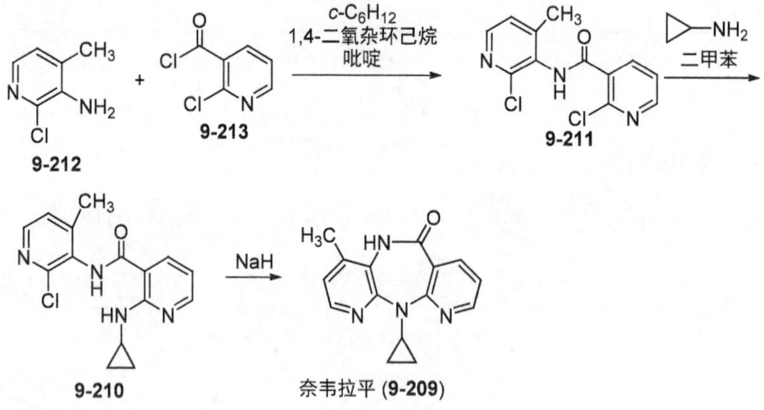

9.3.2 磷酸奥司他韦 (oseltamivir phosphate)

磷酸奥司他韦 (**9-214**) 是 1999 年上市的神经氨酸苷酶抑制剂抗流感药，商品名为 Tamiflu(特敏福，亦称“达菲”)。磷酸奥司他韦首先由吉利德科技 (Gilead Sciences) 发现，随后与罗氏公司 (Roche) 联合开发并在美国获准上市。磷酸奥司他韦是第一个口服有效的神经氨酸苷酶抑制剂药物，对流感 A 型和 B 型病毒均有效。奥司他韦口服后经肝脏和肠道酯酶迅速催化转化为其活性代谢物奥司他韦羧酸，奥司他韦羧酸的构型与神经氨酸的过渡态相似，能够竞争性地与流感病毒神经氨酸酶 (NA) 的活动位点结合，因而，是一种强效的高选择性的流感病毒 NA 抑制剂 (NAIs)，主要通过干扰病毒从被感染的宿主细胞中释放，从而减少甲型或乙型流感病毒的传播。因此，磷酸奥司他韦属于前体药物。磷酸奥司他韦仍然是公认的已经上市药物中治疗甲型 H1N1 流感最有效的药物之一，2004 年 7 月在我国获准上市。

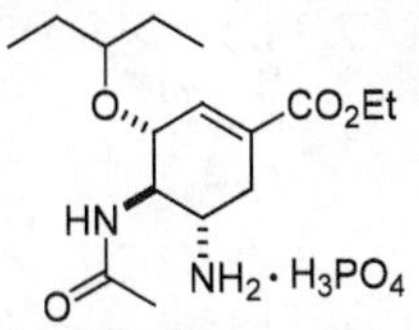

磷酸奥司他韦 (**9-214**)

反合成分析：

达菲的结构虽然不算复杂，但其分子含有三个手性中心，因此，反合成分析比较复杂。

① 反合成分析策略一

“达菲”第一种反合成分析策略为：首先，选择使用叠氮试剂或避免叠氮试剂两条不同的反合成路径，经多次通过官能团转换 (FGI) 和 C–N 键逆向切断得到关键中间体：3-(1-乙基丙氧基)-4,5-环氧基-1-环己烯基-1-羧酸乙酯 (**9-218**)。

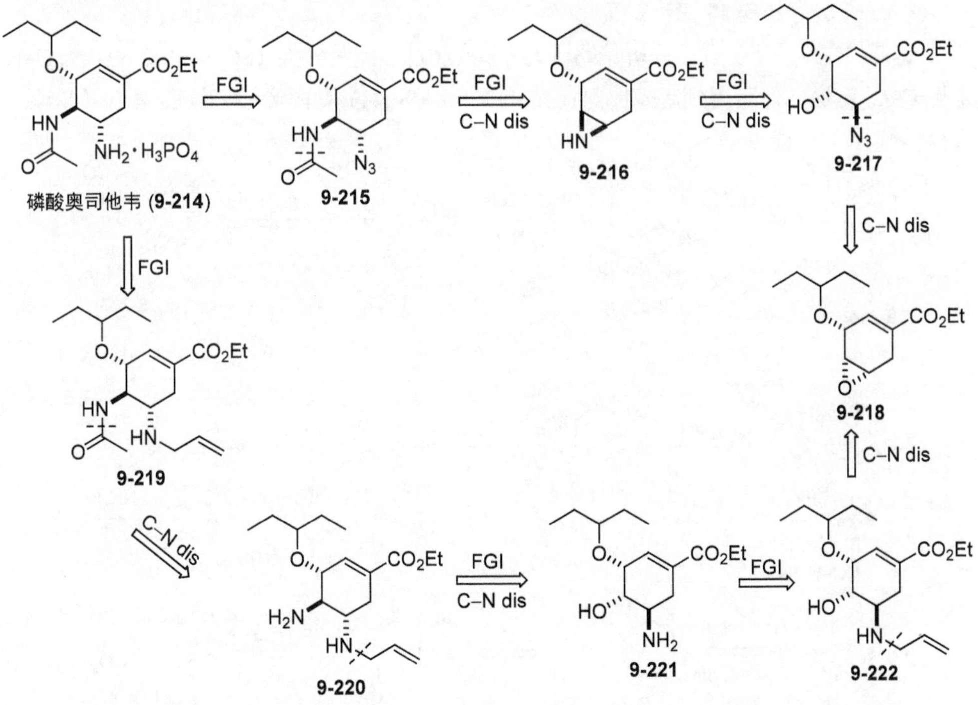

磷酸奥司他韦 (**9-214**) ⇒(FGI) **9-215** ⇒(FGI, C–N dis) **9-216** ⇒(FGI, C–N dis) **9-217** ⇒(C–N dis) **9-218**

磷酸奥司他韦 (**9-214**) ⇒(FGI) **9-219** ⇒(C–N dis) **9-220** ⇒(FGI, C–N dis) **9-221** ⇒(FGI) **9-222** ⇒(C–N dis) **9-218**

其次，关键中间体 **9-218** 依次经一次 C–O 逆向切断和一次官能团转换 (FGI) 得到 3,4-*O*-(3-亚戊基)-5-甲磺酰基-(–)-莽草酸乙酯中间体 (**9-220**)；然后，再选择两条不同的反合成路径，分别经官能团转换 (FGI) 和 C–O 键逆向切断最终得到正向合成所需起始原料：(–)-莽草酸 (**9-230**) 或(–)-奎尼酸 (**9-227**)。

② 反合成分析策略二

“达菲”的第二种反合成分析策略中，经多次通过官能团转换 (FGI) 和 C–O 键、C–N 键及 C–C 键逆向切断得到起始原料：1,3-丁二烯 (**9-241**) 和丙烯酸三氟乙酯 (**9-242**)。

③ 反合成分析策略三

“达菲”的第三种反合成分析策略中，经多次通过官能团转换 (FGI) 和 C–O 键、C–N 键及 C–C 键逆向切断得到起始原料：2,6-二甲氧基苯酚 (**9-251**)。

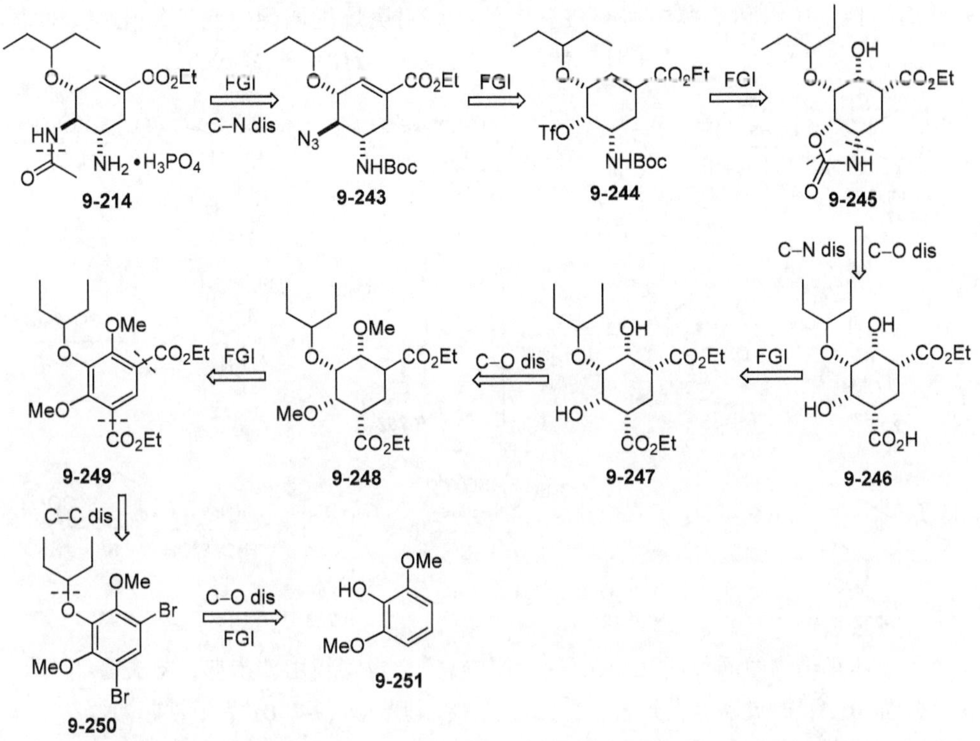

合成路线：

① 合成路线一[34~38]

a. 环氧化物中间体 3-(1-乙基丙氧基)-4,5-环氧基-1-环己烯-1-羧酸乙酯 (**9-218**) 的合成

上述环氧化物中间体的首次规模合成路线由吉利德公司开发。首先，以 (–)-奎尼酸 (**9-227**) 为起始原料，在 Dowex 树脂存在下，与丙酮在苯和 *N*,*N*-二甲基甲酰胺 (DMF) 中回流反应，使其 3,4-二羟基形成缩酮，同时 1-位羧基与 5-位羟基形成内酯，此内酯化合物 (**9-226**) 再由乙醇钠开环后形成的 5-位仲醇与甲磺酰氯选择性地进行甲磺酰化得到 3,4-*O*-异亚丙基-5-甲磺酰基奎尼酸 (**9-225**)。接着，用吡啶和硫酰氯处理脱水以 60% 收率得到比例是 4:1 的 1,2-位和 1,6-位烯烃混合物；混合物不需分离，直接在四 (三苯基膦) 钯催化下，由吡咯烷选择性地和其中 1,6-位烯烃副产物 (副产物 1) 的甲磺酰氧基进行亲核取代反应生成 3-(1-吡咯烷基)-4,5-*O*-异亚丙基-1-环己烯-1-羧酸乙酯 (副产物 2)，并被硫酸水溶液洗涤除去，从而制得 3,4-*O*-异亚丙基-5-甲磺酰基莽草酸乙酯 (**9-248**)，收率 42%。然后，在催化量高氯酸 (或三氟甲磺酸) 存在下和 3-戊酮发生缩酮交换反应得到 (–)-3,4-*O*-(3-亚戊基)-5-甲磺酰基莽草酸乙酯

(**9-224**)。再用三氟甲磺酸三甲基硅烷基酯 (TMSOTf) 和硼烷对缩酮环进行还原开环，得到一个 3-(1-乙基丙氧基)-5-甲磺基莽草酸乙酯、4-(1-乙基丙氧基)-5-甲磺基莽草酸乙酯 (副产物 1) 和 5-甲磺基莽草酸乙酯 (副产物 2) 的 10:1:1 混合物，该混合物不需分离，直接在水和乙醇中用碳酸氢钾处理后用庚烷提取便得到环氧化物中间体 3-(1-乙基丙氧基)-4,5-环氧基-1-环己烯-1-羧酸乙酯 (**9-218**)，收率 96%。

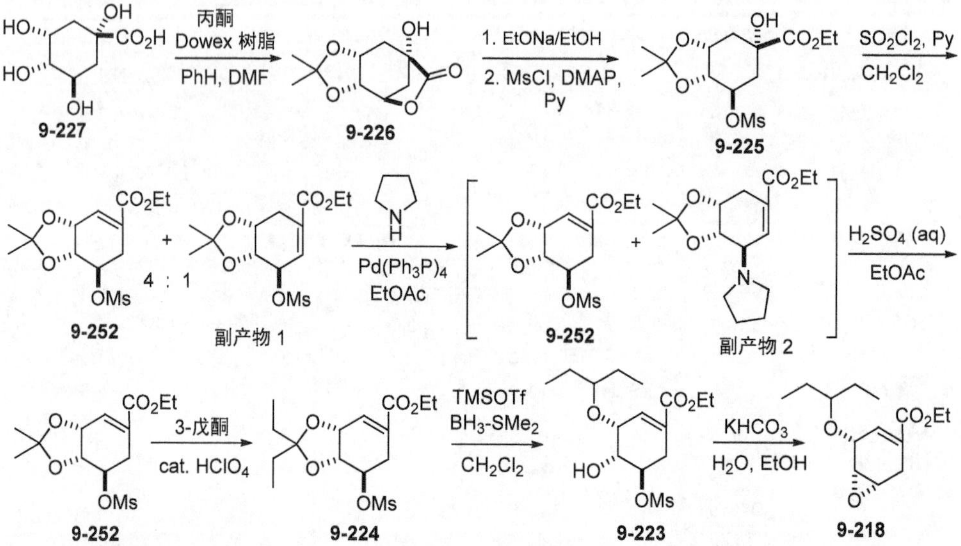

上述环氧化物中间体的又一条经优化的规模合成路线由瑞士弗·哈夫曼-拉罗切有限公司 R. A. 加贝尔等人开发。首先，以 (–)-莽草酸 (**9-230**) 为手性起始原料，在苯磺酸 (或对甲苯磺酸) 催化下于乙醇中回流得到 (–)-莽草酸乙酯 (**9-229**)，然后不经纯化直接在苯磺酸 (或对甲苯磺酸) 催化下与 2,2-二乙氧基-3-戊烷反应得到 3,4-*O*-(3-亚戊基)莽草酸乙酯 (**9-228**)。接着，在三乙胺存在下与甲磺酰氯于乙酸异丙醇酯中反应转化为 3,4-*O*-(3-亚戊基)-5-甲磺酰基莽草酸乙酯 (**9-224**)。最后，在 –36 ℃ 及四氯化钛催化下于二氯甲烷中用三乙基硅还原得到 3-(3-戊基)-5-甲磺酰基莽草酸乙酯 (**9-223**)，不经纯化直接在水和乙醇中用碳酸氢钠处理制得 3-(1-乙基丙氧基)-4,5-环氧基-1-环己烯-1-羧酸乙酯 (**9-218**)，两步反应收率 83%。

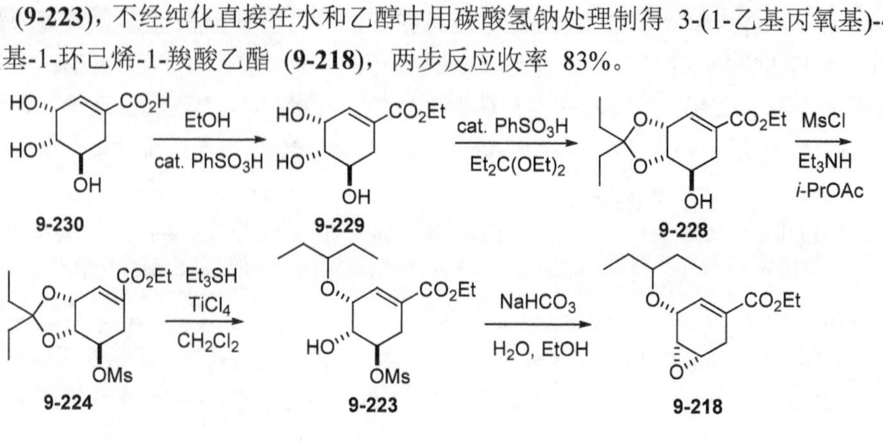

b.“达菲”的合成

以上述环氧化物为关键中间体合成“达菲”的第一条使用叠氮试剂的规模合成路线由吉利德科技开发。首先，环氧化物 3-(1-乙基丙氧基)-4,5-环氧基-1-环己烯-1-羧酸乙酯 (**9-218**) 在水和乙醇中与叠氮钠和氯化铵加热开环得到 3-(1-乙基丙氧基)-4-羟基-5-叠氮基-1-环己烯-1-羧酸乙酯及其区域异构体为 10:1 的混合物。接着，用三甲基磷在乙腈中还原关环得到 3-(1-乙基丙氧基)-4,5-环亚氨基-1-环己烯-1-羧酸乙酯 (**9-216**)。然后，在氯化铵存在下用叠氮钠开环后直接用醋酐酰化并重结晶便得到 3-(1-乙基丙氧基)-4-乙酰氨基-5-叠氮基-1-环己烯-1-羧酸乙酯 (**9-215**)。最后，在乙醇中将叠氮基用 Raney 镍催化氢化还原，过滤除去催化剂后直接加等摩尔量的 85% 磷酸，以磷酸盐的形式结晶得到磷酸奥司他韦 (**9-214**)，收率达到 76%。

CO_2Et
9-218
NaN_3, NH_4Cl
CO_2Et HO N_3
9-217
PMe_3
CO_2Et HN
9-216
1. NaN_3, NH_4Cl
2. Ac_2O
3. 重结晶
CO_2Et HN N_3
9-215
1. Raney-Ni, H_2
2. 85% H_3PO_4
3. 重结晶
CO_2Et HN $NH_2 \cdot H_3PO_4$
磷酸奥司他韦 (9-214)

以环氧化物为关键中间体合成达菲的另一条避免叠氮试剂的规模合成路线由 Karpf Trussardi 报道。首先，在环氧化物 3-(1-乙基丙氧基)-4,5-环氧基环己烯-1-羧酸乙酯在甲基叔丁基醚和乙腈的 9:1 混合溶剂中，与烯丙胺和 0.2 倍摩尔量的溴化镁于 55 ℃ 下开环反应 16 h，并在 1 mol/L 的硫酸铵水溶液中搅拌除去镁盐后，以 87% 的收率得到高度区域选择性产物 3-(1-乙基丙氧基)-4-羟基-5-烯丙氨基-1-环己烯- 1-羧酸乙酯粗品 (**9-222**)。然后不经纯化直接在乙醇胺的作用下，在乙醇中用 10% Pd/C 回流脱去烯丙基保护得到 3-(1-乙基丙氧基)-4-羟基-5-氨基-1-环己烯-1-羧酸乙酯 (**9-221**)。接着，其 5-位氨基与苯甲醛进行亚胺化反应后，4-位羟基再与甲磺酰氯进行甲磺酰化，继而在高压釜中和 4 倍摩尔量的烯丙胺在 120 ℃ 反应 15 h，亚氨基被烯丙胺置换得到 3-(1-乙基丙氧基)-4-甲磺酰氧基-5-氨基-1-环己烯-1-羧酸乙酯 (**9-254**)。然后自身环合得到氮杂环丙烷中间体 3-(1-乙基丙氧基)-4,5-环亚氨基-1-环己烯-1-羧酸乙酯 (**9-255**)，随后烯丙胺在反应过程产生的甲磺酸催化下对三元氮杂环进行开环反应得到 3-(1-乙基丙氧基)-4-氨基-5-烯丙氨基-1-环己烯-1-羧酸乙酯 (**9-256**) 和 3-(1-乙基丙氧基)-4-苯亚甲氨基-5-烯丙氨基-1-环己烯-1-羧酸乙酯 (**9-257**) 混合物，混合物经酸性水解后以 80% 的收率得到 3-(1-乙基丙氧基)-4-氨基-5-烯丙氨基-1-环己烯-1-羧酸乙酯 (**9-220**)，该四步连续反应所有的中间体均不需要分离。

3-(1-乙基丙氧基)-4-氨基-5-烯丙氨基-1-环己烯-1-羧酸乙酯 (**9-221**) 在乙酸和甲基叔丁基醚的混合溶液中，与 1 mol 乙酸酐于 1 mol 甲磺酸催化下反应得到 3-(1-乙基丙氧基)-4-乙酰氨基-5-烯丙氨基-1-环己烯-1-羧酸乙酯 (**9-219**)。然后，按前面的方法用 10% Pd/C 和乙醇胺在乙醇中回流脱去烯丙基保护得到 3-(1-乙基丙氧基)-4-乙酰氨基-5-氨基-1-环己烯-1-羧酸乙酯；最后，在乙醇中与磷酸成盐得到磷酸奥司他韦结晶，收率达到 70%，纯度为 99.7%。从环氧化物中间体到目标化合物磷酸奥司他韦的总收率为 35%~38%。

9-218 → (H_2N-allyl, $MgBr_2$-Et_2O, t-BuOMe/MeCN (9:1)) → 9-222 → (10% Pd/C, H_2, 乙醇胺) → 9-221 → (1. PhCHO, t-BuOMe; 2. MsCl, Et_3N; 3. H_2N-allyl; 4. aq. HCl)

[9-253 → (MsCl, Et_3N) → 9-253' → (H_2N-allyl) → 9-254 + Ph-CH=N-allyl

−MsOH → 9-255 → (H_2N-allyl) → 9-256 + 9-257]

9-220 → (Ac_2O, AcOH, $MeSO_3H$, t-BuOMe) → 9-219 → (1. 10% Pd/C, H_2, 乙醇胺; 2. H_3PO_4, EtOH) → $NH_2 \cdot H_3PO_4$ 磷酸奥司他韦 (**9-214**)

② 合成路线二[39]

9-241 + 9-242 ($CO_2CH_2CF_3$) → (oxazaborolidinium catalyst, Tf_2N^-, o-Tol, 10 mol%) → 9-240 (OCH_2CF_3, > 97% ee) → (NH_3, CF_3CH_2OH) → 9-239 (NH_2) → (1. TMSOTf, Et_3N, 戊烷; 2. I_2, Et_2O/THF)

9-238 → (Boc_2O, Et_3N, DMAP, CH_2Cl_2) → 9-237 → (DBU, THF) → 9-236 → (NBS, cat. AIBN) → 9-235

Cs_2CO_3, EtOH → 9-234 → NBA, 5% mol $SnBr_4$ → 9-233 → n-Bu_4NBr, KHMDS → 9-232

cat. $Cu(OTf)_2$, 3-戊醇 → 9-231 → H_3PO_4, EtOH → 磷酸奥司他韦 (9-214)

以 1,3-丁二烯 (**9-241**) 和丙烯酸三氟乙酯 (**9-242**) 为起始原料高效合成“达菲”的选择性路线由 1990 年诺贝尔化学奖获得者哈佛大学著名化学家 E. J. Corey 在 2006 年首次报道。首先，丁二烯和丙烯酸三氟乙酯在 (*S*)-脯氨酸衍生的手性催化剂存在下发生高度区域和立体选择性 Diels-Alder 环加成反应，生成光学纯 (> 97% ee) 的环己烯-4-羧酸三氟乙酯 (**9-240**)。接着在三氟乙醇中与氨发生氨解反应定量得到环己烯-4-羧酰胺 (**9-239**)，再用三氟甲磺酸三甲基硅基酯 (TMSOTf) 和三乙胺在戊烷中于 0~23 ℃ 条件下处理 30 min 后，与碘在乙醚和四氢呋喃 (10:1) 中于 0~23 ℃ 条件下反应 2 h 得到碘代内酰胺产物 (**9-238**)。然后，用碳酸酐二叔丁基酯处理得到其内酰胺 *N*-叔丁氧羰基 (Boc) 化产物 (**9-237**)。继而在有机碱 1,8-二氮杂双环[5.4.0]-7-十一烯 (DBU) 作用下发生碘消除反应得到 *N*-Boc 保护的环己烯内酰胺产物 (**9-236**)。然后与 *N*-溴代丁二酰亚胺 (NBS) 在偶氮二异丁腈 (AIBN) 催化下在四氯化碳中回流反应 2 h 得到 *N*-Boc 保护的溴代环己烯内酰胺产物 (**9-235**)，收率达 95%。

溴代环己烯内酰胺产物 (**9-235**) 用无机碱碳酸铯的乙醇液处理，发生溴消除及内酰胺开环反应定量得到 5-叔丁氧羰酰氨基-1,3-环己二烯-1-羧酸乙酯 (**9-234**)，再在 Lewis 酸 $SnBr_4$ 催化下于 −40 ℃ 的乙腈中，与 *N*-溴代乙酰胺 (NBA) 发生完全的区域和立体选择性双键加成反应生成 3-乙酰氨基-4-溴-5-叔丁氧羰酰氨基-1-环己烯-1-羧酸乙酯 (**9-233**)。继而在 −40 ℃ 的二甲醚中，与四正丁基溴化铵和非亲核性强碱双(三甲基硅基)氨基钾 (KHMDS) 反应 10 min 便关环得到氮杂环丙烷产物 *N*-乙酰基-3,4-环亚氨基-5-叔丁氧羰酰氨基-1-环己烯-1-羧酸乙酯 (**9-232**)。接着，在催化量的三氟甲磺酸铜的作用下和 3-戊醇在 0 ℃ 下发生高度区域选择性反应得到 (3*R*,4*R*,5*S*)-3-(1-乙基丙氧基)-4-乙酰氨基-5-叔丁氧羰酰氨基-1-环己烯-1-羧酸乙酯 (**9-231**)。最后，在乙醇中与磷酸反应，在脱去叔丁氧羰基 (Boc) 保护的同时，与磷酸成盐得到磷酸奥司他韦。

Corey 合成路线具有以下显著优点：a. 原料廉价并能充足供应；b. 避免了易爆炸的叠氮类中间体的合成；c. 总收率比较高 (约 30%)；d. 实现了对映异构、区域选择和非对映异构的选择性合成控制。

③ 合成路线三[40,41]

另一条新的以 2,6-二甲氧基苯酚 (**9-251**) 为起始原料合成“达菲”的路线采用了对一个五取代环己烷的 *cis-meso*-二羧酸乙酯进行非对称性酶水解的方法。该合成路线用 3-戊醇的甲磺酸酯作为烷基化试剂，在叔丁醇钾的催化下先对 2,6-二甲氧基苯酚进行烷基化，然后用 NBS 对苯环进行溴取代得到 4,6-二甲氧基-5-(1-乙基丙氧基)-1,3-二溴苯 (**9-250**)，两步反应收率达 90%。然后在醋酸钯和 1,3-双(二苯基膦)丙烷 (dppp) 及醋酸钾存在下于乙醇中与一氧化碳发生羰基化反应得到 4,6-二甲氧基-5-(1-乙基丙氧基)-1,3-苯二酸二乙酯 (**9-249**)。接着，以 Ru/Al_2O_3 为催化剂，在 100 bar 压力下氢化还原得到全为顺式的 4,6-二甲氧基-5-(1-乙基丙氧基)-环己烷-1,3-二羧酸二乙酯 (**9-248**)。继而，用三甲基碘硅烷脱去酚甲醚中的甲基得到五取代环己烷的 *cis-meso*-二醇二羧酸酯化合物 4,6-二羟基-5-(1-乙基丙氧基)-环己烷-1,3-二羧酸乙酯 (**9-247**)。

此五取代环己烷的 *cis-meso*-二醇二羧酸乙酯化合物用猪肝酯酶 (pig liver esterase，PLE) 选择性水解得到单酸化合物 4,6-二甲氧基-5-(1-乙基丙氧基)-环已烷-1,3-二羧酸-1-单乙酯 (**9-246**)，收率达 96%，光学纯度为 96%~98% ee。对其 3 位游离羧基用叠氮化磷酸二苯基酯 (DPPA) 处理并经 Curtius 重排所得异氰酸酯过渡中间态与邻位羟基反应制得噁唑烷酮化合物 (**9-245**)。接着，先与碳酸酐二叔丁基酯和催化量 4-*N*,*N*-二甲氨基吡啶 (DMAP) 反应生成 *N*-叔丁氧羰基 (*N*-Boc) 保护的噁唑烷酮化合物，然后在苯中由催化量氢化钠 (NaH) 引发 2 位羟基的选择性脱水消除及噁唑烷酮环的去羧开环反应形成环已烯醇中间体 3-(1-乙基丙氧基)-4-羟基-5-叔丁氧羰酰氨基-1-环已烯-1-羧酸乙酯，继而于−10 ℃ 下在二氯甲烷中用三氟甲磺酸酐和吡啶将其 4-位羟基转化为甲磺酸酯而得到 3-(1-乙基丙氧基)-4-三氟甲磺酰氧基-5-叔丁氧羰酰氨基-1-环已烯-1-羧酸乙酯 (**9-244**)，三步反应总收率达 83%。用叠氮钠与其 5 位的三氟甲磺酸酯基发生 S_N2 亲核取代反应得到 5-位构型翻转的叠氮化合物 3-(1-乙基丙氧基)-4-三氟甲磺酰氧基-5-叠氮基-1-环已烯-1-羧酸乙酯 (**9-243**)。最后，经 Raney 钴催化下将其 4-位叠氮基氢化还原成胺，乙酸和三乙胺对 4-位氨基进行 *N*-乙酰化，溴化氢乙酸液处理脱除其 5 位的 *N*-Boc 保护基后加磷酸的乙醇溶液成盐制得磷酸奥司他韦，该四步操作中所有的中间体均不需要分离，属“一锅反应”，收率达到 83%。

1. OMs ; t-BuOK ; 2. NBS, DMF
CO, $Pd(OAc)_2$; dppp, KOAc
H_2 ; 5% Ru/Al_2O_3
9-251　**9-250**　**9-249**　**9-248**

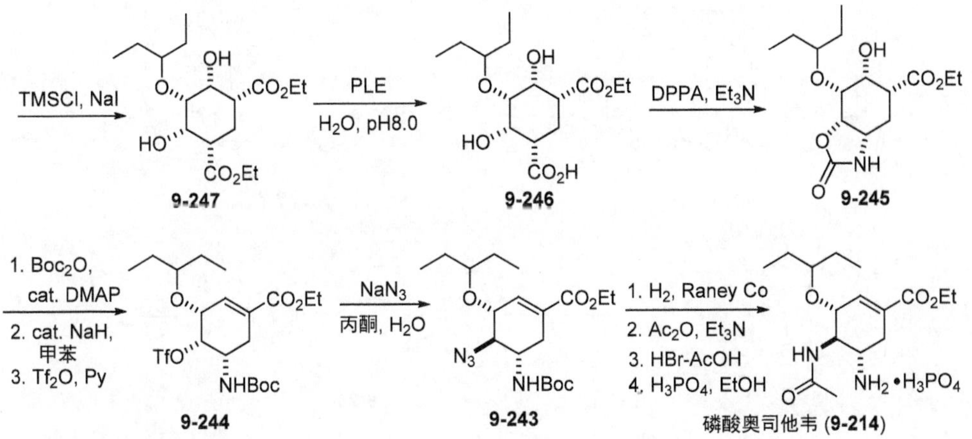

TMSCl, NaI → 9-247 → PLE, H_2O, pH8.0 → 9-246 → DPPA, Et_3N → 9-245

1. Boc_2O, cat. DMAP 2. cat. NaH, 甲苯 3. Tf_2O, Py → 9-244 → NaN_3, 丙酮, H_2O → 9-243 → 1. H_2, Raney Co 2. Ac_2O, Et_3N 3. HBr-AcOH 4. H_3PO_4, EtOH → 磷酸奥司他韦 (**9-214**)

9.3.3 Ombitasvir

Ombitasvir (**9-258**) 是由艾伯维公司 (Abbive) 研发，2014 年 12 月 FDA 批准上市的 HCV NS5A 蛋白酶抑制剂，与 Paritaprevir、利托那韦和 Dassabuvir 联用，商品名为 Viekira Pak。临床用于基因 1 型慢性病毒感染患者的治疗。

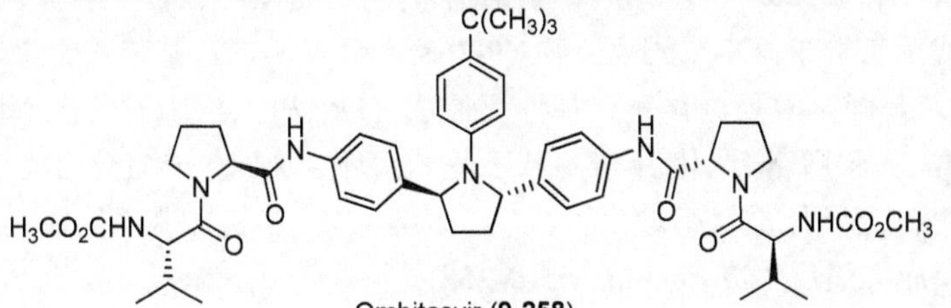

Ombitasvir (**9-258**)

反合成分析：

Ombitasvir 是一个对称性分子，切断时可采用同时切断的方式简化结构，依次同时切断缬氨酸和脯氨酸侧链后得到双苯胺化合物 (**9-260**)。氨基转换成硝基后，将四氢吡咯环切断得到 (1*R*,4*R*)-1,4-双(4-硝基苯基)-1,4-丁二醇 (**9-262**)。醇转换成羰基后，采用 1,4-二羰基切断分别得到 4-硝基苯甲酮 (**9-265**) 和 2-溴-1-(4-硝基苯基)乙酮 (**9-264**)。

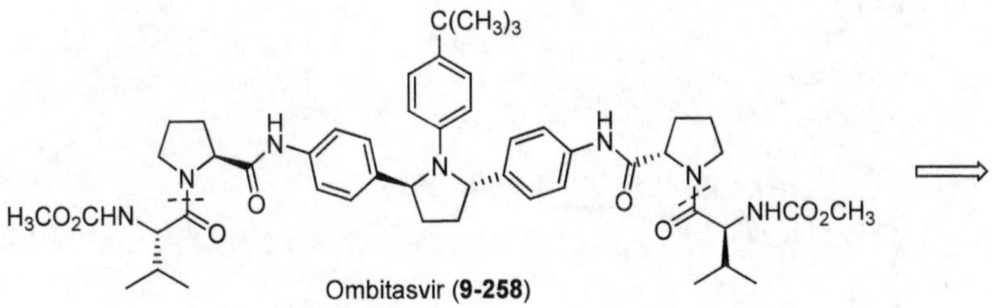

Ombitasvir (**9-258**)

C(CH3)3

H N O N H N O H N

9-259

C(CH3)3

H2N N NH2

9-260

FGI

C(CH3)3

O2N N NO2

9-261

OH NO2

O2N OH

9-262

FGI

O NO2

O2N O

9-263

1,4-dis

O Br

O2N

9-264

+

O

O2N

9-265

合成路线[42]：

4-硝基苯甲酮 (**9-265**) 和 2-溴-1-(4-硝基苯基)乙酮 (**9-264**) 在路易斯酸氯化锌催化下发生取代反应生成 1,4-二酮化合物 (**9-263**)。用 *N*,*N*-二乙基苯胺硼烷/三甲氧基硼烷/(*S*)-(−)-二苯基脯氨醇还原体系选择性还原成 (1*R*,4*R*)-1,4-双(4-硝基苯基)-1,4-丁二醇 (**9-262**)。醇羟基甲磺酸酯化后与 4-叔丁基苯胺环合成四氢吡咯化合物 (**9-261**)，采用铁/氯化铵将硝基还原成氨基。依次与 *N*-Boc-脯氨酸、*N*-乙酰基缬氨酸在缩合剂催化下进行酰胺反应，最后生成 ombitasvir (**9-258**)。

O Br

O2N

9-264

9-265

ZnCl2

O NO2

O2N O

9-263

(*S*)-1-二苯基脯氨醇

N,*N*-二乙基苯胺硼烷, B(OMe)3

OH NO2

O2N OH

9-262

MsCl

DIPEA

OMs NO2

O2N OMs

9-266

(H3C)3C NH2

C(CH3)3

O2N N NO2

9-261

Fe/NH4Cl

C(CH3)3

H2N N NH2

9-260

N OH Boc O

HATU, DIPEA

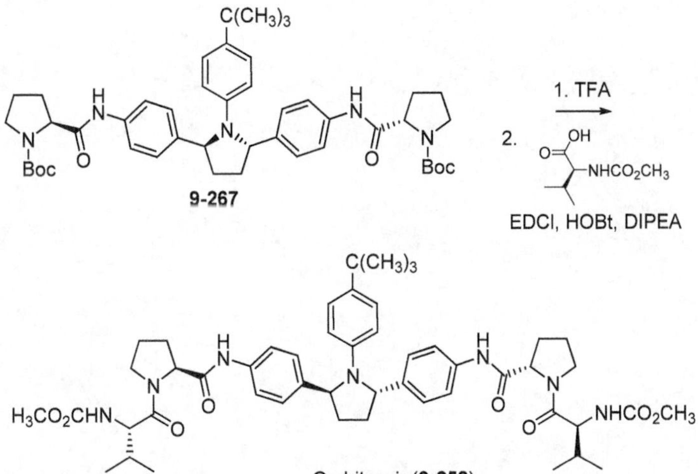

1. TFA

2. EDCl, HOBt, DIPEA

9-267

Ombitasvir (**9-258**)

9.3.4 Elbsvir

Elbsvir (**9-268**) 是由默沙东 (MSD) 公司研发，2016 年 1 月 FDA 批准上市的丙肝病毒 (HCV) 非结构蛋白 5A (NS5A) 抑制剂，与 HCV 非结构蛋白 3/4A (NS3/4A) 抑制剂 Grazoprevir 联用，商品名为 Zepatier。临床用于基因 1 型或 4 型慢性丙肝病毒感染成人患者的治疗。

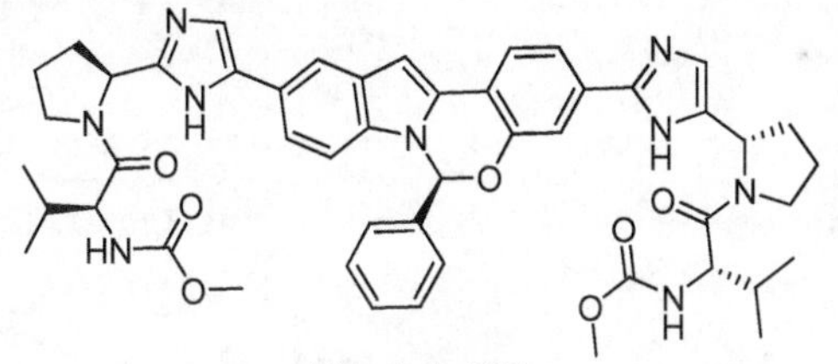

Elbsvir (**9-268**)

反合成分析：

Elbsvir 是具有类对称性分子，因此可以同时切断咪唑侧链得到硼酸酯中间体 (**9-269**)。经官能团转换成氯苯化合物后，将吲哚环进行 C–N 切断简化结构得到噁嗪化合物 (**9-271**)。将噁嗪环开环后得到亚胺化合物 (**9-272**)，而亚胺化合物可由酮制备，因此可以转换成芳香酮化合物 (**9-273**)，再进一步采用基于 Friedel-Crafts 反应的切断，得到 5-氯-2-溴苯乙酸 (**9-274**)。

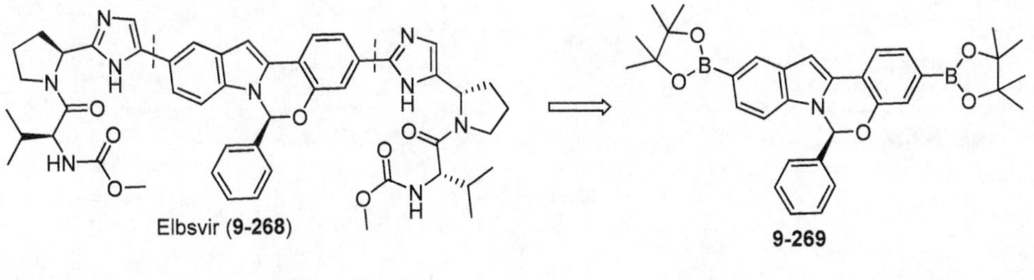

Elbsvir (**9-268**) ⟹ **9-269**

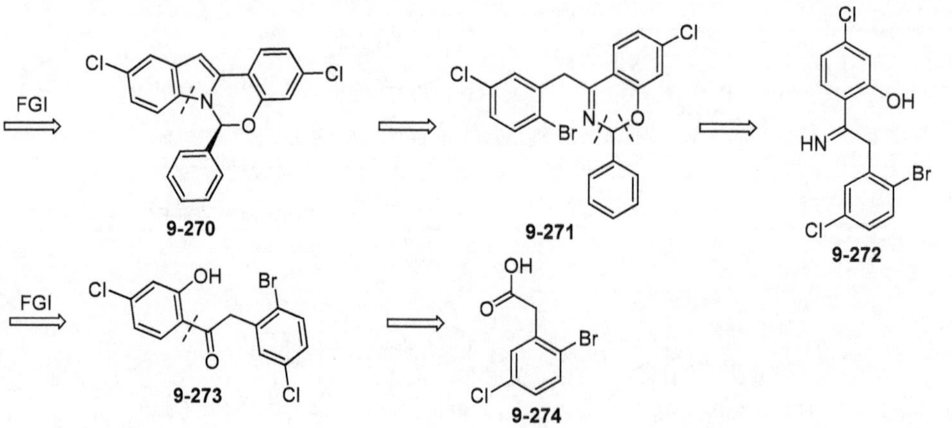

FGI

9-270

9-271

9-272

FGI

9-273

9-274

合成路线[43]：

以 5-氯-2-溴苯乙酸 (**9-274**) 为原料，以三氟磺酸为催化剂，通过 Friedel-Crafts 反应生成酮 (**9-273**)。与氨生成亚胺后，再以三氟磺酸为催化剂，与苯甲醛缩合成噁嗪 (**9-271**)。在醋酸钯和手性磷配体催化作用下，选择性生成 *S*-四环中间体 (**9-270**)。与联硼酸频哪醇酯反应引入对称的硼酸酯结构，最后与 2-溴咪唑中间体发生 Suzuki 偶联反应得到 Elbsvir (**9-268**)。

CF_3SO_3H　NH_3　CF_3SO_3H

9-274　9-273　9-272　9-271

$Pd(OAc)_2$, K_3PO_4

$Pd(OAc)_2$, XPhos, KOAc

9-270　9-269

$Pd_2(dba)_3$, 苯丙胺, K_2CO_3

Elbsvir (**9-268**)

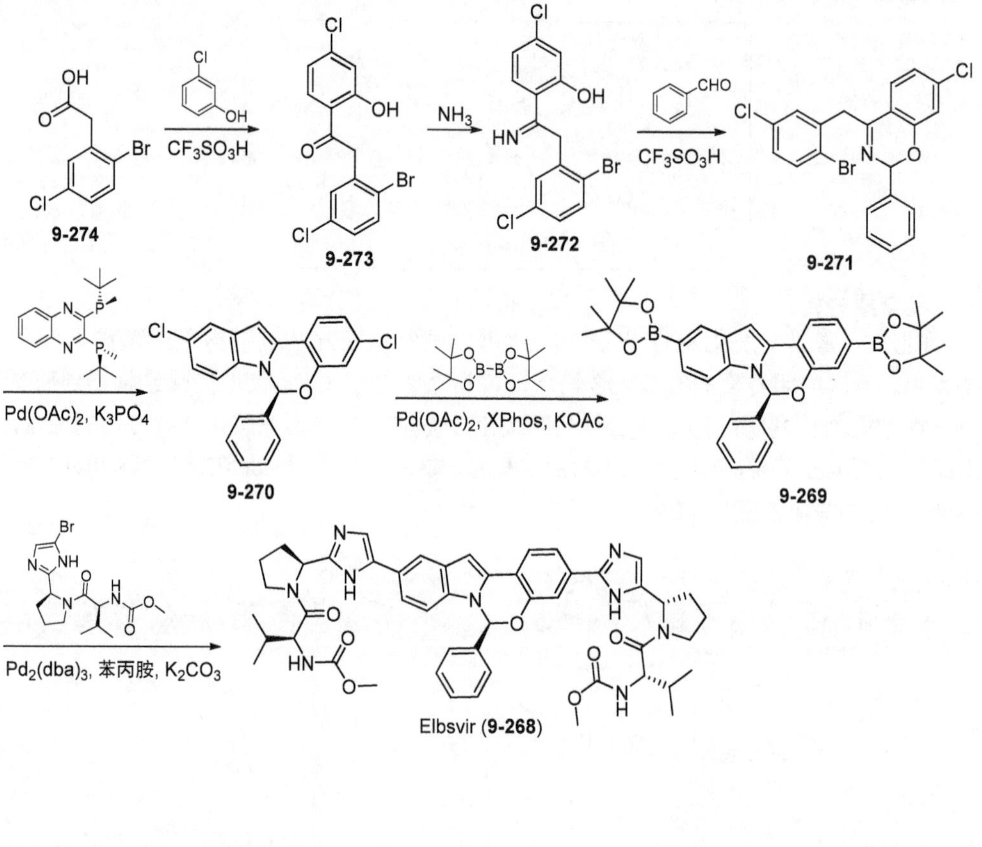

9.4

神经系统药物

9.4.1 帕罗西汀 (paroxetine)

帕罗西汀 (**9-275**) 是选择性 5-羟色胺再摄取抑制剂 (SSRIs) 中第一个获准用于治疗焦虑障碍的药物，由葛兰素史克公司研发，于 1991 年上市，曾是葛兰素史克的最佳畅销药物之一，全世界有 1700 万名患者服用过该药物。

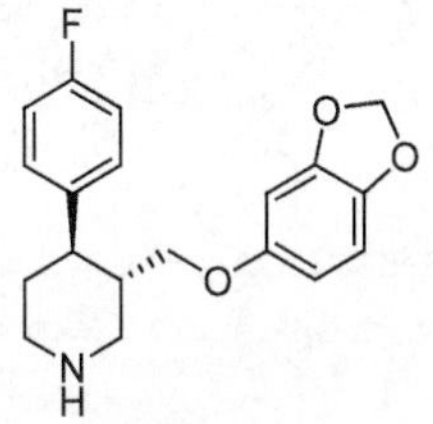

帕罗西汀 (**9-275**)

反合成分析：

帕罗西汀的反合成分析较简单，但其分子中具有两个手性中心，手性中心的引入是其难点，在工业化生产中采用拆分的方法得到光学纯分子。首先，采用 C–O 键切断得到羟甲基取代的哌啶 (**9-276**) 和芝麻酚。其次，将取代哌啶转换成羧酸酯 (**9-277**) 后进行 C–C 键切断得到 *N*-去甲基槟榔碱 (**9-278**) 和 4-氟苯基溴化镁 (**9-279**)。

帕罗西汀 (**9-275**) ⟹ **9-276** ⟹(FGI) **9-277** ⟹ **9-278** + **9-279**

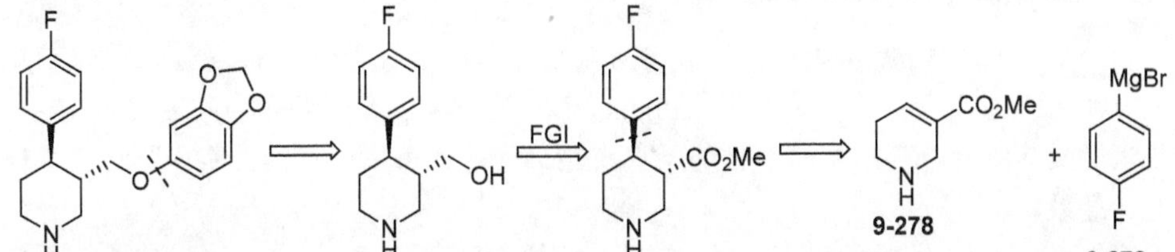

合成路线[44]**：**

帕罗西汀是一个反式 3,4-二取代哌啶，旋光异构体的获得是采用拆分方法得到的，哌啶环上的活泼氢在反应过程中需要保护，甲基保护后能得到商业化的起始原料槟榔碱。槟榔碱 (**9-280**) 和 4-氟苯基溴化镁 (**9-279**) 反应得到反式和顺式异构体的混合物，分离得到反式异构体 (**9-281**) 后盐酸水解、酰氯化与 (+)-薄荷醇成酯 (**9-284**)，通过分步结晶，分离得到 (+)-异构体，用氢化铝锂还原酯成醇 (**9-276**) 后，氯化并与芝麻酚成醚 (**9-285**)。脱甲基时采用新的策略，反应条件温和，先用氯甲酸乙烯酯处理得到氨基甲酸乙烯基酯 (**9-286**)，与 HCl 加成得到氨基甲酸氯乙基酯，然后在甲醇中回流水解得到帕罗西汀 (**9-275**)。

9-280 → (9-279) → 9-281 + 9-282 → (NaOMe, PhH) → 9-281 → (1. HCl; 2. $SOCl_2$) → 9-283 → ((+)-薄荷醇, 吡啶) → 9-284 → (1. 分步结晶; 2. $LiAlH_4$) → 9-276 → (1. $SOCl_2$; 2. 芝麻酚) → 9-285 → (DCM) → 9-286 → (1. HCl; 2. MeOH) → 帕罗西汀 (9-275)

9.4.2 利培酮 (risperidone)

利培酮 (**9-287**) 是由 Janssen 公司研发于 1993 年上市的一种选择性单胺拮抗剂，与 5-羟色胺的 5-HT2 受体和多巴胺的 D2 受体有很高的亲和力，也能与 α1-肾上腺素能受体结合。利培酮是一种非经典抗精神病药，可以选择性抑制中脑边缘多巴胺能神经系统。

利培酮 (**9-287**)

反合成分析：

利培酮采用中心 C–N 切断后得到两个结构简化的中间体四氢吡啶并嘧啶酮 (**9-288**) 和苯并异噁唑 (**9-289**)。**9-288** 通过官能团添加转化成吡啶并嘧啶酮 (**9-290**) 后将嘧啶酮环切断后得到 2-氨基吡啶 (**9-291**) 和 2-乙酰基丁内酯 (**9-292**)，将中间体 **9-289** 的异噁唑环切断后得到羟肟 (**9-293**)，羟肟 (**9-293**) 很容易由芳香酮 (**9-294**) 转化，而酮 (**9-294**) 可采用 Friedel-Crafts 反应切断方法得到酰氯 (**9-295**) 和间二氟苯 (**9-296**)。

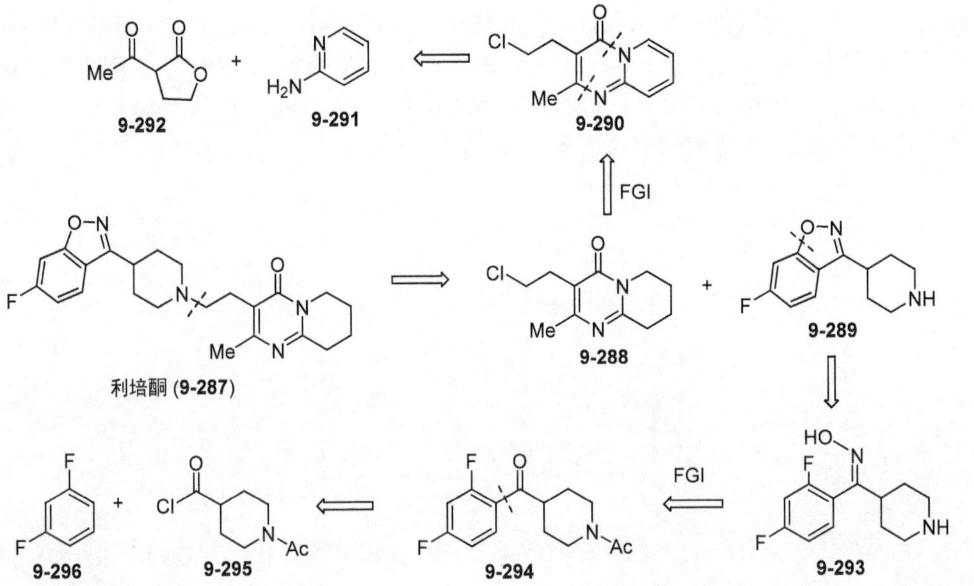

9-292 9-291 9-290

FGI

利培酮 (9-287) 9-288 9-289

9-296 9-295 9-294 FGI 9-293

合成路线[45]：

利培酮的合成分两部分进行，中间体四氢吡啶并嘧啶酮 (**9-288**) 的合成以 2-氨基吡啶 (**9-291**) 和 2-乙酰基丁内酯 (**9-292**) 为原料，在 $POCl_3$ 中回流环合成吡啶[1,2-*a*] 嘧啶-4-酮后氢化还原得到。另一中间体苯并异噁唑 (**9-289**) 的合成以间二氟苯 (**9-296**) 与 1-乙酰基哌啶-4-甲酰氯 (**9-295**) 首先进行 Friedel-Crafts 反应，然后将酮 (**9-294**) 转化成羟肟 (**9-293**)，环合生成 **9-289**。最后将两个片段连接生成利培酮 (**9-287**)。

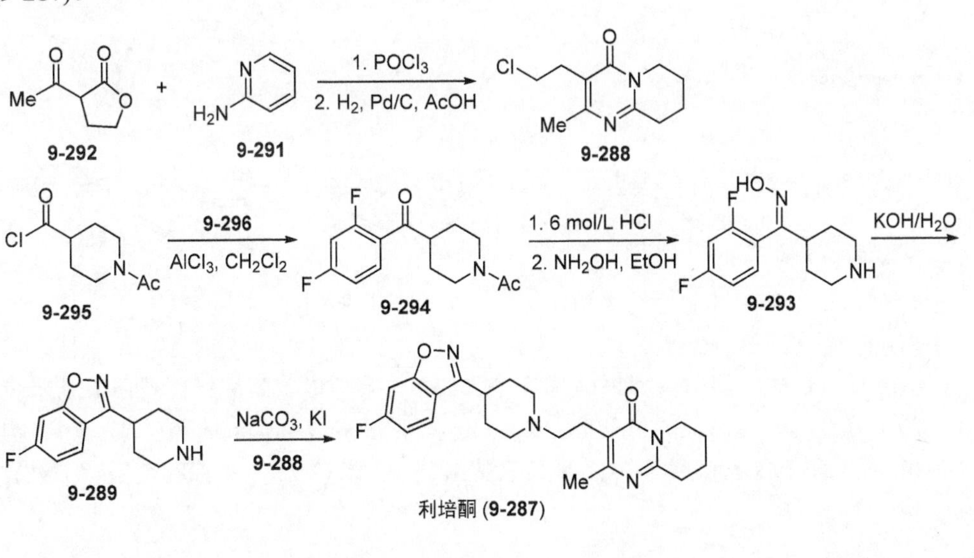

1. $POCl_3$; 2. H_2, Pd/C, AcOH

9-292 9-291 9-288

9-296; $AlCl_3$, CH_2Cl_2 — 1. 6 mol/L HCl; 2. NH_2OH, EtOH — KOH/H_2O

9-295 9-294 9-293

$NaCO_3$, KI; 9-288

9-289 利培酮 (9-287)

9.4.3 喹硫平 (quetiapine)

喹硫平 (**9-297**) 是阿斯利康制药公司研发，1997 年上市的非典型抗精神分裂症药，对多种神经递质受体有相互作用。在脑中，喹硫平对 5-羟色胺 (5-HT2) 受体具有高度亲和力，且大于对脑中多巴胺 D1 和多巴胺 D2 受体的亲和力。喹硫平对组织胺受体和肾上腺素能 α1 受体同样有高亲和力，对肾上腺素能 α2 受体亲和力低，但对胆碱能毒蕈碱样受体或苯二氮䓬受体基本没有亲和力。

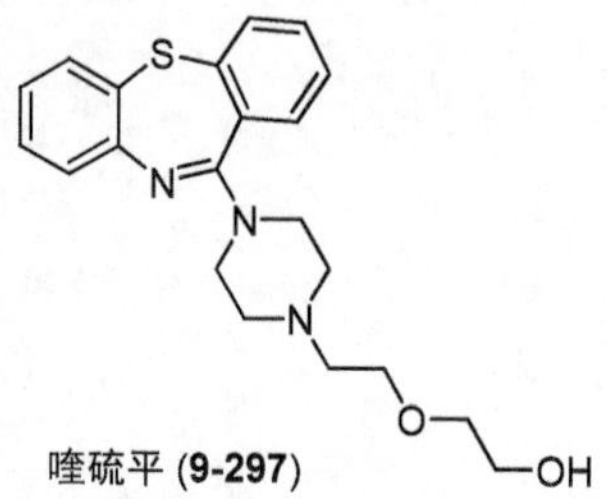

喹硫平 (9-297)

反合成分析：

喹硫平采用 C–N 切断可以简化结构，得到 1-(2-羟乙氧基)-乙基哌嗪 (**9-298**) 和二苯并硫氮杂䓬 (**9-299**)，后者经官能团转化成酰胺 (**9-300**)，优先切断酰胺键得到异氰酸酯 (**9-301**)，可进一步转化成苯胺 (**9-302**)。苯胺 (**9-302**) 的硫醚键切断与醚一样，进行 C–S 键切断。

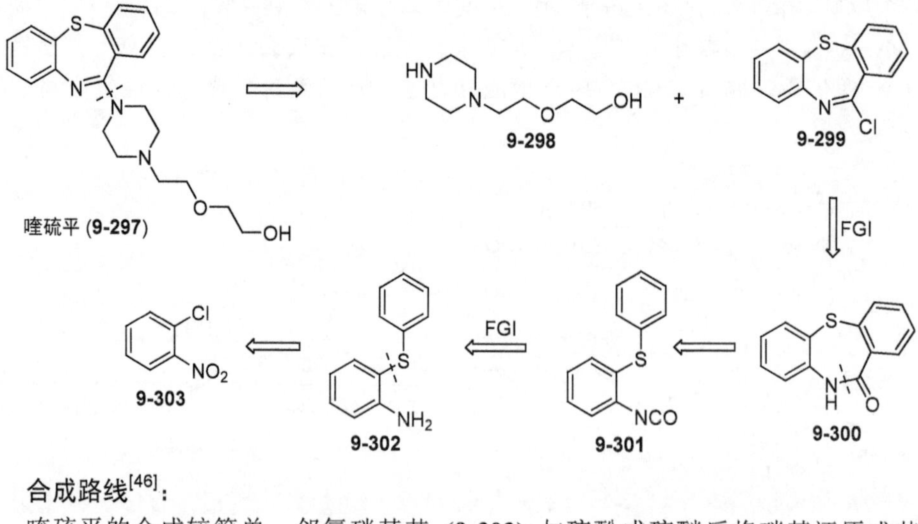

喹硫平 (9-297) ⟹ 9-298 + 9-299 ⟹(FGI) 9-300 ⟹ 9-301 ⟹(FGI) 9-302 ⟹ 9-303

合成路线[46]**：**

喹硫平的合成较简单，邻氯硝基苯 (**9-303**) 与硫酚成硫醚后将硝基还原成苯胺 (**9-302**)，用光气处理形成异氰酸酯 (**9-301**)。然后在硫酸中回流闭环生成三环结构 (**9-300**)，经三氯氧磷氯化后与 1-(2-羟乙氧基)-乙基哌嗪 (**9-298**) 生成喹硫平 (**9-297**)。

1. PhSH, NaOH; 2. H_2, Raney Ni → $COCl_2$ → H_2SO_4 → $POCl_3$, $PhNMe_2$ → 9-298

9-303　9-302　9-301　9-300　9-299

喹硫平 (**9-297**)

9.4.4　齐拉西酮 (ziprasidone)

齐拉西酮 (**9-304**) 是由辉瑞制药公司研发，2001 年上市的一种新型非典型抗精神病药。齐拉西酮是 5-羟色胺 2A 型受体和多巴胺 D2 受体的强拮抗剂，对精神分裂症阳性症状、阴性症状、情感症状及认知障碍有确切的疗效，且锥体外系副反应少。齐拉西酮是目前已上市非典型抗精神分裂症药物中唯一一种对去甲肾上腺素、5-羟色胺再摄取具有中度抑制作用的药物。

齐拉西酮 (**9-304**)

反合成分析：

齐拉西酮与富马酸喹硫平、利培酮的反合成分析一样，可采用 C–N 切断简化结构，得到两个中间体 3-哌嗪-1-基苯并异噻唑 (**9-305**) 和二氢吲哚酮 (**9-306**)。前者可以继续进行 C–N 切断得到 3-氯苯并异噻唑 (**9-310**)，可进一步转化成苯并异噻唑酮 (**9-311**)。二氢吲哚酮 (**9-306**) 通过官能团添加引入酮基，芳香酮 (**9-307**) 的切断可采用 Friedel-Crafts 反应切断得到 6-氯-1,3-二氢吲哚-2-酮 (**9-308**)，继续添加羰基得到市场可售的 6-氯靛红 (**9-309**)。

9-311 ⇐ 9-310

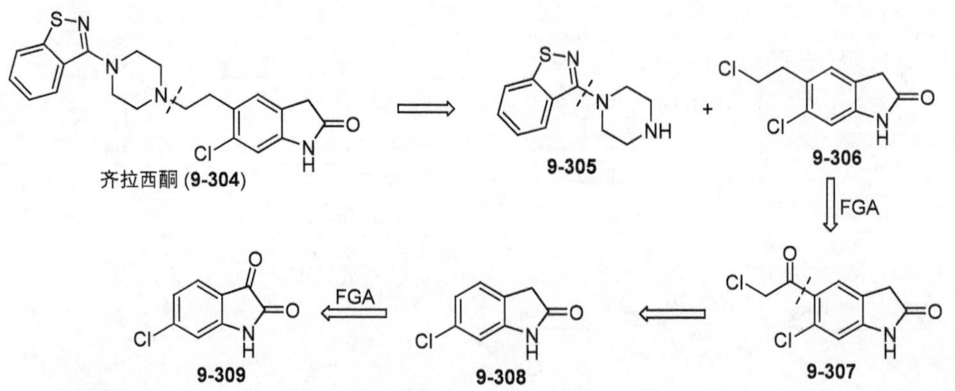

合成路线[47]：

苯并异噻唑酮 (**9-311**) 用三氯氧磷 3 位氯代后与 10 摩尔倍量 (10 eq) 的哌嗪反应生成中间体 3-哌嗪-1-基苯并异噻唑 (**9-305**)。另一方面用 6-氯靛红 (**9-309**) 还原成 6-氯-1,3-二氢吲哚-2-酮 (**9-308**)，利用氯乙酰氯发生 Friedel-Crafts 反应生成芳酮 (**9-307**)，将羰基还原后得到二氢吲哚酮 (**9-306**)。将这两个片段连接后得到齐拉西酮 (**9-304**)。

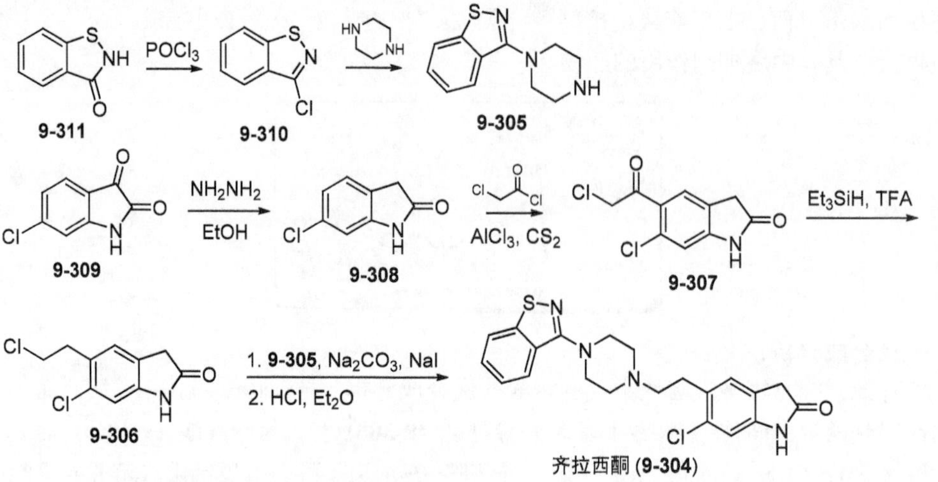

9.4.5 右哌甲酯 (dexmethylphenidate)

右哌甲酯 (**9-312**) 由诺华公司 (Novatis) 研发，2002 年上市的药物，主要用于治疗成人、青少年和儿童的注意力不集中和多动症。

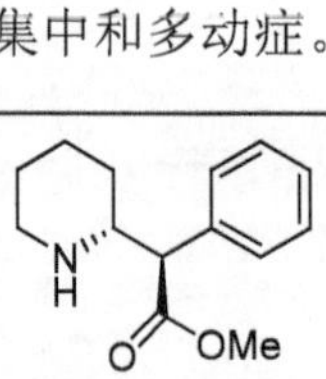

右哌甲酯 (**9-312**)

反合成分析：

通过将右哌甲酯酯基转化成为酸 (**9-313**)、醇 (**9-314**) 和烯 (**9-315**)，构建了 Wittig 反应合成子，进一步切断得到芳香酮 (**9-316**)。最后，利用 Weinreb 酮合成法，切断得到 *R*-哌啶酰氯和苯。右哌甲酯含有两个手性中心，哌啶环上的手性用手性源 *R*-哌啶酰氯提供，然后反应得到非对映异构体，通过拆分得到光学纯的化合物。

右哌甲酯 (**9-312**) ⟹(FGI) **9-313** ⟹(FGI) **9-314** ⟹(FGI) **9-315**

⟹(Wittig 反应) **9-316** ⟹ **9-317** + 苯

合成路线[48]**：**

以 *R*-哌啶酸 (**9-318**) 为起始原料，首先将氨基用 Boc 保护，然后与 *N*,*O*-二甲基羟胺反应生成 Weinreb 胺 (**9-320**)。采用 Weinreb 酮合成法将 **9-320** 与苯基锂反应得到芳香酮 (**9-321**)，然后再通过 Wittig 反应生成烯 (**9-322**)。经 BH_3-THF 体系转化成为醇，通过拆分得到光学纯的化合物 **9-323**，再经过重铬酸吡啶盐 (pyridinium dichromate, PDC) 介导的氧化得到酯，最后用 HCl 脱去 Boc 保护，得到右哌甲酯 (**9-312**)。

9-318 →($(Boc)_2O$, TEA) **9-319** →(*N*,*O*-二甲基羟胺; BOP, TEA, DCM) **9-320** →(PhLi, Et_2O)

9-321 →(甲基三苯基溴化鏻; KO^{t}Bu, THF) **9-322** →(1. BH_3, THF; 2. NaOH, H_2O_2)

9-323 (64%) + **9-324** (25%) → **9-323** →(1. PDC / DMF; 2. CH_2N_2; 3. HCl / MeOH) 右哌甲酯 (**9-312**)

9.4.6 艾司西酞普兰 (escitalopram)

艾司西酞普兰 (**9-325**) 是由杨森公司研发上市的新一代三环类抗抑郁药，商品名为 Lexapro。艾司西酞普兰为选择性 5-羟色胺再摄取抑制剂，是治疗重症抑郁患者的一线药物。艾司西酞普兰是西酞普兰的 *S*-异构体，具有更强的 5-羟色胺转运体的抑制作用。*R*-西酞普兰不仅不能抑制 5-羟色胺转运体对 5-羟色胺的再摄取，而且还会影响 *S*-异构体对 5-羟色胺转运体的抑制作用。

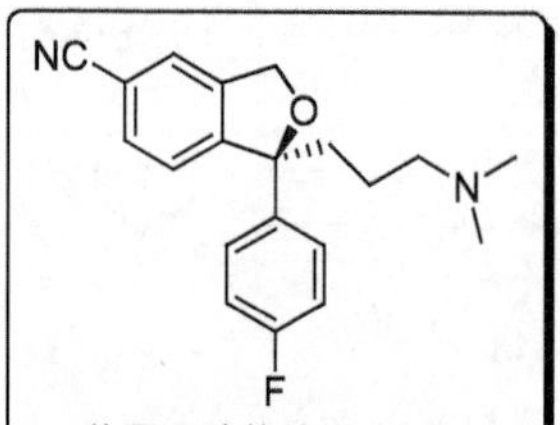

艾司西酞普兰 (**9-325**)

反合成分析：

首先，将艾司西酞普兰分子中的醚键切断，得到二醇 (**9-326**)，叔醇部分的手性可以通过拆分方法构建。根据多分枝点和一基团切断原则，将 **9-326** 的叔醇切断为二甲氨基丙基格氏试剂 (**9-328**) 和芳香酮 (**9-327**)。最后，切断芳香酮得到 5-氰基苯酞 (**9-329**) 和格氏试剂 (**9-330**)。

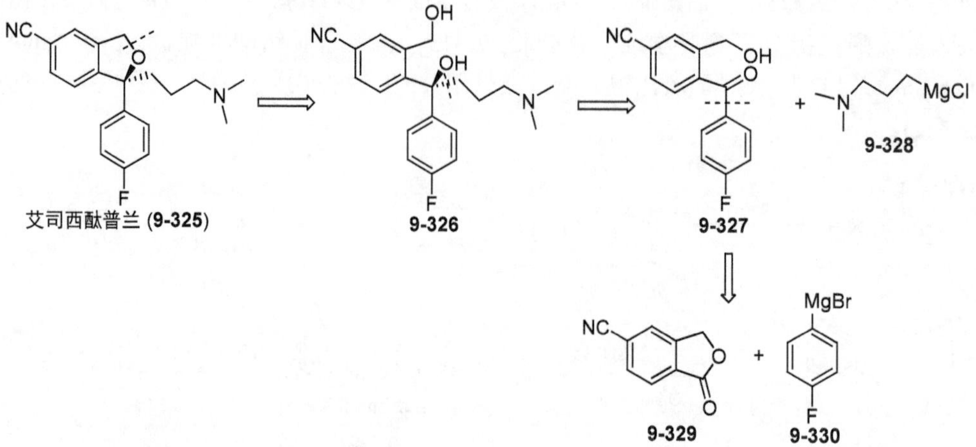

艾司西酞普兰 (**9-325**) ⟹ **9-326** ⟹ **9-327** + **9-328**；**9-327** ⟹ **9-329** + **9-330**

合成路线[49]**：**

以 5-氰基苯酞 (**9-329**) 为起始原料，通过“一锅煮”反应直接制得外消旋的二醇 (**9-333**)。在此过程中，5-氰基苯酞首先与对氟溴苯格氏试剂发生亲核加成，反应生成过渡态化合物 (**9-331**)，然后迅速分解为芳香酮 (**9-332**)。**9-332** 与二甲氨基丙基格氏试剂 (**9-328**) 反应生成外消旋二醇 (**9-333**)，后者通过 (+)-二对甲苯酰-酒石酸拆分，以 55% 的收率得到光学纯的 *S*-异构体 (**9-326**)。最后，以甲苯为溶剂用甲磺酰氯将二醇关环，得到艾司西酞普兰 (**9-325**)。

THF

(+)-二对甲苯酰-酒石酸拆分

TEA, $MeSO_2Cl$

艾司西酞普兰 (**9-325**)

9.4.7 度洛西汀 (duloxetine)

度洛西汀 (**9-334**) 是由美国礼来公司 (Eli Lilly) 研发，2002 年上市的第三代抗抑郁药，临床使用其盐酸盐，商品名为 Cymbalta (欣百达)。最先用于抑郁症的治疗，后来又被批准用于治疗糖尿病周围神经痛。度洛西汀是一种新型的 5-羟色胺 (5-HT) 神经通道和去甲肾上腺素 (NE) 神经通道强效、高度特异性的双重抑制剂。度洛西汀是通过抑制神经元突触对 5-羟色胺和去甲肾上腺素的再摄取，增加神经递质水平，从而显著改善抑郁患者的情绪不适症状和疼痛性躯体症状而产生抗抑郁作用。

度洛西汀 (**9-334**)

反合成分析：

度洛西汀尽管结构不复杂，但有很多种反合成分析策略。这里，主要介绍下列两种反合成策略所得到的五条反合成路径 (路径 A~E)。

① 反合成分析策略一 (路径 A)

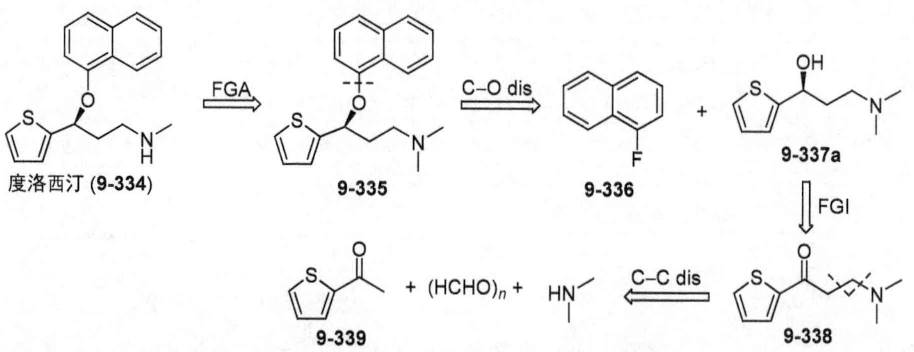

度洛西汀 (**9-334**) FGA ⟹ **9-335** C–O dis ⟹ **9-336** + **9-337a**

9-337a FGI ⟹ **9-338**

9-338 C–C dis ⟹ **9-339** + $(HCHO)_n$ + HN(CH$_3$)$_2$

度洛西汀最早的反合成分析策略中，首先经逆向官能团添加 (FGA) 及逆向 C–O 键切割得到酚醚化反应所需关键中间体原料 (*S*)-3-*N*,*N*-二甲氨基-1-(2-噻吩基)-1-丙醇 (**9-337a**)。然后，依次经逆向官能团互换 (FGI) 和逆向 C–C 键切割便得到正向 Mannich 合成反应所需起始原料：2-乙酰噻吩 (**9-339**)、多聚甲醛和二甲基胺。

② 反合成分析策略二

度洛西汀后期的反合成分析策略中，常首先直接通过逆向 C–O 键切割得到手性关键中间体：(*S*)-3-*N*-甲氨基-1-(2-噻吩基)-1-丙醇 (**9-337b**)。

然后，手性关键中间体 (*S*)-3-*N*-甲氨基-1-(2-噻吩基)-1-丙醇 (**9-337b**) 可选择 B、C、D、E 四条不同的反合成路径，其中：

路径 B：依次经官能团添加 (FGA)、官能团互换 (FGI) 及 C–C 键切割便得到正向合成所需起始原料：2-乙酰噻吩 (**9-339**)、多聚甲醛和 *N*-甲基苄胺 (**9-343**)。

路径 C：依次经官能团添加 (FGA)、C–N 键逆向切断、官能团转换 (FGI) 和 C–C 键逆向切断最终得到正向合成所需起始原料：2-乙酰噻吩 (**9-339**)、碳酸二乙酯和甲基胺。

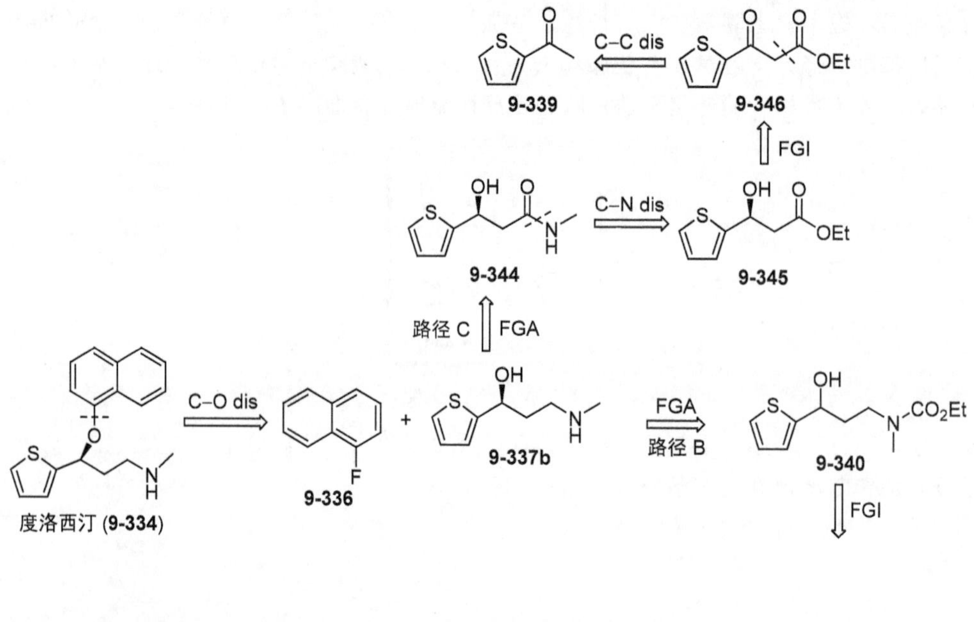

度洛西汀 (**9-334**) C–O dis ⟹ **9-336** + **9-337b**

9-337b 路径 C FGA ⟹ **9-344** C–N dis ⟹ **9-345** FGI ⟹ **9-346** C–C dis ⟹ **9-339**

9-337b FGA 路径 B ⟹ **9-340** (N–CO_2Et) FGI ⟹

$PhCH_2NHCH_3$ + $(HCHO)_n$ + (9-343) (9-339) ⟸ C–C dis 9-342 ⟸ FGI 9-341

路径 D：依次经官能团添加 (FGA)、C–N 键和 C–C 键切断最终得到正向合成所需起始原料：2-噻吩甲醛 (**9-347**)、*β*-溴代乙酸乙酯 (**9-348**) 和甲基胺。

路径 E：依次经 C–N 键切割、官能团互换 (FGI) 及 C–C 键切割便得到正向合成所需起始原料：噻吩、3-氯丙酰氯 (**9-352**) 和甲基胺。

9-344 ⟹ C–N dis 9-345 ⟹ C–C dis 9-347 + 9-348

FGA ⇑ 路径 D

9-337b ⟹ C–N dis 路径 E 9-349 ⟹ FGI 9-350 ⟹ FGI 9-351

⟹ C–C dis 噻吩 + 9-352

合成路线：

度洛西汀的合成路线按照醚化反应所用原料的不同，主要可分为以下两大类：①以 (*S*)-3-*N*,*N*-二甲氨基-1-(2-噻吩基)-1-丙醇为原料，即合成路线一；②以 (*S*)-3-*N*-甲氨基-1-(2-噻吩基)-1-丙醇为原料，即合成路线二。

① 合成路线一[50,51]

首先 2-乙酰噻吩 (**9-339**) 与二甲胺盐酸盐、多聚甲醛在乙醇中进行 Mannich 反应生成 3-*N*,*N*-二甲氨基-1-(2-噻吩基)-1-丙酮 (**9-338**)，经硼氢化钠还原得到外消旋的 3-*N*,*N*-二甲氨基-1-(2-噻吩基)-1-丙醇，然后由 (*S*)-(+)-扁桃酸作为拆分剂进行拆分，得到 (*S*)-3-*N*,*N*-二甲氨基-1-(2-噻吩基)-1-丙醇 (**9-337a**)，再在氢化钠作用下于二甲亚砜 (DMSO) 中与 1-氟萘进行 S_NAr 氧醚化反应，生成 *N*-甲基度洛西汀 (**9-335**)，接着与氯甲酸苯酯或氯甲酸三氯乙酯反应生成度洛西汀的氨基甲酸酯，最后不经分离直接水解就制得度洛西汀 (**9-334**)。这是早期合成度洛西汀的一条最基本、技术相对成熟的合成路线，也比较适合于工业化生产。

9-339 —$(HCHO)_n$, Me_2NH_2•HCl→ 9-338 —1. $NaBH_4$ 2. (*S*)-(+)-扁桃酸→ 9-337a —1. DMSO, NaH 2. **9-336**, $PhCO_2K$→

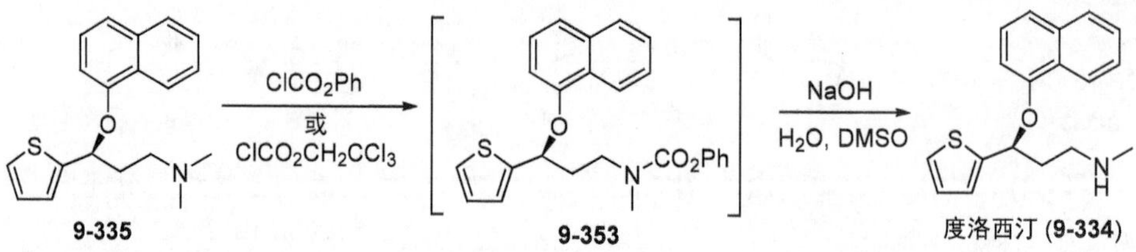

② 合成路线二[52~57]

醚化反应原料 (*S*)-3-甲氨基-1-(2-噻吩基)-1-丙醇 (**9-337b**) 的合成方法很多。这里主要介绍依据不同反应途径合成 (*S*)-3-*N*-甲氨基-1-(2-噻吩基)-1-丙醇 (**9-337b**)，再与1-氟萘进行 S_NAr 醚化反应制备度洛西汀的四种常见路径。

a. 合成路径 B

首先用 2-乙酰噻吩 (**9-339**) 和 *N*-甲基苄胺盐酸盐、多聚甲醛进行 Mannich 反应，生成 3-*N*-苄基甲基氨基-1-(2-噻吩基)-1-丙酮 (**9-342**)，然后依次与氯甲酸乙酯、硼氢化钠和氢氧化钠发生 *N*-烷氧羰基化、酮羰基还原及脱 *N*-烷氧羰基反应，得到消旋 3-*N*-甲氨基-1-(2-噻吩基)-1-丙醇 (**9-354**)，再用 (*S*)-(+)-扁桃酸拆分得到 (*S*)-3-甲氨基-1-(2-噻吩基)-1-丙醇 (**9-337b**)，最后用上述“合成路线一”同样的 S_NAr 氧醚化反应方法，与 1-氟萘反应制得度洛西汀 (**9-334**)。

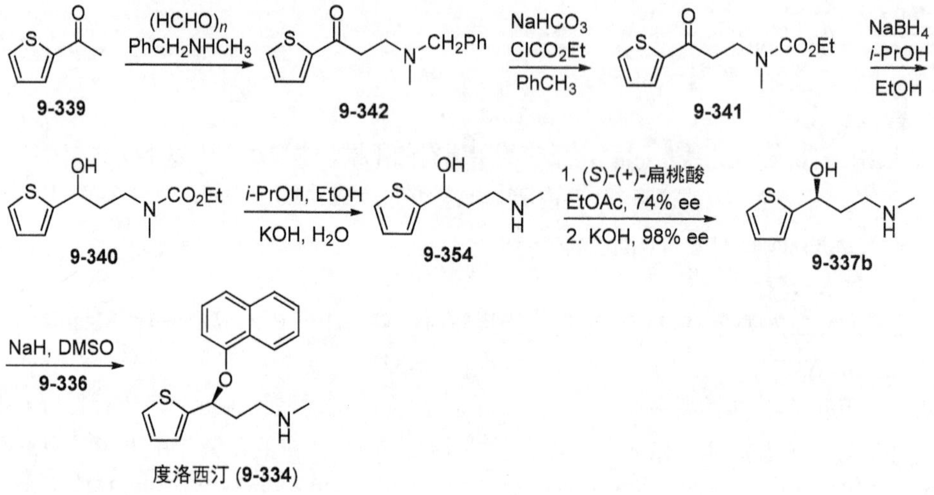

b. 合成路径 C

先将 2-乙酰噻吩 (**9-339**) 与碳酸二乙酯在氢化钠存在下发生 *C*-酰化反应生成3-氧代-3-(2-噻吩基)-丙酸乙酯 (**9-346**)。然后，在手性催化剂存在下用甲酸发生不对称还原反应生成 (*S*)-3-羟基-*N*-甲基-3-(2-噻吩基)-丙酰胺 (**9-344**)，最后用红铝或硼烷(由硼氢化钠和碘原位产生) 将酰胺羰基还原为亚甲基生成 (*S*)-3-*N*-甲氨基-1-(2-噻吩基)-1-丙醇 (**9-337b**)，最后用上述“合成路径 A”同样的 S_NAr 醚化反应方法，与1-氟萘反应制得度洛西汀 (**9-334**)。

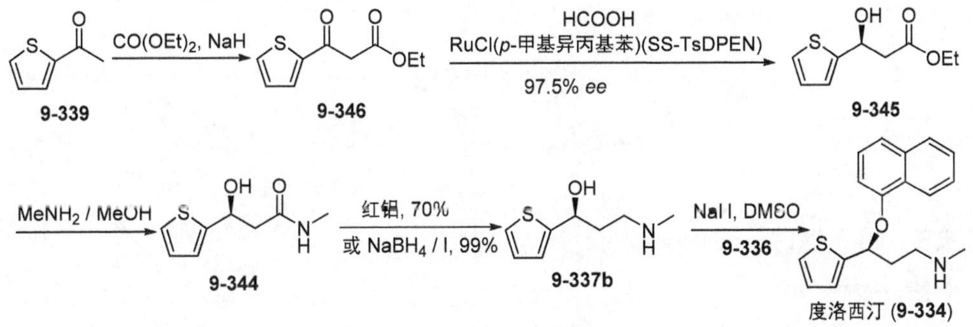

c. 合成路径 D

首先 2-噻吩甲醛 (**9-347**) 与溴乙酸乙酯在锌粉、三甲基氯硅烷及不对称催化剂存在下，发生不对称 Reformatsky 反应生成 (*S*)-3-羟基-3-(2-噻吩基)-丙酸乙酯 (**9-345**)，然后采用与上述“合成路径 C”相同的合成路线及操作制得度洛西汀 (**9-334**)。

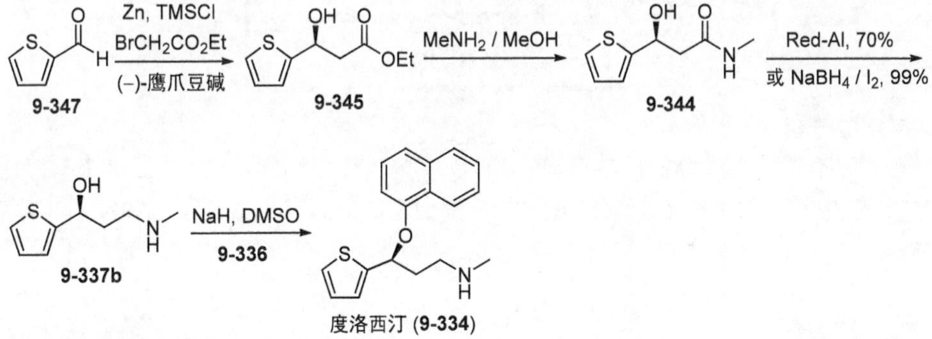

d. 合成路径 E

首先噻吩和 3-氯丙酰氯 (**9-352**) 在 Lewis 酸四氯化锡催化下进行 Friedel-Crafts 反应生成 3-氯-1-(2-噻吩基)-丙酮 (**9-351**)。然后，在脯氨酸衍生的手性催化剂氧氮硼杂啶 (CBS 催化剂) 的催化下还原得到 (*S*)-3-氯-1-(2-噻吩基)-1-丙醇 (**9-350**)，再与碘化钠在丙酮中发生卤原子置换反应得到 (*S*)-3-碘-1-(2-噻吩基)-1-丙醇 (**9-349**)。与甲胺水溶液在四氢呋喃中发生亲核取代反应，生成 (*S*)-3-*N*-甲氨基-1-(2-噻吩基)-1-丙醇 (**9-337b**)。最后，在氢化钠作用下在 DMSO 中与 1-氟萘进行 S_NAr 醚化反应制得度洛西汀 (**9-334**)。该方法反应条件温和，所用手性催化剂易回收，可多次使用，不足之处是 Friedel-Crafts 反应收率只有 39%。

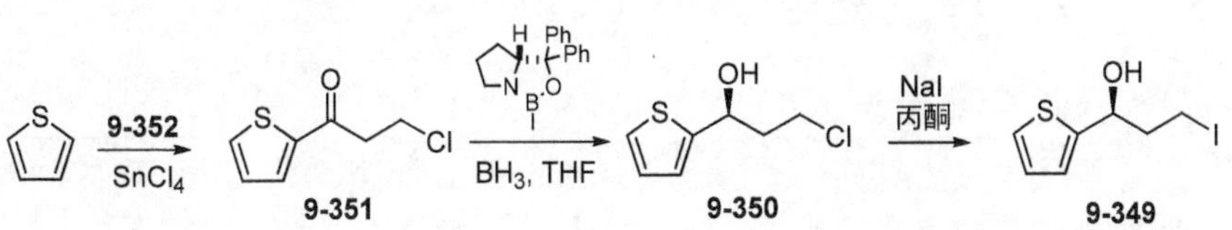

CH_3NH_2 / THF → 9-337 → NaH, DMSO / 9-336 → 度洛西汀 (9-334)

9.4.8 阿立哌唑 (aripiprazole)

阿立哌唑 (**9-355**) 是由 Otsuka 公司和百时美施贵宝 (Bristol-Myers Squibb) 公司共同研发，2002 年上市的抗精神失常药，商品名为 Abilify。阿立哌唑通过对多巴胺 D2 受体和5-HT1A 受体的部分激动作用及对 5-HT2A 受体的拮抗作用来产生抗精神分裂症作用。

阿立哌唑 (9-355)

反合成分析：

阿立哌唑的反合成分析比较简单，通过 C–N 键切断得到 1-(2,3-二氯苯基)哌嗪 (**9-357**) 和溴代物 (**9-356**)。后者通过 C–O 键切断，得到 1,4-二溴丁烷和羟基喹啉酮 (**9-358**)。

阿立哌唑 (9-355) ⟹ C–N dis ⟹ 9-356 + 9-357

9-356 ⟹ C–O dis ⟹ 9-358 + 1,4-二溴丁烷

合成路线[58]：

以羟基喹啉酮 (**9-358**) 为起始原料，K_2CO_3 为碱，DMF 为溶剂，与 1,4-二溴丁烷发生烷基化反应得到化合物 **9-356**。与 1-(2,3-二氯苯基)哌嗪 (**9-357**) 发生取代反应，以 87% 的收率得到阿立哌唑 (**9-355**)。

9-358 → $Br(CH_2)_4Br$, K_2CO_3 / DMF → 9-356 → 9-357 / NaI, TEA, CH_3CN →

阿立哌唑 (**9-355**)

9.4.9 普瑞巴林 (pregablin)

普瑞巴林 (**9-359**) 是神经递质 γ-氨基丁酸 (GABA) 的类似物，商品名为 Lyrica。2004 年 12 月，FDA 批准普瑞巴林作为治疗糖尿病神经痛和带状疱疹神经痛药物上市。普瑞巴林是美国和欧洲认可的第一个同时适用于治疗上述两种疼痛的药物。2005 年 6 月，普瑞巴林获批辅助治疗成年局部发作性癫痫。2006 年 3 月，欧盟批准普瑞巴林治疗广泛性焦虑障碍 (GAD) 和社交性焦虑障碍 (SAD)。

普瑞巴林 (**9-359**)

反合成分析：

普瑞巴林是 GABA 的类似物，分子中手性可通过拆分解决。首先，将普瑞巴林的氨甲基官能团转化为氰基，然后将羧基转化为丙二酸二乙酯的合成子，增强 α-位的反应活性。将氰基切断得到 α,β-不饱和二酯 (**9-362**)，进一步切断双键，得到价廉的丙二酸二乙酯和 3-甲基丁醛 (**9-363**)。

普瑞巴林 (**9-359**) ⟹ **9-360** ⟹ **9-361** ⟹ **9-362** ⟹ **9-363** + 丙二酸二乙酯

合成路线[59]**：**

丙二酸二乙酯和 3-甲基丁醛 (**9-363**) 在二异丙基胺的作用下缩合得到 α,β-不饱和二酯 (**9-362**)。后者与 KCN 进行双键加成，并水解脱羧，得到外消旋的普瑞巴林 (**9-360**)。外消旋的普瑞巴林通过与 (*S*)-(+)-扁桃酸形成非对映异构体盐，进行结晶拆分，得到光学纯的 (*S*)-异构体。

9-363 + 丙二酸二乙酯 —(^{i}Pr$_2$NH, HOAc)→ **9-362** —(KCN, EtOH)→ **9-361** —(1. KOH, MeOH; 2. H_2, Raney Ni; 3. HOAc)→

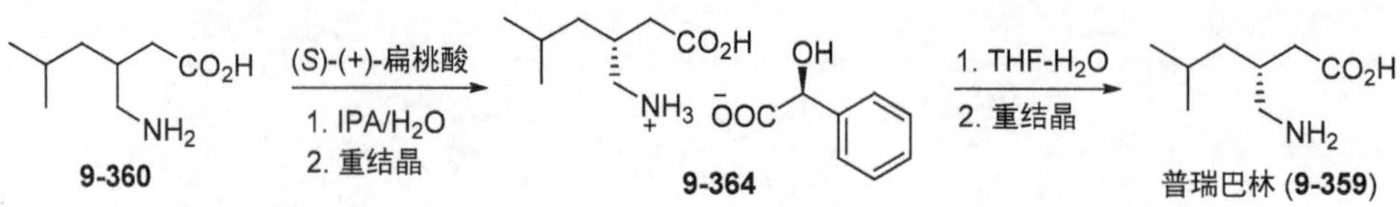

9-360

(S)-(+)-扁桃酸

1. IPA/H_2O

2. 重结晶

9-364

1. THF-H_2O

2. 重结晶

普瑞巴林 (**9-359**)

9.4.10 Suvorexant

Suvorexant (**9-365**) 是由默沙东公司研发，2014 年 8 月 FDA 批准上市的首个食欲素受体拮抗剂，商品名为 Belsomra。临床用于难以入睡和维持睡眠的失眠患者的治疗。

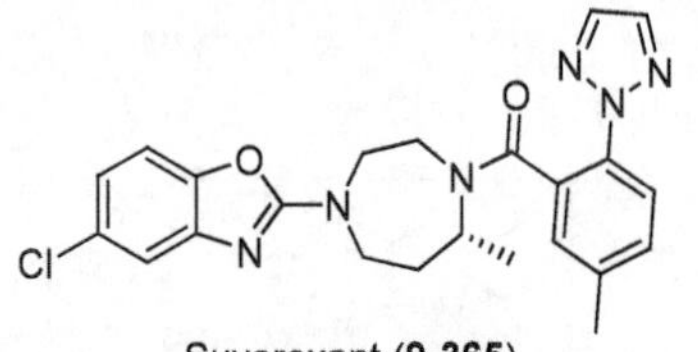

Suvorexant (**9-365**)

反合成分析：

首选采用酰胺键切断，得到二氮杂环庚烷化合物 (**9-366**) 和 5-甲基-2-(2*H*-1,2,3-三氮唑-2-基)苯甲酸。前者进行 C–N 切断将得到二取代乙二胺化合物 (**9-367**)，将苯并噁唑的 2 位氨基进行两次 C–N 切断得到原料 5-氯苯并[*d*]噁唑-2-胺 (**9-369**)。

Suvorexant (**9-365**)　9-366

9-367　9-368　9-369

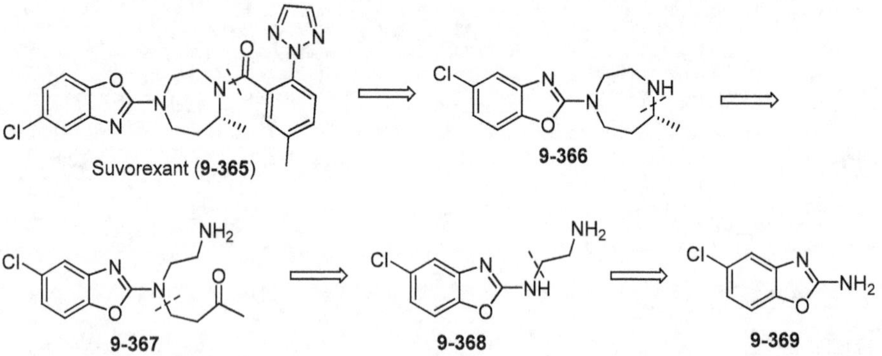

合成路线[60]**：**

以 5-氯苯并[*d*]噁唑-2-胺 (**9-369**) 为原料，与 *N*-Boc-2-氯乙胺发生取代得到 Boc 保护的乙二胺化合物 (**9-370**) 后，在碱性条件下与 2-氧代-4-氯丁烷发生取代反应得到二取代乙二胺化合物 (**9-371**)。与甲磺酸成盐后，在乙酸钠和三乙酰氧基硼氢化钠作用下发生环合和还原反应生成二氮杂环庚烷化合物 (**9-373**)。手性拆分得到 *R*-异构体后，与 5-甲基-2-(2*H*-1,2,3-三氮唑-2-基)苯甲酸成酰胺反应生成 Suvorexant (**9-365**)。

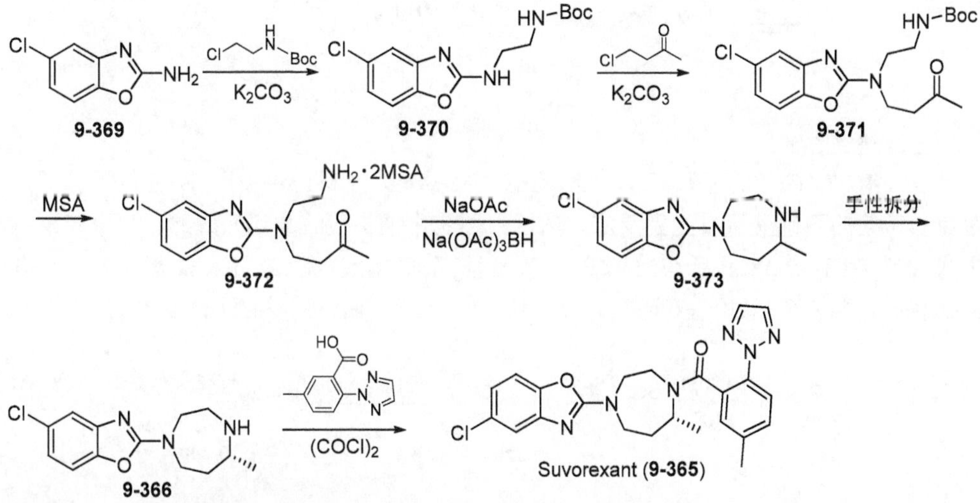

9.4.11 卡利拉嗪 (cariprazine)

卡利拉嗪 (**9-374**) 是由 Forest Lab 和 Gedeon Richter 联合研发，2015 年 9 月 FDA 批准上市的抗精神病药物，商品名为 Vraylar。卡利拉嗪能部分激动多巴胺 D3/D2 和 5-HT1A 受体，也能拮抗 5-HT2A 受体，临床用于精神分裂症和双相Ⅰ型障碍相关的躁狂或混合发作患者的治疗。

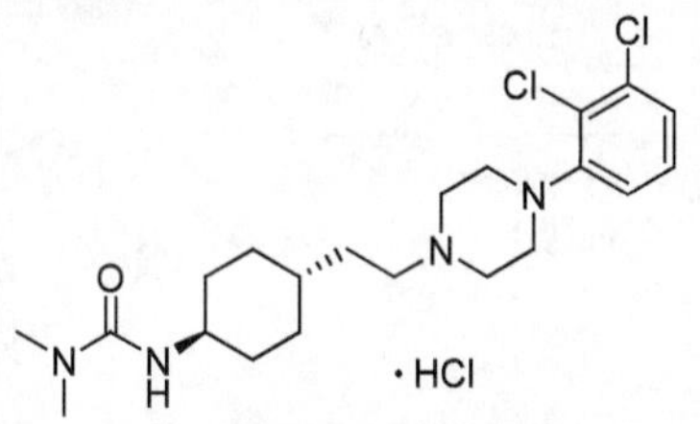

卡利拉嗪 (**9-374**)

反合成分析：

卡利拉嗪含有酰胺键，优先进行切断后得到胺类化合物 (**9-375**)。然后进行 C–N 切断得到 1-(2,3-二氯苯基)哌嗪和甲磺酸酯中间体 (**9-376**)，后者可经官能团转换成 2-[(1*R*,4*R*)-4-氨基环己基]乙醇 (**9-377**)，进一步转换成 2-[(1*R*,4*R*)-4-氨基环己基]乙酸乙酯 (**9-378**)。

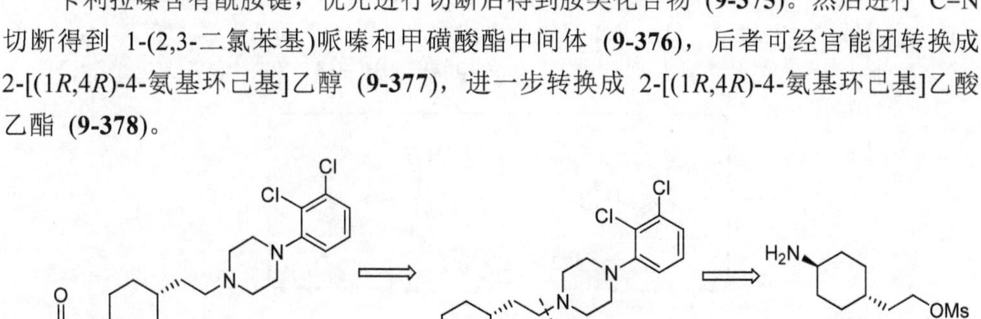

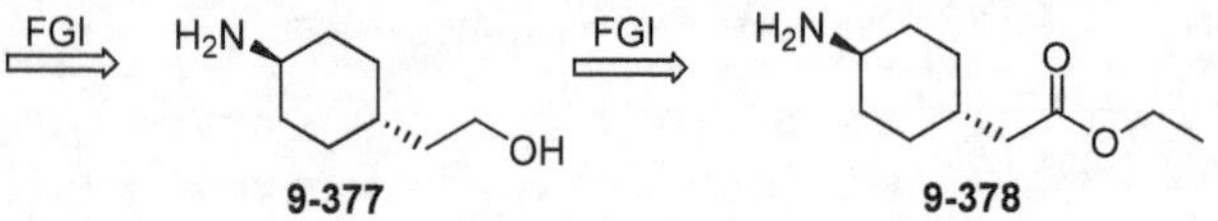

合成路线[61]：

以 2-[(1*R*,4*R*)-4-氨基环己基]乙酸乙酯 (**9-378**) 为原料，首先用 Boc 保护氨基，避免与后续的甲磺酰氯发生副反应。然后用硼氢化钠将羧酸酯还原成醇，与甲磺酰氯生成甲磺酸酯 (**9-381**) 后与 1-(2,3-二氯苯基)哌嗪盐酸盐反应引入哌嗪结构。脱去 Boc 保护，与双(三氯甲基)碳酸酯、二甲胺和盐酸反应得到卡利拉嗪 (**9-374**)。

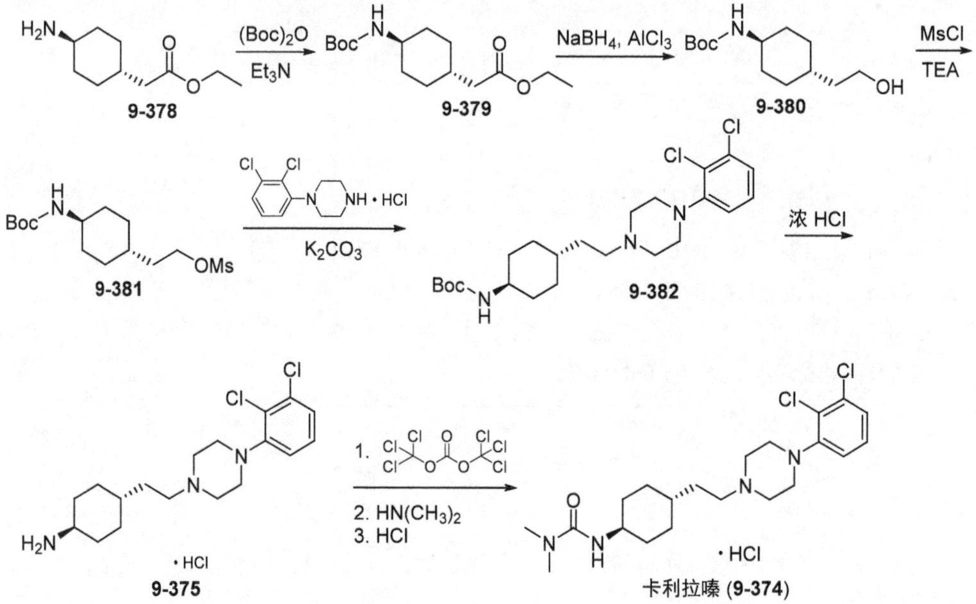

9.4.12 依匹哌唑 (brexpiprazole)

依匹哌唑 (**9-383**) 是由丹麦灵北和日本大冢制药公司研发，2015 年 7 月 FDA 批准上市的抗精神病药物，商品名为 Rexulti。目前，依匹哌唑作用机制尚不明确，可能是通过 5-HT1A 和多巴胺 D2 受体的部分激动活性，以及 5-HT2A 受体的拮抗活性产生作用，临床用于成人精神分裂症以及作为辅助药物用于重度抑郁症成人患者的治疗。

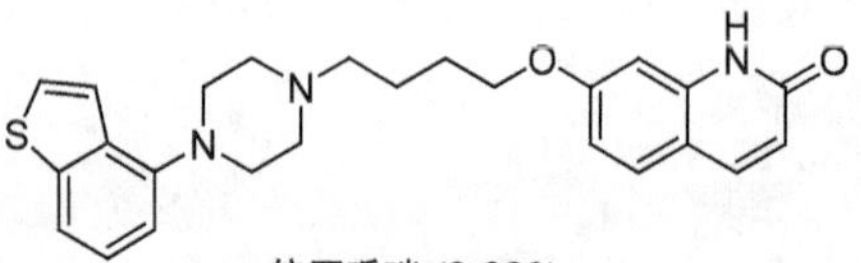

依匹哌唑 (9-383)

反合成分析：

依匹哌唑可进行 C–N 或 C–O 键切断简化结构，将 C–N 切断后得到 7-(4-氯丁氧基)喹啉-2(1*H*)-酮 (**9-384**)。然后进行 C–O 键切断得到 7-羟基喹啉-2(1*H*)-酮 (**9-385**)。

依匹哌唑 (**9-383**)　**9-384**

9-385

合成路线[62]**：**

以 7-羟基喹啉-2(1*H*)-酮 (**9-385**) 为原料，在碱性条件下与 1-氯-4-溴丁烷进行成醚反应生成 7-(4-氯丁氧基)喹啉-2(1*H*)-酮 (**9-384**)，然后与 1-(苯并[*b*]噻吩-4-基)哌嗪盐酸盐反应在碳酸钾作用下生成依匹哌唑 (**9-383**)。

9-385　KOH　**9-384**　K_2CO_3

依匹哌唑 (**9-383**)

9.4.13 布瓦西坦 (brivaracetam)

布瓦西坦 (**9-386**) 是由优时比公司研发，2016 年 2 月由 FDA 批准上市的抗癫痫药物，商品名为 Briviact。临床作为辅助治疗药物，用于 16 周岁及以上癫痫患者局部性癫痫发作时的治疗。

布瓦西坦 (**9-386**)

反合成分析：

布瓦西坦的酰胺可转换成甲酯，然后进行 C–N 切断。得到的吡咯酮 (**9-388**) 可将酰胺进行切断，开环成 3-氨基己酸乙酯 (**9-389**)。氨基进一步转换成硝基后进行切

断得到 (*E*)-己-2-烯酸乙酯 (**9-391**) 和硝基甲烷。

布瓦西坦 (**9-386**) FGI **9-387** **9-388** **9-389**

FGI **9-390** **9-391**

合成路线[63]：

以 (*E*)-己-2-烯酸乙酯 (**9-391**) 为原料，在 DBU 催化下与硝基进行加成反应生成 3-硝基己酸乙酯 (**9-390**)。经 Raney Ni 催化氢化将硝基还原成氨基后环合成吡咯酮类化合物 (**9-392**)，手性拆分成 *R*-构型后与 2-溴丁酸甲酯发生取代反应。氨解后再次通过手性拆分的方法获得布瓦西坦 (**9-386**)。

9-391 CH_3NO_2, DBU **9-390** Raney Ni, H_2 **9-392** 手性拆分

9-388 NaH **9-387** $NH_3 \cdot H_2O$ **9-393** 手性拆分 布瓦西坦 (**9-386**)

9.4.14 沙芬酰胺 (safinamide)

沙芬酰胺 (**9-394**) 是由美国 Worldmeds 公司研发，2017 年 3 月 FDA 批准上市的单胺氧化酶 B (MAO-B) 选择性抑制剂，商品名为 Xadago。沙芬酰胺能阻断神经元上电压依赖式钠离子通道，调控谷氨酸的释放，临床与左旋多巴或卡比多巴合用，治疗帕金森病。

沙芬酰胺 (**9-394**)

反合成分析：

沙芬酰胺的酰胺结构可以通过官能团转化成醇 (**9-395**)，然后进行 C–N 切断得到

碘代物 (**9-396**)。碘代物可进一步转化成醇后采用 C–O 键切断得到 1-氟-3-碘甲基苯 (**9-398**)，碘的引入可再次进行官能团转化生成 3-氟苯基甲醇 (**9-399**)。

沙芬酰胺 (**9-394**) ⟹ **9-395** ⟹

9-396 FGI ⟹ **9-397** ⟹ **9-398** FGI ⟹ **9-399**

合成路线[64]**：**

以 3-氟苯基甲醇 (**9-399**) 为原料，碘代后与 3-羟基苯基甲醇醚化，再次碘代后与邻硝基苯磺酰胺化合物反应生成磺酰胺化合物 (**9-400**)。将羟甲基氧化成酸 (**9-401**)，生成酰胺 (**9-402**) 后在苯硫酚催化下特异性脱去邻硝基苯磺酰保护生成沙芬酰胺 (**9-394**)。

9-399 —(I_2, Ph_3P, 咪唑)→ **9-398** —(K_2CO_3)→ **9-397** —(I_2, Ph_3P, 咪唑)→

9-396 —(K_2CO_3)→ **9-400** —($NaOCl_2$, $NaClO_2$, TEMPO)→

9-401 —(ClCOOEt, TEA)→ **9-402** —(PhSH, K_2CO_3)→

沙芬酰胺 (**9-394**)

9.5

呼吸系统药物

9.5.1 沙美特罗 (salmeterol)

沙美特罗 (**9-403**) 为长效 β-2 受体激动剂，作用持续时间长，可产生 12 h 支气管扩张作用，适用于哮喘的长期维持治疗及慢性支气管炎、肺气肿引起的可逆性气道阻塞，不适于哮喘急性发作。沙美特罗自 1994 年上市以来，很快成为葛兰素史克公司的畅销药之一，2006 年的销售额达到 66.2 亿美元。

HO, HO, OH, H, N, $(CH_2)_6O(CH_2)_4Ph$

沙美特罗 (**9-403**)

反合成分析：

沙美特罗的结构相对简单，采用 C–N 切断后得到 6-溴代己基苯丁基醚 (**9-404**) 和多羟基取代的苯酚 (**9-405**)。溴代醚 (**9-404**) 可进行 C–O 切断成 1,6-二溴己烷和 4-苯基-1-丁醇，苯酚 (**9-405**) 上的氨基和羟甲基分别转化成溴和甲酸酯得到 **9-406**，切断溴得到起始原料苯甲酸甲酯 (**9-407**)。

$Ph(CH_2)_4OH$ + $Br(CH_2)_6Br$

沙美特罗 (**9-403**) ⟹ $Ph(CH_2)_4O(CH_2)_6Br$ (**9-404**) + **9-405** (HO, HO, OH, NH_2)

FGI

MeO_2C, HO, OH, Me — **9-407** ⟸ MeO_2C, HO, OH, Br — **9-406**

合成路线[65]**：**

4-苯基-1-丁醇与 1,6-二溴己烷反应得到中间体溴代醚 (**9-404**)。另一中间体以 2-羟基-5-(1-羟乙基)-苯甲酸甲酯 (**9-407**) 为原料，溴代后与苄胺反应，氢化脱去苄基得到苯酚 (**9-405**)。将两个中间体在 DMF 中用 KI 催化得到沙美特罗 (**9-403**)。

$Ph(CH_2)_4OH$ (9-408) $\xrightarrow[NaH,\ THF]{Br(CH_2)_6Br}$ $Ph(CH_2)_4O(CH_2)_6Br$ (9-404)

9-407 $\xrightarrow{Br_2}$ 9-406 $\xrightarrow[2.\ LiAlH_4]{1.\ PhCH_2NH_2}$ 9-408

$\xrightarrow{H_2,\ Pd/C}$ 9-405 $\xrightarrow[9\text{-}404]{KI,\ TEA,\ DMF}$ 沙美特罗 (9-403)

9.5.2 孟鲁司特 (montelukast)

孟鲁司特 (**9-409**) 是美国默克公司 (Merck & Co) 研发，1998 年上市的一种选择性口服白三烯受体拮抗剂，能特异性抑制半胱氨酰白三烯受体。适用于成人和儿童哮喘的预防和长期治疗，包括预防白天和夜间的哮喘症状，治疗对阿司匹林敏感的哮喘患者以及预防运动引起的支气管收缩。

孟鲁司特 (9-409)

反合成分析：

孟鲁司特钠采用 C–S 切断后得到硫醇侧链 2-(1-巯基甲基环丙基)乙酸甲酯 (**9-411**) 和取代喹啉 (**9-410**)，前者硫醇转化成乙酸甲酯 (**9-418**)，羧酸基团可由氰基转化，切断氰基得到氯化物 (**9-420**)，氯化物 (**9-420**) 转化成羟基进而也转化成甲酸酯 (**9-422**)。取代喹啉 (**9-410**) 具有两个甲基取代的叔醇结构，同时切断两个甲基得到甲酸酯 (**9-412**)，苄位上羟基可转化成酮 (**9-413**)。对酮 **9-413** 进行切断得到邻溴苯甲酸甲酯和烯丙基醇 (**9-414**)，烯丙基醇 **9-414** 采用醇的最佳反应机制切断得到醛 (**9-415**)，醛 **9-415** 中双键的切断形成甲基喹啉 (**9-416**) 和间苯二甲醛 (**9-417**)。

9-422 ⇐(FGI) 9-421 ⇐(FGI) 9-420 ⇐ 9-419 ⇐(FGI) 9-418

孟鲁司特 (**9-409**)

9-410

9-411

9-412

9-413

9-414

9-415

9-416

9-417

合成路线[66]：

1,1-环丙基二甲酸乙酯 (**9-422**) 还原成醇后用苄基选择性保护一个羟基，另一个羟基甲磺酰化后用氰基取代得到腈 (**9-424**)，腈 (**9-424**) 水解成酸，酯化得到 2-(1-羟基甲基环丙基)乙酸甲酯 (**9-418**)。依次甲磺酰化、AcSCs 取代、脱保护得到硫醇侧链 2-(1-巯基甲基环丙基)乙酸甲酯 (**9-411**)。

2-甲基-7-氯喹啉 (**9-416**) 与间苯二甲醛 (**9-417**) 缩合脱水形成双键，乙烯基溴化镁与醛 (**9-415**) 加成得到烯丙基醇 (**9-414**)。在氯化锂存在下与邻溴苯甲酸甲酯偶联并氧化得到酮 (**9-413**)，先将酮 (**9-413**) 选择性还原成羟基后用甲基溴化镁与酯基加成得到叔醇 (**9-412**)。仲醇以 TBS 保护，叔醇以 THP 保护后再选择性脱 TBS 保护，将仲醇甲磺酰化与硫醇侧链 2-(1-巯基甲基环丙基)乙酸甲酯 (**9-411**) 反应成硫醚 (**9-428**)，脱保护、酯水解生成孟鲁司特 (**9-409**)。

1. $LiAlH_4$ 2. BzCl, Py

1. MsCl, TEA 2. NaCN, DMSO

1. KOH/EtOH/H_2O 2. CH_2N_2

1. MsCl, TEA 2. AcSCs, DMF

NH_2NH_2

9-422 **9-423** **9-424** **9-418** **9-425** **9-411**

9-416 —(9-417, Ac_2O)→ 9-415 —($\diagup$MgBr, Tol/THF)→ 9-414

—(2-Br-C$_6$H$_4$-CO_2Me, $Pd(OAc)_2$, $LiOAc\cdot 2H_2O$, LiCl, DMF)→ 9-413 —(1. Corey 还原; 2. MeMgBr, PhMe, THF)→

9-412 —(1. TBSCl; 2. DHP, Ph_3PBr)→ 9-426

—(1. TBAF, THF; 2. MsCl, Et_3N)→ 9-427 —(Cs_2CO_3, 9-411)→ 9-428

—(1. PPTS, MeOH; 2. LiOH/THF/H_2O)→ 孟鲁司特 (**9-409**)

9.5.3 阿福特罗 (arformoterol)

阿福特罗 (**9-429**) 是美国塞普拉柯公司 (Seoracor) 开发的选择性长效 β2 肾上腺素受体激动剂，2006 年 10 月在美国获准上市，商品名为 Brovana。阿福特罗用于长期维持治疗慢性阻塞性肺病 (COPD) 引起的支气管收缩症状，包括慢性支气管炎和肺气肿。

阿福特罗 (**9-429**)

反合成分析：

阿福特罗含有 β-氨基醇结构，切断后得到胺 (**9-430**) 和 β-溴代醇 (**9-431**)，同时需要用苄基将酚羟基保护。将 **9-431** 的酰胺键切断，随后将氨基官能团转化为硝基，得到 (*R*)-1-(4-苄氧基-3-硝基苯基)-2-溴乙醇 (**9-436**)。手性醇可以转化为相应的酮 (**9-437**)，然后利用不对称还原反应构建手性。利用还原胺化反应，将另一中间体 (**9-430**) 的仲胺切断，得到易得的苄胺 (**9-437**) 和化合物 **9-433**。

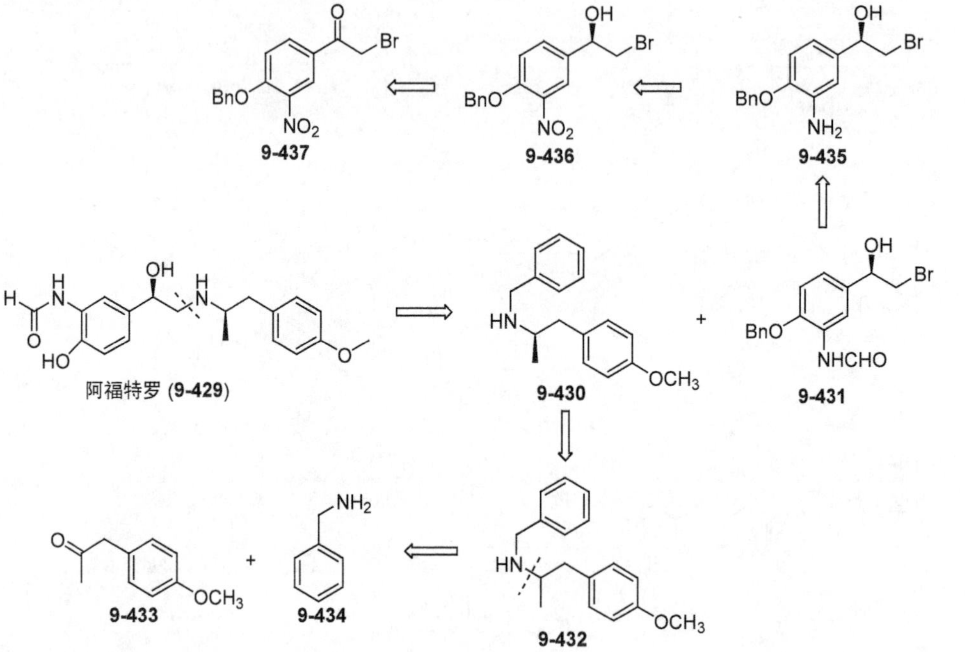

合成路线[67]**：**

以 1-(4-苄氧基-3-硝基苯基)-2-溴乙酮 (**9-437**) 为起始原料，通过不对称还原反应将其羰基还原为 *R*-构型的溴代醇 (**9-435**)，光学纯度为 94%。在 Adams 催化剂作用下，溴代醇的硝基被催化氢化还原为氨基，随后与甲酸作用得到酰胺化合物 (**9-431**)。另一方面，1-(4-甲氧基苯基)丙烷-2-酮 (**9-433**) 与苄胺发生还原胺化反应，并用 (*S*)-扁桃酸拆分得到 *R*-构型的 *N*-苄基-1-(4-甲氧基苯基)丙烷-2-胺 (**9-432**)，光学纯度为 99.5%。在 K_2CO_3 的作用下，中间体 **9-431** 的溴代醇部分首先生成环氧化物，然后再与前述制得的胺 **9-432** 发生开环反应制得氨基醇，通过催化氢化将分子中两个苄基脱去，得到阿福特罗 (**9-429**)。

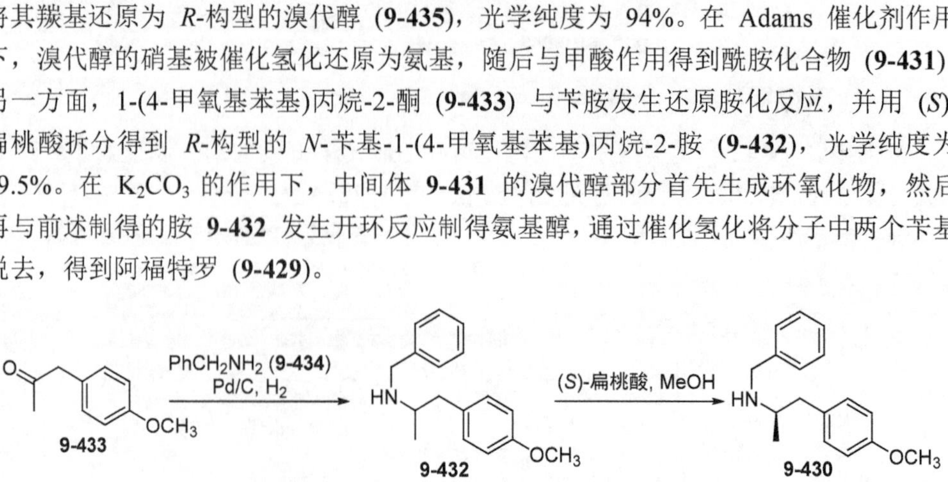

BnO NO$_2$ Br O **9-437** → cat. (5%), THF; BH_3 Me_2S (0.7 eq); [cat.] → BnO NO$_2$ OH Br **9-436** 94% ee → 1. PtO_2, H_2; 2. HCOOH, Ac_2O → BnO NHCHO OH Br **9-431** 98%~99% ee

1. K_2CO_3, MeOH, THF; 2. **9-432**; 3. Pd/C, H_2, EtOH → 阿福特罗 (**9-429**)

9.5.4 芜地溴铵 (umeclidinium)

芜地溴铵 (**9-438**) 是由葛兰素史克公司研发，2013 年 12 月 FDA 批准上市的长效毒蕈碱受体拮抗剂，与 Vilanterol 联用，商品名为 Anoro Ellipta。临床用于慢性阻塞性肺病患者的治疗。

芜地溴铵 (**9-438**)

反合成分析：

芜地溴铵含季铵盐结构，首先可以将季铵盐进行 C–N 切断，得到的中间体含有叔醇结构，并且有两个相同的取代基，因此可同时切断得到羧酸乙酯化合物 (**9-440**)。然后，将奎宁环结构进行切断得到哌啶-4-甲酸乙酯 (**9-441**)。

芜地溴铵 (**9-438**) ⟹ **9-439** ⟹ **9-440** ⟹ **9-441**

合成路线[68]**：**

以哌啶-4-甲酸乙酯 (**9-441**) 为原料，在碳酸钾和 LDA 作用下，与溴氯乙烷反应生成奎宁-4-甲酸乙酯 (**9-440**)。与两分子苯基锂发生加成反应生成叔醇化合物(**9-439**)，然后与[(2-溴乙氧基)甲基]苯生成季铵盐芜地溴铵 (**9-438**)。

9-441 → ($Br\diagup Cl$, K_2CO_3, LDA) → **9-440** → (PhLi) → **9-439** → → 芜地溴铵 (**9-438**)

9.5.5 奥达特罗 (olodaterol)

奥达特罗 (**9-442**) 是由勃林格殷格翰 (Boehringer-Ingelheim) 公司研发，2014 年 FDA 批准上市的长效 β2 肾上腺素激动剂，商品名为 Striverdi Respimat。临床用于治疗慢性阻塞性肺病 (COPD)，包括慢性支气管炎和肺气肿患者的持续治疗。

奥达特罗 (**9-442**)

反合成分析：

首先将奥达特罗官能团转换成苄基保护苯酚后，进行 C–N 切断，得到环氧乙烷化合物 (**9-444**)。环氧乙烷切断后得到氯代苯乙醇化合物 (**9-445**)，醇转换成羰基后，切断氯原子得到原料 8-乙酰基-6-苄氧基-2*H*-苯并[*b*][1,4]噁嗪-3(4*H*)-酮 (**9-447**)。

奥达特罗 (**9-442**) ⇒(FGI) **9-443** ⇒ **9-444** ⇒ **9-445** ⇒(FGI) **9-446** ⇒ **9-447**

合成路线[69]：

以 8-乙酰基-6-苄氧基-2*H*-苯并[*b*][1,4] 噁嗪-3(4*H*)-酮 (**9-447**) 为原料，用苄基三甲基二氯碘酸铵氯代。在氯化铑手性配合物催化下，将羰基选择性还原成 *R*-氯代苯乙醇化合物 (**9-445**)。在氢氧化钠作用下环合成环氧乙烷化合物 (**9-444**)，用 1-(4-甲氧基苯基)-2-甲基丙-2-胺将环氧乙烷开环。最后，钯炭催化氢化脱去苄基保护，与盐酸生成奥达特罗盐酸盐 (**9-442**)。

BTMA-ICl_2 ; Cp*RhCl[(*S*,*S*)-TsDPEN], HCOOH, TEA ; NaOH ; 1. Pd/C, H_2 2. HCl

9-447　**9-446**　**9-445**　**9-444**　**9-443**

奥达特罗 (**9-442**)

9.6 非甾体抗炎药

9.6.1 罗非昔布 (rofecoxib)

罗非昔布 (**9-448**) 是 Merck 公司研发的第二个上市的环氧化酶-2 (COX-2) 抑制剂，1999 年被 FDA 批准用于减轻骨关节炎 (OA) 症状、成人急性疼痛和痛经。由于疗效显著，在全球迅速地占领了大半个非甾体抗炎药市场，成为重磅炸弹级药物。

罗非昔布 (**9-448**)

反合成分析：

罗非昔布具有 α,β-不饱和羰基结构，可将不饱和键切断得到酮酯 (**9-449**)，酯基团是优先切断的基团，采用烷氧键切断得到苯乙酸钠和 2-溴-1-(4-甲磺酰基苯基)-乙酮 (**9-450**)，后者通过官能团转化成 4-甲磺酰基苯乙酮 (**9-451**)，磺酰基可通过甲硫基氧化得到。

罗非昔布 (**9-448**) ⟹ **9-449** ⟹ **9-450** + 苯乙酸钠 (CO_2Na)；**9-450** ⟹(FGI) **9-451** ⟹(FGI) **9-452** ⟹ **9-453**

合成路线[70]**：**

硫代茴香醚 (**9-453**) 经 Friedel-Crafts 反应得到甲硫基苯乙酮 (**9-452**)，用双氧水氧化得到 4-甲磺酰基苯-乙酮 (**9-451**)。酮基 α-位甲基溴代后与苯乙酸钠进行偶联反应生成酮酯 (**9-449**)，在二异丙基胺存在下发生缩合反应得到罗非昔布 (**9-448**)。

9-453 —(CH_3COCl, $AlCl_3$)→ **9-452** —(H_2O_2, 5 mol% Na_2WO_4)→ **9-451** —(Br_2, HOAc)→ **9-450** —(苯乙酸钠 CO_2Na, DMF)→ **9-449** —(i-Pr_2NH, DMF)→ 罗非昔布 (**9-448**)

9.6.2 帕瑞昔布钠 (parecoxib sodium)

帕瑞昔布钠 (**9-454**) 是由法玛西亚公司 (Pharmacia) 研制开发的第一个可静脉给药和肌内注射的特异性环氧化酶-2 (COX-2) 抑制剂，2002 年初在欧洲获准上市。帕瑞昔布钠是戊地昔布 (Valdecoxib) 的水溶性前药，在体内可迅速完全转化为戊地昔布起作用。帕瑞昔布钠能非常有效地缓解疼痛，用于手术止痛。Ⅲ 期临床试验证实帕瑞昔布钠在治疗手术后疼痛中，比吗啡更有效，而且副作用较少。

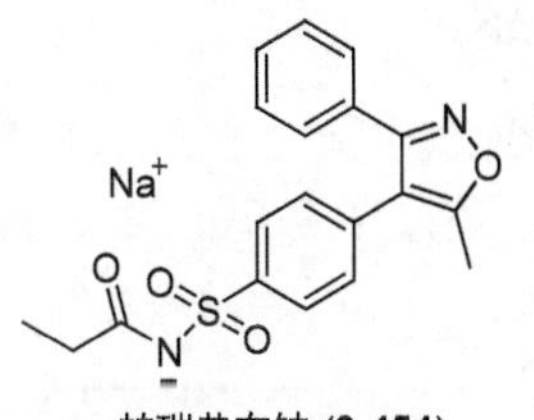

帕瑞昔布钠 (**9-454**)

反合成分析：

前药的反合成分析一般首先切断连接载体，得到原药戊地昔布 (**9-455**)。然后将戊地昔布异噁唑环上的双键转化为醇，进一步利用缩合反应打开异噁唑环得到乙酸乙酯和芳香肟 (**9-457**)。最后，将芳香肟 (**9-457**) 转化为商业化的试剂二苯基乙酮 (**9-458**)。

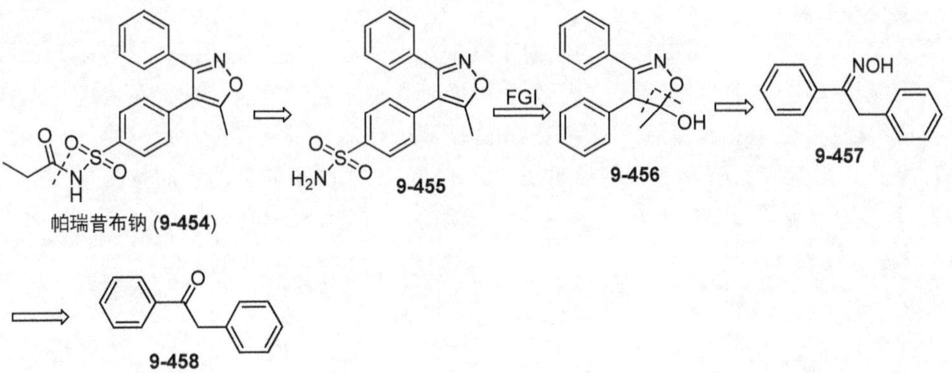

帕瑞昔布钠 (**9-454**) ⟹ **9-455** ⟹(FGI) **9-456** ⟹ **9-457** ⟹ **9-458**

合成路线[71,72]：

以二苯基乙酮 (**9-458**) 为起始原料，与羟胺进行加成反应得到芳香肟 (**9-457**)。在正丁基锂条件下，芳香肟与乙酸乙酯缩合得到异噁唑啉 (**9-456**)，后者与氯磺酸和氨水反应，苯环对位引入磺酰氨基的同时，异噁唑啉环上羟基脱水生成戊地昔布 (**9-455**)。最后，戊地昔布的磺酰氨基与丙酸酐发生酯化反应并成盐得到帕瑞昔布钠 (**9-454**)。

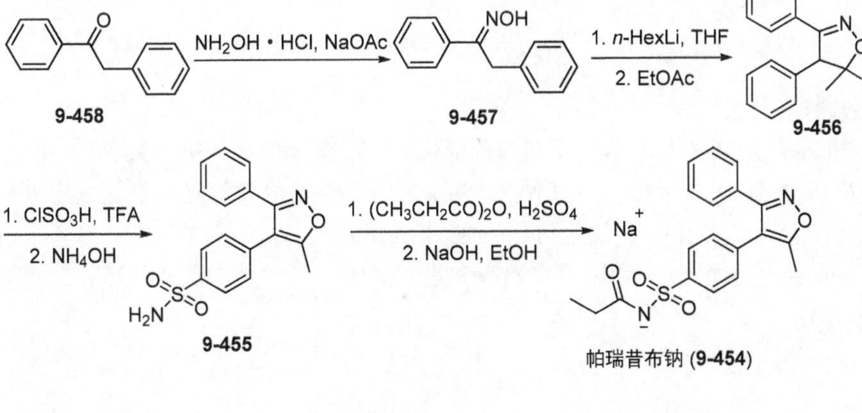

9-458 —($NH_2OH \cdot HCl$, NaOAc)→ **9-457** —(1. *n*-HexLi, THF; 2. EtOAc)→ **9-456**

—(1. $ClSO_3H$, TFA; 2. NH_4OH)→ **9-455** —(1. $(CH_3CH_2CO)_2O$, H_2SO_4; 2. NaOH, EtOH)→ 帕瑞昔布钠 (**9-454**)

9.6.3 罗美昔布 (lumiracoxib)

罗美昔布 (**9-459**) 是 Novatis 公司研发的选择性环氧合酶-2 (COX-2) 抑制剂，2003 年首次在墨西哥上市，商品名为 Prexige。本品系第二代非甾体抗炎药，临床主治骨关节炎、类风湿性关节炎等。

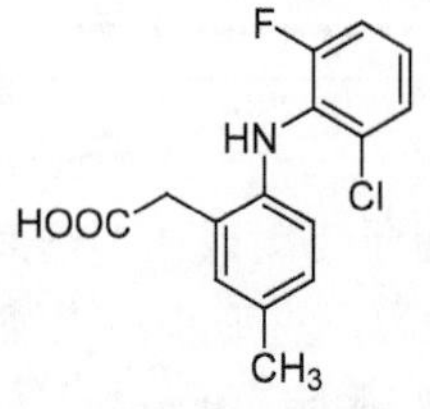

罗美昔布 (**9-459**)

反合成分析：

罗美昔布含有二芳基仲胺结构，由于其中一个芳环上含有反应活性比较强的乙酸基，不能直接将 C–N 键切断。由于分子中同时含有羧基和氨基，因此可考虑将两者连接成内酰胺 (**9-460**)。然后，利用 Friedel-Crafts 烷基化反应和酰化反应将五元内酰胺环打开，得到氯乙酰氯和二芳基仲胺 (**9-462**)，这样切断的目的是间接将活性的乙酸基团移除。最后，将 **9-462** 的 C–N 键切断，得到对溴甲苯和 2-氯-6-氟苯胺 (**9-463**)。

罗美昔布 (**9-459**)　Con　**9-460**　**9-461**　**9-462**

9-463

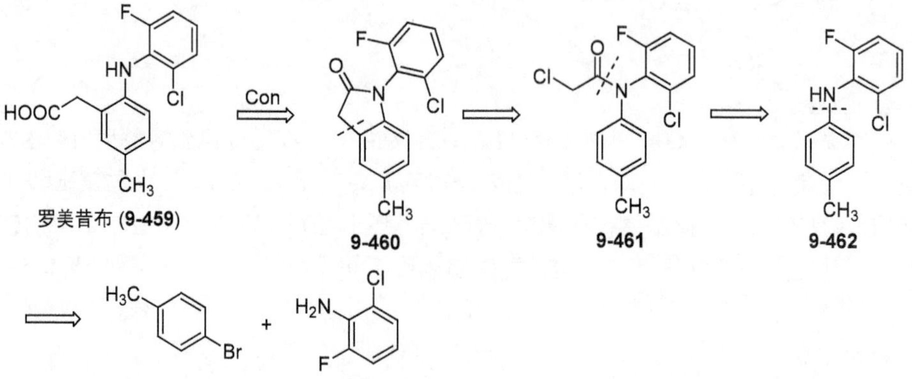

合成路线[73,74]**：**

在 Pd 催化剂 Pd(dba)$_3$ 和三丁基膦的催化下，以叔丁醇钠为碱，对溴甲苯和 2-氯-6-氟苯胺 (**9-463**) 偶联制得二芳基仲胺 (**9-462**)。二芳基仲胺与氯乙酰氯发生酰化反应，然后在 $AlCl_3$ 催化下，发生分子内的 Friedel-Crafts 烷基化反应，构建内酰胺 (**9-460**)。最后，以 NaOH 为碱，在乙醇和水中回流，将酰胺键水解开环，制得罗美昔布 (**9-459**)。

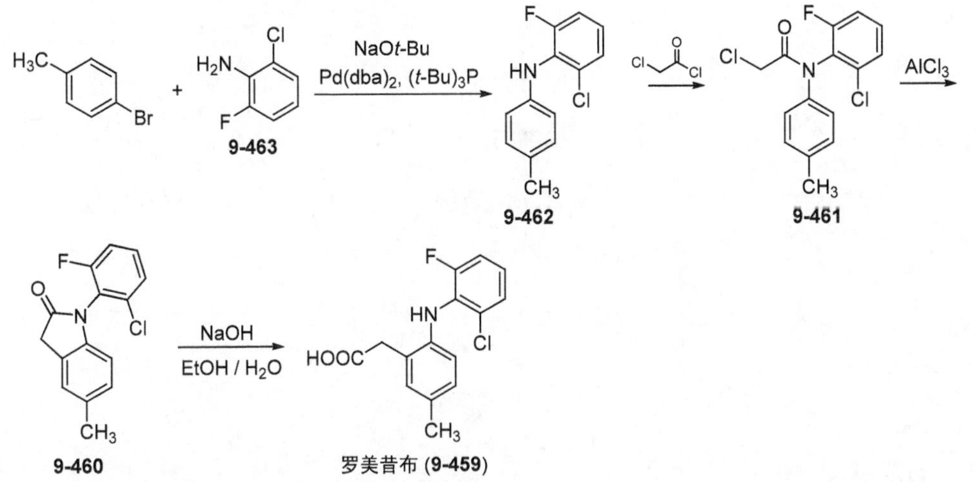

NaO*t*-Bu, $Pd(dba)_2$, $(t\text{-}Bu)_3P$

9-463　9-462　9-461　$AlCl_3$

NaOH, EtOH / H_2O

9-460　罗美昔布 (**9-459**)

9.7

抗过敏药

9.7.1　西替利嗪 (cetirizine)

西替利嗪 (**9-464**) 是由美国辉瑞制药和比利时联合化工集团联合开发的第二代长效 H_1 抗体拮抗剂，1995 年 12 月 8 日经 FDA 批准上市，2003 年在全球市场的销售额已突破 20 亿美元，成为世界级畅销药。临床上适用于治疗慢性荨麻疹、常年性变态反应性鼻炎、枯草热、瘙痒的结膜炎、哮喘等。

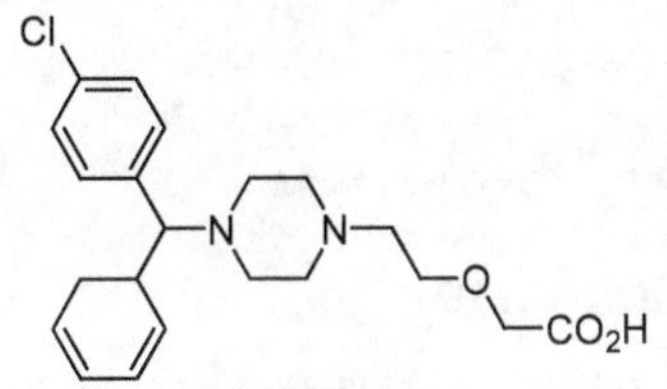

西替利嗪 (**9-464**)

反合成分析：

西替利嗪的反合成分析可通过 C–O、C–N 键切断，得到 1-[(4-氯苯基)-苯甲基]-哌嗪 (**9-466**)，哌嗪 (**9-466**) 同样可采用 C–N 键切断得到 1-(溴苯甲基)-4-氯苯 (**9-467**)，氯苯 (**9-467**) 的溴通过官能团转化为羟基成仲醇 (**9-468**)，仲醇 (**9-468**) 的切断利用前面的知识——最佳反应机理切断原则——进行切断得到对氯苯甲醛和苯基溴化镁。

西替利嗪 (**9-464**) ⟹ **9-465** ⟹ **9-466** ⟹

9-467 $\xrightarrow{FGI}$ **9-468** ⟹ 对氯苯甲醛 + PhMgBr

合成路线[75]：

对氯苯甲醛与苯基溴化镁发生加成反应，经三溴化磷溴化得到 1-(溴苯甲基)-4-氯苯 (**9-467**)，氯苯 (**9-467**) 与 *N*-乙氧羰基哌嗪发生取代反应和脱保护生成 1-[(4-氯苯基)-苯甲基]-哌嗪 (**9-466**)。得到的哌嗪 (**9-466**) 与 2-氯乙醇生成醇 (**9-465**) 后，接着与氯乙酸钠偶联，酸化后得到西替利嗪 (**9-464**)。

1. PhMgBr, Et_2O; 2. PBr_3, PhH → **9-467**; 1. Na_2CO_3; 2. KOH, EtOH → **9-466**; Cl⌒OH, Et_3N, Tol → **9-465**; ClCH$_2$CO$_2$Na, *t*-BuOK, *t*-BuOH; 37% HCl/H_2O, 重结晶 → 西替利嗪 (**9-464**)

9.7.2 非索非那定 (fexofenadine)

非索非那定 (**9-469**) 是一种具有选择性外周 H_1 受体阻断剂活性的抗组胺药，是德国 Hoechest Marion Roussel 药厂最先研究开发的，1996 年通过 FDA 批准上市。非索非那定为特非那定活性代谢产物，直接用非索非那定治疗过敏反应，可免受药酶代谢从而消除对人体的心脏毒性。

非索非那定 (**9-469**)

反合成分析：

非索非那定的反合成分析可以通过官能团转换，将仲醇和羧酸分别转化成酮和醇，通过 C–N 键切断得到 α,α-二苯基-4-哌啶基甲醇 (**9-472**) 和芳香酮 (**9-473**)，芳香酮 (**9-473**) 可以通过经典的 Friedel-Crafts 酰基化反应切断。

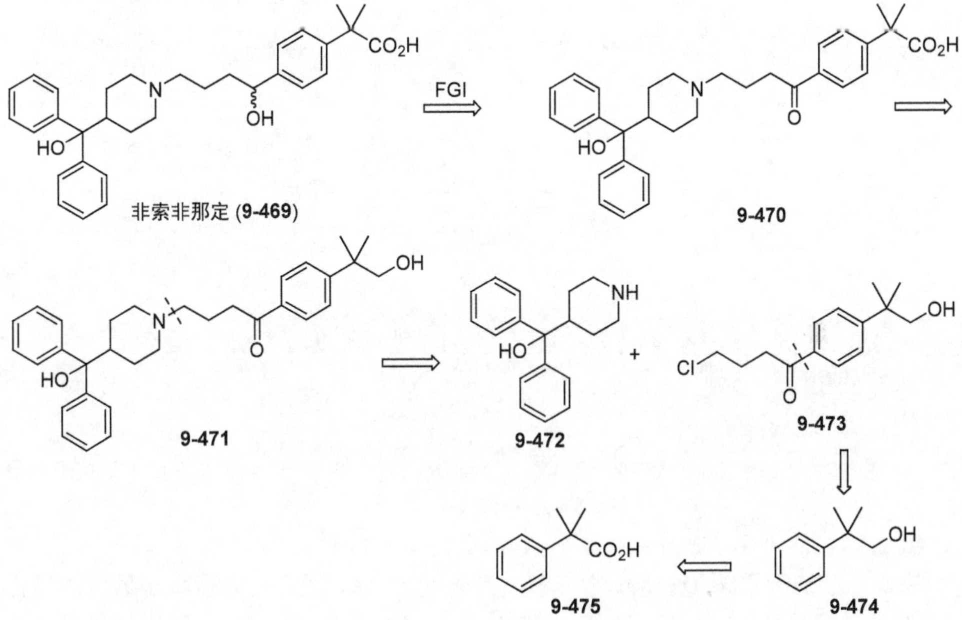

非索非那定 (**9-469**)

FGI

9-470

9-471

9-472

9-473

9-474

9-475

如果采用格氏试剂与醛进行加成的方法合成仲醇可以得到另一种切断路线，将仲醇切断后分别得到 2-(4-溴苯基)-2-甲基丙酸 (**9-476**) 和取代丁醛 (**9-477**)。取代丁醛 (**9-477**) 经 C–N 键切断后得到的中间体 α,α-二苯基-4-哌啶基甲醇 (**9-478**) 是具有两个苯基取代的叔醇，可以通过格氏试剂与酯的加成反应方式切断。

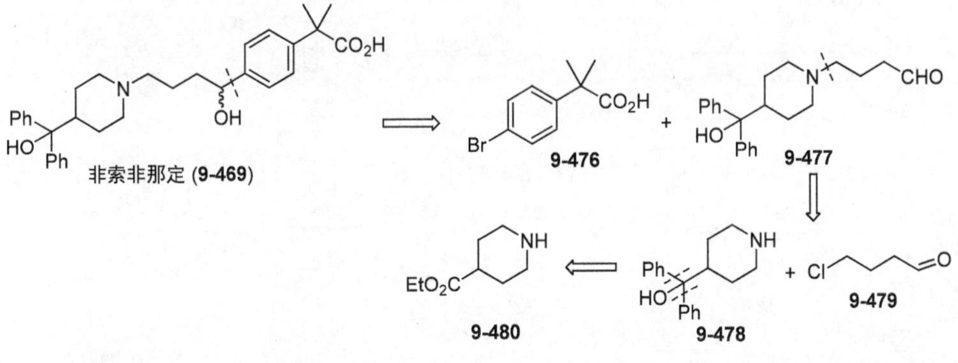

非索非那定 (**9-469**)

9-476

9-477

9-478

9-479

9-480

合成路线一[76]：

非索非那定的合成以 α,α-二甲基苯乙酸 (**9-475**) 为起始原料，经 $LiAlH_4$ 还原后醋酐保护羟基，与 ω-氯代丁酰氯发生 Friedel-Crafts 酰基化反应。得到的加成产物

9-473 与 α,α-二苯基-4-哌啶基甲醇 (**9-472**) 反应生成酮。先后经过碱性水解、氧化、还原得到非索非那定 (**9-469**)。

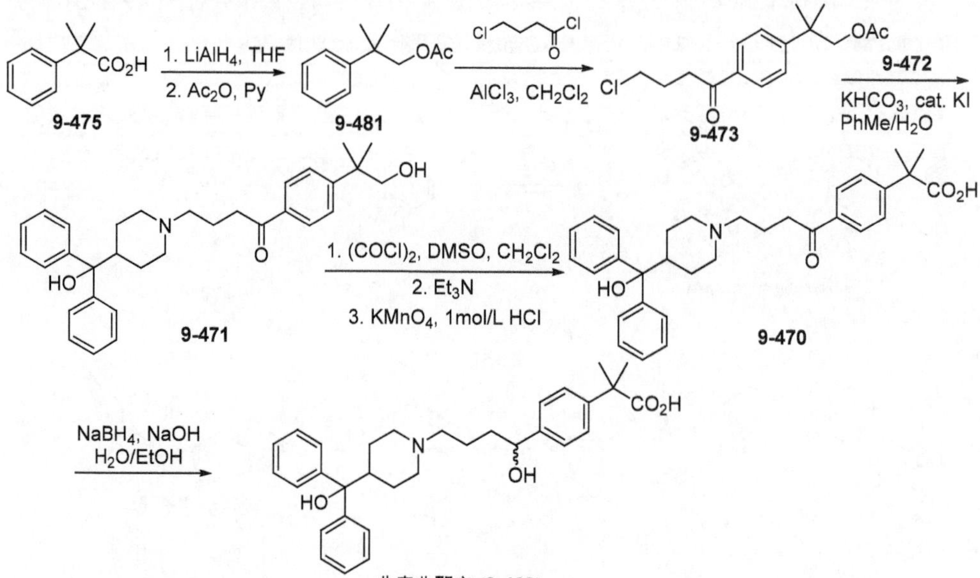

非索非那定 (**9-469**)

合成路线二[77]：

以 4-哌啶羧酸乙酯 (**9-480**) 为原料，首先 Cbz 保护氨基，与两分子的苯基溴化镁处理得到叔醇 (**9-483**)，经氢解脱保护生成 α,α-二苯基-4-哌啶基甲醇 (**9-478**)。甲醇 (**9-478**) 与乙二醇保护的 ω-氯代丁醛发生烷基化反应，然后水解脱保护得到醛 (**9-477**)，最后利用 2-(4-溴苯基)-2-甲基丙酸与醛 (**9-477**) 的加成反应生成非索非那定 (**9-469**)，总收率达到 33.4%。

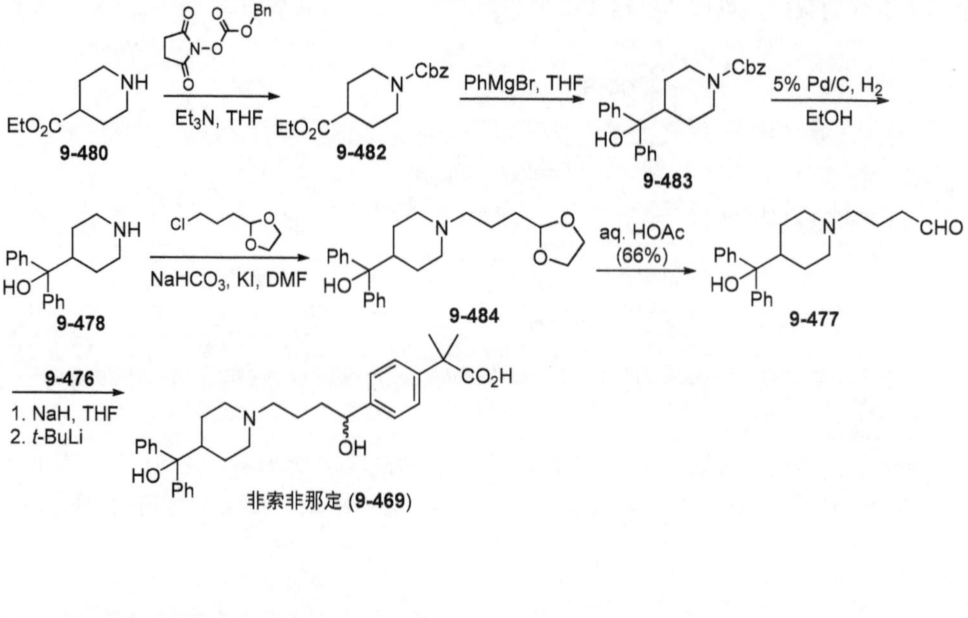

非索非那定 (**9-469**)

9.7.3 依匹斯汀 (epinastine hydrochloride)

依匹斯汀 (**9-485**) 是由德国勃林格殷格翰公司研制开发，于 1991 年在日本上市的第 2 代抗组胺药。2003 年，依匹斯汀眼用制剂在美国上市。依匹斯汀对 H_1 受体具有高度选择性及亲和力，适用于成人所患的过敏性鼻炎、荨麻疹、湿疹、皮炎、皮肤瘙痒症、痒疹、伴有瘙痒的寻常性银屑病及过敏性支气管哮喘的防治。已经成为抗变态反应药物市场上最畅销的药物之一。

依匹斯汀 (**9-485**)

反合成分析：

依匹斯汀含有二苯咪唑并氮杂䓬结构，首先考虑将氨基咪唑环打开，切断得到溴乙腈和二苯并氮杂䓬 (**9-486**)。然后，将氨甲基官能转化为氰基，并切断氰基得到氯代烯胺 (**9-488**)。最后，将氯代烯胺结构转化为酰胺，得到 Beckmann 重排反合成子 (**9-489**)，并最终转化为起始原料 9-蒽酮 (**9-490**)。

依匹斯汀 (**9-485**) ⟹ **9-486** ⟹ **9-487** ⟹ **9-488** ⟹ **9-489** ⟹ **9-490**

合成路线[78,79]**：**

以 9-蒽酮 (**9-490**) 为起始原料，与羟胺发生 Beckmann 重排得到内酰胺，并由 PCl_5 进行氯代得到氯代烯胺 (**9-488**)。后者与 NaCN 发生取代反应，引入氰基。以 THF 为溶剂，在 H_2SO_4 存在下，用 $LiAlH_4$ 将化合物 **9-487** 的氰基和烯胺还原，得到二苯并氮杂䓬(**9-486**)。后者与溴乙腈发生缩合反应得到依匹斯汀 (**9-485**)。

9-490 —(1. NH_2OH; 2. PCl_5)→ **9-488** —(NaCN, DMSO)→ **9-487** —($LiAlH_4$, H_2SO_4, THF)→ **9-486**

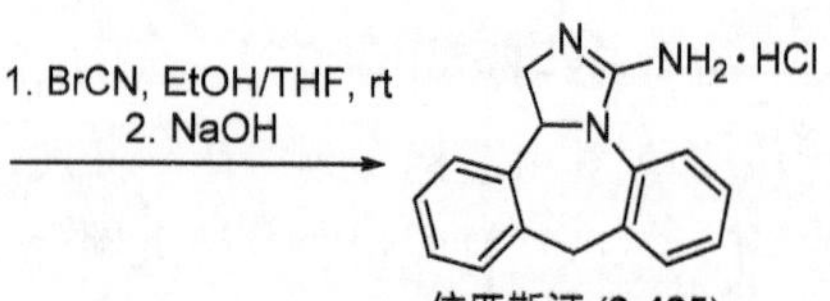

1. BrCN, EtOH/THF, rt
2. NaOH

$NH_2 \cdot HCl$

依匹斯汀 (**9-485**)

9.7.4 卢帕他定 (rupatadine)

卢帕他定 (**9-491**) 由西班牙 Uriach 公司研制，于 2003 年 3 月首次在西班牙上市，商品名为 Rupafin。卢帕他定是具有拮抗血小板活化因子活性的抗组胺药，批准适应证为季节性过敏性鼻炎和常年性过敏性鼻炎。

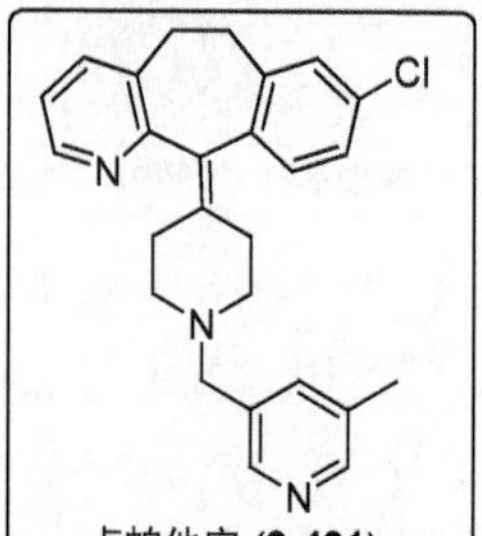

Cl

N

N

N

卢帕他定 (**9-491**)

反合成分析：

首先，将卢帕他定分子中的双键切断，得到三元环 (**9-492**) 和吡啶 (**9-493**) 两个关键中间体。利用 Friedel-Crafts 反应，将 **9-492** 的三元环打开得到取代吡啶酸，为了便于下一步切断取代吡啶酸的 3 位侧链，需要将羧基转化为酰胺 (**9-494**)。然后，将吡啶酰胺 (**9-494**) 中反应活性较强的苄基切断，得到间氯氯苄和酰胺 (**9-495**)。将 **9-495** 的酰胺键切断得到 3-甲基哌啶-2-羧酸 (**9-496**) 和对氯苯胺。将另一中间体 (**9-493**) 的氯原子官能团转化为羟基，然后将 **9-497** 的胺转化为酰胺，最后切断 **9-498** 的酰胺键得到 5-甲基烟酸 (**9-500**) 和 4-羟基哌啶 (**9-499**)。

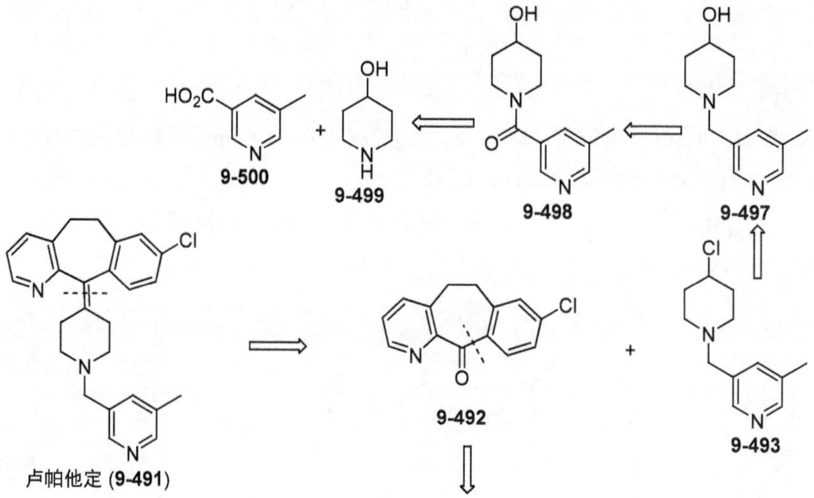

HO_2C N **9-500** + OH N H **9-499** ⟸ OH N O N **9-498** ⟸ OH N N **9-497**

Cl N N N 卢帕他定 (**9-491**) ⟹ Cl N O **9-492** + Cl N N **9-493**

9-496 ⟸ 9-495 ⟸ 9-494

合成路线[80~82]：

在氯甲酸乙酯和三乙胺条件下，3-甲基吡啶-2-羧酸 (**9-496**) 和对氯苯胺发生酰化反应，以 91% 收率得到 3-甲基烟酰胺 (**9-495**)。以正丁基锂为碱，与间氯氯苄反应，引入 3 位侧链。在 PCl_5 和 $AlCl_3$ 作用下，化合物 **9-494** 发生分子内的 Friedel-Crafts 反应，环化得到三环烯胺 (**9-501**)，直接将其水解得到关键中间体三环酮 (**9-492**)。另一方面，在缩合剂 HOBT 和 DCC 的作用下，5-甲基烟酸 (**9-500**) 和 4-羟基哌啶 (**9-499**) 发生 *N*-酰化反应，得到酰胺 (**9-498**)。将酰胺 (**9-498**) 羰基还原为亚甲基后，用 $SOCl_2$ 将羟基氯代得到关键中间体 (**9-493**)。将 **9-493** 制成格氏试剂，与三环酮 (**9-492**) 加成后脱水，得到卢帕他定 (**9-491**)。

9-496 —(EtOCOCl, TEA, DCM; 对氯苯胺)→ 9-495 —(1. *n*-BuLi, THF; 2. 间氯氯苄)→ 9-494

9-494 —(1. PCl_5, DCM; 2. $AlCl_3$; 3. H_2O)→ [9-501] → 9-492

9-500 —(9-499; DCC, HOBT, TEA, DMF)→ 9-498 —($POCl_3$, $CHCl_3$; $NaBH_4$)→ 9-497 —($SOCl_2$, $CHCl_3$)→

9-493 —(9-492; 1. Mg/THF; 2. H_2SO_4)→ 卢帕他定 (9-491)

9.8

抗糖尿病药

9.8.1 罗格列酮 (rosiglitazone)

罗格列酮 (**9-502**) 是 1999 年上市的降血糖药，临床使用其马来酸盐，商品名为 Avandia (文迪雅)，由英国葛兰素史克公司开发上市。罗格列酮在结构上属于噻唑烷二酮 (thiazolidinediones，TZDs) 或“格列酮 (Glitazones)”类新型口服治疗 Ⅱ 型糖尿病药物。通过激活一种核受体，即过氧化物酶体增殖物激活受体的 γ 异型体 (PPAR-γ) 而产生降血糖作用，具有强效、选择性高的优点。

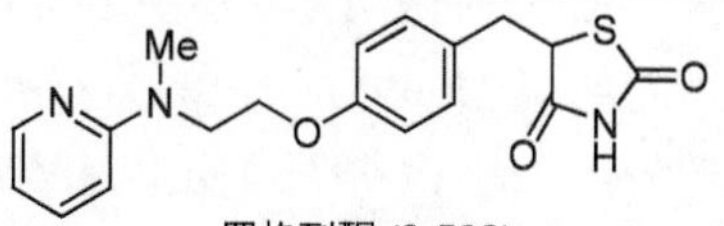

罗格列酮 (**9-502**)

反合成分析：

罗格列酮的反合成分析比较简单，仅经过一次官能团变换 (FGI) 和各一次 C–N 键、C–O 键及 C–C 键逆向切断便得到正向合成所需起始原料：2,4-噻唑烷二酮、2-氯吡啶和 2-甲氨基乙醇 (**9-506**)。

罗格列酮 (**9-502**) ⟹(FGI) **9-503** ⟹(C–C dis) **9-504** ⟹(C–O dis) **9-505** ⟹(C–N dis) 2-氯吡啶 + **9-506**

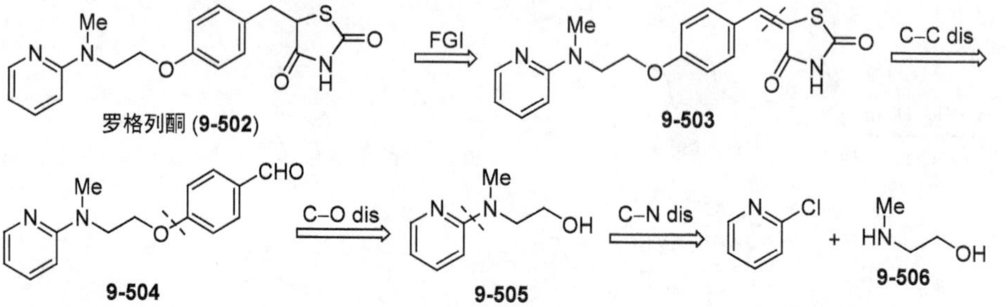

合成路线[83,84]**：**

罗格列酮的合成比较简单明了。首先，2-氯吡啶和 2-甲氨基乙醇 (**9-506**) 在 150 ℃ 反应生成 2-[*N*-甲基-*N*-(2-吡啶)氨基]乙醇 (**9-505**)。然后，其醇羟基与 4-氟苯甲醛在氢化钠催化下于 DMF 中发生 Williamson 醚合成反应生成 4-[2-[*N*-甲基-*N*-(2-吡啶)氨基]乙氧基]苯甲醛 (**9-504**)。接着，与 2,4-噻唑烷二酮在甲苯中回流发生缩合反应得到 5-{4-[2-[*N*-甲基-*N*-(2-吡啶)氨基]乙氧基]苯亚甲基}噻唑啉-2,4-二酮 (**9-503**)。最后，在甲醇中被金属镁还原制得罗格列酮 (**9-502**)。

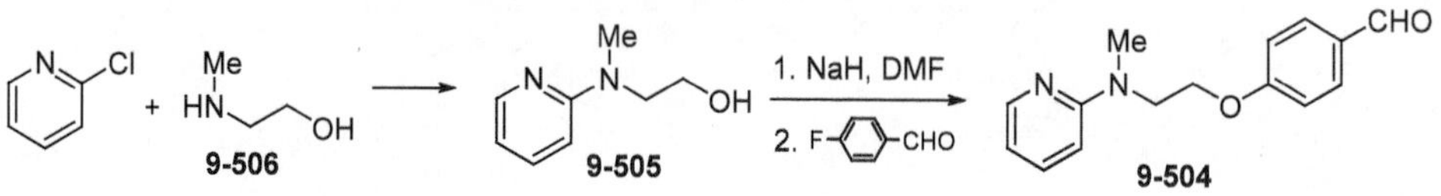

2-氯吡啶 + **9-506** ⟶ **9-505** ⟶(1. NaH, DMF; 2. F-C₆H₄-CHO) **9-504**

PhCH$_3$, AcOH　　9-503　　Mg / MeOH　　罗格列酮 (**9-502**)

9.8.2 米格列奈 (mitiglinide)

米格列奈 (**9-507**) 是由日本 Kissei 制药公司研制的治疗糖尿病的新药，于 2004 年 5 月在日本首次上市。米格列奈的降血糖作用机制是通过与 KATP 通道的磺酰脲类受体相结合，关闭 KATP 通道，开放电位依赖性 Ca^{2+} 通道，从而促进胰岛素分泌。该药具有见效快、作用时间短的特点。

米格列奈 (**9-507**)

反合成分析：

米格列奈结构由 (*S*)-苄基琥珀酸和顺式全氢异吲哚两部分组成。因此，可将米格列奈的酰胺键切断得到上述两个原料 **9-508** 和 **9-509**。由于 (*S*)-苄基琥珀酸含有两个羧基，在实际的合成中需要进行保护和脱保护。

米格列奈 (**9-507**)　⟹　**9-508** + **9-509**

合成路线[85~87]**：**

以外消旋的苄基琥珀酸 (**9-510**) 为起始原料，通过与 (*R*)-苯乙胺形成非对映异构体盐，进行结晶拆分，以 19.8% 的收率得到 (*S*)-苄基琥珀酸，光学纯度为 99.5%。在 $SOCl_2$ 和三乙胺条件下，(*S*)-苄基琥珀酸与 *N*-羟基丁二酰亚胺反应得到活化的二酯 (**9-511**)。二酯 (**9-511**) 与顺式全氢异吲哚发生氨解反应，可选择性地得到单酰胺 (**9-512**)，单酰胺产物与双酰胺产物的比例为 99:1。最后，将 **9-512** 的另一个酯基水解得到米格列奈 (**9-507**)。

9-510　(*R*)-苯乙胺 / 2 次重结晶　**9-508**　$SOCl_2$, Et_3N　**9-511**

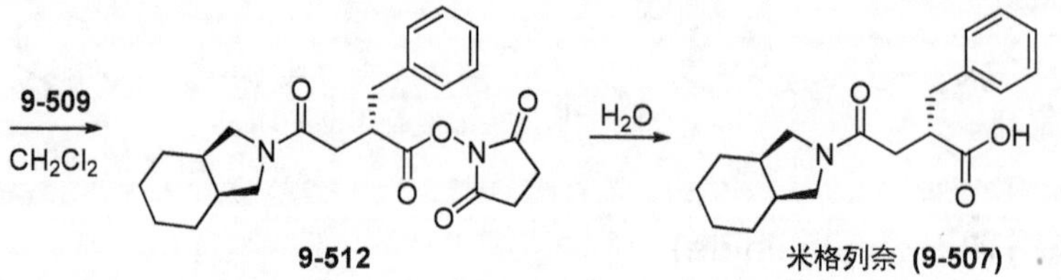

9-512

米格列奈 (9-507)

9.8.3 阿格列汀 (alogliptin)

阿格列汀 (**9-513**) 是由武田公司研发，2013 年 1 月 FDA 批准上市的二肽基肽酶 Ⅳ (DPP-Ⅳ) 抑制剂，商品名为 Nesina。阿格列汀通过抑制 DPP-Ⅳ 活性，减慢肠促胰岛素 (GLP-1) 的失活，提高 GLP-1 的血液浓度，达到降低血糖的作用，临床用于 Ⅱ 型糖尿病的成人患者的治疗。

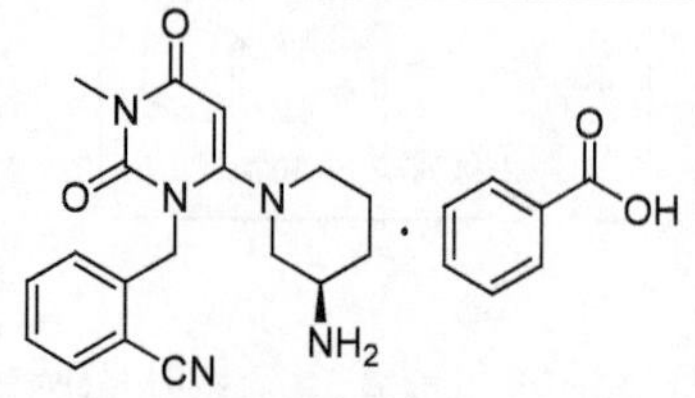

阿格列汀 (9-513)

反合成分析：

阿格列汀的反合成分析可以采用基于嘧啶酮的 6 位 C–N 键切断，得到 N1 位邻氰基苄基取代的嘧啶酮化合物 (**9-514**)。再次进行 C–N 键切断得到 6-氯-3-甲基嘧啶-2,4(1*H*,3*H*)-二酮 (**9-515**) 和 2-溴甲基苯腈。

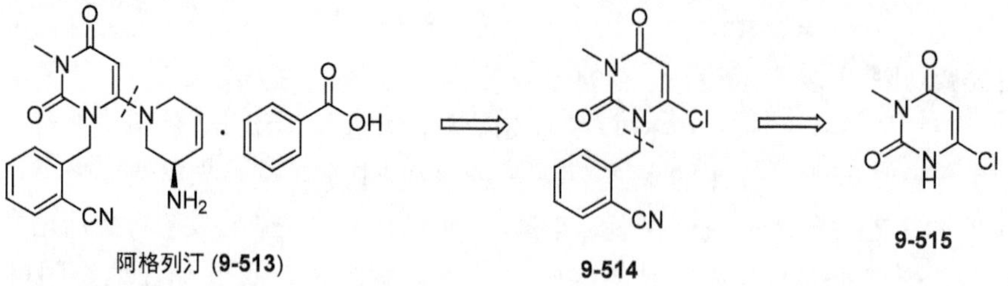

阿格列汀 (9-513)　9-514　9-515

合成路线[88]：

以 6-氯-3-甲基嘧啶-2,4(1*H*,3*H*)-二酮 (**9-515**) 为原料，DIPEA 为缚酸剂，与 2-溴甲基苯腈发生取代，生成 N1 位邻氰基苄基取代的嘧啶酮化合物 (**9-514**)。然后，与 (*R*)-哌啶-3-胺发生取代反应，并与苯甲酸形成生成阿格列汀苯甲酸盐 (**9-513**)。合成路线步骤短，收率高。

9-515 → (DIPEA) 9-514 → (BzOH) 阿格列汀 (9-513)

9.9

抗菌药

9.9.1 环丙沙星 (ciprofloxacin)

环丙沙星 (**9-516**) 是由德国拜尔药厂 1980 年创制的第三代喹诺酮类抗生素。具有抗菌效应广、杀菌力强、起效快、不易耐药等特点，临床广泛用于敏感菌所致尿路感染、胃肠道感染、呼吸道感染、皮肤及软组织感染等病症。

环丙沙星 (9-516)

反合成分析：

环丙沙星具有喹诺酮类抗生素共同的母核结构，可采用先将哌嗪环切断然后打开喹诺酮母环的策略，环丙氨基的引入可通过 Michael 加成反应进行切断得到丙烯酸乙酯 (**9-520**)。丙烯酸乙酯 (**9-520**) 具有 α,β-不饱和羰基结构，采用 α,β-不饱和键切断得到氧代丙酸乙酯 (**9-521**)，在丙酸的 α-位添加羧酸酯后，可进行 1,3-二羰基切断。

环丙沙星 (9-516) ⇒ 9-517 ⇒(FGI) 9-518 ⇒ 9-519 ⇒ 9-520 ⇒ 9-521 ⇒(FGA)

9-522　　9-523

合成路线[89]：

2,4-二氯-5-氟苯甲酰氯 (**9-523**) 首先与丙二酸二乙酯缩合生成酮 (**9-522**)，脱去羧基后与原甲酸三乙酯进行 Dieckman 缩合得到乙氧基丙烯酸乙酯 (**9-520**)。丙烯酸乙酯 (**9-520**) 与环丙胺发生 Michael 加成后脱去乙氧基得到烯胺 (**9-519**)，烯胺 (**9-519**) 分子内环合成喹诺酮 (**9-518**)，将酯基水解后选择性与 7-位氯进行亲核取代得到环丙沙星 (**9-516**)。

$CH_2(CO_2Et)_2$, EtOH；*p*-TSA；$HC(OEt)_3$, Ac_2O；H_2N-cyclopropyl, EtOH；K_2CO_3, DMF；H_2SO_4, $HOAc/H_2O$；piperazine, DMSO

9-523　9-522　9-521　9-520　9-519　9-518　9-517

环丙沙星 (**9-516**)

9.9.2 左氧氟沙星 (levofloxacin)

左氧氟沙星 (**9-524**) 是 1996 年上市的第三代喹诺酮类抗菌药，为氧氟沙星的左旋异构体，商品名为 Levaquin。左氧氟沙星最早由日本第一三共 (Daiichi) 公司首先研究出来，后来由美国强生公司 1996 年 12 月在美国研发上市。左氧氟沙星通过抑制细菌 DNA 旋转酶的活性，阻止细菌 DNA 的合成和复制而发挥抗菌作用。与第二代喹诺酮类药物如氧氟沙星、环丙沙星等相比，以左氧氟沙星为代表的第三代喹诺酮类药物提高了对革兰氏阳性菌如肺炎球菌和厌氧菌的抑制活性。

左氧氟沙星 (**9-524**)

反合成分析：

左氧氟沙星的反合成分析比较复杂，本章介绍两种含有手性合成子的反合成分析策略。

① 反合成分析策略一

左氧氟沙星的第一种反合成分析可通过如下所示的 C–N 键、C–O 键和 C–C 键的逆向切断和官能团转换 (FGI) 策略得到正向合成所需起始原料：*N*-甲基哌嗪、(*S*)-2-氨基-1-丙醇、原甲酸三乙酯、2,3,4,5-四氟-1-苯甲酸 (**9-531**) 和丙二酸单钾盐单乙酯。

左氧氟沙星 (**9-524**) ⟹(C–N dis) **9-525** ⟹(C–O dis) **9-526** ⟹(C–N dis) **9-527** ⟹(C–N dis) **9-528** ⟹(C–C dis) **9-529** ⟹(C–C dis) **9-530** ⟹(FGI) **9-531**

② 反合成分析策略二

左氧氟沙星 (**9-524**) ⟹(C–N dis) **9-525** ⟹(FGI) **9-532** ⟹(C–C dis) **9-533** ⟹(C–N dis) **9-534** ⟹(C–N dis) **9-535** ⟹(FGI) **9-536** ⟹(FGI) **9-537** + **9-538** ⟹(FGI) **9-539** ⟹(C–O dis) **9-540**

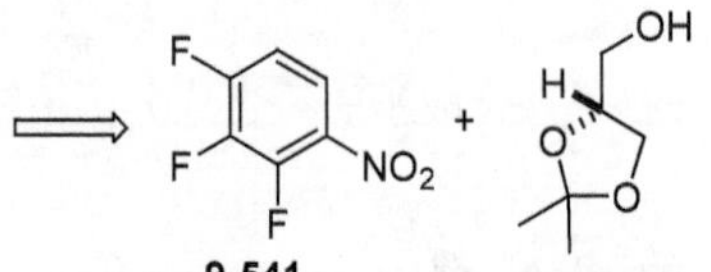

⟹ 9-541 + 9-542

左氧氟沙星的另一种反合成分析可通过如上所示的 C–N 键、C–O 键和 C–C 键的逆向切断和官能团转换 (FGI) 策略，得到正向合成所需起始原料：*N*-甲基哌嗪、(*S*)-1,2-缩丙酮甘油 (**9-542**)、乙氧基次甲基丙二酸二乙酯和2,3,4-三氟-1-硝基苯 (**9-541**)。

合成路线[89~95]：

① 合成路线一

左氧氟沙星的第一种手性合成策略中，首先，以四氟苯甲酸 (**9-531**) 为起始原料，与氯化亚砜反应制得四氟苯甲酰氯 (**9-530**)，再在三乙胺存在下，与丙二酸单钾盐单乙酯反应生成四氟苯甲酰乙酸乙酯 (**9-529**)。然后，在醋酸酐中与原甲酸乙酯回流，发生缩合反应生成 3-乙氧基-2-四氟苯甲酰丙烯酸乙酯 (**9-528**) 后，再与 (*S*)-(+)-2-氨基-1-丙醇经加成-消除反应生成 (*S*)-3-(2-羟丙基)氨基-2-四氟苯甲酰丙烯酸乙酯 (**9-527**)。继而，在 DMSO 和氢化钠 (NaH) 存在下以 59% 的收率关环得到 (*S*)-1-(2-羟丙基)-6,7,8-三氟-1,4-二氢-4-氧代-3-喹啉羧酸乙酯 (**9-526**)。在四氢呋喃 (THF) 和水中，用氢氧化钾处理，一方面酯基水解成羧基，另一方面醇羟基取代 C8 位氟原子，最终以 70%的收率得到 (*S*)-(–)-9,10-二氟-2,3-二氢-3-甲基-7-氧代-7*H*-吡啶并[1,2,3-*de*]-[1,4]苯并噁嗪-6-羧酸 (**9-525**)。最后，在 120 ℃ 下，在吡啶中用 *N*-甲基哌嗪选择性取代 C7 位的氟原子，以 83% 的收率得到光学纯的左氧氟沙星 (**9-524**)。

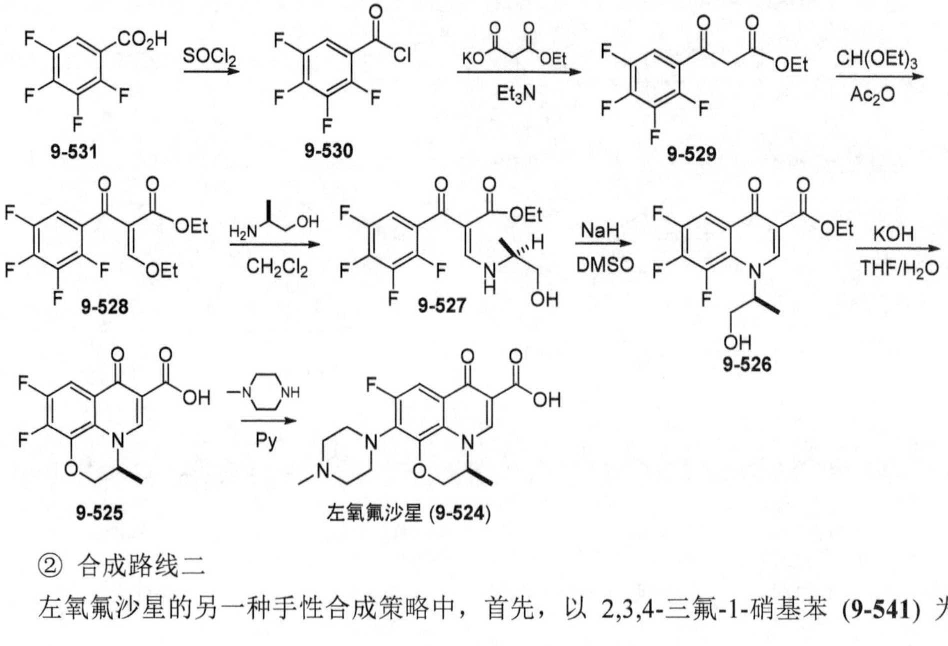

9-531 —$SOCl_2$→ 9-530 —KO₂CCH₂CO₂Et, Et_3N→ 9-529 —$CH(OEt)_3$, Ac_2O→ 9-528 —(S)-2-氨基-1-丙醇, CH_2Cl_2→ 9-527 —NaH, DMSO→ 9-526 —KOH, THF/H_2O→ 9-525 —N-甲基哌嗪, Py→ 左氧氟沙星 (9-524)

② 合成路线二

左氧氟沙星的另一种手性合成策略中，首先，以 2,3,4-三氟-1-硝基苯 (**9-541**) 为起始原料，在氢氧化钾和碳酸钾作用下，与 (*S*)-1,2-缩丙酮甘油 (**9-542**) 于甲苯中室温反应引入手性中心，定量得到 (*S*)-3,4-二氟-2-(1,2-缩丙酮丙基氧)硝基苯 (**9-540**)。然后，在乙醇中用 3 mol/L 盐酸水液处理脱去亚异丙基，以 99% 的收率得到 (*S*)-3,4-二氟-2-(1,2-二羟基丙基氧)硝基苯 (**9-539**)。接着，用溴化氢的乙酸溶液处理，以 98% 的收率得到 (*S*)-3,4-二氟-2-(1-溴-2-乙酰氧基丙基氧)硝基苯 (**9-537**) 和 (*R*)-3,4-二氟-2-(1-乙酰氧基丙基氧-2-溴)硝基苯混合物 (**9-538**)。继而，用 3 mol/L 氢氧化钠水液处理定量转化为环氧化合物 (*R*)-3,4-二氟-2-(1,2-环氧丙基氧)硝基苯 (**9-536**)。

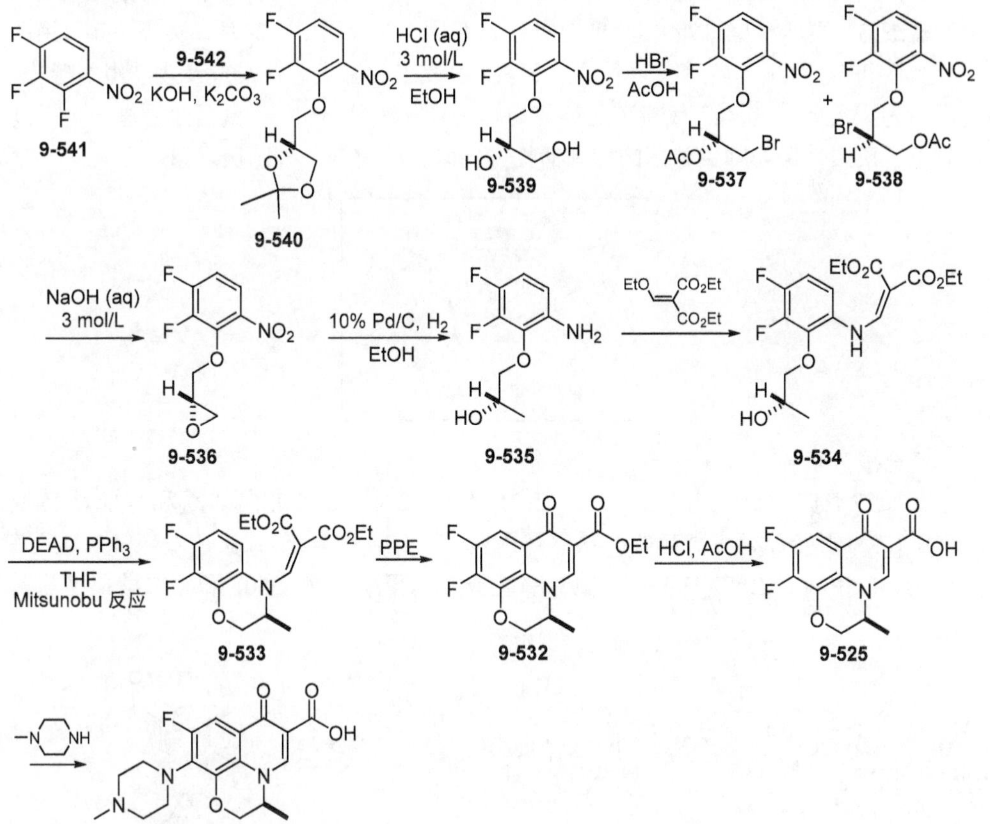

左氧氟沙星 (**9-524**)

在 10% Pd/C 催化氢化下，环氧化合物同时发生硝基还原及三元氧环的选择性还原开环，并以 90% 的收率得到 (*R*)-3,4-二氟-2-(2-羟基丙基氧)苯胺 (**9-535**)。然后，与乙氧基次甲基丙二酸二乙酯经加成-消除反应以 90% 的收率得到 (*R*)-3,4-二氟-2-(2-羟基丙基氧)-1-(2,2-二乙氧羰基乙烯基氨基)苯 (**9-534**)。在偶氮二甲酸二甲酯 (DEAD) 和三苯基膦催化下发生分子内 Mitsunobu 反应，环合生成 (*S*)-(7,8-二氟-3-甲基-3,4-二氢-2*H*-[1,4]苯并噁嗪-4)亚甲基丙二酸二乙酯 (**9-533**)。接着在多聚磷酸酯 (PPE) 中 140~145 ℃ 加热反应，以 90% 的收率得到 (*S*)-(–)-9,10-二氟-2,3-二氢-3-

甲基-7-氧代-7*H*-吡啶并 [1,2,3-*de*]-[1,4]苯并噁嗪-6-羧酸乙酯 (**9-532**)。继而在浓盐酸和冰醋酸中回流水解，以 98% 的收率得到(*S*)-(–)-9,10-二氟-2,3-二氢-3-甲基-7-氧代- 7*H*-吡啶并[1,2,3-*de*]-[1,4]苯并噁嗪-6-羧酸 (**9-525**)。最后，120 ℃ 下，在吡啶中用 *N*-甲基吡嗪选择性取代 C7 位的氟原子，以 83% 的收率得到光学纯的左氧氟沙星 (**9-524**)。

9.9.3 莫西沙星 (moxifloxacin)

莫西沙星 (**9-543**) 是德国拜耳公司 (Bayer) 开发的第四代喹诺酮类抗菌药，临床用其盐酸盐。莫西沙星 1999 年 9 月首次在德国上市，同年 12 月在美国上市，用于治疗社区获得性呼吸道感染、慢性支气管炎、鼻窦炎和肺炎急性发作及皮肤组织感染，商品名为 Avelox。与第三代喹诺酮类药物如左氧氟沙星等相比，莫西沙星进一步提高了对革兰氏阳性菌如肺炎球菌的抑制活性，同时也能有效地抑制厌氧菌。

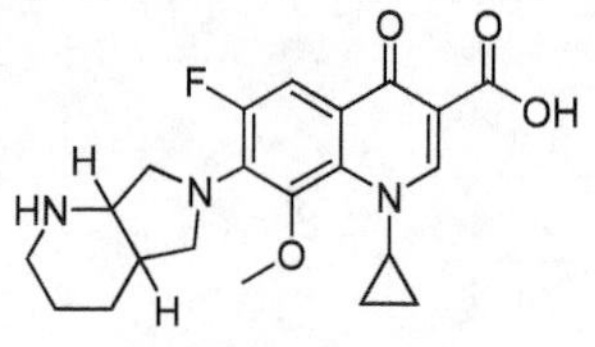

莫西沙星 (**9-543**)

反合成分析：

莫西沙星的反合成分析，通过 C–N 键和 C–C 键的逆向切断和官能团转换 (FGI)，得到正向合成所需起始原料：环丙基胺、*cis*-(*S*,*S*)-2,8-二氮杂双环[4.3.0]壬烷 (**9-546**)、原甲酸三乙酯、2,4,5-三氟-3-甲氧基-1-苯甲酰氯 (**9-550**) 和丙二酸单钾盐单乙酯。

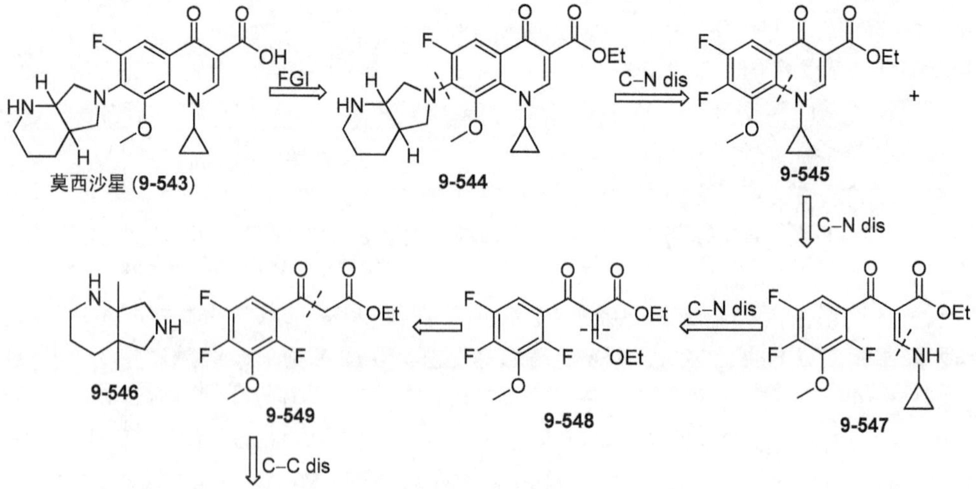

莫西沙星 (**9-543**) ⟹FGI **9-544** ⟹C–N dis **9-545** + ⟹C–N dis **9-547** ⟹C–N dis **9-548** ⟹ **9-549** ⟹C–C dis

9-546

KO OEt + F F F O Cl O

9-550

合成路线[96~98]：

9-550 → (KO OEt, Et_3N) → 9-549 → ($CH(OEt)_3$, Ac_2O) → 9-548 → (环丙胺 NH_2, EtOH) → 9-547 → (NaOH, DMF) → 9-545 → (9-546) → 9-544 → (HCl/AcOH) → 莫西沙星 (9-543)

首先，以 2,4,5-三氟-3-甲氧基-1-苯甲酰氯 (**9-550**) 为起始原料，在三乙胺存在下与丙二酸单钾盐单乙酯反应生成 (2,3,5-三氟-4-甲氧基)苯甲酰乙酸乙酯 (**9-549**)。然后，在醋酐中与原甲酸乙酯回流，发生缩合反应生成 3-乙氧基-2-(2,4,5-三氟-3-甲氧基)苯甲酰丙烯酸乙酯 (**9-548**)。再与环丙基胺经加成-消除反应生成 3-环丙氨基-2-(2,4,5-三氟-3-甲氧基)苯甲酰丙烯酸乙酯 (**9-547**)。继而在 DMF 和氢氧化钠存在下关环得到 1-环丙基-6,7-二氟-8-甲氧基-1,4-二氢-4-氧代-3-喹啉羧酸乙酯 (**9-545**)。接着，120 ℃下，在吡啶中用 *cis*-(*S*,*S*)-2,8-二氮杂双环[4.3.0]壬烷 (**9-546**) 选择性取代 C7 位的氟原子得到 1-环丙基-7-{(*S*,*S*)-2,8-二氮杂双环[4.3.0]壬烷-8-基}-6-氟-8-甲氧基-1,4-二氢-4-氧代-3-喹啉羧酸乙酯 (**9-544**)。最后，在浓盐酸和冰醋酸中回流水解得到莫西沙星 (**9-543**)。

其中，*cis*-(*S*,*S*)-2,8-二氮杂双环[4.3.0]壬烷的合成是以吡啶-2,3-邻二甲酸 (**9-551**) 为起始原料，与醋酐反应制得吡啶-2,3-邻二甲酸酐 (**9-552**)。然后，与苄胺反应得到 *N*-苄基-吡啶-2,3-邻二甲酰亚胺 (**9-553**)。依次经 5% Pd/C 催化氢化还原其吡啶环及用四氢锂铝将羰基还原为亚甲基而得到 *cis*-2-苄基-2,8-二氮杂双环[4.3.0]壬烷消旋体 (**9-555**)。接着，用酒石酸盐进行手性拆分得到 *cis*-(*S*,*S*)-2-苄基-2,8-二氮杂双环-[4.3.0]

壬烷 (**9-556**)。最后，通过 Pd/C 催化氢化脱去 *N*-苄基而制得光学纯的 *cis*-(*S*,*S*)-2-苄基-2,8-二氮杂双环[4.3.0]壬烷 (**9-546**)。

9-551 —Ac_2O→ 9-552 —$PhCH_2NH_2$→ 9-553 —Pd/C, H_2→ 9-554

—$LiAlH_4$, THF→ 9-555 —1. L-(+)-酒石酸 2. 结晶 3. NaOH 4. D-(–)-酒石酸 5. 结晶 6. NaOH→ 9-556 —Pd/C, H_2→ 9-546

9.9.4 加雷沙星 (garenoxacin)

加雷沙星 (**9-557**) 是 2007 在日本上市的第四代中最新的广谱喹诺酮类抗菌药，商标名为 Gracevit。加雷沙星由日本富山公司 (Toyama) 和大正药业共同开发上市，用于呼吸道感染、尿道感染、皮肤和软组织感染。

加雷沙星 (**9-557**)

反合成分析：

加雷沙星的反合成分析，通过 C–N 键和 C–C 键的逆向切断和官能团转换 (FGI)，得到正向合成所需起始原料：环丙基胺、原甲酸三乙酯、(1*R*)-1-甲基-5-溴-2,3-二氢-1*H*-异吲哚 (**9-567**)、2-氟-4-溴-3-二氟甲氧基-1-苯甲酰氯 (**9-565**) 和丙二酸单钾盐单乙酯。

加雷沙星 (9-557) ⟹(FGI) 9-558 ⟹(C–C dis) 9-559 + 9-560 或 9-561

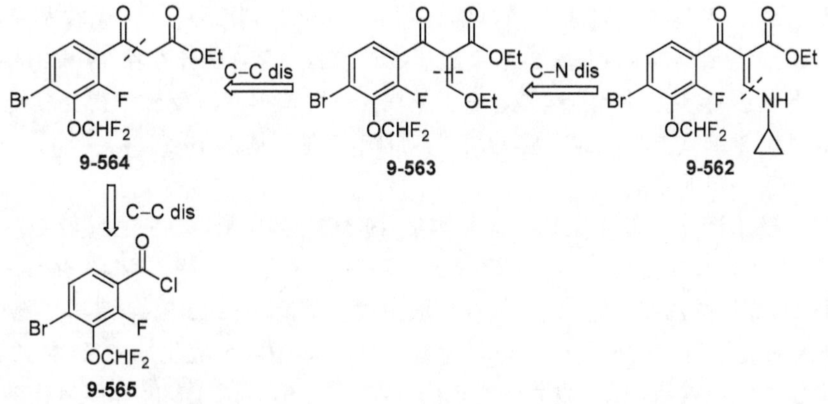

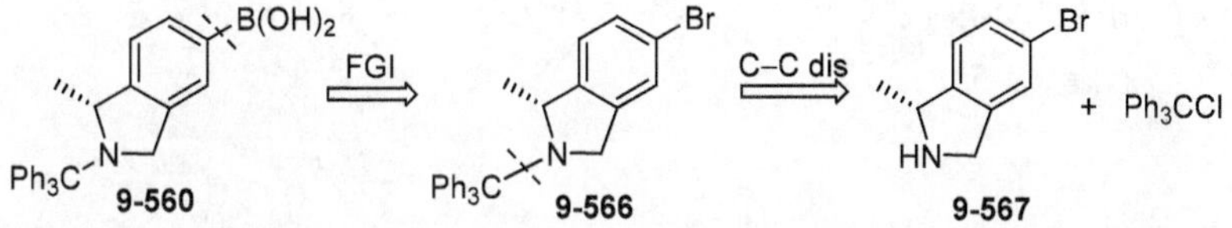

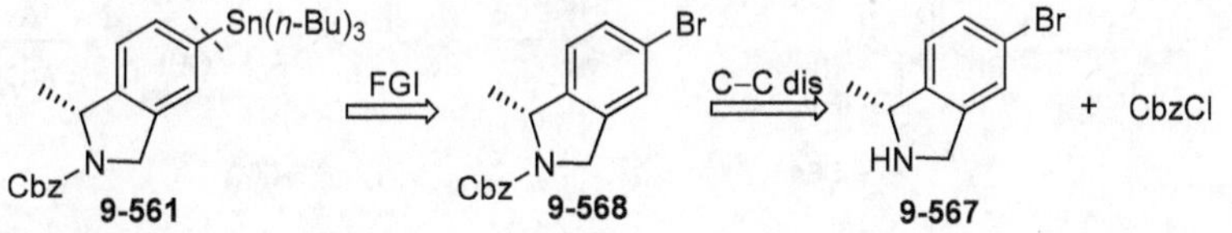

合成路线[99~103]：

① 中间体(1*R*)-1-甲基-2-三苯甲基-2,3-二氢-1*H*-5-异吲哚硼酸 (**9-560**) 的合成

以 (1*R*)-1-甲基-5-溴-2,3-二氢-1*H*-异吲哚 (**9-567**) 为原料，首先在二氯甲烷和三乙胺中 (或在甲苯和金属钠中)，与三苯甲基氯加热反应得到 (1*R*)-1-甲基-2-三苯甲基-5-溴-2,3-二氢-1*H*-异吲哚 (**9-566**)。然后，在 −65 ℃ 正丁基锂或 −45 ℃ 叔丁醇钾催化下，与三异丙氧基硼烷反应得到光学纯中间体 (1*R*)-1-甲基-2-三苯甲基-2,3-二氢-1*H*-5-异吲哚硼酸 (**9-560**)。

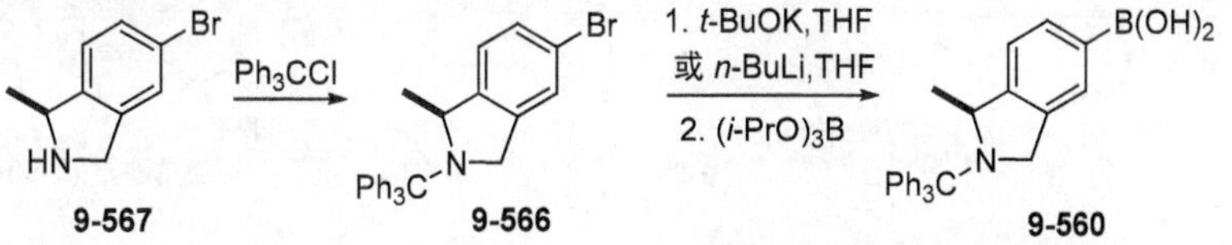

② 中间体 [(1*R*)-1-甲基-2-苄氧羰基-2,3-二氢-1*H*-5-异吲哚]-三正丁基锡 (**9-561**) 的合成

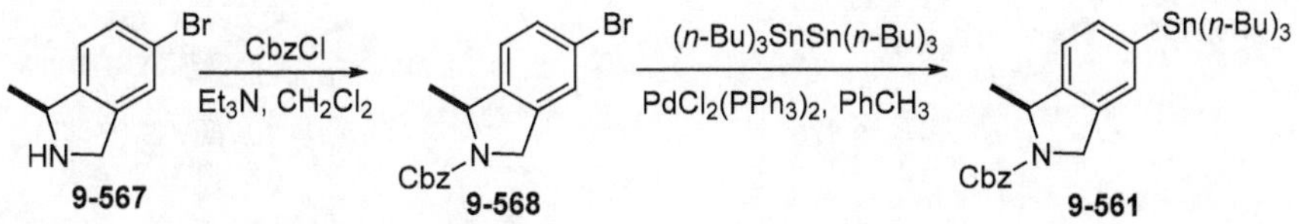

以 (1*R*)-1-甲基-5-溴-2,3-二氢-1*H*-异吲哚 (**9-567**) 为原料，首先与苄氧羰基氯 (CbzCl) 反应得到 (1*R*)-1-甲基-2-苄氧羰基-5-溴-2,3-二氢-1*H*-异吲哚 (**9-568**)。然后，在二(三苯基膦)氯化钯催化下与双(三丁基锡) 在甲苯中回流反应制得光学纯中间体 [(1*R*)-1-甲基-2-苄氧羰基-2,3-二氢-1*H*-5-异吲哚]-三正丁基锡 (**9-561**)。

③ 加雷沙星的合成

以 2-氟-4-溴-3-二氟甲氧基-1-苯甲酰氯 (**9-565**) 为原料，在三乙胺存在下与丙二酸单钾盐单乙酯反应生成 (2-氟-4-溴-3-二氟甲氧基)苯甲酰乙酸乙酯 (**9-564**)。然后，在醋酐中与原甲酸乙酯回流，发生缩合反应生成 3-乙氧基-2-(2-氟-4-溴-3-二氟甲氧基)苯甲酰丙烯酸乙酯 (**9-563**) 后，与环丙基胺经加成-消除反应生成 3-环丙氨基-2-(2-氟-4-溴-3-二氟甲氧基) 苯甲酰丙烯酸乙酯 (**9-562**)。继而在 DMF 和氢氧化钠或碳酸钾存在下关环得到中间体溴代喹诺酮化合物 1-环丙基-7-溴-8-二氟甲氧基-1,4-二氢-4-氧代-3-喹啉羧酸乙酯 (**9-559**)。

KO ... OEt; Et_3N; $CH(OEt)_3$, Ac_2O; NH_2-环丙基, EtOH

9-565 **9-564** **9-563**

NaOH 或 K_2CO_3, DMF

9-562 **9-559**

9-559 → **9-560**, $PhCH_3/EtOH/10\%\ Na_2CO_3$ (5:2:1), $PdCl_2$ / PPh_3, Suzuki 偶联 → **9-569** → EtOH, H_2O, HCl → 加雷沙星 (**9-557**)

9-559 → **9-561**, $PdCl_2(PPh_3)_2$, $Ph(CH_3)_2$, Stille 偶联 → **9-570** → 1. NaOH, EtOH, H_2O; 2. 5% Pd/C, H_2, AcOH → 加雷沙星 (**9-557**)

Suzuki 反应路线中，1-环丙基-7-溴-8-二氟甲氧基-1,4-二氢-4-氧代-3-喹啉羧酸乙酯 (**9-559**)，在氯化钯和三苯基膦及碳酸钠催化下，先与 (1*R*)-1-甲基-2-三苯甲基-2,3-二氢-1*H*-5-异吲哚硼酸 (**9-560**) 甲苯和乙醇中回流，发生 Suzuki 偶联反应制得 1-环丙基-7-[(1*R*)-1-甲基-2-三苯甲基-2,3-二氢-1*H*-异吲哚-5-基]-8-二氟甲氧基-1,4-二氢-4-氧代-3-喹啉羧酸乙酯 (**9-569**)。然后，用盐酸在乙醇中处理，脱除三苯甲基，酯基水解得到光学纯的加雷沙星 (**9-557**)。

Stille 偶联反应路线中，1-环丙基-7-溴-8-二氟甲氧基-1,4-二氢-4-氧代-3-喹啉羧酸乙酯 (**9-559**)，在二(三苯基膦)氯化钯催化下，先与 [(1*R*)-1-甲基-2-苄氧羰基-2,3-二氢-1*H*-5-异吲哚]-三正丁基锡 (**9-561**) 在二甲苯中回流，发生 Stille 偶联反应制得 1-环丙基-7-[(1*R*)-1-甲基-2-苄氧羰基-2,3-二氢-1*H*-异吲哚-5-基]-8-二氟甲氧基-1,4-二氢- 4-氧代-3-喹啉羧酸乙酯 (**9-570**)。然后，依次用氢氧化钠水液在乙醇中水解及 5% Pd/C 催化氢化脱去苄氧羰基后制得光学纯的加雷沙星 (**9-557**)。

9.9.5 利奈唑酮 (linezolid)

利奈唑酮 (**9-571**) 是美国 Pharmacia & Upjohn 公司 2000 年 4 月在美国上市的继磺胺类和氟喹诺酮类后的一类新型化学全合成抗菌药，主要用于治疗由耐药革兰氏阳性菌引起的感染性疾病。

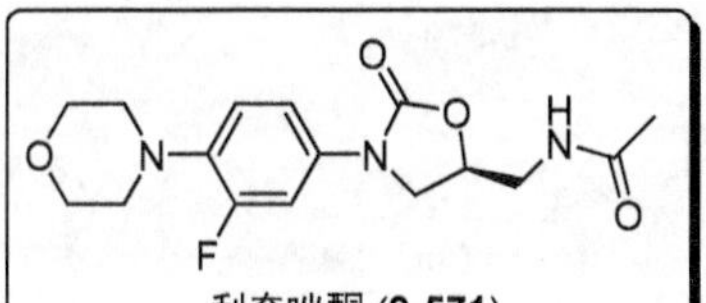

利奈唑酮 (**9-571**)

反合成分析：

利奈唑酮具有光学中心，可以通过手性分子引入。首先将优先切断的酰胺键切断，得到游离氨基 (**9-572**)，通过官能团转化成醇 (**9-575**)。醇 **9-575** 的切断比较巧妙，利用具有环氧乙烷环结构的手性分子 *R*-缩水甘油基丁酸酯 (**9-577**) 进行五元杂环的切断得到甲酸苄酯 (**9-576**)。甲酸苄酯 (**9-576**) 通过酰胺键切断得到苯胺 (**9-578**)，苯胺 (**9-578**) 可以转化成硝基 (**9-579**)，而吗啉环的切断采用 C-N 键的切断方式。

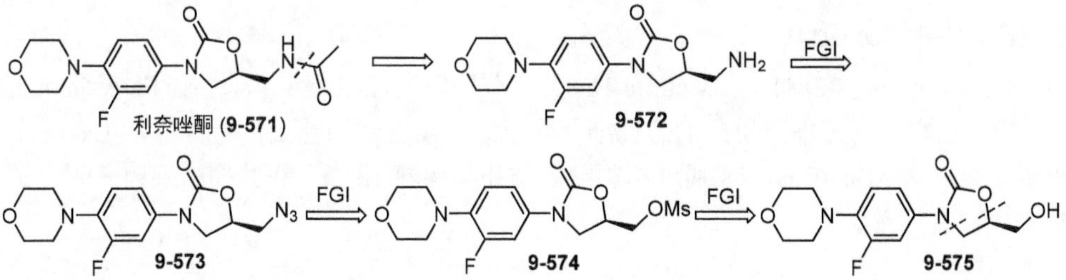

利奈唑酮 (**9-571**) ⟹ **9-572** FGI⟹

9-573 FGI⟹ **9-574** FGI⟹ **9-575**

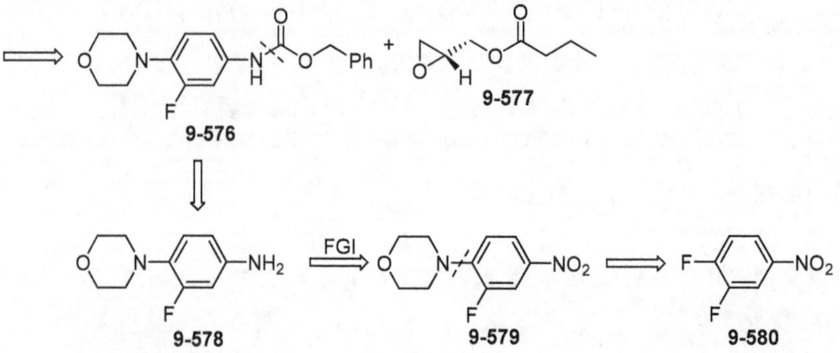

合成路线[104]：

利奈唑酮的合成以 3,4-二氟硝基苯 (**9-580**) 为起始原料，由于硝基的活化作用，对位的氟取代基选择性与吗啉反应，得到的取代产物 (**9-579**) 经氢化还原成苯胺 (**9-578**)，用苄氧基甲酰氯保护氨基后，与 *R*-缩水甘油基丁酸酯 (**9-577**) 环合成噁唑烷酮 (**9-575**)。噁唑烷酮 (**9-575**) 的 5 位羟基经甲磺酰化、叠氮化、还原转换成氨基，氨基乙酰化得到利奈唑酮 (**9-571**)。

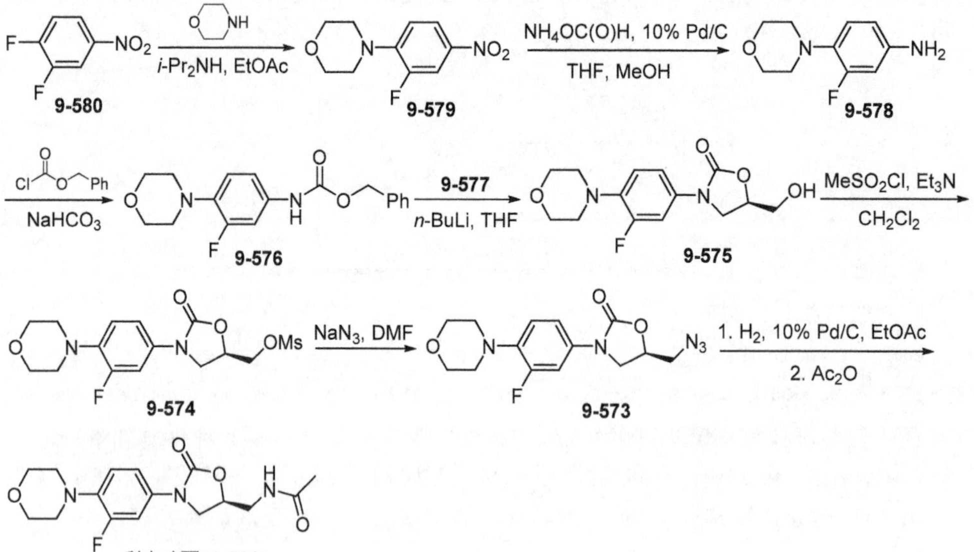

利奈唑酮 (9-571)

9.9.6 Delafloxacin

Delafloxacin (**9-581**) 由 Melinta Theraps 公司研发，2017 年 6 月被 FDA 批准上市。用于治疗由易感细菌引起的急性细菌性皮肤及皮肤结构感染，商品名为 Baxdela。机制研究发现，Delafloxacin 通过抑制细菌拓扑异构酶 Ⅱ 和 Ⅳ，抑制细菌 DNA 的复制、转录、修复等。

Delafloxacin (**9-581**)

反合成分析：

Delafloxacin 是一类喹诺酮类抗菌药，首先通过官能团转换成 8 位未氯取代的中间体 (**9-582**)，通过 C–N 键切断，得到 5,6-二氟中间体 (**9-583**)，然后利用喹诺酮反合成子方法，将喹诺酮开环得到苯甲酰乙酸乙酯类化合物 (**9-584**)。在此基础上先后进行 C–N 键和 *α*,*β*-不饱和羰基切断，得到中间体 2,4,5-三氟苯甲酰乙酸乙酯 (**9-585**)，最后通过 1,3-二羰基切断，得到 2,4,5-三氟苯甲酸 (**9-586**)。

Delafloxacin (**9-581**) FGI ⟹ **9-582** ⟹ **9-583** ⟹ **9-584** ⟹ **9-585** 1,3-dis ⟹ **9-586**

合成路线[105]**：**

以 2,4,5-三氟苯甲酸 (**9-586**) 为起始原料，经酰氯化后与丙二酸酯缩合生成 2,4,5-三氟苯甲酰乙酸乙酯 (**9-585**)。然后分别与原甲酸三乙酯和二氟二氨基吡啶反应生成苯甲酰乙酸乙酯类化合物 (**9-584**)，在 DBU 和氯化锂催化下关环生成喹诺酮环。最后，与 3-羟基氮杂环丁烷盐酸盐反应在喹诺酮 7 位引入氮杂环丁烷侧链后，将羟基进行保护后氯代，最后在碱性条件下脱去羟基保护剂生成 Delafloxacin (**9-581**)。

9-586 —(1. $SOCl_2$, DMF; 2. KO_2CCH_2COOEt, $MgCl_2$, TEA)→ **9-585** —(1. Ac_2O, $CH(OEt)_3$; 2. NMP, 2,6-二氨基-3,5-二氟吡啶)→

1. DBU, LiCl

1. DBU, 3-hydroxyazetidine·HCl
2. $(i\text{-}PrCO)_2O$

1. NCS, H_2SO_4
2. NaOH, H_2O

9-584 9-583 9-587

Delafloxacin (**9-581**)

9.9.7 Ozenoxacin

Ozenoxacin (**9-588**) 是 2017 年被 FDA 批准上市的另一个喹诺酮类抗菌药，由 Ferrer 公司研发，商品名为 Xepi。用于治疗由金黄色葡萄球菌或链球菌引起的脓疱疮。作用机制与 Delafloxacin 类似，也是作用于细菌拓扑异构酶 Ⅱ 和 Ⅳ。

Ozenoxacin (**9-588**)

反合成分析：

Ozenoxacin 与 Delafloxacin 不同，侧链是通过 C–C 键相连的氨基取代吡啶，可采用基于 Stille 偶联的 C–C 键切断，分别得到 7-溴喹诺酮中间体 (**9-590**) 和三丁基锡类化合物 (**9-589**)。三丁基锡类化合物可由溴化物 (**9-591**) 通过官能团转换获得，而溴化物的 2 位甲基氨基，通过 C–N 键切断，得到原料 2-氯-3-甲基-5-溴吡啶 (**9-592**)。

Ozenoxacin (**9-588**) 9-589 9-590 9-591

⇩

Cl, N, Br

9-592

合成路线[106]：

以 2-氯-3-甲基-5-溴吡啶 (**9-592**) 为起始原料，与甲胺反应生成 5-溴-*N*,3-二甲基吡啶-2-胺 (**9-591**)。将 *N*-甲基氨基用乙酰基保护后，在二(三苯基膦)二氯钯催化作用下，与双三丁基锡反应生成三丁基锡中间体 (**9-594**)。然后与 7-溴喹诺酮中间体 (**9-590**) 发生 Stille 偶联。最后，将喹诺酮 3 位羧酸乙酯水解成羧酸，脱去甲胺保护基团，生成 Ozenoxacin (**9-588**)。

9-592 —甲胺, 密封管→ 9-591 —Ac_2O, Py→ 9-593 —$(Bu_3Sn)_2$, $PdCl_2(PPh_3)_2$→ 9-594 (SnBu3) —7-溴喹诺酮中间体, $PdCl_2(PPh_3)_2$→ 9-595 —1. NaOH, 2. 1mol/L HCl→ 9-596 —浓 HCl→ Ozenoxacin (**9-588**)

9.10 抗真菌药

9.10.1 依柏康唑 (eberconazole)

依柏康唑 (**9-597**) 是由凯西制药公司 (Chiesi) 研制的外用抗真菌药，2005 年在西班牙上市，商品名为 Ebernet。依柏康唑属咪唑类抗真菌药，临床用于皮肤真菌感染，尤其是皮癣、股癣和足癣，其作用机理与其他咪唑类抗真菌药相同，通过抑制真菌羊毛固醇 14α-去甲基酶发挥作用，是该类药物中最新批准的抗真菌药物。

依柏康唑 (9-597)

反合成分析：

首先，将依柏康唑中咪唑相邻的 C–N 键切断，得到咪唑和氯代三元环 (**9-598**)。为了便于下一步将环打开，需要将氯官能团转化为羰基，得到 **9-600**。在化合物 **9-600** 的羰基与苯环之间切断，得到取代苯甲酸 (**9-601**)。为便于在烷基部分切断，需要引入一个双键，同时将羧基转化为酯基，得到中间体 **9-603**。最后，利用 Wittig 反应切断中间体 **9-603** 的双键，得到起始原料 2-溴甲基苯甲酸乙酯 (**9-605**) 和 3,5-二氯苯甲醛 (**9-604**)。

依柏康唑 (9-597) ⟹ 9-598 ⟹ 9-599 ⟹ 9-600 ⟹ 9-601 ⟹ 9-602 ⟹ 9-603 ⟹ 9-604 + 9-605

合成路线[107]**：**

2-溴甲基苯甲酸乙酯制成 Wittig 试剂后与 3,5-二氯苯甲醛 (**9-604**) 反应生成烯 (**9-603**)。在碱性条件下，将酯基水解为羧基，并通过催化氢化将双键还原，得到 2-(3,5-二氯苯乙基)苯甲酸 (**9-601**)。后者在多聚磷酸的作用下发生分子内成环反应，得到三元环 (**9-600**)。用 $NaBH_4$ 将 **9-600** 的羰基还原为羟基，并用 $SOCl_2$ 氯代，最后与咪唑取代，得到依柏康唑 (**9-597**)，三步反应总收率 56%。

9-606 —(9-604, NaH, DMF)→ 9-603 —(NaOH, MeOH)→ 9-602 —(H_2, Pd/C, MeOH)→

9-601 → (PPA) → 9-600 → (NaBH4, MeOH) → 9-599 → (SOCl2) → 9-598 → (咪唑, DMF) → 依柏康唑 (9-597)

9.10.2 福司氟康唑 (fosfluconazole)

福司氟康唑 (**9-607**) 是 2003 年上市的三氮唑类抗真菌药，商品名为 Prodif 。福司氟康唑由美国辉瑞制药公司 (Pfizer) 开发上市，是抗真菌药氟康唑 (fluconazole) 的磷酸酯前体药物，临床用其二钠盐。福司氟康唑通过抑制真菌细胞膜重要组分麦角甾醇生物合成中的关键酶羊毛甾醇-14α-去甲基化酶 (CYP51) 而产生抗真菌作用。

福司氟康唑 (9-607)　　氟康唑 (9-608)

反合成分析：

福司氟康唑的反合成分析很简单，仅通过官能团转换 (FGI) 和 O–P 键逆向切断便得到正向合成所需起始原料氟康唑 (**9-608**)。

福司氟康唑 (9-607) ⇒ (FGI) 9-609 ⇒ (O–P dis) 氟康唑 (9-608)

合成路线[108]：

以氟康唑 (**9-608**) 为起始原料，最初的小试路线采用二苄基二异丙氨基亚磷酸酯和 1*H*-四唑在二氯甲烷中处理后，直接用间氯过氧苯甲酸氧化亚磷酸酯得到二苄基[1,3-二(1*H*-1,2,4-三唑-1-基)-2-(2,4-二氟苯基)-2-丙基]磷酸酯 (**9-609**)。然后，在甲醇中用钯碳催化氢解脱去两个苄基制得福司氟康唑 (**9-607**)。

1. $(BnO)_2PN(i\text{-}Pr)_2$, 1*H*-四唑
2. *m*-CPBA

H_2, Pd/C, MeOH

氟康唑 (**9-608**)　**9-609**　福司氟康唑 (**9-607**)

后来，研究人员发现将氟康唑溶于二氯甲烷和吡啶混合溶剂后，依次用三氯化磷、苄醇和过氧化氢进行处理，也可得到二苄基 [1,3-二(1*H*-1,2,4-三唑-1-基)-2-(2,4-二氟苯基)-2-丙基]磷酸酯 (**9-609**)，收率为 65%~70%。这一步反应产率虽然较小试路线低，但可避免小试路线中所用试剂如 1*H*-四唑和间氯过氧苯甲酸的遇热不稳定性及二苄基二异丙氨基亚磷酸酯较难购买的局限性，从而实现工业化生产。另外，由于终产物福司氟康唑在甲醇中溶解度较小，因此，最后的一步钯炭催化氢解反应宜在氢氧化钠水溶液中进行，反应完毕后过滤除去催化剂，再用硫酸对产物溶液进行酸化，过滤制得福司氟康唑 (**9-607**)。

1. PCl_3, Py
2. BnOH
3. H_2O_2

1. H_2, Pd/C, NaOH-H_2O
2. H_2SO_4

氟康唑 (**9-608**)　**9-609**　福司氟康唑 (**9-607**)

9.11

其他药物

9.11.1 索非那新 (solifenacin succinate)

索非那新 (**9-610**) 是日本山之内公司开发的治疗膀胱活动过度的新药，2004 年分别在美国和欧洲上市，商品名为 Vesicare。索非那新为竞争性毒蕈碱受体阻断剂，可选择性阻断毒蕈碱受体，松弛膀胱平滑肌，从而缓解膀胱活动过度症引发的尿频、尿急和尿失禁等症状。

索非那新 (9-610)

反合成分析：

索非那新结构中同时含有酯键和酰胺键，比较容易切断。首先，将索非那新的酯基切断得到喹核碱-3-(*R*)-醇 (**9-612**) 和取代四氢异喹啉乙酯 (**9-611**)。将 **9-611** 的酰胺键切断，得到氯甲酸乙酯和取代四氢异喹啉 (**9-613**)。将 **9-613** 的四氢异喹啉环打开，利用酰胺羰基氯代后对苯环的亲核进攻，切断得到 *N*-苯乙基苯甲酰胺 (**9-614**)。最后，切断 **9-614** 的酰胺键，得到两个易得的原料苯乙胺 (**9-615**) 和苯甲酰氯。

C–O dis；C–N dis；C–C dis；C–N dis

索非那新 (9-610)　9-611　9-612　9-613　9-614　9-615

合成路线[109]**：**

苯乙胺 (**9-615**) 和苯甲酰氯在三乙胺作用下生成酰胺 (**9-614**)，然后，用 $POCl_3$ 将酰胺羰基氯代，与苯基环化并还原，得到外消旋的 1-苯基-四氢异喹啉 (**9-616**)。通过 (*R*)-(+)-酒石酸拆分，得到 (*S*)-1-苯基-四氢异喹啉 (**9-613**)。后者与氯甲酸乙酯反应生成酰胺 (**9-611**)，与喹核碱-3-(*R*)-醇 (**9-612**) 成酯得到索非那新 (**9-610**)。

9-615 —苯甲酰氯, TEA, CH_3Cl→ 9-614 —1. $POCl_3$, P_2O_3, 二甲苯; 2. $NaBH_4$, EtOH→ 9-616

—(*R*)-(+)-酒石酸→ 9-613 —$ClCO_2Et$, TEA, CH_2Cl_2→ 9-611 —9-612, NaH, PhMe→ 索非那新 (9-610)

9.11.2 咪达那新 (imidafenacin)

咪达那新 (**9-617**) 是日本小野药品工业株式会社与杏林制药联合开发的新型二苯基丁酰胺类抗胆碱药，2007 年 6 月在日本上市。咪达那新选择性作用于 M_3 和 M_1 受体，阻断胆碱对逼尿肌的收缩作用，令逼尿肌松弛。咪达那新具有高度膀胱选择性，可显著改善膀胱过度活动症 (overactive bladder, OAB) 所引起的尿急、尿频、尿禁等症状。

咪达那新 (**9-617**)

反合成分析：

首先，将咪达那新的酰胺官能团转化为氰基。然后，将化合物 **9-618** 的 2-甲基咪唑部分切断得到溴代物 (**9-619**)。最后，将活泼的氰基 *α*-位切断得到二苯乙腈 (**9-620**) 和 1,2-二溴乙烷。

咪达那新 (**9-617**) ⟹(FGI) **9-618** ⟹ **9-619** ⟹ **9-620** + $BrCH_2CH_2Br$

合成路线[110]**：**

以 $NaNH_2$ 为碱，二苯乙腈 (**9-620**) 与 1,2-二溴乙烷发生烷基化反应得到溴代物 (**9-619**)。以三乙胺为碱，后者与 2-甲基咪唑在 DMF 中反应生成 4-(2-甲基咪唑-1-基)二苯丁腈 (**9-618**)。最后，用 70% H_2SO_4 将氰基水解为酰胺，制得咪达那新 (**9-617**)。

9-620 —($BrCH_2CH_2Br$, $NaNH_2$)→ **9-619** —(2-甲基咪唑, Et_3N, DMF)→ **9-618** —(70% H_2SO_4)→ 咪达那新 (**9-617**)

9.11.3 西地那非 (sildenafil)

西地那非 (**9-621**) 是由美国辉瑞制药公司研发的第一个磷酸二酯酶 5 (PDE5) 抑制剂，用于治疗男性勃起障碍，商业名为 Viagra (万艾可)。西地那非最早是作为一个用于治疗心血管疾病的 5-磷酸二酯酶抑制剂而进入临床研究，但是，临床研究显示，西地那非对心血管的作用不能达到研究人员预期。后来，研究者意外发现西地那非对患者的性生活有改善。经过研究，1998 年 3 月 27 日获得美国 FDA 上市许可，成为令辉瑞公司名声大噪的一个产品。

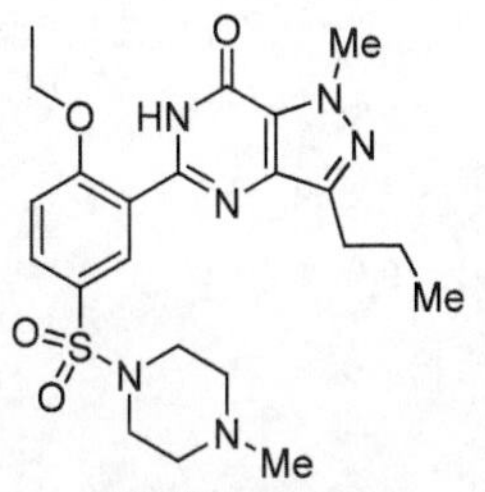

西地那非 (**9-621**)

反合成分析：

首先切断磺酰胺基团，接着将嘧啶酮 (**9-622**) 开环得到甲酰胺 (**9-623**)。后者切断酰胺键简化结构得到吡唑酰胺 (**9-624**)，**9-624** 的酰胺可由酸转化而来。同时吡唑 2 位上甲基可采取 C–N 键切断得到 5-丙基-2*H*-吡唑-3-甲酸乙酯 (**9-626**)，吡唑环可以进一步切断得到二酮酯 (**9-627**)。

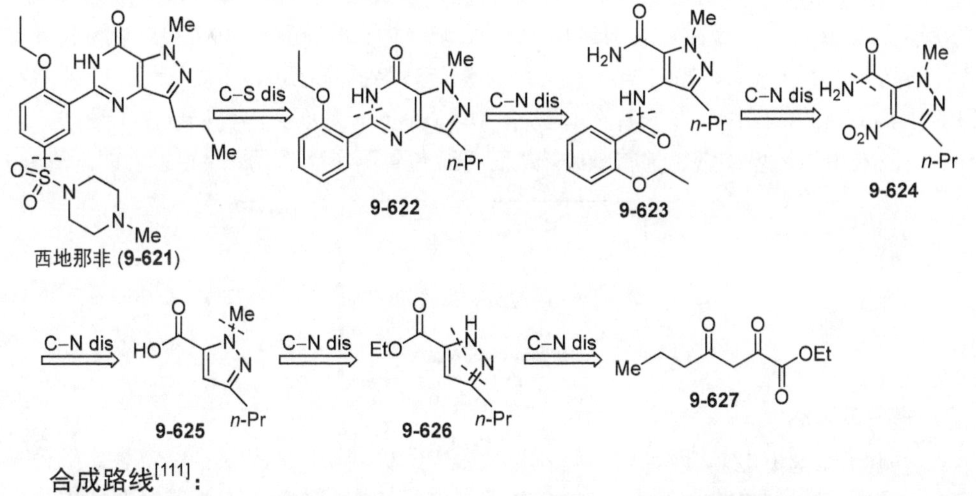

西地那非 (**9-621**) ⟹(C–S dis) **9-622** ⟹(C–N dis) **9-623** ⟹(C–N dis) **9-624** ⟹(C–N dis) **9-625** ⟹(C–N dis) **9-626** ⟹(C–N dis) **9-627**

合成路线[111]：

2-戊酮与乙二酸二乙酯反应生成二酮酯 (**9-627**)，与肼缩合成吡唑环 (**9-626**)。吡唑 (**9-626**) 上 1 位氮选择性甲基化后，酯水解成酸 (**9-625**)，**9-625** 硝化后在 4 位引入硝基，羧基与氨水反应成酰胺 (**9-624**)。然后，将硝基还原成氨基与邻乙氧基苯甲酰氯酰胺化。得到的苯甲酰胺 (**9-623**) 环化形成吡唑并嘧啶酮 (**9-622**)，先用氯磺酸在乙氧基的对位引入磺酰氯，再与 1-甲基哌嗪反应得到西地那非 (**9-621**)。

9-627 → (NH_2NH_2, H_2O) → 9-626 → (1. Me_2SO_4; 2. NaOH, H_2O) → 9-625 → (1. HNO_3, H_2SO_4; 2. $SOCl_2$, NH_4OH) → 9-624 → (1. $SnCl_2$, EtOH; 2. 2-乙氧基苯甲酰氯 (C(O)Cl, OEt), Et_3N, DMAP) → 9-623 → (NaOH, H_2O_2; H_2O, EtOH) → 9-622 → (1. $ClSO_3H$; 2. 1-甲基哌嗪 (HN N−Me), EtOH) → 西地那非 (**9-621**)

9.11.4 霉酚酸钠 (mycophenolate sodium)

霉酚酸 (mycophenolic acid，MPA) 是人类发现的第一个抗生素，但其最重要的价值在于具有免疫抑制活性。美国诺华公司研制开发了霉酚酸钠 (**9-628**) 的肠衣缓释片，商品名为 Myfortic，2004 年在美国、欧洲等许多国家上市，主要用于治疗器官移植的排异反应。霉酚酸钠肠衣片在胃酸性环境 (pH<5) 下不会溶解释放出霉酚酸，而只在小肠的中性环境中溶出并被吸收，从而可避免胃肠道副作用，改善患者的耐受性。

霉酚酸钠 (**9-628**)

反合成分析：

霉酚酸钠结构相对比较复杂，有多种反合成分析方法，本节仅介绍一种比较简洁的切断策略。霉酚酸钠同时含有羧基、羟基和内酯结构，因此，在切断时要考虑化学选择性。首先，将霉酚酸钠末端羧基相继转化为酯基和烯，并将酚羟基成醚，得到中间体 **9-630**。这种转化策略一方面有利于提高内酯环构建时的化学选择性，另一方面将分子的侧链转化为易得的原料香叶基氯 (geranyl chloride，**9-636**)。然后，打开内酯环得到多取代的芳香化合物 (**9-631**)。最后，将 **9-631** 苯环上甲基转化为醛基后，利用缩合反应将苯环打开，得到酮酯 (**9-634**) 和丁炔醛 (**9-633**)。将酮酯 (**9-634**) 活泼的 α-位切断，得到起始原料香叶基氯 (**9-636**) 和 1,3-丙酮二羧酸二甲酯 (**9-635**)。

霉酚酸钠 (9-628)　FGI⟹　9-629　FGI⟹　9-630　C–O dis⟹　9-631　FGI⟹　9-632　C–C dis⟹　9-633 + 9-634　⟹　9-635 + 9-636

合成路线[112]：

以 NaH 为碱，香叶基氯 (**9-636**) 和 1,3-丙酮二羧酸二甲酯 (**9-635**) 在 THF 中反应生成酮酯 (**9-634**)。后者与丁炔醛 (**9-633**) 缩合得到间苯二酚化合物 (**9-632**)，由于缩合反应位置选择有两种方式，本步反应收率较低，仅 33%。化合物 **9-632** 通过四步连续的反应得到关键中间体取代苯甲酸酯 (**9-631**)。首先，用 CH_3I 将 **9-632** 的两个酚羟基甲基化。其次，需要将醛基还原为甲基。为了避免将化合物中酯基和双键同时还原，先用较弱的还原剂 $NaBH_4$ 将醛基还原为羟甲基，羟基经甲磺酰化后用再用 $NaBH_4$ 还原成为甲基。以 K_2CO_3 为碱，**9-631** 在甲醇中通过分子内酯化反应得到内酯 (**9-630**)。将内酯 (**9-630**) 侧链末端双键臭氧化得到醛，经 Jones 氧化和酯化将醛基转化为酯。最后，用 BCl_5 选择性将 **9-629** 中与内酯基相邻的甲醚脱去甲基，并将末端酯基水解得到霉酚酸，后者与 NaOH 成钠盐后制得霉酚酸钠 (**9-628**)。

9-635 + 9-636 —NaH, THF→ 9-634 —9-633, NaH, THF→ 9-632 —1. NaH,DMF, MeI; 2. NaBH₄, MeOH; 3. TFA, MeSO₂Cl, DCM; 4. NaBH₄, DMF→ 9-631 —K₂CO₃, MeOH→

9-630

1. O_3, DCM, Py, DMS
2. CrO_3, H^+, MeCoMe
CH_2N_2, AcOEt

9-629

1. BCl_5, DCM
2. LiOH, H_2O

NaOH

霉酚酸钠 (9-628)

9.11.5 伐仑克林 (varenicline)

伐仑克林 (**9-637**) 是由美国辉瑞公司研制开发的用于治疗尼古丁成瘾的药物。其商品名为 Chantix，先后于 2006 年 5 月和 8 月由美国 FDA 和欧洲 EMEA 批准上市。伐仑克林是第一个通过影响尼古丁依赖性神经机制产生戒烟效果的药物，也是美国 FDA 近十年来批准的第一个戒烟处方药。伐仑克林对神经元烟碱乙酰胆碱受体 $\alpha_4\beta_2$ 具有高度亲和力，能够选择性与之结合。伐仑克林对戒烟的有效性被认为是对烟碱受体亚型活性激动的结果，同时阻止烟碱尼古丁与受体 $\alpha_4\beta_2$ 的结合。

伐仑克林 (9-637)

反合成分析：

伐仑克林具有二元桥环结构，将环结构切断时需考虑化学选择性问题。首先，将伐仑克林的仲氨基用三氟乙酰基保护。然后，将哒嗪环切断得到乙二醛和邻二胺 (**9-639**)。将后者的氨基官能团转化为硝基后，利用硝化反应切断硝基，得到二元桥环结构 (**9-641**)。由于 Diels-Alder (D-A) 反应是合成桥环结构的常用方法，因此，需要进行转化。将二元桥环结构 N 原子上的三氟乙酰基转化为苄基，然后在 N 原子两侧切断得到易得的苄胺和二醛 (**9-644**)。将二醛连接，转化为双键，得到 Diels-Alder 反应的反合成子。最后，切断得到环戊二烯和 2-氟溴苯。

伐仑克林 (9-637) ⇒(保护) 9-638 ⇒(C–N dis) 9-639 ⇒(FGI)

9-640 ⇒(FGI) 9-641 ⇒(C–N dis) 9-642 ⇒(保护)

9-643 ⇒(C–N dis) 9-644 ⇒(con) 9-645 ⇒(FGI) 9-646 ⇒(D-A 反应) 2-氟溴苯 + 环戊二烯

合成路线[113~116]：

首先将 2-氟溴苯制成格氏试剂，然后与环戊二烯发生 Diels-Alder 反应生成桥环产物 (**9-646**)。在 OsO_4 和 *N*-甲基吗啉氮氧化物 (NMO) 作用下，将双键二羟基化。然后，通过 $NaIO_4$ 将二醇氧化断裂得到二醛 (**9-644**)。二醛产物 (**9-644**) 与苄胺发生缩合反应，经 $NaHB(OAc)_3$ 还原，生成 *N*-苄基哌啶环 (**9-643**)。通过催化氢化脱去苄基后，再与三氟乙酸酐 (TFAA) 反应得到三氟乙酰胺产物 (**9-641**)。后者经 $TfOH/HNO_3$ 体系硝化，在苯环上引入两个硝基。通过催化氢化将硝基还原为氨基，与乙二醛缩合，构建哒嗪环。最后，将三氟乙酰氨基水解，生成伐仑克林 (**9-637**)。

9.11.6 奈妥吡坦 (netupitant)

奈妥吡坦 (**9-647**) 由 Helsinn Healthcare 公司研发，2014 年 10 月 FDA 批准上市的神经激肽 1 (NK1) 受体选择性拮抗剂，与 5-HT3 受体拮抗剂帕洛斯琼联用，商品名为 Akynzeo。临床用于预防伴随肿瘤化疗的初始和重复疗程的急性和延迟恶心和呕吐。

反合成分析：

首先进行酰胺键切断得到 2-(3,5-双三氟甲基苯基)-2-甲基丙酰氯和 *N*-甲基吡啶-3-胺化合物 (**9-648**)，后者切断氨基上甲基取代后得到 3-氨基吡啶化合物 (**9-649**)。吡啶 4 位切断后得到 4-碘-6-(4-甲基哌嗪-1-基)吡啶-3-胺 (**9-650**)，经官能团转换为 6-(4-甲基哌嗪-1-基)吡啶-3-胺 (**9-651**)。

奈妥吡坦 (**9-647**)　**9-648**　**9-649**

FGI

9-650　**9-651**

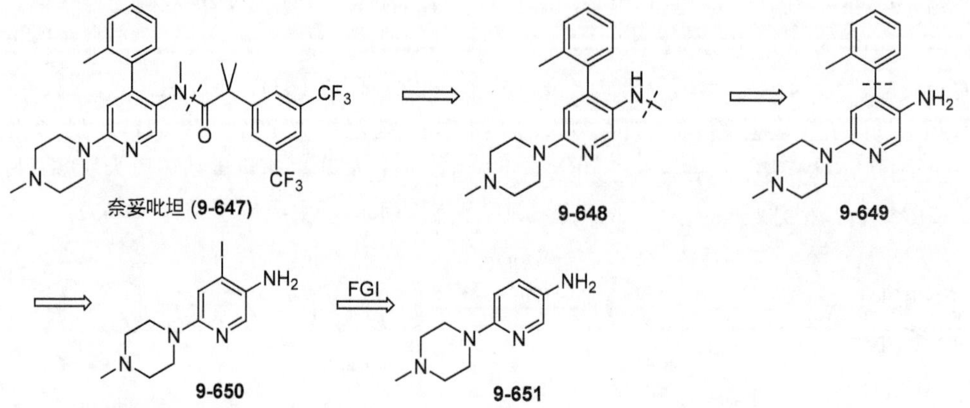

合成路线[117]：

以 6-(4-甲基哌嗪-1-基)吡啶-3-胺 (**9-651**) 为原料，与叔戊酰氯反应将氨基用新戊酰基保护。碘代后与 2-甲基苯硼酸反应在对位引入邻甲苯基，用盐酸脱去新戊酰基保护后，与原甲酸三甲酯反应，并经氢化铝锂还原生成 *N*-甲基 6-(4-甲基哌嗪-1-基)-4-邻甲苯基吡啶-3-胺 (**9-648**)。最后，以 DIPEA 为缚酸剂，与 2-(3,5-双三氟甲基苯基)-2-甲基丙酰氯发生酰胺化反应生成奈妥吡坦 (**9-647**)。

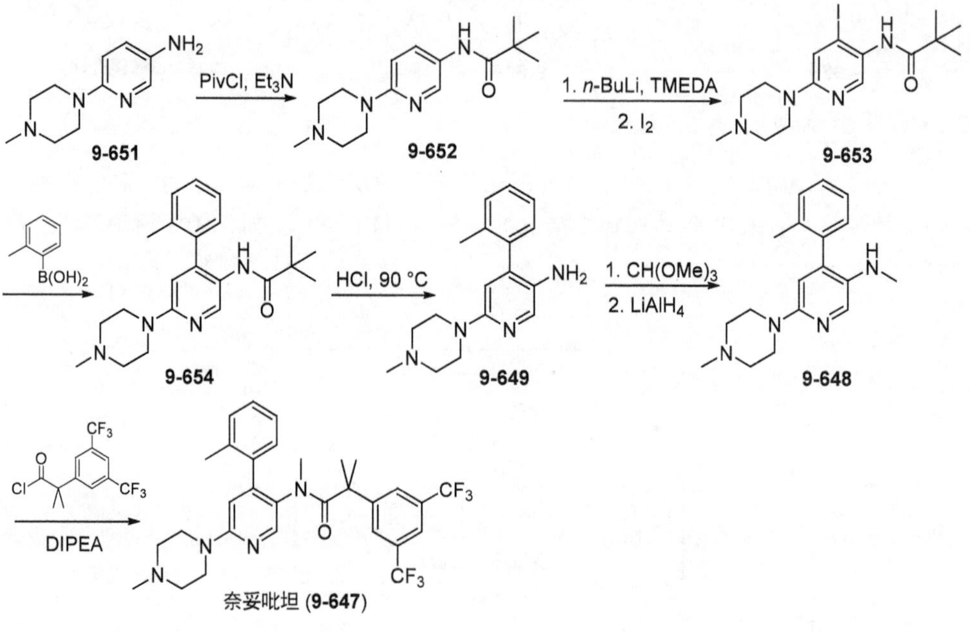

PivCl, Et_3N　1. *n*-BuLi, TMEDA　2. I_2

9-651　**9-652**　**9-653**

$B(OH)_2$　HCl, 90 °C　1. $CH(OMe)_3$　2. $LiAlH_4$

9-654　**9-649**　**9-648**

DIPEA

奈妥吡坦 (**9-647**)

9.11.7 卢马卡托 (lumacaftor)

卢马卡托 (**9-655**) 由 Vertex 制药公司研发，与依伐卡托联合用药，2015 年 7 月 FDA 批准上市，商品名为 Orkambi。卢马卡托能提高 F508del-跨膜传导调节因子 (CFTR) 的构象稳定性，使成熟蛋白加工运输至细胞表面增加。依伐卡托是一种 CFTR 增效剂，通过增加通道-开放的概率促进细胞表面 CFTR 蛋白的氯化物运输。卢马卡托和依伐卡托组成的复方制剂，临床用于 12 岁及以上年龄的囊纤维化 CFTR 基因 *F508del* 突变为纯合子的囊性纤维化患者的治疗。

卢马卡托 (**9-655**)

反合成分析：

卢马卡托可进行酰胺键切断，分别得到环丙基酰氯化合物 (**9-656**) 和 3-(6-氨基-3-甲基吡啶-2-基)苯甲酸。前者酰氯可经官能团转换成氰基，环丙基切断后得到苯乙腈化合物 (**9-657**)，最后经官能团转换成 2,2-二氟苯并[*d*][1,3]二氧戊烷-5-甲酸 (**9-659**)。

卢马卡托 (**9-655**) ⟹ **9-656** ⟹ **9-657** ⟹ **9-658** ⟹(FGI) **9-659**

合成路线[118]**：**

以 2,2-二氟苯并[*d*][1,3]二氧戊烷-5-甲酸 (**9-659**) 为原料，用 Red-Al (红铝) 还原成醇 (**9-660**)。二氯亚砜氯代后与氰化钠反应生成苯乙腈化合物 (**9-658**)，然后与 1-氯-2-溴乙烷反应引入环丙基。碱性条件下水解氰基成酸，氯化亚砜酰氯化后与 3-(6-氨基-3-甲基吡啶-2-基)苯甲酸叔丁酯成酰胺 (**9-663**)。最后，用 6 mol/L 盐酸脱去叔丁酯生成卢马卡托 (**9-655**)。

9-659 —Red-Al→ **9-660** —$SOCl_2$, DMAP, MTBE→ **9-661** —1. NaCN, DMSO; 2. H_2O, MTBE→

9-658 —$BrCH_2CH_2Cl$, KOH, TOAB→ **9-657** —NaOH, EtOH→ **9-662** —$SOCl_2$→

9-656

TEA, DMAP

9-663

6mol/L HCl

H_2O

卢马卡托 (9-655)

9.11.8 立他司特 (Ifitegrast)

立他司特 (**9-664**) 是由 Shire 制药公司研发，2016 年 7 月 FDA 批准上市的淋巴细胞功能相关抗原-1 (LFA-1) 拮抗剂，商品名为 Xiidra。临床用于干眼病体征和症状患者的治疗。

立他司特 (9-664)

反合成分析：

采用两次酰胺键切断，可以快速简化结构成 (*S*)-2-氨基-3-(3-甲磺酰基苯基)丙酸 (**9-666**)，甲磺酰基的引入可通过溴化物和甲磺酸钠反应。

立他司特 (9-664)

9-665

9-666

9-667

合成路线[119]**：**

以手性试剂 (*S*)-2-氨基-3-(3-溴苯基)丙酸 (**9-667**) 为原料，将氨基用 Boc 保护后，在碳酸铯催化下与甲磺酸钠反应生成 3-甲磺酰基苯基丙酸化合物 (**9-669**)。为避免丙酸与氨基生成副反应，用苄酯将丙酸进行保护后，脱去氨基的 Boc 保护基团，游离出氨基后与 5,7-二氯-2-三苯甲基-1,2,3,4-四氢异喹啉-6-羧酸反应生成酰胺 (**9-672**)。用盐酸脱去三苯基保护后与苯并呋喃-6-羧酸反应生成酰胺 (**9-674**)，最后在 10% Pd-C 催化氢化下脱去苄酯保护生成立他司特 (**9-664**)。

Boc$_2$O, NaHCO$_3$ → **9-668**; CH$_3$SO$_2$Na, CsCO$_3$, CuI → **9-669**; BnOH, EDCI, DMAP → **9-670**; HCl → **9-671**; HATU, TEA → **9-672**; HCl → **9-673**; 1. (COCl)$_2$ 2. DIPEA → **9-674**; 10% Pd/C, HCOOH → 立他司特 (**9-664**)

9-667 **9-668** **9-669** **9-670** **9-671** **9-672** **9-673** **9-674**

立他司特 (**9-664**)

参 考 文 献

[1] 和国栋, 周志明. 来曲唑的合成研究. *广东化工* **2007**, 1, 38-40.

[2] Edwards, P. N.; Large, M. S. (Substituted aralkyl) heterocyclic compounds. **1989**, EP 0296749.

[3] Edwards, P. N.; Large, M. S. (Substituted aralkyl) heterocyclic compounds. **1990**, US 4935437.

[4] Boehm, J.C.; Johnson, R.K.; Hecht, S.M.; Kingsbury, W.D.; Holden, K.G. **1989**, JP 1989186893.

[5] Barker, A. Quinazoline derivatives. **1995**, EP 566226.

[6] Gibson, K. Quinazoline derivatives. **2000**, EP 823900.

[7] Schnur, R. C.; Arnold, L. D. Quinazoline derivatives. **1996**, WO 9630347.

[8] Schnur, R. C.; Arnold, L. D. Alkynyl and azido-substituted 4-anilinoquinazolines. **1998**, US 5747498.

[9] Barnett, C. J.; Wilson, T. M.; Kobierski, M. E. A practical synthesis of multitargeted antifolate LY231514. *Org. Process. Res. Dev.* **1999**, *3*, 184-188.

[10] Huang, W. S.; Shakespeare, W. C. An efficient synthesis of nilotinib (AMN107). *Synthesis*, **2007**, 14, 2121-2124.

[11] Whitehead, B. F.; Ho, P. T. C.; Suttle, A. B.; Pandite, A. Cancer treatment method. **2007**, WO 0143483.

[12] Brain, C. T.; Sung, Moo J. E. Pyrrolopyrimidine compounds and their uses. **2012**, US 8324225.

[13] Wang, Y.; Huang, W. S.; Liu, S. Y.; Shakespeare, W. C.; Thomas, M. R.; Qi, J. W.; Li, F.; Zhu, X. T.; Kohlmann, A.; Dalgarno, D. C.; Romero, J. A. C.; Zou, D. Phosphorus derivatives as kinase inhibitors. **2013**, US 9273077.

[14] Cianchetta, G.; Delabarre, B.; Popovici-muller, J.; Salituro, F. G.; Saunders, J. O.; Travins, J.; Yan, S. Q.; Guo, T.; Zhang, L. Therapeutically active compositions and their methods of use. **2016**, US 9512107.

[15] Barf, T. A.; Jans, C. G. J. M.; Man, P. A. D. A.; Oubrie, A. A.; Raaijmakers, H. C. A.; Rewinkel, J. B.; Sterrenburg, J.; Wijkmans, J. C. H. M. 4-imidazopyridazin-1-yl-benzamides and 4-imidazotriazin -1-yl-benzamides as Btk inhibitors. **2012**, US 9290504.

[16] Watkins, C.; Romero-martin, M. R.; Moore, K. G..; Ritchie, J.; Finn, P. W.; Kalvinsh, I.; Loza, E.; Dikovska, K.; Gailite, V.; Vorona, M.; Piskunova, I.; Starchenkov, I.; Andrianov, V.; Harris, J. C.; Duffy, J. E. S. Carbamic acid compounds comprising a sulfonamide linkage as hdac inhibitors. **2003,** US 20040077726.

[17] Fowler KW, Huang DW, Kesicki EA, et al. Quinazolinones as inhibitors of human phosphatidylinositol 3-kinase delta, WO 2005113556.

[18] Butterworth, S.; Finlay, M. R. V.; Ward, R. A.; Kadambar, V. K.; Murugan, C. R. C.; Murugan, A.; Redfearn, H. M. 2-(2,4,5-Substituted-anilino) pyrimidine compounds. **2012**, US 20130053409.

[19] Webber, S. E.; Canan-koch, S.S.; Tikhe, J.; Thoresen, L. H. Tricyclic inhibitors of poly(ADP-ribose) polymerases. **2002**, US 20030078254.

[20] Bruncko, M.; Ding, H.; Doherty, G; A.; Elmore, S; W.; Hasvold, L. A.; Hexamer, L.; Kunzer, A. R.; Song, X. H.; Souers, A. J..; Sullivan, G. M.; Tao, Z. F.; Wang, G. T.; Wang, L.; Wang, X. L.; Wendt, M. D.; Mantei, R.; Hansen, T; M. Apoptosis-inducing agents for the treatment of cancer and immune and autoimmune diseases. **2010**, US 20110124628.

[21] Eliel, E. L.; Fisk, M. T.; Prosser, T. *Org. Synth.* **1963**, Coll. Vol. IV, 169.

[22] Bousquet, A.; Musolino, A. Hydroxyacetic ester derivatives, preparation method and use as synthesis intermediates. **2003**, US 20030208077.

[23] Iguchi, S.; Kawamura, M.; Miyamoto, T. Novel esters of phenylalkanoic acid. **1990**, EP 397031.

[24] Tsunoda, T.; Yamazaki, A.; Mase, T.; Sakamoto, S. A scalable process for the synthesis of 2-methyl-1,4,5,6-tetrahydroimidazo[4,5-*d*][1]benzazepine monohydrate and 4-[(biphenyl-2-yl-carbonyl)amino] benzoic acid: two new key intermediates for the synthesis of the AVP antagonist conivaptan hydrochloride. *Org. Proc. Res. Dev.* **2005**, *9*, 593-598.

[25] Price, D. A.; Gayton, S.; Selby, M. D.; Ahman, J.; Haycock-Lewandowski, S.; Stammen, B. L.; Warren, A. Initial synthesis of UK-427,857 (Maraviroc). *Tetrahedron Lett.* **2005**, *46*, 5005-5007.

[26] Kluge, A. F.; Clark, R. D.; Strosberg, A. M.; Pascal, J. C.; Whiting, R. L. Cardioselective aryloxy- and arylthio-hydroxypropyl piperazinyl acetanilides wich affect calcium entry. **1984**, EP 0126449.

[27] Agai-Csongor, E.; Gizur, T.; Hasanyl, K.; Trischler, F.; Demeter-Sabo, A.; Csehi, A.; Vajda, E.; Szab-Komi si, G.. Process for the preparation of piperazine derivatives. **1991**, EP 0483932.

[28] Ogawa, H.; Yamashita, H.; Kondo, K.; Yamamura, Y.; Miyamoto, H.; Kan, K.; Kitano, K.; Tanaka, M.; Nakaya, K.; Nakamura, S.; Mori, T.; Tominaga, M.; Yabuuchi , Y. Orally Active, Nonpeptide Vasopressin V2 Receptor Antagonists: A Novel Series of 1-[4-(Benzoylamino)benzoyl]-2,3,4,5-tetrahydro-1*H*-benzazepines and Related Compounds. *J. Med. Chem.* **1996**, *39*, 3547-3555.

[29] Miyamoto, H.; Kondo, K.; Yamashita, H.; Nakaya, K.; Komatsu, H.; Kora, S.; Tominaga, M.; Yabuuchi , Y. Benzoheterocyclic compounds. **1991**, WO 9105549.

[30] Bolli M, Boss C, Clozel M, Novel sulfamides and their use as endothelin receptor antagonists, **2002**, WO2002053557.

[31] Ohta, T.; Komoriya, S.; Yoshino, T.; Uoto, K.; Nakamoto, Y.; Naito, H.; Mochizuki, A.; Nagata, T.; Kanno, H.; Haginoya, N.; Yoshikawa, K.; Nagamochi, M.; Kobayashi, S.; Ono, M. Diamine derivatives. **2002**, US 20050119486.

[32] Grozinger, K. G.; Fuchs, V.; Hargrave, K. D.; Mauldin, S.; Vitous, J.; Campbell, S.; Adams, J. Synthesis of nevirapine and its major metabolite. *J. Heterocyclic Chem.* **1995**, *32*, 259-263.

[33] Hargrave, K. D.; Proudfoot, J. R.; Grozinger, K. G.; et al. Novel non-nucleoside inhibitors of HIV-1 reverse transcriptase. 1. Tricyclic pyridobenzo-and dipyridodiazepinones. *J. Med. Chem.* **1991**, *34*, 2231-2232.

[34] R.A. 加贝尔；M.D. 格罗宁；D.A. 约翰斯顿. 在合成达菲中的环氧化物中间体. **2006**, 中国 ZL200680049935.2.

[35] Abrecht, S.; Harrington, P.; Iding, H.; et al. The synthetic development of the anti-influenza neuraminidase inhibitor oseltamivir phosphate (Tamiflu®): a challenge for synthesis & process research. *Chimia*, **2004**, *58*, 621.

[36] Federspiel, M.; Fischer, R.; Henning, M.; et al. Industrial Synthesis of the Key Precursor in the Synthesis of the Anti-Influenza Drug Oseltamivir Phosphate (Ro 64-0796/002, GS-4104-02): Ethyl (3*R*,4*S*,5*S*)-4,5-epoxy-3-(1-ethyl-propoxy)-cyclohex-1-ene-1-carboxylate. *Org. Process. Res. Dev.* **1999**, *3*, 266-274.

[37] Bischofberger, N.W.; Dahl, T.C.; Hitchcock, M.J.M.; et al. Compounds containing s9-membered rings, process for their preparation, and their use as medicaments. **1999**, WO 1999014185.

[38] Karpf, M.; Trussardi, R. New, azide-free transformation of epoxides into 1, 2-diamino compounds: synthesis of the anti-influenza neuraminidase inhibitor oseltamivir phosphate (Tamiflu). *J. Org. Chem.* **2001**, *66*, 2044-2051.

[39] Rohloff, J. C.; Kent, K. M.; Postich, M. J.; et al. Practical total synthesis of the anti-influenza drug GS-4104. *J. Org. Chem.* **1998**, *63*, 4545.

[40] Kent, K. M.; Kim, C.U.; McGee, L. R.; et al. Preparation of cyclohexene carboxylate derivatives. **1998**, WO 1998007685.

[41] Kent, K. M.; Kim, C. U.; McGee, L. R.; et al. Preparation of carbocyclic compounds. **1999**, US 5886213.

[42] DeGoey, D.A.; Randolph, J. T.; Liu, D. C., et al. Discvery of ABT-267, A pan-genotypic inhibitor of HCV NS5A. *J. Med. Chem.* **2014**, *57*, 2047-2057.

[43] Li, H. M.; Belyk, K. M.; Yin, J. J. Enantioselective synthesis of hemiaminals via Pd-catalyzed C-N coupling with chrial bisphosphine mon-oxides. *J. Am. Chem. Soc.* **2015**, *137*, 13728-13731.

[44] Christensen, J. A.; Squires, R. F. 4-Phenylpiperidine compounds. **1977**, US 4007196.

[45] Teva-Krochmal, B.; Diller, d.; Dolitzky, B. Z.; Brainaed, C. R. Preparation of risperidone. **2002**, WO 0214286.

[46] Warawa, E. J.; Migler, B. M. Thiazepine compounds. **1987**, EP 240228.

[47] Lowe, J. A.; Nagel, A. A. Aryl piperazinyl-(C2 or C4) alkylene heterocyclic compounds having neuroleptic activity. **1989**, US 4831031.

[48] Thai, D. L.; Sapko, M. T.; Reiter, C. T.; Bierer, D. E.; Perel, J. M. Asymmetric synthesis and pharmacology of methylphenidate and its para-substituted derivatives. *J. Med. Chem.* **1998**, *41*, 591.

[49] Ahmadian, H.; Petersen, H. Method for the preparation of escitalopram. **2003**, WO 03051861.

[50] Berglund, R.A. Asymmetric synthesis. **1994**, US 5362886.

[51] Rao, D. R.; Kankan, R. N.; Wain, C. P. A process for preparing duloxetine and intermediates for use therin. **2004**, WO 2004056795.

[52] Reichert, D.; Almena, P. J. J.; Schwarm, M; et al. Process for preparing duloxetine hydrochloride. **2003**, WO 2003070720.

[53] Sakai, K.; Sakurai, R.; Yuzawa, A.; et al. Resolution of 3-(methylamino)-1-(2-thienyl)propan-1-ol, a new key intermediate for duloxetine, with (*S*)-mandelic acid. *Asymmetry*, **2003**, *14*, 1631.

[54] Takehara, K.; Qu, J. P.; Kanno, K.; et al. 3-Hydroxy-3-(2-thienyl)propionamide compound, process for producing the same, and process for producing 3-amino-1-(2-thienyl)-1-propanol compound therefrom. **2003**, WO 2003078418.

[55] Sorger, K.; Petersen, H.; Stohrer, J. Enantioselektive Reformatsky-Process for the preparation of optically active alcohols, amines and their derivatives. **2004**, EP 1394140.

[56] Liu, H.; Hoff, B. H.; Anthonsen, T. Chemo-enzymatic synthesis of the antidepressant duloxetine and its enantiomer. *Chirality*, **2000**, *12*, 26.

[57] Bymaster, F.P.; Beedle, E.E.; Findlay, J.; et al. Duloxetine (Cymbalta), a dual inhibitor of serotonin and norepinephrine reuptake. *Bioorg. Med. Chem. Lett.* **2003**, *13*, 4477.

[58] Oshiro, Y.; Sato, S.; Kurahashi, N.; Tanaka, T.; Kikuchi, T.; Tottori, K.; Uwahodo, Y.; Nishi, T. Novel antipsychotic

agents with dopamine autoreceptor agonist properties: synthesis and pharmacology of 7-[4-(4-phenyl-1-piperazinyl) butoxy]-3,4-dihydro-2(1H)-quinolinone derivatives. *J. Med. Chem.* **1998**, *41*, 658.

[59] Barnett, C. J.; Wilson, T. M.; Kobierski, M. E. A practical synthesis of multitargeted antifolate LY231514. *Org. Process. Res. Dev.* **1999**, *3*, 184.

[60] Baxter, C. A.; Cleator, E.; Edwards, J. S.; et al, The first large-scale synthesis of MK-4305: a dual orexin receptor antagonist for the treatment of sleep disorder. *Org. Process. Res. Dev.* **2011**, 15, 367-375.

[61] Againe, C. E.; Galambos, J,; Nogradi, K.; et al, (Thio) Carbamol-cyclohexane derivatives as D3/D2 receptor antagonists. **2005**, WO 2005012266.

[62] Yamashita, H.; Ito, N.; Miyamura, S.; Oshima, K.; Matsubara, J.; Kuroda, H.;Takahashi, H.; Shimizu, S.; Tanaka, T.; Piperazine-substituted benzothiophenes for treatment of mental disorders. **2011**, US 20110152286.

[63] Surtees, J.; Marmon, V.; Differding, E.; Zimmermann, V. 2-oxo-1-pyrrolidine derivatives, process for preparing them and their uses. **2003**, US 20030040631.

[64] Barbanti, E.; Caccia, C.; Salvati, P.; Velardi, F.; Ruffilli, T.; Bogogna, L. Process for the production of 2-[4-(3- and 2-fluorobenzyloxy) benzylamino] propanamides. **2011**, US 8278485.

[65] Collin,D.T.;Hartley, D.;Jack, D.; Lunts, L.H.C.; Press, J.C.; Ritchie, A.C.; Toon, P. Saligenin analogs of sympathomimetic catecholamines. J. *Med. Chem.* **1970**, *13*, 674.

[66] Labelle, M.; Prasit, P.; Belley, M.; Blouin, M.; Champion, E.; Charette, L.;DeLuca, J. G.; Dufresne, R.; et al. The discovery of a new structural class of potent orally active leukotriene D4 antagonists. *Bioorg. Med. Chem. Lett.* **1992**, *2*, 1141.

[67] Hett, R.; Fang, K. Q.; Gao, Y.; Wald, S. A.; Senanayake, C. H. Large-scale synthesis of enantio- and diastereomerically pure (*R*,*R*)-formoterol. *Org. Proc. Res. Dev.* **1998**, *2*, 96-99.

[68] Laine, D. I.; McCleland, B.; Thomas, S.; et al, Discovery of novel 1-azoniabicyclo[2.2.2]octane muscarinic acetylcholine receptor antagonists. *J. Med. Chem.* **2009**, *52*, 2493-2505.

[69] Trunk, M. J. F.; Schiewe, J. Preparation and powder formulations of benzoxazine derivatives for the treatment of respiratory diseases, **2005**, US 20050255050.

[70] Desmond, R.; Dolling, U. H.; Frey, R. D.; Tschaen, D. M. Process of preparing phenyl heterocycles useful as COX-2 inhibitors. **1998**, WO 9800416.

[71] Letendre, L. J.; Kunda, S. A.; Gallagher, D. J.; Seaney, L. M. Method for preparing benzenesulfonyl compounds. **2003**, WO 03029230.

[72] Talley, J. J.; Bertenshaw, S. R.; Brown, D. L.; Carter, J. S.; Graneto, M. J.; Kellogg, M. S.; Koboldt, C. M.; Yuan, J. H.; Zhang, Y. Y.; Seibert, K. *N*-[[(5-methyl-3-phenylisoxazol-4-yl)-phenyl]sulfonyl]-propanamide, sodium salt, parecoxib sodium: A potent and selective inhibitor of COX-2 for parenteral administration. *J. Med. Chem.* **2000**, *43*, 1661-1663.

[73] Fujimoto, R. A.; Mcquire, L. W.; Mugrage, B. B.; Van Duzer, J. H.; Xu, D. Certain 5-alkyl-2-arylaminophenylacetic acids and derivatives. **1999**, WO 9911605.

[74] Acemoglu, M.; Allmendinger, T.; Calienni, J. V.; Cercus, J.; Loiseleur, O.; Sedelmeier, G.; Xu, D. Process for phenylacetic acid derivatives. **2001**, WO 0123346.

[75] Schwender, C.F.; Beers, S.A.; Malloy, E.A.;Cinicola, J. Benzylphosphonic acid inhibitors of human prostatic acid phosphatase. *Bioorg. Med. Chem. Lett.* **1996**, 6, 311.

[76] King, C. H.; Kaminski, M. A. 4-Diphenylmethyl pipermidine derivatives and process for their preparation. **1993**, WO 9321156.

[77] Patel, S.; Waykole, L.; Repic, O.; Chen, K. M. Synthesis of terfenadine carboxylate. *Synth. Commun.* **1996**, *26*, 4699.

[78] Walther, G.; Schneider, C. S.; Weber, K. H.; Fuegner, A. Heterocyclic compounds, their preparation and pharmaceutical compositions containing them. **1981**, DE 3008944.

[79] Matsumori, Y.; Maekawa, S. Method for producing 6-aminomethyl-6,11-dihydro-5*H*-dibenzo [*b*,*e*]azepine. **2003**, JP 2003321454.

[80] Piwinski, J. J.; Wong, J. K.; Green, M. J.; Ganguly, A. K.; Billah, M. M.; West, R. E.; Kreutner, W. Dual Antagonists of Platelet Activating Factor and Histamine. Identification of Structural Requirements for Dual Activity of 7V-Acyl-4-(5,6-dihydro-llif-benzo[5,6]cyclohepta[1,2-]pyridin-11-ylidene) piperidines. *J. Med. Chem.* **1991**, *34*, 461-463.

[81] Doran, H. J.; O'Neill, P. M. Process for preparing tricyclic compounds having antihistaminic activity. **2001**, US 6271378.

[82] Carceller, E.; Jimenez, P. J.; Salas, J. Anti-allergy benzocycloheptathiophene derivatives. **1998**, ES 2120899.

[83] Cantello, B.C.C.; Cawthorne, M.A.; Haigh, D.; et al. The synthesis of BRL 49653-a novel and potent antihyperglycaemic agent. *Bioorg. Med. Chem. Lett.* **1994**, *4*, 1181.

[84] Cantello, B.C.C.; Cawthorne, M.A.; Cottam, G.P.; et al. [[omega.-(Heterocyclylamino)alkoxy] benzyl]-2, 4-thiazolidinediones as potent antihyperglycemic agents. *J. Med. Chem.* **1994**, *37*, 3977.

[85] Yamaguchi, T.; Yanagi, T.; Hokari, H.; Mukaiyama, Y.; Kumijo, T.; Yamamoto, I. Preparation of optically active succinic acid derivatives. II. Efficient and practical synthesis of KAD-1229. *Chem. Pharm. Bull.* **1998**, 46, 337.

[86] Sato, J.; Hayashibara, T.; Torihara, M.; Tamai, Y. Processes for preparation of optically active 2-benzyl-succinic acid and optically active 2-benzylsuccinic acid mnoamides. **2002**, WO 2002085833.

[87] Kamijo, T.; Yamaguchi, T.; Yanagi, T. Process for producing benzylsuccinic acid derivatives. **1998**, WO 9832736.

[88] 刘昭文, 吴龙火, 王恩军. 苯甲酸阿格列汀的合成. *海峡药学*, **2011**, *23*, 214-215.

[89] Grohe, K.; Zeiler, H. J.; Metzger, K. 7-amino-1-cyclopropyl-4-oxo-1,4-dihydro-quinoline- and naphthyridine-3-carboxylic acids, processes for their preparation and antibacterial agents containing these compounds. **1983**, DE 3142854.

[90] Mitscher, L.A. Bacterial topoisomerase inhibitors: quinolone and pyridone antibacterial agents. *Chem. Rev.* **2005**, *105*, 559.

[91] Mitscher, L. A.; Sharma, P. N.; Chu, D. T.; Shen, L. L.; Pernet, A. G.. Chiral DNA Gyrase Inhibitors. 2. Asymmetric Synthesis and Biological Activity of the Enantiomers of 9-Fluoro-3-methyl-10- (4-methyl-l-piperazinyl)-7-oxo-2,3-dihydro-7JET-pyrido[l,2,3-*de*]l,4-benzoxazine-6-carboxylic Acid (Ofloxacin). *J. Med. Chem.* **1987**, *30*, 2283.

[92] Kang, S.B.; Ahn, E.J.; Kim, Y.; Kim, Y. H. A facile synthesis of (*S*)-(−)-7, 8-difluoro-3, 4-dihydro-3-methyl-2H-1, 4-benzoxazine by zinc chloride assisted mitsunobu cyclization reaction. *Tetrahedron Lett.* **1996**, *37*, 9317.

[93] Yang, Y. S.; Ji, R. Y.; Chen, K. X. A practical stereoselective synthesis of (*S*)-(−)-ofloxacin. *Chinese J. Chem.* **1999**, *17*, 539.

[94] 杨玉社，嵇汝运，陈凯先，蒋华良. 左旋氧氟沙星类似物的合成及其用途. **1997**, 中国 ZL97106728.7.

[95] Mitscher, L.A. and Chu, D.T. Process for preparation of racemate and optically active ofloxacin and related derivatives. **1988**, US 4777253.

[96] De Souza, M. V. N. Promising drugs against tuberculosis. *Recent Pat Anti-infect Drug Discovery* **2006**, *1*, 33.

[97] Martel, A. M.; Leeson, P. A.; Castaner, J. BAY-12-8039: Fluoroquinolone Antibacterial. *Drugs Fut.* **1997**, *22*, 109.

[98] Seidel, D.; Conrad, M.; Brehmer, P.; Mohrs, K.; petersen, U. Synthesis of carbon-14 labelled moxifloxacin hydrochloride. *J. Labelled Cpd Radiopharm* **2000**, *43*, 795.

[99] Graul, A.; Rabasseda, X.; Castaner, J. T-3811ME. *Drugs Fut.* **1999**, *24*, 1324.

[100] Todo, Y.；Hayashi, K.；Takahata, M.； Watanabe, Y. and Narita, H. Quinolonecarboxylic acid derivatives or salts thereof. **2000**, US 6025370.

[101] Hayashi, K.; Takahata, M.; Kawamura, Y.; Todo, Y. Synthesis, Antibacterial Activity, and Toxicity of 7-(Isoindolin-5-yl)-4-oxoquinoline-3-carboxylic Acids. *Arzneim-Forch./Drug Res.* **2002**, *52*, 903.

[102] 吴孝国, 毛亚琴. 加雷沙星的合成. *中国现代应用药学杂志* **2009**, *26*, 218-220.

[103] Yamada, M.; Hamamoto, S.; Hayashi, K; et al. Processes for producing 7-isoindoline- quinolonecarboxylic derivatives and intermediates therfor, salts of 7-isoindolinequinolone-carboxylic acids, hydrates thereof, and composition containing the same as active ingredient. **2000**, EP 1031569.

[104] Barbachyn, M. R.; Brickner, S. J.; Hutchingson, D. K. Substituted oxazine and thiazine oxazolidinone antimicrobials. **1995**, WO 9507271.

[105] Hanselmann, R.; Reeve, M.; Johnson, G. Process for making quinolone compounds. **2013**, US 8871938.

[106] Hayashi, K.; Kito, T.; Mitsuyama, J.; Yamakawa, T.; Kuroda, H.; Kawafuchi, H. Quinolonecarboxylic acid derivatives or salts thereof. **2000**, US 6335447.

[107] Gallemi, F.; Bono, M.; Vidal, M. Process for the preparation of eberconazol and intermediates thereof. **1999**, WO 1999021838.

[108] Bentley, A.; Butters, M.; Greene, S. P.; Learmonth, W. J.; MacRae, J. A.; Morland, M. C.; O'Connor, G.; Skuse, J. Phosphonate-free phosphorylation of alcohols using bis-(tert-butyl) phosphoramidite with imidazole hydrochloride and imidazole as the activator. *Org. Process Res. Dev.* **2002**, *6*, 109.

[109] Takeuchi, M.; Naito, R.; Hayakawa, M.; Okamoto, Y.; Yonetoku, Y.; Ikeda, K.; Isomura, Y. Novel quinuclidine derivatives and medicinal composition thereof. **1996**, EP 0801067.

[110] Miyachi, H.; Kiyota, H.; Uchiki, H.; Segawa, M. Synthesis and antimuscarinic activity of a series of 4-(1-imidazolyl)-2,2-diphenylbutyramides: discovery of potent and subtype-selective antimuscarinic agents. *Bioorg. Med. Chem.* **1999**, *7*, 1151-1161.

[111] Bell,A.S.;Brown,D.;Terrett,N.K. Pyrazolopyrimidinone antianginal agents. **1995**, EP 463756.

[112] Covarrubias-Ziga, A.; González-Lucas, A.; Domínguez, M. M. Total synthesis of mycophenolic acid. *Tetrahedron* **2003**, *59*, 1989.

[113] Coe, J. W.; Brooks, P. R.; Vetelino, M. G.; Wirtz, M. C.; Arnold, E. P.; Huang, J.; Sands, S. B.; Davis, T. I.; Lebel, L. A.; Fox, C.B.; Shrikhande, A.; Heym, J. H.; Schaeffer, E.; Rollema, H.; Lu,Y.; Mansbach, R. S.; Chambers, L. K.; Rovetti, C. C.; Schulz, D.W.; Tingley, III, F. D.; O'Neill, B. T. Varenicline: an α4β2 nicotinic receptor partial agonist for smoking cessation. *J. Med. Chem.* **2005**, *48*, 3474.

[114] Brooks, P. R.; Caron, S.; Coe, J. W.; Ng, K. K.; Singer, R. A.; Vazquez, E.; Vetelino, M. G.; Watson, Jr. H. H.; Whritenour, D.C.; Wirtz, M. C. Synthesis of 2,3,4,5-tetrahydro-1, 5-methano-1*H*-3-benzazepine via oxidative cleavage and reductive amination strategies. *Synthesis* **2004**, *11*, 1755.

[115] Singer, R. A.; McKinley, J. D.; Barbe, G.; Farlow, R. A. Preparation of 1,5-Methano-2,3,4,5-tetrahydro-1*H*-3-benzazepine via Pd-Catalyzed Cyclization. *Org. Lett.* **2004**, *6*, 2357.

[116] Busch, F. R.; Hawkins, J. M.; Mustakis, L. G.; Sinay, T. G., Jr.;Watson, T. J. N.; Withbroe, G. J. Preparation of high purity substituted quinoxaline. **2006**, WO 2006090236 .

[117] Michael, B.; Quirico, B.; Guido, G.; et al, 4-Phenylpyridine derivatives, **2001**, US6479483.

[118] Siesel, D. Process for producing cycloalkylcarboxiamidopyridine benzoic acids. **2009**, WO2009076142.

[119] Gadek, T.; Burnier, J. Compositions and methods for treatment of eye disorders. **2006**, US 2006281739.

（缪震元，张万年）

参考书目

[1] 巨勇，赵国辉，席蝉娟. 有机合成化学与路线设计. 北京：清华大学出版社，2002.

[2] 高鸿宾. 有机化学. 北京：高等教育出版社，1999.

[3] 丁新腾 译. 有机合成——切断法探讨. 上海：上海科学技术文献出版社，1986.

[4] 李长轩. 有机合成设计. 郑州：河南大学出版社，1995.

[5] 闻韧. 药物合成反应. 第 4 版. 北京：化学工业出版社，2017.

[6] 仉文升，李安良. 药物化学. 北京：高等教育出版社，1999.

[7] 施小新，秦川 译. 当代新药合成，上海：华东理工大学出版社，2004.

[8] 尤启冬，林国强. 手性药物——研究与应用. 北京：化学工业出版社，2004.

[9] 林国强, 孙兴文, 陈耀全, 李月明, 陈新滋. 北京：科学出版社，2013.

[10] 尤田耙，林国强. 不对称合成. 北京：科学出版社，2006.

[11] 李月明，范青华，陈新滋. 不对称有机反应. 北京：化学工业出版社，2005.

[12] 吴毓林，姚祝军. 现代有机合成化学——选择性有机合成反应和复杂有机分子合成设计. 北京：科学出版社，2002.

[13] 武钦佩，李善茂. 保护基化学. 北京：化学工业出版社，2007.

[14] 张招贵. 精细有机合成与设计.北京：化学工业出版社，2003.

[15] 郝素娥，强亮生. 精细有机合成单元反应与合成设计. 哈尔滨：哈尔滨工业大学出版社，2001.

[16] 闵恩泽，吴巍. 绿色化学与化工. 北京：化学工业出版社，2000.

[17] 朱宪. 绿色化学工艺学. 北京：化学工业出版社，2001.

[18] 杜灿屏，刘鲁生，张恒. 21 世纪有机化学发展战略. 北京：化学工业出版社，2002.

[19] 王乃兴. 天然产物全合成. 北京：科学出版社，2014.

[20] 陈清奇. 新药化学全合成路线手册. 北京：化学工业出版社，2018.

[21] Wyatt P., Warren S. Organic Synthesis-Strategy and Control. New York: John Wiley & Sons Ltd, 2007.

[22] Zhu, J. P.; Wang, Q.; Wang, M. X. Multicomponent Reactions in Organic Synthesis. New York: John Wiley & Sons Ltd, 2015.

索　引

F

G

H

J

K

L

M

N

P

Q

R

S

T

W

X

Y

Z

其他